KB132533

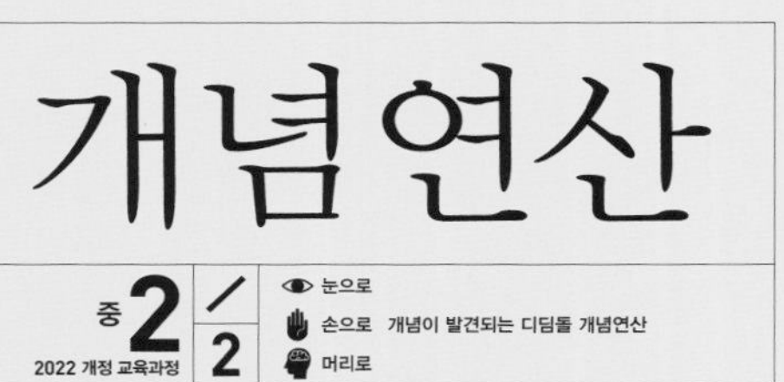

디딤돌수학 개념연산 중학 2-2

펴낸날 [초판 1쇄] 2024년 6월 15일
펴낸이 이기열
펴낸곳 (주)디딤돌 교육
주소 (03972) 서울특별시 마포구 월드컵북로 122 청원선와이즈타워
대표전화 02-3142-9000
구입문의 02-322-8451
내용문의 02-336-7918
팩시밀리 02-335-6038
홈페이지 www.didimdol.co.kr
등록번호 제10-718호
구입한 후에는 철회되지 않으며 잘못 인쇄된 책은 바꾸어 드립니다.

1 눈으로 이해되는 개념

디딤돌수학 개념연산은 보는 즐거움이 있습니다.
핵심 개념과 연산 속 개념, 수학적 개념이
이미지로 빠르고 쉽게 이해되고, 오래 기억됩니다.

● 핵심 개념의 이미지화

핵심 개념이 이미지로 빠르고 쉽게 이해됩니다.

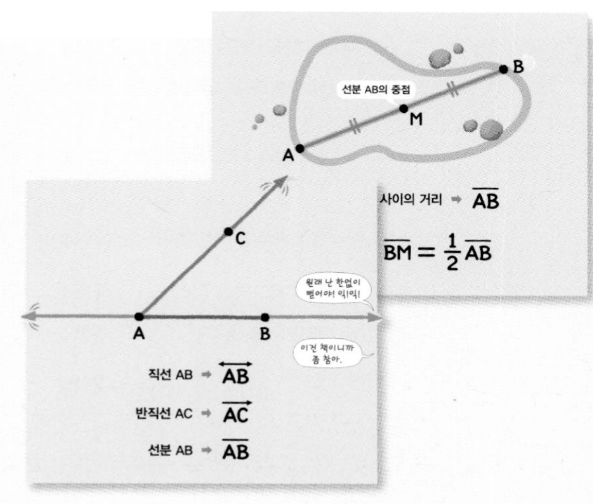

● 연산 개념의 이미지화

연산 속에 숨어있던 개념들을 이미지로 드러내 보여줍니다.

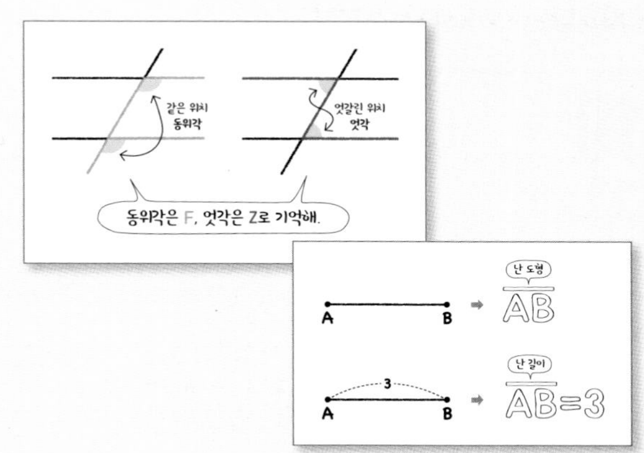

● 수학 개념의 이미지화

개념의 수학적 의미가 간단한 이미지로 쉽게 이해됩니다.

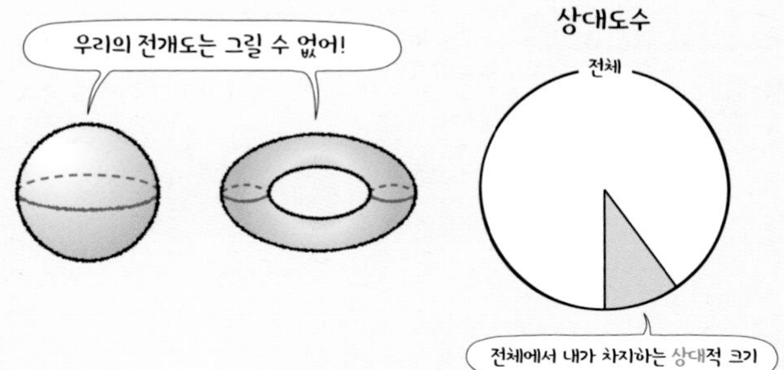

Ⅲ 도형의 닮음과 피타고라스 정리

2 손으로 익히는 개념

디딤돌수학 개념연산은 문제를 푸는 즐거움이 있습니다.
학생들에게 가장 필요한 개념을 충분한 문항과 촘촘한 단계별 구성으로 자연스럽게 이해하고 적용할 수 있게 합니다.

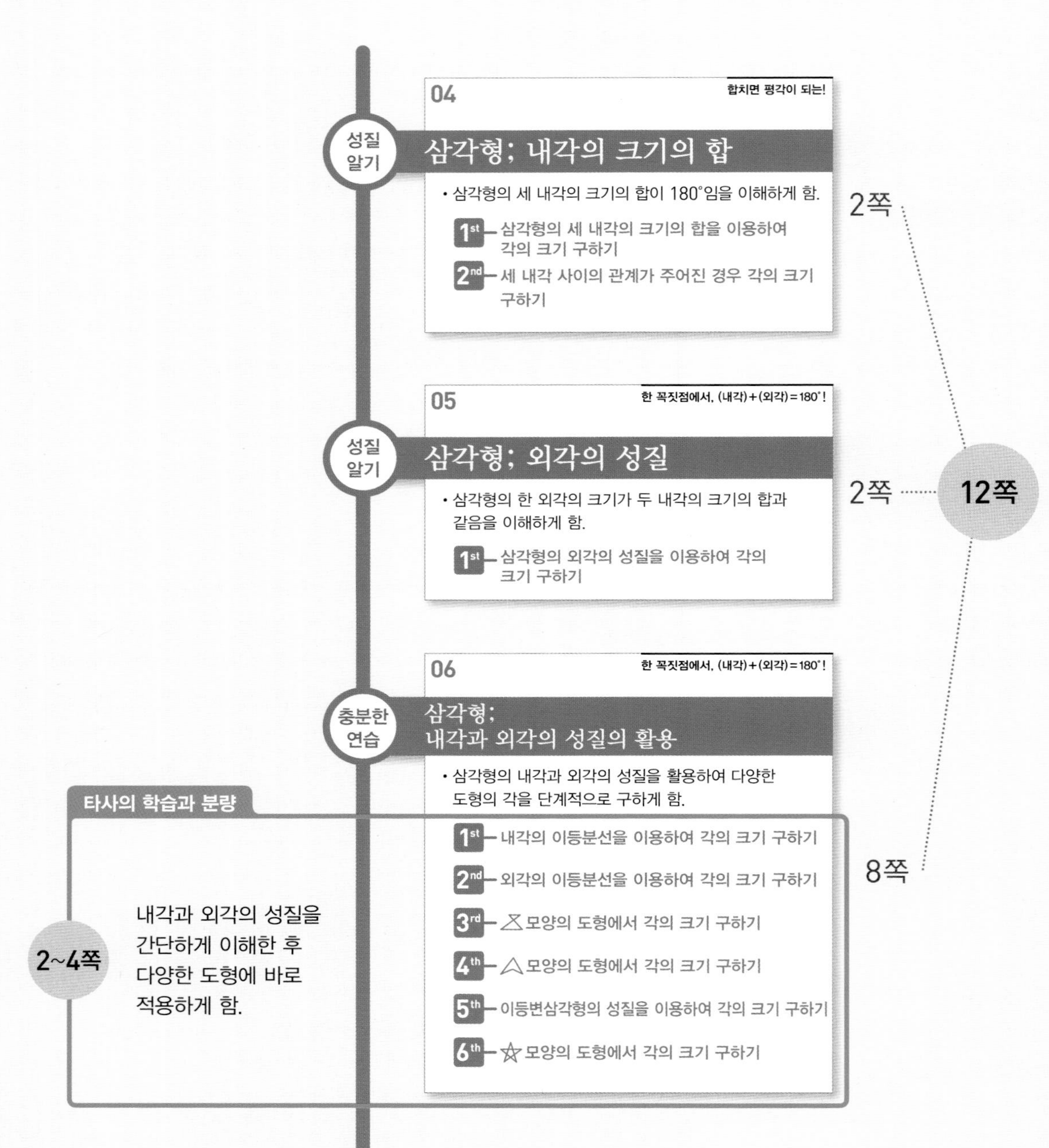

3 머리로 발견하는 개념

디딤돌수학 개념연산은 개념을 발견하는 즐거움이 있습니다.
생각을 자극하는 질문들과 추론을 통해 개념을 발견하고
개념을 연결하여 통합적 사고를 할 수 있게 합니다.

우와!
이것은 연산인가 수학인가!

● 내가 발견한 개념

문제를 풀다보면 실전 개념이
저절로 발견됩니다.

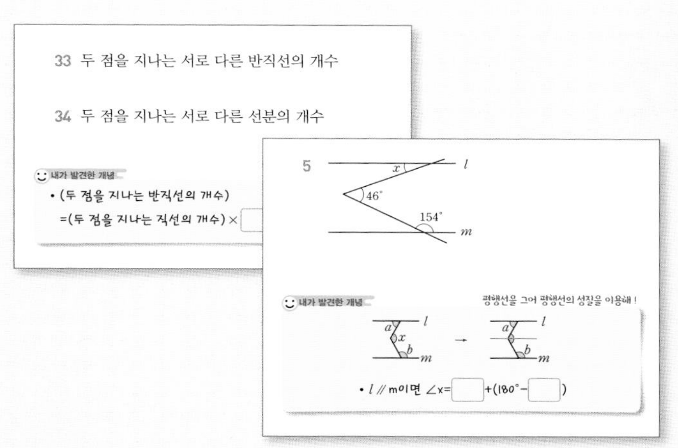

▼ 학습 내용 간의 개념연결

수학에서의 거리는 항상 최단 거리를 말해!

점과 점 사이 | 점과 선 사이 | 선과 선 사이

● 개념의 연결

나열된 개념들을 서로 연결하여
통합적 사고를 할 수 있게 합니다.

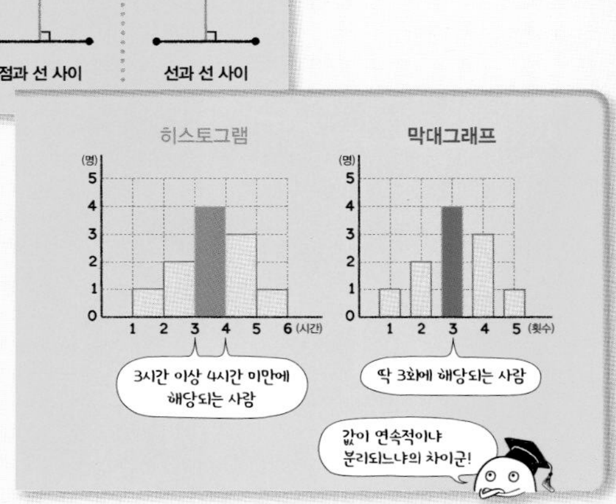

초등 · 중등 · 고등간의 개념연결 ▲

2-2 학습 계획표

Ⅰ 삼각형의 성질

1 둘로 똑같이 나뉘는, 이등변삼각형

		학습 내용	공부한 날	
01 이등변삼각형	10p	1. 이등변삼각형 용어 알기 2. 이등변삼각형 정의 알기	월	일
02 이등변삼각형의 성질(1)	12p	1~2. 이등변삼각형의 성질과 외각의 성질을 이용하여 각의 크기 구하기	월	일
03 이등변삼각형의 성질(2)	14p	1. 이등변삼각형의 성질을 이용하여 변의 길이 구하기 2. 이등변삼각형의 성질을 이용하여 각의 크기 구하기	월	일
04 이등변삼각형이 되는 조건	16p	1. 이등변삼각형이 되는 조건 이해하기 2. 이등변삼각형이 되는 조건을 활용하여 문제 해결하기	월	일
05 이등변삼각형의 성질의 활용	18p	1. 겹쳐진 2개의 삼각형의 각의 크기 구하기 2. 이웃한 이등변삼각형의 각의 크기 구하기 3. 내각과 외각의 이등분선이 있을 때 각의 크기 구하기 4. 종이접기를 이용한 각의 크기 구하기	월	일
06 직각삼각형의 합동 조건	22p	1. 직각삼각형의 합동 조건 이해하기	월	일
07 직각삼각형의 합동 조건의 활용	26p	1. RHA 합동을 활용하여 문제 해결하기 2. RHS 합동을 활용하여 문제 해결하기	월	일
08 각의 이등분선의 성질	30p	1. 각의 이등분선의 성질을 이용하여 길이 구하기 2. 각의 이등분선의 성질을 이용하여 각의 크기 구하기	월	일
09 각의 이등분선의 활용	32p	1. 각의 이등분선을 이용하여 문제 해결하기	월	일
TEST 1. 이등변삼각형	33p		월	일

2 삼각형의 성질을 드러내는, 삼각형의 외심과 내심

		학습 내용	공부한 날	
01 삼각형의 외심	36p	1. 삼각형의 외심 이해하기 2. 삼각형의 외심을 이용하여 변의 길이 구하기 3. 삼각형의 외심을 이용하여 각의 크기 구하기	월	일
02 삼각형의 외심의 위치	38p	1. 직각삼각형의 외심을 이용하여 변의 길이 구하기 2. 직각삼각형의 외심을 이용하여 각의 크기 구하기	월	일
03 삼각형의 외심의 응용(1)	40p	1. 삼각형의 외심을 이용하여 각의 크기 구하기 2. 삼각형의 외심과 보조선을 이용하여 각의 크기 구하기	월	일
04 삼각형의 외심의 응용(2)	42p	1. 삼각형의 외심을 이용하여 각의 크기 구하기 2. 삼각형의 외심과 보조선을 이용하여 각의 크기 구하기	월	일
05 삼각형의 내심	44p	1. 삼각형의 내심 이해하기 2~3. 삼각형의 내심을 이용하여 각의 크기와 변의 길이 구하기	월	일
06 삼각형의 내심의 응용(1)	46p	1. 삼각형의 내심을 이용하여 각의 크기 구하기 2. 삼각형의 내심과 보조선을 이용하여 각의 크기 구하기	월	일
07 삼각형의 내심의 응용(2)	48p	1. 삼각형의 내심을 이용하여 각의 크기 구하기 2. 삼각형의 내심과 평행선을 이용하여 문제 해결하기	월	일
08 삼각형의 내접원의 응용	50p	1~3. 삼각형의 내접원의 성질을 이용하여 길이와 넓이 구하기	월	일
09 삼각형의 외심과 내심의 비교	52p	1. 삼각형의 외심과 내심 비교하기 2. 삼각형의 내심과 외심을 이용하여 각의 크기 구하기 3. 이등변삼각형의 내심과 외심을 이용하여 각의 크기 구하기	월	일
TEST 2. 삼각형의 외심과 내심	55p		월	일
대단원 TEST Ⅰ. 삼각형의 성질	56p		월	일

Ⅱ 사각형의 성질

3 마주보는 변끼리 평행한, 평행사변형

		학습 내용	공부한 날	
01 평행사변형	62p	1. 평행선에서 엇각과 동위각의 크기 구하기 2. 평행사변형에서 각의 크기 구하기	월	일
02 평행사변형의 성질	64p	1. 평행사변형의 성질 알기 2~4. 평행사변형의 성질 이해하기	월	일
03 평행사변형의 성질의 활용(1)	68p	1. 평행사변형의 성질을 활용하여 대각의 크기 구하기	월	일
04 평행사변형의 성질의 활용(2)	70p	1. 평행사변형의 성질을 활용하여 대변의 길이 구하기	월	일
05 평행사변형이 되는 조건	74p	1. 평행사변형이 되는 조건 이해하기 2. 새로운 사각형이 평행사변형이 되는 조건 이해하기	월	일
06 평행사변형과 넓이	80p	1. 대각선에 의하여 나누어진 도형의 넓이 구하기 2. 평행사변형의 내부의 한 점에 의하여 나누어진 도형의 넓이 구하기	월	일
TEST 3. 평행사변형	83p		월	일

4 조건에 따라 달라지는, 여러 가지 사각형

		학습 내용	공부한 날	
01 직사각형	86p	1. 직사각형의 성질 이용하기 2. 평행사변형이 직사각형이 되는 조건 이해하기	월	일
02 마름모	88p	1. 마름모의 성질 이용하기 2. 평행사변형이 마름모가 되는 조건 이해하기	월	일
03 정사각형	90p	1. 정사각형의 성질 이용하기 2~3. 직사각형과 마름모가 정사각형이 되는 조건 이해하기	월	일
04 등변사다리꼴	94p	1. 등변사다리꼴의 성질 이용하기 2. 보조선을 이용하여 등변사다리꼴의 변의 길이 구하기	월	일
05 여러 가지 사각형 사이의 관계	96p	1. 여러 가지 사각형 사이의 관계 이해하기	월	일
06 사각형의 각 변의 중점을 연결하여 만든 사각형	98p	1. 사각형의 각 변의 중점을 연결하여 만든 사각형 이해하기	월	일
07 평행선과 삼각형의 넓이	100p	1. 사다리꼴에서 삼각형의 넓이 구하기	월	일
08 높이가 같은 삼각형의 넓이의 비	102p	1. 삼각형의 넓이의 비를 이용하여 색칠한 부분의 넓이 구하기 2. 사각형에서 삼각형의 넓이의 비를 이용하여 색칠한 부분의 넓이 구하기	월	일
TEST 4. 여러 가지 사각형	105p		월	일
대단원 TEST Ⅱ. 사각형의 성질	106p		월	일

수학은 개념이다!

디딤돌수학

개념연산

중 2 / 2

눈으로
손으로 개념이 발견되는 디딤돌 개념연산
머리로

이미지로 이해하고 문제를 풀다 보면
개념이 저절로 발견되는 디딤돌수학 개념연산

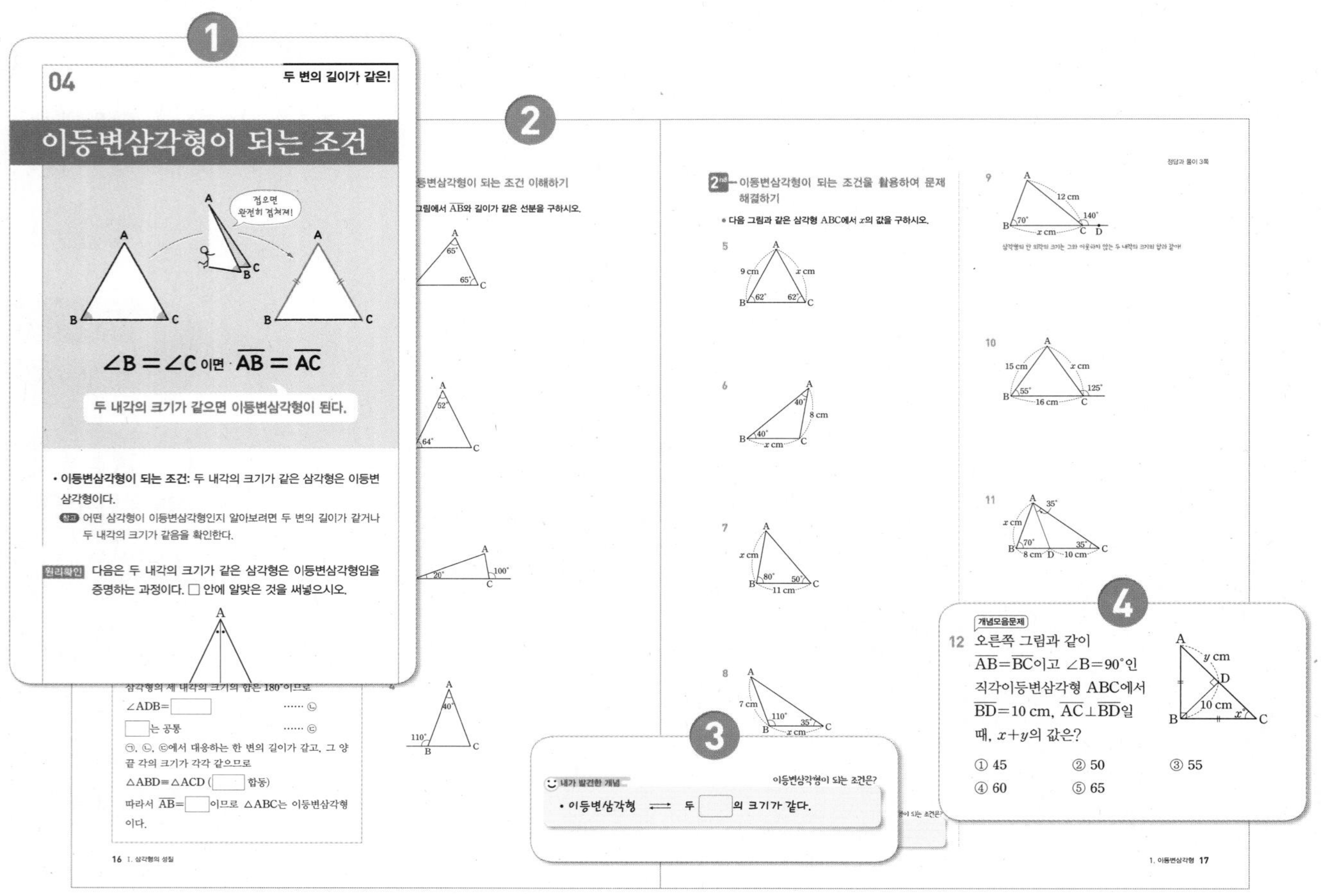

① 이미지로 개념 이해

핵심이 되는 개념을 이미지로
먼저 이해한 후 개념과 정의를
읽어보면 딱딱한 설명도 이해가 쏙!
원리확인 문제로 개념을
바로 적용하면 개념을 확인!

② 단계별·충분한 문항

문제를 풀기만 하면
저절로 실력이 높아지도록
구성된 단계별 문항!
문제를 풀기만 하면
개념이 자신의 것이 되도록
구성된 충분한 문항!

③ 내가 발견한 개념

문제 속에 숨겨져 있는
실전 개념들을 발견해 보자!
숨겨진 보물을 찾듯이 놓치기
쉬운 실전 개념들을 내가 발견하면
흥미와 재미는 덤! 실력은 쑥!

④ 개념모음문제

문제를 통해 이해한 개념들은
개념모음문제로 한 번에 정리!
개념의 활용과 응용력을 높이자!

발견된 개념들을 연결하여
통합적 사고를 할 수 있는 디딤돌수학 개념연산

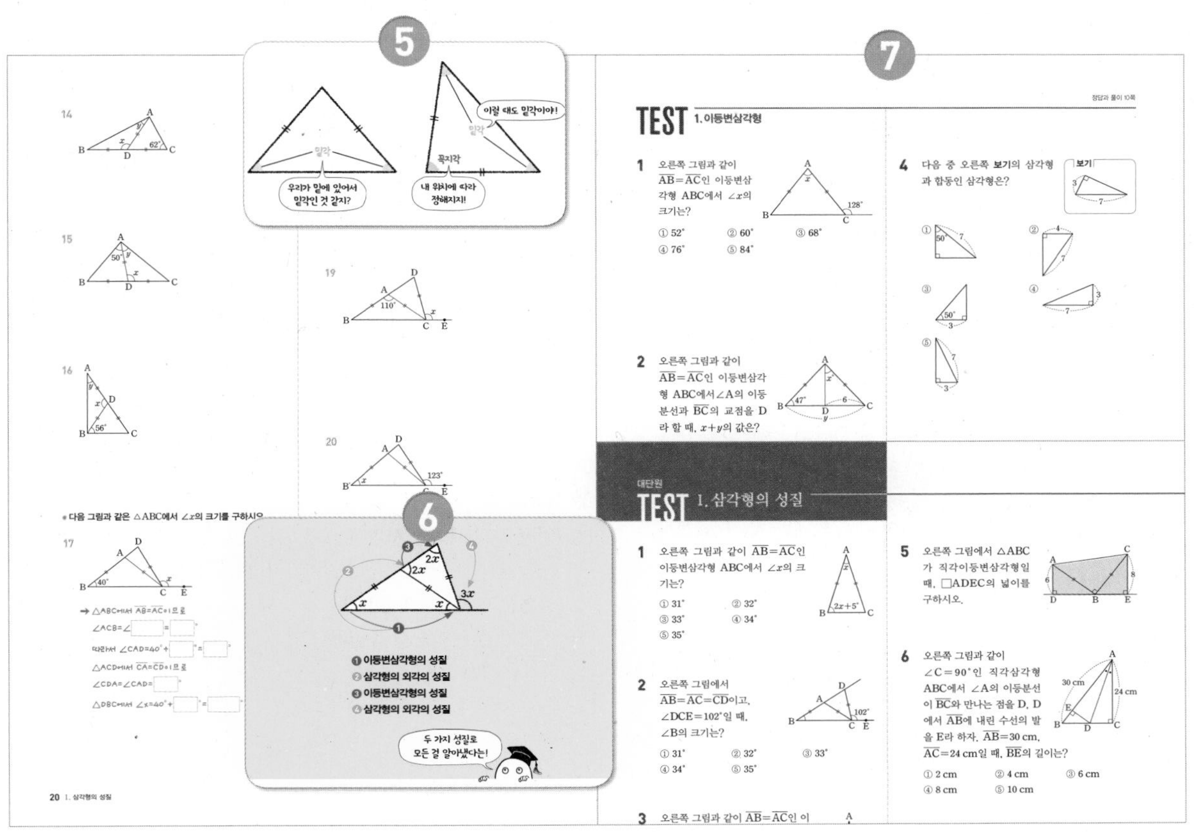

5

그림으로 보는 개념

연산속에 숨어있던 개념을
가장 적절한 이미지를 통해
눈으로 확인해 보자.
개념이 쉽게 확인되고 오래 기억되며
개념의 의미는 더 또렷이 저장!

6

개념 간의 연계

개념의 단원 안에서의 연계와
다른 단원과의 연계,
초·중·고 간의 연계를 통해
통합적 사고를 얻게 되면
흥미와 동기부여는 저절로 쭈욱~!

7

개념을 확인하는 TEST

중단원별로 개념의 이해를
확인하는 TEST
대단원별로 개념과 실력을
확인하는 대단원 TEST

Ⅰ 삼각형의 성질

1 둘로 똑같이 나뉘는, 이등변삼각형

2 삼각형의 성질을 드러내는, 삼각형의 외심과 내심

Ⅱ 사각형의 성질

3 마주보는 변끼리 평행한, 평행사변형

4 조건에 따라 달라지는, 여러 가지 사각형

Ⅲ 도형의 닮음과 피타고라스 정리

5 비율이 일정한, 도형의 닮음

6 닮음비가 만들어지는, 평행선과 선분의 길이의 비

평면에서 세 점으로 그려지는!

I

삼각형의 성질

1 둘로 똑같이 나뉘는,
이등변삼각형

2 삼각형의 성질을 드러내는,
삼각형의 외심과 내심

1

둘로 똑같이 나뉘는,
이등변삼각형

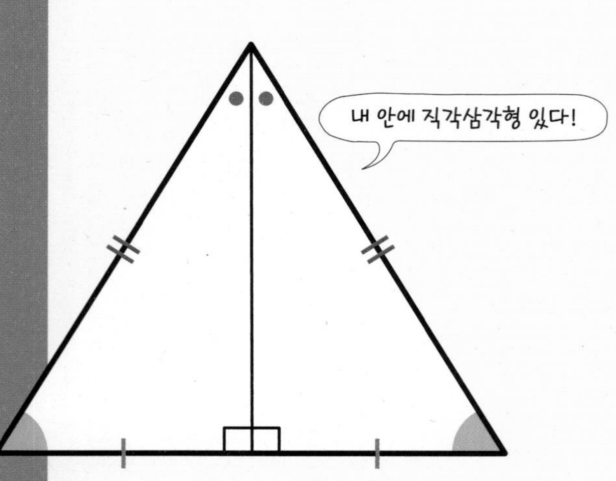

두 변의 길이가 같은!

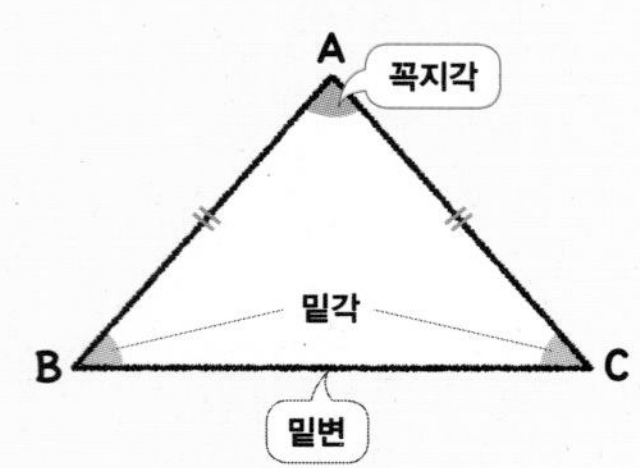

01 이등변삼각형

이등변삼각형은 두 변의 길이가 서로 같은 삼각형이야! 이등변삼각형에서 길이가 같은 두 변 사이의 끼인각을 꼭지각이라 하고, 꼭지각의 대변을 밑변, 밑변의 양 끝 각을 밑각이라 해.

두 변의 길이가 같은!

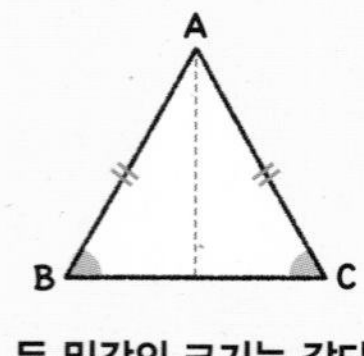

두 밑각의 크기는 같다.

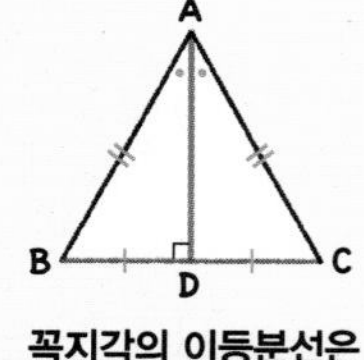

꼭지각의 이등분선은 밑변을 수직이등분한다.

02~03 이등변삼각형의 성질

이등변삼각형의 성질은 두 밑각의 크기가 서로 같고, 이등변삼각형의 꼭지각의 이등분선은 밑변을 항상 수직이등분해. 이제 이등변삼각형의 성질을 이용하여 변의 길이, 각의 크기를 직접 구해보자!

두 변의 길이가 같은!

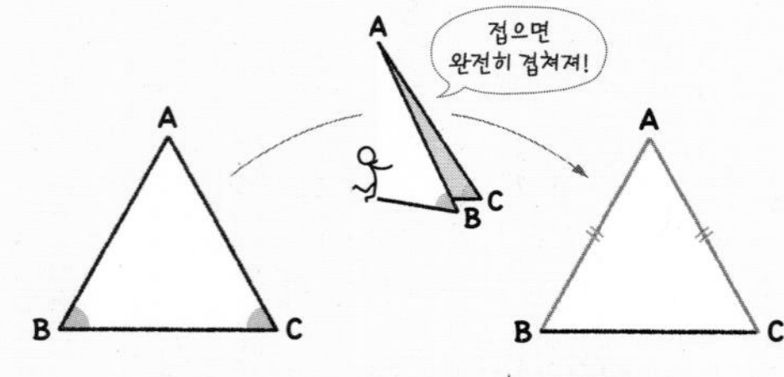

$\angle B = \angle C$ 이면 $\overline{AB} = \overline{AC}$

두 내각의 크기가 같으면 이등변삼각형이 된다.

04 이등변삼각형이 되는 조건

두 내각의 크기가 같은 삼각형이면 이등변삼각형이야! 따라서 이등변삼각형이 되는 조건은 두 내각의 크기가 같은 삼각형이지.

이제 이등변삼각형의 정의, 성질, 조건을 모두 알았으니 확실히 구분해두자!

05 이등변삼각형의 성질의 활용

겹쳐진 2개의 이등변삼각형이 주어지거나 이웃한 이등변삼각형이 주어진 경우, 먼저 이등변삼각형을 찾는 게 가장 큰 핵심이야! 또한 외각의 성질도 이용할 수 있으니 기억을 되살려보자!

두 변의 길이가 같은!

❶ $\overline{AB}=\overline{AC}$, $\overline{BD}=\overline{BC}$ 이면

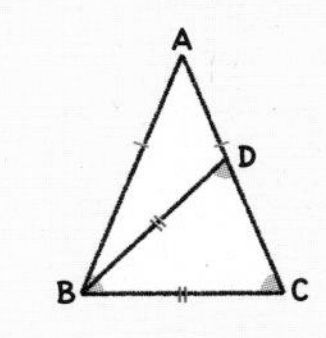

$\angle B = \angle C = \angle BDC$

❷ $\overline{DA}=\overline{DB}=\overline{DC}$ 일 때,

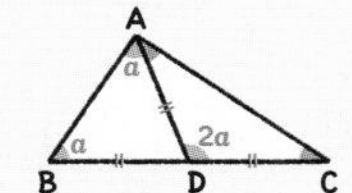

$\angle DAB = \angle DBA$

$\angle ADC = 2\angle ABD$

$\angle DAC = \angle DCA$

06 직각삼각형의 합동 조건

직각삼각형의 합동 조건은 두 가지가 있어! 빗변의 길이와 한 예각의 크기가 각각 같을 때(RHA합동)와 빗변의 길이와 다른 한 변의 길이가 각각 같을 때(RHS합동)야! 즉 빗변의 길이가 같은 두 직각삼각형에서 나머지 한 예각의 크기가 같거나 한 변의 길이가 같으면 두 직각삼각형은 합동이야!

두 개의 직각삼각형이 완전히 포개지는!

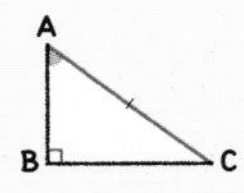

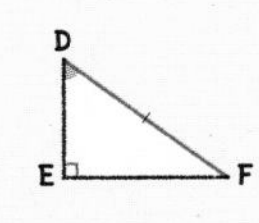

$\angle B=\angle E=90^\circ$, $\overline{AC}=\overline{DF}$, $\angle A=\angle D$

R H A

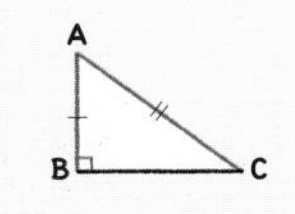

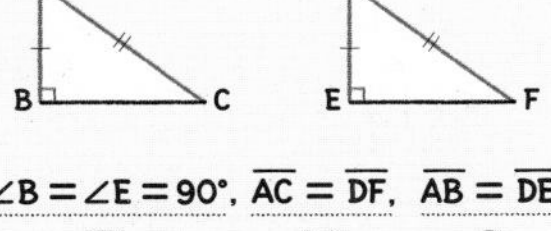

$\angle B=\angle E=90^\circ$, $\overline{AC}=\overline{DF}$, $\overline{AB}=\overline{DE}$

R H S

07 직각삼각형의 합동 조건의 활용

이 단원에서는 직각삼각형의 합동 조건을 활용해서 각의 크기를 구하거나 길이를 구하는 연습을 하게 될 거야. 먼저 합동인 두 직각삼각형을 찾는 게 가장 큰 핵심이지! 그전에 직각삼각형의 합동 조건을 기억하고 있어야 해!

두 개의 직각삼각형이 완전히 포개지는!

❶ RHA 합동의 응용

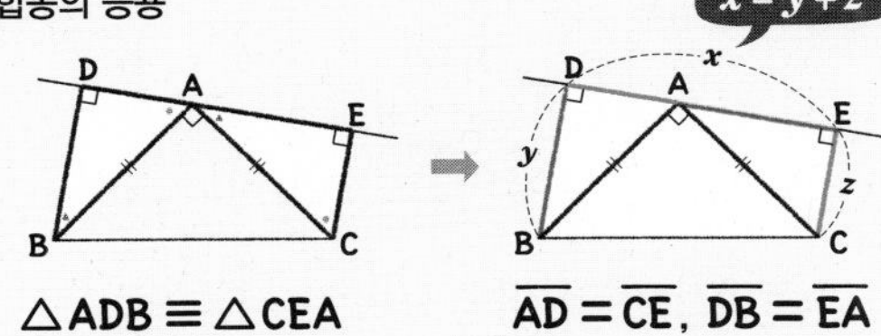

$\triangle ADB \equiv \triangle CEA$

RHA 합동

$\overline{AD}=\overline{CE}$, $\overline{DB}=\overline{EA}$

대응변

❷ RHS 합동의 응용

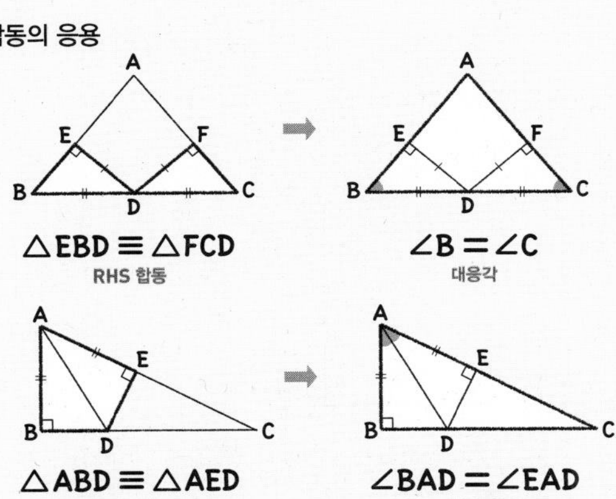

$\triangle EBD \equiv \triangle FCD$

RHS 합동

$\angle B = \angle C$

대응각

$\triangle ABD \equiv \triangle AED$

RHS 합동

$\angle BAD = \angle EAD$

대응각

08~09 각의 이등분선의 성질과 활용

각의 이등분선 위의 한 점에서 그 각의 두 변에 이르는 거리는 같아. 또한 각의 두 변에서 같은 거리에 있는 점은 그 각의 이등분선 위에 있지! 이를 이용하여 각의 크기와 길이를 구해보자!

두 개의 직각삼각형이 완전히 포개지는!

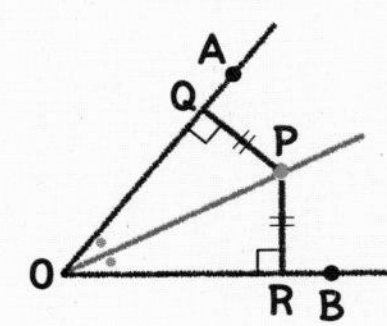

$\angle AOP = \angle BOP$ 이면 $\overline{PQ}=\overline{PR}$

$\overline{PQ}=\overline{PR}$ 이면 $\angle AOP = \angle BOP$

01 이등변삼각형

두 변의 길이가 같은!

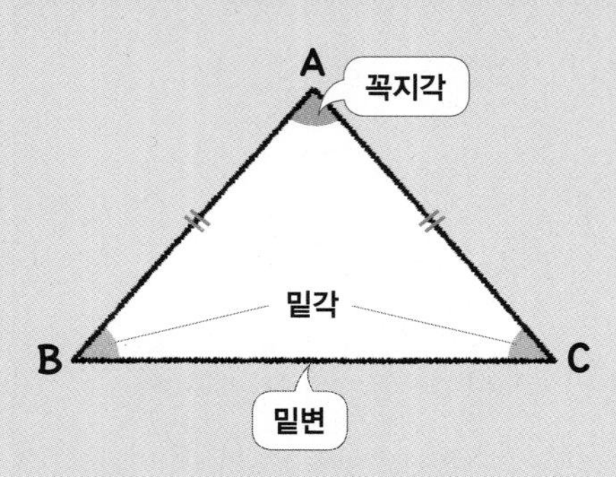

- **이등변삼각형:** 두 변의 길이가 같은 삼각형
- **이등변삼각형에서 사용하는 용어**
  ① 꼭지각: 길이가 같은 두 변이 이루는 각
  ② 밑변: 꼭지각의 대변
  ③ 밑각: 밑변의 양 끝각

참고 ① 이등변삼각형의 밑변은 아래에 있는 변이 아니라 꼭지각의 대변이다. 즉 꼭지각의 위치에 따라 밑변이 정해진다.
② 정삼각형은 세 변의 길이가 같은 삼각형이므로 이등변삼각형이라 한다.

원리확인 다음 **보기**에서 이등변삼각형인 것만을 있는 대로 고르시오.

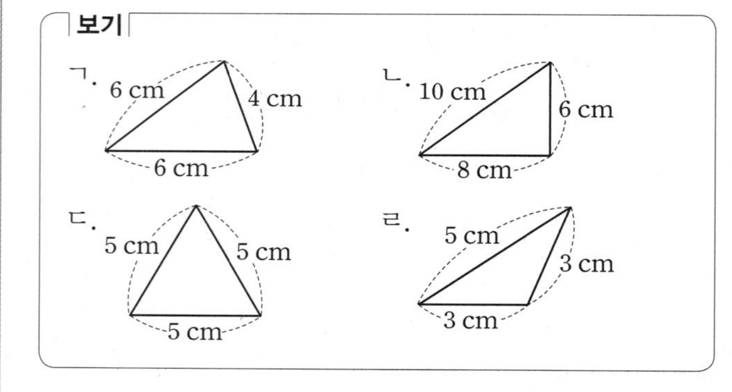

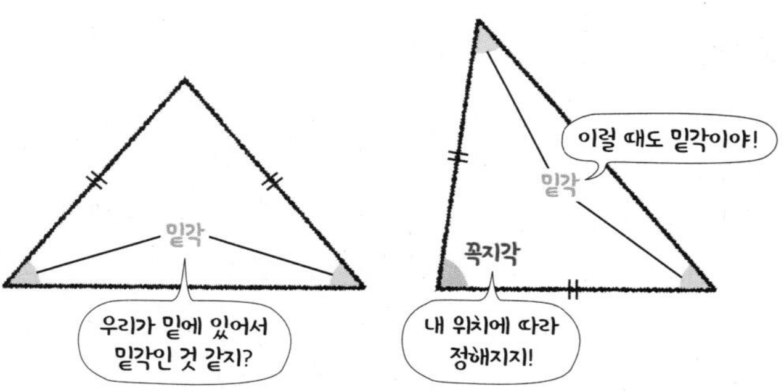

1st 이등변삼각형 용어 알기

- **다음 그림과 같은 삼각형 ABC에 대하여 □ 안에 알맞은 수를 써넣으시오.**

1

A
120°
B 30°
C
15 cm

(1) 꼭지각의 크기: □°

(2) 밑변의 길이: □ cm

(3) 밑각의 크기: □°

2

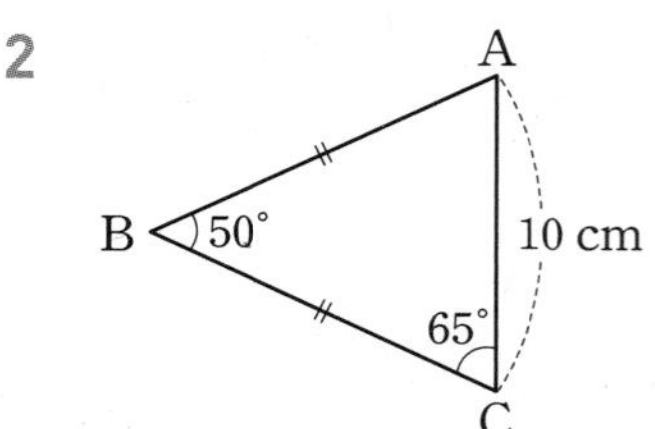

(1) 꼭지각의 크기: □°

(2) 밑변의 길이: □ cm

(3) 밑각의 크기: □°

3

A
45°
11 cm
B
C

(1) 꼭지각의 크기: □°

(2) 밑변의 길이: □ cm

(3) 밑각의 크기: □°

2nd 이등변삼각형 정의 알기

● 다음 그림과 같이 $\angle A$가 꼭지각인 이등변삼각형 ABC에 대하여 x의 값을 구하시오.

4
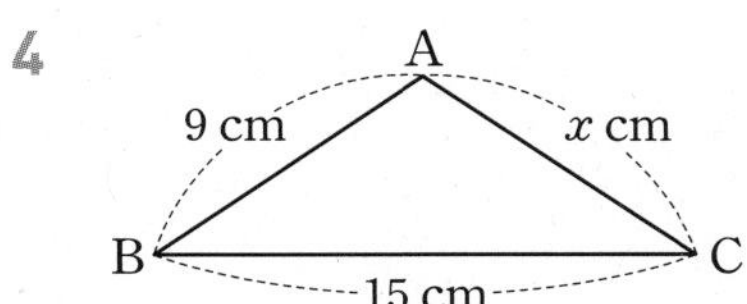

5
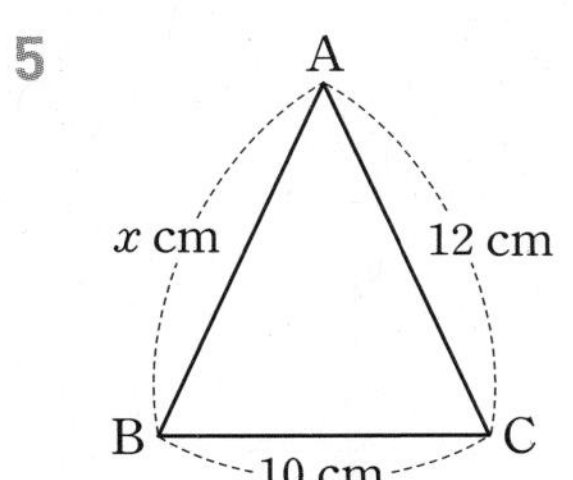

6
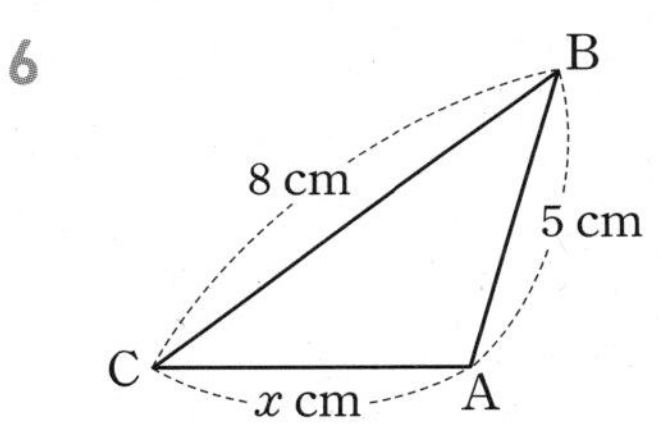

7
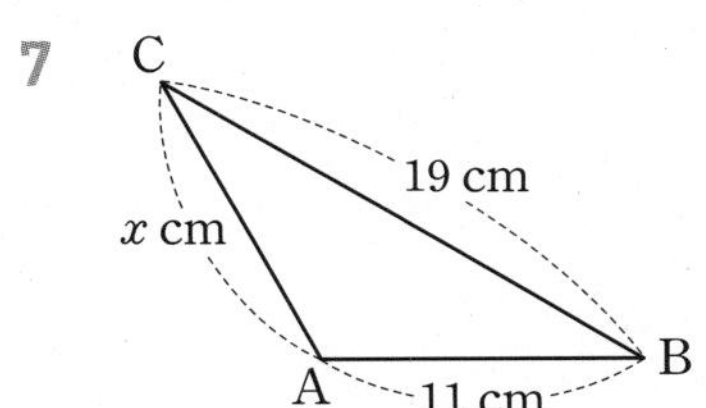

8
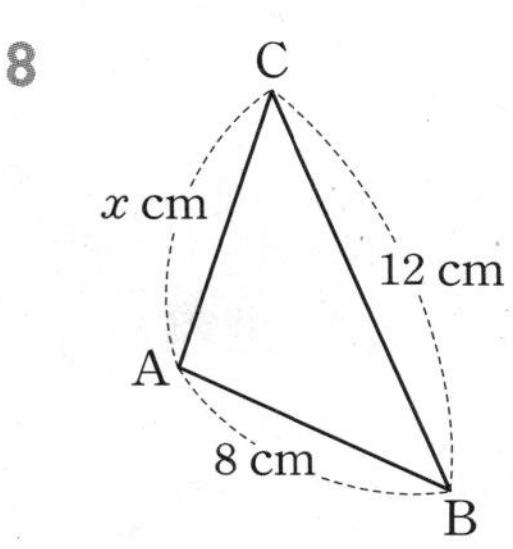

9
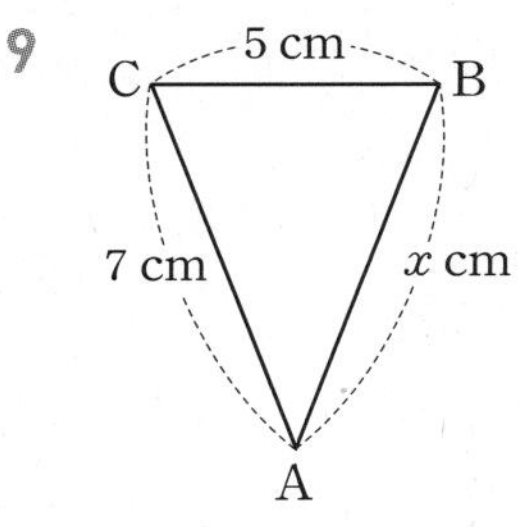

10
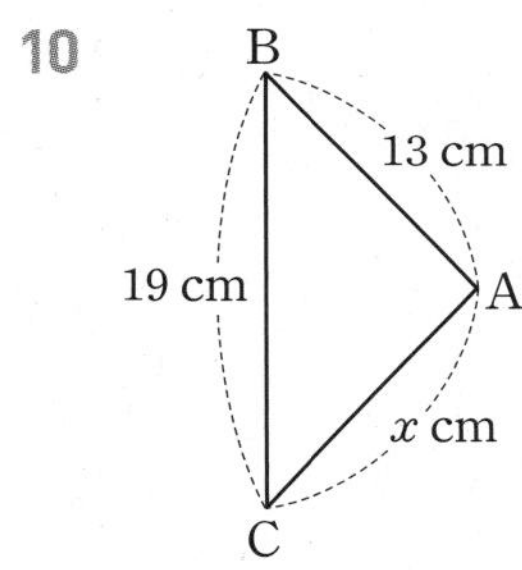

11
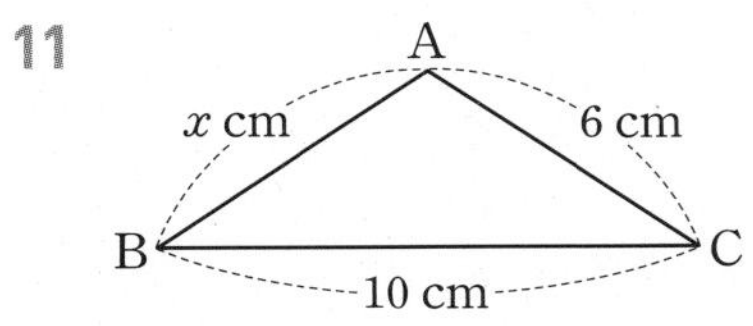

내가 발견한 개념 이등변삼각형이란?

• 이등변삼각형 → 두 변의 [　　]가 같은 삼각형

02

두 변의 길이가 같은!

이등변삼각형의 성질(1)

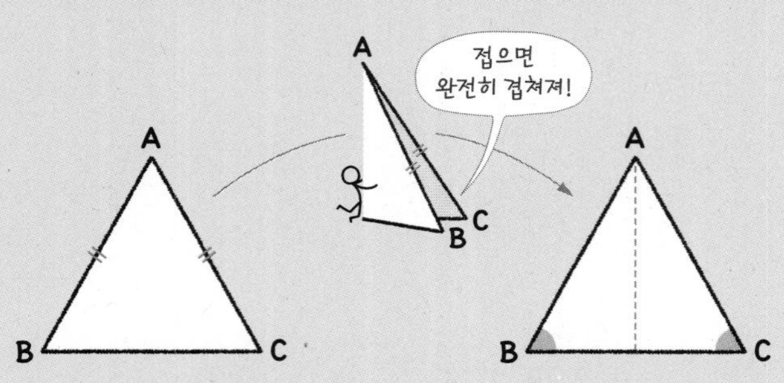

$\overline{AB}=\overline{AC}$ 이면 $\angle B=\angle C$

이등변삼각형의 두 밑각의 크기는 같다.

- **이등변삼각형의 성질**(1): 이등변삼각형의 두 밑각의 크기가 같다.

참고 증명: 정의 또는 이미 옳다 밝혀진 성질을 이용하여 어떤 문장이나 식이 참임을 설명하는 것.

원리확인 다음은 이등변삼각형의 두 밑각의 크기가 같음을 증명하는 과정이다. □ 안에 알맞은 것을 써넣으시오.

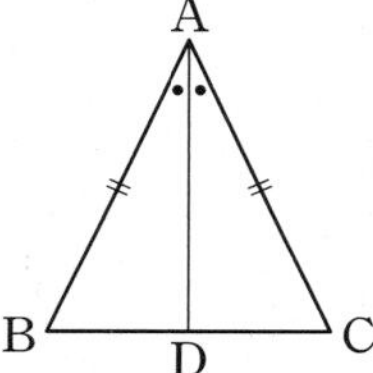

$\overline{AB}=\overline{AC}$인 $\triangle ABC$에서 $\angle A$의 이등분선이 $\overline{BC}$와 만나는 점을 D라 하자.

$\triangle ABD$와 $\triangle ACD$에서

$\overline{AB}=$□ ⋯⋯ ㉠

$\angle BAD=$□ ⋯⋯ ㉡

□는 공통 ⋯⋯ ㉢

㉠, ㉡, ㉢에서 대응하는 두 변의 길이가 각각 같고 그 끼인각의 크기가 같으므로

$\triangle ABD\equiv\triangle ACD$ (□ 합동)

따라서

$\angle B=$□

1st 이등변삼각형의 성질을 이용하여 각의 크기 구하기

- 다음 그림에서 $\triangle ABC$는 $\overline{AB}=\overline{AC}$인 이등변삼각형일 때, $\angle x$의 크기를 구하시오.

1

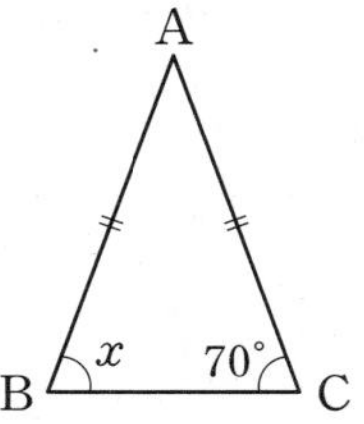

➔ $\triangle ABC$가 $\overline{AB}=\overline{AC}$인 이등변삼각형이므로

$\angle B=\angle$□

따라서 $\angle x=$□°

2

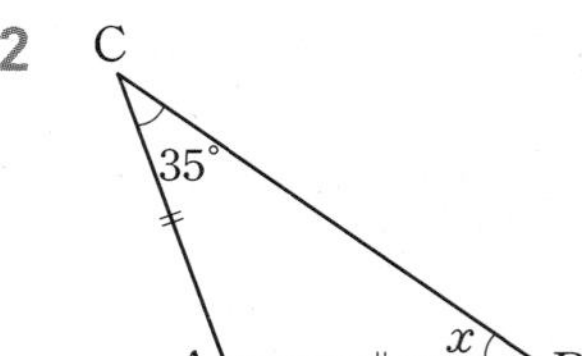

3

$\triangle ABC$: A에서 x, $\angle B=58°$

삼각형의 세 내각의 크기의 합은 180°야!

2nd 이등변삼각형의 성질과 외각의 성질을 이용하여 각의 크기 구하기

● 다음 그림에서 $\triangle ABC$는 $\overline{AB}=\overline{AC}$인 이등변삼각형일 때, $\angle x$의 크기를 구하시오.

4

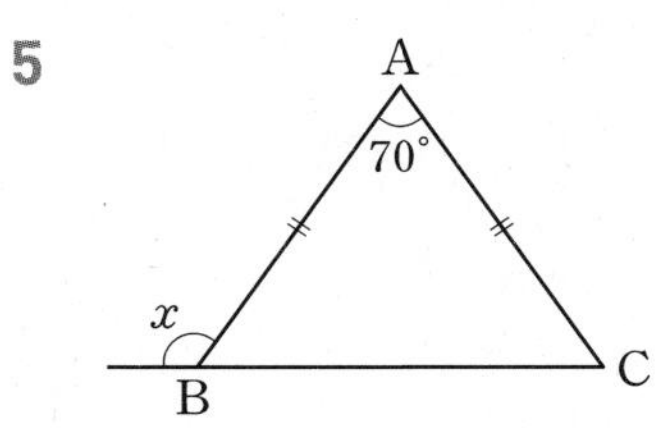

→ $\angle ACB=180°-$ $\square$ $°=$ $\square$ $°$이므로

$\angle x=\angle ACB=$ $\square$ $°$

5

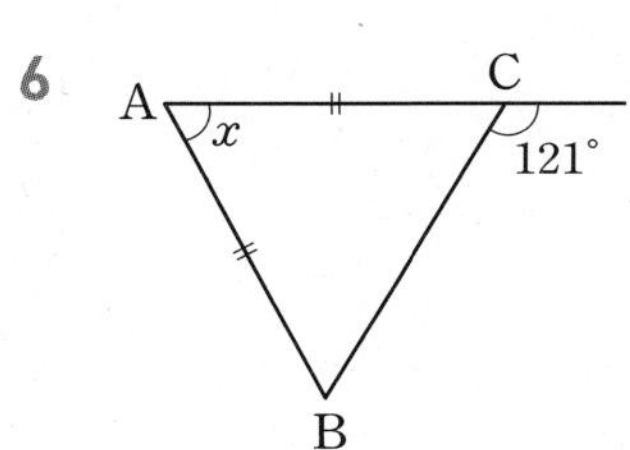

6

A, C, B, x, 121°

삼각형의 내각의 크기의 합이 평각인 거 기억나?

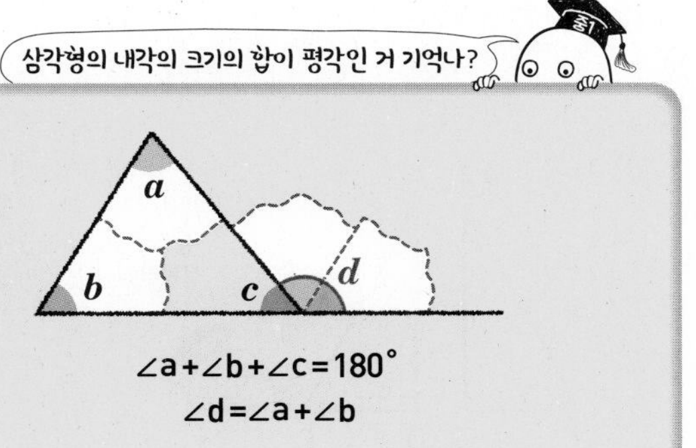

$\angle a+\angle b+\angle c=180°$

$\angle d=\angle a+\angle b$

● 다음 그림에서 $\triangle ABC$는 $\overline{AB}=\overline{AC}$인 이등변삼각형일 때, $\angle x$, $\angle y$의 크기를 구하시오.

7

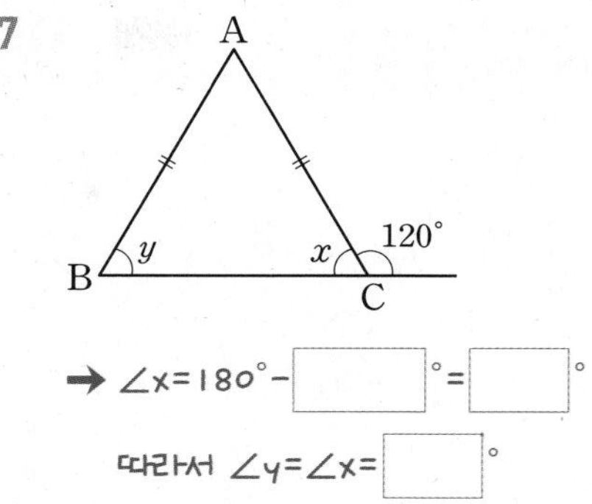

→ $\angle x=180°-$ $\square$ $°=$ $\square$ $°$

따라서 $\angle y=\angle x=$ $\square$ $°$

8

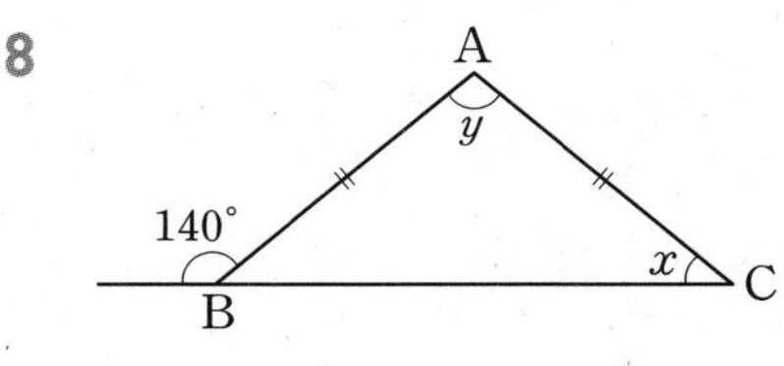

9

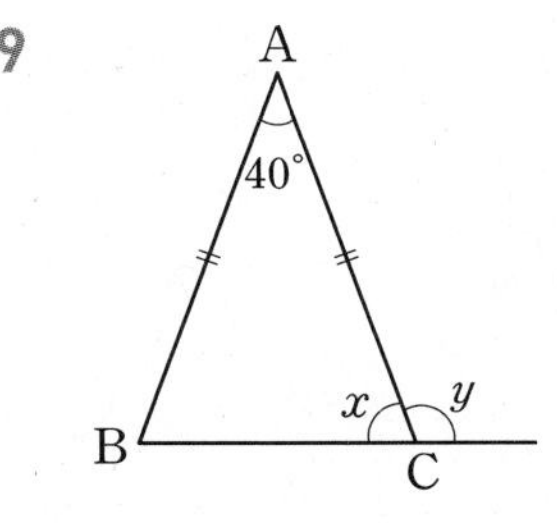

10

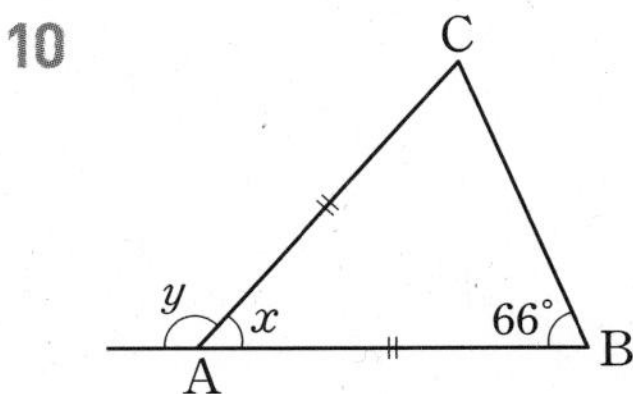

03 **두 변의 길이가 같은!**

이등변삼각형의 성질(2)

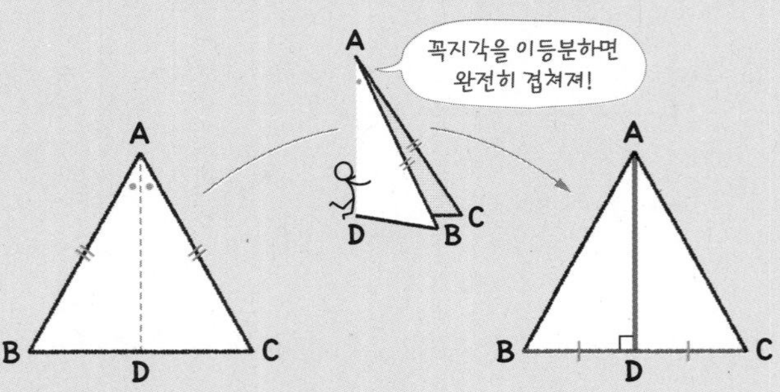

$\overline{AB}=\overline{AC}$ 이고 $\angle BAD=\angle CAD$ 이면 $\overline{BD}=\overline{CD}$, $\overline{AD}\perp\overline{BC}$

이등변삼각형의 꼭지각의 이등분선은 밑변을 수직이등분한다.

- **이등변삼각형의 성질**(2): 이등변삼각형의 꼭지각의 이등분선은 밑변을 수직이등분한다.

참고 수직이등분선: 직선이 선분의 중점을 지나면서 그 선분에 수직일 때, 직선은 선분을 수직이등분한다고 한다.

원리확인 다음은 이등변삼각형의 꼭지각의 이등분선은 밑변을 수직이등분함을 증명하는 과정이다. 빈칸에 알맞은 것을 써넣으시오.

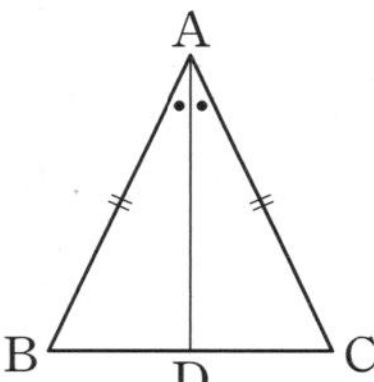

$\overline{AB}=\overline{AC}$인 $\triangle ABC$에서 $\angle A$의 이등분선이 $\overline{BC}$와 만나는 점을 D라 하자.
$\triangle ABD$와 $\triangle ACD$에서
$\overline{AB}=$ ☐, $\angle BAD=$ ☐, ☐ 는 공통
이므로 $\triangle ABD\equiv\triangle ACD$ (☐ 합동)

따라서 $\overline{BD}$ ◯ $\overline{CD}$, $\angle ADB=\angle ADC$

이때 $\angle ADB+\angle ADC=180°$이므로

$\angle ADB=\angle ADC=$ ☐°

그러므로 $\overline{AD}$ ☐ $\overline{BC}$

이등변삼각형의 성질 (1)에서 봤던 증명 방법인데?

1st - 이등변삼각형의 성질을 이용하여 변의 길이 구하기

- 다음 그림에서 $\triangle ABC$는 $\overline{AB}=\overline{AC}$인 이등변삼각형일 때, x의 값을 구하시오.

1

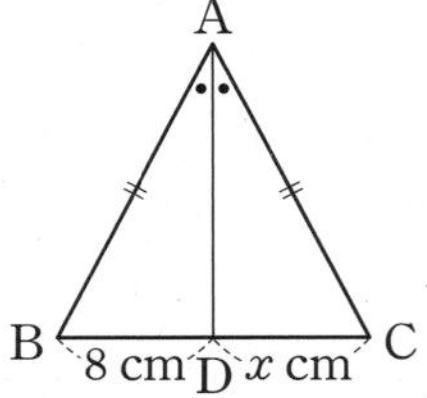

→ 이등변삼각형 ABC에서 $\overline{AD}$는 $\angle A$의 이등분선이므로
$\overline{BD}=$ ☐ 따라서 $x=$ ☐

2

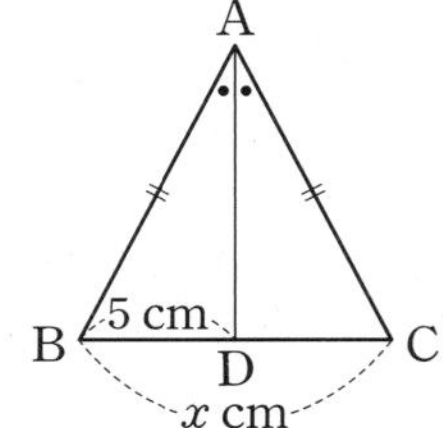

3

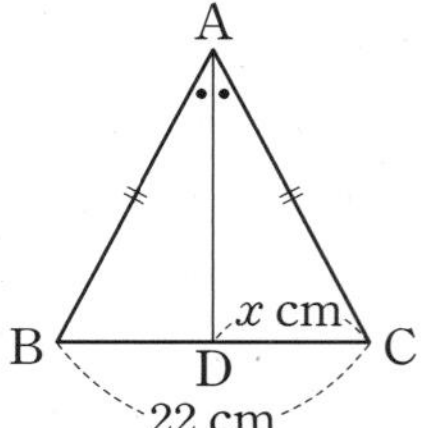

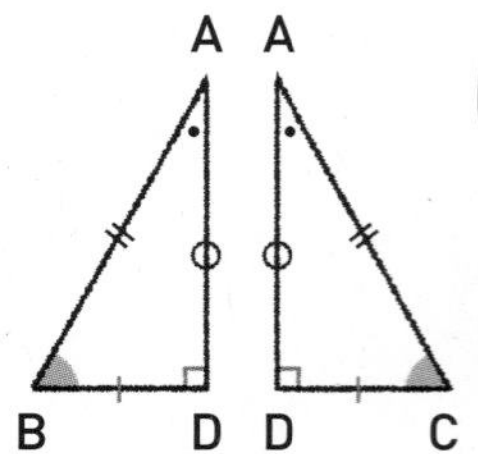

맞아! 두 삼각형이 합동인 것을 통해 이등변삼각형의 성질 (1)과 (2)를 발견할 수 있지! 증명의 과정을 충분히 이해하고 정확하게 아는 것이 중요하겠지?

2nd 이등변삼각형의 성질을 이용하여 각의 크기 구하기

• 다음 그림에서 $\triangle ABC$는 $\overline{AB}=\overline{AC}$인 이등변삼각형일 때, $\angle x$의 크기를 구하시오.

4

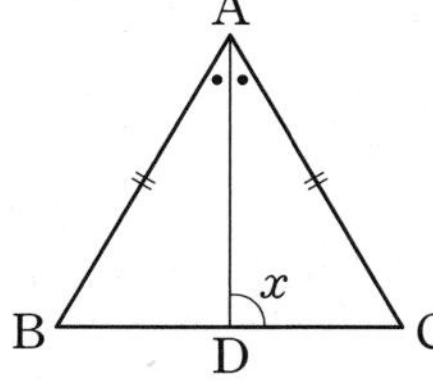

➜ 이등변삼각형 ABC에서 $\overline{AD}$는 $\angle A$의 이등분선이므로

$\overline{AD}$ ☐ $\overline{BC}$ 따라서 $\angle x=$ ☐°

5

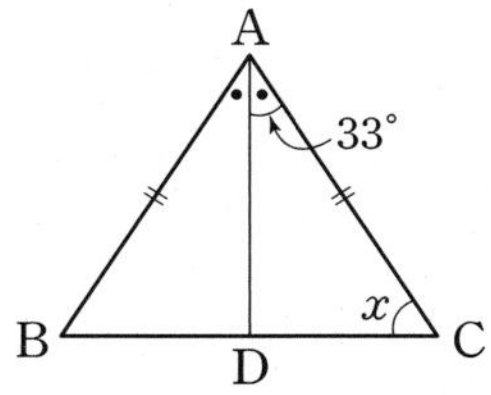

6

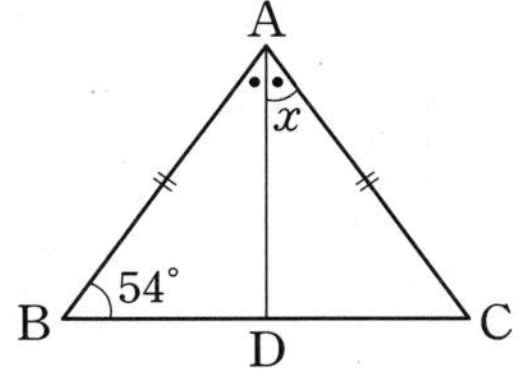

7

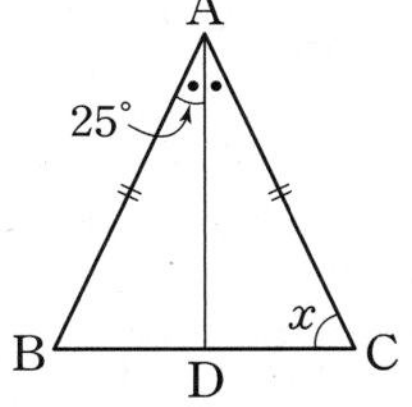

8

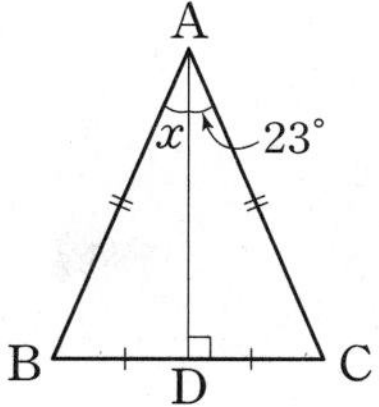

➜ $\overline{AD}$가 $\overline{BC}$의 수직이등분선이므로

$\overline{AD}$는 $\angle A$의 ☐이다.

따라서 $\angle x=\angle$☐ = ☐°

9

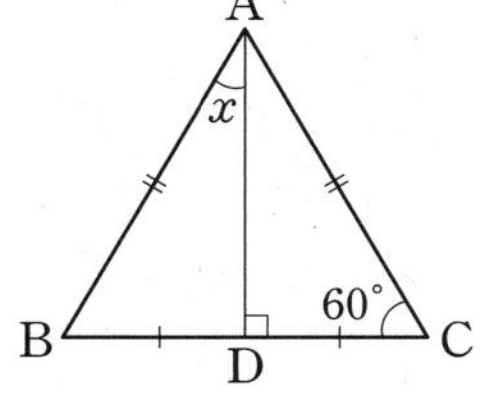

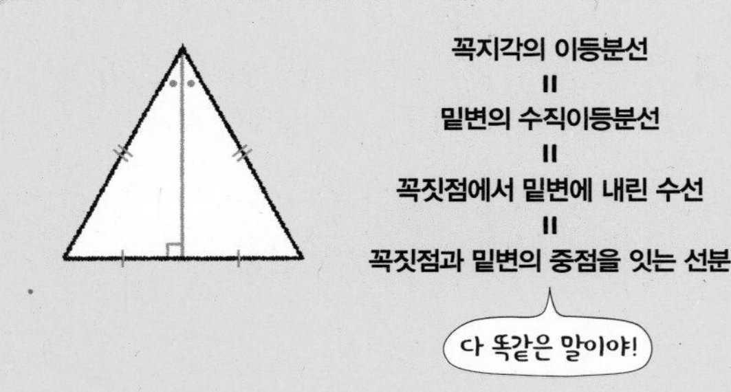

개념모음문제

10 오른쪽 그림과 같이 $\overline{AB}=\overline{AC}$인 이등변삼각형 ABC에서 $\overline{AD}$는 $\angle A$의 이등분선이다. $\angle CAD=28°$, $\overline{BD}=7$ cm일 때, $x+2y$의 값은?

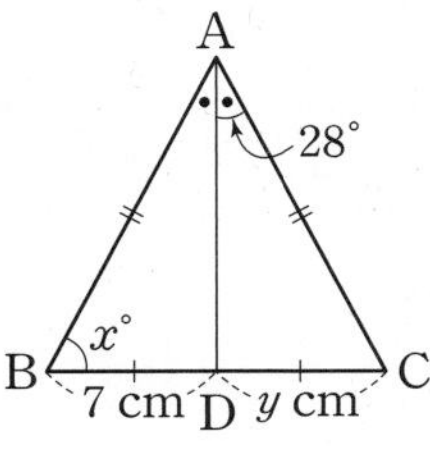

① 42 ② 63 ③ 69
④ 76 ⑤ 89

04 두 변의 길이가 같은!

이등변삼각형이 되는 조건

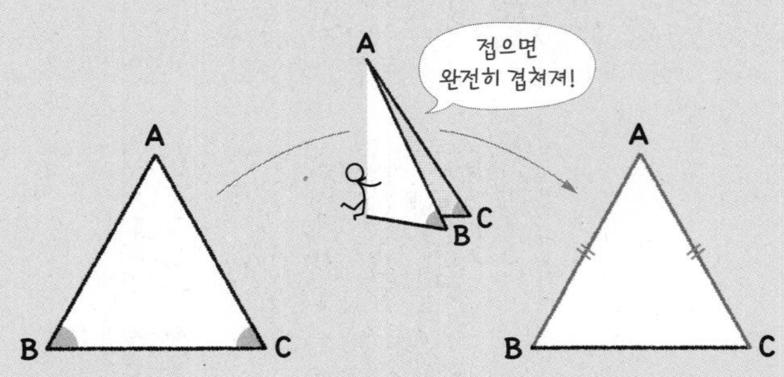

$\angle B = \angle C$ 이면 $\overline{AB} = \overline{AC}$

두 내각의 크기가 같으면 이등변삼각형이 된다.

- **이등변삼각형이 되는 조건:** 두 내각의 크기가 같은 삼각형은 이등변삼각형이다.

참고 어떤 삼각형이 이등변삼각형인지 알아보려면 두 변의 길이가 같거나 두 내각의 크기가 같음을 확인한다.

원리확인 다음은 두 내각의 크기가 같은 삼각형은 이등변삼각형임을 증명하는 과정이다. □ 안에 알맞은 것을 써넣으시오.

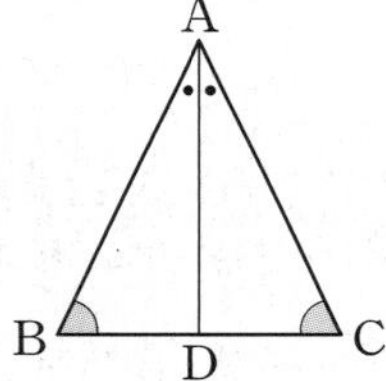

$\angle B = \angle C$인 $\triangle ABC$에서 $\angle A$의 이등분선이 $\overline{BC}$와 만나는 점을 D라 하자. $\triangle ABD$와 $\triangle ACD$에서

$\angle B = \angle C$, $\angle BAD =$ □ …… ㉠

삼각형의 세 내각의 크기의 합은 180°이므로

$\angle ADB =$ □ …… ㉡

□는 공통 …… ㉢

㉠, ㉡, ㉢에서 대응하는 한 변의 길이가 같고, 그 양 끝 각의 크기가 각각 같으므로

$\triangle ABD \equiv \triangle ACD$ (□ 합동)

따라서 $\overline{AB} =$ □이므로 $\triangle ABC$는 이등변삼각형이다.

1st — 이등변삼각형이 되는 조건 이해하기

● 다음 그림에서 $\overline{AB}$와 길이가 같은 선분을 구하시오.

1

A, 65°, 65°, B, C

2

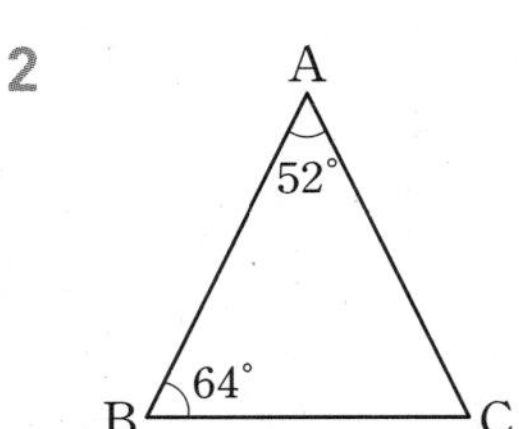

3

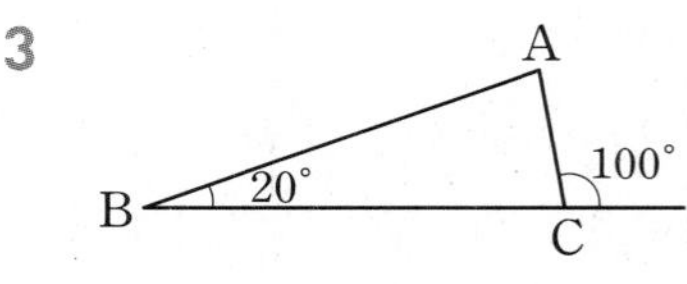

4

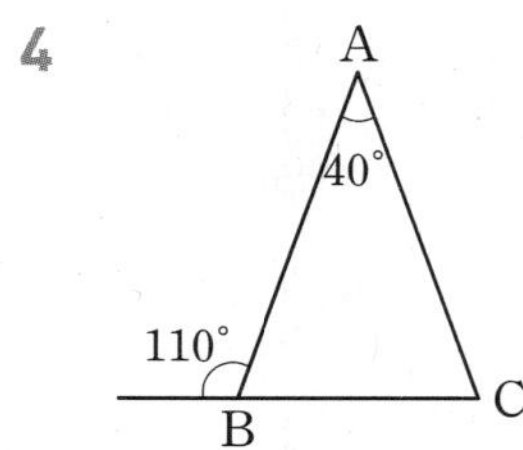

2nd 이등변삼각형이 되는 조건을 활용하여 문제 해결하기

● **다음 그림과 같은 삼각형 ABC에서 x의 값을 구하시오.**

5

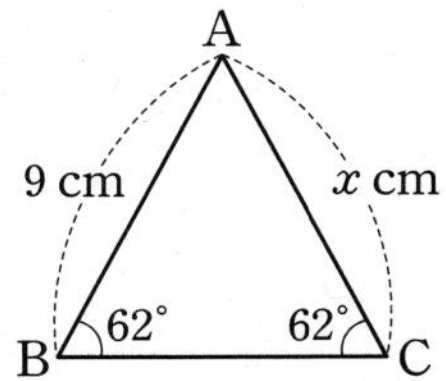

6

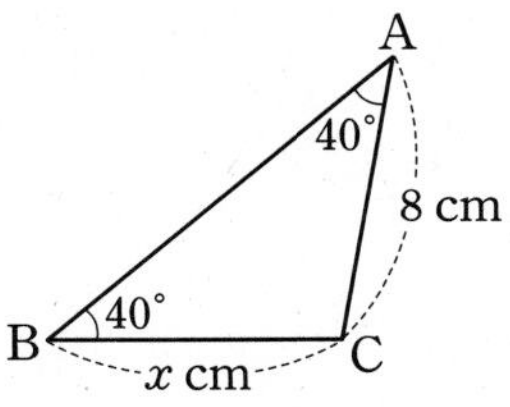

7

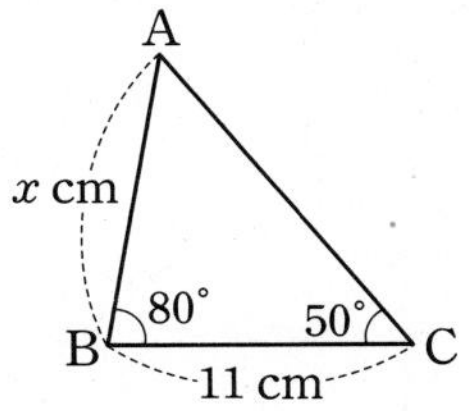

8

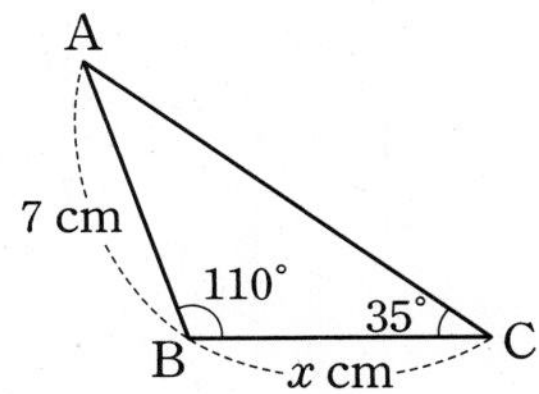

9

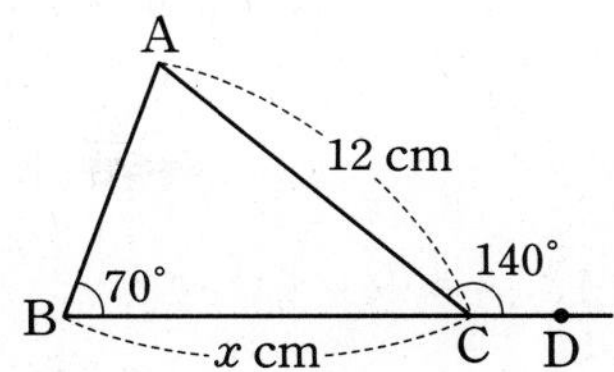

삼각형의 한 외각의 크기는 그와 이웃하지 않는 두 내각의 크기의 합과 같아!

10

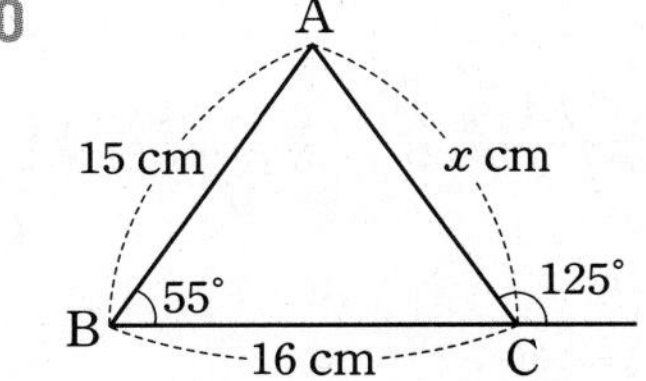

11

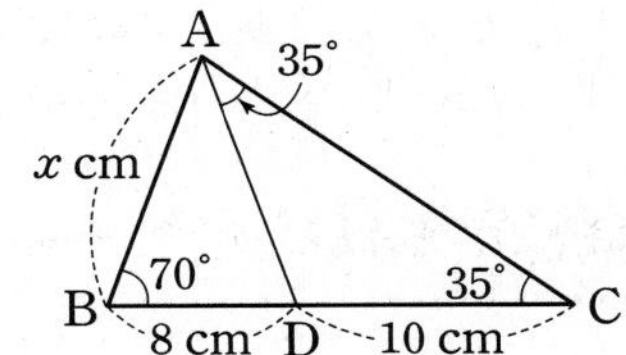

개념모음문제

12 오른쪽 그림과 같이 $\overline{AB}=\overline{BC}$이고 $\angle B=90^\circ$인 직각이등변삼각형 ABC에서 $\overline{BD}=10$ cm, $\overline{AC}\perp\overline{BD}$일 때, $x+y$의 값은?

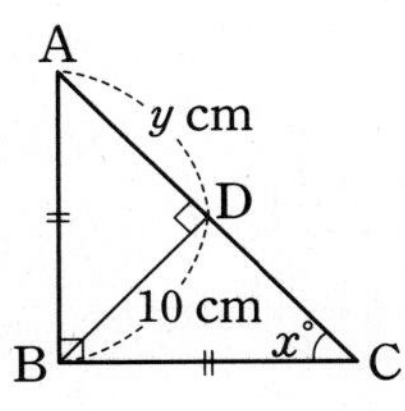

① 45 ② 50 ③ 55
④ 60 ⑤ 65

내가 발견한 개념 　이등변삼각형이 되는 조건은?

• 이등변삼각형 ⇄ 두 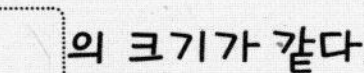의 크기가 같다.

05 두 변의 길이가 같은!

이등변삼각형의 성질의 활용

❶ △ABC에서 $\overline{AB}=\overline{AC}$, $\overline{BD}=\overline{BC}$ 이면

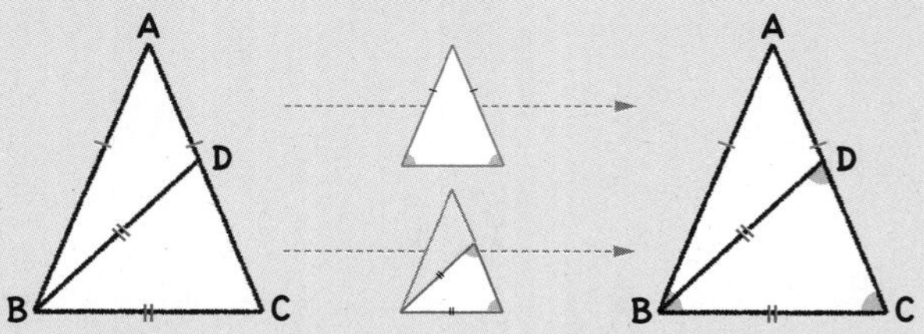

∠B = ∠C = ∠BDC

❷ △ABC에서 $\overline{DA}=\overline{DB}=\overline{DC}$ 일 때,

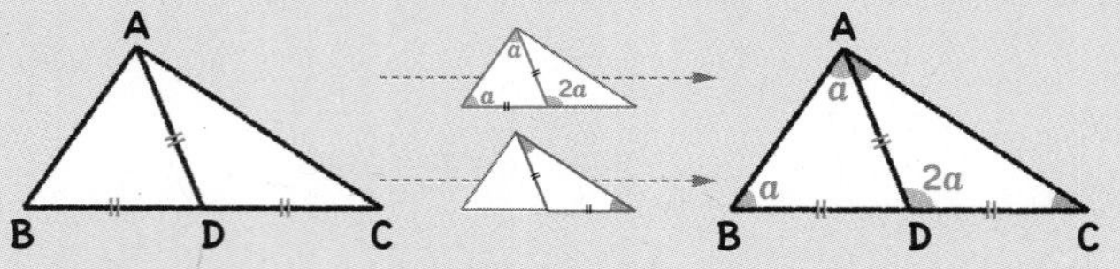

∠DAB = ∠DBA

∠ADC = 2∠ABD

∠DAC = ∠DCA

1st 겹쳐진 2개의 삼각형의 각의 크기 구하기

• 다음 그림과 같은 △ABC에서 $\overline{AB}=\overline{AC}$일 때, $\angle x$, $\angle y$의 크기를 구하시오.

1

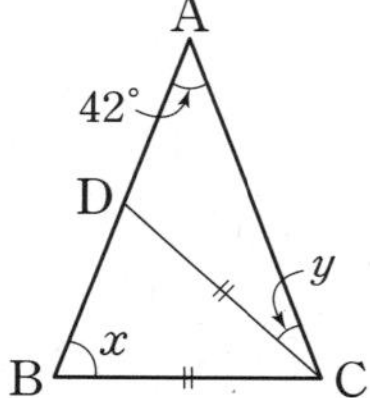

→ △ABC에서 $\overline{AB}=\overline{AC}$이므로

$\angle x=\angle ACB=\frac{1}{2}\times(180°-$ □ $°)=$ □ °

△BCD에서 $\overline{BC}=\overline{CD}$이므로

$\angle CDB=\angle x=$ □ °

$\angle CDB=\angle y+42°$이므로

$\angle y=\angle CDB-42°=$ □ °

2

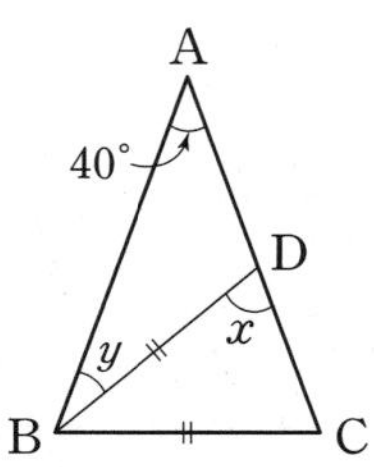

3

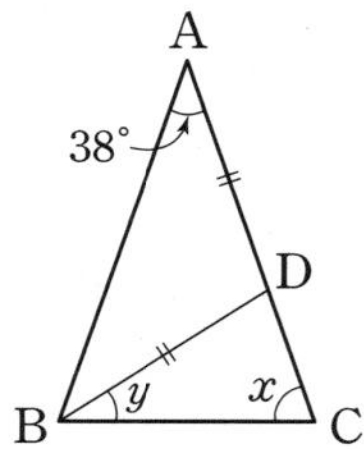

4

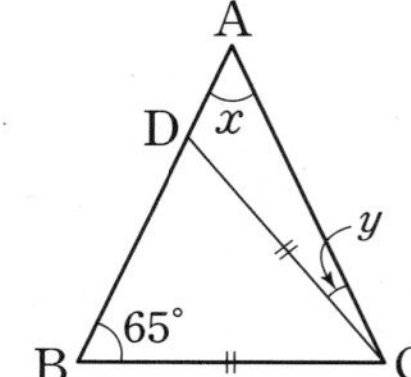

5

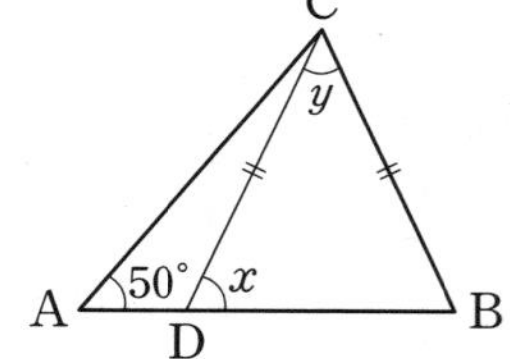

6

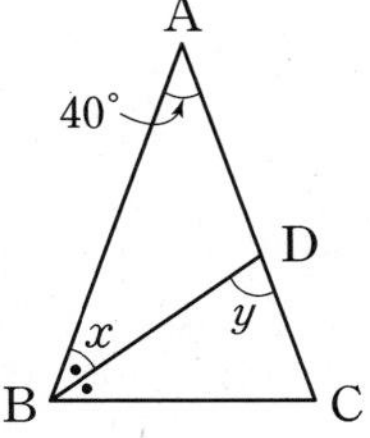

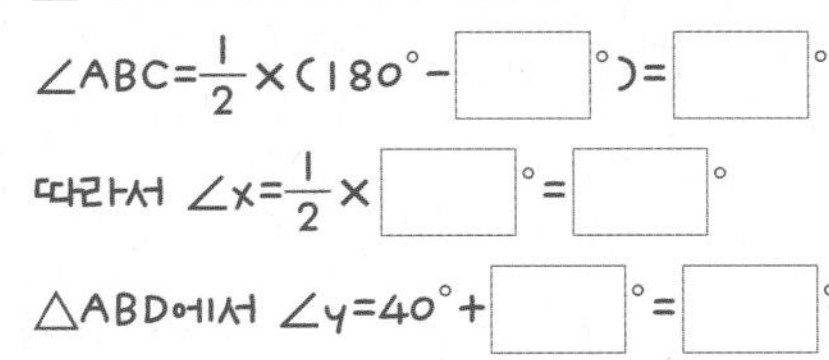

→ △ABC에서 $\overline{AB}=\overline{AC}$이므로

$\angle ABC=\frac{1}{2}\times(180°-\square°)=\square°$

따라서 $\angle x=\frac{1}{2}\times\square°=\square°$

△ABD에서 $\angle y=40°+\square°=\square°$

7

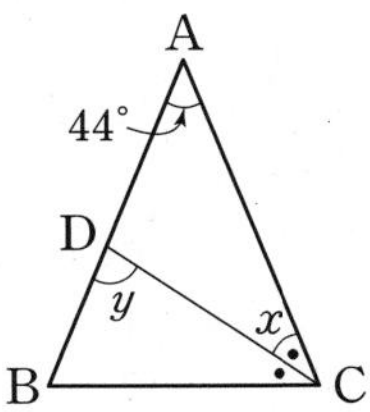

8

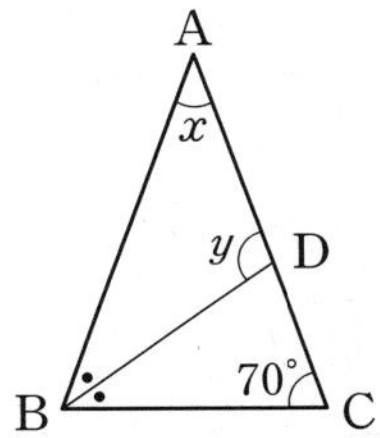

9

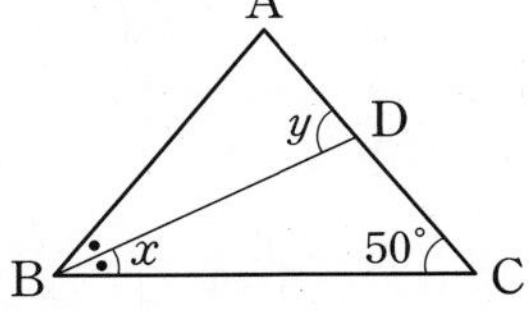

10

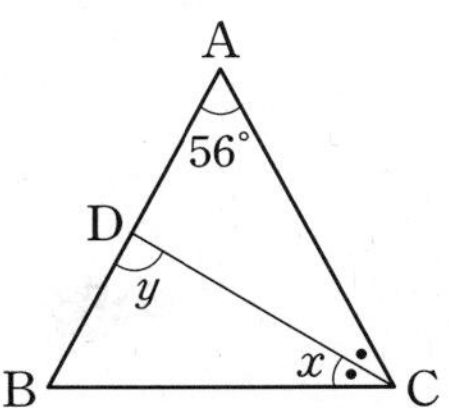

2nd 이웃한 이등변삼각형의 각의 크기 구하기

● 다음 그림과 같은 △ABC에서 $\angle x$, $\angle y$의 크기를 구하시오.

11

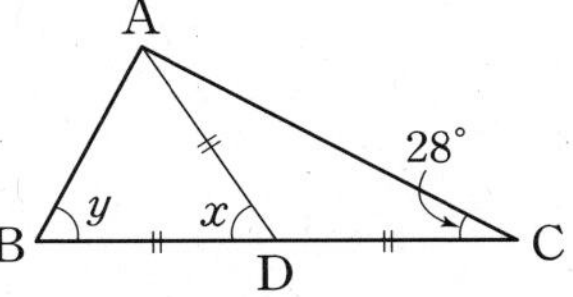

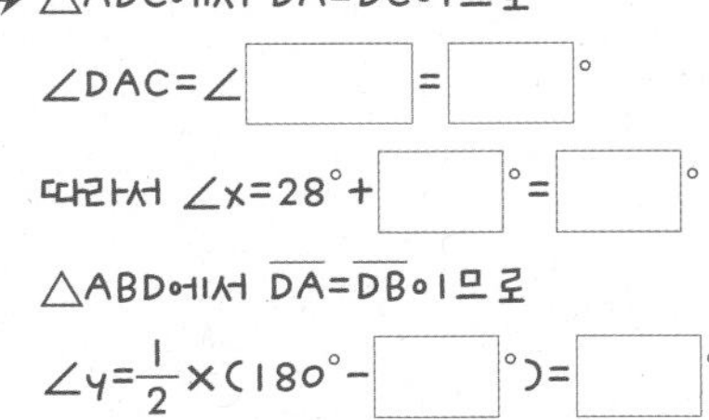

→ △ADC에서 $\overline{DA}=\overline{DC}$이므로

$\angle DAC=\angle\square=\square°$

따라서 $\angle x=28°+\square°=\square°$

△ABD에서 $\overline{DA}=\overline{DB}$이므로

$\angle y=\frac{1}{2}\times(180°-\square°)=\square°$

12

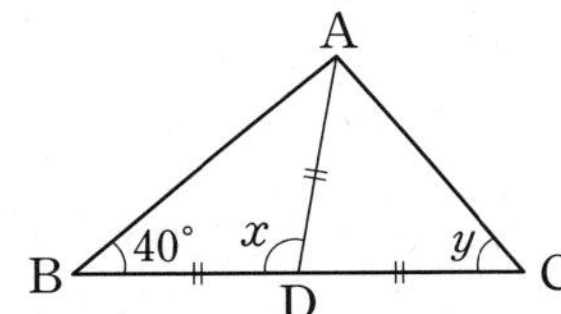

13

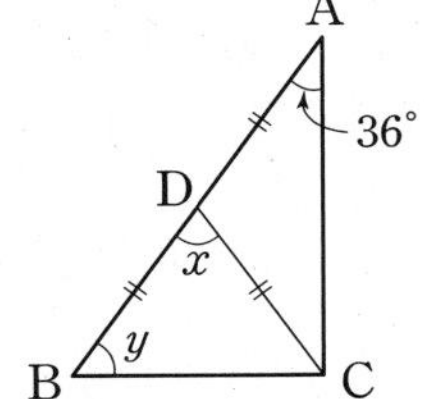

14

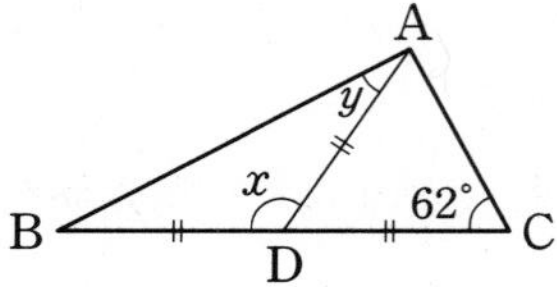

15

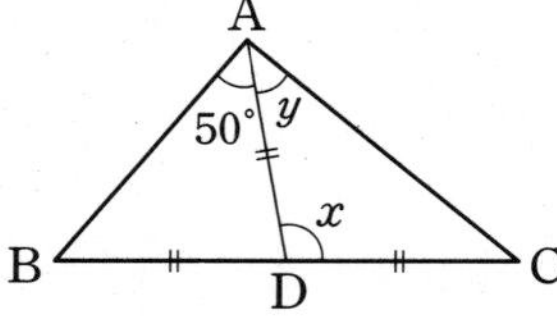

16

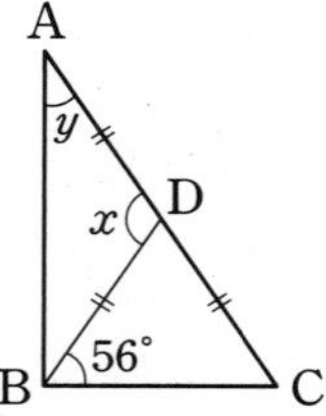

- **다음 그림과 같은 △ABC에서 ∠x의 크기를 구하시오.**

17

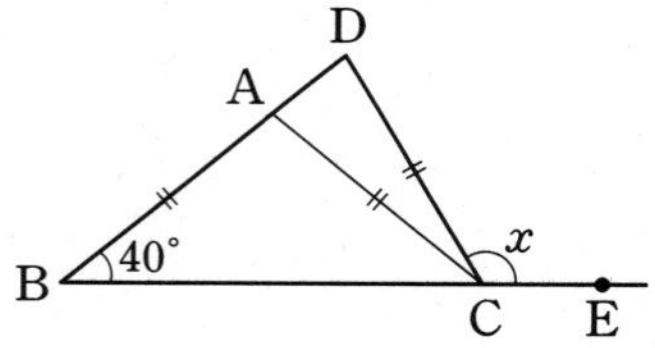

→ △ABC에서 $\overline{AB}=\overline{AC}$이므로

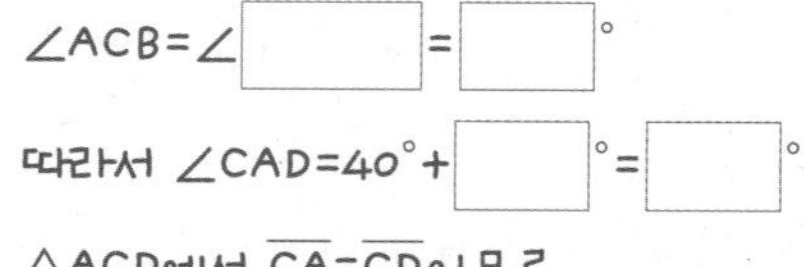

∠ACB=∠[ ]=[ ]°

따라서 ∠CAD=40°+[ ]°=[ ]°

△ACD에서 $\overline{CA}=\overline{CD}$이므로

∠CDA=∠CAD=[ ]°

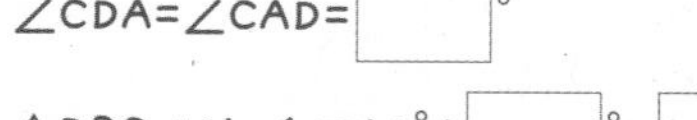

△DBC에서 ∠x=40°+[ ]°=[ ]°

18

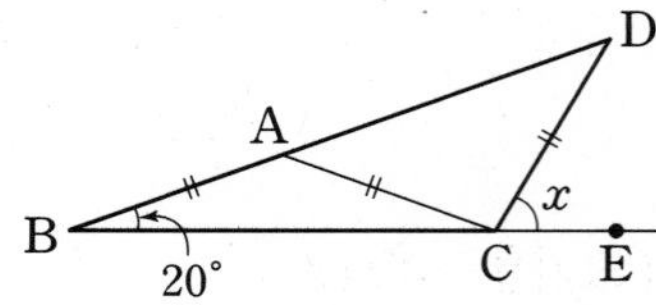

19

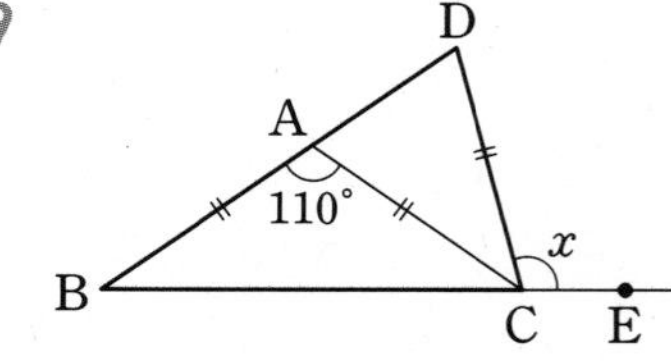

20

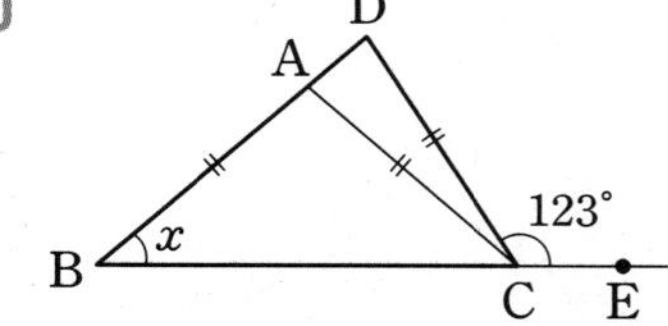

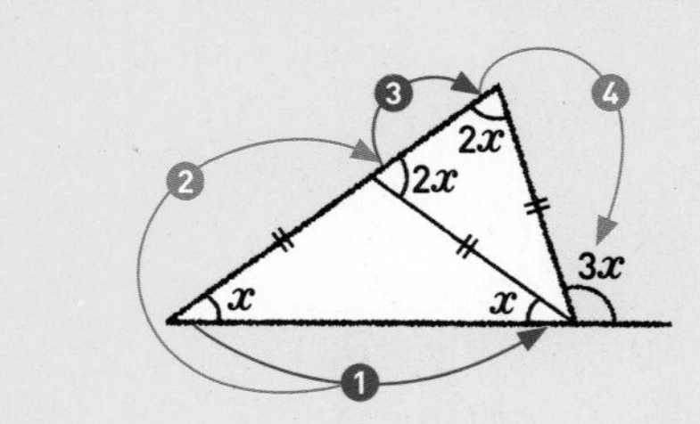

❶ 이등변삼각형의 성질
❷ 삼각형의 외각의 성질
❸ 이등변삼각형의 성질
❹ 삼각형의 외각의 성질

두 가지 성질로 모든 걸 알아냈다는!

3rd 내각과 외각의 이등분선이 있을 때 각의 크기 구하기

● 다음 그림에서 $\angle x$의 크기를 구하시오.

21

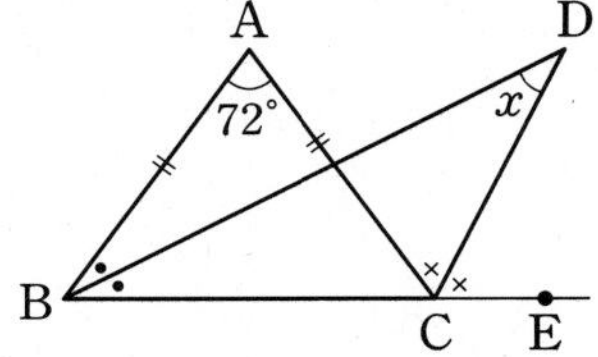

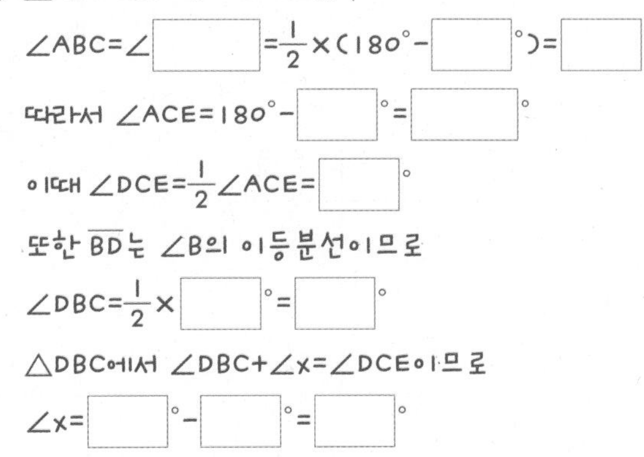

➜ △ABC에서 $\overline{AB}=\overline{AC}$이므로

$\angle ABC=\angle$ □ $=\frac{1}{2}\times(180°-$ □ $°)=$ □ °

따라서 $\angle ACE=180°-$ □ $°=$ □ °

이때 $\angle DCE=\frac{1}{2}\angle ACE=$ □ °

또한 $\overline{BD}$는 $\angle B$의 이등분선이므로

$\angle DBC=\frac{1}{2}\times$ □ $°=$ □ °

△DBC에서 $\angle DBC+\angle x=\angle DCE$이므로

$\angle x=$ □ $°-$ □ $°=$ □ °

22

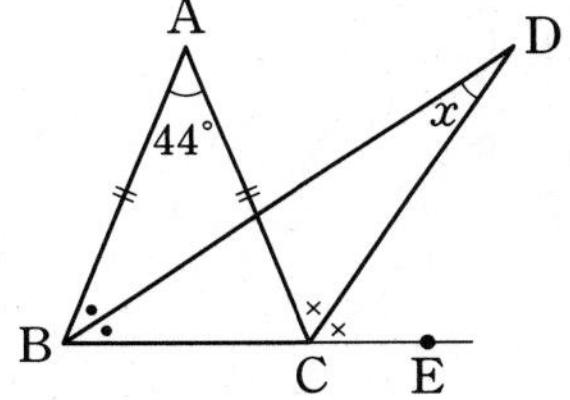

23

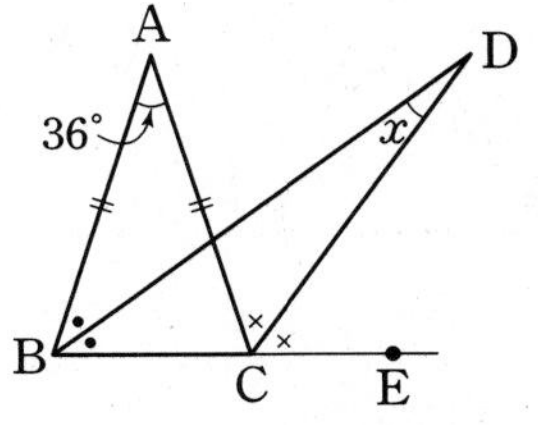

4th 종이접기를 이용한 각의 크기 구하기

● 다음 그림과 같이 직사각형 모양의 종이를 접었을 때, $\angle x$의 크기를 구하시오.

24

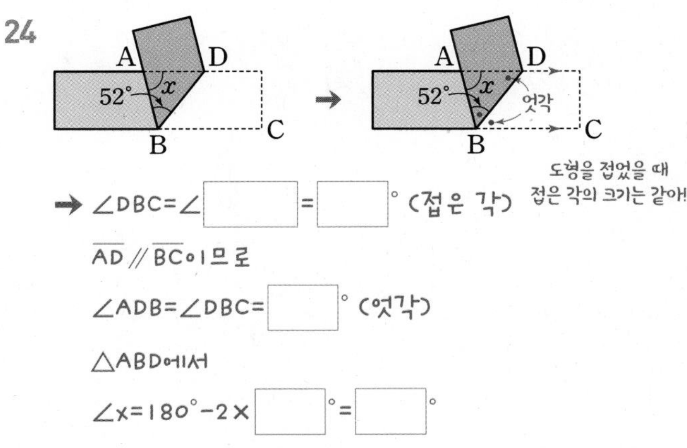

➜ $\angle DBC=\angle$ □ $=$ □ ° (접은 각)

$\overline{AD}\,/\!/\,\overline{BC}$이므로

$\angle ADB=\angle DBC=$ □ ° (엇각)

△ABD에서

$\angle x=180°-2\times$ □ $°=$ □ °

25

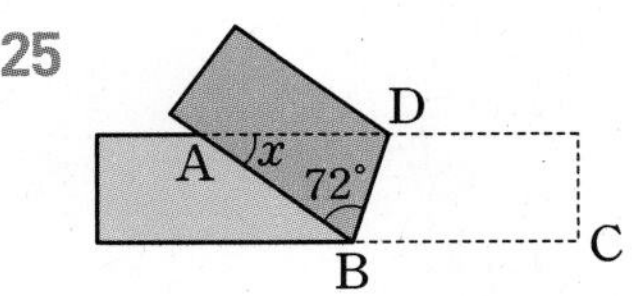

26

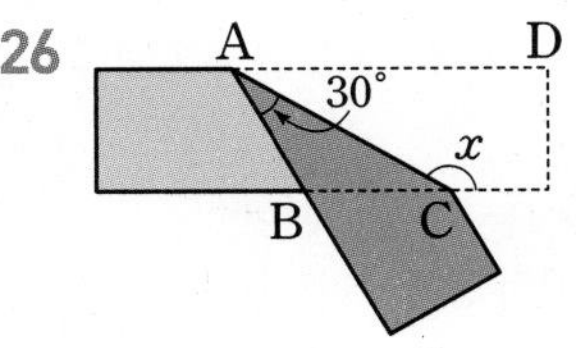

27

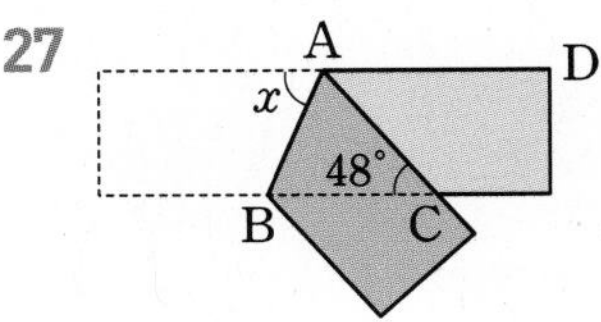

06

두 개의 직각삼각형이 완전히 포개지는!

직각삼각형의 합동 조건

❶ 빗변의 길이와 한 예각의 크기가
각각 같을 때 (RHA합동)

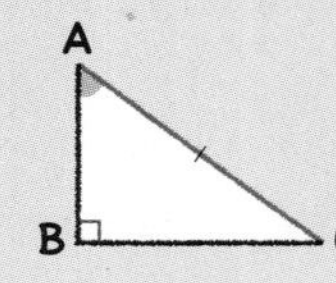

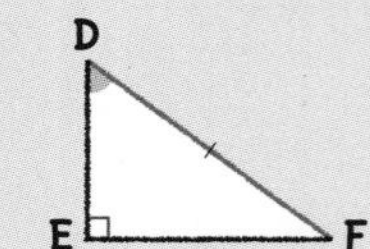

$\angle B = \angle E = 90°$, $\overline{AC} = \overline{DF}$, $\angle A = \angle D$

R H A

❷ 빗변의 길이와 다른 한 변의 길이가
각각 같을 때 (RHS합동)

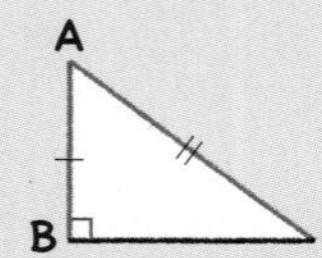

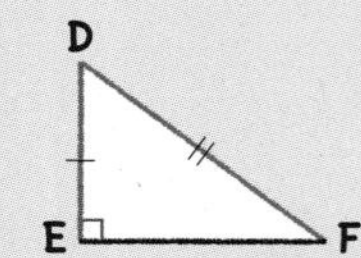

$\angle B = \angle E = 90°$, $\overline{AC} = \overline{DF}$, $\overline{AB} = \overline{DE}$

R H S

• 직각삼각형의 합동 조건

① 두 직각삼각형의 빗변의 길이와 한 예각의 크기가 각각 같을 때
→ RHA 합동

② 두 직각삼각형의 빗변의 길이와 다른 한 변의 길이가 각각 같을 때
→ RHS 합동

참고 R는 Right angle(직각), H는 Hypotenuse(빗변), A는 Angle(각), S는 Side(변)의 첫 글자이다.

두 삼각형이 직각삼각형일 때

내각의 합으로
ASA 합동

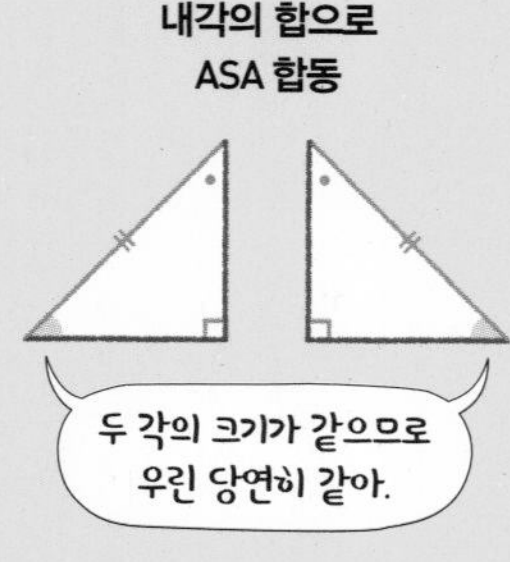

이등변삼각형의 성질로
SAS 합동

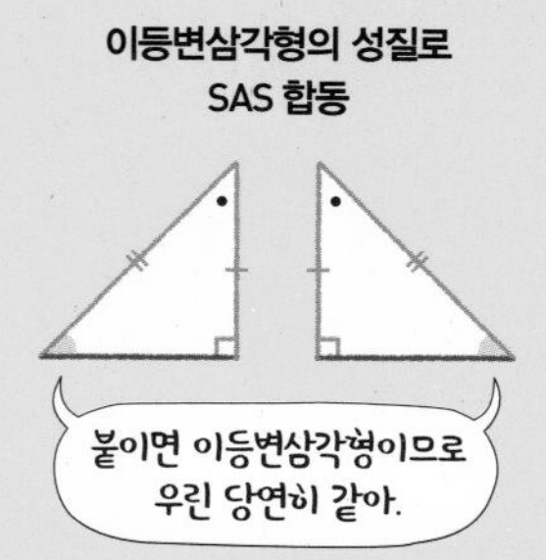

직각삼각형의 합동은 빗변의 길이가 같다는 게
핵심 조건이군! 가장 먼저 확인!

1st 직각삼각형의 합동 조건 이해하기

● 다음 그림과 같은 두 직각삼각형에 대하여 합동인 두 삼각형을 기호로 나타내고, 합동 조건을 말하시오.

1

A, 4 cm, 48°, B, C

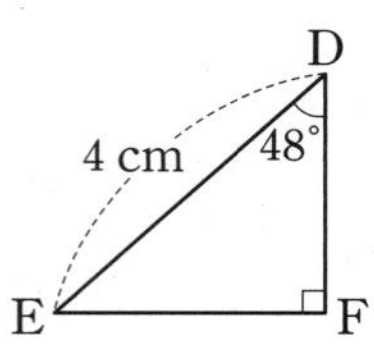

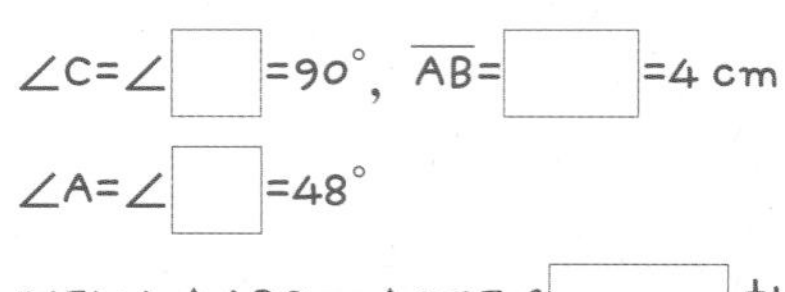

→ △ABC와 △DEF에서

∠C=∠☐=90°, $\overline{AB}$=☐=4 cm

∠A=∠☐=48°

따라서 △ABC≡△DEF (☐ 합동)

↑ 두 도형의 합동을 나타낼 때는 대응하는 점을 순서대로 써야 해!

2

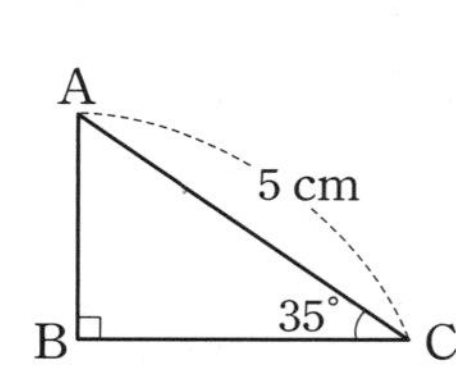

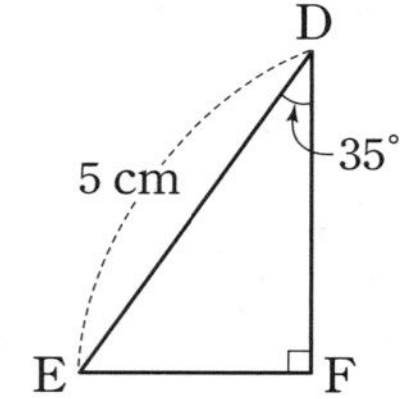

3

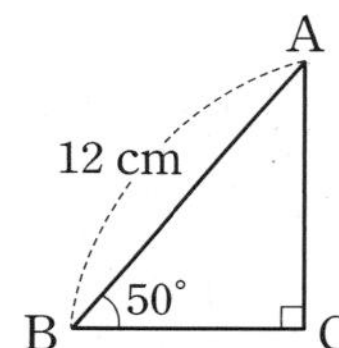

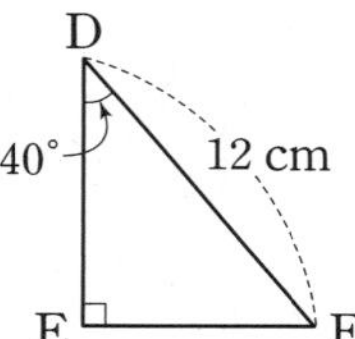

4

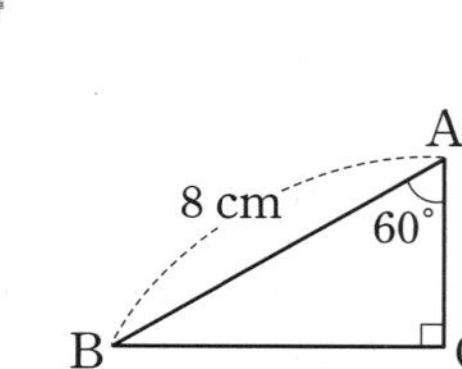

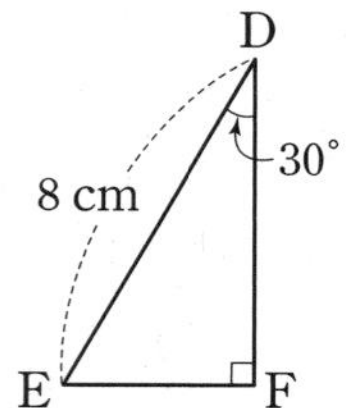

5

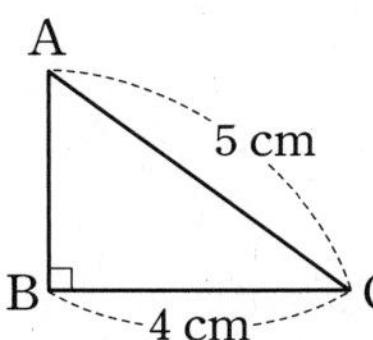

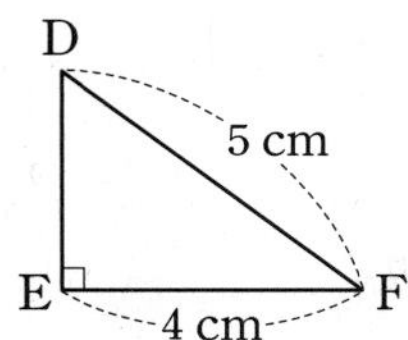

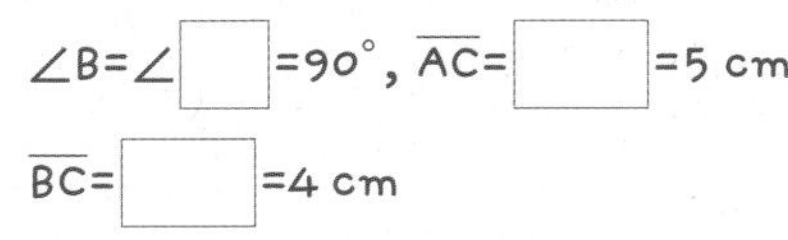

6

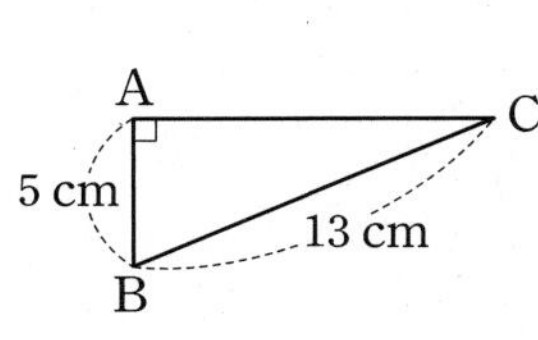

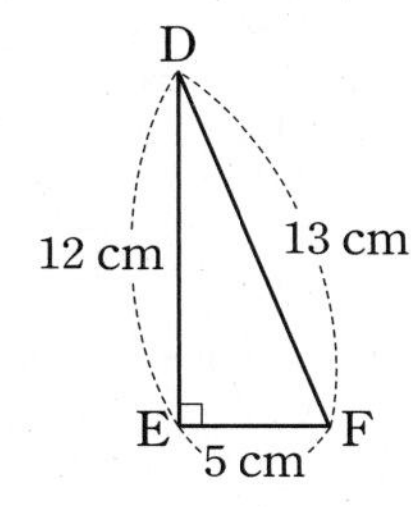

7

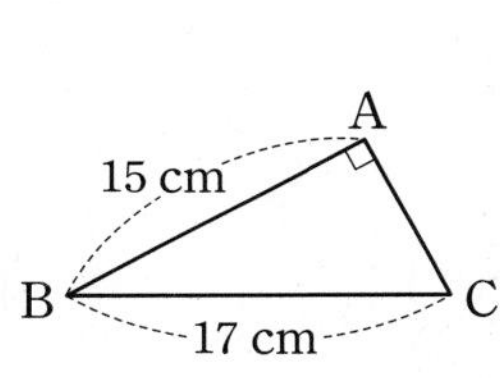

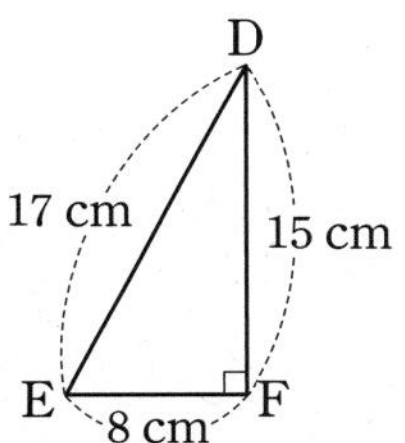

8

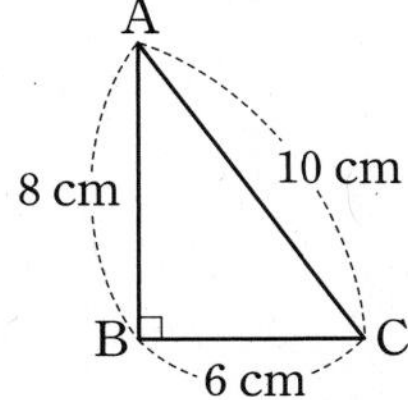

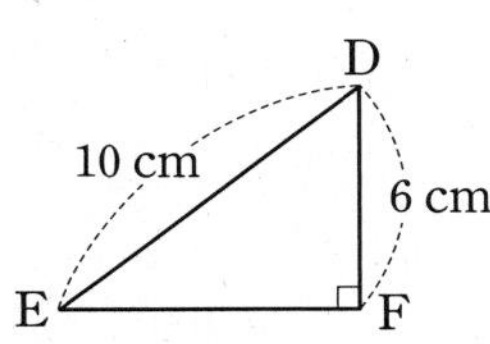

● **주어진 삼각형과 합동인 직각삼각형을 보기에서 골라 합동을 기호로 나타내고, 합동 조건을 말하시오.**

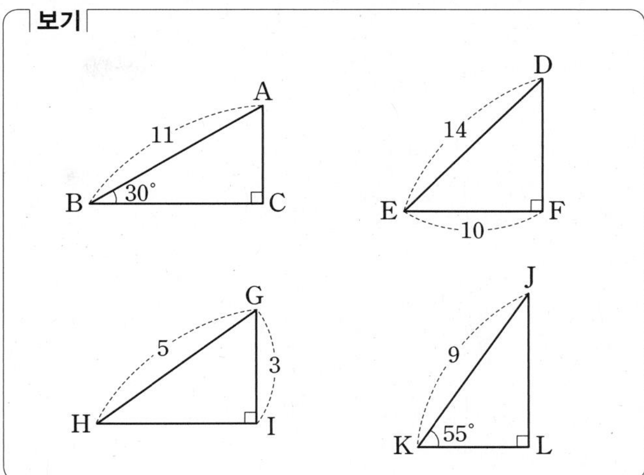

9

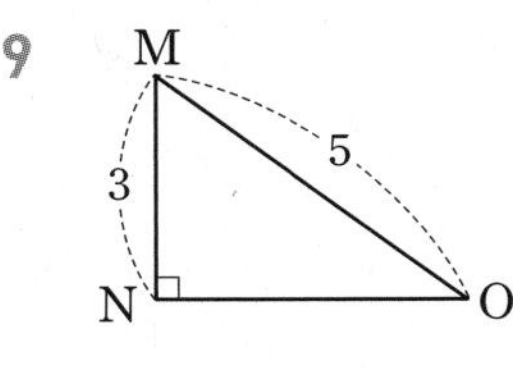

10

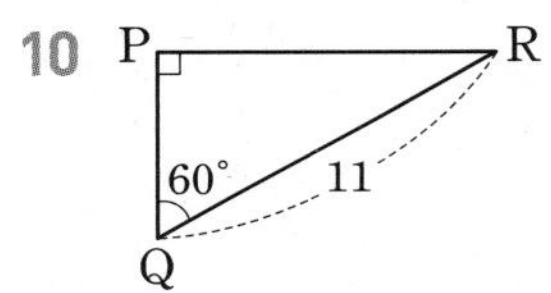

11

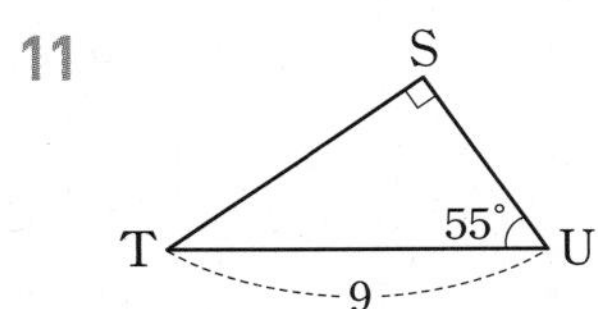

12

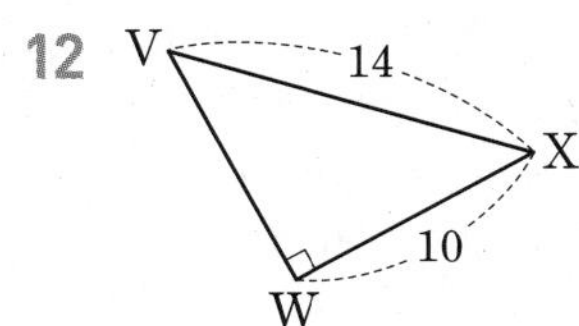

• 다음 직각삼각형 중에서 서로 합동인 것끼리 짝지으시오.

13

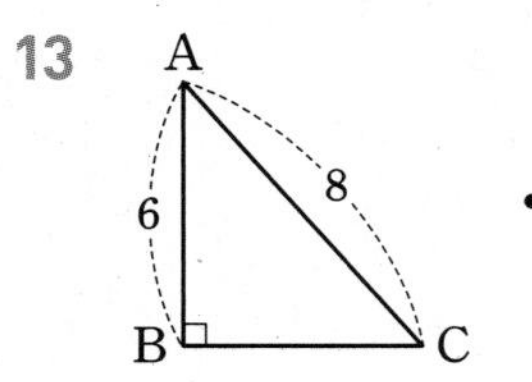

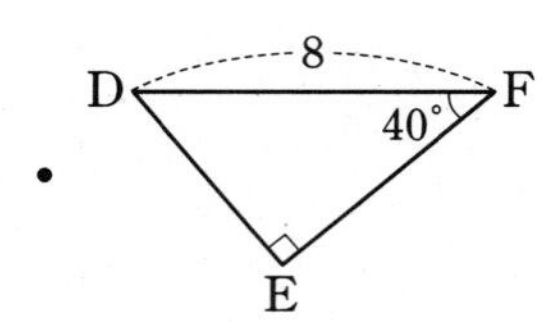

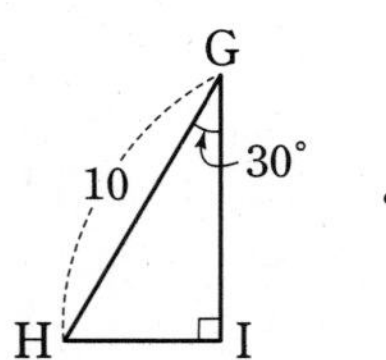

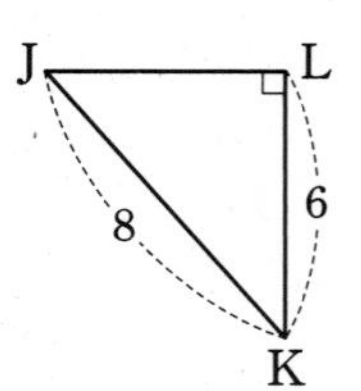

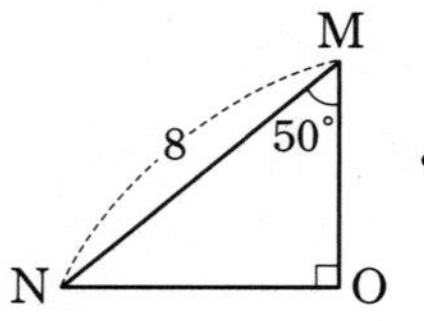

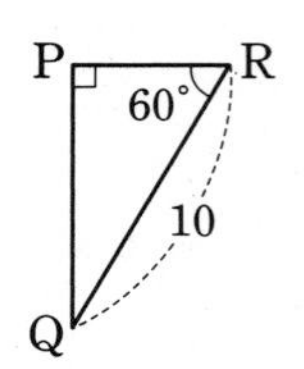

14

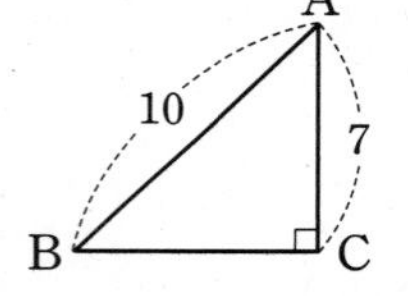

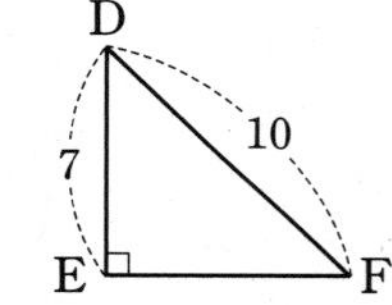

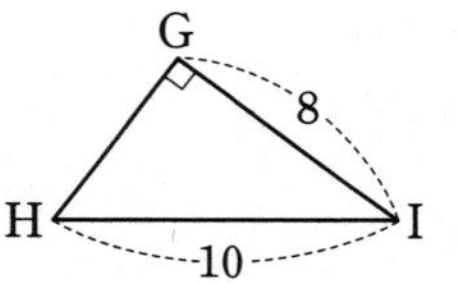

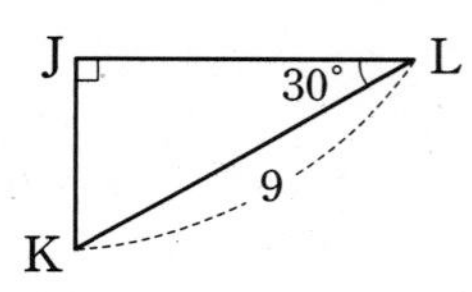

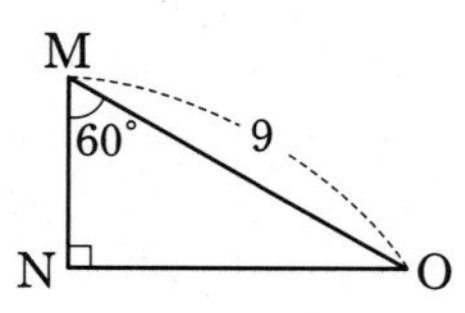

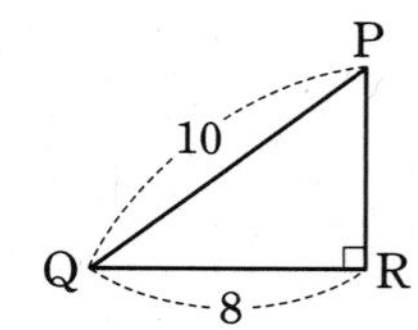

15

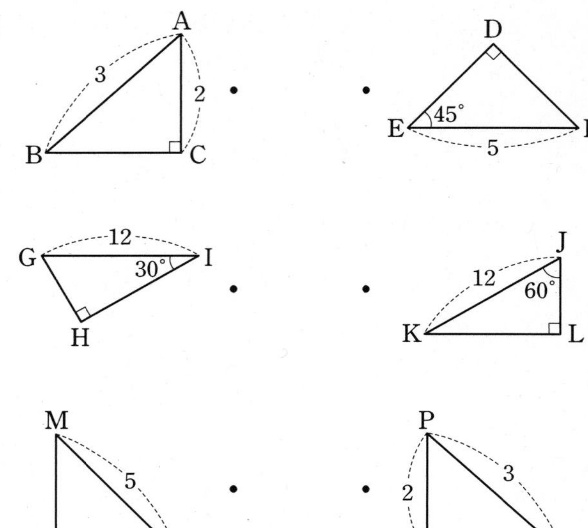

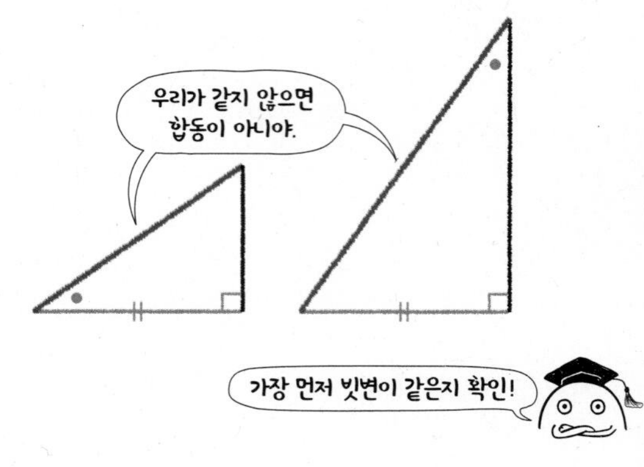

개념모음문제

16 다음 중 직각삼각형이 합동이라 할 수 없는 것은?

① 두 예각의 크기가 각각 같을 때
② 직각을 낀 두 변의 길이가 각각 같을 때
③ 빗변의 길이가 같고 한 예각의 크기가 같을 때
④ 빗변의 길이가 같고 다른 한 변의 길이가 같을 때
⑤ 한 예각의 크기가 같고 그 예각과 직각 사이에 있는 변의 길이가 같을 때

● 다음 그림과 같은 두 직각삼각형에서 x의 값을 구하시오.

17

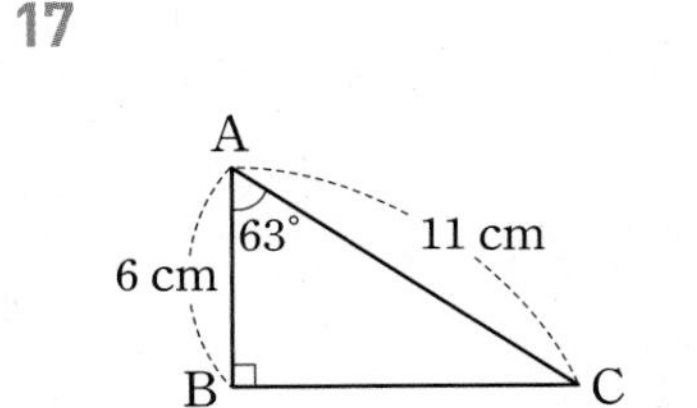

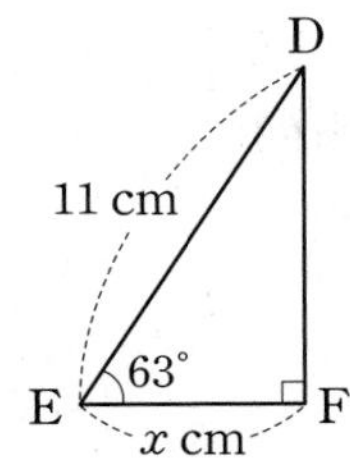

18

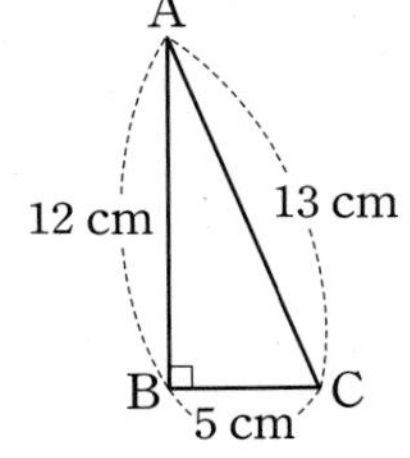

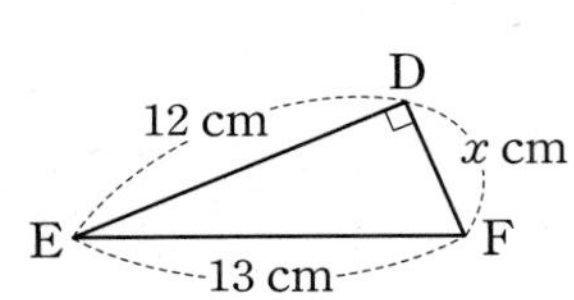

19

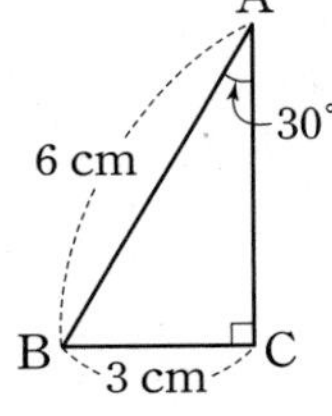

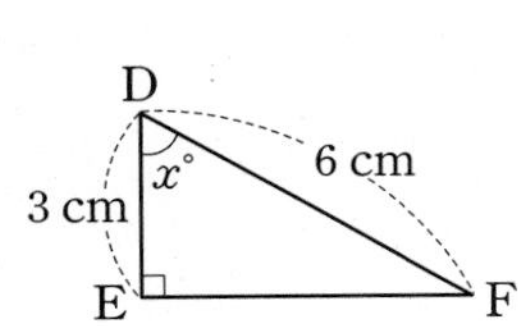

20

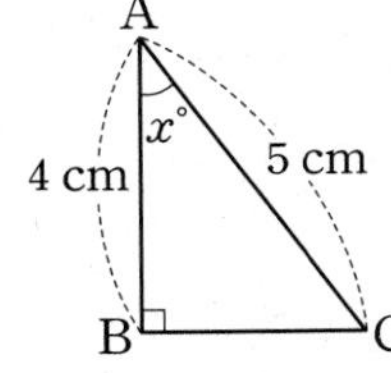

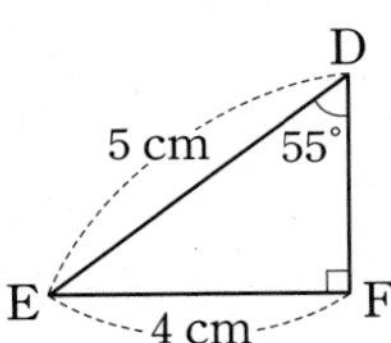

21

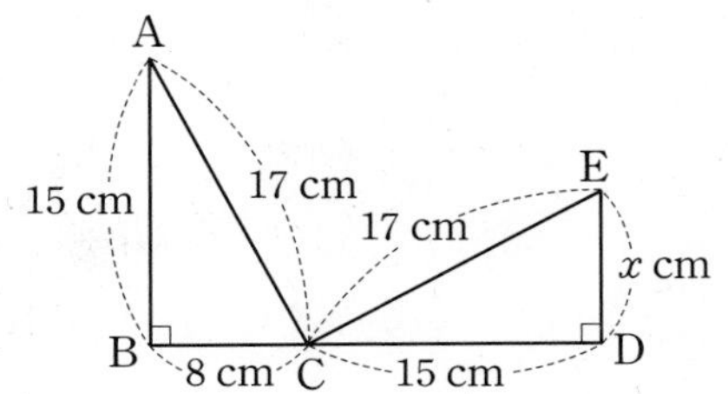

22

C
6 cm
8 cm
10 cm
A
B
10 cm
M
x cm
D

(단, M은 $\overline{AB}$, $\overline{CD}$의 교점)

내가 발견한 개념 직각삼각형의 합동 조건은?

두 ☐ 삼각형의 ☐ 의 길이와

- 한 예각의 크기가 각각 같을 때 → RH☐ 합동
- 다른 한 변의 길이가 각각 같을 때 → RH☐ 합동

개념모음문제

23 다음 중 오른쪽 그림의 △ABC와 합동인 △DEF의 조건이 아닌 것은?

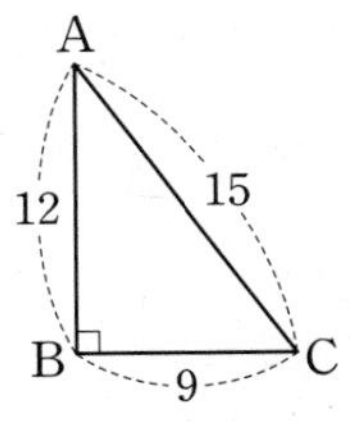

① $\overline{DE}=12$, $\angle E=90°$, $\overline{DF}=15$
② $\angle D=\angle A$, $\overline{DF}=15$, $\angle F=\angle C$
③ $\overline{EF}=9$, $\overline{DF}=12$, $\angle D=\angle A$
④ $\angle E=90°$, $\overline{DF}=15$, $\angle F=\angle C$
⑤ $\angle E=90°$, $\angle D=\angle A$, $\overline{DE}=12$

07 두 개의 직각삼각형이 완전히 포개지는!

직각삼각형의 합동 조건의 활용

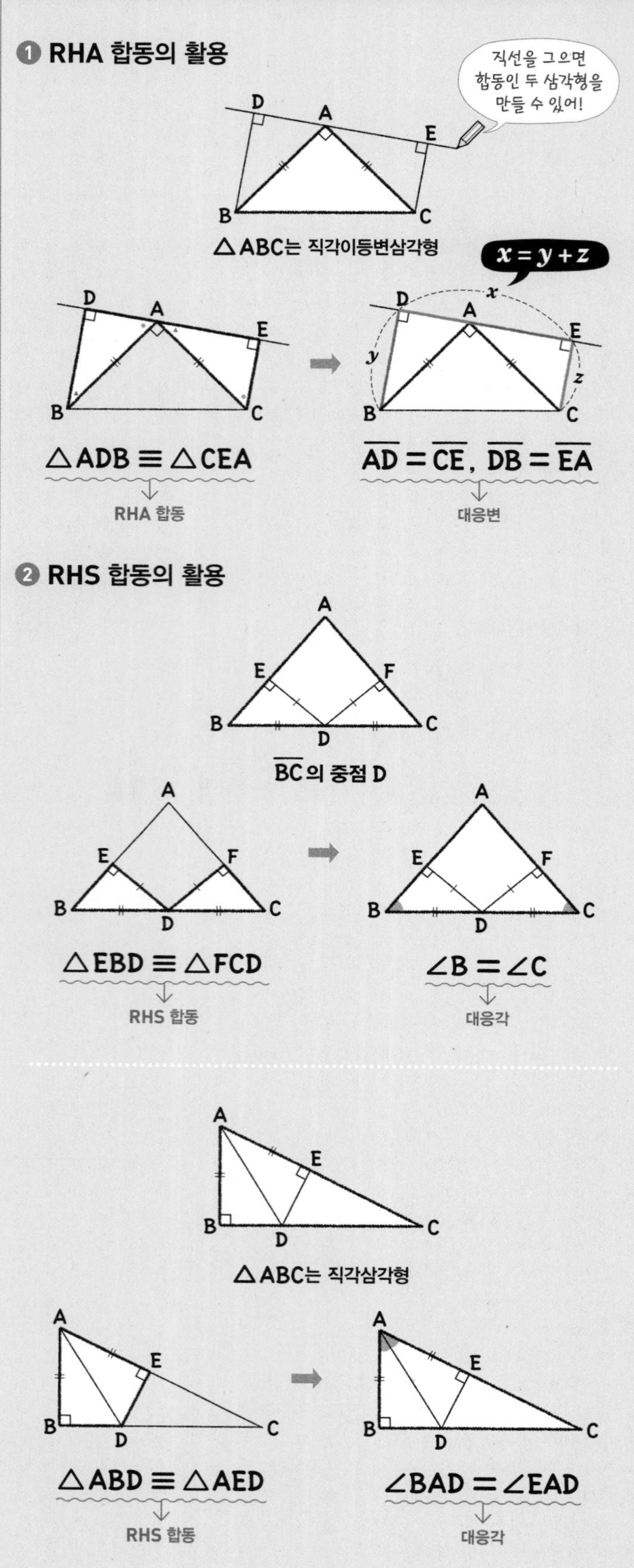

1st RHA 합동을 활용하여 문제 해결하기

● 다음 그림에서 △ABC가 직각이등변삼각형일 때, x의 값을 구하시오.

1

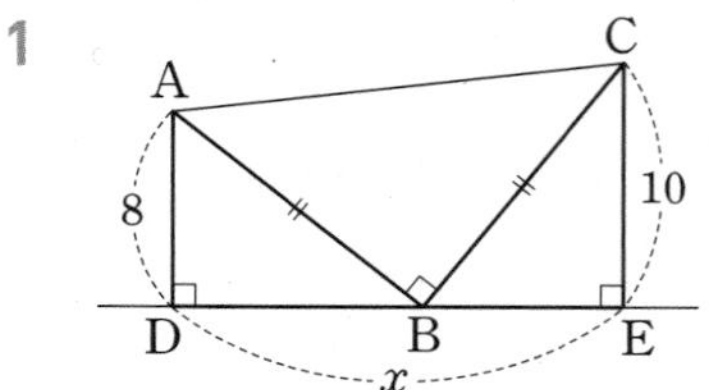

➜ △ABD와 △BCE에서
$\angle D=\angle E=90^\circ$, $\overline{AB}=\overline{BC}$,
$\angle ABD=90^\circ-\angle CBE=\angle$ ☐ 이므로
△ABD≡△☐ (☐ 합동)

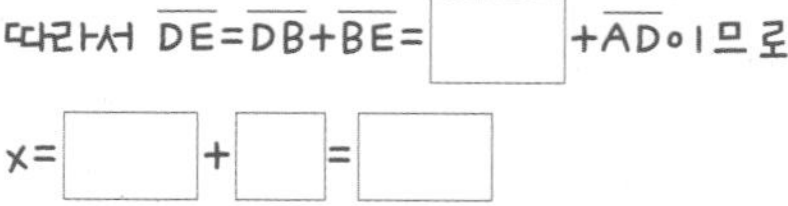

따라서 $\overline{DE}=\overline{DB}+\overline{BE}=$ ☐ $+\overline{AD}$이므로
$x=$ ☐ + ☐ = ☐

2

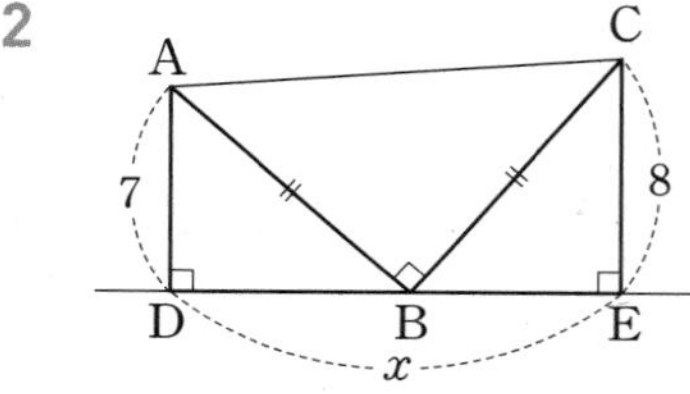

3

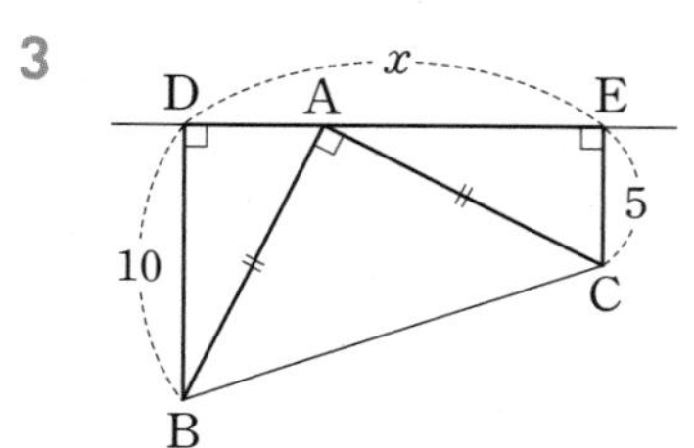

4

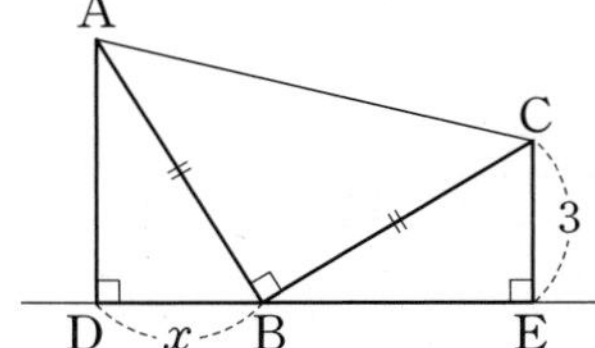

5

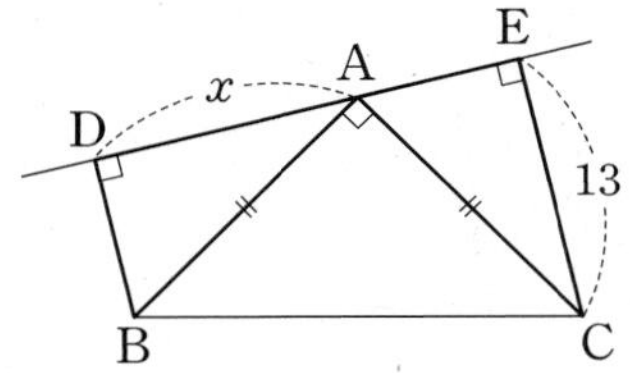

6

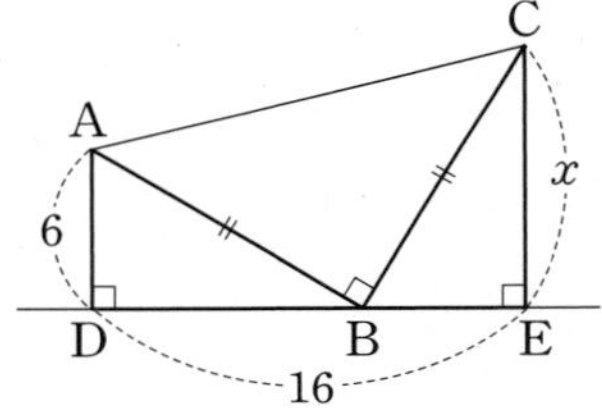

7

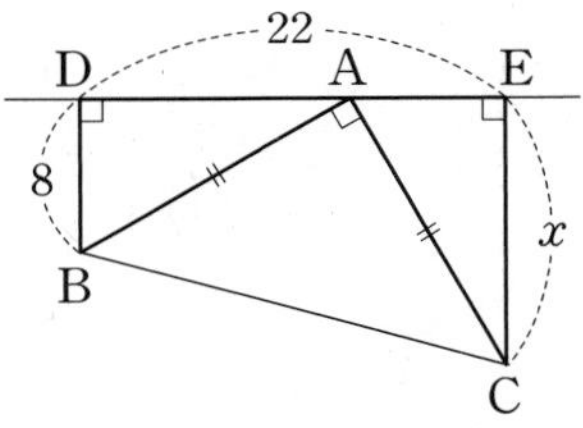

8

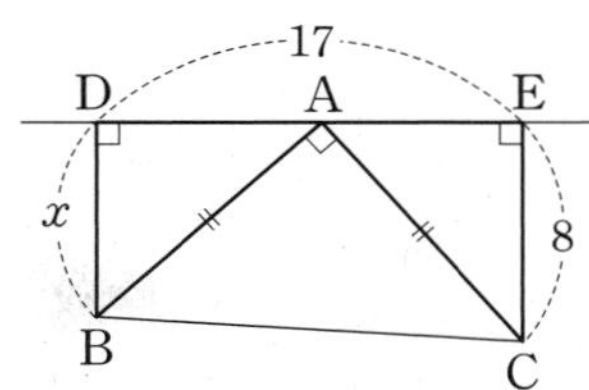

개념모음문제

9 오른쪽 그림에서 △ABC가 직각이등변 삼각형일 때, 색칠한 부분의 넓이는?

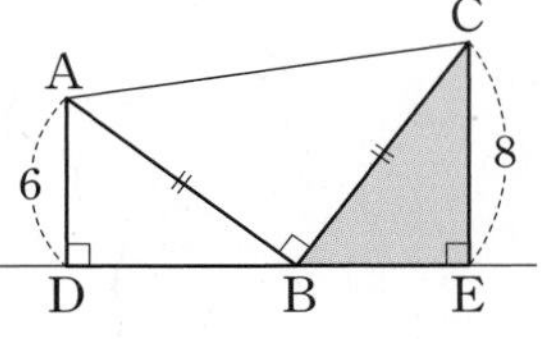

① 12　② 18　③ 24
④ 36　⑤ 48

2nd RHS 합동을 활용하여 문제 해결하기

● **다음 그림과 같은 △ABC에서 x의 값을 구하시오.**

10

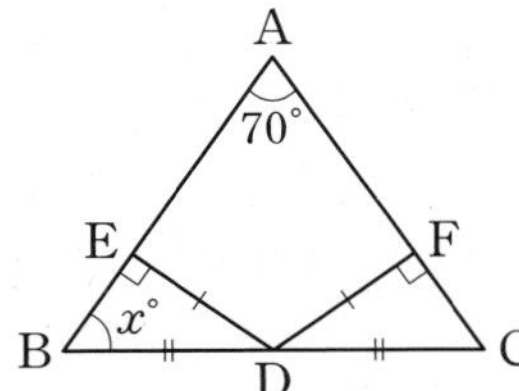

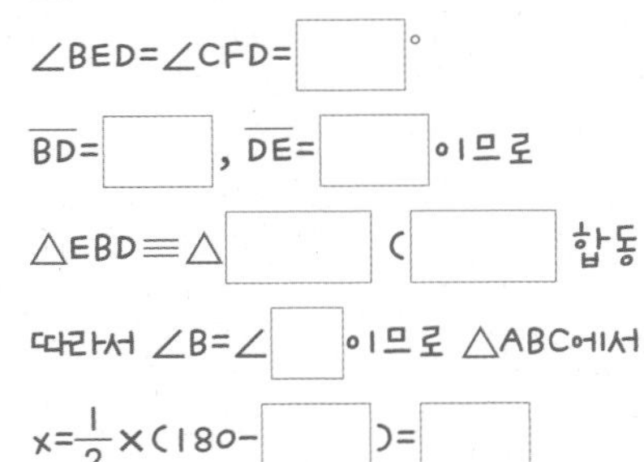

11

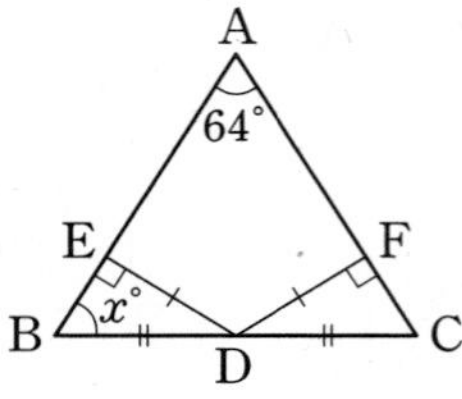

12

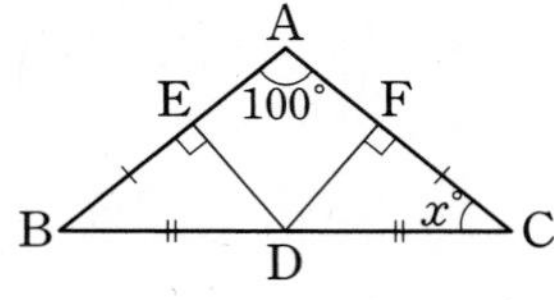

13

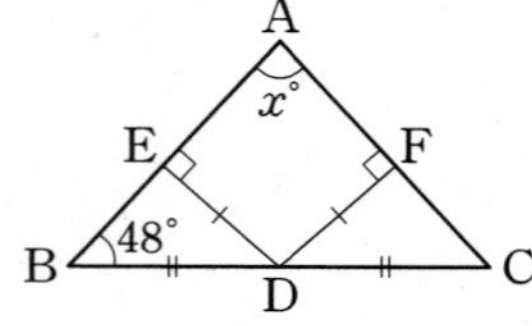

14

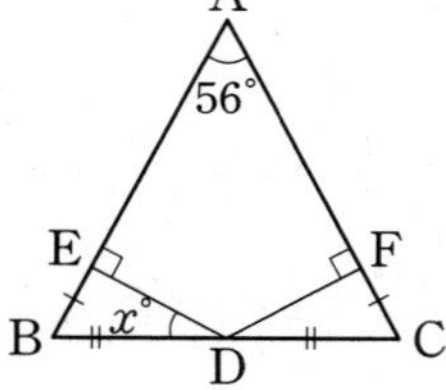

15

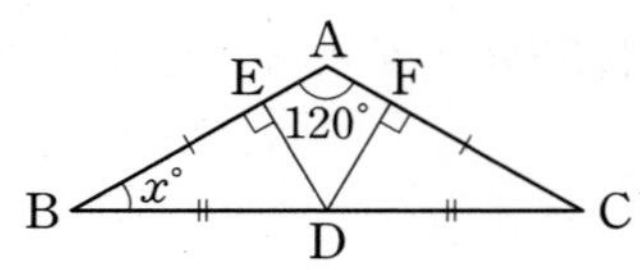

16

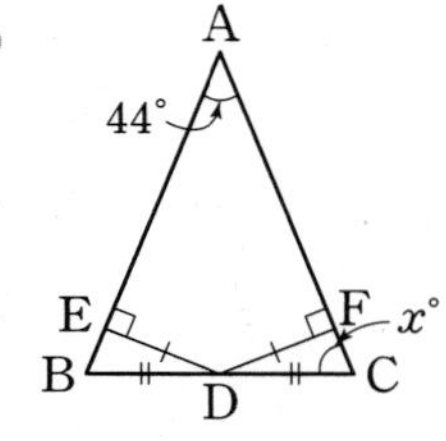

17

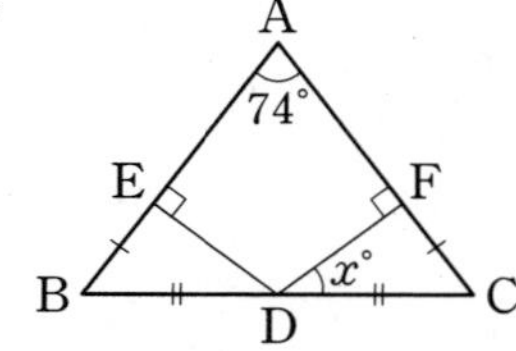

개념모음문제

18 오른쪽 그림과 같은 $\triangle ABC$에서 $\angle A$의 크기는?

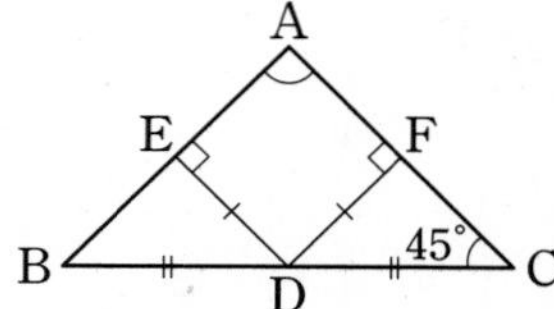

① 84° ② 86° ③ 88°
④ 90° ⑤ 92°

● **다음 그림과 같은 직각삼각형 ABC에서 x의 값을 구하시오.**

19

→ △ABD와 △AED에서

∠B=∠AED=☐°

☐는 공통, $\overline{AB}$=☐이므로

△ABD≡△☐ (☐ 합동)

따라서 ∠EAD=∠☐=☐°

△ABC에서 2x+90+38=☐

이므로 x=☐

20

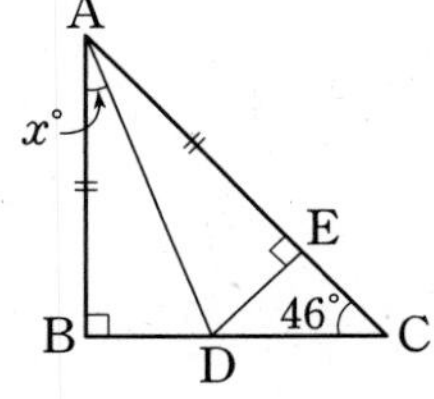

21

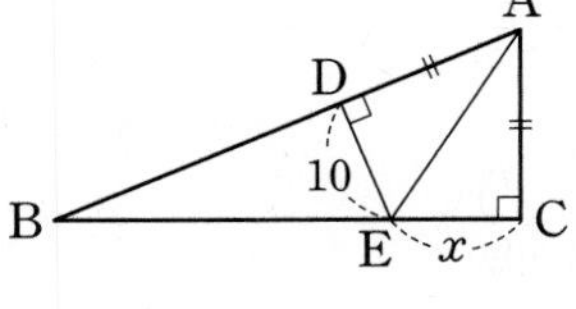

22

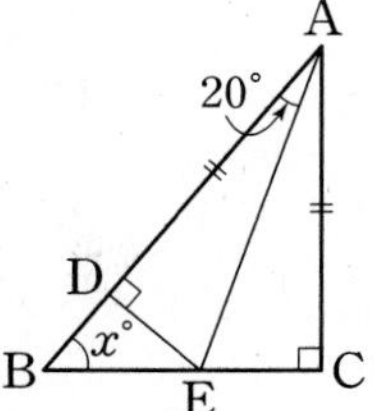

23

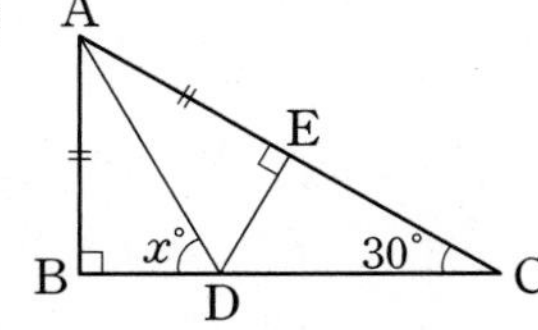

24

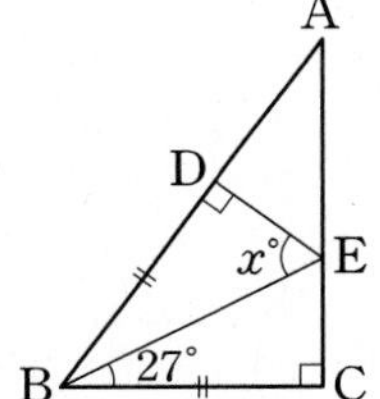

개념모음문제

25 오른쪽 그림과 같은 △ABC에서 ∠EDC의 크기는?

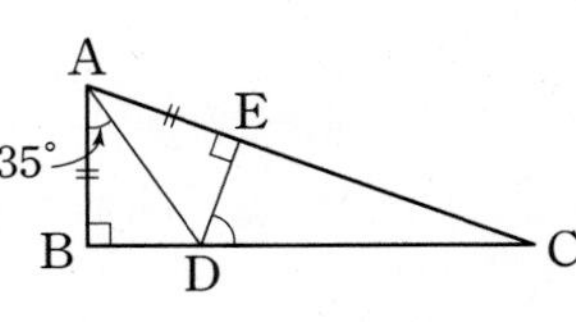

① 55° ② 68° ③ 70° ④ 72° ⑤ 80°

08 두 개의 직각삼각형이 완전히 포개지는!

각의 이등분선의 성질

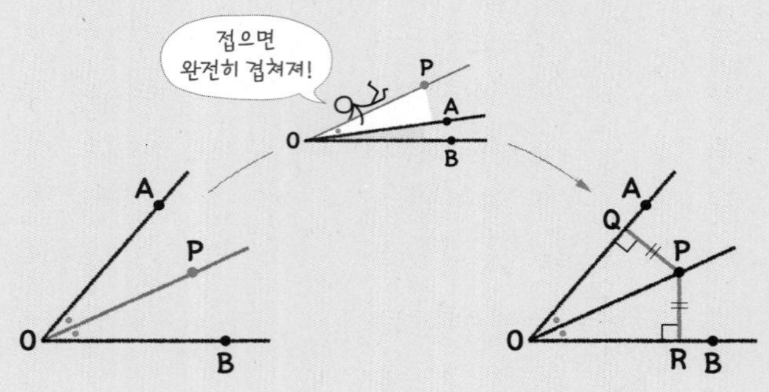

$\angle AOP = \angle BOP$ 이면 $\overline{PQ} = \overline{PR}$

각의 이등분선 위의 한 점에서
그 각의 두 변까지의 거리는 같다.

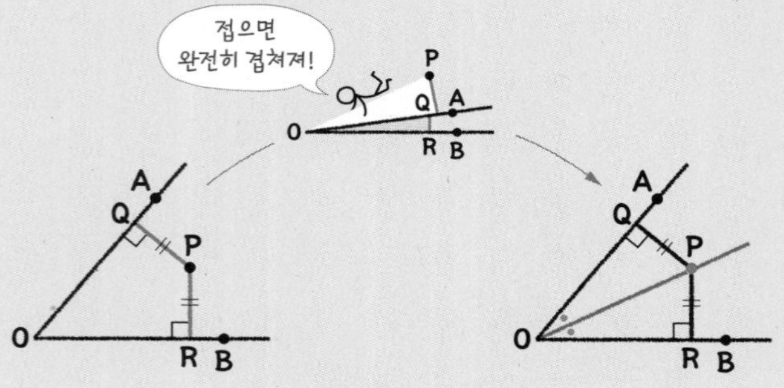

$\overline{PQ} = \overline{PR}$ 이면 $\angle AOP = \angle BOP$

각의 두 변에서 같은 거리에 있는 점은
그 각의 이등분선 위에 있다.

- 각의 이등분선의 성질
  ① 각의 이등분선 위의 임의의 점은 그 각의 두 변에서 같은 거리에 있다.
  ② 각의 두 변에서 같은 거리에 있는 점은 그 각의 이등분선 위에 있다.

1st – 각의 이등분선의 성질을 이용하여 길이 구하기

● 다음 그림에서 x의 값을 구하시오.

1

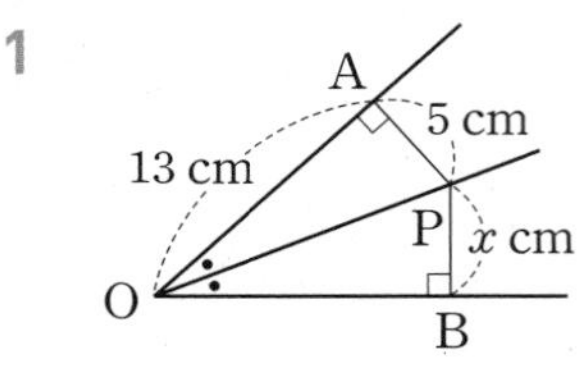

2

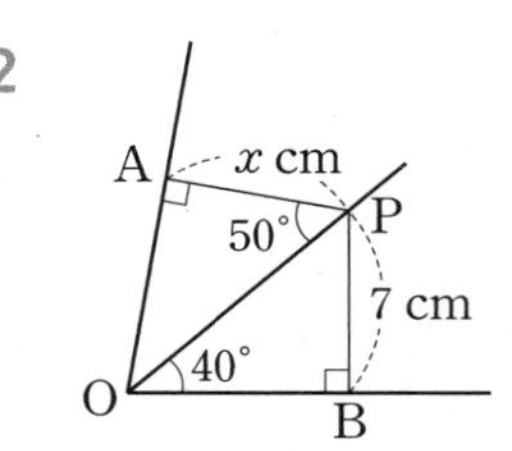

3

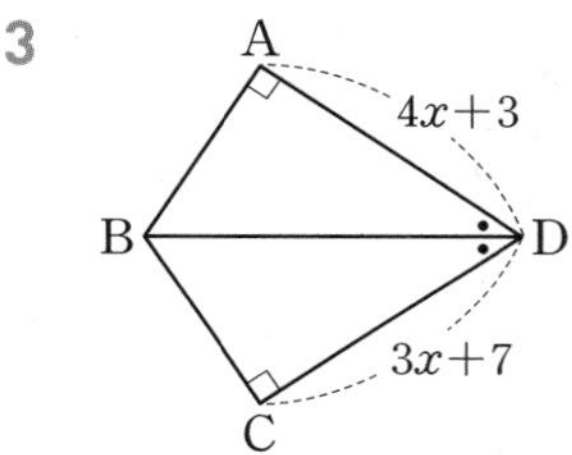

● 다음 그림에서 x, y의 값을 구하시오.

4

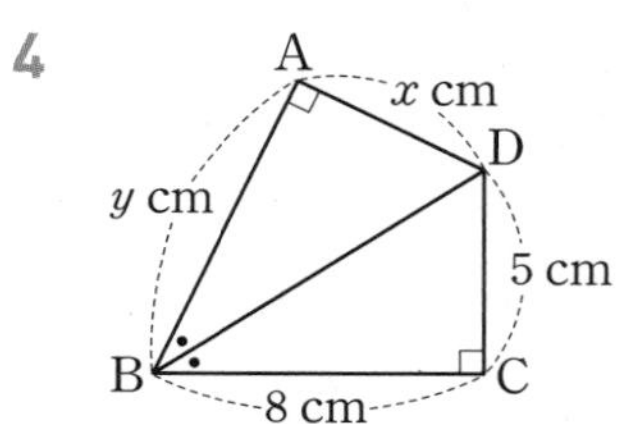

5

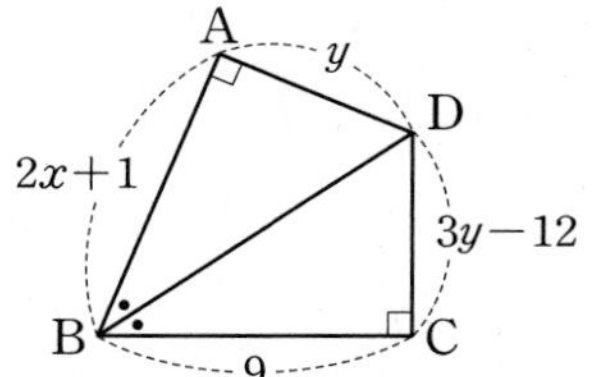

6

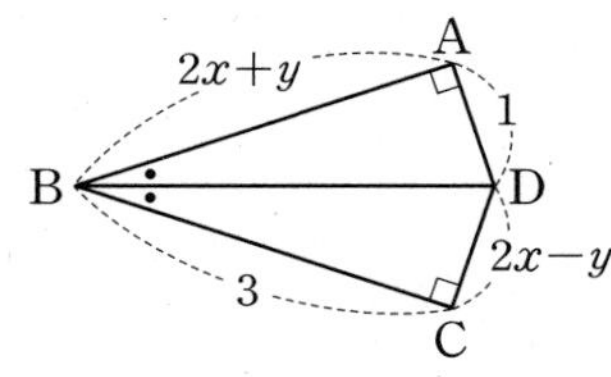

2nd 각의 이등분선의 성질을 이용하여 각의 크기 구하기

● 다음 그림에서 x의 값을 구하시오.

7

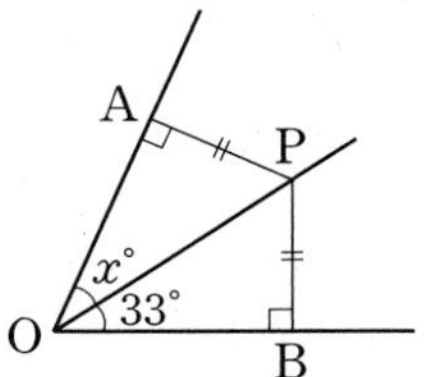

8

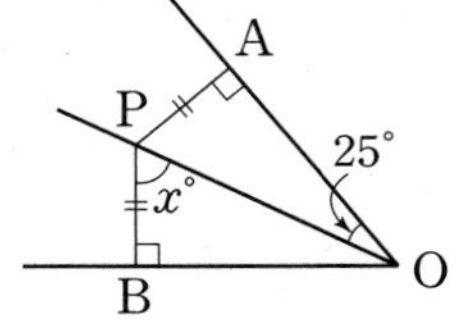

9

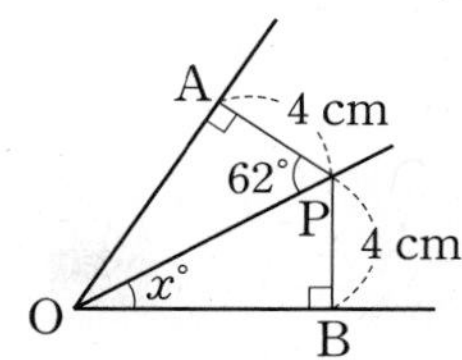

10

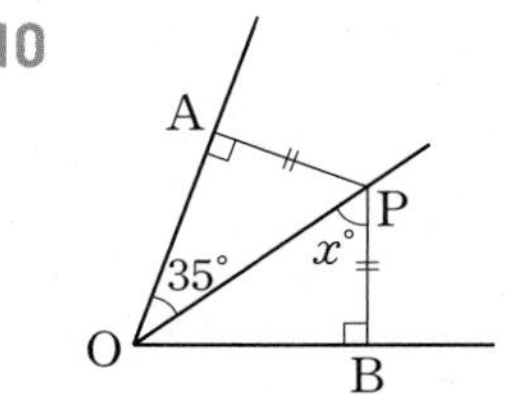

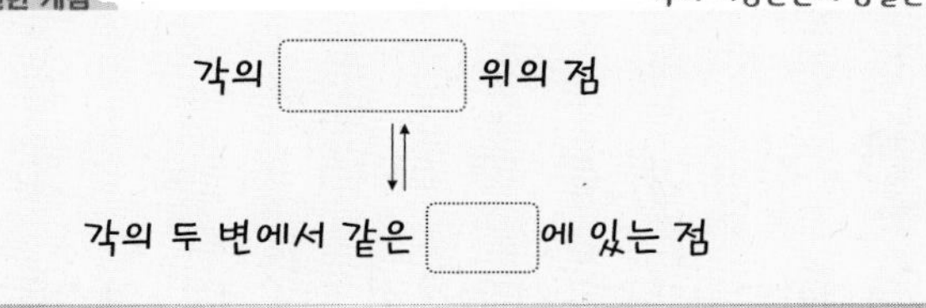

개념모음문제

11 오른쪽 그림에서 $\angle PQO=\angle PRO=90°$, $\overline{PQ}=\overline{PR}$일 때, 다음 중 옳지 않은 것은?

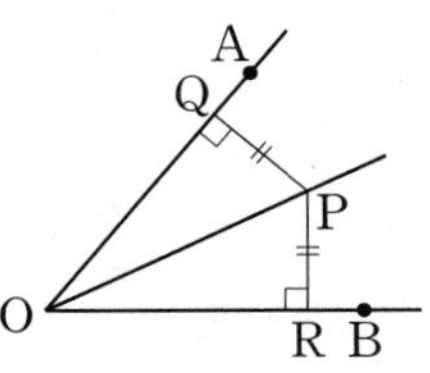

① $\overline{OQ}=\overline{OR}$
② $\angle QOP=\angle ROP$
③ $\overline{OA}=\overline{OB}$
④ $\angle QPO=\angle RPO$
⑤ $\triangle QOP\equiv\triangle ROP$

09 두 개의 직각삼각형이 완전히 포개지는!

각의 이등분선의 활용

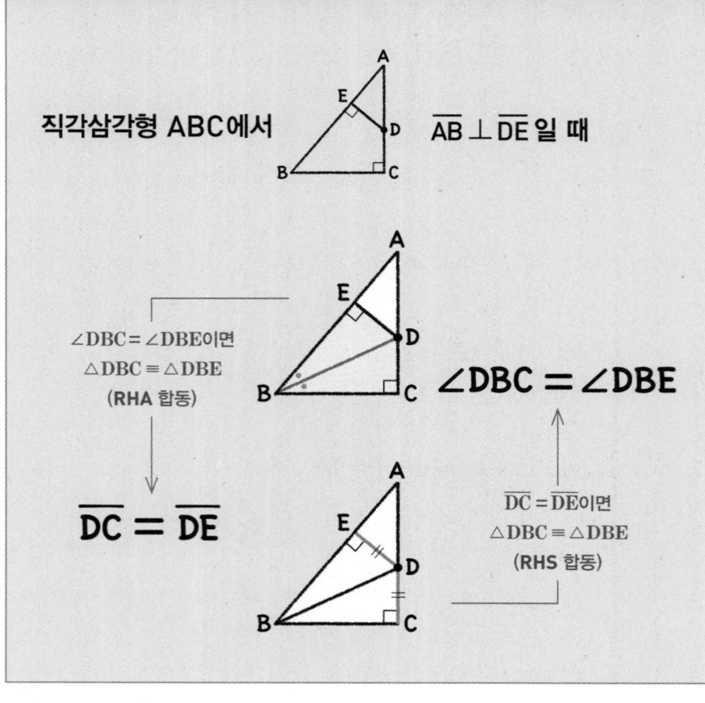

1st 각의 이등분선을 이용하여 문제 해결하기

• 다음 그림과 같은 직각삼각형 ABC에서 x의 값을 구하시오.

1

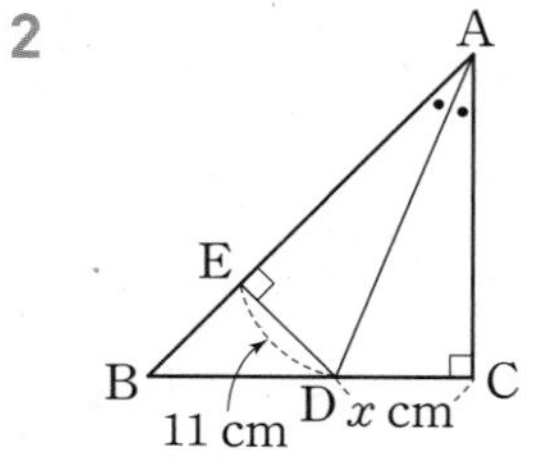

2

A
E
B
C
D
11 cm
x cm

• 다음 그림에서 직각삼각형 ABC가 $\overline{AC}=\overline{BC}$인 이등변삼각형일 때, x, y의 값을 구하시오.

3

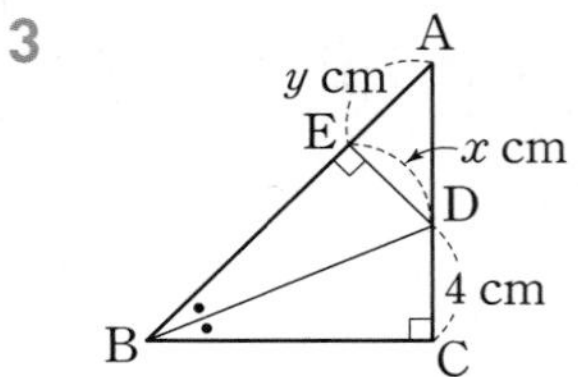

4

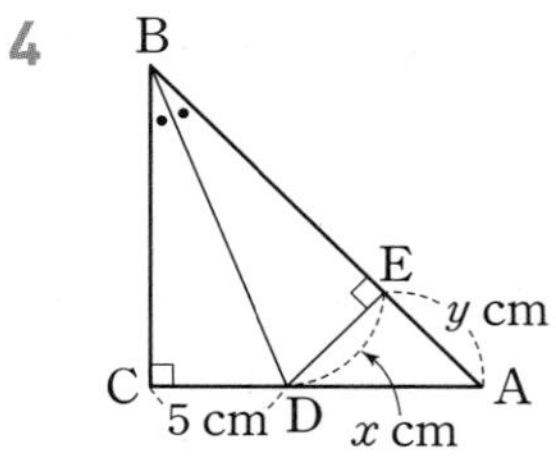

• 다음 그림과 같은 직각삼각형 ABC에서 색칠한 부분의 넓이를 구하시오.

5

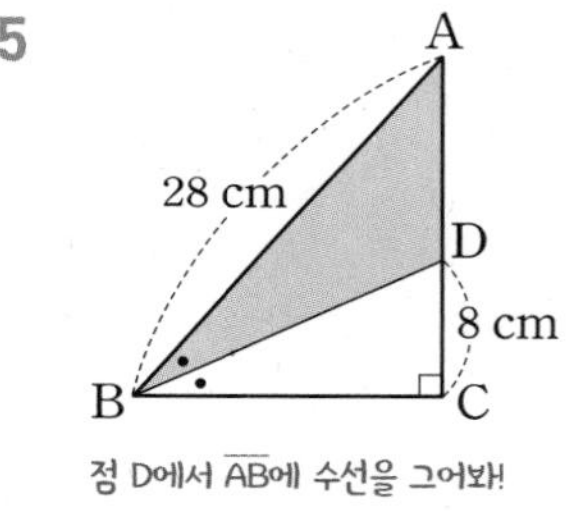

정 D에서 $\overline{AB}$에 수선을 그어봐!

6

A
16 cm
B
C
5 cm
D

TEST 1. 이등변삼각형

1 오른쪽 그림과 같이 $\overline{AB}=\overline{AC}$인 이등변삼각형 ABC에서 $\angle x$의 크기는?

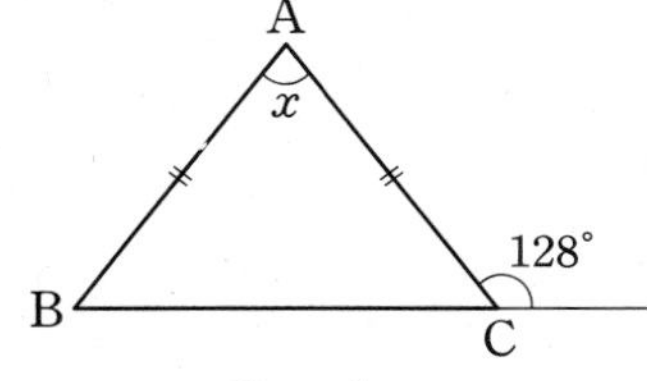

① 52° ② 60° ③ 68°
④ 76° ⑤ 84°

2 오른쪽 그림과 같이 $\overline{AB}=\overline{AC}$인 이등변삼각형 ABC에서 $\angle A$의 이등분선과 $\overline{BC}$의 교점을 D라 할 때, $x+y$의 값은?

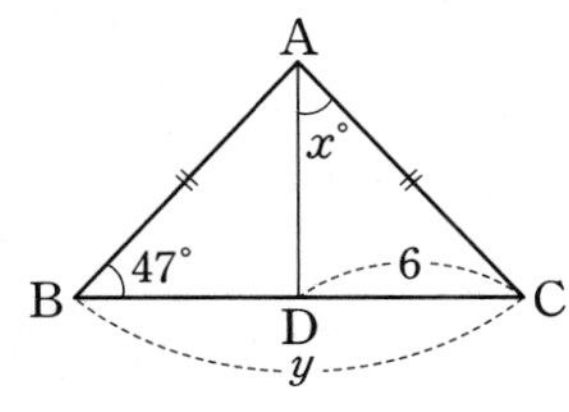

① 49 ② 53 ③ 55
④ 59 ⑤ 65

3 오른쪽 그림과 같이 $\overline{AB}=\overline{AC}$인 이등변삼각형 ABC에서 $\angle B$의 이등분선과 $\overline{AC}$의 교점을 D라 하자. $\angle A=36°$일 때, $\angle x$의 크기는?

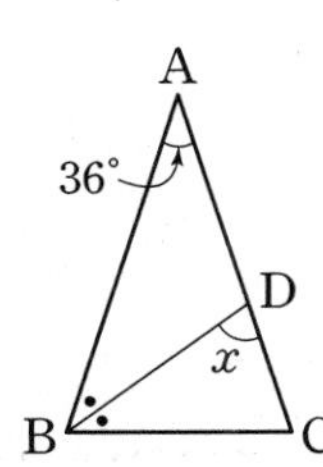

① 62° ② 68°
③ 72° ④ 78°
⑤ 82°

4 다음 중 오른쪽 **보기**의 삼각형과 합동인 삼각형은?

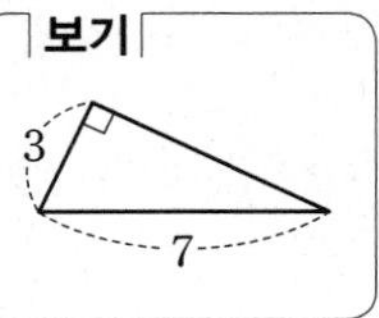

① 50°, 7

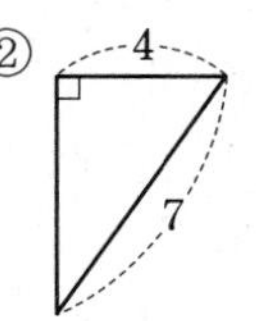

③ 50°, 3

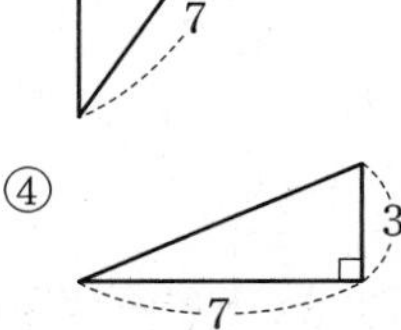

⑤ 7, 3

5 오른쪽 그림과 같이 $\overline{AB}=\overline{AC}$인 직각이등변삼각형 ABC의 꼭짓점 B, C에서 꼭짓점 A를 지나는 직선 l에 내린 수선의 발을 각각 D, E라 하자. $\overline{DE}=18$, $\overline{EC}=6$일 때, 사각형 DBCE의 넓이를 구하시오.

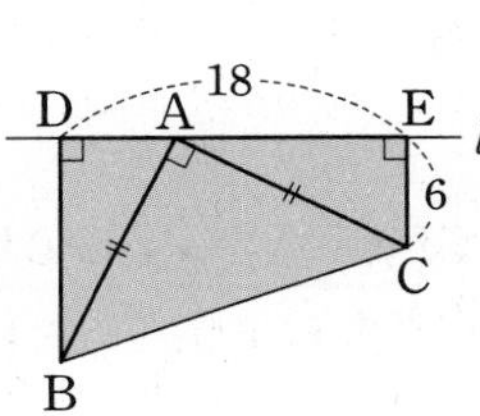

6 오른쪽 그림과 같이 $\overline{AC}=\overline{BC}$인 직각이등변삼각형 ABC에서 $\overline{BD}=\overline{BC}$, $\overline{AB}\perp\overline{DE}$일 때, $\angle x$의 크기를 구하시오.

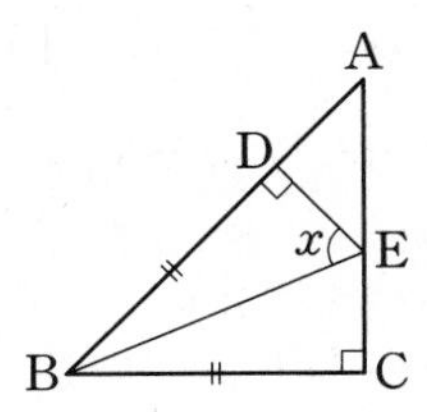

2

삼각형의 성질을 드러내는,
삼각형의 외심과 내심

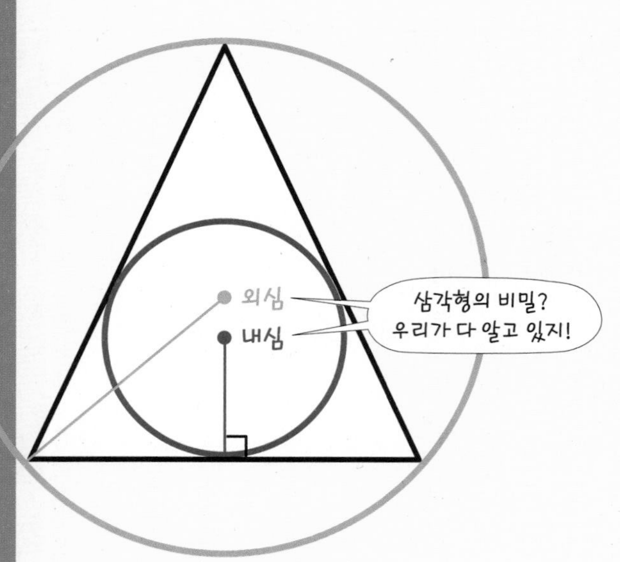

외접원의 중심!

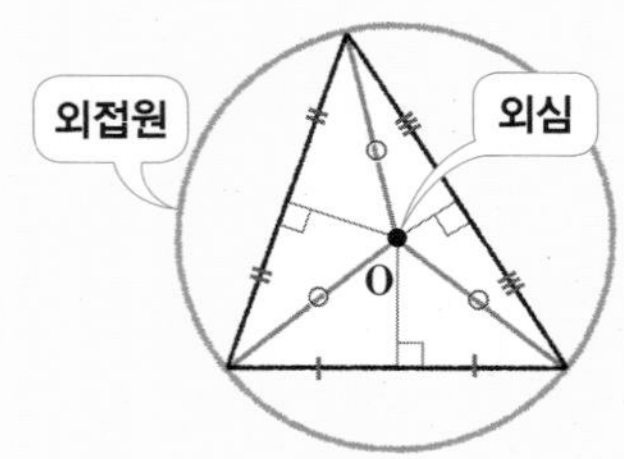

01 삼각형의 외심

삼각형의 모든 꼭짓점이 한 원 위에 있을 때, 이 원을 삼각형에 외접한다고 해. 이때 이 원을 삼각형의 외접원이라 하고, 외접원의 중심을 삼각형의 외심이라 하지.

삼각형의 세 변의 수직이등분선은 한 점에서 만나는데, 이 점이 외심이야. 외심에서 삼각형의 세 꼭짓점에 이르는 거리는 외접원의 반지름이므로 모두 같아!

삼각형에 따라 달라지는!

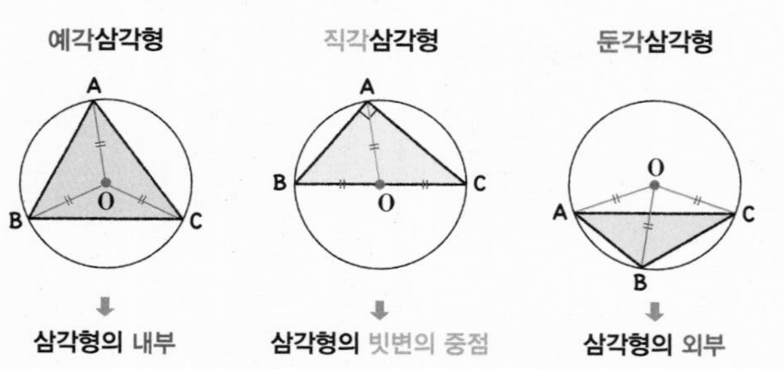

02 삼각형의 외심의 위치

삼각형의 외심은 삼각형의 종류에 따라 그 위치가 달라져. 예각삼각형의 외심은 삼각형의 내부에 있고, 둔각삼각형의 외심은 삼각형의 외부에 있어. 또 직각삼각형의 외심은 직각삼각형의 빗변의 중점이야!

외접원의 중심!

점 O가 △ABC의 외심일 때

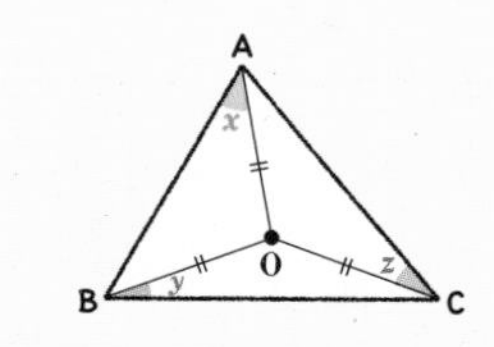

$\angle x + \angle y + \angle z = 90°$

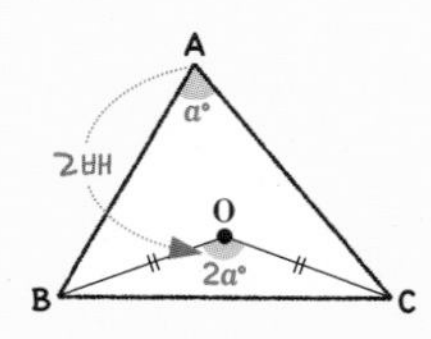

$\angle BOC = 2\angle A$

03~04 삼각형의 외심의 응용

점 O가 △ABC의 외심일 때

$\overline{OA} = \overline{OB} = \overline{OC}$이므로 △OAB, △OBC, △OCA는 모두 이등변삼각형이야.

이때 삼각형의 세 내각의 크기의 합은 180°이므로 $\angle x + \angle y + \angle z = 90°$이고, 외각의 성질을 이용하면 $\angle BOC = 2\angle BAC$가 돼!

05 삼각형의 내심

원이 삼각형의 세 변에 모두 접할 때 이 원을 삼각형에 내접한다고 해. 이때 이 원을 삼각형의 내접원이라 하고, 내접원의 중심을 삼각형의 내심이라 하지. 삼각형의 세 내각의 이등분선은 한 점에서 만나는데, 이 점이 내심이야. 내심에서 삼각형의 세 변에 이르는 거리는 내접원의 반지름이므로 모두 같아!

내접원의 중심!

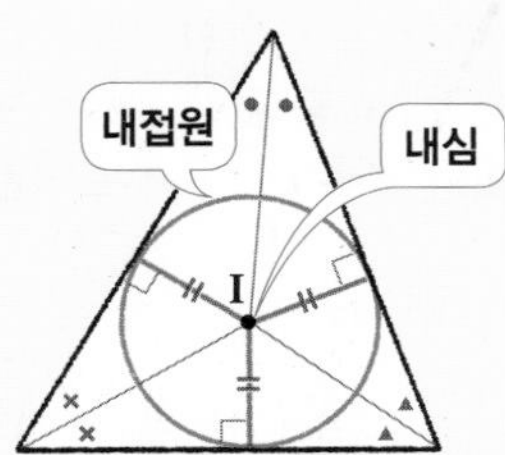

06~07 삼각형의 내심의 응용

점 I가 △ABC의 내심일 때 삼각형의 세 내각의 크기가 180°이므로 $\angle x+\angle y+\angle z=90^\circ$이고, 외각의 성질을 이용하면 $\angle \mathrm{BIC}=90^\circ+\frac{1}{2}\angle \mathrm{A}$가 돼!

내접원의 중심!

점 I가 △ABC의 내심일 때

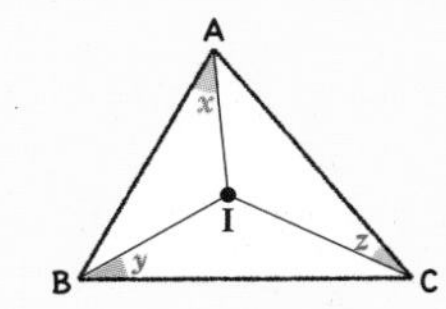

$\angle x+\angle y+\angle z=90^\circ$

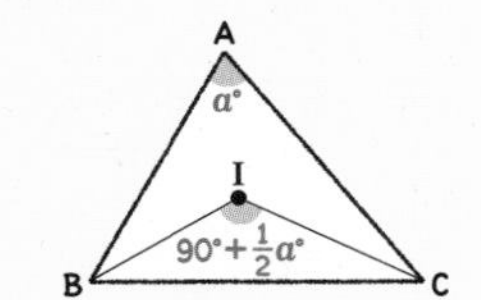

$\angle \mathrm{BIC}=90^\circ+\frac{1}{2}\angle \mathrm{A}$

08 삼각형의 내접원의 응용

점 I가 △ABC의 내심일 때

△IAD≡△IAF, △IBD≡△IBE, △ICE≡△ICF

이므로

$\overline{\mathrm{AD}}=\overline{\mathrm{AF}}$, $\overline{\mathrm{BD}}=\overline{\mathrm{BE}}$, $\overline{\mathrm{CE}}=\overline{\mathrm{CF}}$야.

또한 △ABC의 넓이는 각 삼각형의 넓이를 모두 더한 것으로 $\triangle \mathrm{ABC}=\frac{1}{2}r(x+y+z)$가 되지.

내접원의 중심!

점 I가 △ABC의 내심일 때

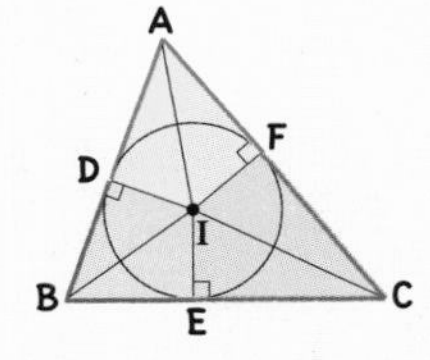

$\overline{\mathrm{AD}}=\overline{\mathrm{AF}}$, $\overline{\mathrm{BD}}=\overline{\mathrm{BE}}$, $\overline{\mathrm{CE}}=\overline{\mathrm{CF}}$

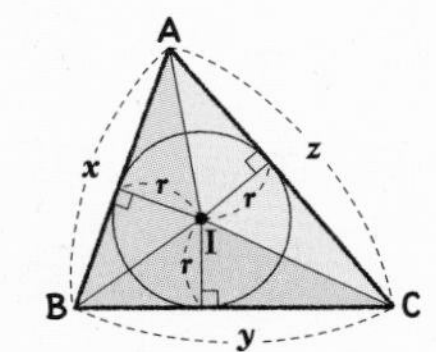

$\triangle \mathrm{ABC}=\frac{1}{2}r(x+y+z)$

09 삼각형의 외심과 내심의 비교

삼각형의 외심과 내심을 혼동하는 경우가 종종 있어. 개념을 확실히 구분해 두자!

외접원의 중심 vs 내접원의 중심!

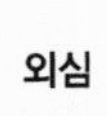

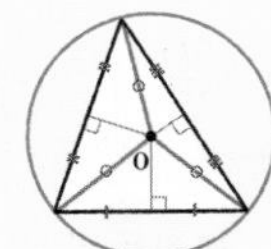

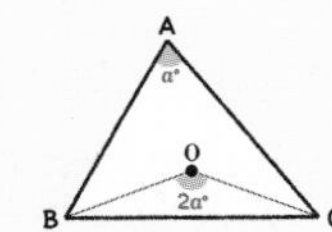

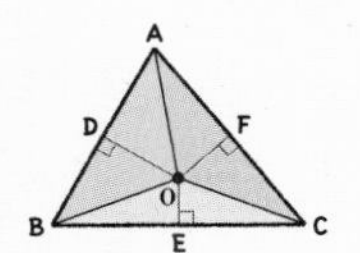

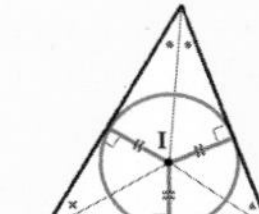

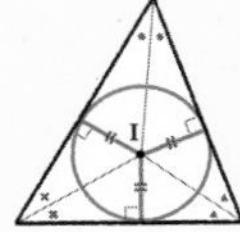

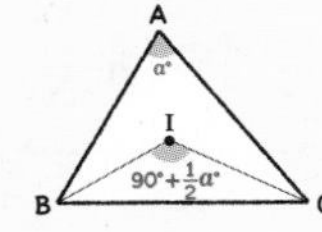

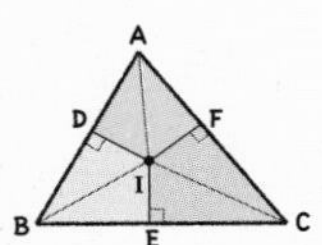

01 **외접원의 중심!**

삼각형의 외심

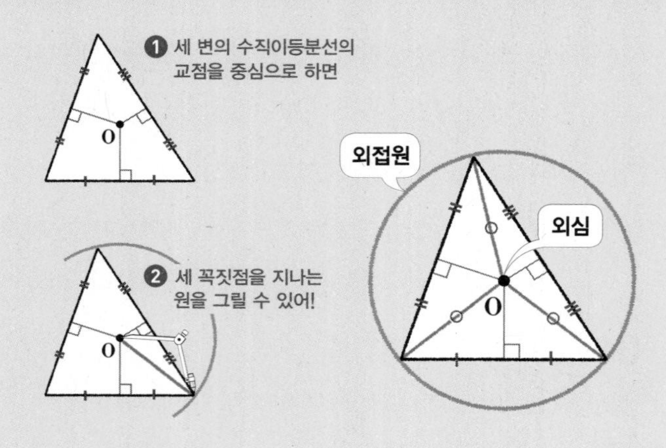

- **외접원과 외심:** 한 다각형의 모든 꼭짓점이 한 원 위에 있을 때, 이 원을 다각형의 외접원이라 하고, 외접원의 중심을 외심이라 한다.
- **삼각형의 외심:** 삼각형의 세 변의 수직이등분선의 교점
- **삼각형의 외심의 성질:** 삼각형의 외심에서 세 꼭짓점에 이르는 거리는 모두 같다.

원리확인 다음 **보기**에 대하여 □ 안에 알맞은 것을 써넣으시오.

보기

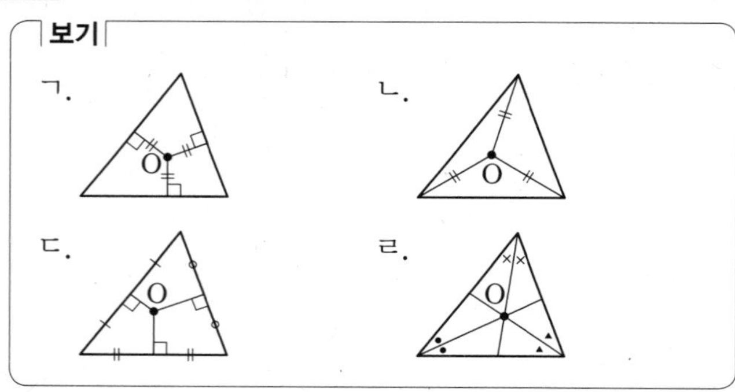

❶ 삼각형의 외심에서 세 꼭짓점에 이르는 거리는 모두 같으므로 이를 만족시키는 것 → □

❷ 삼각형의 외심은 세 변의 수직이등분선의 교점이므로 이를 만족시키는 것 → □

❸ 점 O가 삼각형의 외심인 것 → □, □

1st — 삼각형의 외심 이해하기

- 오른쪽 그림에서 점 O가 삼각형 ABC의 외심일 때, 다음 중 옳은 것은 ○를, 옳지 않은 것은 ×를 ( ) 안에 써넣으시오.

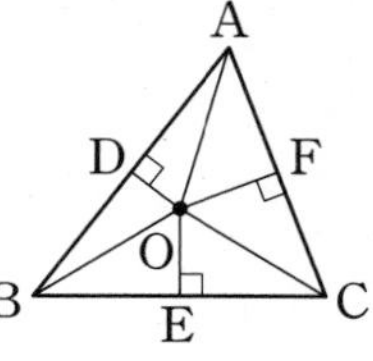

1 $\overline{OA}=\overline{OB}=\overline{OC}$ ( )

2 $\overline{OD}=\overline{OE}=\overline{OF}$ ( )

3 $\overline{BE}=\overline{CE}$ ( )

4 $\angle OAD=\angle OBD$ ( )

5 $\angle OBD=\angle OBE$ ( )

6 $\triangle OAF\equiv\triangle OCF$ ( )

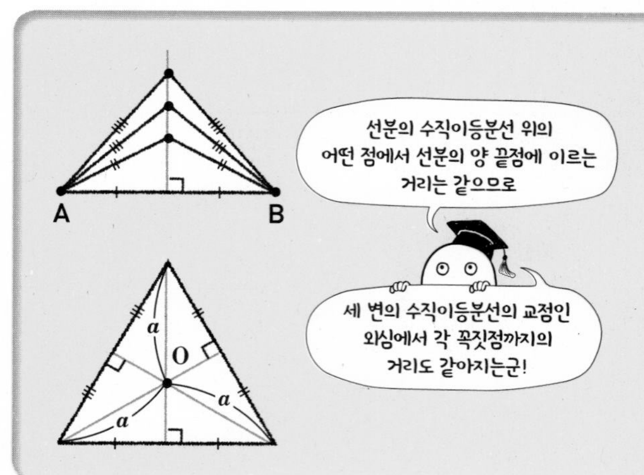

2nd 삼각형의 외심을 이용하여 변의 길이 구하기

● 다음 그림에서 점 O가 삼각형 ABC의 외심일 때, x의 값을 구하시오.

7

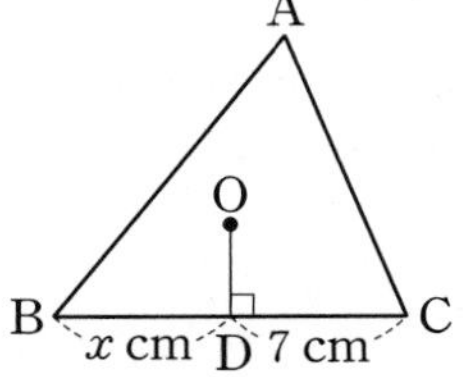

➔ 삼각형의 외심은 삼각형의 세 변의 [　　]의 교점이므로

$\overline{BD}$=[　　]=[　　] cm

따라서 x=[　　]

8

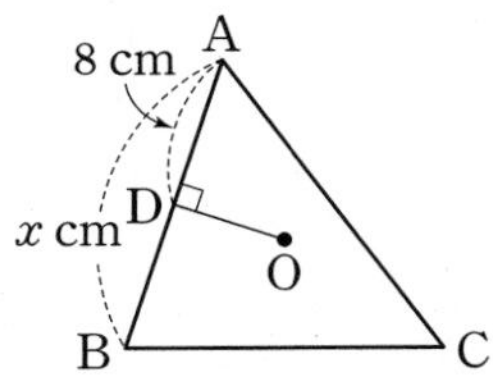

9

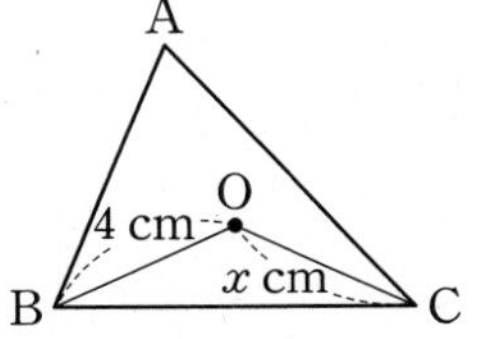

➔ 삼각형의 외심에서 세 [　　]에 이르는 거리는 모두 같으므로

$\overline{OC}$=[　　]=[　　] cm

따라서 x=[　　]

10

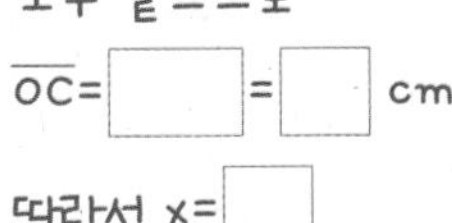

3rd 삼각형의 외심을 이용하여 각의 크기 구하기

● 다음 그림에서 점 O가 삼각형 ABC의 외심일 때, $\angle x$의 크기를 구하시오.

11

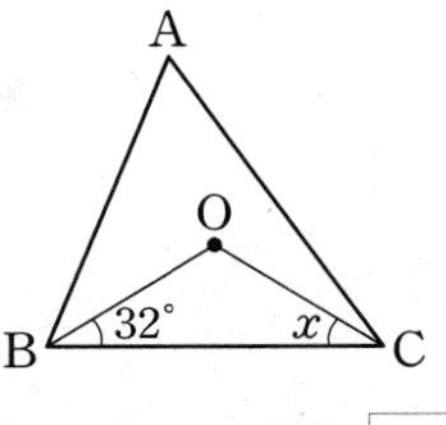

➔ △OBC는 $\overline{OB}$=[　　]인 이등변삼각형이므로

∠x=[　　]°

12

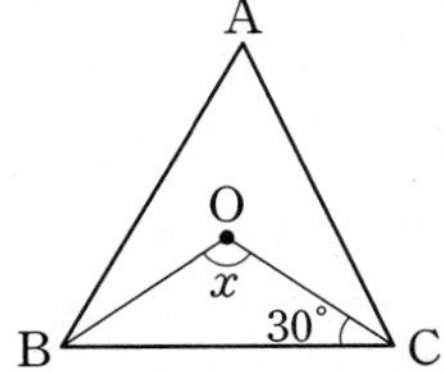

13

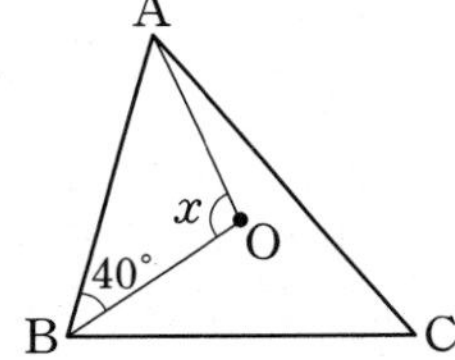

14

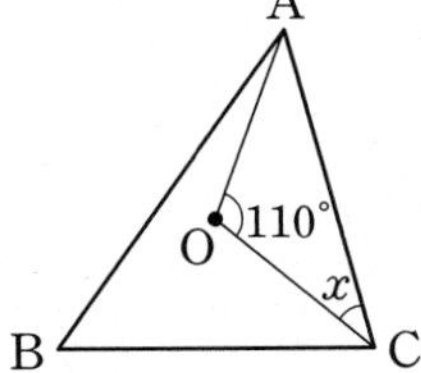

내가 발견한 개념 △ABC의 외심의 성질은?

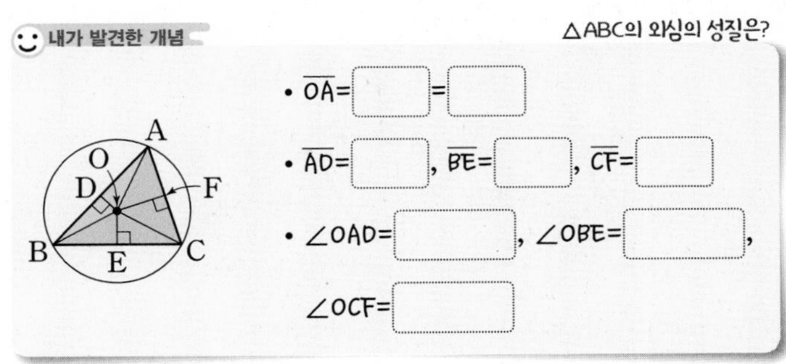

- $\overline{OA}$=[　　]=[　　]
- $\overline{AD}$=[　　], $\overline{BE}$=[　　], $\overline{CF}$=[　　]
- ∠OAD=[　　], ∠OBE=[　　], ∠OCF=[　　]

02

삼각형에 따라 달라지는!

삼각형의 외심의 위치

예각삼각형 ➡ 삼각형의 내부

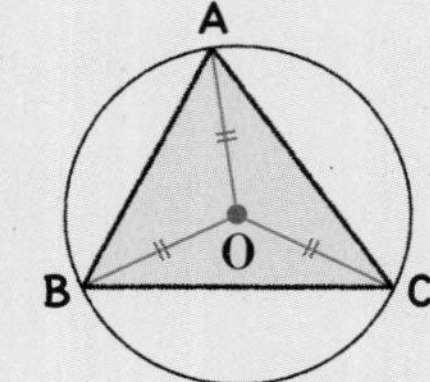

직각삼각형 ➡ 삼각형의 빗변의 중점

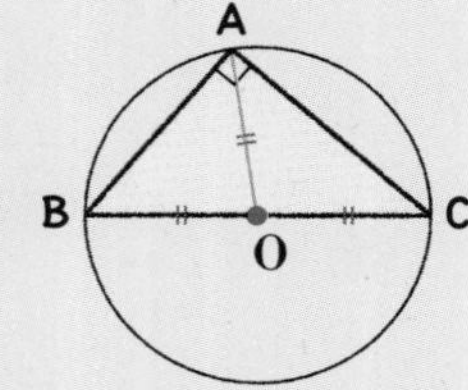

둔각삼각형 ➡ 삼각형의 외부

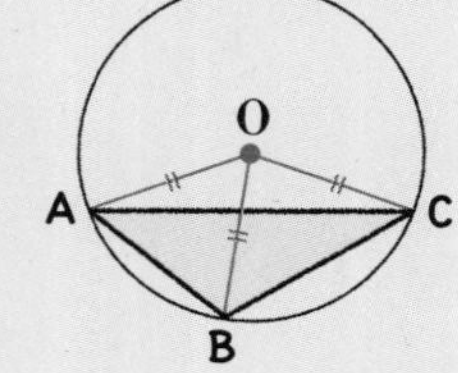

원리확인 오른쪽 그림에서 점 O는 직각삼각형 ABC의 외심일 때, 다음 □ 안에 알맞은 것을 써넣으시오.

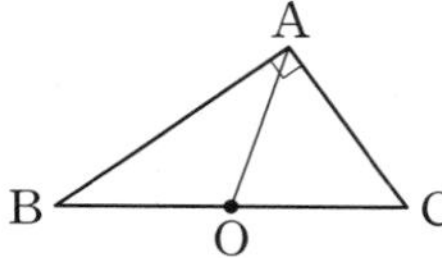

❶ $\overline{OA}=$ □ $=\overline{OC}=$ □ $\overline{BC}$

❷ $\angle OAB=\angle$ □

❸ $\angle OAC=\angle$ □

원의 중심에서 바라본 외심의 위치

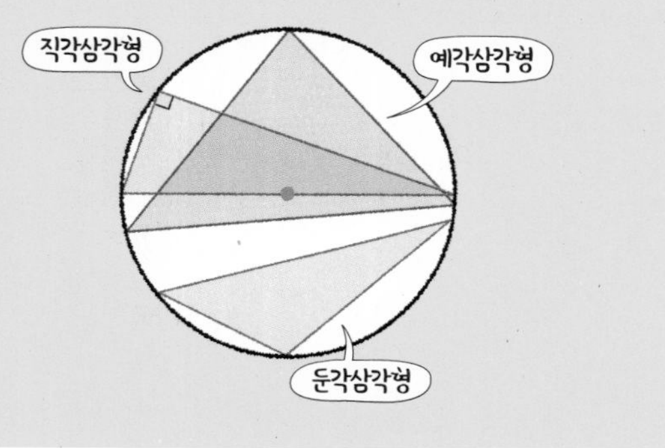

1st — 직각삼각형의 외심을 이용하여 변의 길이 구하기

• 다음 그림에서 점 O가 직각삼각형 ABC의 빗변의 중점일 때, x의 값을 구하시오.

1

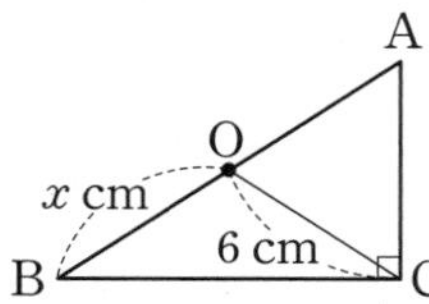

➡ 점 O가 직각삼각형 ABC의 외심이므로

$\overline{OB}=$ □ $=$ □ cm

따라서 $x=$ □

2

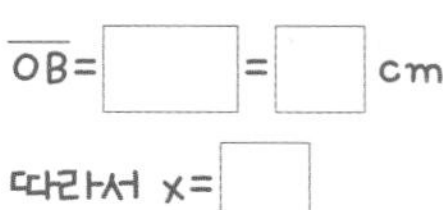

3

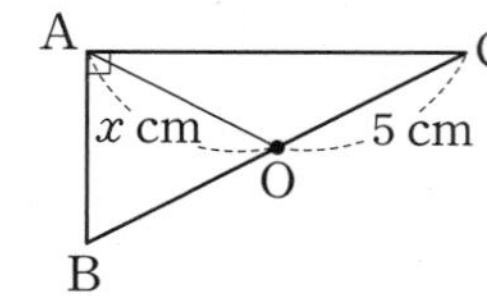

4

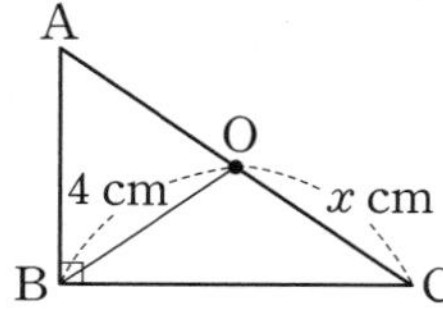

5

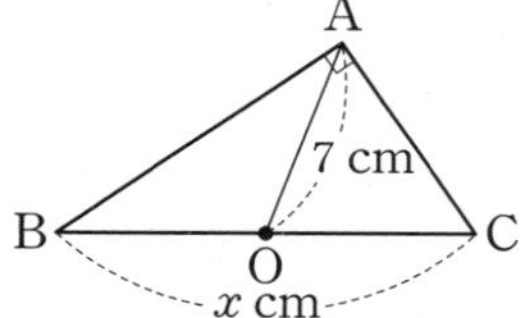

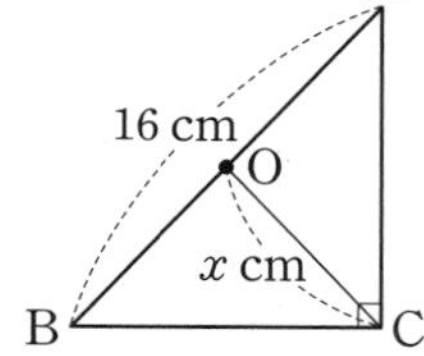

• **다음 그림에서 점 O가 직각삼각형 ABC의 외심일 때, 외접원의 반지름의 길이를 구하시오.**

6 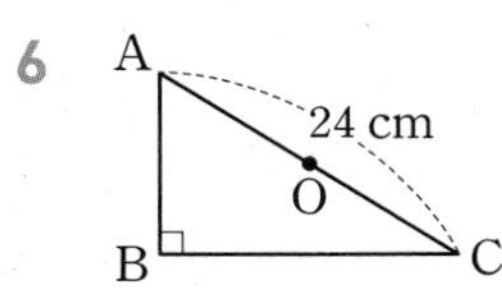

➔ (직각삼각형의 외접원의 반지름의 길이)

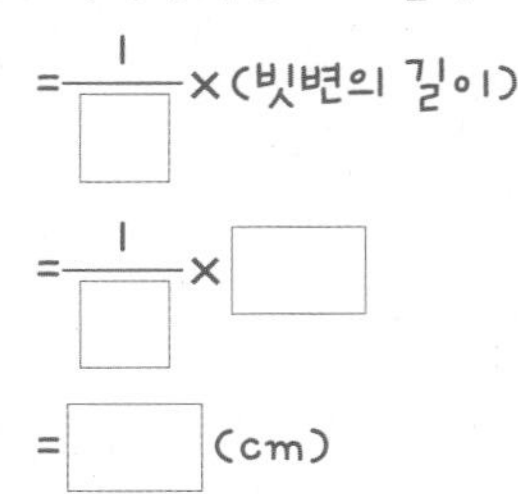

$=\frac{1}{\square}\times$(빗변의 길이)

$=\frac{1}{\square}\times\square$

$=\square$(cm)

7 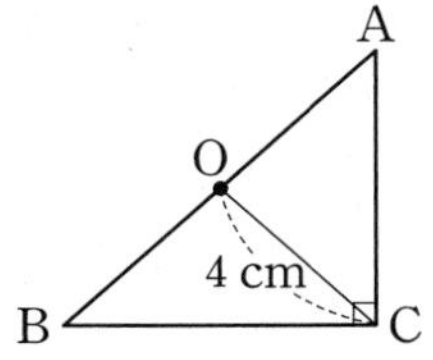

8 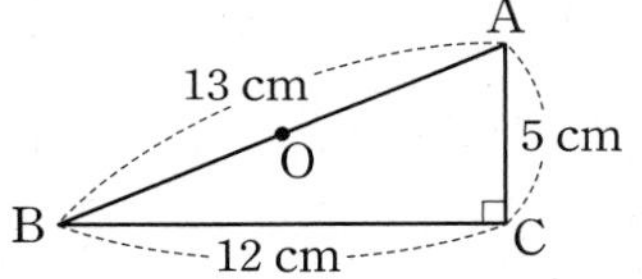

9 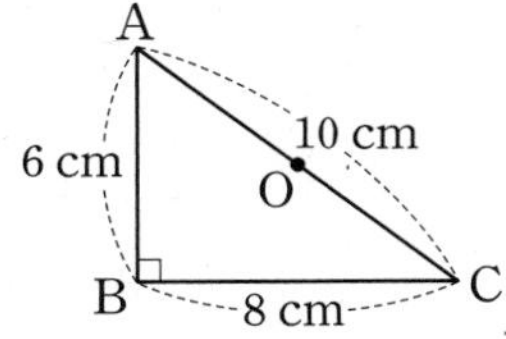

내가 발견한 개념

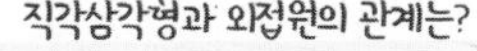
직각삼각형과 외접원의 관계는?

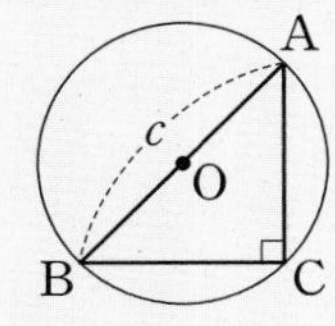

• (△ABC의 외접원의 반지름의 길이)

$=\frac{1}{2}\times\square$

2nd 직각삼각형의 외심을 이용하여 각의 크기 구하기

• **다음 그림에서 점 O가 직각삼각형 ABC의 빗변의 중점일 때, $\angle x$의 크기를 구하시오.**

10

A, O, B, C, 30°, x

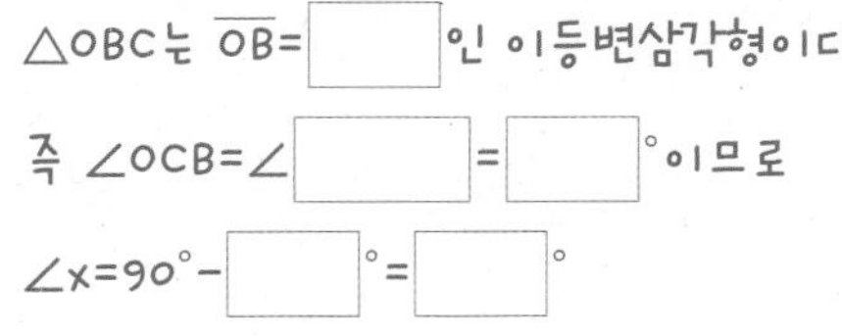

➔ 점 O가 직각삼각형 ABC의 외심이므로

△OBC는 $\overline{OB}=\square$인 이등변삼각형이다.

즉 $\angle OCB=\angle\square=\square°$이므로

$\angle x=90°-\square°=\square°$

11 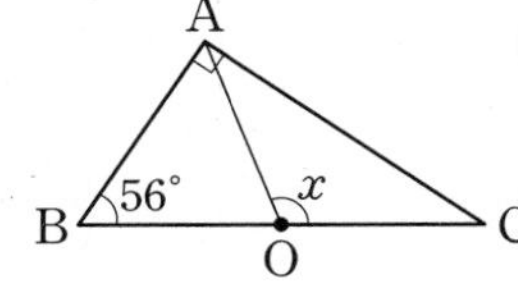

12 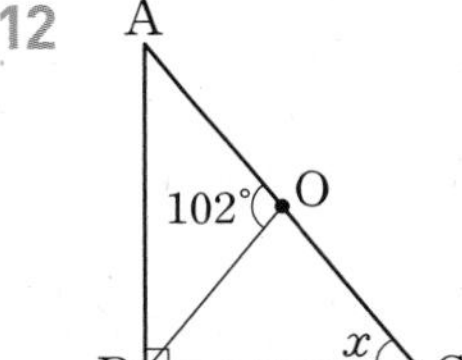

13

A, x, B, O, 33°, C

내가 발견한 개념

직각삼각형의 외심과 각의 관계는?

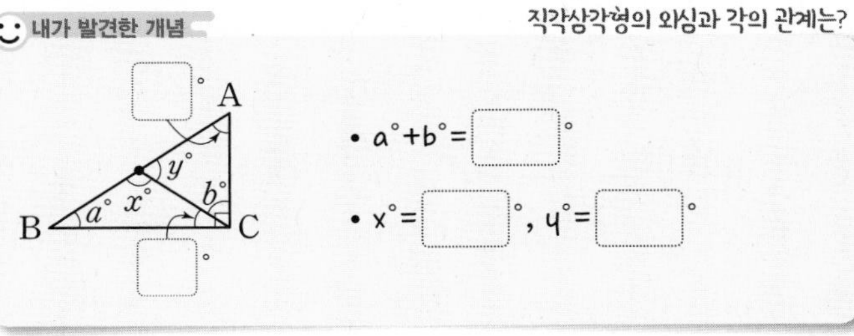

• $a°+b°=\square°$

• $x°=\square°$, $y°=\square°$

03

외접원의 중심!

삼각형의 외심의 응용(1)

점 O가 △ABC의 외심일 때

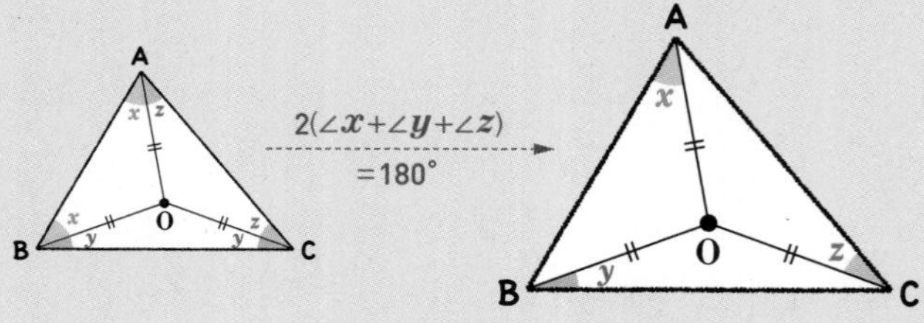

$\angle x+\angle y+\angle z=90°$

원리확인 다음 그림에서 점 O가 삼각형 ABC의 외심일 때, □ 안에 알맞은 것을 써넣으시오.

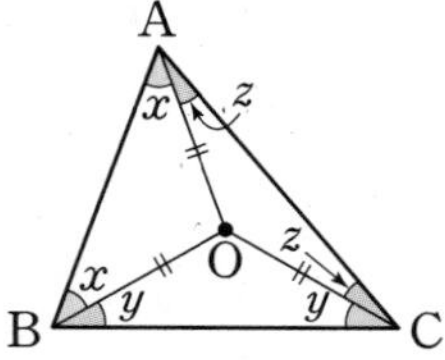

$\overline{OA}=\overline{OB}=\overline{OC}$이므로

$\angle A+\angle B+\angle C$

$=(\angle x+\angle \square)+(\angle x+\angle \square)+(\angle y+\angle \square)$

$=\square(\angle x+\angle y+\angle z)$

$=\square°$

따라서 $\angle x+\angle y+\angle z=\square°$

1st 삼각형의 외심을 이용하여 각의 크기 구하기

● 다음 그림에서 점 O가 삼각형 ABC의 외심일 때, $\angle x$의 크기를 구하시오.

1

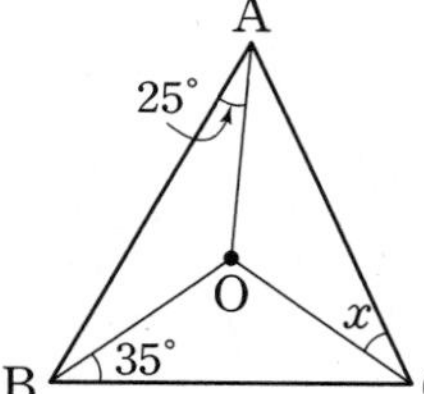

→ 25°+35°+∠x=□°

이므로

∠x=□°

2

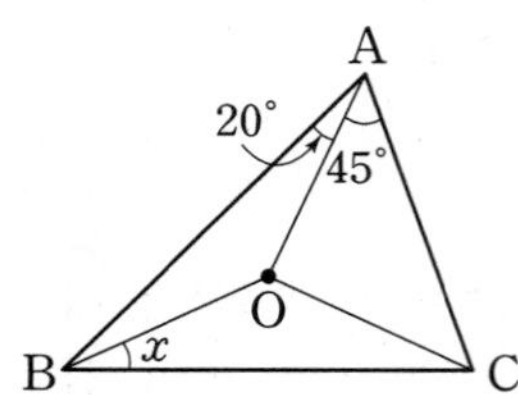

3

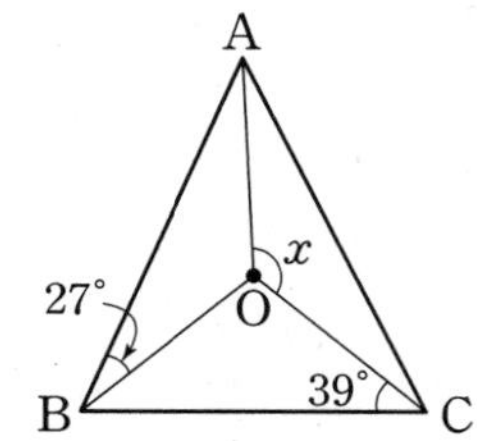

4

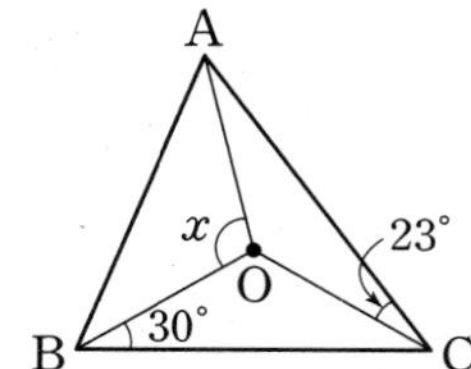

5

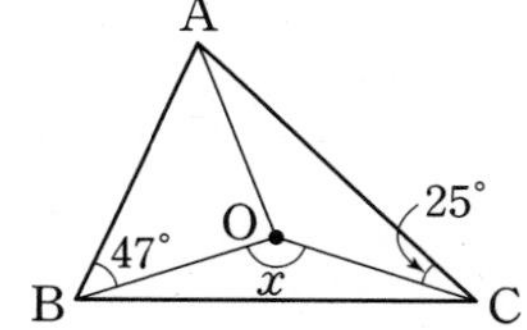

내가 발견한 개념 점 O가 △ABC의 외심일 때 각의 관계는?

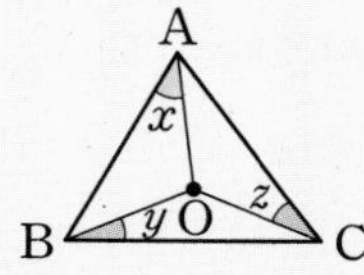

• ∠x+∠y+∠z=□°

2nd 삼각형의 외심과 보조선을 이용하여 각의 크기 구하기

● 다음 그림에서 점 O가 삼각형 ABC의 외심일 때, $\angle x$의 크기를 구하시오.

6
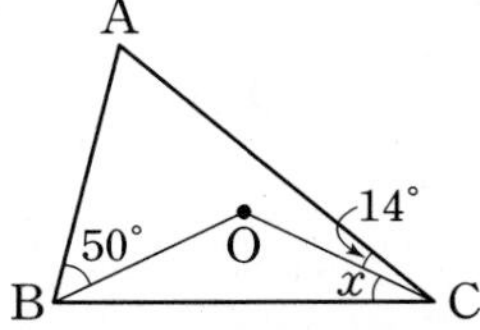

삼각형의 외심과 꼭짓점을 연결하는 보조선을 그어 봐!

7
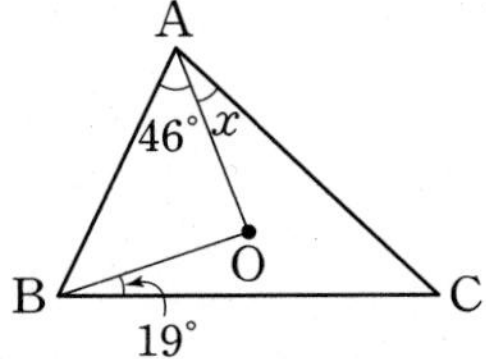

8
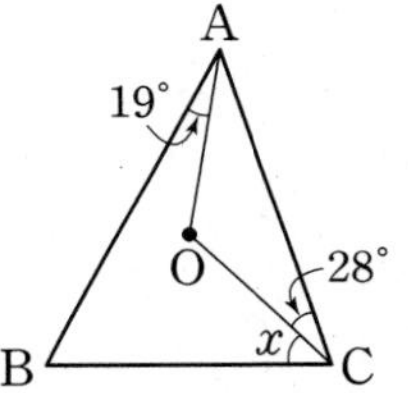

9
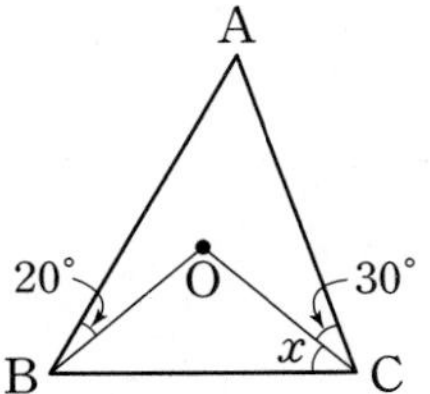

10
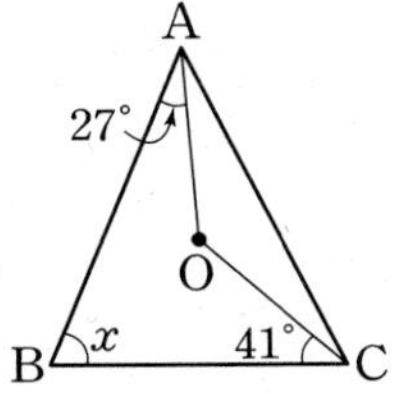

11
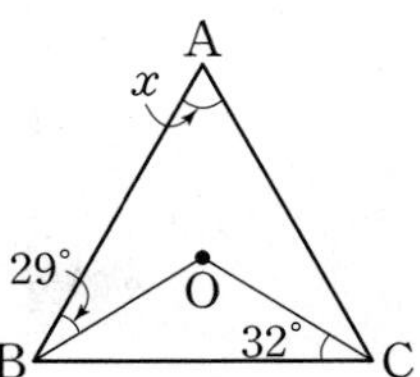

12
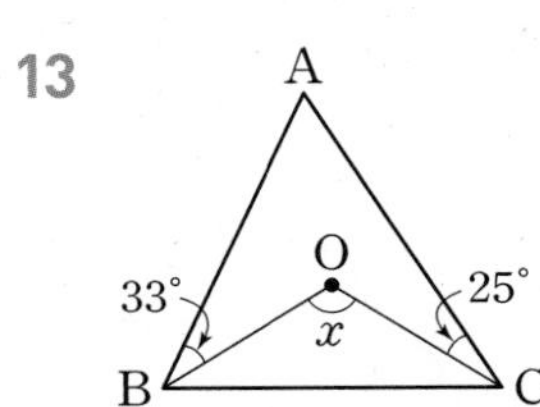

13
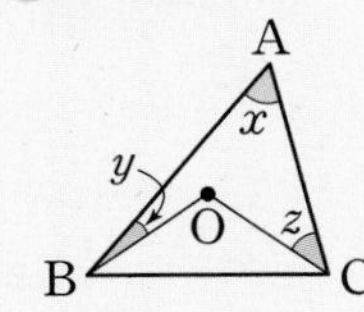

내가 발견한 개념 점 O가 △ABC의 외심일 때 각의 관계는?

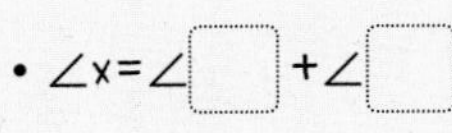

• ∠x=∠□+∠□

개념모음문제

14 오른쪽 그림에서 점 O는 △ABC의 외심이다. ∠OCB=39°일 때, $\angle x+\angle y$의 크기는?

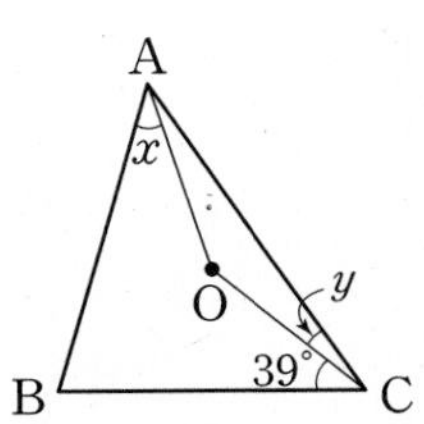

① 41° ② 46°
③ 51° ④ 56°
⑤ 61°

04

외접원의 중심!

삼각형의 외심의 응용(2)

점 O가 △ABC의 외심일 때

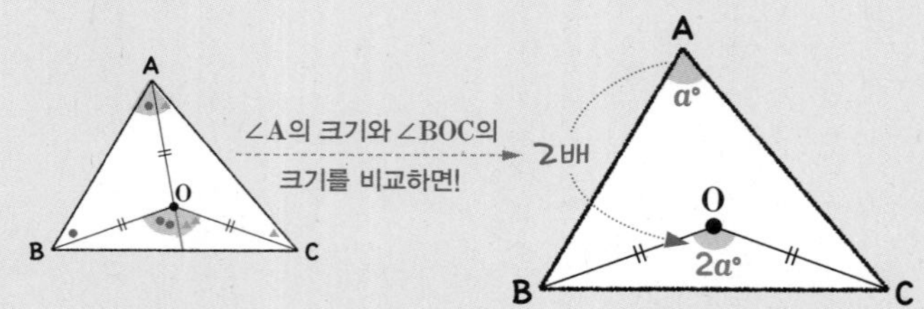

∠BOC=2∠A

원리확인 다음 그림에서 점 O가 삼각형 ABC의 외심일 때, □ 안에 알맞은 것을 써넣으시오.

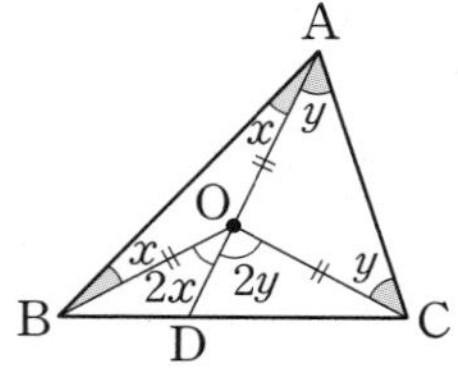

$\overline{AO}$의 연장선과 $\overline{BC}$의 교점을 D라 하면

$\angle BOC$

$=\angle BOD+\angle COD$

$=(\angle OAB+\angle OBA)+(\angle OAC+\angle OCA)$

$=(\angle x+\angle\square)+(\angle y+\angle\square)$

$=\square\angle x+\square\angle y$

$=\square(\angle x+\angle y)$

$=\square\angle A$

중2 삼각형의 외심

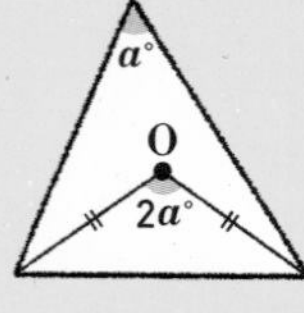

중3 원주각과 중심각

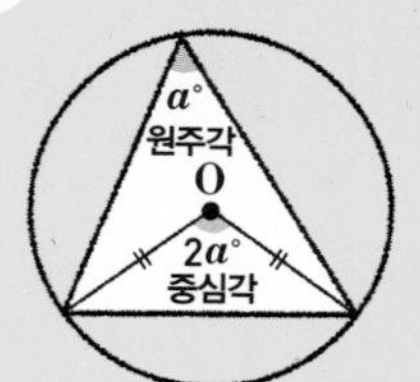

중3 때는 원주각과 중심각 사이의 관계로 배우게 될 거야!

1st 삼각형의 외심을 이용하여 각의 크기 구하기

● 다음 그림에서 점 O가 삼각형 ABC의 외심일 때, $\angle x$의 크기를 구하시오.

1

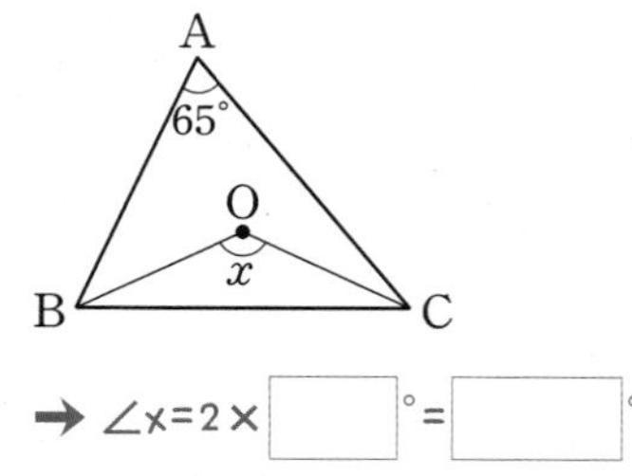

→ $\angle x=2\times\square^\circ=\square^\circ$

2

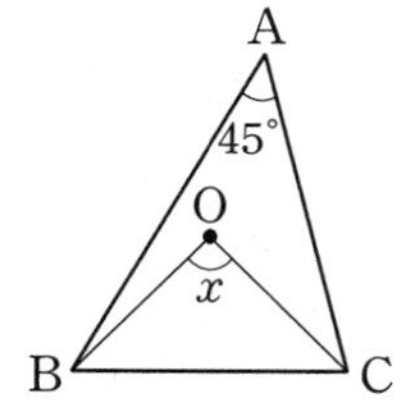

3

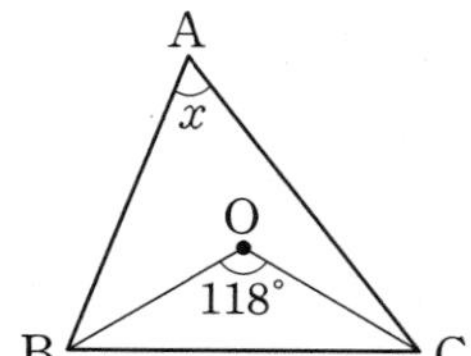

4

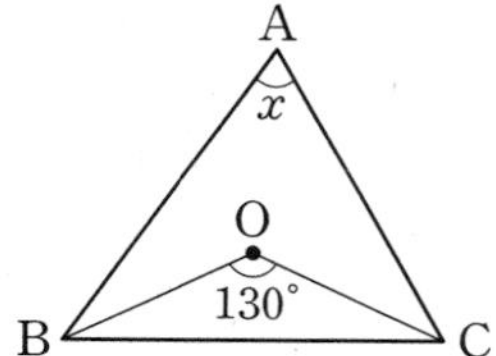

5

6

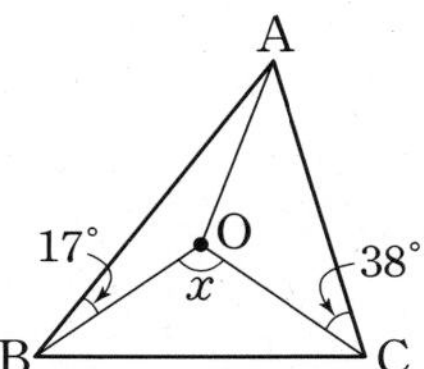

7

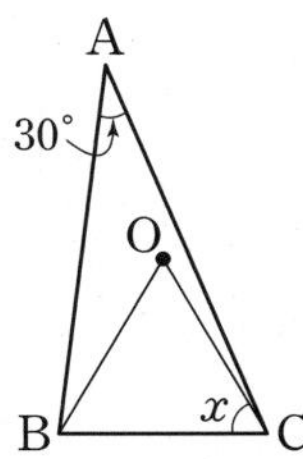

8

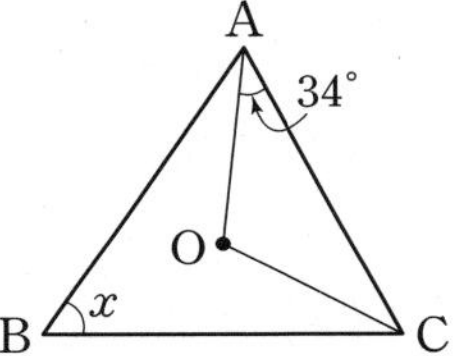

9

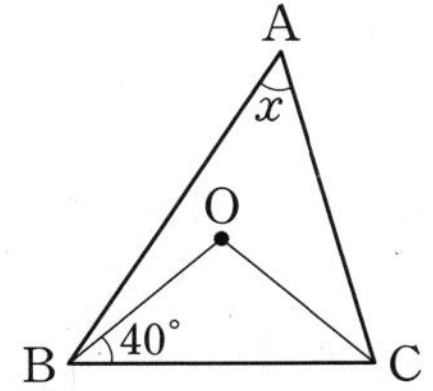

내가 발견한 개념

점 O가 △ABC의 외심일 때 각의 관계는?

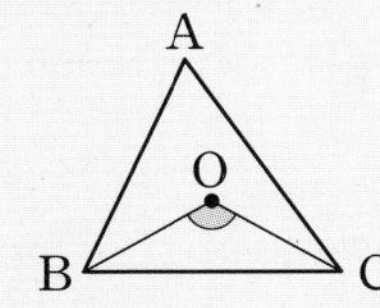

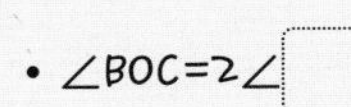

2nd 삼각형의 외심과 보조선을 이용하여 각의 크기 구하기

● 다음 그림에서 점 O가 삼각형 ABC의 외심일 때, $\angle x$의 크기를 구하시오.

10

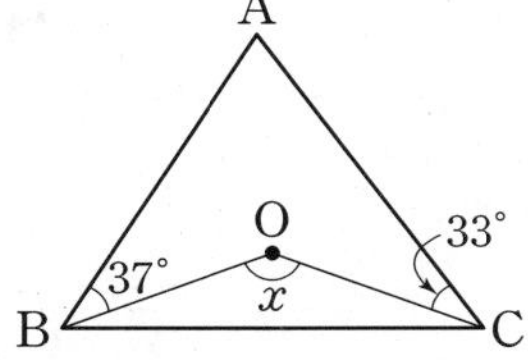

삼각형의 외심과 꼭짓점을 연결하는 보조선을 그어봐!

11

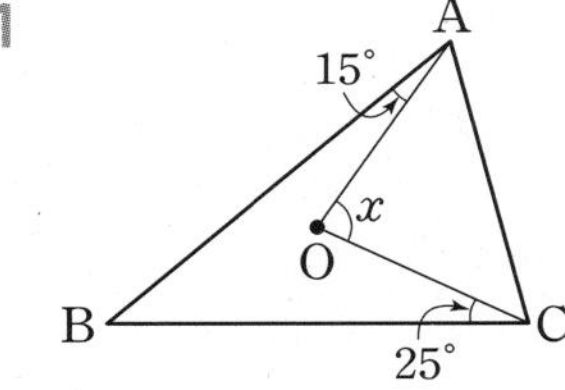

12

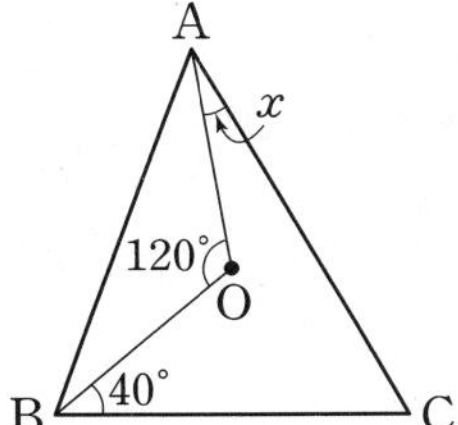

13

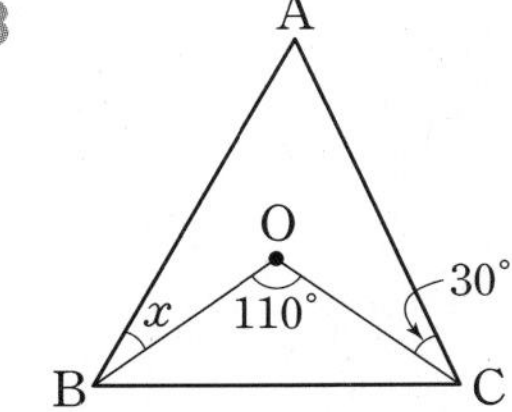

05 **내접원의 중심!**

삼각형의 내심

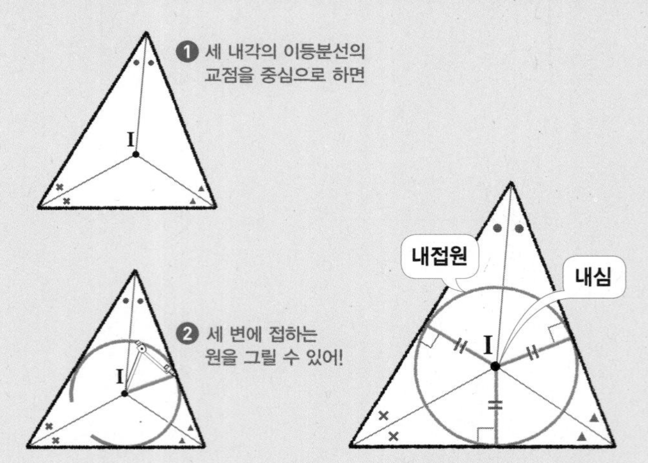

- **내접원과 내심:** 한 다각형의 모든 변이 한 원에 접할 때, 이 원을 다각형의 내접원이라 하고, 내접원의 중심을 내심이라 한다.
- **삼각형의 내심:** 삼각형의 세 내각의 이등분선의 교점
- **삼각형의 내심의 성질:** 삼각형의 내심에서 세 변에 이르는 거리는 모두 같다.
- **내심의 위치:** 모든 삼각형의 내심은 삼각형의 내부에 있다.

참고 ① 직선 l이 원 O와 한 점에서 만날 때, 직선 l을 원 O의 접선, 만나는 점 T를 접점이라 한다.
② 원의 접선은 접점을 지나는 반지름에 수직이다. 즉 $\overline{OT} \perp l$

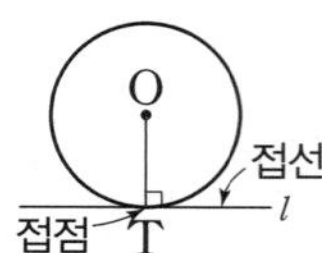

원리확인 다음 **보기**에 대하여 □ 안에 알맞은 것을 써넣으시오.

보기

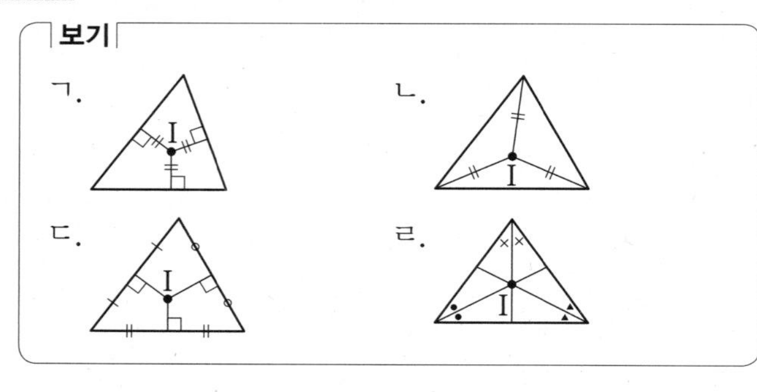

❶ 삼각형의 내심에서 세 변에 이르는 거리는 모두 같으므로 이를 만족시키는 것 ➜ □

❷ 삼각형의 내심은 세 내각의 이등분선의 교점이므로 이를 만족시키는 것 ➜ □

❸ 점 I가 삼각형의 내심인 것 ➜ □, □

1st — 삼각형의 내심 이해하기

● **오른쪽 그림에서 점 I가 삼각형 ABC의 내심일 때, 다음 중 옳은 것은 ○를, 옳지 않은 것은 ×를 (　　) 안에 써넣으시오.**

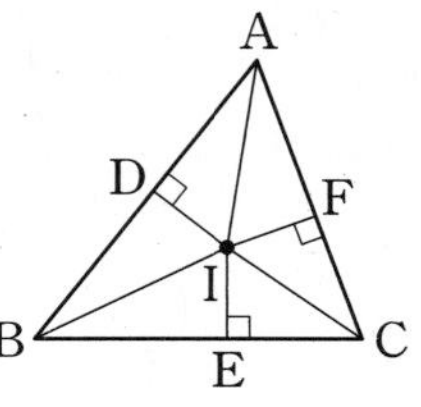

1 $\overline{IA}=\overline{IB}=\overline{IC}$ (　　)

2 $\overline{ID}=\overline{IE}=\overline{IF}$ (　　)

3 $\angle IAD=\angle IBD$ (　　)

4 $\angle IBD=\angle IBE$ (　　)

5 $\triangle BIE\equiv\triangle CIE$ (　　)

6 $\triangle CIE\equiv\triangle CIF$ (　　)

중2 삼각형의 내심

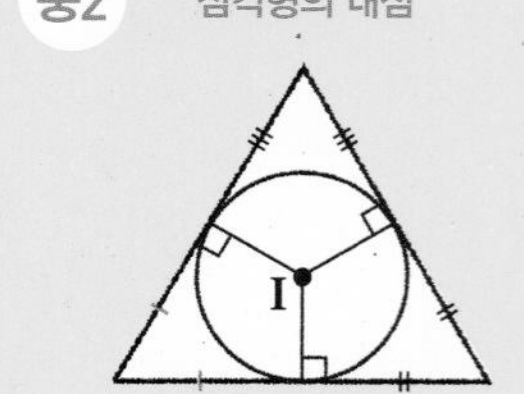

중3 원과 접선

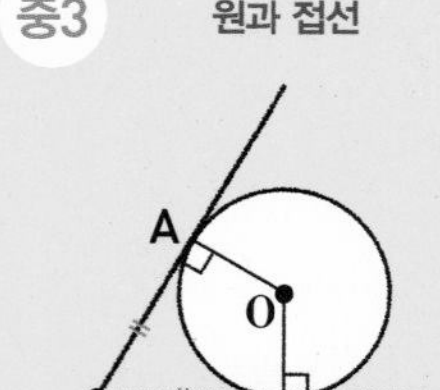

중3 때는 원의 접선의 길이의 성질로 배우게 될 거야!

2nd 삼각형의 내심을 이용하여 각의 크기 구하기

• 다음 그림에서 점 I가 삼각형 ABC의 내심일 때, $\angle x$의 크기를 구하시오.

7

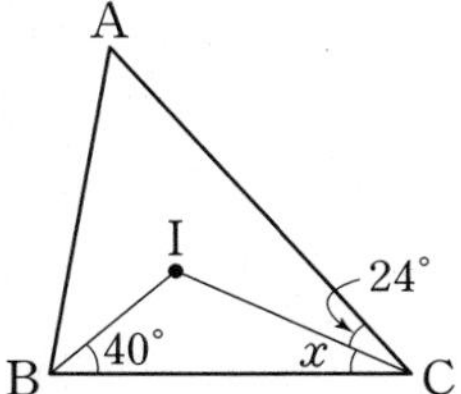

➜ 삼각형의 내심은 세 내각의 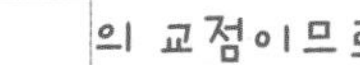 의 교점이므로

$\angle$ICB=$\angle$ □

따라서 $\angle x$= □°

8

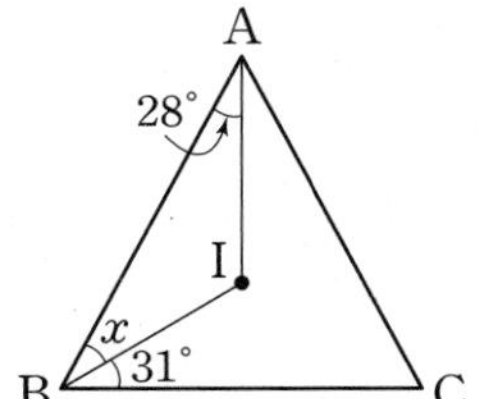

9

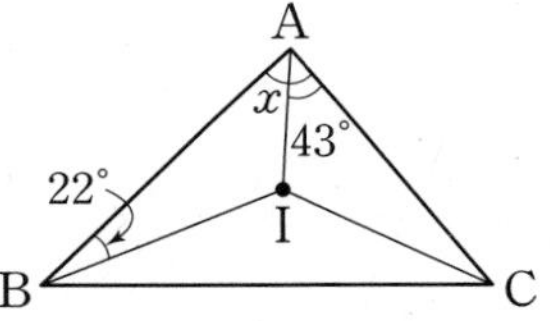

10

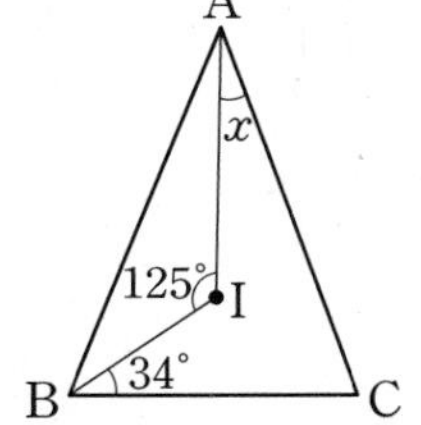

3rd 삼각형의 내심을 이용하여 변의 길이 구하기

• 다음 그림에서 점 I가 삼각형 ABC의 내심일 때, x의 값을 구하시오.

11

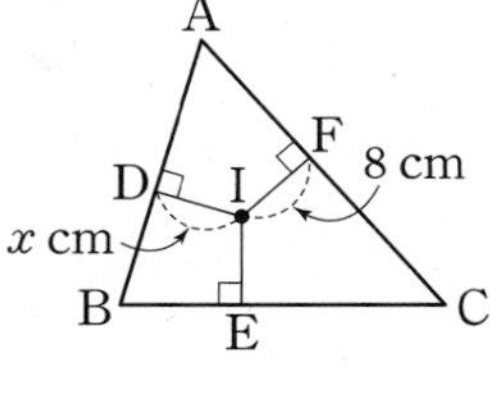

➜ 삼각형의 내심에서 세 □ 에 이르는 거리는 모두 같으므로 $\overline{\text{ID}}$= □ = □ cm

따라서 x= □

12

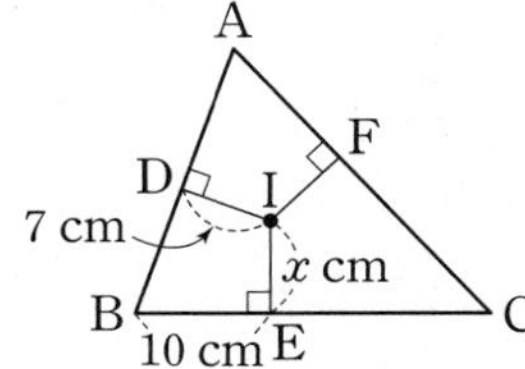

13

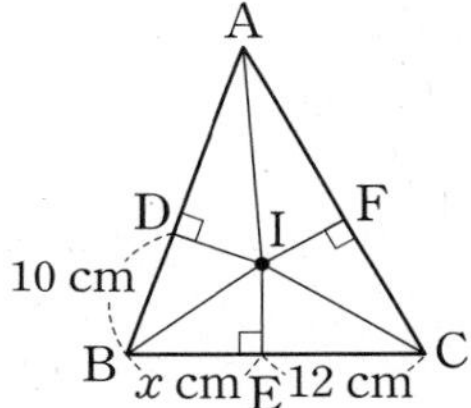

➜ △IBE≡△ □ 이므로 $\overline{\text{BE}}$= □ = □ cm

따라서 x= □

14

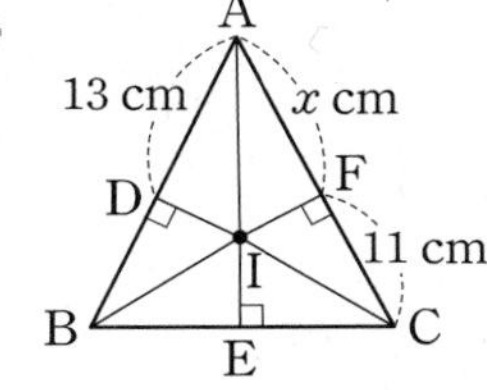

△ABC의 내심의 성질은?

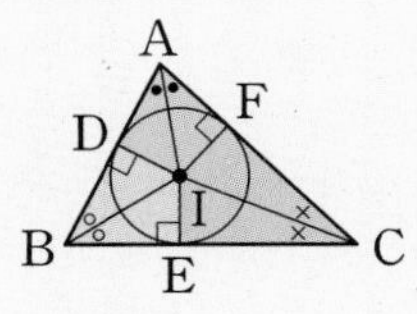

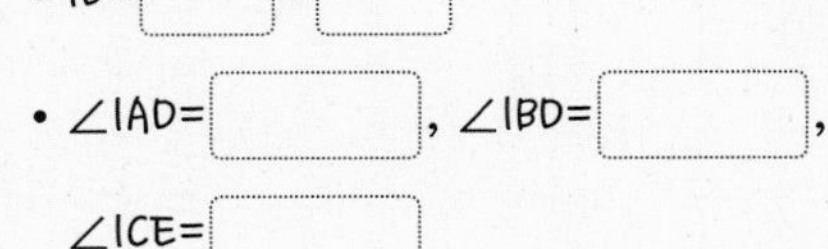

• $\overline{\text{ID}}$= □ = □

• $\angle$IAD= □, $\angle$IBD= □,

$\angle$ICE= □

06

내접원의 중심!

삼각형의 내심의 응용(1)

점 I가 △ABC의 내심일 때

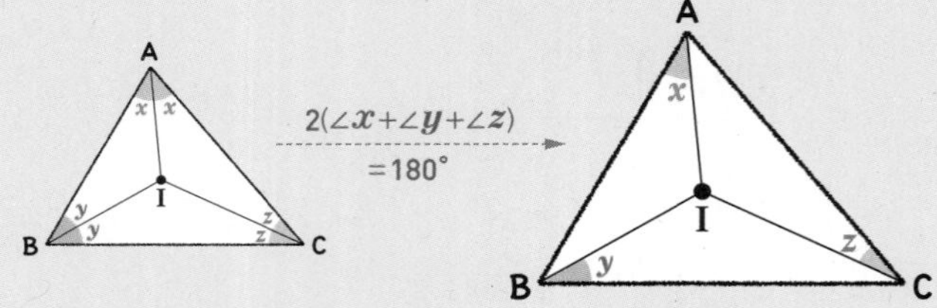

∠x+∠y+∠z=90°

원리확인 다음 그림에서 점 I가 삼각형 ABC의 내심일 때, □ 안에 알맞은 수를 써넣으시오.

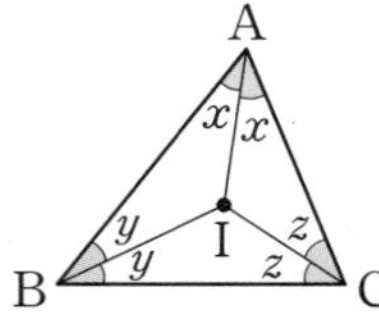

점 I가 삼각형 ABC의 내심이므로

$\angle A+\angle B+\angle C=2\angle x+\square\angle y+\square\angle z$

$=\square(\angle x+\angle y+\angle z)$

$=\square°$

따라서 $\angle x+\angle y+\angle z=\square°$

1st 삼각형의 내심을 이용하여 각의 크기 구하기

- 다음 그림에서 점 I가 삼각형 ABC의 내심일 때, $\angle x$의 크기를 구하시오.

1

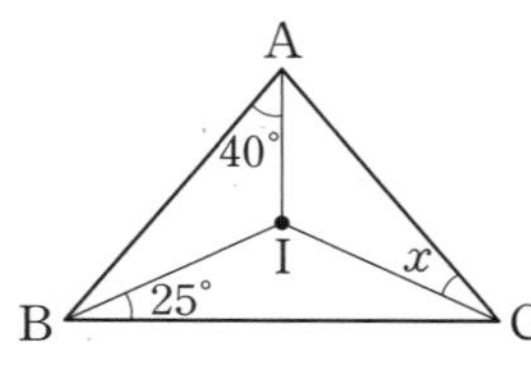

→ 40°+25°+∠x=□°이므로

∠x=□°

2

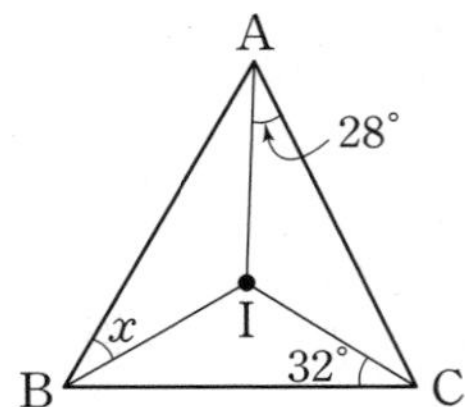

3

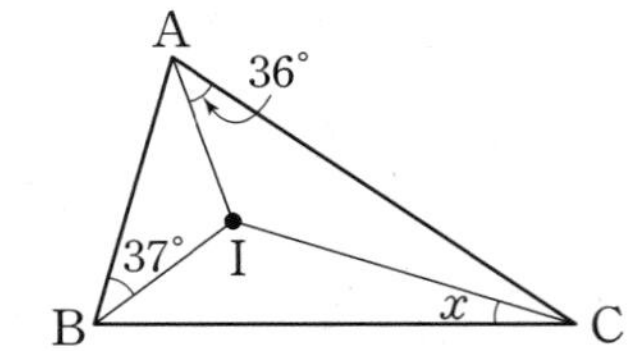

4

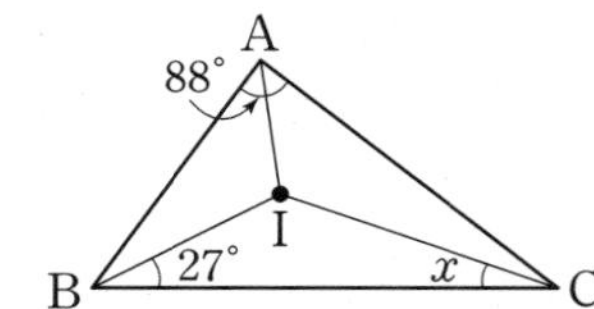

5

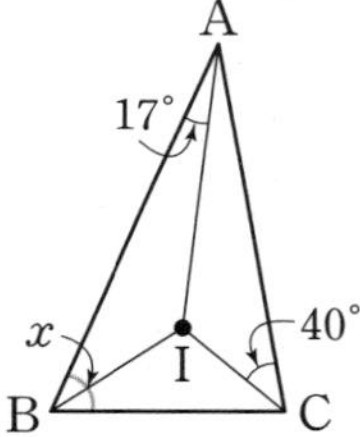

내가 발견한 개념 점 I가 △ABC의 내심일 때 각의 관계는?

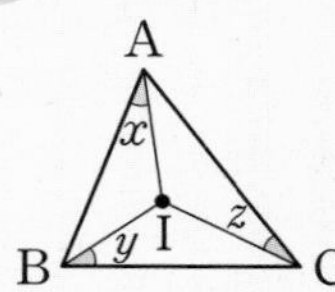

- ∠x+∠y+∠z=□°

2nd 삼각형의 내심과 보조선을 이용하여 각의 크기 구하기

● 다음 그림에서 점 I가 삼각형 ABC의 내심일 때, $\angle x$의 크기를 구하시오.

6

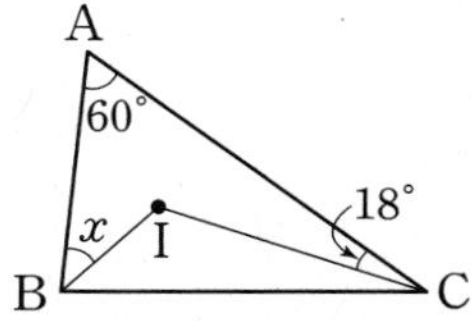

삼각형의 내심과 꼭짓점을 연결하는 보조선을 그어봐!

7

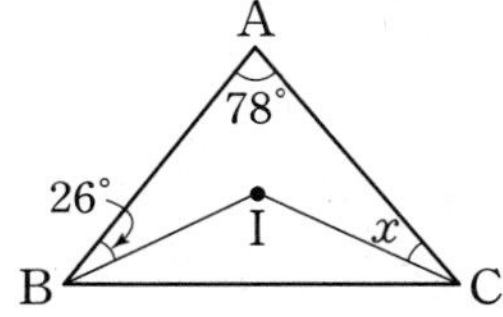

8

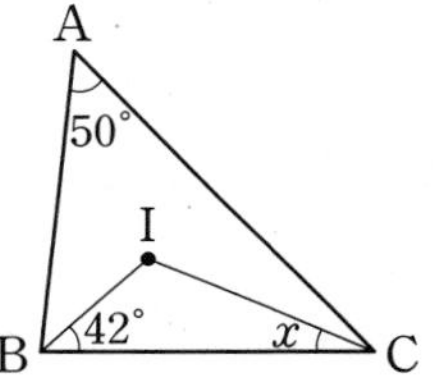

9

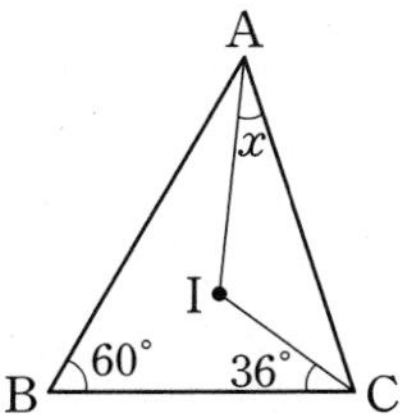

10

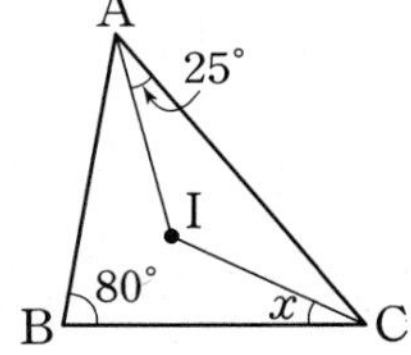

11

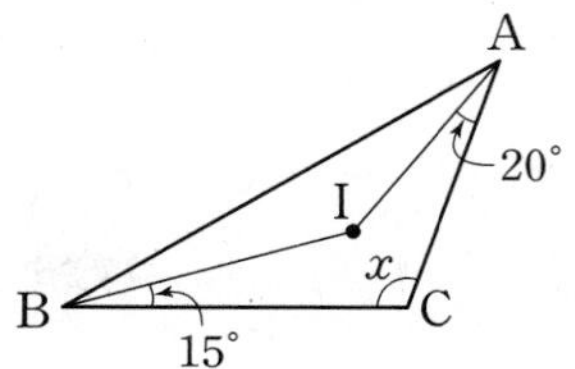

12

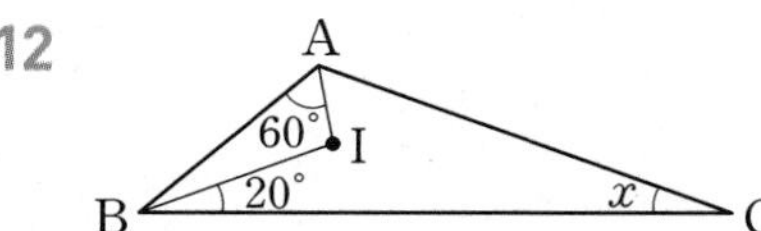

13

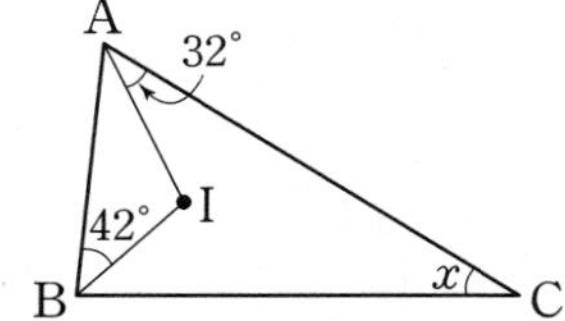

내가 발견한 개념 점 I가 △ABC의 내심일 때 각의 관계는?

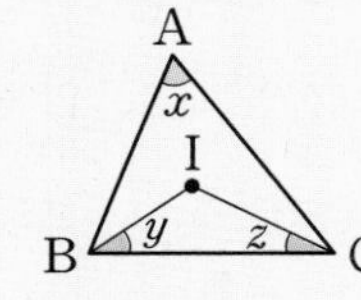

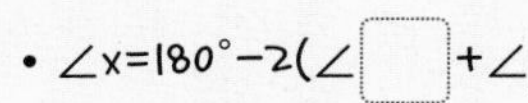

개념모음문제

14 오른쪽 그림에서 점 I는 $\overline{AC}=\overline{BC}$인 이등변삼각형 ABC의 내심이다. $\angle IBC=36°$일 때, $\angle ICA$의 크기는?

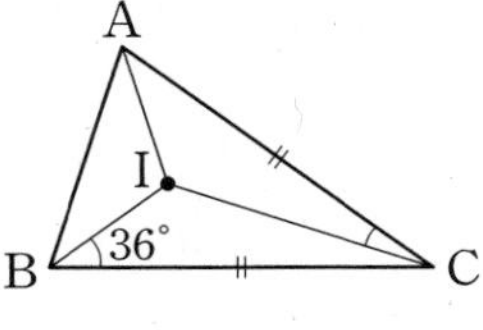

① 15° ② 18° ③ 21°
④ 24° ⑤ 27°

07

내접원의 중심!

삼각형의 내심의 응용(2)

점 I가 △ABC의 내심일 때

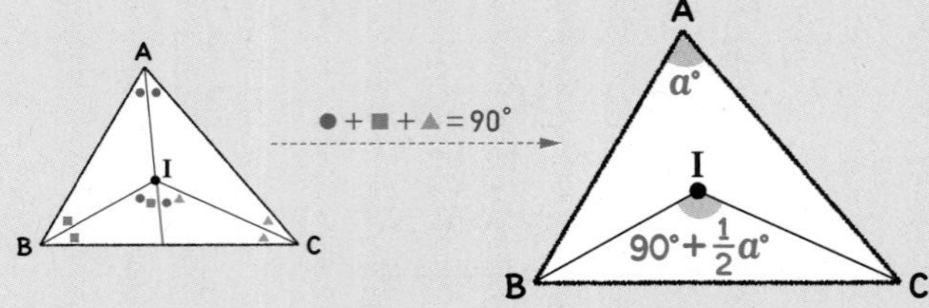

$$\angle BIC = 90° + \frac{1}{2}\angle A$$

• 삼각형의 내심과 평행선

점 I가 △ABC의 내심이고, $\overline{DE}$ // $\overline{BC}$일 때

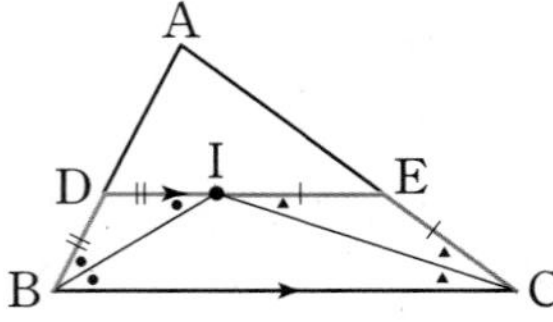

① $\overline{DE}=\overline{DI}+\overline{EI}=\overline{DB}+\overline{EC}$

② (△ADE의 둘레의 길이)$=\overline{AB}+\overline{AC}$

원리확인 다음 그림에서 점 I가 삼각형 ABC의 내심일 때, □ 안에 알맞은 것을 써넣으시오.

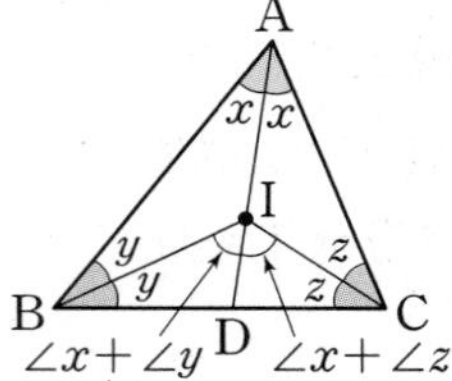

$\overline{AI}$의 연장선과 $\overline{BC}$의 교점을 D라 하면

$\angle BIC$

$=\angle BID+\angle CID$

$=(\angle IAB+\angle\square)+(\angle IAC+\angle\square)$

$=(\angle x+\angle\square)+(\angle x+\angle\square)$

$=(\angle x+\angle\square+\angle\square)+\angle x$

$=\square°+\frac{1}{2}\angle A$

1st — 삼각형의 내심을 이용하여 각의 크기 구하기

● 다음 그림에서 점 I가 삼각형 ABC의 내심일 때, $\angle x$의 크기를 구하시오.

1 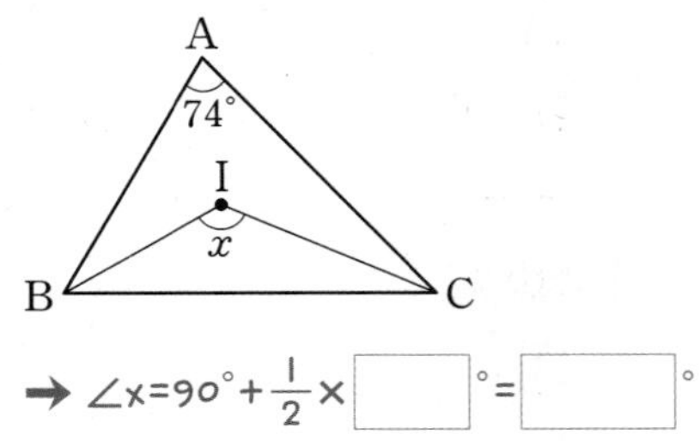

→ $\angle x=90°+\frac{1}{2}\times\square°=\square°$

2 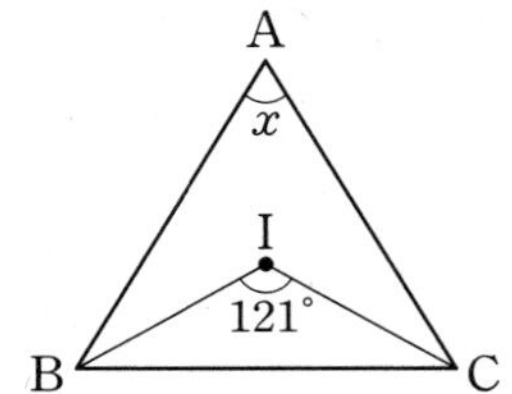

3 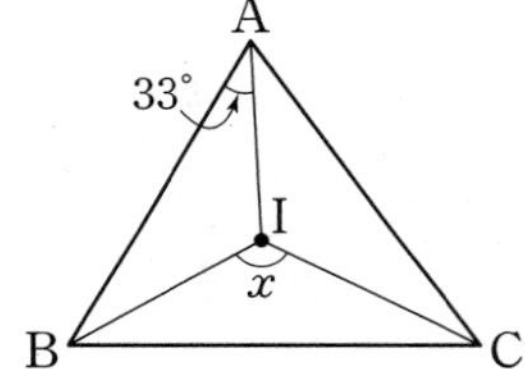

4 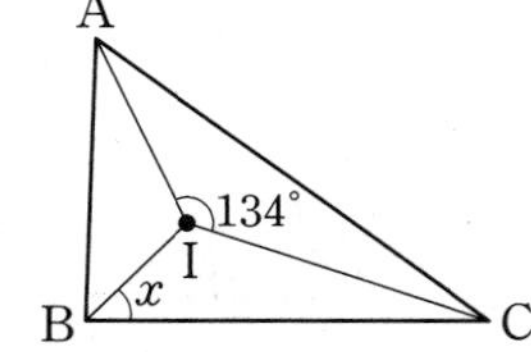

내가 발견한 개념 점 I가 △ABC의 내심일 때 각의 관계는?

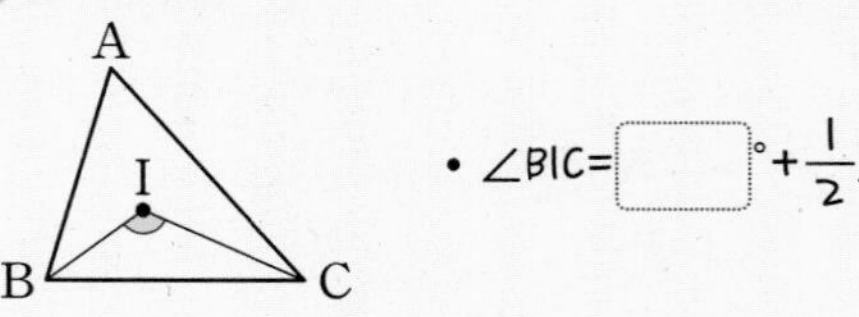

• $\angle BIC=\square°+\frac{1}{2}\angle A$

2nd 삼각형의 내심과 평행선을 이용하여 문제 해결하기

● 다음 그림에서 점 I가 삼각형 ABC의 내심이고 $\overline{DE} /\!/ \overline{BC}$일 때, x의 값을 구하시오.

5

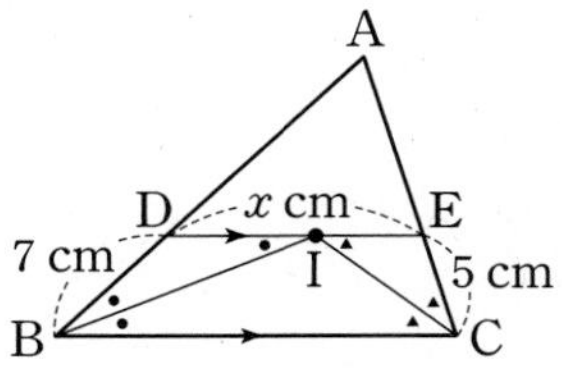

➜ 점 I가 △ABC의 내심이고, $\overline{DE} /\!/ \overline{BC}$이므로

△DBI와 △ECI는 □ 삼각형이다.

즉 $\overline{DI}=\overline{DB}=$□ cm, $\overline{EI}=\overline{EC}=$□ cm이므로

$\overline{DE}=\overline{DI}+\overline{EI}=$□+□=□(cm)

따라서 x=□

6

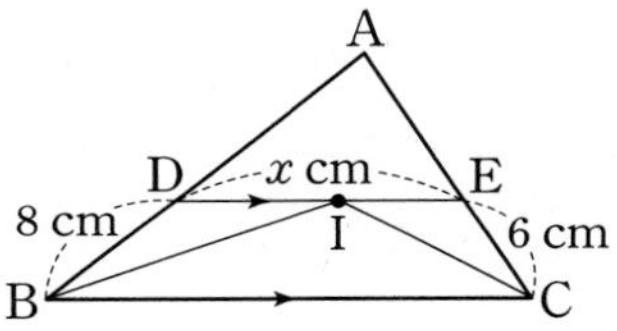

7

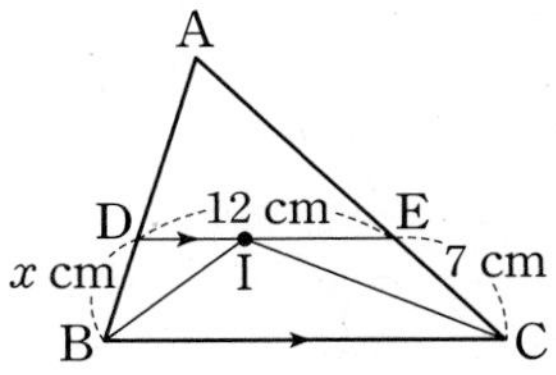

8

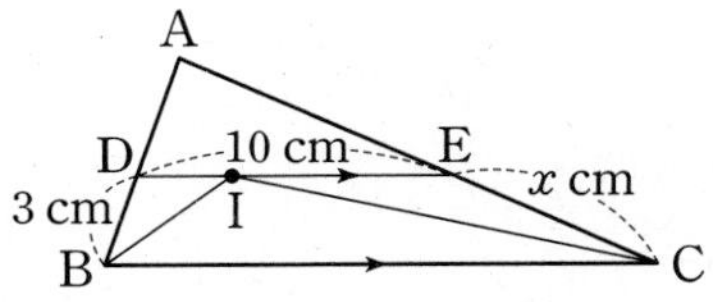

● 다음 그림에서 점 I가 삼각형 ABC의 내심이고 $\overline{DE} /\!/ \overline{BC}$일 때, △ADE의 둘레의 길이를 구하시오.

9

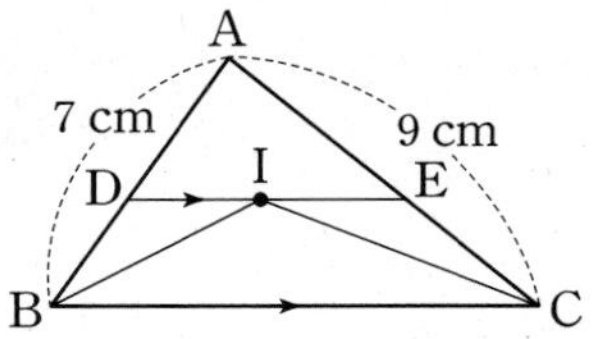

➜ (△ADE의 둘레의 길이)

$=\overline{AD}+\overline{DE}+\overline{EA}=\overline{AD}+\overline{DI}+$□$+\overline{EA}$

$=\overline{AD}+\overline{DB}+$□$+\overline{EA}=\overline{AB}+$□

=7+□=□(cm)

10

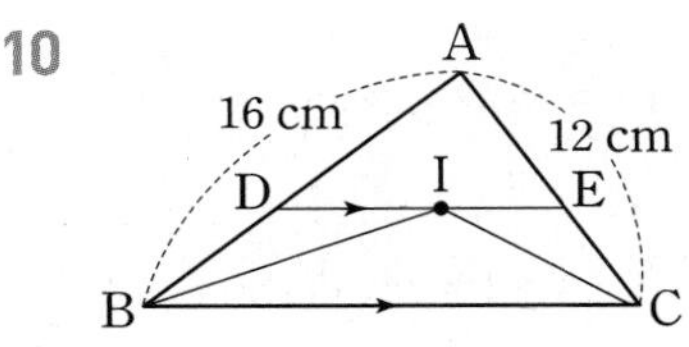

11

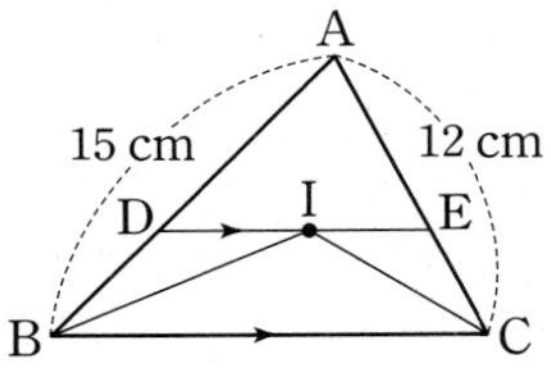

😊 내가 발견한 개념 삼각형의 내심과 평행선의 관계는?

점 I가 △ABC의 내심이고 $\overline{DE} /\!/ \overline{BC}$일 때

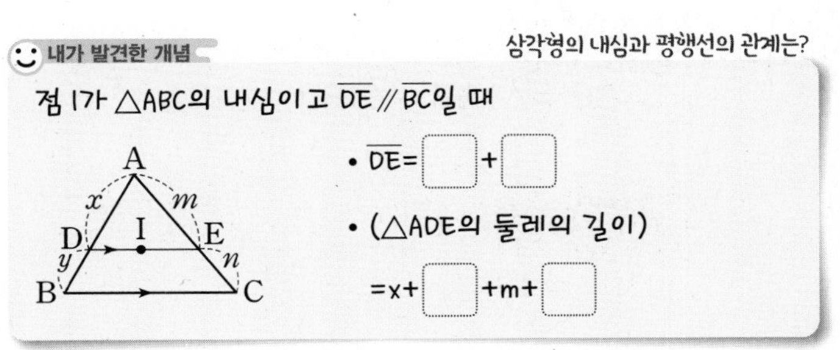

• $\overline{DE}=$□+□

• (△ADE의 둘레의 길이)

=x+□+m+□

08

내접원의 중심!

삼각형의 내접원의 응용

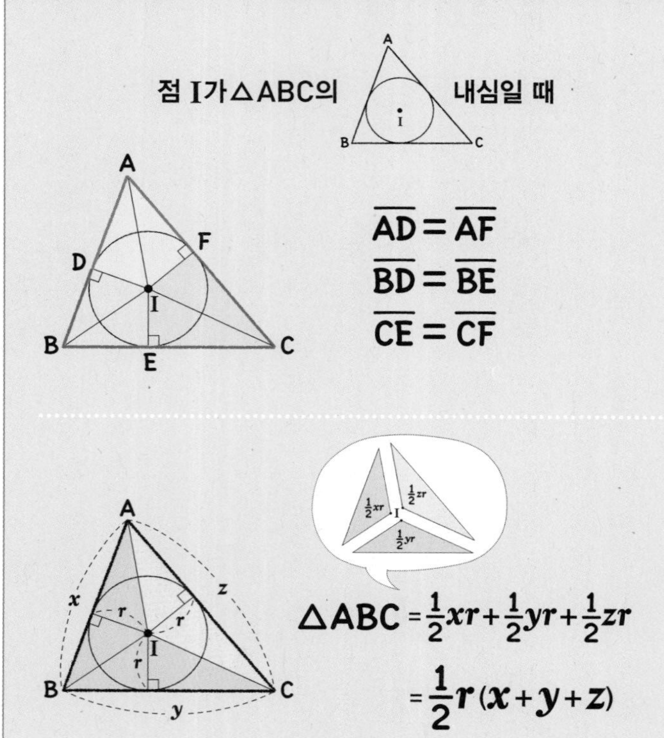

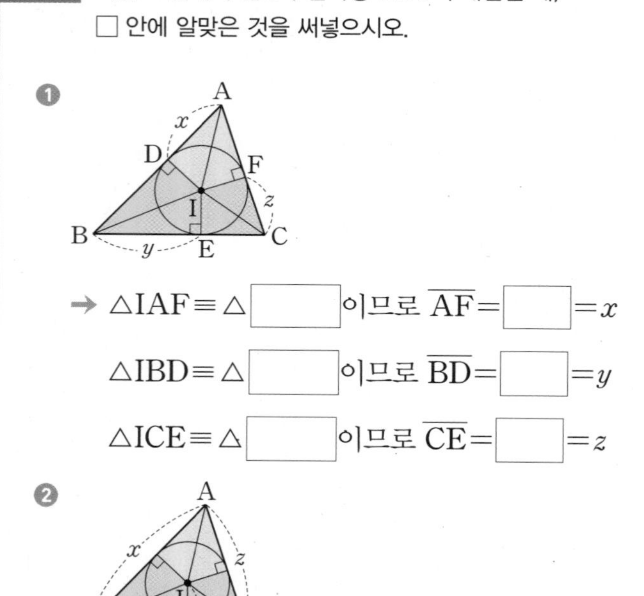

원리확인 다음 그림에서 점 I가 삼각형 ABC의 내심일 때, □ 안에 알맞은 것을 써넣으시오.

❶

→ $\triangle IAF\equiv\triangle$ □ 이므로 $\overline{AF}=$ □ $=x$

$\triangle IBD\equiv\triangle$ □ 이므로 $\overline{BD}=$ □ $=y$

$\triangle ICE\equiv\triangle$ □ 이므로 $\overline{CE}=$ □ $=z$

❷

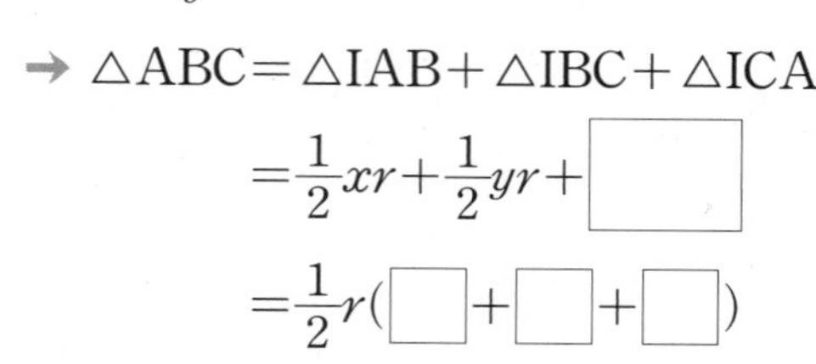

→ $\triangle ABC=\triangle IAB+\triangle IBC+\triangle ICA$

$=\frac{1}{2}xr+\frac{1}{2}yr+$ □

$=\frac{1}{2}r($ □ $+$ □ $+$ □ $)$

1st 삼각형의 내접원의 성질을 이용하여 접선의 길이 구하기

● 다음 그림에서 점 I가 삼각형 ABC의 내심이고 세 점 D, E, F는 접점일 때, x의 값을 구하시오.

1

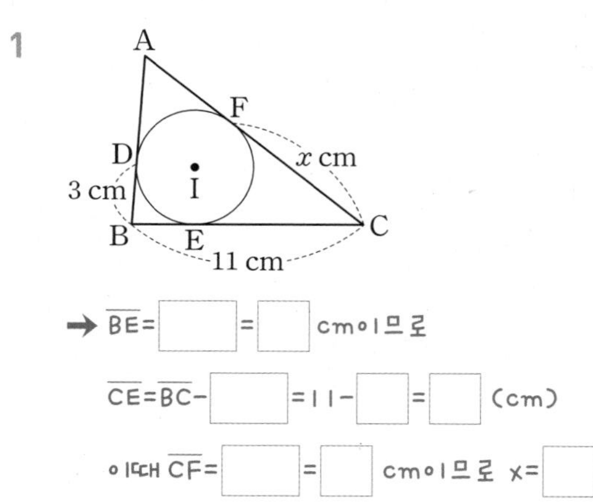

→ $\overline{BE}=$ □ $=$ □ cm이므로

$\overline{CE}=\overline{BC}-$ □ $=11-$ □ $=$ □ (cm)

이때 $\overline{CF}=$ □ $=$ □ cm이므로 $x=$ □

2

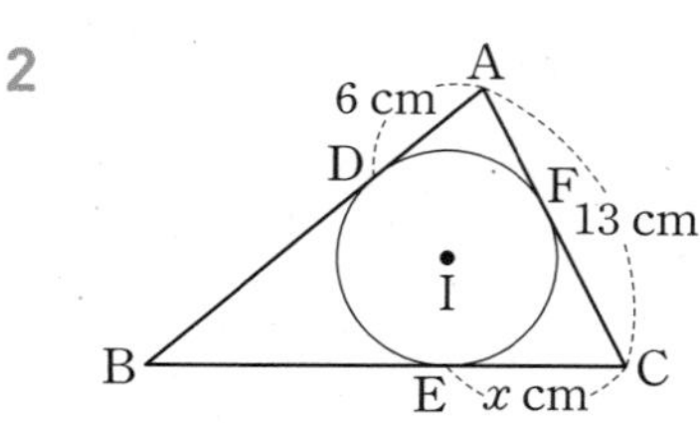

3

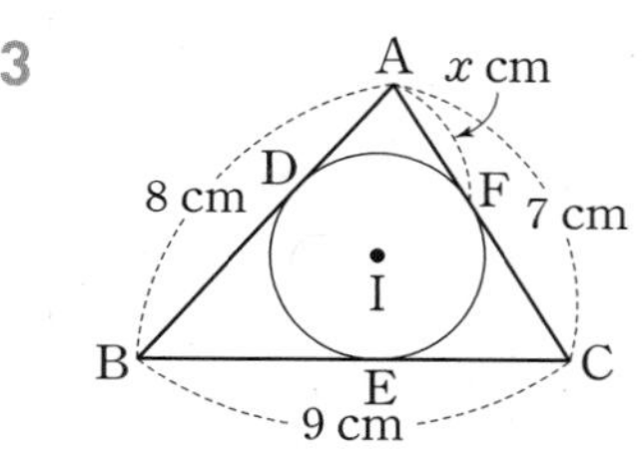

4

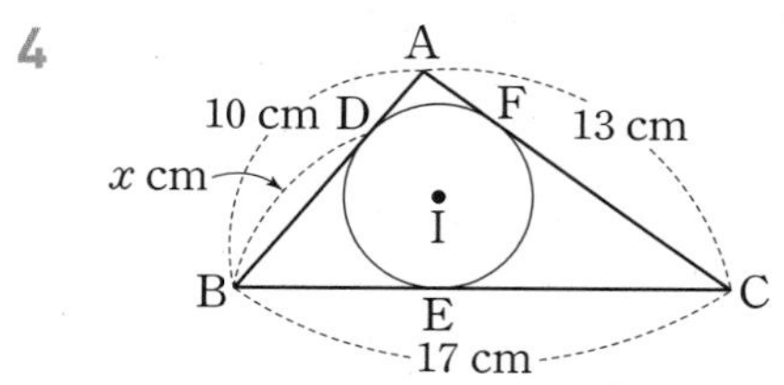

2nd 삼각형의 내접원의 성질을 이용하여 삼각형의 넓이 구하기

● 다음 그림에서 점 I가 삼각형 ABC의 내심일 때, 삼각형 ABC의 넓이를 구하시오.

5

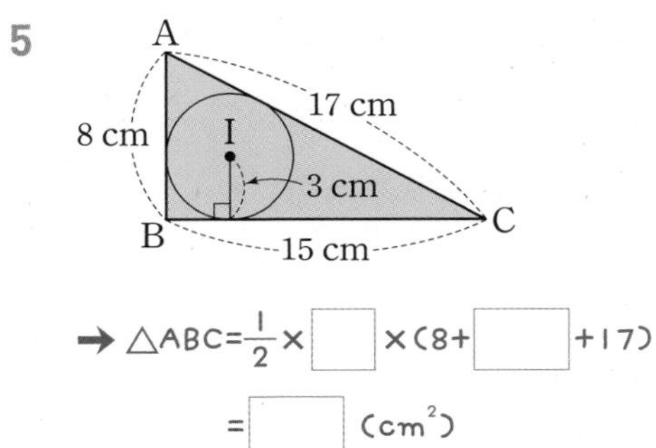

→ $\triangle ABC=\frac{1}{2}\times$ ☐ $\times(8+$ ☐ $+17)$

= ☐ (cm^2)

6

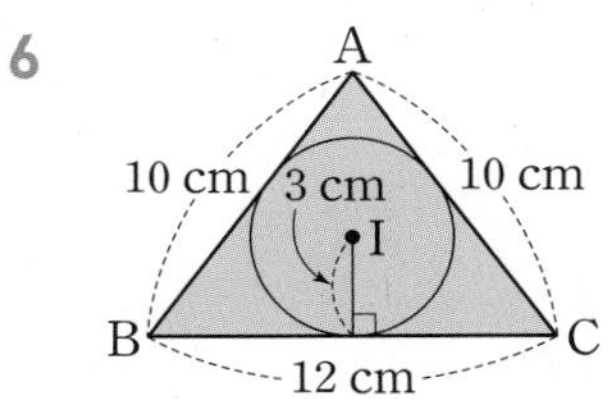

7

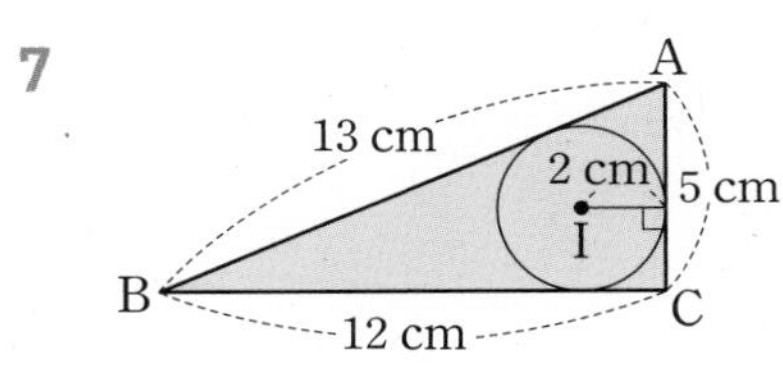

8

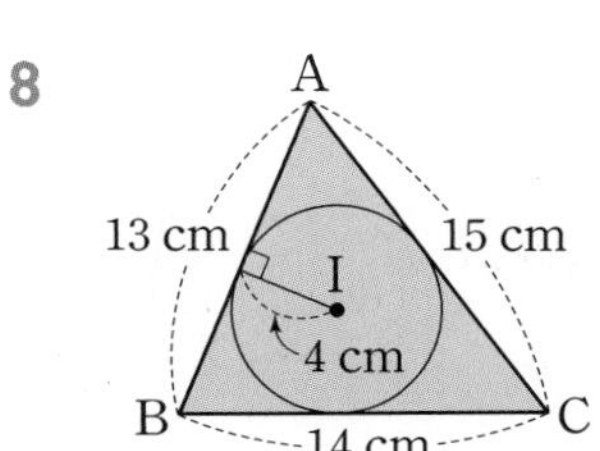

3rd 삼각형의 내접원의 성질을 이용하여 내접원의 반지름의 길이 구하기

● 다음 그림에서 점 I가 삼각형 ABC의 내심이고 △ABC의 넓이가 다음과 같이 주어질 때, 내접원의 반지름의 길이를 구하시오.

9

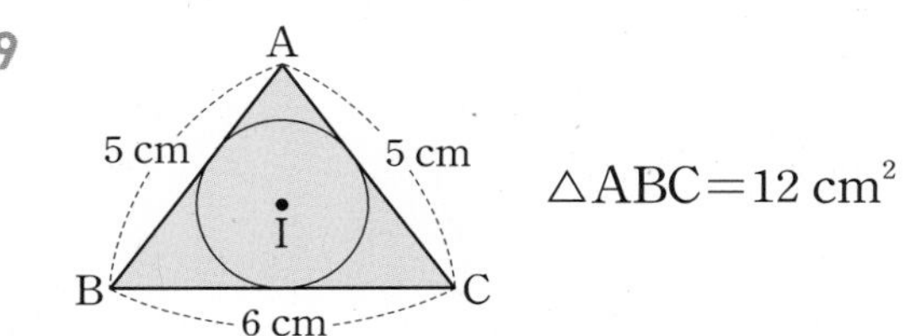

$\triangle ABC=12\ cm^2$

→ 내접원의 반지름의 길이를 r cm라 하면

$\triangle ABC=\triangle IAB+\triangle IBC+\triangle ICA$

$=\frac{1}{2}\times$ ☐ $\times r+\frac{1}{2}\times$ ☐ $\times r+\frac{1}{2}\times$ ☐ $\times r$

= ☐ $r\ (cm^2)$

즉 ☐ $r=12$이므로 $r=$ ☐

따라서 내접원의 반지름의 길이는 ☐ cm이다.

10

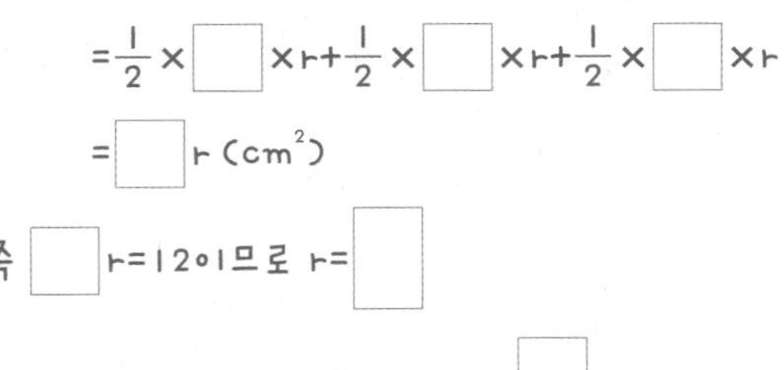

$\triangle ABC=48\ cm^2$

개념모음문제

11 오른쪽 그림에서 점 I는 $\angle B=90^\circ$인 직각삼각형 ABC의 내심이다.

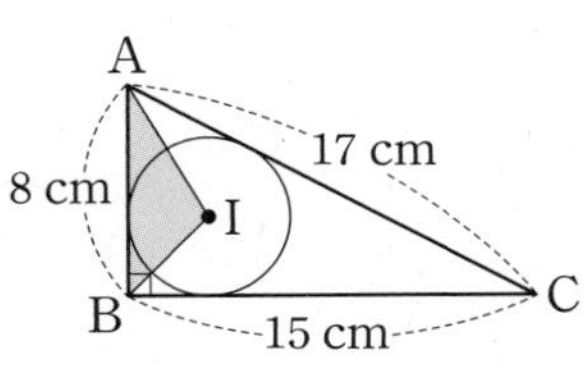

$\overline{AB}=8$ cm, $\overline{BC}=15$ cm, $\overline{CA}=17$ cm일 때, △IAB의 넓이는?

① $12\ cm^2$ ② $15\ cm^2$ ③ $18\ cm^2$

④ $\frac{45}{2}\ cm^2$ ⑤ $\frac{51}{2}\ cm^2$

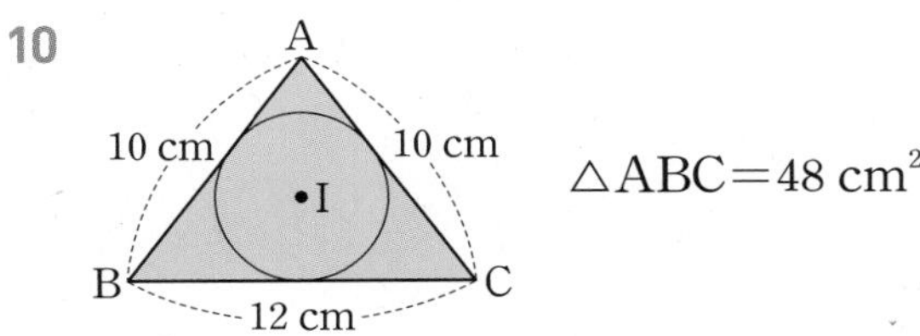

09 외접원의 중심 vs 내접원의 중심!

삼각형의 외심과 내심의 비교

	외심	내심
성질	❶ 세 변의 수직이등분선은 한 점에서 만난다. ❷ 외심에서 세 꼭짓점에 이르는 거리는 모두 같다.	❶ 세 내각의 이등분선은 한 점에서 만난다. ❷ 내심에서 세 변에 이르는 거리는 모두 같다.
각의 크기	$\angle x+\angle y+\angle z=90°$ $\angle BOC=2\angle A$	$\angle x+\angle y+\angle z=90°$ $\angle BIC=90°+\frac{1}{2}\angle A$
합동인 삼각형	$\triangle OAD\equiv\triangle OBD$ $\triangle OBE\equiv\triangle OCE$ $\triangle OAF\equiv\triangle OCF$ (RHS 합동)	$\triangle IAD\equiv\triangle IAF$ $\triangle IBD\equiv\triangle IBE$ $\triangle ICE\equiv\triangle ICF$ (RHA 합동)

1st — 삼각형의 외심과 내심 비교하기

● 다음 중 옳은 것은 ○를, 옳지 않은 것은 ×를 ( ) 안에 써넣으시오.

1 내심은 삼각형의 내접원의 중심이다. ( )

2 삼각형의 외심에서 세 변에 이르는 거리는 모두 같다. ( )

3 삼각형의 세 내각의 이등분선은 내심에서 만난다. ( )

4 삼각형의 내심에서 세 꼭짓점에 이르는 거리는 모두 같다. ( )

5 모든 삼각형의 외심은 삼각형의 내부에 있다. ( )

6 둔각삼각형의 내심은 삼각형의 외부에 있다. ( )

7 삼각형의 세 변의 수직이등분선의 교점은 외심에서 만난다. ( )

2nd 삼각형의 내심과 외심을 이용하여 각의 크기 구하기

● 다음 그림에서 점 O와 점 I는 각각 삼각형 ABC의 외심과 내심일 때, $\angle x$, $\angle y$의 크기를 구하시오.

8

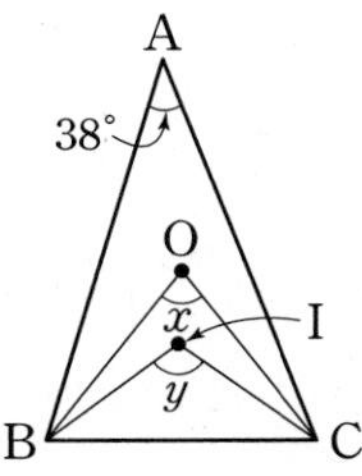

→ 점 O는 △ABC의 외심이므로

$\angle x = 2\angle A = 2 \times \square ° = \square °$

또한 점 I는 △ABC의 내심이므로

$\angle y = 90° + \frac{1}{2}\angle A$

$= 90° + \frac{1}{2} \times \square ° = \square °$

9

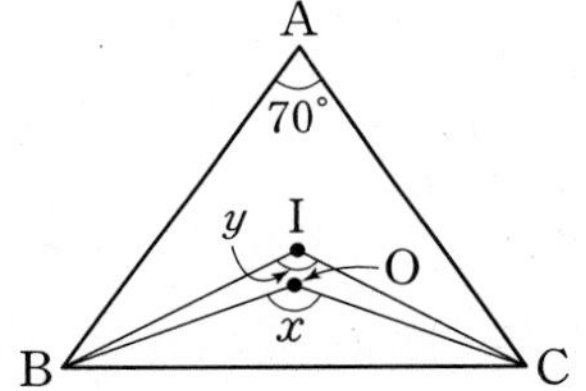

10

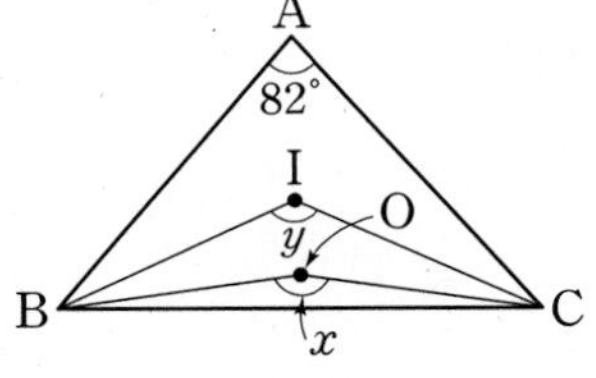

11

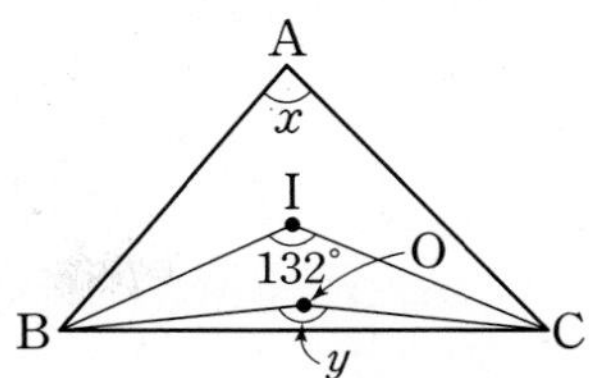

12

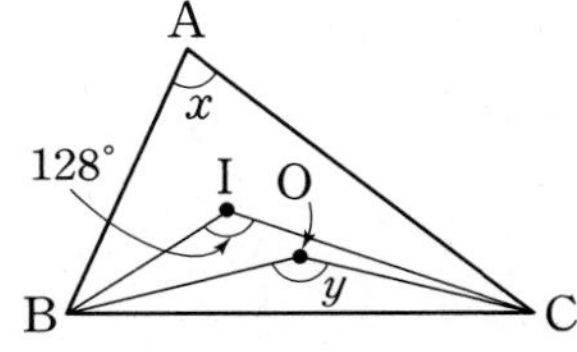

13

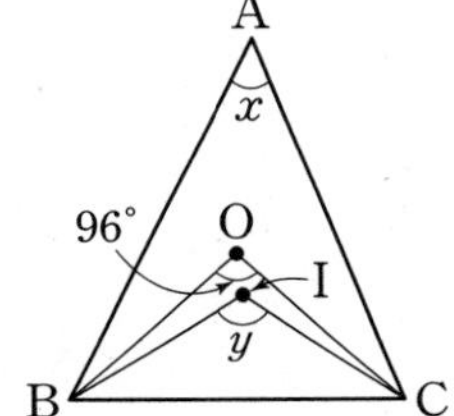

14

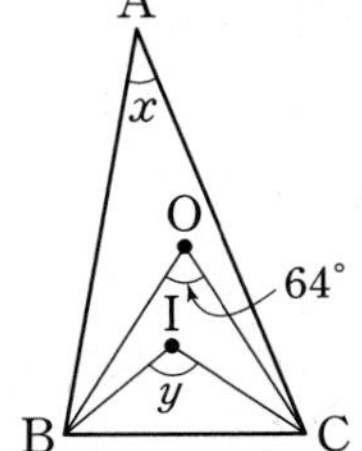

3rd 이등변삼각형의 내심과 외심을 이용하여 각의 크기 구하기

● 다음 그림에서 두 점 O, I는 각각 $\overline{AB}=\overline{AC}$인 이등변삼각형 ABC의 외심, 내심이다. $\angle x$의 크기를 구하시오.

15

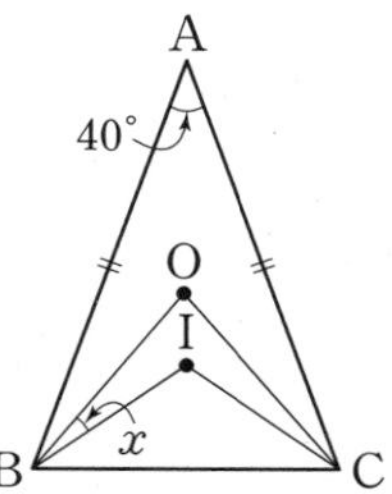

→ 점 O는 △ABC의 외심이므로

$\angle BOC=2\angle A=2\times$ ☐ °= ☐ °

즉 $\angle OBC=\frac{1}{2}\times(180°-$ ☐ °)= ☐ °

△ABC는 이등변삼각형이므로

$\angle B=\frac{1}{2}\times(180°-$ ☐ °)= ☐ °

이때 점 I는 △ABC의 내심이므로

$\angle IBC=\frac{1}{2}\times$ ☐ °= ☐ °

따라서 $\angle x=\angle OBC-\angle IBC=$ ☐ °− ☐ °= ☐ °

16

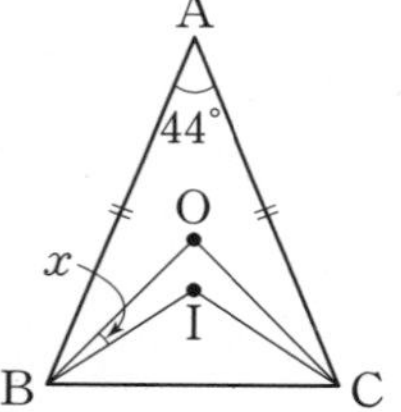

17

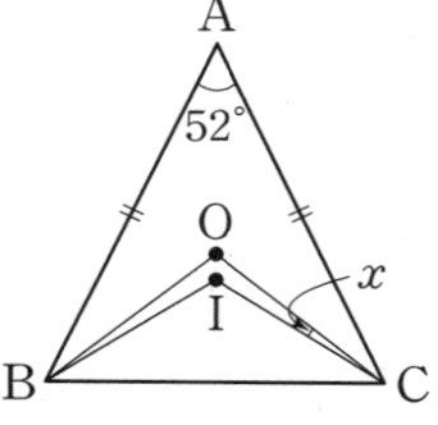

18

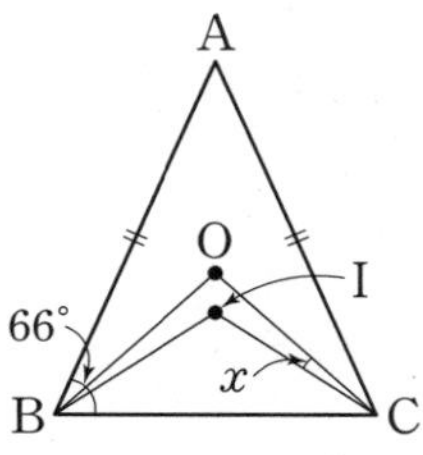

19

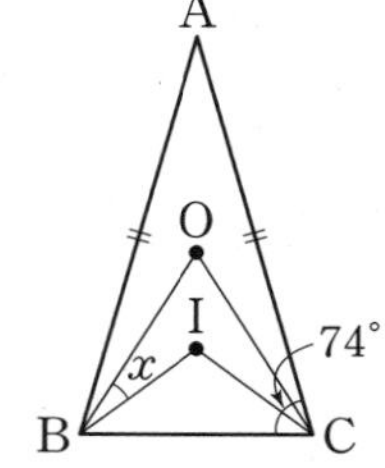

20

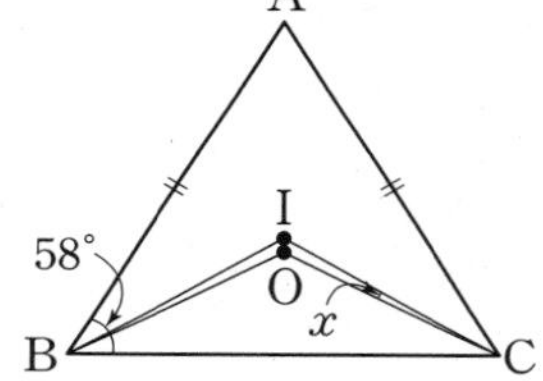

이등변삼각형의 외심과 내심은 꼭지각의 이등분선 위에 있다!

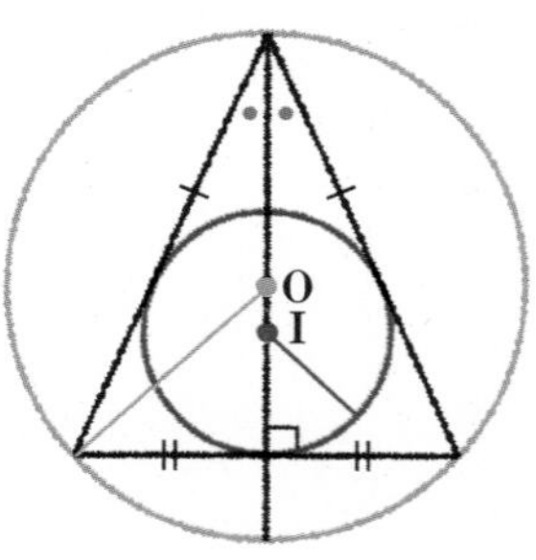

TEST 2. 삼각형의 외심과 내심

1 오른쪽 그림에서 점 O가 $\triangle$ABC의 외심일 때, $\triangle$ABC의 둘레의 길이는?

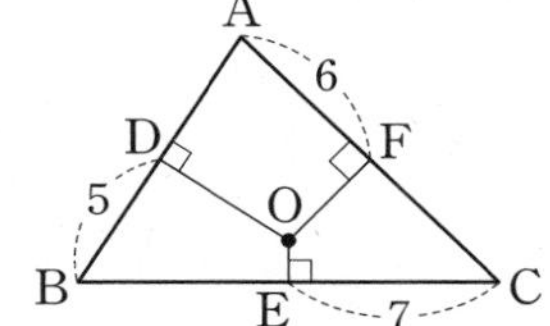

① 28　② 32　③ 36　④ 40　⑤ 44

2 오른쪽 그림에서 점 O가 $\triangle$ABC의 외심이고 $\angle$OCA$=26^\circ$, $\angle$OCB$=40^\circ$일 때, $\angle x$의 크기는?

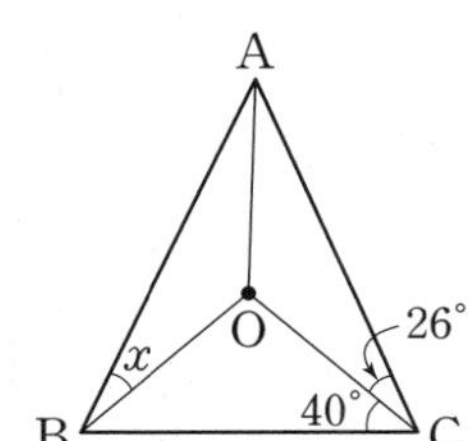

① 22°　② 24°　③ 26°　④ 28°　⑤ 30°

3 다음 설명 중 옳지 <u>않은</u> 것은?

① 삼각형의 외심에서 세 꼭짓점에 이르는 거리는 같다.
② 삼각형의 세 변의 수직이등분선이 만나는 점이 내심이다.
③ 둔각삼각형의 외심은 삼각형의 외부에 있다.
④ 삼각형의 내심에서 세 변에 이르는 거리는 같다.
⑤ 직각삼각형의 외접원의 지름의 길이는 빗변의 길이와 같다.

4 오른쪽 그림에서 점 O가 $\triangle$ABC의 외심이고 $\angle$OAB$=25^\circ$, $\angle$OCB$=33^\circ$일 때, $\angle x$의 크기는?

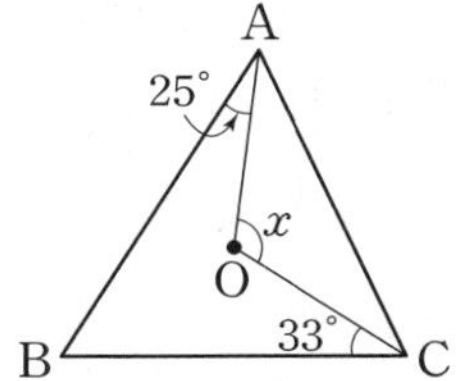

① 108°　② 114°　③ 116°　④ 118°　⑤ 120°

5 오른쪽 그림에서 점 I는 $\triangle$ABC의 내심이고 세 점 D, E, F는 접점이다. $\overline{AB}=15$ cm, $\overline{BC}=12$ cm, $\overline{CA}=9$ cm일 때, $\overline{BD}$의 길이를 구하시오.

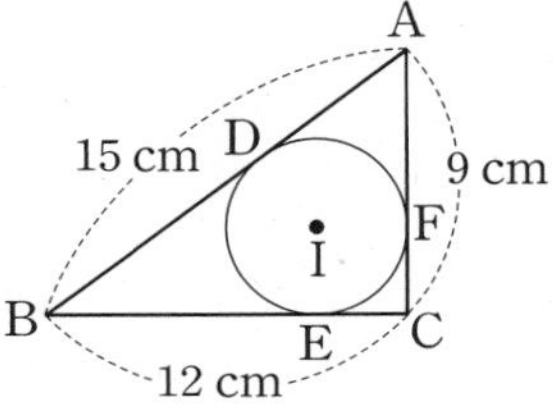

6 오른쪽 그림에서 점 I는 $\triangle$ABC의 내심이고 내접원의 반지름의 길이가 5 cm이다. $\triangle$ABC의 둘레의 길이가 56 cm일 때, $\triangle$ABC의 넓이를 구하시오.

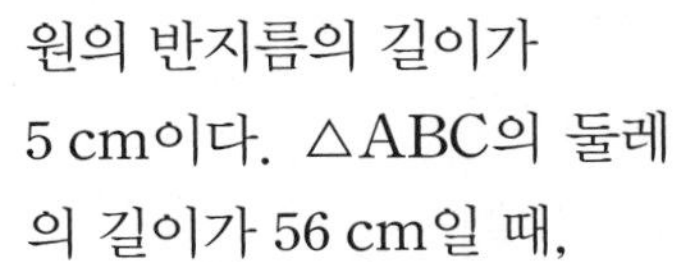

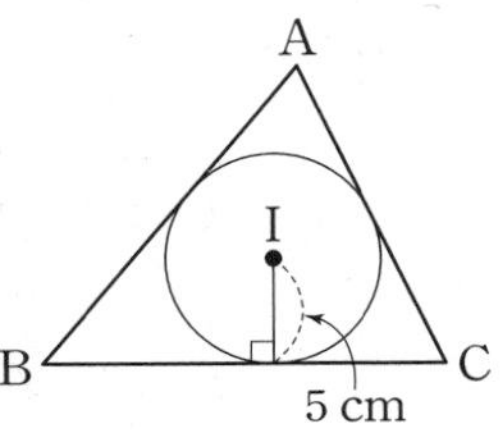

대단원

TEST Ⅰ. 삼각형의 성질

1 오른쪽 그림과 같이 $\overline{AB}=\overline{AC}$인 이등변삼각형 ABC에서 $\angle x$의 크기는?

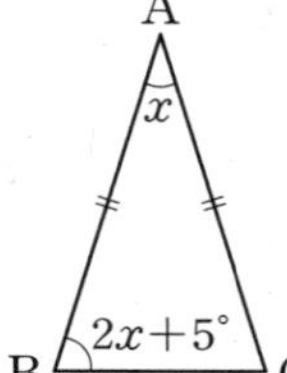

① 31° ② 32°
③ 33° ④ 34°
⑤ 35°

2 오른쪽 그림에서 $\overline{AB}=\overline{AC}=\overline{CD}$이고, $\angle DCE=102°$일 때, $\angle B$의 크기는?

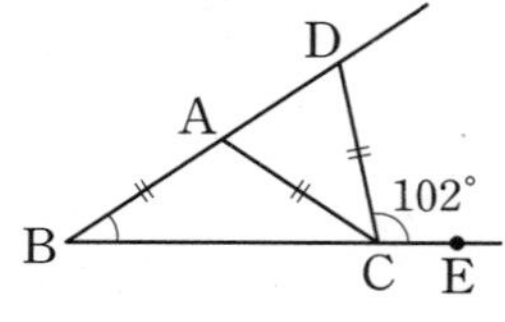

① 31° ② 32° ③ 33°
④ 34° ⑤ 35°

3 오른쪽 그림과 같이 $\overline{AB}=\overline{AC}$인 이등변삼각형 ABC에서 $\overline{AD}$는 $\angle A$의 이등분선이다. $\overline{BC}=4$ cm이고 △ABC의 넓이가 16 cm²일 때, $\overline{AD}$의 길이는?

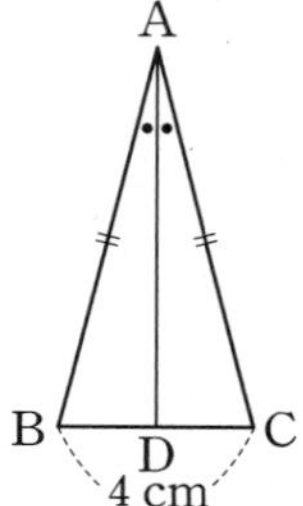

① 6 cm ② 7 cm
③ 8 cm ④ 9 cm
⑤ 10 cm

4 오른쪽 그림과 같이 빗변의 길이가 같은 두 직각삼각형 ABC와 DEF에 한 가지 조건을 추가하여 △ABC≡△DEF가 되게 하려 한다. 다음 중 △ABC≡△DEF가 되기 위한 조건이 아닌 것은?

① $\overline{BC}=\overline{EF}$ ② $\overline{BC}=\overline{DF}$
③ $\angle A=\angle D$ ④ $\angle B=\angle E$
⑤ $\overline{AC}=\overline{DF}$

5 오른쪽 그림에서 △ABC가 직각이등변삼각형일 때, □ADEC의 넓이를 구하시오.

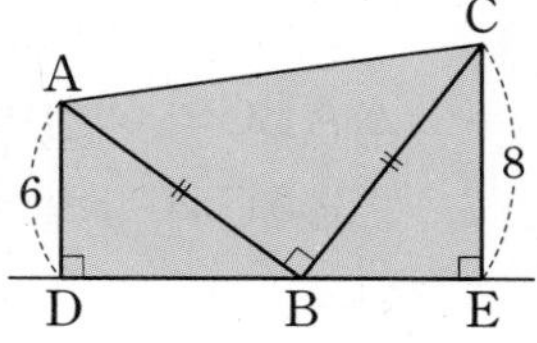

6 오른쪽 그림과 같이 $\angle C=90°$인 직각삼각형 ABC에서 $\angle A$의 이등분선이 $\overline{BC}$와 만나는 점을 D, D에서 $\overline{AB}$에 내린 수선의 발을 E라 하자. $\overline{AB}=30$ cm, $\overline{AC}=24$ cm일 때, $\overline{BE}$의 길이는?

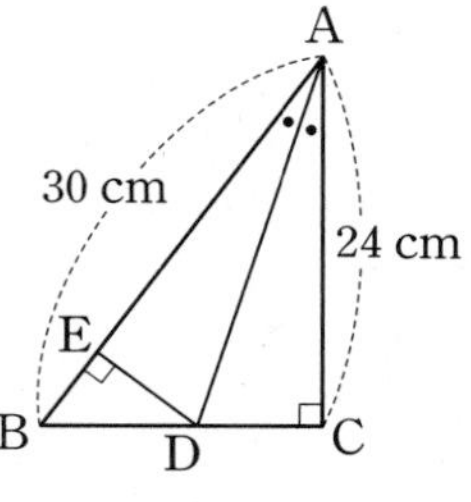

① 2 cm ② 4 cm ③ 6 cm
④ 8 cm ⑤ 10 cm

7 다음 중 삼각형의 외심과 내심에 대한 설명으로 옳지 않은 것은?

① 외심에서 삼각형의 세 꼭짓점에 이르는 거리는 같다.
② 외심은 세 변의 수직이등분선의 교점이다.
③ 내심에서 삼각형의 세 변에 이르는 거리는 같다.
④ 내심은 삼각형의 세 내각의 이등분선의 교점이다.
⑤ 외심과 내심은 항상 삼각형의 내부에 있다.

8 오른쪽 그림의 직각삼각형 ABC에서 $\overline{AB}=13$ cm, $\overline{BC}=12$ cm, $\overline{CA}=5$ cm일 때, △ABC의 외접원의 둘레의 길이는?

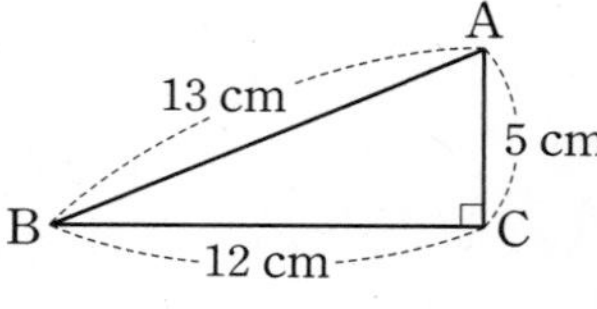

① 10π cm ② 11π cm ③ 12π cm
④ 13π cm ⑤ 14π cm

9 오른쪽 그림에서 점 O는 $\triangle ABC$의 외심이다. $\angle BAC=65^\circ$일 때, $\angle x$의 크기는?

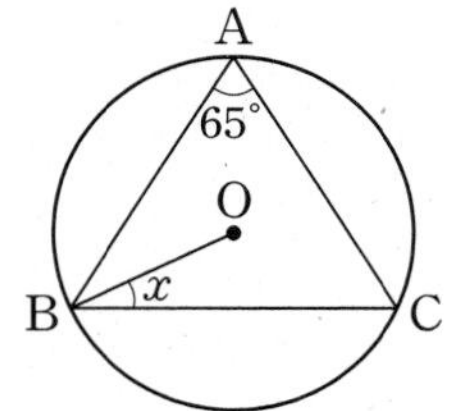

① 10° ② 15°
③ 20° ④ 25°
⑤ 30°

10 오른쪽 그림에서 점 I가 삼각형 ABC의 내심일 때, $\angle BIC$의 크기는?

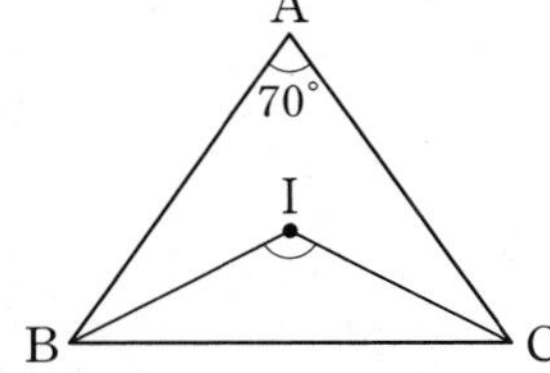

① 105° ② 110°
③ 115° ④ 120°
⑤ 125°

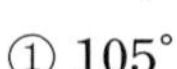

11 $\overline{AB}=9$ cm, $\overline{AC}=12$ cm인 삼각형 ABC에서 점 I가 삼각형 ABC의 내심이고 $\overline{DE} /\!/ \overline{BC}$일 때, $\triangle ADE$의 둘레의 길이를 구하시오.

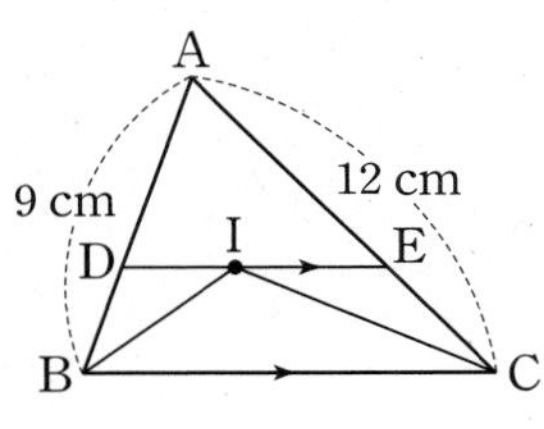

12 오른쪽 그림에서 점 I는 $\angle B=90^\circ$인 직각삼각형 ABC의 내심이다. $\overline{AB}=8$ cm, $\overline{BC}=15$ cm, $\overline{CA}=17$ cm일 때, $\triangle IBC$의 넓이를 구하시오.

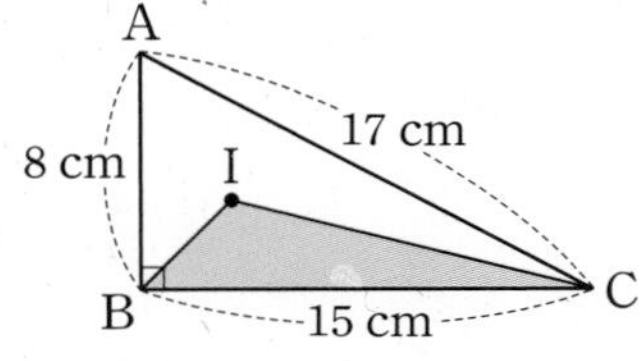

13 오른쪽 그림과 같이 직사각형 모양의 종이를 $\overline{AB}$를 접는 선으로 하여 접었다. $\angle ACD=108^\circ$일 때, $\angle x$의 크기는?

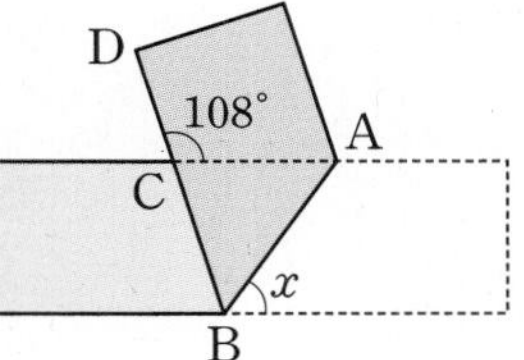

① 51° ② 52° ③ 53°
④ 54° ⑤ 55°

14 오른쪽 그림의 $\triangle ABC$에서 $\overline{BE}=\overline{CD}$, $\overline{AB}\perp\overline{CE}$, $\overline{AC}\perp\overline{BD}$이고 $\angle A=52^\circ$일 때, $\angle ECB$의 크기는?

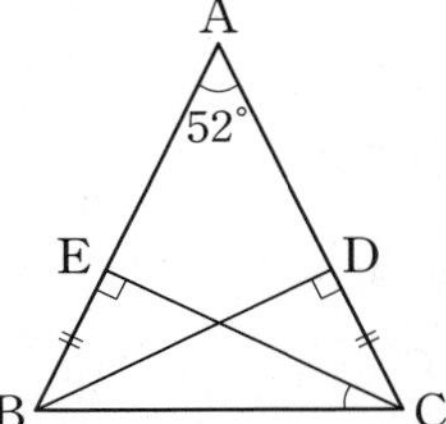

① 26° ② 27°
③ 28° ④ 29°
⑤ 30°

15 오른쪽 그림에서 점 O와 점 I는 각각 $\overline{AB}=\overline{AC}$인 이등변삼각형 ABC의 외심과 내심이다. $\angle BOC=72^\circ$일 때, $\angle IBC$의 크기는?

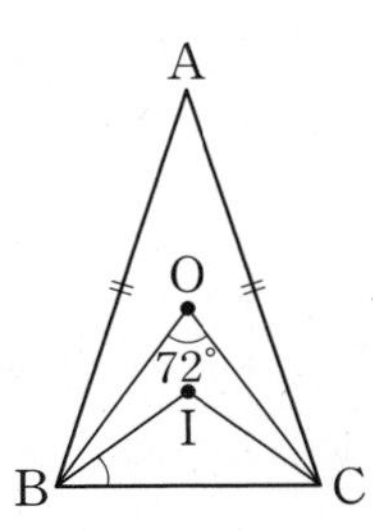

① 36° ② 37° ③ 38°
④ 39° ⑤ 40°

평면에서 네 점으로 그려지는!

II 사각형의 성질

3 마주보는 변끼리 평행한,
평행사변형

4 조건에 따라 달라지는,
여러 가지 사각형

3

마주보는 변끼리 평행한, 평행사변형

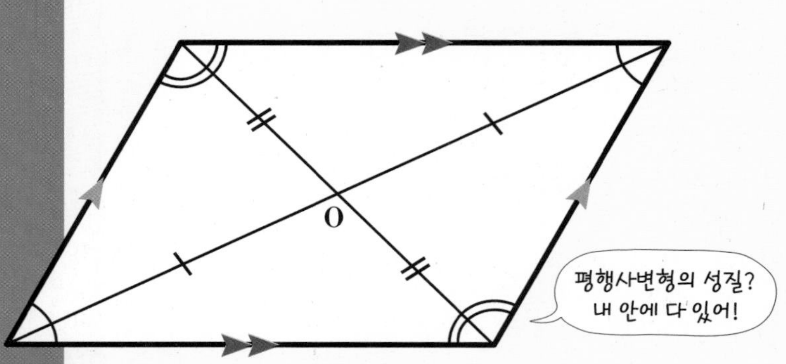

두 쌍의 평행선이 만드는!

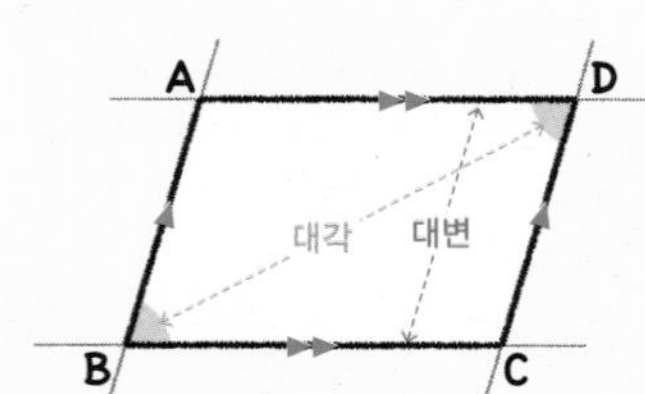

□ABCD에서 $\overline{AB} // \overline{DC}$, $\overline{AD} // \overline{BC}$

두 쌍의 대변이 각각 평행한 **사각형이다.**

01 평행사변형

삼각형 ABC를 △ABC로 나타낸 것과 같이 사각형 ABCD를 □ABCD와 같이 나타내. 이때 서로 마주 보는 변을 대변, 서로 마주 보는 각을 대각이라 해! 사각형 중에서 두 쌍의 대변이 각각 평행한 사각형을 평행사변형이라 해.

두 쌍의 평행선이 만드는!

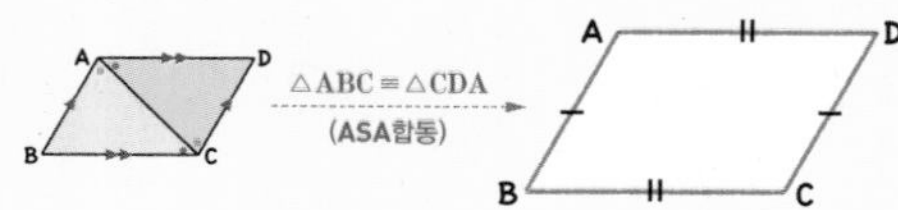

$\overline{AB} = \overline{CD}$, $\overline{AD} = \overline{BC}$

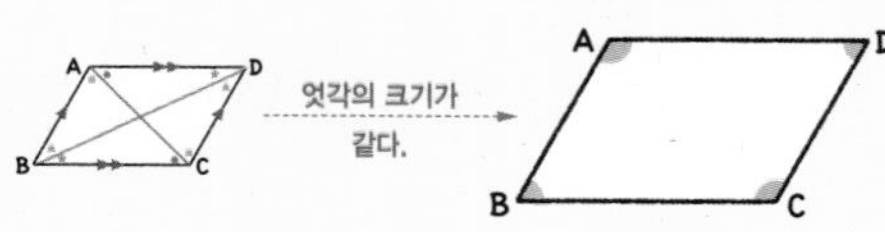

$\angle A = \angle C$, $\angle B = \angle D$

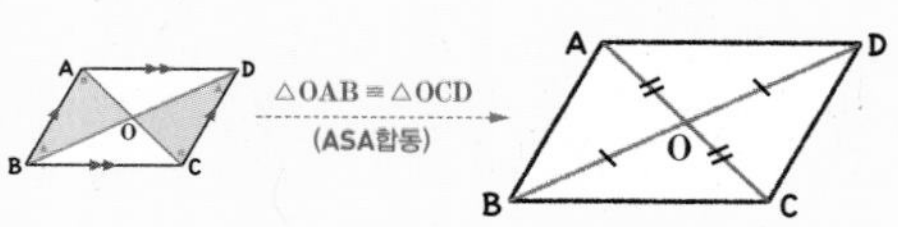

$\overline{OA} = \overline{OC}$, $\overline{OB} = \overline{OD}$

02 평행사변형의 성질

평행사변형의 성질은 다음과 같아.

① 두 쌍의 대변의 길이는 각각 같다.

② 두 쌍의 대각의 크기는 각각 같다.

③ 두 대각선은 서로 다른 것을 이등분한다.

03~04 평행사변형의 성질의 활용

평행사변형에서 각의 크기를 구할 때 평행사변형의 성질을 이용하거나 이등변삼각형의 성질 또는 엇각과 맞꼭지각을 이용하여 각을 구하게 될 거야! 각 성질을 잘 이해하면 다양한 평행사변형이 주어졌을 때 각의 크기 또는 변의 길이를 쉽게 구할 수 있어!

두 쌍의 평행선이 만드는!

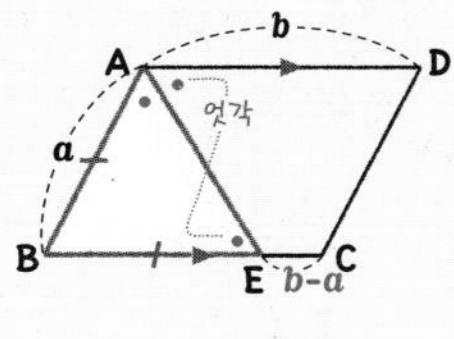

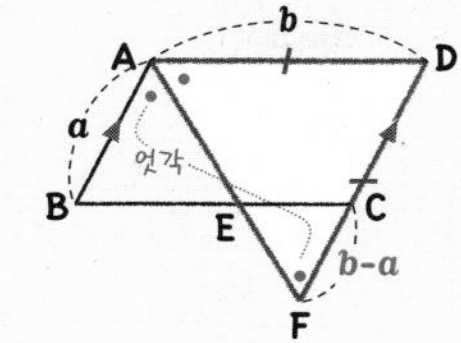

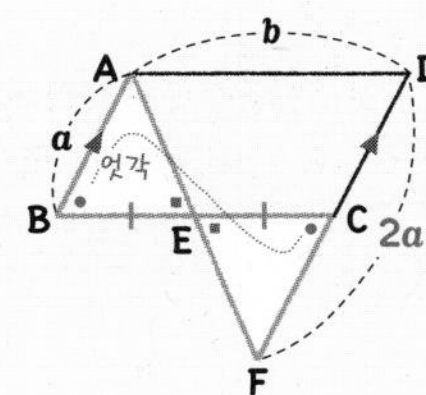

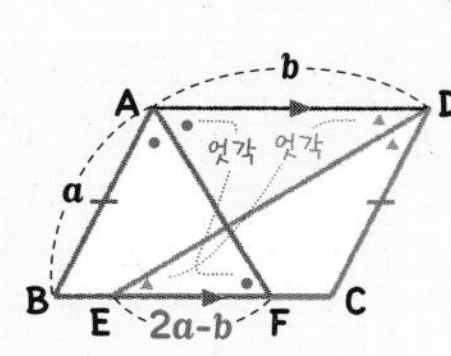

05 평행사변형이 되는 조건

다음 조건 중 어느 하나를 만족시키는 사각형은 무조건 평행사변형이야!

① 두 쌍의 대변이 각각 평행하다.

② 두 쌍의 대변의 길이가 각각 같다.

③ 두 쌍의 대각의 크기가 각각 같다.

④ 한 쌍의 대변이 평행하고 그 길이가 같다.

⑤ 두 대각선이 서로 다른 것을 이등분한다.

두 쌍의 평행선이 만드는!

❶ $\overline{AB} /\!/ \overline{DC}$, $\overline{AD} /\!/ \overline{BC}$

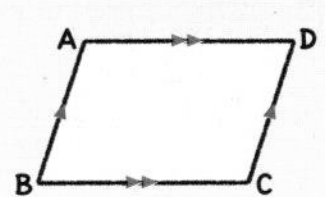

❷ $\overline{AB} = \overline{DC}$, $\overline{AD} = \overline{BC}$

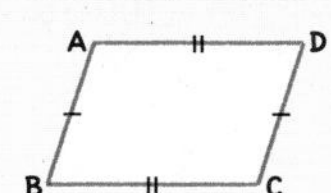

❸ $\angle A = \angle C$, $\angle B = \angle D$

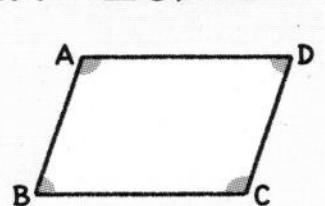

❹ $\overline{AD} /\!/ \overline{BC}$, $\overline{AD} = \overline{BC}$

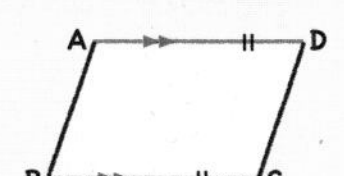

❺ $\overline{OA} = \overline{OC}$, $\overline{OB} = \overline{OD}$

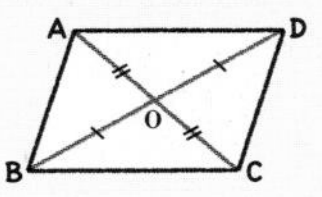

06 평행사변형과 넓이

평행사변형의 넓이는 한 대각선에 의해 이등분이 되거나 두 대각선에 의하여 사등분이 돼!

또한 평행사변형의 내부의 한 점에 의하여 생기는 네 개의 삼각형에서 마주보는 삼각형끼리의 넓이의 합은 원래의 평행사변형의 넓이의 $\frac{1}{2}$이야!

두 쌍의 평행선이 만드는!

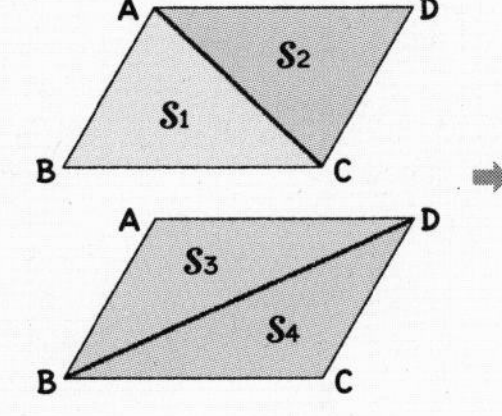

➡ $S_1 = S_2 = S_3 = S_4 = \frac{1}{2}\square ABCD$

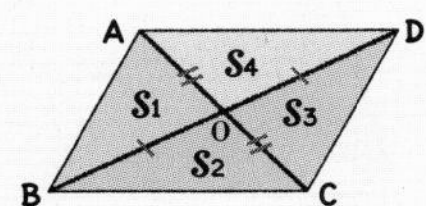

➡ $S_1 = S_2 = S_3 = S_4 = \frac{1}{4}\square ABCD$

➡ $S_1 + S_3 = S_2 + S_4 = \frac{1}{2}\square ABCD$

01

두 쌍의 평행선이 만드는!

평행사변형

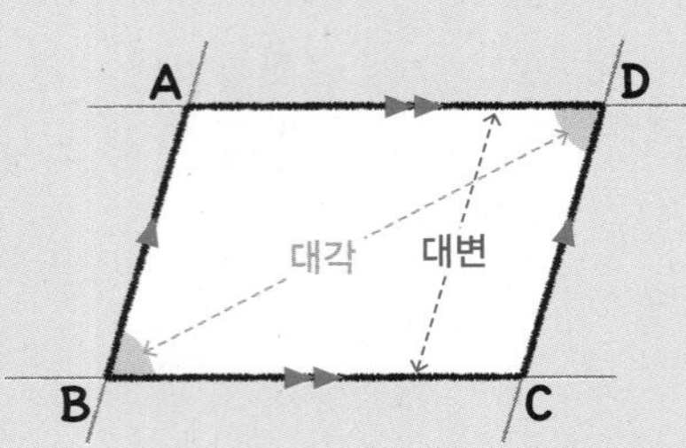

□ABCD에서 $\overline{AB} /\!/ \overline{DC}$, $\overline{AD} /\!/ \overline{BC}$

두 쌍의 대변이 각각 평행한 **사각형이다.**

- **평행사변형:** 두 쌍의 대변이 각각 평행한 사각형

참고 ① 사각형 ABCD는 기호로 □ABCD와 같이 나타내며 꼭짓점을 순서대로 연결했을 때 사각형 그림이 나와야 한다.

② 사각형에서 마주 보는 두 변을 대변, 마주 보는 두 각을 대각이라 한다.

원리확인 다음 평행사변형 ABCD에 대하여 □ 안에 알맞은 것을 써넣으시오.

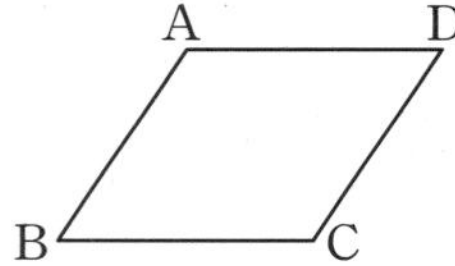

❶ $\overline{AB}$에 평행한 변은 □

❷ $\overline{AD}$에 평행한 변은 □

❸ $\overline{BC}$의 대변은 □

❹ $\overline{DC}$의 대변은 □

❺ $\angle A$의 대각은 □

❻ $\angle D$의 대각은 □

1st — 평행선에서 엇각과 동위각의 크기 구하기

● 다음 그림에서 $l /\!/ m$일 때, $\angle x$의 크기를 구하시오.

1

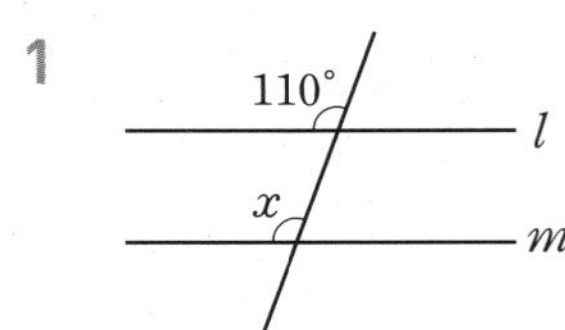

2

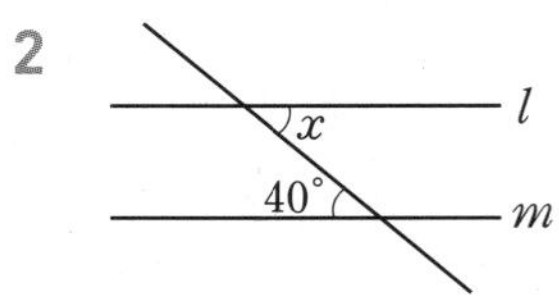

3

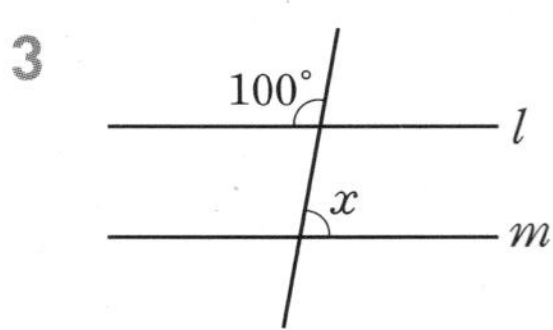

4

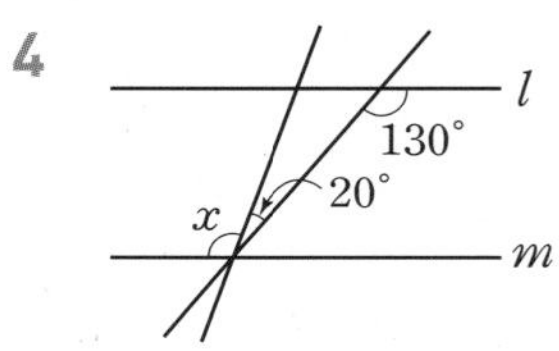

5

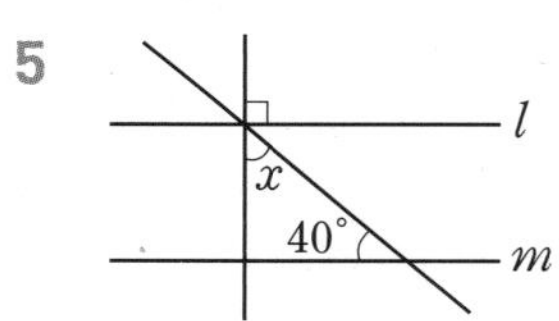

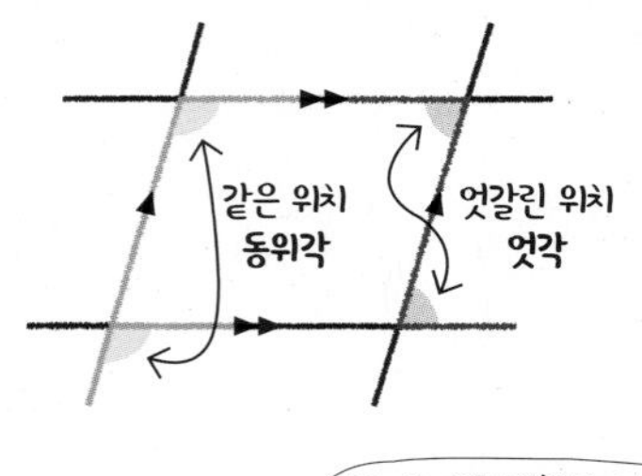

중1 때 배운 평행선의 성질 기억나지?

2nd 평행사변형에서 각의 크기 구하기

● 다음 그림과 같은 평행사변형 ABCD에서 $\angle x$, $\angle y$의 크기를 구하시오.

6
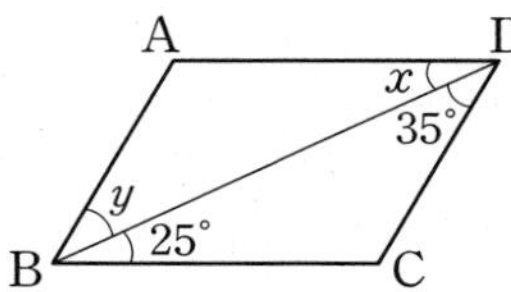

→ $\overline{AD} // \overline{BC}$이므로 $\angle x=$ ☐° (엇각)

$\overline{AB} // \overline{DC}$이므로 $\angle y=$ ☐° (☐)

7
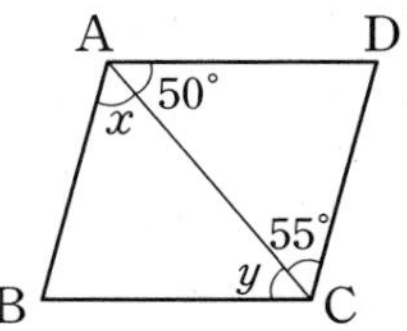

8
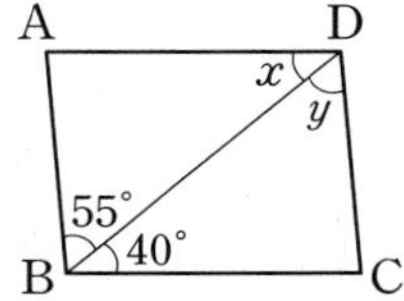

9
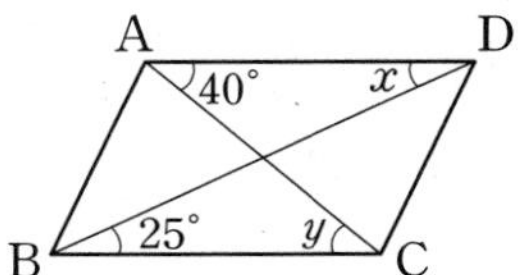

10
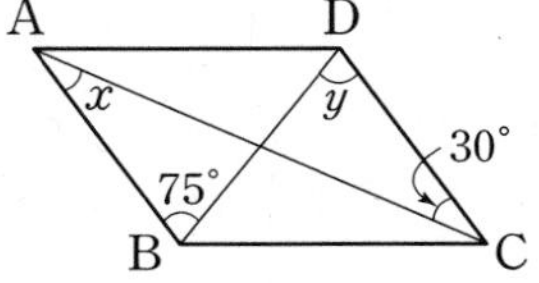

● 다음 그림과 같은 평행사변형 ABCD에서 $\angle x$의 크기를 구하시오. (단, O는 두 대각선의 교점이다.)

11
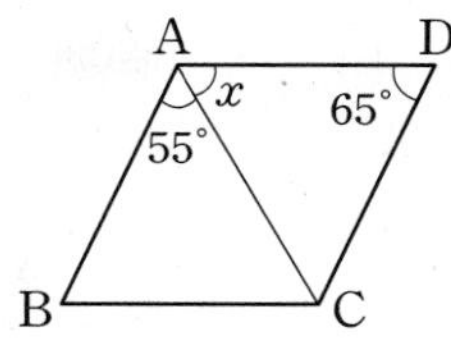

12
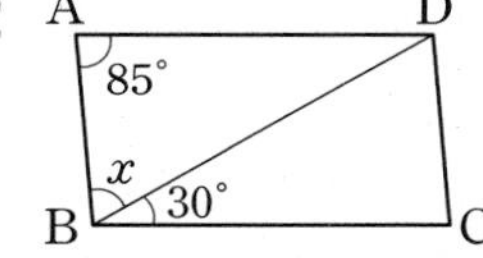

13
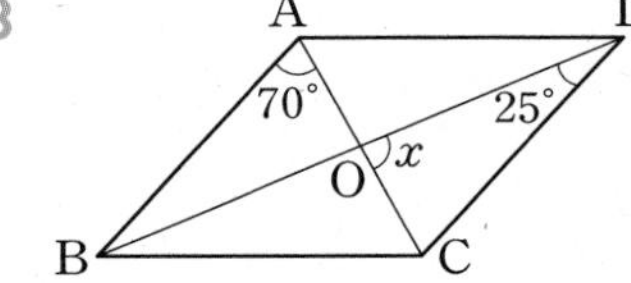

14
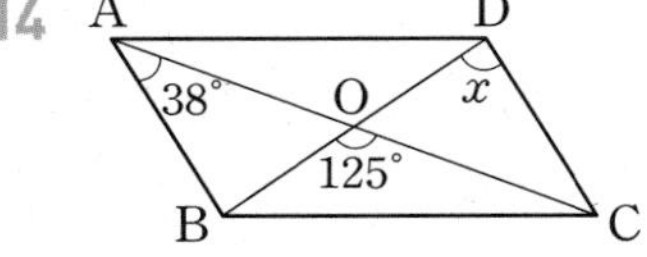

내가 발견한 개념 평행사변형이란?

• 평행사변형 → 두 쌍의 ☐이 각각 ☐한 사각형

02 두 쌍의 평행선이 만드는!

평행사변형의 성질

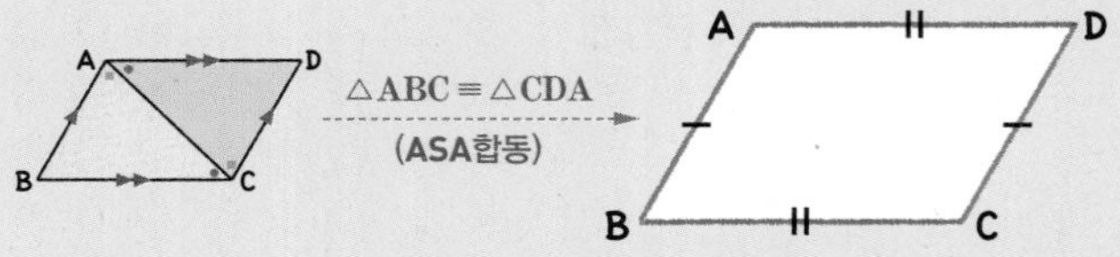

$\overline{AB}=\overline{DC}$, $\overline{AD}=\overline{BC}$

두 쌍의 대변의 길이는 각각 같다.

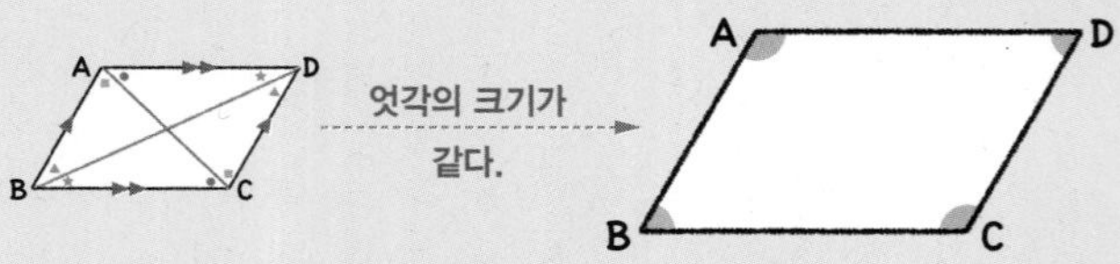

$\angle A=\angle C$, $\angle B=\angle D$

두 쌍의 대각의 크기는 각각 같다.

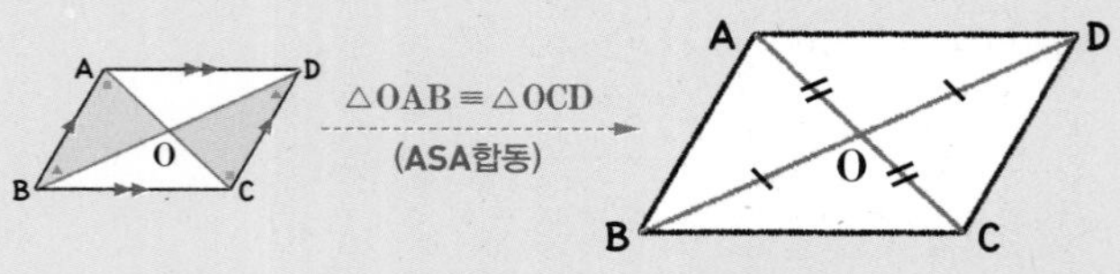

$\overline{OA}=\overline{OC}$, $\overline{OB}=\overline{OD}$

두 대각선은 서로 다른 것을 이등분한다.

• **평행사변형의 성질**

① 두 쌍의 대변의 길이는 각각 같다.

② 두 쌍의 대각의 크기는 각각 같다.

③ 두 대각선은 서로 다른 것을 이등분한다.

참고 평행사변형 ABCD에서 두 쌍의 대변이 각각 평행하므로 이웃하는 두 내각의 크기의 합은 180°이다.

평행사변형에서

이웃하는 두 내각의 합이 180°이라는 걸 딱 봐도 알겠지?

1st 평행사변형의 성질 알기

● 아래 그림과 같은 평행사변형 ABCD에 대한 다음 설명 중 옳은 것은 ○를, 옳지 않은 것은 ×를 ( ) 안에 써넣으시오. (단, O는 두 대각선의 교점이다.)

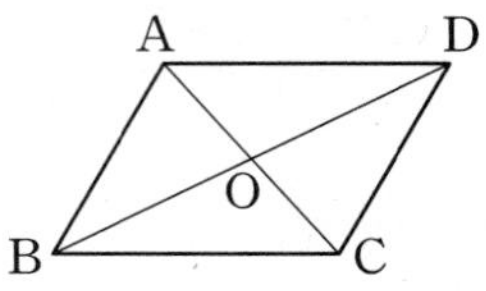

1 $\overline{AB}=\overline{BC}$ ( )

2 $\overline{AD}=\overline{BC}$ ( )

3 $\angle A=\angle B$ ( )

4 $\angle B=\angle D$ ( )

5 $\overline{OA}=\overline{OB}$ ( )

6 $\overline{OC}=\overline{OA}$ ( )

7 $\angle ABC+\angle BCD=180°$ ( )

8 $\angle ABC+\angle ADC=180°$ ( )

9 $\angle ABD=\angle ADB$ ( )

10 $\angle BAC=\angle DCA$ ( )

11 $\triangle OAB\equiv\triangle OCD$ ( )

12 $\triangle ABC\equiv\triangle CDA$ ( )

2nd 평행사변형의 성질 이해하기(1)

● 다음 그림과 같은 평행사변형 ABCD에서 x, y의 값을 구하시오.

13

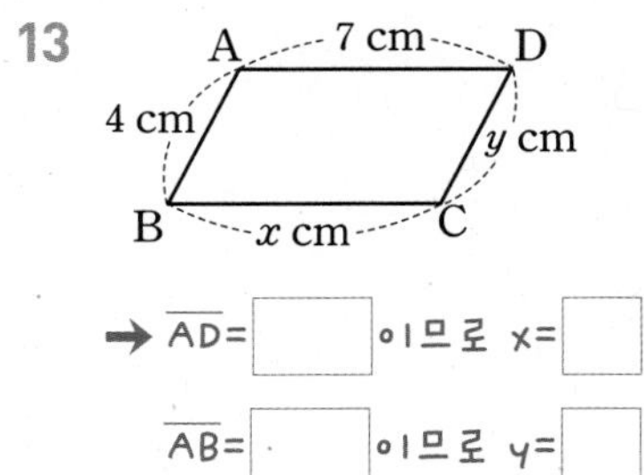

→ $\overline{AD}$= ☐ 이므로 x= ☐

$\overline{AB}$= ☐ 이므로 y= ☐

14

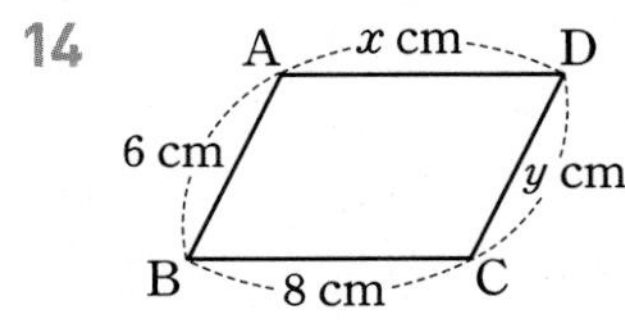

15

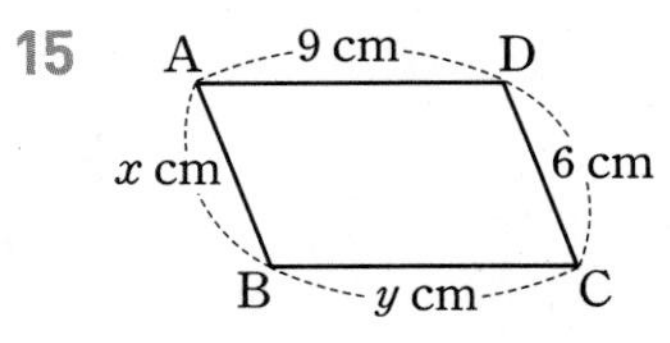

16

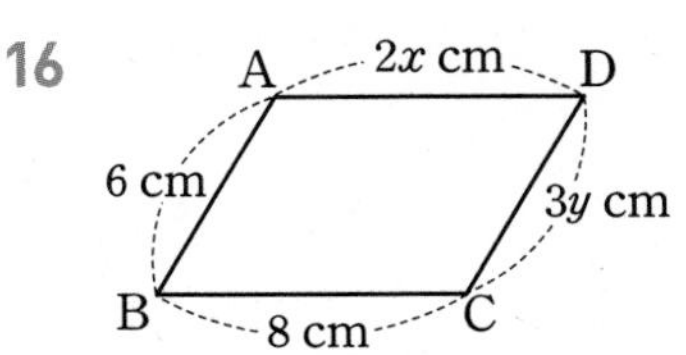

17

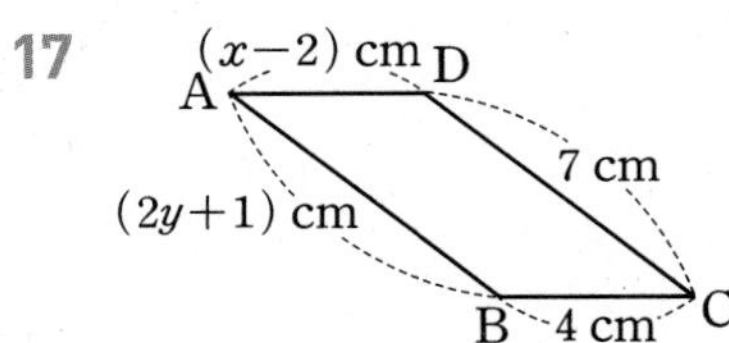

18

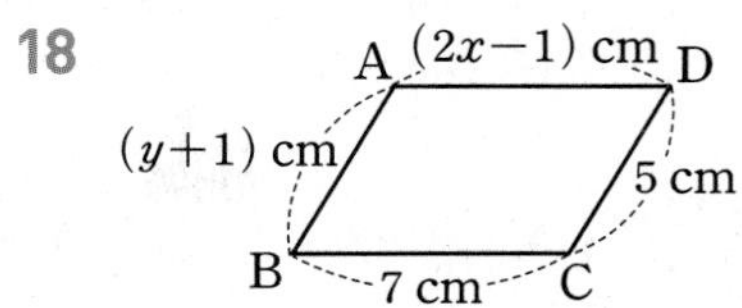

19

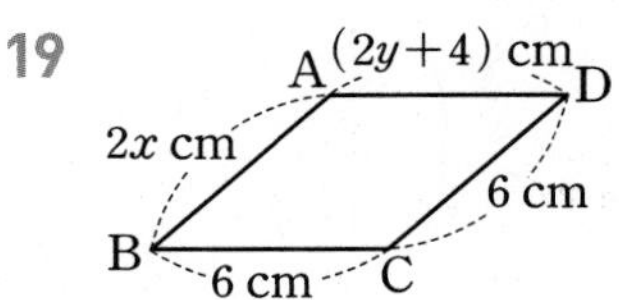

20

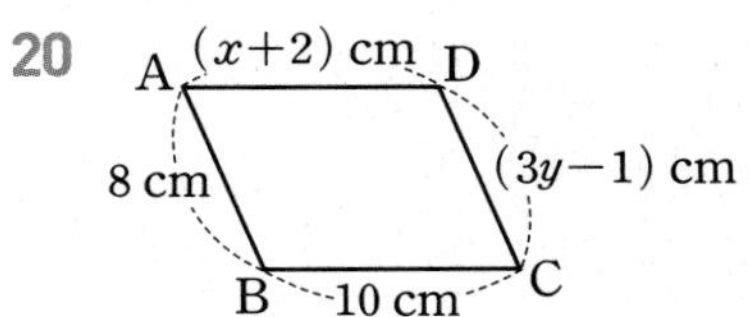

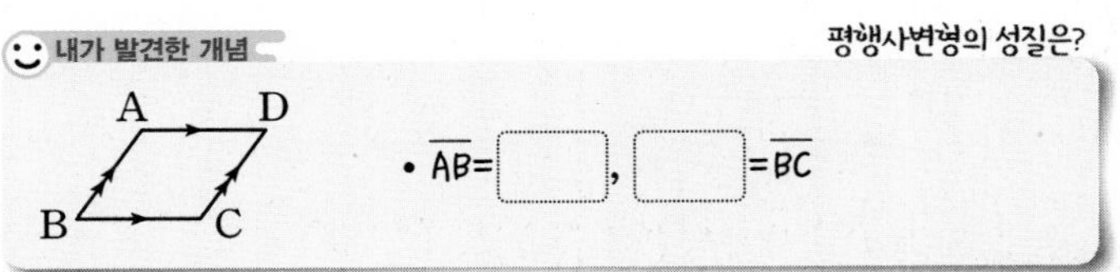

개념모음문제

21 오른쪽 그림과 같은 평행사변형 ABCD에서 x, y의 값을 구하면?

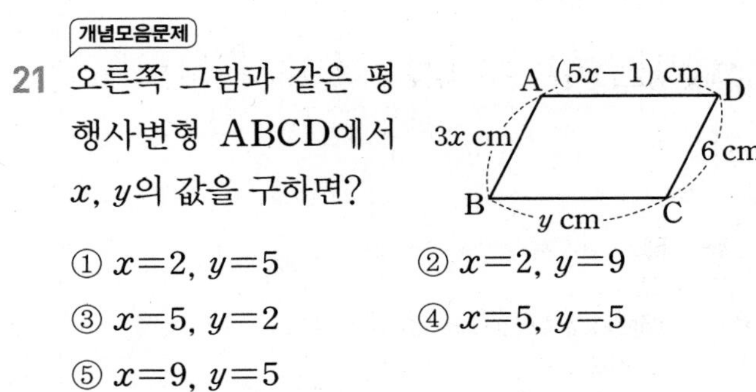

① $x=2$, $y=5$ ② $x=2$, $y=9$
③ $x=5$, $y=2$ ④ $x=5$, $y=5$
⑤ $x=9$, $y=5$

3rd 평행사변형의 성질 이해하기 (2)

● 다음 그림과 같은 평행사변형 ABCD에서 $\angle x$, $\angle y$의 크기를 구하시오.

22

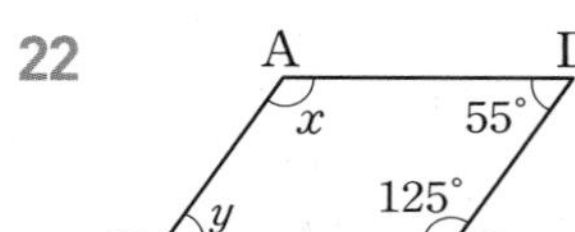

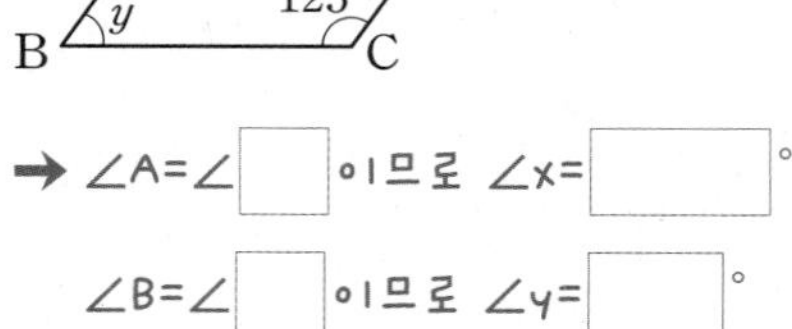

23

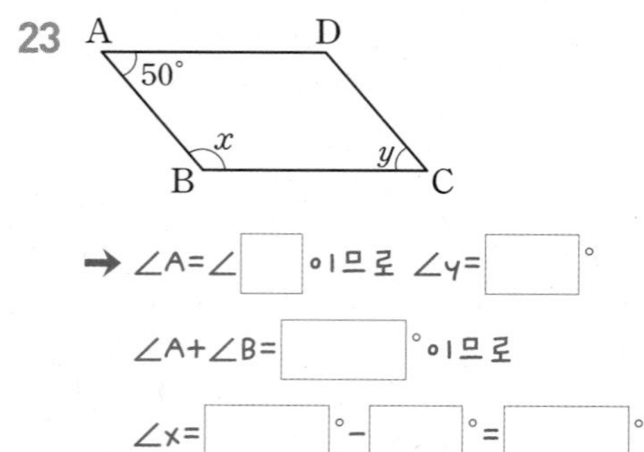

24

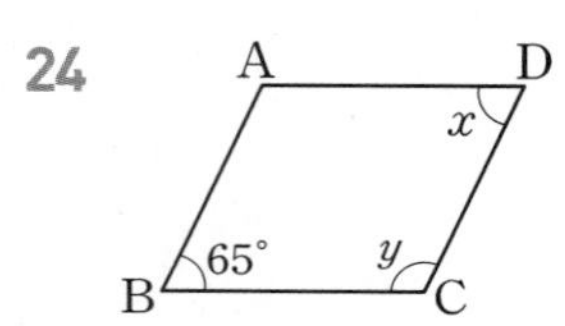

25

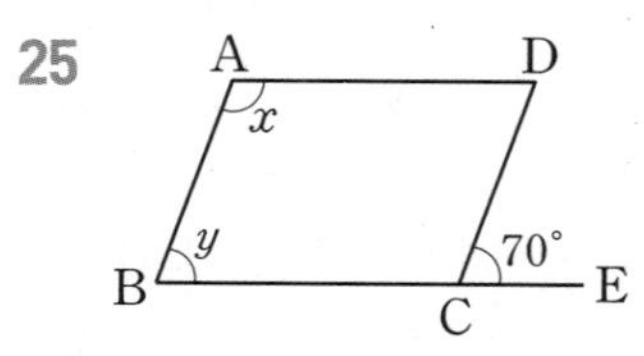

26

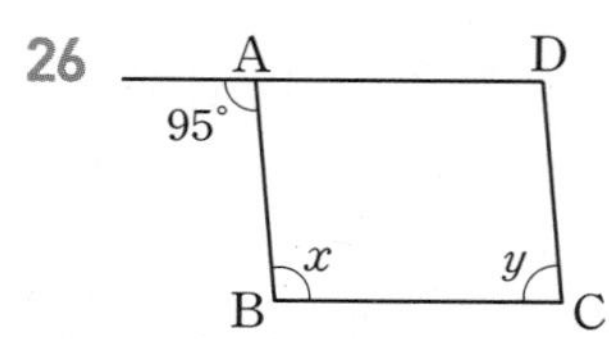

27

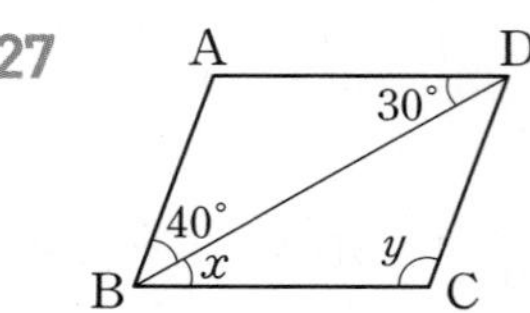

28

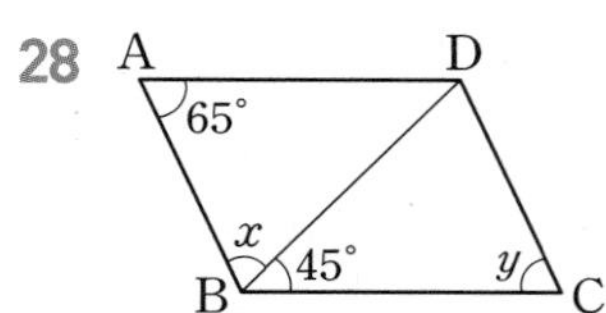

29

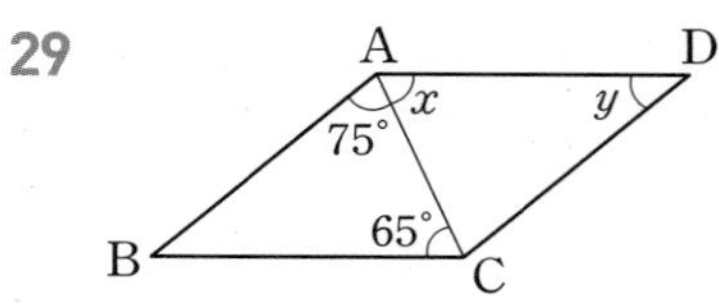

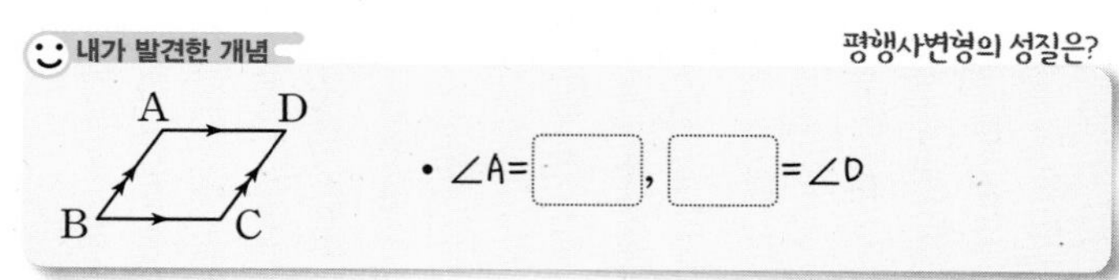

개념모음문제

30 오른쪽 그림과 같은 평행사변형 ABCD에서 $\angle y-\angle x$의 크기는?

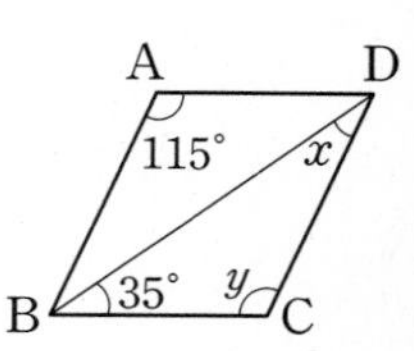

① 75°　② 80°　③ 85°
④ 90°　⑤ 95°

4th 평행사변형의 성질 이해하기(3)

● 다음 그림과 같은 평행사변형 ABCD에서 x, y의 값을 구하시오. (단, O는 두 대각선의 교점이다.)

31

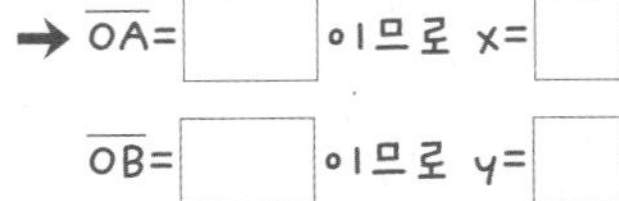

→ $\overline{OA}$= ☐ 이므로 x= ☐

$\overline{OB}$= ☐ 이므로 y= ☐

32

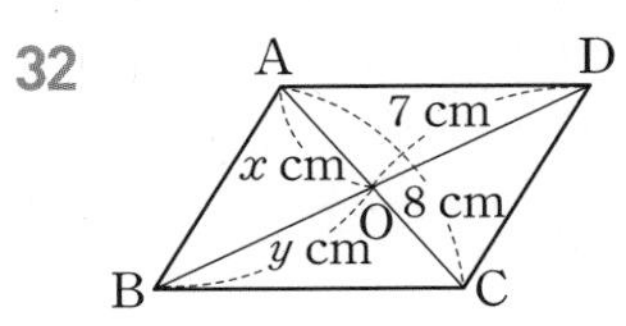

33

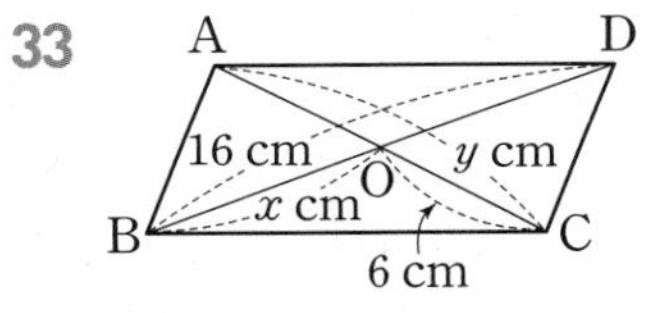

34

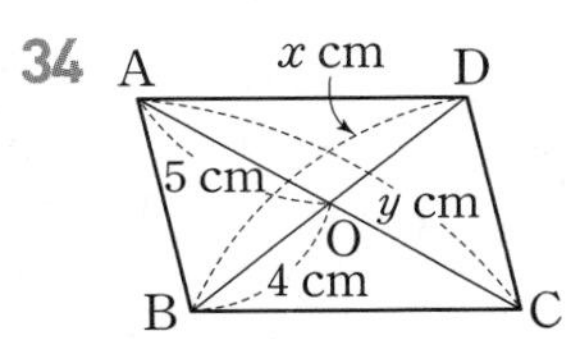

35

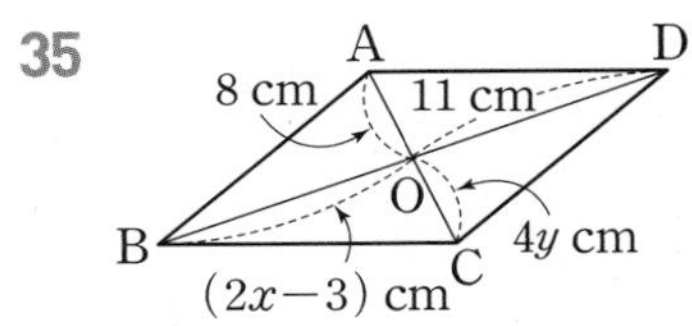

36

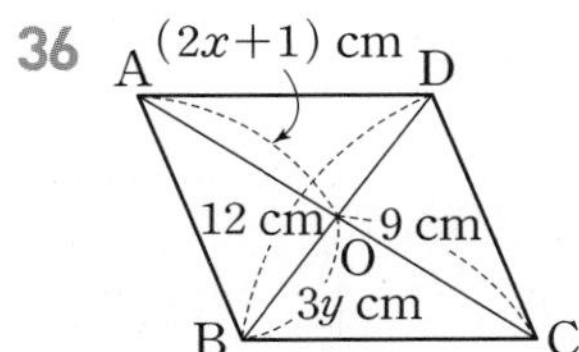

37

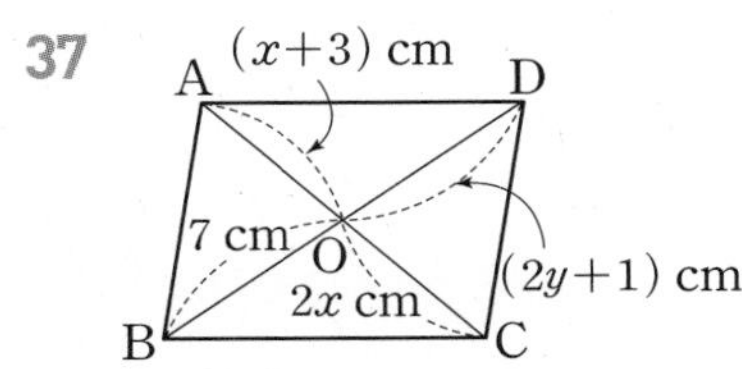

38

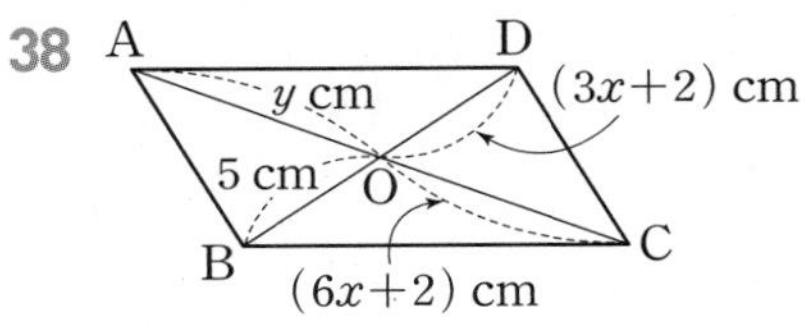

내가 발견한 개념 평행사변형의 성질은?

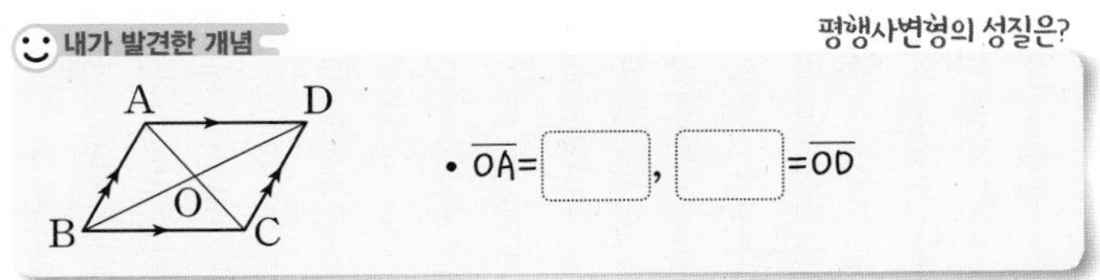

• $\overline{OA}$= ☐ , ☐ =$\overline{OD}$

개념모음문제

39 오른쪽 그림과 같은 평행사변형 ABCD에서 두 대각선의 교점을 O라 할 때, △OAB의 둘레의 길이는?

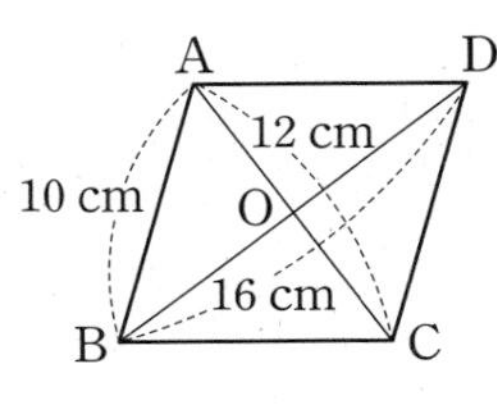

① 24 cm ② 25 cm ③ 26 cm
④ 27 cm ⑤ 28 cm

03

두 쌍의 평행선이 만드는!

평행사변형의 성질의 활용(1)

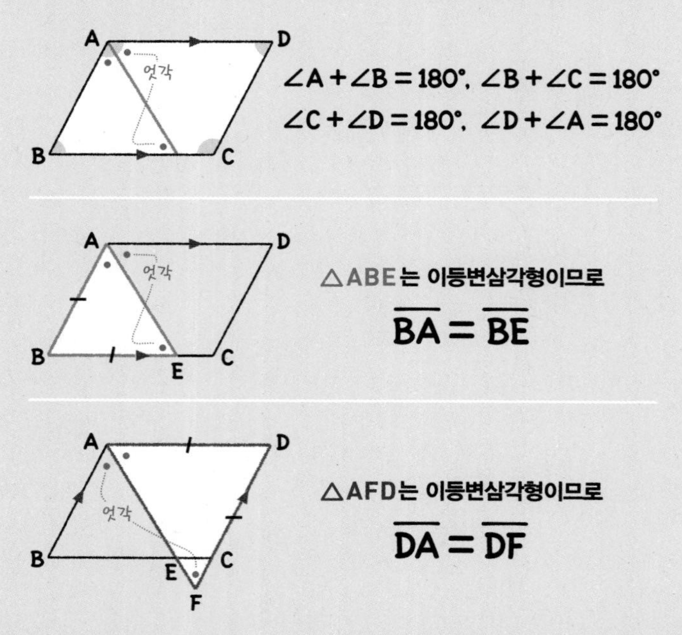

1st 평행사변형의 성질을 활용하여 대각의 크기 구하기

● 다음 그림과 같은 평행사변형 ABCD에서 $\angle x$의 크기를 구하시오.

1

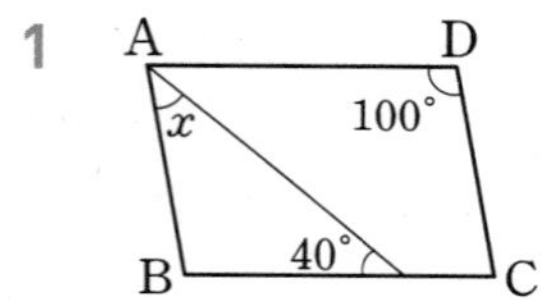

2

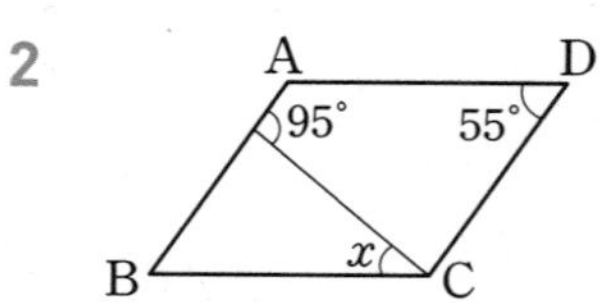

3

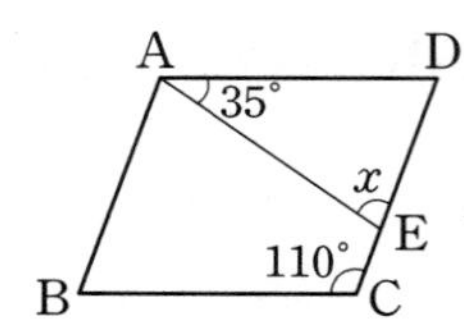

4

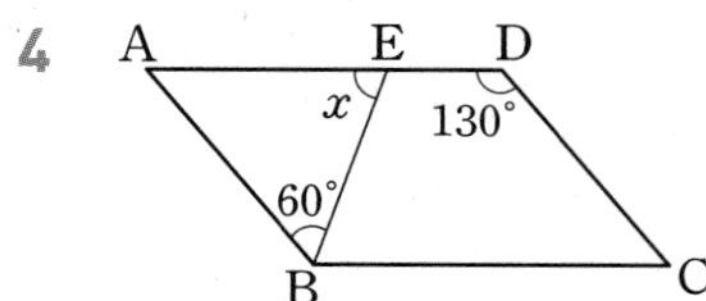

● 아래 그림과 같은 평행사변형 ABCD에서 다음을 구하시오.

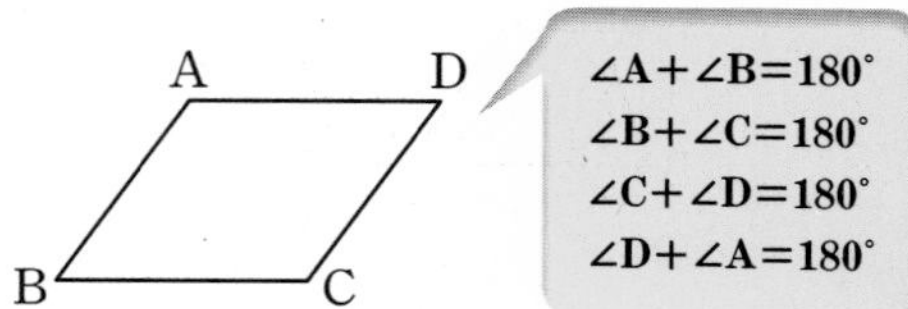

5 $\angle A : \angle B = 3 : 2$일 때, $\angle C$의 크기

6 $\angle A : \angle B = 4 : 5$일 때, $\angle D$의 크기

7 $\angle A : \angle B = 7 : 3$일 때, $\angle C$의 크기

8 $\angle B : \angle C = 8 : 7$일 때, $\angle A$의 크기

● **다음 그림과 같은 평행사변형 ABCD에서 $\angle x$의 크기를 구하시오.**

9

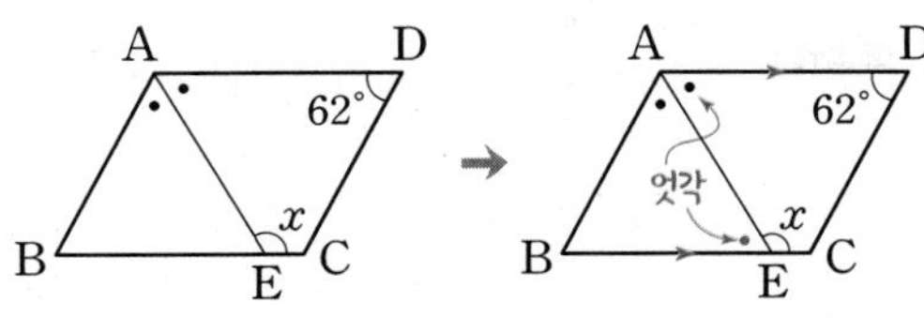

➜ 평행사변형의 성질에 의하여

$\angle ABC = \angle$ ☐ $=$ ☐ °

이등변삼각형의 성질에 의하여

$\angle BEA = \frac{1}{2} \times (180° -$ ☐ $°) =$ ☐ °

따라서 $\angle x = 180° -$ ☐ $° =$ ☐ °

10

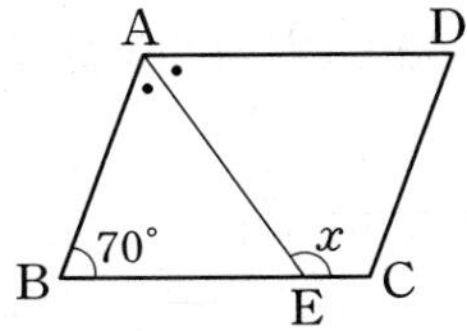

11

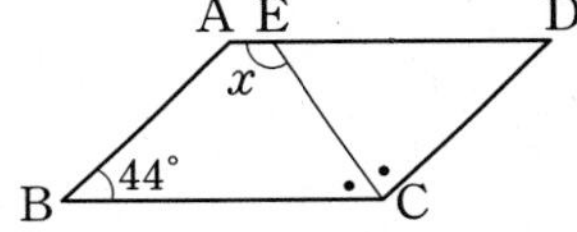

12

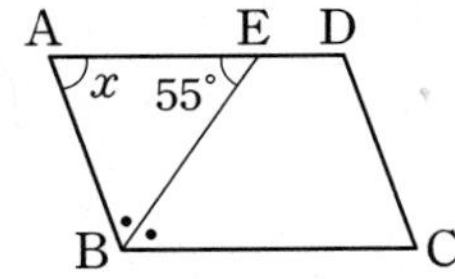

13

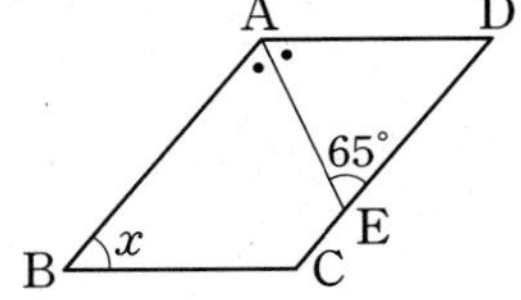

14

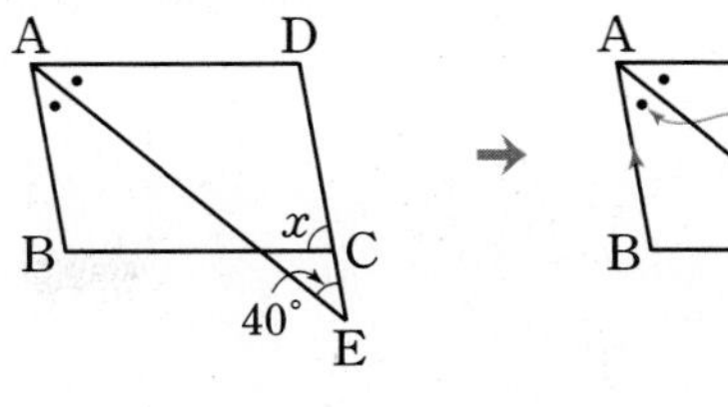

➜ $\angle BAE = \angle$ ☐ $=$ ☐ °

$\angle BAD = 2 \times$ ☐ $° =$ ☐ °

평행사변형의 성질에 의하여

$\angle x = \angle$ ☐ $=$ ☐ °

15

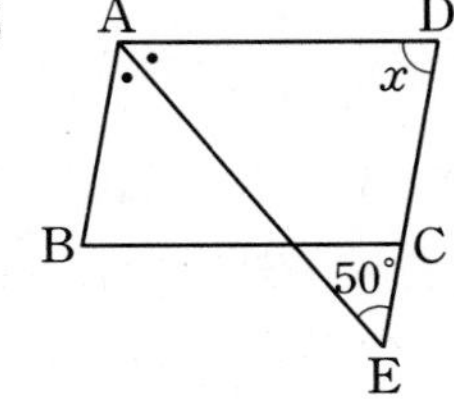

16

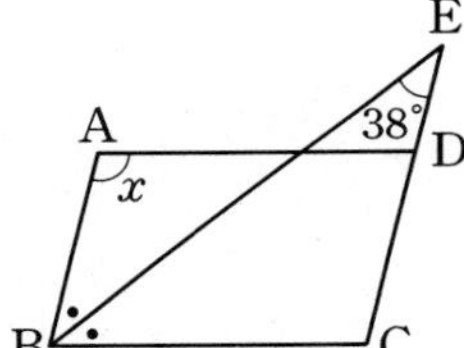

17

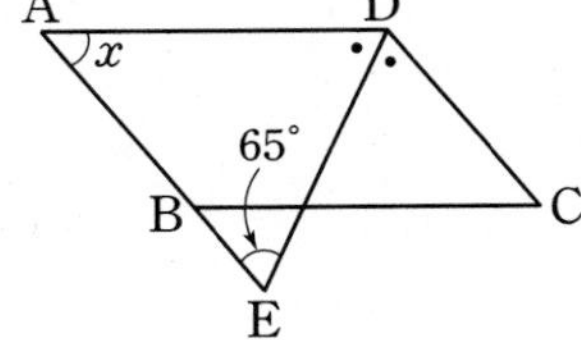

18

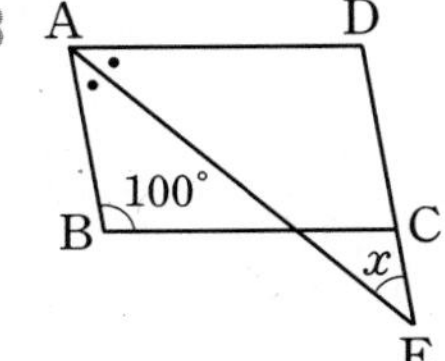

04

두 쌍의 평행선이 만드는!

평행사변형의 성질의 활용(2)

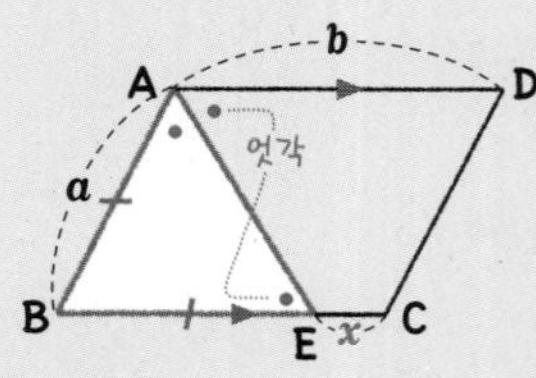

△ABE는 이등변삼각형이므로

$x=\overline{BC}-\overline{BE}$
$=b-a$

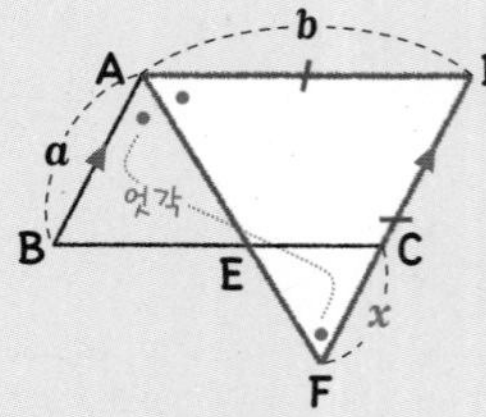

△AFD는 이등변삼각형이므로

$x=\overline{DF}-\overline{DC}$
$=b-a$

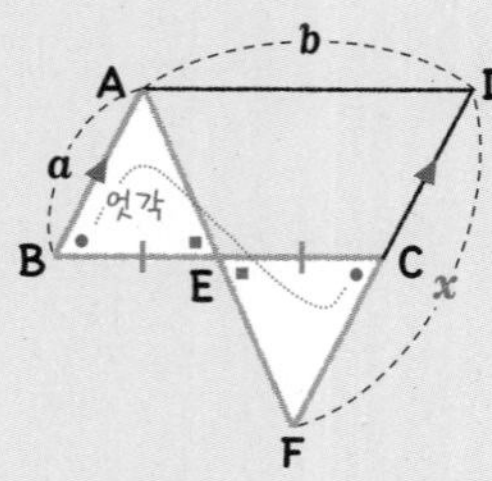

△ABE≡△FCE(ASA합동)이므로

$x=\overline{DC}+\overline{FC}$
$=a+a$
$=2a$

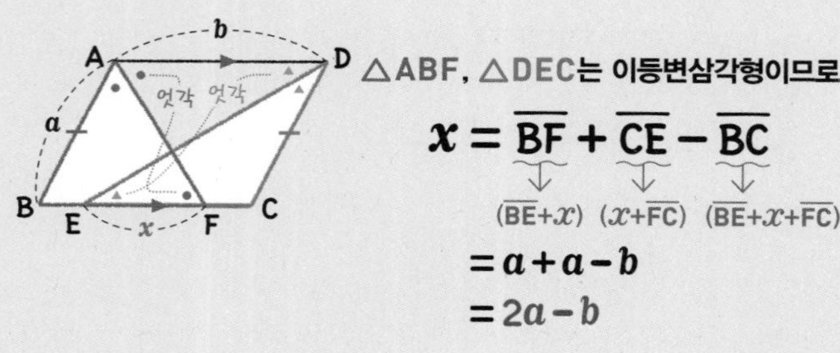

△ABF, △DEC는 이등변삼각형이므로

$x=\overline{BF}+\overline{CE}-\overline{BC}$

$(\overline{BE}+x)$ $(x+\overline{FC})$ $(\overline{BE}+x+\overline{FC})$

$=a+a-b$
$=2a-b$

1st 평행사변형의 성질을 활용하여 대변의 길이 구하기

● 다음 그림과 같은 평행사변형 ABCD에서 x의 값을 구하시오.

1

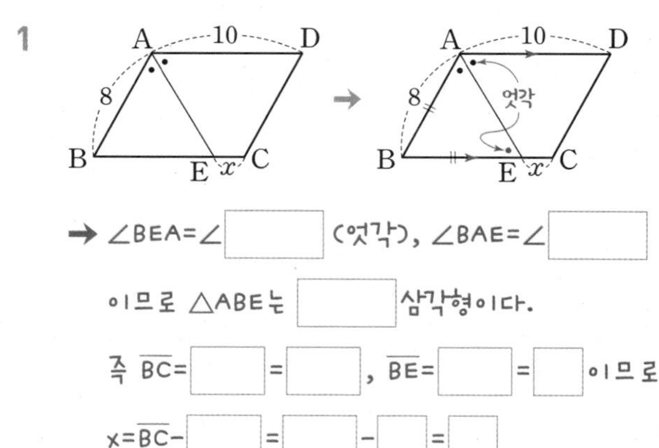

→ ∠BEA=∠[ ](엇각), ∠BAE=∠[ ]

이므로 △ABE는 [ ]삼각형이다.

즉 $\overline{BC}$=[ ]=[ ], $\overline{BE}$=[ ]=[ ]이므로

$x=\overline{BC}-$[ ]=[ ]-[ ]=[ ]

2

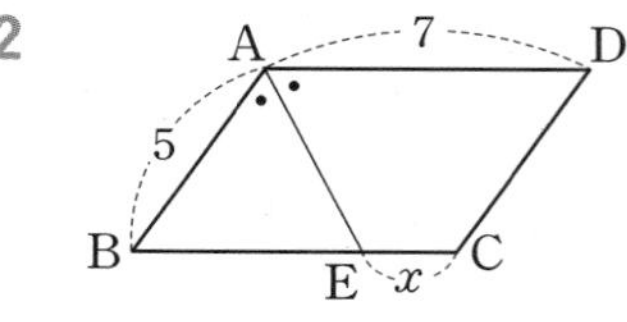

3

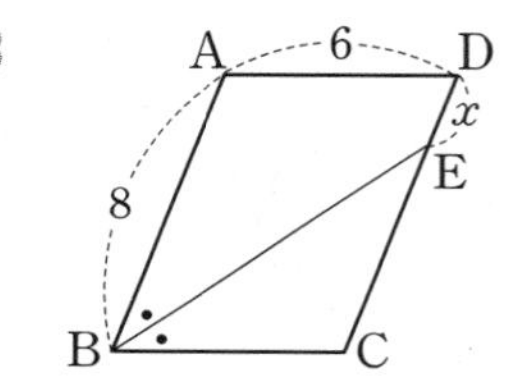

4

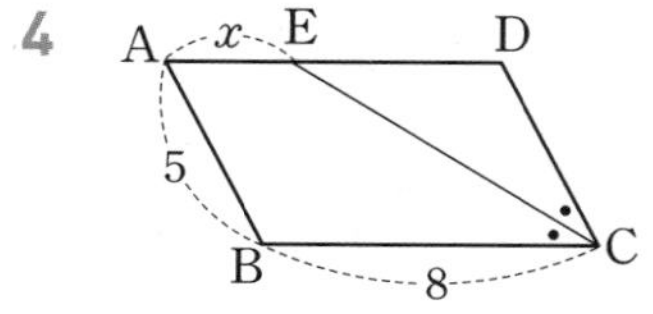

5

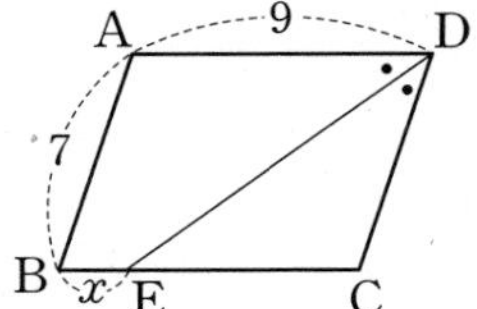

6

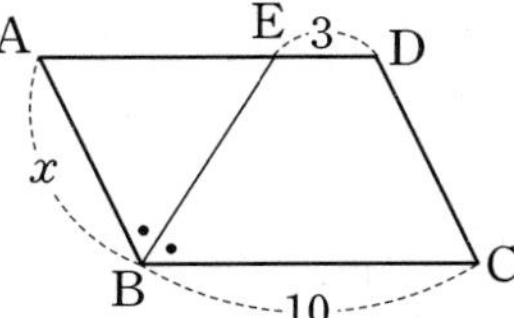

7

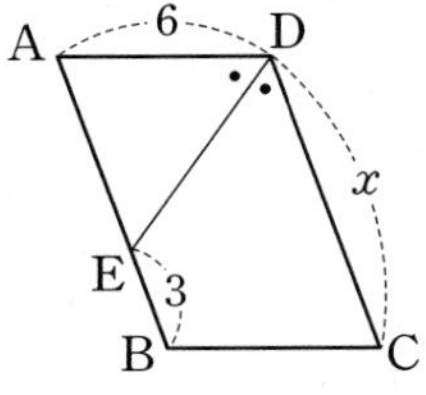

8

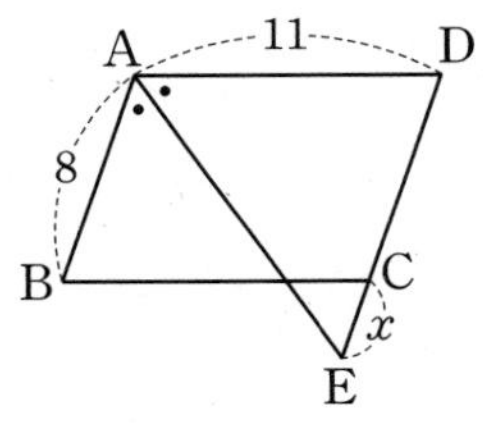

→ ∠DEA=∠[ ] (엇각), ∠DAE=∠[ ]

이므로 △AED는 [ ] 삼각형이다.

즉 $\overline{DE}$=[ ]=[ ], $\overline{DC}$=[ ]=[ ] 이므로

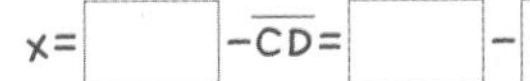

x=[ ]−$\overline{CD}$=[ ]−[ ]=[ ]

9

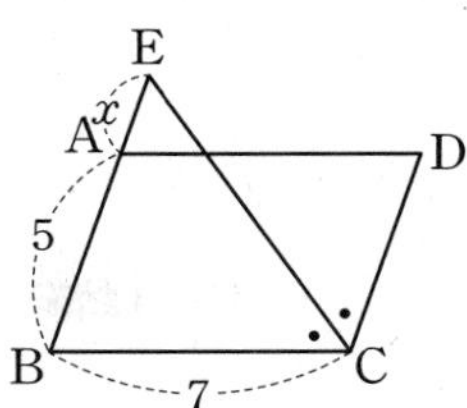

10

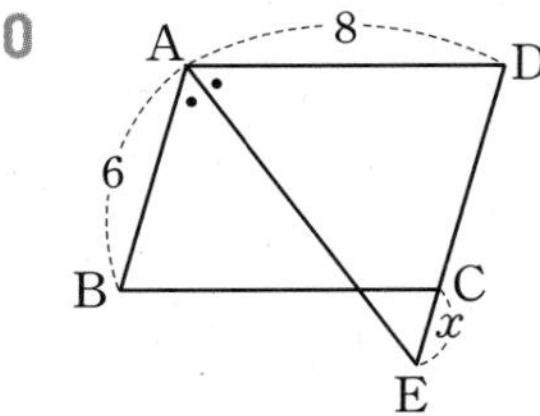

11

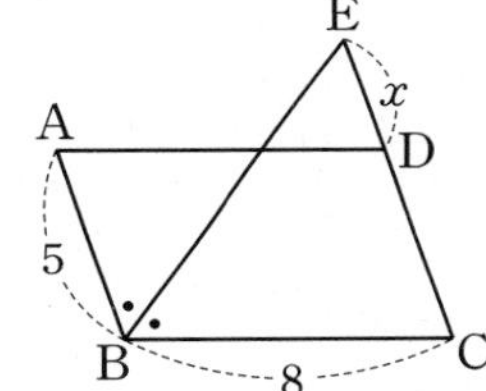

12

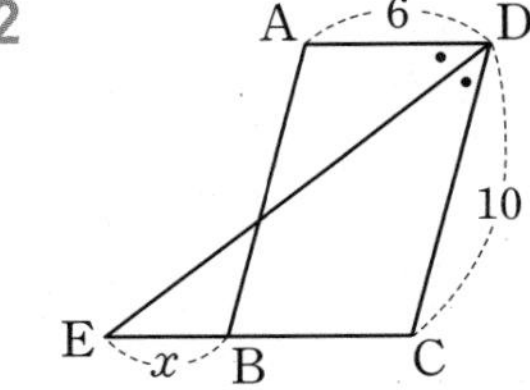

13

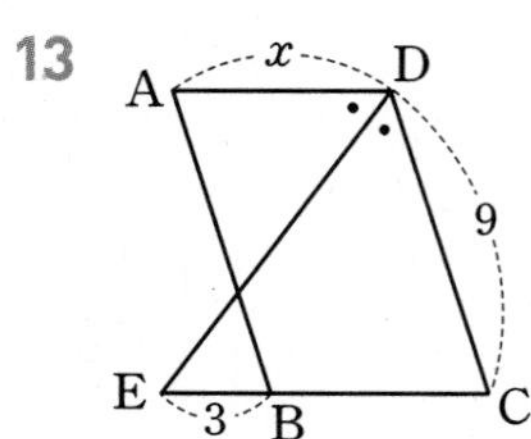

14

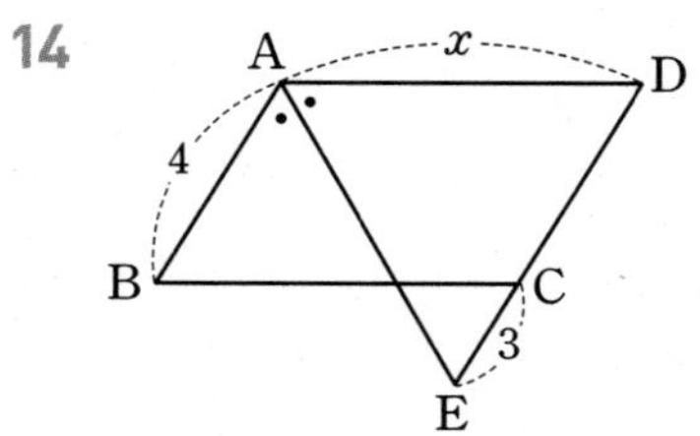

15

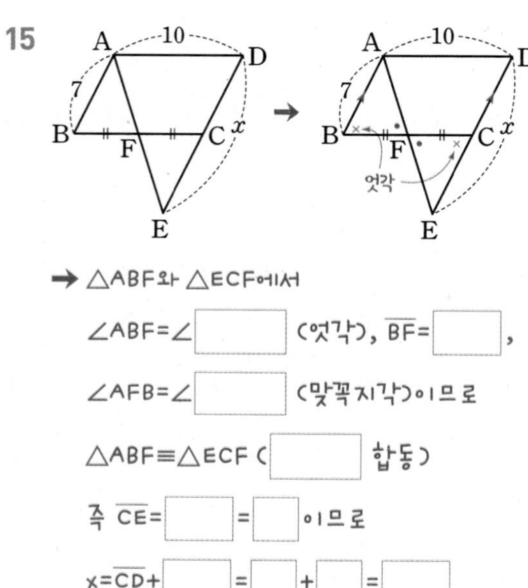

→ △ABF와 △ECF에서

∠ABF=∠$\square$ (엇각), $\overline{\text{BF}}$=$\square$,

∠AFB=∠$\square$ (맞꼭지각)이므로

△ABF≡△ECF ($\square$ 합동)

즉 $\overline{\text{CE}}$=$\square$=$\square$이므로

x=$\overline{\text{CD}}$+$\square$=$\square$+$\square$=$\square$

16

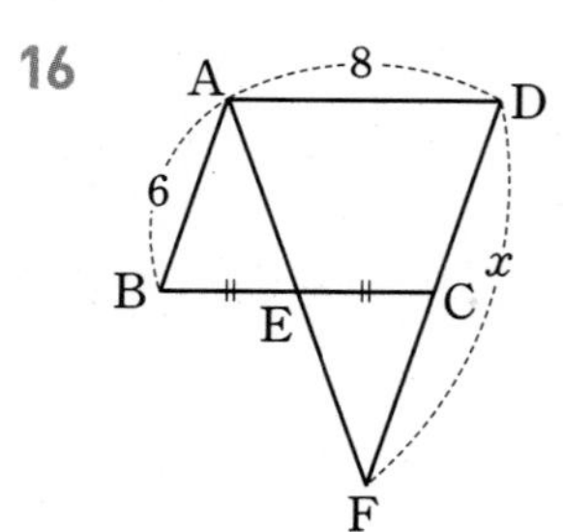

17

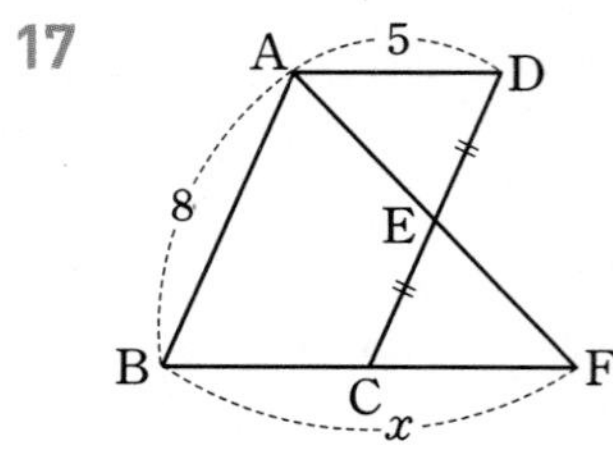

18

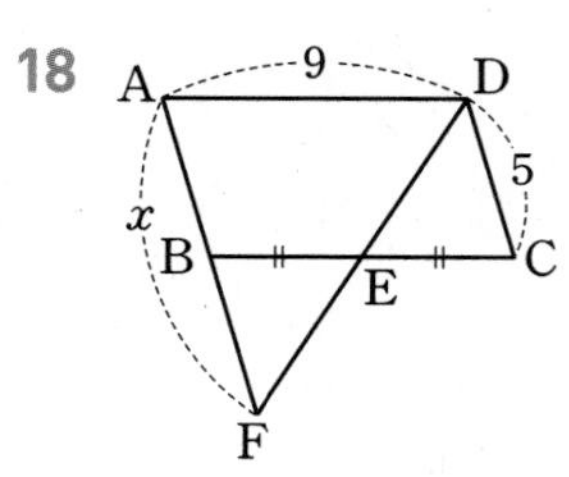

19

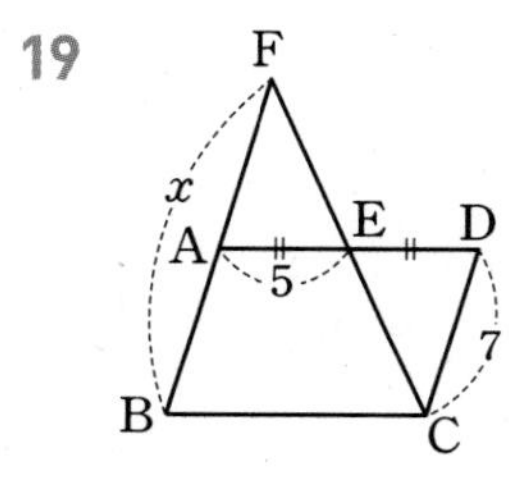

20

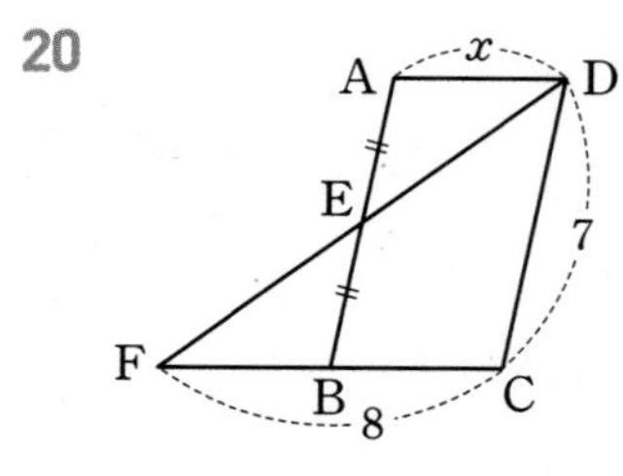

21

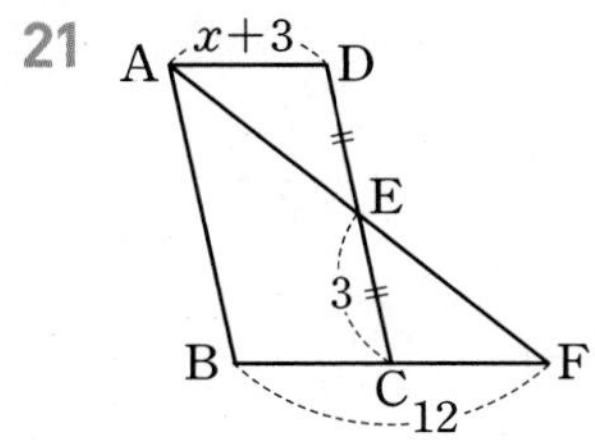

22

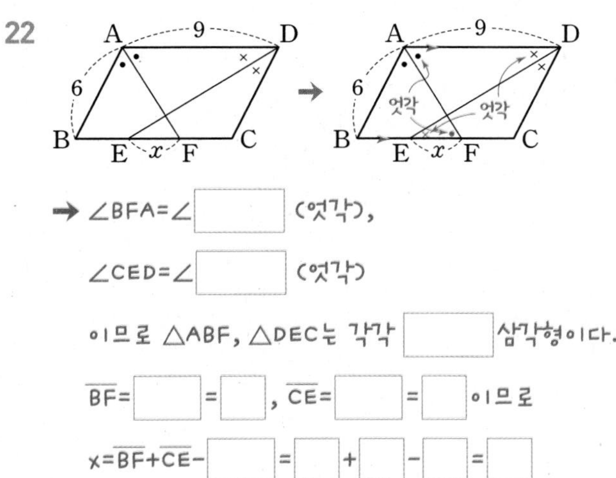

➜ ∠BFA=∠[ ] (엇각),

∠CED=∠[ ] (엇각)

이므로 △ABF, △DEC는 각각 [ ] 삼각형이다.

$\overline{BF}$=[ ]=[ ], $\overline{CE}$=[ ]=[ ]이므로

x=$\overline{BF}$+$\overline{CE}$−[ ]=[ ]+[ ]−[ ]=[ ]

23

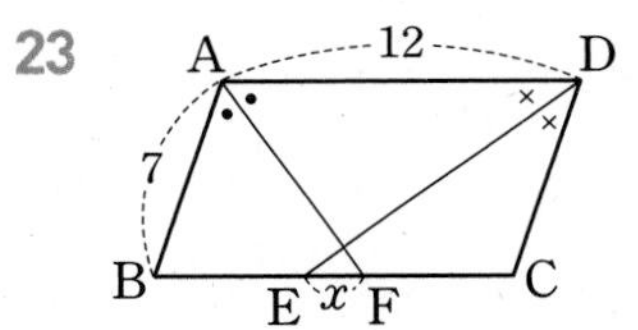

24

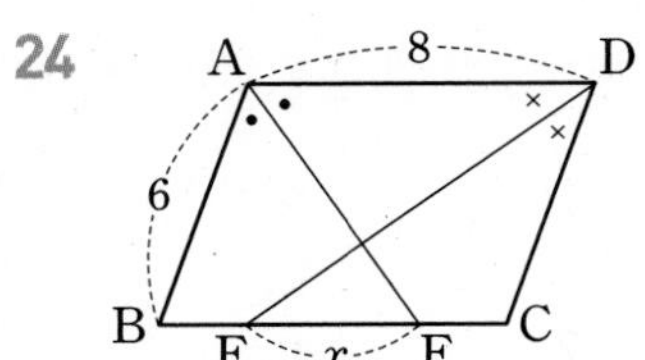

25

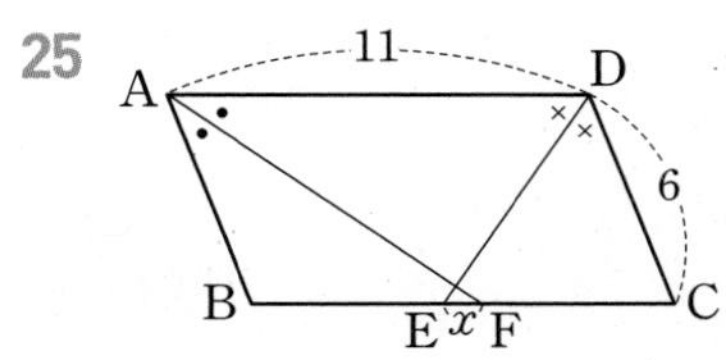

26

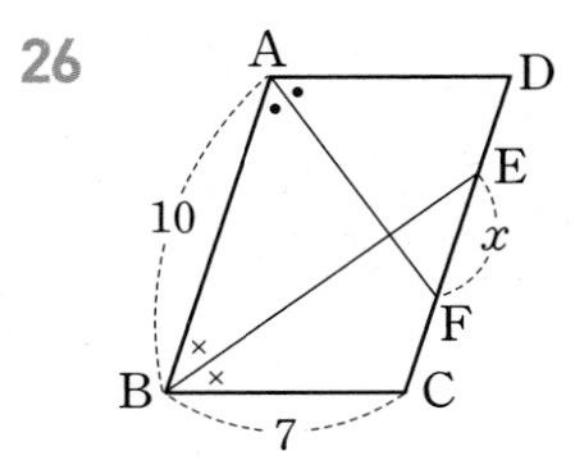

27

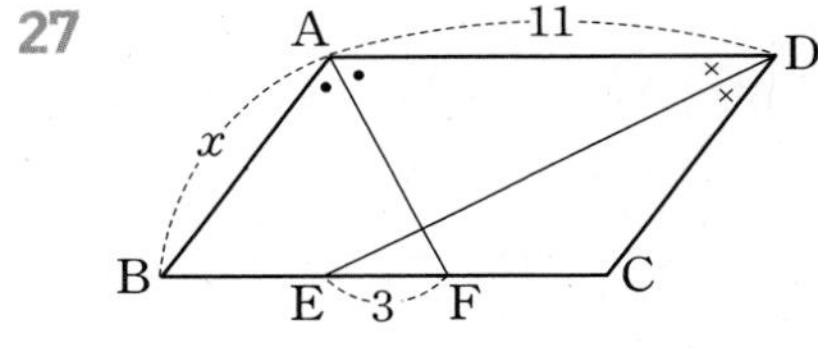

28

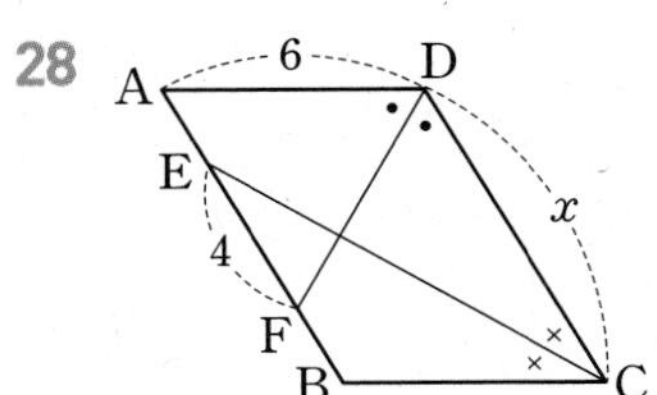

05 두 쌍의 평행선이 만드는!

평행사변형이 되는 조건

❶ 두 쌍의 대변이 각각 평행하다. 평행사변형의 뜻!

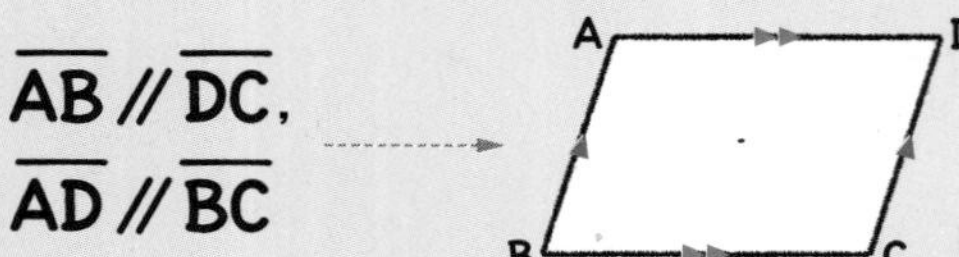

❷ 두 쌍의 대변의 길이가 각각 같다.

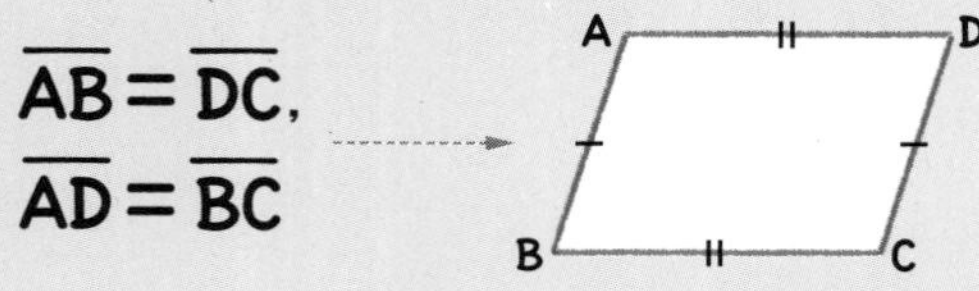

❸ 두 쌍의 대각의 크기가 각각 같다.

$\angle A = \angle C$,
$\angle B = \angle D$

❹ 두 대각선이 서로 다른 것을 이등분한다.

$\overline{OA} = \overline{OC}$,
$\overline{OB} = \overline{OD}$

❺ 한 쌍의 대변이 평행하고, 그 길이가 같다.

$\overline{AD} /\!/ \overline{BC}$,
$\overline{AD} = \overline{BC}$

참고 $\overline{AD} /\!/ \overline{BC}$이고 $\overline{AD} = \overline{BC}$이면 □ABCD는 평행사변형이지만 $\overline{AD} /\!/ \overline{BC}$이고 $\overline{AB} = \overline{DC}$이면 오른쪽 그림과 같이 □ABCD가 반드시 평행사변형이 되는 것은 아니다.

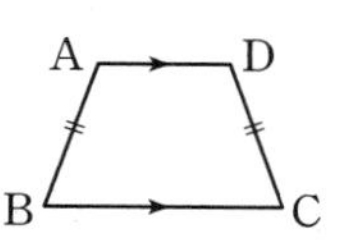

원리확인 다음은 아래 그림의 사각형 ABCD가 평행사변형이 되는 조건이다. □ 안에 알맞은 것을 써넣으시오.
(단, O는 두 대각선의 교점이다.)

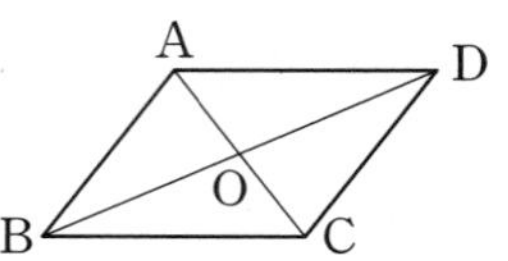

❶ 두 쌍의 대변이 각각 □해야 한다.
→ $\overline{AB} /\!/$ □, □ $/\!/ \overline{BC}$

❷ 두 쌍의 대변의 □가 각각 같아야 한다.
→ $\overline{AB} =$ □, □ $= \overline{BC}$

❸ 두 쌍의 대각의 □가 각각 같아야 한다.
→ $\angle A =$ □, □ $= \angle D$

❹ 한 쌍의 대변이 □하고 그 □가 같아야 한다.
→ $\overline{AB} /\!/$ □, □ = □
또는 □ $/\!/ \overline{BC}$, □ = □

❺ 두 대각선은 서로 다른 것을 □해야 한다.
→ $\overline{OA} =$ □, □ $= \overline{OD}$

한 쌍의 대각의 크기가 같다고 평행사변형일까?

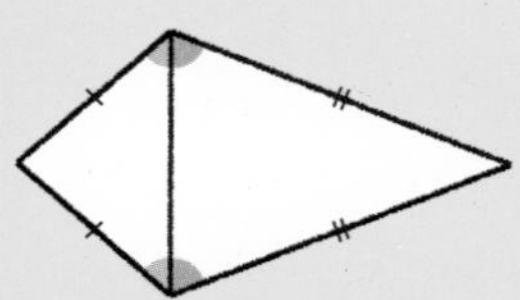

두 개의 이등변삼각형을 붙여 사각형을 만들면
한 쌍의 대각의 크기는 같지만 평행사변형은 아니지.
두 쌍의 대각의 크기가 각각 같아야 평행사변형**인 거야.**

1st 평행사변형이 되는 조건 이해하기

● 다음 중 사각형 ABCD가 평행사변형이 되는 조건인 것은 ○를, 조건이 아닌 것은 ×를 ( ) 안에 써넣으시오.
(단, O는 두 대각선의 교점이다.)

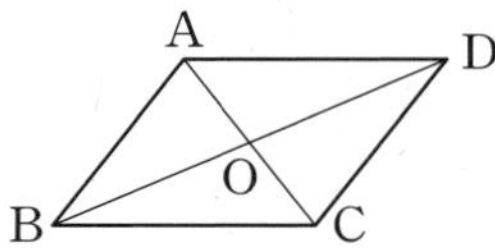

1 $\overline{AB} /\!/ \overline{DC}$, $\overline{AD} /\!/ \overline{BC}$ ( )

2 $\overline{AB}=\overline{DC}$, $\overline{AB}=\overline{BC}$ ( )

3 $\overline{AB} /\!/ \overline{DC}$, $\overline{AD}=\overline{BC}$ ( )

4 $\overline{AD} /\!/ \overline{BC}$, $\overline{AD}=\overline{BC}$ ( )

5 $\angle A=\angle B$, $\angle B=\angle C$ ( )

6 $\angle A=\angle C$, $\angle B=\angle D$ ( )

7 $\overline{OA}=\overline{OC}$, $\overline{OB}=\overline{OD}$ ( )

8 $\overline{OA}=\overline{OB}$, $\overline{OB}=\overline{OC}$ ( )

9 $\angle OAB=\angle OCD$, $\angle OAD=\angle OCB$ ( )

10 $\overline{OB}=\overline{OD}$, $\angle B=\angle D$ ( )

● 사각형 ABCD가 평행사변형이 되는 것은 ○를, 평행사변형이 되지 않는 것은 ×를 ( ) 안에 써넣으시오.
(단, O는 두 대각선의 교점이다.)

11
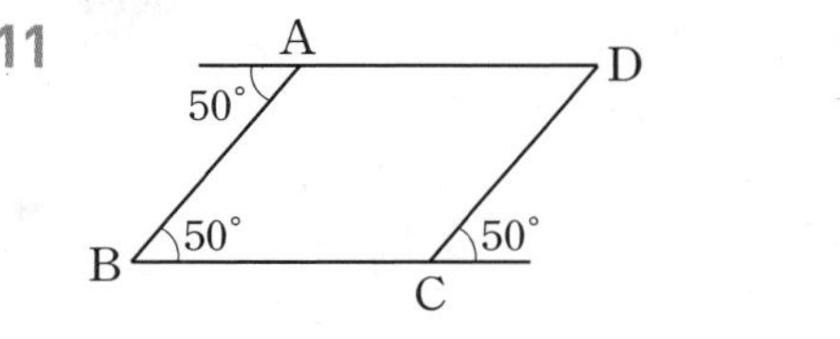

( )

12
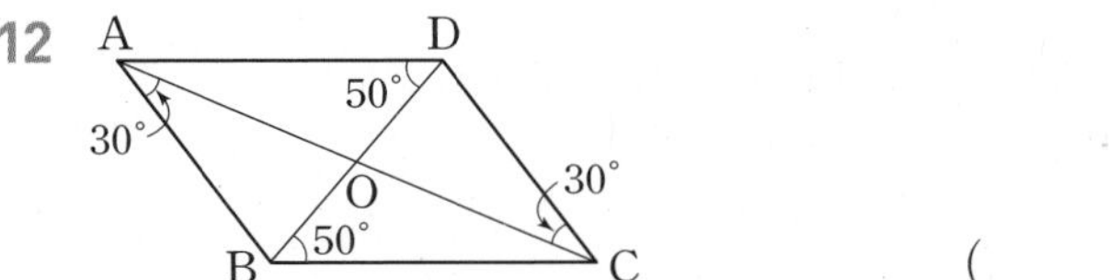

( )

13
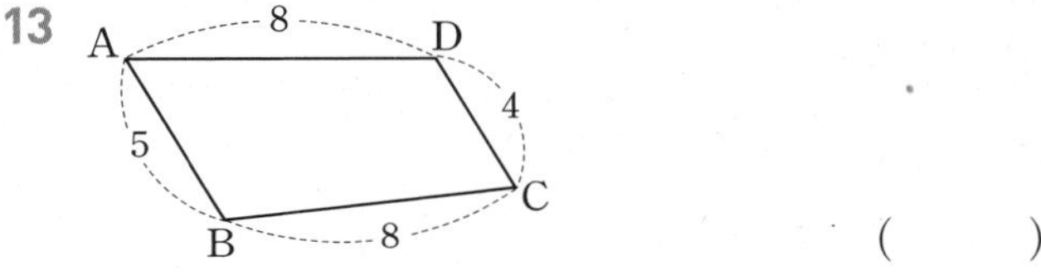

( )

14
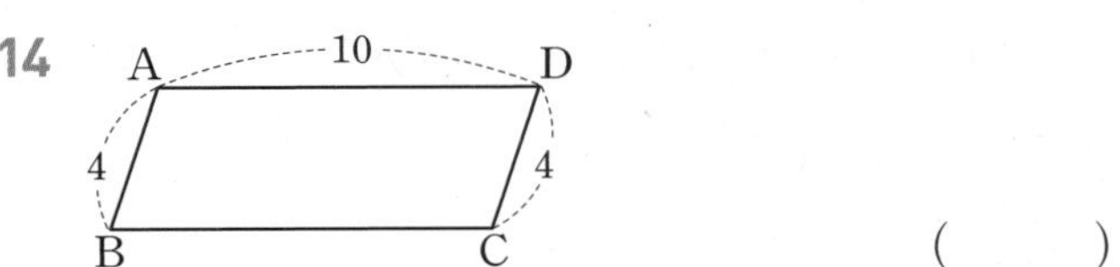

( )

15
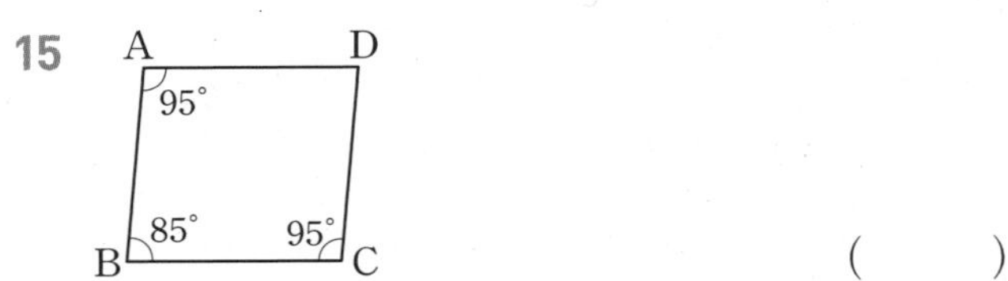

( )

16 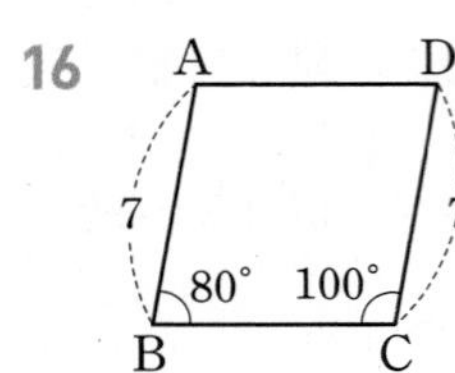

( )

17 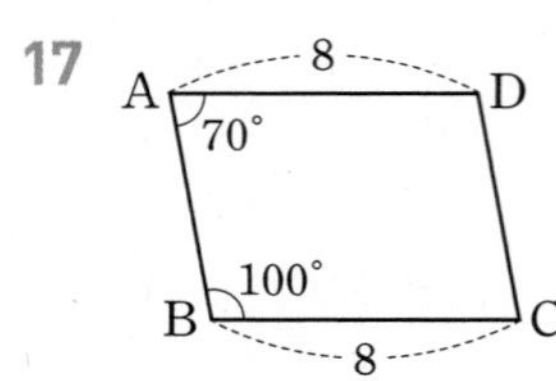

( )

18 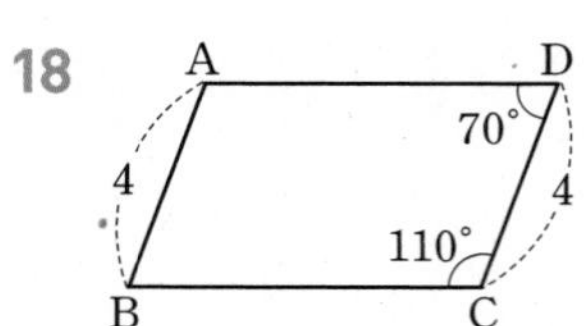

( )

19 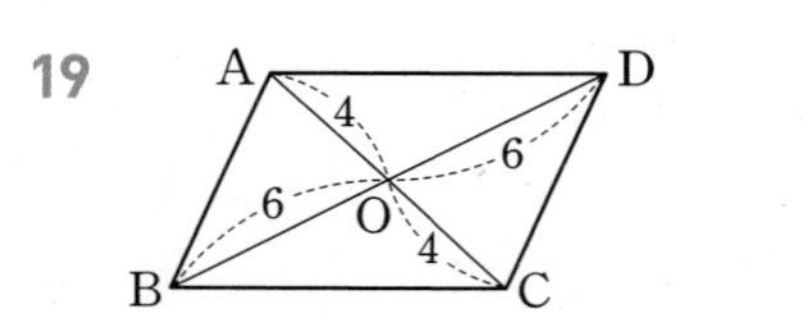

( )

20

( )

- 다음 사각형 ABCD가 평행사변형이 되도록 하는 x, y의 값을 구하시오. (단, O는 두 대각선의 교점이다.)

21 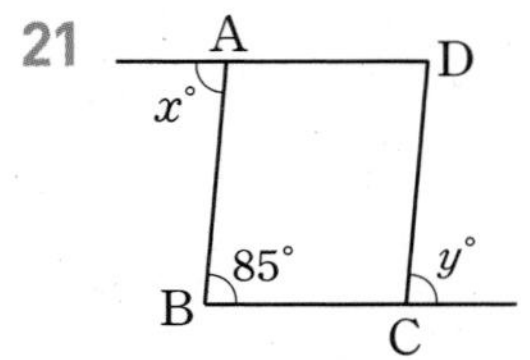

22 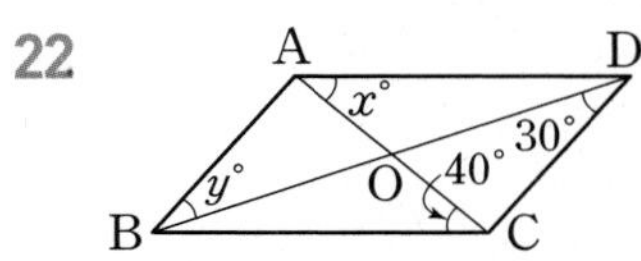

23 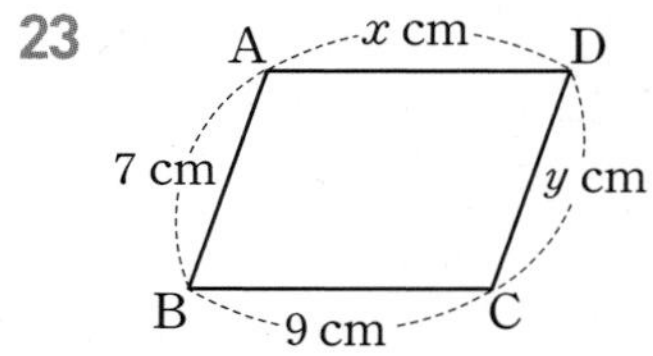

24 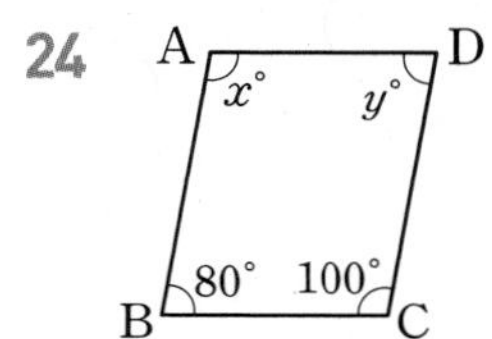

25 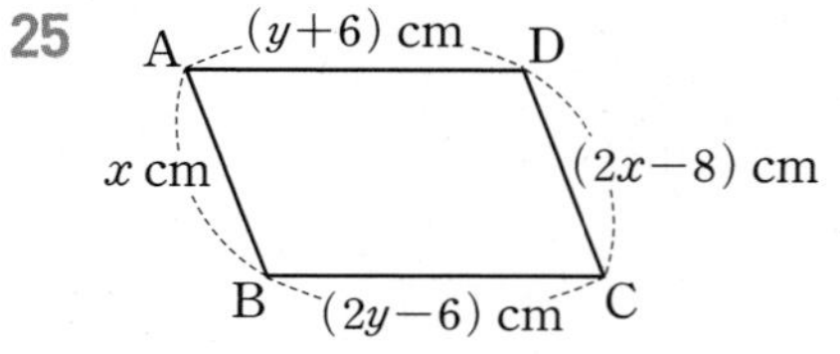

26

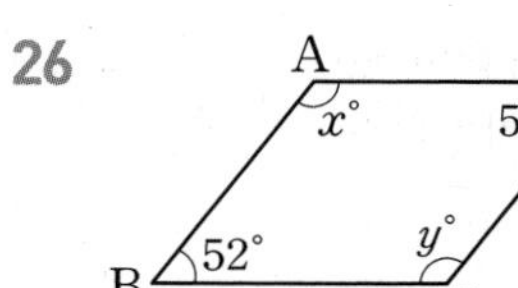
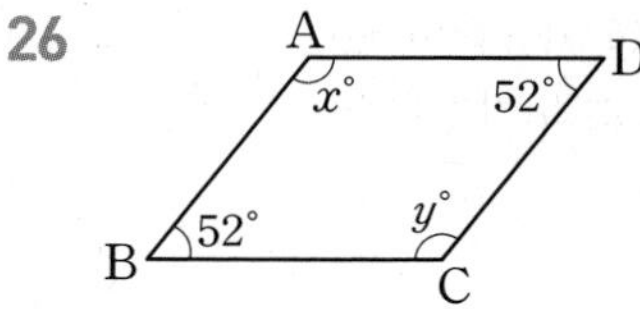

27

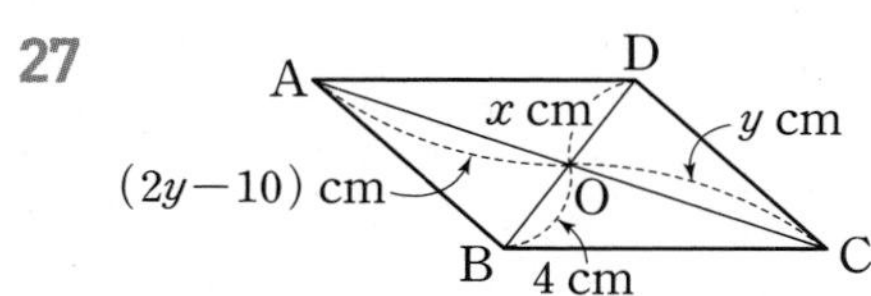

28

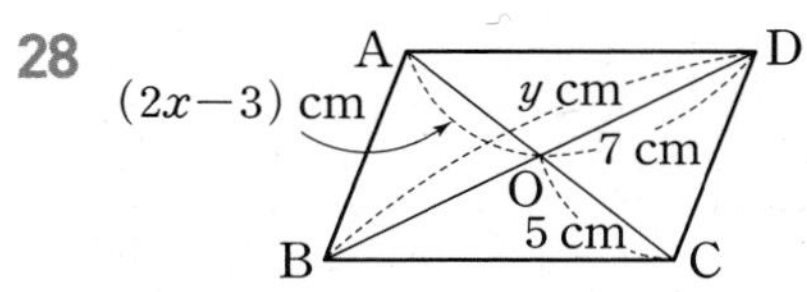

29

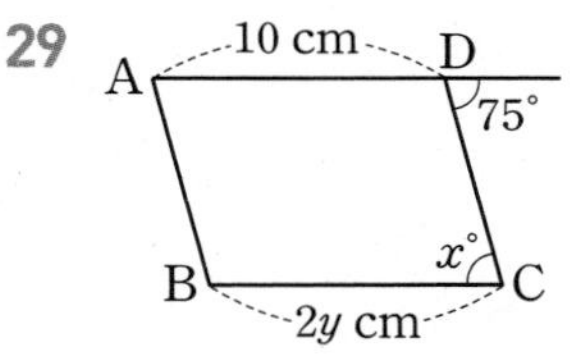

30

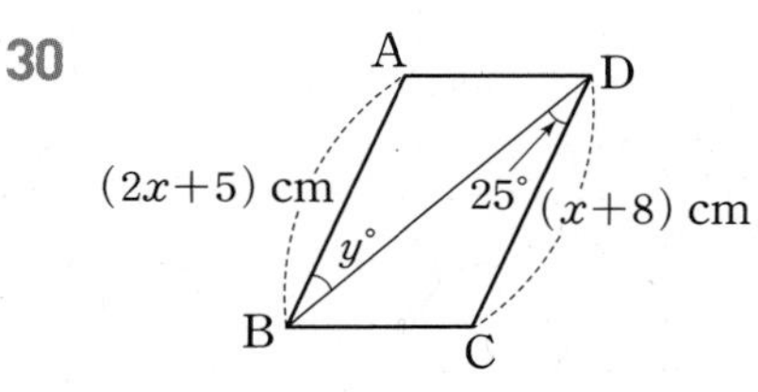

● **다음 중 사각형 ABCD가 평행사변형이 되는 것은 ○를, 평행사변형이 되지 않는 것은 ×를 ( ) 안에 써넣으시오.**
(단, O는 두 대각선의 교점이다.)

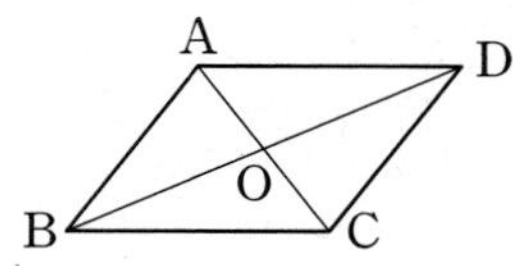

31 $\overline{AB}=4$, $\overline{BC}=4$, $\overline{CD}=6$, $\overline{DA}=6$ ( )

32 $\overline{AB}=4$, $\overline{BC}=7$, $\overline{CD}=4$, $\overline{DA}=7$ ( )

33 $\angle A=50^\circ$, $\angle B=130^\circ$, $\angle C=50^\circ$ ( )

34 $\angle A+\angle B=180^\circ$, $\angle C+\angle D=180^\circ$ ( )

35 $\overline{AD}=6$, $\overline{BC}=6$, $\overline{AD}/\!/\overline{BC}$ ( )

36 $\overline{AB}=4$, $\overline{BC}=4$, $\overline{AB}/\!/\overline{DC}$ ( )

37 $\overline{AB}/\!/\overline{CD}$, $\overline{AB}=7$, $\overline{BC}=5$, $\overline{CD}=7$ ( )

2nd 새로운 사각형이 평행사변형이 되는 조건 이해하기

● 다음은 주어진 평행사변형 ABCD에 대하여 색칠한 사각형이 평행사변형임을 증명하는 과정이다. □ 안에 알맞은 것을 써넣으시오.

38

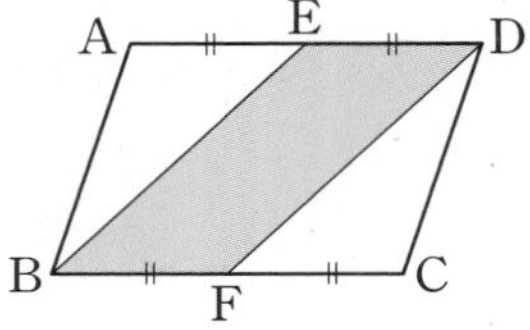

→ □ABCD가 평행사변형이므로

$\overline{AD}=$□, $\overline{AD}/\!/$□

(i) $\overline{AD}=$□에서

$\overline{ED}=$□$\overline{AD}=\frac{1}{2}$□$=$□

(ii) $\overline{AD}/\!/$□에서 $\overline{ED}/\!/$□

따라서 □EBFD에서 한 쌍의 대변이 □하고 그 □가 같으므로 □EBFD는 평행사변형이다.

39

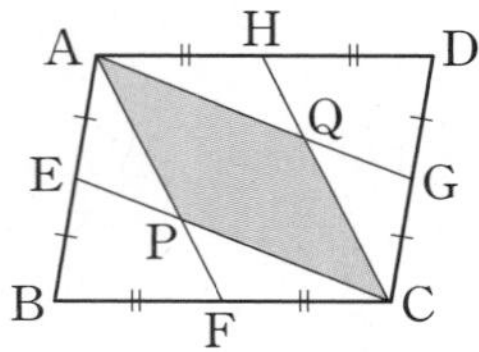

→ □AFCH에서 $\overline{AH}/\!/$□, $\overline{AH}=$□이므로 □AFCH는 평행사변형이다.

즉 $\overline{AP}/\!/$□

같은 방법으로 □AECG도 평행사변형이므로

$\overline{AQ}/\!/$□

따라서 □APCQ에서 두 쌍의 대변이 각각 □하므로 □APCQ는 평행사변형이다.

40

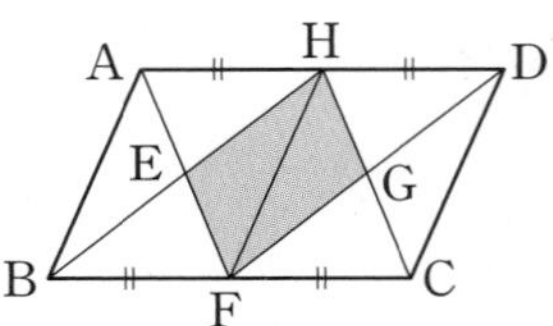

→ □AFCH에서 $\overline{AH}/\!/$□, $\overline{AH}=$□이므로 □AFCH는 평행사변형이다.

즉 $\overline{EF}/\!/$□

같은 방법으로 □BFDH도 평행사변형이므로

$\overline{EH}/\!/$□

따라서 □EFGH에서 두 쌍의 대변이 각각 □하므로 □EFGH는 평행사변형이다.

41

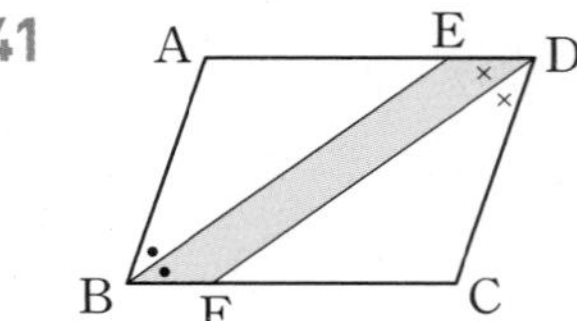

→ (i) $\overline{BE}$, $\overline{DF}$는 각각 ∠ABC, ∠ADC의 이등분선이므로 ∠FBE=□∠ABC,

∠EDF=□∠ADC

이때 □ABCD가 평행사변형이므로

∠ABC=□

따라서 ∠FBE=□

(ii) ∠AEB=□(엇각),

∠CFD=□(엇각)에서

∠AEB=□이므로

∠DEB=□

따라서 □EBFD에서 두 쌍의 □의 크기가 각각 같으므로 □EBFD는 평행사변형이다.

42

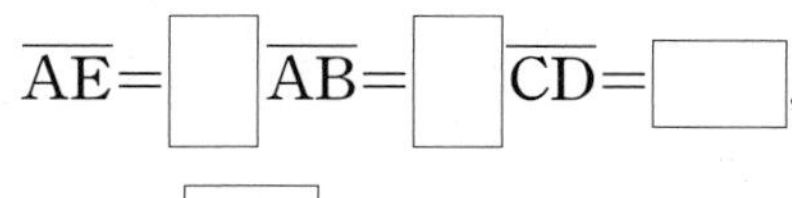

→ △AEH와 △CGF에서

$\overline{AE}=\overline{AB}=$ [ ] $\overline{CD}=$ [ ] $=$ [ ],

$\angle A=$ [ ],

$\overline{AH}=$ [ ] $\overline{AD}=$ [ ] $\overline{BC}=$ [ ]이므로

$\triangle AEH\equiv\triangle CGF$ ([ ] 합동)

즉 $\overline{EH}=$ [ ]

같은 방법으로 $\triangle BEF\equiv$ [ ]에서

$\overline{EF}=$ [ ]

따라서 □EFGH에서 두 쌍의 [ ]의 길이가 각각 같으므로 □EFGH는 평행사변형이다.

43

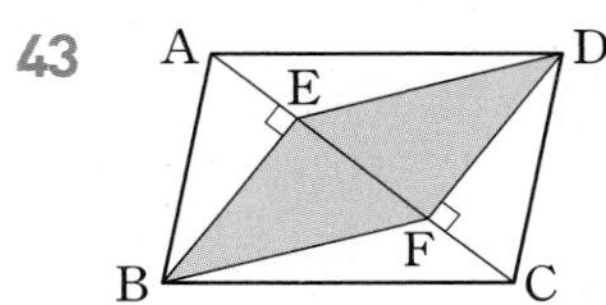

→ △ABE와 △CDF에서

$\overline{AB}=$ [ ], $\angle BAE=$ [ ] (엇각),

$\angle AEB=\angle CFD=$ [ ]°

이므로 $\triangle ABE\equiv\triangle CDF$ ([ ] 합동)

즉 $\overline{BE}=$ [ ]

또 $\overline{AD}=$ [ ], $\overline{AE}=$ [ ],

$\angle BCF=$ [ ] (엇각)

이므로 $\triangle BCF\equiv\triangle DAE$ ([ ] 합동)

즉 $\overline{BF}=$ [ ]

따라서 □EBFD에서 두 쌍의 [ ]의 길이가 각각 같으므로 □EBFD는 평행사변형이다.

44

→ (i) 점 O가 대각선의 교점이므로

$\overline{OB}=$ [ ]

(ii) $\overline{OA}=$ [ ], $\overline{AE}=\overline{CF}$이므로

$\overline{OE}=\overline{OA}-\overline{AE}$

$=$ [ ] $-\overline{CF}$

$=$ [ ]

따라서 □EBFD에서 두 대각선이 서로 다른 것을 [ ]하므로 □EBFD는 평행사변형이다.

45

→ (i) $\overline{OA}=$ [ ], $\overline{AE}=\overline{CG}$이므로

$\overline{OE}=\overline{OA}-\overline{AE}$

$=$ [ ] $-\overline{CG}$

$=$ [ ]

(ii) $\overline{OB}=$ [ ], $\overline{BF}=\overline{DH}$이므로

$\overline{OF}=\overline{OB}-\overline{BF}$

$=$ [ ] $-\overline{DH}$

$=$ [ ]

따라서 □EFGH에서 두 대각선이 서로 다른 것을 [ ]하므로 □EFGH는 평행사변형이다.

06 두 쌍의 평행선이 만드는!

평행사변형과 넓이

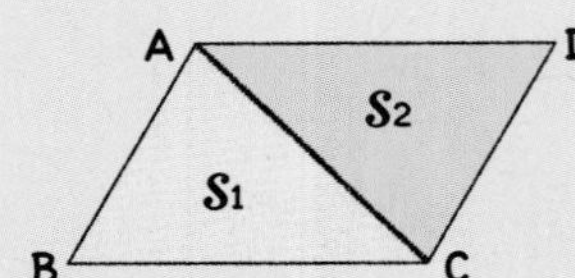

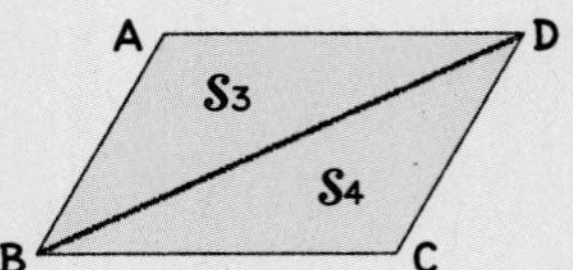

$$S_1 = S_2 = S_3 = S_4 = \frac{1}{2}\square ABCD$$

⬇

평행사변형의 넓이는 한 대각선에 의하여 이등분된다.

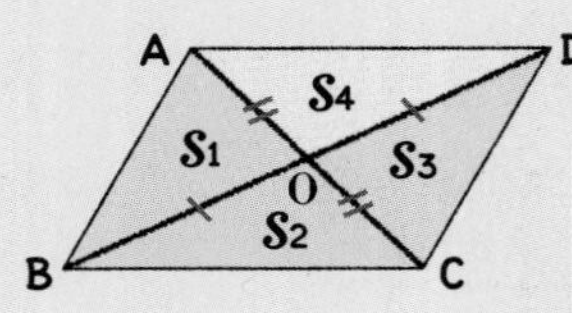

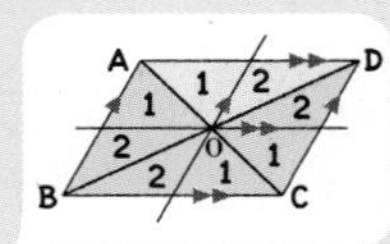

$$S_1 = S_2 = S_3 = S_4 = \frac{1}{4}\square ABCD$$

⬇

평행사변형의 넓이는 두 대각선에 의하여 사등분된다.

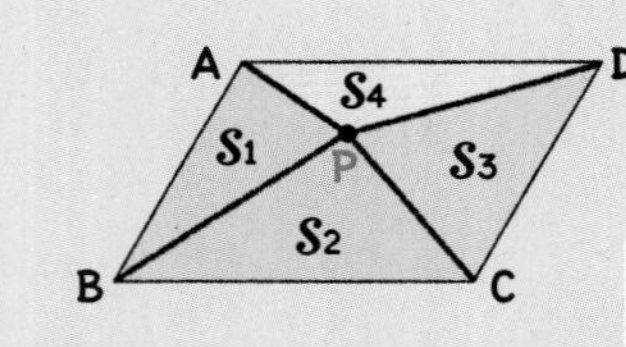

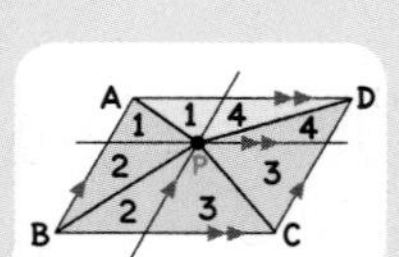

평행사변형 내부의 한 점 P에 대하여

$$S_1 + S_3 = S_2 + S_4 = \frac{1}{2}\square ABCD$$

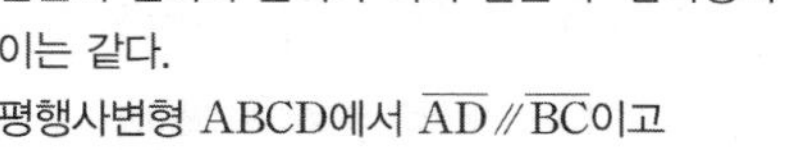

참고 밑변의 길이와 높이가 각각 같은 두 삼각형의 넓이는 같다.
평행사변형 ABCD에서 $\overline{AD} /\!/ \overline{BC}$이고
$\overline{AD} = \overline{BC}$이므로
$\triangle ABC = \triangle CDA$

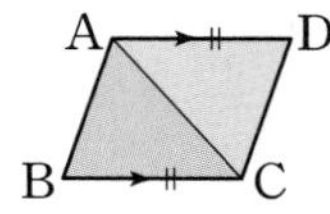

1st — 대각선에 의하여 나누어진 도형의 넓이 구하기

● **다음 그림과 같은 평행사변형 ABCD의 넓이가 40 cm^2일 때, 색칠한 부분의 넓이를 구하시오.**

(단, O는 두 대각선의 교점이다.)

1

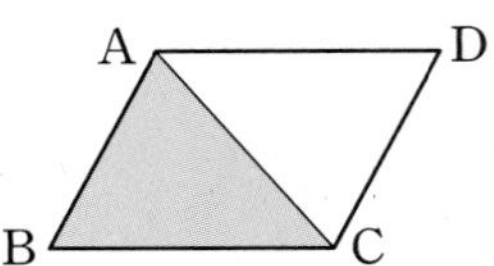

2

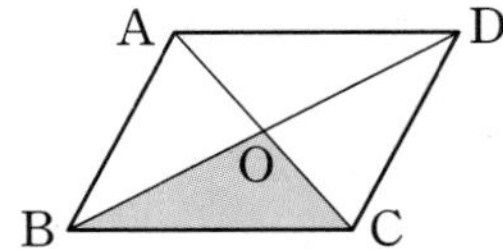

3

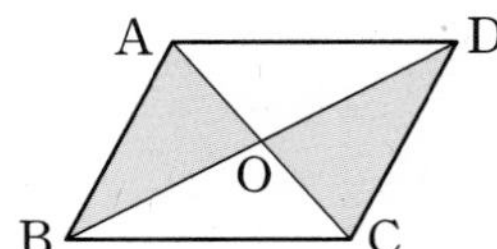

4

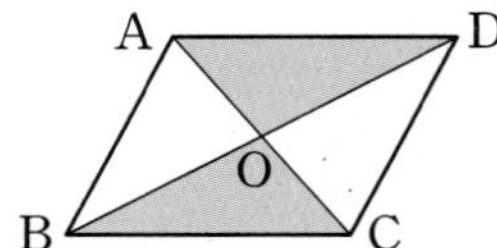

5

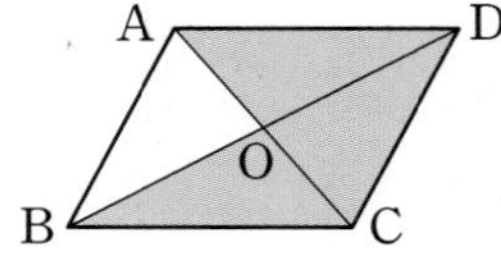

● **아래 그림과 같은 평행사변형 ABCD에서 삼각형의 넓이가 다음과 같이 주어질 때, 색칠한 부분의 넓이를 구하시오.**
(단, O는 두 대각선의 교점이다.)

6

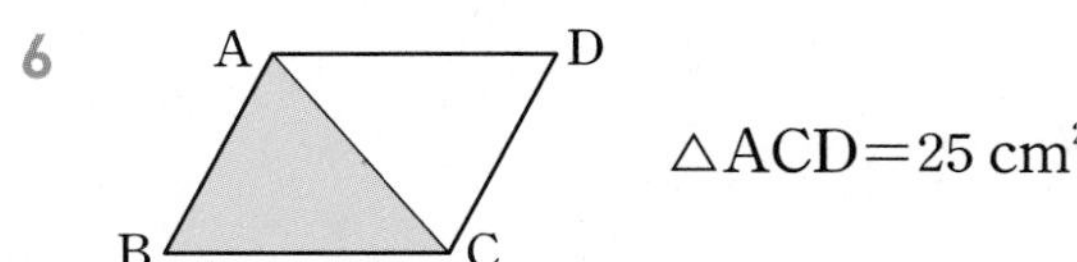

$\triangle ACD = 25\text{ cm}^2$

7

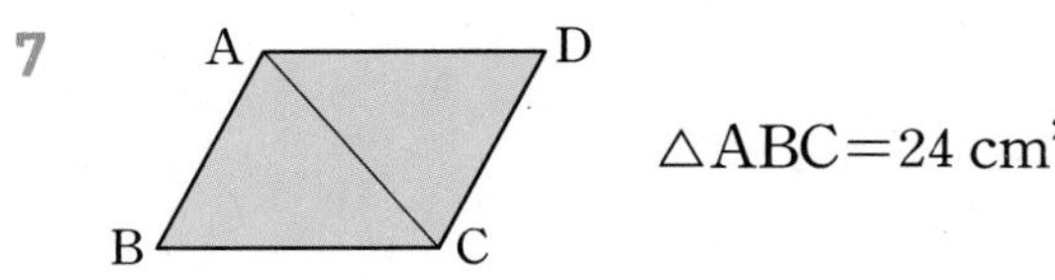

$\triangle ABC = 24\text{ cm}^2$

8

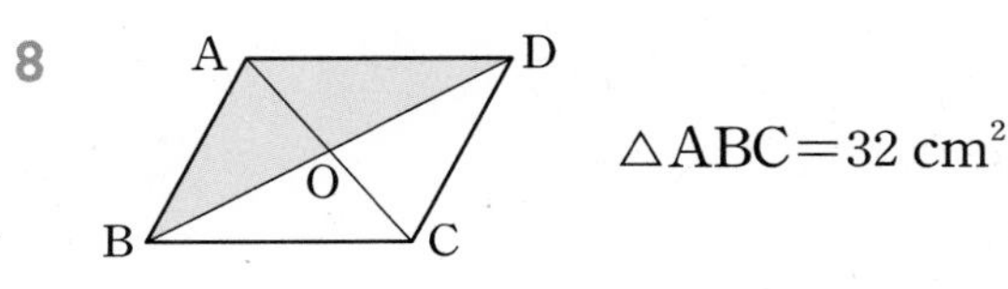

$\triangle ABC = 32\text{ cm}^2$

9

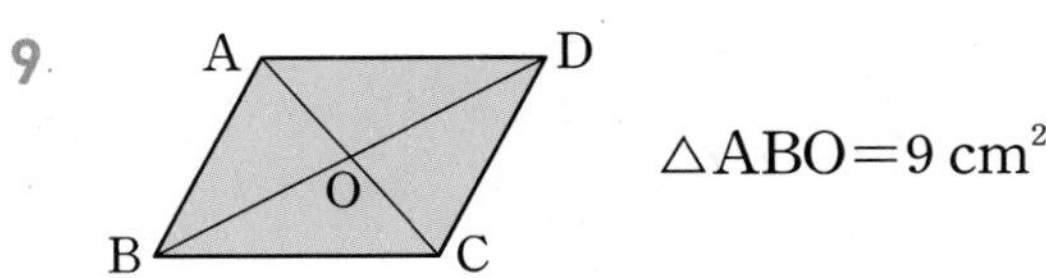

$\triangle ABO = 9\text{ cm}^2$

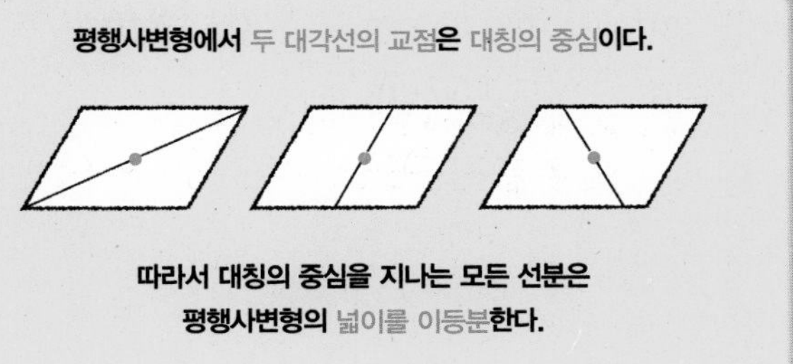

10

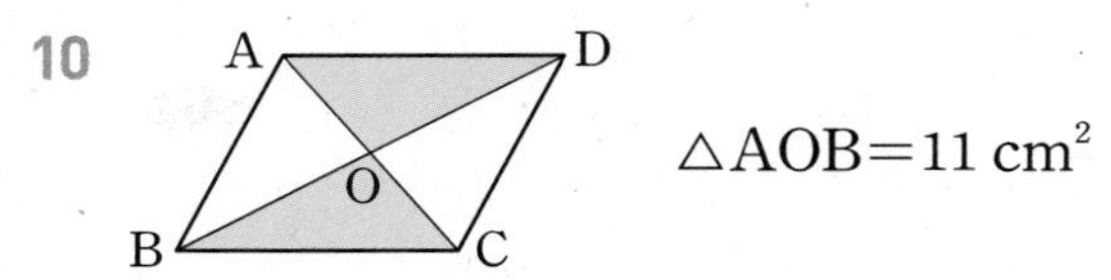

$\triangle AOB = 11\text{ cm}^2$

11

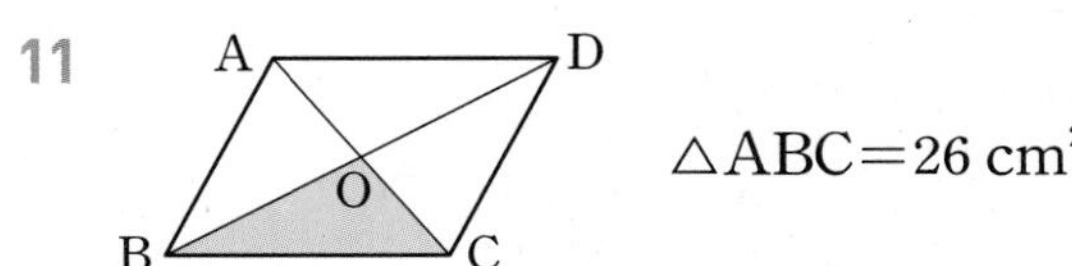

$\triangle ABC = 26\text{ cm}^2$

12

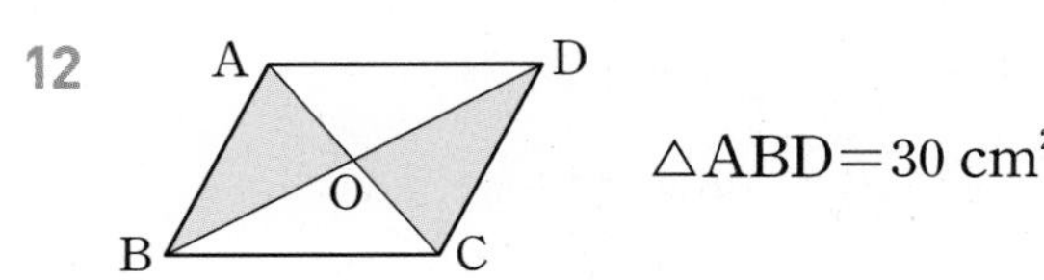

$\triangle ABD = 30\text{ cm}^2$

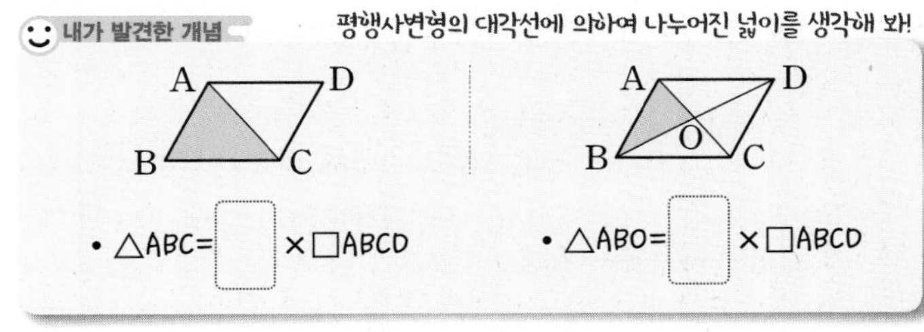

개념모음문제

13 오른쪽 그림과 같은 평행사변형 ABCD의 두 변 AD, BC의 중점을 각각 M, N이라 하고 $\overline{AN}$과 $\overline{BM}$의 교점을 P, $\overline{CM}$과 $\overline{DN}$의 교점을 Q라 하자. □ABCD의 넓이가 16 cm^2일 때, □MPNQ의 넓이는?

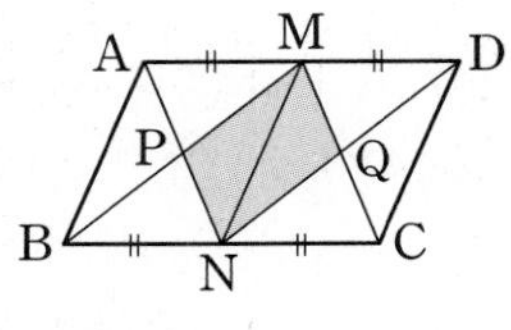

① 2 cm^2 ② 4 cm^2 ③ 6 cm^2
④ 8 cm^2 ⑤ 12 cm^2

2nd 평행사변형의 내부의 한 점에 의하여 나누어진 도형의 넓이 구하기

● 다음 그림과 같은 평행사변형 ABCD의 넓이가 $40\ cm^2$일 때, 내부의 한 점 P에 대하여 색칠한 부분의 넓이를 구하시오.

14 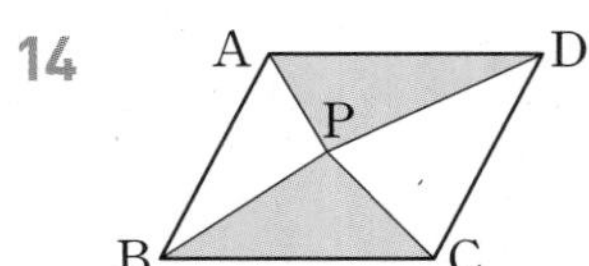

15 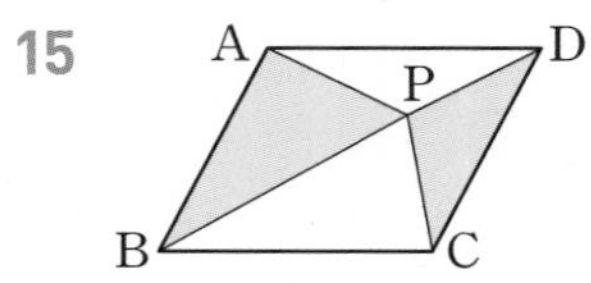

● 다음 그림과 같은 평행사변형 ABCD의 내부의 한 점 P에 의하여 나누어진 도형이 주어진 조건을 만족시킬 때, 색칠한 부분의 넓이를 구하시오.

16 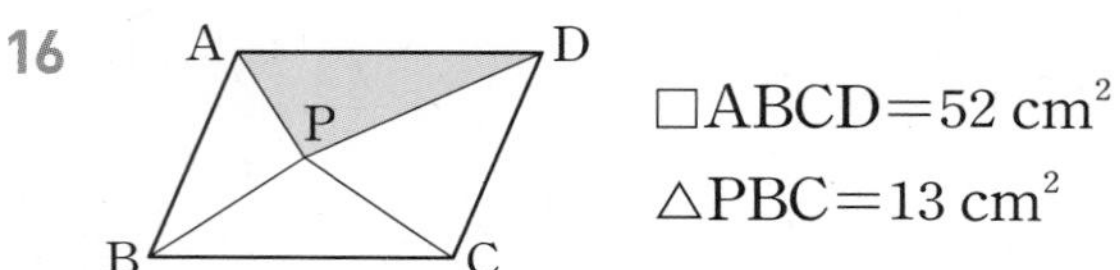

$\square ABCD = 52\ cm^2$
$\triangle PBC = 13\ cm^2$

17 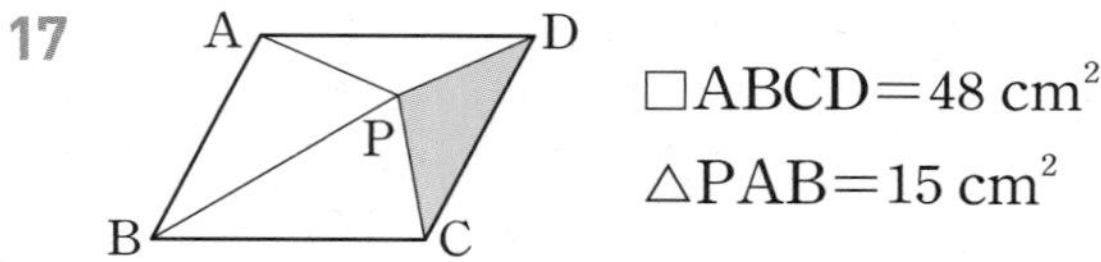

$\square ABCD = 48\ cm^2$
$\triangle PAB = 15\ cm^2$

18 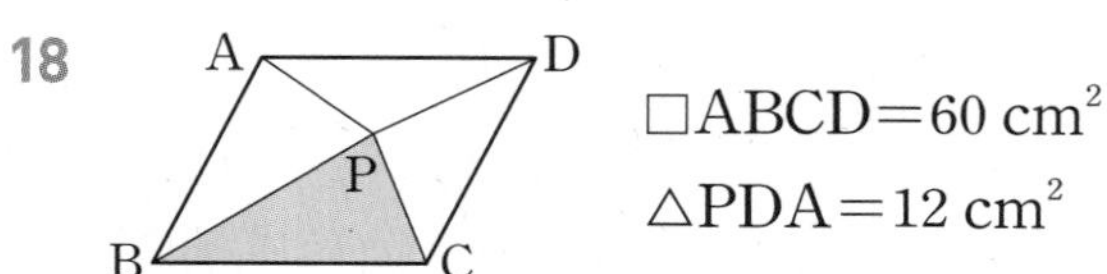

$\square ABCD = 60\ cm^2$
$\triangle PDA = 12\ cm^2$

19 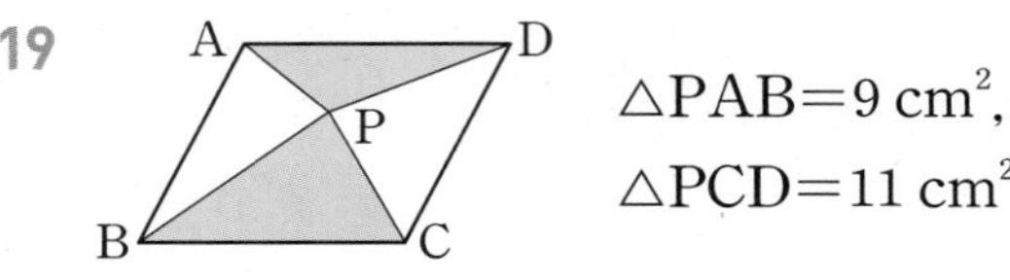

$\triangle PAB = 9\ cm^2$,
$\triangle PCD = 11\ cm^2$

20 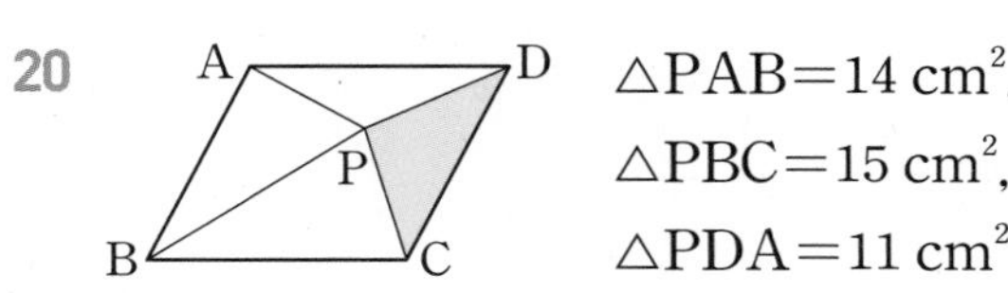

$\triangle PAB = 14\ cm^2$,
$\triangle PBC = 15\ cm^2$,
$\triangle PDA = 11\ cm^2$

21 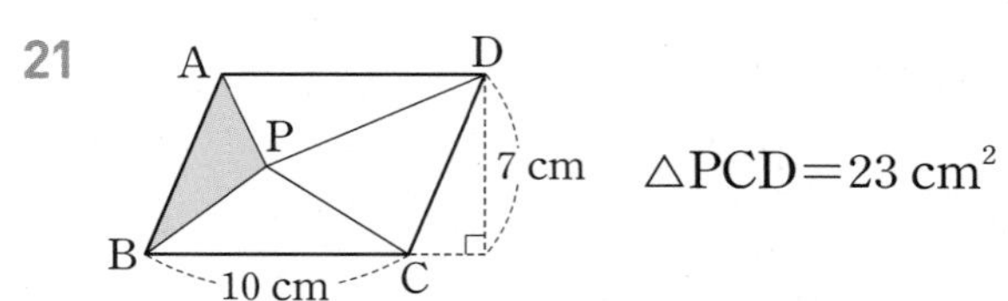

$\triangle PCD = 23\ cm^2$

내가 발견한 개념 평행사변형의 내부의 한 점에 의하여 나누어진 도형의 넓이는?

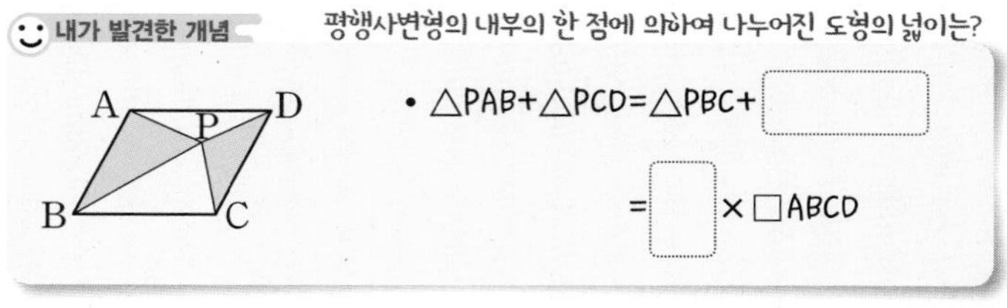

• △PAB+△PCD=△PBC+ [ ]
= [ ] × □ABCD

개념모음문제

22 오른쪽 그림과 같은 평행사변형 ABCD의 내부의 한 점 P에 대하여 $\triangle PBC = 16\ cm^2$, $\triangle PDA = 9\ cm^2$일 때, □ABCD의 넓이는?

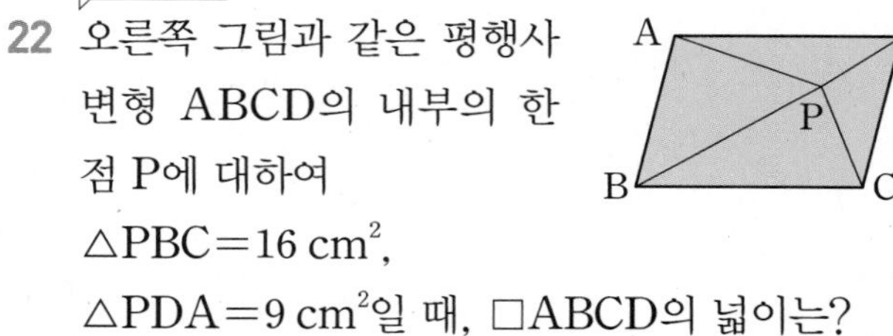

① $32\ cm^2$ ② $36\ cm^2$ ③ $42\ cm^2$
④ $48\ cm^2$ ⑤ $50\ cm^2$

TEST 3. 평행사변형

1 오른쪽 그림과 같은 평행사변형 ABCD에서 $\overline{AB}=3x+2$, $\overline{CD}=5x-6$, $\overline{OD}=2x+1$일 때, $\overline{BD}$의 길이는?

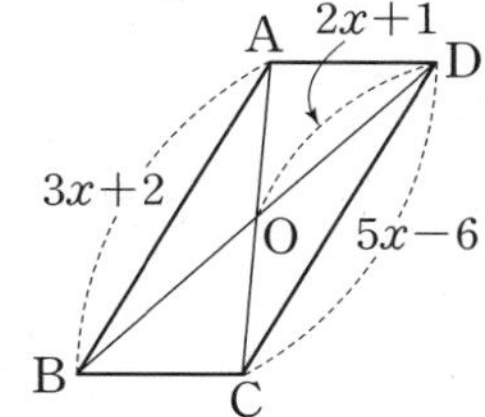

① 18 ② 20 ③ 22 ④ 24 ⑤ 26

2 오른쪽 그림과 같은 평행사변형 ABCD에서 $\overline{CP}$는 $\angle C$의 이등분선이고 $\angle B=80°$, $\angle CPD=90°$일 때, $\angle CDP$의 크기는?

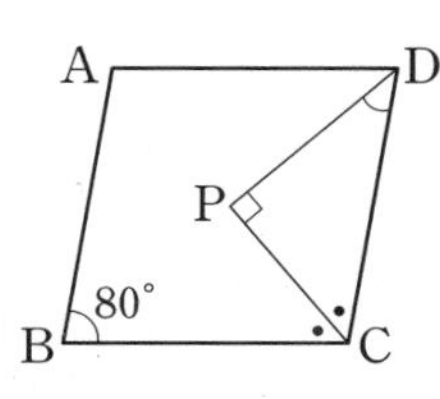

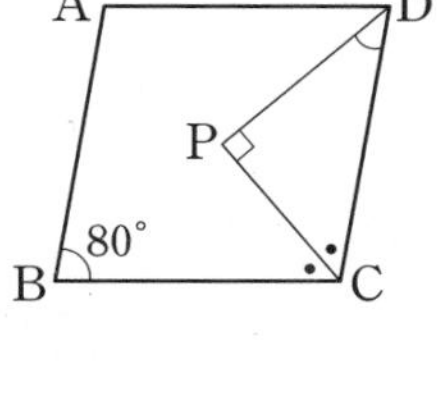

① 30° ② 35° ③ 40° ④ 45° ⑤ 50°

3 오른쪽 그림과 같은 평행사변형 ABCD에서 두 대각선의 교점을 O라 하자. $\overline{AB}=6$ cm이고 두 대각선의 길이의 합이 20 cm일 때, $\triangle AOB$의 둘레의 길이를 구하시오.

4 다음 사각형 중 평행사변형이 아닌 것은?

① ② ③ ④ ⑤

5 오른쪽 그림과 같은 평행사변형 ABCD의 각 변의 중점을 E, F, G, H라 할 때, 옳은 것만을 **보기**에서 있는 대로 고른 것은?

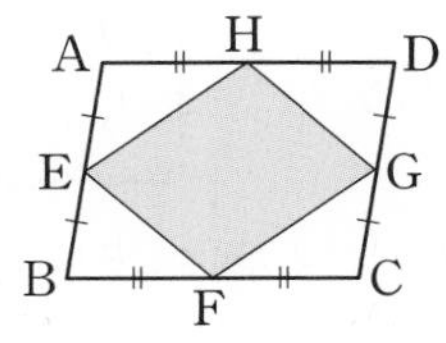

보기
ㄱ. $\overline{AE}=\overline{AH}$
ㄴ. $\triangle AEH\equiv\triangle CGF$
ㄷ. □EFGH는 평행사변형이다.

① ㄱ ② ㄴ ③ ㄱ, ㄷ ④ ㄴ, ㄷ ⑤ ㄱ, ㄴ, ㄷ

6 오른쪽 그림과 같은 평행사변형 ABCD에서 두 변 BC, CD의 연장선 위에 $\overline{BC}=\overline{CE}$, $\overline{DC}=\overline{CF}$가 되도록 두 점 E, F를 잡았다. □ABCD의 넓이가 24 cm^{2}일 때, 색칠한 부분의 넓이를 구하시오.

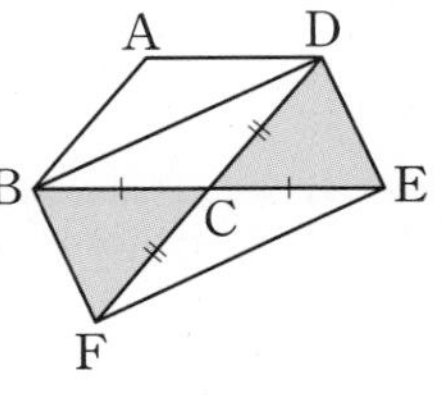

4

조건에 따라 달라지는, 여러 가지 사각형

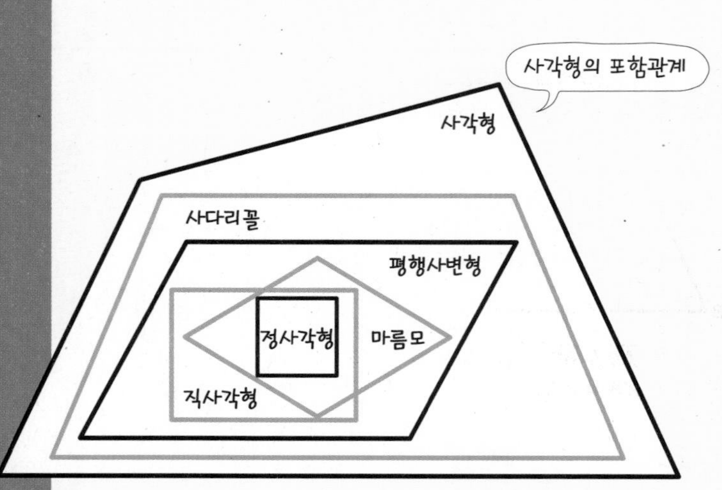

네 내각의 크기가 모두 같은!

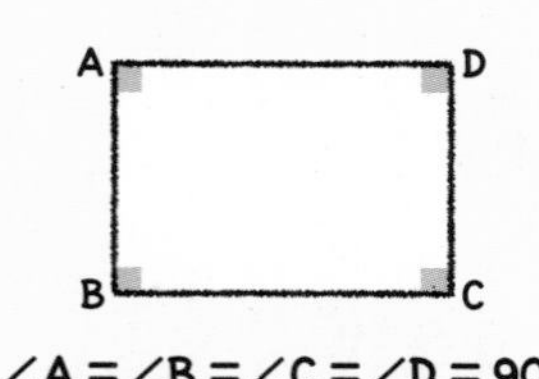

∠A = ∠B = ∠C = ∠D = 90°

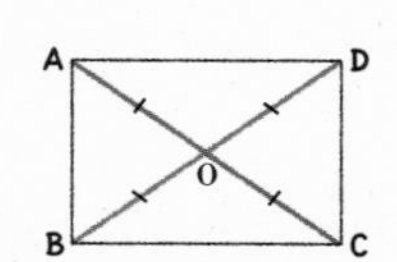

두 대각선은 길이가 같고,
$\overline{AC} = \overline{BD}$
서로 다른 것을 이등분한다.
$\overline{OA} = \overline{OB} = \overline{OC} = \overline{OD}$

01 직사각형

직사각형은 네 내각의 크기가 모두 같은 사각형이야. 그래서 두 쌍의 대각의 크기가 각각 같지. 따라서 직사각형은 평행사변형이고, 평행사변형의 성질을 모두 만족시켜! 이때 직사각형의 두 대각선은 길이가 같고, 서로 다른 것을 이등분해!

네 변의 길이가 모두 같은!

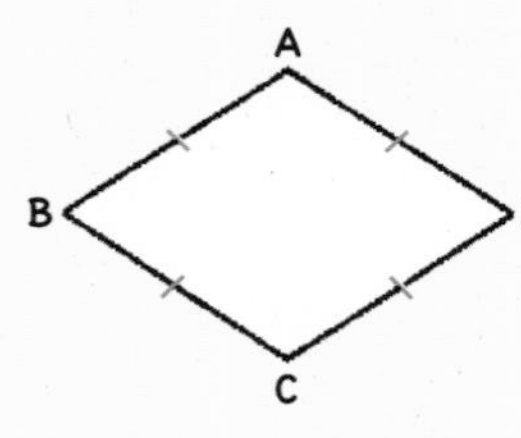

$\overline{AB} = \overline{BC} = \overline{CD} = \overline{DA}$

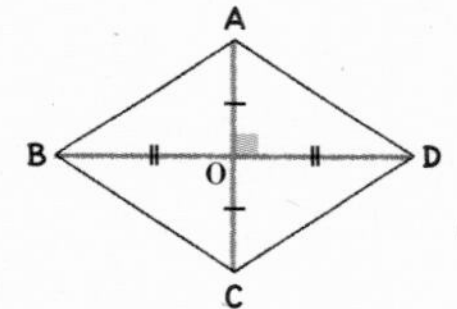

두 대각선은 서로 다른 것을
수직이등분한다.
$\overline{AC} \perp \overline{BD}$, $\overline{OA} = \overline{OC}$, $\overline{OB} = \overline{OD}$

02 마름모

마름모는 네 변의 길이가 모두 같은 사각형이야. 그래서 두 쌍의 대변의 길이가 각각 같지. 따라서 마름모는 평행사변형이고, 평행사변형의 성질을 모두 만족시켜! 이때 마름모의 두 대각선은 서로 다른 것을 수직이등분해!

직사각형이면서 마름모이면서!

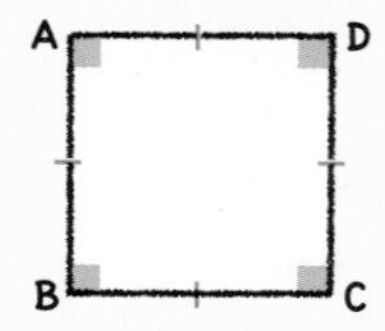

$\overline{AB} = \overline{BC} = \overline{CD} = \overline{DA}$
∠A = ∠B = ∠C = ∠D = 90°

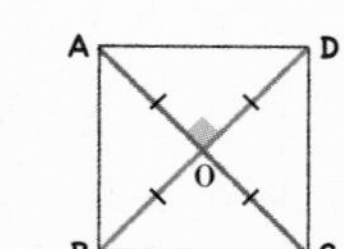

두 대각선은 길이가 같고,
$\overline{AC} = \overline{BD}$
서로 다른 것을 수직이등분한다.
$\overline{AC} \perp \overline{BD}$, $\overline{OA} = \overline{OB} = \overline{OC} = \overline{OD}$

03 정사각형

정사각형은 네 변의 길이가 모두 같고, 네 내각의 크기가 모두 같은 사각형이야. 네 변의 길이가 모두 같으므로 마름모이기도 해. 그래서 정사각형의 두 대각선은 서로 다른 것을 수직이등분하지. 또한 정사각형은 네 내각의 크기가 모두 같으므로 직사각형이기도 해. 그래서 정사각형의 두 대각선은 길이가 같아!

아랫변의 양 끝 각의 크기가 같은!

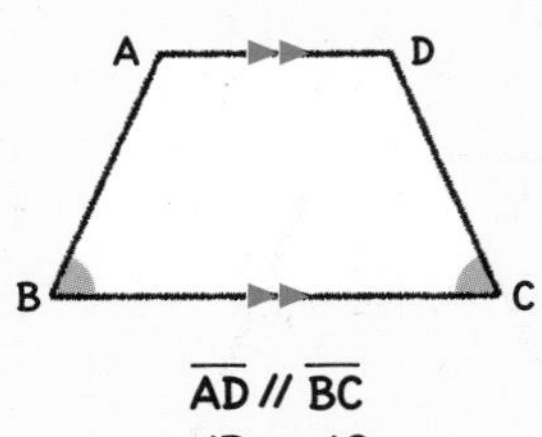

$\overline{AD} /\!/ \overline{BC}$

$\angle B = \angle C$

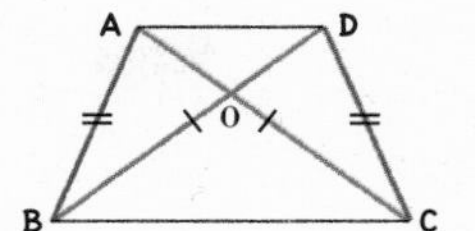

· 평행하지 않은 한 쌍의 대변의 길이가 같다.

$\overline{AB} = \overline{DC}$

· 두 대각선의 길이가 같다.

$\overline{AC} = \overline{DB}$

04 등변사다리꼴

사다리꼴은 한 쌍의 대변이 평행한 사각형이야. 사다리꼴 중에서 아랫변의 양 끝 각의 크기가 같은 사다리꼴을 등변사다리꼴이라 해. 등변사다리꼴은 평행하지 않은 한 쌍의 대변의 길이가 같고, 두 대각선의 길이가 같아!

조건에 따라 이름이 달라지는!

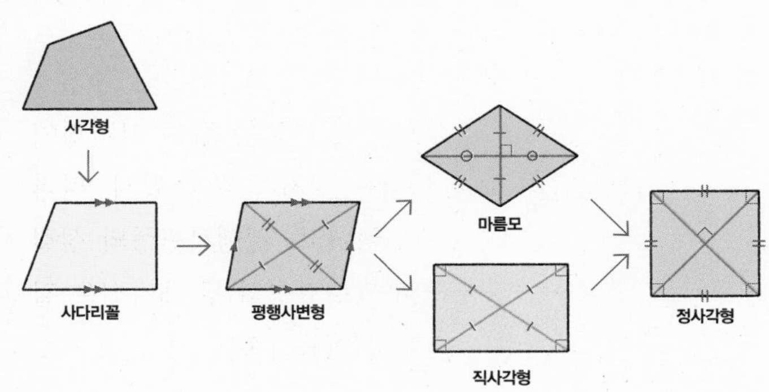

05~06 여러 가지 사각형 사이의 관계

사각형 중에서 한 쌍의 대변이 서로 평행한 것은 사다리꼴이고, 사다리꼴 중에서 또 다른 한 쌍의 대변이 서로 평행한 것은 평행사변형이야. 평행사변형 중에서 한 내각이 직각인 것은 직사각형이고, 이웃하는 두 변의 길이가 서로 같은 것은 마름모지. 그리고 직사각형 중에서 이웃하는 두변의 길이가 서로 같은 것은 정사각형이고, 마름모 중에서 한 내각이 직각인 것은 정사각형이야!

이 사각형들의 각 변의 중점을 연결하면 어떤 사각형이 되는지 앞으로 배우게 될 거야!

넓이가 같은 삼각형을 찾아봐!

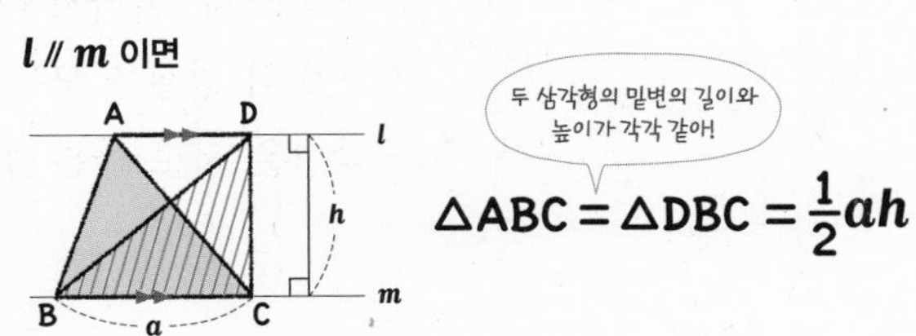

07 평행선과 삼각형의 넓이

평행선에서의 두 삼각형 ABC, DBC는 밑변 BC가 공통이고 높이가 h로 같으므로 두 삼각형의 넓이는 같아! 즉

$l /\!/ m$이면 $\triangle ABC = \triangle DBC = \frac{1}{2}ah$

넓이가 같은 삼각형을 찾아봐!

$\triangle ABC$와 $\triangle ACD$에서 $\overline{BC} : \overline{CD} = m : n$ 이면

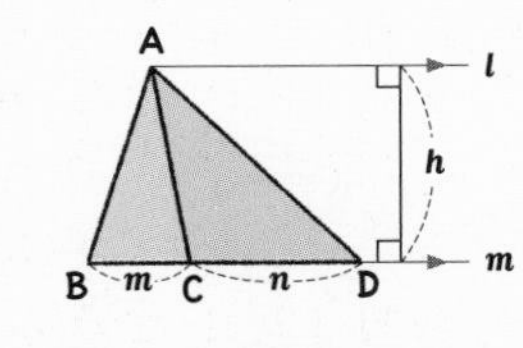

$\triangle ABC : \triangle ACD = m : n$

↳ $\frac{1}{2}mh$ ↳ $\frac{1}{2}nh$

높이가 같은 두 삼각형의 넓이의 비는 밑변의 길이의 비와 같아!

08 높이가 같은 삼각형의 넓이의 비

높이가 같은 두 삼각형의 넓이의 비는 밑변의 길이의 비와 같아. 즉 $\triangle ABC$와 $\triangle ACD$에서

$\overline{BC} : \overline{DC} = m : n$이면

$\triangle ABC : \triangle ACD = m : n$이야!

01

네 내각의 크기가 모두 같은!

직사각형

∠A = ∠B = ∠C = ∠D = 90°

네 내각의 크기가 모두 같은 사각형

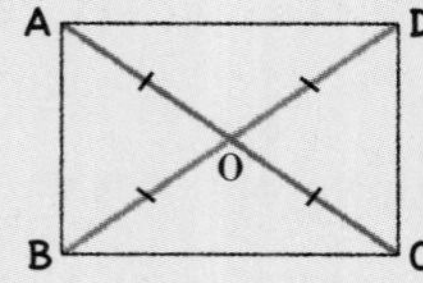

두 대각선은 길이가 같고,
$\overline{AC}=\overline{BD}$
서로 다른 것을 이등분한다.
$\overline{OA}=\overline{OB}=\overline{OC}=\overline{OD}$

- **직사각형:** 네 내각의 크기가 모두 같은 사각형

참고 사각형의 네 내각의 크기의 합은 360°이므로 직사각형의 한 내각의 크기는 90°이다.

- **직사각형의 성질:** 두 대각선의 길이가 같고, 서로 다른 것을 이등분한다.

참고 두 대각선의 길이가 같고 서로 다른 것을 이등분하는 사각형은 직사각형이다.

- **평행사변형이 직사각형이 되는 조건**

평행사변형이 다음 중 어느 한 조건을 만족시키면 직사각형이 된다.

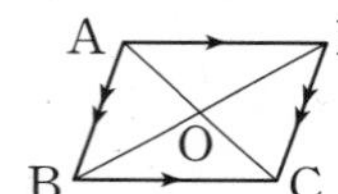

∠A=90°
$\overline{AC}=\overline{BD}$

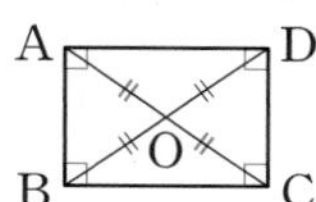

① 한 내각이 직각이다.
② 두 대각선의 길이가 같다.

참고 ① 평행사변형의 한 내각이 직각이면 평행사변형의 성질에 의하여 네 내각이 모두 직각이 된다.
② 직사각형은 두 쌍의 대각의 크기가 각각 같으므로 평행사변형이다. ➔ 평행사변형의 모든 성질을 만족시킨다.

1st 직사각형의 성질 이용하기

● **다음 그림과 같은 직사각형 ABCD에서 x, y의 값을 구하시오. (단, O는 두 대각선의 교점이다.)**

1
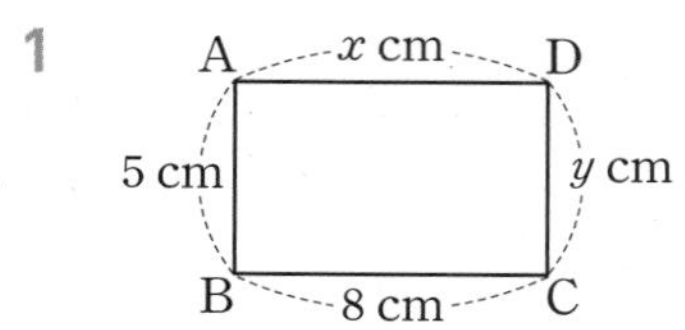

2
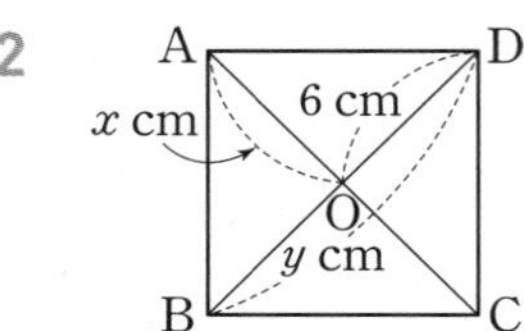

3
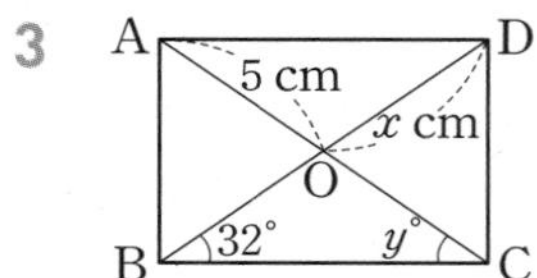

4
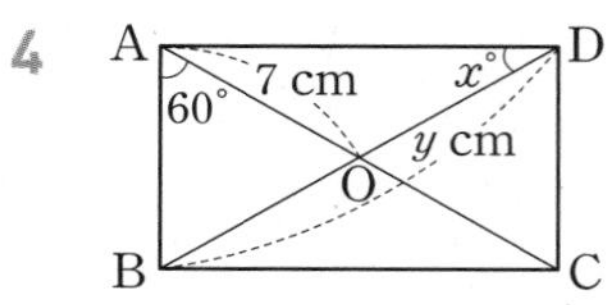

5
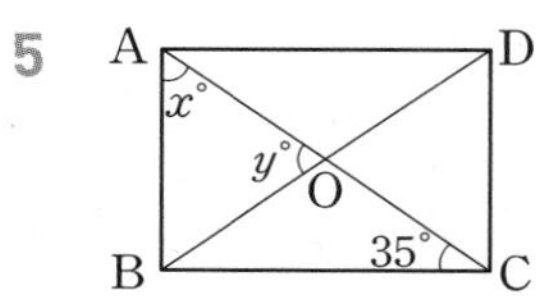

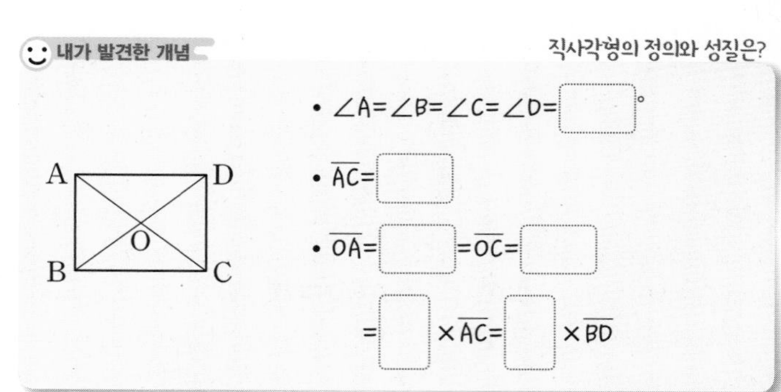

2nd 평행사변형이 직사각형이 되는 조건 이해하기

● 다음 중 그림과 같은 평행사변형 ABCD가 직사각형이 되기 위한 조건인 것은 ○를, 조건이 아닌 것은 ×를 (　　) 안에 써넣으시오. (단, O는 두 대각선의 교점이다.)

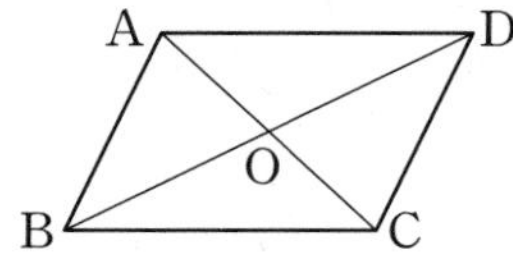

6 $\angle B = \angle D$ (　　)

7 $\angle B = \angle C$ (　　)

8 $\angle B = 90^\circ$ (　　)

9 $\angle B + \angle D = 180^\circ$ (　　)

10 $\overline{AB} = \overline{CD}$ (　　)

11 $\overline{AB} = \overline{BC}$ (　　)

12 $\overline{AC} = \overline{BD}$ (　　)

13 $\overline{OA} = \overline{OB}$ (　　)

14 $\overline{OA} = \overline{OC}$ (　　)

내가 발견한 개념　　평행사변형이 직사각형이 되는 조건은?

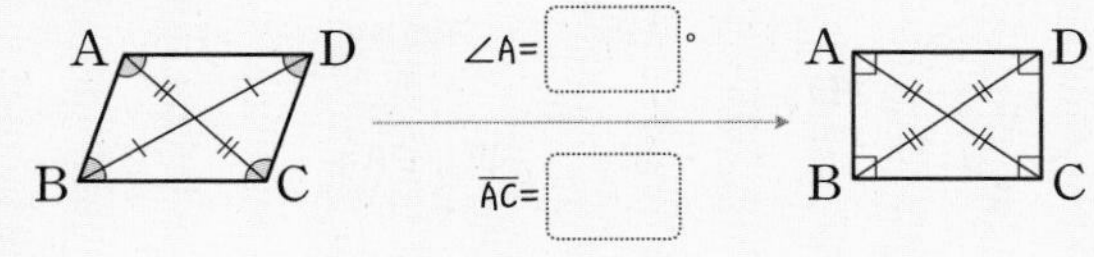

● 다음 그림과 같은 평행사변형 ABCD가 직사각형이 되도록 하는 x의 값을 구하시오. (단, O는 두 대각선의 교점이다.)

15

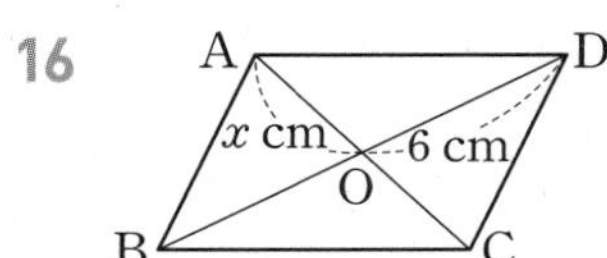

16

17

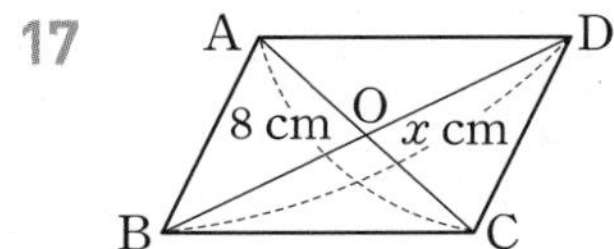

18

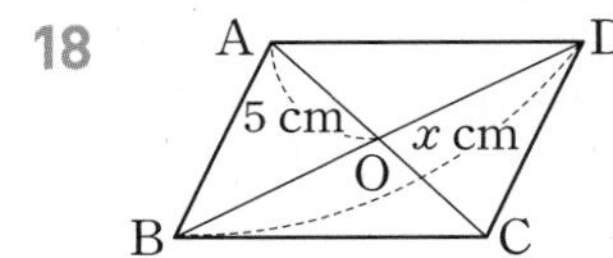

개념모음문제

19 다음 중 오른쪽 그림과 같은 평행사변형 ABCD가 직사각형이 되도록 하는 조건이 아닌 것을 모두 고르면? (정답 2개)

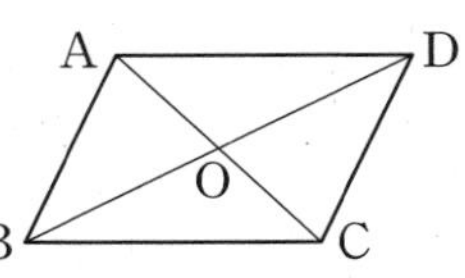

① $\angle B = \angle C$　② $\angle D = 90^\circ$
③ $\overline{AB} = \overline{AD}$　④ $\overline{AB} = \overline{CD}$
⑤ $\overline{OB} = \overline{OC}$

02 네 변의 길이가 모두 같은!

마름모

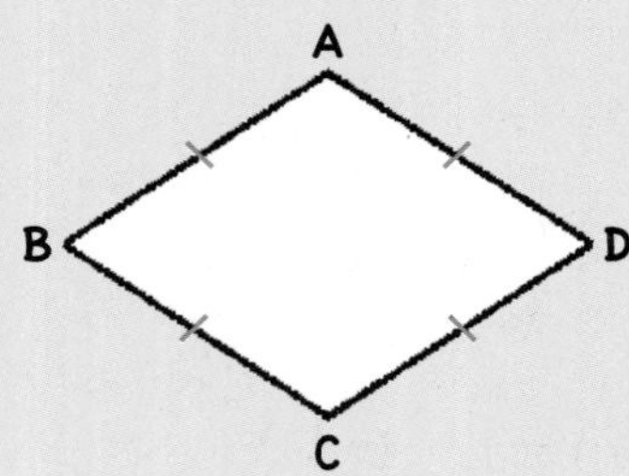

$\overline{AB}=\overline{BC}=\overline{CD}=\overline{DA}$

네 변의 길이가 모두 같은 사각형

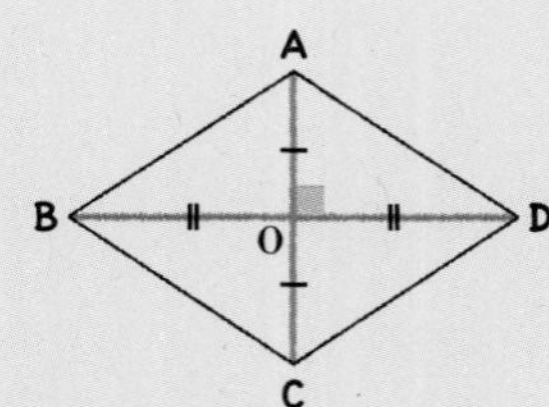

두 대각선은 서로 다른 것을 수직이등분한다.

$\overline{AC}\perp\overline{BD}$, $\overline{OA}=\overline{OC}$, $\overline{OB}=\overline{OD}$

- **마름모:** 네 변의 길이가 모두 같은 사각형
- **마름모의 성질:** 두 대각선은 서로 다른 것을 수직이등분한다.

참고 두 대각선이 서로 다른 것을 수직이등분하는 사각형은 마름모이다.

- **평행사변형이 마름모가 되는 조건**

평행사변형이 다음 중 어느 한 조건을 만족시키면 마름모가 된다.

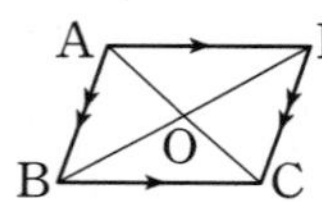

$\overline{AB}=\overline{BC}$ → $\overline{AC}\perp\overline{BD}$

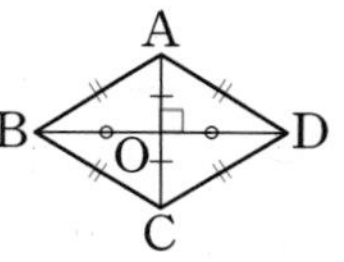

① 이웃하는 두 변의 길이가 같다.

② 두 대각선이 서로 직교한다. (→ 수직으로 만난다.)

참고 이웃하는 두 변의 길이가 같으면 평행사변형의 성질에 의하여 네 변의 길이가 모두 같아진다.

1st 마름모의 성질 이용하기

● **다음 그림과 같은 마름모 ABCD에서 x, y의 값을 구하시오. (단, O는 두 대각선의 교점이다.)**

1

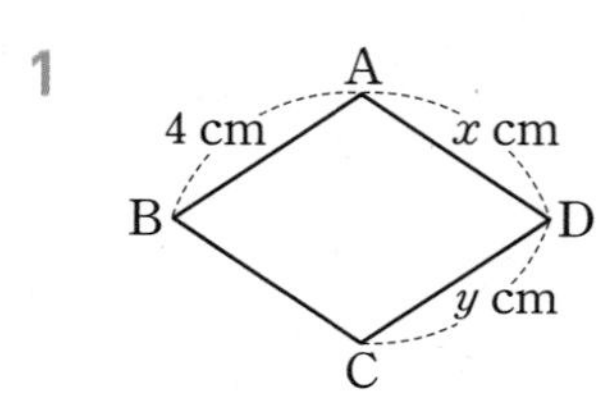

2

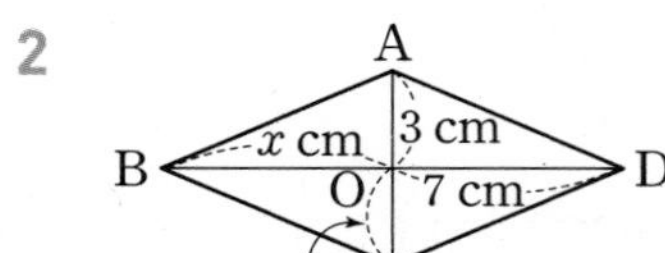

3

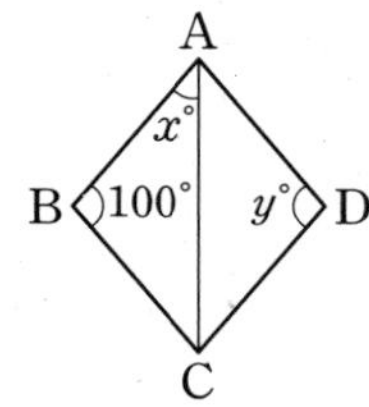

4

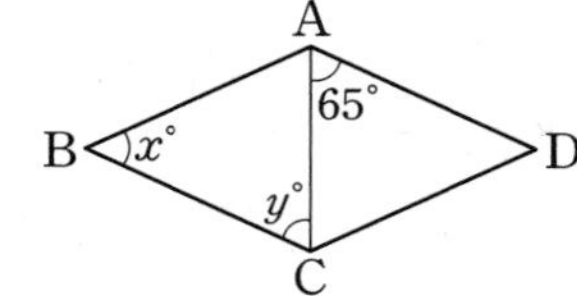

5

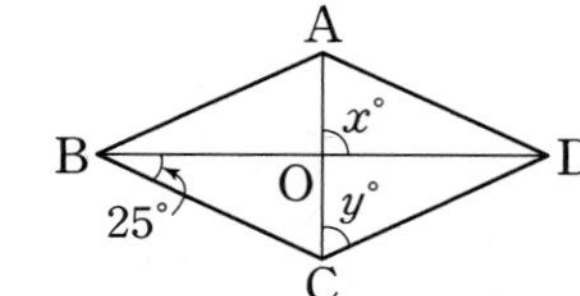

내가 발견한 개념 마름모의 정의와 성질은?

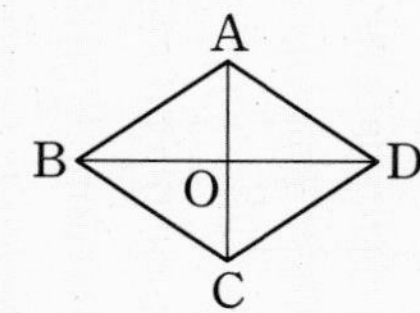

- $\overline{AB}$= ☐ =$\overline{CD}$= ☐
- $\overline{AC}$ ☐ $\overline{BD}$, $\overline{OA}$= ☐, $\overline{OB}$= ☐

2nd 평행사변형이 마름모가 되는 조건 이해하기

● 다음 중 그림과 같은 평행사변형 ABCD가 마름모가 되기 위한 조건인 것은 ○를, 조건이 아닌 것은 ×를 ( ) 안에 써넣으시오. (단, O는 두 대각선의 교점이다.)

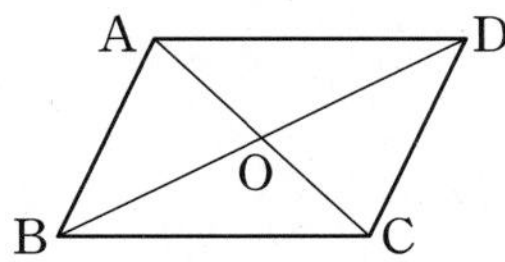

6 $\overline{AB}=\overline{CD}$ ( )

7 $\overline{AB}=\overline{BC}$ ( )

8 $\overline{AC}=\overline{BD}$ ( )

9 $\angle B=90°$ ( )

10 $\angle AOB=90°$ ( )

11 $\angle AOB+\angle COD=180°$ ( )

12 $\angle ACD=\angle ACB$ ( )

13 $\angle OAB=\angle OBA$ ( )

14 $\overline{OA}=\overline{OC}$ ( )

내가 발견한 개념 평행사변형이 마름모가 되는 조건은?

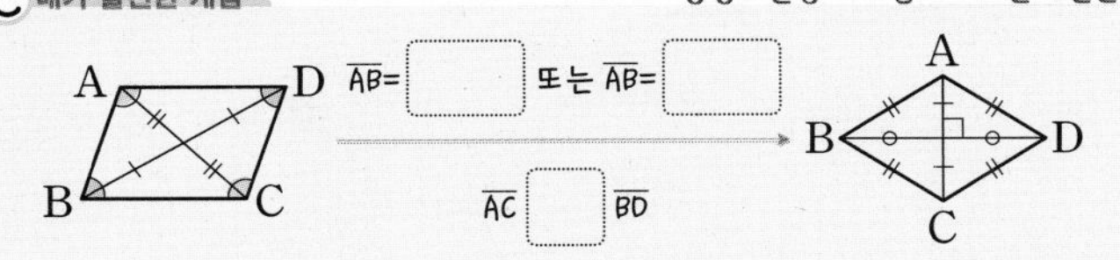

● 다음 그림과 같은 평행사변형 ABCD가 마름모가 되도록 하는 x의 값을 구하시오. (단, O는 두 대각선의 교점이다.)

15

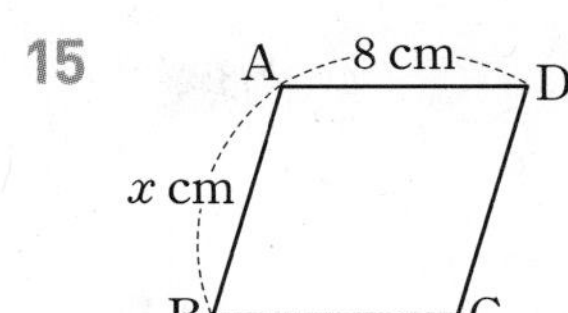

16

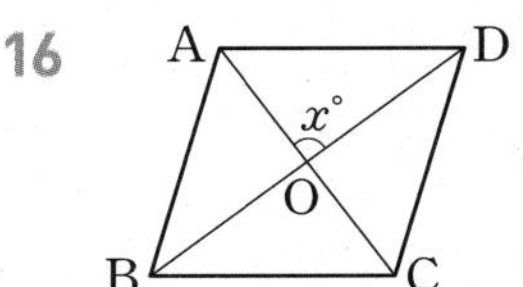

17

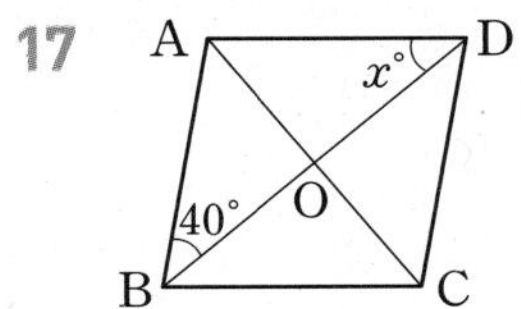

18

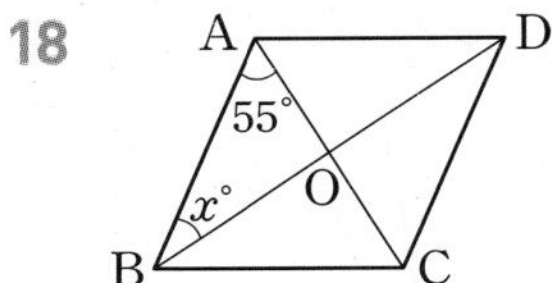

개념모음문제

19 다음 중 오른쪽 그림과 같은 평행사변형 ABCD가 마름모가 되도록 하는 조건인 것을 모두 고르면? (정답 2개)

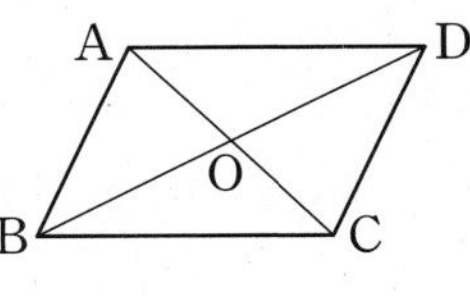

① $\overline{AB}=\overline{AD}$
② $\overline{AD}=\overline{BD}$
③ $\overline{OB}=\overline{OC}$
④ $\angle COD=90°$
⑤ $\angle AOB+\angle AOD=180°$

03 직사각형이면서 마름모이면서!

정사각형

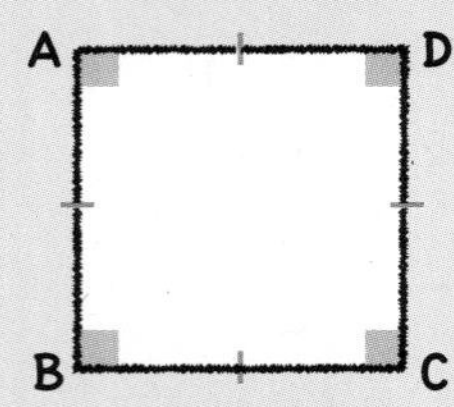

$\overline{AB}=\overline{BC}=\overline{CD}=\overline{DA}$

$\angle A=\angle B=\angle C=\angle D=90°$

네 변의 길이가 모두 같고 네 내각의 크기가 모두 같은 사각형

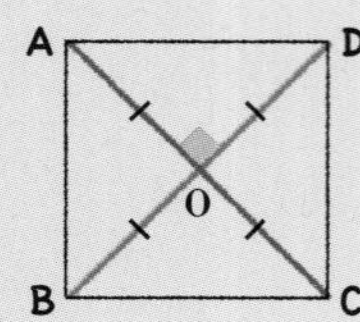

두 대각선은 길이가 같고,
$\overline{AC}=\overline{BD}$

서로 다른 것을 수직이등분한다.
$\overline{AC}\perp\overline{BD}$, $\overline{OA}=\overline{OB}=\overline{OC}=\overline{OD}$

- **정사각형:** 네 변의 길이가 모두 같고 네 내각의 크기가 모두 같은 사각형
- **정사각형의 성질:** 두 대각선은 길이가 같고, 서로 다른 것을 수직이등분한다.

참고 정사각형 ABCD에서 △OAB, △OBC, △OCD, △ODA는 모두 직각이등변삼각형이다.

- **직사각형이 정사각형이 되는 조건**

직사각형이 다음 중 어느 한 조건을 만족시키면 정사각형이 된다.

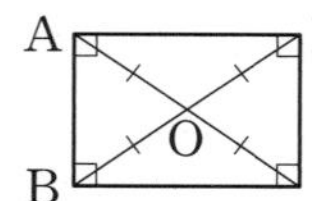

$\overline{AB}=\overline{BC}$
$\overline{AC}\perp\overline{BD}$

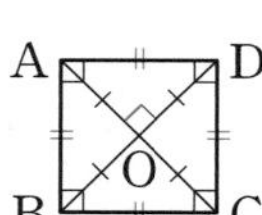

① 이웃하는 두 변의 길이가 같다.
② 두 대각선이 서로 직교한다.

- **마름모가 정사각형이 되는 조건**

마름모가 다음 중 어느 한 조건을 만족시키면 정사각형이 된다.

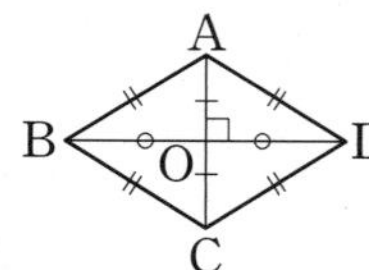

$\angle A=90°$
$\overline{AC}=\overline{BD}$

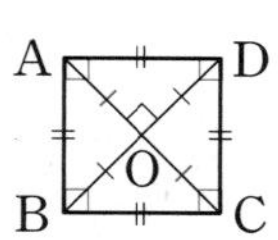

① 한 내각이 직각이다.
② 두 대각선의 길이가 같다.

참고 정사각형은 직사각형의 성질과 마름모의 성질을 모두 만족시킨다.

1st 정사각형의 성질 이용하기

● 다음 그림과 같은 정사각형 ABCD에서 x, y의 값을 구하시오. (단, O는 두 대각선의 교점이다.)

1

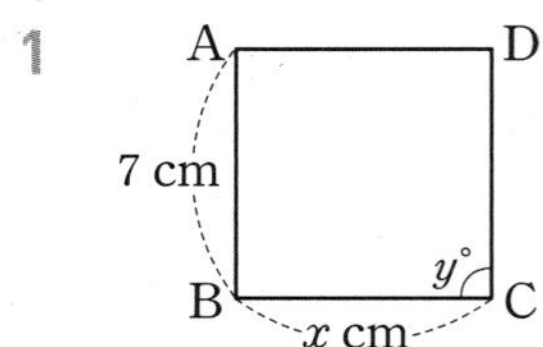

2

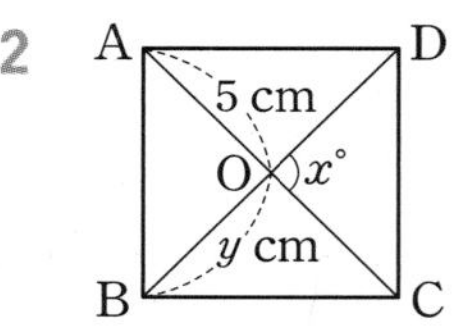

3

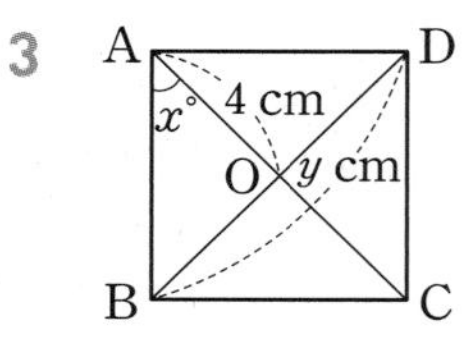

4

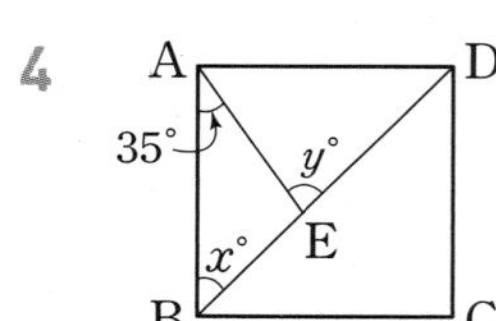

내가 발견한 개념 정사각형의 정의와 성질은?

- $\overline{AB}=$ ☐ $=\overline{CD}=$ ☐
- $\angle A=\angle B=\angle C=\angle D=$ ☐°
- $\overline{AC}=$ ☐, $\overline{AC}$ ☐ $\overline{BD}$
- $\overline{OA}=$ ☐ $=\overline{OC}=$ ☐

● 다음 그림과 같은 정사각형 ABCD의 대각선 AC 위의 한 점 P에 대하여 $\angle x$의 크기를 구하시오.

5

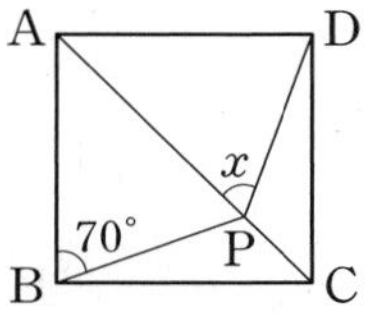

A, D, B, C, P, x, $70°$

→ △ABP와 △ADP에서 $\overline{AP}$는 공통, $\overline{AB}$=☐,

∠BAP=∠☐=☐°이므로

△ABP≡△ADP (☐ 합동)

즉 ∠ADP=∠☐=☐°이므로

△APD에서 ∠x+☐°+☐°=180°

따라서 ∠x=☐°

6

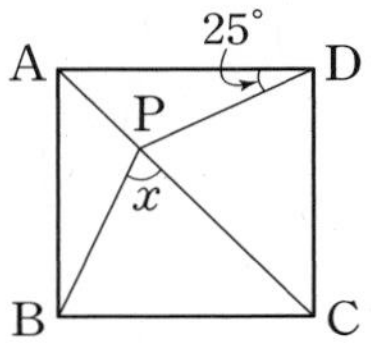

A, D, B, C, P, x, $25°$

7

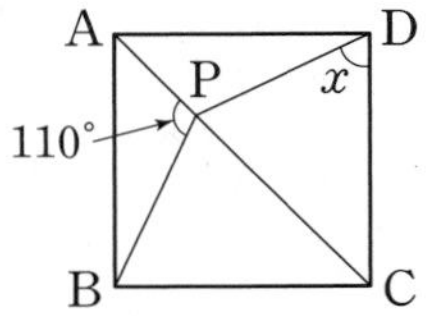

A, D, B, C, P, x, $110°$

8

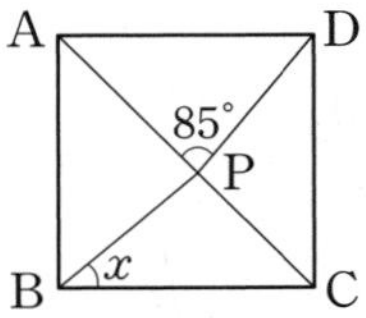

A, D, B, C, P, x, $85°$

● 다음 그림과 같은 정사각형 ABCD에서 $\overline{BE}=\overline{CF}$일 때, $\angle x$의 크기를 구하시오.

9

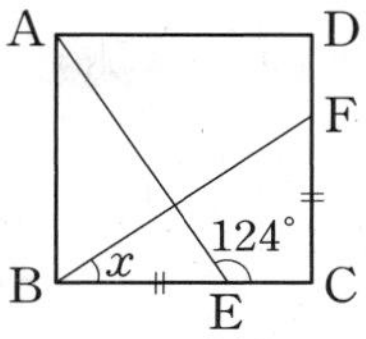

A, D, F, B, E, C, x, $124°$

→ △ABE와 △BCF에서 $\overline{AB}$=☐, $\overline{BE}=\overline{CF}$,

∠ABE=∠☐=☐°이므로

△ABE≡△BCF (☐ 합동)

따라서 △ABE에서

∠EAB=∠x, ∠AEB=180°−☐°=☐°

∠x+☐°+☐°=180°이므로

∠x=☐°

10

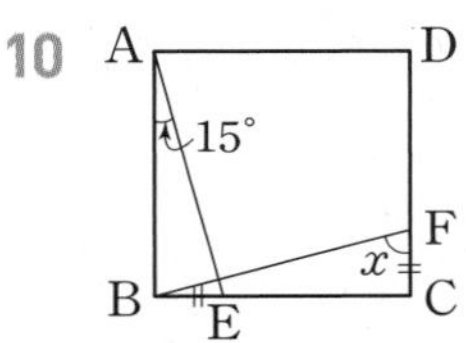

11

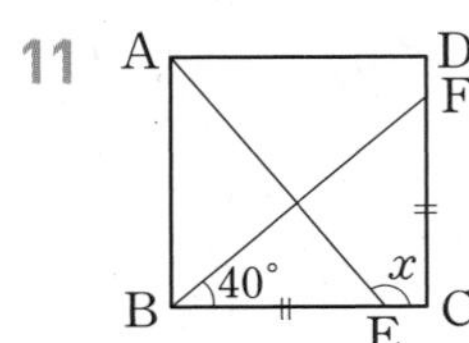

내가 발견한 개념 정사각형에서 닮은 도형을 찾아 각의 크기를 생각해 봐!

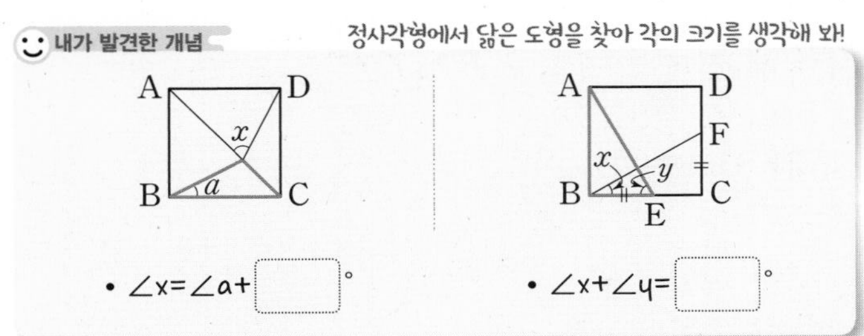

2nd 직사각형이 정사각형이 되는 조건 이해하기

● 다음 중 그림과 같은 직사각형 ABCD가 정사각형이 되기 위한 조건인 것은 ○를, 조건이 아닌 것은 ×를 (　　) 안에 써넣으시오. (단, O는 두 대각선의 교점이다.)

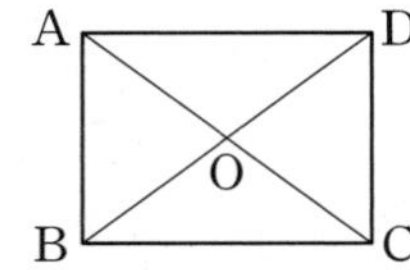

12 $\overline{AB}=\overline{CD}$ (　　)

13 $\overline{AB}=\overline{BC}$ (　　)

14 $\overline{AC}=\overline{BD}$ (　　)

15 $\angle ABC=90^\circ$ (　　)

16 $\angle AOB=\angle BOC$ (　　)

17 $\overline{AC}\perp\overline{BD}$ (　　)

18 $\angle AOB+\angle COD=180^\circ$ (　　)

19 $\angle ABC=\angle BCD$ (　　)

20 $\angle OAB=\angle OBA$ (　　)

21 $\overline{OA}=\overline{OB}$ (　　)

● 다음 그림과 같은 직사각형 ABCD가 정사각형이 되도록 하는 x의 값을 구하시오. (단, O는 두 대각선의 교점이다.)

22 A, D, B, C / 6 cm / x cm

23

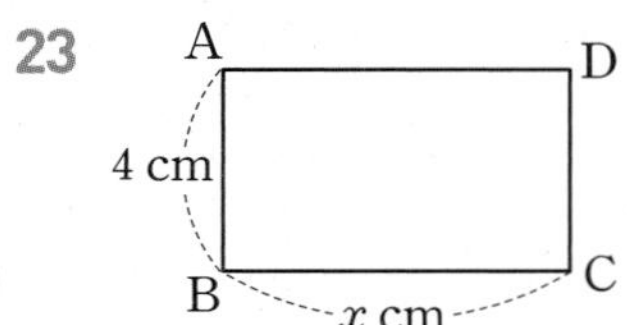

24

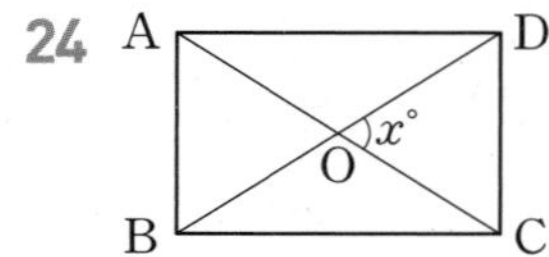

25

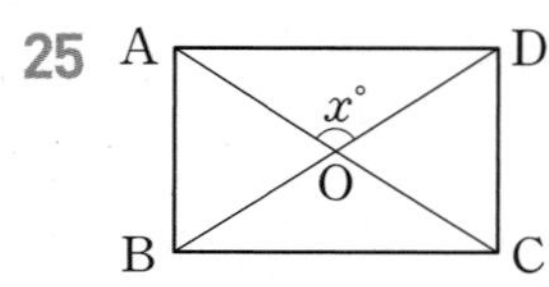

내가 발견한 개념 직사각형이 정사각형이 되는 조건은?

$\overline{AB}=$ □ 또는 $\overline{AB}=$ □

$\overline{AC}$ □ $\overline{BD}$

3rd 마름모가 정사각형이 되는 조건 이해하기

● 다음 중 그림과 같은 마름모 ABCD가 정사각형이 되기 위한 조건인 것은 ○를, 조건이 아닌 것은 ×를 (　) 안에 써넣으시오. (단, O는 두 대각선의 교점이다.)

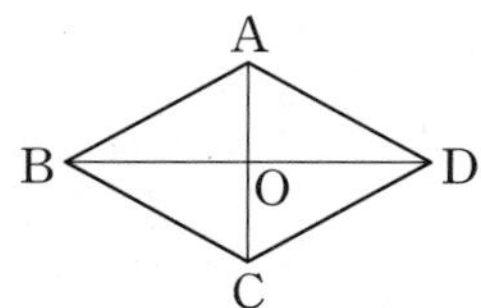

26 $\overline{AB}=\overline{CD}$ (　　)

27 $\overline{AC}=\overline{BD}$ (　　)

28 $\overline{AC}\perp\overline{BD}$ (　　)

29 $\angle ABC=90°$ (　　)

30 $\angle ABC=\angle ADC$ (　　)

31 $\overline{OA}=\overline{OB}$ (　　)

32 $\overline{OA}=\overline{OC}$ (　　)

33 $\angle ABC=\angle BCD$ (　　)

34 $\angle ACB=\angle ACD$ (　　)

35 $\angle OAB=\angle OBA$ (　　)

● 다음 그림과 같은 마름모 ABCD가 정사각형이 되도록 하는 x의 값을 구하시오. (단, O는 두 대각선의 교점이다.)

36

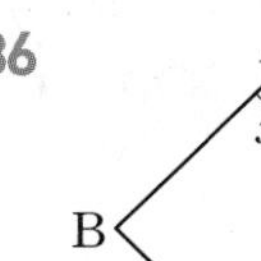
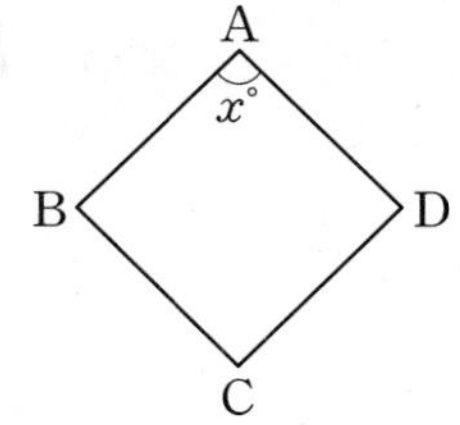

37

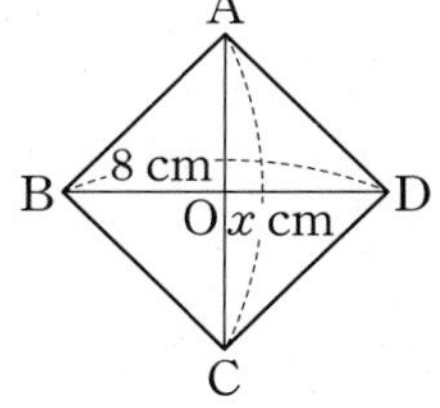

38

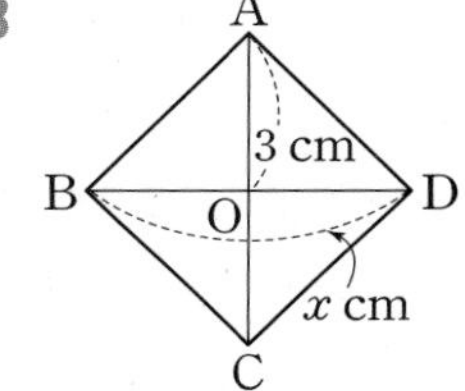

39

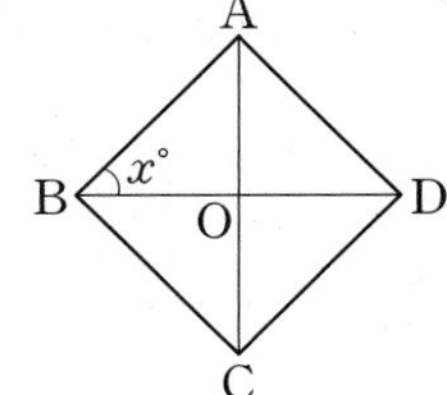

마름모와 평행사변형이 정사각형이 되는 조건은?

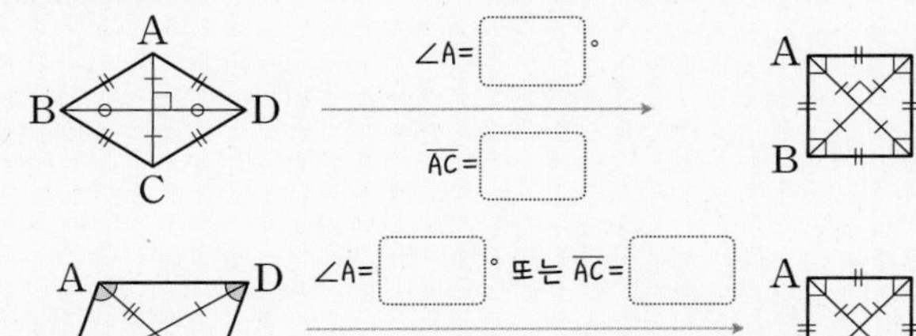

04 아랫변의 양 끝 각의 크기가 같은!

등변사다리꼴

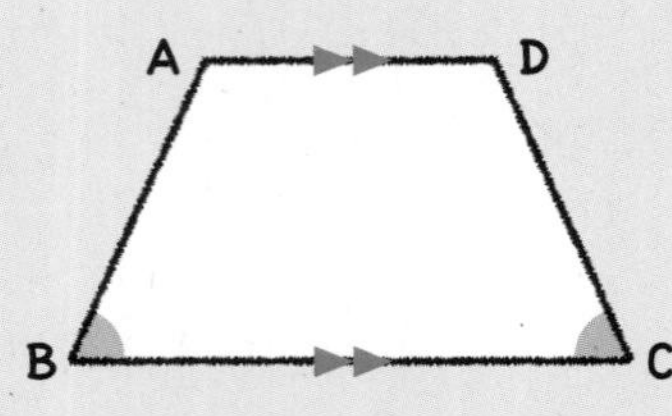

$\overline{AD} /\!/ \overline{BC}$

$\angle B = \angle C$

아랫변의 양 끝 각의 크기가 같은 사다리꼴

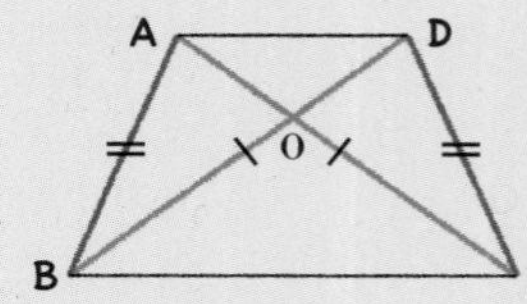

· 평행하지 않은 한 쌍의 대변의 길이가 같다.
$\overline{AB} = \overline{DC}$

· 두 대각선의 길이가 같다.
$\overline{AC} = \overline{DB}$

- **사다리꼴:** 한 쌍의 대변이 평행한 사각형
- **등변사다리꼴:** 아랫변의 양 끝 각의 크기가 같은 사다리꼴

참고 등변사다리꼴 ABCD에서 $\angle B = \angle C$일 뿐만 아니라 $\angle A = \angle D$도 성립한다.

- **등변사다리꼴의 성질**

① 평행하지 않은 한 쌍의 대변의 길이가 같다.

② 두 대각선의 길이가 같다.

1st 등변사다리꼴의 성질 이용하기

● 다음 그림과 같이 $\overline{AD} /\!/ \overline{BC}$인 등변사다리꼴 ABCD에서 x, y의 값을 구하시오. (단, O는 두 대각선의 교점이다.)

1

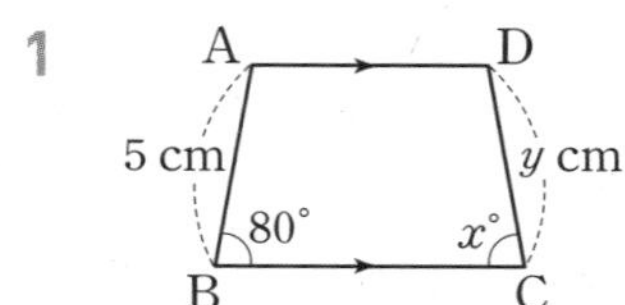

2

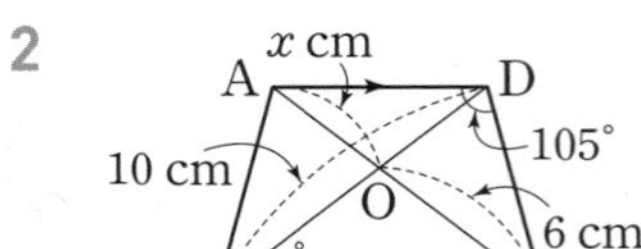

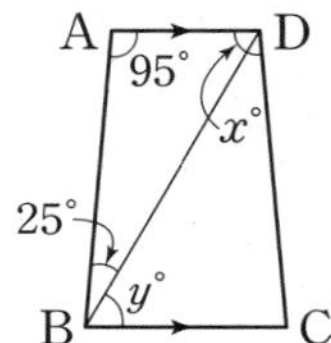

3

4

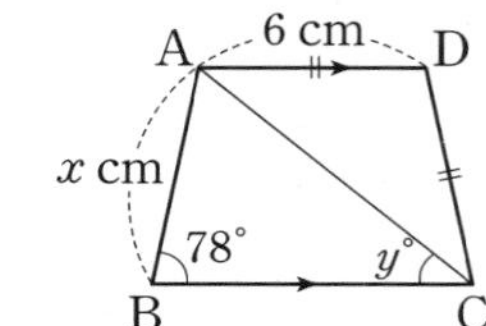

5

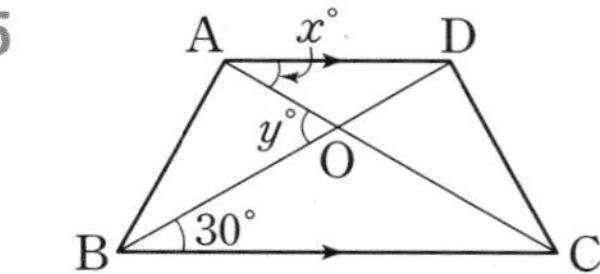

내가 발견한 개념 등변사다리꼴의 정의와 성질은?

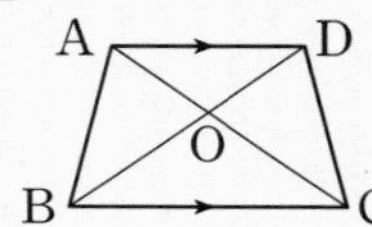

- $\angle B$=☐, $\angle A$=☐
- $\overline{AB}$=☐, $\overline{AC}$=☐

2nd 보조선을 이용하여 등변사다리꼴의 변의 길이 구하기

● 다음 그림과 같은 등변사다리꼴 ABCD에서 $\overline{AD} /\!/ \overline{BC}$일 때, x의 값을 구하시오.

6
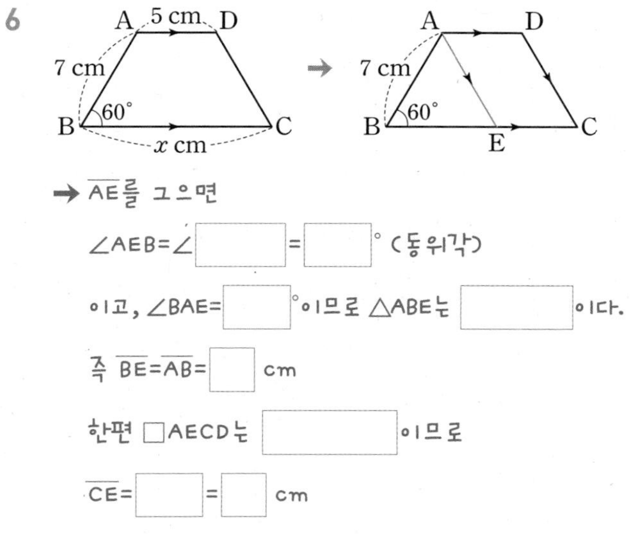

7
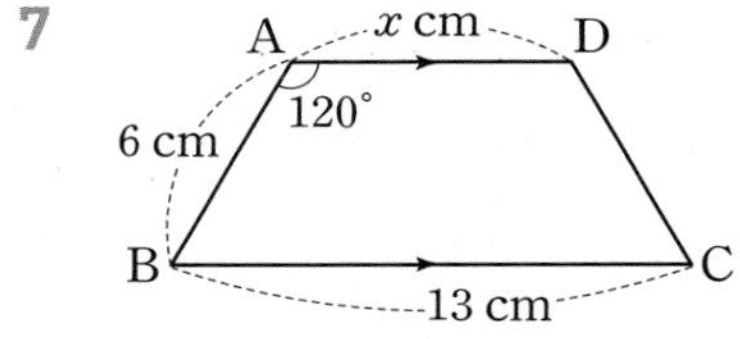

8
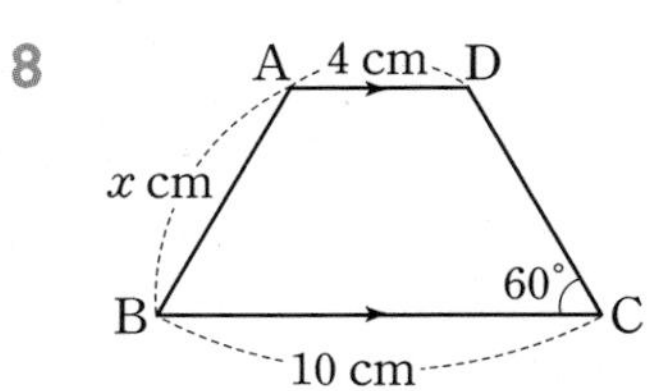

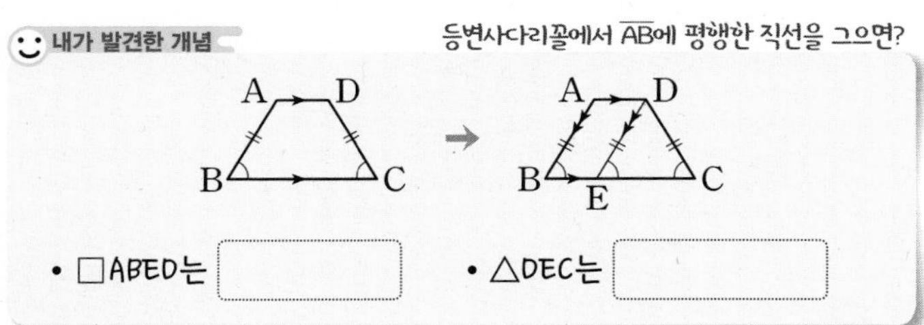

9
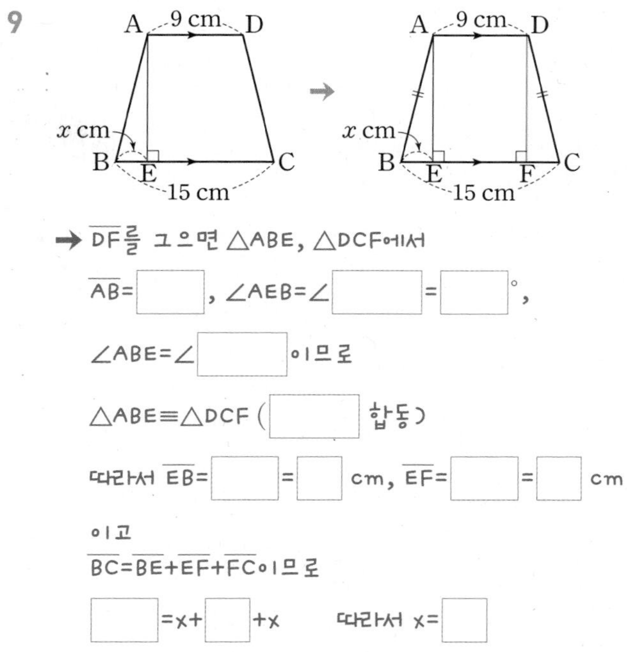

10
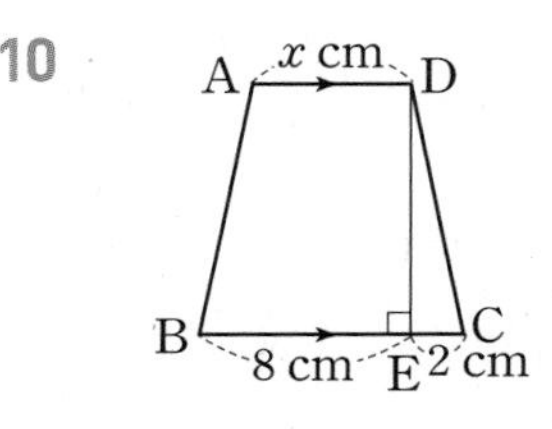

11
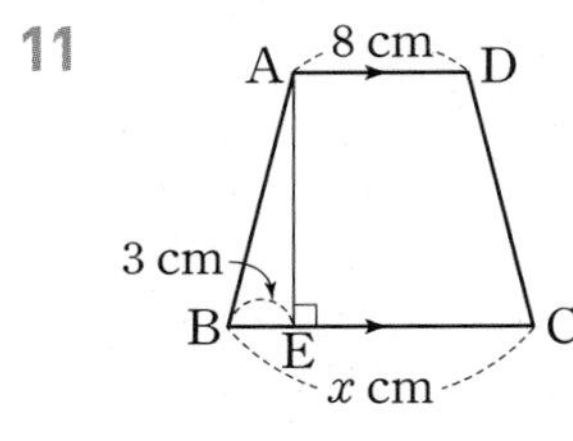

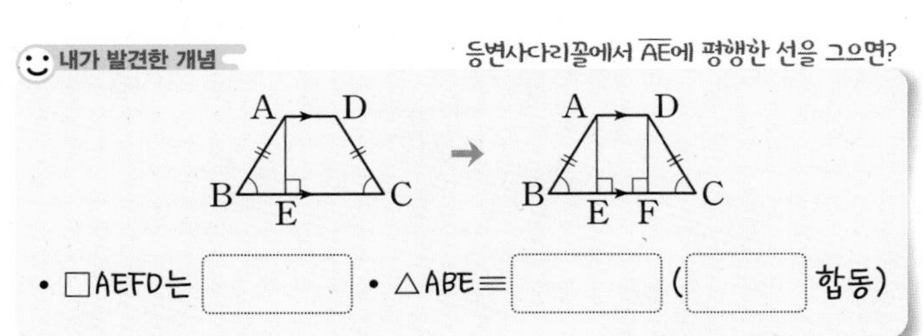

05 조건에 따라 이름이 달라지는!

여러 가지 사각형 사이의 관계

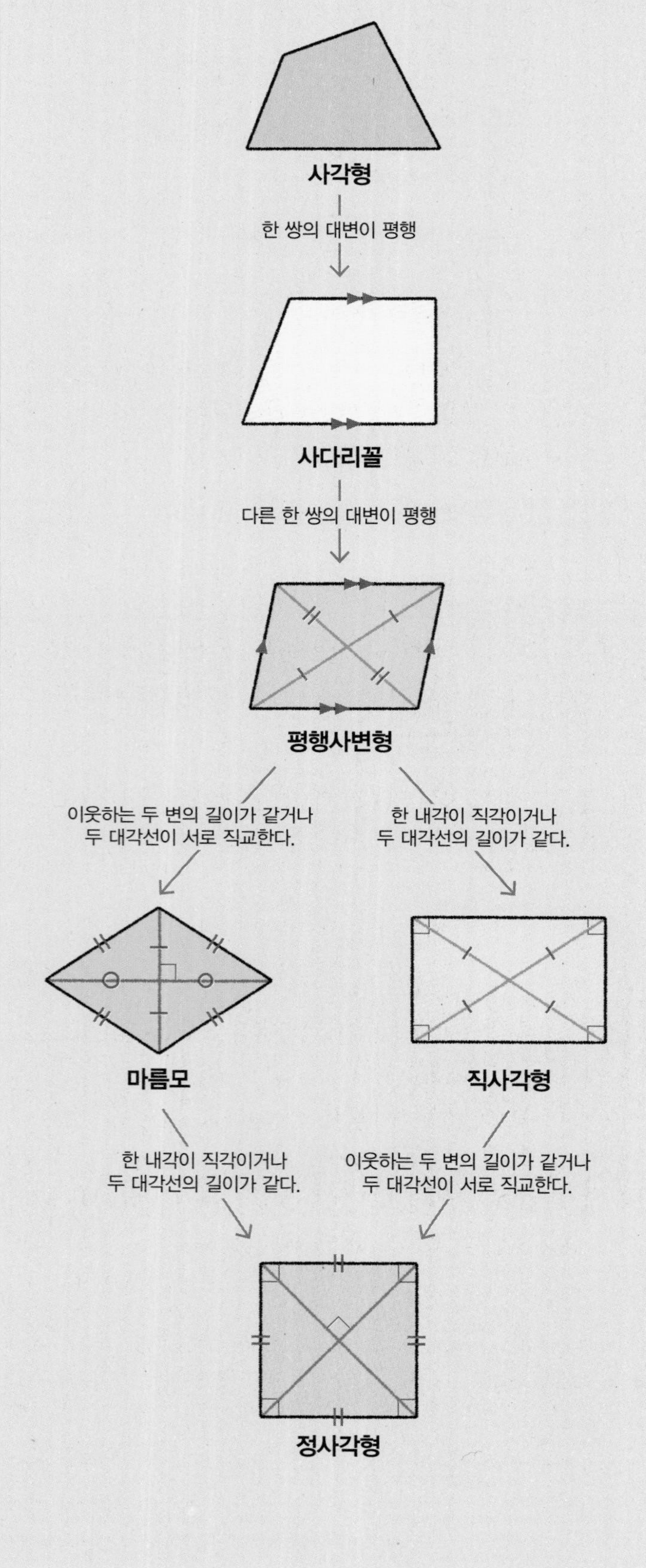

1st 여러 가지 사각형 사이의 관계 이해하기

1 다음은 여러 가지 사각형과 성질을 나타낸 표이다. 각 사각형이 해당 성질을 갖는 사각형인 것은 ○를, 해당 성질을 갖지 않는 사각형인 것은 ×를 빈칸에 써넣으시오.

성질 \ 사각형	평행사변형	직사각형	마름모	정사각형
두 쌍의 대변이 각각 평행하다.	○			
두 쌍의 대변의 길이가 각각 같다.				
두 쌍의 대각의 크기가 각각 같다.				
한 내각이 직각이다.				
두 대각선이 서로 다른 것을 이등분한다.				
두 대각선의 길이가 같다.				
두 대각선은 서로 수직이다.				
이웃하는 두 변의 길이가 같다.				

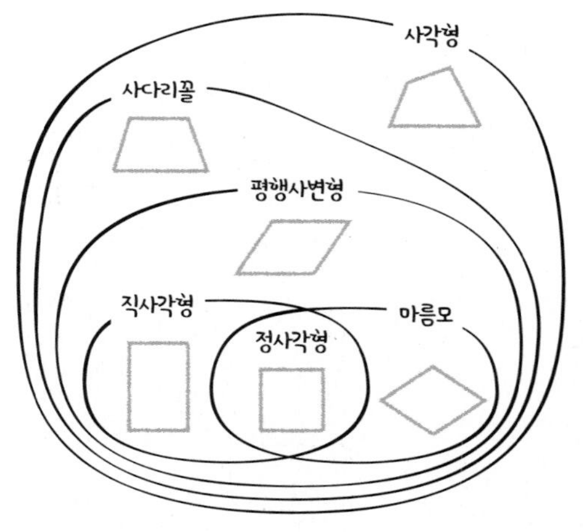

● 다음 성질을 만족시키는 사각형인 것만을 보기에서 있는 대로 고르시오.

보기
ㄱ. 사다리꼴　　ㄴ. 평행사변형
ㄷ. 직사각형　　ㄹ. 마름모
ㅁ. 정사각형　　ㅂ. 등변사다리꼴

2 두 쌍의 대변이 각각 평행하다.

3 두 쌍의 대변의 길이가 각각 같다.

4 두 쌍의 대각의 크기가 각각 같다.

5 네 변의 길이가 모두 같다.

6 네 내각의 크기가 모두 같다.

7 두 대각선이 서로 다른 것을 이등분한다.

8 두 대각선의 길이가 같다.

9 두 대각선은 서로 수직이다.

내가 발견한 개념　　여러 가지 사각형의 대각선의 성질은?

서로 다른 것을 [　　] 한다.
[　　] 가 같다.
[　　] 이다.
[　　] 가 같고
[　　] 이다.

● 여러 가지 사각형에 대한 설명으로 옳은 것은 ○를, 옳지 않은 것은 ×를 (　　) 안에 써넣으시오.

10 등변사다리꼴은 평행사변형이다. (　　)

11 평행사변형은 사다리꼴이다. (　　)

12 직사각형은 평행사변형이다. (　　)

13 직사각형은 마름모이다. (　　)

14 마름모는 평행사변형이다. (　　)

15 정사각형은 평행사변형이다. (　　)

16 정사각형은 직사각형이다. (　　)

17 정사각형은 마름모이다. (　　)

개념모음문제

18 다음 중 **보기**의 사각형에 대한 설명으로 옳은 것은?

보기
ㄱ. 사다리꼴　　ㄴ. 등변사다리꼴
ㄷ. 평행사변형　　ㄹ. 직사각형
ㅁ. 마름모　　ㅂ. 정사각형

① 대변의 길이가 각각 같은 것은 3개이다.
② 대각의 크기가 각각 같은 것은 5개이다.
③ 네 내각의 크기가 모두 같은 것은 3개이다.
④ 두 대각선이 서로 다른 것을 이등분하는 것은 4개이다.
⑤ 두 대각선의 길이가 같은 것은 4개이다.

06 중점을 연결하여 얻어지는 새로운 사각형!

사각형의 각 변의 중점을 연결하여 만든 사각형

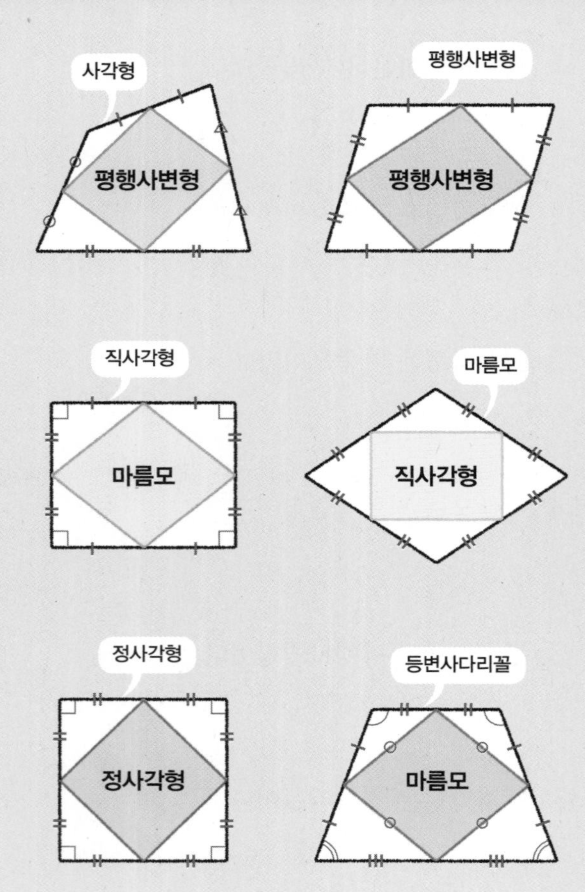

사각형의 각 변의 중점을 연결하면 평행사변형이 되고

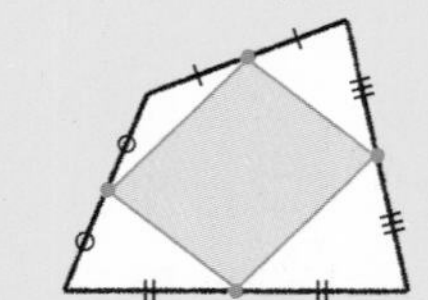

그 평행사변형의 넓이는 사각형의 넓이의 $\frac{1}{2}$이다.

그렇게 되는 이유는 조금 있다 도형의 닮음에서 알게 될 거야!

원리확인 다음 그림과 같은 사각형 ABCD의 각 변의 중점을 E, F, G, H라 할 때, □EFGH는 어떤 사각형인지 보이는 과정이다. □ 안에 알맞은 것을 써넣으시오.

❶ 평행사변형

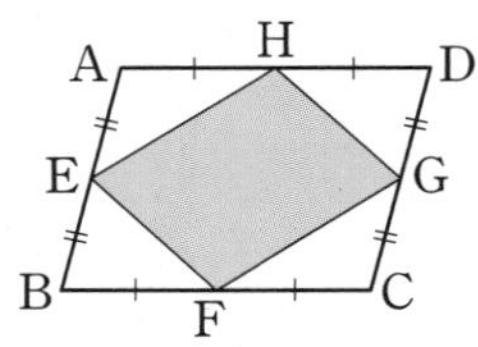

→ △AEH와 △CGF에서

$\overline{AE}$=□, ∠EAH=□, $\overline{AH}$=□

이므로 △AEH≡△CGF (□ 합동)

즉 $\overline{EH}$=□

같은 방법으로 △BEF≡□에서

$\overline{EF}$=□

따라서 두 쌍의 대변의 길이가 각각 같으므로

사각형 EFGH는 □이다.

❷ 직사각형

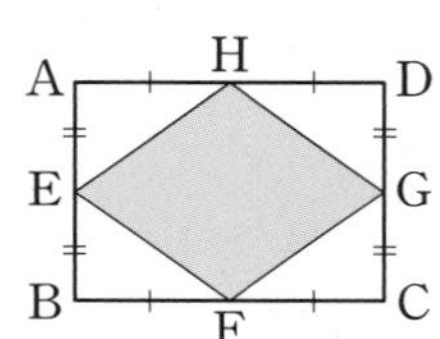

→ △AEH, □, △CGF, □에서

$\overline{AE}$=$\overline{BE}$=□=□,

$\overline{AH}$=□=$\overline{CF}$=□,

∠EAH=□=∠GCF=□

이므로

△AEH≡□≡△CGF≡□

(□ 합동)

즉 $\overline{EH}$=□=□=□

따라서 네 변의 길이가 모두 같으므로

사각형 EFGH는 □이다.

1st 사각형의 각 변의 중점을 연결하여 만든 사각형 이해하기

● 다음 사각형의 각 변의 중점을 연결하여 만든 사각형이 어떤 사각형인지 쓰시오.

1 일반 사각형

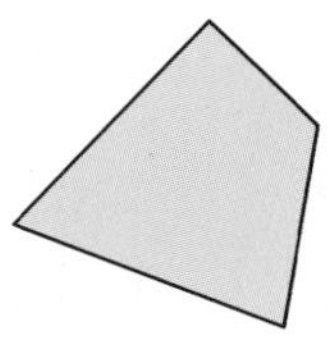

....

2 사다리꼴

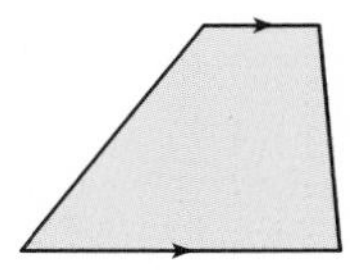

....

3 평행사변형

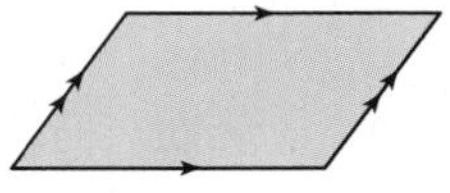

....

4 직사각형

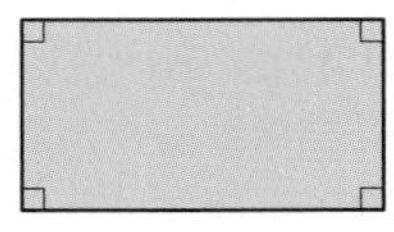

....

5 마름모

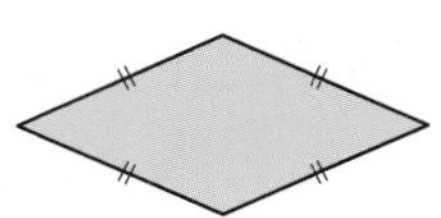

....

6 정사각형

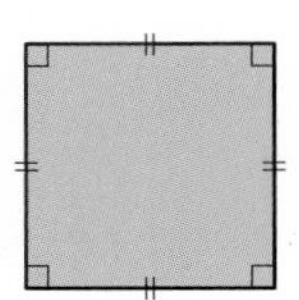

....

7 등변사다리꼴

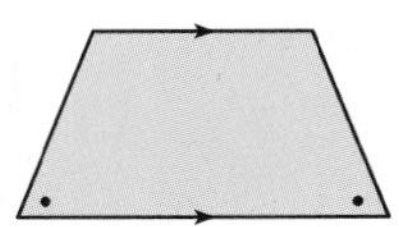

....

● 다음에서 설명하는 사각형이 어떤 사각형인지 ㉠에 써넣고, ㉠의 사각형의 각 변의 중점을 연결하여 만든 사각형이 어떤 사각형인지 ㉡에 써넣으시오.

8 한 쌍의 대변이 평행하고 그 길이가 같은 사각형

㉠: .... ㉡: ....

9 네 내각의 크기가 모두 같은 사각형

㉠: .... ㉡: ....

10 이웃한 두 변의 길이가 서로 같은 평행사변형

㉠: .... ㉡: ....

11 네 변의 길이가 모두 같고, 네 내각의 크기가 모두 같은 사각형

㉠: .... ㉡: ....

12 한 쌍의 대변이 평행한 사각형

㉠: .... ㉡: ....

개념모음문제

13 오른쪽 그림과 같이 마름모 ABCD의 각 변의 중점을 E, F, G, H라 할 때, 다음 중 옳지 않은 것을 모두 고르면? (정답 2개)

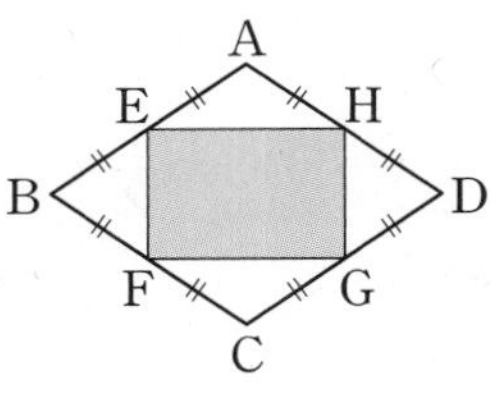

① $\overline{EF}=\overline{FG}$ ② $\overline{EG}=\overline{FH}$

③ $\angle EFG=\angle EHG$ ④ $\angle EFG=\angle FGH$

⑤ $\overline{EG}\perp\overline{FH}$

07 평행선과 삼각형의 넓이

넓이가 같은 삼각형을 찾아봐!

l // m 이면

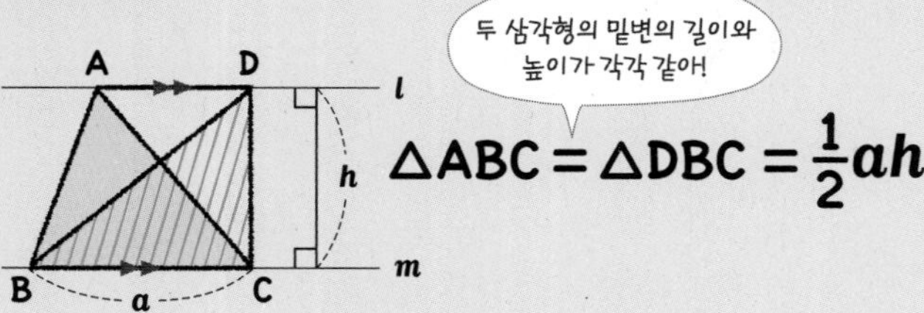

$\triangle ABC = \triangle DBC = \frac{1}{2}ah$

$\overline{AC}$ // $\overline{DE}$ 이면

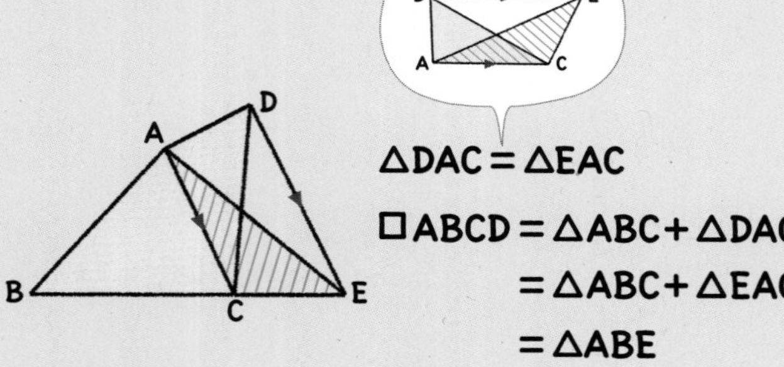

$\triangle DAC = \triangle EAC$

$\square ABCD = \triangle ABC + \triangle DAC$

$= \triangle ABC + \triangle EAC$

$= \triangle ABE$

원리확인 아래 그림에서 l // m일 때, 다음은 $\triangle ABC$의 넓이를 구하는 과정이다. □ 안에 알맞은 것을 써넣으시오.

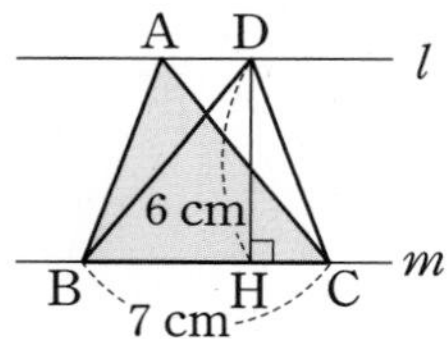

두 삼각형 ABC, DBC의 밑변을 $\overline{BC}$라 하면

높이는 □이므로

$\triangle ABC = \frac{1}{2} \times \overline{BC} \times$ □

$= \frac{1}{2} \times 7 \times$ □

$=$ □ (cm^2)

1st 사다리꼴에서 삼각형의 넓이 구하기

● 다음 그림과 같이 $\overline{AD}$ // $\overline{BC}$인 사다리꼴 ABCD에서 색칠한 삼각형과 넓이가 같은 삼각형을 쓰시오. (단, 점 O는 두 대각선의 교점이다.)

1 ....

2

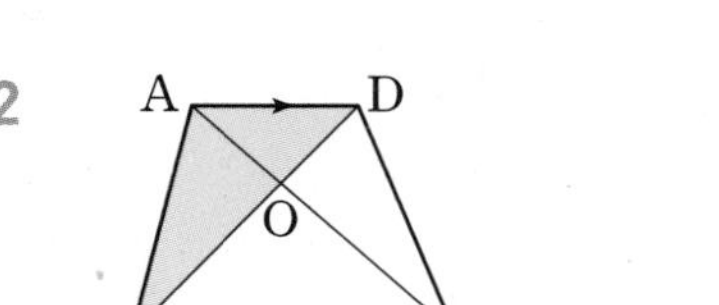

....

3

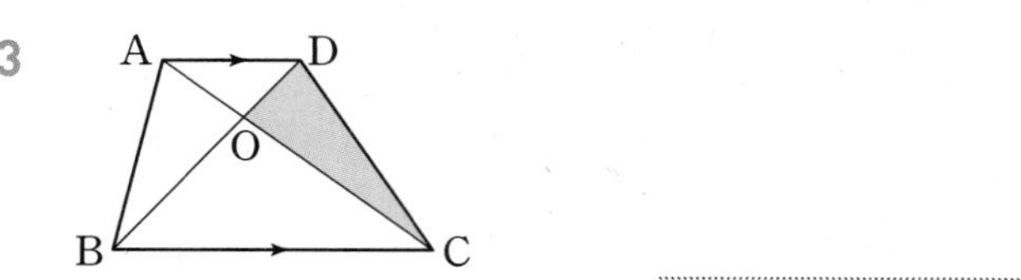

....

● 다음 그림과 같이 $\overline{AD}$ // $\overline{BC}$인 사다리꼴 ABCD가 주어진 조건을 만족시킬 때, 색칠한 부분의 넓이를 구하시오. (단, 점 O는 두 대각선의 교점이다.)

4 $\triangle OBC = 14\ cm^2$, $\triangle OCD = 10\ cm^2$

→ $\triangle ABC = \triangle$ □

$= \triangle OBC + \triangle$ □

$= 14 +$ □ $=$ □ (cm^2)

5

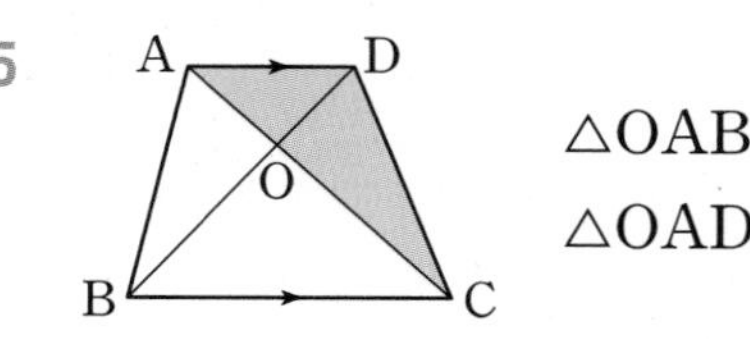

$\triangle OAB = 10\ cm^2$

$\triangle OAD = 6\ cm^2$

6 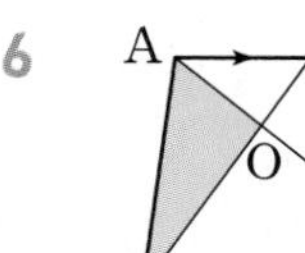
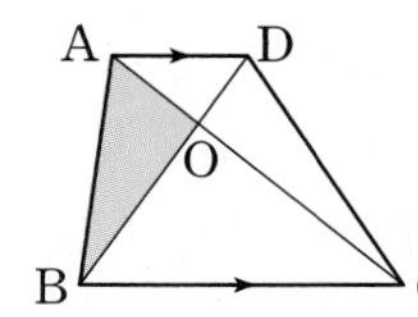

$\triangle ACD=16\text{ cm}^2$
$\triangle OAD=7\text{ cm}^2$

7 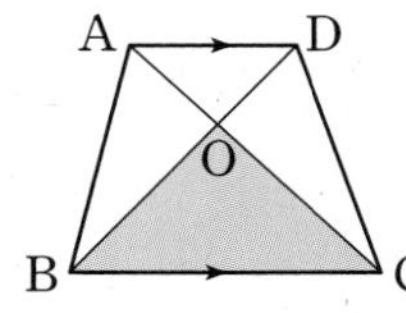

$\triangle DBC=22\text{ cm}^2$
$\triangle OAB=8\text{ cm}^2$

내가 발견한 개념

평행선과 삼각형의 넓이는?

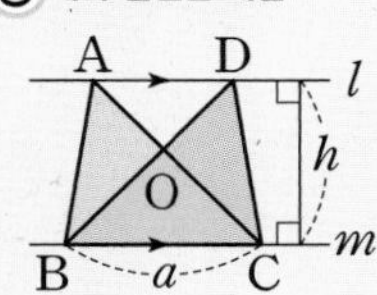

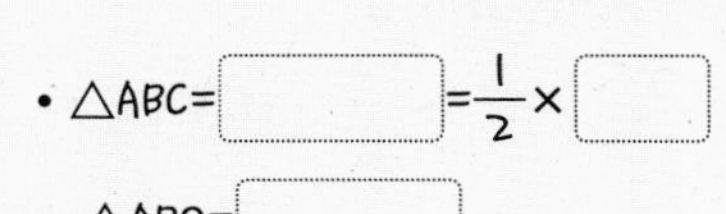

• 다음 그림과 같은 도형이 주어진 조건을 만족시킬 때, 색칠한 부분과 넓이가 같은 도형을 쓰시오.

8 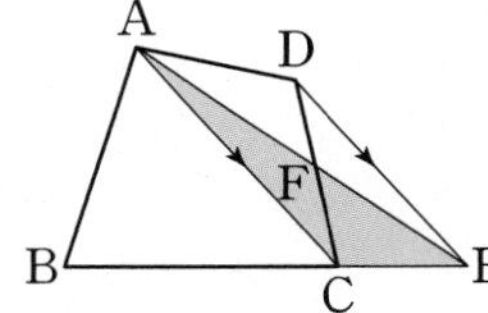

$\overline{AC} /\!/ \overline{DE}$

....

9 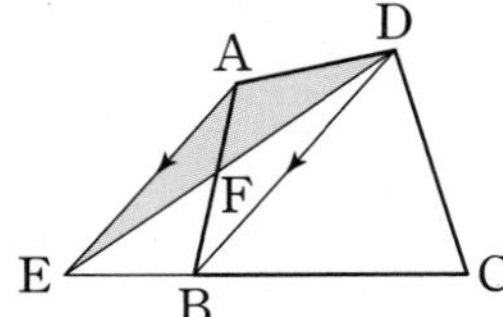

$\overline{AE} /\!/ \overline{DB}$

....

10 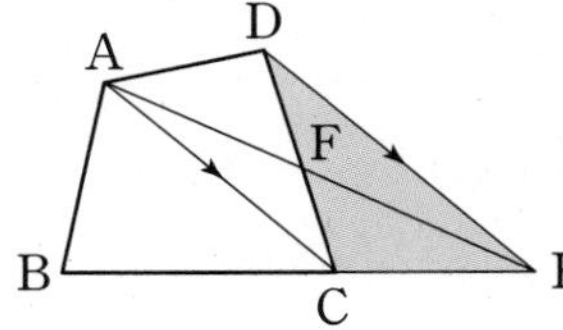

$\overline{AC} /\!/ \overline{DE}$

....

• 다음 그림과 같은 도형이 주어진 조건을 만족시킬 때, 색칠한 부분의 넓이를 구하시오.

11 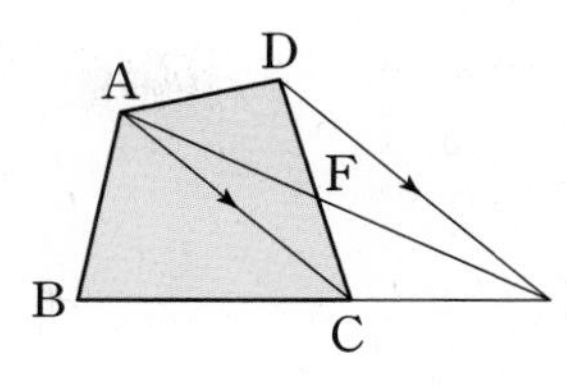

$\overline{AC} /\!/ \overline{DE}$
$\triangle ABC=12\text{ cm}^2$
$\triangle ACE=8\text{ cm}^2$

=△ABC+△ □

= □ +8= □ (cm²)

12 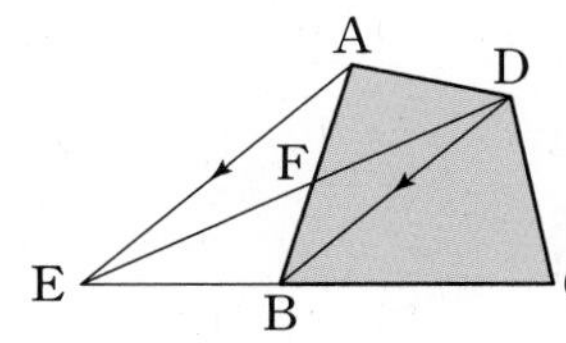

$\overline{AE} /\!/ \overline{DB}$
$\triangle DEB=11\text{ cm}^2$
$\triangle BCD=13\text{ cm}^2$

13 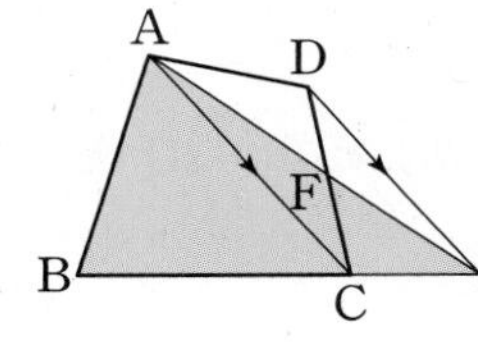

$\overline{AC} /\!/ \overline{DE}$
$\triangle ABC=15\text{ cm}^2$
$\triangle ACD=7\text{ cm}^2$

14 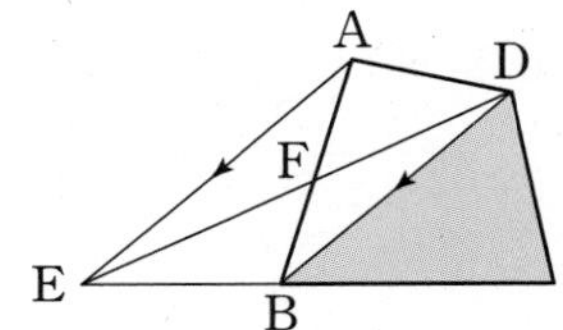

$\overline{AE} /\!/ \overline{DB}$
$\square ABCD=26\text{ cm}^2$
$\triangle DEB=9\text{ cm}^2$

내가 발견한 개념

평행선의 성질을 이용해!

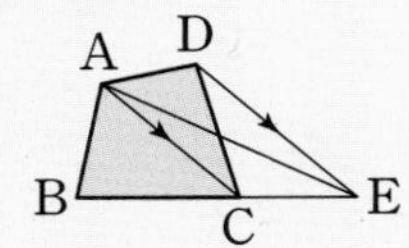

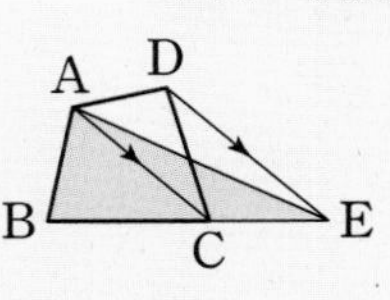

• □ABCD=△ABC+△ACD=△ABC+ □ = □

08 넓이가 같은 삼각형을 찾아봐!

높이가 같은 삼각형의 넓이의 비

❶ △ABC와 △ACD에서 $\overline{BC}:\overline{CD}=m:n$ 이면

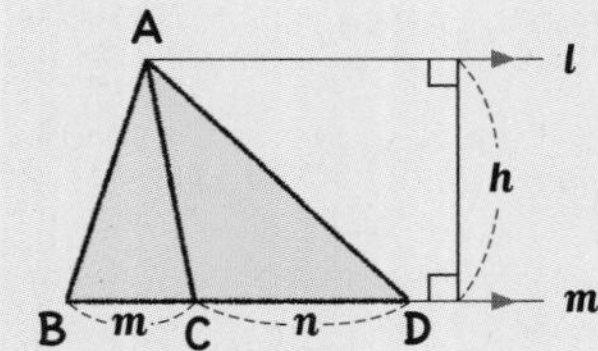

$\triangle ABC : \triangle ACD = m : n$

$\frac{1}{2}mh$ $\frac{1}{2}nh$

높이가 같은 두 삼각형의 넓이의 비는 밑변의 길이의 비와 같아!

❷ □ABCD에서 $\overline{AD} /\!/ \overline{BC}$ 일 때

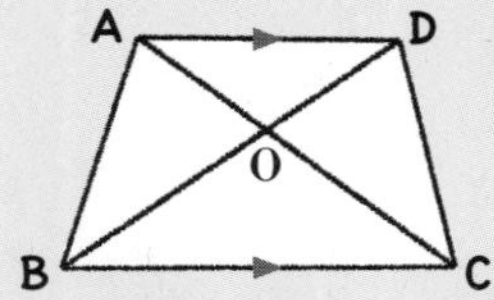

• 넓이가 같은 삼각형

$\triangle ABC = \triangle DBC$, $\triangle ABD = \triangle ACD$, $\triangle OAB = \triangle OCD$

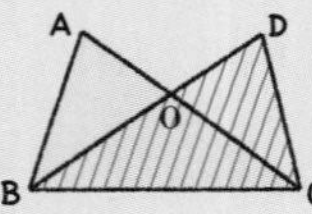
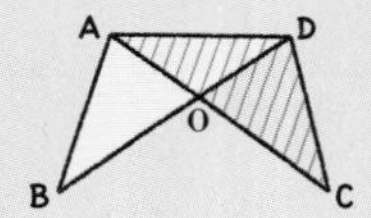
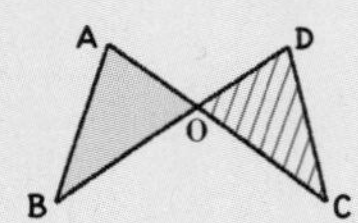

• 두 삼각형의 넓이의 비

$\triangle ABO : \triangle AOD = \triangle BCO : \triangle CDO = m : n$

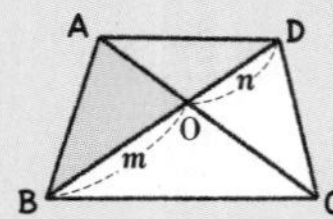
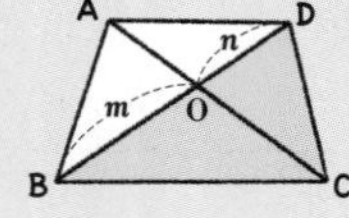

1st — 삼각형의 넓이의 비를 이용하여 색칠한 부분의 넓이 구하기

• 다음 그림과 같은 △ABC가 주어진 조건을 만족시킬 때, 색칠한 부분의 넓이를 구하시오.

1

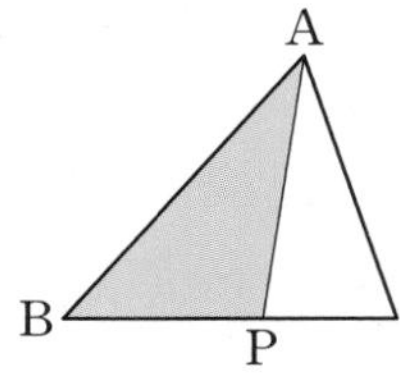

$\triangle ABC = 25\text{ cm}^2$
$\overline{BP} : \overline{CP} = 3 : 2$

→ $\triangle ABP = \frac{\square}{3+2} \times \triangle ABC$

$= \frac{\square}{5} \times 25 = \square\ (\text{cm}^2)$

2

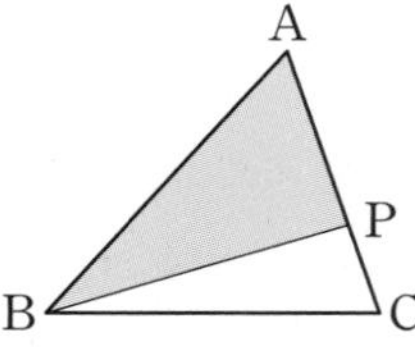

$\triangle ABC = 24\text{ cm}^2$
$\overline{AP} : \overline{CP} = 2 : 1$

3

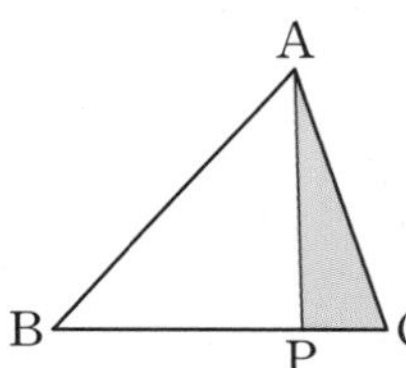

$\triangle ABC = 20\text{ cm}^2$
$\overline{BP} : \overline{CP} = 3 : 1$

4

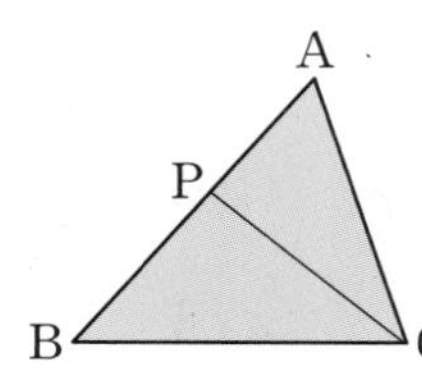

$\triangle PBC = 12\text{ cm}^2$
$\overline{AP} : \overline{BP} = 3 : 4$

5

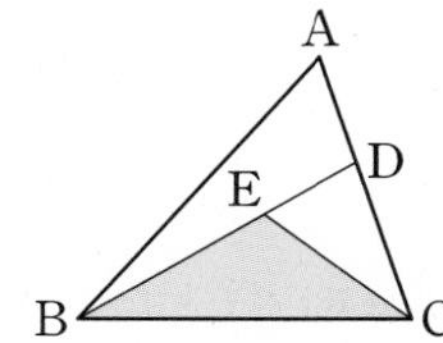

$\triangle ABC = 15\text{ cm}^2$
$\overline{AD} : \overline{CD} = 2 : 3$
$\overline{BE} : \overline{DE} = 2 : 1$

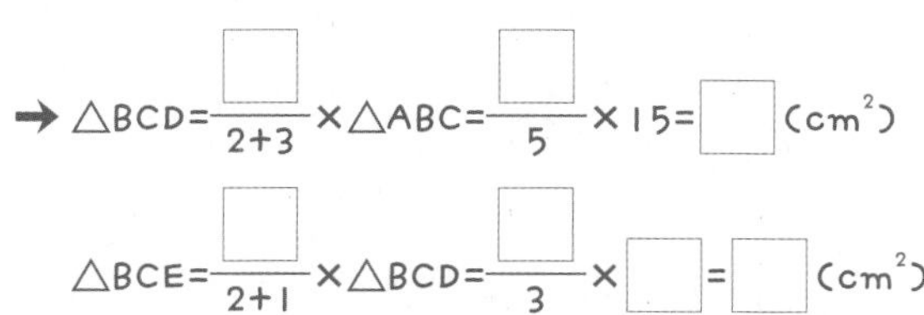

6

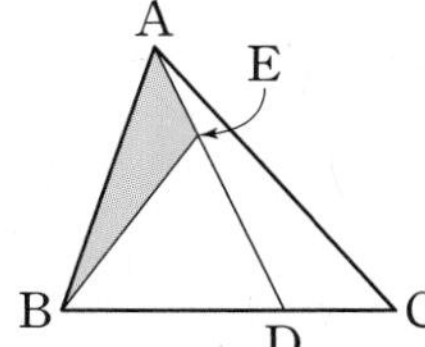

$\triangle ABC = 45\text{ cm}^2$
$\overline{BD} : \overline{CD} = 2 : 1$
$\overline{AE} : \overline{DE} = 1 : 2$

내가 발견한 개념 삼각형의 넓이의 비는?

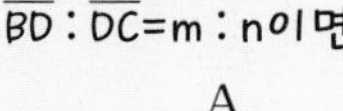

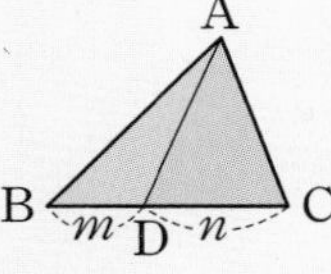

• △ABD : △ADC=□ : □

개념모음문제

7 오른쪽 그림과 같은 삼각형 ABC의 넓이는 30 cm^2이다. $\overline{AQ} : \overline{CQ} = 3 : 2$, $\overline{BP} : \overline{CP} = 1 : 2$, $\overline{AR} : \overline{PR} = 1 : 1$일 때, 다음 중 옳은 것은?

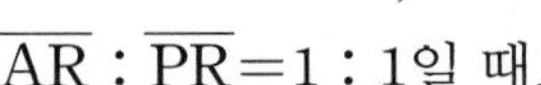

① $\triangle ABP = 20\text{ cm}^2$
② $\triangle APC = 15\text{ cm}^2$
③ $\triangle ABR = 12\text{ cm}^2$
④ $\triangle APQ = 12\text{ cm}^2$
⑤ $\triangle PQC = 12\text{ cm}^2$

2nd 사각형에서 삼각형의 넓이의 비를 이용하여 색칠한 부분의 넓이 구하기

● 다음 그림과 같이 $\overline{AD} /\!/ \overline{BC}$인 사다리꼴 ABCD가 주어진 조건을 만족시킬 때, 색칠한 부분의 넓이를 구하시오.
(단, O는 두 대각선의 교점이다.)

8

$\triangle ABO = 15\text{ cm}^2$
$\overline{AO} : \overline{OC} = 1 : 2$

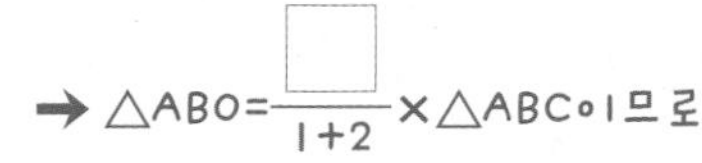

9

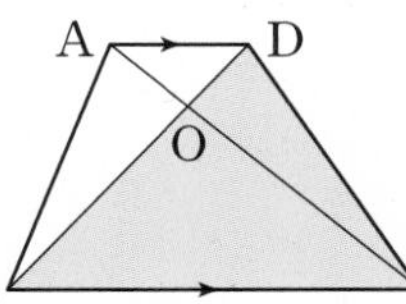

$\triangle OCD = 6\text{ cm}^2$
$\overline{BO} : \overline{OD} = 3 : 1$

10

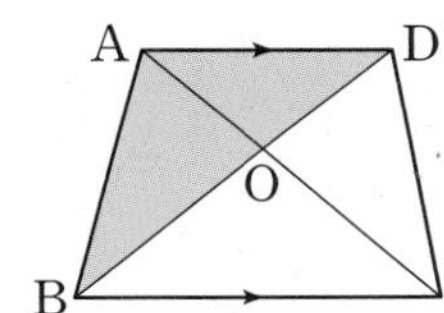

$\triangle OCD = 15\text{ cm}^2$
$\overline{BO} : \overline{OD} = 3 : 2$

11

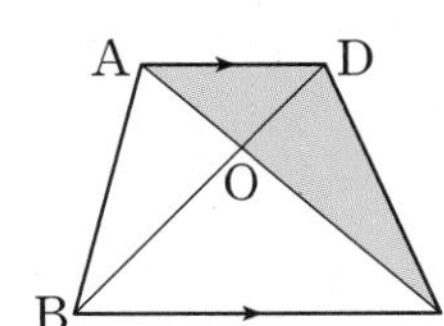

$\triangle OAB = 12\text{ cm}^2$
$\overline{AO} : \overline{OC} = 1 : 2$

12

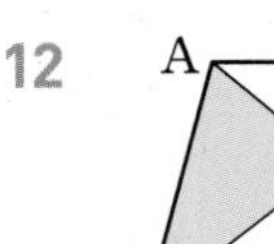

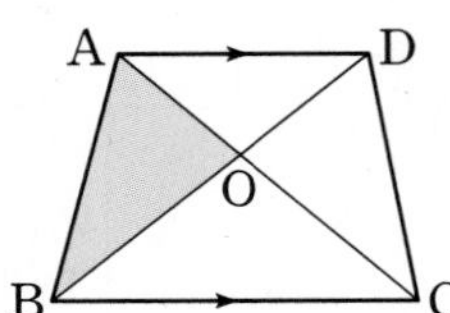

$\triangle ACD = 24\ cm^2$
$\overline{BO} : \overline{OD} = 5 : 3$

13

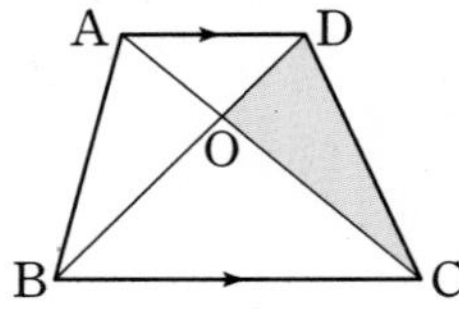

$\triangle ABD = 36\ cm^2$
$\overline{AO} : \overline{OC} = 1 : 2$

14

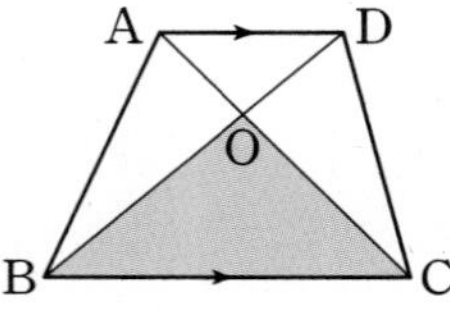

$\triangle OAB = 10\ cm^2$
$\overline{BO} : \overline{OD} = 2 : 1$

15

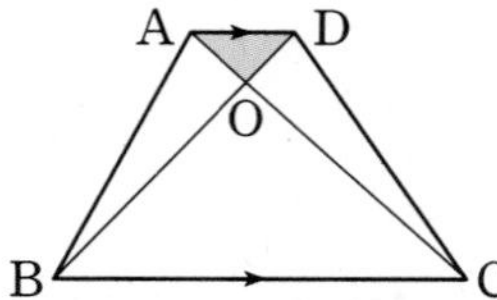

$\triangle OCD = 36\ cm^2$
$\overline{BO} : \overline{OD} = 4 : 1$

● **다음 그림과 같은 평행사변형 ABCD가 주어진 조건을 만족시킬 때, 색칠한 부분의 넓이를 구하시오.**

16

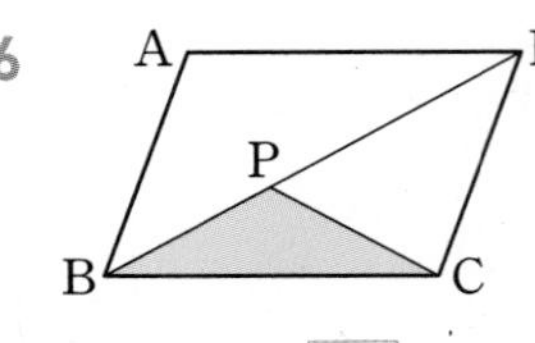

$\square ABCD = 50\ cm^2$
$\overline{BP} : \overline{DP} = 2 : 3$

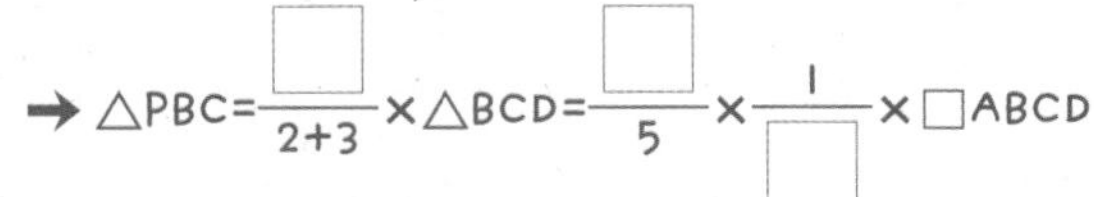

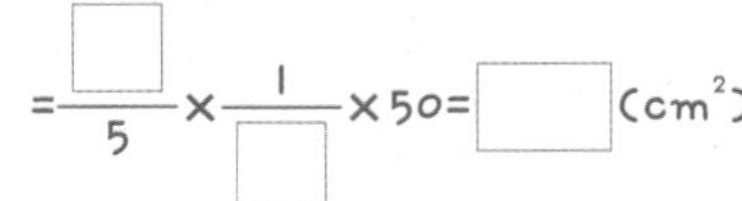

17

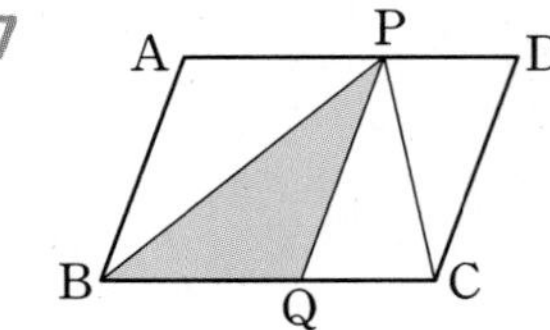

$\square ABCD = 40\ cm^2$
$\overline{BQ} : \overline{CQ} = 3 : 2$

내가 발견한 개념 평행선의 성질을 이용해!

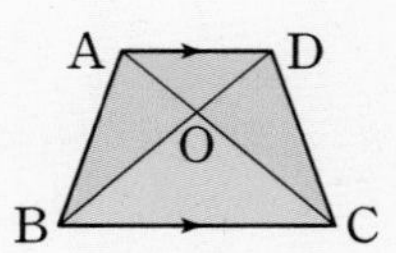

- △OAB= ☐
- △OAB : △OBC=△OAD : ☐ $=\overline{OA}$: ☐
- △OAD : △OAB=△OCD : ☐ $=\overline{OD}$: ☐

개념모음문제

18 오른쪽 그림과 같은 평행사변형 ABCD에서 변 AD 위의 한 점 P에 대하여 $\overline{AP} : \overline{DP} = 3 : 1$이고 △ABP의 넓이가 $15\ cm^2$일 때, □ABCD의 넓이는?

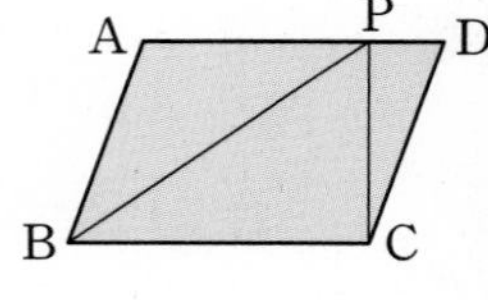

① $25\ cm^2$　② $30\ cm^2$　③ $35\ cm^2$
④ $40\ cm^2$　⑤ $45\ cm^2$

TEST 4. 여러 가지 사각형

1 다음 중 오른쪽 그림과 같은 평행사변형 ABCD가 직사각형이 되도록 하는 조건은?

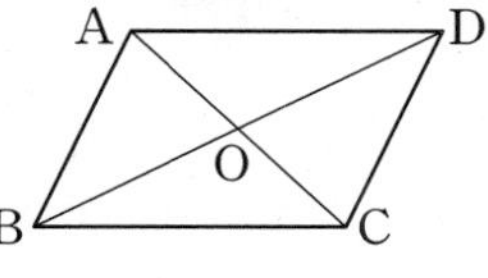

① $\overline{AB}=\overline{CD}$　　② $\overline{AB}=\overline{AD}$
③ $\angle ABC=90°$　　④ $\angle COD=90°$
⑤ $\overline{OA}=\overline{OC}$

2 오른쪽 그림과 같은 평행사변형 ABCD에서 대각선 AC가 ∠A의 이등분선일 때, □ABCD는 어떤 사각형인가?

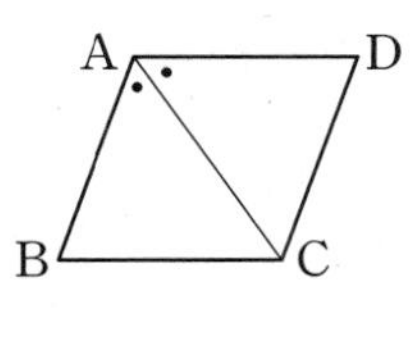

① 평행사변형　　② 직사각형
③ 마름모　　④ 정사각형
⑤ 등변사다리꼴

3 사각형에 대한 다음 설명 중 옳은 것은?

① 두 대각선의 길이가 같은 마름모는 직사각형이다.
② 이웃하는 두 변의 길이가 같은 직사각형은 등변사다리꼴이다.
③ 한 내각의 크기가 90°인 평행사변형은 정사각형이다.
④ 두 대각선이 직교하는 직사각형은 정사각형이다.
⑤ 이웃하는 두 내각의 크기가 같은 마름모는 직사각형이다.

4 오른쪽 그림과 같은 사각형 ABCD에서 $\overline{AC}\,/\!/\,\overline{DE}$일 때, 옳은 것만을 **보기**에서 있는 대로 고른 것은?

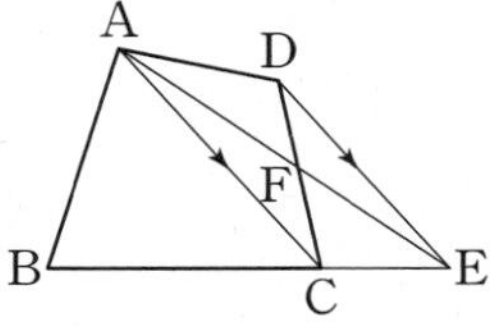

보기
ㄱ. △ACD=△ACE
ㄴ. △ACD=△AED
ㄷ. △ABE=□ABCD

① ㄱ　　② ㄷ　　③ ㄱ, ㄴ
④ ㄱ, ㄷ　　⑤ ㄱ, ㄴ, ㄷ

5 오른쪽 그림과 같은 삼각형 ABC에서
$\overline{AE}:\overline{CE}=2:1$,
$\overline{BD}:\overline{CD}=1:3$이고
△ABD$=6\text{ cm}^2$일 때, △ADE의 넓이를 구하시오.

6 오른쪽 그림과 같은 평행사변형 ABCD에서 변 AD 위의 점 E에 대하여

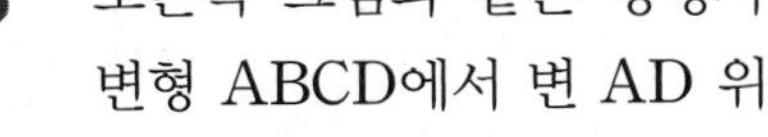

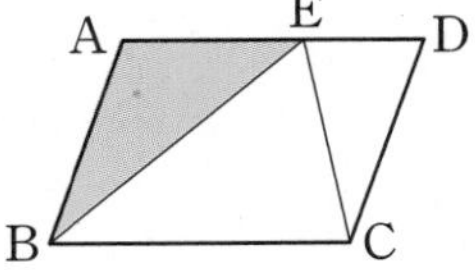

$\overline{AE}:\overline{DE}=3:2$이고
□ABCD$=60\text{ cm}^2$일 때, △ABE의 넓이를 구하시오.

대단원

TEST Ⅱ. 사각형의 성질

1 오른쪽 그림의 평행사변형 ABCD에서 두 대각선의 교점을 O라 할 때, 다음 중 옳지 않은 것은?

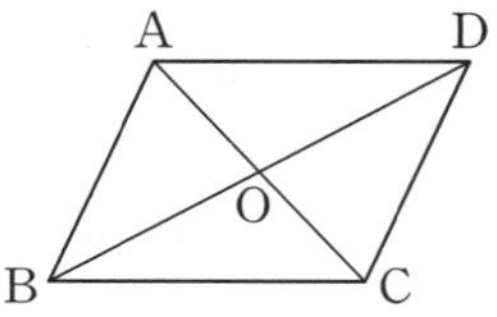

① $\overline{AD}=\overline{BC}$
② $\angle BAD+\angle ABC=180°$
③ $\overline{OA}=\overline{OC}$
④ $\angle ABD=\angle DBC$
⑤ $\triangle OAB\equiv\triangle OCD$

2 오른쪽 그림과 같은 평행사변형 ABCD에서 $x-y$의 값은?

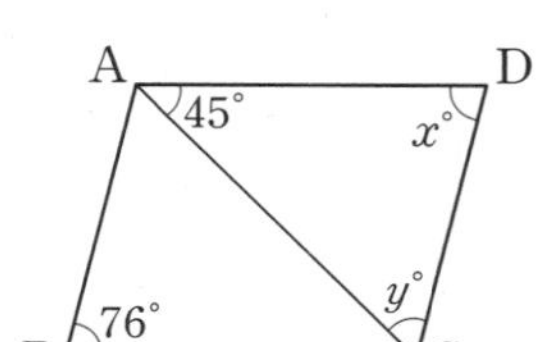

① 16　　② 17
③ 18　　④ 19
⑤ 20

3 오른쪽 그림과 같은 평행사변형 ABCD에서 ∠B와 ∠D의 이등분선이 각각 $\overline{AD}$, $\overline{BC}$와 만나는 점을 E, F라 하자. $\overline{AB}=6$ cm, $\overline{BC}=10$ cm일 때, $\overline{BF}$의 길이를 구하시오.

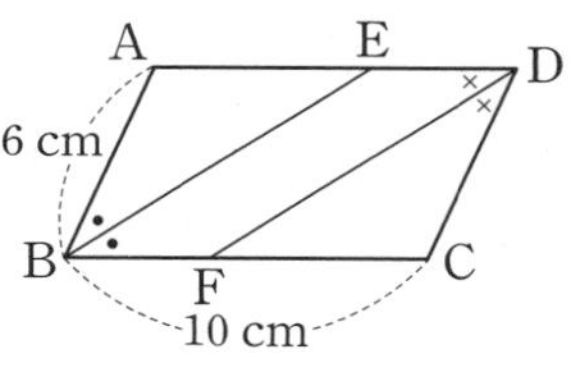

4 다음 조건을 만족하는 사각형 ABCD가 평행사변형이 아닌 것은?

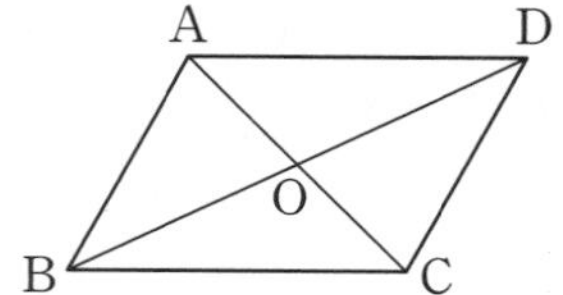

① $\overline{AB}=\overline{CD}$, $\overline{BC}=\overline{AD}$
② $\overline{AB}/\!/\overline{CD}$, $\overline{BC}/\!/\overline{AD}$
③ $\angle A=\angle C$, $\angle B=\angle D$
④ $\overline{OA}=\overline{OC}$, $\overline{OB}=\overline{OD}$
⑤ $\overline{AD}/\!/\overline{BC}$, $\overline{AB}=\overline{CD}$

5 오른쪽 그림과 같은 평행사변형 ABCD에서 두 대각선의 교점을 O라 하고, 두 변 BC, CD의 연장선 위에 $\overline{BC}=\overline{CE}$, $\overline{DC}=\overline{CF}$가 되는 두 점 E, F를 잡았다. △OAB의 넓이가 6 cm²일 때, 사각형 BFED의 넓이를 구하시오.

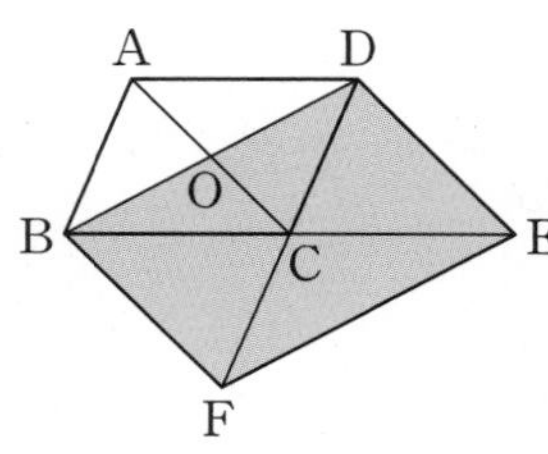

6 오른쪽 그림과 같은 직사각형 ABCD에서 $y-x$의 값은?

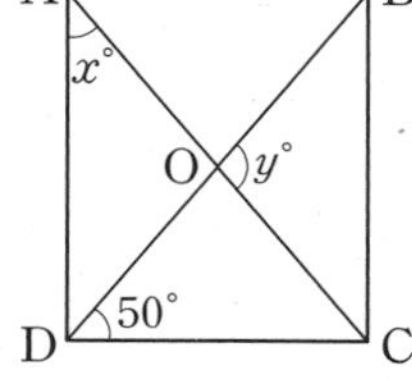

① 50　　② 60
③ 70　　④ 80
⑤ 90

7 다음 중 오른쪽 그림과 같은 평행사변형 ABCD가 마름모가 되도록 하는 조건인 것을 모두 고르면? (정답 2개)

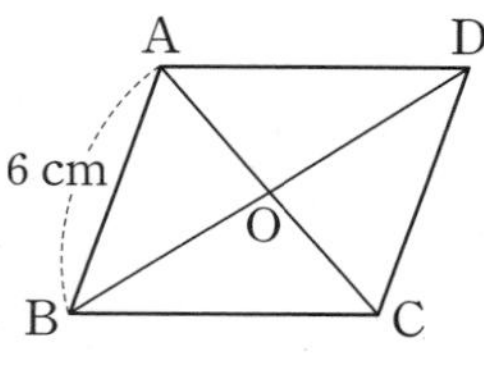

① $\overline{AD}=6$ cm　　② $\overline{AC}=\overline{BD}$
③ $\angle BAD=\angle ABC$　　④ $\overline{AC}\perp\overline{BD}$
⑤ $\overline{OA}=\overline{OC}$

8 다음 중 오른쪽 그림과 같은 직사각형 ABCD가 정사각형이 되기 위한 조건으로 옳은 것은?

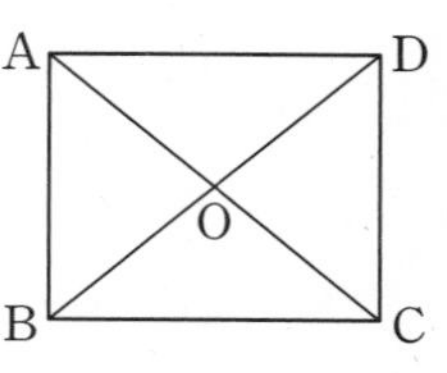

① $\overline{AB}=\overline{CD}$　　② $\overline{AC}=\overline{BD}$
③ $\overline{OA}=\overline{OB}$　　④ $\angle AOB+\angle COD=180°$
⑤ $\angle OAB=\angle OBA$

9 오른쪽 그림과 같이 $\overline{AD}/\!/\overline{BC}$인 등변사다리꼴 ABCD에서 $\angle B=56^\circ$, $\angle DAC=28^\circ$, $\overline{AB}=7$ cm, $\overline{BC}=16$ cm일 때, $\overline{AD}$의 길이는?

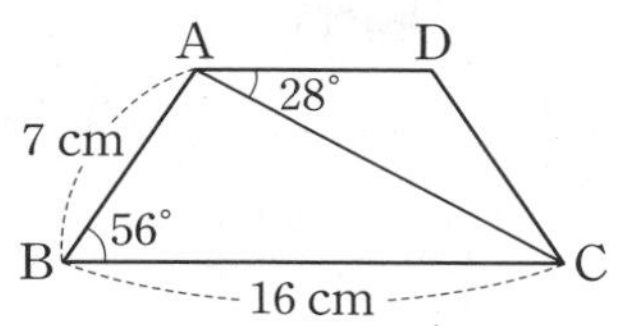

① 6 cm ② 7 cm ③ 8 cm
④ 9 cm ⑤ 10 cm

10 다음 중 옳지 않은 것은?

① 직사각형은 사다리꼴이다.
② 정사각형은 마름모이면서 직사각형이다.
③ 직사각형은 두 대각선의 길이가 같은 평행사변형이다.
④ 등변사다리꼴의 두 대각선의 길이는 같다.
⑤ 두 대각선이 서로 수직인 사각형은 마름모이다.

11 오른쪽 그림과 같은 직사각형 ABCD의 각 변의 중점을 연결하여 만든 □EFGH에 대하여 다음 중 옳지 않은 것은?

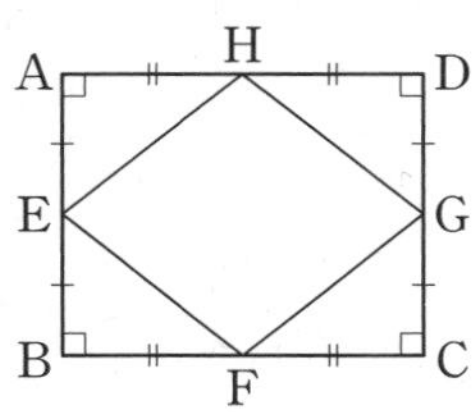

① $\overline{EF}=\overline{EH}$
② $\overline{EG}=\overline{HF}$
③ $\overline{EG}\perp\overline{HF}$
④ $\angle EFG+\angle FGH=180^\circ$
⑤ $\overline{EF}=\overline{GH}$

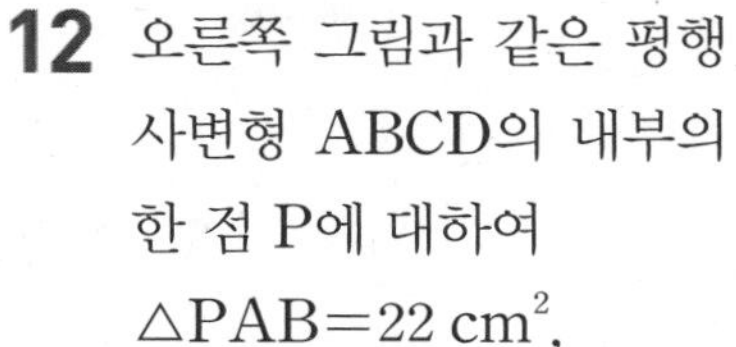

12 오른쪽 그림과 같은 평행사변형 ABCD의 내부의 한 점 P에 대하여 $\triangle PAB=22\text{ cm}^2$, $\triangle PBC=23\text{ cm}^2$, $\triangle PCD=26\text{ cm}^2$일 때, $\triangle PDA$의 넓이를 구하시오.

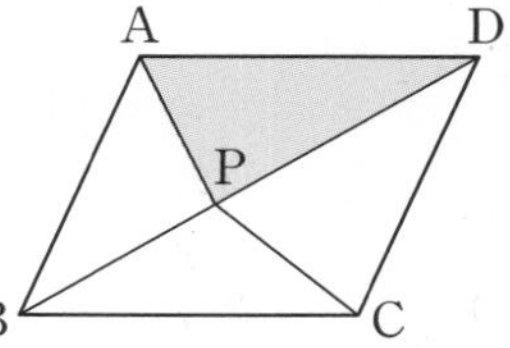

13 오른쪽 그림과 같은 정사각형 ABCD에서 $\overline{AB}=\overline{BP}$, $\overline{CD}=\overline{CP}$일 때, $\angle APD$의 크기는?

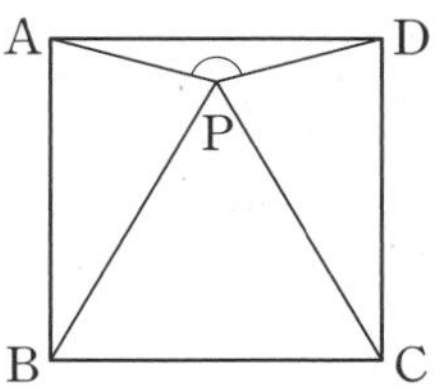

① 110° ② 120° ③ 130°
④ 140° ⑤ 150°

14 오른쪽 그림과 같은 평행사변형 ABCD에서 $\overline{BD}/\!/\overline{EF}$이고, $\square ABCD=50\text{ cm}^2$, $\triangle AFD=10\text{ cm}^2$일 때, $\triangle CDE$의 넓이는?

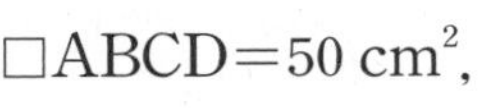

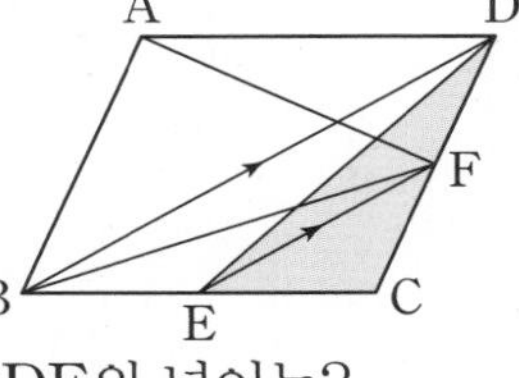

① 5 cm^2 ② 10 cm^2 ③ 15 cm^2
④ 20 cm^2 ⑤ 25 cm^2

평면도형의 길이의 속성!

도형의 닮음과 피타고라스 정리

5

비율이 일정한, 도형의 닮음

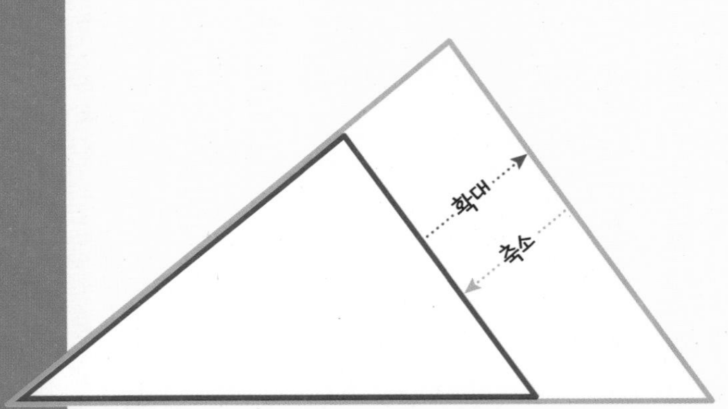

확대 또는 축소하면 같아지는!

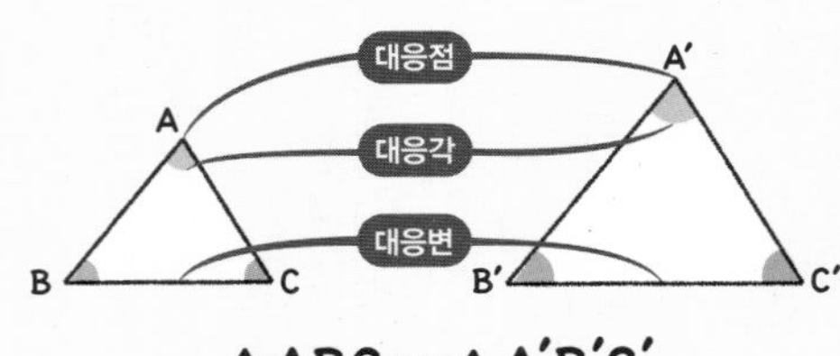

$\triangle ABC \backsim \triangle A'B'C'$

두 도형은 서로 닮음인 관계에 있다.

01 닮은 도형

한 도형을 일정한 비율로 확대 또는 축소한 것이 다른 도형과 합동이 될 때, 이 두 도형은 서로 닮음인 관계에 있다 해. 또한 서로 닮음인 관계에 있는 두 도형을 닮은 도형이라 하고, 기호 ∽를 사용해. 이때 두 도형이 닮음인 것을 나타낼 때 꼭짓점은 대응하는 순서대로 쓰는 것에 주의해야 해!

확대 또는 축소하면 같아지는!

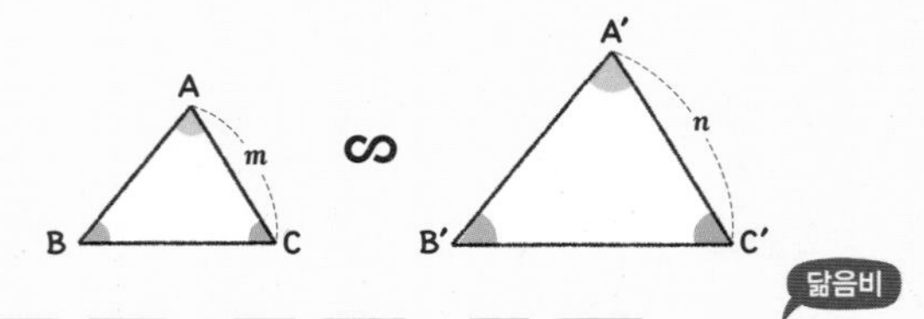

$\overline{AB}:\overline{A'B'}=\overline{BC}:\overline{B'C'}=\overline{AC}:\overline{A'C'}=m:n$

$\angle A=\angle A', \angle B=\angle B', \angle C=\angle C'$

02 평면도형에서의 닮음의 성질

닮은 두 도형에서 대응하는 변의 길이의 비를 닮음비라 하고, 일반적으로 가장 간단한 자연수의 비로 나타내. 닮은 두 평면도형에서의 닮음비는 대응하는 변의 길이의 비로 볼 수 있어. 이때 대응변의 길이의 비는 일정하고 대응각의 크기는 각각 같아.

확대 또는 축소하면 같아지는!

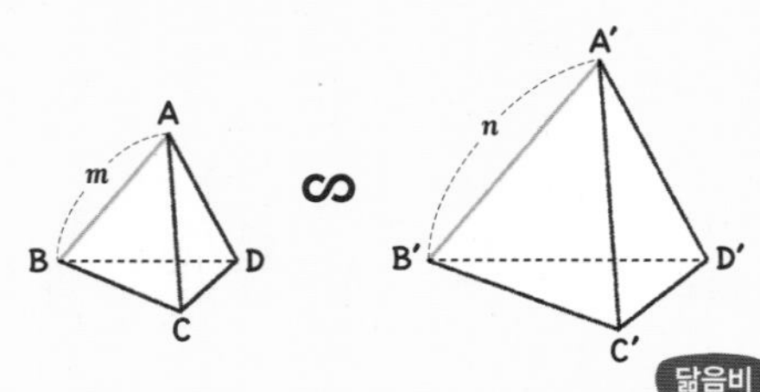

$\overline{AB}:\overline{A'B'}=\overline{BC}:\overline{B'C'}=\cdots=m:n$

03 입체도형에서의 닮음의 성질

한 입체도형을 일정한 비율로 확대 또는 축소한 것이 다른 입체도형과 모양과 크기가 같아질 때, 이 두 입체도형은 서로 닮음인 관계에 있다 하고, 두 입체도형을 닮은 도형이라 해. 이때 닮음비는 대응하는 모서리의 길이의 비이고, 대응하는 면은 닮은 도형이야!

04 삼각형의 닮음 조건

다음 각 조건을 만족시킬 때 두 삼각형은 서로 닮음이야!

① 세 쌍의 대응변의 길이의 비가 같다. (SSS 닮음)

② 두 쌍의 대응변의 길이의 비가 같고, 그 끼인각의 크기가 같다. (SAS 닮음)

③ 두 쌍의 대응하는 각의 크기가 각각 같다. (AA 닮음)

삼각형의 합동 조건과 비슷하지? 헷갈릴 수 있으니 다시 한 번 정리해 봐!

확대 또는 축소하면 같아지는!

❶ 세 쌍의 대응변의 길이의 비가 같을 때(SSS 닮음)

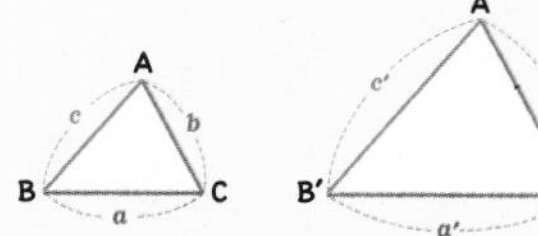

$a : a' = b : b' = c : c'$

❷ 두 쌍의 대응변의 길이의 비가 같고, 그 끼인각의 크기가 같을 때(SAS 닮음)

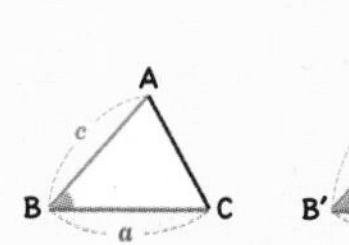
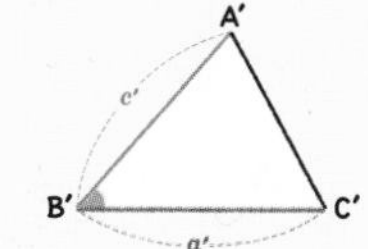

$a : a' = c : c'$, $\angle B = \angle B'$

❸ 두 쌍의 대응각의 크기가 각각 같을 때(AA 닮음)

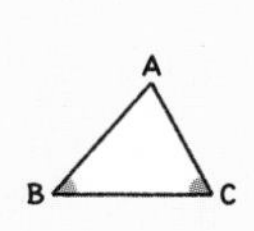
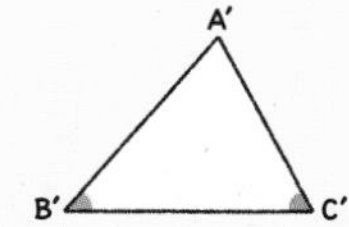

$\angle B = \angle B'$, $\angle C = \angle C'$

05 삼각형의 닮음 조건의 응용

삼각형의 닮음을 이용하여 겹쳐진 두 삼각형의 변의 길이를 구해 볼 거야. 이때 닮음인 두 삼각형을 먼저 찾는 게 핵심이야!

확대 또는 축소하면 같아지는!

❶ SAS 닮음의 응용

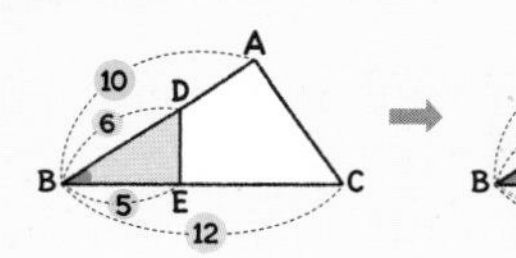
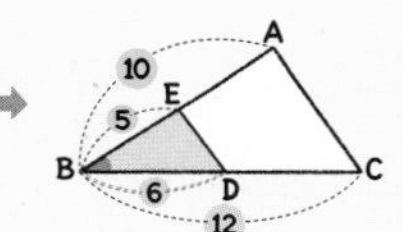

$\overline{BA} : \overline{BE} = \overline{BC} : \overline{BD} = 2 : 1$, $\angle B$는 공통

$\triangle ABC \backsim \triangle EBD$

❷ AA 닮음의 응용

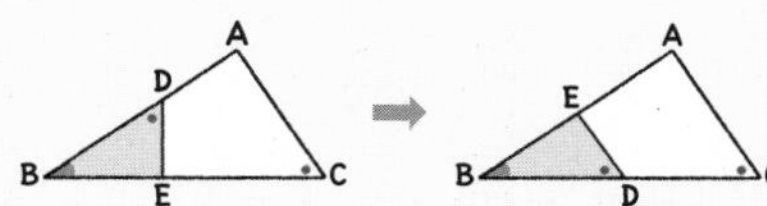

$\angle B$는 공통, $\angle C = \angle EDB$

$\triangle ABC \backsim \triangle EBD$

06 직각삼각형의 닮음

겹쳐진 두 직각삼각형이 주어졌을 때 삼각형의 변의 길이 또는 삼각형의 넓이를 유용하게 구할 수 있는 공식을 배울 거야. AA 닮음을 이용하면 세 가지의 공식이 나오지. 무작정 외우려 하지 마!

확대 또는 축소하면 같아지는!

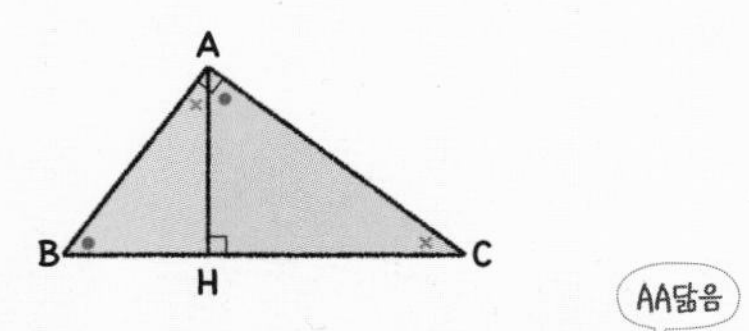

AA닮음

$\triangle ABC \backsim \triangle HBA \backsim \triangle HAC$

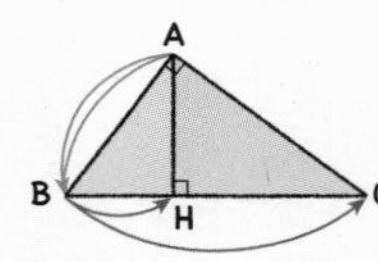

$\overline{AB}^2 = \overline{BH} \times \overline{BC}$

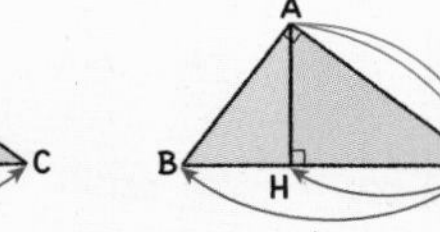

$\overline{AC}^2 = \overline{CH} \times \overline{CB}$

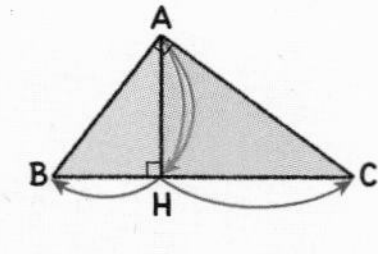

$\overline{AH}^2 = \overline{HB} \times \overline{HC}$

01 확대 또는 축소하면 같아지는!

닮은 도형

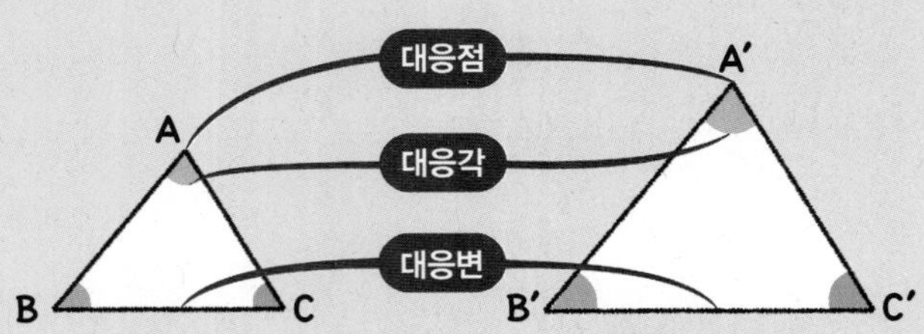

$\triangle ABC \backsim \triangle A'B'C'$

두 도형은 서로 닮음인 관계에 있다.

- **닮은 도형:** 한 도형을 일정한 비율로 확대 또는 축소한 도형이 다른 도형과 합동일 때 이 두 도형은 서로 닮음인 관계에 있다 하고, 닮음인 관계에 있는 두 도형을 서로 닮은 도형이라 한다.
- **닮음 기호:** $\triangle ABC$와 $\triangle A'B'C'$이 닮은 도형일 때, 기호 $\backsim$를 사용하여 $\triangle ABC \backsim \triangle A'B'C'$과 같이 나타낸다.

참고 닮음 기호 $\backsim$는 닮음을 뜻하는 라틴어 smimilis의 첫 글자 S를 기호화한 것이다.

1st 닮은 도형 이해하기

● 아래 그림에서 $\triangle ABC \backsim \triangle DEF$일 때, 다음을 구하시오.

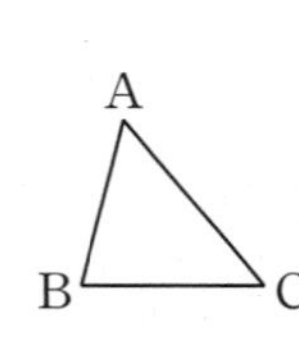

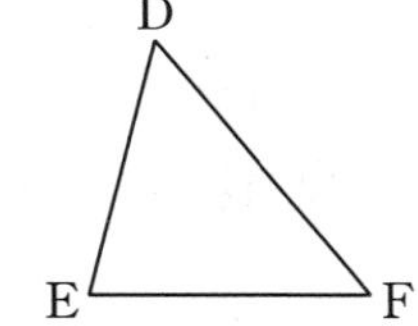

1 점 A의 대응점

2 $\overline{AC}$의 대응변

3 $\angle E$의 대응각

● 아래 그림에서 두 삼각기둥은 닮은 도형이고 $\overline{DE}$에 대응하는 모서리가 $\overline{JK}$일 때, 다음을 구하시오.

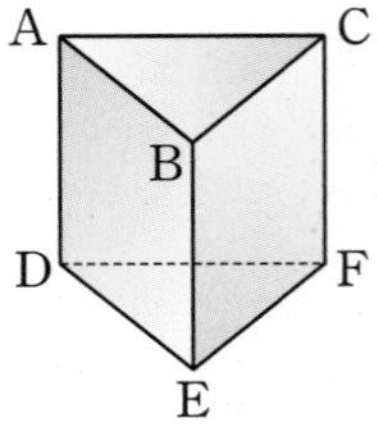

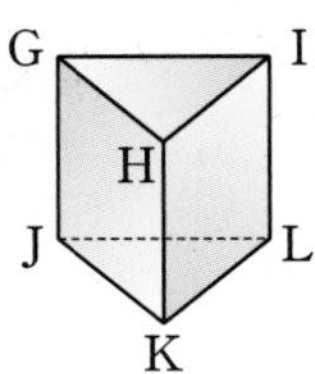

4 점 D의 대응점

5 점 K의 대응점

6 $\overline{CF}$에 대응하는 모서리

7 $\overline{JL}$에 대응하는 모서리

8 면 DEF에 대응하는 면

9 면 GJLI에 대응하는 면

내가 발견한 개념 $\triangle ABC$와 $\triangle DEF$에서 '닮음', '합동', '같다'의 기호를 구분해 봐!

- 두 삼각형이 닮음일 때 → $\triangle ABC$ ◯ $\triangle DEF$
- 두 삼각형이 합동일 때 → $\triangle ABC$ ◯ $\triangle DEF$
- 두 삼각형의 넓이가 같을 때 → $\triangle ABC$ ◯ $\triangle DEF$

2nd 항상 닮은 도형 찾기

● 다음 도형 중 항상 닮은 도형인 것은 ○를, 아닌 것은 ×를 (　　) 안에 써넣으시오.

10 두 정삼각형 (　　)

11 두 정사각형 (　　)

12 두 이등변삼각형 (　　)

13 두 직사각형 (　　)

14 두 마름모 (　　)

15 두 원 (　　)

16 두 정육면체 (　　)

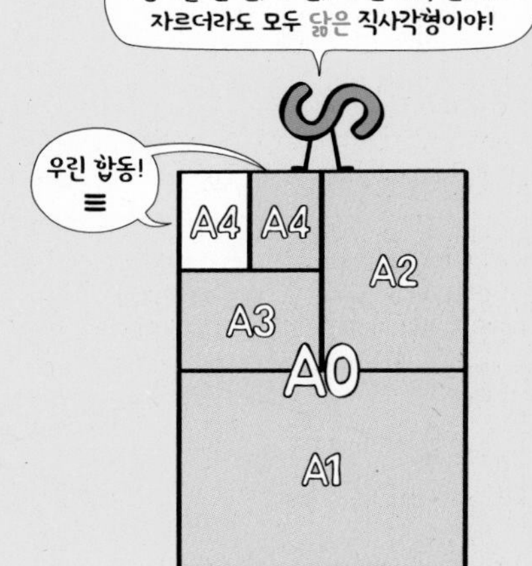

● 다음 중 옳은 것은 ○를, 아닌 것은 ×를 (　　) 안에 써넣으시오.

17 $\triangle ABC \backsim \triangle DEF$일 때, $\overline{DF}$의 대응변은 $\overline{AC}$이다. (　　)

18 닮은 두 도형에서 대응각의 크기는 서로 같다. (　　)

19 넓이가 같은 두 직사각형은 닮은 도형이다. (　　)

20 닮은 두 평면도형의 넓이는 항상 같다. (　　)

21 합동인 두 도형은 닮음이다. (　　)

개념모음문제

22 다음 중 서로 닮은 도형이 아닌 것은?

① 한 예각의 크기가 같은 두 직각삼각형
② 꼭지각의 크기가 같은 두 이등변삼각형
③ 한 내각의 크기가 같은 두 마름모
④ 중심각의 크기가 같은 두 부채꼴
⑤ 한 내각의 크기가 같은 두 평행사변형

02

확대 또는 축소하면 같아지는!

평면도형에서의 닮음의 성질

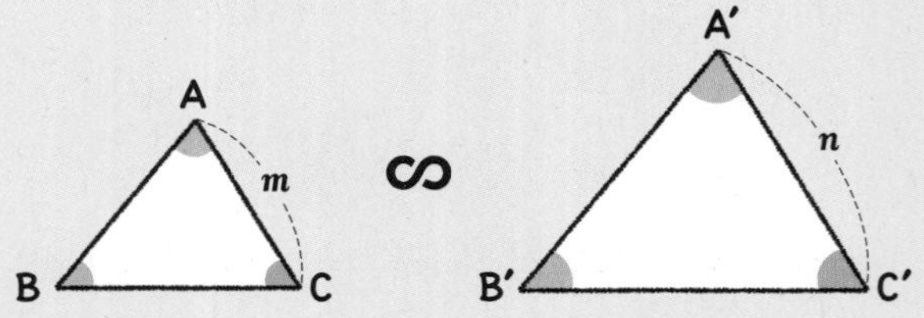

$\overline{AB}:\overline{A'B'}=\overline{BC}:\overline{B'C'}=\overline{AC}:\overline{A'C'}=m:n$ 닮음비

대응변의 길이의 비는 일정하다.

$\angle A=\angle A', \angle B=\angle B', \angle C=\angle C'$

대응각의 크기는 각각 같다.

- **평면도형에서 닮음의 성질:** 닮은 두 평면도형에서
  ① 대응변의 길이의 비는 일정하다.
  ② 대응각의 크기는 각각 같다.
- **평면도형에서의 닮음비:** 닮은 두 평면도형에서 대응변의 길이의 비

참고 ① 일반적으로 닮음비는 가장 간단한 자연수의 비로 나타낸다.
② 합동인 두 도형은 닮음비가 1 : 1인 닮은 도형으로 생각할 수 있다.
③ 원에서는 반지름의 길이의 비가 닮음비이다.

1st 평면도형에서 닮음의 성질 이해하기

● 주어진 그림에 대하여 □ 안에 알맞은 수를 써넣고 다음을 구하시오.

1 △ABC∽△DEF

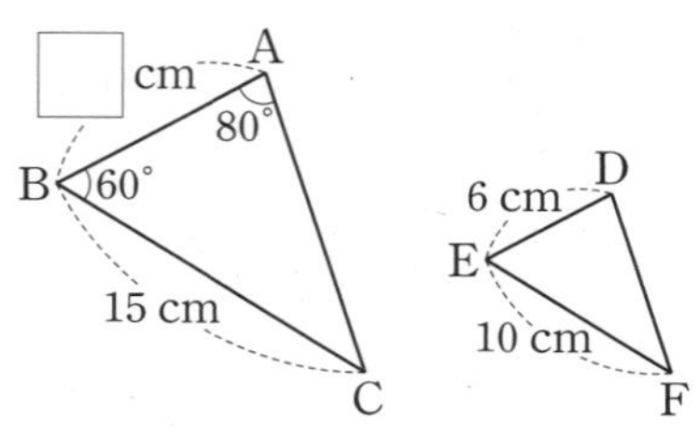

(1) △ABC와 △DEF의 닮음비

(2) ∠F의 크기

2 □ABCD∽□EFGH

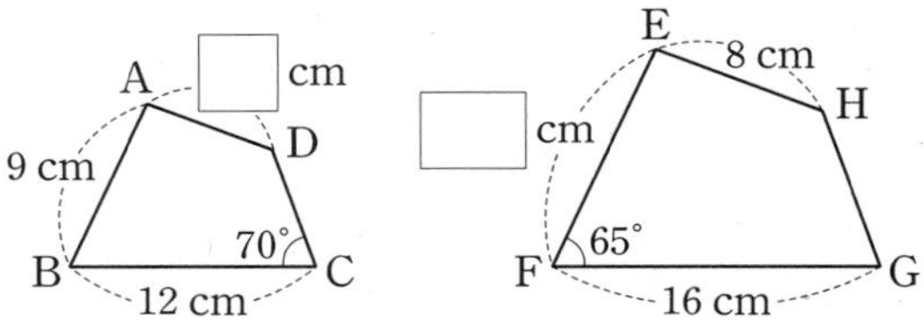

(1) □ABCD와 □EFGH의 닮음비

(2) ∠B의 크기

(3) ∠G의 크기

3 (부채꼴 ABC)∽(부채꼴 DEF)

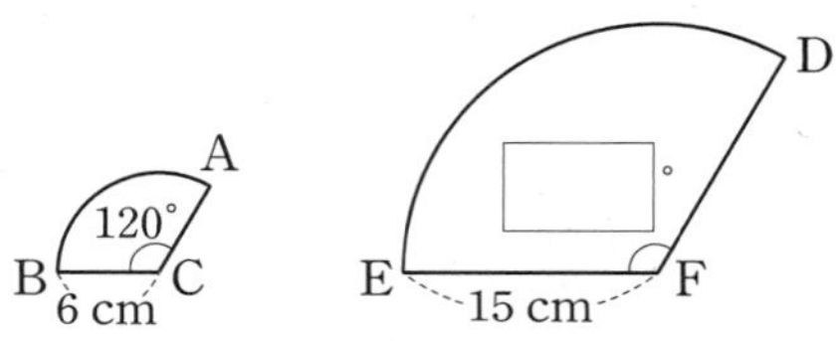

(1) 부채꼴 ABC와 부채꼴 DEF의 닮음비

(2) $\overparen{DE}$의 길이

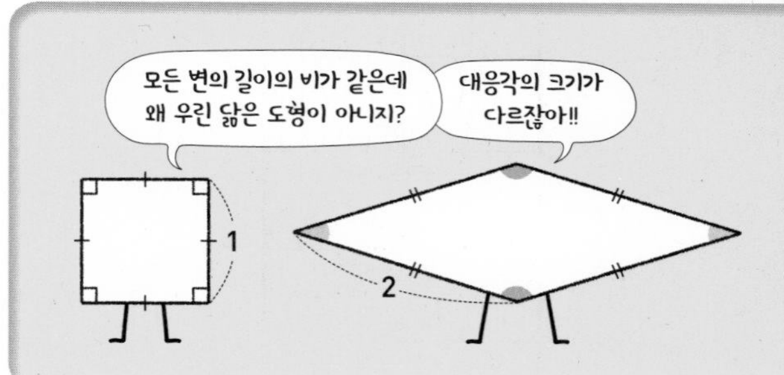

4 △ABC∽△DEF이고 닮음비가 1 : 2

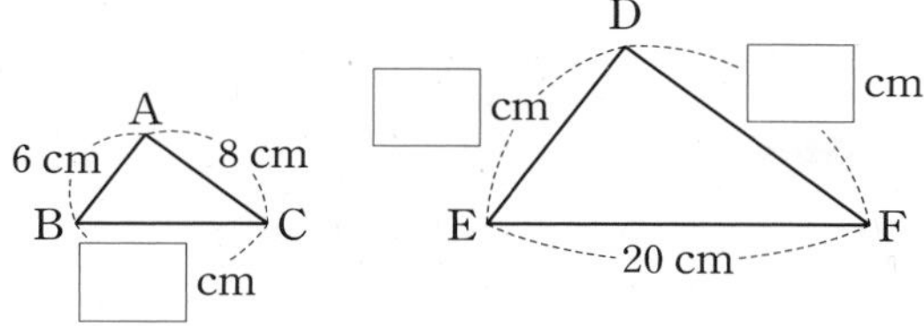

(1) △ABC의 둘레의 길이

(2) △DEF의 둘레의 길이

5 두 원 O와 O′이 닮음이고 닮음비가 1 : 3

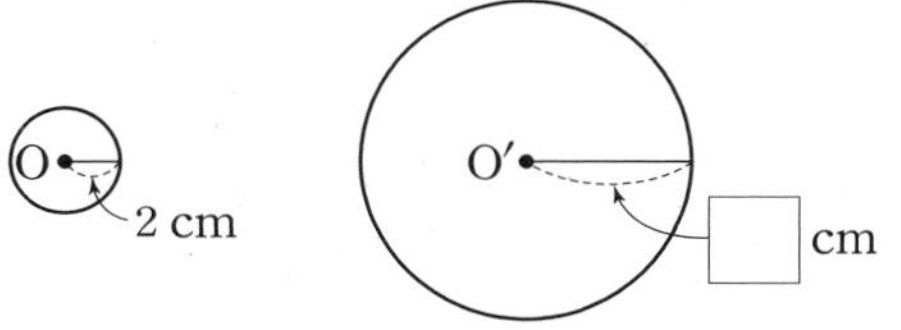

(1) 원 O의 둘레의 길이

(2) 원 O′의 둘레의 길이

내가 발견한 개념 평면도형에서 닮음의 성질은?

△ABC∽△DEF일 때

- a : d=b : ☐=☐ : f
- ∠A=∠D, ∠B=∠☐, ∠C=∠☐

6 □ABCD∽□EFGH이고 닮음비가 2 : 3

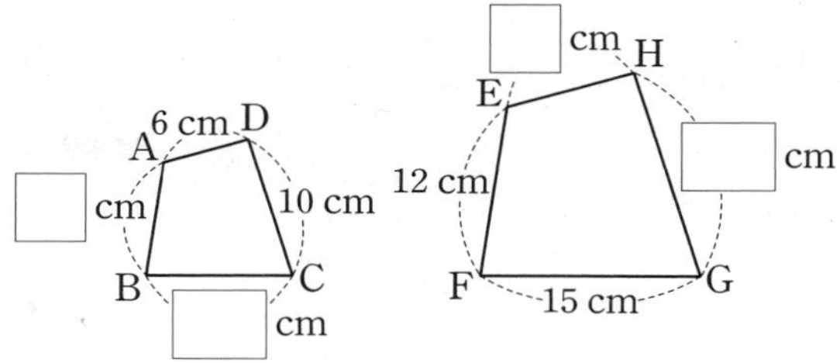

(1) □ABCD의 둘레의 길이

(2) □EFGH의 둘레의 길이

7 □ABCDE∽□FGHIJ이고 닮음비가 4 : 3

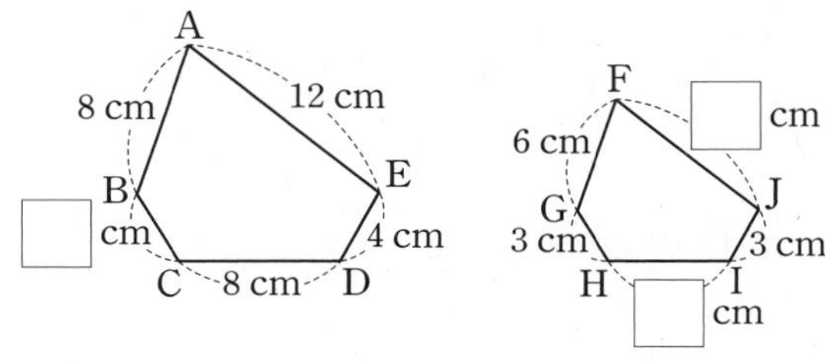

(1) □ABCDE의 둘레의 길이

(2) □FGHIJ의 둘레의 길이

개념모음문제

8 다음 그림에서 △ABC∽△DEF일 때, 다음 중 옳지 않은 것은?

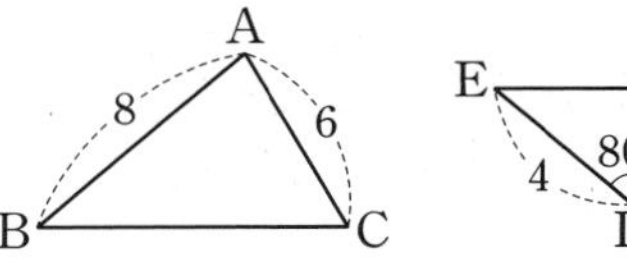

① $\angle A=80^\circ$
② $\overline{BC}$의 대응변은 $\overline{EF}$이다.
③ $\overline{AC}:\overline{DF}=2:1$
④ $\overline{BC}:\overline{EF}=2:1$
⑤ $\overline{DF}=2$

03 입체도형에서의 닮음의 성질

확대 또는 축소하면 같아지는!

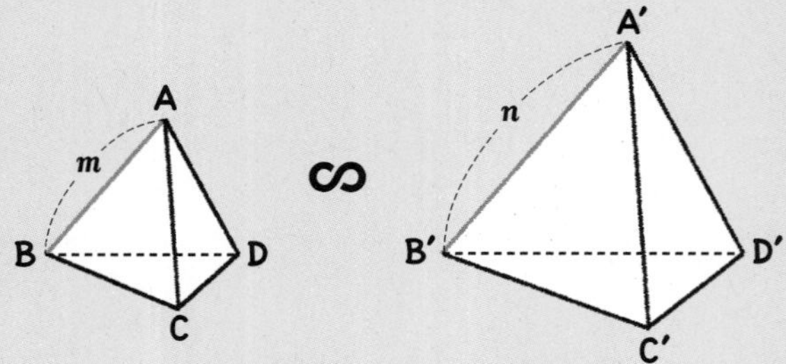

$\triangle ABC \backsim \triangle A'B'C'$

$\triangle BCD \backsim \triangle B'C'D'$

⋮

대응하는 면은 닮은 도형이다.

닮음비

$\overline{AB}:\overline{A'B'}=\overline{BC}:\overline{B'C'}=\cdots=m:n$

대응하는 모서리의 길이의 비는 일정하다.

- **입체도형에서 닮음의 성질:** 닮은 두 입체도형에서
  ① 대응하는 모서리의 길이의 비는 일정하다.
  ② 대응하는 면은 닮은 도형이다.
- **입체도형에서의 닮음비:** 닮은 두 입체도형에서 대응하는 모서리의 길이의 비

참고 닮은 입체도형에서의 닮음비
① 다면체: (닮음비)=(대응하는 모서리의 길이의 비)
② 원기둥: (닮음비)=(밑면인 원의 반지름의 길이의 비)=(높이의 비)
③ 원뿔: (닮음비)=(밑면인 원의 반지름의 길이의 비)
=(모선의 길이의 비)=(높이의 비)
④ 구: (닮음비)=(반지름의 길이의 비)

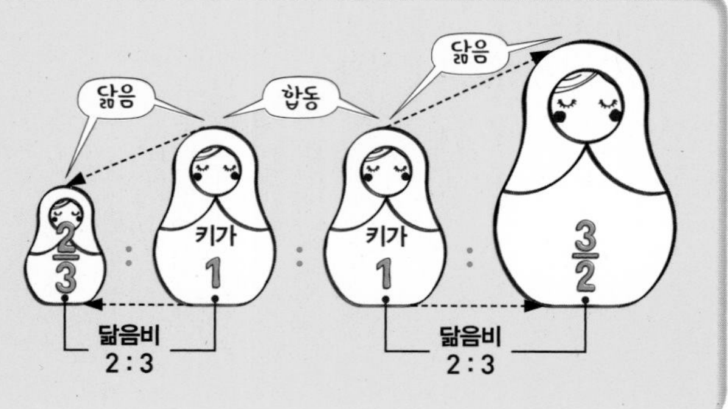

1st — 입체도형에서의 닮음의 성질 이해하기

1 아래 그림에서 두 삼각기둥은 닮은 도형이고 $\overline{AB}$에 대응하는 모서리가 $\overline{GH}$이다. □ 안에 알맞은 수를 써넣고, 다음을 구하시오.

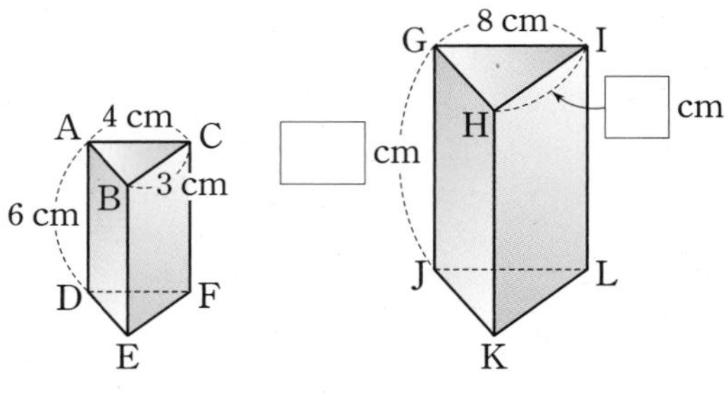

(1) 두 삼각기둥의 닮음비

(2) 면 ADEB에 대응하는 면

(3) 면 DEF와 면 JKL의 닮음비

2 아래 그림에서 두 직육면체는 닮은 도형이고 $\overline{FG}$에 대응하는 모서리가 $\overline{NO}$이다. □ 안에 알맞은 수를 써넣고, 다음을 구하시오.

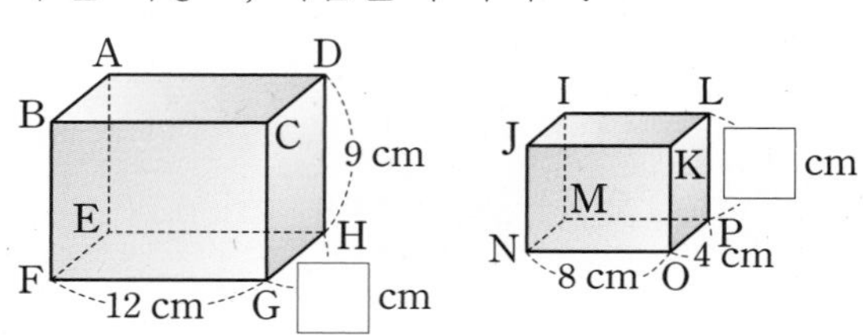

(1) 두 직육면체의 닮음비

(2) 면 AEHD에 대응하는 면

(3) 면 CGHD와 면 KOPL의 닮음비

• 다음 그림의 두 도형이 닮은 도형일 때, 두 도형의 닮음비를 구하시오.

3

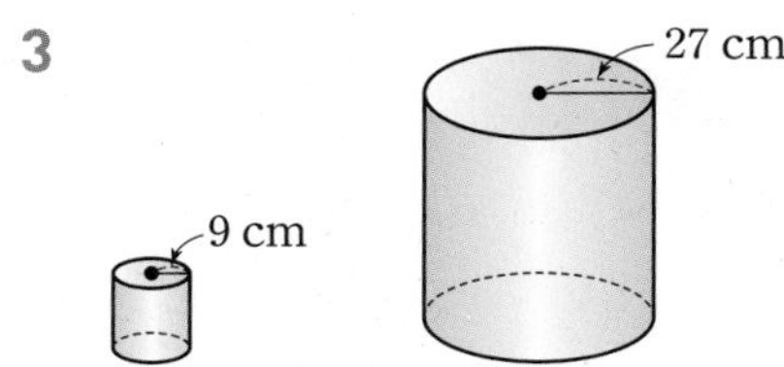

4

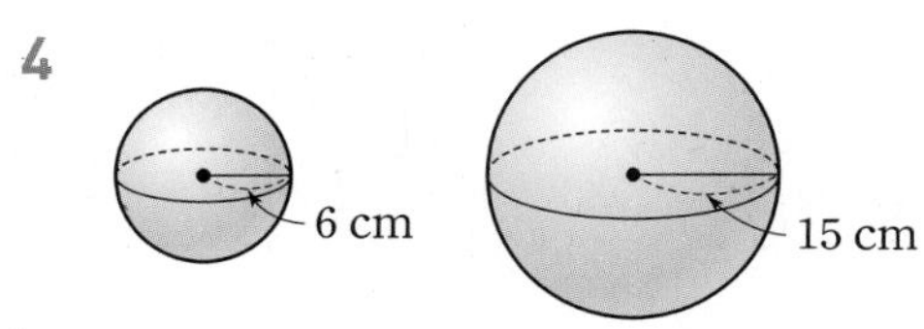

5

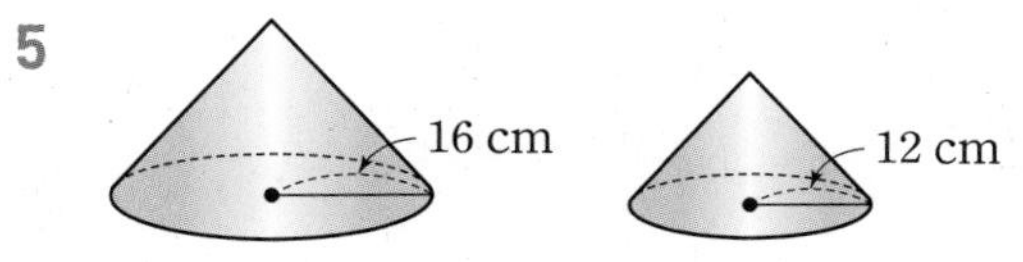

• 아래 그림에서 두 도형이 닮은 도형일 때, 다음을 구하시오.

6

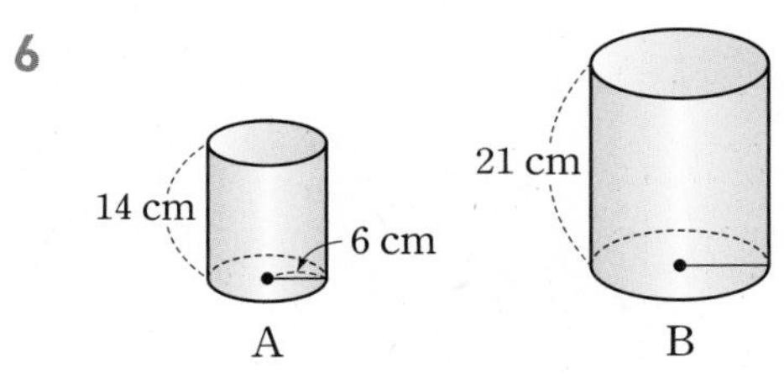

(1) 두 원기둥 A와 B의 닮음비

(2) 원기둥 B의 밑면의 반지름의 길이

(3) 원기둥 A, B의 밑면의 둘레의 길이의 비

7

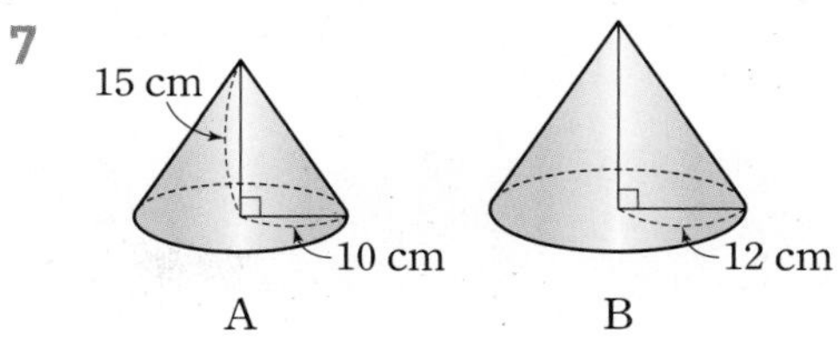

(1) 두 원뿔 A와 B의 닮음비

(2) 원뿔 B의 높이

(3) 원뿔 A, B의 밑면의 둘레의 길이의 비

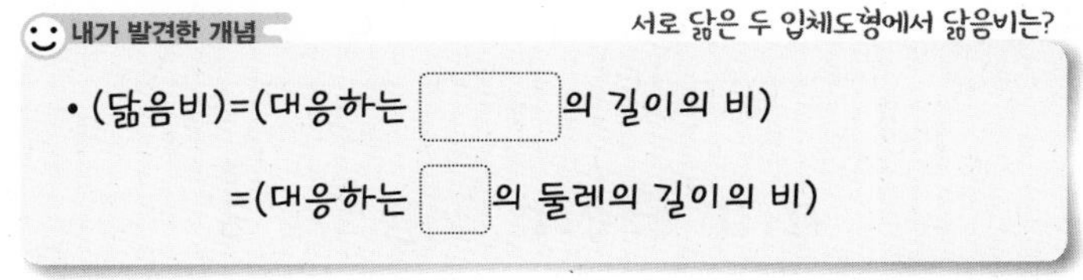

개념모음문제

8 오른쪽 그림의 두 삼각기둥은 서로 닮은 도형이고, $\overline{AB}$에 대응하는 모서리가 $\overline{GH}$일 때, 다음 중 옳지 않은 것은?

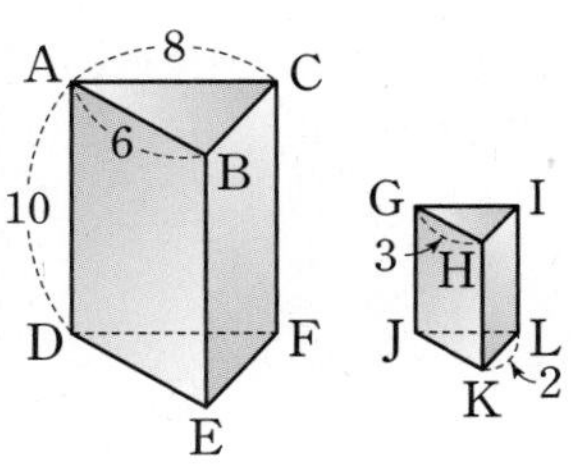

① □ADEB∽□GJKH
② 닮음비는 2 : 1이다.
③ $\overline{GI}=4$
④ $\overline{BC}=4$
⑤ $\overline{HK}=20$

삼각형의 닮음 조건

❶ 세 쌍의 대응변의 길이의 비가 같을 때(SSS 닮음)

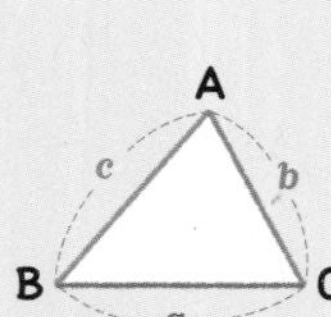

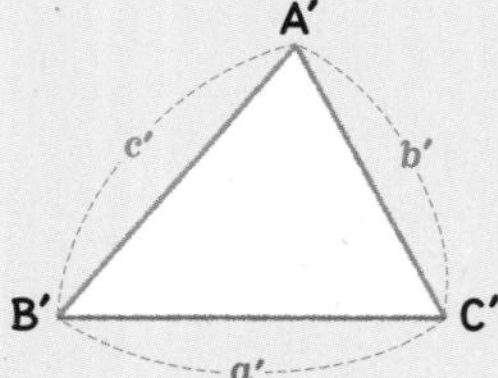

$$a:a'=b:b'=c:c'$$

**❷ 두 쌍의 대응변의 길이의 비가 같고,
그 끼인각의 크기가 같을 때(SAS 닮음)**

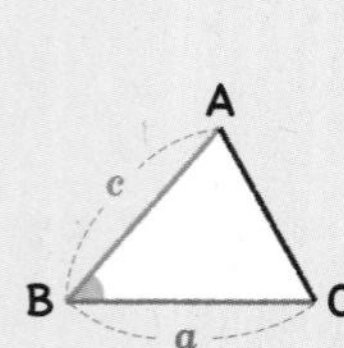

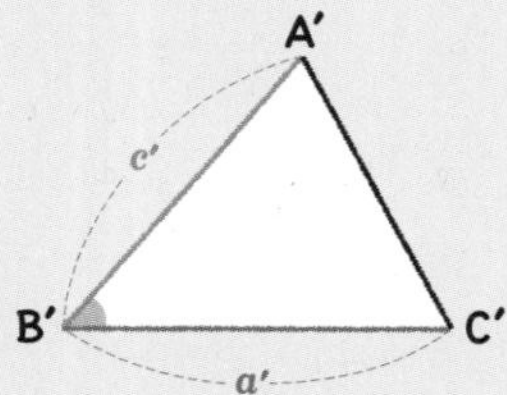

$$a:a'=c:c',\ \angle B=\angle B'$$

❸ 두 쌍의 대응각의 크기가 각각 같을 때(AA 닮음)

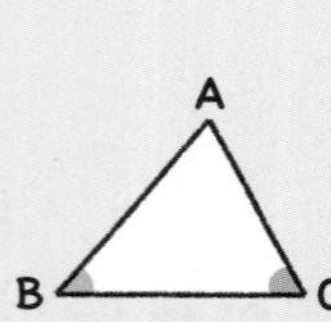

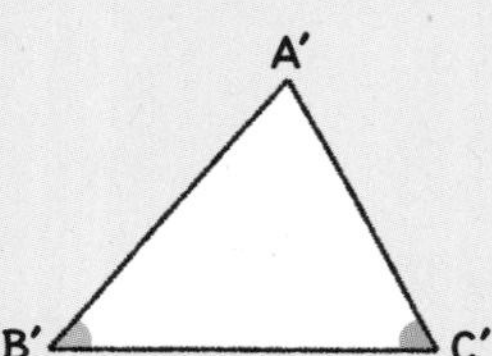

$$\angle B=\angle B',\ \angle C=\angle C'$$

나머지 한 쌍의 대응각의 크기도 같아!

원리확인 다음은 그림의 두 삼각형이 닮음임을 보이는 과정이다. □ 안에 알맞은 것을 써넣으시오.

❶

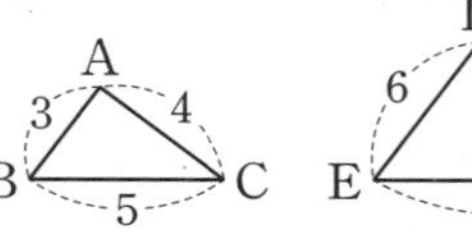

→ $\overline{AB}:\overline{DE}=3:6=$ □ : □

$\overline{BC}:\overline{EF}=$ □ : □ $=$ □ : □

$\overline{CA}:\overline{FD}=$ □ : □ $=$ □ : □

따라서 △ABC∽△DEF (□ 닮음)

❷

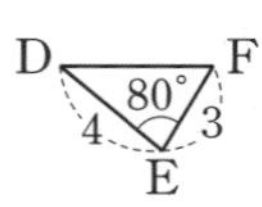

→ $\angle A=\angle E=$ □ °

$\overline{AB}:\overline{ED}=8:4=$ □ : □

$\overline{AC}:\overline{EF}=$ □ : □ $=$ □ : □

따라서 △ABC∽△EDF (□ 닮음)

❸

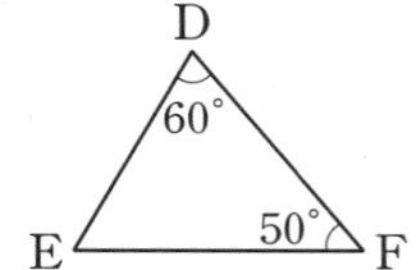

→ $\angle A=\angle$ □ $=$ □ °

$\angle B=\angle$ □ $=$ □ °

따라서 △ABC∽△DFE (□ 닮음)

삼각형의 합동 조건과 닮음 조건

삼각형의 합동 조건	삼각형의 닮음 조건
• 대응하는 세 변의 길이가 각각 같다. (SSS 합동) • 대응하는 두 변의 길이가 각각 같고, 그 끼인각의 크기가 같다. (SAS 합동) • 대응하는 한 변의 길이가 같고, 그 양 끝 각의 크기가 각각 같다. (ASA 합동)	• 세 쌍의 대응변의 길이의 비가 같다. (SSS 닮음) • 두 쌍의 대응변의 길이의 비가 같고, 그 끼인각의 크기가 같다. (SAS 닮음) • 두 쌍의 대응각의 크기가 각각 같다. (AA 닮음)

1st 삼각형의 닮음 조건 이해하기

● 다음 주어진 삼각형과 닮은 삼각형을 보기에서 찾아 기호 ∽를 사용하여 나타내고, 닮음 조건을 말하시오.

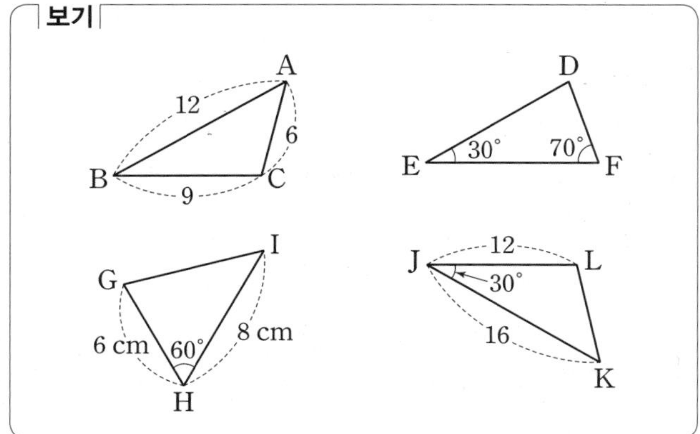

1

M
80°
70°
N
6
O

2

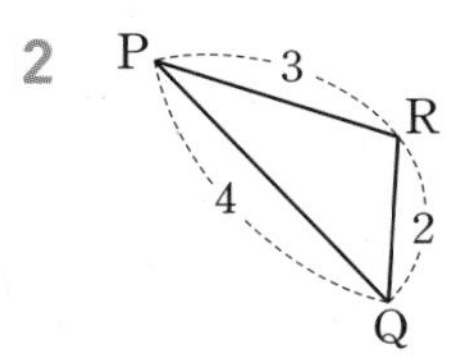

3

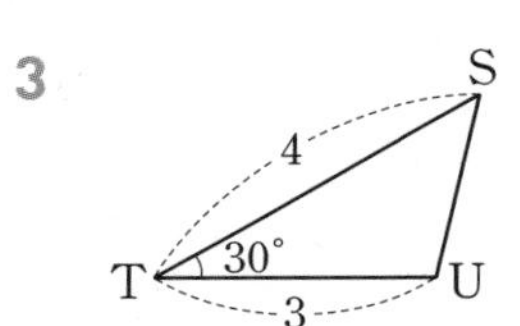

4

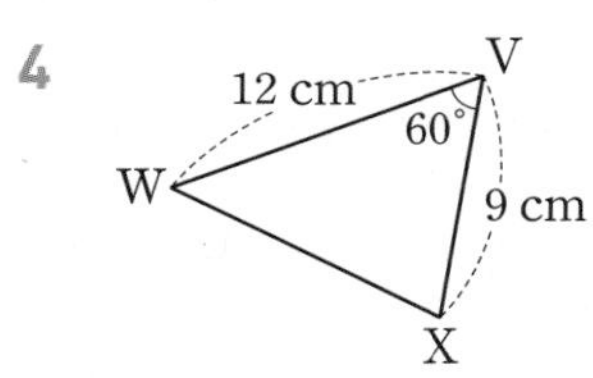

내가 발견한 개념 삼각형의 닮음 조건을 구분해 봐!

세 쌍의 대응변의 길이의 비가 같다. •	• SAS 닮음
두 쌍의 대응변의 길이의 비가 같고 그 끼인각의 크기가 같다. •	• AA 닮음
두 쌍의 대응각의 크기가 각각 같다. •	• SSS 닮음

● 다음 그림에서 △ABC와 닮은 삼각형을 찾아 ∽ 기호를 사용하여 나타내고, 닮음 조건을 말하시오.

5

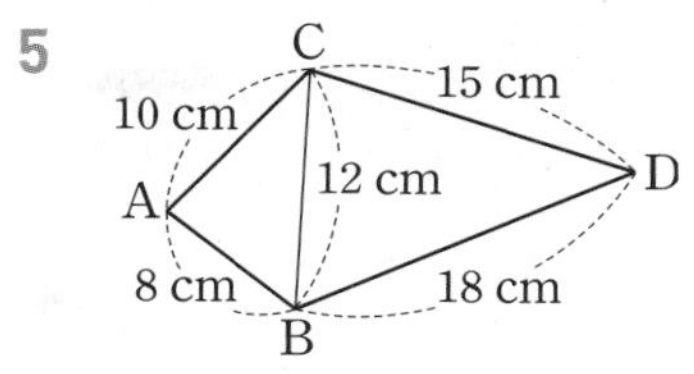

6

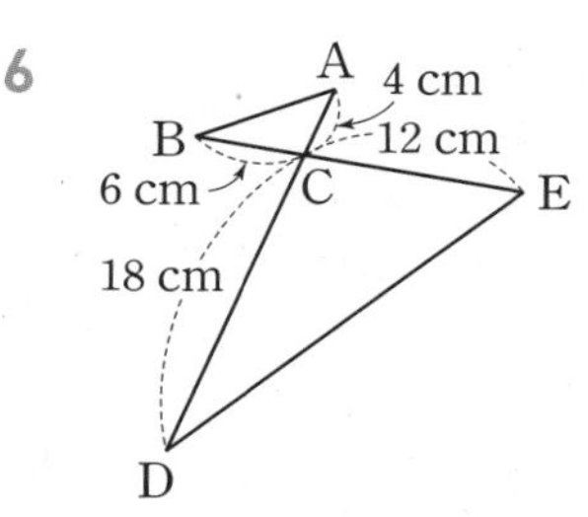

대응변의 길이의 비만 같아도 두 삼각형은 닮은 도형이다!

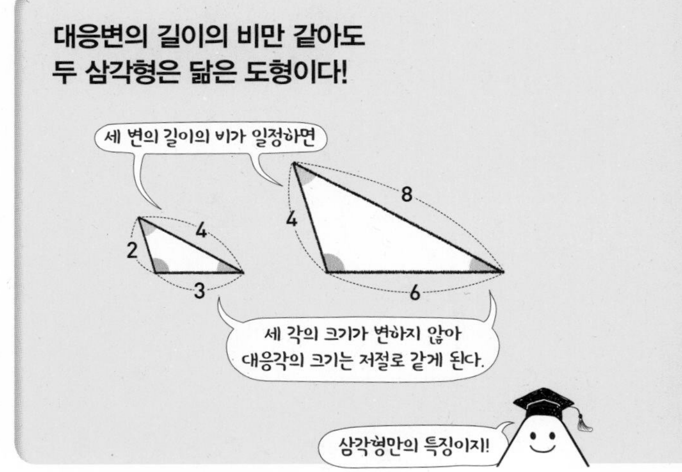

개념모음문제

7 다음 중 △ABC와 △DEF에 대하여 △ABC∽△DEF가 아닌 것은?

① $\angle A=\angle D$, $\angle C=\angle F$

② $\angle B=\angle E$, $\angle C=\angle F$

③ $\overline{AB}:\overline{DE}=1:3$, $\angle A=\angle D$, $\overline{AC}:\overline{DF}=1:3$

④ $\dfrac{\overline{AB}}{\overline{DE}}=\dfrac{\overline{BC}}{\overline{EF}}=\dfrac{\overline{CA}}{\overline{FD}}$

⑤ $\overline{AB}=2\overline{DE}$, $\overline{BC}=2\overline{EF}$, $\angle C=\angle F$

05

확대 또는 축소하면 같아지는!

삼각형의 닮음 조건의 응용

❶ SAS 닮음의 응용

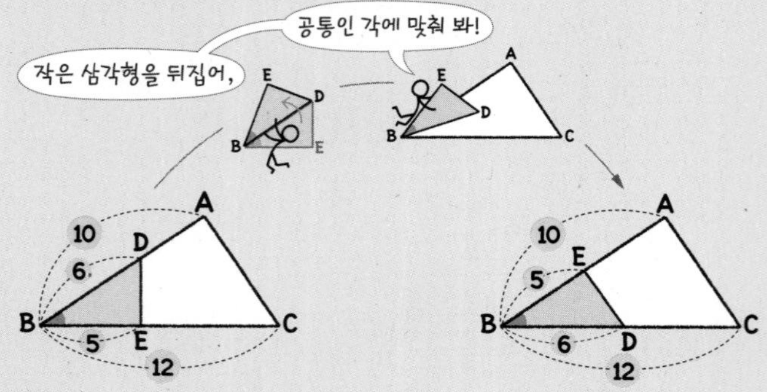

$\overline{BA}:\overline{BE}=\overline{BC}:\overline{BD}=2:1$, $\angle B$는 공통

$\triangle ABC \backsim \triangle EBD$

❷ AA 닮음의 응용

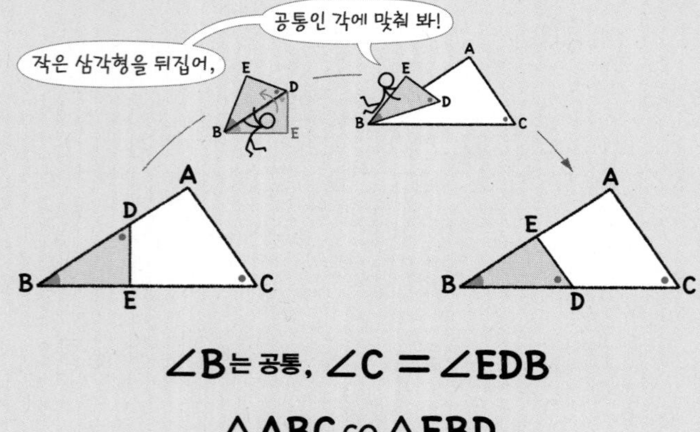

$\angle B$는 공통, $\angle C=\angle EDB$

$\triangle ABC \backsim \triangle EBD$

- **두 삼각형이 겹쳐진 경우 변의 길이 구하는 순서**
  - (i) 공통인 각 찾기
  - (ii) 닮은 삼각형 찾기
  - (iii) 닮음비를 이용하여 변의 길이 구하기

1st — SAS 닮음을 이용하여 변의 길이 구하기

1 아래 그림에서 다음을 구하시오.

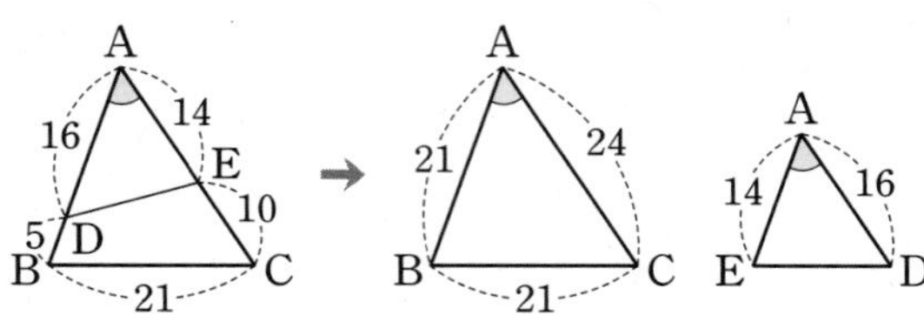

(1) $\triangle ABC$와 닮은 삼각형

(2) $\overline{DE}$의 길이

- **다음 그림에서 x의 값을 구하시오.**

2

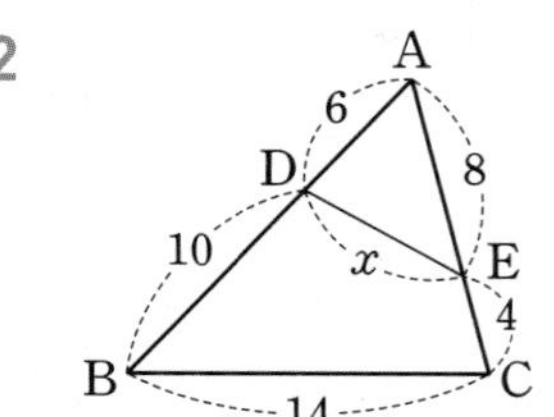

3

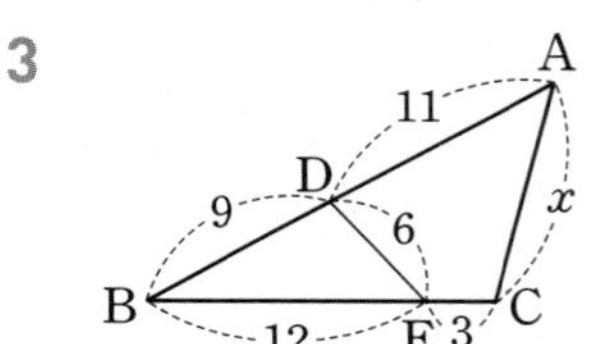

4

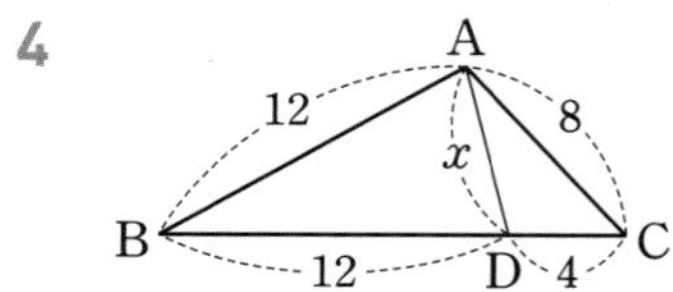

5

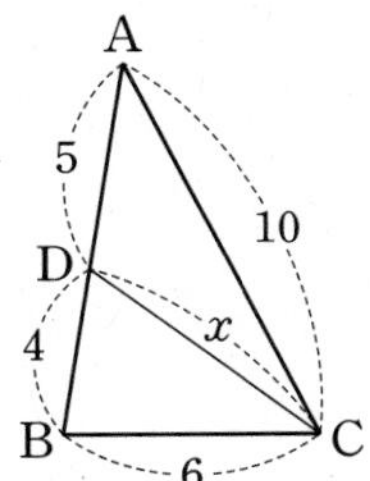

6

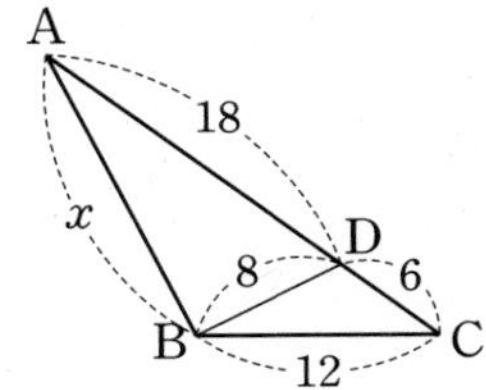

2nd AA 닮음을 이용하여 변의 길이 구하기

7 아래 그림에서 다음을 구하시오.

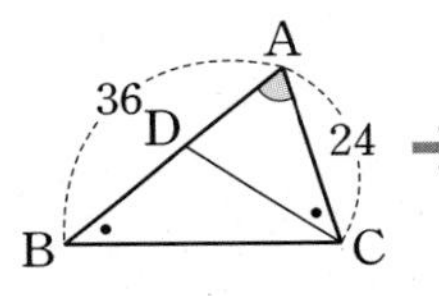

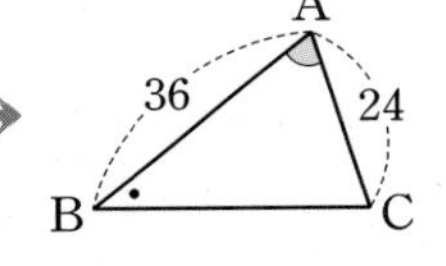

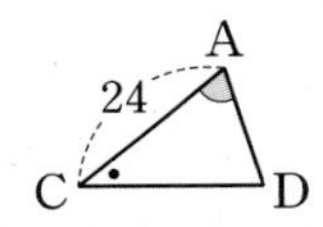

(1) △ABC와 닮은 삼각형

(2) $\overline{AD}$의 길이

● **다음 그림에서 x의 값을 구하시오.**

8

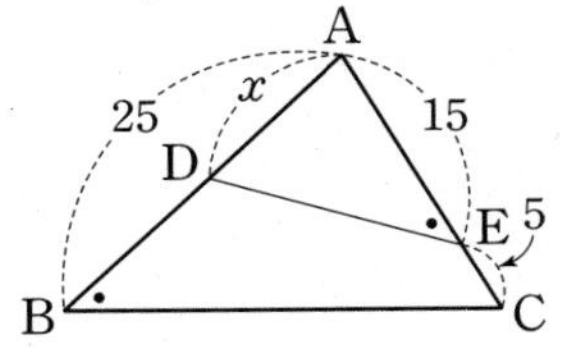

9

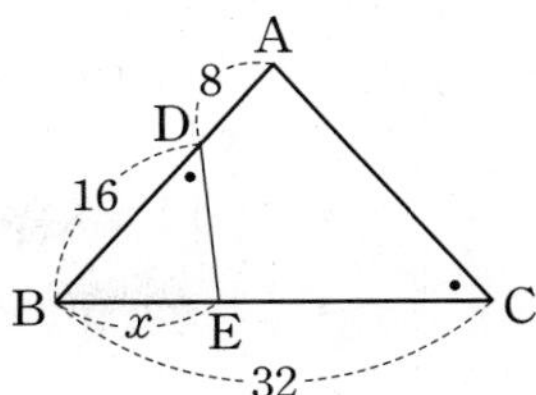

10

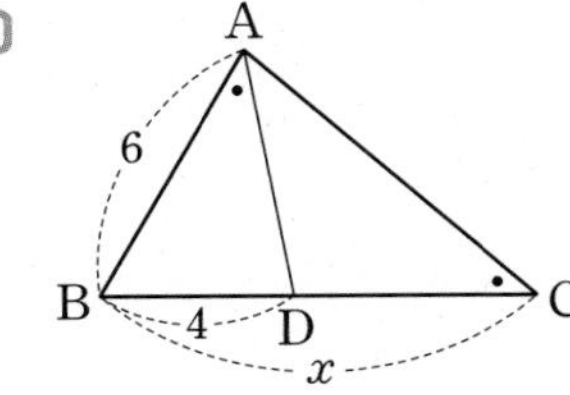

11

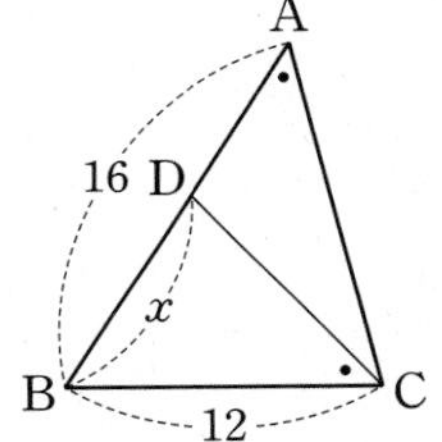

12

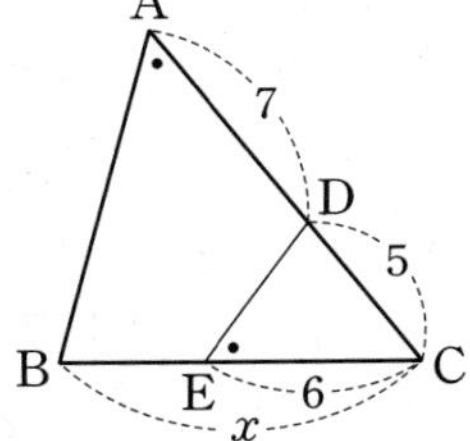

내가 발견한 개념 겹쳐진 두 삼각형에서 닮은 두 삼각형을 찾으려면?

• 겹쳐진 두 삼각형에서 닮은 두 삼각형 찾기

→ 공통인 ☐을 찾는다.

06

확대 또는 축소하면 같아지는!

직각삼각형의 닮음

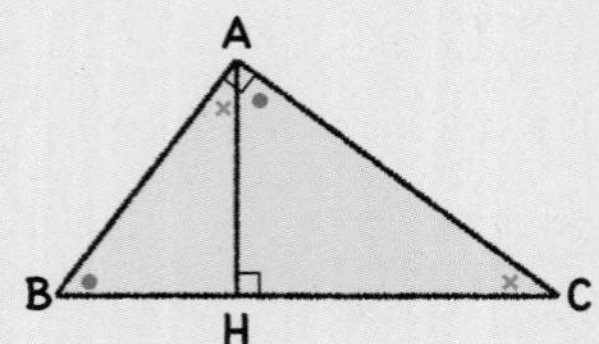

$\triangle ABC \backsim \triangle HBA \backsim \triangle HAC$ (AA닮음)

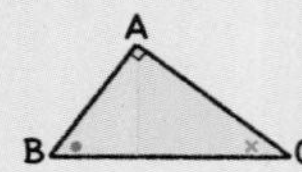 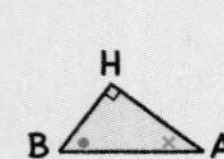 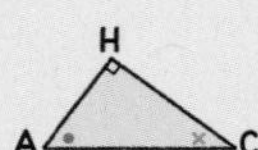

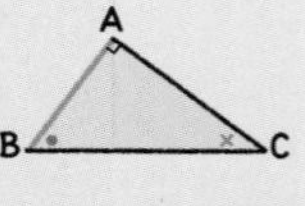 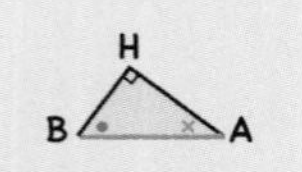 

$\overline{AB} : \overline{HB} = \overline{BC} : \overline{BA}$

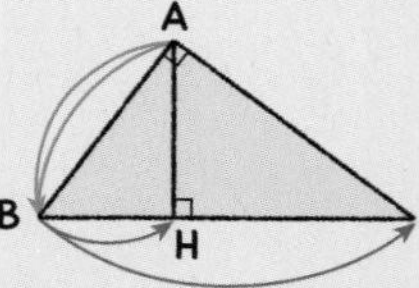

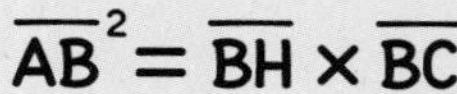

$\overline{AB}^2 = \overline{BH} \times \overline{BC}$

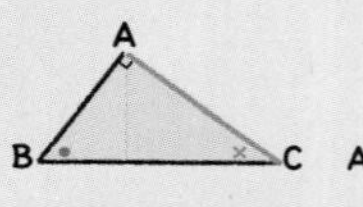 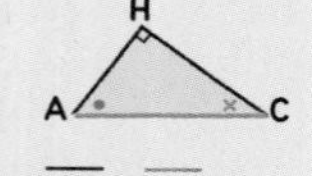 

$\overline{AC} : \overline{HC} = \overline{BC} : \overline{AC}$

$\overline{AC}^2 = \overline{CH} \times \overline{CB}$

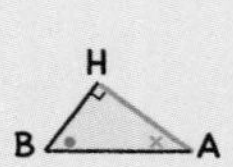 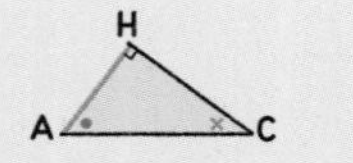

$\overline{HB} : \overline{HA} = \overline{HA} : \overline{HC}$

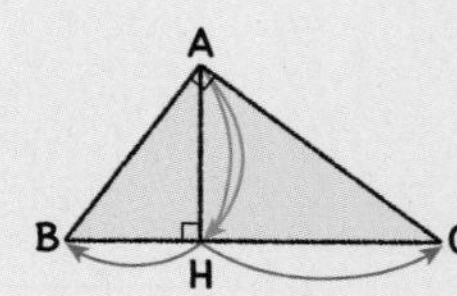

$\overline{AH}^2 = \overline{HB} \times \overline{HC}$

• **직각삼각형의 닮음**: 두 직각삼각형에서 한 예각의 크기가 같으면 두 삼각형은 닮은 도형이다. ← AA 닮음

참고

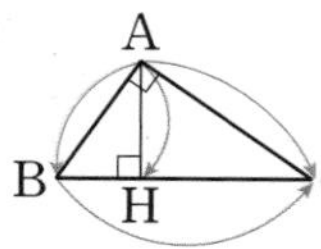

→ $\overline{AB} \times \overline{AC} = \overline{AH} \times \overline{BC}$

원리확인 다음은 직각삼각형의 닮음을 이용하여 변의 길이 사이의 관계를 보이는 과정이다. □ 안에 알맞은 것을 써넣으시오.

❶

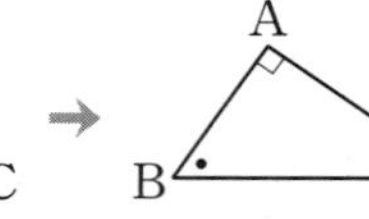 → 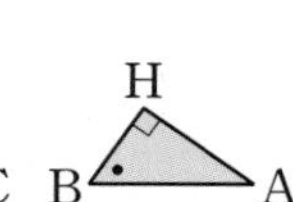 

→ △ABC와 △HBA에서

□는 공통,

∠BAC=□=□°

즉 △ABC∽□(□ 닮음)이므로

$\overline{AB} : \overline{HB} = \square : \overline{BA}$

따라서 $\overline{AB}^2 = \overline{BH} \times \square$

❷

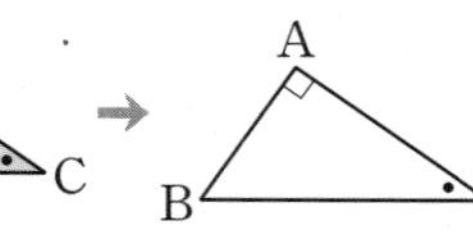 → 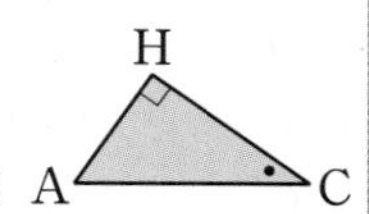

→ △ABC와 △HAC에서

□는 공통, ∠BAC=□=90°

즉 △ABC∽□(□ 닮음)이므로

$\overline{BC} : \overline{AC} = \square : \overline{HC}$

따라서 $\square^2 = \overline{CH} \times \overline{CB}$

❸

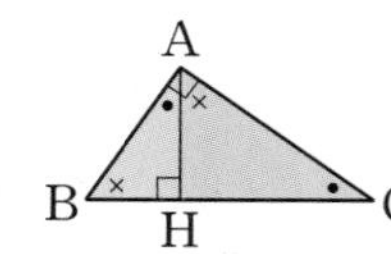 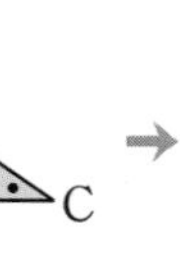 → 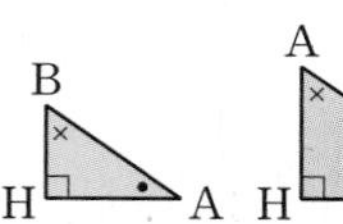 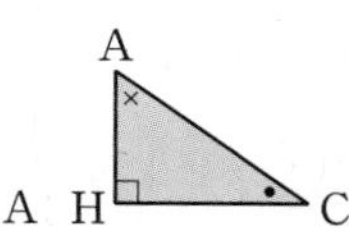

→ △BHA와 △AHC에서

∠BHA=□=90°

△ABC에서 ∠HAB+∠HAC=□°이고,

△HAC에서 ∠HAC+□=90°이므로

∠HAB=□

즉 △BHA∽□(□ 닮음)이므로

$\overline{BH} : \overline{AH} = \overline{AH} : \square$

따라서 $\overline{AH}^2 = \overline{BH} \times \square$

1st 직각삼각형의 닮음을 활용하여 변의 길이 구하기

• 다음 직각삼각형 ABC에서 x의 값을 구하시오.

1

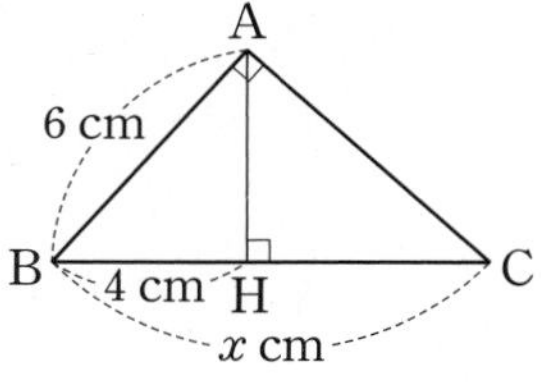

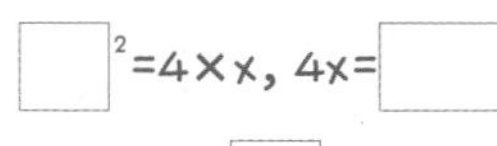

2

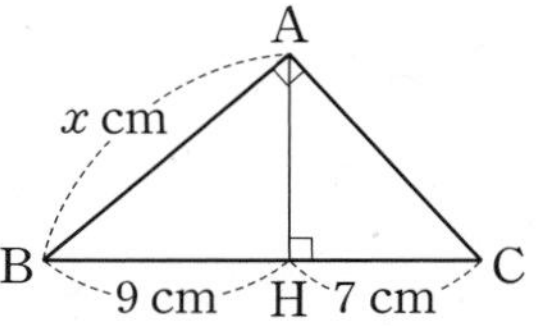

3

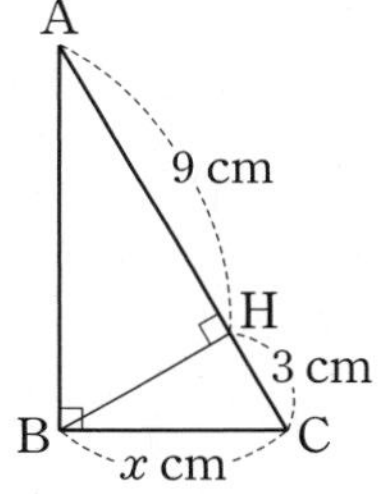

4

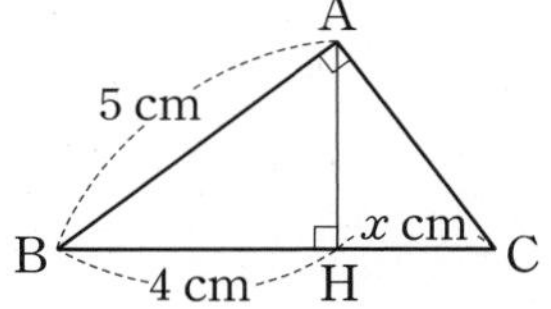

5

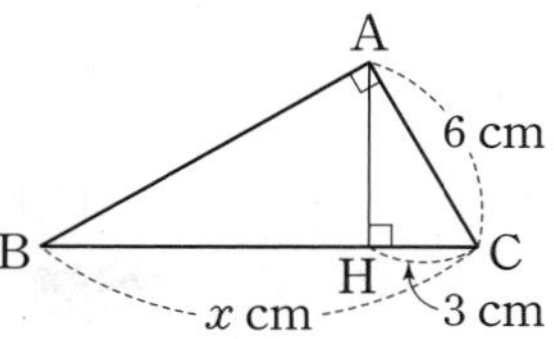

6

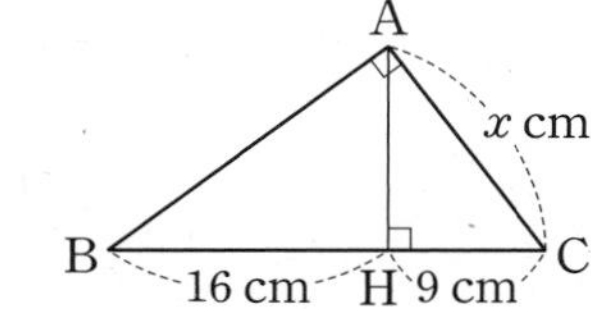

7

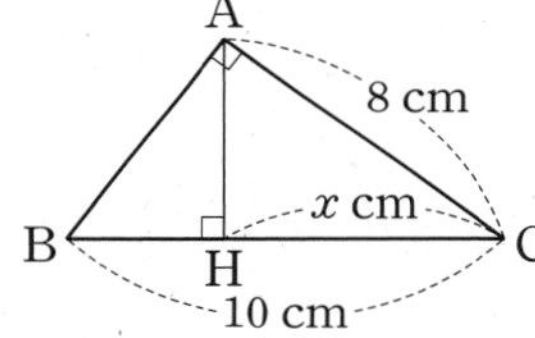

8

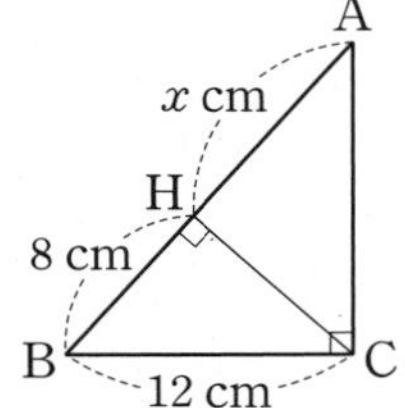

9

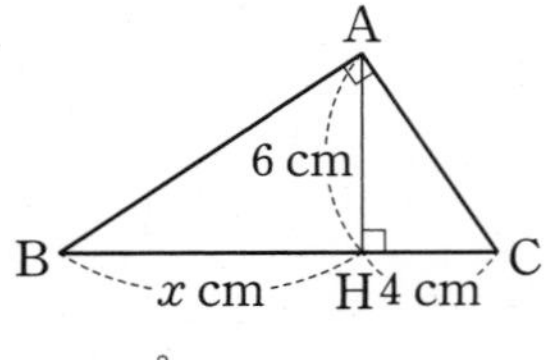

→ $\overline{AH}^2=\overline{BH}\times\overline{CH}$이므로

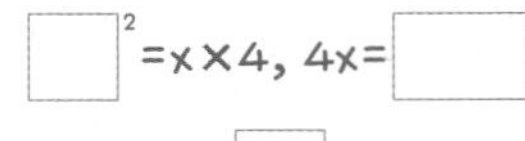

$\square^2=x\times4$, $4x=\square$

따라서 $x=\square$

10

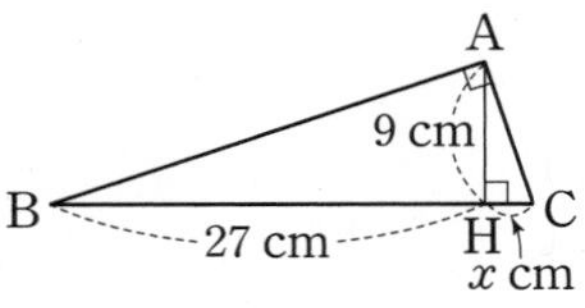

11

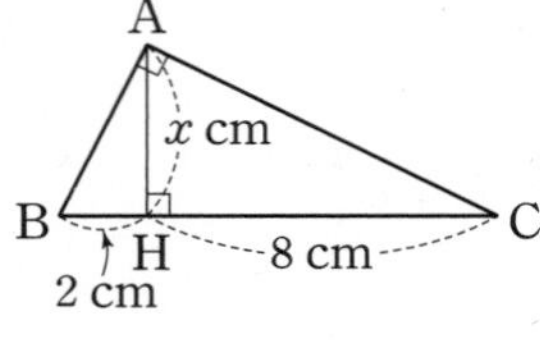

12

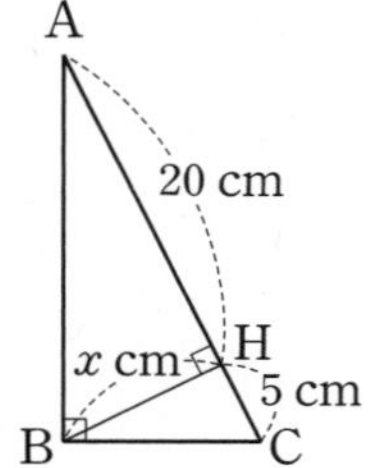

● 다음 그림에서 x의 값을 구하시오.

13

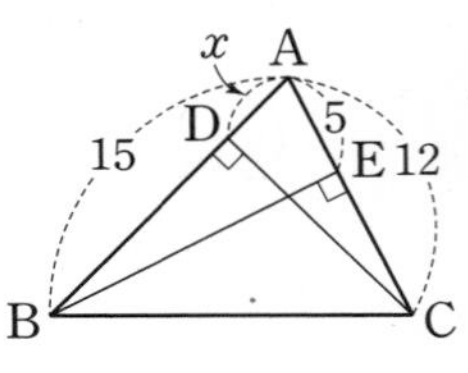

두 직각삼각형에서 직각이 아닌 다른 한 각의 크기가 같으면 닮음이야!

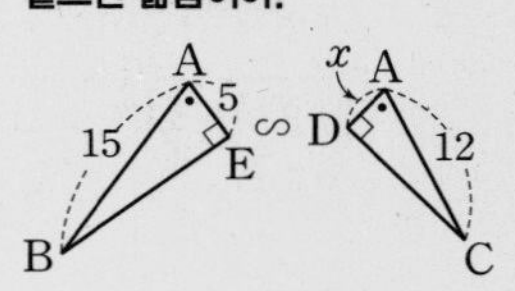

→ △ABE와 △ACD에서

∠AEB=∠ADC=90°, ∠A는 공통이므로

△ABE∽△$\square$ ($\square$ 닮음)

즉 $\overline{AB}:\overline{AC}=\square:\overline{AD}$이므로

$15:\square=\square:x$

따라서 $x=\square$

14

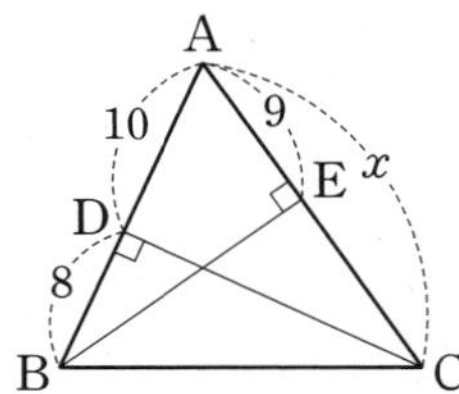

15

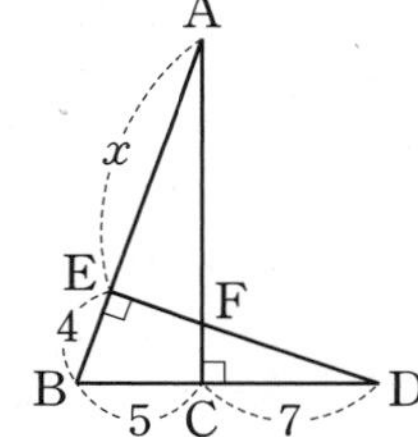

16

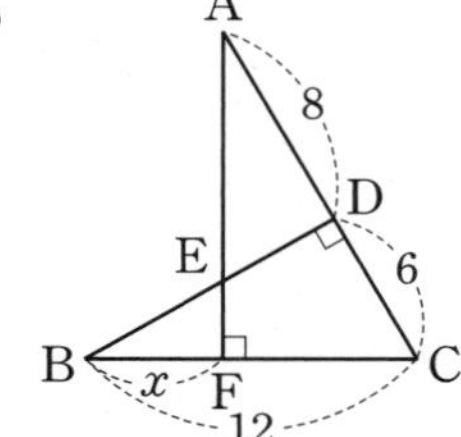

● 다음 그림에서 x, y의 값을 구하시오.

17

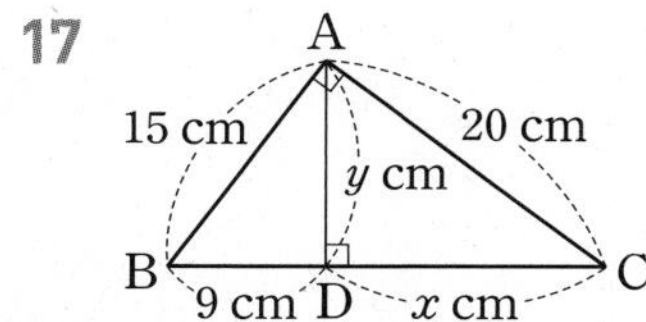

18

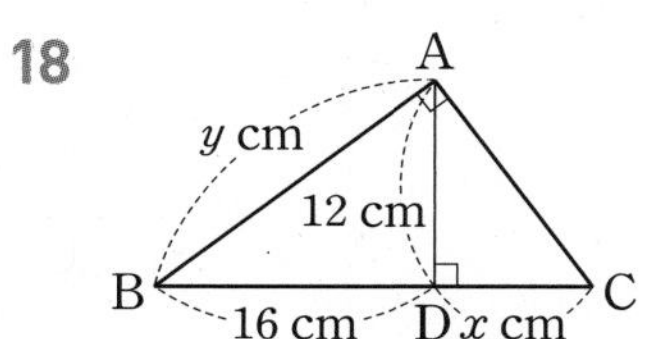

19

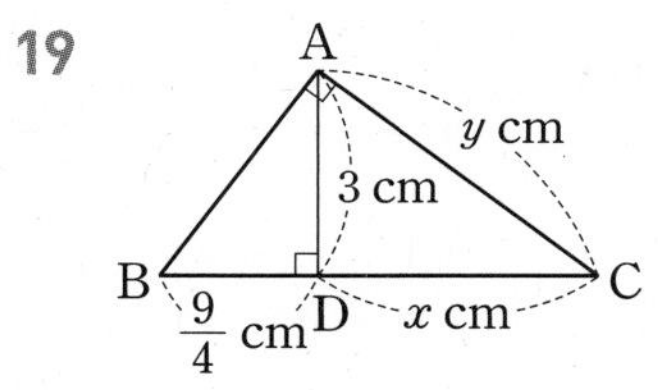

20

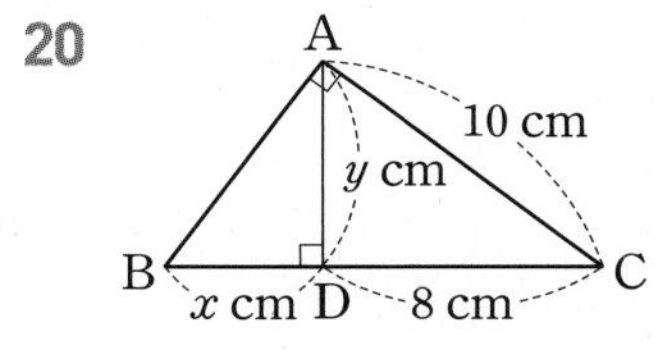

21

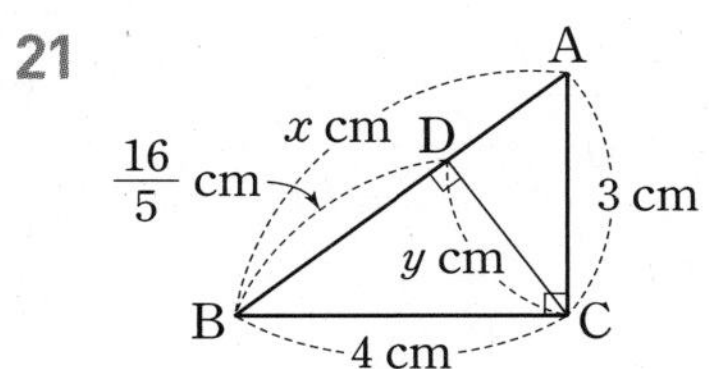

2nd 직각삼각형의 닮음을 활용하여 색칠한 부분의 넓이 구하기

● 다음과 같은 삼각형에서 색칠한 부분의 넓이를 구하시오.

22 △AHC의 넓이

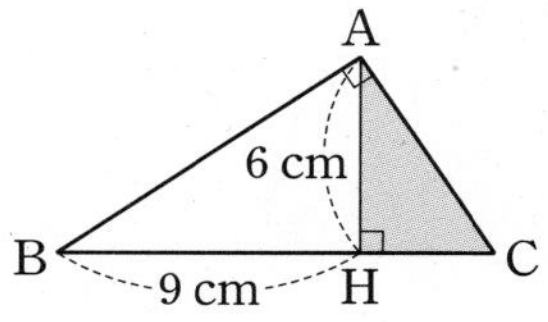

23 △ABC의 넓이

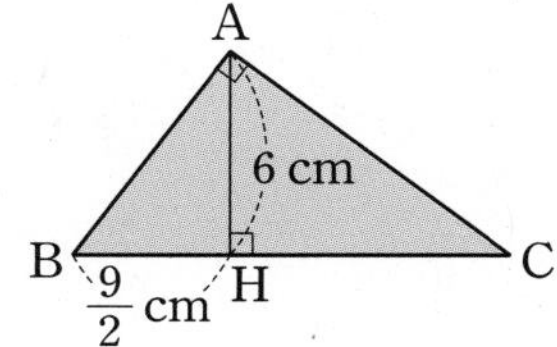

24 △ABH의 넓이

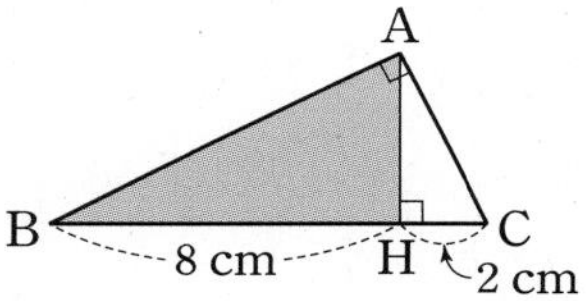

25 △ABC의 넓이

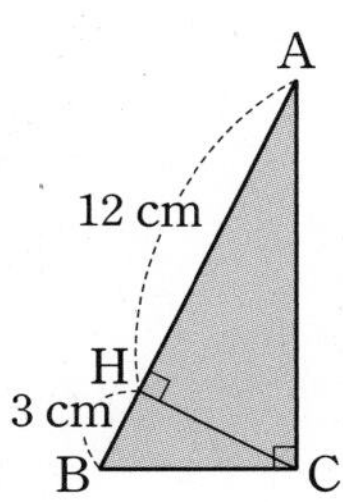

내가 발견한 개념

△ABC∽△HBA∽△HAC이면?

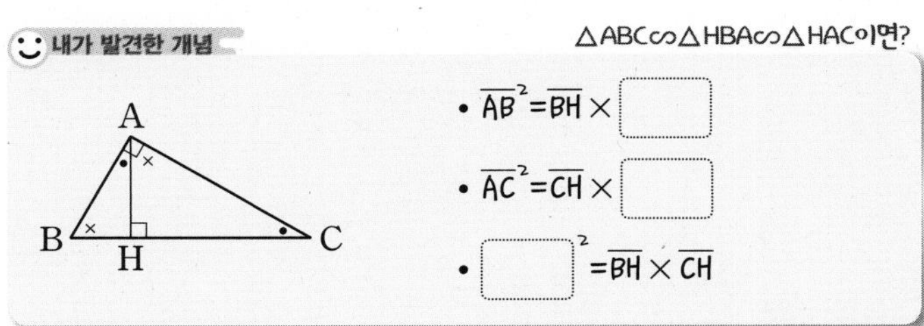

- $\overline{AB}^2=\overline{BH}\times$ □
- $\overline{AC}^2=\overline{CH}\times$ □
- □$^2=\overline{BH}\times\overline{CH}$

3rd 직각삼각형의 닮음을 활용하여 종이접기 문제 해결하기

● 다음 그림과 같이 직사각형 ABCD를 접었을 때, x의 값을 구하시오.

26

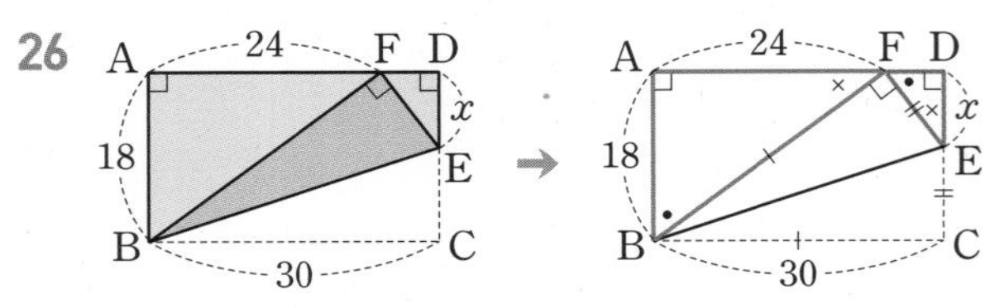

➜ △ABF와 △DFE에서

∠A=∠□=90°, ∠ABF+∠AFB=90°이고

∠AFB+∠□=90°이므로

∠ABF=∠□

따라서 △ABF∽△□ (□ 닮음)

즉 $\overline{AB}$: $\overline{DF}$=□ : $\overline{DE}$에서

$\overline{DF}$=$\overline{AD}$−$\overline{AF}$=□−24=□이므로

18 : □=□ : x

따라서 x=□

27

28

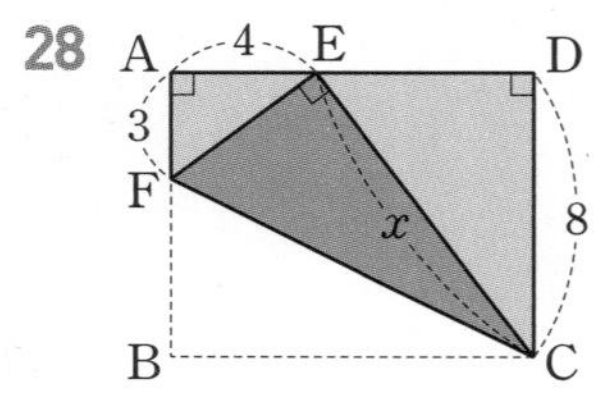

● 다음 그림과 같이 정삼각형 ABC를 접었을 때, x의 값을 구하시오.

29

➜ △DBE와 △ECF에서 ∠B=∠□=60°

∠BDE+∠DEB=120°이고

∠DEB+∠□=120°이므로

∠BDE=∠□

따라서 △DBE∽△□ (□ 닮음)

즉 $\overline{BE}$: $\overline{CF}$=□ : $\overline{EF}$에서

$\overline{EF}$=$\overline{AF}$=$\overline{AC}$−$\overline{FC}$=12−5=7이므로

4 : □=x : 7

따라서 x=□

30

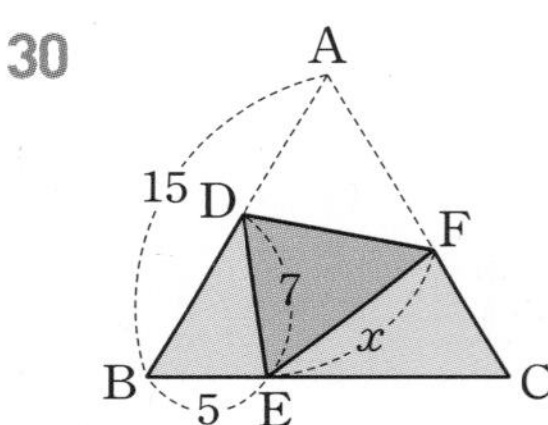

31

TEST 5. 도형의 닮음

1 다음 설명 중 옳지 않은 것은?

① 닮은 두 도형 중 한 도형을 확대 또는 축소하여 두 도형을 합동이 되게 할 수 있다.
② 닮음비가 1:1인 두 도형은 합동이다.
③ 두 직각삼각형은 닮은 도형이다.
④ 두 도형이 닮은 도형이면 대응각의 크기가 같다.
⑤ 두 도형이 닮은 도형이면 대응변의 길이의 비가 일정하다.

2 다음 그림에서 $\triangle ABC \backsim \triangle DEF$일 때, 다음 중 옳지 않은 것은?

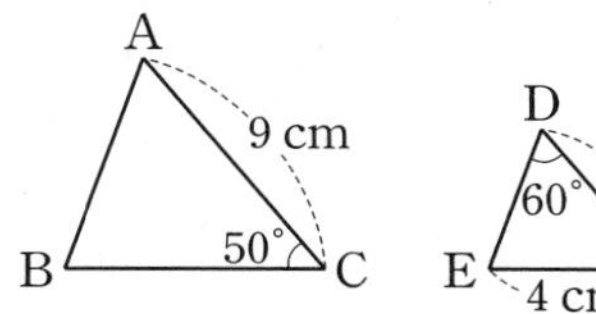

① $\triangle ABC$와 $\triangle DEF$의 닮음비는 3 : 2이다.
② $\angle A = \angle D = 60°$
③ $\overline{AB} : \overline{DE} = 3 : 2$
④ $\overline{BC} = 6$ cm
⑤ $\angle F = 70°$

3 다음 두 원기둥이 닮은 도형일 때, 작은 원기둥의 밑면인 원의 둘레의 길이는?

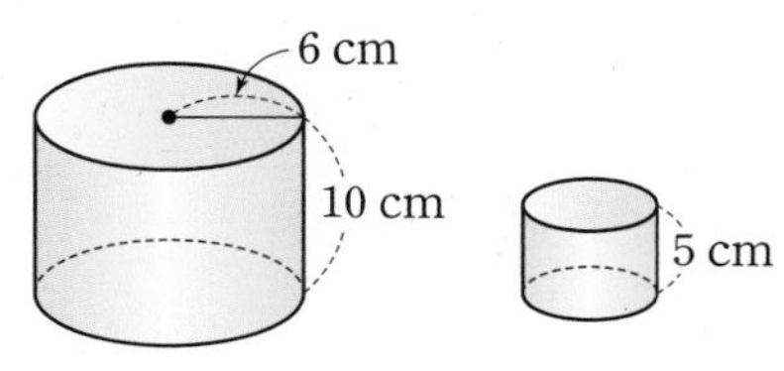

① 5π cm ② 6π cm ③ 7π cm
④ 8π cm ⑤ 9π cm

4 다음 중 $\triangle ABC \backsim \triangle DEF$가 되도록 하는 조건인 것을 모두 고르면? (정답 2개)

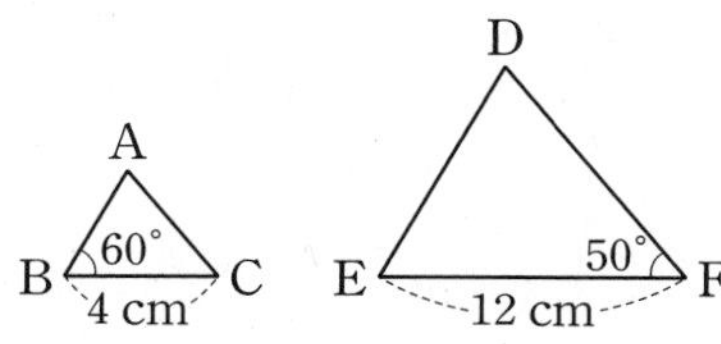

① $\overline{AB} = 5$ cm, $\overline{DE} = 15$ cm, $\angle D = 70°$
② $\overline{AC} = 3$ cm, $\overline{DF} = 9$ cm
③ $\overline{AC} = 7$ cm, $\overline{DF} = 21$ cm
④ $\angle A = 70°$, $\angle E = 60°$
⑤ $\angle C = 40°$, $\angle D = 60°$

5 오른쪽 그림과 같은 $\triangle ABC$에서 $\overline{AC}$의 길이를 구하시오.

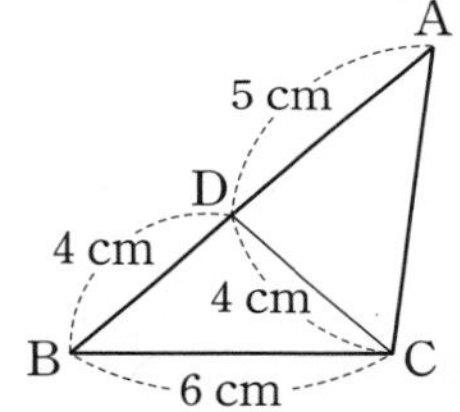

6 오른쪽 그림과 같은 $\triangle ABC$에서 $\triangle ABD$의 넓이가 108 cm^2일 때, $\triangle ABC$의 넓이를 구하시오.

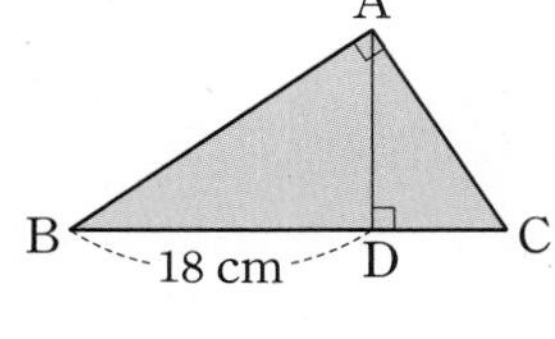

6

닮음비가 만들어지는,

평행선과 선분의 길이의 비

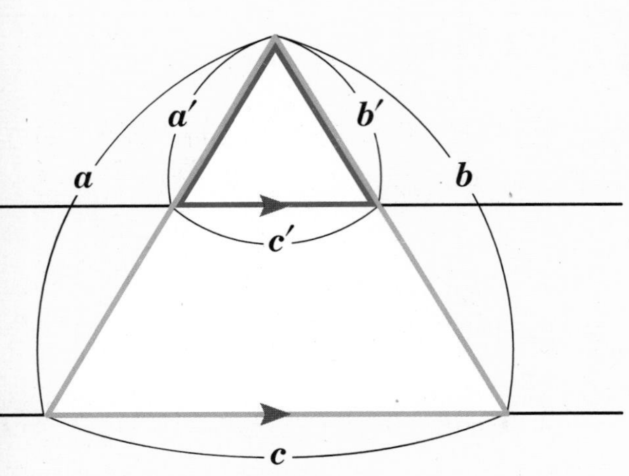

평행할 때 닮음!

$\overline{BC} /\!/ \overline{DE}$ 이면

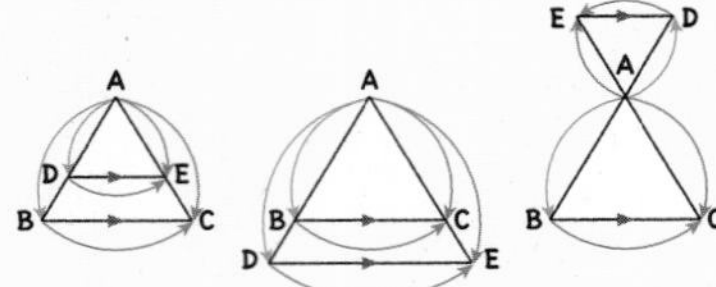

$\overline{AB} : \overline{AD} = \overline{AC} : \overline{AE} = \overline{BC} : \overline{DE}$

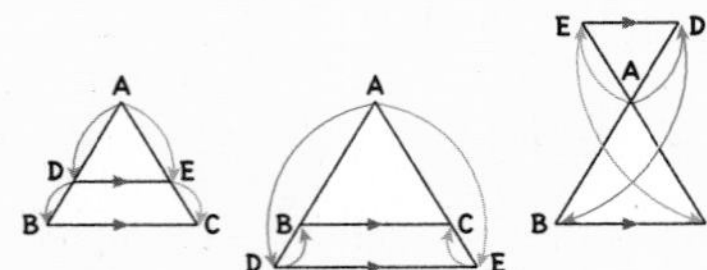

$\overline{AD} : \overline{DB} = \overline{AE} : \overline{EC}$

01 삼각형에서 평행선 사이의 선분의 길이의 비(1)

△ABC에서 $\overline{AB}$, $\overline{AC}$ 또는 그 연장선 위의 점을 각각 D, E라 할 때 $\overline{BC} /\!/ \overline{DE}$이면 길이의 비는 다음과 같아.

$\overline{AB} : \overline{AD} = \overline{AC} : \overline{AE} = \overline{BC} : \overline{DE}$,

$\overline{AD} : \overline{DB} = \overline{AE} : \overline{EC}$

이를 이용해서 삼각형의 변의 길이를 구하게 될 거야!

닮음일 때 평행!

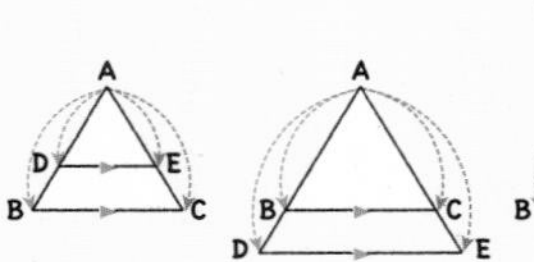

$\overline{AB} : \overline{AD} = \overline{AC} : \overline{AE}$ 이면 $\overline{BC} /\!/ \overline{DE}$

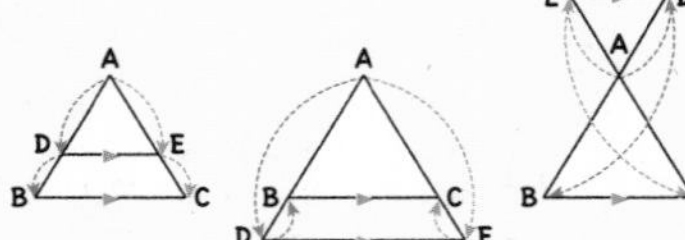

$\overline{AD} : \overline{DB} = \overline{AE} : \overline{EC}$ 이면 $\overline{BC} /\!/ \overline{DE}$

02 삼각형에서 평행선 사이의 선분의 길이의 비(2)

01의 반대 과정도 성립해. 즉

$\overline{AB} : \overline{AD} = \overline{AC} : \overline{AE}$이면 $\overline{BC} /\!/ \overline{DE}$

또는

$\overline{AD} : \overline{DB} = \overline{AE} : \overline{EC}$이면 $\overline{BC} /\!/ \overline{DE}$야.

평행할 때 닮음!

△ABC에서 ∠A의 이등분선과 $\overline{BC}$의 교점을 D라 하면

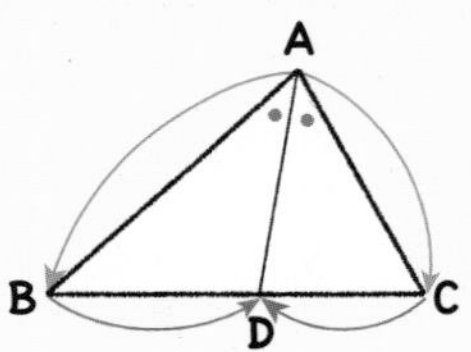

$\overline{AB} : \overline{AC} = \overline{BD} : \overline{CD}$

03 삼각형의 내각의 이등분선의 성질

삼각형의 내각의 이등분선의 성질에 의하여

$\overline{AB} : \overline{AC} = \overline{BD} : \overline{CD} = \triangle ABD : \triangle ACD$

이 성립해. 이를 이용하여 삼각형의 변의 길이도 구할 수 있지만 삼각형의 넓이도 구할 수 있어. 고등에서도 중요하게 쓰이니 꼭 기억해둬야 해!

평행할 때 닮음!

$\triangle ABC$에서 $\angle A$의 외각의 이등분선과 $\overline{BC}$의 연장선의 교점을 D라 하면

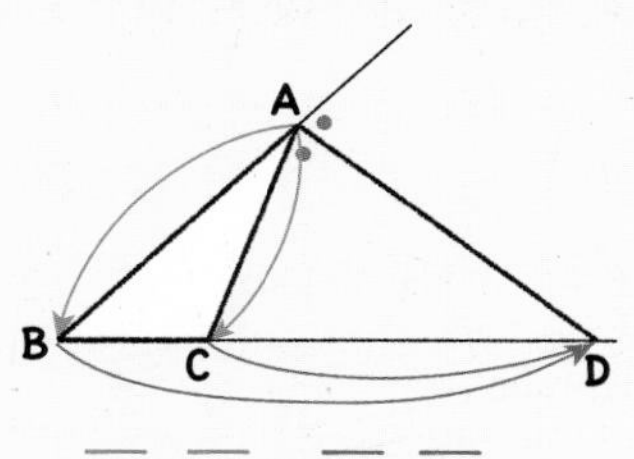

$\overline{AB} : \overline{AC} = \overline{BD} : \overline{CD}$

04 삼각형의 외각의 이등분선의 성질

삼각형의 외각의 이등분선의 성질에 의하여

$\overline{AB} : \overline{AC} = \overline{BD} : \overline{CD}$

가 성립해. 이를 이용하여 삼각형의 변의 길이와 넓이도 구할 수 있어. 삼각형의 내각의 이등분선의 성질과 혼동될 수 있으니 잘 구분해야 돼.

평행이동시켜 삼각형을 만들어!

$l \,/\!/\, m \,/\!/\, n$일 때

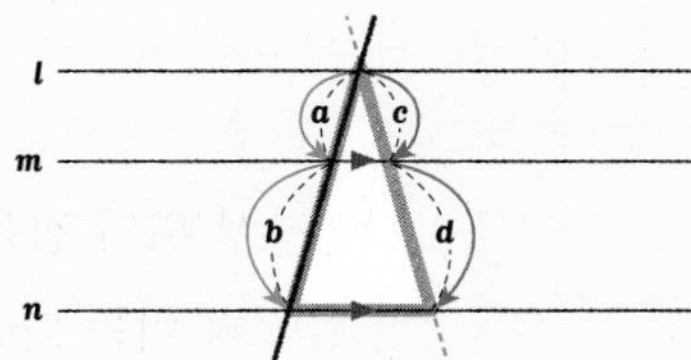

$a : b = c : d$
또는
$a : c = b : d$

05 평행선 사이의 선분의 길이의 비

세 평행선이 다른 두 직선과 만날 때, 평행선 사이의 선분의 길이의 비는 같아. 즉

$l \,/\!/\, m \,/\!/\, n$이면 $a : b = c : d$ 또는 $a : c = b : d$

보조선을 그어 삼각형을 만들어!

사다리꼴 ABCD에서 $\overline{AD} \,/\!/\, \overline{EF} \,/\!/\, \overline{BC}$일 때

❶ $\overline{DC}$에 평행한 선분 AH를 그어 x를 구하면

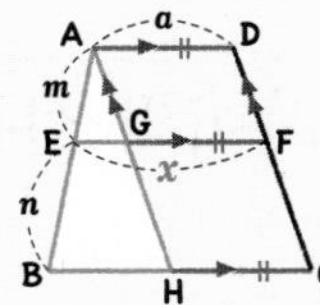

$\triangle ABH$에서 $\overline{EG} : \overline{BH} = m : (m+n)$

또한 $\overline{GF} = a$

$x = \overline{EG} + \overline{GF}$

❷ 대각선 AC를 그어 x를 구하면

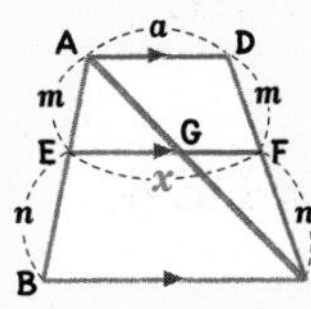

$\triangle ABC$에서 $\overline{EG} : \overline{BC} = m : (m+n)$

$\triangle CDA$에서 $\overline{GF} : \overline{AD} = n : (m+n)$

$x = \overline{EG} + \overline{GF}$

06 사다리꼴에서 평행선과 선분의 길이의 비

평행선과 선분의 길이의 비를 알면 사다리꼴에서도 변의 길이를 구할 수 있어. 보조선으로 평행선을 긋거나 대각선을 그어 삼각형 또는 평행사변형으로 쪼개면 돼!

삼각형과 평행선을 찾아!

$\overline{AC}$와 $\overline{BD}$의 교점을 E라 하고, $\overline{AB} \,/\!/\, \overline{EF} \,/\!/\, \overline{DC}$일 때

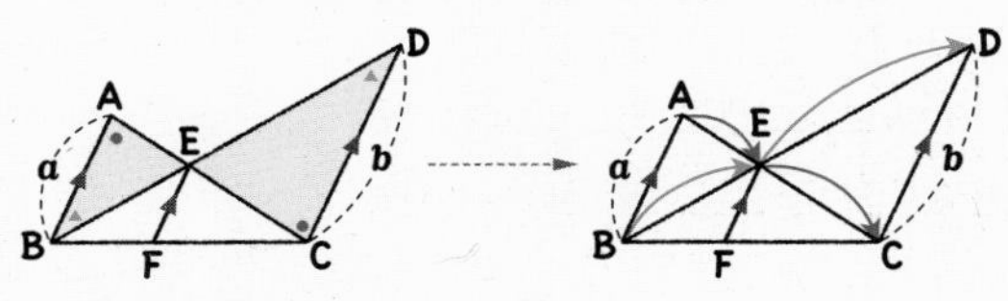

$\triangle ABE \backsim \triangle CDE$

$\overline{AE} : \overline{EC} = \overline{BE} : \overline{ED} = a : b$

07 평행선과 선분의 길이의 비의 응용

삼각형의 닮음을 이용하여 다음과 같은 닮음비를 알 수 있어.

① $\triangle ABE \backsim \triangle CDE$ → 닮음비는 $a : b$

② $\triangle BFE \backsim \triangle BCD$ → 닮음비는 $a : (a+b)$

③ $\triangle EFC \backsim \triangle ABC$ → 닮음비는 $b : (a+b)$

평행한 세 선분이 주어지고 선분의 길이를 구할 때 유용하게 쓰이니 잘 알아두자!

01 평행할 때 닮음!

삼각형에서 평행선 사이의 선분의 길이의 비(1)

△ABC에서 $\overline{AB}$, $\overline{AC}$ 또는 그 연장선 위의 점을 각각 D, E라 할 때

$\overline{BC}$ // $\overline{DE}$ 이면

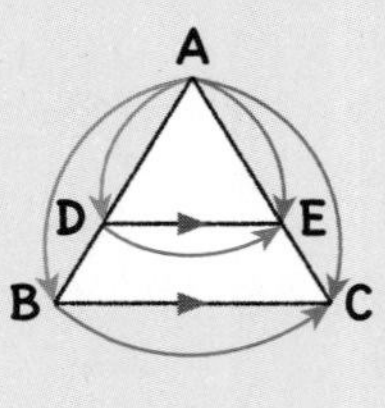
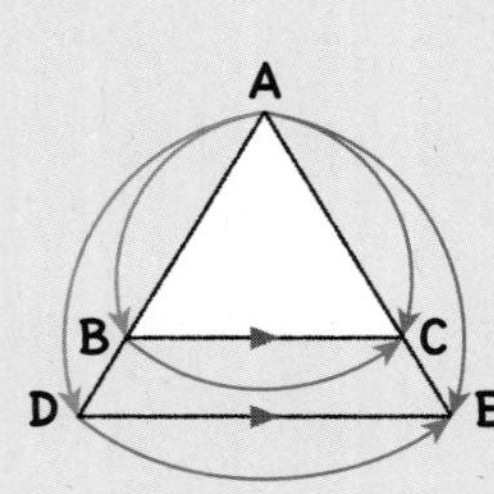
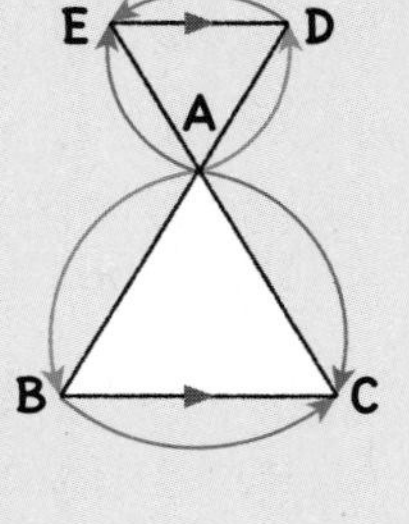

$\overline{AB}:\overline{AD}=\overline{AC}:\overline{AE}=\overline{BC}:\overline{DE}$

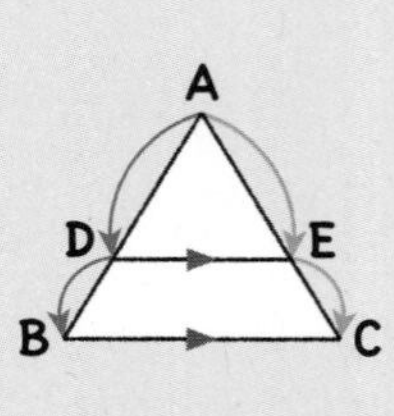
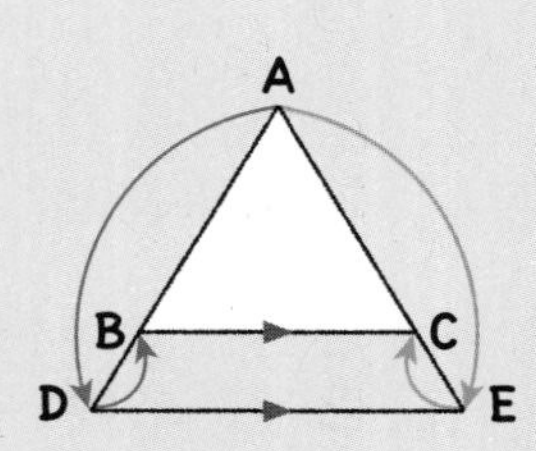
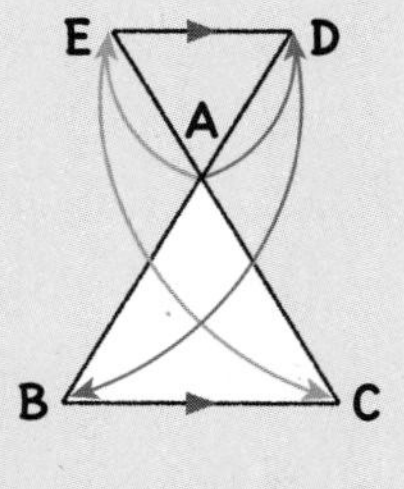

$\overline{AD}:\overline{DB}=\overline{AE}:\overline{EC}$

참고

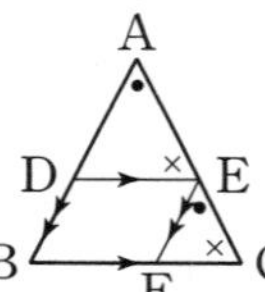

$\overline{BC}$ // $\overline{DE}$, $\overline{DB}$ // $\overline{EF}$이면
△ADE∽△EFC (AA 닮음)이므로
$\overline{AD}:\overline{EF}=\overline{AE}:\overline{EC}$
이때 □DBFE가 평행사변형이므로
$\overline{DB}=\overline{EF}$, 즉 $\overline{AD}:\overline{DB}=\overline{AE}:\overline{EC}$

1st 삼각형에서 평행선과 선분의 길이의 비를 한 번 이용하여 변의 길이 구하기

● 다음 그림에서 $\overline{BC}$ // $\overline{DE}$일 때, x의 값을 구하시오.

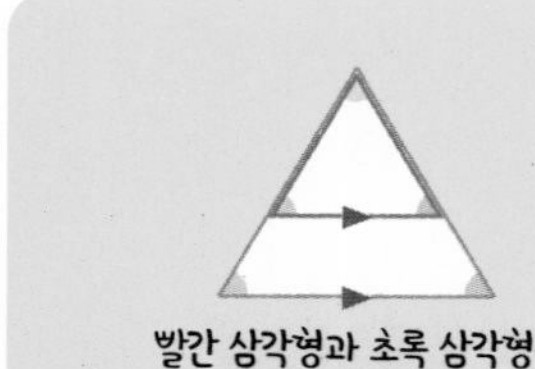
빨간 삼각형과 초록 삼각형은 서로 닮음이므로

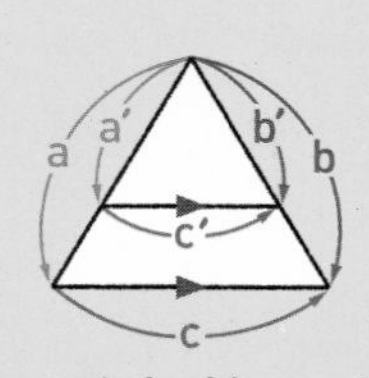
a : a′=b : b′=c : c′

1
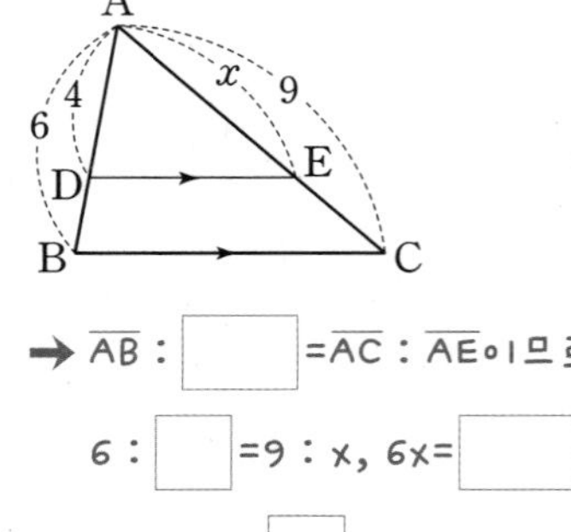

→ $\overline{AB}$: ☐ = $\overline{AC}$: $\overline{AE}$이므로
6 : ☐ = 9 : x, $6x$= ☐
따라서 x= ☐

2
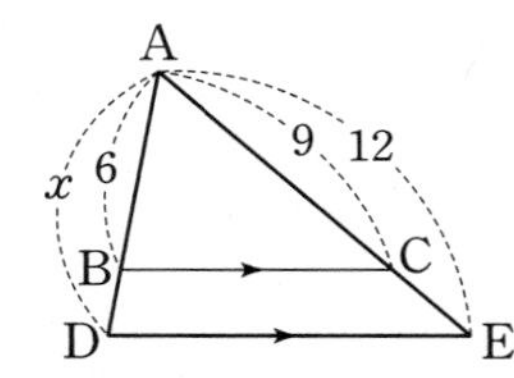

3
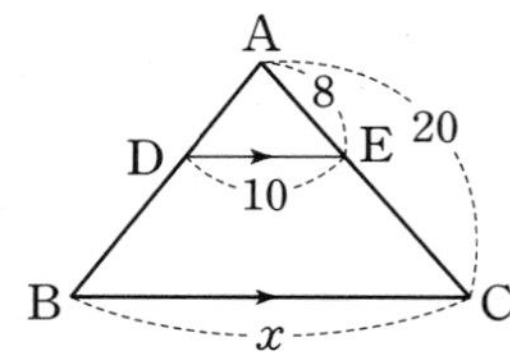

4
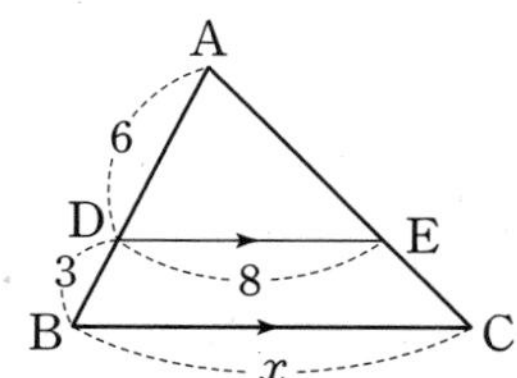

5

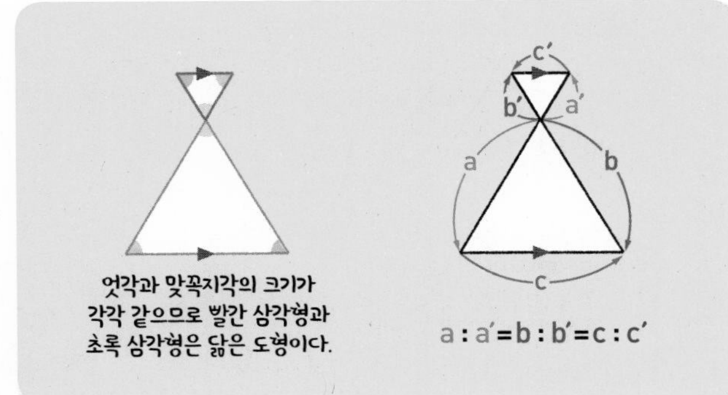

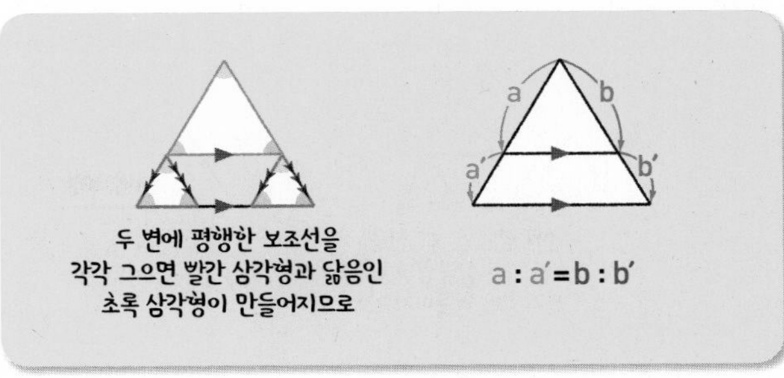

6

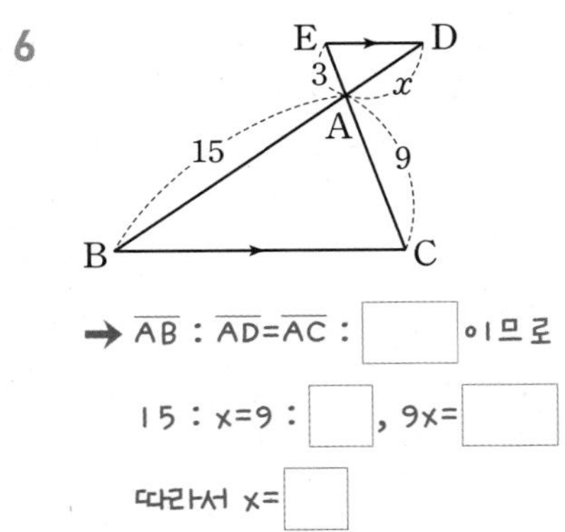

➔ $\overline{AB}$: $\overline{AD}$=$\overline{AC}$: ☐이므로

15 : x=9 : ☐, 9x=☐

따라서 x=☐

7

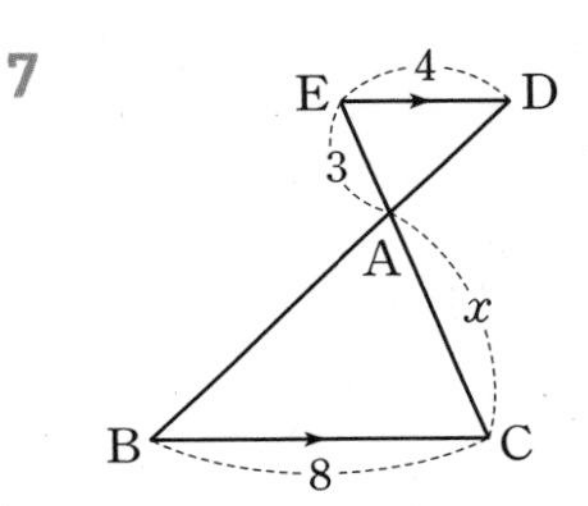

8

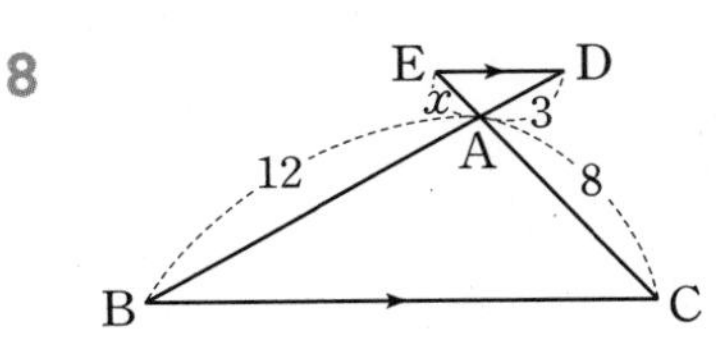

9

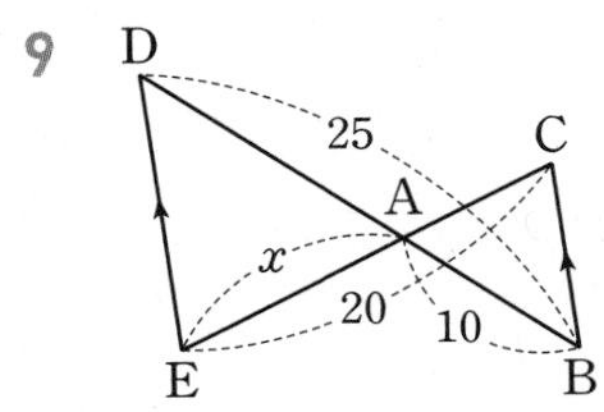

10

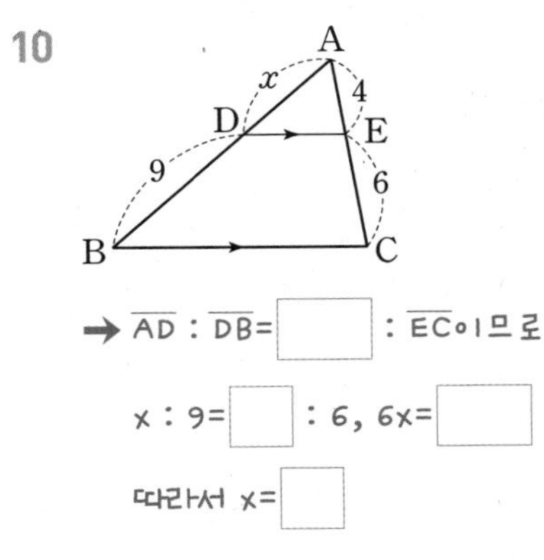

➔ $\overline{AD}$: $\overline{DB}$=☐ : $\overline{EC}$이므로

x : 9=☐ : 6, 6x=☐

따라서 x=☐

11

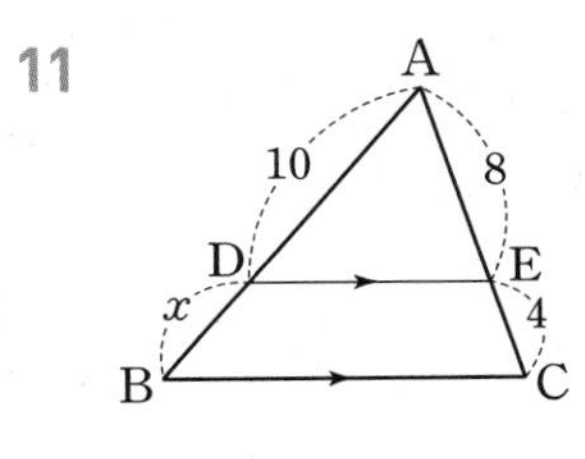

12

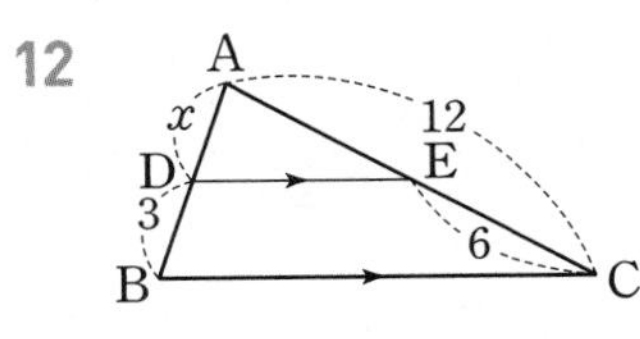

13

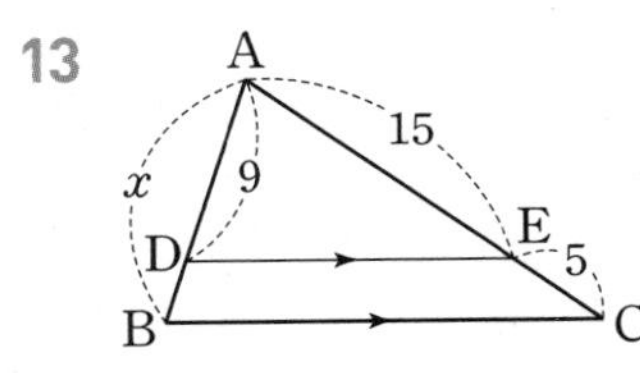

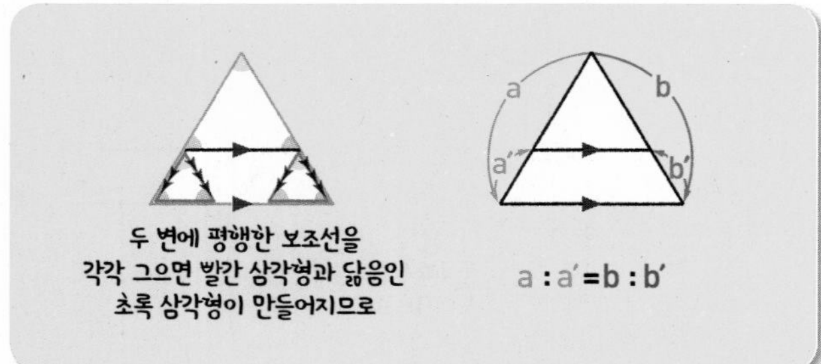

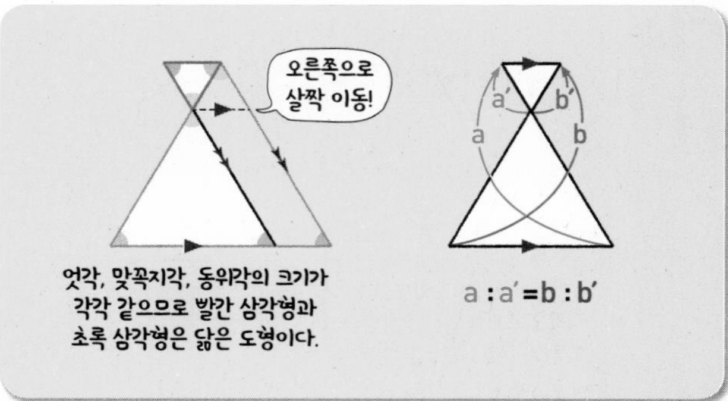

14

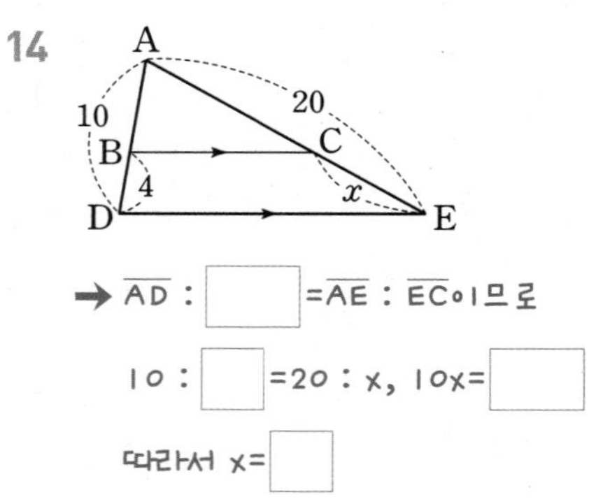

→ $\overline{AD}$: ☐ = $\overline{AE}$: $\overline{EC}$이므로

10 : ☐ = 20 : x, $10x$ = ☐

따라서 x = ☐

15

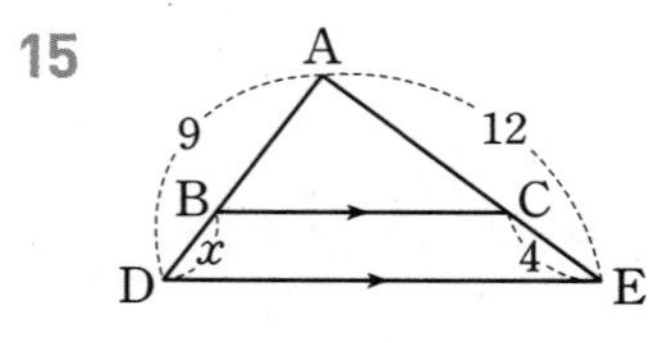

16

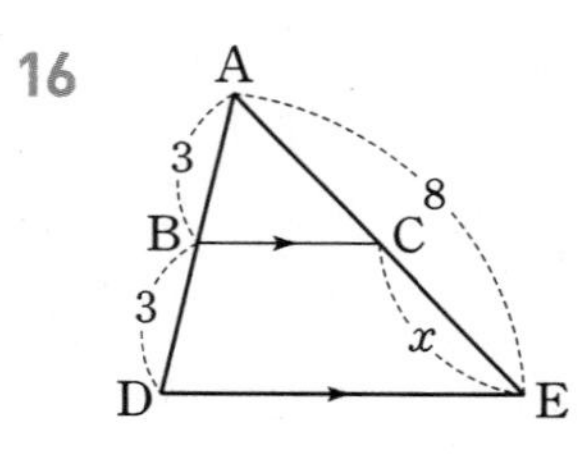

17

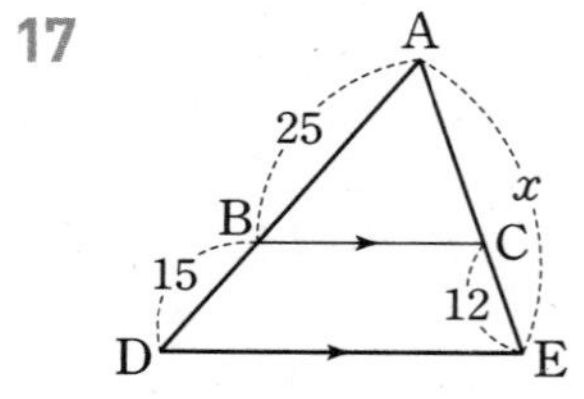

18

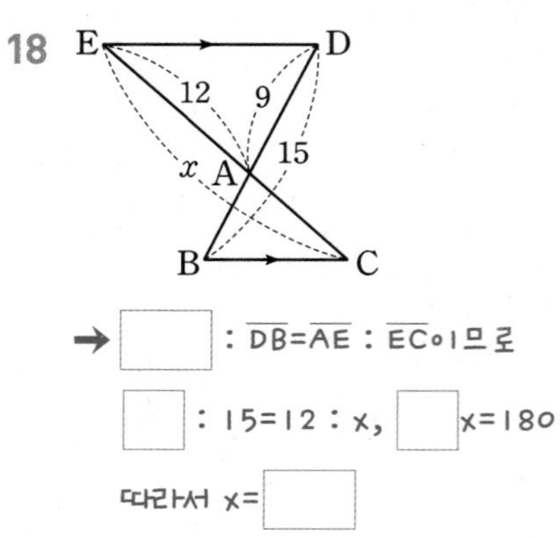

→ ☐ : $\overline{DB}$ = $\overline{AE}$: $\overline{EC}$이므로

☐ : 15 = 12 : x, ☐ x = 180

따라서 x = ☐

19

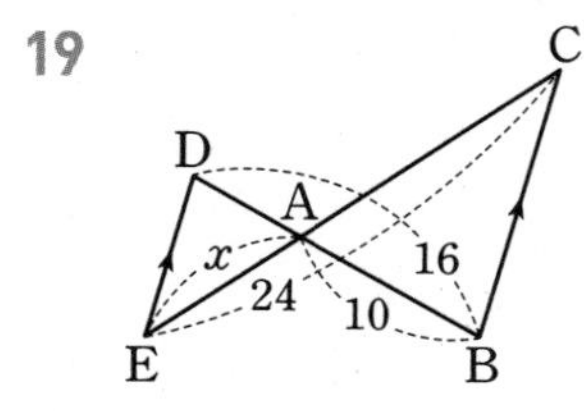

20

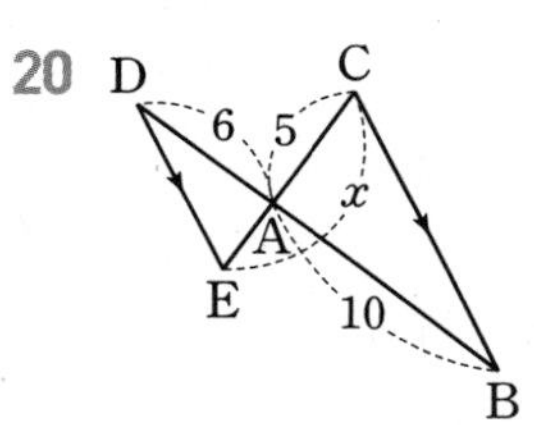

21

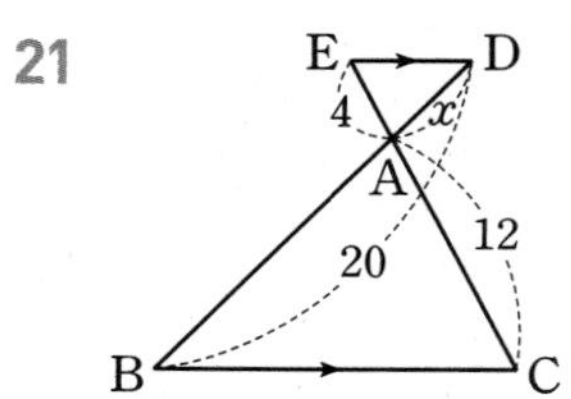

2nd 삼각형에서 평행선과 선분의 길이의 비를 여러 번 이용하여 변의 길이 구하기

● 다음 그림에서 $\overline{BC} /\!/ \overline{DE}$일 때, x, y의 값을 구하시오.

22

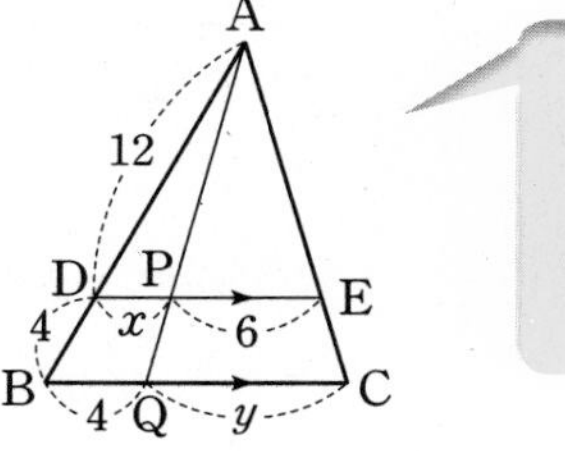

➜ ☐ : 12=4 : x이므로 x=☐

☐ : 12=y : 6이므로 y=☐

23

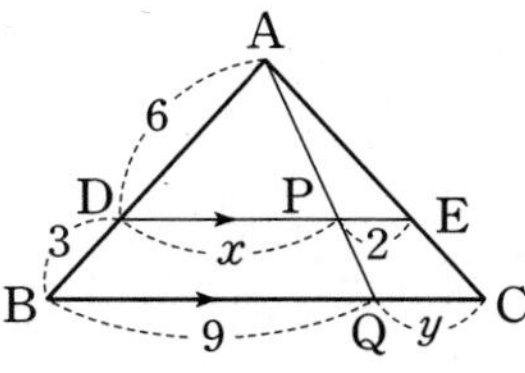

24

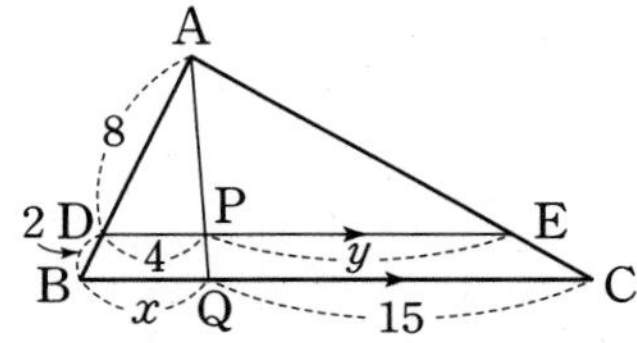

25

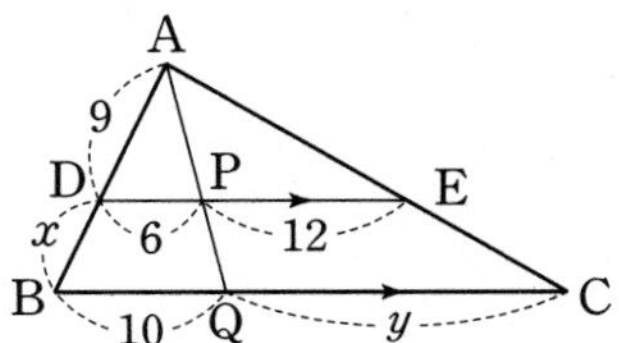

내가 발견한 개념 — 삼각형에서 평행선과 선분의 길이의 비는?

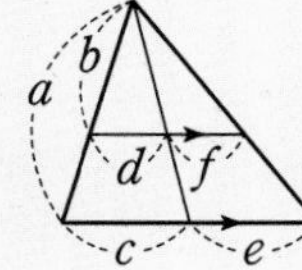

• a : b=☐ : d=e : ☐

● 다음 그림에서 $\overline{CB} /\!/ \overline{DE} /\!/ \overline{FG}$일 때, x, y의 값을 구하시오.

26

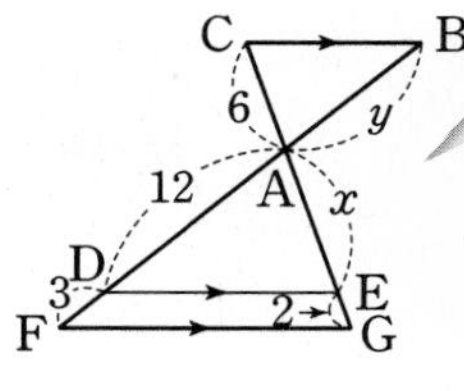

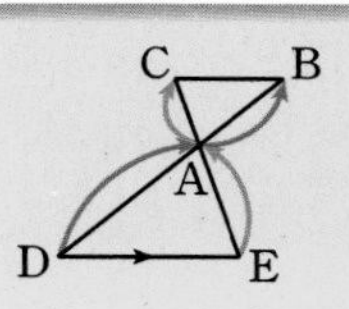

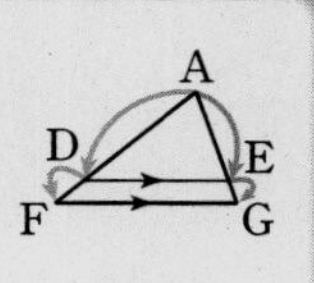

➜ 12 : 3=x : 2이므로 x=☐

6 : ☐=y : 12이므로 y=☐

27

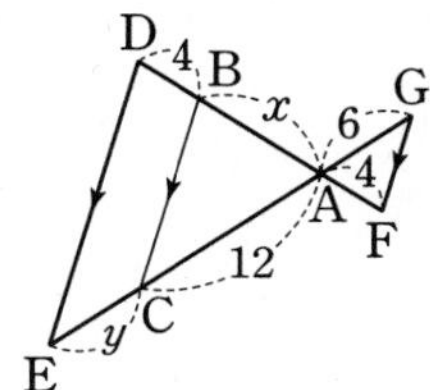

28

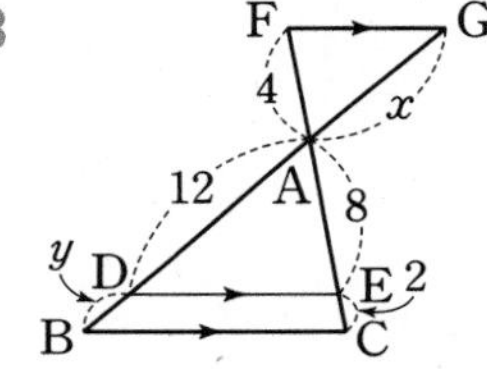

29

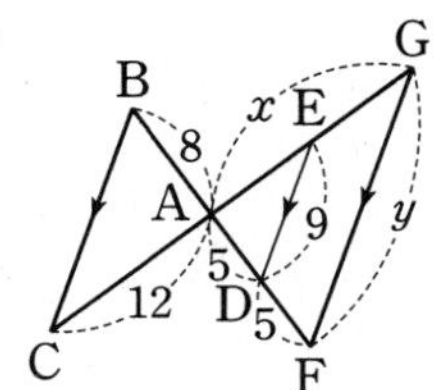

내가 발견한 개념 — 삼각형에서 평행선과 선분의 길이의 비는?

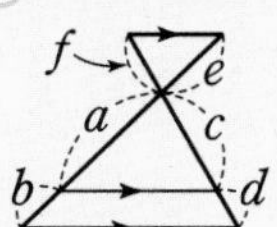

• a : ☐=c : d

• a : e=c : ☐

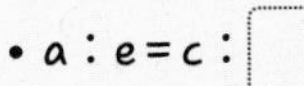

02 닮음일 때 평행!

삼각형에서 평행선 사이의 선분의 길이의 비(2)

△ABC에서 $\overline{AB}$, $\overline{AC}$ 또는 그 연장선 위의 점을 각각 D, E라 할 때

$\overline{AB}:\overline{AD}=\overline{AC}:\overline{AE}$ 이면

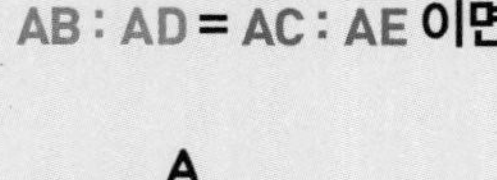

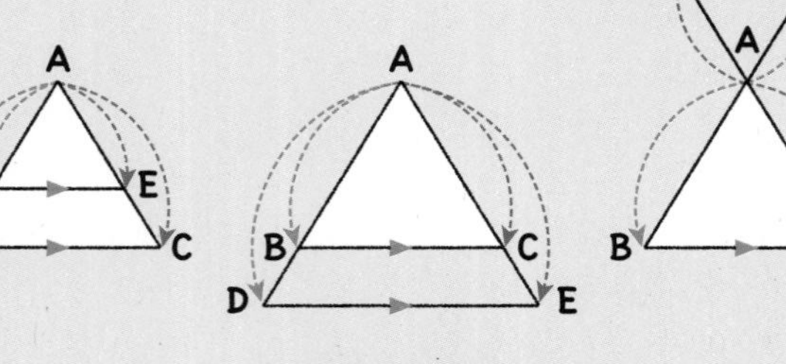

$\overline{BC}\ /\!/\ \overline{DE}$

$\overline{AD}:\overline{DB}=\overline{AE}:\overline{EC}$ 이면

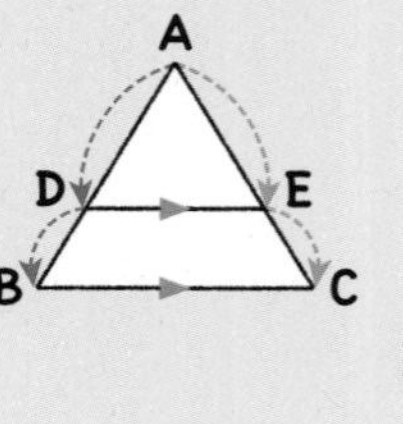

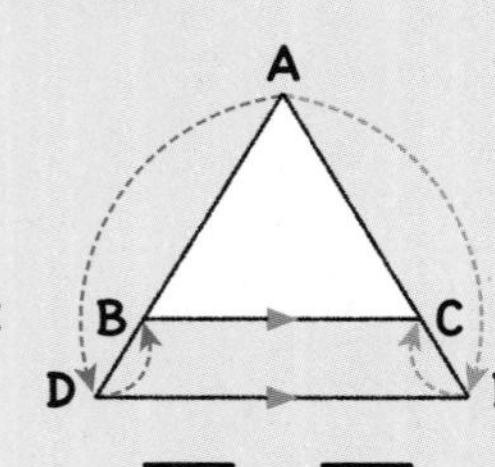

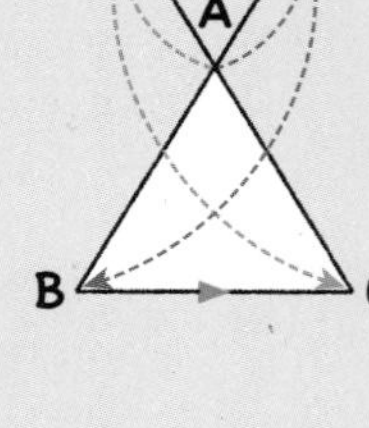

$\overline{BC}\ /\!/\ \overline{DE}$

1st — 선분의 길이의 비를 이용하여 평행선인지 판단하기

● △ABC에서 $\overline{AB}$, $\overline{AC}$ 또는 그 연장선 위의 점을 각각 D, E라 할 때, □ 안에 알맞은 것을 써넣고 옳은 것에 ○를 하시오.

1

→ $\overline{AB}:\overline{AD}=9:\square=3:\square$

$\overline{AC}:\square=15:\square=3:\square$

즉 $\overline{AB}:\overline{AD}=\overline{AC}:\square$이므로

$\overline{BC}$와 $\overline{DE}$는 (평행하다 , 평행하지 않다).

2

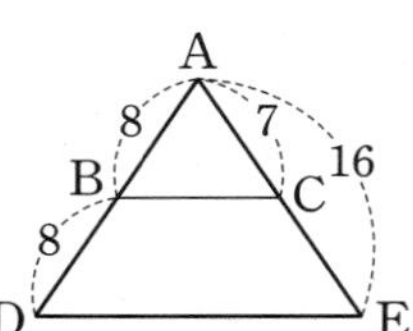

→ $\overline{AB}:\overline{AD}=8:(8+\square)=1:\square$

$\square:\overline{AE}=\square:16$

즉 $\overline{AB}:\overline{AD}\neq\square:\overline{AE}$이므로

$\overline{BC}$와 $\overline{DE}$는 (평행하다 , 평행하지 않다).

3

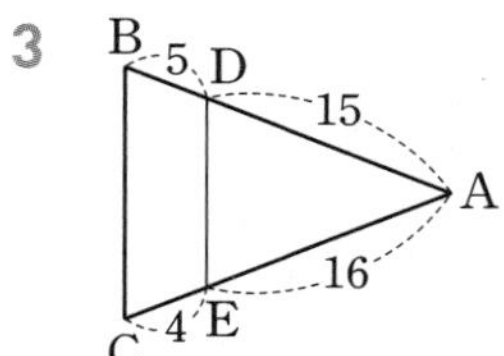

→ $\overline{AD}:\overline{DB}=\square:5=\square:1$

$\overline{AE}:\square=16:\square=4:\square$

즉 $\overline{AD}:\overline{DB}\neq\overline{AE}:\square$이므로

$\overline{BC}$와 $\overline{DE}$는 (평행하다 , 평행하지 않다).

4

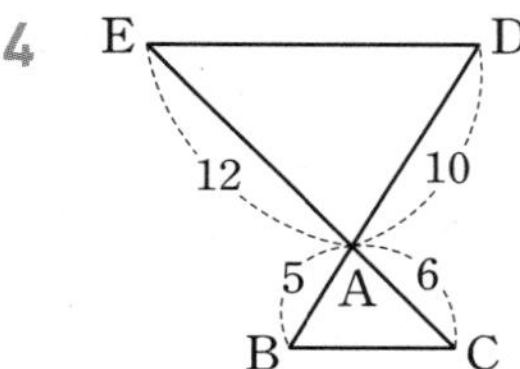

→ $\overline{AB}:\overline{AD}=5:\square=1:\square$

$\square:\overline{AE}=\square:12=\square:2$

즉 $\overline{AB}:\overline{AD}=\square:\overline{AE}$이므로

$\overline{BC}$와 $\overline{DE}$는 (평행하다 , 평행하지 않다).

5

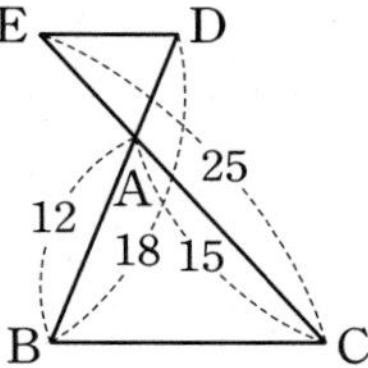

→ $\overline{AB}$: ☐ =12 : ☐ =2 : ☐

$\overline{AC}$: $\overline{CE}$= ☐ : 25= ☐ : 5

즉 $\overline{AB}$: ☐ ≠$\overline{AC}$: $\overline{CE}$이므로

$\overline{BC}$와 $\overline{DE}$는 (평행하다 , 평행하지 않다).

● **다음 그림에서 $\overline{BC}$와 $\overline{DE}$가 평행한 것은 ○를, 평행하지 않은 것은 ×를 ( ) 안에 써넣으시오.**

6

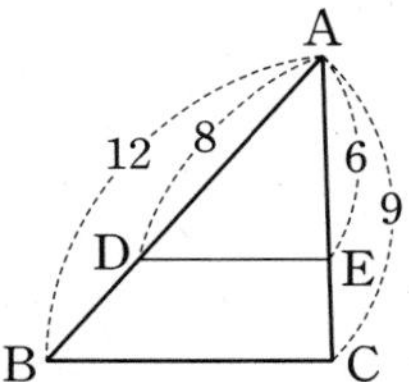

( )

7

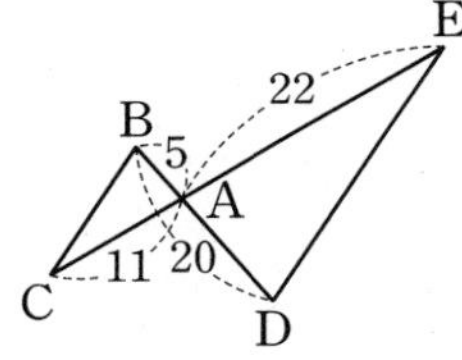

( )

8

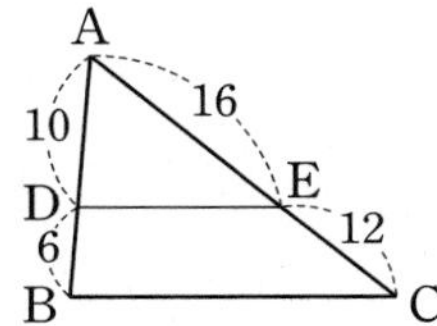

( )

9

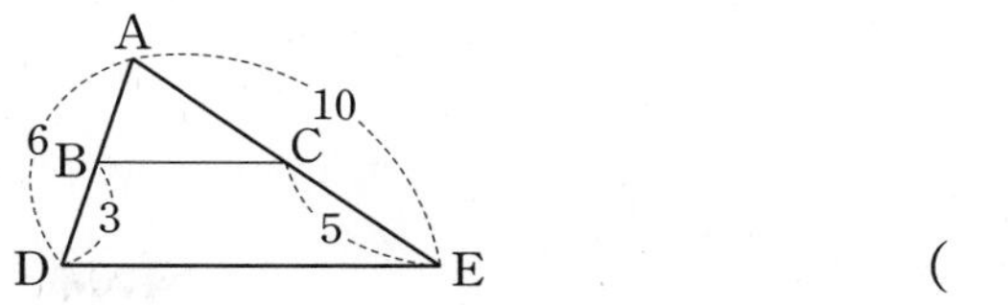

( )

10

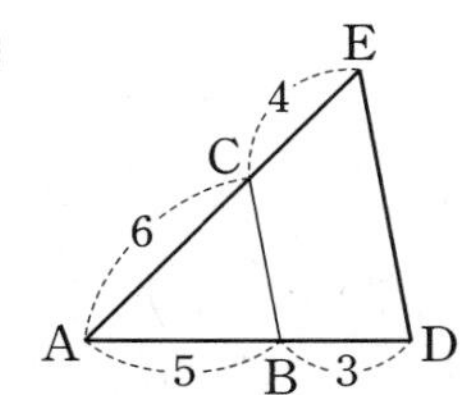

( )

11

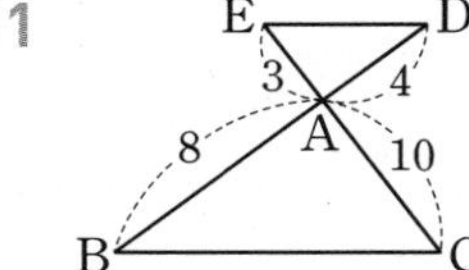

( )

개념모음문제

12 다음 **보기**에서 $\overline{BC}/\!/\overline{DE}$인 것만을 있는 대로 고른 것은?

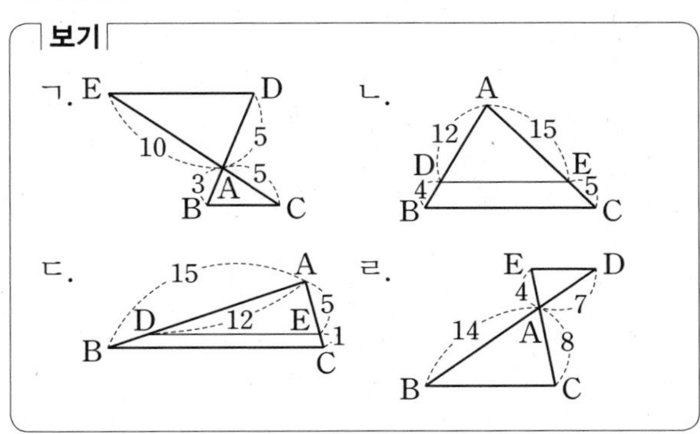

① ㄱ, ㄴ ② ㄱ, ㄹ ③ ㄴ, ㄷ
④ ㄴ, ㄹ ⑤ ㄷ, ㄹ

03 평행할 때 닮음!

삼각형의 내각의 이등분선의 성질

△ABC에서 ∠A의 이등분선과 $\overline{BC}$의 교점을 D라 하면

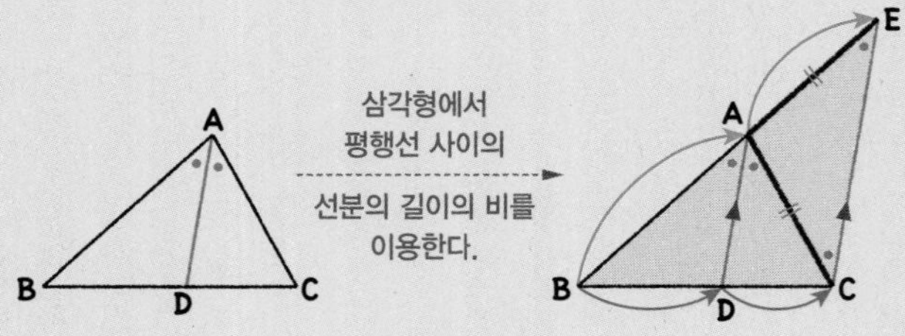

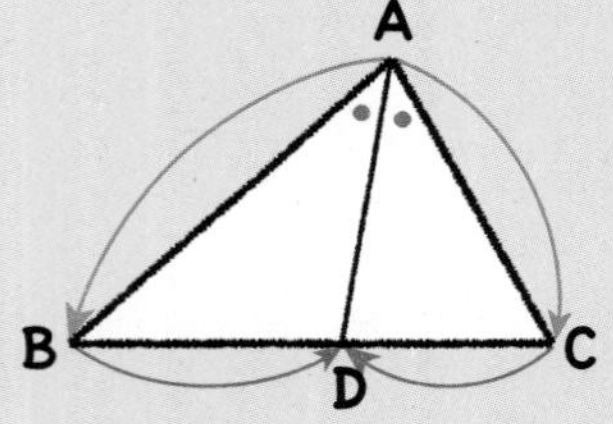

$$\overline{AB} : \overline{AC} = \overline{BD} : \overline{CD}$$

참고 삼각형의 내각의 이등분선과 삼각형의 넓이의 비

△ABD : △ACD $= \overline{BD} : \overline{CD} = \overline{AB} : \overline{AC}$

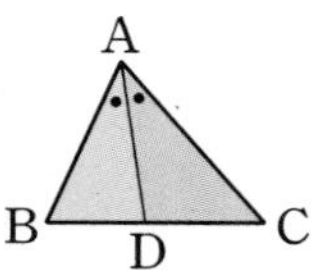

1st 삼각형의 내각의 이등분선을 이용하여 변의 길이 구하기

• **다음 그림과 같은 △ABC에서 $\overline{AD}$가 ∠A의 이등분선일 때, x의 값을 구하시오.**

1

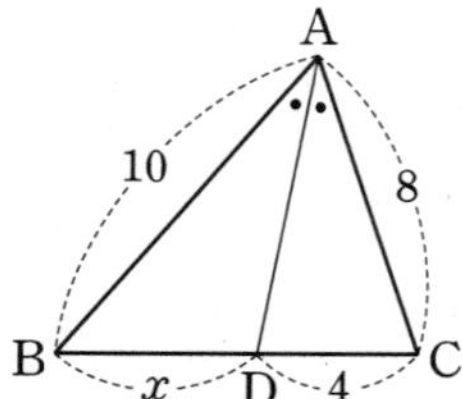

➡ $\overline{AB} : \overline{AC} =$ ☐ $: \overline{CD}$이므로

10 : 8 = x : ☐, 8x = ☐

따라서 x = ☐

2

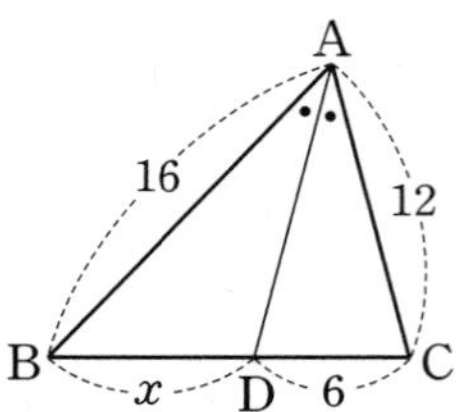

3

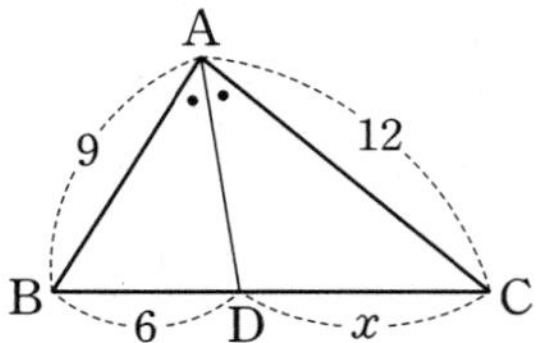

4

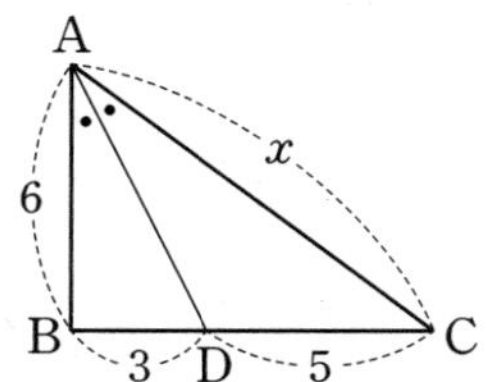

5

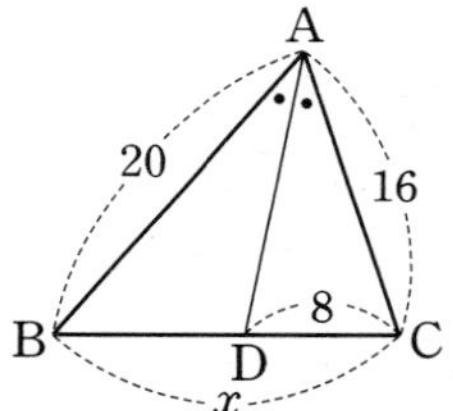

6

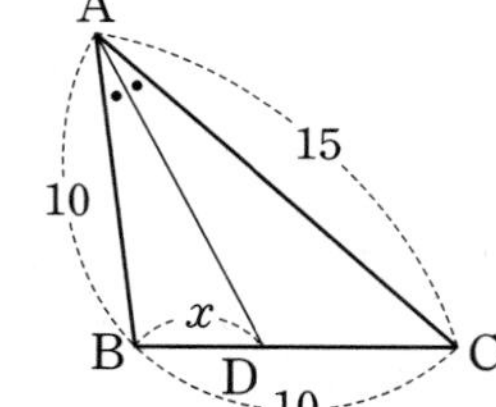

7

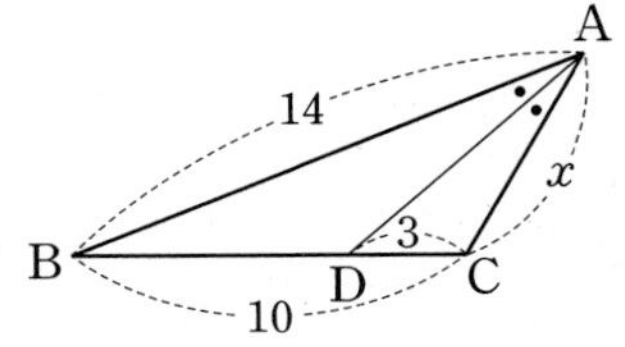

8

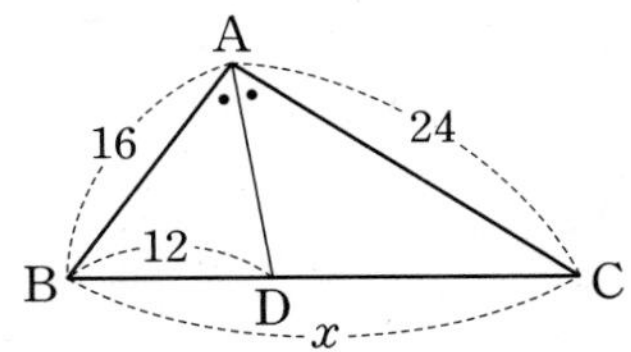

9

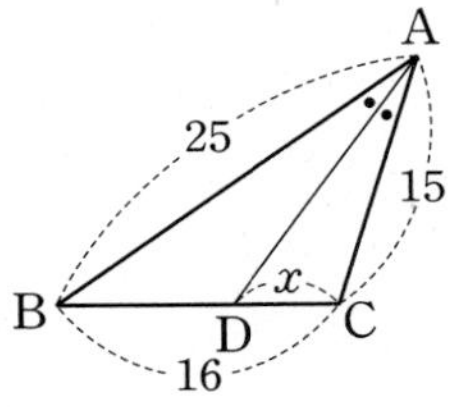

10

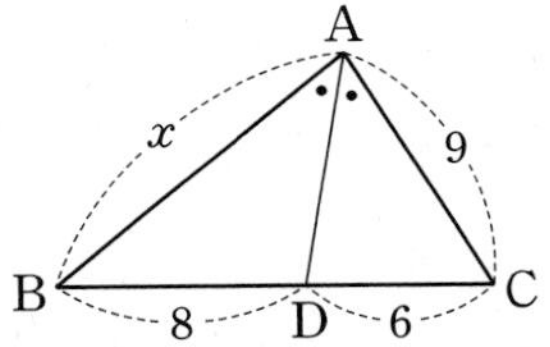

11

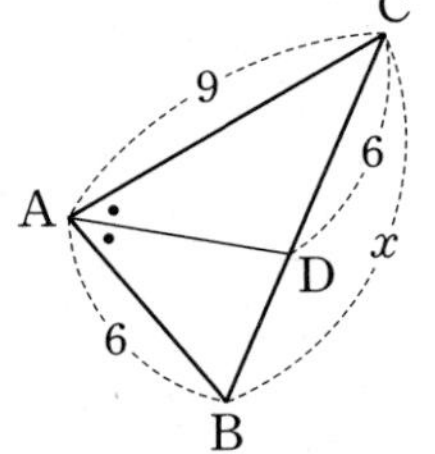

2nd 삼각형의 내각의 이등분선을 이용하여 삼각형의 넓이 구하기

● **오른쪽 그림과 같은 $\triangle ABC$ 에서 $\overline{AD}$가 $\angle A$의 이등분선일 때, 다음 물음에 답하시오.**

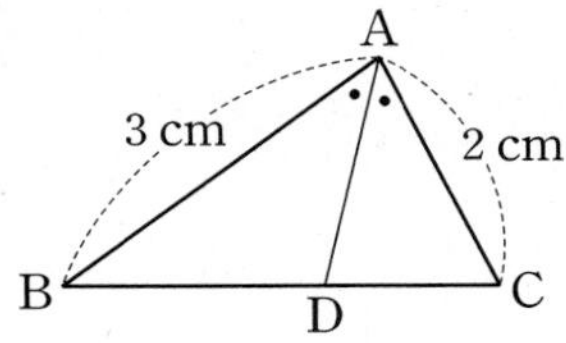

12 $\overline{BD} : \overline{CD}$를 가장 간단한 자연수의 비로 나타내시오.

13 $\triangle ABD$와 $\triangle ACD$의 넓이의 비를 구하시오.

14 $\triangle ACD = 20\ \text{cm}^2$일 때, $\triangle ABD$의 넓이를 구하시오.

15 $\triangle ABC = 60\ \text{cm}^2$일 때, $\triangle ACD$의 넓이를 구하시오.

내가 발견한 개념 삼각형의 내각의 이등분선과 넓이의 비는?

• $\triangle ABD : \triangle ADC = \overline{BD} :$ ☐ $= a :$ ☐

• $\triangle ABD : \triangle ABC = \overline{BD} :$ ☐ $= a :$ (☐)

개념모음문제

16 오른쪽 그림의 $\triangle ABC$에서 $\overline{AD}$는 $\angle A$의 이등분선이고 $\overline{AB} = 6\ \text{cm}$, $\overline{AC} = 8\ \text{cm}$이다. $\triangle ABD$의 넓이가 $24\ \text{cm}^2$일 때, $\triangle ACD$의 넓이는?

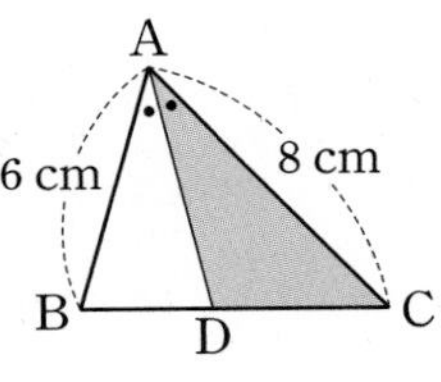

① $28\ \text{cm}^2$ ② $30\ \text{cm}^2$ ③ $32\ \text{cm}^2$
④ $34\ \text{cm}^2$ ⑤ $36\ \text{cm}^2$

04

평행할 때 닮음!

삼각형의 외각의 이등분선의 성질

△ABC에서 ∠A의 외각의 이등분선과 $\overline{BC}$의 연장선의 교점을 D라 하면

$$\overline{AB} : \overline{AC} = \overline{BD} : \overline{CD}$$

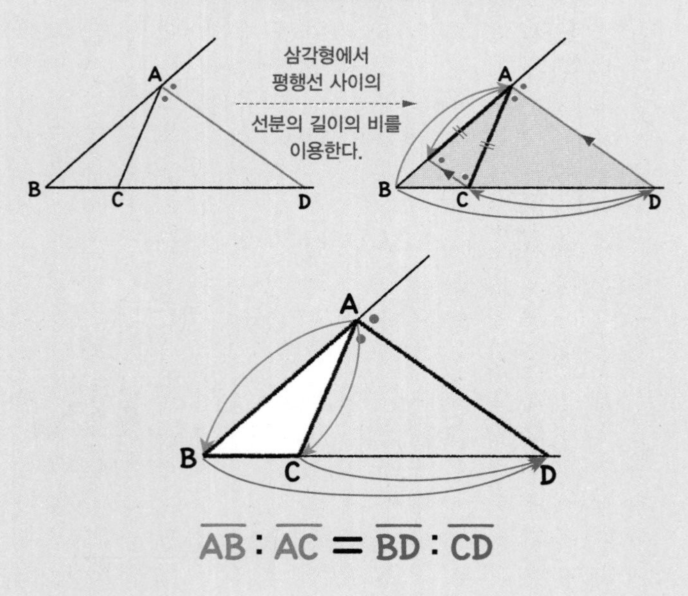

1st 삼각형의 외각의 이등분선을 이용하여 변의 길이 구하기

● **다음 그림과 같은 △ABC에서 ∠A의 외각의 이등분선과 $\overline{BC}$의 연장선의 교점을 D라 할 때, x의 값을 구하시오.**

1

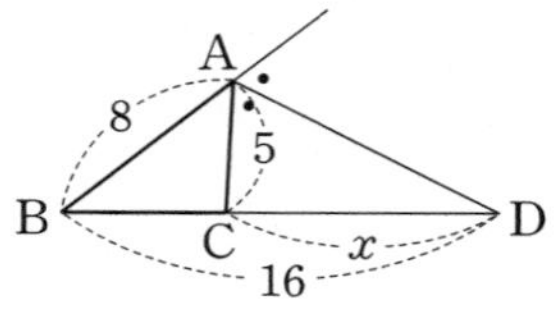

→ $\overline{AB}$: [   ] = $\overline{BD}$: $\overline{CD}$이므로

8 : [   ] = 16 : x, 8x = [   ]

따라서 x = [   ]

2

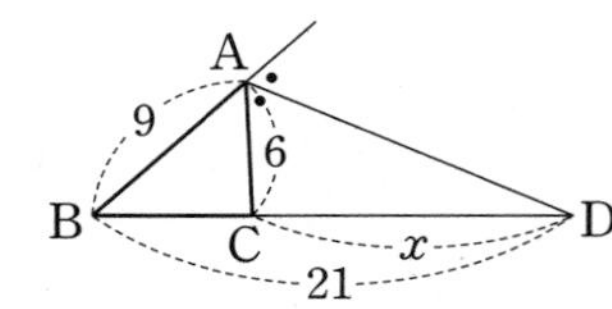

3

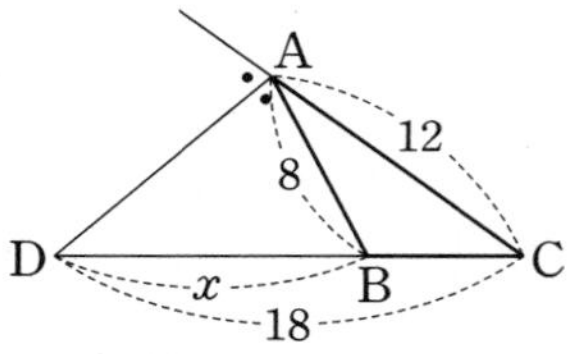

4

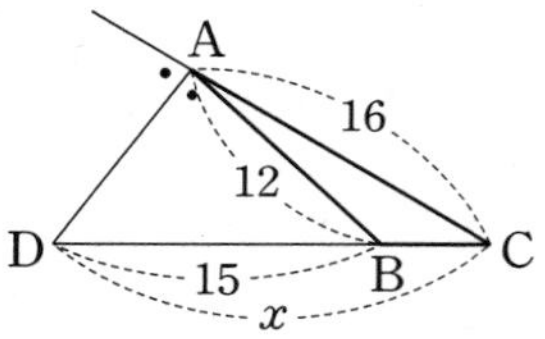

5

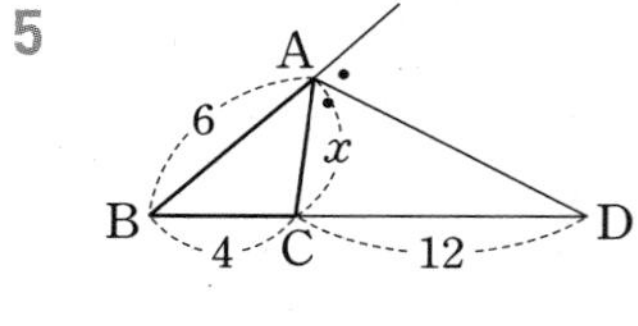

6

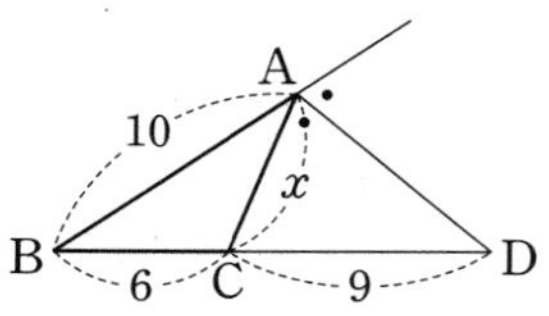

7

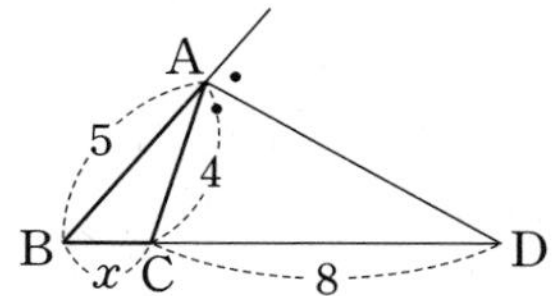

8

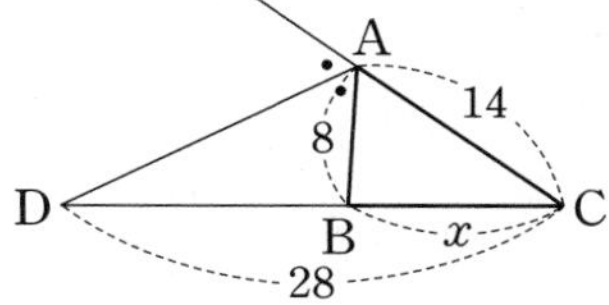

9

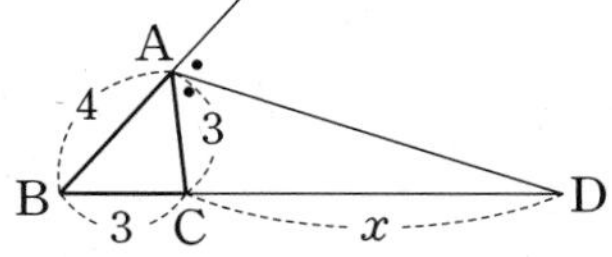

10

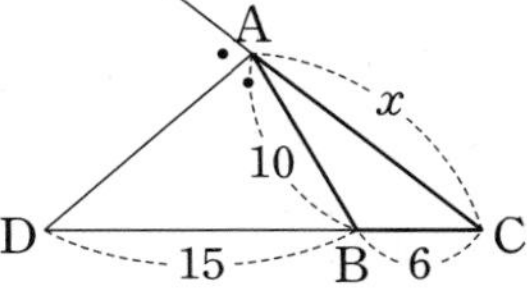

11

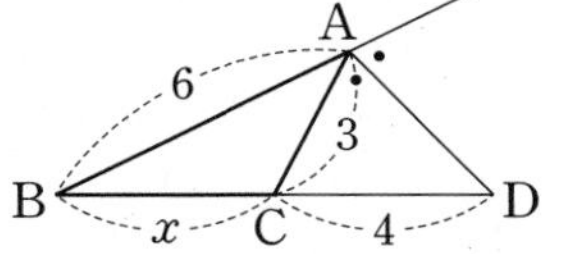

2nd 삼각형의 외각의 이등분선을 이용하여 삼각형의 넓이 구하기

● **오른쪽 그림과 같은 △ABC에서 ∠A의 외각의 이등분선과 $\overline{BC}$의 연장선의 교점을 D라 할 때, 다음 물음에 답하시오.**

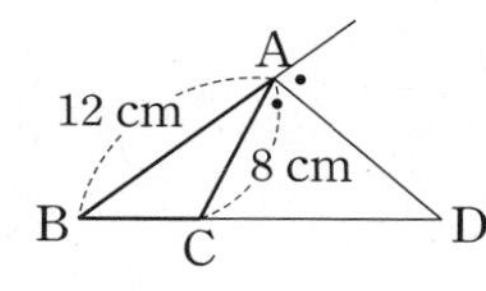

12 $\overline{BD}:\overline{CD}$를 가장 간단한 자연수의 비로 나타내시오.

13 △ABD와 △ACD의 넓이의 비를 구하시오.

14 △ABD$=48\text{ cm}^2$일 때, △ACD의 넓이를 구하시오.

15 △ACD$=8\text{ cm}^2$일 때, △ABD의 넓이를 구하시오.

내가 발견한 개념 삼각형의 외각의 이등분선과 넓이의 비는?

• △ABD : △ACD$=\overline{BD}$: ☐

$=a$: ☐

개념모음문제

16 오른쪽 그림과 같이 △ABC에서 ∠A의 외각의 이등분선이 $\overline{BC}$의 연장선과 만나는 점을 D라 하자. △ABC의 넓이가 10 cm^2일 때, △ACD의 넓이는?

① 20 cm^2 ② 25 cm^2 ③ 30 cm^2
④ 35 cm^2 ⑤ 40 cm^2

05

평행이동시켜 삼각형을 만들어!

평행선 사이의 선분의 길이의 비

$l \,/\!/\, m \,/\!/\, n$일 때

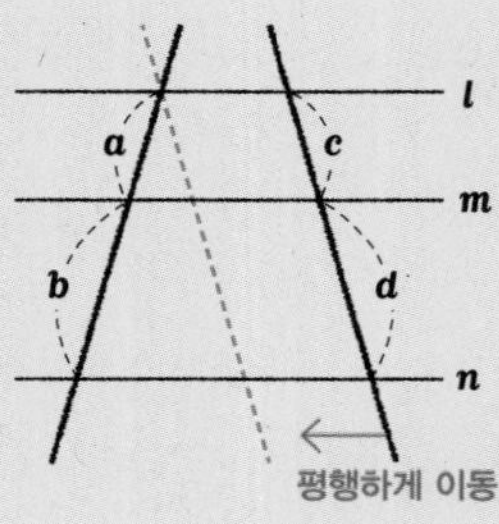

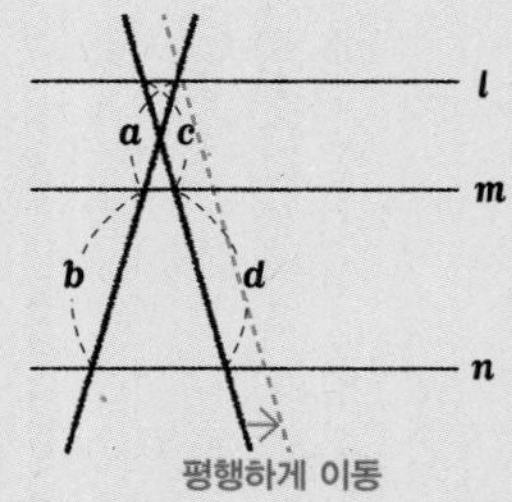

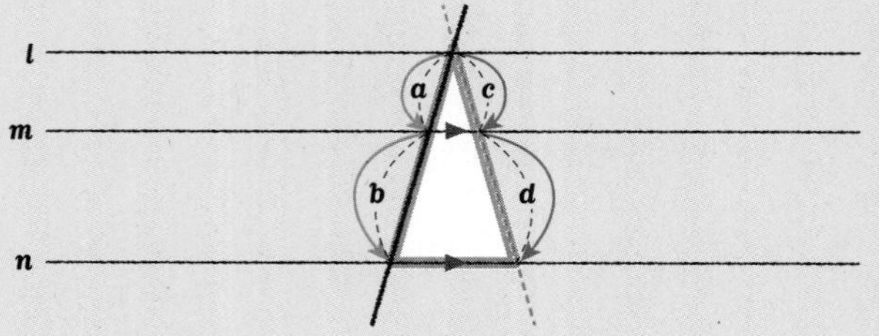

$$a:b=c:d \text{ 또는 } a:c=b:d$$

• 평행한 세 직선이 다른 두 직선을 만날 때 평행선 사이의 선분의 길이의 비는 같다.

1st 평행선 사이의 선분의 길이의 비를 이용하여 선분의 길이 구하기

● 다음 그림에서 $l \,/\!/\, m \,/\!/\, n$일 때, x의 값을 구하시오.

1

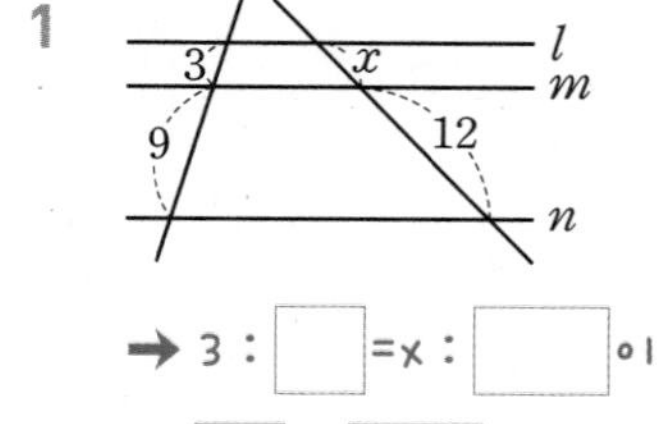

→ 3 : ☐ = x : ☐ 이므로

☐ x = ☐

따라서 x = ☐

2

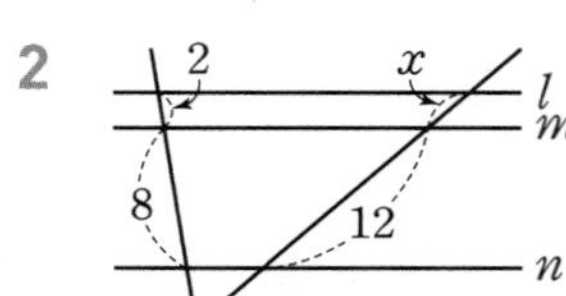

3

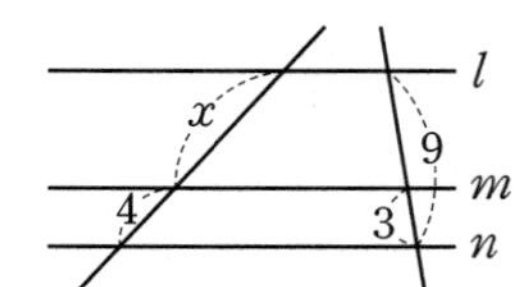

4

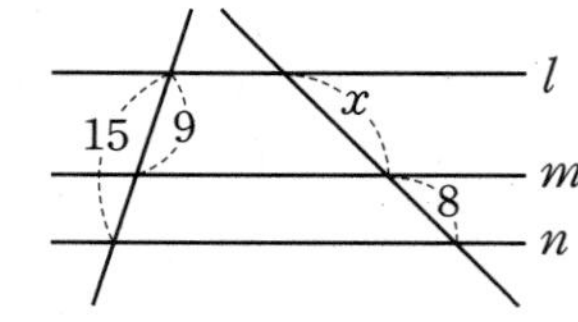

5

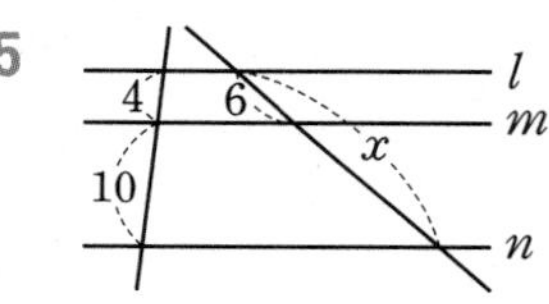

6

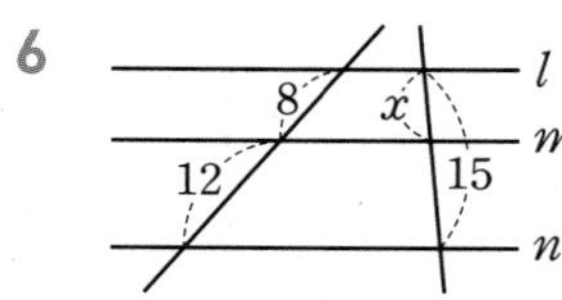

7

→ x : ☐ =3 : ☐ 이므로

☐x= ☐

따라서 x= ☐

8

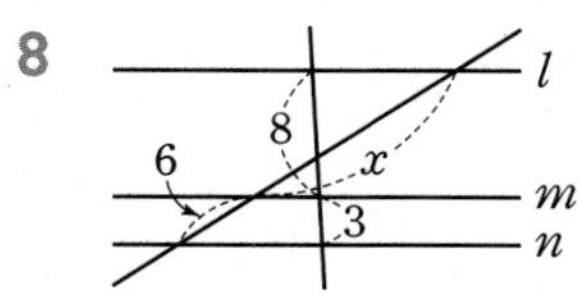

9

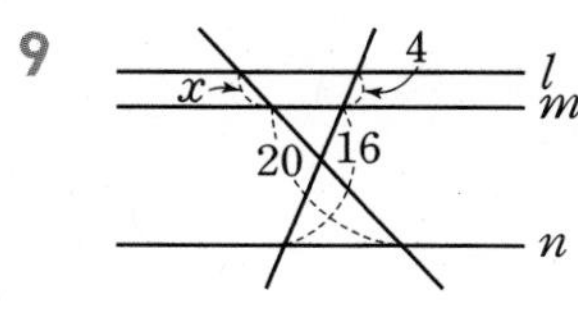

10

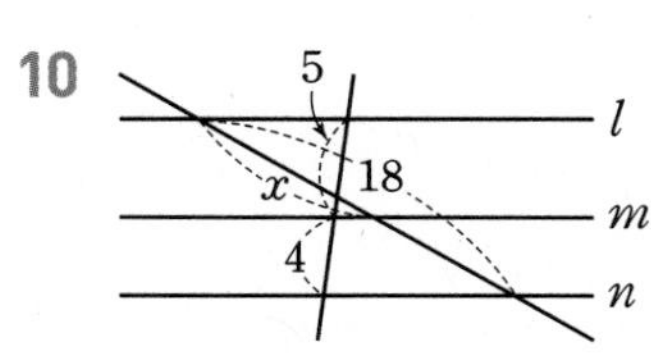

11

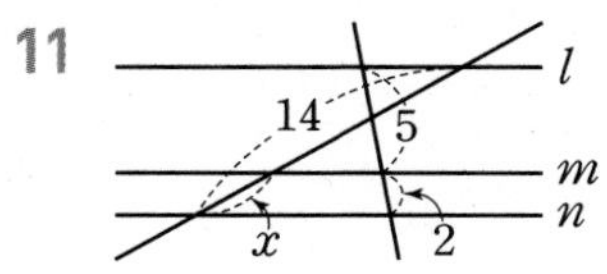

● 다음 그림에서 $l /\!/ m /\!/ n$일 때, x, y의 값을 구하시오.

12

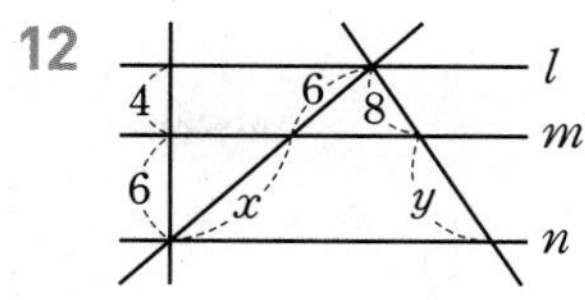

13

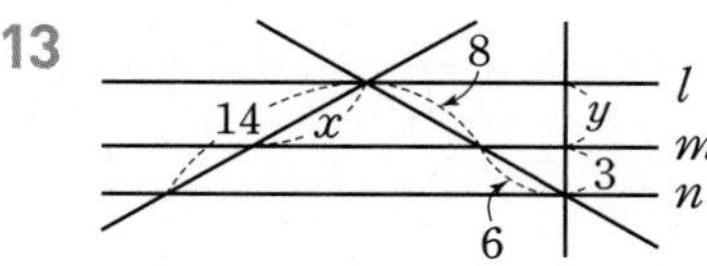

● 다음 그림에서 $k /\!/ l /\!/ m /\!/ n$일 때, x, y의 값을 구하시오.

14

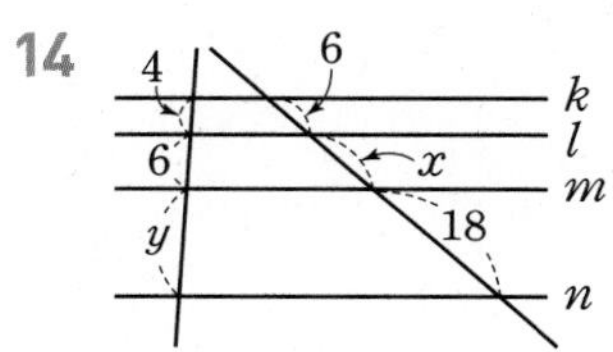

15

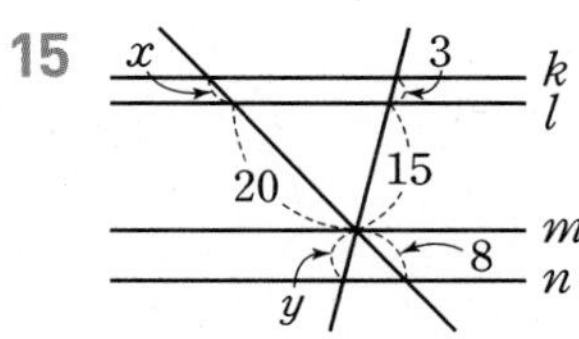

내가 발견한 개념 $k /\!/ l /\!/ m /\!/ n$일 때 평행선 사이의 선분의 길이의 비는?

• a : b : c = ☐ : ☐ : ☐

• a : ☐ = b : ☐ = c : ☐

06

보조선을 그어 삼각형을 만들어!

사다리꼴에서 평행선과 선분의 길이의 비

사다리꼴 ABCD에서 $\overline{AD} /\!/ \overline{EF} /\!/ \overline{BC}$일 때

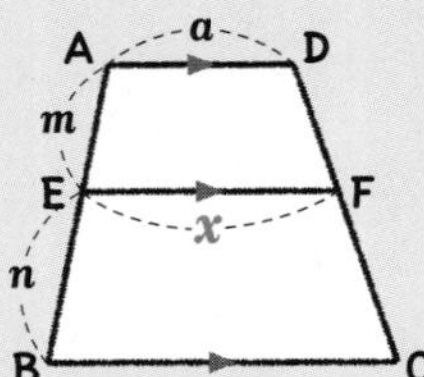

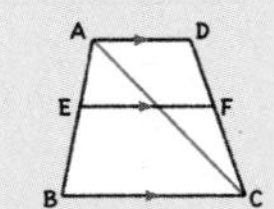

① $\overline{DC}$에 평행한 선분 AH를 그어 x를 구하면

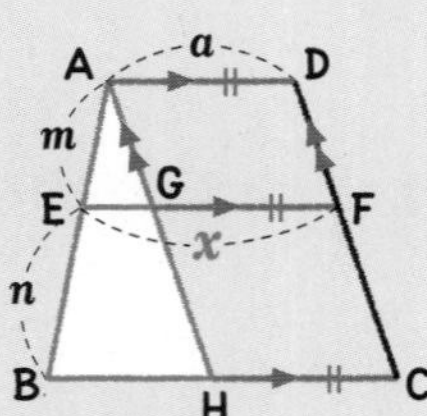

△ABH에서

$\overline{EG} : \overline{BH} = m : (m+n)$

또한

$\overline{GF} = a$

$x = \overline{EG} + \overline{GF}$

② 대각선 AC를 그어 x를 구하면

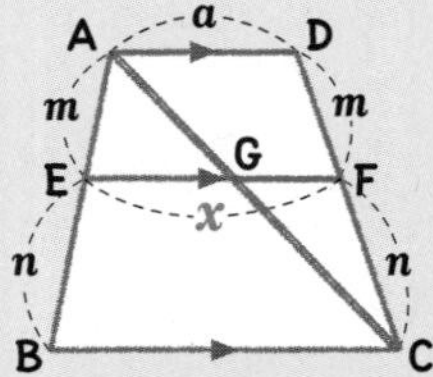

△ABC에서

$\overline{EG} : \overline{BC} = m : (m+n)$

△CDA에서

$\overline{GF} : \overline{AD} = n : (m+n)$

$x = \overline{EG} + \overline{GF}$

1st 사다리꼴에서 평행선을 이용하여 선분의 길이 구하기

• 다음 그림과 같은 사다리꼴 ABCD에서 $\overline{AD} /\!/ \overline{EF} /\!/ \overline{BC}$, $\overline{AH} /\!/ \overline{DC}$일 때, $\overline{EF}$의 길이를 구하시오.

1

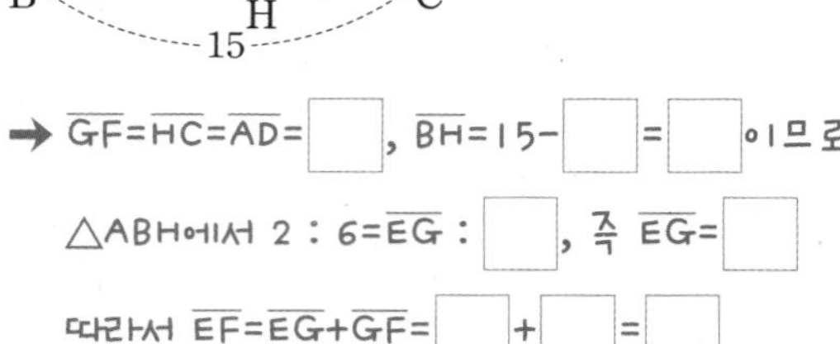

→ $\overline{GF}=\overline{HC}=\overline{AD}=$ ☐, $\overline{BH}=15-$ ☐ $=$ ☐ 이므로

△ABH에서 $2 : 6=\overline{EG} :$ ☐, 즉 $\overline{EG}=$ ☐

따라서 $\overline{EF}=\overline{EG}+\overline{GF}=$ ☐ $+$ ☐ $=$ ☐

2

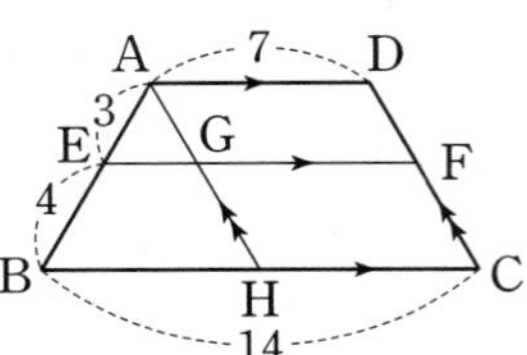

3

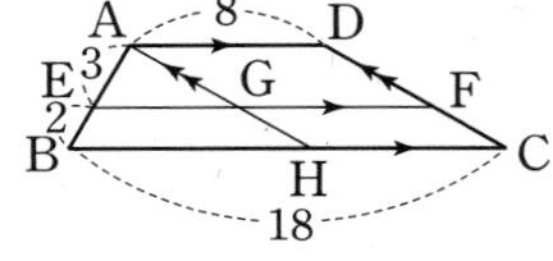

4

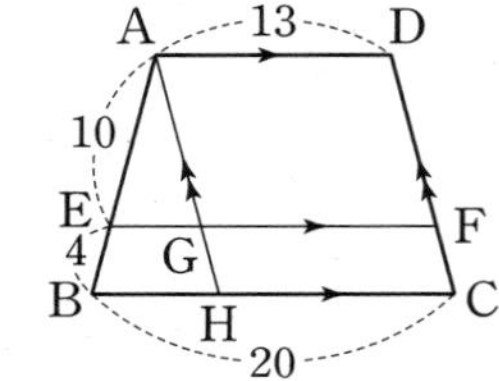

5

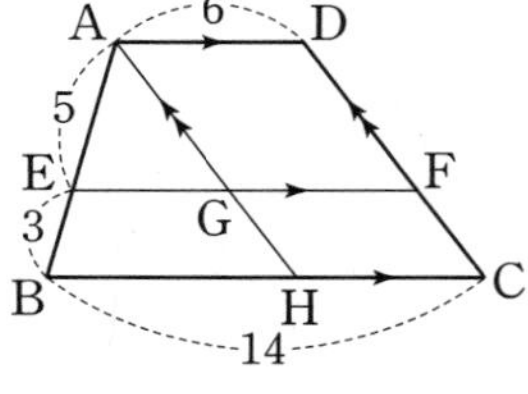

• 다음 그림과 같은 사다리꼴 ABCD에서 $\overline{AD}/\!/\overline{EF}/\!/\overline{BC}$일 때, 평행선을 이용하여 $\overline{EF}$의 길이를 구하시오.

6

$\overline{DC}$에 평행한 선분을 그어봐!

7

2nd 사다리꼴에서 대각선을 이용하여 선분의 길이 구하기

• 다음 그림과 같은 사다리꼴 ABCD에서 $\overline{AD}/\!/\overline{EF}/\!/\overline{BC}$일 때, $\overline{EF}$의 길이를 구하시오.

8

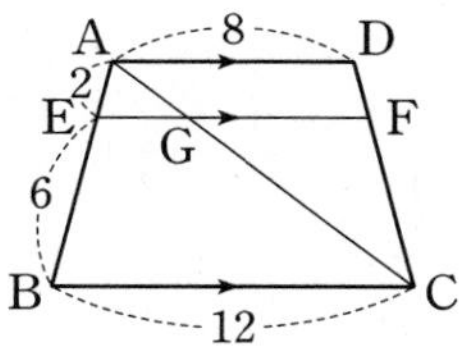

→ △ABC에서 2 : ☐ = $\overline{EG}$: 12이므로 $\overline{EG}$ = ☐

△ACD에서 6 : ☐ = $\overline{GF}$: ☐이므로 $\overline{GF}$ = ☐

따라서 $\overline{EF}=\overline{EG}+\overline{GF}$ = ☐ + ☐ = ☐

9

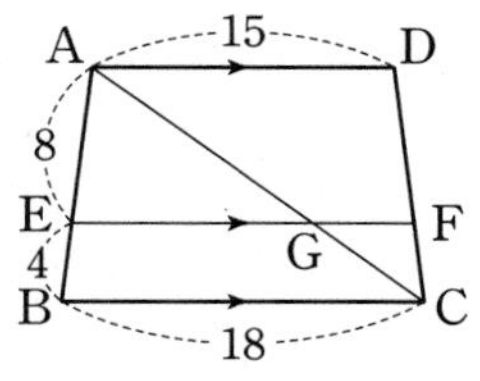

10

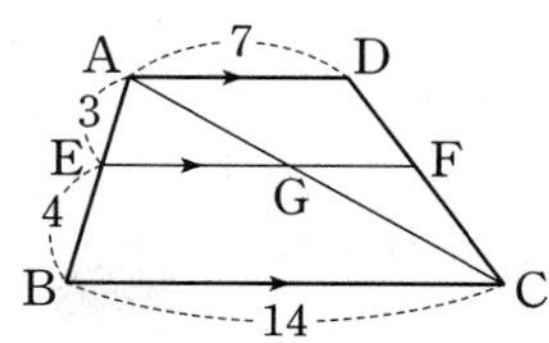

11

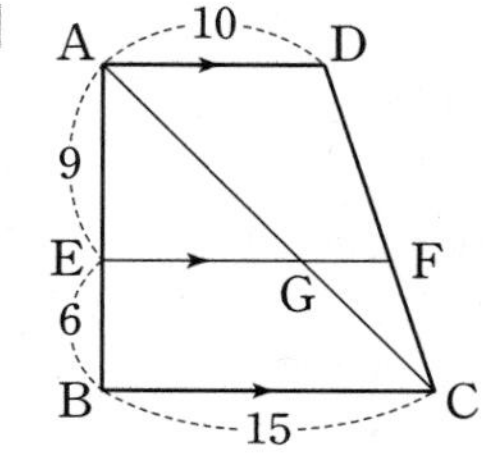

• 다음 그림과 같은 사다리꼴 ABCD에서 $\overline{AD}/\!/\overline{EF}/\!/\overline{BC}$일 때, 대각선을 이용하여 $\overline{EF}$의 길이를 구하시오.

12

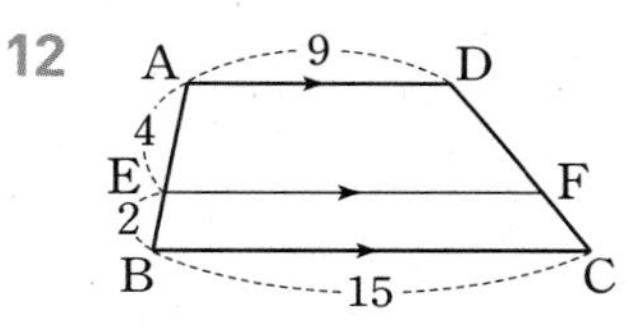

대각선 AC를 그어봐!

13

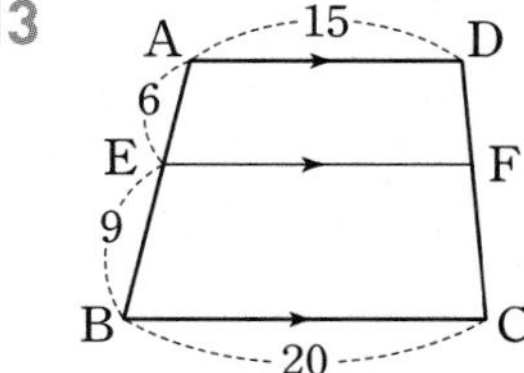

내가 발견한 개념 사다리꼴에서 평행선과 선분의 길이의 비를 이용하려면?

• 사다리꼴+평행선 → 평행선 또는 ☐을 긋는다.

07

삼각형과 평행선을 찾아!

평행선과 선분의 길이의 비의 응용

$\overline{AC}$와 $\overline{BD}$의 교점을 E라 하고, $\overline{AB} /\!/ \overline{EF} /\!/ \overline{DC}$일 때

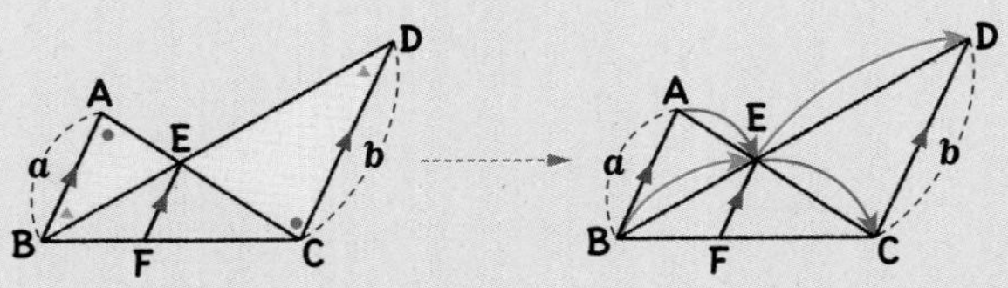

△ABE ∽ △CDE

$\overline{AE} : \overline{EC} = \overline{BE} : \overline{ED} = a : b$

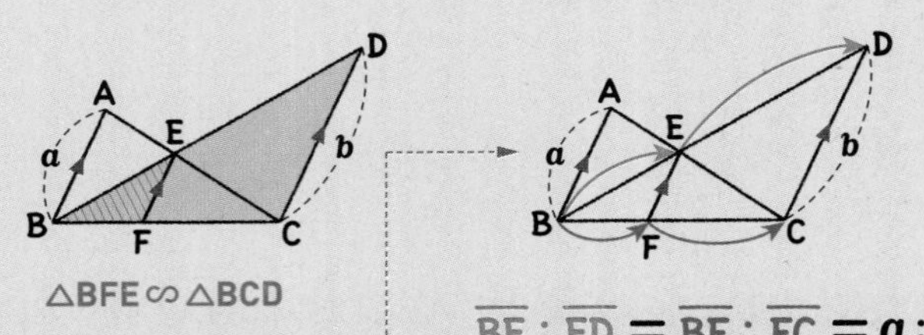

△BFE ∽ △BCD

$\overline{BE} : \overline{ED} = \overline{BF} : \overline{FC} = a : b$

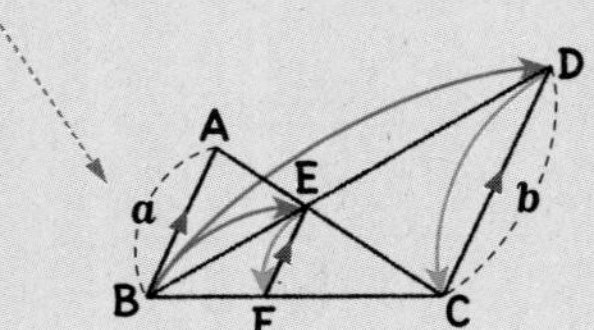

$\overline{BE} : \overline{ED} = a : b$ 이므로

$\overline{BE} : \overline{BD} = \overline{EF} : \overline{DC} = a : (a+b)$

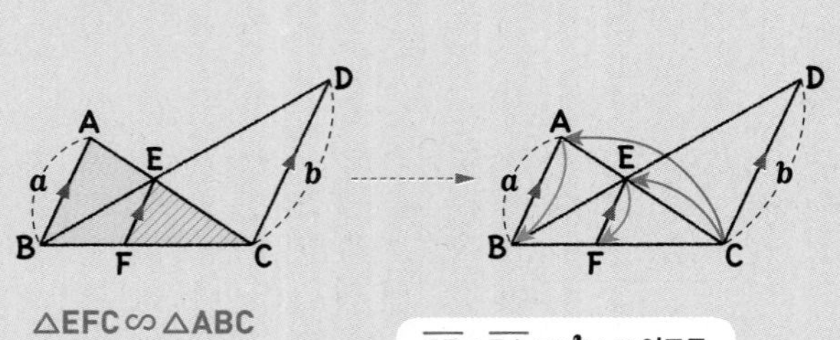

△EFC ∽ △ABC

$\overline{CE} : \overline{EA} = b : a$ 이므로

$\overline{CE} : \overline{CA} = \overline{EF} : \overline{AB} = b : (a+b)$

1st — 평행선과 선분의 길이의 비 활용하기

● 다음 그림에서 $\overline{AB} /\!/ \overline{EF} /\!/ \overline{DC}$일 때, x의 값을 구하시오.

1

→ $\overline{AB}$: □ $=\overline{BE} : \overline{ED}$이므로

$\overline{BE} : \overline{ED} = 18 :$ □ $=$ □ $: 1$

즉 $\overline{BE} : \overline{BD} = 2 :$ □

△BCD에서

$x :$ □ $= 2 :$ □ 이므로

$x =$ □

2

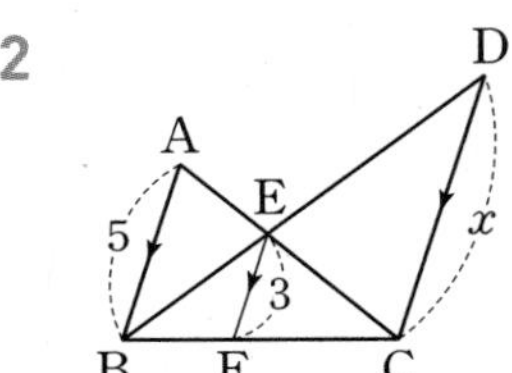

● 다음 그림에서 $\overline{AB}$, $\overline{EF}$, $\overline{DC}$가 모두 $\overline{BC}$에 수직일 때, x의 값을 구하시오.

3

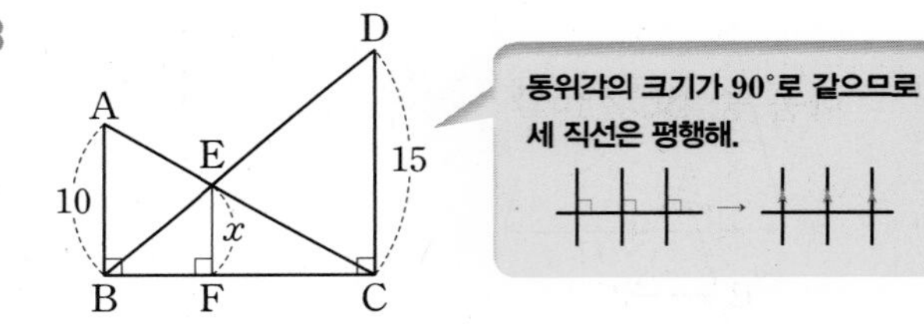

→ $\overline{AB} : \overline{CD} =$ □ $: \overline{DE}$이므로

□ $: \overline{DE} = 10 :$ □ $= 2 :$ □

즉 $\overline{BE} : \overline{BD} = 2 :$ □

△BCD에서 $x :$ □ $= 2 :$ □ 이므로 $x =$ □

4

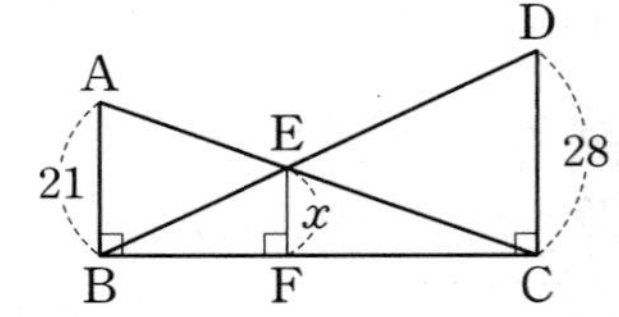

TEST 6. 평행선과 선분의 길이의 비

1 오른쪽 그림과 같은 △ABC에서 $\overline{BC} /\!/ \overline{DE}$일 때, $x+y$의 값은?

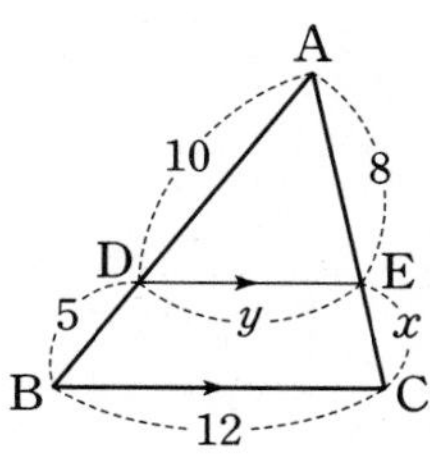

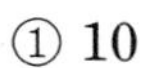

① 10　② 11　③ 12　④ 13　⑤ 14

2 오른쪽 그림과 같은 △ABC에서 $\overline{BC} /\!/ \overline{DE}$일 때, $x+y$의 값은?

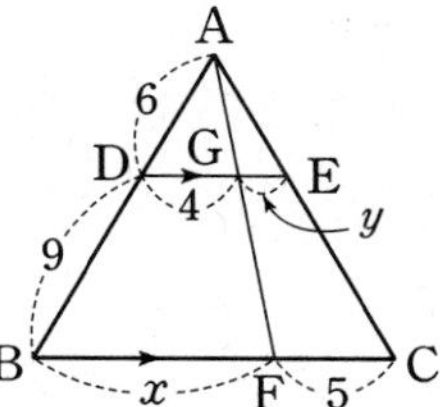

① 8　② 9　③ 10　④ 12　⑤ 14

3 다음 중 $\overline{BC} /\!/ \overline{DE}$인 것을 모두 고르면? (정답 2개)

①
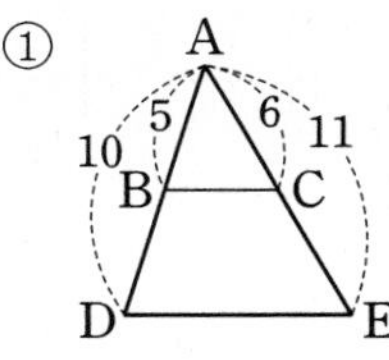

②
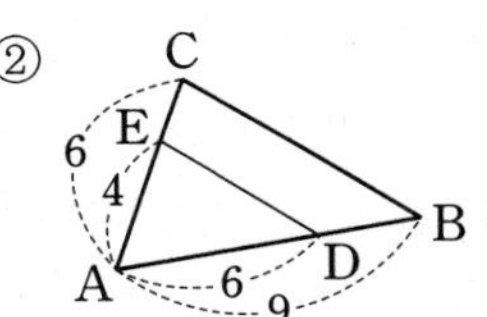

③
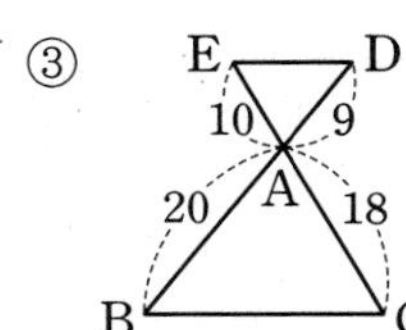

④
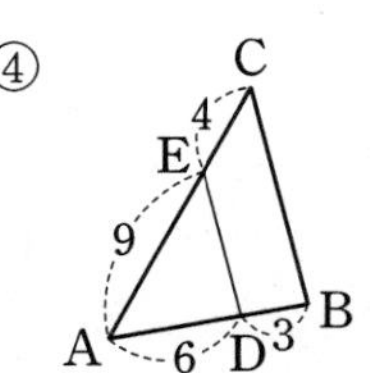

⑤
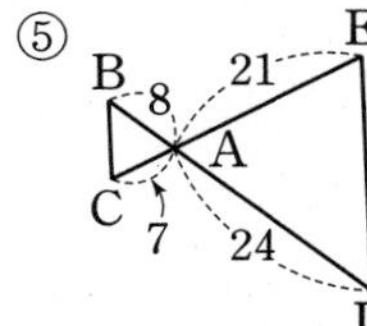

4 오른쪽 그림의 △ABC에서 ∠A의 외각의 이등분선과 $\overline{BC}$의 연장선의 교점을 D라 할 때, $\overline{AC}$의 길이를 구하시오.

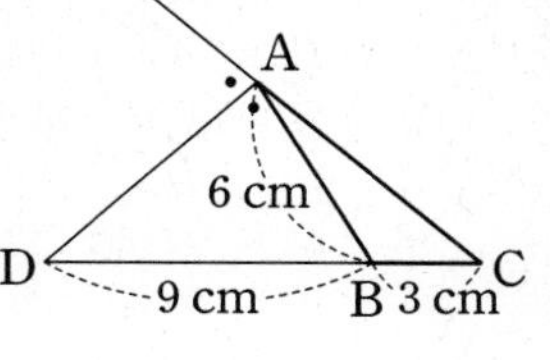

5 오른쪽 그림과 같은 사다리꼴 ABCD에서 $\overline{AD} /\!/ \overline{EF} /\!/ \overline{BC}$이고 $\overline{AE} : \overline{EB} = 3 : 2$일 때, $\overline{AD}$의 길이는?

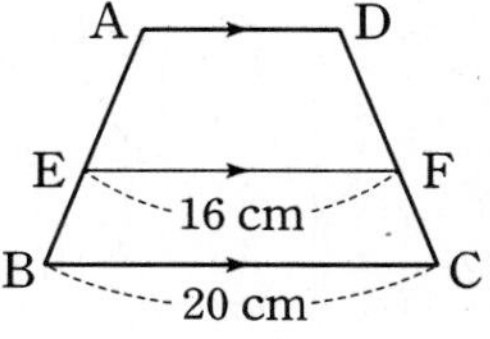

① 6 cm　② 8 cm　③ 9 cm　④ 10 cm　⑤ 11 cm

6 오른쪽 그림에서 $\overline{AB} /\!/ \overline{EF} /\!/ \overline{DC}$일 때, x의 값을 구하시오.

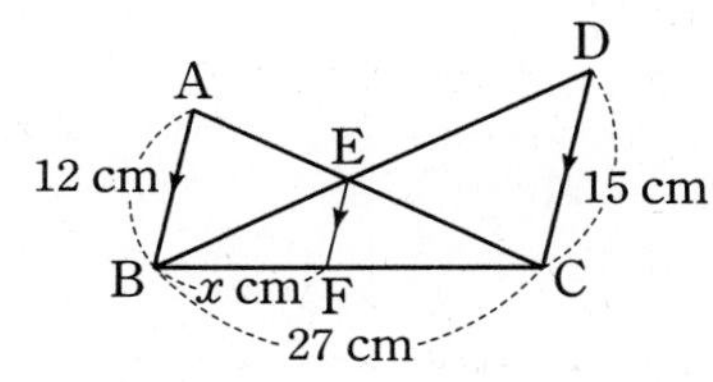

7

중점을 연결하는, 삼각형의 닮음의 활용

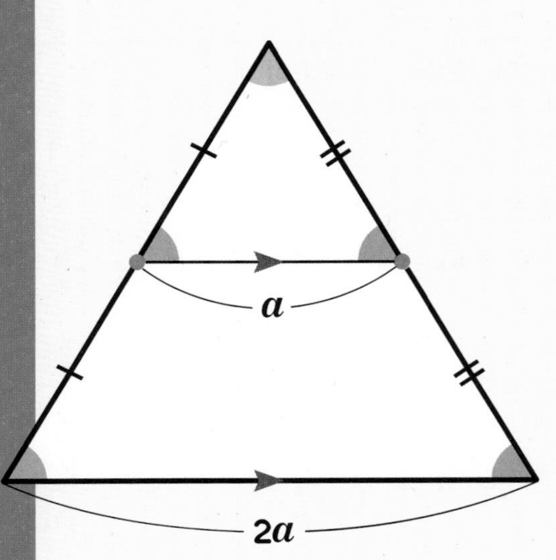

닮음이면 평행!

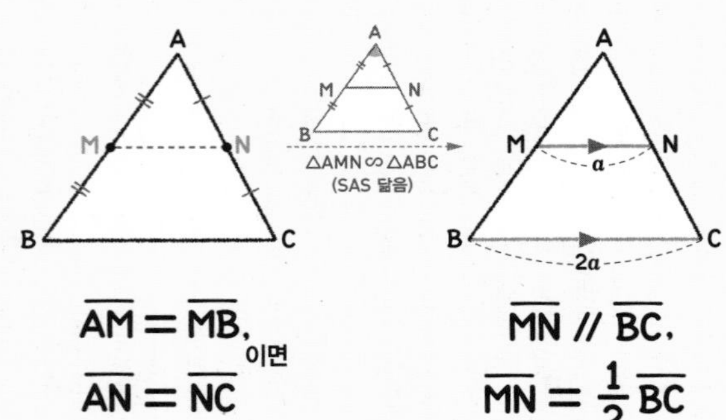

01 삼각형에서 두 변의 중점을 연결한 선분의 성질(1)

삼각형의 두 변의 중점을 연결한 선분은 나머지 한 변과 평행하고, 그 길이는 나머지 한 변의 길이의 $\frac{1}{2}$ 이야. 두 변의 중점을 연결하여 만든 삼각형과 원래의 삼각형은 닮음이기 때문이지!

평행하면 닮음!

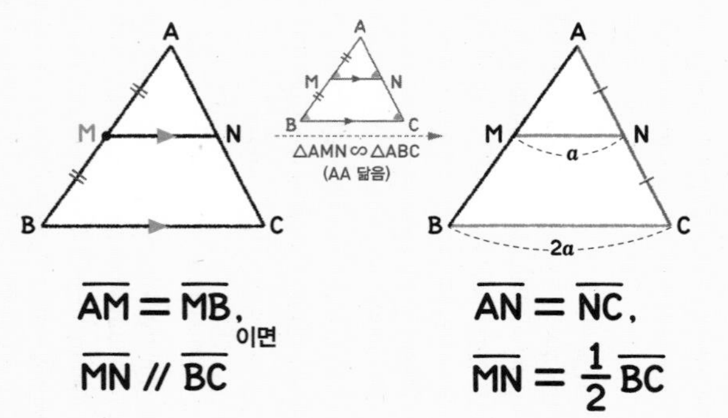

02 삼각형에서 두 변의 중점을 연결한 선분의 성질(2)

삼각형의 한 변의 중점을 지나고, 다른 한 변에 평행한 직선은 나머지 한 변의 중점을 지나. 평행선과 선분의 길이의 비를 이용하면 쉽게 알 수 있을 거야!

중점을 연결하면 절반!

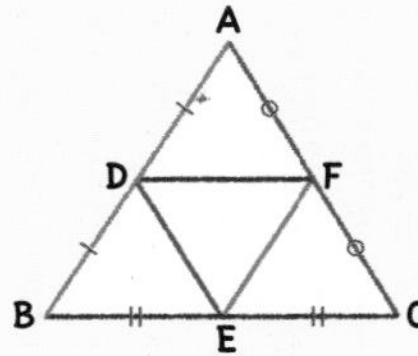

$\left(\begin{matrix}\triangle\text{DEF의} \\ \text{둘레의 길이}\end{matrix}\right) = \frac{1}{2} \times \left(\begin{matrix}\triangle\text{ABC의} \\ \text{둘레의 길이}\end{matrix}\right)$

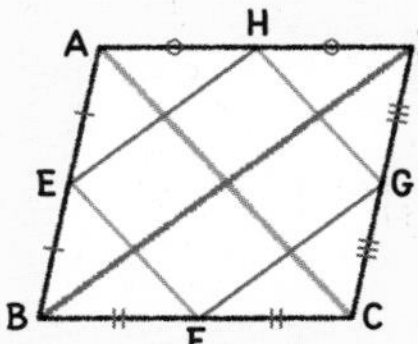

$\left(\begin{matrix}\square\text{EFGH의} \\ \text{둘레의 길이}\end{matrix}\right) = \overline{AC} + \overline{BD}$

03 삼각형에서 두 변의 중점을 연결한 선분의 성질의 활용(1)

△ABC에서 각 변의 중점을 각각 D, E, F라 하면

(△DEF의 둘레의 길이)$=\frac{1}{2}\times$(△ABC의 둘레의 길이)

이고, □ABCD에서 각 변의 중점을 각각 E, F, G, H라 하면

(□EFGH의 둘레의 길이)$=\overline{AC}+\overline{BD}$야!

삼각형의 두 변의 중점을 연결한 선분의 성질을 이용하면 중점을 이어 만든 삼각형 또는 사각형의 둘레의 길이를 쉽게 구할 수 있어!

중점을 연결하면 절반!

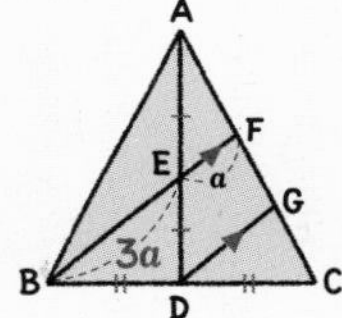

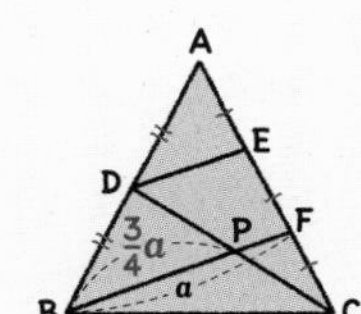

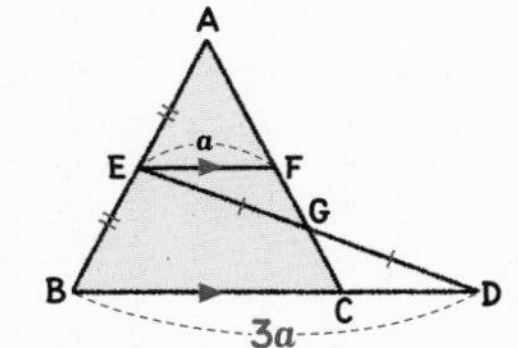

04 삼각형에서 두 변의 중점을 연결한 선분의 성질의 활용(2)

복잡해 보이지만 닮음인 삼각형을 찾고, 평행선과 선분의 길이의 비를 이용하면 어떠한 선분의 길이도 구할 수 있을 거야!

중점을 연결하면 절반!

$\overline{AD}\,/\!/\,\overline{BC}$인 사다리꼴 ABCD에서 $\overline{AB}$, $\overline{CD}$의 중점을 각각 M, N이라 할 때

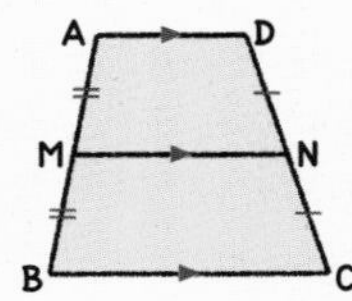

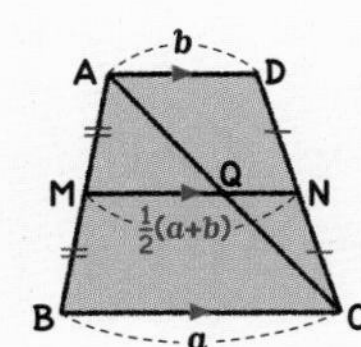

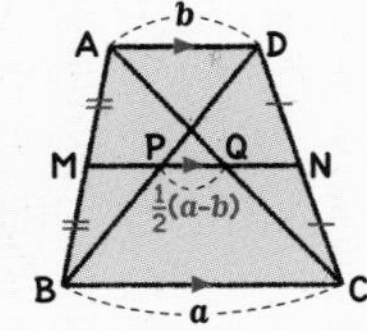

05 사다리꼴에서 두 변의 중점을 연결한 선분의 성질

사다리꼴에서 두 변의 중점을 연결한 선분의 성질은 다음과 같아.

① $\overline{AD}\,/\!/\,\overline{MN}\,/\!/\,\overline{BC}$

② $\overline{MN}=\overline{MQ}+\overline{QN}=\frac{1}{2}(\overline{BC}+\overline{AD})$

③ $\overline{PQ}=\overline{MQ}-\overline{MP}=\frac{1}{2}(\overline{BC}-\overline{AD})$ (단, $\overline{BC}>\overline{AD}$)

마찬가지로 삼각형에서 두 변의 중점을 연결한 선분의 성질을 이해하면 굳이 외울 필요는 없을 거야!

01 닮음이면 평행!

삼각형에서 두 변의 중점을 연결한 선분의 성질(1)

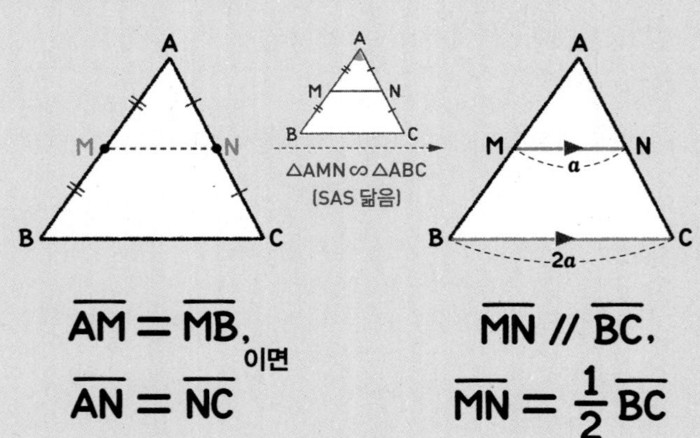

$\overline{AM}=\overline{MB}$, $\overline{AN}=\overline{NC}$ 이면 $\overline{MN} /\!/ \overline{BC}$, $\overline{MN}=\frac{1}{2}\overline{BC}$

• 삼각형의 두 변의 중점을 연결한 선분은 나머지 한 변과 평행하고 그 길이는 나머지 한 변의 길이의 $\frac{1}{2}$이다.

1st 삼각형의 두 변의 중점을 연결한 선분의 성질을 이용하여 선분의 길이 구하기

● 다음 그림의 △ABC에서 $\overline{AB}$, $\overline{AC}$의 중점을 각각 M, N이라 할 때, x의 값을 구하시오.

1

A, M, N, B, C, x, 16

➜ $\overline{MN}=\frac{1}{2}\times$ □ 이므로

$x=\frac{1}{2}\times$ □ = □

2

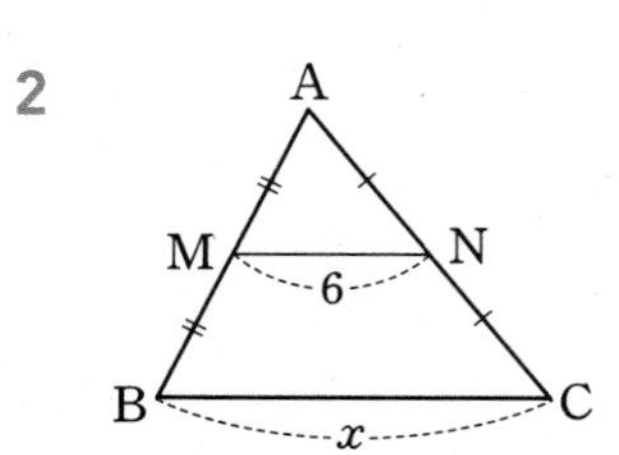

3

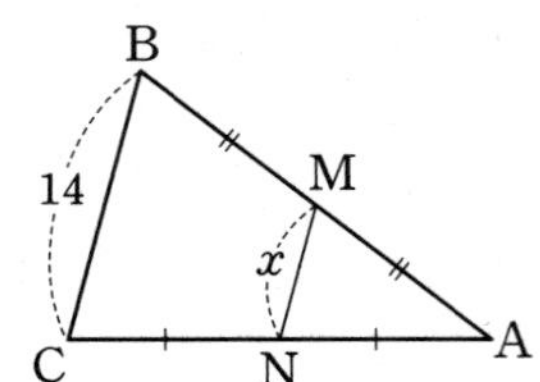

4

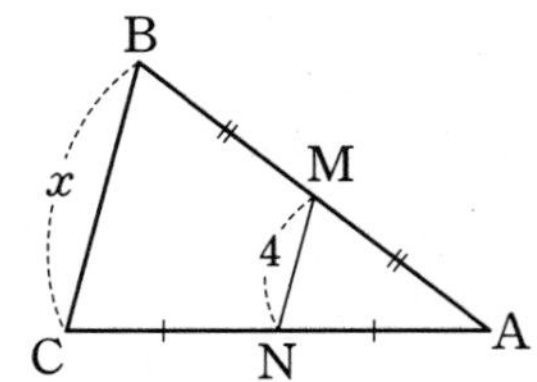

5

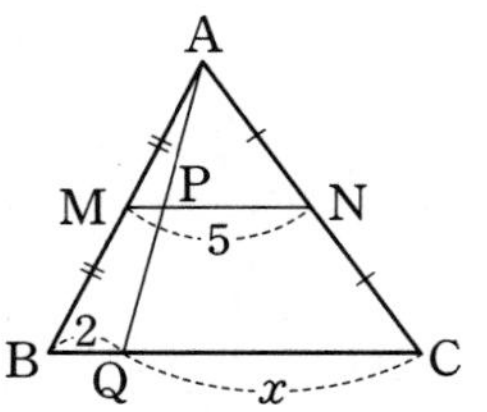

➜ $\overline{BC}=2\times$ □ 이므로 $\overline{BC}=2\times$ □ = □

따라서 $\overline{QC}=\overline{BC}-\overline{BQ}$이므로 $x=$ □ $-2=$ □

6

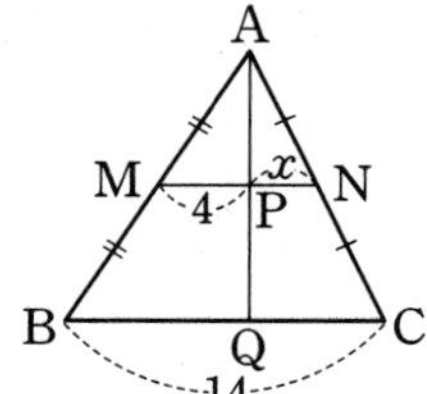

7

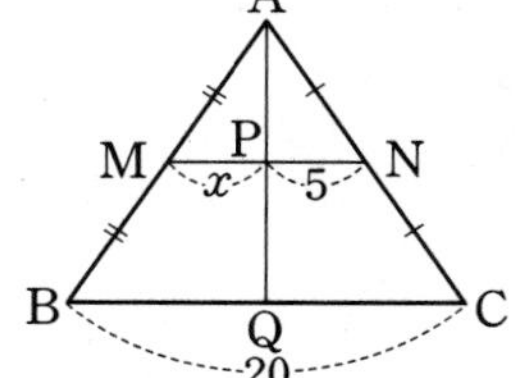

8

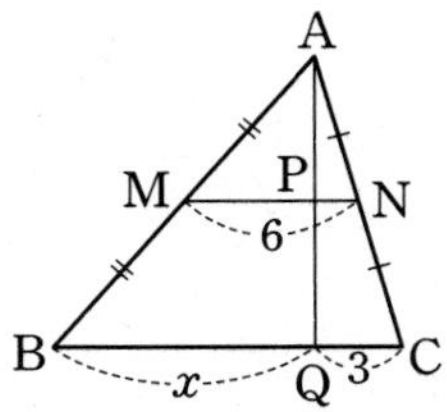

• 다음 그림의 △ABC에서 $\overline{AB}$, $\overline{AC}$의 중점을 각각 M, N이라 할 때, x, y의 값을 구하시오.

9

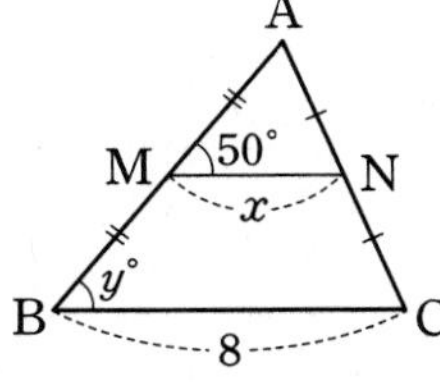

10

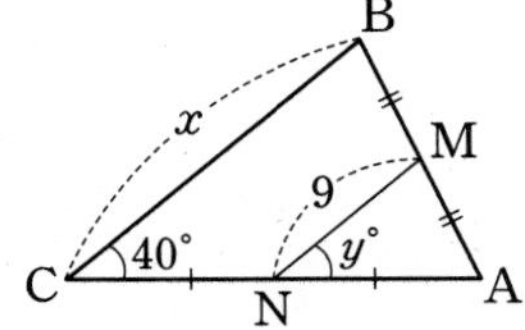

내가 발견한 개념 삼각형에서 두 변의 중점을 연결한 선분의 성질은?

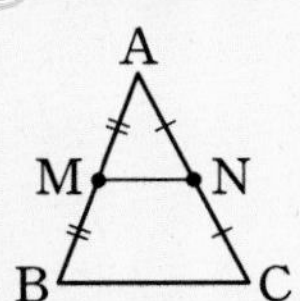

• $\overline{MN}$ ☐ $\overline{BC}$ • $\overline{MN}$= ☐ ×$\overline{BC}$

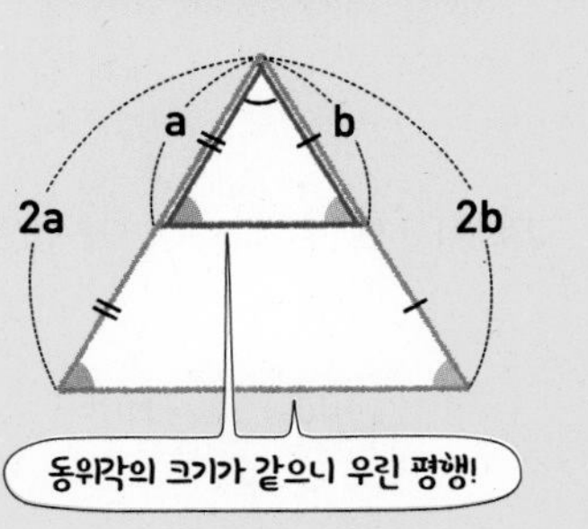

• 다음 그림의 △ABC와 △DBC에서 네 점 M, N, P, Q는 각각 $\overline{AB}$, $\overline{AC}$, $\overline{BD}$, $\overline{CD}$의 중점일 때, x의 값을 구하시오.

11

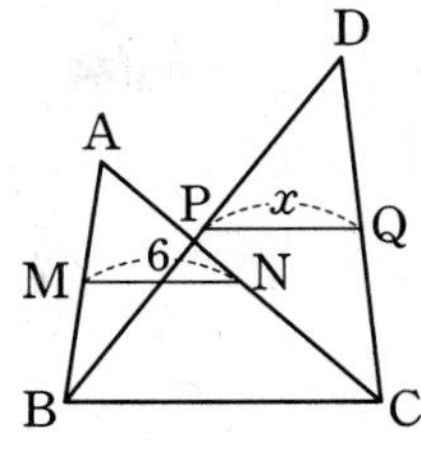

➔ △ABC에서 $\overline{BC}$=2× ☐ 이므로

$\overline{BC}$=2× ☐ = ☐

△DBC에서 $\overline{PQ}=\frac{1}{2}\times$ ☐ 이므로

$x=\frac{1}{2}\times$ ☐ = ☐

12

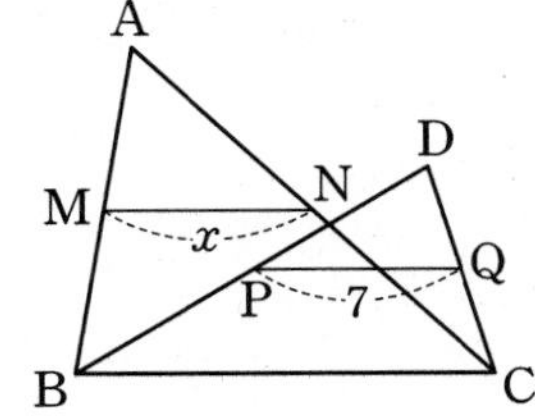

13

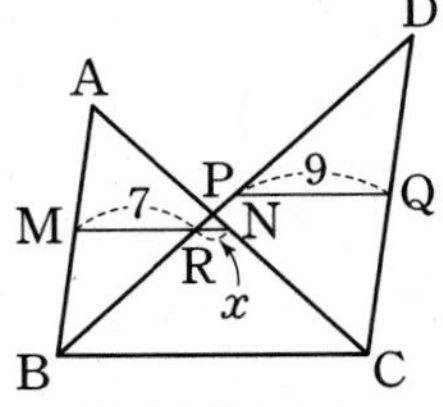

$\overline{RN}=\overline{MN}-\overline{MR}$을 이용해!

14

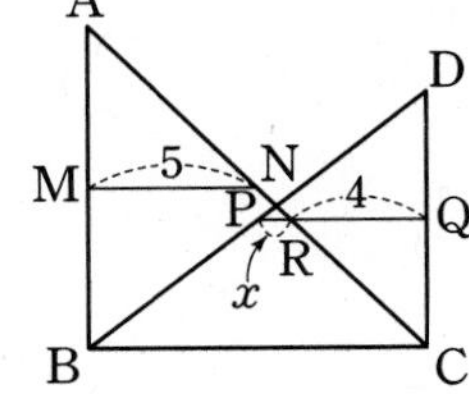

02 평행하면 닮음!

삼각형에서 두 변의 중점을 연결한 선분의 성질(2)

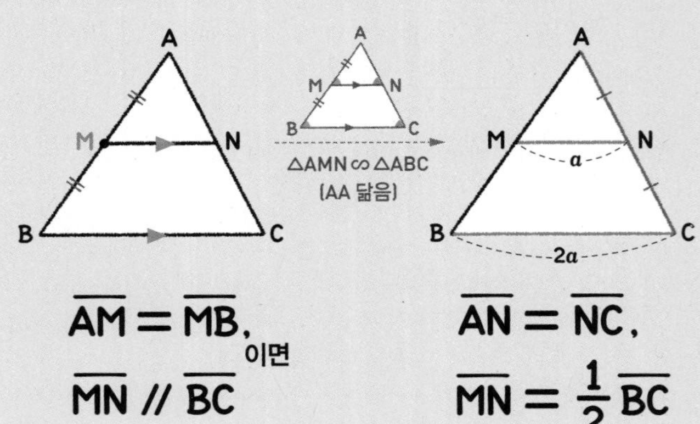

$\overline{AM}=\overline{MB}$, $\overline{MN} /\!/ \overline{BC}$ 이면 $\overline{AN}=\overline{NC}$, $\overline{MN}=\frac{1}{2}\overline{BC}$

- 삼각형의 한 변의 중점을 지나고, 다른 한 변에 평행한 직선은 나머지 한 변의 중점을 지난다.

1st 삼각형의 두 변의 중점을 연결한 선분의 성질을 이용하여 선분의 길이 구하기

- 다음 그림의 △ABC에서 $\overline{AM}=\overline{MB}$, $\overline{MN} /\!/ \overline{BC}$일 때, x의 값을 구하시오.

1

→ $\overline{AM}=\overline{MB}$, $\overline{MN} /\!/ \overline{BC}$이므로

$\overline{AN}=$ ☐

따라서 $x=$ ☐

2

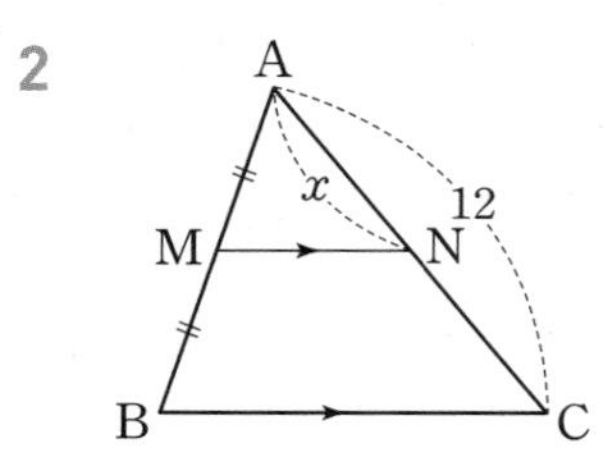

3

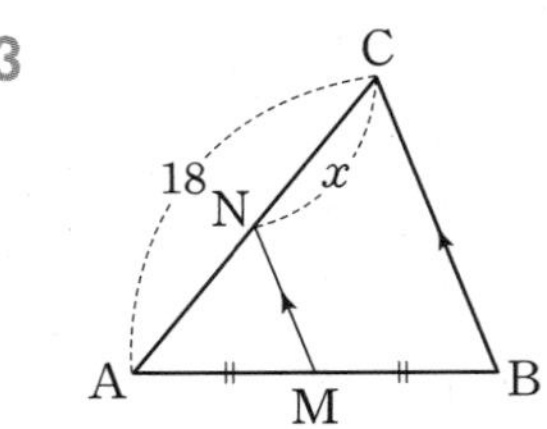

4

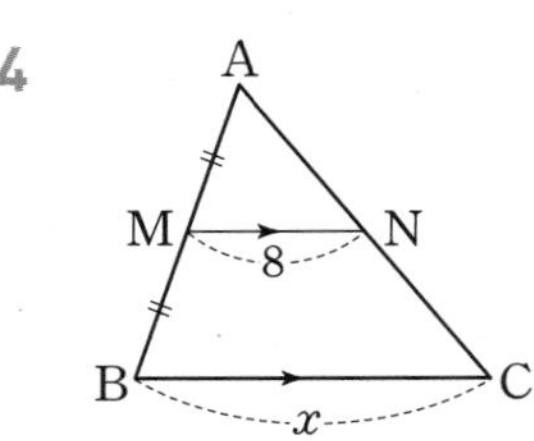

5

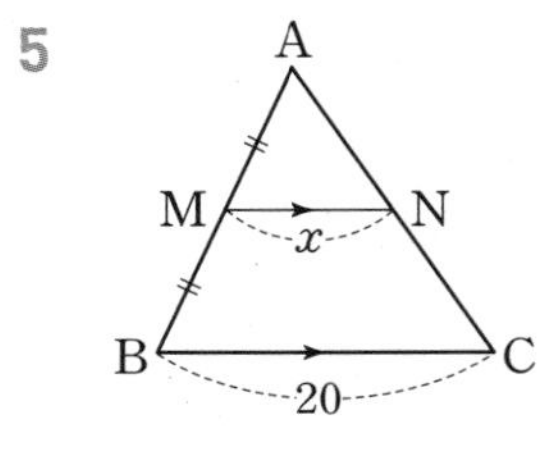

6

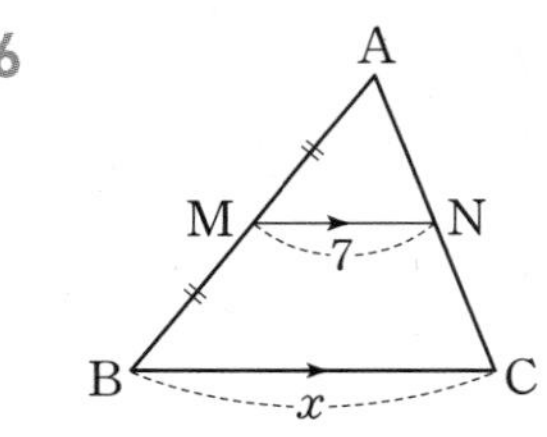

내가 발견한 개념 삼각형의 한 변의 중점을 지나고, 다른 한 변에 평행한 직선은?

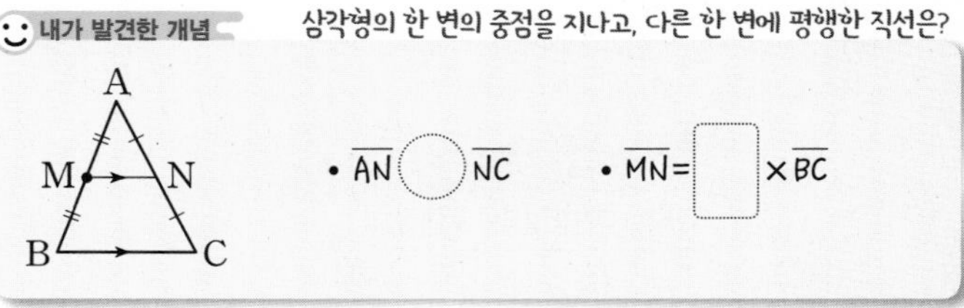

- $\overline{AN}$ ◯ $\overline{NC}$
- $\overline{MN}=$ ☐ $\times\overline{BC}$

● 다음 그림의 $\triangle ABC$에서 $\overline{AD}=\overline{DB}$이고 $\overline{DE}/\!/\overline{BC}$, $\overline{AB}/\!/\overline{EF}$일 때, x의 값을 구하시오.

7

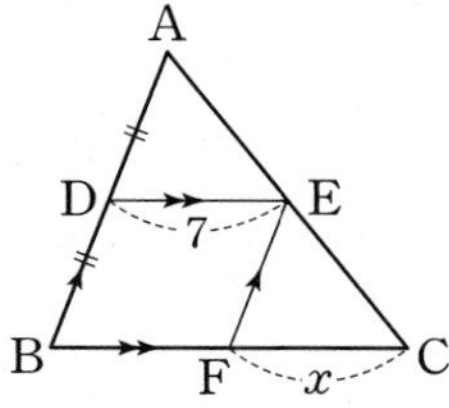

➜ □DBFE는 평행사변형이므로 $\overline{BF}=\overline{DE}=$ □

$\overline{BC}=2\overline{DE}=2\times$ □ $=$ □

따라서 $x=\overline{BC}-\overline{BF}=$ □ $-7=$ □

8

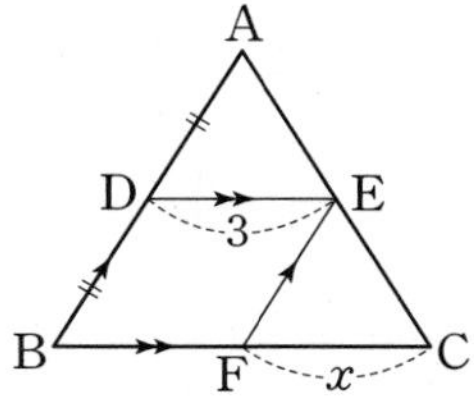

9

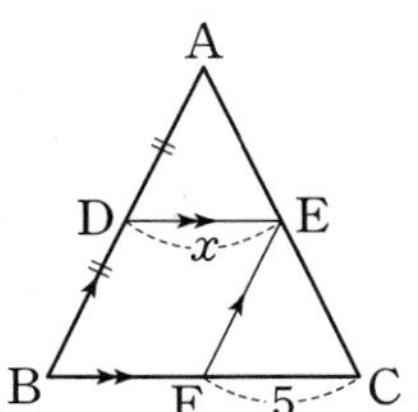

10

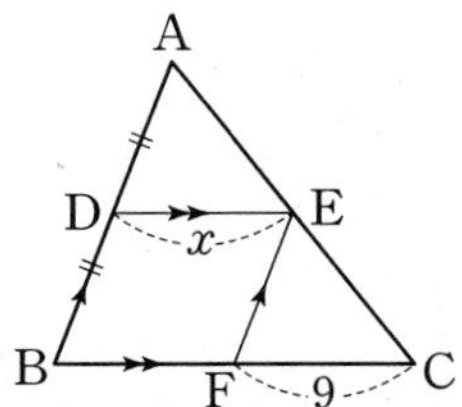

● 다음 그림에서 $\overline{AD}/\!/\overline{BC}$이고, 두 점 M, N은 각각 $\overline{AC}$, $\overline{BD}$의 중점이다. $\overline{AB}$와 $\overline{MN}$의 연장선의 교점을 P라 할 때, x의 값을 구하시오.

11

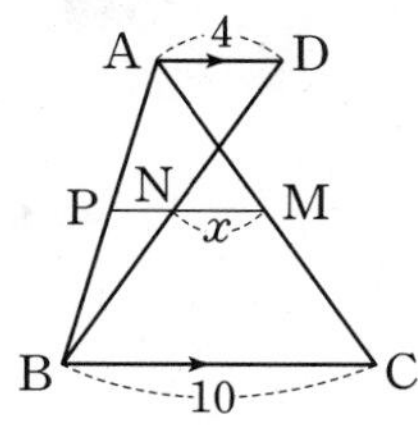

➜ $\triangle ABC$에서 $\overline{PM}=\frac{1}{2}\overline{BC}=\frac{1}{2}\times10=$ □

$\triangle ABD$에서 $\overline{PN}=\frac{1}{2}\overline{AD}=\frac{1}{2}\times$ □ $=$ □

따라서 $x=\overline{PM}-\overline{PN}=$ □ $-$ □ $=$ □

12

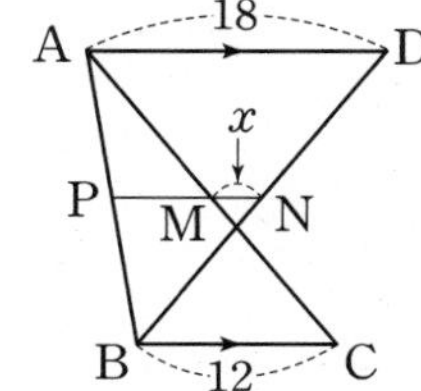

13

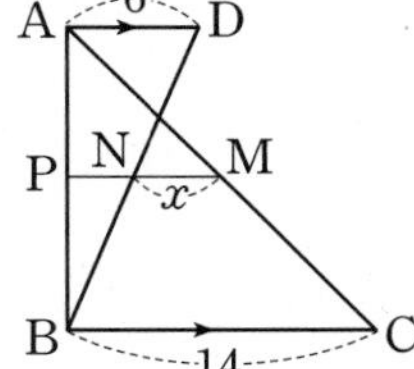

14

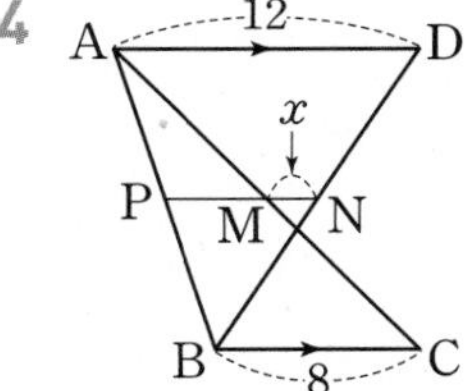

03 중점을 연결하면 절반!

삼각형에서 두 변의 중점을 연결한 선분의 성질의 활용(1)

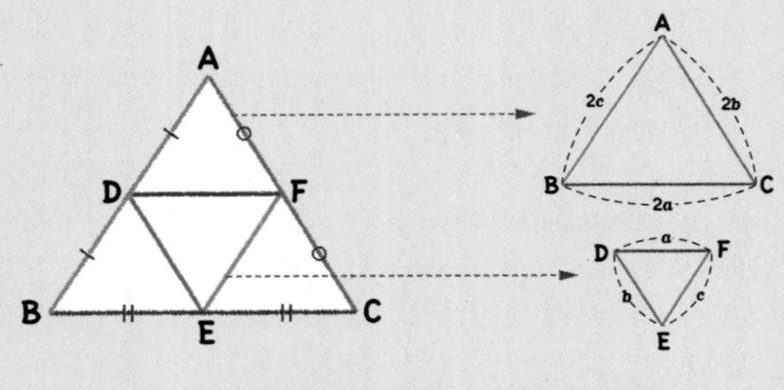

$$\left(\triangle DEF\text{의 둘레의 길이}\right)=\frac{1}{2}\times\left(\triangle ABC\text{의 둘레의 길이}\right)$$

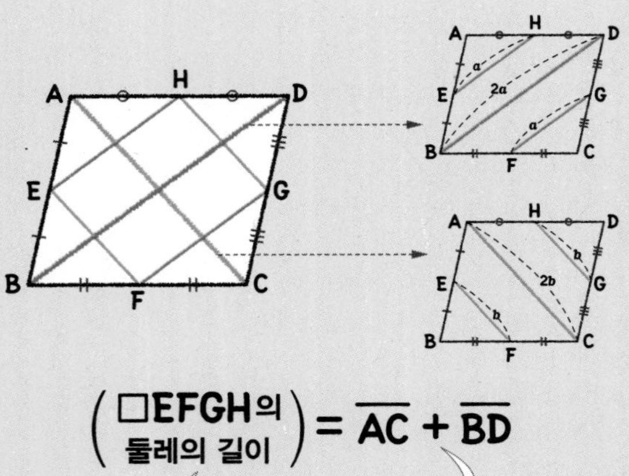

$$\left(\square EFGH\text{의 둘레의 길이}\right)=\overline{AC}+\overline{BD}$$

1st 삼각형의 두 변의 중점을 연결한 선분의 성질을 이용하여 삼각형의 둘레의 길이 구하기

- 다음 그림의 $\triangle ABC$에서 $\overline{AB}$, $\overline{BC}$, $\overline{CA}$의 중점을 각각 D, E, F라 할 때, $\triangle DEF$의 둘레의 길이를 구하시오.

1

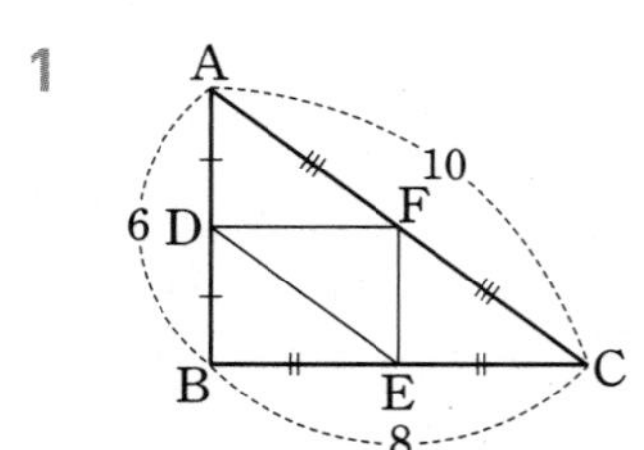

→ ($\triangle DEF$의 둘레의 길이)

$=\overline{DE}+\overline{EF}+\overline{DF}$ ← $\frac{1}{2}\times(\triangle ABC$의 둘레의 길이)

$=\square+\square+\square=\square$

2

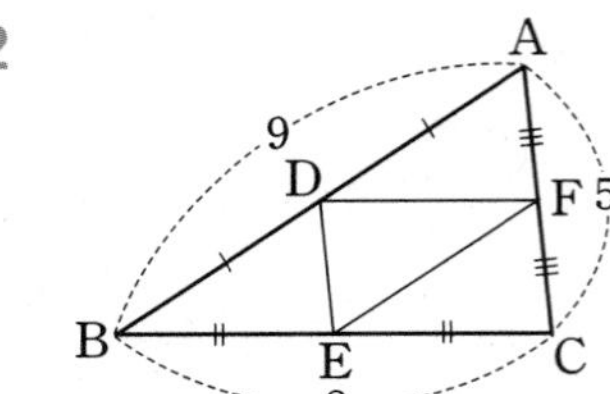

3

4

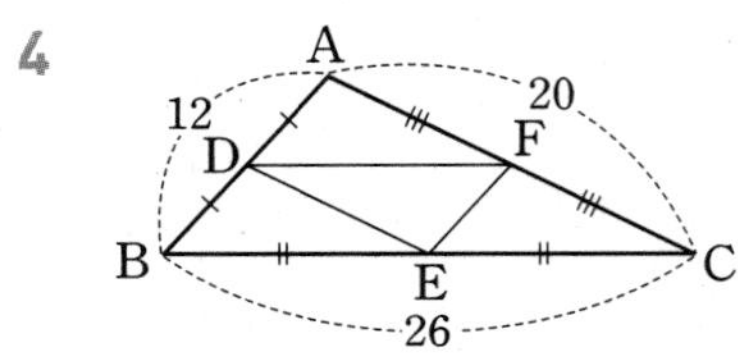

5

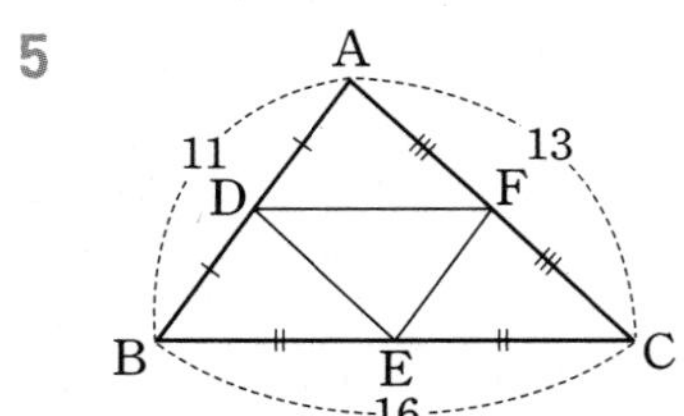

내가 발견한 개념 — 중점을 연결하여 만든 삼각형의 둘레의 길이는?

- ($\triangle DEF$의 둘레의 길이) $=\frac{1}{2}\times(\square$의 둘레의 길이)

2nd 삼각형의 두 변의 중점을 연결한 선분의 성질을 이용하여 사각형의 둘레의 길이 구하기

● 다음 그림의 □ABCD에서 $\overline{AB}$, $\overline{BC}$, $\overline{CD}$, $\overline{DA}$의 중점을 각각 E, F, G, H라 할 때, □EFGH의 둘레의 길이를 구하시오.

6
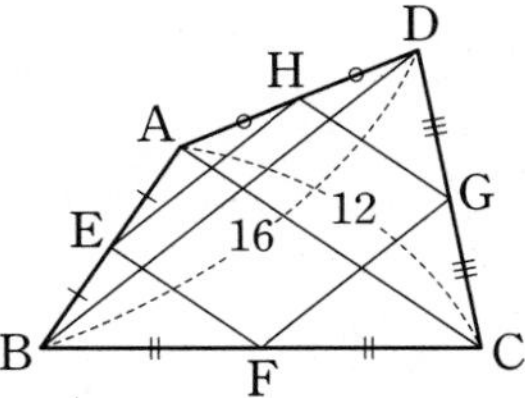

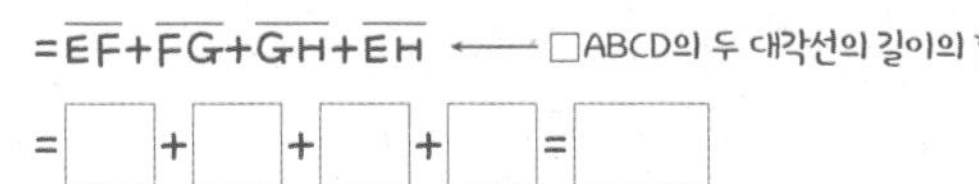

7
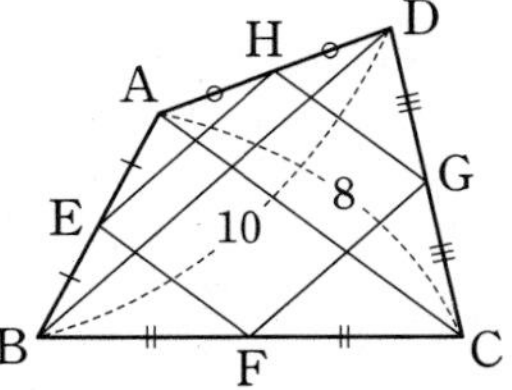

8
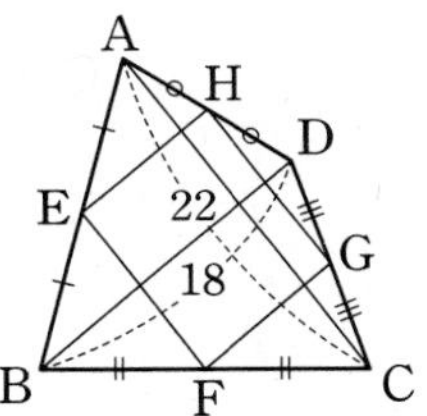

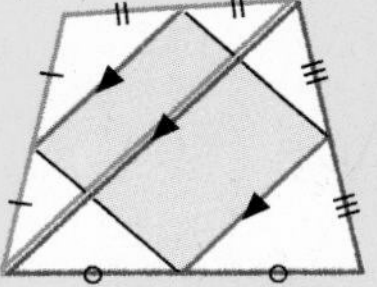

삼각형의 두 변의 중점을 연결한 선분끼리 서로 평행하므로
사각형의 중점들을 연결하면 항상 평행사변형이 된다.

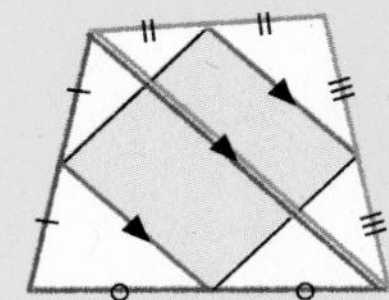

9
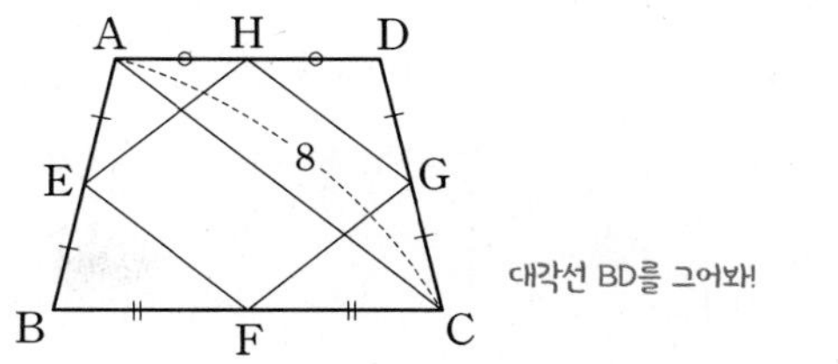

(단, □ABCD는 등변사다리꼴)

10
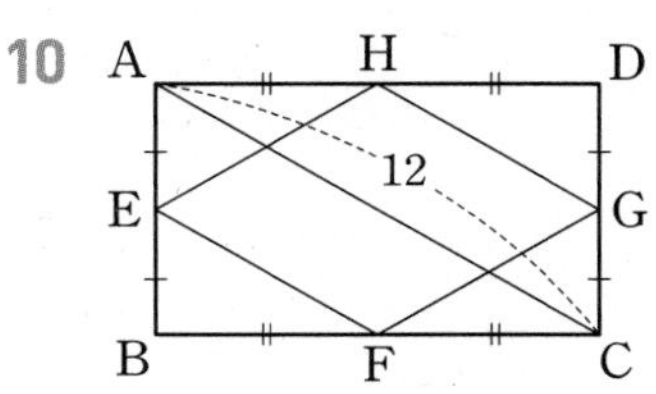

(단, □ABCD는 직사각형)

내가 발견한 개념

중점을 연결하여 만든 사각형의 둘레의 길이는?

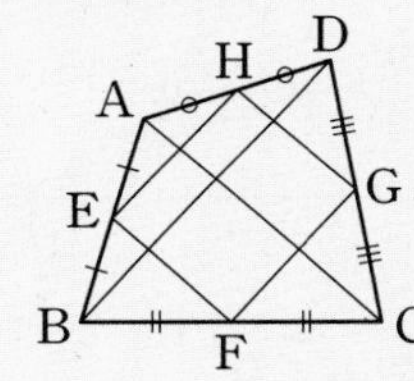

개념모음문제

11 오른쪽 그림과 같은 마름모 ABCD의 $\overline{AB}$, $\overline{BC}$, $\overline{CD}$, $\overline{DA}$의 중점을 각각 E, F, G, H라 할 때, $\overline{AC}=6$ cm, $\overline{BD}=10$ cm이다. □EFGH의 넓이는?

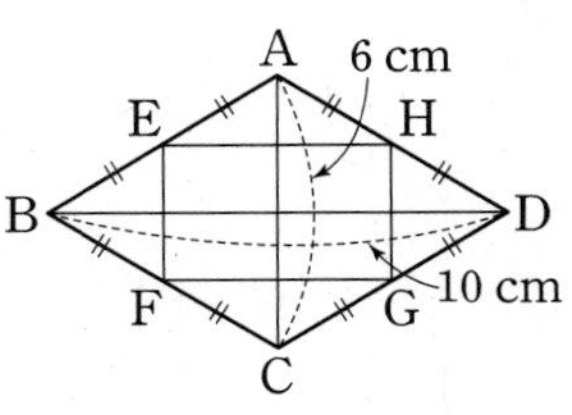

① 12 cm^2 ② 15 cm^2 ③ 18 cm^2
④ 21 cm^2 ⑤ 24 cm^2

04 중점을 연결하면 절반!

삼각형에서 두 변의 중점을 연결한 선분의 성질의 활용(2)

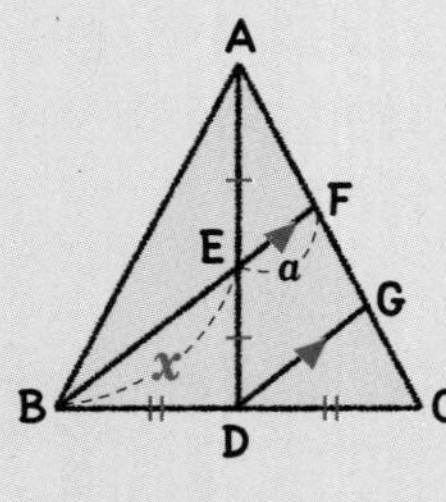

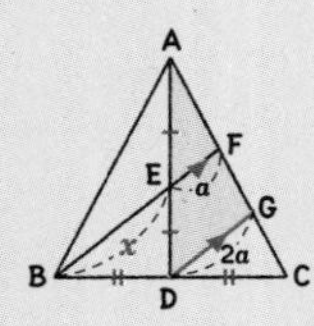

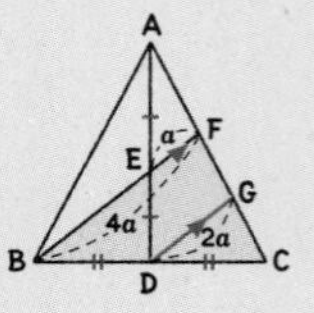

$x=\overline{BF}-\overline{EF}$
$=4a-a=3a$

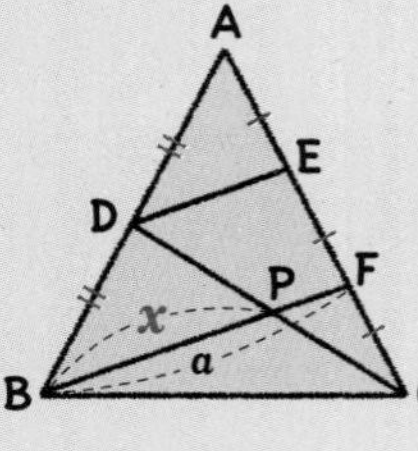

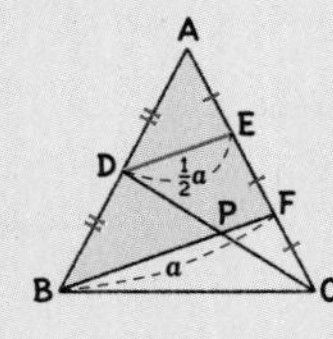

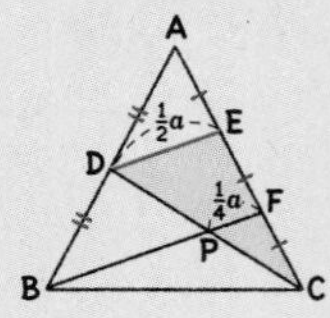

$x=\overline{BF}-\overline{PF}$
$=a-\frac{1}{4}a=\frac{3}{4}a$

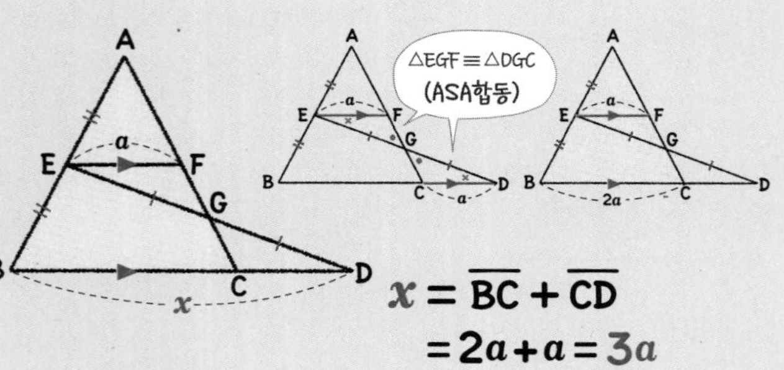

$x=\overline{BC}+\overline{CD}$
$=2a+a=3a$

1st — 삼각형의 두 변의 중점을 연결한 선분의 성질을 이용하여 선분의 길이 구하기

● 다음 그림의 △ABC에서 $\overline{BD}=\overline{DC}$, $\overline{AE}=\overline{ED}$, $\overline{BF}/\!/\overline{DG}$일 때, x의 값을 구하시오.

1

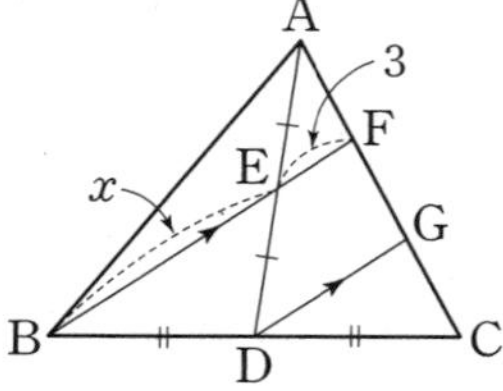

→ △ADG에서 $\overline{DG}$=2×☐=2×☐=☐

△BCF에서 $\overline{BF}$=2×☐=2×☐=☐

따라서 x=$\overline{BF}-\overline{EF}$=☐−3=☐

2

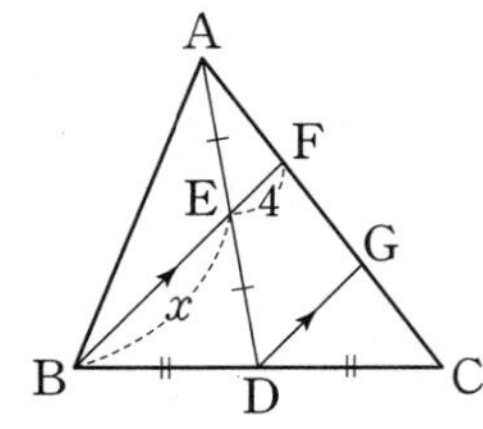

3

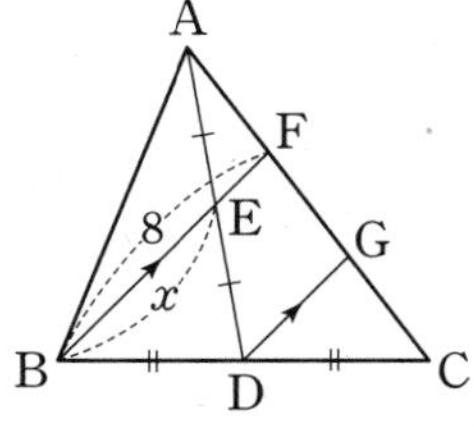

4

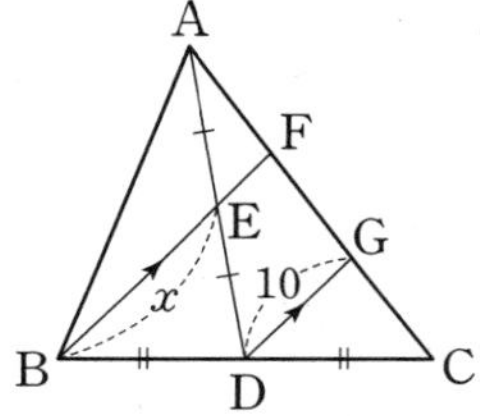

5

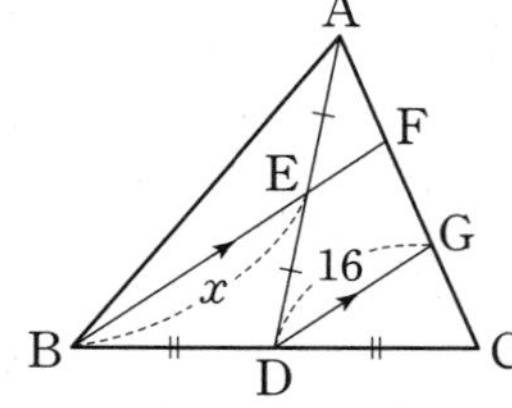

• 다음 그림의 $\triangle ABC$에서 $\overline{AB}$의 중점을 D, $\overline{AC}$의 삼등분점을 각각 E, F라 할 때, x의 값을 구하시오.

6

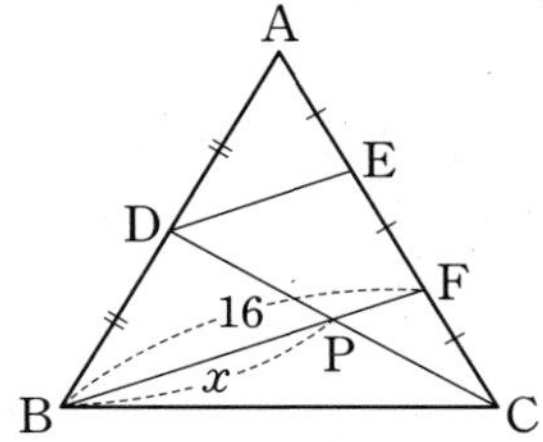

➜ $\triangle ABF$에서 $\overline{DE}=\frac{1}{2}\times$ ☐ $=\frac{1}{2}\times$ ☐ $=$ ☐

$\triangle CED$에서 $\overline{PF}=\frac{1}{2}\times$ ☐ $=\frac{1}{2}\times$ ☐ $=$ ☐

따라서 $x=\overline{BF}-\overline{PF}=16-$ ☐ $=$ ☐

7

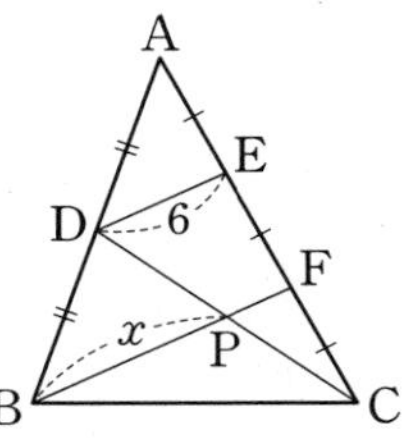

8

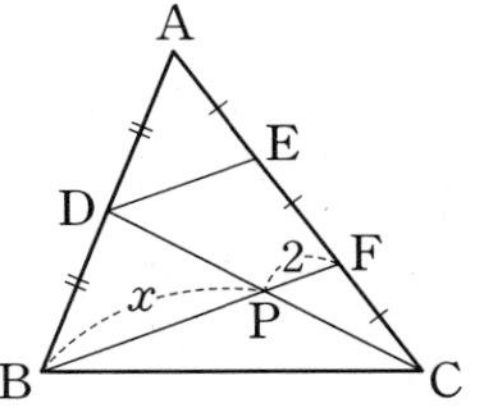

9

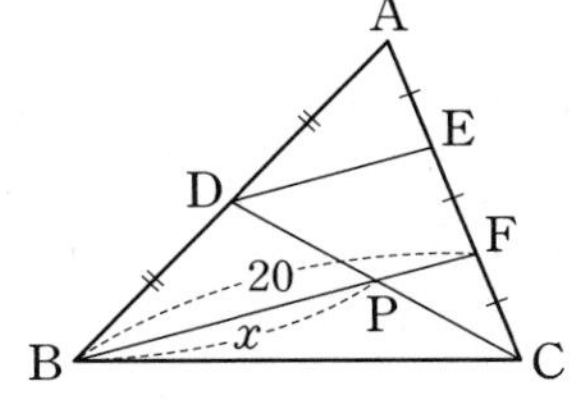

• 다음 그림에서 $\overline{AE}=\overline{EB}$, $\overline{EG}=\overline{GD}$, $\overline{EF}\,/\!/\,\overline{BD}$일 때, x의 값을 구하시오.

10

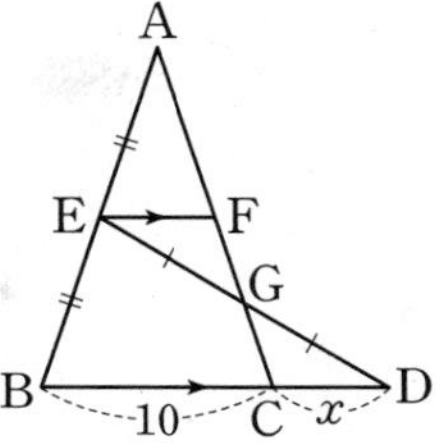

➜ $\triangle ABC$에서 $\overline{EF}=\frac{1}{2}\times$ ☐ $=\frac{1}{2}\times$ ☐ $=$ ☐

$\triangle EGF$와 $\triangle DGC$에서

$\overline{EG}=$ ☐, $\angle EGF=\angle$ ☐ (맞꼭지각),

$\angle FEG=\angle$ ☐ (엇각)

이므로 $\triangle EGF\equiv\triangle DGC$ (ASA 합동)

따라서 $x=$ ☐ $=$ ☐

11

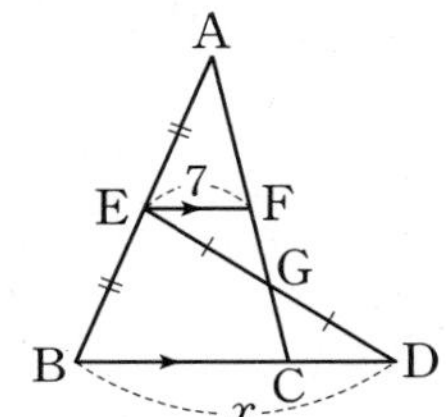

12

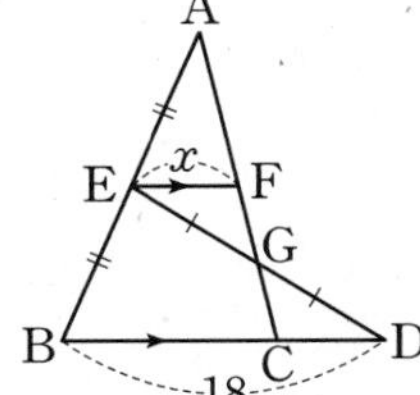

13

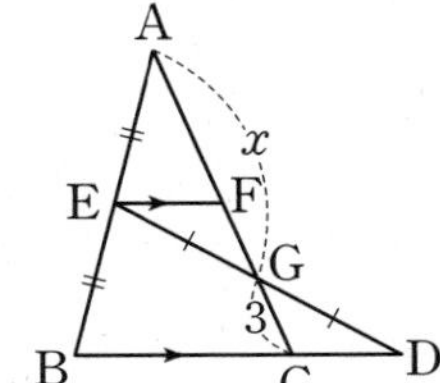

05 중점을 연결하면 절반!

사다리꼴에서 두 변의 중점을 연결한 선분의 성질

$\overline{AD} /\!/ \overline{BC}$인 사다리꼴 ABCD에서
$\overline{AB}$, $\overline{CD}$의 중점을 각각 M, N이라 할 때

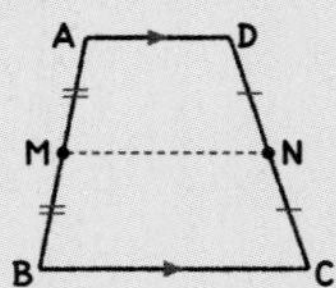

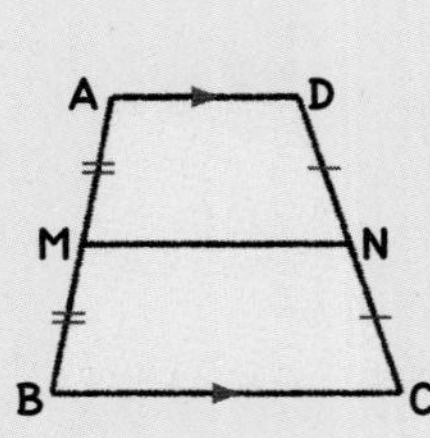

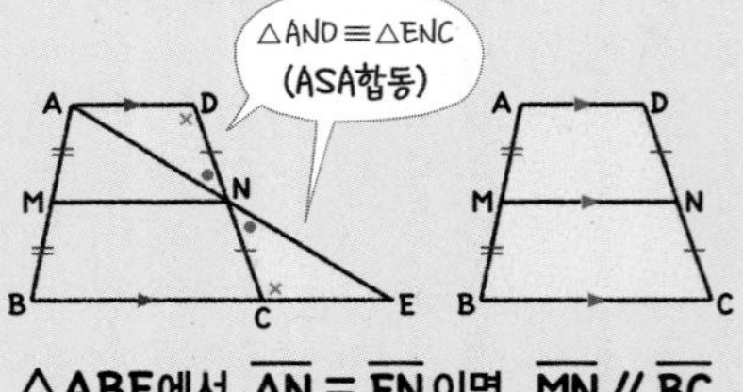

△ABE에서 $\overline{AN}=\overline{EN}$이면 $\overline{MN} /\!/ \overline{BC}$

$$\overline{AD} /\!/ \overline{MN} /\!/ \overline{BC}$$

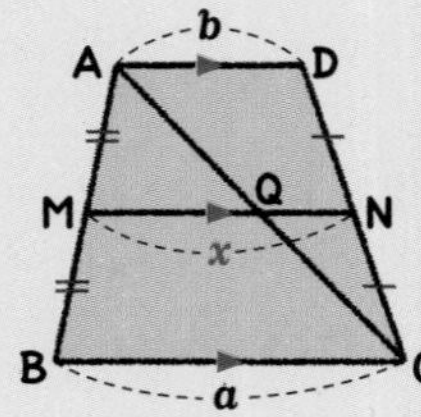

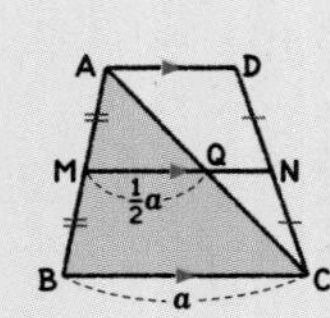

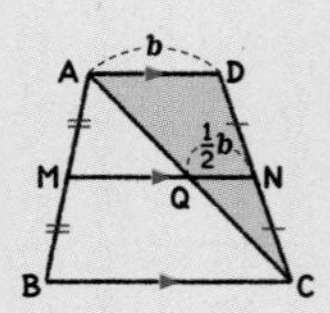

$$x=\overline{MQ}+\overline{NQ}$$
$$=\frac{1}{2}a+\frac{1}{2}b=\frac{1}{2}(a+b)$$

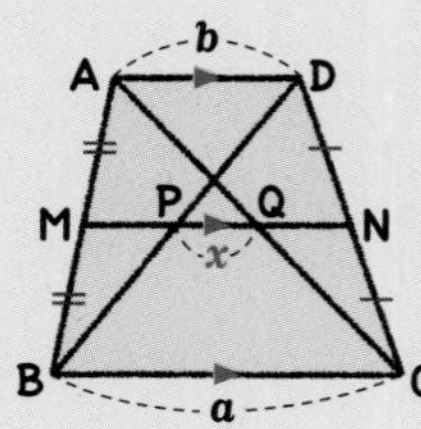

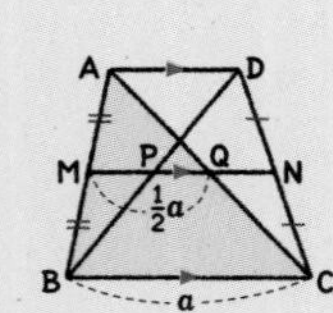

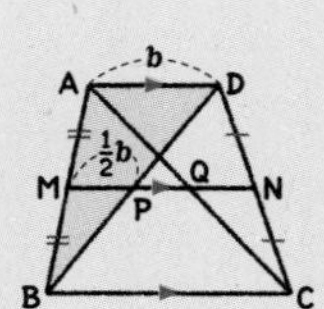

$$x=\overline{MQ}-\overline{MP}$$
$$=\frac{1}{2}a-\frac{1}{2}b=\frac{1}{2}(a-b)$$

(단, $a>b$)

1st 사다리꼴에서 두 변의 중점을 연결한 선분의 성질을 이용하여 선분의 길이 구하기(1)

● 다음 그림과 같이 사다리꼴 ABCD에서 $\overline{AD} /\!/ \overline{BC}$이고 $\overline{AB}$, $\overline{CD}$의 중점을 각각 M, N이라 할 때, x의 값을 구하시오.

1

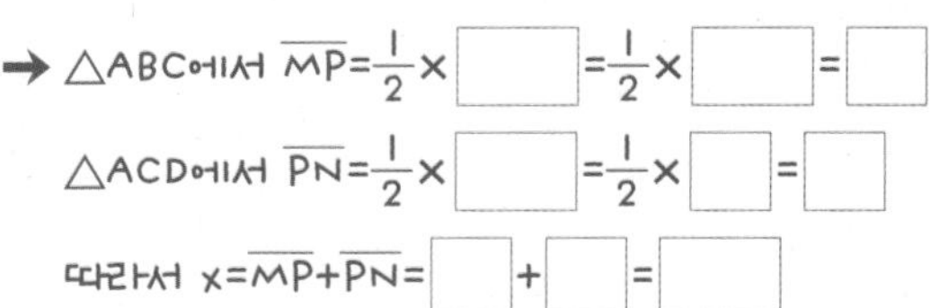

2

3

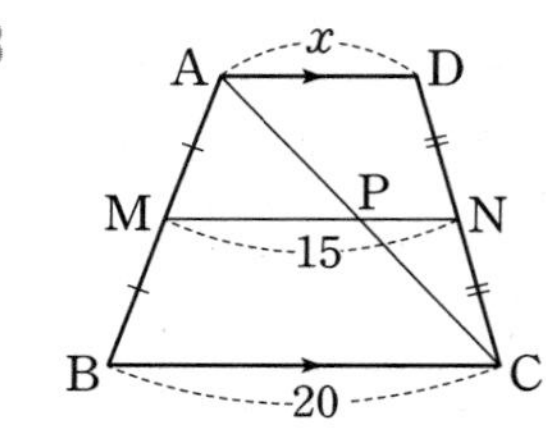

4

5

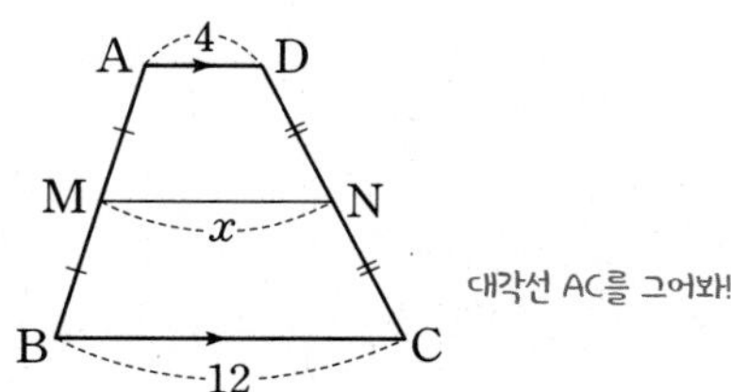

6

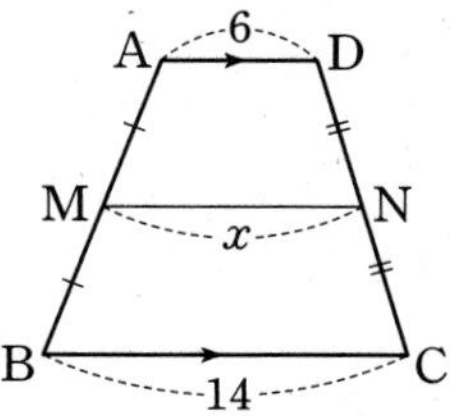

7

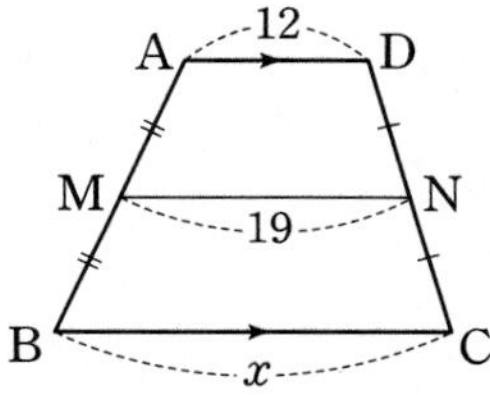

8

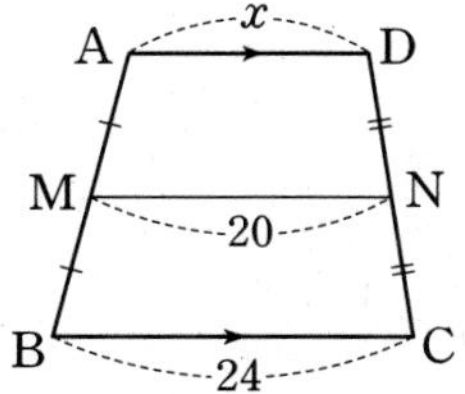

내가 발견한 개념 사다리꼴에서 두 변의 중점을 연결하면?

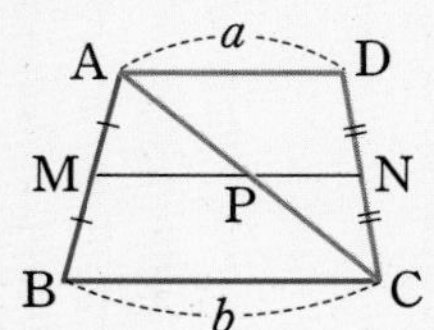

- △ABC에서 $\overline{MP}=\frac{1}{2}$ ☐
- △ACD에서 $\overline{PN}=\frac{1}{2}$ ☐
- $\overline{MN}=\overline{MP}+\overline{PN}=\frac{1}{2}$(☐ + ☐)

2nd 사다리꼴에서 두 변의 중점을 연결한 선분의 성질을 이용하여 선분의 길이 구하기(2)

• 다음 그림과 같이 $\overline{AD}/\!/\overline{BC}$인 사다리꼴 ABCD에서 $\overline{AB}$, $\overline{CD}$의 중점을 각각 M, N이라 할 때, 다음을 구하시오.

9

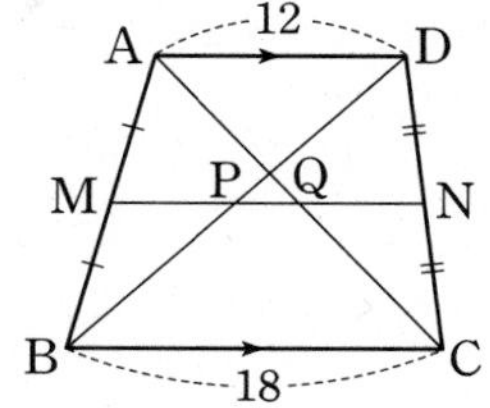

(1) $\overline{MQ}$의 길이

→ △ABC에서 $\overline{MQ}=\frac{1}{2}\times$ ☐ $=\frac{1}{2}\times$ ☐ = ☐

(2) $\overline{MP}$의 길이

→ △ABD에서 $\overline{MP}=\frac{1}{2}\times$ ☐ $=\frac{1}{2}\times$ ☐ = ☐

(3) $\overline{PQ}$의 길이

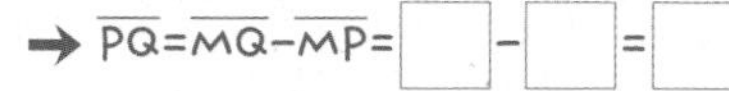

→ $\overline{PQ}=\overline{MQ}-\overline{MP}=$ ☐ − ☐ = ☐

10

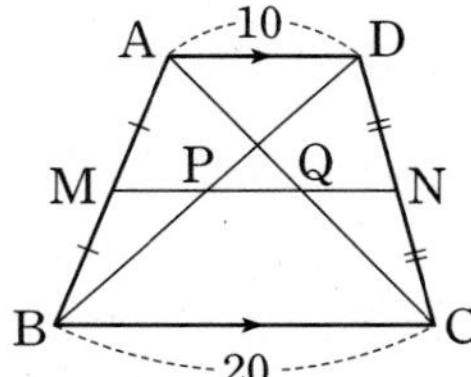

(1) $\overline{MQ}$의 길이

(2) $\overline{MP}$의 길이

(3) $\overline{PQ}$의 길이

● 다음 그림과 같이 $\overline{AD} /\!/ \overline{BC}$인 사다리꼴 ABCD에서 $\overline{AB}$, $\overline{CD}$의 중점을 각각 M, N이라 할 때, x의 값을 구하시오.

11

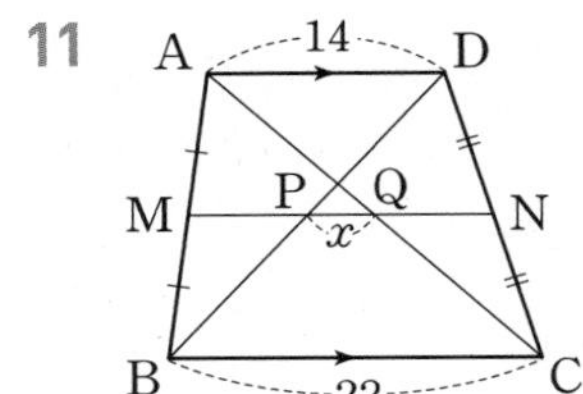

12

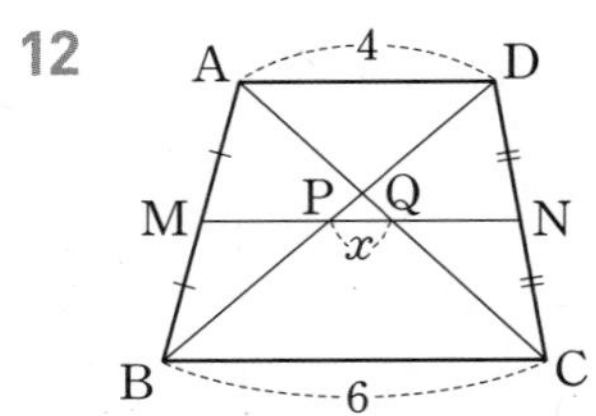

13

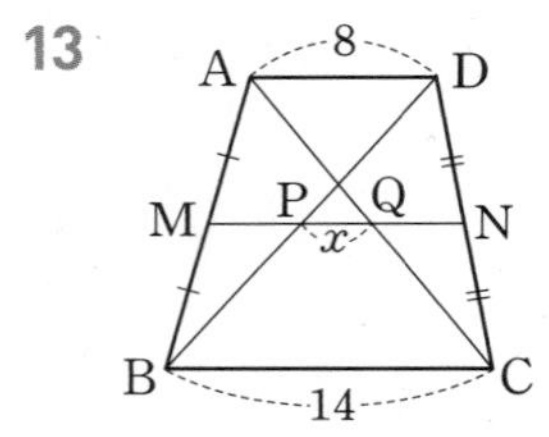

14

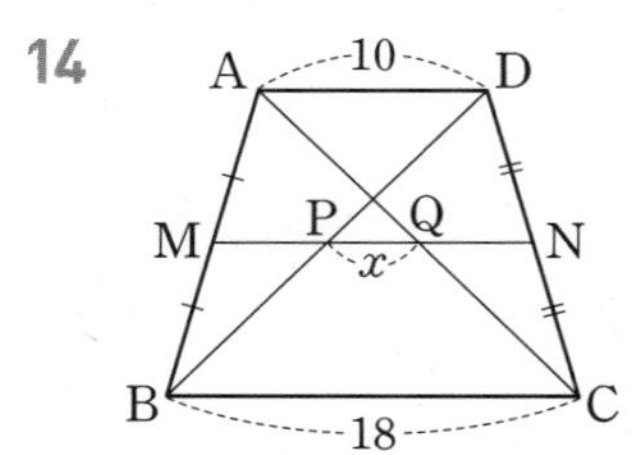

15

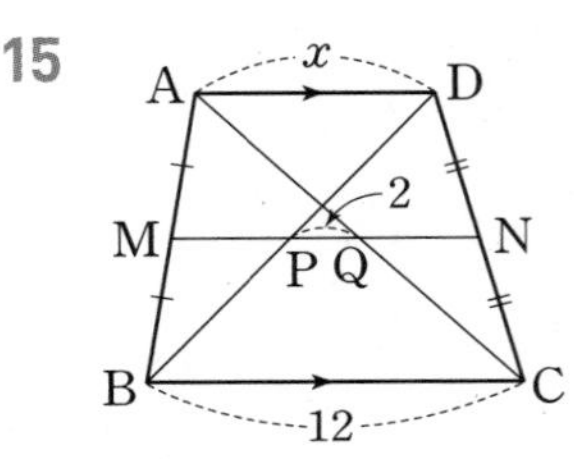

16

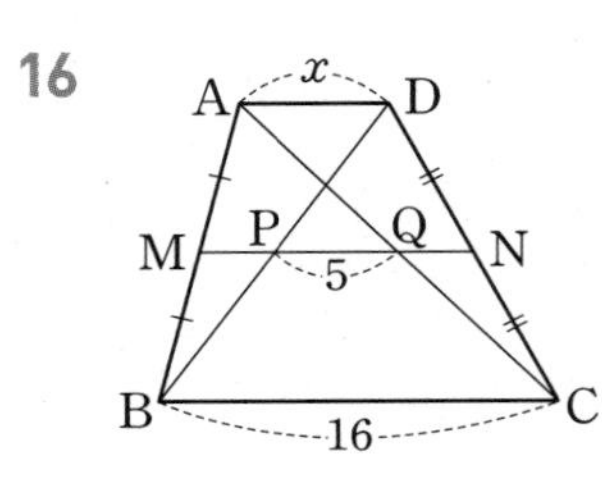

17

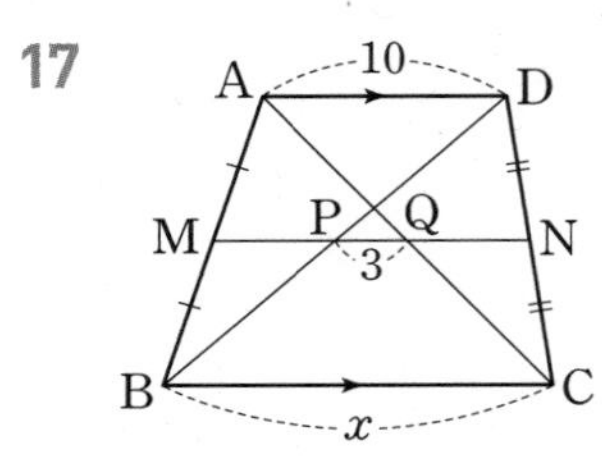

18

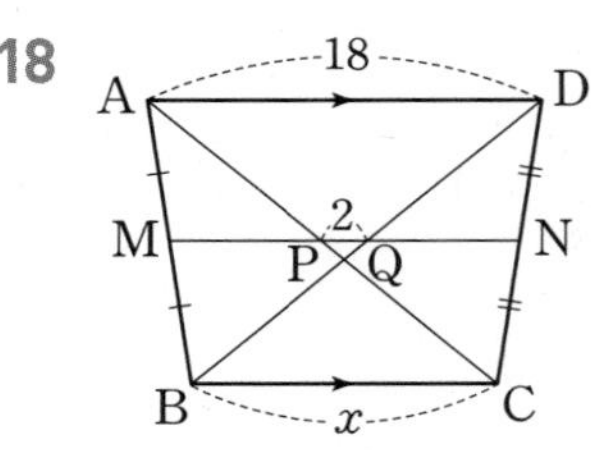

내가 발견한 개념

사다리꼴에서 두 변의 중점을 연결하면?

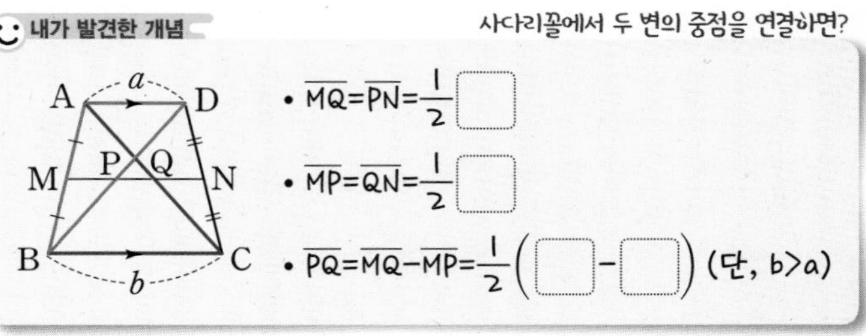

• $\overline{MQ}=\overline{PN}=\frac{1}{2}$☐

• $\overline{MP}=\overline{QN}=\frac{1}{2}$☐

• $\overline{PQ}=\overline{MQ}-\overline{MP}=\frac{1}{2}$(☐-☐) (단, b>a)

TEST 7. 삼각형의 닮음의 활용

1 오른쪽 그림의 △ABC와 △DBC에서 네 점 M, N, P, Q는 각각 $\overline{AB}$, $\overline{AC}$, $\overline{DB}$, $\overline{DC}$의 중점이다. $\overline{MN}=9$ cm, $\overline{RQ}=6$ cm일 때, $\overline{PR}$의 길이는?

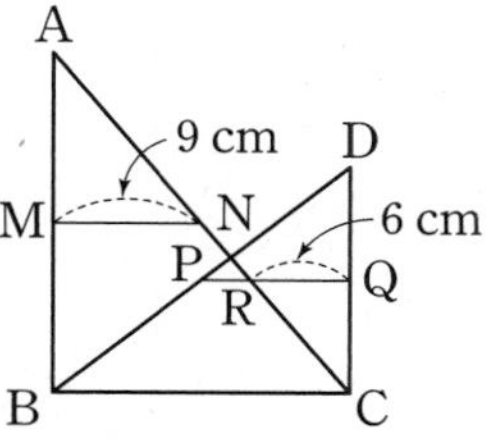

① 1 cm ② 2 cm ③ 3 cm
④ 4 cm ⑤ 5 cm

2 오른쪽 그림과 같은 △ABC에서 $\overline{AM}=\overline{MB}$이고 $\overline{MN}/\!/\overline{BC}$일 때, $x+y$의 값을 구하시오.

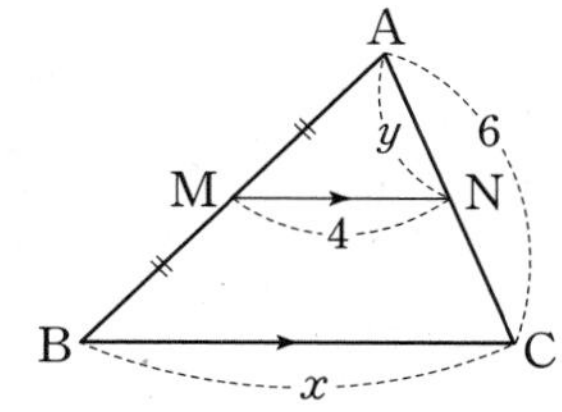

3 오른쪽 그림과 같은 △ABC에서 세 점 D, E, F는 각각 $\overline{AB}$, $\overline{BC}$, $\overline{CA}$의 중점일 때, 다음 중 옳지 <u>않은</u> 것은?

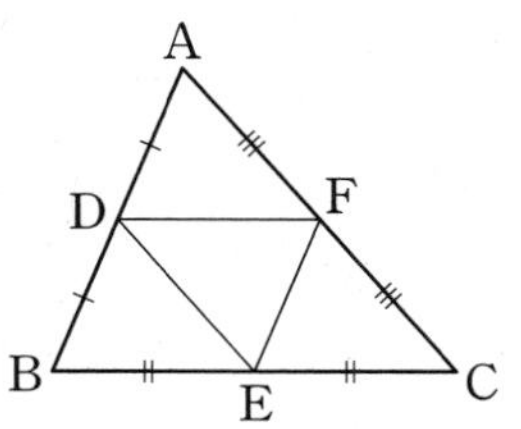

① ∠A=∠B ② $\overline{DE}=\overline{AF}$
③ $\overline{DE}/\!/\overline{AC}$ ④ ∠DEB=∠C
⑤ △ADF≡△DBE

4 오른쪽 그림과 같은 △ABC에서 $\overline{AD}=\overline{DB}$, $\overline{DG}=\overline{GC}$이고 $\overline{DE}/\!/\overline{BF}$이다. $\overline{DE}=8$ cm일 때, $\overline{BG}$의 길이는?

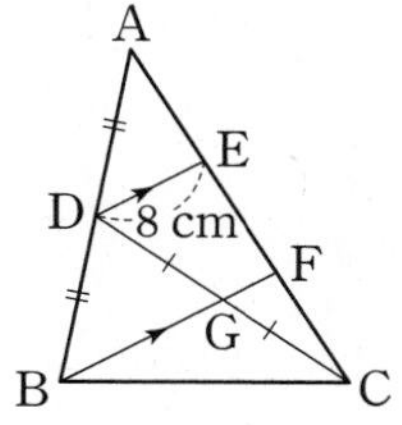

① 8 cm ② 10 cm
③ 12 cm ④ 14 cm
⑤ 16 cm

5 오른쪽 그림에서 $\overline{AE}=\overline{EB}$, $\overline{EG}=\overline{DG}$이고 $\overline{BC}=6$ cm일 때, $\overline{CD}$의 길이를 구하시오.

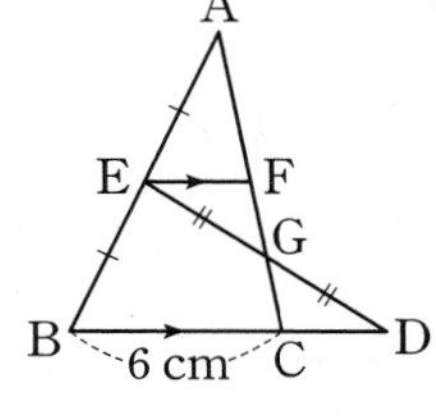

6 오른쪽 그림과 같이 $\overline{AD}/\!/\overline{BC}$인 사다리꼴 ABCD에서 두 점 M, N은 각각 $\overline{AB}$, $\overline{CD}$의 중점이다. $\overline{MP}=\overline{PQ}=\overline{QN}$이고, $\overline{AD}=6$ cm일 때, $\overline{BC}$의 길이는?

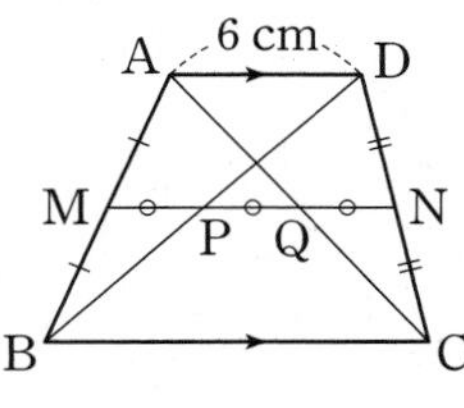

① 10 cm ② 12 cm ③ 14 cm
④ 16 cm ⑤ 18 cm

8

중선의 교점, 삼각형의 무게중심과 닮음의 활용

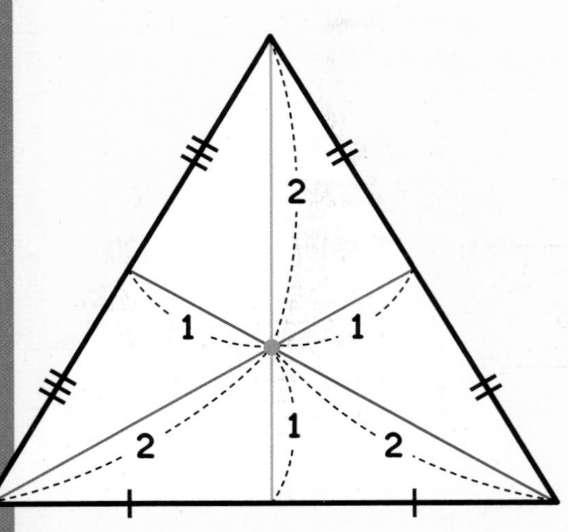

넓이를 이등분하는!

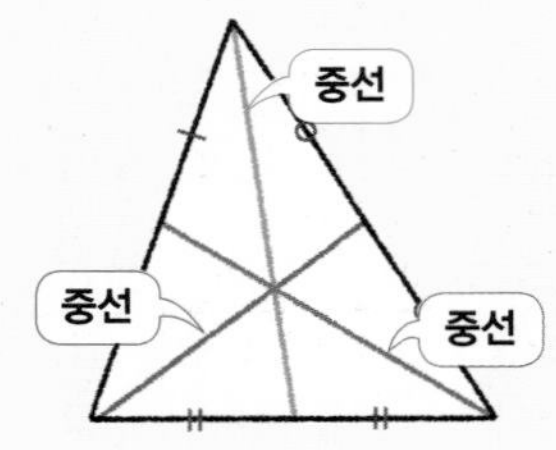

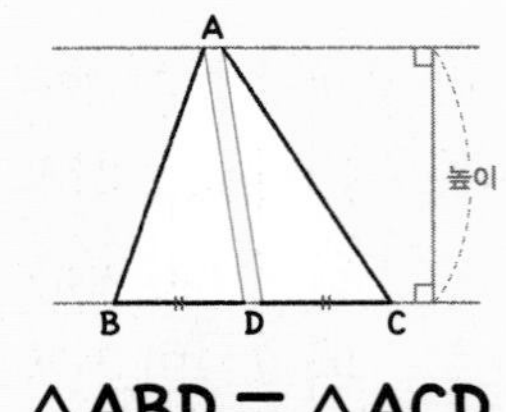

01 삼각형의 중선

삼각형의 한 꼭짓점과 그 대변의 중점을 이은 선분을 중선이라 해. 한 삼각형에는 항상 세 개의 중선이 있지. 또한 삼각형의 중선은 삼각형의 넓이를 이등분해!

세 중선의 교점!

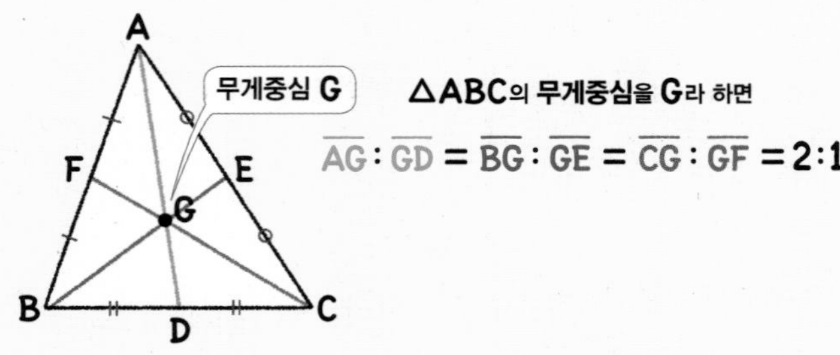

02 삼각형의 무게중심

삼각형의 세 중선은 한 점에 만나. 이 점을 무게중심이라 하지. 이때 삼각형의 무게중심은 세 중선의 길이를 꼭짓점으로부터 각각 2 : 1로 나눠. 이 성질을 이용해서 선분의 길이를 구하게 될 거야!

모두 같은 넓이로 나눠지는!

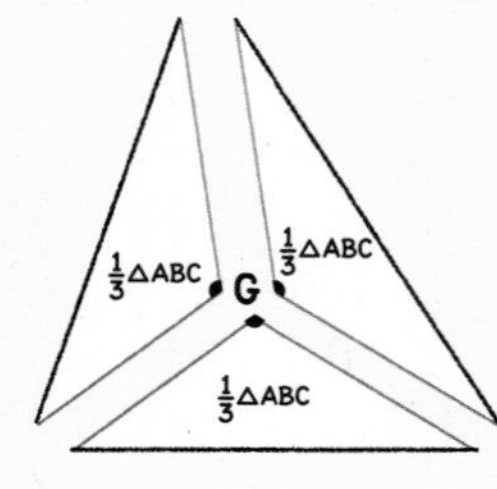

삼각형의 넓이는 3등분된다.

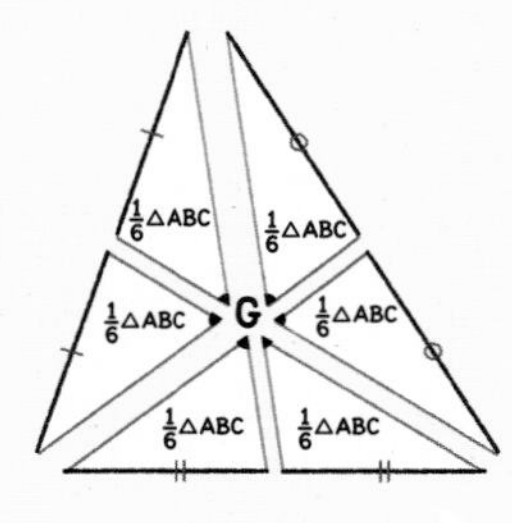

삼각형의 넓이는 6등분된다.

03 삼각형의 무게중심과 넓이

삼각형의 무게중심과 세 꼭짓점을 이어 생기는 세 삼각형의 넓이는 같아. 그리고 삼각형의 세 중선에 의하여 나누어진 6개의 삼각형의 넓이는 모두 같지!

04 평행사변형에서 삼각형의 무게중심의 활용

평행사변형 ABCD에서 점 O는 두 대각선의 교점이고 두 점 M, N이 각각 $\overline{BC}$, $\overline{CD}$의 중점일 때 다음이 성립해!

① 점 P는 △ABC의 무게중심
② 점 Q는 △ACD의 무게중심
③ $\overline{BP}:\overline{PO}=\overline{DQ}:\overline{QO}=2:1$
④ $\overline{BP}=\overline{PQ}=\overline{DQ}$

무게중심을 찾아서 해결하는!

평행사변형 ABCD에서
$\overline{BC}$, $\overline{CD}$의 중점을 각각 M, N이라 할 때

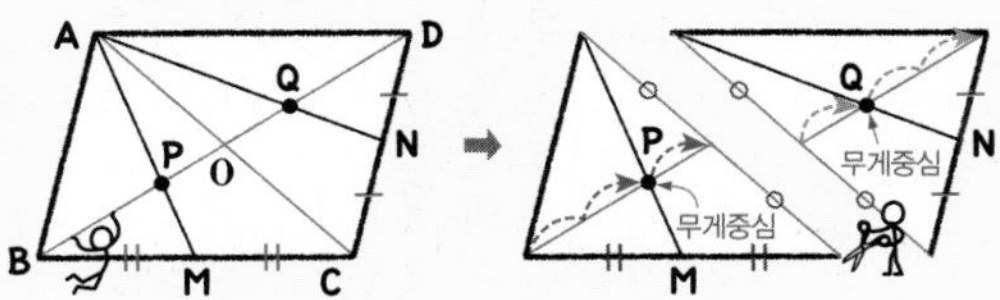

05 닮은 두 평면도형의 넓이의 비

닮은 두 평면도형의 닮음비가 $m:n$이면 닮은 평면도형의 둘레의 길이의 비도 $m:n$이야. 하지만 넓이의 비는 닮음비의 제곱과 같지. 즉 $m^2:n^2$이야!

닮음비를 알면 구할 수 있는!

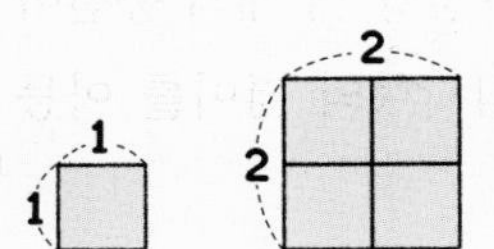

닮음비 ➡ $1:2$
둘레의 길이의 비 ➡ $1:2$ (같다)
넓이의 비 ➡ $1^2:2^2$ (제곱)

06 닮은 두 입체도형의 겉넓이와 부피의 비

닮은 두 입체도형의 닮음비가 $m:n$이면 대응하는 모서리의 길이의 비는 $m:n$이고, 겉넓이의 비는 $m^2:n^2$이야. 특히 입체도형에서는 부피도 생각할 수 있는데 닮은 두 입체도형의 부피의 비는 $m^3:n^3$이야!

닮음비를 알면 구할 수 있는!

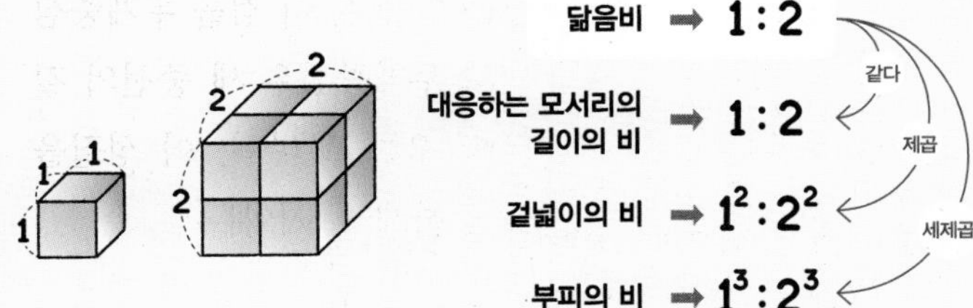

07 닮음의 활용

앞에서 배운 닮음을 이용하여 실생활 문제를 풀어보자. 건물이나 나무의 높이, 호수나 강의 너비와 같이 직접 측정하기 어려운 경우에 도형의 닮음을 이용하여 간접적으로 측정해 축도를 그려서 해결할 수 있어. 축도에서의 길이, 축척, 즉 이 두 가지만 알면 실제 길이나 실제 너비 등을 알 수 있어!

실제 길이를 구할 때 필요한 축척!

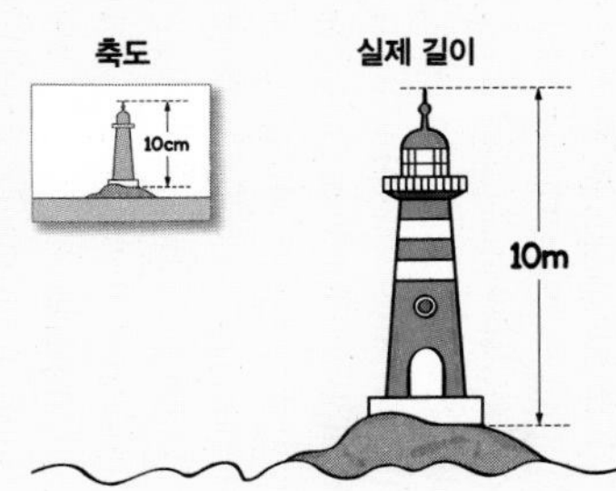

$$(\text{축척})=\frac{(\text{축도에서의 길이})}{(\text{실제 길이})}$$

$$(\text{축도에서의 길이})=(\text{실제 길이})\times(\text{축척})$$

$$(\text{실제 길이})=\frac{(\text{축도에서의 길이})}{(\text{축척})}$$

01 **넓이를 이등분하는!**

삼각형의 중선

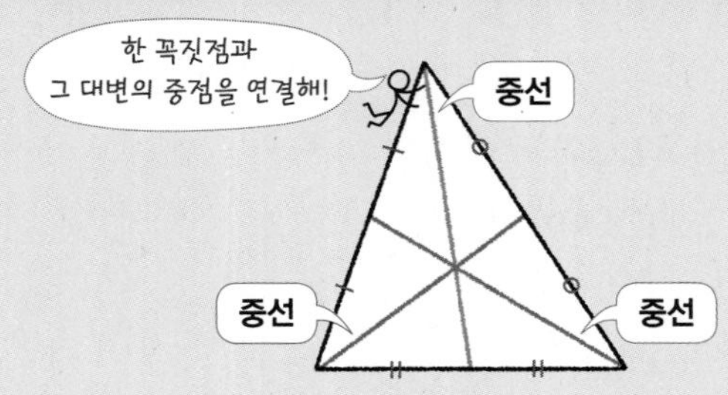

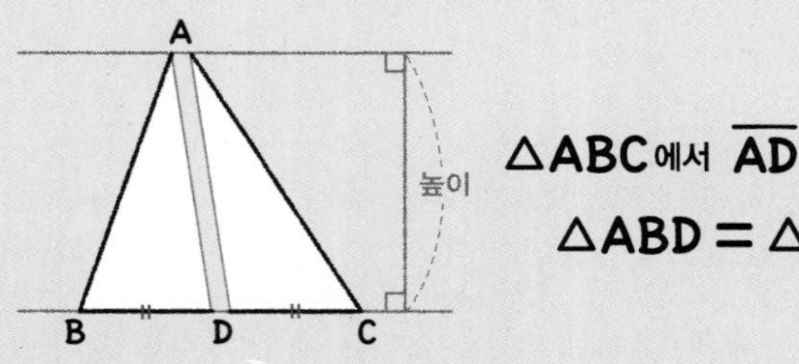

△ABC에서 $\overline{AD}$가 중선이면
△ABD = △ACD

삼각형의 중선은 그 삼각형의 넓이를 이등분한다.

- **중선:** 삼각형에서 한 꼭짓점과 그 대변의 중점을 이은 선분
- **삼각형의 중선의 성질:** 삼각형의 한 중선은 그 삼각형의 넓이를 이등분한다.

원리확인 오른쪽 그림에서 $\overline{AD}$가 △ABC의 중선일 때, 다음을 구하는 과정이다. □ 안에 알맞은 수를 써넣으시오.

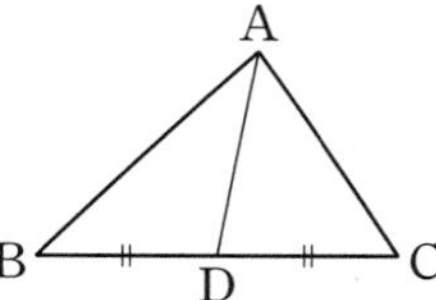

❶ $\overline{BC}=10$ cm일 때, $\overline{BD}$의 길이

➜ $\overline{BD}=\square\times\overline{BC}=\square\times10=\square$(cm)

❷ $\overline{CD}=6$ cm일 때, $\overline{BC}$의 길이

➜ $\overline{BC}=\square\times\overline{CD}=\square\times6=\square$(cm)

❸ △ABC의 넓이가 20 cm^{2}일 때, △ABD의 넓이

➜ △ABD$=\square\times$△ABC

$=\square\times20=\square$(cm^2)

❹ △ADC의 넓이가 9 cm^{2}일 때, △ABC의 넓이

➜ △ABC$=\square\times$△ADC

$=\square\times9=\square$(cm^2)

1st — 중선을 이용하여 삼각형의 넓이 구하기

● 다음 그림에서 $\overline{AD}$가 △ABC의 중선이고 △ABC의 넓이가 24 cm^{2}일 때, 색칠한 부분의 넓이를 구하시오.
(단, E는 $\overline{AD}$의 중점이다.)

1

2

3

$\overline{CE}$는 △ADC의 중선이야!

➜ △ADC$=\square\times$△ABC$=\square\times24=\square$(cm^2)

따라서 △AEC$=\square\times$△ADC$=\square\times\square$

$=\square$(cm^2)

4

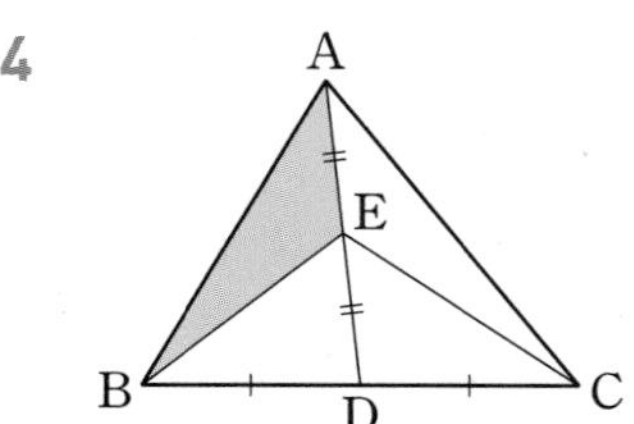

● 다음과 같이 삼각형의 넓이가 주어질 때, △ABC의 넓이를 구하시오.

5

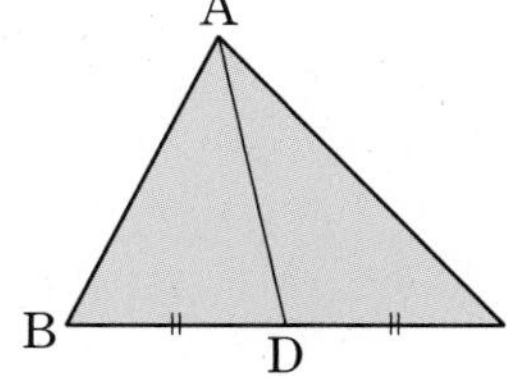

△ABD=18 cm^2

6

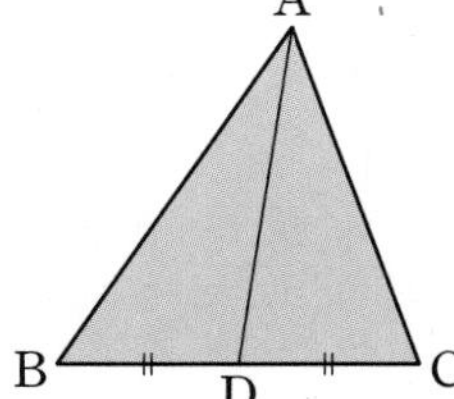

△ADC=20 cm^2

7

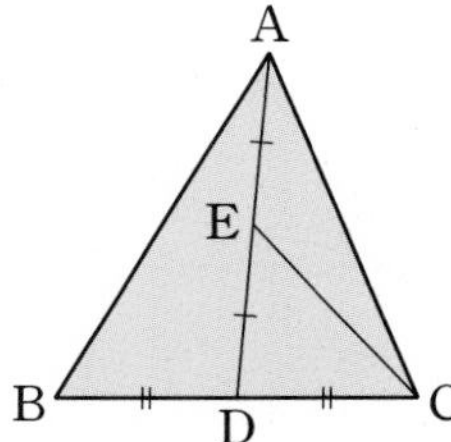

△AEC=7 cm^2

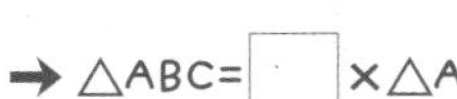
→ △ABC=☐×△ADC=☐×2△AEC

=☐×△AEC=☐×7=☐(cm^2)

8

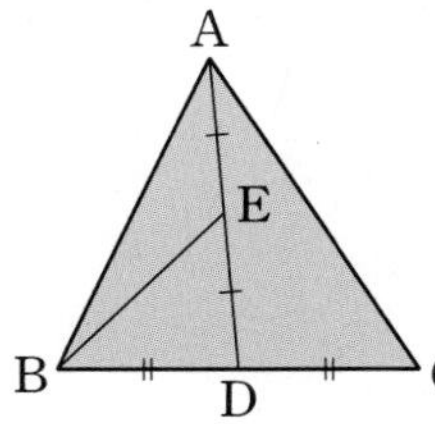

△ABE=10 cm^2

9

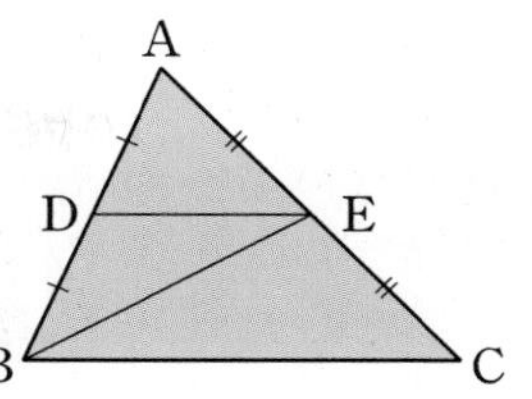

△BDE=5 cm^2

10

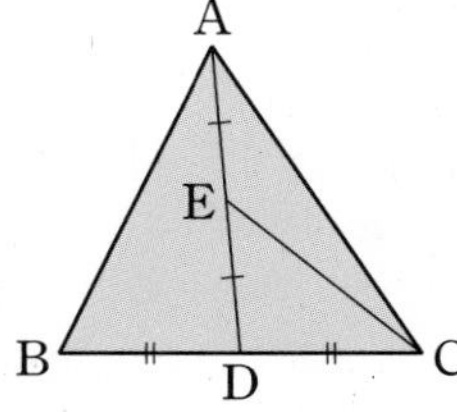

△EDC=11 cm^2

11

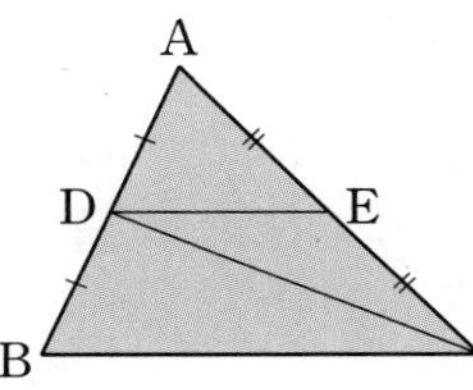

△ADE=4 cm^2

12

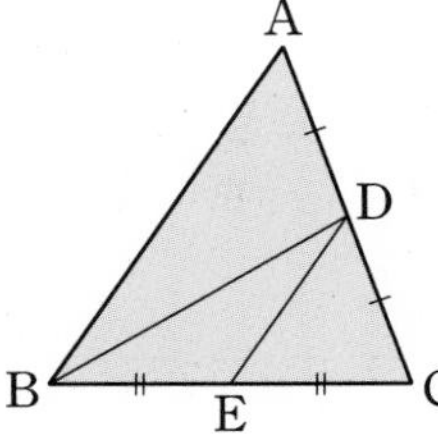

△DBE=13 cm^2

내가 발견한 개념 삼각형의 중선과 넓이의 관계는?

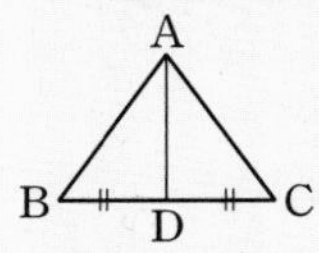

• △ABD=△☐=$\frac{1}{2}$△☐

02 삼각형의 무게중심

세 중선의 교점!

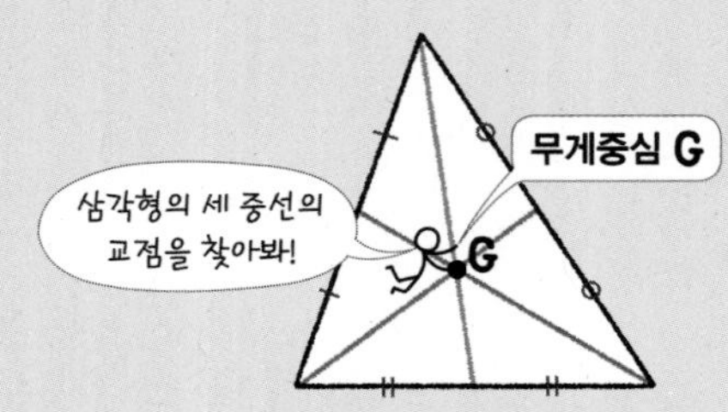

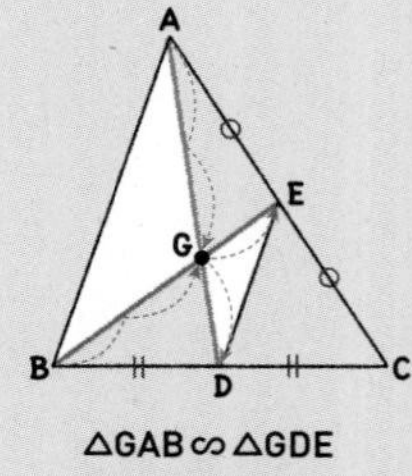

△GAB∽△GDE
닮음비는 2 : 1

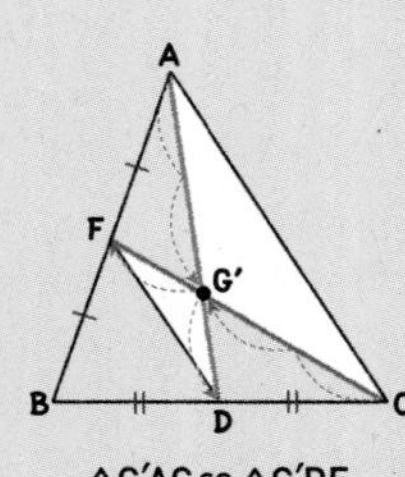

△G′AC∽△G′DF
닮음비는 2 : 1

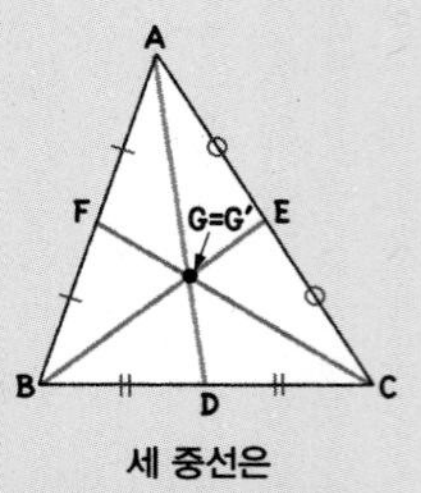

세 중선은
한 점(무게중심)에서
만난다.

△ABC의 무게중심을 G라 하면

$$\overline{AG} : \overline{GD} = \overline{BG} : \overline{GE} = \overline{CG} : \overline{GF} = 2 : 1$$

삼각형의 무게중심은 세 중선의 길이를 각 꼭짓점으로부터 각각 2 : 1로 나눈다.

- **삼각형의 무게중심:** 삼각형의 세 중선의 교점
- **삼각형의 무게중심의 성질**
  ① 삼각형의 세 중선은 한 점(무게중심)에서 만난다.
  ② 삼각형의 무게중심은 세 중선의 길이를 각 꼭짓점으로부터 각각 2 : 1로 나눈다.

참고 ① 정삼각형은 무게중심, 외심, 내심이 모두 일치한다.
② 이등변삼각형의 무게중심, 외심, 내심은 모두 꼭지각의 이등분선 위에 있다.

중2

고1

(x_1, y_1), (x_2, y_2), (x_3, y_3)

$$G\left(\frac{x_1+x_2+x_3}{3}, \frac{y_1+y_2+y_3}{3}\right)$$

지금은 무게중심 G의 위치를 중선들의 교점으로 구하지만
고1이 되면 계산만으로도 구할 수 있게 될 거야!

1st 삼각형의 무게중심을 이용하여 선분의 길이 구하기

● **다음 그림에서 점 G가 △ABC의 무게중심일 때, x의 값을 구하시오.**

1

2

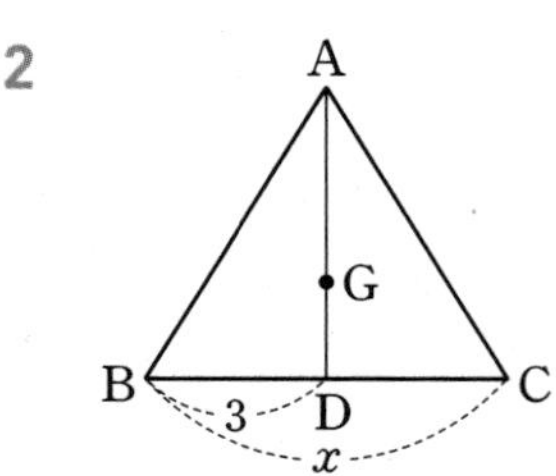

3

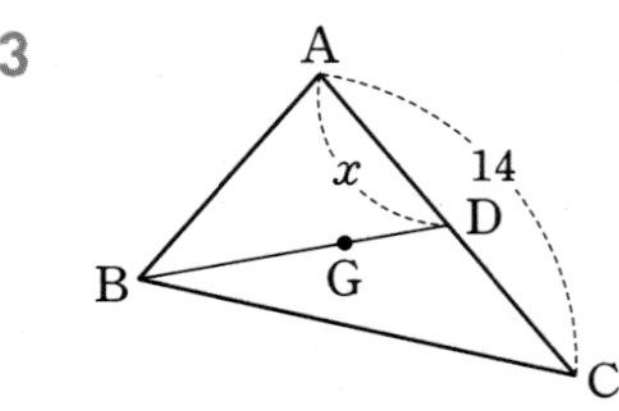

4

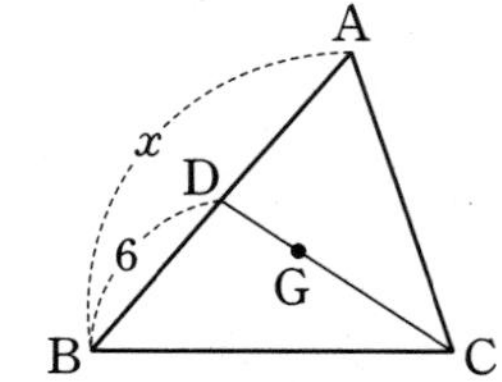

5

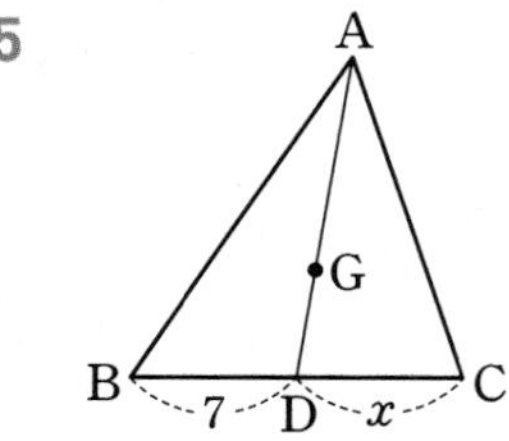

6

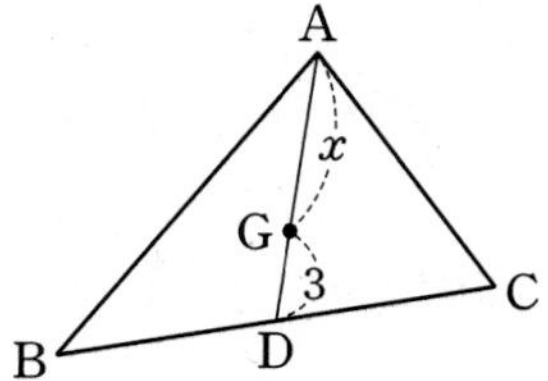

➡ 점 G가 △ABC의 무게중심이므로

$\overline{AG}:\overline{GD}=$ ☐ $:1$, $\overline{AG}=$ ☐ $\times\overline{GD}$

따라서 $x=$ ☐ $\times 3=$ ☐

7

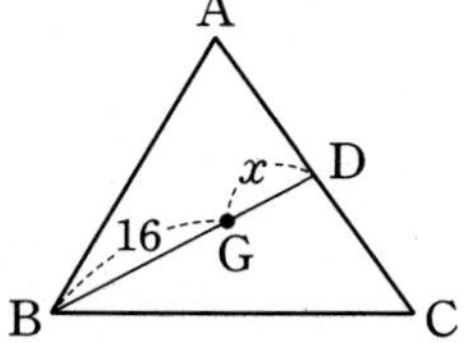

8

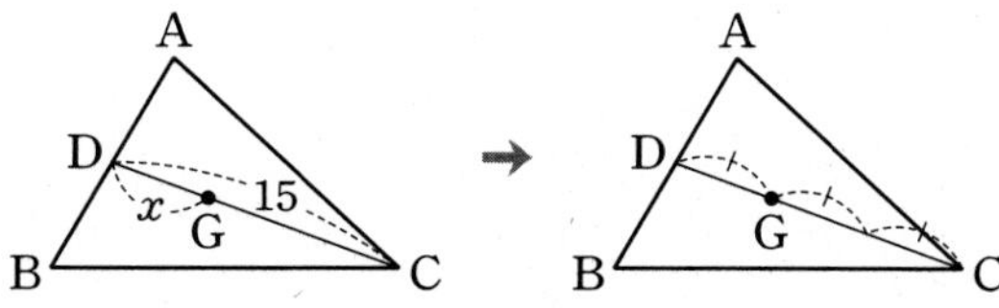

➡ 점 G가 △ABC의 무게중심이므로

$\overline{CD}:\overline{GD}=$ ☐ $:1$, $\overline{GD}=$ ☐ $\times\overline{CD}$

따라서 $x=$ ☐ $\times 15=$ ☐

9

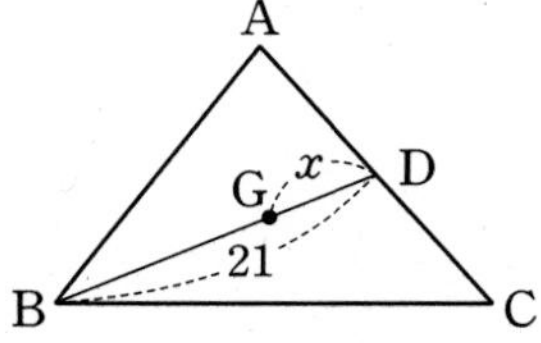

10

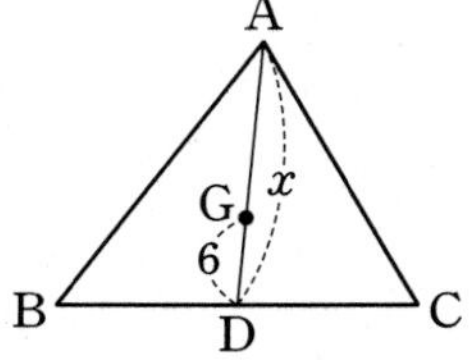

11

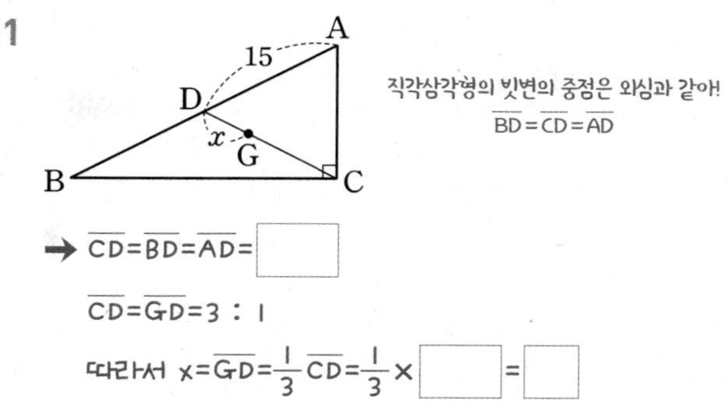

➡ $\overline{CD}=\overline{BD}=\overline{AD}=$ ☐

$\overline{CD}:\overline{GD}=3:1$

따라서 $x=\overline{GD}=\frac{1}{3}\overline{CD}=\frac{1}{3}\times$ ☐ $=$ ☐

12

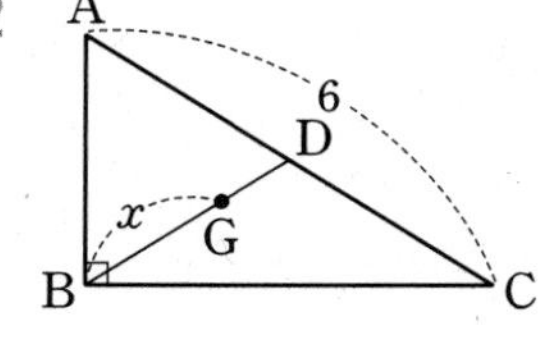

13

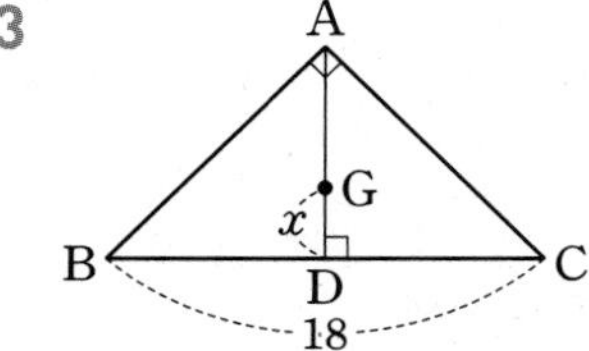

14

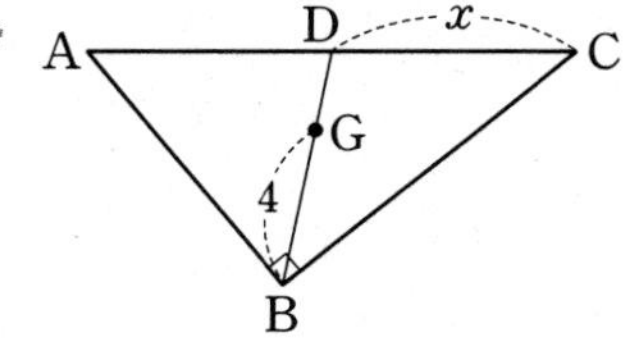

15

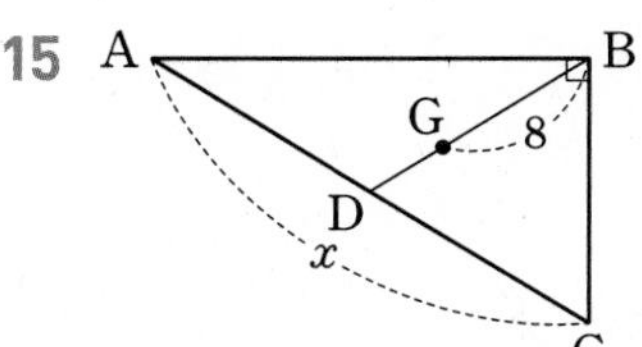

● 다음 그림에서 점 G가 $\triangle ABC$의 무게중심일 때, x, y의 값을 구하시오.

16

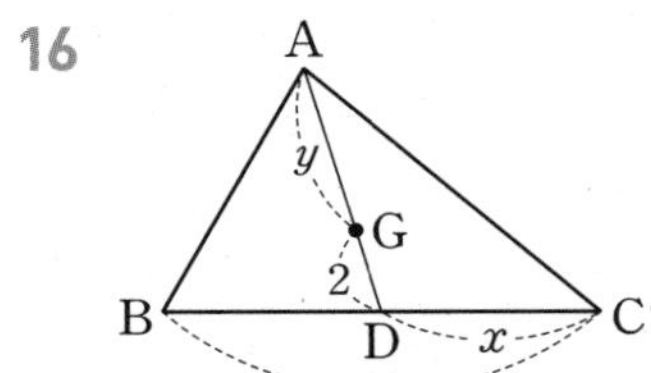

17

18

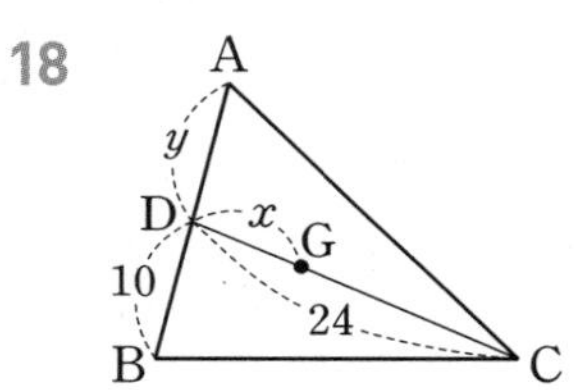

● 다음 그림에서 $\overline{AD}$는 $\triangle ABC$의 중선이고, 두 점 G, G′은 각각 $\triangle ABC$, $\triangle BCG$의 무게중심일 때, x의 값을 구하시오.

19

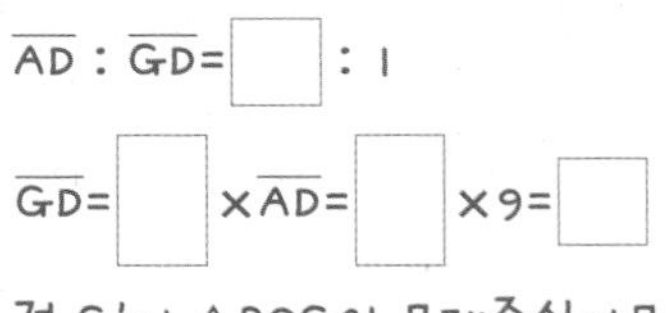

→ 점 G가 $\triangle ABC$의 무게중심이므로

$\overline{AD} : \overline{GD} = \square : 1$

$\overline{GD} = \square \times \overline{AD} = \square \times 9 = \square$

점 G′이 $\triangle BCG$의 무게중심이므로

$\overline{GD} : \overline{G'D} = \square : 1$

따라서 $x = \square \times \overline{GD} = \square \times \square = \square$

20

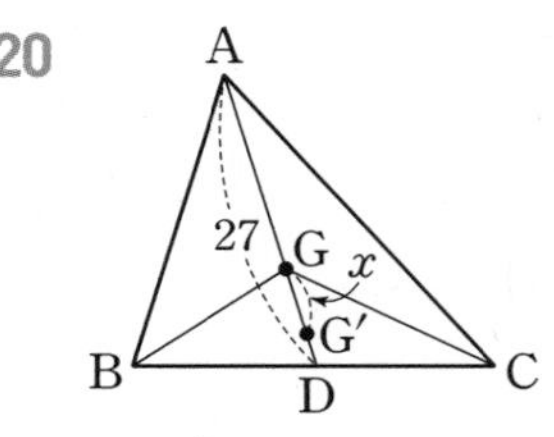

21

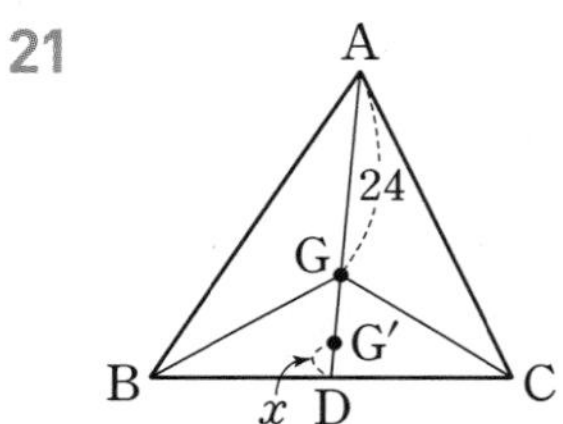

22

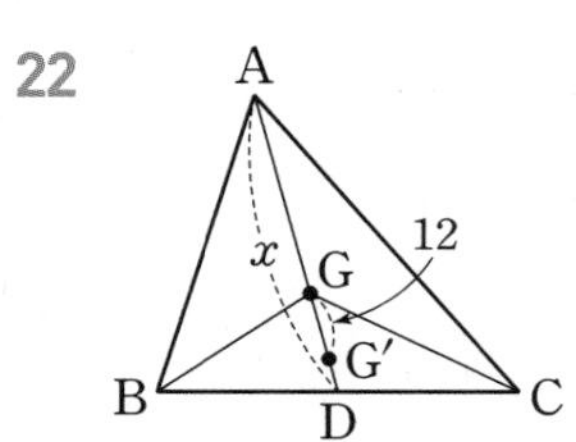

정삼각형의 내심, 외심, 무게중심은 일치한다!

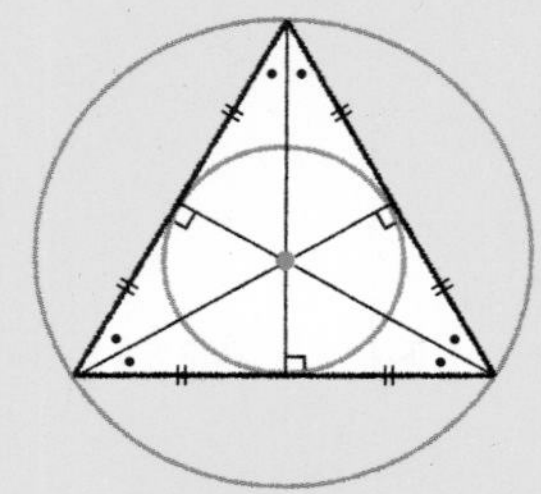

정삼각형의 세 변의 수직이등분선은
각 꼭지각의 이등분선이고 동시에 중선이기도 하므로
정삼각형의 내심, 외심, 무게중심은 일치한다.

2nd 평행선과 무게중심을 이용하여 선분의 길이 구하기

● **다음 그림에서 점 G가 △ABC의 무게중심일 때, x의 값을 구하시오.**

23

(단, $\overline{AD} /\!/ \overline{EF}$)

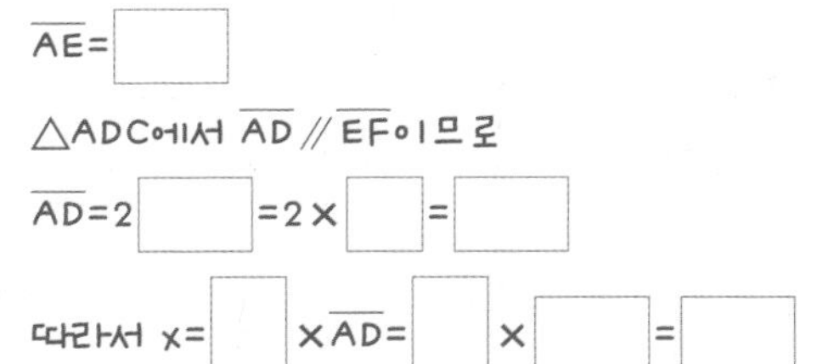

→ 점 G가 △ABC의 무게중심이므로

$\overline{AE}$=☐

△ADC에서 $\overline{AD} /\!/ \overline{EF}$이므로

$\overline{AD}$=2☐=2×☐=☐

따라서 x=☐×$\overline{AD}$=☐×☐=☐

24

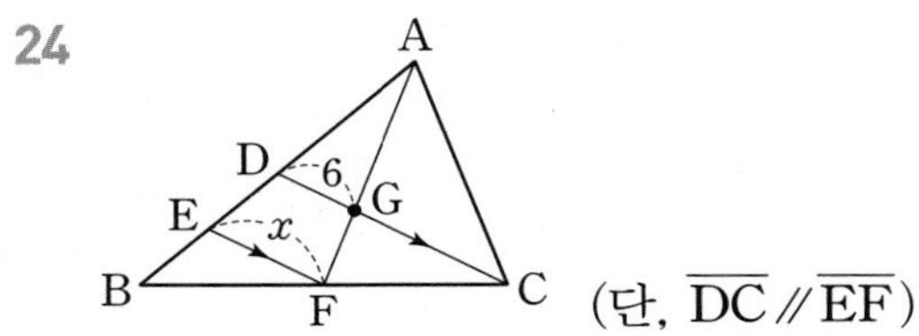

(단, $\overline{DC} /\!/ \overline{EF}$)

25

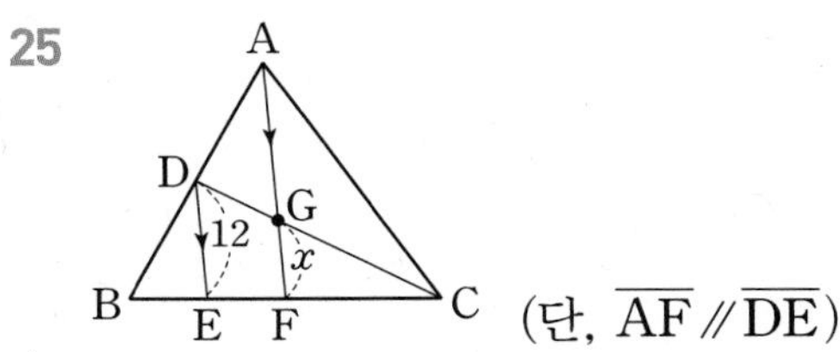

(단, $\overline{AF} /\!/ \overline{DE}$)

26

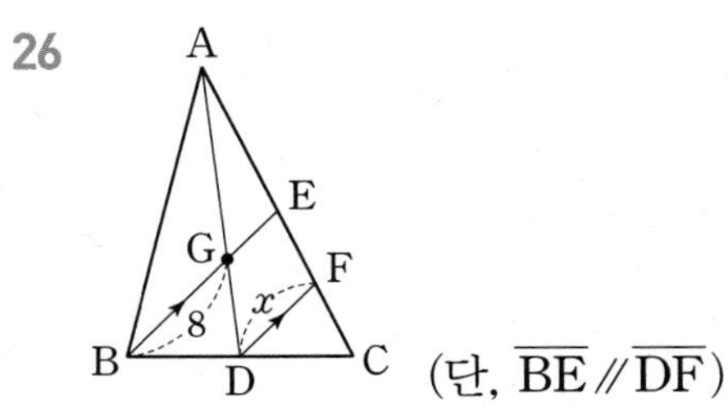

(단, $\overline{BE} /\!/ \overline{DF}$)

점 G가 △ABC의 무게중심이고 $\overline{BE} /\!/ \overline{DF}$이면?

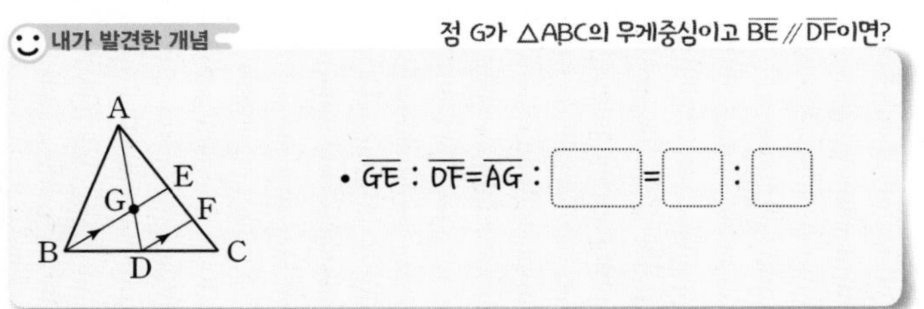

• $\overline{GE}$: $\overline{DF}$=$\overline{AG}$: ☐=☐ : ☐

27

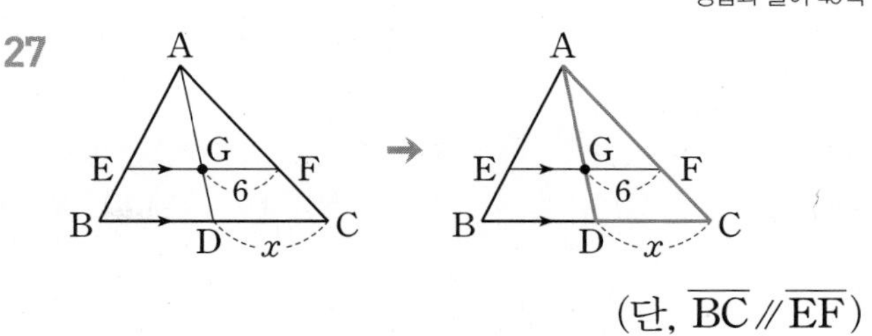

(단, $\overline{BC} /\!/ \overline{EF}$)

→ △AGF∽△ADC (AA 닮음)

$\overline{AG}$: $\overline{AD}$=$\overline{GF}$: $\overline{DC}$

즉 2 : ☐=☐ : x

따라서 x=☐

28

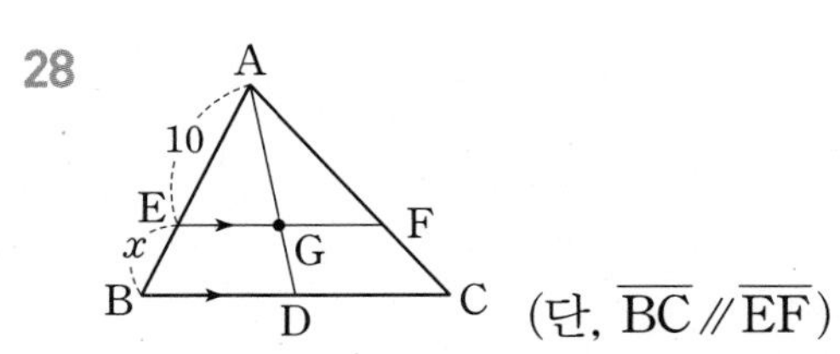

(단, $\overline{BC} /\!/ \overline{EF}$)

29

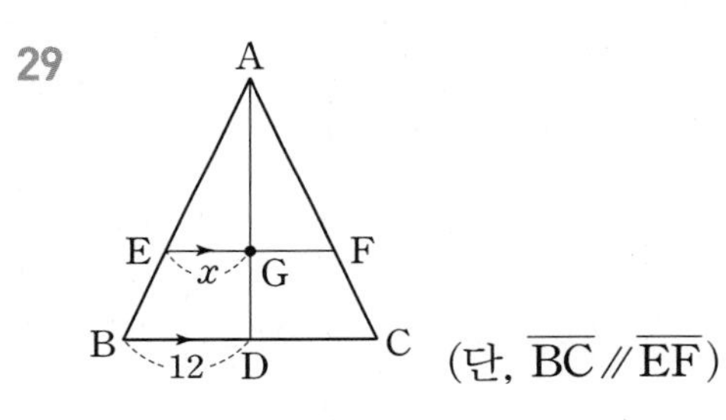

(단, $\overline{BC} /\!/ \overline{EF}$)

30

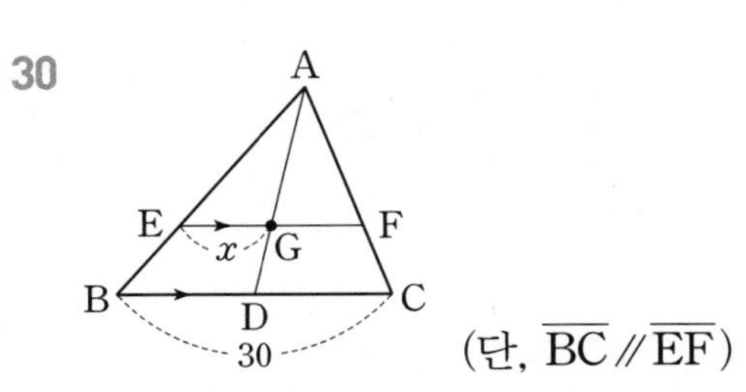

(단, $\overline{BC} /\!/ \overline{EF}$)

내가 발견한 개념

점 G가 △ABC의 무게중심이고 $\overline{EF} /\!/ \overline{BC}$이면?

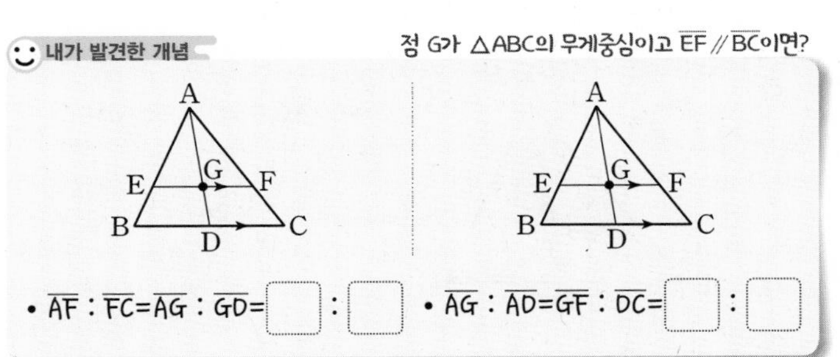

• $\overline{AF}$: $\overline{FC}$=$\overline{AG}$: $\overline{GD}$=☐ : ☐

• $\overline{AG}$: $\overline{AD}$=$\overline{GF}$: $\overline{DC}$=☐ : ☐

03

모두 같은 넓이로 나눠지는!

삼각형의 무게중심과 넓이

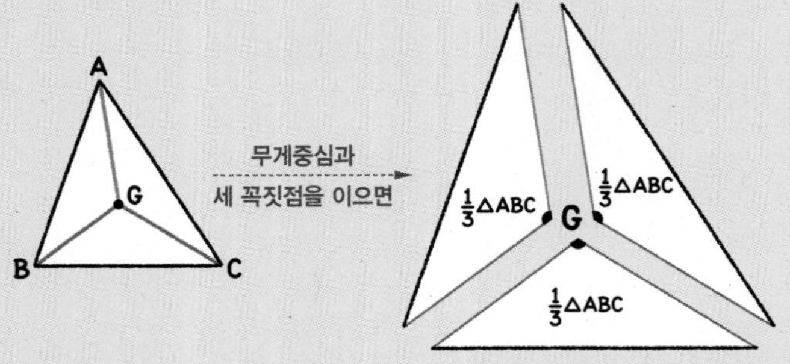

삼각형의 넓이는 3등분 된다.

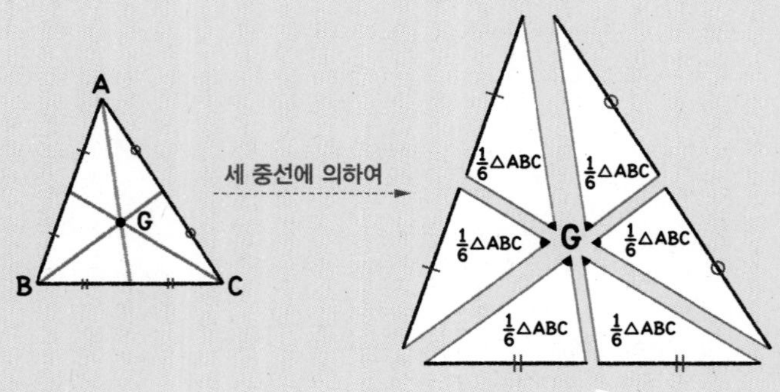

삼각형의 넓이는 6등분 된다.

• △ABC의 무게중심을 G라 하면

① 삼각형의 무게중심과 세 꼭짓점을 이어서 생기는 세 삼각형의 넓이는 같다.

② 세 중선에 의하여 삼각형의 넓이는 6등분된다.

참고 삼각형의 세 중선에 의하여 나누어진 6개의 삼각형의 넓이는 모두 같다.

1st 무게중심을 이용하여 색칠한 부분의 넓이 구하기

● **다음 그림에서 점 G가 △ABC의 무게중심이고 △ABC의 넓이가 24 cm^2일 때, 색칠한 부분의 넓이를 구하시오.**

1

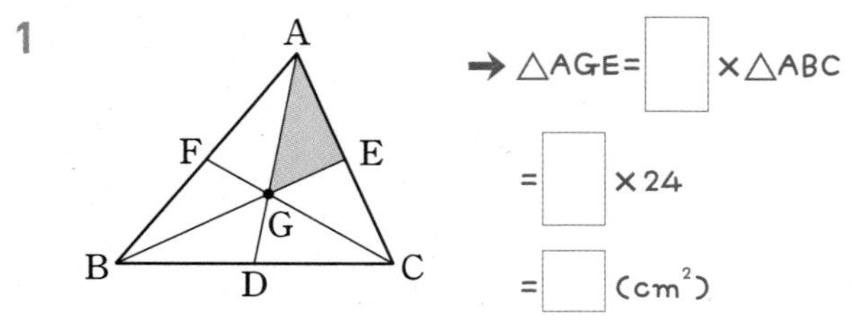

➔ △AGE= ☐ ×△ABC

= ☐ ×24

= ☐ (cm^2)

2

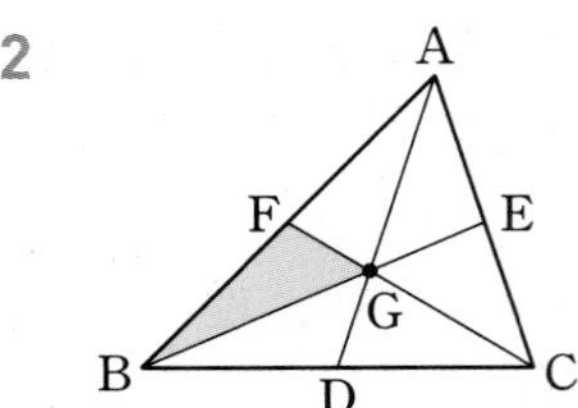

3

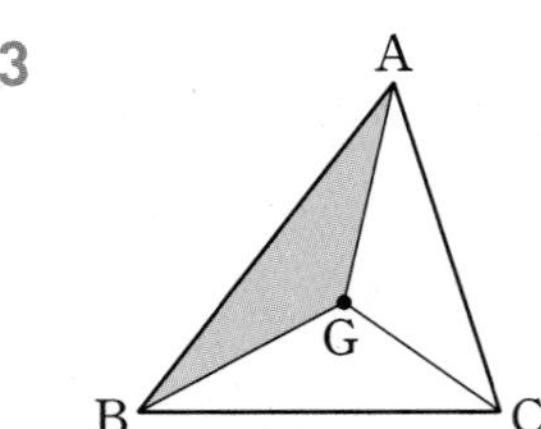

4

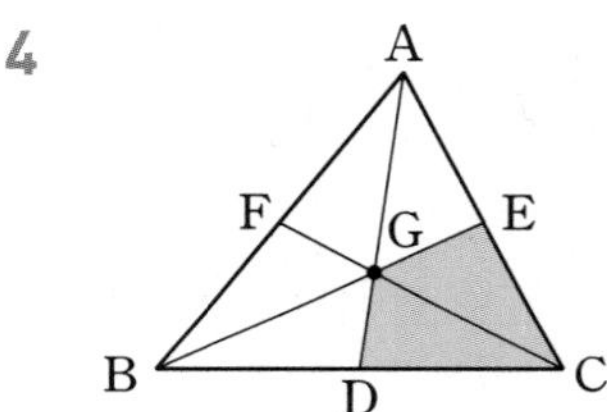

5

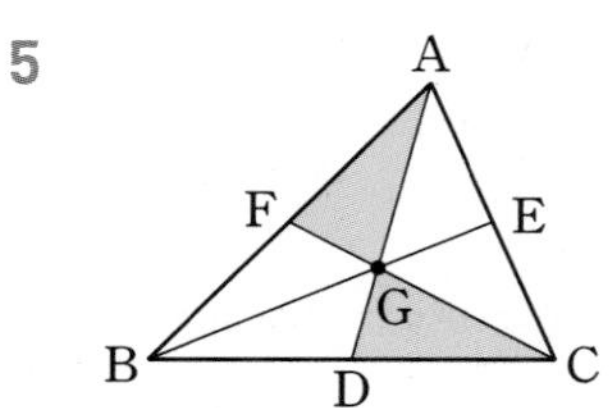

● **다음 그림에서 점 G는 △ABC의 무게중심이고 삼각형의 넓이가 아래와 같이 주어질 때, △ABC의 넓이를 구하시오.**

6 $\triangle GAF = 8\text{ cm}^2$

→ △ABC= ☐ ×△GAF= ☐ ×8
= ☐ (cm²)

7

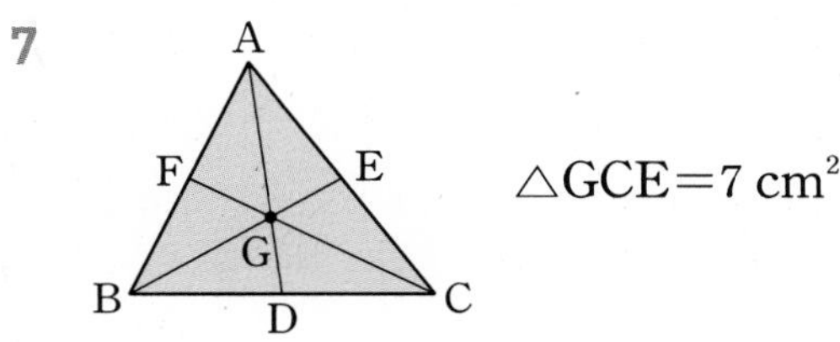

$\triangle GCE = 7\text{ cm}^2$

8

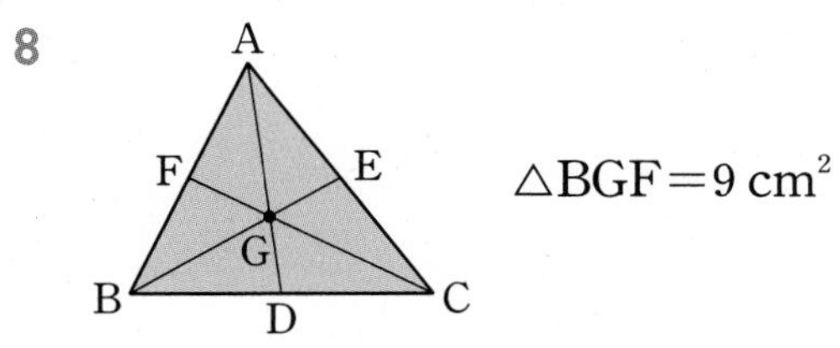

$\triangle BGF = 9\text{ cm}^2$

9

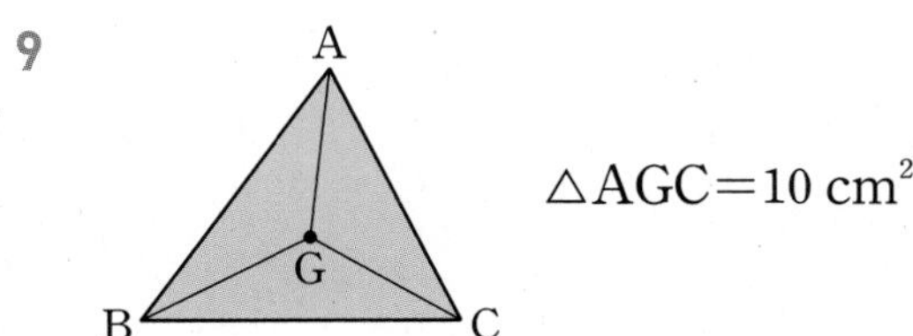

$\triangle AGC = 10\text{ cm}^2$

10

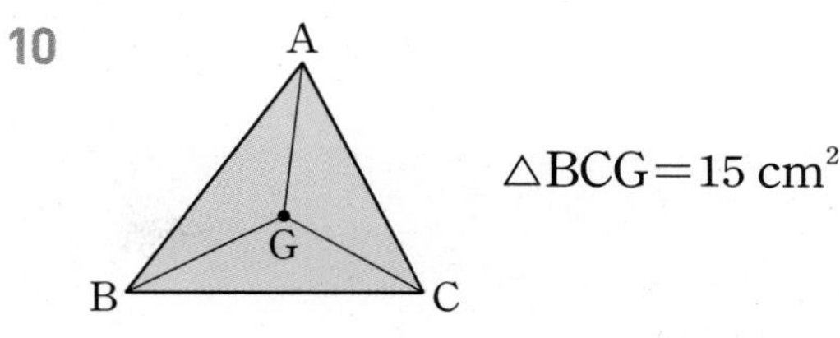

$\triangle BCG = 15\text{ cm}^2$

11

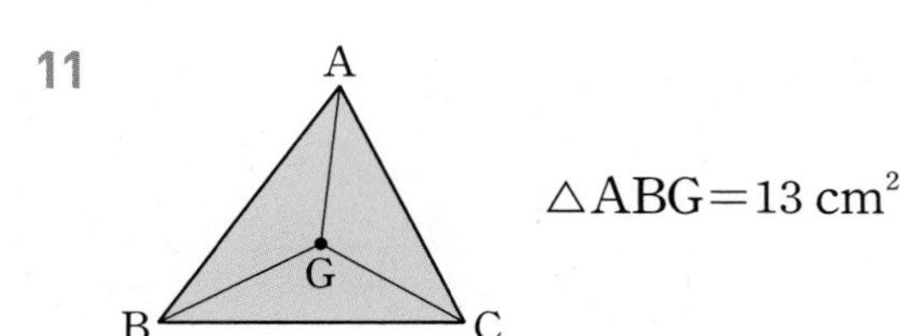

$\triangle ABG = 13\text{ cm}^2$

내가 발견한 개념 삼각형의 무게중심과 넓이의 관계는?

△ABC의 무게중심을 G라 하면

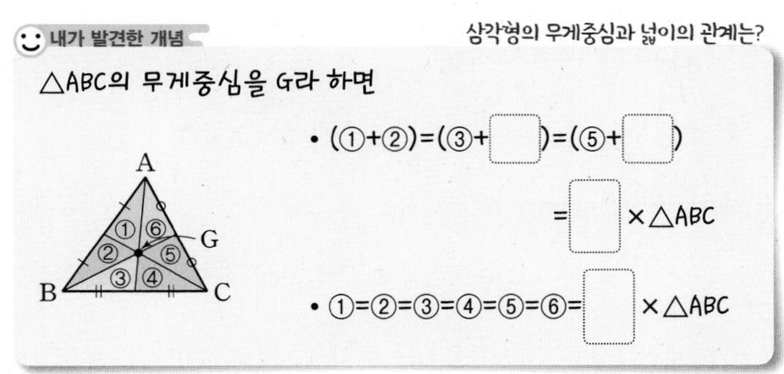

• (①+②)=(③+ ☐)=(⑤+ ☐)
= ☐ ×△ABC

• ①=②=③=④=⑤=⑥= ☐ ×△ABC

개념모음문제

12 오른쪽 그림에서 점 G는 △ABC의 무게중심이고 두 점 E, F는 각각 $\overline{BG}$, $\overline{CG}$의 중점이다. △ABC의 넓이가 33 cm²일 때, 색칠한 부분의 넓이는?

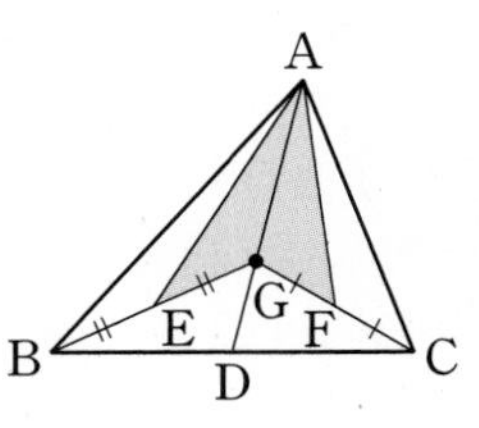

① 9 cm² ② 10 cm² ③ 11 cm²
④ 12 cm² ⑤ 13 cm²

04

무게중심을 찾아서 해결하는!

평행사변형에서 삼각형의 무게중심의 활용

평행사변형 ABCD에서
$\overline{BC}$, $\overline{CD}$의 중점을 각각 M, N이라 할 때

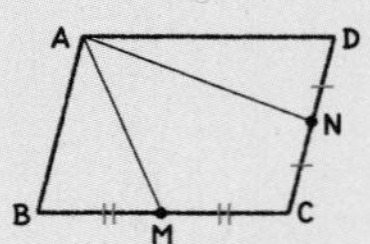

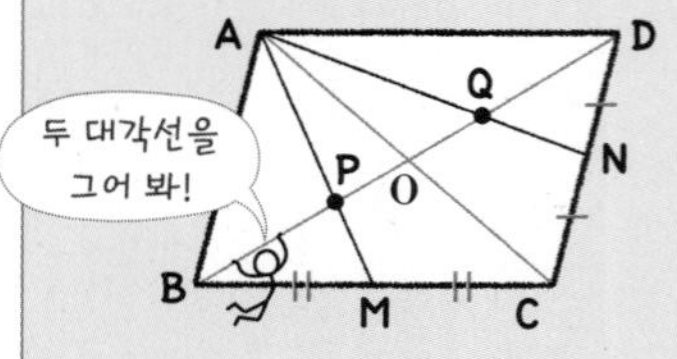

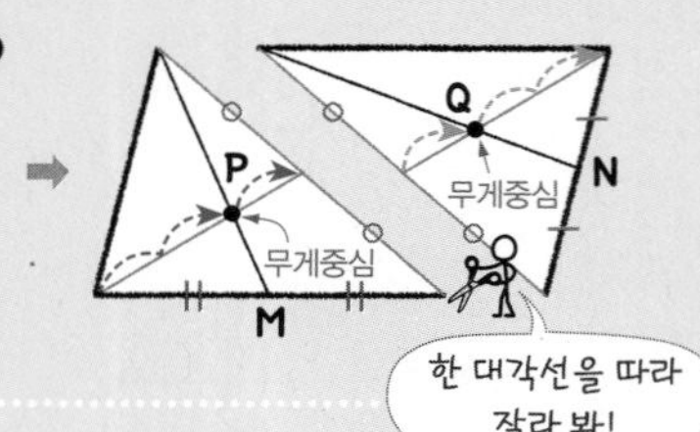

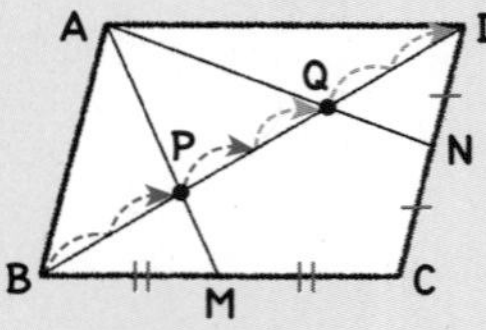

$$\overline{BP}=\overline{PQ}=\overline{QD}=\frac{1}{3}\overline{BD}$$

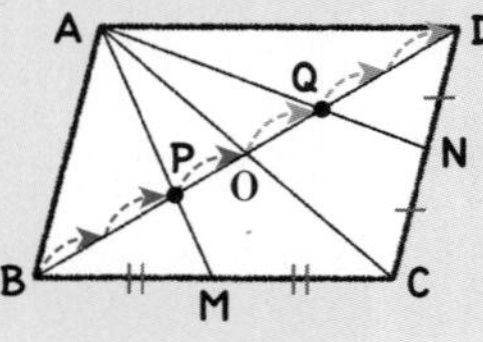

$$\overline{PO}=\overline{QO}=\frac{1}{6}\overline{BD}$$

• 평행사변형 ABCD에서 점 O는 두 대각선의 교점이고 두 점 M, N이 각각 $\overline{BC}$, $\overline{CD}$의 중점일 때 $\overline{AO}=\overline{OC}$이므로

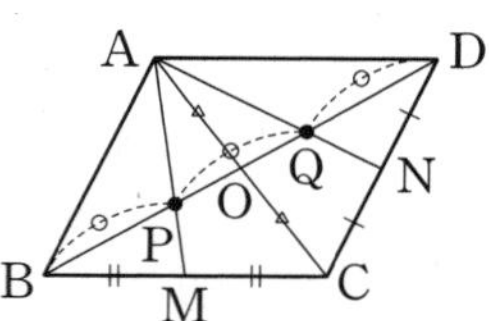

① 점 P는 △ABC의 무게중심이다.
② 점 Q는 △ACD의 무게중심이다.
③ $\overline{BP}:\overline{PO}=\overline{DQ}:\overline{QO}=2:1$
④ $\overline{BP}=\overline{PQ}=\overline{QD}$

1st 평행사변형에서 삼각형의 무게중심을 이용하여 선분의 길이 구하기

● 아래 그림과 같이 평행사변형 ABCD에서 $\overline{BC}$, $\overline{CD}$의 중점을 각각 M, N이라 할 때, 다음을 구하시오.
(단, O는 두 대각선의 교점이다.)

1 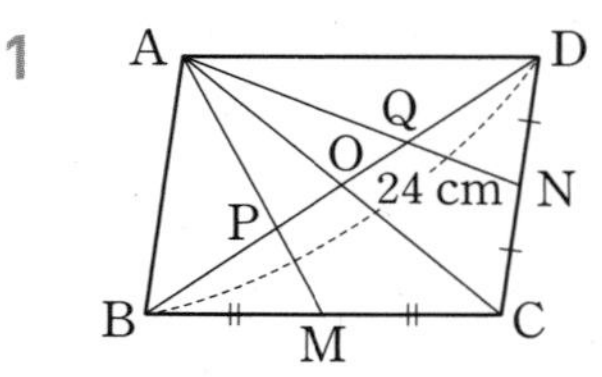

(1) $\overline{DO}$의 길이
➜ $\overline{DO}=\frac{1}{2}\overline{BD}=\frac{1}{2}\times$ ☐ = ☐ (cm)

(2) $\overline{DQ}$의 길이
➜ 점 Q는 △ACD의 무게중심이므로
$\overline{DQ}=\frac{2}{3}\times$ ☐ $=\frac{2}{3}\times$ ☐ = ☐ (cm)

(3) $\overline{PQ}$의 길이
➜ $\overline{QO}=\frac{1}{3}\times$ ☐ $=\frac{1}{3}\times$ ☐ = ☐ (cm)
$\overline{PO}=\overline{QO}$이므로
$\overline{PQ}=2\overline{QO}=2\times$ ☐ = ☐ (cm)

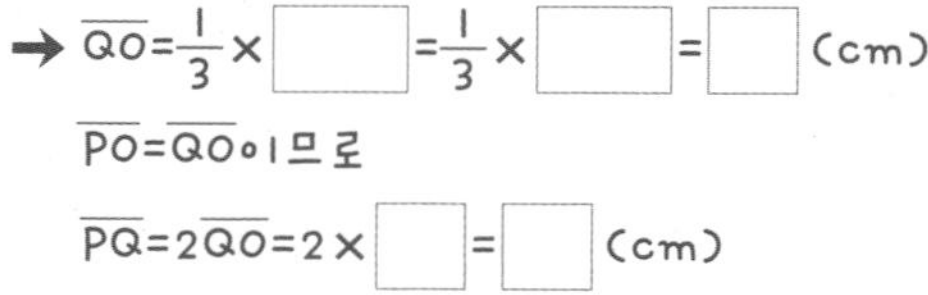

2 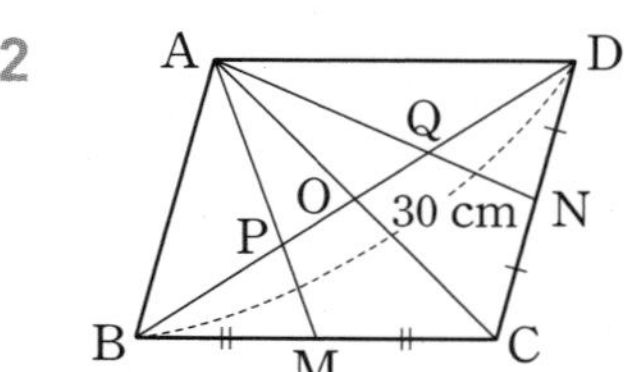

(1) $\overline{BO}$의 길이

(2) $\overline{BP}$의 길이

(3) $\overline{PQ}$의 길이

• 다음 그림과 같은 평행사변형 ABCD에서 x의 값을 구하시오. (단, O는 두 대각선의 교점이다.)

3

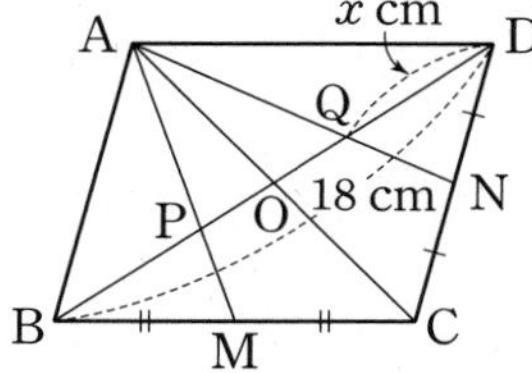

4

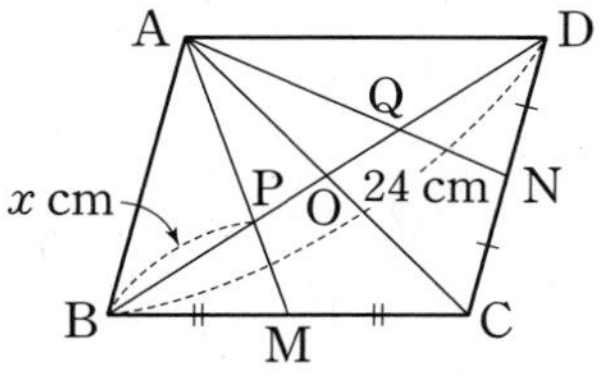

5

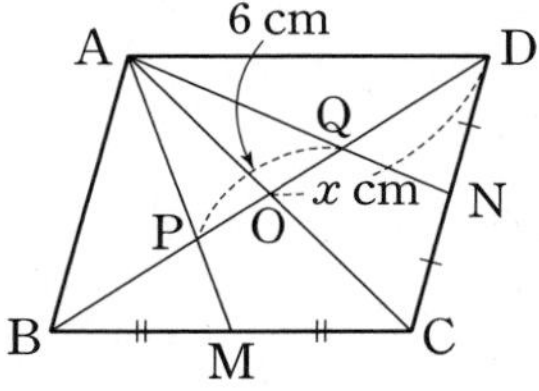

6

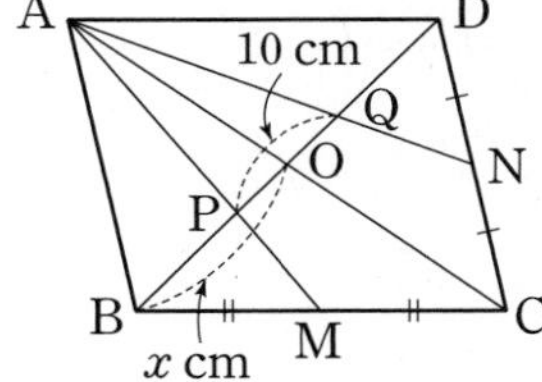

7

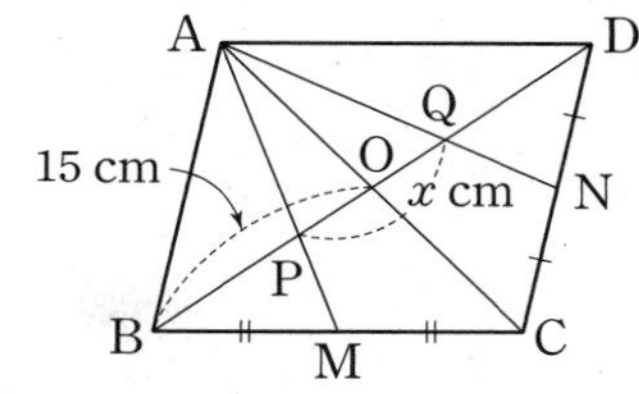

8

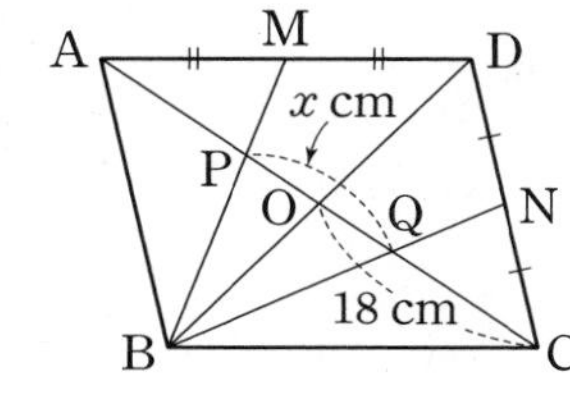

9

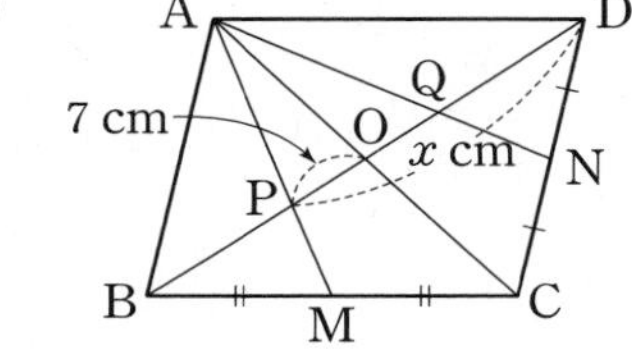

10

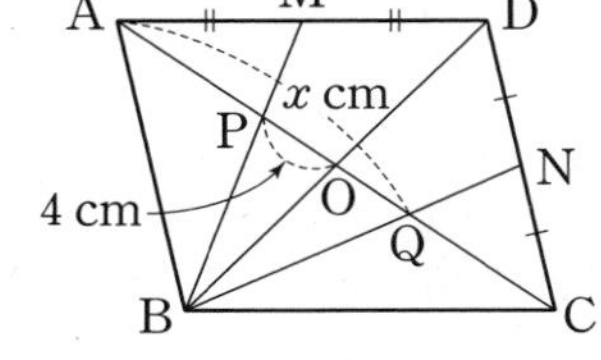

내가 발견한 개념

평행사변형에서 삼각형의 무게중심을 이용하면?

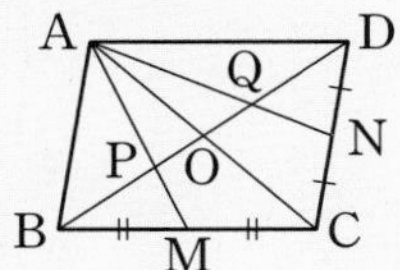

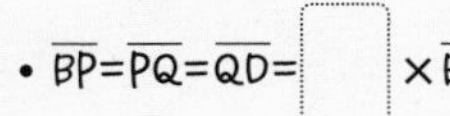

• $\overline{BP}=\overline{PQ}=\overline{QD}=\square\times\overline{BD}$

• $\overline{PO}=\overline{QO}=\square\times\overline{BD}$

2nd 평행사변형에서 삼각형의 무게중심을 이용하여 넓이 구하기

● 다음 그림의 평행사변형 ABCD의 넓이가 $24\ \mathrm{cm}^2$일 때, 색칠한 부분의 넓이를 구하는 과정이다. □ 안에 알맞은 수를 써넣으시오. (단, O는 두 대각선의 교점이다.)

11 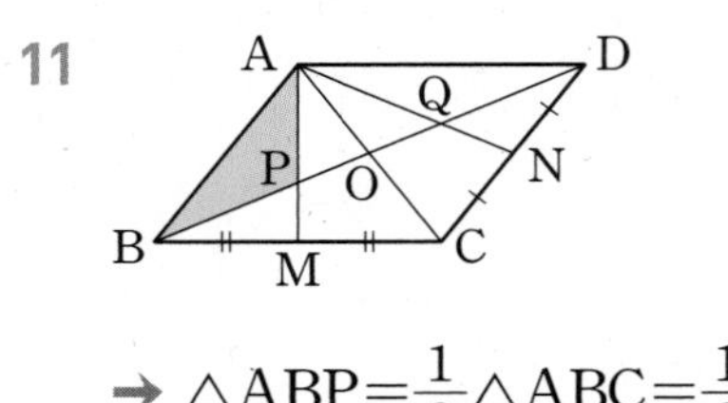

→ $\triangle ABP=\frac{1}{3}\triangle ABC=\frac{1}{3}\times\frac{1}{\boxed{\quad}}\square ABCD$

$=\frac{1}{\boxed{\quad}}\times\boxed{\quad}=\boxed{\quad}(\mathrm{cm}^2)$

12 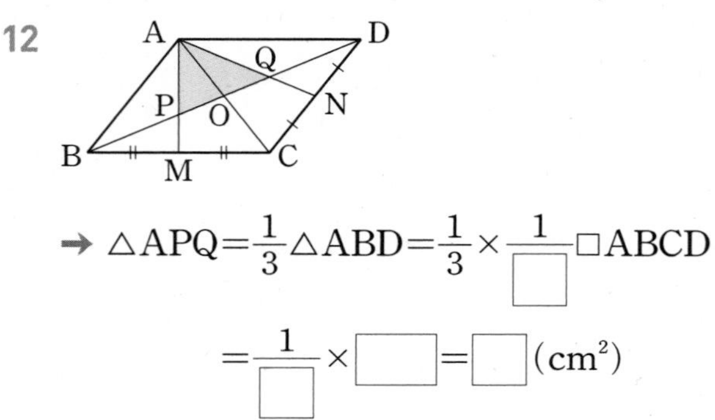

→ $\triangle APQ=\frac{1}{3}\triangle ABD=\frac{1}{3}\times\frac{1}{\boxed{\quad}}\square ABCD$

$=\frac{1}{\boxed{\quad}}\times\boxed{\quad}=\boxed{\quad}(\mathrm{cm}^2)$

13

→ $\triangle PBM=\frac{1}{\boxed{\quad}}\triangle ABC=\frac{1}{\boxed{\quad}}\times\frac{1}{2}\square ABCD$

$=\frac{1}{\boxed{\quad}}\times 24=\boxed{\quad}(\mathrm{cm}^2)$

14 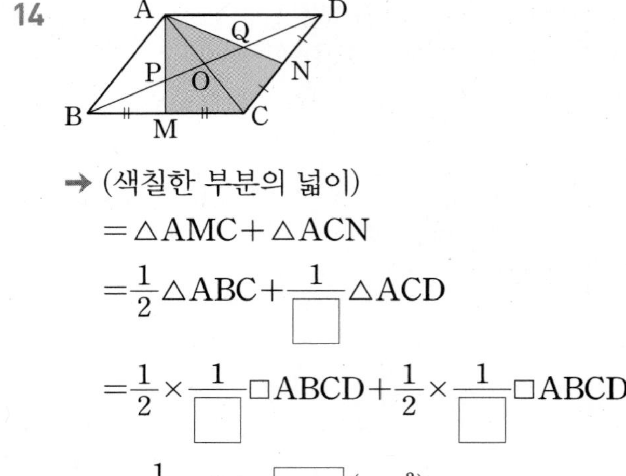

→ (색칠한 부분의 넓이)

$=\triangle AMC+\triangle ACN$

$=\frac{1}{2}\triangle ABC+\frac{1}{\boxed{\quad}}\triangle ACD$

$=\frac{1}{2}\times\frac{1}{\boxed{\quad}}\square ABCD+\frac{1}{2}\times\frac{1}{\boxed{\quad}}\square ABCD$

$=\frac{1}{\boxed{\quad}}\times 24=\boxed{\quad}(\mathrm{cm}^2)$

15 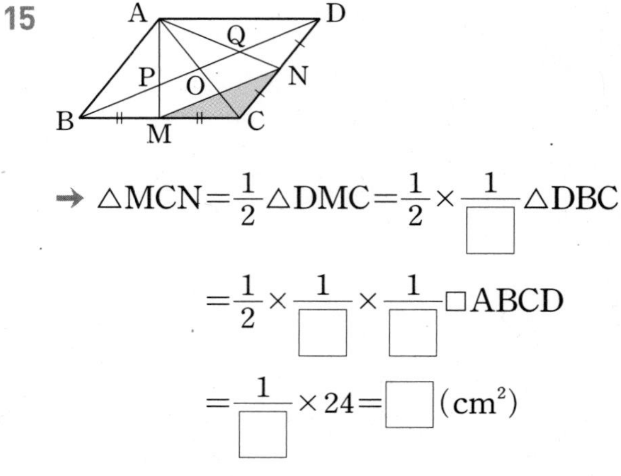

→ $\triangle MCN=\frac{1}{2}\triangle DMC=\frac{1}{2}\times\frac{1}{\boxed{\quad}}\triangle DBC$

$=\frac{1}{2}\times\frac{1}{\boxed{\quad}}\times\frac{1}{\boxed{\quad}}\square ABCD$

$=\frac{1}{\boxed{\quad}}\times 24=\boxed{\quad}(\mathrm{cm}^2)$

16 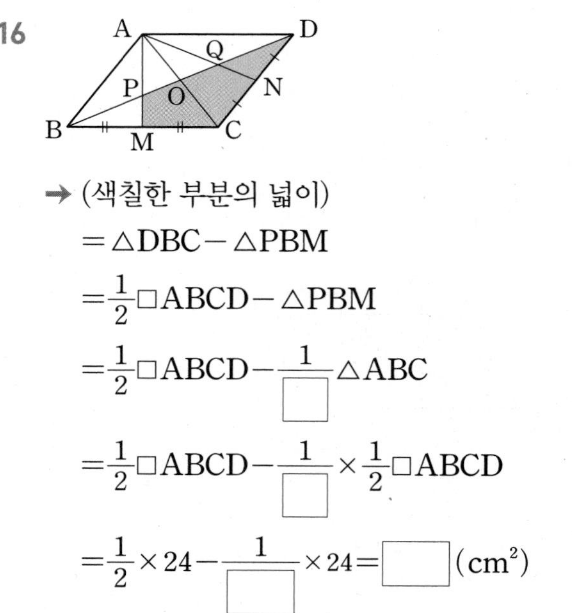

→ (색칠한 부분의 넓이)

$=\triangle DBC-\triangle PBM$

$=\frac{1}{2}\square ABCD-\triangle PBM$

$=\frac{1}{2}\square ABCD-\frac{1}{\boxed{\quad}}\triangle ABC$

$=\frac{1}{2}\square ABCD-\frac{1}{\boxed{\quad}}\times\frac{1}{2}\square ABCD$

$=\frac{1}{2}\times 24-\frac{1}{\boxed{\quad}}\times 24=\boxed{\quad}(\mathrm{cm}^2)$

● 다음 그림의 평행사변형 ABCD의 넓이가 $36\ cm^2$일 때, 색칠한 부분의 넓이를 구하시오.
(단, O는 두 대각선의 교점이다.)

17

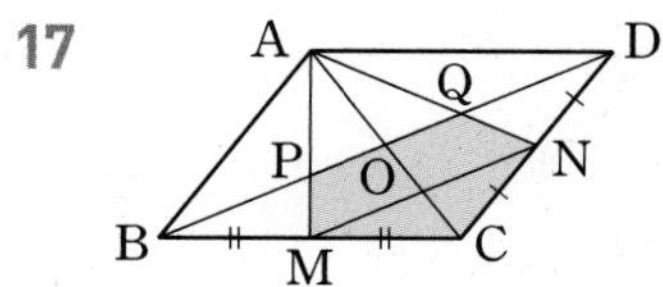

18

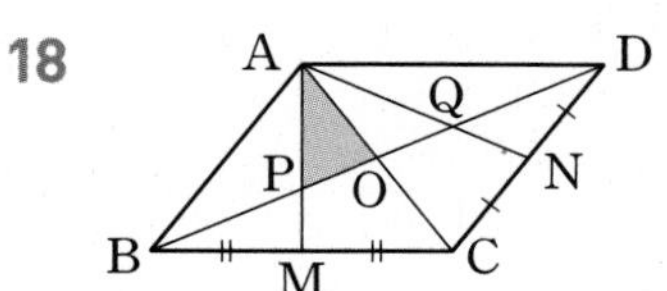

19

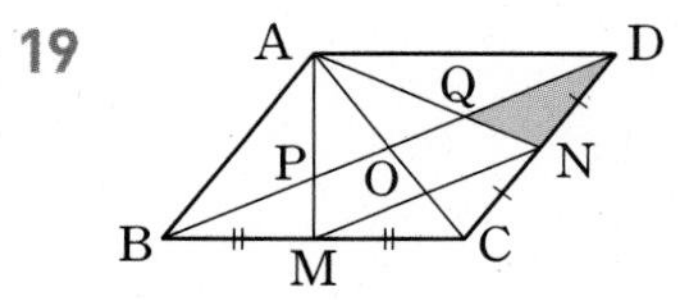

20

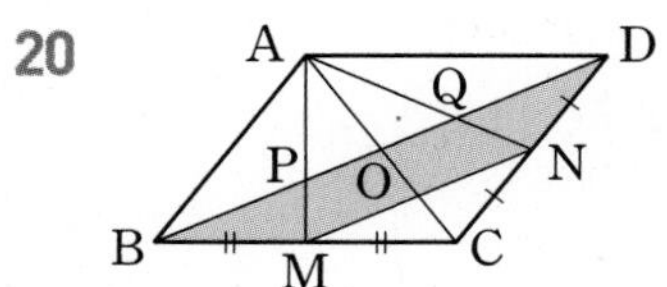

21

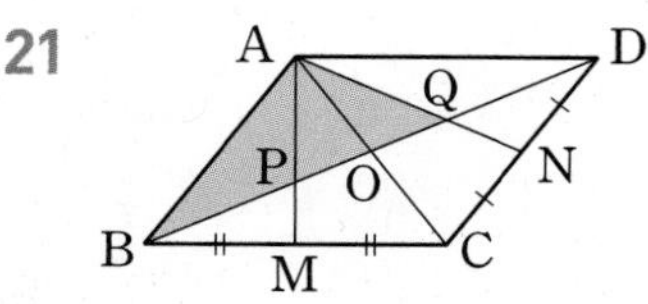

22

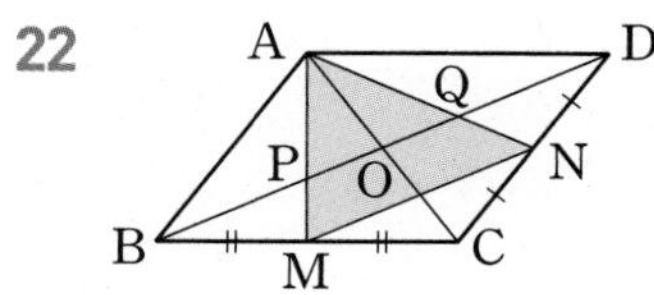

23

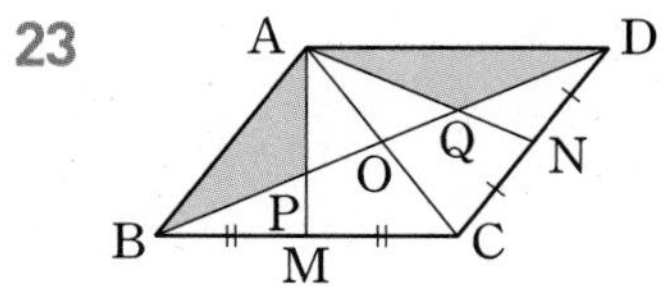

24

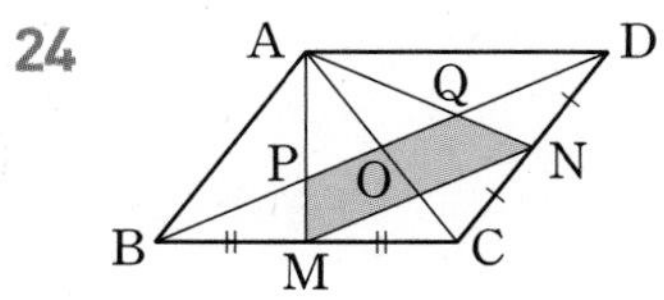

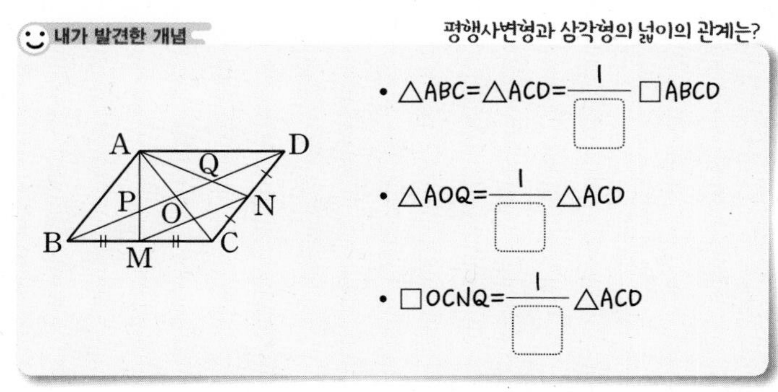

05 **닮음비를 알면 구할 수 있는!**

닮은 두 평면도형의 넓이의 비

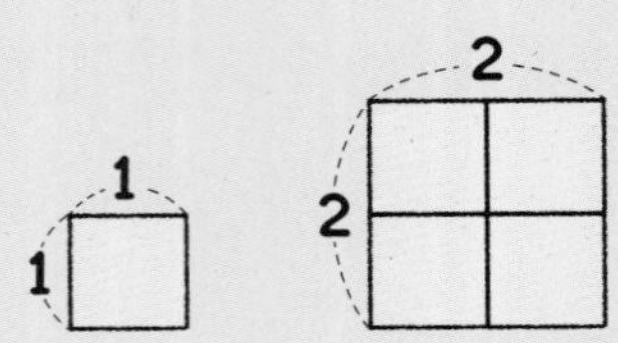

닮음비 ➡ 1 : 2

둘레의 길이의 비 ➡ 1 : 2 (같다)

넓이의 비 ➡ $1^2 : 2^2$ (제곱)

- 닮은 두 평면도형의 닮음비가 $m : n$이면
  - ① 둘레의 길이의 비 ➔ $m : n$
  - ② 넓이의 비 ➔ $m^2 : n^2$

참고 닮은 도형에서 (둘레의 길이의 비)=(닮음비)

원리확인 다음 그림과 같이 닮음비가 3 : 4인 닮은 두 직사각형에 대하여 □ 안에 알맞은 수를 써넣으시오.

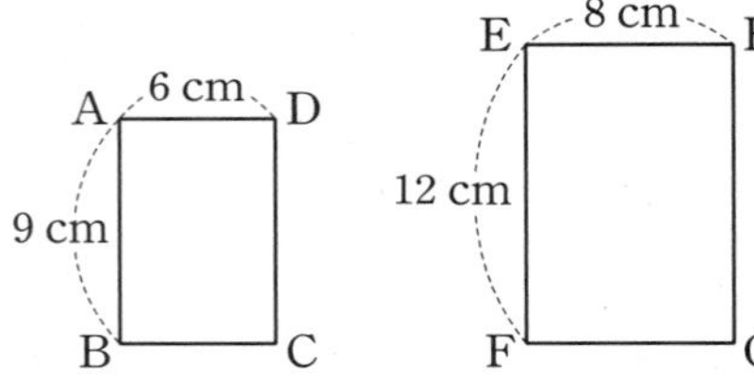

❶ $\overline{BC} : \overline{FG}$= □ : □

❷ $\overline{GH} : \overline{CD}$= □ : □

❸ □ABCD와 □EFGH의 둘레의 길이의 비
➔ 30 : □ =3 : □

❹ □ABCD와 □EFGH의 넓이의 비
➔ 54 : □ =9 : □ $=3^2 : □^2$

1st — 닮은 두 평면도형의 넓이의 비 이해하기

● 아래 주어진 두 도형이 닮은 도형일 때, 다음을 구하시오.

1 △ABC∽△DEF

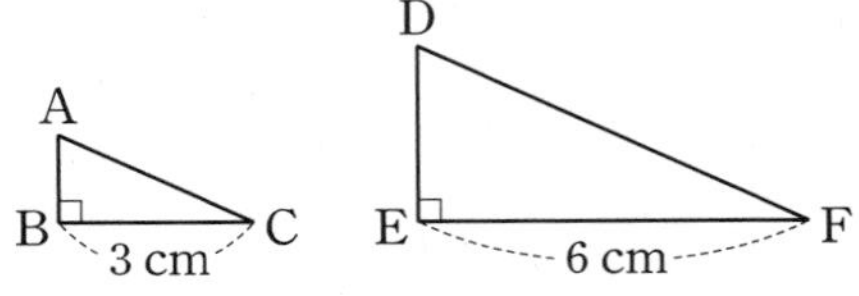

(1) △ABC와 △DEF의 닮음비

(2) △ABC와 △DEF의 둘레의 길이의 비

(3) △ABC와 △DEF의 넓이의 비

2 □ABCD∽□EFGH

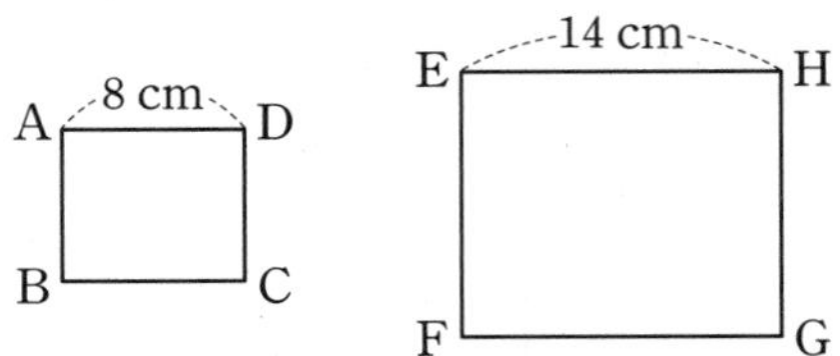

(1) □ABCD와 □EFGH의 닮음비

(2) □ABCD와 □EFGH의 둘레의 길이의 비

(3) □ABCD와 □EFGH의 넓이의 비

닮은 평면도형 찾기
↓
닮음비 구하기($m : n$)
↓
넓이의 비 구하기($m^2 : n^2$)
↓
넓이 구하기

3 □ABCD∽□EFGH

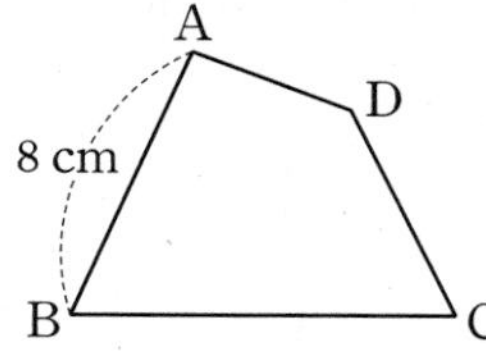

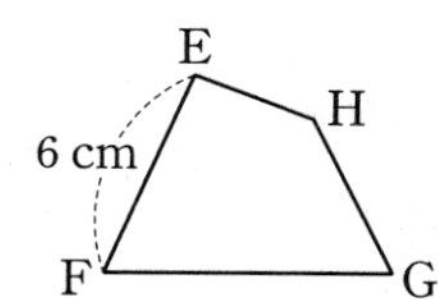

(1) □ABCD와 □EFGH의 닮음비

(2) □ABCD와 □EFGH의 둘레의 길이의 비

(3) □ABCD와 □EFGH의 넓이의 비

4

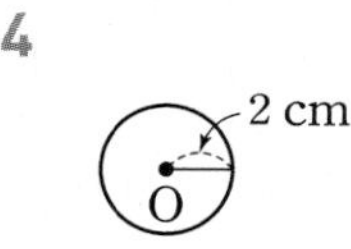

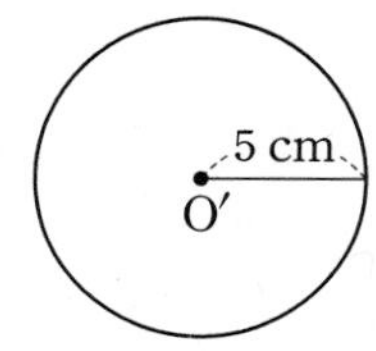

(1) 두 원 O, O′의 닮음비

(2) 두 원 O, O′의 둘레의 길이의 비

(3) 두 원 O, O′의 넓이의 비

내가 발견한 개념 닮은 두 평면도형의 둘레의 길이의 비와 넓이의 비는?

닮음비가 $a:b$인 두 평면도형에 대하여

- 둘레의 길이의 비 → □ : □
- 넓이의 비 → □ : □

● □ABCD∽□EFGH이고 닮음비가 1 : 3일 때, 다음을 구하시오.

5 □ABCD의 둘레의 길이가 12 cm일 때, □EFGH의 둘레의 길이

6 □ABCD의 넓이가 12 cm^2일 때, □EFGH의 넓이

● 반지름의 길이의 비가 2 : 3인 두 원 O, O′에 대하여 다음을 구하시오.

7 원 O의 둘레의 길이가 6π cm일 때, 원 O′의 둘레의 길이

8 원 O′의 넓이가 54π cm^2일 때, 원 O의 넓이

개념모음문제

9 오른쪽 그림에서 ∠ABD=∠ACB이고 △ABD의 넓이가 18 cm^2일 때, △ABC의 넓이는?

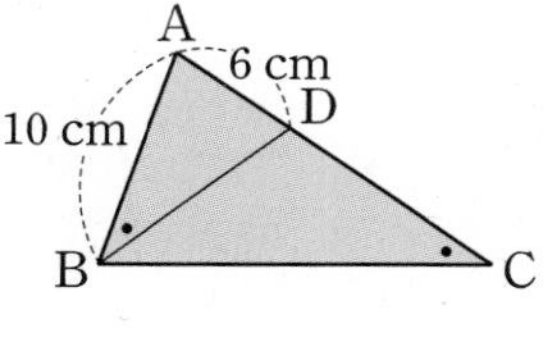

① 30 cm^2 ② 36 cm^2 ③ 45 cm^2
④ 50 cm^2 ⑤ 54 cm^2

2nd 삼각형에서 닮은 두 도형을 찾고 넓이의 비를 이용하여 넓이 구하기

● 다음 그림과 같은 $\triangle ABC$에서 $\overline{BC} \,/\!/\, \overline{DE}$이고, $\triangle ABC = 45\text{ cm}^2$일 때, □ 안에 알맞은 것을 써넣으시오.

10

(1) $\triangle ABC$와 $\triangle ADE$에서

$\angle ABC =$ □, $\angle ACB =$ □

이므로

$\triangle ABC \backsim$ □ (AA 닮음)이다.

(2) $\triangle ABC$와 $\triangle ADE$의 닮음비는

$\overline{AB} : \overline{AD} =$ □ $: 2 =$ □ $: 1$

(3) $\triangle ABC$와 $\triangle ADE$의 넓이의 비는

$\triangle ABC : \triangle ADE =$ □$^2 : 1^2 =$ □ $: 1$

(4) $45 : \triangle ADE =$ □ $: 1$이므로

□ $\times \triangle ADE = 45$

따라서 $\triangle ADE =$ □ (cm^2)

(5) $\square DBCE = \triangle ABC - \triangle ADE$

$= 45 -$ □ $=$ □ (cm^2)

● 다음 그림의 $\triangle ABC$에서 $\overline{BC} \,/\!/\, \overline{DE}$이고, 삼각형의 넓이가 다음과 같이 주어질 때, 색칠한 부분의 넓이를 구하시오.

11

$\triangle ABC = 16\text{ cm}^2$

12

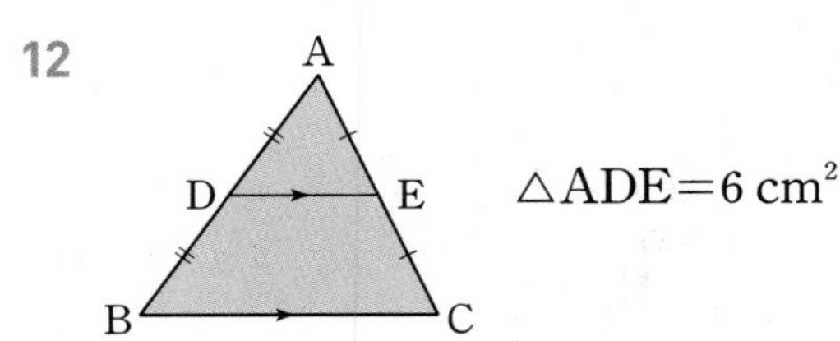

$\triangle ADE = 6\text{ cm}^2$

13

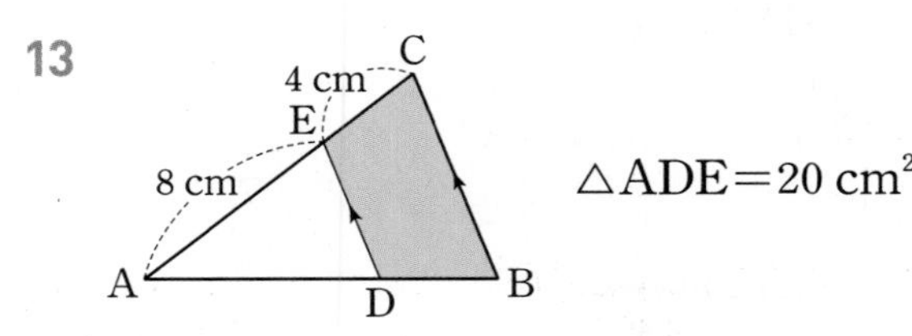

$\triangle ADE = 20\text{ cm}^2$

14

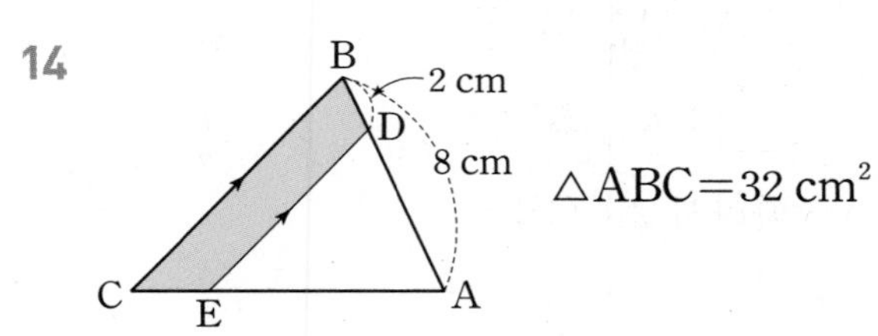

$\triangle ABC = 32\text{ cm}^2$

내가 발견한 개념 삼각형에서 닮은 두 삼각형의 넓이의 비는?

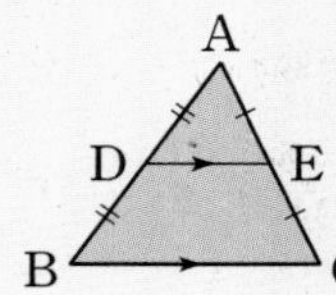

$\triangle ABC$와 $\triangle ADE$에 대하여

• 닮음비는 $\overline{AB} : \overline{AD} =$ □ : □

• 넓이의 비는 $\triangle ABC : \triangle ADE =$ □ : □

3rd 사다리꼴에서 닮은 두 도형을 찾고 넓이의 비를 이용하여 넓이 구하기

• 다음 그림과 같이 $\overline{AD}/\!/\overline{BC}$인 사다리꼴 ABCD에서 $\triangle AOD=8\text{ cm}^2$일 때, □ 안에 알맞은 것을 써넣으시오. (단, 점 O는 두 대각선의 교점이다.)

15

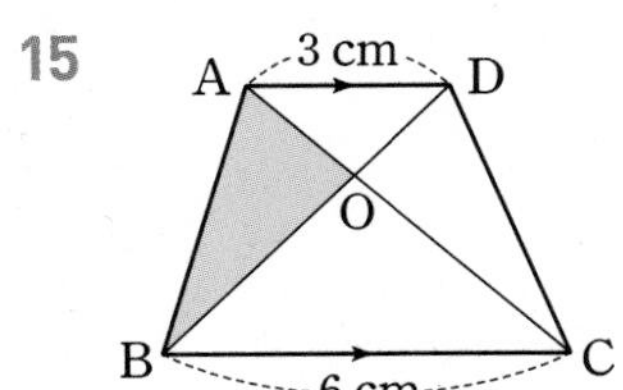

(1) $\triangle AOD$와 $\triangle COB$에서

$\angle DAO=$□, $\angle ADO=$□

이므로

$\triangle AOD\backsim$□ (AA 닮음)이다.

(2) $\triangle AOD$와 $\triangle COB$의 닮음비는

$\overline{AD}:\overline{BC}=3:6=1:$□

(3) $\triangle AOD$와 $\triangle COB$의 넓이의 비는

$\triangle AOD:\triangle COB=1^2:$□$^2=1:$□

(4) $\triangle AOD:\triangle COB=1:$□이므로

□$:\triangle COB=1:$□

따라서 $\triangle COB=$□(cm^2)

(5) $\overline{BO}:\overline{DO}=$□$:1$이므로

$\triangle ABO:\triangle AOD=$□$:1$

$\triangle ABO:$□$=$□$:1$

따라서$\triangle ABO=$□(cm^2)

• 다음 그림과 같이 $\overline{AD}/\!/\overline{BC}$인 사다리꼴 ABCD에서 삼각형의 넓이가 다음과 같이 주어질 때, 색칠한 부분의 넓이를 구하시오. (단, 점 O는 두 대각선의 교점이다.)

16

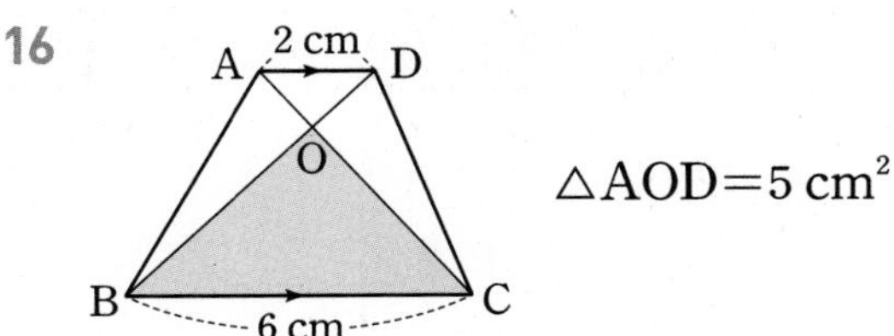

$\triangle AOD=5\text{ cm}^2$

17

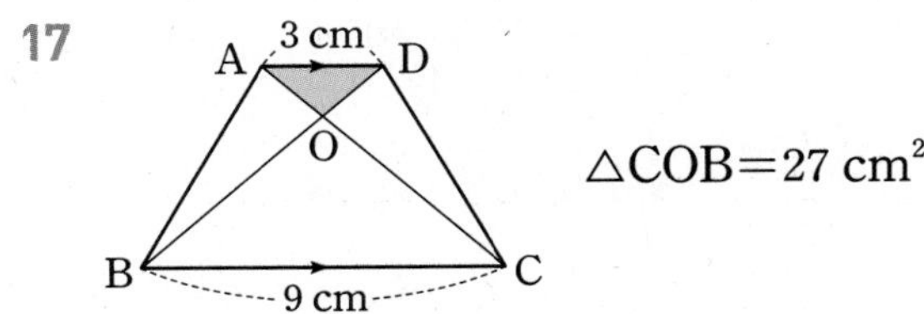

$\triangle COB=27\text{ cm}^2$

18

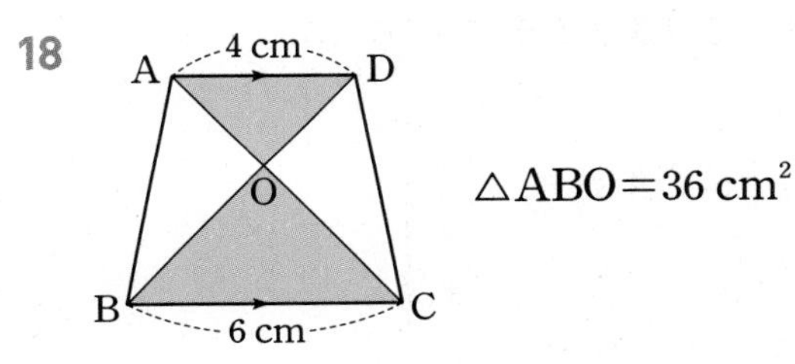

$\triangle ABO=36\text{ cm}^2$

19

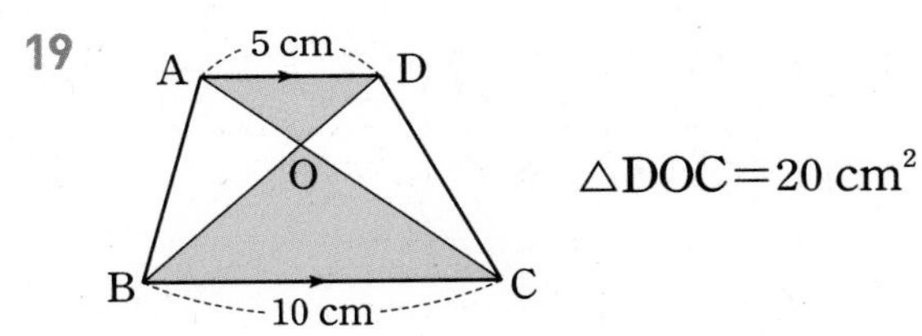

$\triangle DOC=20\text{ cm}^2$

내가 발견한 개념 — 사다리꼴에서 닮은 두 도형의 닮음비와 넓이의 비는?

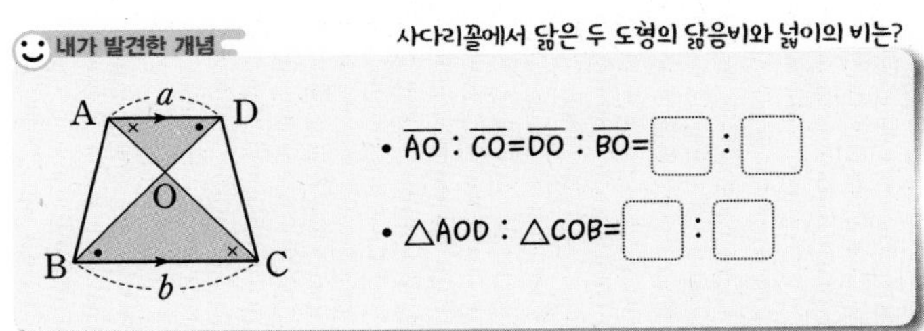

• $\overline{AO}:\overline{CO}=\overline{DO}:\overline{BO}=$□$:$□

• $\triangle AOD:\triangle COB=$□$:$□

06

닮음비를 알면 구할 수 있는!

닮은 두 입체도형의 겉넓이와 부피의 비

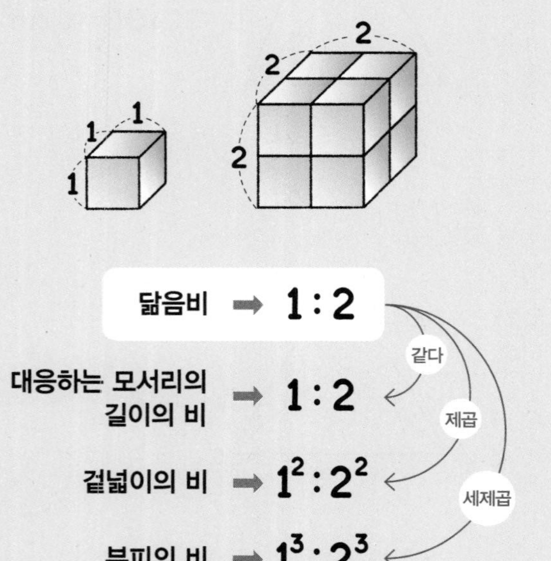

닮음비 ➡ 1 : 2

대응하는 모서리의 길이의 비 ➡ 1 : 2 (갈다)

겉넓이의 비 ➡ $1^2 : 2^2$ (제곱)

부피의 비 ➡ $1^3 : 2^3$ (세제곱)

닮은 두 입체도형의 닮음비가 $m : n$이면

① 대응하는 모서리의 길이의 비 ➡ $m : n$

② 겉넓이의 비 ➡ $m^2 : n^2$

③ 부피의 비 ➡ $m^3 : n^3$

참고 닮은 두 기둥의 닮음비가 $m : n$일 때

① 높이의 비는 $m : n$ ② 옆넓이의 비는 $m^2 : n^2$

③ 밑넓이의 비는 $m^2 : n^2$ ④ 부피의 비는 $m^3 : n^3$

원리확인 다음은 오른쪽 그림과 같이 닮음비가 2 : 1인 닮은 두 직육면체에서 겉넓이의 비와 부피의 비를 구하는 과정이다. □ 안에 알맞은 수를 써넣으시오.

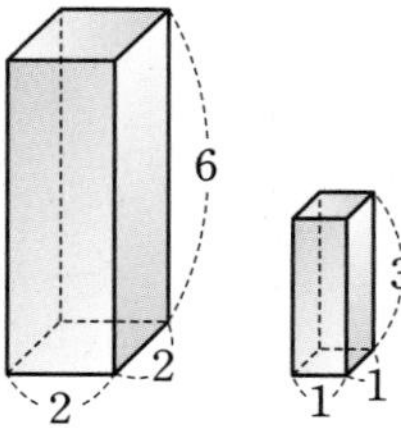

❶ 겉넓이의 비

➡ □ : 14 = □ : 1 = $□^2 : 1^2$

❷ 부피의 비

➡ □ : 3 = □ : 1 = $□^3 : 1^3$

1st — 닮은 두 입체도형의 겉넓이의 비와 부피의 비 이해하기

• 아래 주어진 두 입체도형이 닮은 도형일 때, 다음을 구하시오.

1

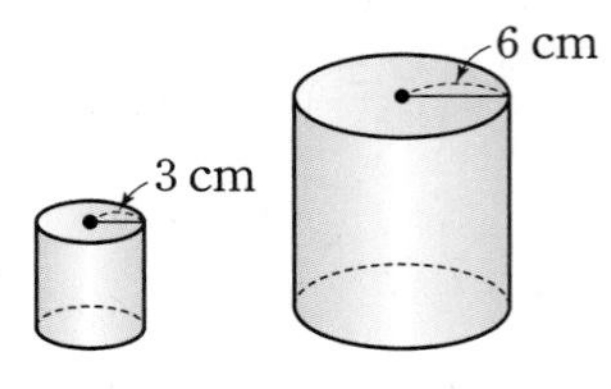

(1) 닮음비

(2) 밑면의 둘레의 길이의 비

(3) 겉넓이의 비

(4) 부피의 비

2

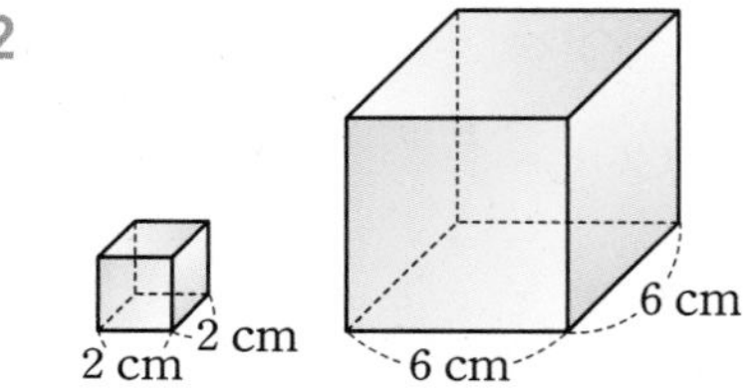

(1) 닮음비

(2) 밑면의 둘레의 길이의 비

(3) 겉넓이의 비

(4) 부피의 비

3

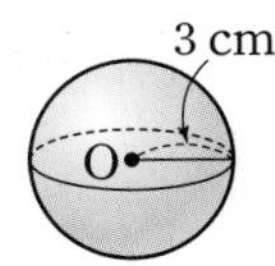

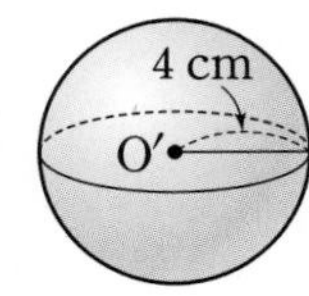

(1) 닮음비

(2) 겉넓이의 비

(3) 부피의 비

4

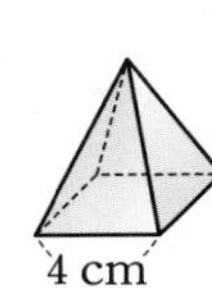

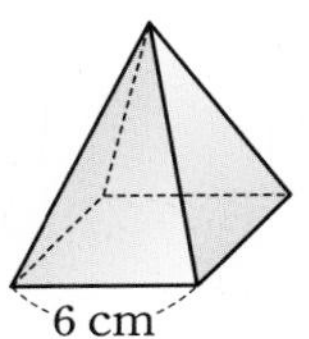

(1) 닮음비

(2) 겉넓이의 비

(3) 부피의 비

😊 내가 발견한 개념 — 닮은 두 입체도형의 겉넓이의 비와 부피의 비는?

닮음비가 $a : b$인 두 입체도형에 대하여

- 겉넓이의 비 ➔ $a^{\square} : b^{\square}$
- 부피의 비 ➔ $a^{\square} : b^{\square}$

● **아래 그림과 같은 두 입체도형 A, B가 서로 닮음일 때, 닮음비를 이용하여 다음을 구하시오.**

5

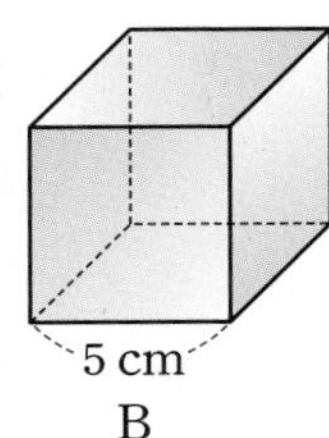

2 cm 5 cm

A B

(1) 겉넓이의 비

(2) 부피의 비

6

4 cm

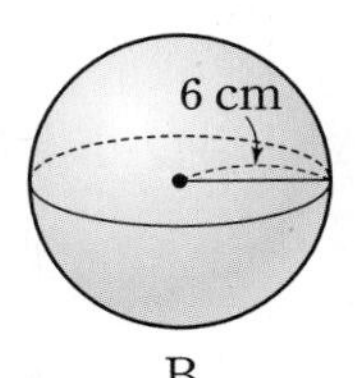

A B

(1) 겉넓이의 비

(2) 부피의 비

7

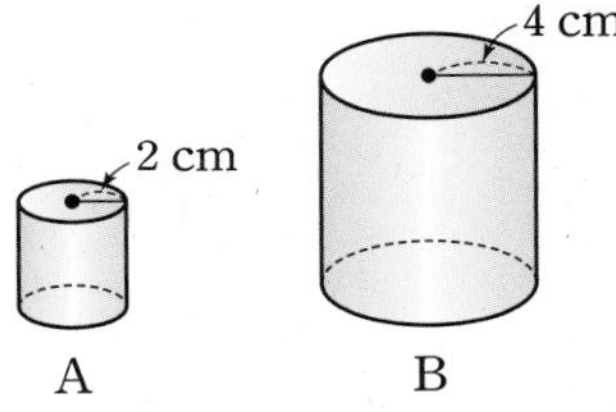

(1) 겉넓이의 비

(2) 부피의 비

8

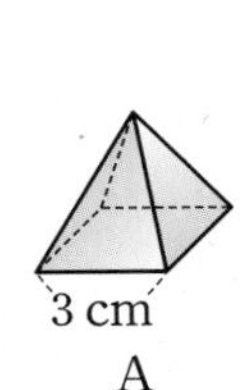

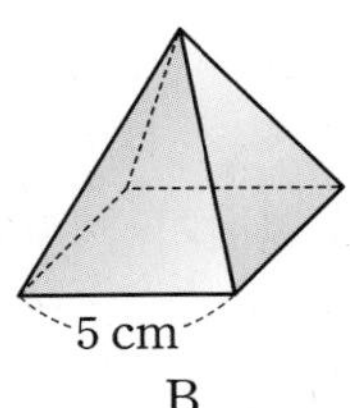

A B

(1) 겉넓이의 비

(2) 부피의 비

9

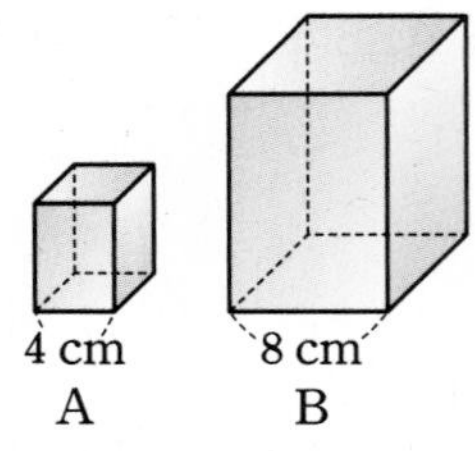

(1) 닮음비

(2) 겉넓이의 비

(3) 직육면체 A의 겉넓이가 8 cm^2일 때, 직육면체 B의 겉넓이

10

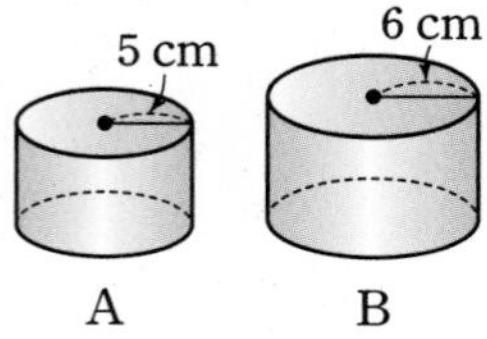

(1) 닮음비

(2) 겉넓이의 비

(3) 원기둥 A의 겉넓이가 50 cm^2일 때, 원기둥 B의 겉넓이

11

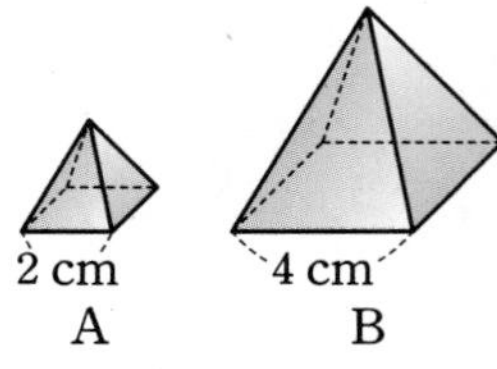

(1) 닮음비

(2) 부피의 비

(3) 사각뿔 B의 부피가 40 cm^3일 때, 사각뿔 A의 부피

12

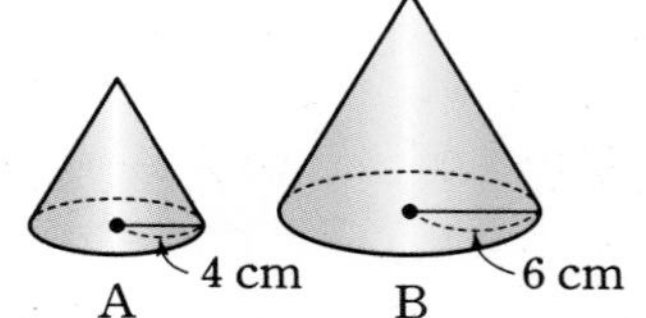

(1) 닮음비

(2) 부피의 비

(3) 원뿔 A의 부피가 24 cm^3일 때, 원뿔 B의 부피

13

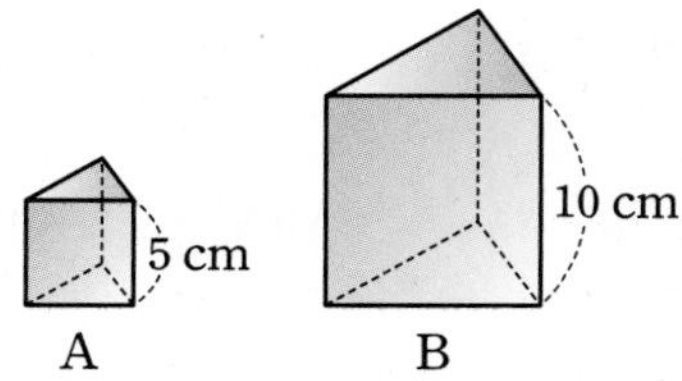

(1) 삼각기둥 A의 겉넓이가 18 cm^2일 때, 삼각기둥 B의 겉넓이

(2) 삼각기둥 A의 부피가 10 cm^3일 때, 삼각기둥 B의 부피

14

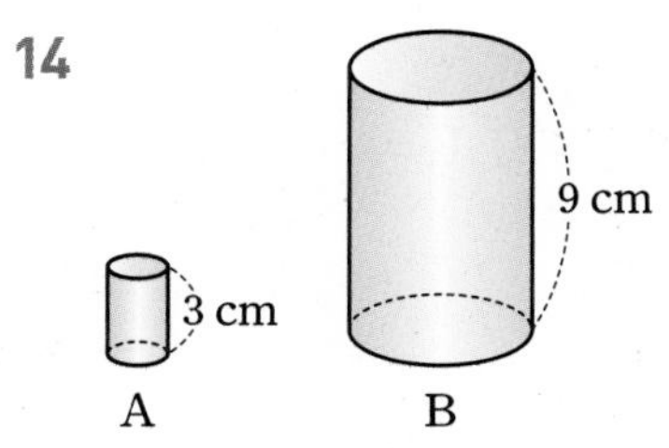

(1) 원기둥 A의 겉넓이가 12 cm^2일 때, 원기둥 B의 겉넓이

(2) 원기둥 A의 부피가 12 cm^3일 때, 원기둥 B의 부피

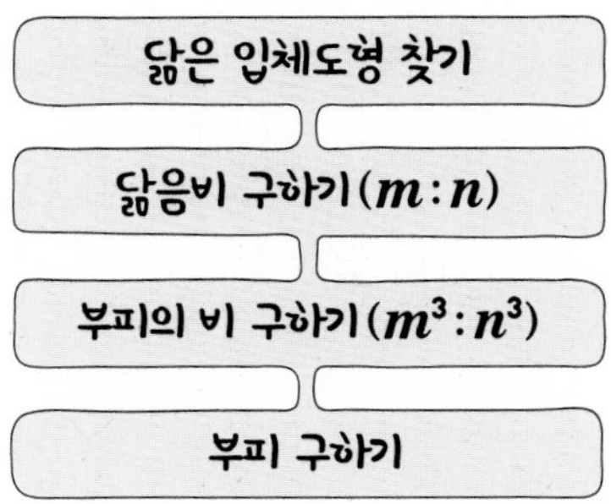

15

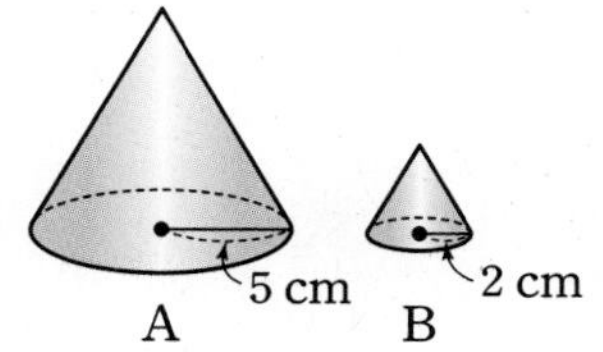

(1) 원뿔 A의 겉넓이가 50 cm^2일 때, 원뿔 B의 겉넓이

(2) 원뿔 A의 부피가 250 cm^3일 때, 원뿔 B의 부피

16

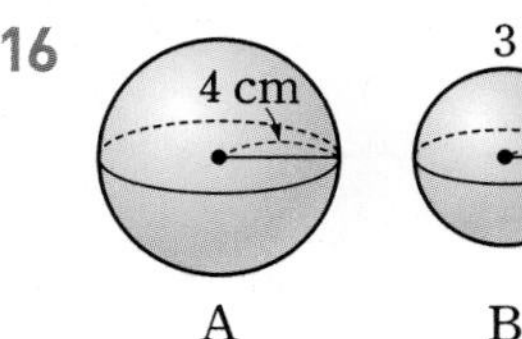

(1) 구 A의 겉넓이가 64π cm^2일 때, 구 B의 겉넓이

(2) 구 B의 부피가 36π cm^3일 때, 구 A의 부피

개념모음문제

17 오른쪽 그림과 같은 원뿔 모양의 그릇이 있다. 그릇 높이의 절반까지 채우는 데 0.8 L의 물을 부었다면 그릇을 가득 채우기 위해서는 몇 L의 물을 더 부어야 하는가?

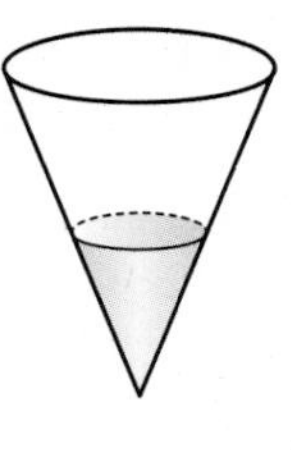

① 4.6 L　② 4.8 L　③ 5.2 L
④ 5.6 L　⑤ 6 L

07 **실제 길이를 구할 때 필요한 축척!**

닮음의 활용

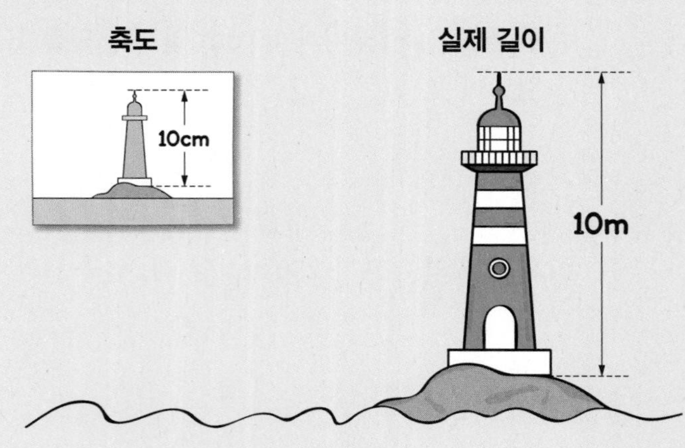

$$(\text{축척})=\frac{(\text{축도에서의 길이})}{(\text{실제 길이})}$$

$$\frac{10\text{cm}}{10\text{m}}=\frac{10\text{cm}}{1000\text{cm}}=\frac{1}{100}$$

$$(\text{축도에서의 길이})=(\text{실제 길이})\times(\text{축척})$$

$$10(\text{m})\times\frac{1}{100}=1000(\text{cm})\times\frac{1}{100}=10(\text{cm})$$

$$(\text{실제 길이})=\frac{(\text{축도에서의 길이})}{(\text{축척})}$$

$$10(\text{cm})\div\frac{1}{100}=10(\text{cm})\times 100=10(\text{m})$$

- **축도:** 어떤 도형을 일정한 비율로 줄인 그림
- **축척:** 축도에서의 길이와 실제 길이의 비율
- 건물이나 나무의 높이, 호수나 강의 너비와 같이 직접 측정하기 어려운 경우에는 도형의 닮음을 이용하여 축도를 그려서 해결할 수 있다.

  예 지도에서의 축척은 $1:2000$ 또는 $\frac{1}{2000}$과 같이 나타낸다.
  이는 지도에서의 거리와 실제 거리의 닮음비가 $1:2000$임을 뜻한다.

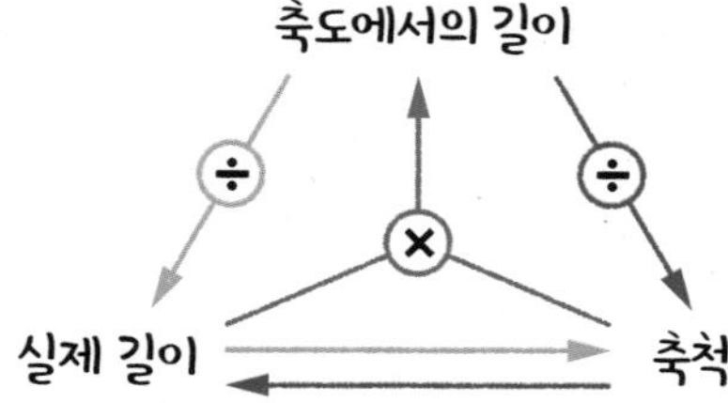

1st 닮은 두 물체의 길이 비교하기

● 다음은 막대를 이용하여 직접 측정하기 어려운 높이를 구하는 과정이다. □ 안에 알맞은 수를 써넣으시오.

1

(1) $\triangle ABC \backsim \triangle DEF$ (AA 닮음)이므로
$\triangle ABC$와 $\triangle DEF$의 닮음비는
$\overline{BC}:\overline{EF}=3:\square=\square:\square$

(2) $\overline{AC}:\overline{DF}=\square:\square$이므로
$2:\overline{DF}=\square:\square$
따라서 나무의 높이 $\overline{DF}=\square$ m

2

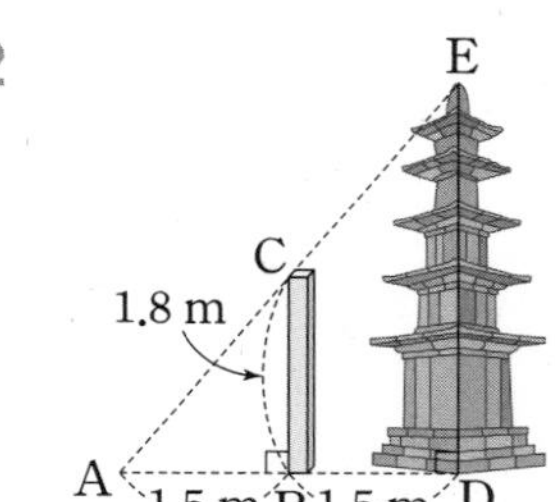

(1) $\triangle ABC \backsim \triangle ADE$ (AA 닮음)이므로
$\triangle ABC$와 $\triangle ADE$의 닮음비는
$\overline{AB}:\overline{AD}=1.5:(\square+1.5)$
$=1.5:\square=\square:\square$

(2) $\overline{BC}:\overline{DE}=\square:\square$이므로
$1.8:\overline{DE}=\square:\square$
따라서 탑의 높이 $\overline{DE}=\square$ m

3 다음 그림은 강의 폭을 알아보기 위하여 측량한 결과이다. 강의 폭을 구하시오.

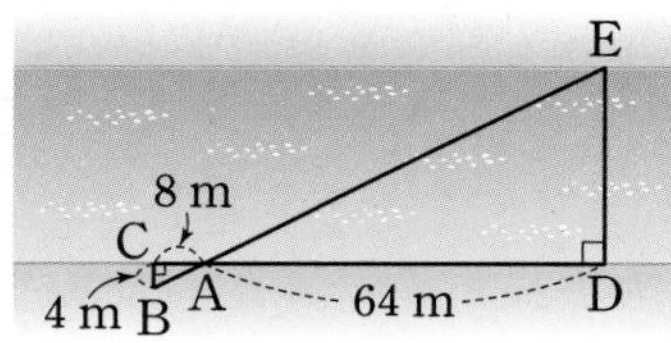

4 다음 그림과 같이 어떤 농구대의 그림자의 길이가 3.9 m이었다. 같은 위치, 같은 시각에 길이가 0.7 m인 막대의 그림자의 길이가 1.3 m이었을 때, 이 농구대의 높이를 구하시오.

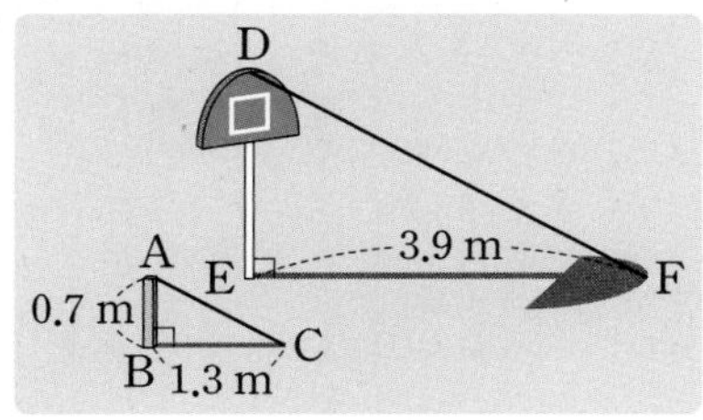

5 다음 그림과 같이 건물의 높이를 측정하기 위해 건물에서 14 m 떨어진 곳에 거울을 놓고, 거울에서 2 m 떨어진 곳에 섰더니 건물의 꼭대기가 거울에 비쳐 보였다. 이때 건물의 높이를 구하시오. (단, ∠ACB=∠DCE이고, 거울의 두께는 무시한다.)

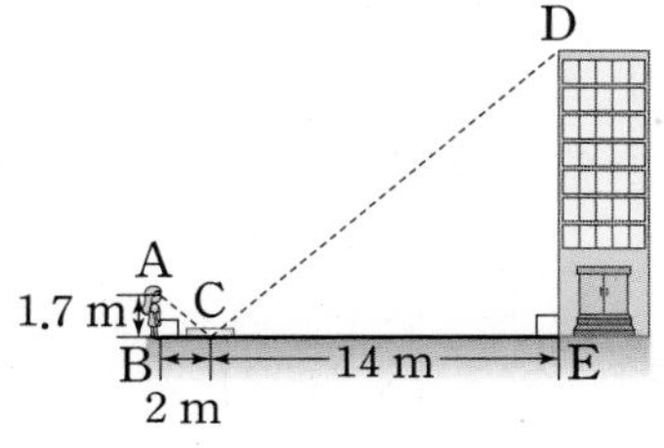

2nd 축도에서 축척 구하기

● **다음과 같은 지도의 축척을 구하시오.**

6 실제 거리가 200 m인 두 지점의 지도에서의 거리가 5 cm

➔ (축척)=$\frac{\text{(지도에서의 거리)}}{\text{(실제 거리)}}$

$=\frac{5(cm)}{200(m)}=\frac{5(cm)}{\square(cm)}$

$=\square$

7 실제 거리가 500 m인 두 지점의 지도에서의 거리가 2 cm

8 실제 거리가 5 km인 두 지점의 지도에서의 거리가 5 cm

9 실제 거리가 3 km인 두 지점의 지도에서의 거리가 6 cm

10 실제 거리가 1 km인 두 지점의 지도에서의 거리가 4 cm

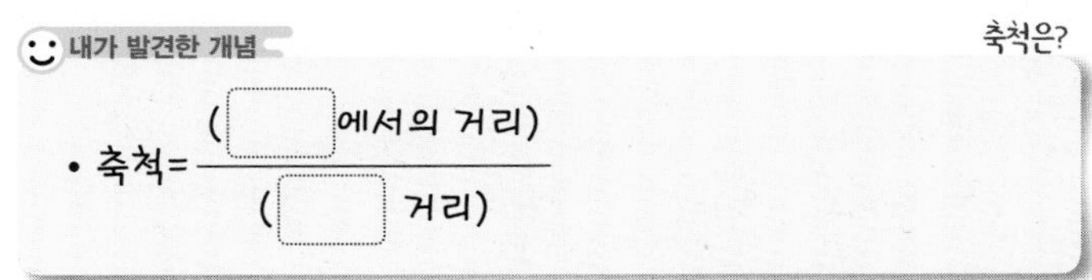

3rd 축도에서의 거리, 실제 거리 구하기

● **축척이 $\frac{1}{10000}$인 지도가 있다. 다음을 구하시오.**

11 실제 거리가 6 km인 두 지점의 지도에서의 거리

→ (지도에서의거리)

=(실제 거리)×(축척)

$=6(\text{km})\times\frac{1}{\square}$

$=\square(\text{cm})\times\frac{1}{\square}$

$=\square(\text{cm})$

12 실제 거리가 2 km인 두 지점의 지도에서의 거리

13 실제 거리가 3.7 km인 두 지점의 지도에서의 거리

14 실제 거리가 4 km인 두 지점의 지도에서의 거리

15 실제 거리가 5.2 km인 두 지점의 지도에서의 거리

내가 발견한 개념 축도에서의 거리는?

• (축도에서의 거리)=(□ 거리)×(□)

16 지도에서 3 cm인 두 지점 사이의 실제 거리

→ $(\text{실제 거리})=\frac{(\text{지도에서의 거리})}{(\text{축척})}$

$=3(\text{cm})\div\frac{1}{\square}$

$=\square(\text{cm})$

$=\square(\text{km})$

17 지도에서 40 cm인 두 지점 사이의 실제 거리

18 지도에서 12 cm인 두 지점 사이의 실제 거리

19 지도에서 35 cm인 두 지점 사이의 실제 거리

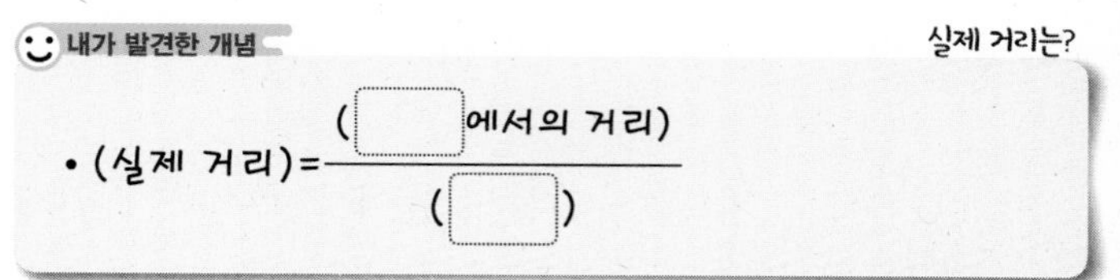

개념모음문제

20 어느 연못의 양 끝 지점 A, B 사이의 거리를 구하기 위해 오른쪽 그림과 같이 측량하였다. $\overline{AB}/\!/\overline{CD}$일 때, 두 지점 A, B 사이의 거리는 몇 m인가?

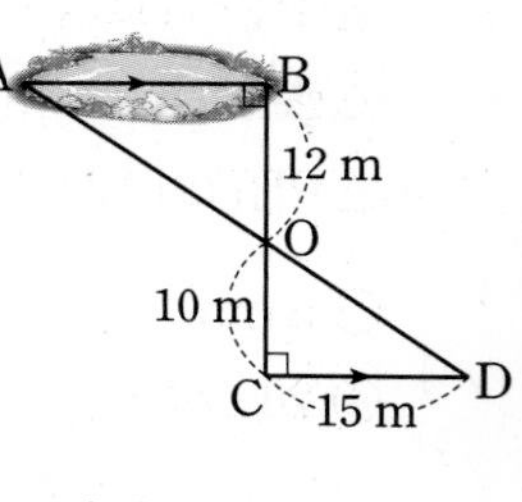

① 16 m ② 17 m ③ 18 m
④ 19 m ⑤ 20 m

TEST 8. 삼각형의 무게중심과 닮음의 활용

1 오른쪽 그림에서 두 정사각형 A, B의 한 변의 길이가 각각 4 cm, 10 cm일 때, 두 정사각형 A와 B의 넓이의 비를 구하시오.

2 닮은 두 원기둥 A와 B의 높이의 비가 2 : 3일 때, A와 B의 겉넓이의 비는?

① 2 : 3　② 4 : 9　③ 8 : 27
④ 8 : 81　⑤ 8 : 243

3 오른쪽 그림에서 $\overline{AD}$는 △ABC의 중선이고, 점 P는 $\overline{AD}$의 중점이다. △ABC=40 cm^2일 때, △PBD의 넓이는?

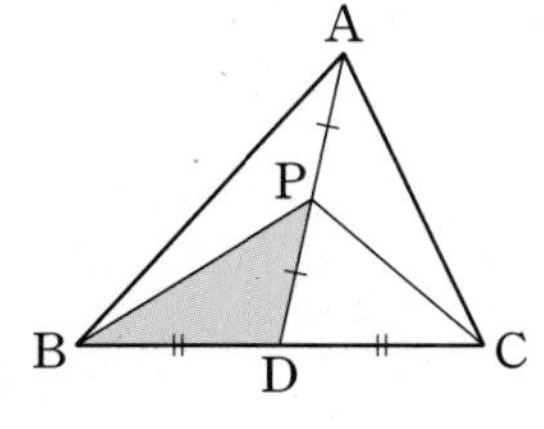

① 5 cm^2　② 10 cm^2　③ 15 cm^2
④ 20 cm^2　⑤ 25 cm^2

4 다음 두 삼각뿔은 닮은 입체도형이고 A의 부피가 16 cm^3일 때, B의 부피는?

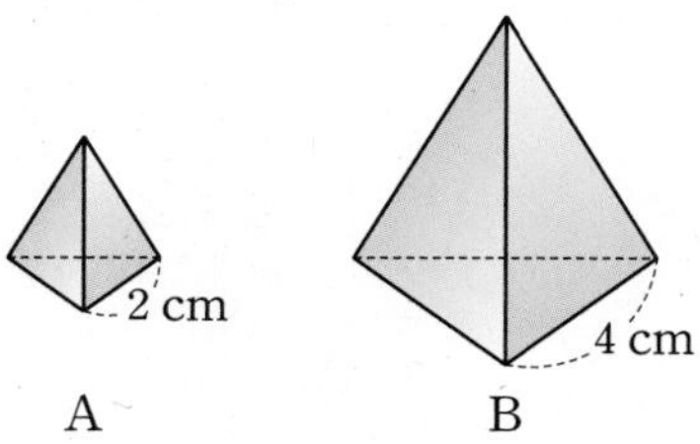

① 32 cm^3　② 64 cm^3　③ 80 cm^3
④ 96 cm^3　⑤ 128 cm^3

5 오른쪽 그림에서 점 G가 △ABC의 무게중심일 때, 다음 **보기**에서 옳은 것만을 있는 대로 고른 것은?

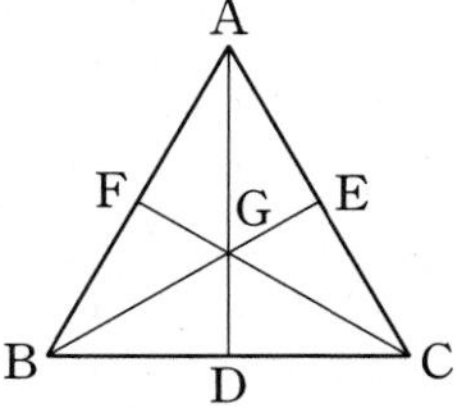

보기

ㄱ. △GBD=△GCD　ㄴ. $\overline{AE}=\overline{CE}$
ㄷ. $\overline{AG}:\overline{GF}=2:1$　ㄹ. △GBD=$\frac{1}{3}$△ABC

① ㄱ, ㄴ　② ㄱ, ㄷ　③ ㄴ, ㄷ
④ ㄴ, ㄹ　⑤ ㄷ, ㄹ

6 오른쪽 그림과 같이 높이가 1 m인 막대의 그림자의 길이가 0.7 m일 때, 같은 위치, 같은 시각에 건물의 그림자의 길이는 7 m이다. 이 건물의 높이를 구하시오.

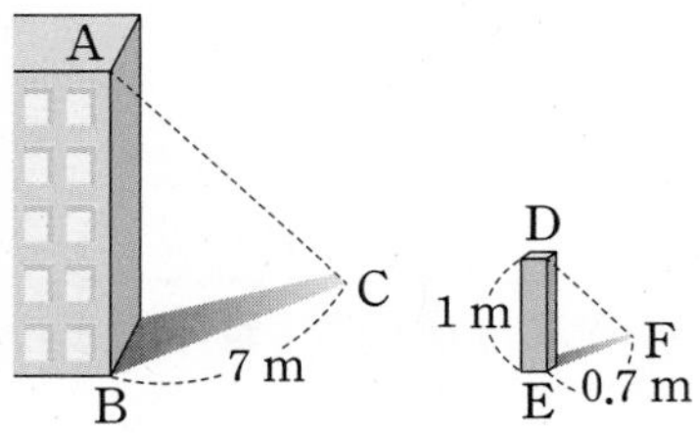

9

직각이 필요할 때,
피타고라스 정리

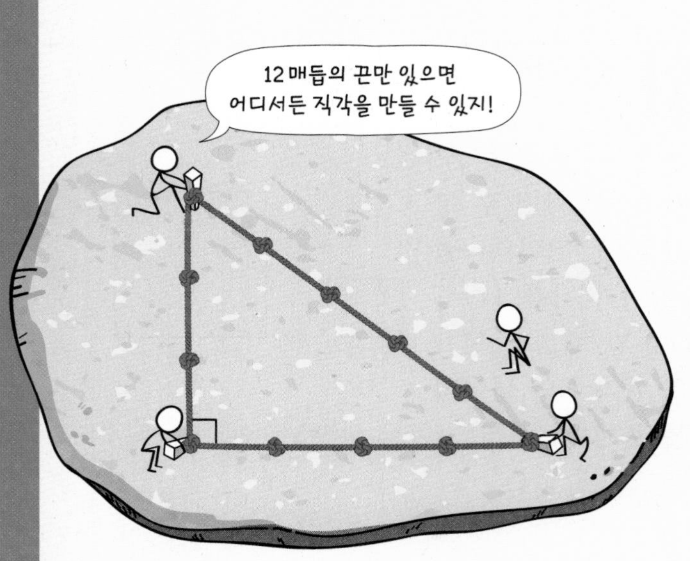

직각삼각형에서만 성립하는!

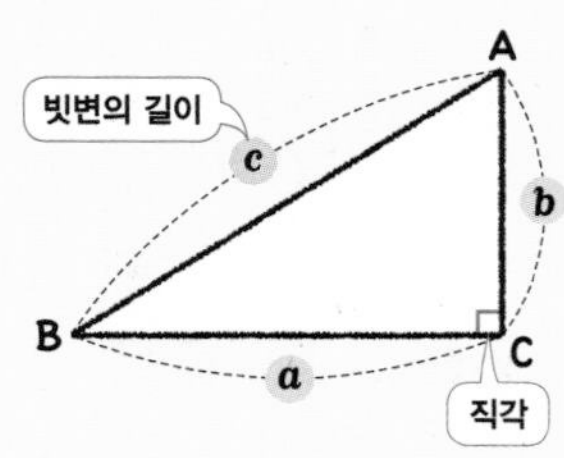

$$a^2+b^2=c^2$$

01~04 피타고라스 정리와 증명

직각삼각형에서 직각을 낀 두 변의 길이의 제곱의 합은 빗변의 길이의 제곱과 같아. 이를 피타고라스 정리라 하지. 이때 변의 길이는 항상 양수임에 주의해야 하고, 직각삼각형에만 적용할 수 있어!
또한 피타고라스 정리를 증명한 여러 가지 방법들을 배우게 될 거야!

$a^2+b^2=c^2$ 이면!

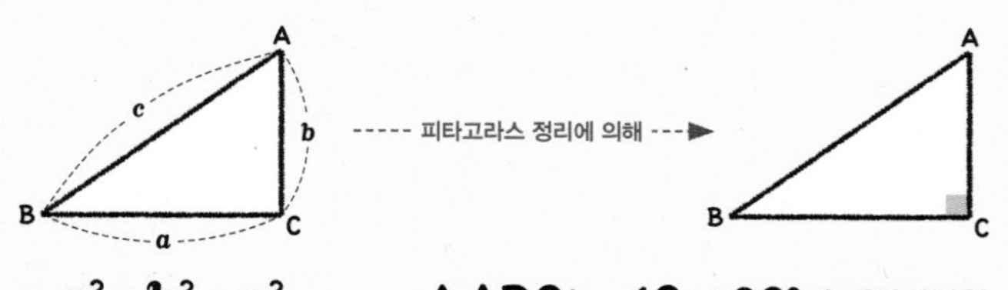

$a^2+b^2=c^2$ $\triangle ABC$는 $\angle C=90°$인 직각삼각형

05 직각삼각형이 되는 조건

피타고라스 정리를 만족시키는 세 자연수 a, b, c를 피타고라스 수라 해. 삼각형의 세 변의 길이가 피타고라스 수이면 그 삼각형은 직각삼각형이 되지!

각의 크기에 따라 달라지는!

$\triangle ABC$에서 c가 가장 긴 변의 길이일 때

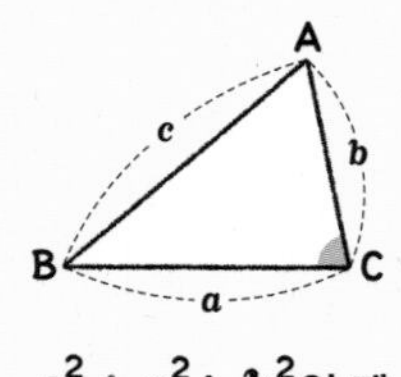

$c^2 < a^2+b^2$일 때
예각삼각형

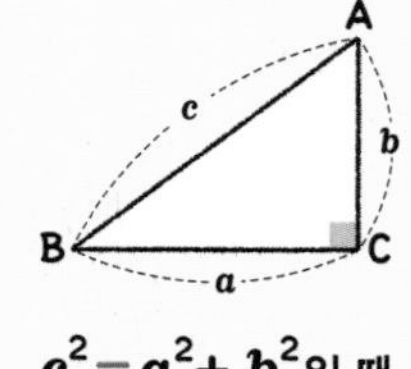

$c^2 = a^2+b^2$일 때
직각삼각형

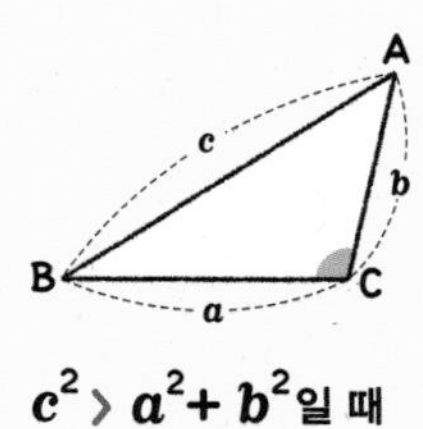

$c^2 > a^2+b^2$일 때
둔각삼각형

06 삼각형의 변과 각 사이의 관계

$\triangle ABC$에서 c가 가장 긴 변의 길이라 하면 다음이 성립해.

① $c^2<a^2+b^2$ → 예각삼각형
② $c^2=a^2+b^2$ → 직각삼각형
③ $c^2>a^2+b^2$ → 둔각삼각형

직각삼각형에서의 선분의 성질!

❶ 직각삼각형의 닮음과 직각삼각형의 넓이를 이용한 성질

• 피타고라스 정리

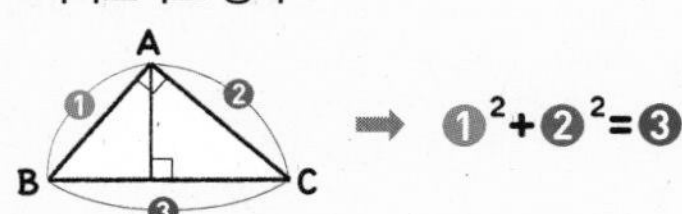

➡ ❶²+❷²=❸²

• 직각삼각형의 닮음

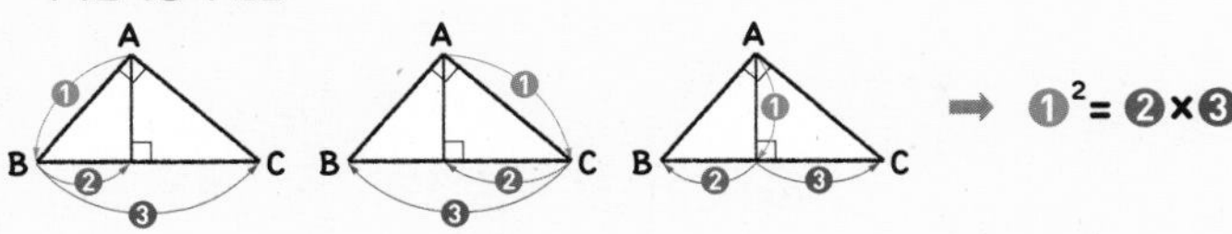

➡ ❶²=❷×❸

• 직각삼각형의 넓이

➡ ❶×❷=❸×❹

❷ 피타고라스 정리를 이용한 직각삼각형의 성질

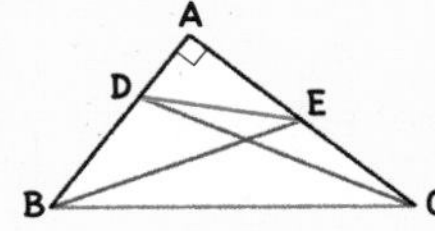

$\overline{DE}^2+\overline{BC}^2=\overline{BE}^2+\overline{CD}^2$

07 직각삼각형과 피타고라스 정리

겹쳐진 두 직각삼각형에서 피타고라스 정리나 두 직각삼각형의 닮음을 이용하면 다양한 공식을 만들 수 있어. 이를 이용하여 주어진 선분의 길이를 구해 볼 거야!

사각형에서의 선분의 성질!

❶ 두 대각선이 직교하는 사각형의 성질

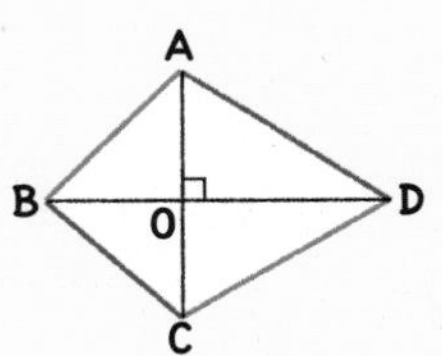

$\overline{AB}^2+\overline{CD}^2=\overline{AD}^2+\overline{BC}^2$

❷ 피타고라스 정리를 이용한 직사각형의 성질

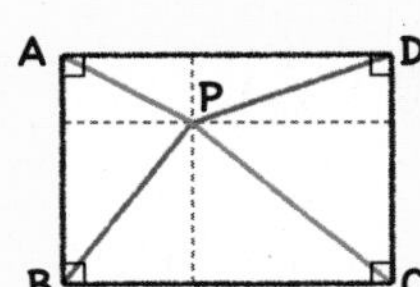

$\overline{AP}^2+\overline{CP}^2=\overline{BP}^2+\overline{DP}^2$

08 사각형과 피타고라스 정리

사각형 ABCD에서 두 대각선이 직교할 때 다음이 성립해.

$$\overline{AB}^2+\overline{CD}^2=\overline{AD}^2+\overline{BC}^2$$

또한 직사각형 ABCD의 내부에 임의의 한 점 P가 있을 때 다음이 성립해.

$$\overline{AP}^2+\overline{CP}^2=\overline{BP}^2+\overline{DP}^2$$

넓이가 같음을 이용한!

❶ 직각삼각형에서 세 반원 사이의 관계

직각삼각형 ABC의 세 변을 각각 지름으로 하는 반원의 넓이를 P, Q, R라 할 때

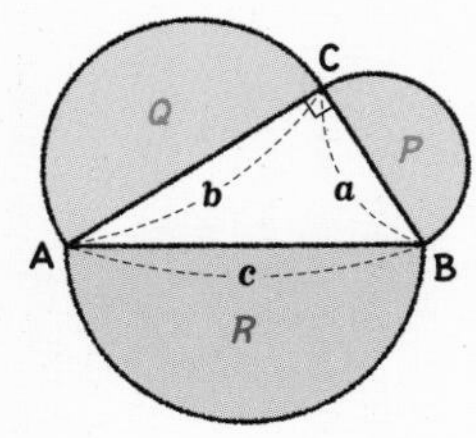

$P+Q=R$

❷ 히포크라테스의 원의 넓이

직각삼각형 ABC의 세 변을 각각 지름으로 하는 반원에서

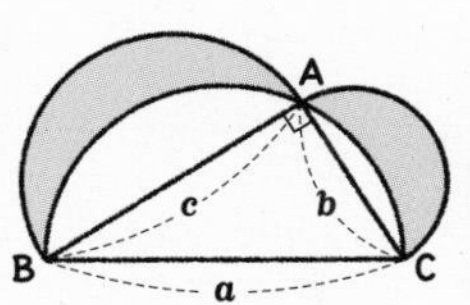

(색칠한 부분의 넓이)

$=\triangle ABC=\frac{1}{2}bc$

09 반원과 피타고라스 정리

직각삼각형 ABC에서 세 변 a, b, c를 각각 지름으로 하는 세 반원의 넓이를 P, Q, R라 하면 다음이 성립해.

$$P+Q=R$$

이를 이용하면 색칠한 부분의 넓이가 직각삼각형의 넓이와 같음을 알 수 있어!

01

직각삼각형에서만 성립하는!

피타고라스 정리

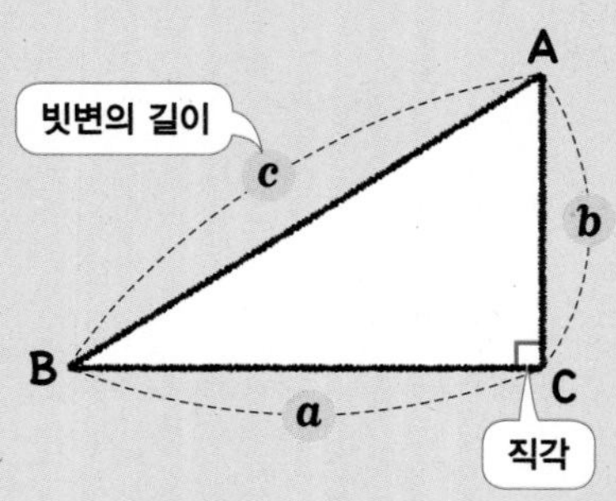

$$a^2+b^2=c^2$$

직각삼각형에서 직각을 낀 두 변의 길이의 제곱의 합은 빗변의 길이의 제곱과 같다.

- 직각삼각형에서 직각을 낀 두 변의 길이를 각각 a, b라 하고, 빗변의 길이를 c라 하면 $a^2+b^2=c^2$이 성립한다.

참고 ① 피타고라스 정리는 직각삼각형에서만 성립한다.
② 변의 길이 a, b, c는 항상 양수이다.

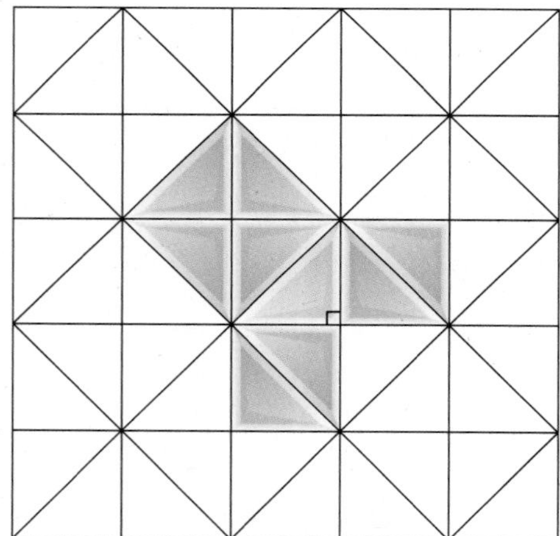

어느 날 길을 걷다 보니 하필이면
요런 타일이 딱 있지 뭐야!
작은 정사각형 2개를 합한 것이
큰 정사각형 1개와 같지!
많은 사람들이 이걸 알고 있었지만
내가 처음으로 증명했기 때문에
내 이름이 붙은 '피타고라스 정리'가 됐지 뭐야!

피타고라스(B.C.582~B.C.497)

1st 직각삼각형에서 변의 길이 구하기

● 다음 직각삼각형에서 x의 값을 구하시오.

1

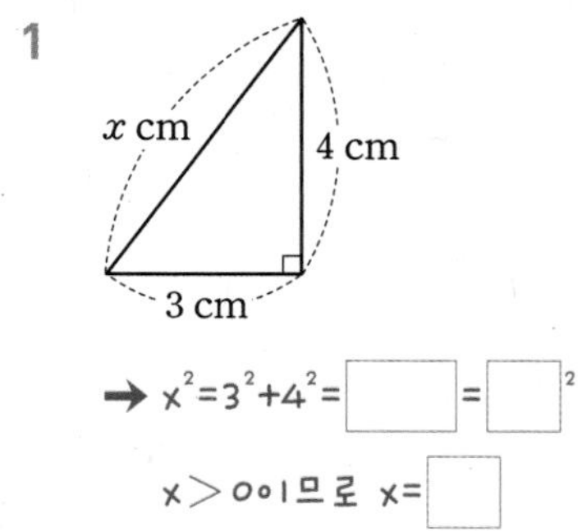

→ $x^2=3^2+4^2=$ ☐ $=$ ☐^{2}

$x>0$이므로 $x=$ ☐

2

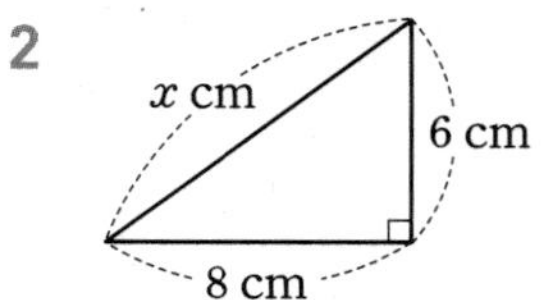

3

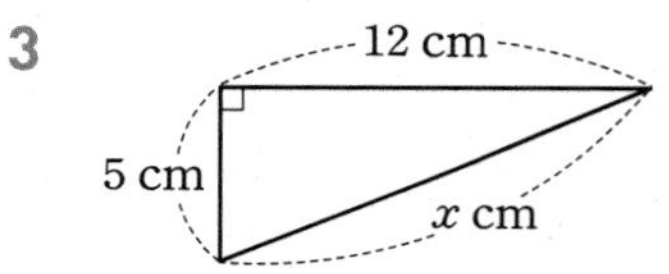

4

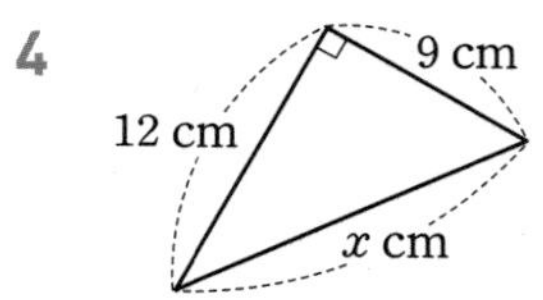

5

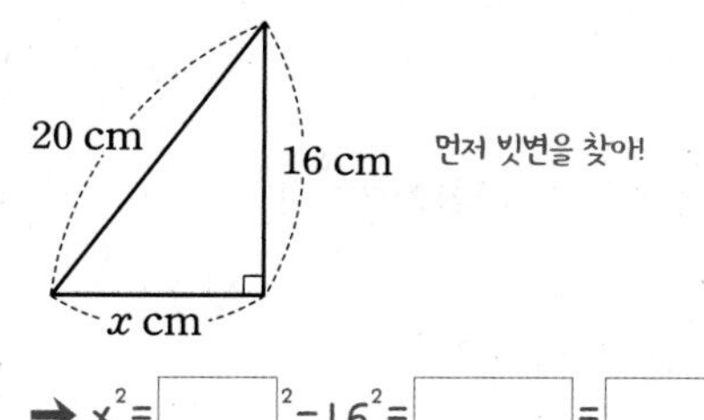

먼저 빗변을 찾아!

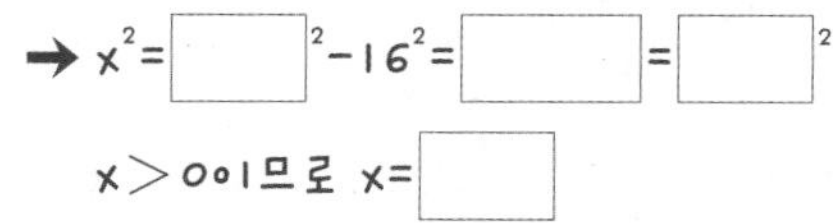

→ $x^2=\square^2-16^2=\square=\square^2$

$x>0$이므로 $x=\square$

6

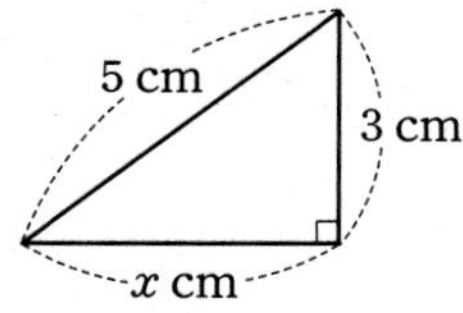

7

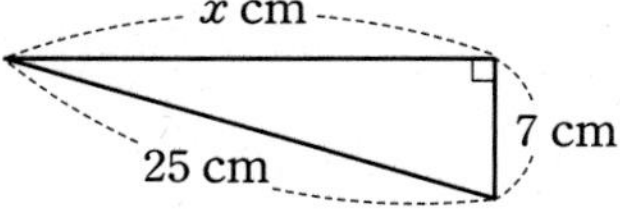

8

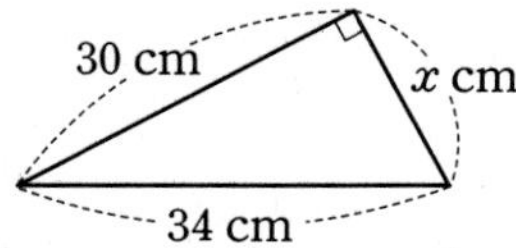

내가 발견한 개념 피타고라스 정리는?

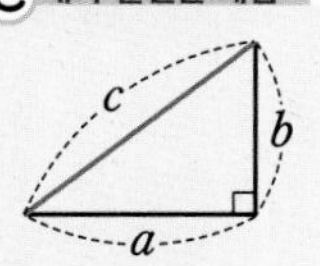

• $a^2+b^2=\square$

2nd — 두 개의 직각삼각형에서 변의 길이 구하기

● **다음 그림에서 x, y의 값을 구하시오.**

9

A, B, C, D, x cm, y cm, 15 cm, 5 cm, 9 cm

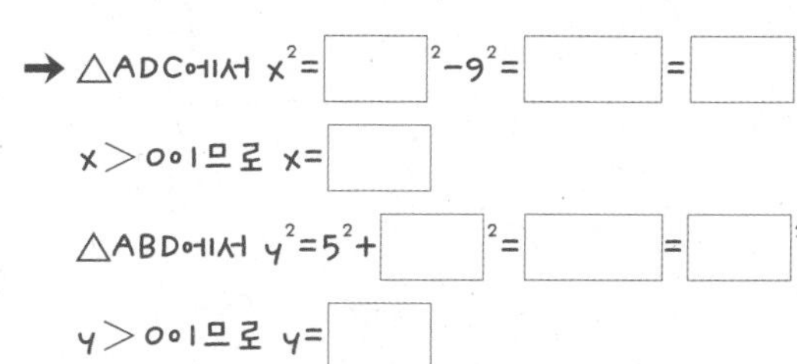

→ △ADC에서 $x^2=\square^2-9^2=\square=\square^2$

$x>0$이므로 $x=\square$

△ABD에서 $y^2=5^2+\square^2=\square=\square^2$

$y>0$이므로 $y=\square$

10

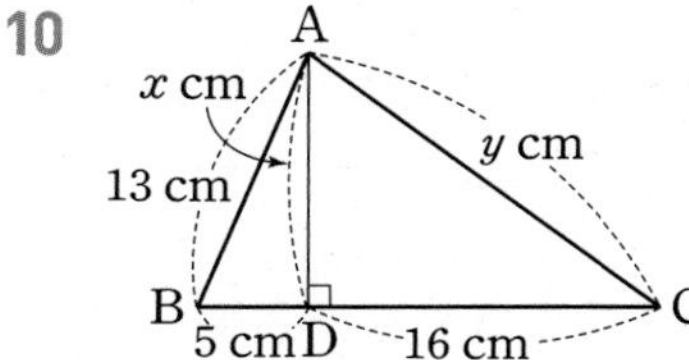

11

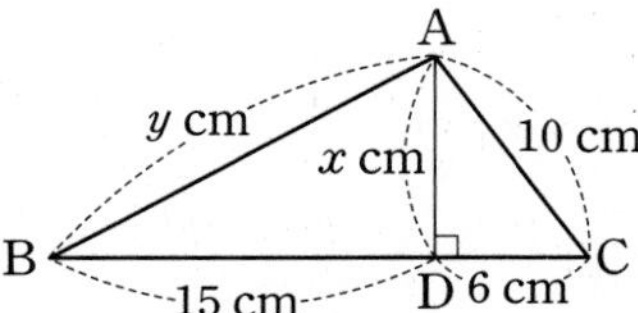

12

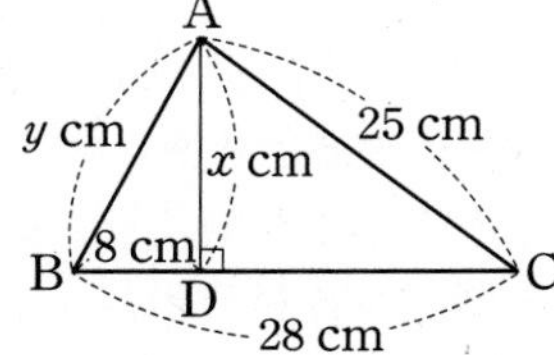

13

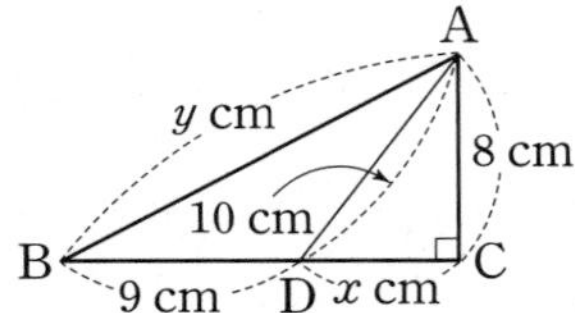

➜ △ADC에서 $x^2=\square^2-8^2=\square=\square^2$

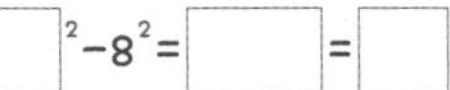

$x>0$이므로 $x=\square$

△ABC에서 $y^2=\square^2+8^2=\square=\square^2$

$y>0$이므로 $y=\square$

14

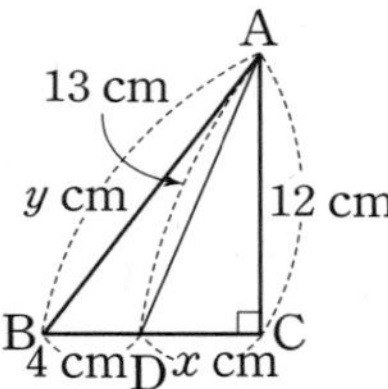

15

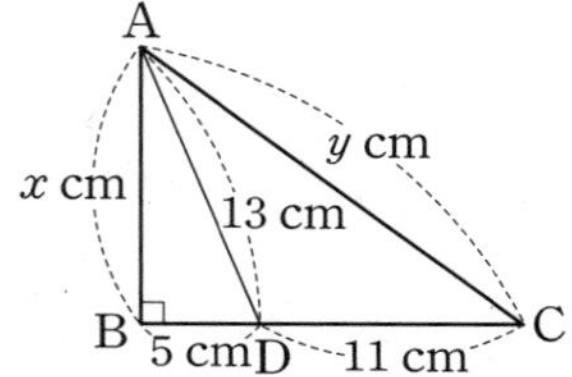

16

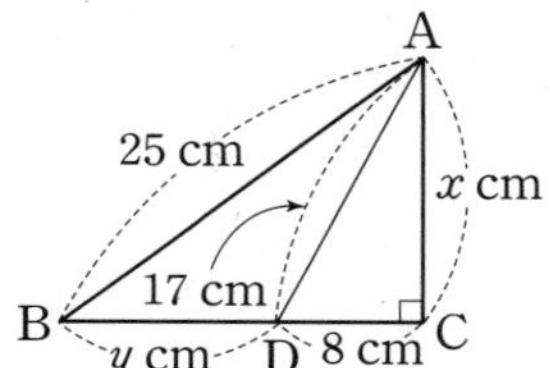

☺ **내가 발견한 개념** 　　피타고라스 정리를 이용해 봐!

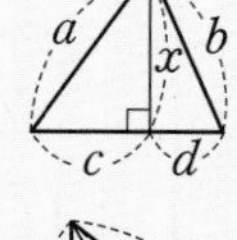

• $x^2=\square^2-c^2=b^2-\square^2$

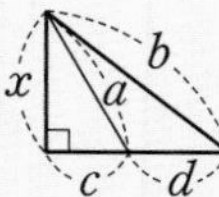

• $x^2=a^2-\square^2=b^2-(\square)^2$

3rd 사각형에서 변의 길이 구하기

● 다음 그림에서 x의 값을 구하시오.

17

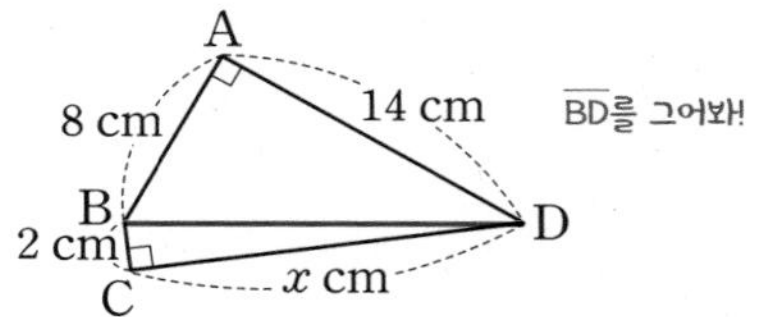

$\overline{BD}$를 그어 봐!

➜ △ABD에서 $\overline{BD}^2=\square^2+14^2=\square$

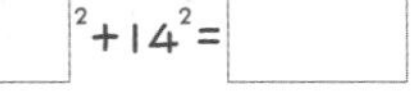

△BCD에서 $x^2=\square-2^2=\square=\square^2$

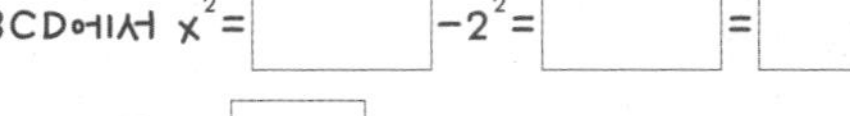

$x>0$이므로 $x=\square$

18

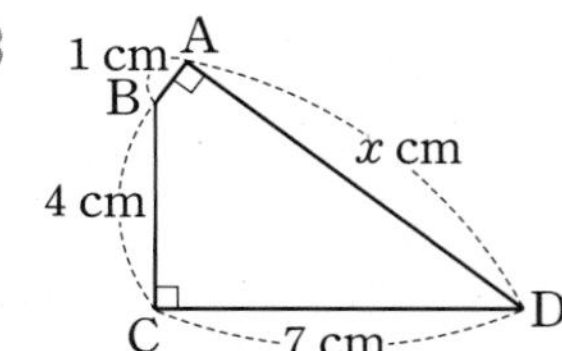

19

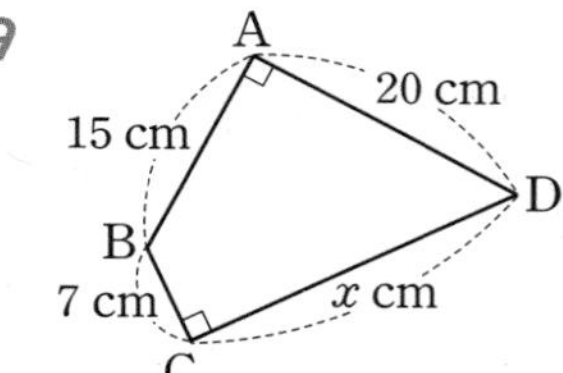

20

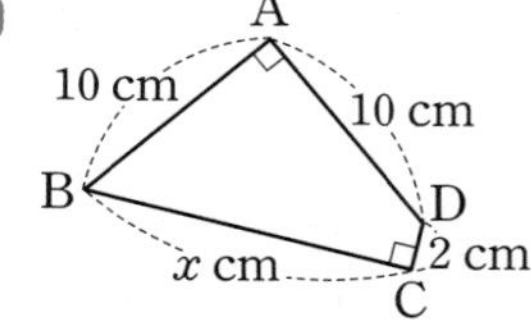

21 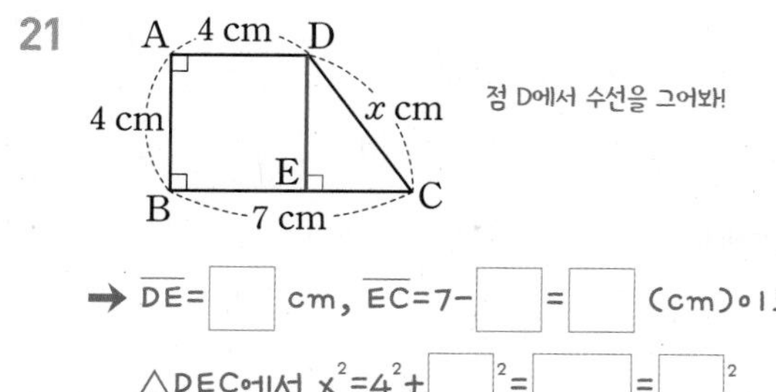

➜ $\overline{DE}$=☐ cm, $\overline{EC}$=7−☐=☐ (cm)이므로

△DEC에서 $x^2=4^2+$☐^{2}=☐=☐^{2}

$x>0$이므로 x=☐

22 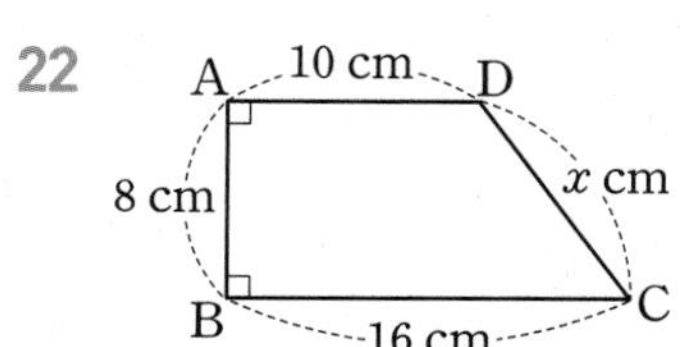

23 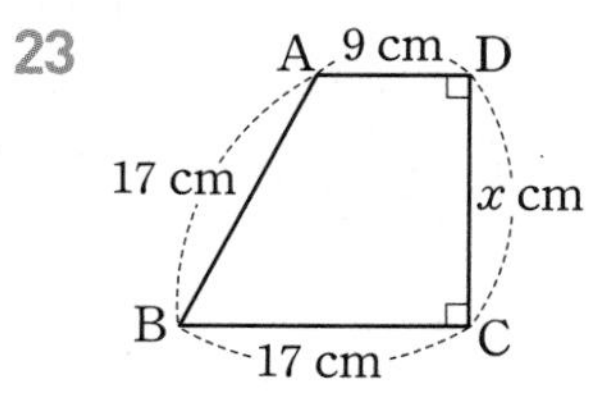

24 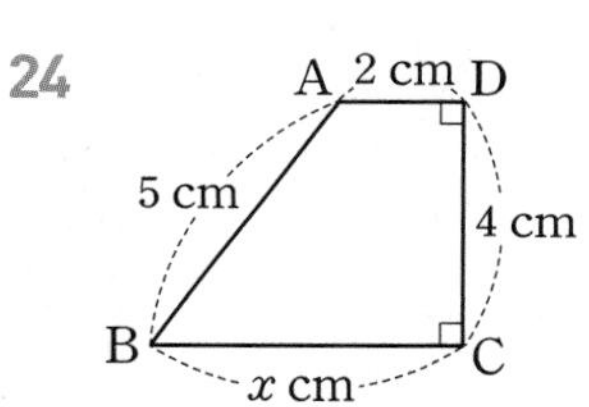

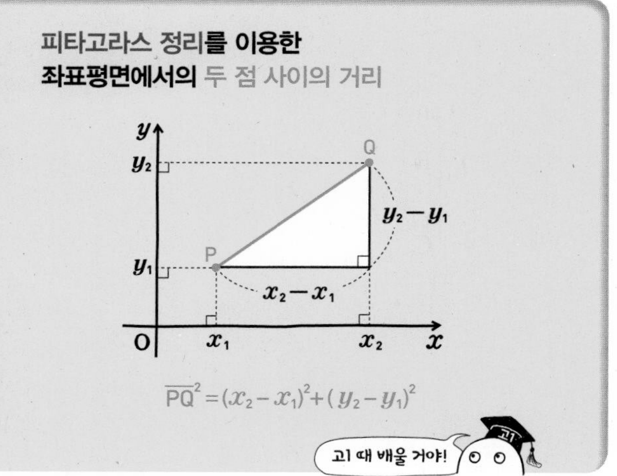

4th 대각선의 길이 구하기

● 다음 그림의 직사각형 ABCD의 대각선의 길이를 구하시오.

25 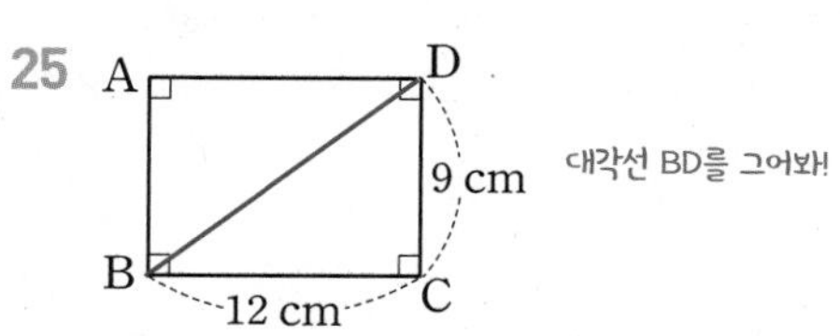

➜ △DBC에서

$\overline{BD}^2$=☐$^2+9^2$=☐=☐^{2}

$\overline{BD}>0$이므로 $\overline{BD}$=☐ cm

따라서 대각선의 길이는 ☐ cm이다.

26 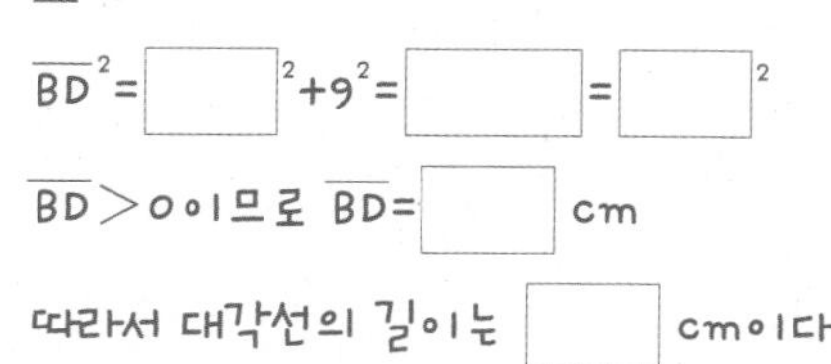

27 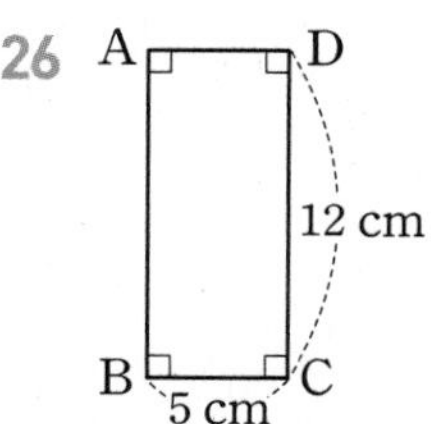

28 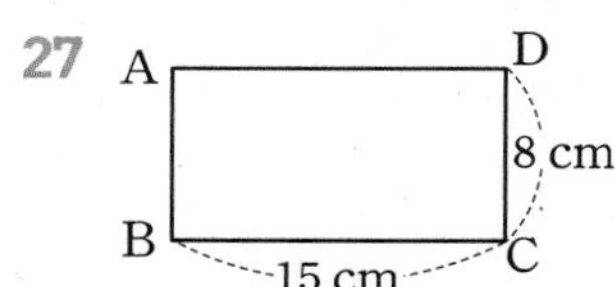

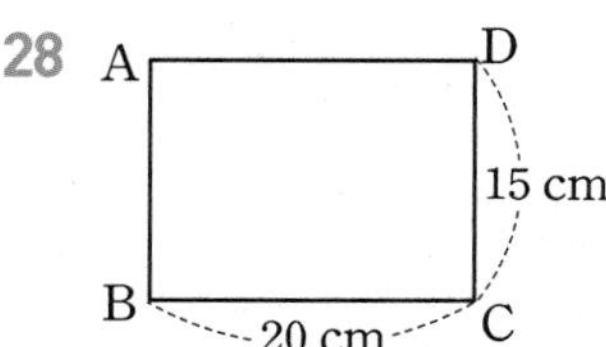

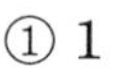
개념모음문제

29 오른쪽 그림에서 $\overline{OA'}=\overline{OB}$, $\overline{OB'}=\overline{OC}$, $\overline{OC'}=\overline{OD}$이고 $\overline{OA}=\overline{OP}=1$일 때, $\overline{OD}$의 길이는?

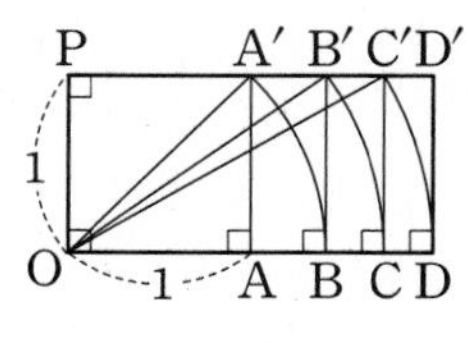

① 1 ② 2 ③ 3 ④ 4 ⑤ 5

02

넓이가 같음을 이용한!

피타고라스 정리의 증명; 유클리드의 증명

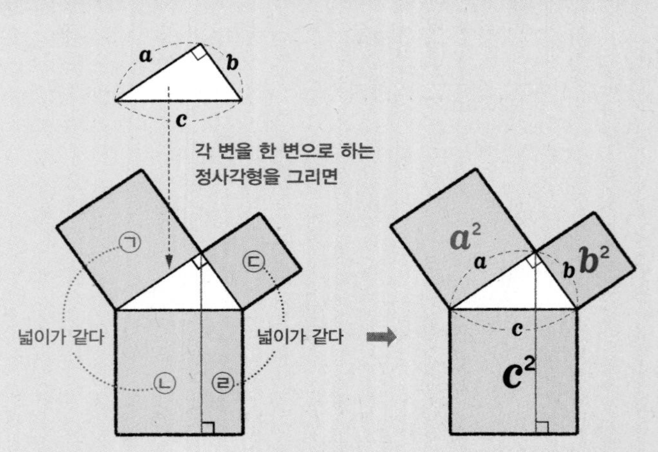

$$c^2 = a^2 + b^2$$

빗변을 한 변으로 하는 정사각형의 넓이는 나머지 두 변을 각각 한 변으로 하는 두 정사각형의 넓이의 합과 같다.

㉠=㉡인 이유?
두 삼각형의 넓이(❶, ❹)가 같음을 이용하면 사각형 ㉠과 사각형 ㉡의 넓이가 같음을 알 수 있다.

❶ = ❷ 밑변과 높이가 서로 같은 삼각형

❷ = ❸ SAS 합동

❸ = ❹ 밑변과 높이가 서로 같은 삼각형

참고 $l \parallel m$일 때 $\triangle ABC = \triangle DBC$

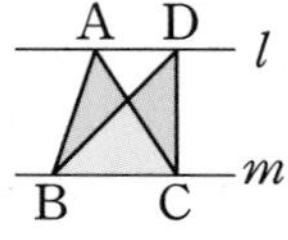

1st 유클리드의 증명 이해하기

● 다음 그림은 직각삼각형 ABC의 각 변을 한 변으로 하는 세 정사각형을 그린 것이다. 색칠한 부분의 넓이를 구하시오.

1
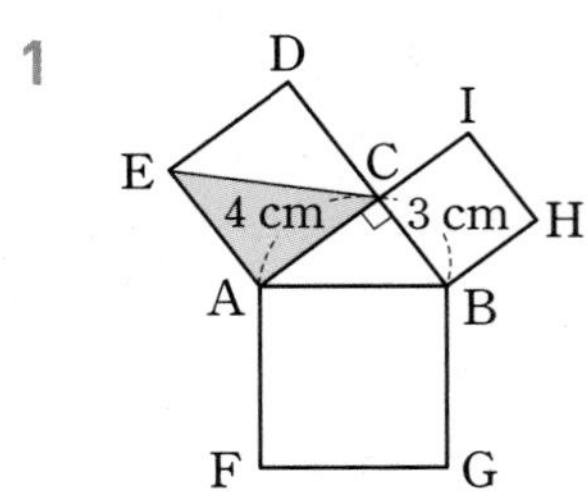

2
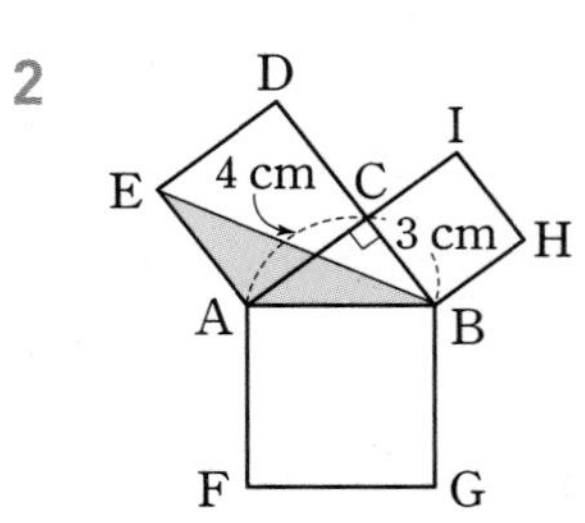

3
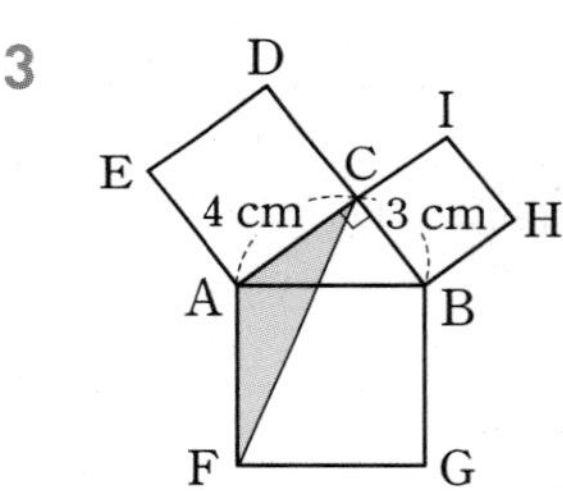

4
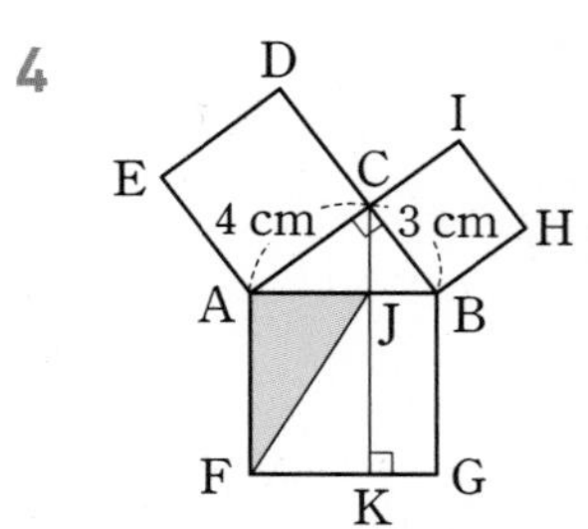

5

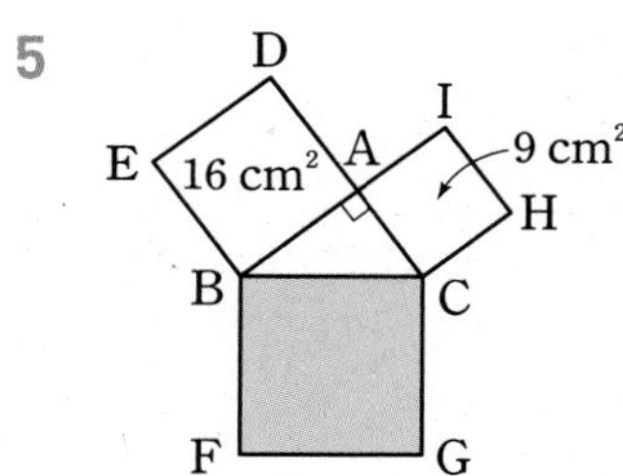

6

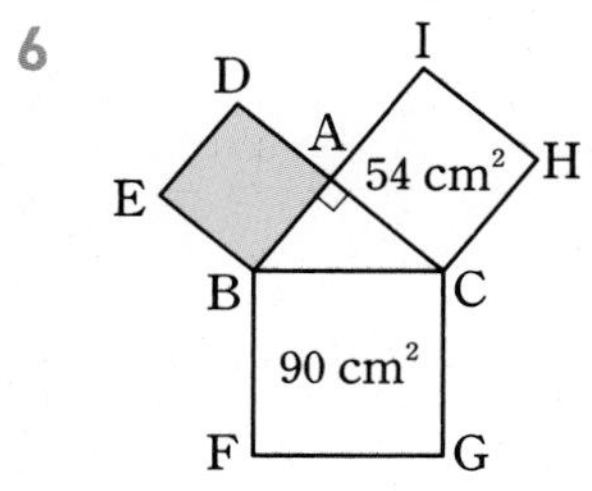

7

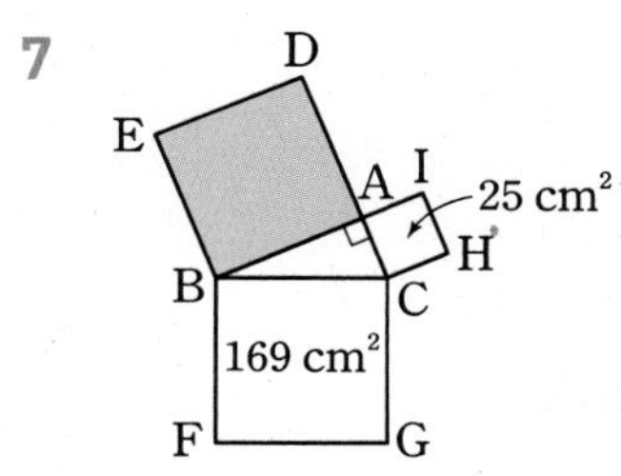

8

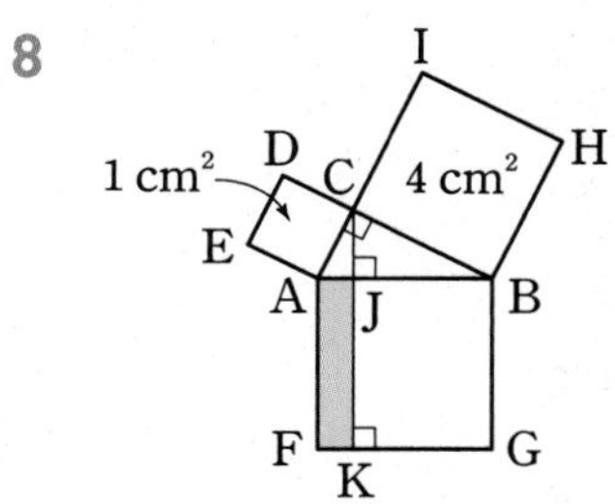

9

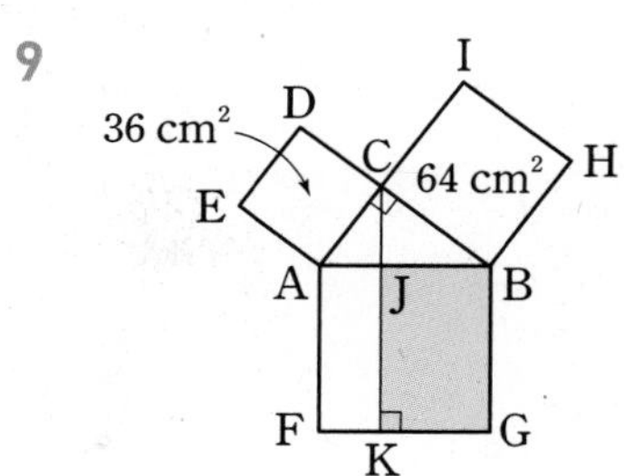

10

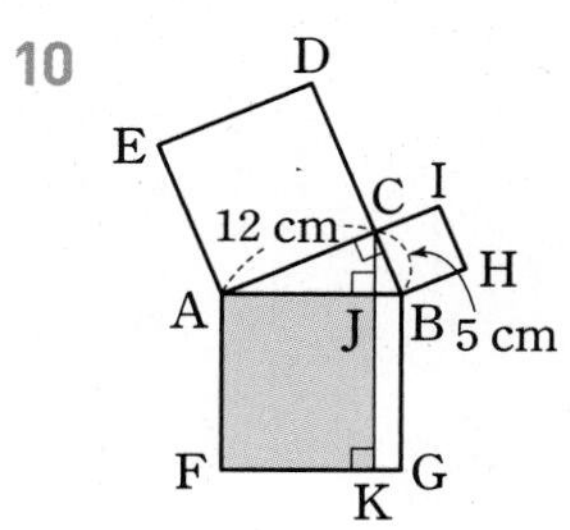

11

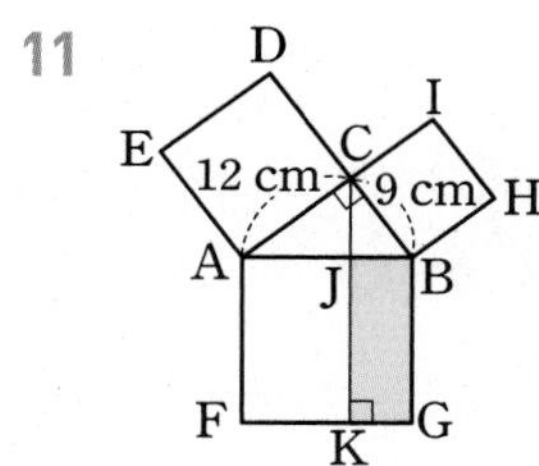

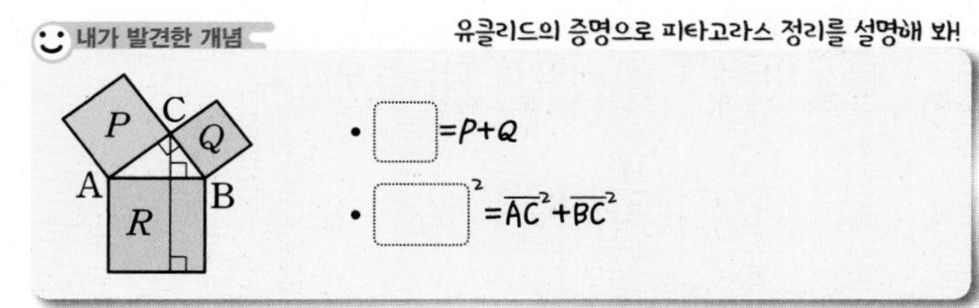

개념모음문제

12 오른쪽 그림은 직각삼각형 ABC의 세 변을 각각 한 변으로 하는 정사각형을 그린 것이다. $\overline{AC}$의 길이는?

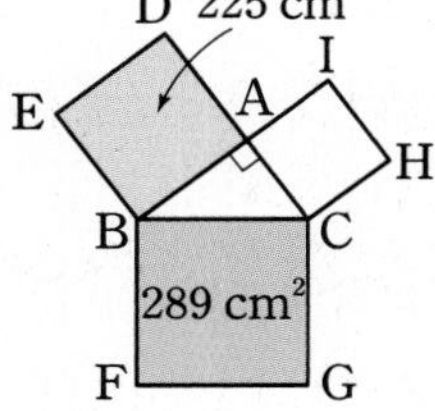

① 8 cm ② 12 cm
③ 13 cm ④ 15 cm
⑤ 17 cm

03

넓이가 같음을 이용한!

피타고라스 정리의 증명; 피타고라스의 증명

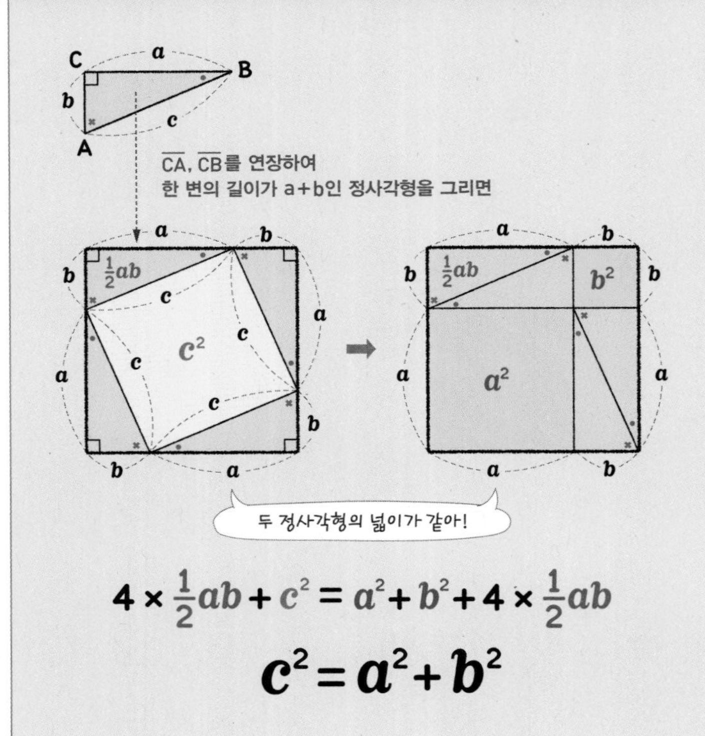

$$4\times\frac{1}{2}ab+c^2=a^2+b^2+4\times\frac{1}{2}ab$$

$$c^2=a^2+b^2$$

1st 피타고라스의 증명 이해하기

● 아래 그림에서 □ABCD는 정사각형이고, $\overline{AE}=\overline{BF}=\overline{CG}=\overline{DH}$일 때, 다음을 구하시오.

1

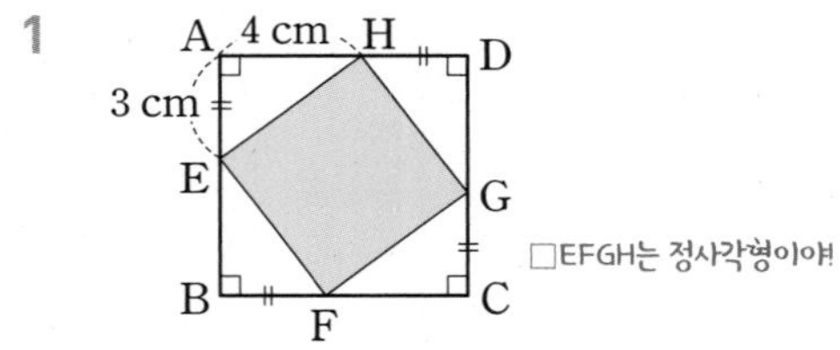

(1) $\overline{EH}$의 길이

(2) □EFGH의 둘레의 길이

(3) □EFGH의 넓이

2

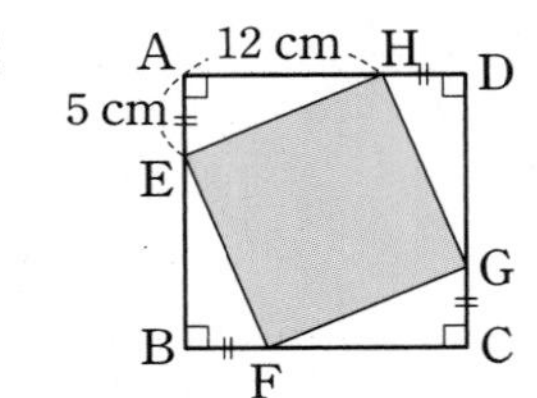

(1) $\overline{EH}$의 길이

(2) □EFGH의 둘레의 길이

(3) □EFGH의 넓이

3

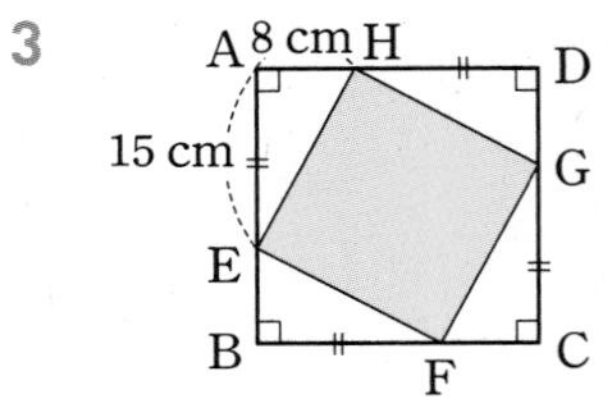

(1) $\overline{HG}$의 길이

(2) □EFGH의 둘레의 길이

(3) □EFGH의 넓이

4

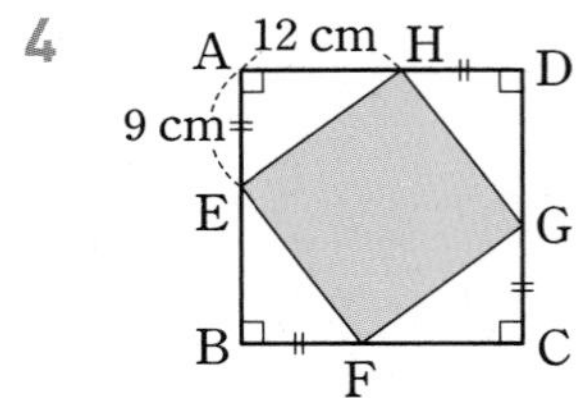

(1) $\overline{EF}$의 길이

(2) □EFGH의 둘레의 길이

(3) □EFGH의 넓이

● 아래 그림에서 □ABCD는 정사각형이고, $\overline{AH}=\overline{BE}=\overline{CF}=\overline{DG}$이다. □EFGH의 넓이가 주어질 때, 다음을 구하시오.

5

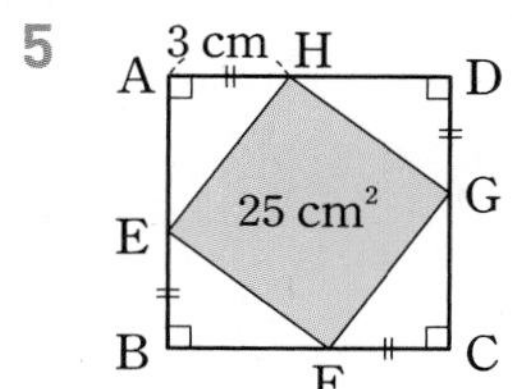

(1) $\overline{EH}$의 길이

(2) $\overline{AE}$의 길이

6

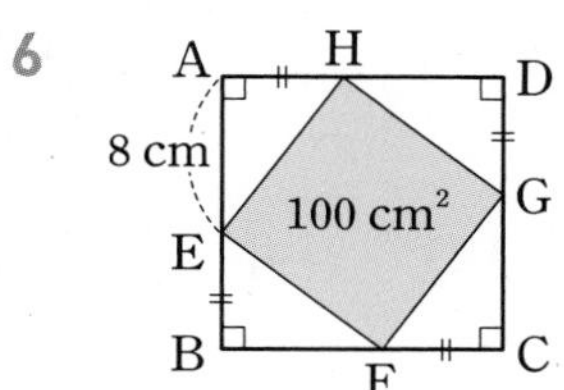

(1) $\overline{EH}$의 길이

(2) $\overline{AH}$의 길이

7

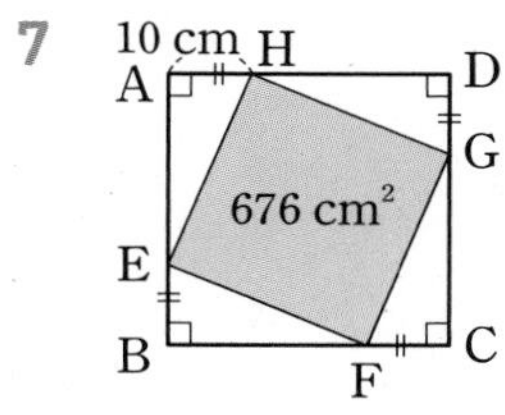

(1) $\overline{EH}$의 길이

(2) $\overline{AE}$의 길이

8

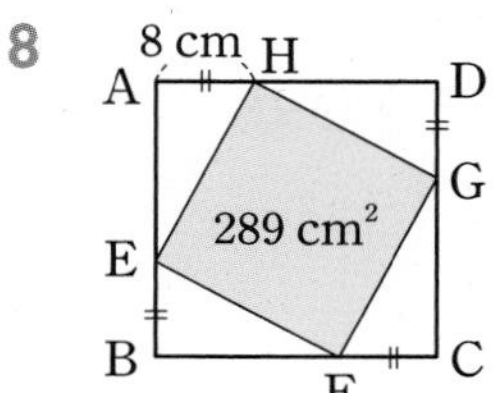

(1) $\overline{EF}$의 길이

(2) $\overline{AE}$의 길이

내가 발견한 개념 네 개의 직각삼각형이 합동이면 □EFGH는 어떤 도형일까?

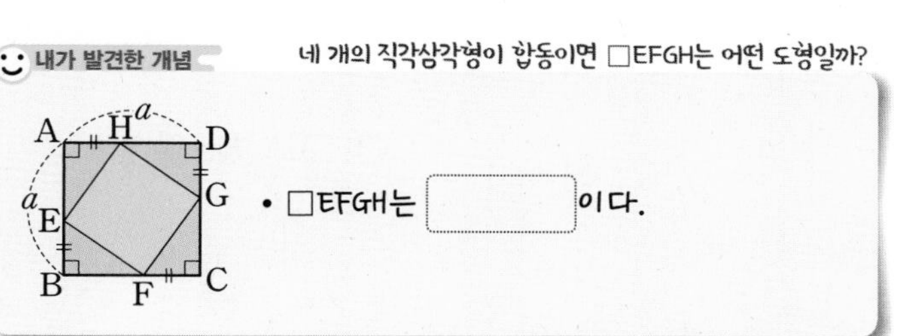

• □EFGH는 [ ]이다.

● 아래 그림에서 □ABCD는 정사각형이고, 4개의 직각삼각형은 모두 합동이다. □EFGH의 넓이가 주어질 때, 다음을 구하시오.

9

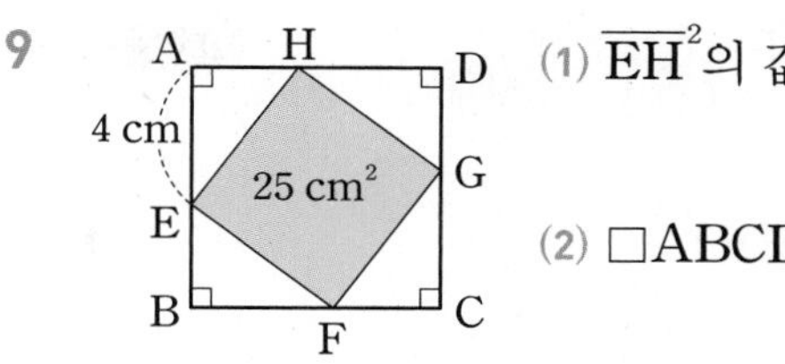

(1) $\overline{EH}^2$의 값

(2) □ABCD의 넓이

10

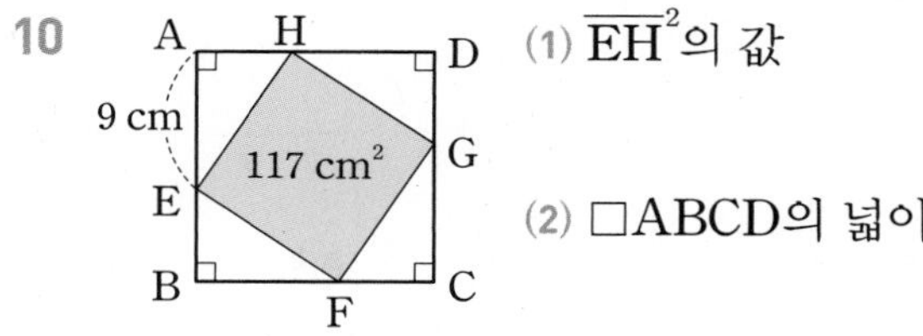

(1) $\overline{EH}^2$의 값

(2) □ABCD의 넓이

11

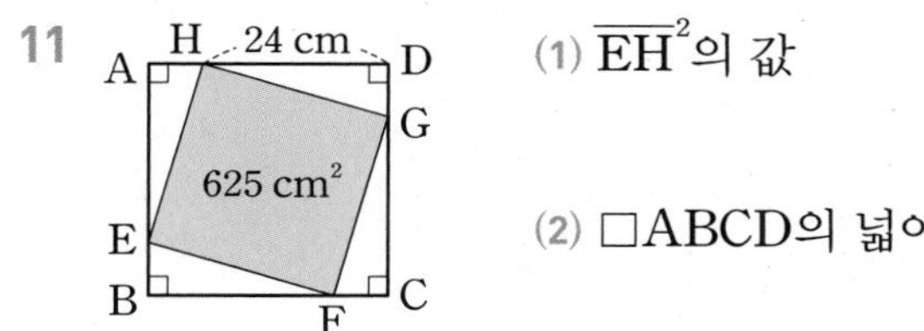

(1) $\overline{EH}^2$의 값

(2) □ABCD의 넓이

개념모음문제

12 오른쪽 그림과 같이 한 변의 길이가 $a+b$인 정사각형 ABCD와 한 변의 길이가 c인 정사각형 EFGH에 대하여 다음 중 옳지 않은 것은?

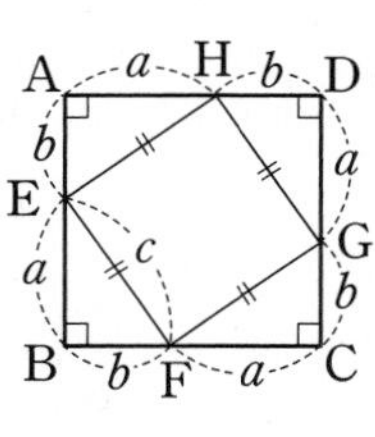

① $\angle FGH=90°$
② $\angle AEH=\angle BFE$
③ $\triangle AEH\equiv\triangle CGF$
④ $\square EFGH=\overline{EF}^2$
⑤ $\square ABCD=4\triangle AEH$

04 넓이가 같음을 이용한!

피타고라스 정리의 증명; 바스카라, 가필드의 증명

❶ 바스카라의 증명

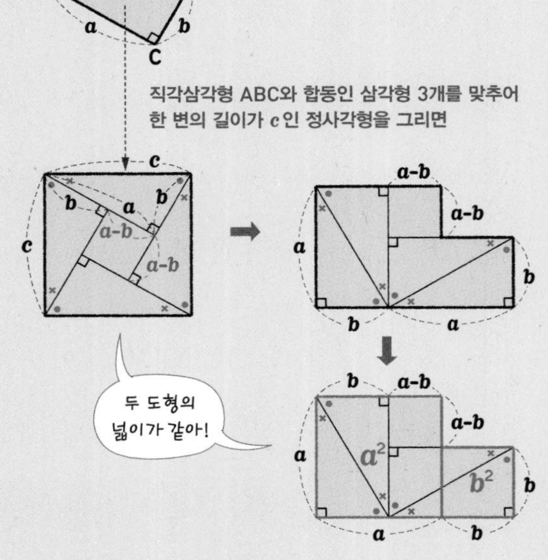

$$c^2=a^2+b^2$$

❷ 가필드의 증명

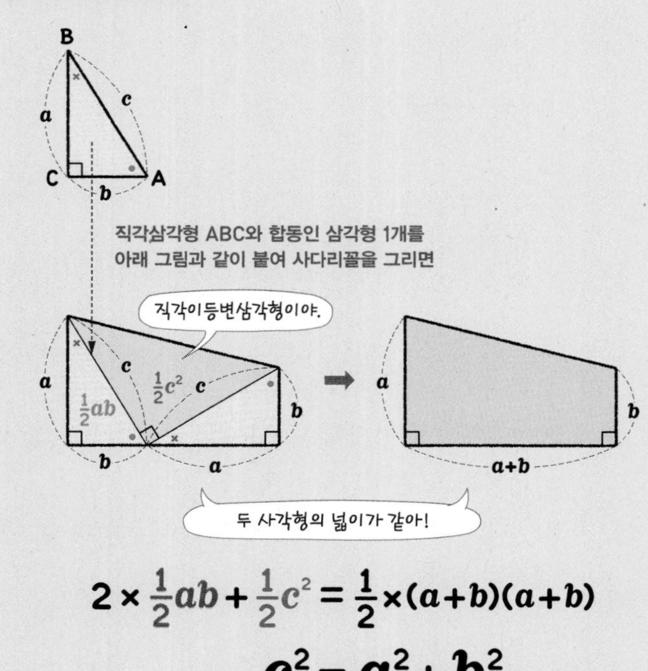

$$2\times\frac{1}{2}ab+\frac{1}{2}c^2=\frac{1}{2}\times(a+b)(a+b)$$

$$c^2=a^2+b^2$$

1st — 바스카라의 증명 이해하기

● 아래 그림은 합동인 4개의 직각삼각형을 이용하여 정사각형을 만든 것이다. 다음을 구하시오.

1 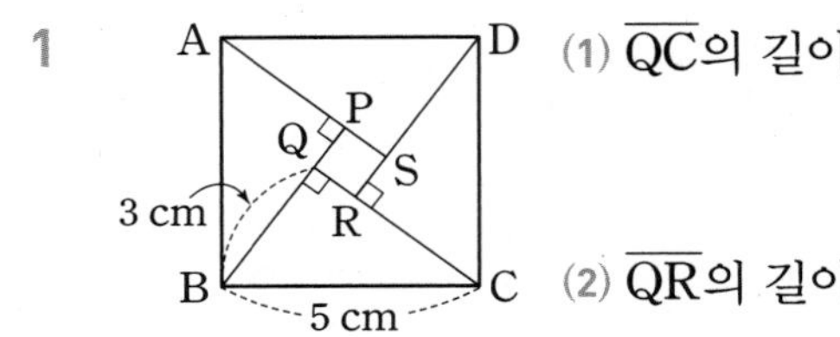

(1) $\overline{QC}$의 길이

(2) $\overline{QR}$의 길이

(3) □PQRS의 넓이

2 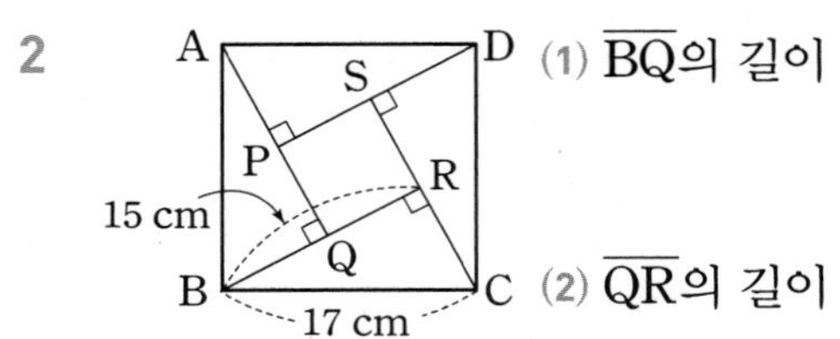

(1) $\overline{BQ}$의 길이

(2) $\overline{QR}$의 길이

(3) □PQRS의 넓이

3 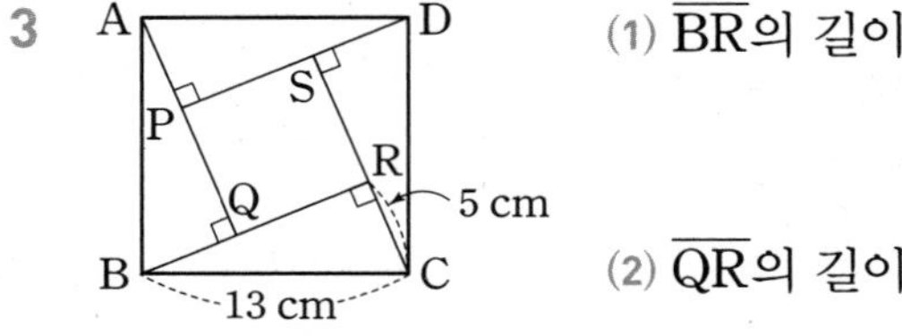

(1) $\overline{BR}$의 길이

(2) $\overline{QR}$의 길이

(3) □PQRS의 넓이

4 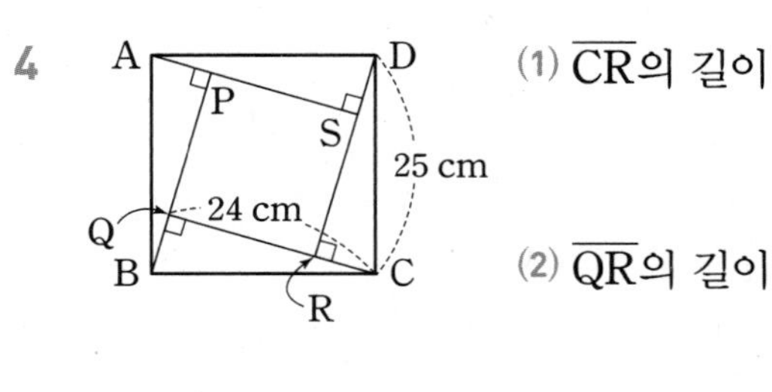

(1) $\overline{CR}$의 길이

(2) $\overline{QR}$의 길이

(3) □PQRS의 넓이

내가 발견한 개념 합동인 네 개의 직각삼각형으로 만든 정사각형의 한 변의 길이는?

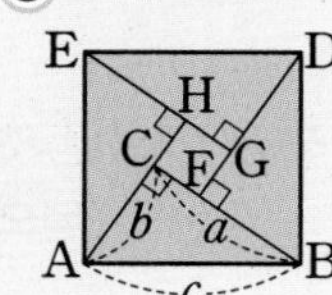

• □CFGH는 한 변의 길이가 ( ) 인 정사각형이다.

개념모음문제

5 오른쪽 그림에서 4개의 직각삼각형이 모두 합동일 때, 다음 중 옳지 <u>않은</u> 것은?

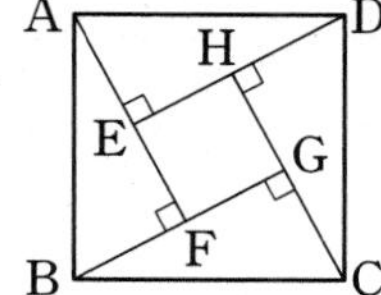

① $\overline{AE}=\overline{BF}=\overline{CG}=\overline{DH}$

② $\overline{EF}=\overline{FG}=\overline{GH}=\overline{HE}$

③ □ABCD는 정사각형이다.

④ □EFGH$=\triangle$ABF

⑤ □ABCD$=4\triangle$ABF$+$□EFGH

2nd 가필드의 증명 이해하기

● 아래 그림은 직각삼각형 ABC와 합동인 삼각형 EAD를 세 점 C, A, D가 한 직선 위에 있도록 그린 것이다. 다음을 구하시오.

6

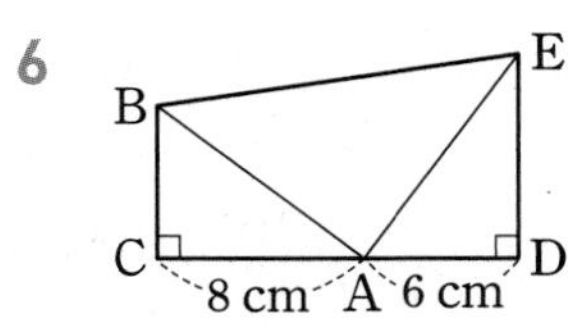

△AEB는 직각이등변삼각형이야!

(1) $\overline{AB}$의 길이

(2) △AEB의 넓이

7

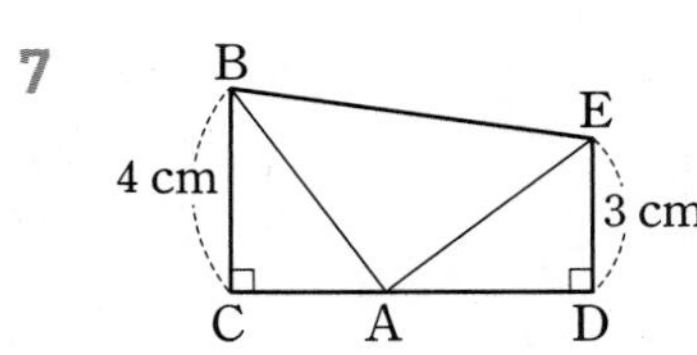

(1) $\overline{AB}$의 길이

(2) △AEB의 넓이

8

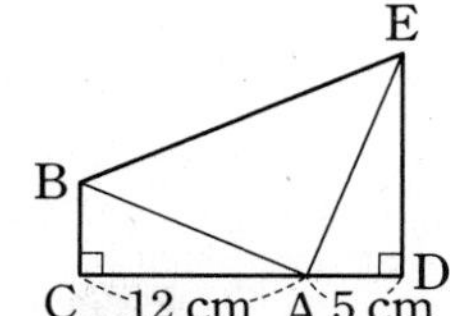

(1) $\overline{AB}$의 길이

(2) △AEB의 넓이

9

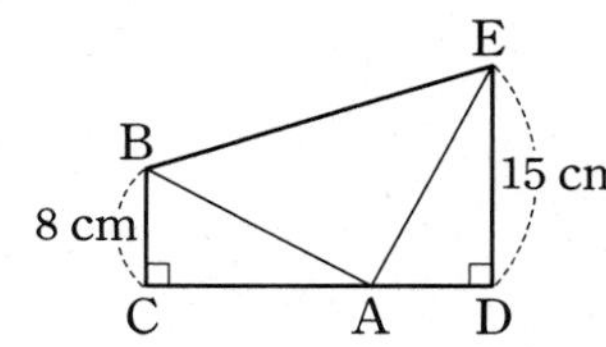

(1) $\overline{AB}$의 길이

(2) △AEB의 넓이

내가 발견한 개념 △BAE는 어떤 삼각형일까?

• △BAE는 $\overline{BA}$= 인 이다.

개념모음문제

10 오른쪽 그림에서 △ABC≡△CDE이고 세 점 B, C, D는 한 직선 위에 있다. $\overline{AB}=10$, $\overline{DE}=24$일 때, 다음 중 옳지 <u>않은</u> 것은?

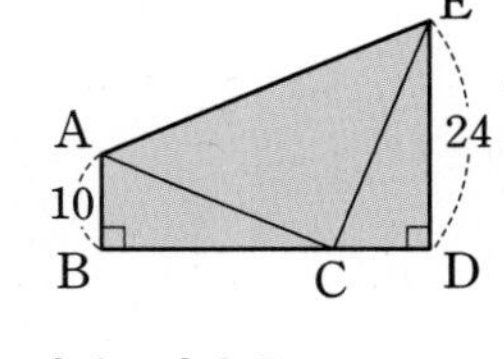

① $\overline{BC}=24$

② $\overline{CD}=10$

③ $\overline{AC}=26$

④ $\triangle ACE=338$

⑤ □ABDE$=676$

05

$a^2+b^2=c^2$이면!

직각삼각형이 되는 조건

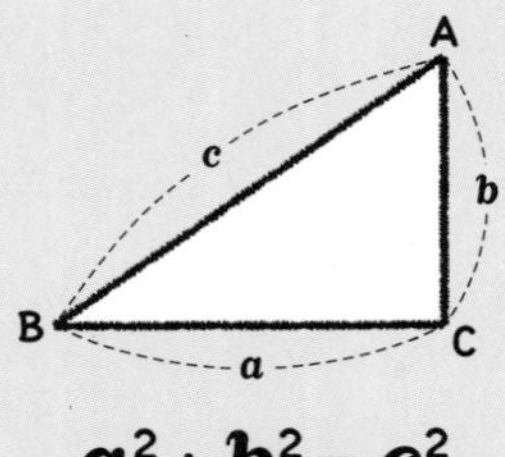

$a^2+b^2=c^2$

피타고라스 정리에 의해

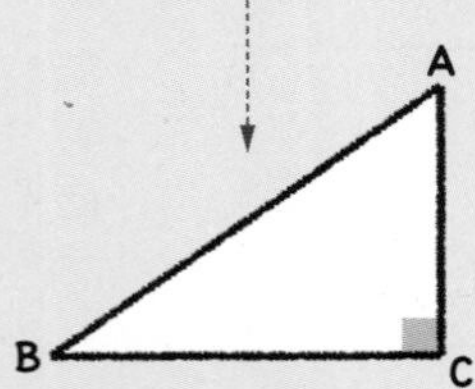

△ABC는 ∠C = 90°인 직각삼각형

• 삼각형 ABC의 세 변의 길이가 각각 a, b, c일 때 $a^2+b^2=c^2$이 성립하면 이 삼각형은 c를 빗변으로 하는 직각삼각형이다.

참고 ① 피타고라스 정리 $a^2+b^2=c^2$을 만족시키는 세 자연수 a, b, c를 '피타고라스 수'라 한다.

② 삼각형의 세 변의 길이가 피타고라스 수라면 그 삼각형은 직각삼각형이다.

원리확인 △ABC에서 $\overline{AB}=c$, $\overline{BC}=a$, $\overline{CA}=b$일 때, □ 안에 알맞은 것을 써넣으시오.

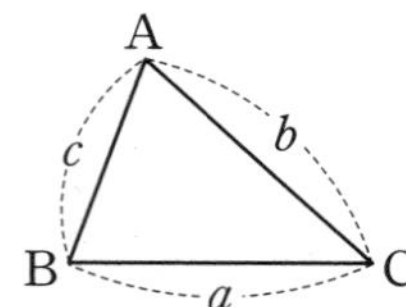

❶ $c^2=a^2+b^2$이면 △ABC는 ∠□=90°인 직각삼각형이다.

❷ $a^2=b^2+c^2$이면 △ABC는 ∠□=90°인 직각삼각형이다.

❸ $b^2=a^2+c^2$이면 △ABC는 ∠□=90°인 직각삼각형이다.

1st — 직각삼각형인지 판별하기

• 삼각형의 세 변의 길이가 다음과 같을 때, 직각삼각형인 것은 ○를, 직각삼각형이 아닌 것은 ×를 (　) 안에 써넣으시오.

1 2 cm, 2 cm, 3 cm (　　)

2 3 cm, 4 cm, 5 cm (　　)

3 5 cm, 12 cm, 13 cm (　　)

4 6 cm, 6 cm, 6 cm (　　)

5 8 cm, 15 cm, 17 cm (　　)

6 12 cm, 16 cm, 25 cm (　　)

3개의 자연수 a, b, c가 $a^2+b^2=c^2$이면 a, b, c는 피타고라스 수이다!

a	b	c
3	4	5
5	12	13
6	8	10
7	24	25
8	15	17
⋮	⋮	⋮

2nd 직각삼각형이 되기 위한 조건 찾기

● 삼각형의 세 변의 길이가 다음과 같을 때, 이 삼각형이 직각삼각형이 되도록 하는 가장 긴 변의 길이 x의 값을 구하시오.

7 6, 8, x

➔ $x^2=6^2+8^2=$ ☐ $=$ ☐^{2} 이므로

$x=$ ☐

8 5, 12, x

9 7, 24, x

10 9, 12, x

11 15, 8, x

12 24, 10, x

내가 발견한 개념 — 직각삼각형이 되기 위한 조건은?

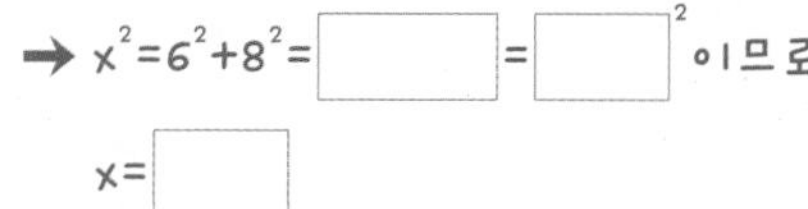

• $a^2+b^2=c^2$ ➔ • $\angle C=$ ☐$°$

● 삼각형의 세 변의 길이가 다음과 같을 때, 직각삼각형이 되도록 하는 x의 값에 대하여 x^2의 값을 모두 구하시오.

13 2 cm, 5 cm, x cm

x가 가장 긴 변의 길이일 때와 그렇지 않을 때로 나누어 구하면 돼!

➔ 가장 긴 변의 길이가 x cm일 때

$x^2=2^2+5^2=$ ☐

가장 긴 변의 길이가 5 cm일 때

$x^2=5^2-2^2=$ ☐

14 8 cm, 15 cm, x cm

15 3 cm, 7 cm, x cm

16 10 cm, 12 cm, x cm

개념모음문제

17 오른쪽 그림의 $\triangle$ABC가 $\angle C=90°$인 직각삼각형이 되도록 하는 x의 값은?

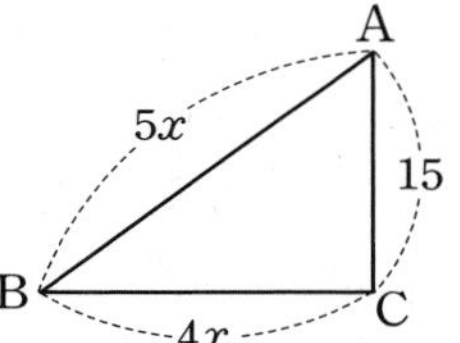

① 3　② 4
③ 5　④ 6
⑤ 7

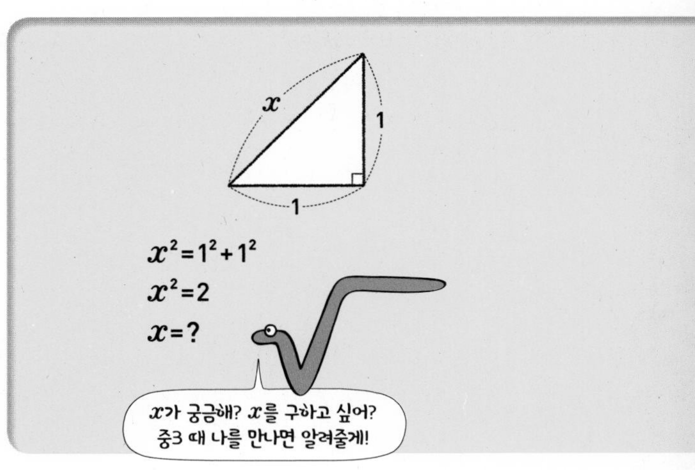

06 각의 크기에 따라 달라지는!

삼각형의 변과 각 사이의 관계

△ABC에서 c가 가장 긴 변의 길이일 때

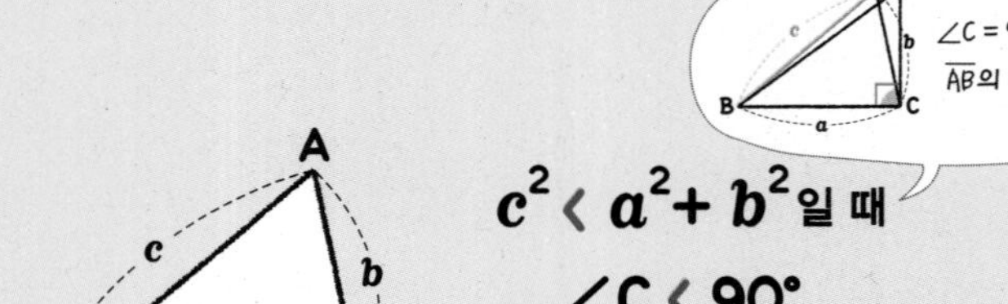

$c^2 < a^2 + b^2$일 때

∠C < 90°

➡ 예각삼각형

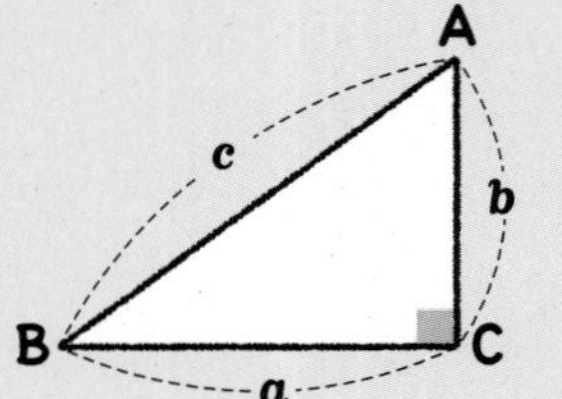

$c^2 = a^2 + b^2$일 때

∠C = 90°

➡ 직각삼각형

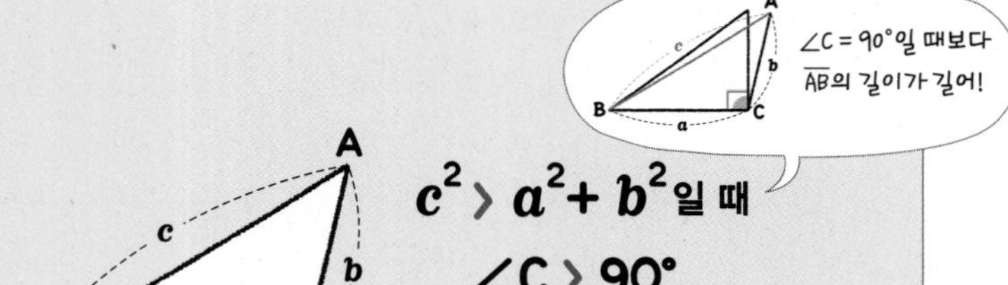

$c^2 > a^2 + b^2$일 때

∠C > 90°

➡ 둔각삼각형

• △ABC에서 $\overline{AB}=c$, $\overline{BC}=a$, $\overline{CA}=b$일 때

① $\angle C < 90°$이면 $c^2 < a^2 + b^2$

② $\angle C = 90°$이면 $c^2 = a^2 + b^2$

③ $\angle C > 90°$이면 $c^2 > a^2 + b^2$

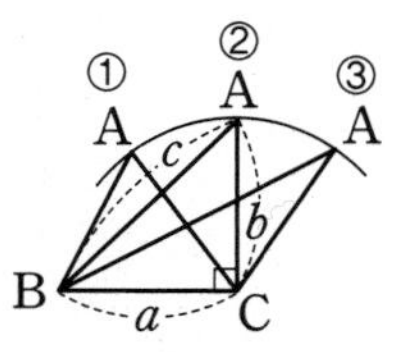

1st 삼각형 판별하기

● 세 변의 길이가 각각 다음과 같은 삼각형은 어떤 삼각형인지 말하시오.

1 4 cm, 5 cm, 6 cm

→ 6^2 ◯ 4^2+5^2이므로 ☐삼각형이다.

2 5 cm, 8 cm, 12 cm

3 9 cm, 12 cm, 15 cm

4 10 cm, 12 cm, 15 cm

5 12 cm, 13 cm, 20 cm

6 16 cm, 30 cm, 34 cm

2nd 예각삼각형일 때 한 변의 길이 구하기

• **다음 그림의 $\triangle ABC$가 예각삼각형이고 $\overline{AB}$가 가장 긴 변일 때, 자연수 x의 값을 모두 구하시오.**

7

(가장 긴 변의 길이)<(나머지 두 변의 길이의 합)

→ 삼각형의 세 변의 길이 사이의 관계에 의하여

$8 < x < 5+8$, 즉 $8 < x <$ □

$\triangle ABC$는 예각삼각형이므로

$x^2 < 5^2+8^2$, 즉 $x^2 <$ □

따라서 자연수 x의 값은 □ 이다.

8

9

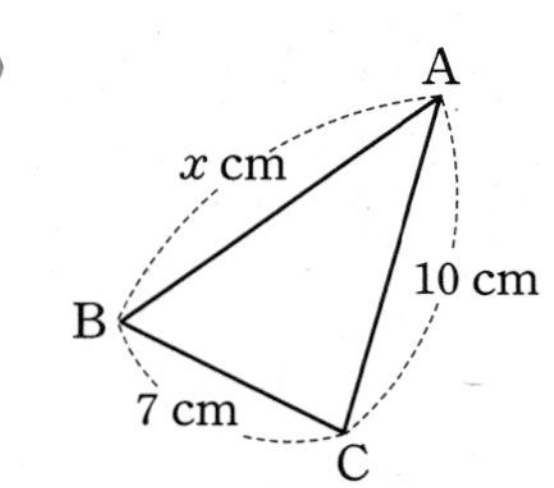

10

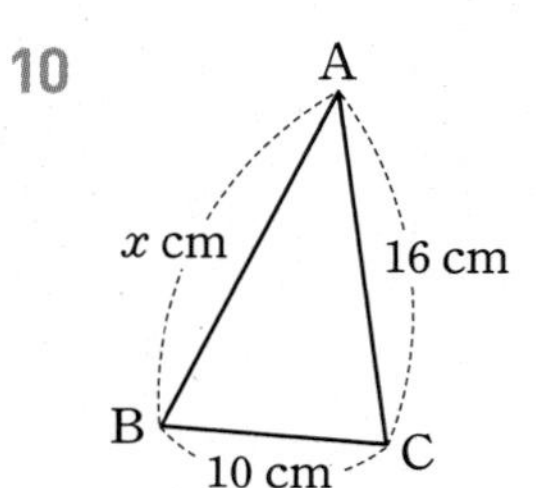

3rd 둔각삼각형일 때 한 변의 길이 구하기

• **다음 그림의 $\triangle ABC$가 둔각삼각형이고 $\overline{BC}$가 가장 긴 변일 때, 자연수 x의 값을 모두 구하시오.**

11

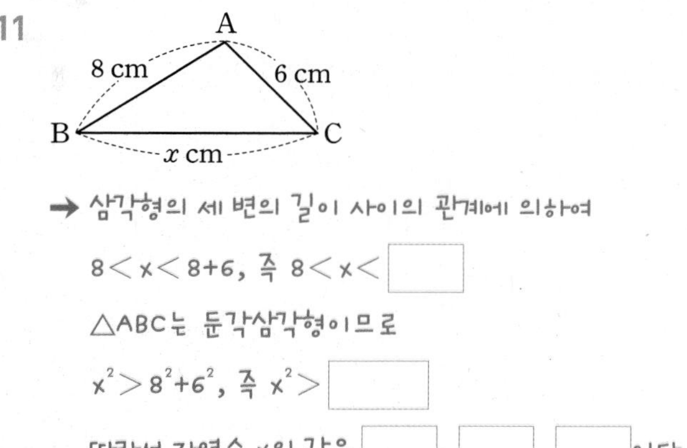

→ 삼각형의 세 변의 길이 사이의 관계에 의하여

$8 < x < 8+6$, 즉 $8 < x <$ □

$\triangle ABC$는 둔각삼각형이므로

$x^2 > 8^2+6^2$, 즉 $x^2 >$ □

따라서 자연수 x의 값은 □, □, □ 이다.

12

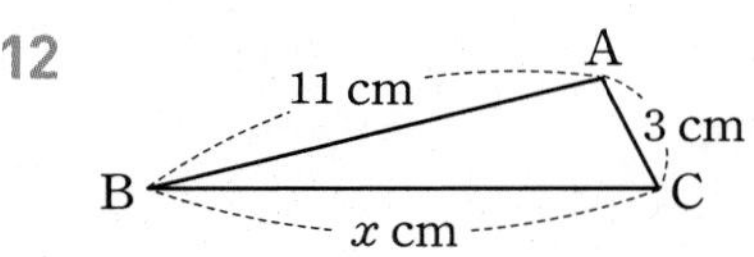

13

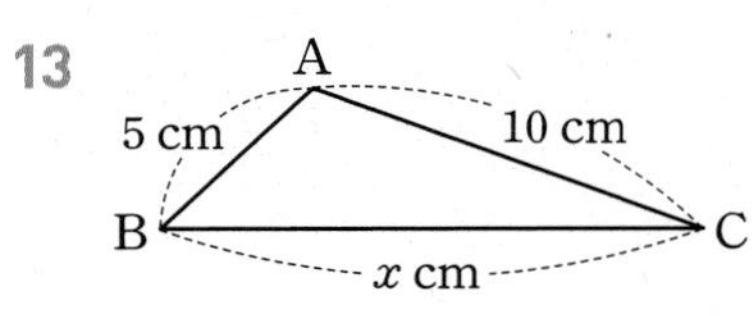

14

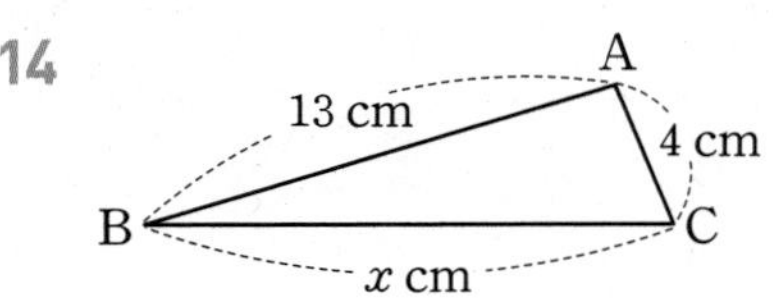

07 직각삼각형에서의 선분의 성질!

직각삼각형과 피타고라스 정리

❶ 직각삼각형의 닮음과 직각삼각형의 넓이를 이용한 성질

• 피타고라스 정리

➡ ❶²+❷²=❸²

• 직각삼각형의 닮음

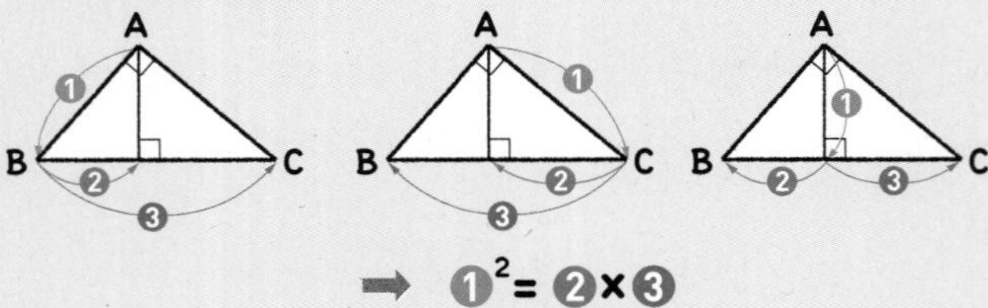

➡ ❶²= ❷×❸

• 직각삼각형의 넓이

➡ ❶×❷ = ❸×❹

❷ 피타고라스 정리를 이용한 직각삼각형의 성질

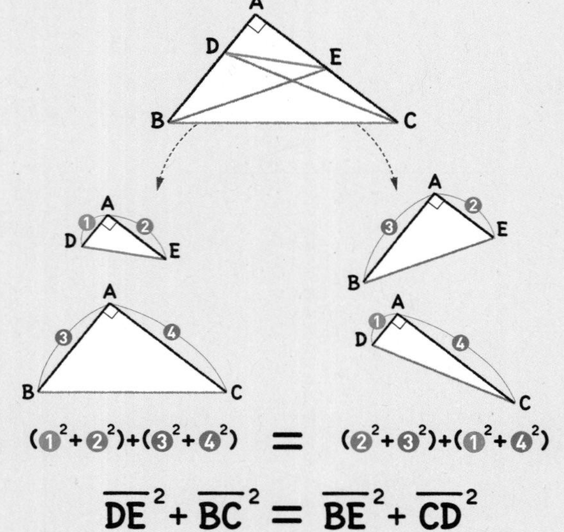

(❶²+❷²)+(❸²+❹²) = (❷²+❸²)+(❶²+❹²)

$\overline{DE}^2+\overline{BC}^2=\overline{BE}^2+\overline{CD}^2$

1st — 직각삼각형의 닮음과 피타고라스 정리를 이용하여 선분의 길이 구하기

● 다음 그림의 직각삼각형 ABC에서 x의 값을 구하시오.

1 A, B, C, D, 4 cm, 3 cm, x cm

➡ △ABC에서 $\overline{BC}^2=4^2+3^2=$ ☐ $=$ ☐^{2}이므로

$\overline{BC}=$ ☐ (cm)

$\overline{AB}^2=\overline{BD}\times\overline{BC}$에서 $4^2=x\times$ ☐ 이므로

$x=$ ☐

2

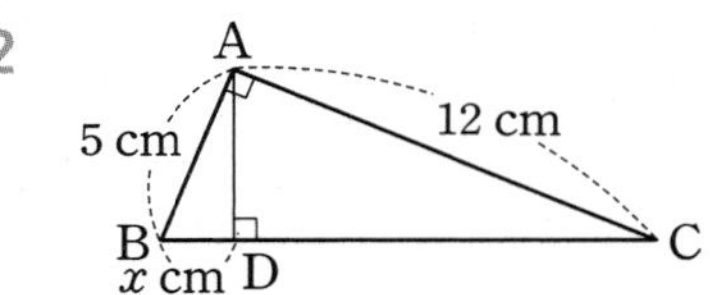

3 A, B, C, D, 8 cm, 6 cm, x cm

4

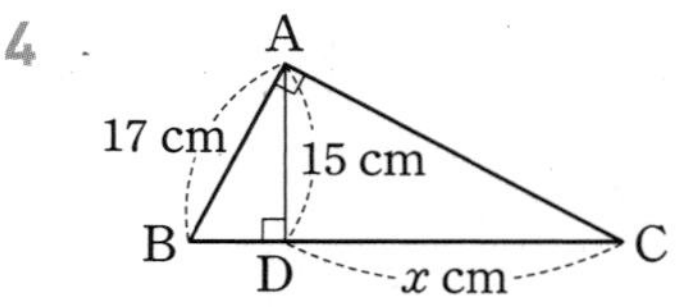

2nd 직각삼각형의 넓이와 피타고라스 정리를 이용하여 선분의 길이 구하기

● 다음 그림의 직각삼각형 ABC에서 x의 값을 구하시오.

5

직각삼각형의 넓이를 이용해!

→ △ABC에서 $\overline{BC}^2=4^2+3^2=$ ☐ $=$ ☐^{2}이므로

$\overline{BC}=$ ☐ cm

$\overline{AB}\times\overline{AC}=\overline{BC}\times\overline{AD}$이므로 $4\times3=$ ☐ $\times x$

따라서 $x=$ ☐

6

7

개념모음문제

8 오른쪽 그림과 같은 직각삼각형 ABC에서 $x+y$의 값은?

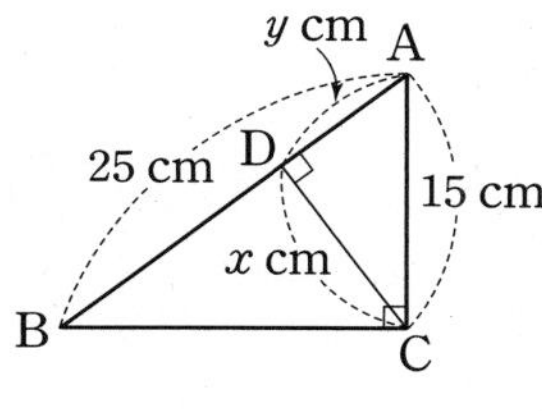

① 20　② 21
③ 22　④ 23
⑤ 24

3rd 피타고라스 정리와 직각삼각형의 성질을 이용하여 선분의 길이 구하기

● 다음 그림의 직각삼각형 ABC에서 x^2의 값을 구하시오.

9

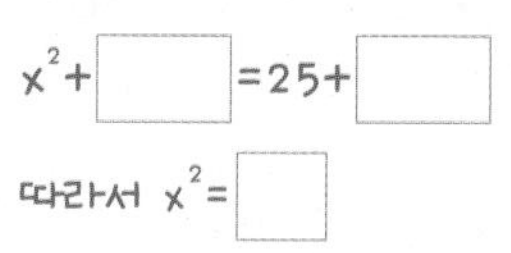

→ $\overline{DE}^2+\overline{BC}^2=\overline{BE}^2+\overline{CD}^2$이므로

x^2+ ☐ $=25+$ ☐

따라서 $x^2=$ ☐

10

11

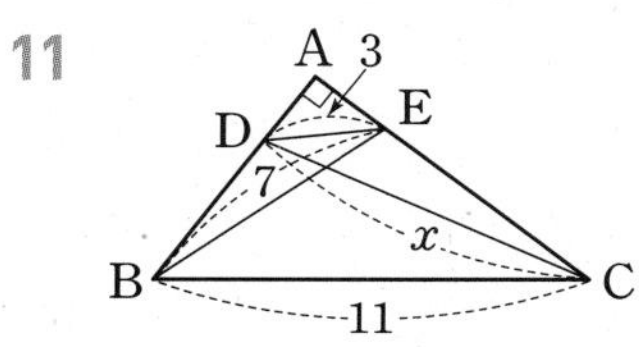

12

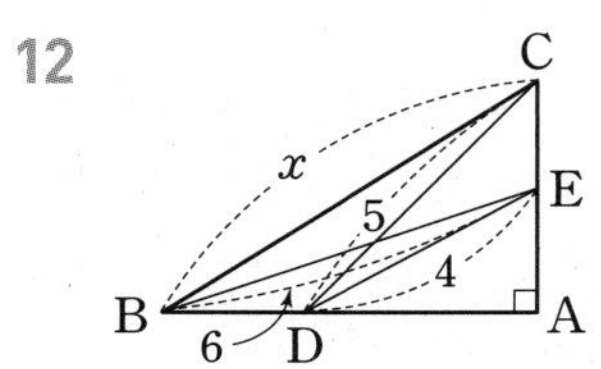

내가 발견한 개념　　피타고라스 정리를 이용해 봐!

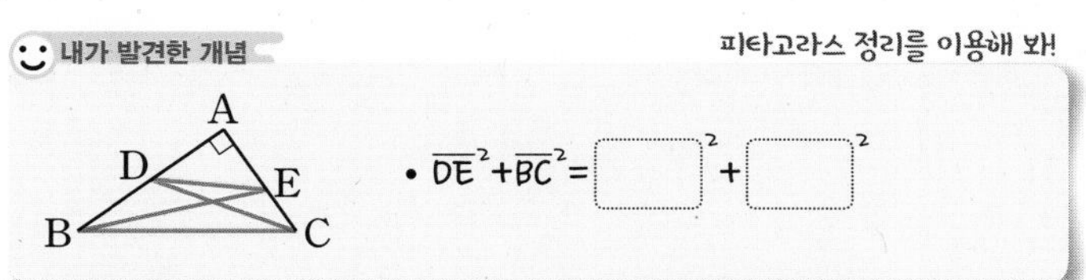

• $\overline{DE}^2+\overline{BC}^2=$ ☐^{2} $+$ ☐^{2}

08 **사각형에서의 선분의 성질!**

사각형과 피타고라스 정리

❶ 두 대각선이 직교하는 사각형의 성질

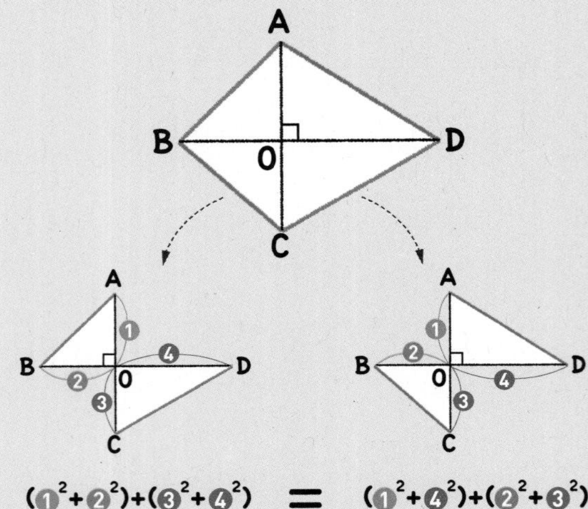

$$\overline{AB}^2+\overline{CD}^2=\overline{AD}^2+\overline{BC}^2$$

❷ 피타고라스 정리를 이용한 직사각형의 성질

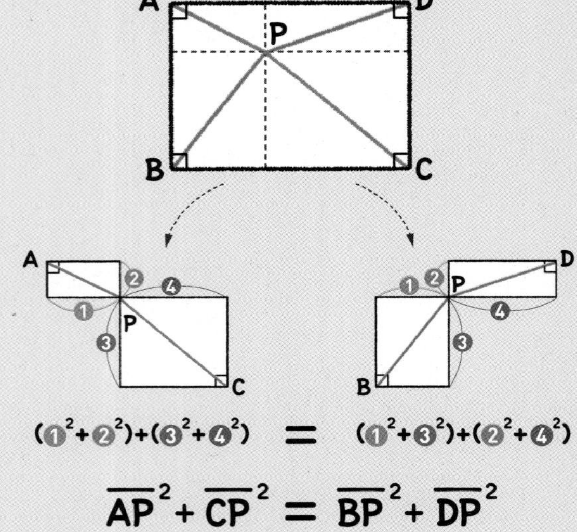

$$\overline{AP}^2+\overline{CP}^2=\overline{BP}^2+\overline{DP}^2$$

1st — 두 대각선이 직교하는 사각형의 성질을 이용하여 선분의 길이 구하기

• **다음 그림과 같은 □ABCD에서 x^2의 값을 구하시오.**
(단, 점 O는 대각선의 교점이다.)

1

→ $\overline{AB}^2+\overline{CD}^2=\overline{AD}^2+\overline{BC}^2$이므로

□ $+144=$ □ $+x^2$

따라서 $x^2=$ □

2

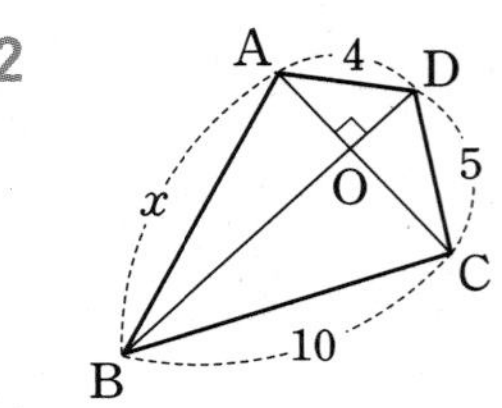

3

4

5

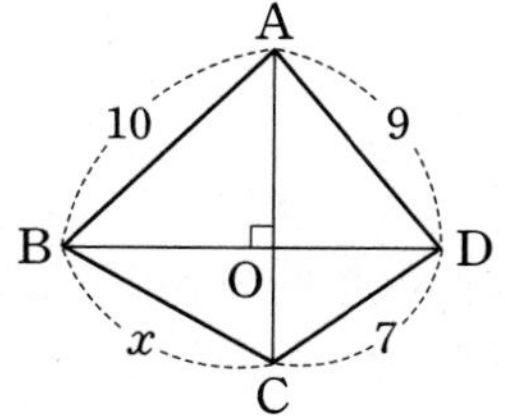

6

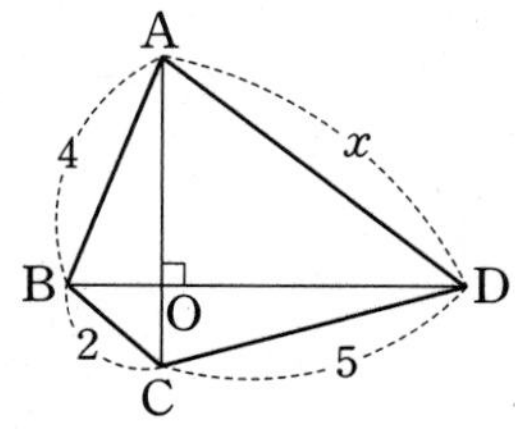

피타고라스 정리와 직사각형의 성질을 이용하여 선분의 길이 구하기

• **다음 그림과 같은 □ABCD에서 x^2의 값을 구하시오.**

7

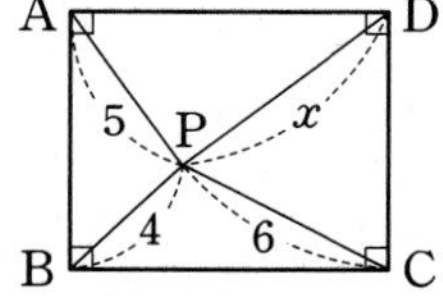

➔ $\overline{AP}^2+\overline{CP}^2=\overline{BP}^2+\overline{DP}^2$이므로

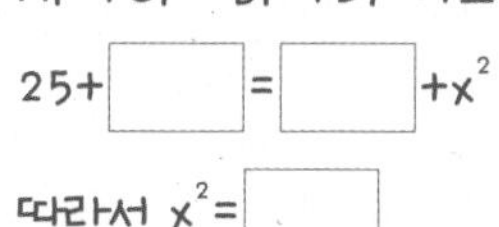

따라서 $x^2=$ □

8

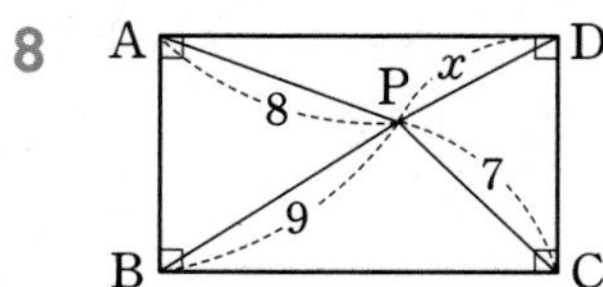

9

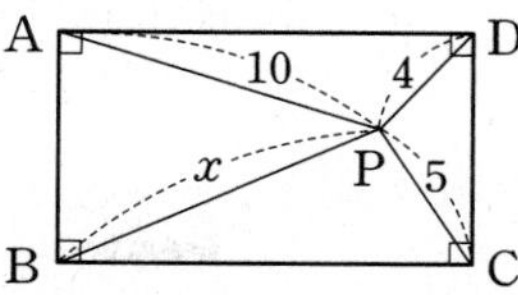

10

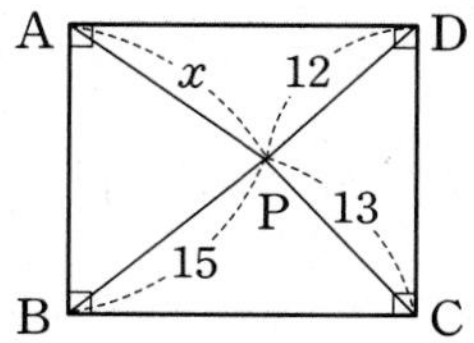

11

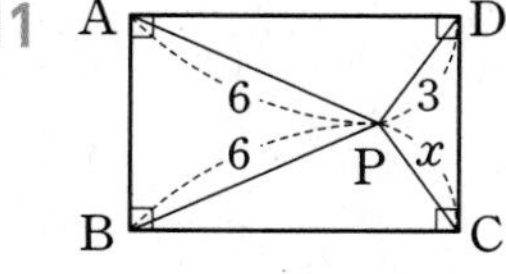

내가 발견한 개념 피타고라스 정리를 이용한 직사각형의 성질은?

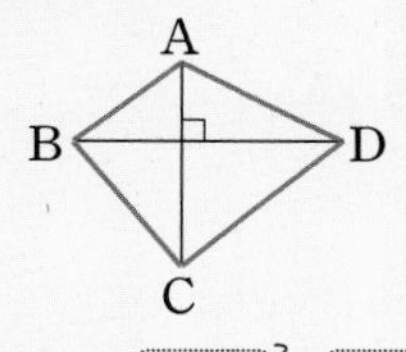

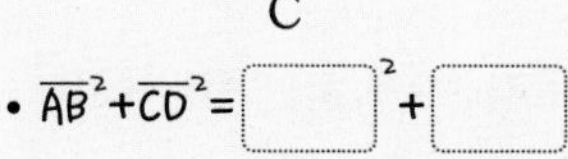

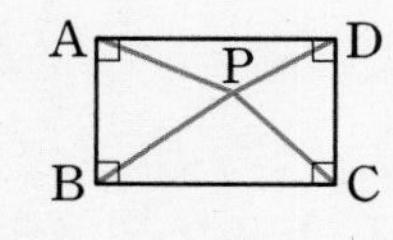

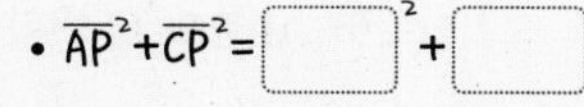

개념모음문제

12 오른쪽 그림과 같은 직사각형 ABCD의 내부의 한 점 P에 대하여 $\overline{AP}=9$, $\overline{DP}=5$일 때, $\overline{BP}^2-\overline{CP}^2$의 값은?

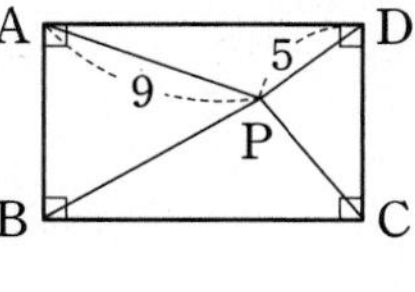

① 50 ② 52 ③ 54
④ 56 ⑤ 58

09 넓이가 같음을 이용한!

반원과 피타고라스 정리

❶ 직각삼각형에서 세 반원 사이의 관계

직각삼각형 ABC의 세 변을 각각 지름으로 하는 반원의 넓이를 P, Q, R라 할 때

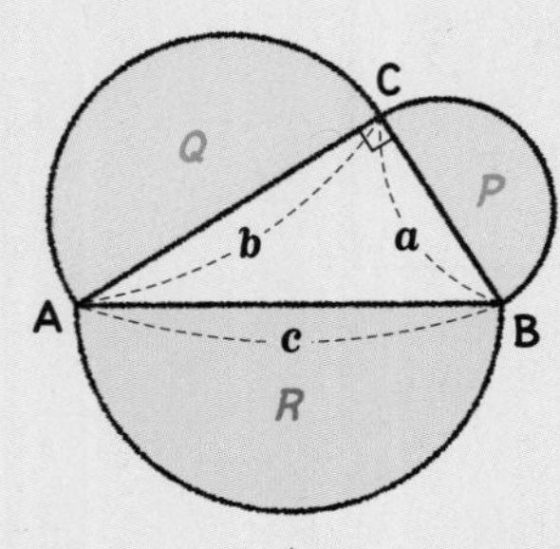

빗변을 지름으로 하는 반원의 넓이는
나머지 두 변을 지름으로 하는 반원의 넓이의 합과 같다.

P + Q = R

$$\frac{a^2\pi}{8} + \frac{b^2\pi}{8} = \frac{c^2\pi}{8}$$

$a^2+b^2=c^2$이므로

$$\frac{(a^2+b^2)\pi}{8} = \frac{c^2\pi}{8}$$

$$P+Q=R$$

❷ 히포크라테스의 원의 넓이

직각삼각형 ABC의 세 변을 각각 지름으로 하는 반원에서

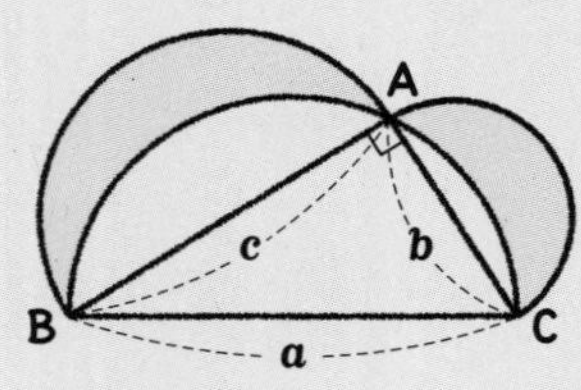

색칠한 부분의 넓이는 △ABC의 넓이와 같다.

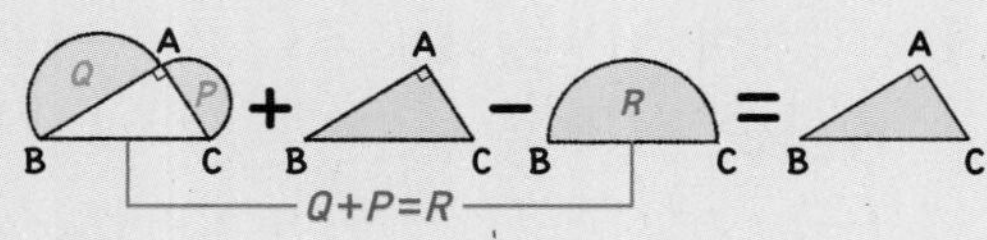

$$(\text{색칠한 부분의 넓이}) = \triangle ABC = \frac{1}{2}bc$$

1st — 직각삼각형에서 세 반원 사이의 관계 이해하기

● 다음 그림은 직각삼각형 ABC의 세 변을 각각 지름으로 하는 세 반원을 그린 것이다. 색칠한 부분의 넓이를 구하시오.

1
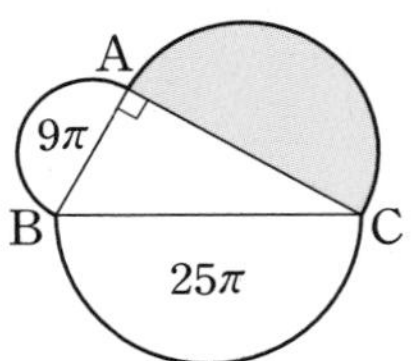

→ (색칠한 부분의 넓이)= ☐ $-12\pi=$ ☐

2
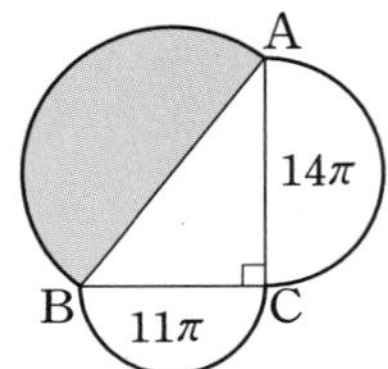

3
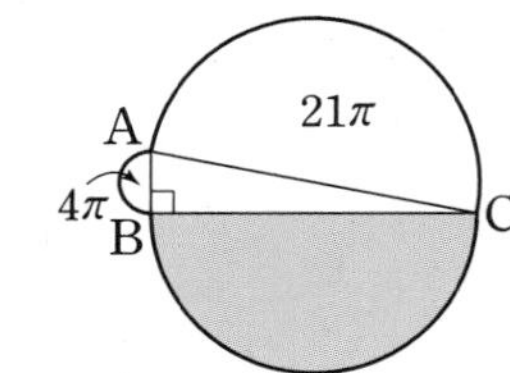

4

내가 발견한 개념 직각삼각형에서 세 반원 사이의 관계는?

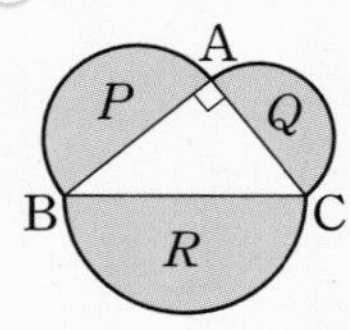

• $P+Q=$ ☐

5 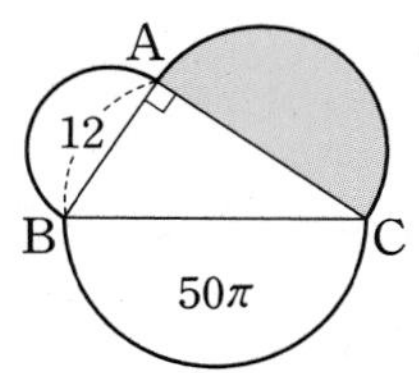

→ (지름의 길이가 12인 반원의 넓이)

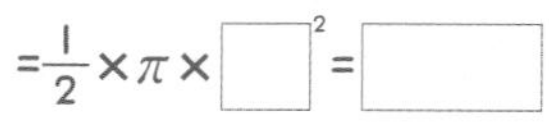

$=\frac{1}{2}\times\pi\times\square^2=\square$

따라서

(색칠한 부분의 넓이)$=50\pi-\square=\square$

6 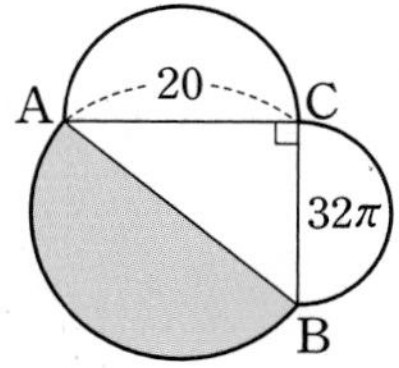

7 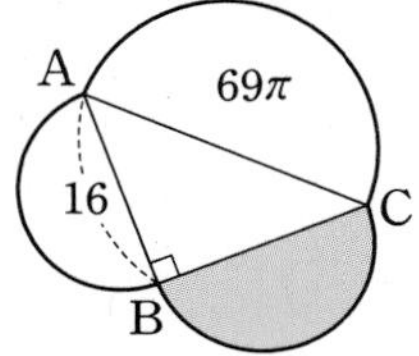

8 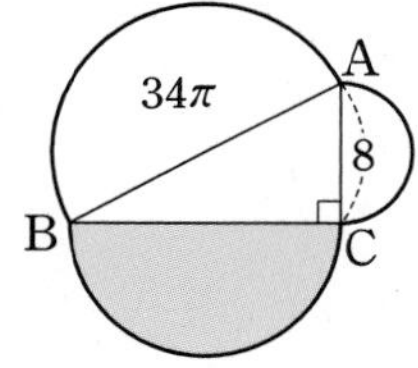

개념모음문제

9 오른쪽 그림의 직각삼각형 ABC에서 세 변을 각각 지름으로 하는 세 반원의 넓이를 P, Q, R라 하자. $\overline{BC}=10$일 때, $P+Q+R$의 값은?

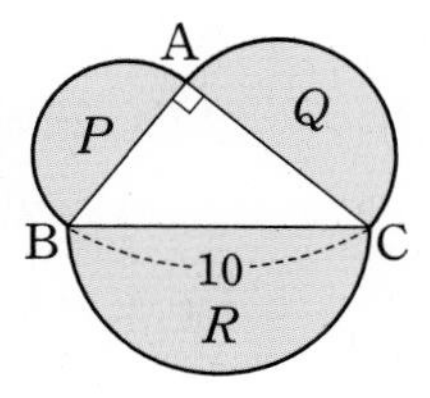

① 5π ② 10π ③ 15π
④ 20π ⑤ 25π

2nd 히포크라테스의 원의 넓이 이용하기

● 다음 그림은 직각삼각형 ABC의 세 변을 각각 지름으로 하는 세 반원을 그린 것이다. 주어진 넓이를 만족시킬 때, 색칠한 부분의 넓이를 구하시오.

10 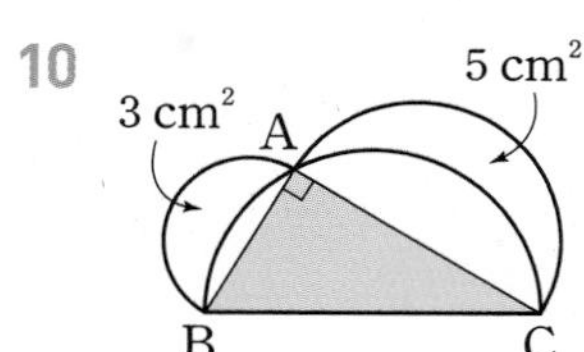

→ (색칠한 부분의 넓이)$=\square+5=\square$ (cm²)

11 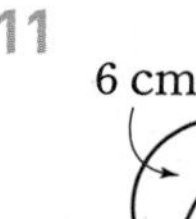

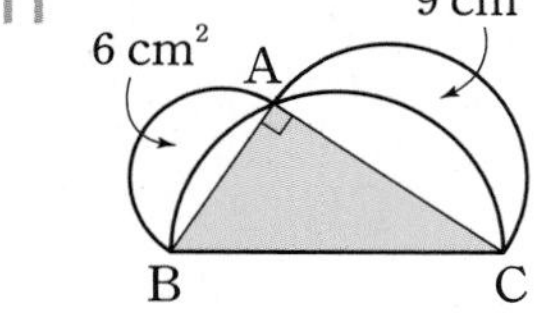

12 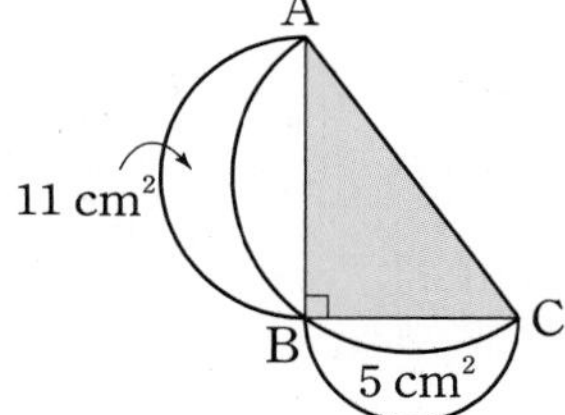

13 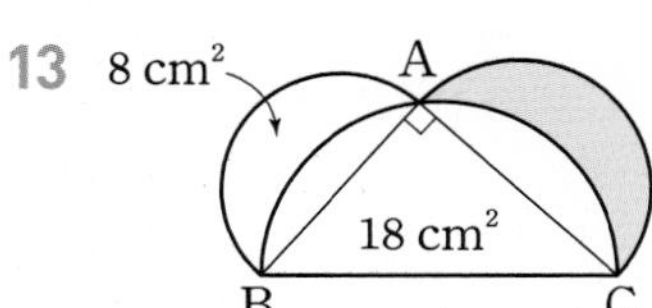

14

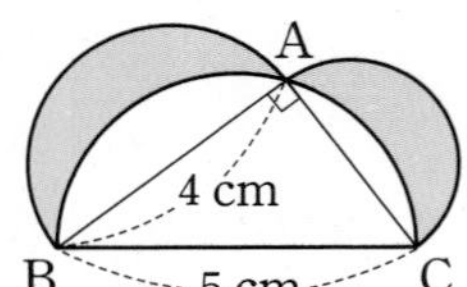

→ $\overline{AC}^2=5^2-4^2=\square=\square^2$ 이므로

$\overline{AC}=\square$ cm

따라서

(색칠한 부분의 넓이)=△ABC

$=\frac{1}{2}\times\square\times4=\square$ (cm²)

15

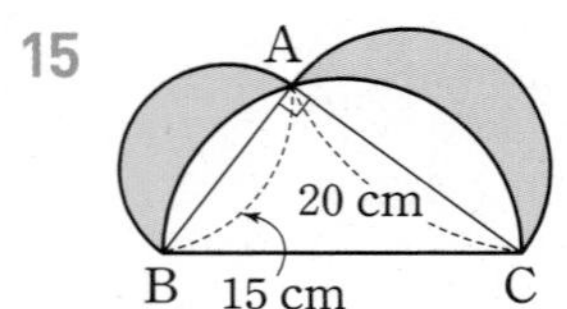

삼각비

직각삼각형에서 ∠A의 크기가 같으면 항상 성립하는 두 변의 길이의 비

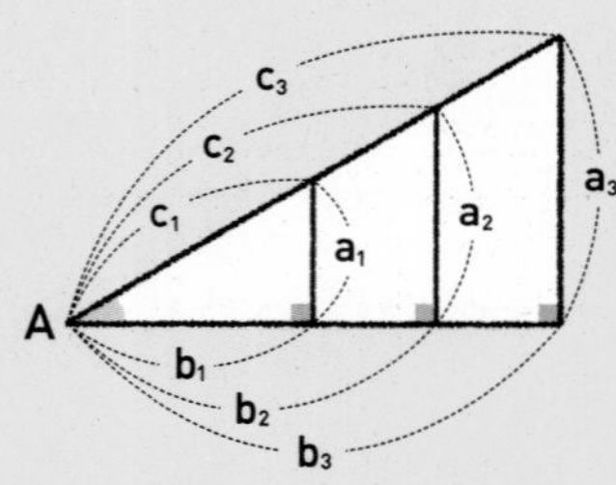

$\frac{a_1}{c_1}=\frac{a_2}{c_2}=\frac{a_3}{c_3}=\sin A$

$\frac{b_1}{c_1}=\frac{b_2}{c_2}=\frac{b_3}{c_3}=\cos A$

$\frac{a_1}{b_1}=\frac{a_2}{b_2}=\frac{a_3}{b_3}=\tan A$

sin? cos? tan? 겁내지 마.
중3 때 배울 건데 결국 직각삼각형의
닮은 도형의 성질을 이용하는 거니까.

16

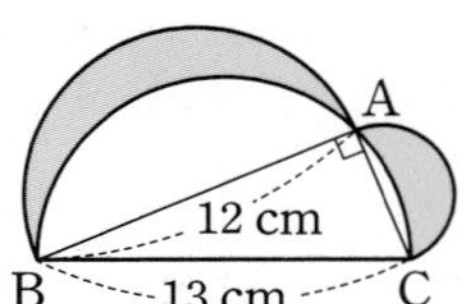

17

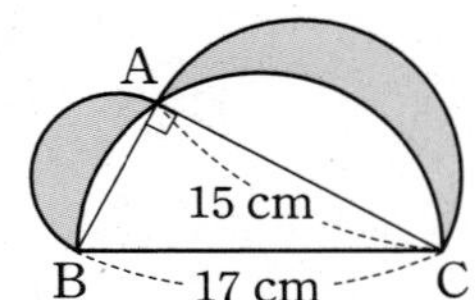

18

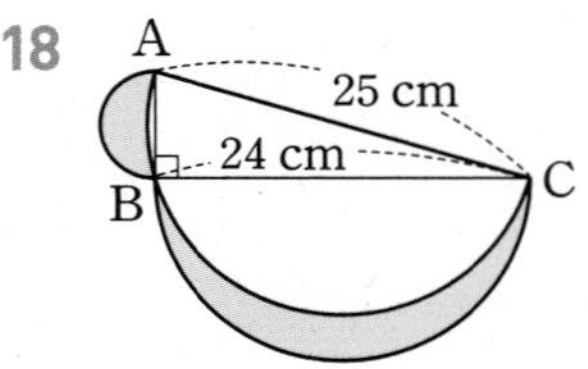

내가 발견한 개념 히포크라테스의 원의 넓이는?

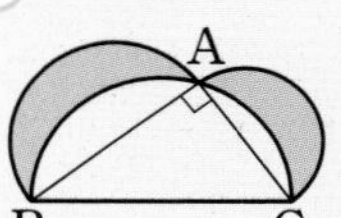

• (색칠한 부분의 넓이)=△ $\square$

개념모음문제

19 오른쪽 그림과 같이 $\overline{AB}=\overline{AC}$인 직각삼각형 ABC의 세 변을 각각 지름으로 하는 세 반원을 그렸다. $\overline{BC}=8$ cm일 때, 색칠한 부분의 넓이는?

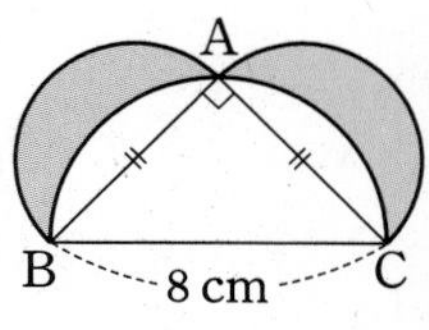

① 15 cm²　② 16 cm²　③ 17 cm²
④ 18 cm²　⑤ 19 cm²

TEST 9. 피타고라스 정리

1 오른쪽 그림의 □ABCD에서 x의 값은?

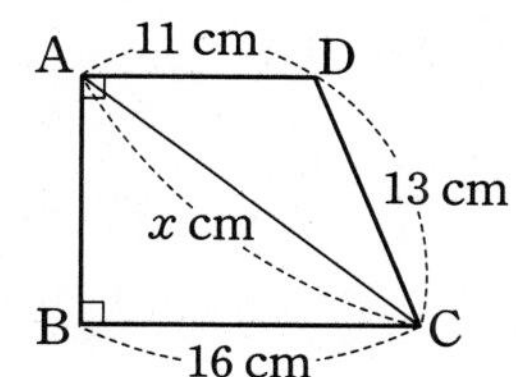

① 18 ② 19
③ 20 ④ 21
⑤ 22

2 오른쪽 그림은 $\angle A=90°$인 직각삼각형 ABC의 세 변을 각각 한 변으로 하는 세 정사각형을 그린 것이다. 다음 중 그 넓이가 나머지 넷과 다른 하나는?

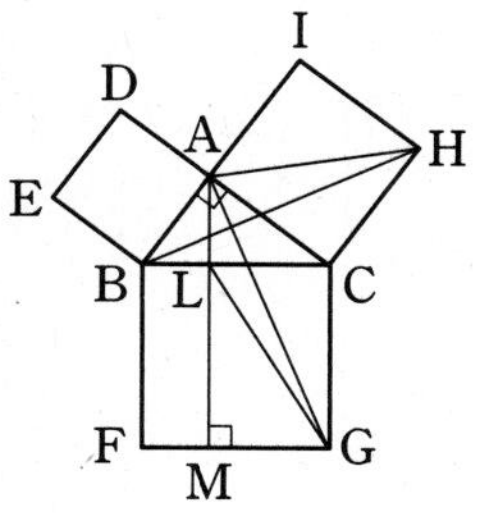

① △ABC ② △AHI ③ △BCH
④ △GCA ⑤ $\frac{1}{2}$□LMGC

3 다음 그림과 같이 넓이가 각각 9 cm^2와 81 cm^2인 두 개의 정사각형을 붙여 놓았을 때, x의 값을 구하시오.

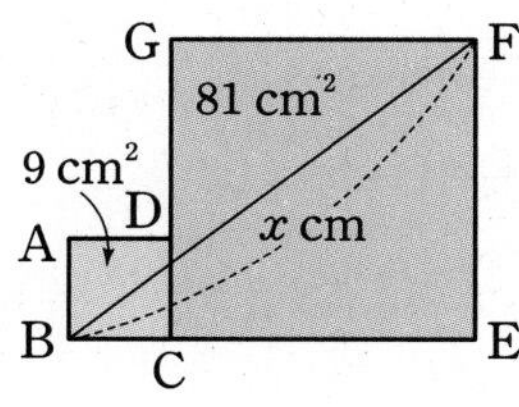

4 세 변의 길이의 비가 2 : 3 : 4인 삼각형은 어떤 삼각형인지 말하시오.

5 오른쪽 그림의 직각삼각형 ABC에서 x의 값은?

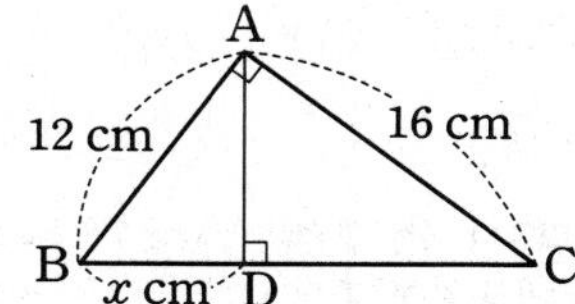
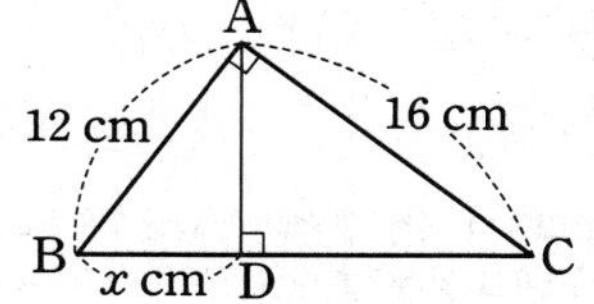

① $\frac{34}{5}$ ② $\frac{36}{5}$
③ $\frac{38}{5}$ ④ 8
⑤ $\frac{42}{5}$

6 오른쪽 그림과 같이 $\angle A=90°$인 직각삼각형 ABC의 세 변을 각각 지름으로 하는 세 반원을 그렸다. $\overline{AB}=8$ cm, $\overline{BC}=10$ cm일 때, 색칠한 부분의 넓이는?

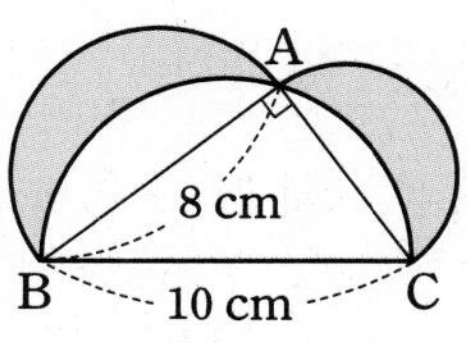

① 22 cm^2 ② 24 cm^2 ③ 26 cm^2
④ 28 cm^2 ⑤ 30 cm^2

1 다음 중 항상 닮은 도형이 아닌 것은?

① 두 원 ② 두 정삼각형
③ 두 직사각형 ④ 두 정육면체
⑤ 두 구

2 오른쪽 그림과 같은 △ABC에서 ∠B=∠ACD이고, $\overline{AC}$=12 cm, $\overline{AD}$=9 cm일 때, $\overline{BD}$의 길이는?

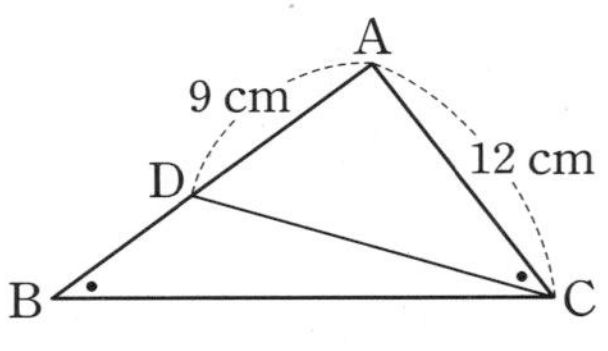

① 6 cm ② 7 cm ③ 8 cm
④ 9 cm ⑤ 10 cm

3 오른쪽 그림에서 $\overline{AB}\perp\overline{CE}$, $\overline{AC}\perp\overline{BD}$이고 $\overline{AB}$=6 cm, $\overline{AD}$=3 cm, $\overline{CD}$=5 cm 일 때, $\overline{BE}$의 길이는?

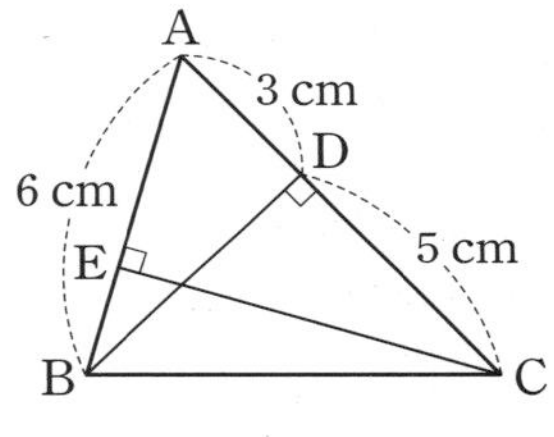

① 1 cm ② 2 cm ③ 3 cm
④ 4 cm ⑤ 5 cm

4 오른쪽 그림의 △ABC에서 $\overline{AB}/\!/\overline{DE}$, $\overline{BD}/\!/\overline{EF}$이고, $\overline{DF}$: $\overline{FC}$=2 : 3, $\overline{DC}$=10 cm일 때, $\overline{AD}$의 길이를 구하시오.

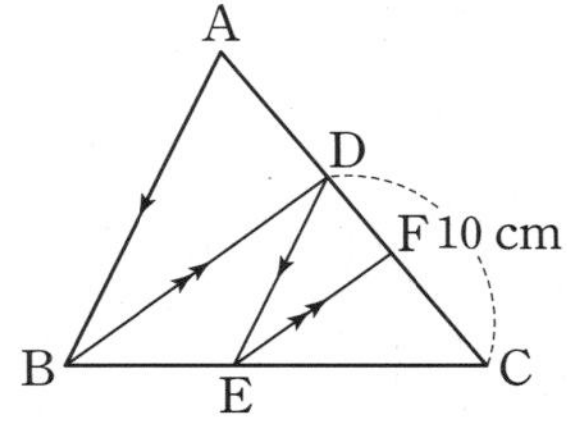

5 오른쪽 그림과 같이 △ABC에서 ∠A의 외각의 이등분선이 $\overline{BC}$의 연장선과 만나는 점을 D라 하자. △ACD의 넓이가 9 cm^{2}일 때, △ABC의 넓이를 구하시오.

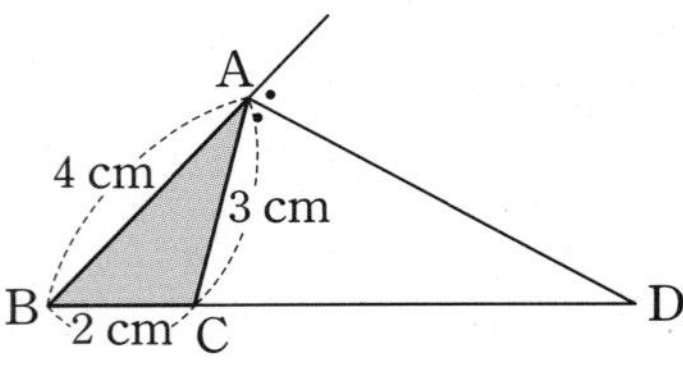

6 다음 그림에서 $\overline{AB}/\!/\overline{EF}/\!/\overline{DC}$일 때, $\overline{EF}$의 길이는?

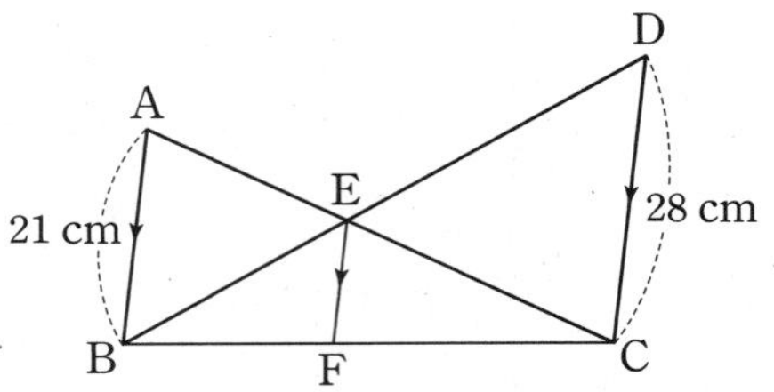

① 10 cm ② 12 cm ③ 14 cm
④ 16 cm ⑤ 18 cm

7 오른쪽 그림의 □ABCD에서 $\overline{AD}/\!/\overline{BC}$이고, 점 M, N은 각각 $\overline{AB}$, $\overline{DC}$의 중점일 때, $\overline{PQ}$의 길이를 구하시오.

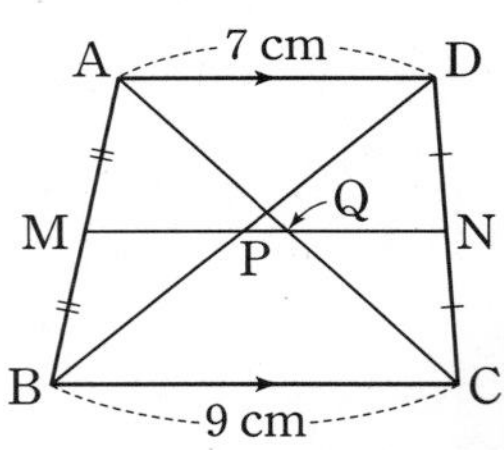

8 오른쪽 그림의 △ABC에서 $\overline{BC}$, $\overline{AB}$, $\overline{BD}$의 중점을 각각 D, E, F라 하고, $\overline{AD}$와 $\overline{CE}$의 교점을 G라 할 때, $\overline{AG}$의 길이는?

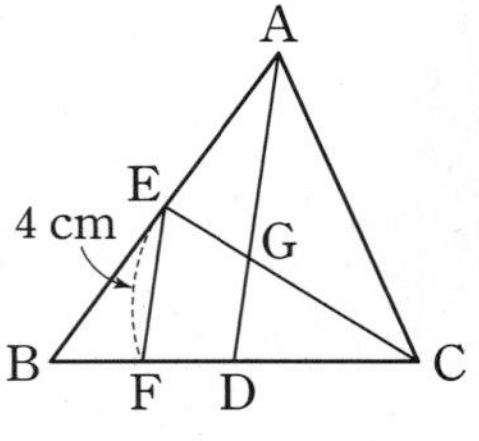

① 4 cm ② $\frac{14}{3}$ cm ③ $\frac{16}{3}$ cm
④ 6 cm ⑤ $\frac{20}{3}$ cm

9 오른쪽 그림에서 두 점 D, E는 각각 $\overline{BC}$, $\overline{AC}$의 중점이다. $\triangle GDE=4\text{ cm}^2$일 때, $\triangle ABC$의 넓이는?

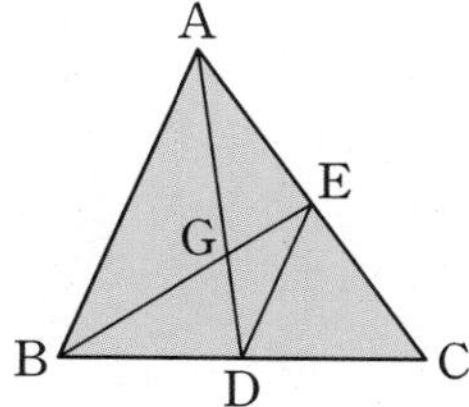

① 42 cm^2 ② 44 cm^2 ③ 46 cm^2 ④ 48 cm^2 ⑤ 50 cm^2

10 오른쪽 그림과 같이 $\angle C=90^\circ$인 직각삼각형 ABC에서 $\overline{AB}=11\text{ cm}$, $\overline{AD}=7\text{ cm}$, $\overline{CD}=5\text{ cm}$, $\overline{CE}=3\text{ cm}$일 때, $\overline{BE}^2$의 값은?

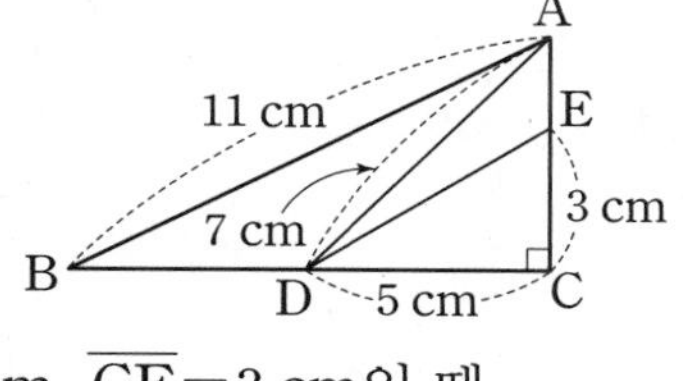

① 102 ② 104 ③ 106 ④ 108 ⑤ 110

11 오른쪽 그림과 같이 사각형 ABCD의 두 대각선이 직교할 때, x^2의 값은?

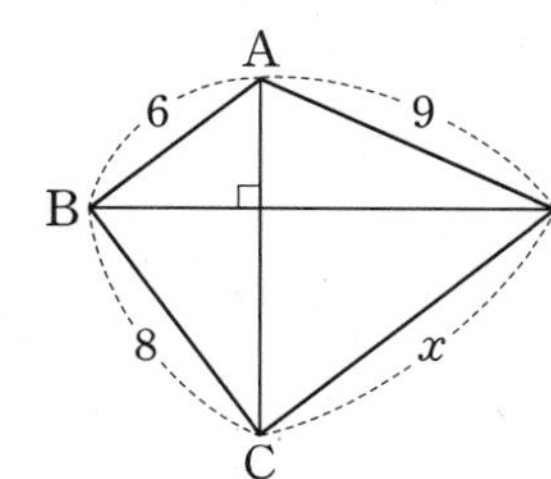

① 106 ② 107 ③ 108 ④ 109 ⑤ 110

12 오른쪽 그림에서 $\overline{BC}/\!/\overline{EF}$, $\overline{AE}=\overline{EB}$, $\overline{EG}=\overline{DG}$이고, $\triangle CDG=3\text{ cm}^2$일 때, $\triangle ABC$의 넓이는?

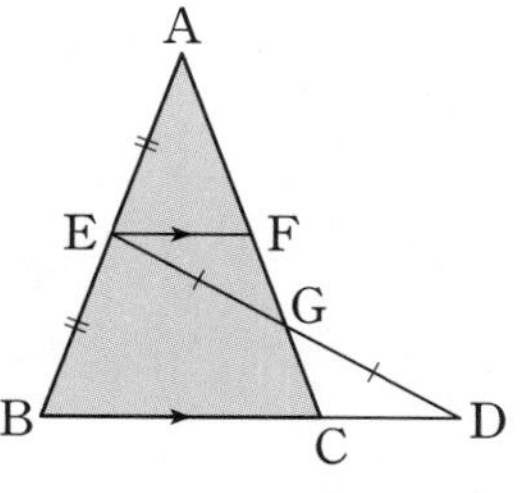

① 24 cm^2 ② 28 cm^2 ③ 32 cm^2 ④ 36 cm^2 ⑤ 40 cm^2

13 오른쪽 그림의 평행사변형 ABCD에서 점 E는 $\overline{AD}$의 중점이고, 점 G는 $\overline{BE}$와 대각선 $\overline{AC}$의 교점이다. $\square ABCD=36\text{ cm}^2$일 때, $\square GODE$의 넓이는?

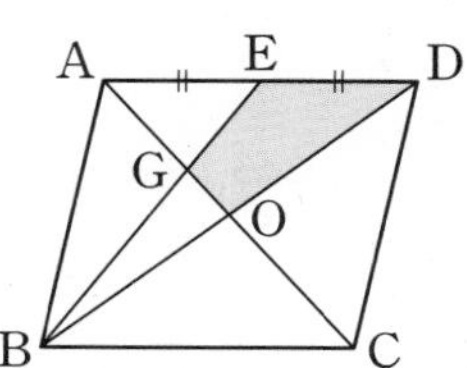

① 6 cm^2 ② 7 cm^2 ③ 8 cm^2 ④ 9 cm^2 ⑤ 10 cm^2

14 오른쪽 그림은 직각삼각형 ABC의 각 변을 한 변으로 하는 세 정사각형을 그린 것이다. $\overline{AC}=4\text{ cm}$, $\overline{FG}=5\text{ cm}$일 때, $\triangle FLM$의 넓이를 구하시오.

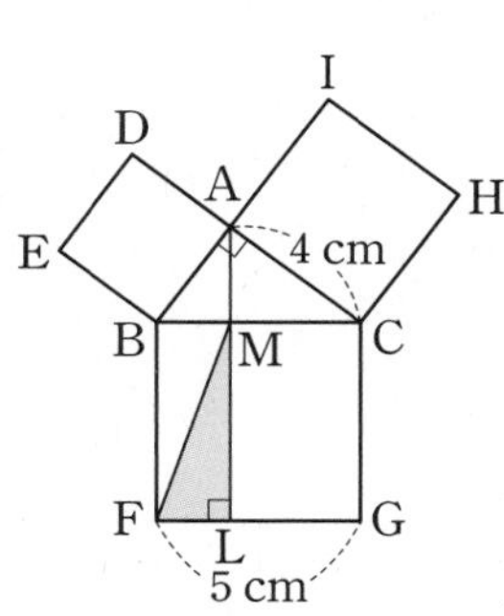

자료의 가능성!

IV 확률

10 빠짐없이 중복 없이 세야 하는,
경우의 수

11 어떤 사건이 일어날,
확률과 그 계산

10

빠짐없이 중복 없이 세야 하는, 경우의 수

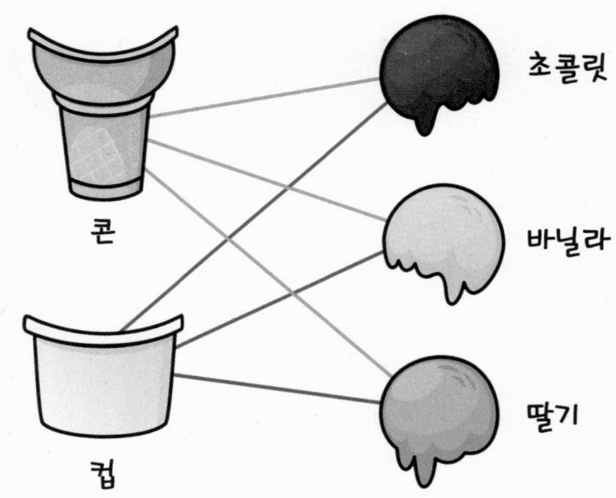

어떤 일이 일어나는!

❶ 실험, 관찰 ❷ 사건 ❸ 경우 ❹ 경우의 수

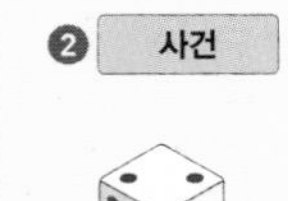
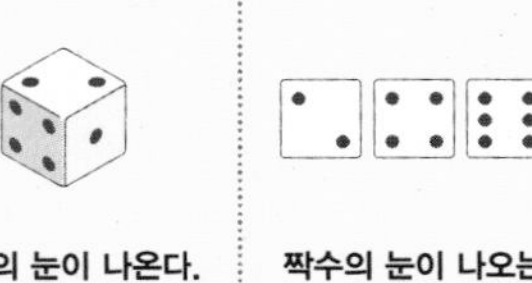

3

한 개의 주사위를 던진다. | 짝수의 눈이 나온다. | 짝수의 눈이 나오는 모든 경우 | 짝수의 눈이 나오는 모든 가짓수

01 사건과 경우의 수

동일한 조건에서 반복할 수 있는 실험이나 관찰에 의하여 나타나는 결과를 사건이라 해. 이때 어떤 사건이 일어나는 가짓수를 그 사건의 경우의 수라 하지. 조건에 따라 경우의 수는 달라지게 돼!

동시에 일어나지 않는 두 사건을 더하기!

선우네 집에서 할머니 댁까지 가는데

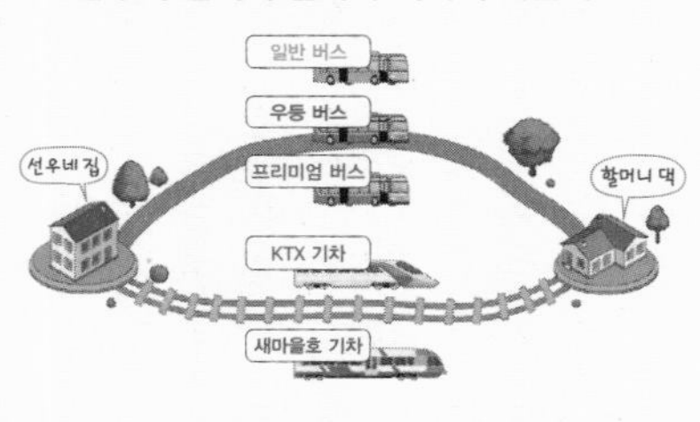

버스 중에서 하나를 선택하는 경우의 수 → 3 ⊕ 기차 중에서 하나를 선택하는 경우의 수 → 2 = 버스 또는 기차 중에서 하나를 선택하는 경우의 수 → 5

02 사건 A 또는 사건 B가 일어나는 경우의 수

두 사건 A, B가 동시에 일어나지 않을 때, 사건 A가 일어나는 경우의 수를 m, 사건 B가 일어나는 경우의 수를 n이라 하면

(사건 A 또는 사건 B가 일어나는 경우의 수)$=m+n$

사건 A가 일어나면 사건 B가 일어날 수 없고, 사건 B가 일어나면 사건 A가 일어날 수 없다는 뜻이지.

동시에 일어나는 두 사건을 곱하기!

선우가 집에서 출발하여 이모 댁에 들렀다가 할머니 댁까지 가는데

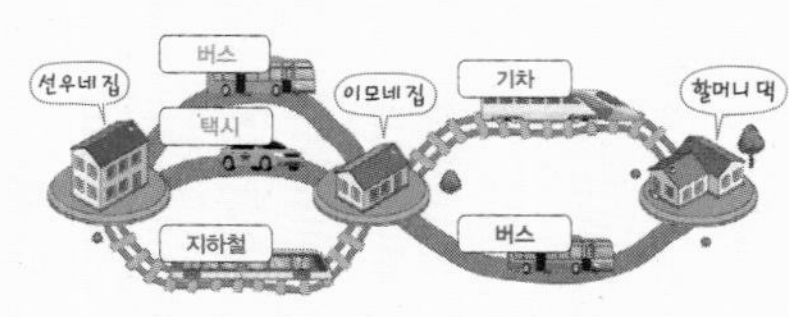

버스, 택시, 지하철 중에서 하나를 선택하는 경우의 수 → 3 ⊗ 기차와 버스 중에서 하나를 선택하는 경우의 수 → 2 = 집에서 이모 댁에 들렀다가 할머니 댁까지 가는 경우의 수 → 6

03 사건 A와 사건 B가 동시에 일어나는 경우의 수

두 사건 A, B가 일어날 때, 사건 A가 일어나는 경우의 수가 m이고, 사건 B가 일어나는 경우의 수가 n이면

(사건 A와 B가 동시에 일어나는 경우의 수)$=m\times n$

두 사건이 같은 시간에 일어나는 것만을 뜻하는 것이 아니라 사건 A가 일어나는 각각의 경우에 대하여 사건 B가 일어난다는 뜻이야. 즉 두 사건 A와 B가 모두 일어난다는 뜻이지!

04 한 줄로 세우는 경우의 수

일반적으로 n명을 한 줄로 세우는 경우의 수는 $n\times(n-1)\times(n-2)\times\cdots\times2\times1$이야.

n명의 사람을 한 줄로 세우는 경우도 있지만 어떠한 사물을 일렬로 배열하는 경우나 도형을 색칠하는 경우도 여기에 포함돼!

각 자리에 설 수 있는 개수를 모두 곱해!

A, B, C, D 4명의 학생 중에서 4명 모두를 한 줄로 세우는 경우의 수

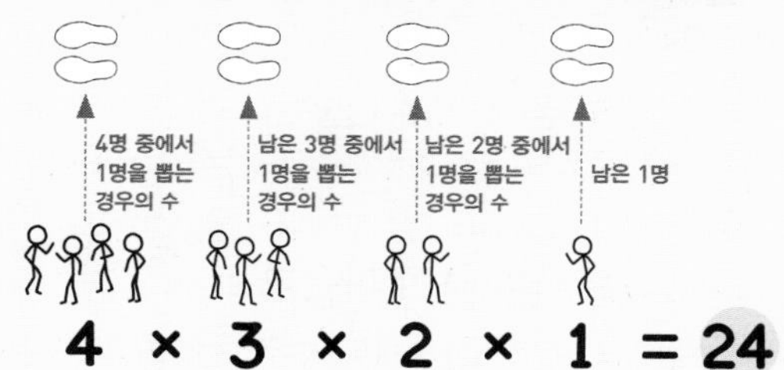

05 이웃하여 한 줄로 세우는 경우의 수

이웃하여 한 줄로 세우는 경우의 수는 이웃하는 것을 하나로 묶어 한 줄로 세우는 경우의 수를 구하고, 묶음 안에서 자리를 바꾸는 경우의 수를 곱하면 돼!

이웃하는 것을 하나로 묶어!

A, B, C, D 4명을 한 줄로 세울 때, A, B 두 사람이 이웃하여 서는 경우의 수

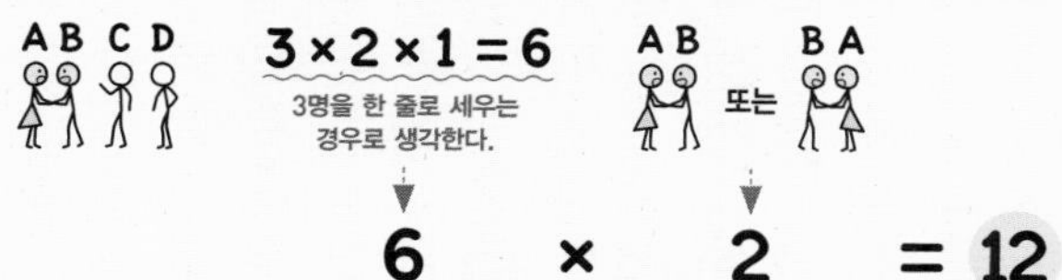

06 자연수의 개수

서로 다른 한 자리의 숫자가 각각 적힌 n장의 카드로 $r(n\geq r)$자리의 자연수를 만들 때 자연수의 개수는 0을 포함하지 않는 경우와 0을 포함하는 경우로 나눠서 생각해야 해. 왜냐하면 맨 앞자리에 0이 올 수 없기 때문이지! 이때 0을 포함하지 않는 경우는 n개 중에서 r개를 뽑아 한 줄로 세우는 경우의 수와 같아!

맨 앞자리에는 0이 올 수 없는!

숫자가 각각 하나씩 적힌 4장의 카드 중에서
2장을 뽑아 만들 수 있는 두 자리 자연수의 개수

❶ 0을 포함하지 않는 경우

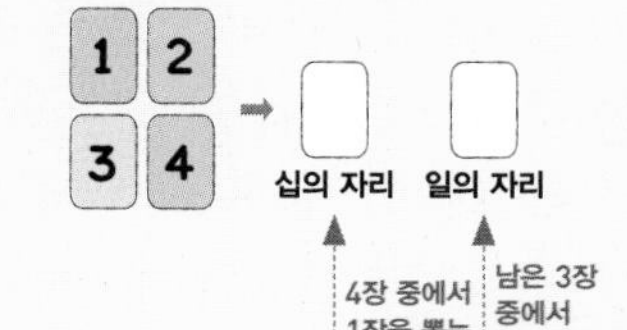

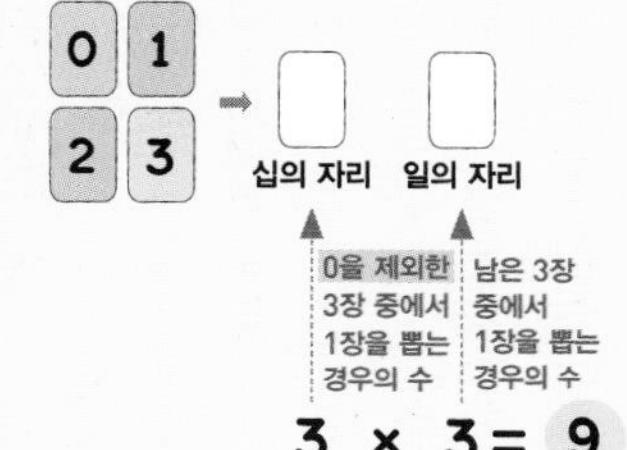

4 × 3 = 12

❷ 0을 포함하는 경우

0 1
2 3

십의 자리 일의 자리

0을 제외한 3장 중에서 1장을 뽑는 경우의 수

남은 3장 중에서 1장을 뽑는 경우의 수

3 × 3 = 9

07 자격이 다른 대표를 뽑는 경우의 수

자격이 다른 대표를 뽑는 경우의 수는 뽑는 순서에 따라 결과가 달라지므로 전체 중 일부를 뽑아서 한 줄로 세우는 경우의 수와 같아!

뽑는 순서가 중요한!

A, B, C 세 명 중에서 회장 1명, 부회장 1명을 뽑는 경우의 수

3명 중에서 회장 1명을 뽑는 경우의 수

남은 2명 중에서 부회장 1명을 뽑는 경우의 수

3 × 2 = 6

08 자격이 같은 대표를 뽑는 경우의 수

자격이 같은 대표를 뽑는 경우의 수는 뽑는 순서와 관계가 없어. 순서를 생각하지 않아도 되므로 겹치는 경우가 생기지. 따라서 겹치는 경우의 수로 나누어 주어야 해!

뽑는 순서가 상관없는!

A, B, C 세 명 중에서 대표 2명을 뽑는 경우의 수

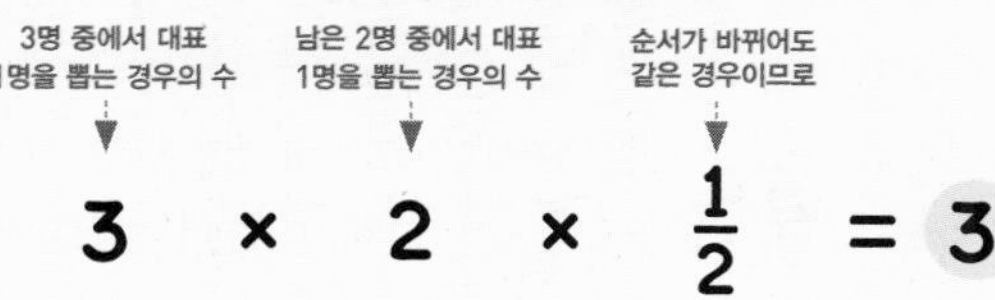

01 어떤 일이 일어나는!

사건과 경우의 수

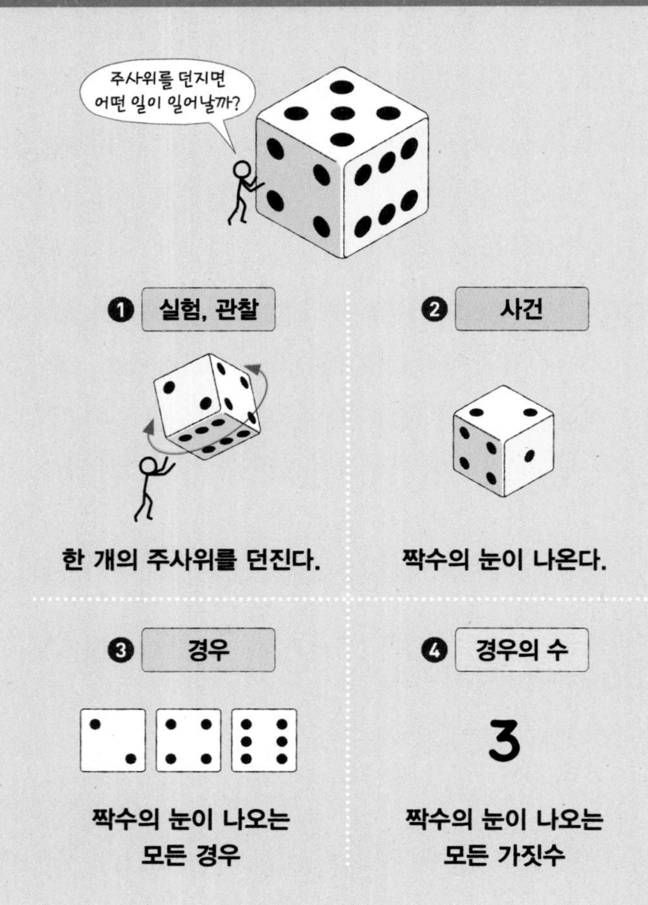

- **사건:** 한 개의 주사위를 던질 때 '짝수의 눈이 나온다'와 같이 같은 조건 아래에서 여러 번 반복하여 시행할 수 있는 실험이나 관찰에 의하여 얻어지는 결과
- **경우의 수:** 어떤 사건이 일어나는 모든 가짓수

주의 경우의 수를 구할 때는 조건에 맞는 경우를 ① 중복되지 않게 ② 빠짐없이 구한다.

원리확인 한 개의 주사위를 던질 때, 다음 표를 완성하시오.

사건	경우	경우의 수
2의 눈이 나온다.	2	1
짝수의 눈이 나온다.		
4의 약수의 눈이 나온다.		
3의 배수의 눈이 나온다.		

1st — 사건에 따른 경우의 수 찾기(1)

1 한 개의 주사위를 던질 때, 다음 사건이 일어나는 경우의 수를 구하시오.

(1) 5 이상의 눈이 나온다.

(2) 3 이하의 눈이 나온다.

(3) 1 미만의 눈이 나온다.

2 각 면에 1부터 12까지의 자연수가 각각 하나씩 적힌 정십이면체 모양의 주사위 한 개를 던져 윗면에 적혀 있는 수를 읽을 때, 다음 사건이 일어나는 경우의 수를 구하시오.

(1) 홀수가 나온다.

(2) 10의 약수가 나온다.

(3) 4의 배수가 나온다.

3 1부터 20까지의 자연수가 각각 하나씩 적힌 20장의 카드 중에서 한 장의 카드를 뽑을 때, 다음 사건이 일어나는 경우의 수를 구하시오.

(1) 한 자리의 자연수가 적힌 카드가 나온다.

(2) 8 이상 15 미만의 수가 적힌 카드가 나온다.

(3) 짝수가 적힌 카드가 나온다.

(4) 6의 배수가 적힌 카드가 나온다.

(5) 20의 약수가 적힌 카드가 나온다.

개념모음문제

4 1부터 10까지의 자연수가 각각 하나씩 적힌 공 10개가 들어 있는 주머니에서 한 개의 공을 꺼낼 때, 다음 중 옳지 않은 것은?

① 소수가 적힌 공이 나오는 경우의 수는 4이다.
② 5의 배수가 적힌 공이 나오는 경우의 수는 2이다.
③ 3보다 작은 수가 적힌 공이 나오는 경우의 수는 3이다.
④ 두 자리의 자연수가 적힌 공이 나오는 경우의 수는 1이다.
⑤ 자연수가 적힌 공이 나오는 경우의 수는 10이다.

2nd — 사건에 따른 경우의 수 찾기(2)

5 500원짜리 동전 한 개와 100원짜리 동전 한 개를 동시에 던질 때, 다음을 구하시오.

(1) 일어나는 모든 경우

100원 \ 500원	 오백원 (앞면)	 500 (뒷면)
 백원 (앞면)	(앞면, 앞면)	
 100 (뒷면)		

(2) 일어나는 모든 경우의 수

(3) 뒷면이 한 개만 나오는 경우의 수

(4) 서로 같은 면이 나오는 경우의 수

6 주사위 한 개와 동전 한 개를 동시에 던질 때, 다음을 구하시오.

(1) 일어나는 모든 경우

주사위 \ 동전	 백원 (앞면)	 100 (뒷면)
⚀	(1, 앞면)	
⚁		
⚂		
⚃		
⚄		
⚅		

(2) 일어나는 모든 경우의 수

(3) 동전의 앞면이 나오는 경우의 수

(4) 주사위의 눈의 수가 3인 경우의 수

7 서로 다른 두 개의 주사위를 동시에 던질 때, 다음을 구하시오.

(1) 일어나는 모든 경우

	⚀	⚁	⚂	⚃	⚄	⚅
⚀	(1, 1)	(1, 2)				
⚁	(2, 1)					
⚂						
⚃						
⚄						
⚅						

(2) 일어나는 모든 경우의 수

(3) 두 눈의 수가 서로 같은 경우의 수

(4) 두 눈의 수의 합이 4인 경우의 수

(5) 두 눈의 수의 차가 2인 경우의 수

(6) 두 눈의 수의 곱이 12인 경우의 수

내가 발견한 개념 사건과 경우의 수는 어떻게 구분할까?

경우의 수 •	• 같은 조건 아래에서 반복하여 시행할 수 있는 실험이나 관찰을 통해 얻어지는 결과
사건 •	• 어떤 사건이 일어나는 모든 가짓수

8 100원짜리 동전과 50원짜리 동전이 각각 5개씩 있을 때, 다음과 같은 물건의 값을 거스름돈 없이 지불하는 경우의 수를 구하시오.

(1) 250원짜리 젤리 금액이 큰 동전의 개수부터 정해!

100원(개)	2	1	0
50원(개)	□	□	□

따라서 지불하는 경우의 수는 □이다.

(2) 300원짜리 지우개

(3) 450원짜리 머리핀

9 100원짜리 동전이 3개, 50원짜리 동전이 6개 있을 때, 다음과 같은 물건의 값을 거스름돈 없이 지불하는 경우의 수를 구하시오.

(1) 200원짜리 엽서

(2) 500원짜리 생수

(3) 600원짜리 스티커

개념모음문제

10 1000원짜리 지폐 2장과 500원짜리 동전 3개가 있다. 다음 중 지폐와 동전을 각각 1개 이상 사용하여 지불할 수 있는 금액이 <u>아닌</u> 것은?

① 2000원 ② 2500원 ③ 3000원
④ 3500원 ⑤ 4000원

3rd 사건에 따른 경우의 수 찾기(3)

11 100원짜리, 50원짜리, 10원짜리 동전이 각각 5개씩 있을 때, 다음과 같은 물건의 값을 거스름돈 없이 지불하는 경우의 수를 구하시오.

(1) 150원짜리 사탕 금액이 큰 동전의 개수부터 정해!

100원(개)	1	1	0	0
50원(개)	1	□	□	2
10원(개)	□	5	0	□

따라서 지불하는 경우의 수는 □이다.

(2) 200원짜리 젤리

(3) 300원짜리 풀

(4) 450원짜리 초콜릿

(5) 500원짜리 어묵

(6) 650원짜리 아이스크림

12 100원짜리, 50원짜리 동전이 각각 4개씩 있고, 10원짜리 동전이 6개 있을 때, 다음 사건이 일어나는 경우의 수를 구하시오.

(1) 200원을 지불한다.

(2) 300원을 지불한다.

(3) 410원을 지불한다.

(4) 500원을 지불한다.

(5) 560원을 지불한다.

(6) 660원을 지불한다.

02 동시에 일어나지 않는 두 사건을 더하기!

사건 A 또는 사건 B가 일어나는 경우의 수

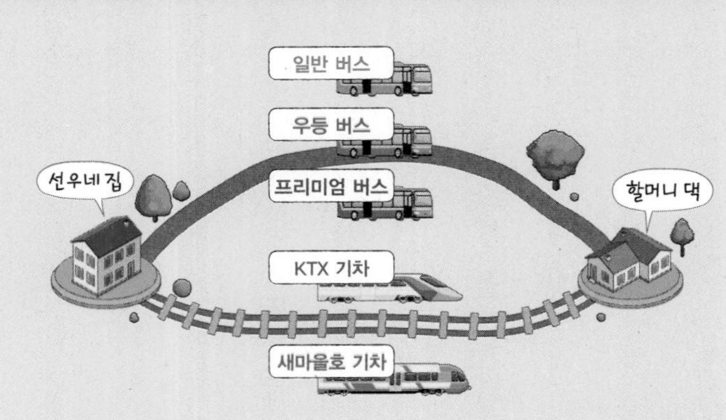

선우네 집에서 할머니 댁까지 가는데

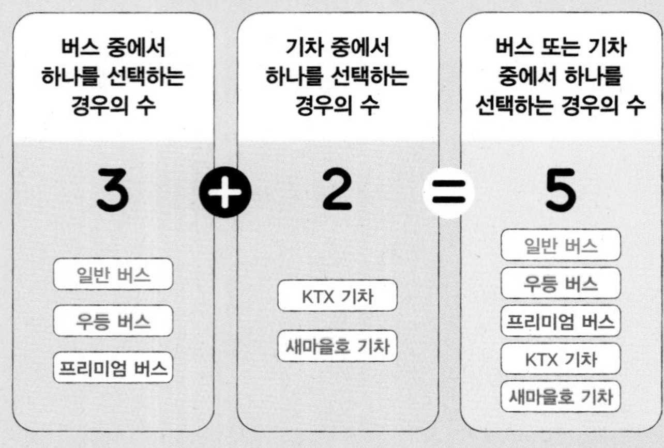

- 두 사건 A와 B가 동시에 일어나지 않을 때, 사건 A가 일어나는 경우의 수가 m, 사건 B가 일어나는 경우의 수가 n이면
(사건 A 또는 사건 B가 일어나는 경우의 수)$=m+n$

참고 '두 사건 A, B가 동시에 일어나지 않는다.'는 것은 사건 A가 일어나면 사건 B가 일어날 수 없고, 사건 B가 일어나면 사건 A가 일어날 수 없다는 뜻이다.

원리확인 한 개의 주사위를 던질 때, 다음 □ 안에 알맞은 수를 써넣으시오.

❶ 2 이하의 눈이 나오는 경우의 수 → □

❷ 4 이상의 눈이 나오는 경우의 수 → □

❸ 2 이하 또는 4 이상의 눈이 나오는 경우의 수
→ 2+□=□

1st — 교통수단을 선택하는 경우의 수 구하기

1 집에서 미술관까지 버스 또는 지하철을 타고 가는 경우의 수를 구하시오.

(1) 집에서 미술관까지 버스를 타고 가는 방법은 2가지, 지하철을 타고 가는 방법은 3가지가 있다.

→ 동시에 두 가지 교통수단을 이용할 수 없으므로 집에서 미술관까지 가는 경우의 수는

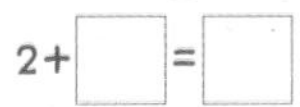

(2) 집에서 미술관까지 버스를 타고 가는 방법은 3가지, 지하철을 타고 가는 방법은 1가지가 있다.

(3) 집에서 미술관까지 버스를 타고 가는 방법은 5가지, 지하철을 타고 가는 방법은 2가지가 있다.

(4) 집에서 미술관까지 버스를 타고 가는 방법은 3가지, 지하철을 타고 가는 방법은 4가지가 있다.

(5) 집에서 미술관까지 버스를 타고 가는 방법은 4가지, 지하철을 타고 가는 방법은 4가지가 있다.

(6) 집에서 미술관까지 버스를 타고 가는 방법은 6가지, 지하철을 타고 가는 방법은 3가지가 있다.

정답과 풀이 66쪽

2 서울에서 강릉까지 버스 또는 기차를 타고 가는 경우의 수를 구하시오.

(1) 서울에서 강릉까지 버스는 2가지 노선, 기차는 1가지 노선이 있다.

(2) 서울에서 강릉까지 버스는 4가지 노선, 기차는 2가지 노선이 있다.

(3) 서울에서 강릉까지 버스와 기차 모두 3가지씩 노선이 있다.

2nd 물건을 선택하는 경우의 수 구하기

3 빨간 공 7개, 노란 공 5개, 파란 공 3개가 들어 있는 주머니에서 한 개의 공을 꺼낼 때, 다음 경우의 수를 구하시오.

(1) 빨간 공 또는 노란 공이 나오는 경우

→ 한 개의 공을 꺼낼 때, 빨간 공과 노란 공이 동시에 나올 수 없으므로 구하는 경우의 수는

7+□=□

(2) 빨간 공 또는 파란 공이 나오는 경우

(3) 노란 공 또는 파란 공이 나오는 경우

내가 발견한 개념 — 사건 A 또는 사건 B가 일어나는 경우의 수는?

• 사건 A (m가지) (또는 ~이거나) 사건 B (n가지) → m ◯ n

4 다음 표는 어느 분식점의 메뉴를 조사한 것이다. 이 중 하나의 음식을 주문할 때, 다음 사건이 일어나는 경우의 수를 구하시오.

메뉴	김밥	떡볶이	튀김	음료수
종류(가지)	4	3	8	5

(1) 김밥 또는 떡볶이를 주문한다.

→ 하나의 음식을 주문할 때, 김밥과 떡볶이를 동시에 주문할 수 없으므로 구하는 경우의 수는

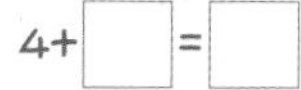

(2) 김밥 또는 튀김을 주문한다.

(3) 떡볶이 또는 튀김을 주문한다.

(4) 떡볶이 또는 음료수를 주문한다.

(5) 튀김 또는 음료수를 주문한다.

(6) 음료수 또는 김밥을 주문한다.

확률에서 '동시에'는 어떤 의미?

'동시에'는 '같은 시간에'와 '겸하여'라는 두 가지 뜻이 있어.
확률에서 '동시에'는 '겸하여'라는 의미로도 쓰여.
공부도 할 겸 친구도 볼 겸 도서관에 간다.
뭐 이런 뜻이지.

3rd 주사위를 던지는 경우의 수 구하기

5 서로 다른 두 개의 주사위를 동시에 던질 때, 다음 사건이 일어나는 경우의 수를 구하시오.

(1) 나오는 눈의 수의 합이 4 또는 7이다.

→ 나오는 눈의 수의 합이 4인 경우는
(1, 3), (2, □), (3, 1)의 3가지
나오는 눈의 수의 합이 7인 경우는
(1, 6), (2, 5), (3, □), (4, 3),
(5, □), (6, 1)의 □가지
따라서 나오는 눈의 수의 합이 4 또는 7인 경우의 수는
3+□=□

(2) 나오는 눈의 수의 합이 2 또는 6이다.

(3) 나오는 눈의 수의 합이 5 또는 8이다.

(4) 나오는 눈의 수의 합이 9 또는 10이다.

(5) 나오는 눈의 수의 합이 3 또는 12이다.

6 한 개의 주사위를 두 번 던질 때, 다음 사건이 일어나는 경우의 수를 구하시오.

(1) 나오는 눈의 수의 차가 3 또는 4이다.

→ 나오는 눈의 수의 차가 3인 경우는
(1, 4), (2, 5), (3, □), (4, 1),
(5, □), (6, 3)의 6가지
나오는 눈의 수의 차가 4인 경우는
(1, 5), (2, 6), (5, □), (6, □)의
□가지
따라서 나오는 눈의 수의 차가 3 또는 4인 경우의 수는
6+□=□

(2) 나오는 눈의 수의 차가 1 또는 5이다.

4th 숫자를 뽑는 경우의 수 구하기

7 1부터 15까지의 자연수가 각각 하나씩 적힌 15개의 공이 들어 있는 주머니에서 한 개의 공을 꺼낼 때, 다음 사건이 일어나는 경우의 수를 구하시오.

(1) 3의 배수 또는 7의 배수가 적힌 공이 나온다.

→ 3의 배수가 나오는 경우는 3, 6, 9, 12, 15의
□가지
7의 배수가 나오는 경우는 7, 14의 2가지
따라서 구하는 경우의 수는
□+2=□

(2) 4의 배수 또는 5의 배수가 적힌 공이 나온다.

(3) 6의 배수 또는 10의 배수가 적힌 공이 나온다.

8 1부터 20까지의 자연수가 각각 하나씩 적힌 20장의 카드 중에서 한 장을 뽑을 때, 다음 사건이 일어나는 경우의 수를 구하시오.

(1) 소수 또는 6의 배수가 적힌 카드가 나온다.

➔ 소수가 나오는 경우는 2, 3, 5, 7, 11, 13, 17, 19의 8가지

6의 배수가 나오는 경우는 6, 12, 18의 □가지

따라서 구하는 경우의 수는

8+□=□

(2) 4의 배수 또는 9의 배수가 적힌 카드가 나온다.

(3) 소수 또는 10의 배수가 적힌 카드가 나온다.

(4) 짝수 또는 13의 배수가 적힌 카드가 나온다.

개념모음문제

9 지원이네 학교 방과후 학교 프로그램 중 스포츠 강좌와 예술 강좌는 오른쪽과 같다. 지원이가 스포츠 강좌 또는 예술 강좌 중에서 한 과목을 신청할 때, 신청할 수 있는 경우의 수는?

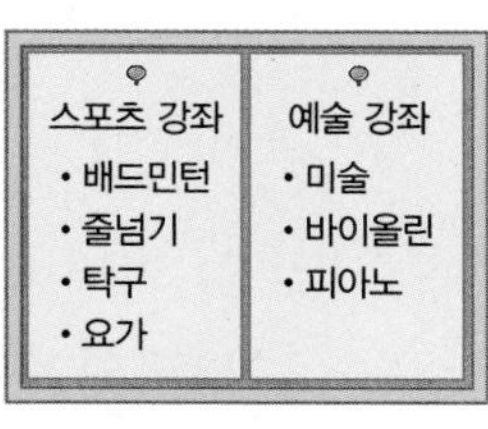

① 3 ② 4 ③ 7
④ 10 ⑤ 12

5th 중복된 사건이 있는 경우의 수 구하기

10 16등분한 원판의 각 면에 1부터 16까지의 자연수가 각각 하나씩 적혀 있다. 원판을 돌려 멈춘 후 바늘이 가리키는 면에 적힌 수를 기록할 때, 다음 사건이 일어나는 경우의 수를 구하시오.
(단, 바늘이 경계선을 가리키는 경우는 없다.)

(1) 기록된 수가 3의 배수 또는 4의 배수이다.

➔ 기록된 수가 3의 배수인 경우는 3, 6, 9, 12, 15의 5가지

4의 배수인 경우는 4, 8, 12, 16의 □가지

3과 4의 공배수인 경우는 12의 1가지

따라서 구하는 경우의 수는

5+□-1=□

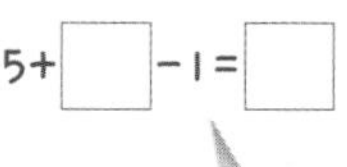

두 사건의 경우의 수를 더할 때는 중복되는 경우가 있는지 확인한 후 중복되는 경우가 있으면 중복되는 경우의 수를 빼야 해!

(2) 기록된 수가 짝수 또는 12의 약수이다.

(3) 기록된 수가 소수 또는 5의 배수이다.

(4) 기록된 수가 6의 배수 또는 두 자리 자연수이다.

(5) 기록된 수가 8의 약수 또는 16의 약수이다.

03 **동시에 일어나는 두 사건을 곱하기!**

사건 A와 사건 B가 동시에 일어나는 경우의 수

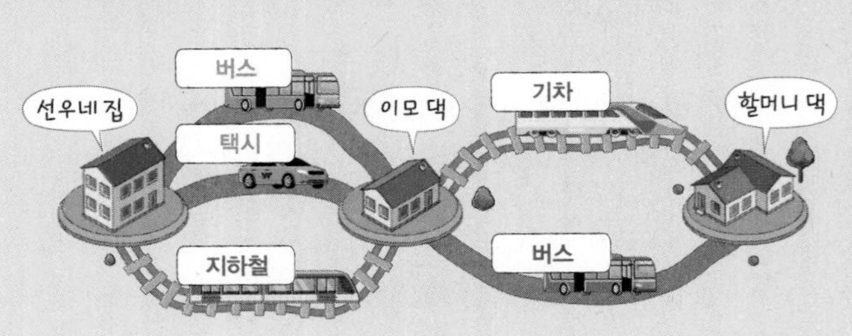

선우가 집에서 출발하여 이모 댁에 들렀다가 할머니 댁까지 가는데

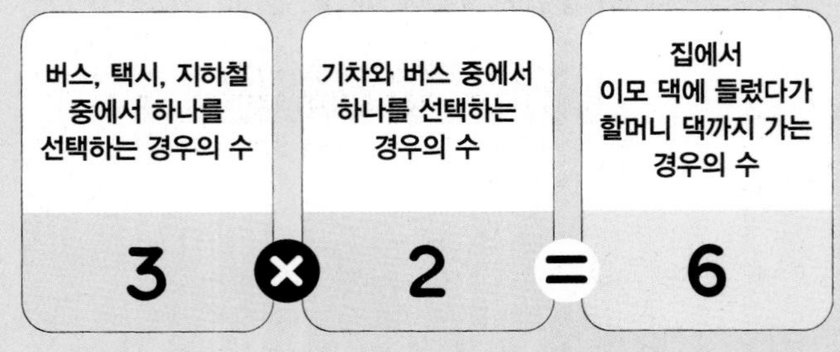

• 사건 A가 일어나는 경우의 수가 m이고, 사건 B가 일어나는 경우의 수가 n이면
(사건 A와 B가 동시에 일어나는 경우의 수)$=m\times n$

참고 '사건 A와 사건 B가 동시에 일어난다.'는 것은 두 사건이 같은 시간에 일어나는 것만을 뜻하는 것이 아니라 사건 A가 일어나는 각각의 경우에 대하여 사건 B가 일어난다는 뜻이다. 즉 두 사건 A와 B가 모두 일어난다는 뜻이다.

원리확인 어느 아이스크림 가게에서는 컵이나 콘에 바닐라맛, 초코맛, 딸기맛 아이스크림 중에서 한 가지를 담아 판매할 때, 다음 □ 안에 알맞은 것을 써넣으시오.

❶

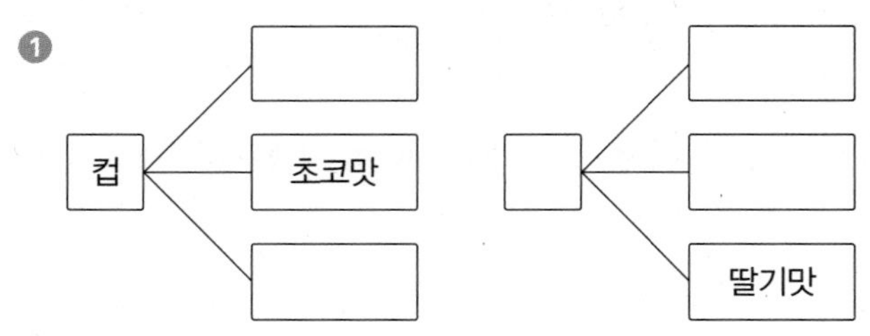

❷ 아이스크림의 용기와 아이스크림 맛을 각각 하나씩 골라 주문하는 경우의 수

→ $2\times\square=\square$

1st 도로망에 대한 경우의 수 구하기

1 세 마을 A, B, C 사이에 아래 그림과 같은 길이 있을 때, 다음을 구하시오.

(1) A 마을에서 B 마을로 가는 방법의 수

(2) B 마을에서 C 마을로 가는 방법의 수

(3) A 마을에서 B 마을을 거쳐 C 마을로 가는 방법의 수

2 아래 그림과 같은 모양의 도로망이 있을 때, 다음을 구하시오.

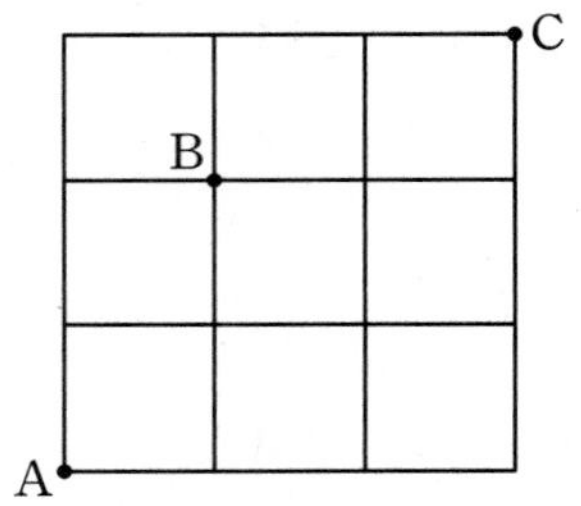

(1) A 지점에서 B 지점까지 최단 거리로 가는 방법의 수

(2) B 지점에서 C 지점까지 최단 거리로 가는 방법의 수

(3) A 지점에서 B 지점을 거쳐 C 지점까지 최단 거리로 가는 방법의 수

2nd 여러 가지 경우의 수 구하기

3 시현이가 학교 도서관에서 다음 종류의 소설책과 시집을 각각 한 권씩 대출하는 경우의 수를 구하시오.

(1) 6종류의 소설책, 5종류의 시집

➔ 소설책, 시집을 각각 한 권씩 대출하는 경우의 수는

6×□=□

(2) 4종류의 소설책, 2종류의 시집

(3) 3종류의 소설책, 7종류의 시집

(4) 5종류의 소설책, 3종류의 시집

4 준우가 다음 종류의 상의와 하의를 각각 하나씩 짝지어 입는 경우의 수를 구하시오.

(1) 3종류의 상의와 2종류의 하의

(2) 4종류의 상의와 4종류의 하의

(3) 5종류의 상의와 8종류의 하의

(4) 10종류의 상의와 7종류의 하의

5 지호와 혜리가 가위바위보를 할 때, 다음을 구하시오.

(1) 일어나는 모든 경우의 수

(2) 지호가 이기는 경우의 수

(3) 혜리가 이기는 경우의 수

(4) 비기는 경우의 수

(5) 승패가 결정되는 경우의 수

➔ 승패가 결정되려면 지호가 이기거나 혜리가 이겨야 하므로 구하는 경우의 수는

□+□=□

• 다음을 구하시오.

6 남학생 2명과 여학생 3명 중에서 남학생과 여학생을 각각 한 명씩 뽑는 경우의 수

7 연필 4종류와 지우개 6종류 중에서 연필과 지우개를 각각 하나씩 택하는 경우의 수

8 5개의 자음 ㄱ, ㄴ, ㄷ, ㄹ, ㅁ과 4개의 모음 ㅏ, ㅓ, ㅗ, ㅜ 중에서 각각 하나씩 골라 만들 수 있는 글자의 수

9 책상 3종류와 의자 5종류 중에서 각각 하나씩 고르는 경우의 수

10 서로 다른 운동화 6켤레와 서로 다른 양말 7켤레 중에서 각각 하나씩 고르는 경우의 수

11 서로 다른 세 개의 전구를 켜거나 꺼서 만들 수 있는 신호의 개수

내가 발견한 개념 — 사건 A와 사건 B가 동시에 일어나는 경우의 수는?

• 사건 A (m가지) (동시에 / 그리고 / ~하고 나서) 사건 B (n가지) → m ◯ n

3rd 동전 또는 주사위를 동시에 던지는 경우의 수 구하기

12 다음과 같이 동전 여러 개를 동시에 던질 때, 일어나는 모든 경우의 수를 구하시오.

(1) 서로 다른 동전 2개

→ 2× □ = □

(2) 서로 다른 동전 3개

(3) 서로 다른 동전 4개

(4) 서로 다른 동전 5개

(5) 서로 다른 동전 6개

내가 발견한 개념 — 서로 다른 m개의 동전을 동시에 던지면?

• 서로 다른 m개의 동전을 동시에 던질 때, 일어나는 모든 경우의 수 → $2^{□}$

13 다음과 같이 주사위 여러 개를 동시에 던질 때, 일어나는 모든 경우의 수를 구하시오.

(1) 서로 다른 주사위 2개

→ 6 × ☐ = ☐

(2) 서로 다른 주사위 3개

(3) 서로 다른 주사위 4개

(4) 서로 다른 주사위 5개

(5) 서로 다른 주사위 6개

내가 발견한 개념 서로 다른 n개의 주사위를 동시에 던지면?

- 서로 다른 n개의 주사위를 동시에 던질 때, 일어나는 모든 경우의 수 → $6^{\square}$

14 다음과 같이 동전과 주사위 여러 개를 동시에 던질 때, 일어나는 모든 경우의 수를 구하시오.

(1) 동전 1개와 주사위 1개

→ 2 × ☐ = ☐

(2) 동전 1개와 서로 다른 주사위 2개

(3) 서로 다른 동전 2개와 주사위 1개

(4) 서로 다른 동전 2개와 주사위 2개

(5) 서로 다른 동전 3개와 주사위 1개

내가 발견한 개념 서로 다른 m개의 동전과 n개의 주사위를 동시에 던지면?

- 서로 다른 m개의 동전과 서로 다른 n개의 주사위를 동시에 던질 때, 일어나는 모든 경우의 수 → $2^{\square} \times 6^{\square}$

두 사건 A, B가 동시에

일어나지 않는 경우	일어나는 경우
사건 A만 일어나는 경우	두 사건 A, B가 모두 일어나는 경우
사건 B만 일어나는 경우	
(사건 A 경우의 수) + (사건 B 경우의 수)	(사건 A 경우의 수) × (사건 B 경우의 수)

고1 때 '합의 법칙', '곱의 법칙'으로 다시 배우게 될 거야!

04 각 자리에 설 수 있는 개수를 모두 곱해!

한 줄로 세우는 경우의 수

A, B, C, D 4명의 학생 중에서

❶ 4명 모두를 한 줄로 세우는 경우의 수

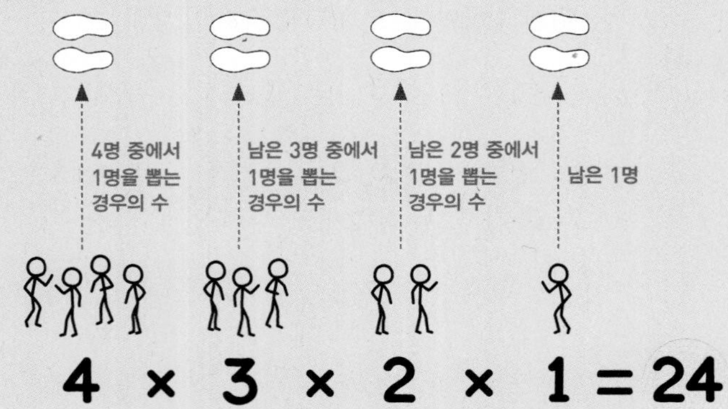

$4 \times 3 \times 2 \times 1 = 24$

❷ 2명 뽑아 한 줄로 세우는 경우의 수

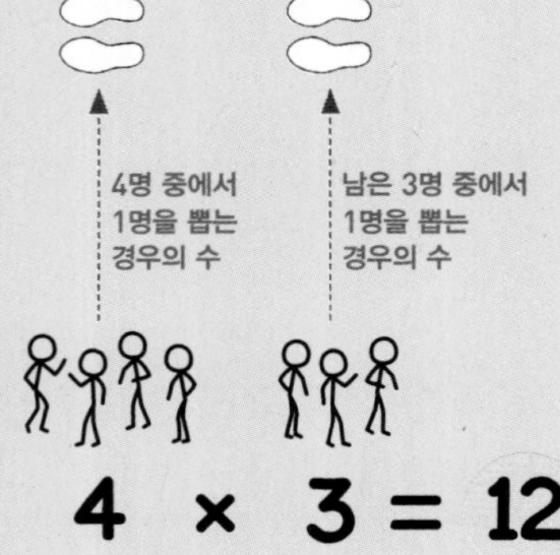

$4 \times 3 = 12$

- n명을 한 줄로 세우는 경우의 수
  → $n\times(n-1)\times(n-2)\times\cdots\times2\times1$
- n명 중에서 2명을 뽑아 한 줄로 세우는 경우의 수
  → $n\times(n-1)$
- n명 중에서 3명을 뽑아 한 줄로 세우는 경우의 수
  → $n\times(n-1)\times(n-2)$

참고 n명 중에서 r명을 뽑아 한 줄로 세우는 경우의 수
→ $n\times(n-1)\times(n-2)\times\cdots\times(n-r+1)$

1st — 전체를 한 줄로 세우는 경우의 수 구하기

● 다음을 구하시오.

1 A, B, C 3명을 한 줄로 세우는 경우의 수

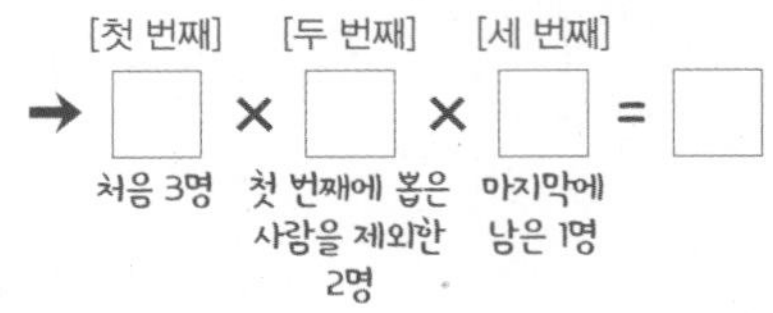

2 A, B, C, D 4명을 한 줄로 세우는 경우의 수

3 선우, 민혁, 기현, 형원, 주헌 5명을 한 줄로 세우는 경우의 수

4 할아버지, 할머니, 아버지, 어머니 네 명을 한 줄로 세우는 경우의 수

5 5개의 알파벳 D, A, N, C, E를 한 줄로 나열하는 경우의 수

6 6개의 알파벳 P, E, R, S, O, N을 한 줄로 나열하는 경우의 수

7 서로 다른 세 개의 의자를 한 줄로 배열하는 경우의 수

8 서로 다른 네 켤레의 신발을 신발장에 한 줄로 정리하는 경우의 수

9 서로 다른 다섯 권의 책을 책꽂이에 한 줄로 꽂는 경우의 수

10 서로 다른 6개의 화분을 한 줄로 나열하는 경우의 수

2nd 일부를 뽑아서 한 줄로 세우는 경우의 수 구하기

• 다음을 구하시오.

11 A, B, C 3명 중에서 2명을 뽑아 한 줄로 세우는 경우의 수

[첫 번째] [두 번째]

→ ☐ × ☐ = ☐

처음 3명 / 첫 번째에 뽑은 사람을 제외한 2명

12 A, B, C, D 4명 중에서 3명을 뽑아 한 줄로 세우는 경우의 수

13 A, B, C, D, E 5명 중에서 2명을 뽑아 한 줄로 세우는 경우의 수

14 수학책, 과학책, 국어책, 미술책 네 권 중에서 두 권을 골라 책꽂이에 한 줄로 꽂는 경우의 수

15 서로 다른 종류의 음료수 5개 중에서 4개를 골라 한 줄로 나열하는 경우의 수

16 6개의 알파벳 D, O, N, K, E, Y 중에서 3개를 뽑아 한 줄로 세우는 경우의 수

17 1부터 7까지의 자연수 중에서 서로 다른 4개의 수를 뽑아 네 자리의 자연수를 만드는 경우의 수

18 서로 다른 10개의 장난감 중에서 2개를 골라 한 줄로 나열하는 경우의 수

내가 발견한 개념 — 한 줄로 세우는 경우의 수는?

• n명을 한 줄로 세우는 경우의 수

→ $n\times(n-1)\times($ ☐ $)\times\cdots\times$ ☐ $\times 1$

• n명 중에서 2명을 뽑아 한 줄로 세우는 경우의 수

→ ☐ $\times($ ☐ $)$

• n명 중에서 3명을 뽑아 한 줄로 세우는 경우의 수

→ ☐ $\times($ ☐ $)\times($ ☐ $)$

3rd 특정한 사람의 자리를 정하고 한 줄로 세우는 경우의 수 구하기

19 A, B, C, D, E 5명을 한 줄로 세울 때, 다음을 구하시오.

(1) A가 맨 앞에 서는 경우의 수

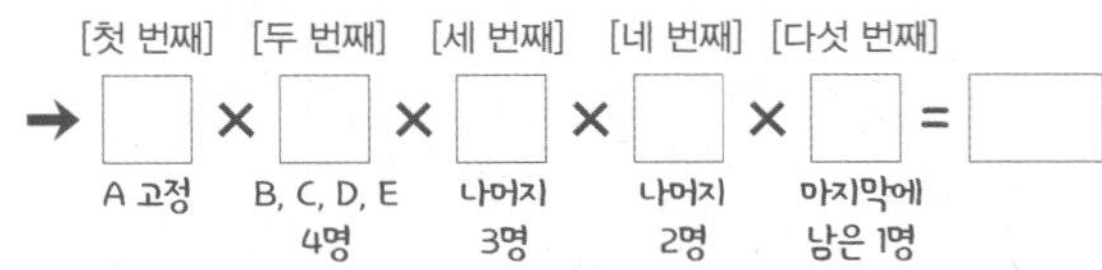

(2) E가 맨 뒤에 서는 경우의 수

(3) B가 가운데에 서는 경우의 수

(4) A가 맨 앞에 서고 E가 맨 뒤에 서는 경우의 수

(5) A 또는 B가 맨 앞에 서는 경우의 수

(6) D 또는 E가 맨 뒤에 서는 경우의 수

(7) A, B가 양 끝에 서는 경우의 수

20 아버지, 어머니, 건우, 은서 4명으로 이루어진 가족이 한 줄로 서서 가족사진을 찍으려 한다. 다음을 구하시오.

(1) 어머니가 가장 왼쪽에 서는 경우의 수

(2) 아버지가 가장 오른쪽에 서는 경우의 수

(3) 어머니가 가장 왼쪽에, 아버지가 가장 오른쪽에 서는 경우의 수

(4) 건우가 왼쪽에서 두 번째에 서는 경우의 수

(5) 부모님이 양 끝에 서는 경우의 수

개념모음문제

21 소진, 유라, 민아, 혜리 네 명이 한 줄로 설 때, 혜리가 맨 앞 또는 맨 뒤에 서는 경우의 수는?

① 6 ② 8 ③ 10
④ 12 ⑤ 14

4th 색칠하는 경우의 수 구하기

22 다음 그림과 같이 나누어진 도형을 빨강, 주황, 노랑, 초록의 4가지 색으로 칠하려 한다. 각 부분에 모두 다른 색을 칠하는 경우의 수를 구하시오.

(1)

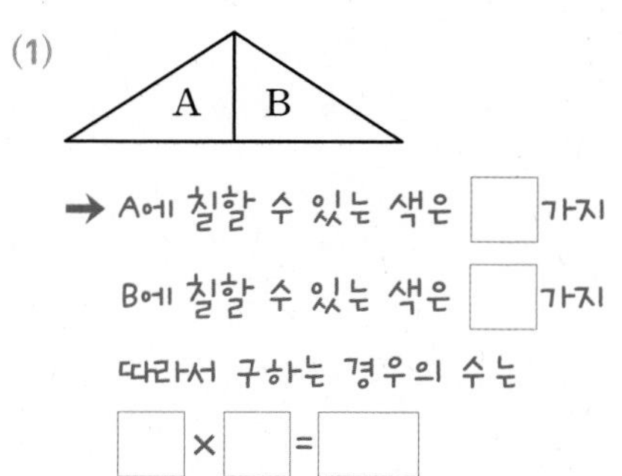

(2)

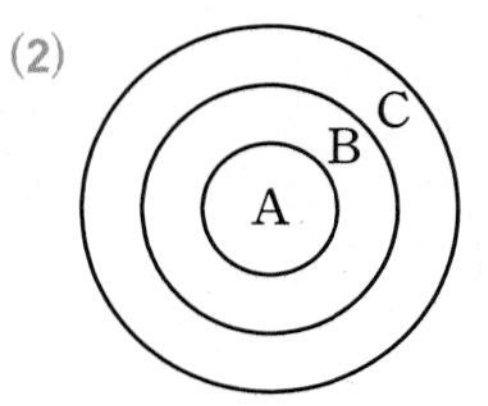

(3)

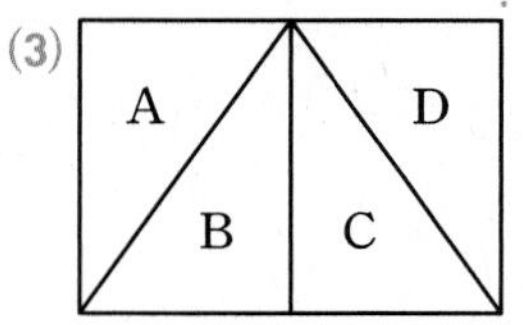

(4)

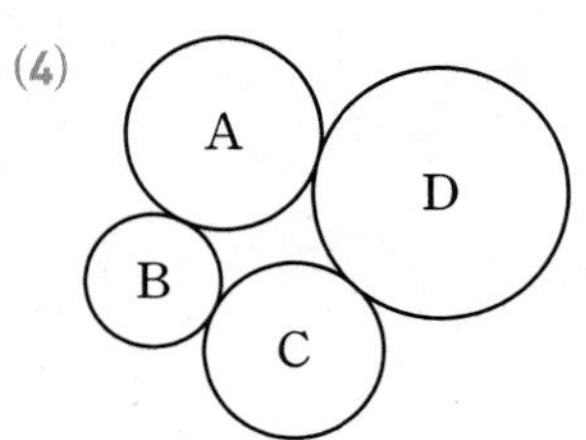

23 다음 그림과 같이 나누어진 도형을 빨강, 주황, 노랑, 초록의 4가지 색으로 칠하려 한다. 같은 색을 여러 번 사용해도 좋으나 이웃하는 곳에는 반드시 서로 다른 색으로 칠하는 경우의 수를 구하시오.

(1)

A		
B	C	D

→ A에 칠할 수 있는 색은 □가지

B에 칠할 수 있는 색은 □가지

C에 칠할 수 있는 색은 □가지

D에 칠할 수 있는 색은 □가지

따라서 구하는 경우의 수는

□×□×□×□=□

(2)

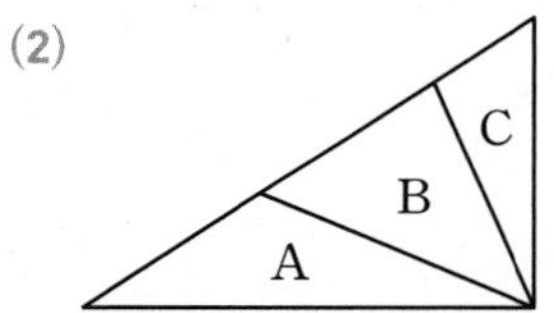

(3)

A	B
C	

(4)

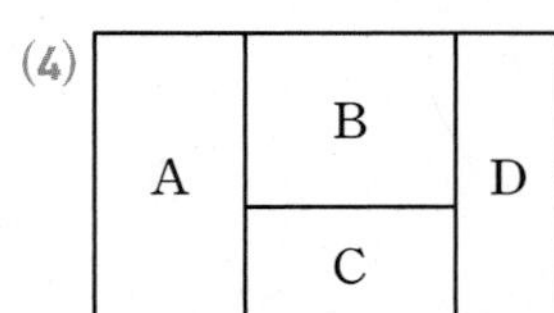

05 이웃하는 것을 하나로 묶어!

이웃하여 한 줄로 세우는 경우의 수

A, B, C, D 4명을 한 줄로 세울 때,
A, B 두 사람이 이웃하여 서는 경우의 수

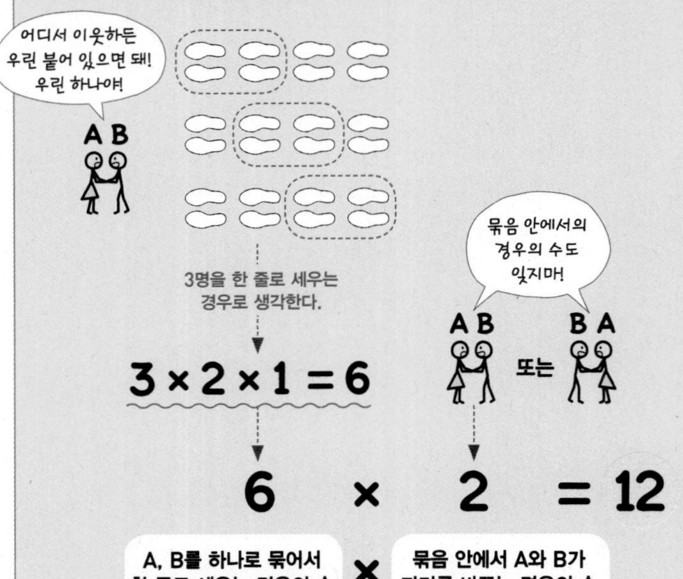

A, B를 하나로 묶어서 한 줄로 세우는 경우의 수 × 묶음 안에서 A와 B가 자리를 바꾸는 경우의 수

- 이웃하여 한 줄로 세우는 경우의 수는 다음과 같은 순서로 구한다.
  (ⅰ) 이웃하는 것을 하나로 묶어 한 줄로 세우는 경우의 수를 구한다.
  (ⅱ) 묶음 안에서 자리를 바꾸는 경우의 수를 구한다.
  (ⅲ) (ⅰ)과 (ⅱ)의 경우의 수를 곱한다.

참고 ① 2명끼리 자리를 바꾸는 경우의 수: $2\times1=2$
② 3명끼리 자리를 바꾸는 경우의 수: $3\times2\times1=6$

원리확인 다음은 아버지, 어머니, 형, 누나, 성진 5명이 한 줄로 설 때, 부모님끼리 이웃하여 서는 경우의 수를 구하는 과정이다. □ 안에 알맞은 수를 써넣으시오.

❶ 아버지와 어머니를 한 명으로 생각하여 4명을 한 줄로 세우는 경우의 수
→ $4\times\square\times\square\times\square=\square$

❷ 아버지와 어머니가 서로 자리를 바꾸는 경우의 수
→ $2\times\square=\square$

❸ 부모님끼리 이웃하여 서는 경우의 수
→ $\square\times\square=\square$

1st — 이웃하여 한 줄로 세우는 경우의 수 구하기(1)

1 A, B, C, D 4명의 학생을 한 줄로 세울 때, 다음을 구하시오.

(1) A, B가 이웃하게 서는 경우의 수

→ A, B를 한 명으로 생각하여 (A, B), C, D가 한 줄로 서는 경우의 수는
$\square\times\square\times\square=\square$
A, B가 서로 자리를 바꾸는 경우의 수는
$\square\times\square=\square$
따라서 구하는 경우의 수는
$\square\times\square=\square$

(2) C, D가 이웃하게 서는 경우의 수

(3) A, B, C가 이웃하게 서는 경우의 수

(4) B, C, D가 이웃하게 서는 경우의 수

(5) A, B가 이웃하고, C, D가 이웃하게 서는 경우의 수

2nd 이웃하여 한 줄로 세우는 경우의 수 구하기(2)

2 1학년 3명과 2학년 4명을 한 줄로 세울 때, 다음을 구하시오.

(1) 1학년끼리 이웃하게 서는 경우의 수

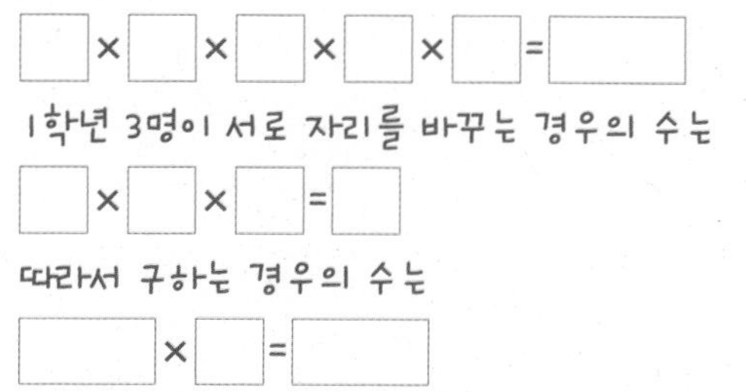

(2) 2학년끼리 이웃하게 서는 경우의 수

(3) 1학년은 1학년끼리, 2학년은 2학년끼리 이웃하게 서는 경우의 수

3 A, B, C, D, E 5명의 학생을 한 줄로 세울 때, 다음을 구하시오.

(1) B, C가 이웃하고 C가 B 뒤에 서는 경우의 수

(2) A가 맨 앞에 서고 C, D, E가 이웃하여 서는 경우의 수

● 다음을 구하시오.

4 1부터 5까지의 자연수가 각각 하나씩 적힌 5장의 카드를 한 줄로 나열할 때, 짝수끼리 이웃하는 경우의 수

5 투수 4명, 포수 2명을 한 줄로 세울 때, 포수끼리 이웃하게 서는 경우의 수

6 어른 2명과 어린이 5명을 한 줄로 세울 때, 어린이끼리 이웃하게 서는 경우의 수

7 서로 다른 소설책 3권과 서로 다른 만화책 2권을 책꽂이에 한 줄로 꽂을 때, 소설책끼리 이웃하게 꽂는 경우의 수

8 6개의 문자 O, R, A, N, G, E를 한 줄로 나열할 때, 모음끼리 이웃하는 경우의 수

06 맨 앞자리에는 0이 올 수 없는!

자연수의 개수

❶ 0을 포함하지 않는 경우

1, 2, 3, 4의 숫자가 각각 하나씩 적힌 4장의 카드 중에서 2장을 뽑아 만들 수 있는 두 자리 자연수의 개수

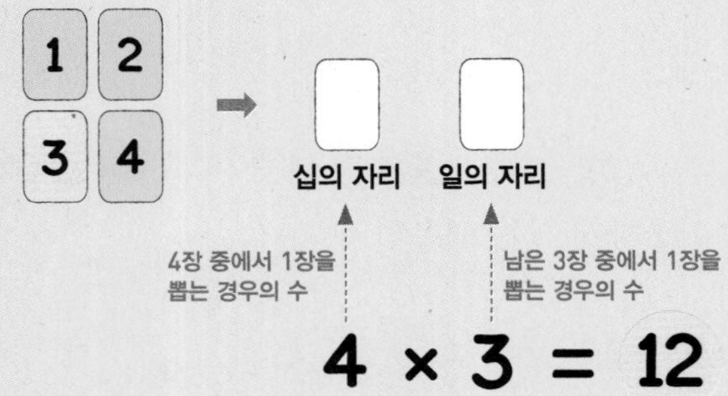

$$4 \times 3 = 12$$

❷ 0을 포함하는 경우

0, 1, 2, 3의 숫자가 각각 하나씩 적힌 4장의 카드 중에서 2장을 뽑아 만들 수 있는 두 자리 자연수의 개수

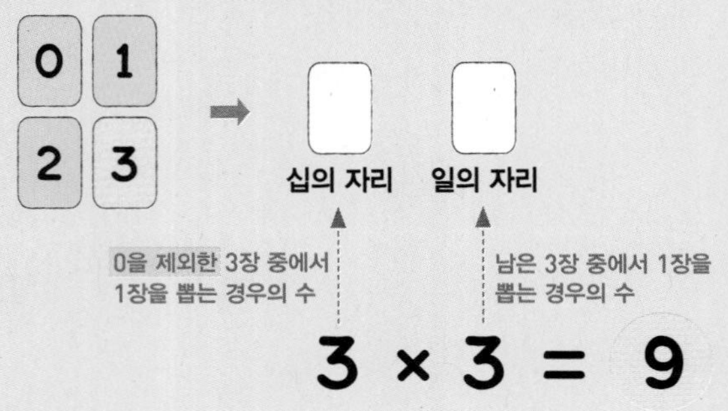

$$3 \times 3 = 9$$

• 서로 다른 한 자리의 숫자가 각각 적힌 n장의 카드 중에서

(1) 0을 포함하지 않는 경우

① 2장을 뽑아 만들 수 있는 두 자리 자연수의 개수

➜ $n\times(n-1)$

② 3장을 뽑아 만들 수 있는 세 자리 자연수의 개수

➜ $n\times(n-1)\times(n-2)$

참고 0이 아닌 서로 다른 한 자리의 숫자가 각각 적힌 n장의 카드로 만들 수 있는 r자리 자연수의 개수는 n개 중에서 r개를 뽑아 한 줄로 세우는 경우의 수와 같으므로 $\underbrace{n\times(n-1)\times\cdots\times(n-r+1)}_{r\text{개}}$ (단, $n\ge r$)

(2) 0을 포함하는 경우

① 2장을 뽑아 만들 수 있는 두 자리 자연수의 개수

➜ $(n-1)\times(n-1)$

② 3장을 뽑아 만들 수 있는 세 자리 자연수의 개수

➜ $(n-1)\times(n-1)\times(n-2)$

1st 0을 포함하지 않는 경우의 자연수 만들기

1 1, 2, 3, 4, 5가 각각 하나씩 적힌 5장의 카드가 있을 때, 다음을 구하시오.

(1) 2장을 뽑아 만들 수 있는 두 자리 자연수의 개수

(2) 3장을 뽑아 만들 수 있는 세 자리 자연수의 개수

(3) 4장을 뽑아 만들 수 있는 네 자리 자연수의 개수

2 1, 2, 3, 4, 5, 6이 각각 하나씩 적힌 6장의 카드 중에서 3장을 뽑아 세 자리 자연수를 만들 때, 다음을 구하시오.

(1) 짝수인 자연수의 개수 짝수나 홀수는 일의 자리에 올 수 있는 숫자부터 결정해야 해!

➜ 일의 자리에 올 수 있는 숫자는 2, 4, 6의 3개이므로 짝수인 자연수의 개수는

(2) 500 이상인 자연수의 개수

(3) 200보다 작은 자연수의 개수

3 2, 3, 5, 6, 9가 각각 하나씩 적힌 5장의 카드 중에서 2장을 뽑아 두 자리 자연수를 만들 때, 다음을 구하시오.

(1) 홀수인 자연수의 개수

(2) 짝수인 자연수의 개수

(3) 50보다 작은 자연수의 개수

(4) 60보다 큰 자연수의 개수

내가 발견한 개념 — 0이 포함되는지 잘 생각해!

• 0이 아닌 서로 다른 한 자리의 숫자가 각각 적힌 n장의 카드 중에서 2장을 뽑아 만들 수 있는 두 자리 자연수의 개수

[십의 자리] [일의 자리]

→ □ × (□)

↑ n장 중 1장을 택하는 경우의 수

↑ 십의 자리의 숫자를 제외한 (n−1)장 중 1장을 택하는 경우의 수

2nd 0을 포함하는 경우의 자연수 만들기

4 0, 1, 2, 3, 4가 각각 하나씩 적힌 5장의 카드가 있을 때, 다음을 구하시오.

(1) 2장을 뽑아 만들 수 있는 두 자리 자연수의 개수

(2) 3장을 뽑아 만들 수 있는 세 자리 자연수의 개수

(3) 4장을 뽑아 만들 수 있는 네 자리 자연수의 개수

5 0, 1, 2, 3, 4, 5가 각각 하나씩 적힌 6장의 카드 중에서 2장을 뽑아 두 자리 자연수를 만들 때, 다음을 구하시오.

(1) 짝수인 자연수의 개수

→ 일의 자리에 올 수 있는 숫자는 0, 2, 4이므로

(i) 일의 자리에 0이 오는 경우

[십의 자리] [일의 자리]

□ × □ = □

(ii) 일의 자리에 2 또는 4가 오는 경우

[십의 자리] [일의 자리]

□ × □ = □

(i), (ii)에서 구하는 짝수인 자연수의 개수는

□ + □ = □

(2) 홀수인 자연수의 개수

(3) 30보다 작은 자연수의 개수

(4) 5의 배수의 개수

내가 발견한 개념 — 0이 포함되는지 잘 생각해!

• 0을 포함하고 서로 다른 한 자리의 숫자가 각각 적힌 n장의 카드 중에서 2장을 뽑아 만들 수 있는 두 자리 자연수의 개수

[십의 자리] [일의 자리]

→ (□) × (□)

↑ 0을 제외한 (n−1)장 중 1장을 택하는 경우의 수

↑ 십의 자리의 숫자를 제외한 (n−1)장 중 1장을 택하는 경우의 수

07 뽑는 순서가 중요한!

자격이 다른 대표를 뽑는 경우의 수

A, B, C 세 명 중에서
회장 1명, 부회장 1명을 뽑는 경우의 수

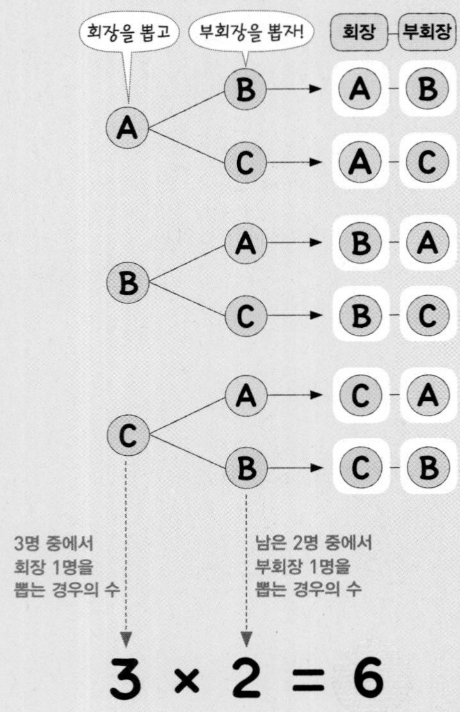

$$3 \times 2 = 6$$

- n명 중에서 자격이 다른 2명을 뽑는 경우의 수
  → $n\times(n-1)$
- n명 중에서 자격이 다른 3명을 뽑는 경우의 수
  → $n\times(n-1)\times(n-2)$

참고 자격이 다른 대표를 뽑는 경우의 수는 뽑는 순서와 관계가 있다.
(자격이 다른 대표: 호칭의 구별이 있는 경우)

원리확인 A, B, C, D 4명 중에서 회장 1명, 부회장 1명을 뽑으려 한다. 다음 □ 안에 알맞은 수를 써넣으시오.

❶ 회장 1명을 뽑는 경우의 수 → □

❷ 회장 1명을 뽑은 뒤, 부회장 1명을 뽑는 경우의 수
→ □

❸ 회장 1명, 부회장 1명을 뽑는 경우의 수
→ □ × □ = □

1st – 자격이 다른 대표를 뽑는 경우의 수 구하기

1 갑, 을, 병, 정 4명 중에서 대표를 뽑을 때, 다음을 구하시오.

(1) 회장 1명, 대의원 1명을 뽑는 경우의 수
2명을 뽑아 한 줄로 세우는 경우의 수와 같아!

(2) 회장 1명, 대의원 1명, 서기 1명을 뽑는 경우의 수

2 효정, 승희, 지호, 아린 4명 중에서 대표를 뽑을 때, 다음을 구하시오.

(1) 대표 1명, 부대표 1명을 뽑는 경우의 수

(2) 대표 1명, 부대표 1명, 총무 1명을 뽑는 경우의 수

3 재석, 종국, 지효, 소민 4명이 마피아 게임을 할 때, 다음을 구하시오.

(1) 경찰 1명, 마피아 1명을 뽑는 경우의 수

(2) 경찰 1명, 의사 1명, 마피아 1명을 뽑는 경우의 수

4 A, B, C, D, E 5명 중에서 대표를 뽑을 때, 다음을 구하시오.

(1) 회장 1명, 부회장 1명을 뽑는 경우의 수

(2) 회장 1명, 부회장 1명, 총무 1명을 뽑는 경우의 수

(3) 회장 1명, 부회장 1명, 대의원 1명, 총무 1명을 뽑는 경우의 수

5 정한, 원우, 민규, 도겸, 승관 5명이 장기자랑을 할 때, 다음을 구하시오.

(1) 진행자 1명, 참가자 1명을 뽑는 경우의 수

(2) 진행자 1명, 무대 감독 1명, 참가자 1명을 뽑는 경우의 수

(3) 진행자 1명, 무대 감독 1명, 노래 참가자 1명, 춤 참가자 1명을 뽑는 경우의 수

내가 발견한 개념 자격이 다른 대표를 뽑는 경우의 수는?

- n명 중에서 자격이 다른 2명을 뽑는 경우의 수
  → ☐×(☐)
- n명 중에서 자격이 다른 3명을 뽑는 경우의 수
  → ☐×(☐)×(☐)

● **다음을 구하시오.**

6 6명의 학생 중에서 피아노, 바이올린, 오카리나를 연주할 학생을 각각 1명씩 뽑는 경우의 수

7 7명의 배우 중에서 대상, 최우수상을 받을 배우를 각각 1명씩 뽑는 경우의 수

8 서로 다른 8권의 도서 중에서 선생님과 친구에게 선물할 책을 각각 1권씩 정하는 경우의 수

9 서로 다른 9개의 예능 프로그램 중에서 금요일, 토요일, 일요일에 방송될 프로그램을 각각 1개씩 뽑는 경우의 수

개념모음문제

10 남학생 2명, 여학생 3명이 있다. 남학생 중에서 회장 1명을 뽑고, 여학생 중에서 부회장 1명을 뽑는 경우의 수를 a라 하자. 또 여학생 중에서 회장을 뽑고, 여학생과 남학생에서 부회장을 각각 1명씩 뽑는 경우의 수를 b라 할 때, $a+b$의 값은?

① 6 ② 12 ③ 18
④ 24 ⑤ 30

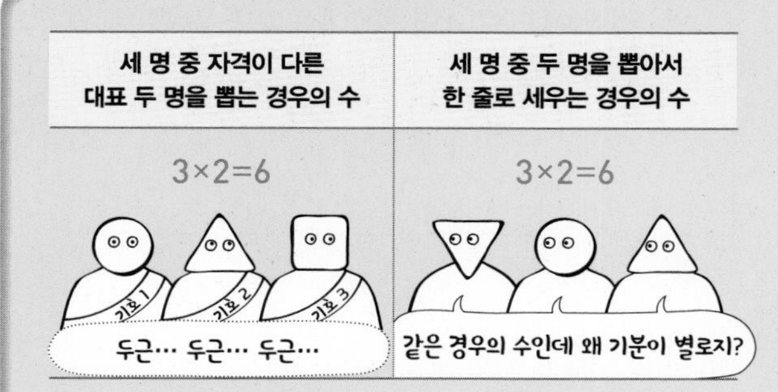

08 뽑는 순서가 상관없는!

자격이 같은 대표를 뽑는 경우의 수

A, B, C 세 명 중에서 대표 2명을 뽑는 경우의 수

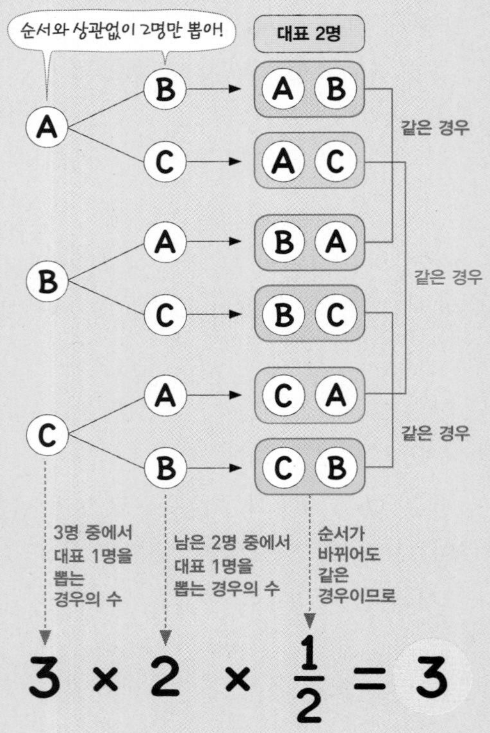

$$3 \times 2 \times \frac{1}{2} = 3$$

- n명 중에서 자격이 같은 2명을 뽑는 경우의 수 → $\frac{n\times(n-1)}{2}$
- n명 중에서 자격이 같은 3명을 뽑는 경우의 수
  → $\frac{n\times(n-1)\times(n-2)}{3\times2\times1}$

참고 자격이 같은 대표를 뽑는 경우의 수는 뽑는 순서와 관계가 없다. 즉 순서를 생각하지 않으므로 겹치는 경우의 수로 나누어 준다.
(자격이 같은 대표: 호칭의 구별이 없는 경우)

원리확인 A, B, C, D 4명 중에서 대표 2명을 뽑으려 한다. 다음 □ 안에 알맞은 것을 써넣으시오.

대표 2명이 A, B일 때, (A, □)와 (B, □)는 같은 경우이므로 4명 중 대표 2명을 뽑는 경우의 수

→ $\frac{4\times\square}{\square}=\square$

1st — 자격이 같은 대표를 뽑는 경우의 수 구하기

1 갑, 을, 병, 정 4명 중에서 대표를 뽑을 때, 다음을 구하시오.

(1) 대의원 2명을 뽑는 경우의 수

(2) 대의원 3명을 뽑는 경우의 수

→ 구하는 경우의 수는 $\frac{4\times3\times2}{3\times2\times1}=\square$

대의원 3명이 갑, 을, 병일 때,
(갑, 을, 병), (갑, 병, 을), (을, 갑, 병),
(을, 병, 갑), (병, 갑, 을), (병, 을, 갑)
은 모두 같은 경우이고, 그 경우의 수는
갑, 을, 병을 한 줄로 세우는 경우의 수
6(=3×2×1)과 같아!

2 4명의 시의원 후보 중에서 시의원을 뽑을 때, 다음을 구하시오.

(1) 시의원 2명을 뽑는 경우의 수

(2) 시의원 3명을 뽑는 경우의 수

3 석진, 세찬, 하하, 광수 4명이 게임을 할 때, 다음을 구하시오.

(1) 술래 2명을 뽑는 경우의 수

(2) 술래 3명을 뽑는 경우의 수

4 A, B, C, D, E 5명 중에서 대표를 뽑을 때, 다음을 구하시오.

(1) 대표 2명을 뽑는 경우의 수

(2) 대표 3명을 뽑는 경우의 수

(3) 대표 3명을 뽑을 때, A가 반드시 뽑히는 경우의 수

A를 제외한 4명 중에서 대표 2명을 뽑는 경우의 수와 같아!

5 하나, 미미, 나영, 세정, 미나 5명이 모둠을 구성할 때, 다음을 구하시오.

(1) 모둠원 2명을 뽑는 경우의 수

(2) 모둠원 3명을 뽑는 경우의 수

(3) 모둠원 3명을 뽑을 때, 미나가 반드시 뽑히는 경우의 수

내가 발견한 개념 자격이 같은 대표를 뽑는 경우의 수는?

- n명 중에서 자격이 같은 2명을 뽑는 경우의 수

→ $\dfrac{n\times(\square)}{\square}$

- n명 중에서 자격이 같은 3명을 뽑는 경우의 수

→ $\dfrac{n\times(\square)\times(\square)}{\square\times2\times1}$

● 다음을 구하시오.

6 6명의 탁구 선수 중에서 대회에 참가할 선수 2명을 뽑는 경우의 수

7 6명의 후보 중에서 결선에 오를 3명을 뽑는 경우의 수

8 서로 다른 7개의 볼펜 중에서 필통에 넣을 3개를 택하는 경우의 수

9 서로 다른 8권의 시집 중에서 3권의 시집을 고르는 경우의 수

개념모음문제

10 8명의 수학자가 모여 토론을 하려 한다. 모든 수학자가 한 사람도 빠짐없이 서로 한 번씩 악수를 했다면 모두 몇 번의 악수를 한 것인가?

① 6번 ② 12번 ③ 21번
④ 28번 ⑤ 36번

2nd 선분 또는 삼각형의 개수 구하기

11 오른쪽 그림과 같이 한 원 위에 4개의 점이 있을 때, 다음을 구하시오.

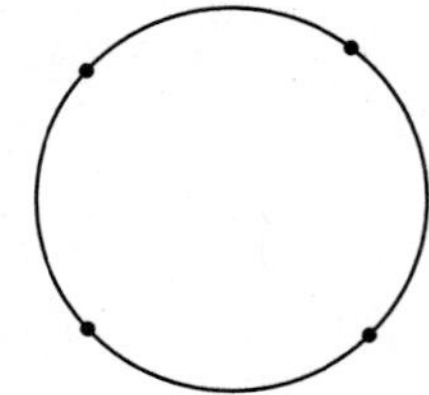

(1) 두 점을 이어 만들 수 있는 선분의 개수

➔ 4개의 점 중에서 2개의 점을 택하면 되므로 두 점을 이어 만들 수 있는 선분의 개수는

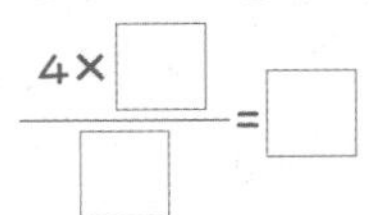

(2) 세 점을 이어 만들 수 있는 삼각형의 개수

➔ 4개의 점 중에서 3개의 점을 택하면 되므로 세 점을 이어 만들 수 있는 삼각형의 개수는

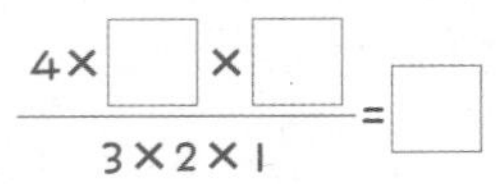

12 오른쪽 그림과 같이 한 원 위에 5개의 점이 있을 때, 다음을 구하시오.

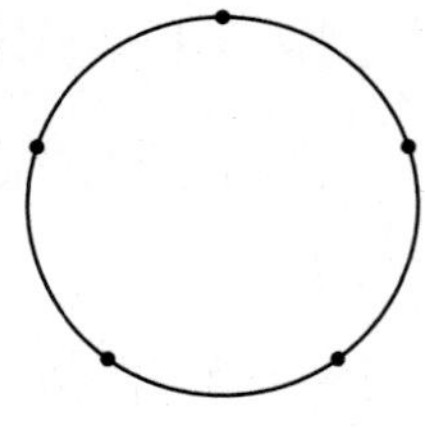

(1) 두 점을 이어 만들 수 있는 선분의 개수

(2) 세 점을 이어 만들 수 있는 삼각형의 개수

13 오른쪽 그림과 같은 정사각형이 있을 때, 다음을 구하시오.

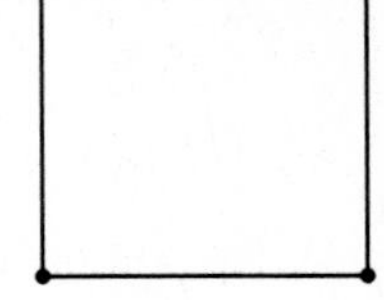

(1) 두 점을 이어 만들 수 있는 선분의 개수

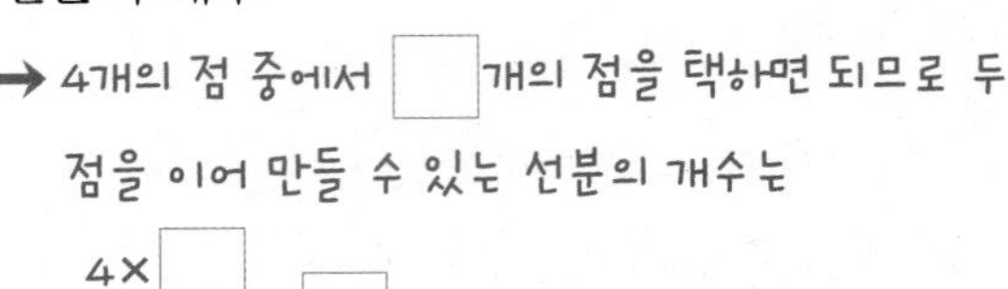

➔ 4개의 점 중에서 □개의 점을 택하면 되므로 두 점을 이어 만들 수 있는 선분의 개수는

(2) 세 점을 이어 만들 수 있는 삼각형의 개수

➔ 4개의 점 중에서 3개의 점을 택하면 되므로 세 점을 이어 만들 수 있는 삼각형의 개수는

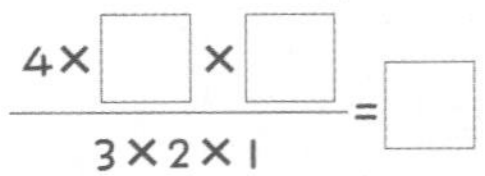

14 오른쪽 그림과 같은 정육각형이 있을 때, 다음을 구하시오.

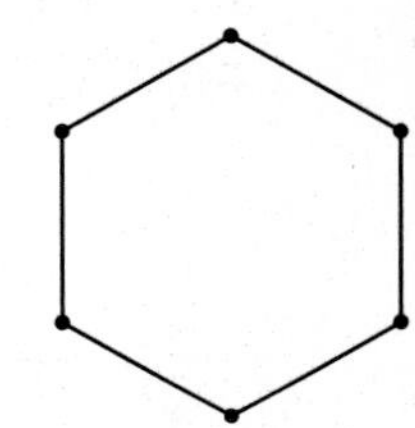

(1) 두 점을 이어 만들 수 있는 선분의 개수

(2) 세 꼭짓점을 이어 만들 수 있는 삼각형의 개수

내가 발견한 개념 점을 이어 만들 수 있는 선분 또는 삼각형의 개수는?

어느 세 점도 한 직선 위에 있지 않은 $n(n\geq 3)$개의 점 중에서

- 두 점을 이어 만들 수 있는 선분의 개수

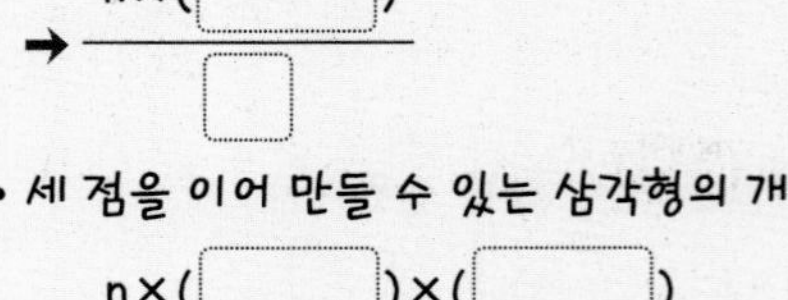

- 세 점을 이어 만들 수 있는 삼각형의 개수

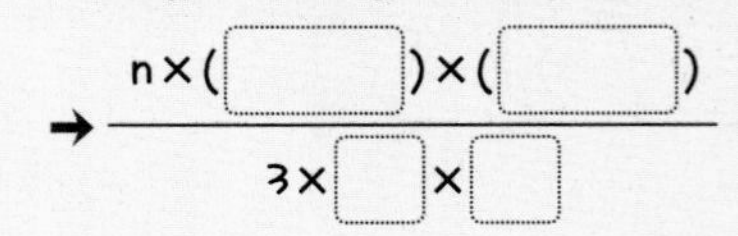

TEST 10. 경우의 수

1 다음 중 한 개의 주사위를 던질 때 나오는 경우의 수가 나머지 넷과 다른 것은?

① 짝수의 눈이 나오는 경우의 수
② 3 이상의 눈이 나오는 경우의 수
③ 4 이하의 눈이 나오는 경우의 수
④ 6의 약수의 눈이 나오는 경우의 수
⑤ 1보다 크고 6보다 작은 눈이 나오는 경우의 수

2 한국 영화 4편, 외국 영화 3편이 있다. 한국 영화 또는 외국 영화 중에서 한 편을 보는 경우의 수를 구하시오.

3 서울에서 대전까지 가는 길이 3가지, 대전에서 부산까지 가는 길이 5가지일 때, 서울에서 대전을 거쳐 부산까지 가는 경우의 수는?

① 3　② 5　③ 8
④ 11　⑤ 15

4 A, B, C, D 4명의 학생이 놀이공원에 입장하기 위하여 한 줄로 서는 경우의 수를 구하시오.

5 소희를 포함한 8명의 학생 중에서 3명을 뽑을 때, 소희가 뽑히는 경우의 수는?

① 8　② 16　③ 21
④ 32　⑤ 42

6 오른쪽 그림과 같이 원 위에 있는 7개의 점 중에서 세 점을 연결하여 만들 수 있는 삼각형의 개수는?

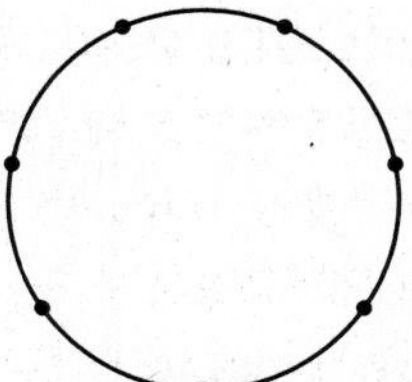

① 18　② 20
③ 35　④ 45
⑤ 78

11

어떤 사건이 일어날, 확률과 그 계산

01 확률의 뜻

모든 경우가 일어날 가능성이 같은 어떤 실험이나 관찰에서 일어날 수 있는 모든 경우의 수에 대한 사건 A가 일어나는 경우의 수의 비율을 사건 A가 일어날 확률이라 해. 즉 일어날 수 있는 모든 경우의 수를 n, 사건 A가 일어나는 경우의 수를 a라 하면

$$\frac{(\text{사건 } A\text{가 일어날 확률})}{(\text{모든 경우의 수})}=\frac{a}{n}$$

어떤 사건이 일어날 가능성!

 에서 한 개의 공을 임의로 꺼낼 때

각각의 공이 나올 가능성은 모두 같아!

(●을 꺼낼 확률) = (●●) / (●●○○○) = 2/5　(○을 꺼낼 확률) = (○○○) / (●●○○○) = 3/5

02 확률의 성질

어떤 사건이 일어날 확률을 p라 하면 절대로 일어나지 않는 사건의 확률을 0, 반드시 일어나는 사건의 확률을 1이라 해. 그렇기 때문에 확률 p는 $0 \leq p \leq 1$ 범위 안에 항상 존재하지! 확률이 커질수록 그 사건이 일어날 가능성이 크다는 뜻이고, 확률이 작아질수록 그 사건이 일어날 가능성이 작다는 뜻이야!

어떤 사건이 일어날 가능성!

 에서 한 개의 공을 임의로 꺼낼 때

●은 절대로 나오지 않아!　○은 반드시 나와!

(●을 꺼낼 확률) = 0 / (○○○○) = 0　(○을 꺼낼 확률) = (○○○○) / (○○○○) = 1

03 어떤 사건이 일어나지 않을 확률

어떤 시행에서 사건 A가 일어날 확률을 p라 하면 사건 A가 일어나지 않을 확률은 전체 확률인 1에서 사건 A가 일어날 확률을 빼주면 돼! 즙

(사건 A가 일어나지 않을 확률)

$=1-$(사건 A가 일어날 확률)

$=1-p$

어떤 사건에 대한 나머지 사건!

 에서 한 개의 공을 임의로 꺼낼 때

○을 꺼낼 확률과 같은 말이야!

(●을 꺼내지 않을 확률) = (○○○) / (●●○○○)

= {(●●○○○) − (●●)} / (●●○○○)

= 1 − (●●) / (●●○○○) = 1 − (●을 꺼낼 확률)

어떤 사건에 대한 나머지 사건!

에서 두 개의 공을 동시에 꺼낼 때

(적어도 하나는 ○색 공을 꺼낼 확률) = (하나만 ○색 공을 꺼낼 확률) + (두 개 모두 ○색 공을 꺼낼 확률)

= 1 - (두 개 모두 ●색 공을 꺼낼 확률)

04 적어도 ~인 사건의 확률

문제의 발문에 '적어도'라는 단어가 있거나 구하는 사건의 경우의 수보다 그 사건이 일어나지 않는 사건의 경우의 수가 적을 때 더 쉽게 구할 수 있는 방법이 있어! 즉

(적어도 하나는 ~일 확률)

=1−(모두 ~가 아닐 확률)

'또는', '~이거나'는 더하기!

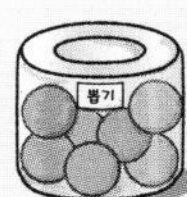

에서 한 개의 공을 임의로 꺼낼 때

(○ 또는 ●을 꺼낼 확률) = (○을 꺼낼 확률) + (●을 꺼낼 확률)

05 사건 A 또는 사건 B가 일어날 확률

동일한 실험이나 관찰에서 두 사건 A, B가 동시에 일어나지 않을 때, 사건 A가 일어날 확률을 p, 사건 B가 일어날 확률을 q라 하면

(사건 A 또는 사건 B가 일어날 확률)$=p+q$

'동시에', '~와', '그리고'는 곱하기!

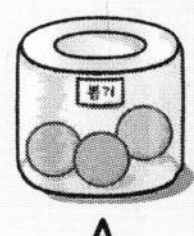

두 주머니에서 공을 각각 한 개씩 임의로 꺼낼 때

A B

(A에서 ○, B에서 ●을 동시에 꺼낼 확률) = (A에서 ○을 꺼낼 확률) × (B에서 ●을 꺼낼 확률)

06 사건 A와 사건 B가 동시에 일어날 확률

사건 A와 사건 B가 동시에 일어날 때, 사건 A가 일어날 확률을 p, 사건 B가 일어날 확률을 q라 하면

(사건 A와 사건 B가 일어날 확률)$=p\times q$

처음과 나중의 조건이 같거나, 다르거나!

에서 공을 한 개씩 연속하여 두 번 꺼낼 때

❶ 뽑은 것을 다시 넣는 경우

(두 개 모두 ○을 꺼낼 확률)

= (첫 번째에서 ○을 꺼낼 확률) × (두 번째에서 ○을 꺼낼 확률)

= (○○○)/(●●○○○) × (○○○)/(●●○○○)

조건이 같아!

❷ 뽑은 것을 다시 넣지 않는 경우

(두 개 모두 ○을 꺼낼 확률)

= (첫 번째에서 ○을 꺼낼 확률) × (두 번째에서 ○을 꺼낼 확률)

= (○○○)/(●●○○○) × (○○)/(●●○○)

조건이 달라!

07 연속하여 뽑는 경우의 확률

연속하여 뽑는 경우의 확률을 구할 때 뽑은 것을 다시 넣는 경우와 다시 넣지 않는 경우가 있는데 이 둘의 확률의 계산은 전혀 달라. 뽑은 것을 다시 넣는 경우는 처음에 일어난 사건이 나중에 일어난 사건에 영향을 주지 않기 때문에 처음과 나중의 조건이 같아. 그런데 뽑은 것을 다시 넣지 않는 경우는 처음에 일어난 사건이 나중에 일어난 사건에 영향을 주므로 처음과 나중의 조건이 달라지지! 그러니 어떤 조건인지 잘 확인해야 해!

해당하는 넓이가 도형 전체에서 차지하는 비율!

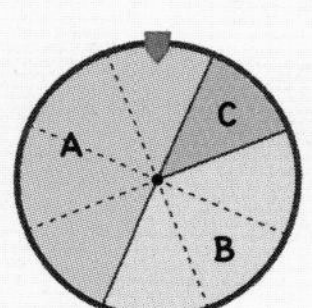

돌림판을 돌린 후 멈췄을 때 바늘이

A 부분에 있게 될 확률은	B 부분에 있게 될 확률은	C 부분에 있게 될 확률은
$\frac{4}{8}=\frac{1}{2}$	$\frac{3}{8}$	$\frac{1}{8}$

08 도형에서의 확률

도형과 관련된 확률의 계산은 모든 경우의 수를 도형 전체의 넓이로 생각해. 또한 어떤 사건이 일어나는 경우의 수는 도형에서 해당하는 부분의 넓이로 생각하면 돼!

$$(\text{도형에서의 확률})=\frac{(\text{사건에서 해당하는 부분의 넓이})}{(\text{도형 전체의 넓이})}$$

01 **어떤 사건이 일어날 가능성!**

확률의 뜻

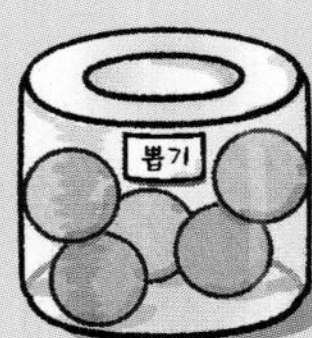

에서 한 개의 공을 임의로 꺼낼 때

각각의 공이 나올 가능성은 모두 같아!

(●을 꺼낼 확률) = (●●) / (●●○○○) = $\frac{2}{5}$

(○을 꺼낼 확률) = (○○○) / (●●○○○) = $\frac{3}{5}$

$$(\text{사건 } A\text{가 일어날 확률})=\frac{(\text{사건 } A\text{가 일어나는 경우의 수})}{(\text{모든 경우의 수})}$$

- **확률:** 같은 조건 아래에서 실험이나 관찰을 여러 번 반복할 때, 어떤 사건이 일어나는 상대도수가 일정한 값에 가까워지면 이 일정한 값을 그 사건이 일어날 확률이라 한다.

참고 확률은 어떤 사건이 일어날 가능성을 수로 나타낸 것으로 보통 분수, 소수, 백분율(%)로 나타낸다.

- **사건 A가 일어날 확률:** 어떤 실험이나 관찰에서 각각의 경우가 일어날 가능성이 모두 같을 때, 일어나는 모든 경우의 수가 n이고 어떤 사건 A가 일어나는 경우의 수가 a이면 사건 A가 일어날 확률 p는

→ $p=\frac{(\text{사건 } A\text{가 일어나는 경우의 수})}{(\text{일어나는 모든 경우의 수})}=\frac{a}{n}$

원리확인 동전 1개를 던질 때, 다음 □ 안에 알맞은 것을 써넣으시오.

❶ 일어나는 모든 경우의 수 → 앞면, □의 □

❷ 앞면이 나오는 경우의 수 → □

❸ (앞면이 나올 확률)

$=\frac{(\square\text{이 나오는 경우의 수})}{(\text{일어나는 모든 경우의 수})}$

$=\frac{\square}{2}$

1st — 확률 구하기(1)

1 모양과 크기가 같은 흰 공 2개, 검은 공 4개가 들어 있는 주머니에서 한 개의 공을 꺼낼 때, 다음을 구하시오.

(1) 흰 공이 나올 확률

(2) 검은 공이 나올 확률

2 한 개의 주사위를 던질 때, 다음을 구하시오.

(1) 홀수의 눈이 나올 확률

(2) 6의 약수의 눈이 나올 확률

3 1부터 10까지의 자연수가 각각 하나씩 적힌 10장의 카드 중에서 한 장을 뽑을 때, 다음을 구하시오.

(1) 카드에 적힌 수가 7 이상일 확률

(2) 카드에 적힌 수가 3의 배수일 확률

동전 한 개를 100번 던졌을 때

앞면이 나오는 확률은 $\frac{1}{2}$이지만

앞면이 나오는 횟수가 항상 50번이 되는 것은 아니다.

2nd 확률 구하기(2)

4 서로 다른 두 개의 동전을 동시에 던질 때, 다음을 구하시오.

(1) 모두 앞면이 나올 확률

(2) 뒷면이 한 개 나올 확률

5 서로 다른 두 개의 주사위를 동시에 던질 때, 다음을 구하시오.

(1) 두 눈의 수가 서로 같을 확률

(2) 두 눈의 수의 합이 9일 확률

(3) 두 눈의 차가 3일 확률

(4) 두 눈의 수의 곱이 15일 확률

내가 발견한 개념 　 한 개의 주사위를 던질 때 경우의 수와 확률을 구해 봐!

모든 경우	1, 2, 3, 4, 5, 6의 □가지
4의 약수의 눈이 나오는 경우	1, □, □의 3가지
4의 약수의 눈이 나올 확률	$\frac{3}{\square}=\frac{1}{\square}$

6 우빈, 하윤, 태연, 하민 4명이 한 줄로 줄을 설 때, 다음을 구하시오.

(1) 우빈이가 맨 앞에 설 확률

(2) 하윤이가 세 번째에 설 확률

(3) 태연이와 하민이가 이웃하게 설 확률

7 1부터 6까지의 자연수가 각각 하나씩 적힌 6장의 카드 중에서 2장의 카드를 뽑아 두 자리 자연수를 만들 때, 다음을 구하시오.

(1) 두 자리 자연수가 홀수일 확률

(2) 두 자리 자연수가 50 이상일 확률

(3) 두 자리 자연수가 8의 배수일 확률

개념모음문제

8 오른쪽 그림은 어느 해 11월의 달력이다. 이 달력에서 무심코 한 날짜를 선택하였을 때, 월요일일 확률은?

11월						
일	월	화	수	목	금	토
1	2	3	4	5	6	7
8	9	10	11	12	13	14
15	16	17	18	19	20	21
22	23	24	25	26	27	28
29	30					

① $\frac{1}{15}$ ② $\frac{1}{10}$ ③ $\frac{2}{15}$
④ $\frac{1}{6}$ ⑤ $\frac{1}{5}$

02 어떤 사건이 일어날 가능성!

확률의 성질

에서 한 개의 공을 임의로 꺼낼 때

●은 절대로 나오지 않아!

(●을 꺼낼 확률) = 0 / (○○○○) = 0

○은 반드시 나와!

(○을 꺼낼 확률) = (○○○○) / (○○○○) = 1

← 작아진다. — 사건이 일어날 가능성이 — 커진다. →

0 ≤ (확률) ≤ 1

절대로 일어나지 않는 **사건의 확률**

반드시 일어나는 **사건의 확률**

• **확률의 성질**

① 어떤 사건이 일어날 확률을 p라 하면 $0 \le p \le 1$

② 반드시 일어나는 사건의 확률은 1이다.

③ 절대로 일어나지 않는 사건의 확률은 0이다.

참고 확률이 커질수록 그 사건이 일어날 가능성은 커지고, 확률이 작아질수록 그 사건이 일어날 가능성은 작아진다.

알렉산더 대왕이 아군보다 훨씬 많은 적군과 싸워야 하는 상황에 몰렸다. 그는 병사들에게 동전을 던져 앞면이 나오면 우리가 승리할 것이라 했다.

병사들은 사기가 올라 그 전투에서 승리했다.
하지만 그 동전은 양쪽이 다 앞면인 동전이었다.
반드시 일어나는 사건으로 확률이 1이었던 것이다.
사기대왕 알렉산더! ㅋㅋㅋ

알렉산더(B.C.356~B.C.323)

1st — 확률의 성질 이해하기

1 서로 다른 두 개의 주사위를 동시에 던질 때, 다음을 구하시오.

(1) 두 눈의 수의 합이 8일 확률

(2) 두 눈의 수의 합이 12 이하일 확률

(3) 두 눈의 수의 합이 1일 확률

2 1부터 9까지의 자연수가 각각 하나씩 적힌 9장의 카드 중에서 한 장을 뽑을 때, 다음을 구하시오.

(1) 카드에 적힌 수가 짝수일 확률

(2) 카드에 적힌 수가 1 이상일 확률

(3) 카드에 적힌 수가 두 자리 자연수일 확률

3 모양과 크기가 같은 흰 구슬 6개, 검은 구슬 2개가 들어 있는 주머니에서 한 개의 공을 꺼낼 때, 다음을 구하시오.

(1) 검은 구슬을 꺼낼 확률

(2) 빨간 구슬을 꺼낼 확률

(3) 흰 구슬 또는 검은 구슬을 꺼낼 확률

4 주머니에 들어 있는 10개의 제비 중 당첨 제비가 다음과 같이 들어 있다. 상자에서 제비 한 개를 뽑을 때, 당첨 제비를 뽑을 확률을 구하시오.

(1) 당첨 제비가 2개인 경우

(2) 당첨 제비가 하나도 없는 경우

(3) 당첨 제비가 10개인 경우

내가 발견한 개념 확률의 성질은?

- 어떤 사건이 일어날 확률을 p라 하면 → $\square \le p \le \square$
- 반드시 일어나는 사건의 확률 → $\square$
- 절대로 일어나지 않는 사건의 확률 → $\square$

• 다음을 구하시오.

5 서로 다른 두 개의 주사위를 동시에 던질 때, 나오는 두 눈의 수의 차가 6일 확률

6 서로 다른 두 개의 동전을 동시에 던질 때, 앞면이 3개 나올 확률

7 이번 달이 9월일 때, 다음 달이 10월일 확률

8 내일이 12월 32일일 확률

9 모양과 크기가 같은 빨간 공 3개, 파란 공 2개가 들어 있는 주머니에서 노란 공을 꺼낼 확률

10 내일 아침 해가 동쪽에서 뜰 확률

개념모음문제

11 다음 중 옳지 않은 것을 모두 고르면? (정답 2개)

① 사건 A가 일어날 확률은 $\dfrac{(\text{사건 } A\text{가 일어나는 경우의 수})}{(\text{일어나는 모든 경우의 수})}$이다.

② 절대로 일어나지 않는 사건의 확률은 0이다.

③ 반드시 일어나는 사건의 확률은 1이다.

④ 일어날 가능성이 큰 사건의 확률은 1보다 클 수도 있다.

⑤ 어떤 사건이 일어날 확률을 p라 하면 $p<1$이다.

03

어떤 사건에 대한 나머지 사건!

어떤 사건이 일어나지 않을 확률

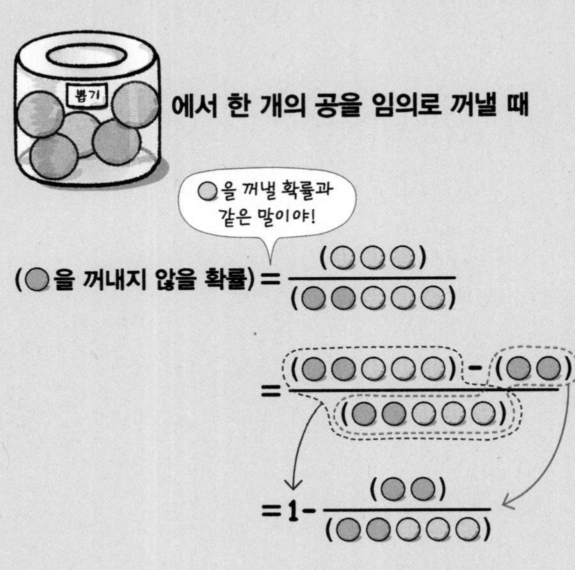

(사건 A가 일어나지 않을 확률) = 1 - (사건 A가 일어날 확률)

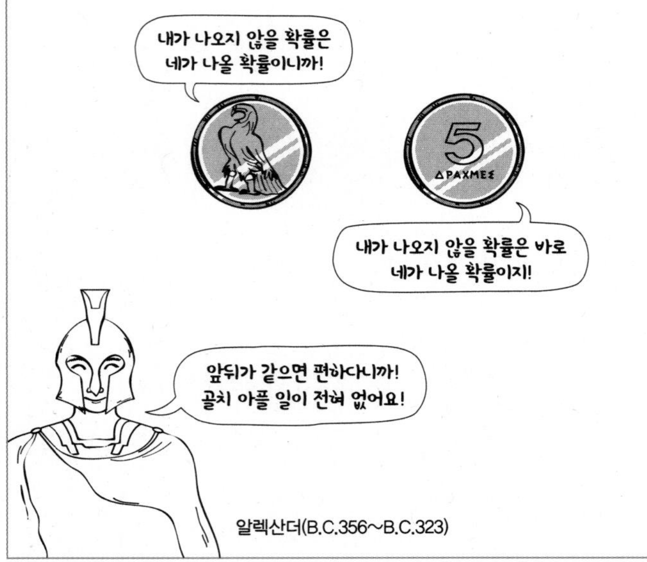

알렉산더(B.C.356~B.C.323)

1st — 어떤 사건이 일어나지 않을 확률 구하기

1 1에서 15까지의 자연수가 각각 하나씩 적힌 15장의 카드 중에서 한 장의 카드를 뽑을 때, 다음을 구하시오.

(1) 카드에 적힌 수가 3의 배수인 경우의 수

(2) 카드에 적힌 수가 3의 배수일 확률

(3) 카드에 적힌 수가 3의 배수가 아닐 확률

2 서로 다른 두 개의 주사위를 동시에 던질 때, 다음을 구하시오.

(1) 서로 같은 눈이 나오는 경우의 수

(2) 서로 같은 눈이 나올 확률

(3) 서로 다른 눈이 나올 확률

• **다음을 구하시오.**

3 세영이가 시험에 합격할 확률이 $\frac{5}{7}$일 때, 불합격할 확률

4 내일 비가 올 확률이 $\frac{1}{3}$일 때, 내일 비가 오지 않을 확률

5 건우가 약속 시간에 늦을 확률이 $\frac{3}{8}$일 때, 약속 시간에 늦지 않을 확률

6 어떤 양궁선수가 과녁의 정중앙을 맞힐 확률이 $\frac{7}{10}$일 때, 이 선수가 과녁의 정중앙을 맞히지 못할 확률

7 서준이가 게임에서 이길 확률이 $\frac{3}{5}$일 때, 서준이가 게임에서 질 확률 (단, 비기는 경우는 없다.)

8 어떤 야구선수가 홈런을 칠 확률이 $\frac{2}{15}$일 때, 이 선수가 홈런을 치지 못할 확률

9 한 개의 주사위를 던질 때, 나온 눈의 수가 5 이상의 눈이 아닐 확률

10 서로 다른 두 개의 주사위를 동시에 던질 때, 두 눈의 수의 합이 10이 아닐 확률

11 2명이 가위바위보를 할 때, 승부가 날 확률

12 A, B, C, D 4명이 한 줄로 설 때, A가 맨 뒤에 서지 않을 확률

13 1부터 50까지의 자연수가 각각 하나씩 적힌 50장의 카드 중에서 한 장의 카드를 뽑을 때, 카드에 적힌 수가 47 이상이 아닐 확률

14 1부터 4까지의 자연수가 각각 하나씩 적힌 4장의 카드 중에서 두 장의 카드를 뽑아 두 자리 자연수를 만들 때, 두 자리 자연수가 20 이상일 확률

내가 발견한 개념 사건이 일어날 확률과 일어나지 않을 확률의 관계는?

사건 A가 일어날 확률을 p, 사건 A가 일어나지 않을 확률을 q라 하면

• $q=1-$ ☐ • $p+q=$ ☐

04 어떤 사건에 대한 나머지 사건!

적어도 ~인 사건의 확률

에서 두 개의 공을 동시에 꺼낼 때

(적어도 하나는 ○색 공을 꺼낼 확률) = (하나만 ○색 공을 꺼낼 확률) + (두 개 모두 ○색 공을 꺼낼 확률)

= {(①③ ②③ ①④ ②④) + (③④)} / (①② ①③ ①④ ②③ ②④ ③④) ($\frac{4\times3}{2}$)

= 1 − (①②) / (①② ①③ ①④ ②③ ②④ ③④)

= 1 − (두 개 모두 ●색 공을 꺼낼 확률)

(적어도 하나는 ~일 확률) = 1 − (모두 ~가 아닐 확률)

원리확인 다음은 서로 다른 동전 2개를 던질 때 적어도 하나는 뒷면이 나올 확률을 구하는 과정이다. □ 안에 알맞은 것을 써넣으시오.

❶ 모든 경우의 수 → $2\times$□$=$□

❷ 모두 앞면이 나오는 경우
→ (앞면, □)의 □가지

❸ 모두 앞면이 나올 확률 → $\frac{\square}{4}$

❹ (적어도 하나는 뒷면이 나올 확률)
$=1-$(모두 □이 나올 확률)
$=1-$□$=$□

1st — 적어도 ~인 사건의 확률 구하기

1 답란에 ○, ×로 표시하는 2개의 문제가 있다. 임의로 각 문제의 답을 할 때, 다음을 구하시오.

(1) 두 문제 모두 틀릴 확률

(2) 적어도 한 문제는 맞힐 확률

2 서로 다른 동전 3개를 동시에 던질 때, 다음을 구하시오.

(1) 모두 뒷면이 나올 확률

(2) 적어도 하나는 앞면이 나올 확률

3 남학생 2명, 여학생 3명 중에서 대표 2명을 뽑을 때, 다음을 구하시오.

(1) 2명 모두 남학생을 뽑을 확률

(2) 적어도 한 명은 여학생을 뽑을 확률

• **다음을 구하시오.**

4 서로 다른 두 개의 주사위를 동시에 던질 때, 적어도 하나는 짝수의 눈이 나올 확률

5 한 개의 주사위를 두 번 던질 때, 적어도 한 번은 소수의 눈이 나올 확률

6 10원짜리, 50원짜리, 100원짜리, 500원짜리 동전 한 개씩을 동시에 던질 때, 적어도 한 개는 앞면이 나올 확률

7 시험에 출제된 5개의 ○, ×문제에 무심코 답할 때, 적어도 한 문제 이상 맞힐 확률

8 A, B, C 세 사람이 가위바위보를 할 때, 적어도 한 사람은 다른 것을 낼 확률

9 여학생 3명, 남학생 3명 중에서 대표 2명을 뽑을 때, 적어도 한 명은 남학생이 뽑힐 확률

→ 여학생 3명, 남학생 3명 중 대표 2명을 뽑는 경우의 수는

$\frac{6\times5}{\square}=\square$

여학생 3명 중 대표 2명을 뽑는 경우의 수는

$\frac{3\times2}{\square}=\square$

이므로 그 확률은 $\frac{\square}{15}=\square$

따라서 적어도 한 명은 남학생이 뽑힐 확률은

$1-\square=\square$

10 모양과 크기가 같은 흰 공 3개, 검은 공 4개가 들어 있는 주머니에서 2개의 공을 동시에 꺼낼 때, 적어도 한 개는 검은 공이 나올 확률

11 3개의 불량품을 포함한 10개의 제품이 들어 있는 상자에서 2개의 제품을 동시에 꺼낼 때, 적어도 한 개의 제품이 불량품일 확률

12 2개의 당첨 제비를 포함한 6개의 제비가 들어 있는 주머니에서 동시에 3개의 제비를 뽑으려 할 때, 적어도 한 개는 당첨 제비일 확률

내가 발견한 개념 적어도 ~인 사건의 확률은?

• (적어도 하나는 A일 확률)$=\square-$(모두 A가 아닐 확률)

05

'또는', '~이거나'는 더하기!

사건 A 또는 사건 B가 일어날 확률

에서 한 개의 공을 임의로 꺼낼 때

(○을 꺼낼 확률) = (○○) / (○○●●●○○) = $\frac{2}{7}$

두 사건은 동시에 일어나지 않아!

(●을 꺼낼 확률) = (●●●) / (○○●●●○○) = $\frac{3}{7}$

따라서

(○ 또는 ●을 꺼낼 확률) = (○을 꺼낼 확률) + (●을 꺼낼 확률)

$=\frac{2}{7}+\frac{3}{7}=\frac{5}{7}$

사건 A와 사건 B가 동시에 일어나지 않을 때

(사건 A 또는 사건 B가 일어날 확률) = (사건 A가 일어날 확률) + (사건 B가 일어날 확률)

- **사건 A 또는 사건 B가 일어날 확률(확률의 덧셈)**
  사건 A와 사건 B가 동시에 일어나지 않을 때
  사건 A가 일어날 확률을 p, 사건 B가 일어날 확률을 q라 하면
  (사건 A 또는 사건 B가 일어날 확률)$=p+q$

원리확인 다음은 1에서 9까지의 자연수가 각각 하나씩 적힌 9장의 카드 중에서 임의로 1장의 카드를 뽑을 때, 홀수 또는 4의 배수가 적힌 카드를 뽑을 확률을 구하는 과정이다. □ 안에 알맞은 수를 써넣으시오.

❶ 모든 경우의 수 → □

❷ 홀수가 적힌 카드를 뽑는 경우의 수 → □

❸ 4의 배수가 적힌 카드를 뽑는 경우의 수 → □

❹ 구하는 확률 → $\frac{\square+\square}{9}=\frac{\square}{9}$

1st — 사건 A 또는 사건 B가 일어날 확률 구하기

1 모양과 크기가 같은 빨간 공 4개, 노란 공 5개, 파란 공 6개가 들어 있는 주머니에서 한 개의 공을 꺼낼 때, 다음을 구하시오.

(1) 빨간 공이 나올 확률

(2) 파란 공이 나올 확률

(3) 빨간 공 또는 파란 공이 나올 확률

2 1부터 30까지의 자연수가 각각 하나씩 적힌 30장의 카드 중에서 한 장을 뽑을 때, 다음을 구하시오.

(1) 카드에 적힌 수가 7의 배수일 확률

(2) 카드에 적힌 수가 9의 배수일 확률

(3) 카드에 적힌 수가 7의 배수 또는 9의 배수일 확률

3 서로 다른 두 개의 주사위를 동시에 던질 때, 다음을 구하시오.

(1) 두 눈의 수의 합이 5일 확률

(2) 두 눈의 수의 합이 8일 확률

(3) 두 눈의 수의 합이 5 또는 8일 확률

(4) 두 눈의 수의 차가 2 또는 5일 확률

(5) 두 눈의 수의 곱이 4 또는 15일 확률

내가 발견한 개념 두 사건 A, B가 동시에 일어나지 않을 때, 사건 A 또는 사건 B가 일어날 확률은?

• 사건 A가 일어날 확률은 p, 사건 B가 일어날 확률을 q라 하면
(사건 A 또는 사건 B가 일어날 확률)$=p$ ◯ q

• **다음을 구하시오.**

4 1부터 15까지의 자연수가 각각 하나씩 적힌 15장의 카드 중에서 한 장의 카드를 뽑을 때, 카드에 적힌 수가 4 이하이거나 13 이상일 확률

5 경품권 200장 중에서 1등은 1장, 2등은 5장, 3등은 30장이 들어 있을 때, 뽑은 한 장의 경품권이 2등 또는 3등 경품권일 확률

6 A, B, C, D 4명이 한 줄로 설 때, D가 맨 앞에 서거나 맨 뒤에 설 확률

7 1, 2, 3, 4, 5의 숫자가 각각 하나씩 적힌 5장의 카드 중에서 2장을 뽑아 두 자리의 정수를 만들 때, 그 수가 20 이하이거나 40 이상일 확률

8 윷놀이에서 4개의 윷가락을 동시에 던질 때, 개 또는 모가 나올 확률
(단, 각 윷가락의 앞면과 뒷면이 나올 확률은 같다.)

개념모음문제

9 오른쪽 그림은 어느 해 9월의 달력이다. 이 달력의 날짜 중에서 하루를 임의로 선택할 때, 선택한 날이 수요일 또는 토요일일 확률은?

9월

일	월	화	수	목	금	토
		1	2	3	4	5
6	7	8	9	10	11	12
13	14	15	16	17	18	19
20	21	22	23	24	25	26
27	28	29	30			

① $\frac{1}{6}$ ② $\frac{1}{5}$ ③ $\frac{7}{30}$
④ $\frac{4}{15}$ ⑤ $\frac{3}{10}$

06

'동시에', '~와', '~그리고'는 곱하기!

사건 A와 사건 B가 동시에 일어날 확률

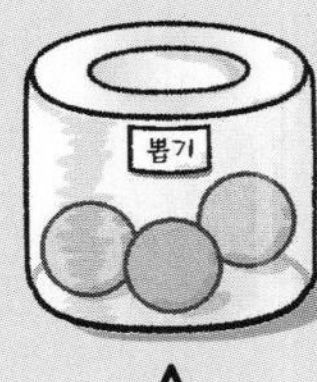

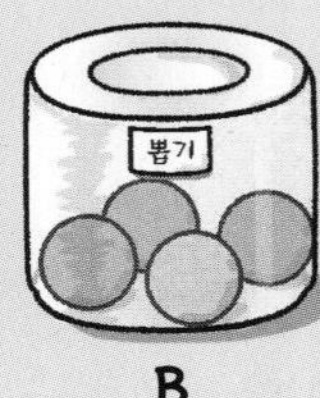

두 주머니에서 공을 각각 한 개씩 임의로 꺼낼 때

(A에서 ○을 꺼낼 확률) = (○○) / (○○○) = $\frac{2}{3}$

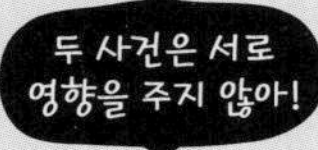

(B에서 ●을 꺼낼 확률) = (●●●) / (○●●●) = $\frac{3}{4}$

따라서

(A에서 ○, B에서 ●을 동시에 꺼낼 확률) = (A에서 ○을 꺼낼 확률) × (B에서 ●을 꺼낼 확률)

$= \frac{2}{3} \times \frac{3}{4} = \frac{1}{2}$

(사건 A와 사건 B가 동시에 일어날 확률) = (사건 A가 일어날 확률) × (사건 B가 일어날 확률)

- **사건 A와 사건 B가 동시에 일어날 확률(확률의 곱셈)**
  사건 A와 사건 B가 서로 영향을 주지 않을 때
  사건 A가 일어날 확률을 p, 사건 B가 일어날 확률을 q라 하면
  (사건 A와 사건 B가 동시에 일어날 확률)$=p\times q$

참고 확률의 곱셈에서 '동시에'라는 말의 뜻은 시간적으로 같은 것뿐만 아니라 사건 A가 일어나는 각각의 경우마다 사건 B가 일어난다는 의미이다.

원리확인 다음은 동전 1개와 주사위 1개를 동시에 던질 때, 동전은 앞면이 나오고 주사위의 눈은 2의 배수가 나올 확률을 구하는 과정이다. □ 안에 알맞은 수를 써넣으시오.

❶ 동전의 앞면이 나올 확률 → □

❷ 주사위의 눈이 2의 배수가 나올 확률

→ $\frac{\square}{6}=\frac{\square}{2}$

❸ 구하는 확률 → $\square\times\frac{1}{2}=\square$

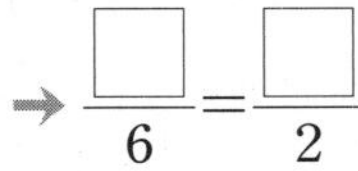

1st – 사건 A와 사건 B가 동시에 일어날 확률 구하기

- 다음을 구하시오.

1 두 농구 선수의 자유투 성공률이 각각 $\frac{9}{10}$, $\frac{8}{9}$일 때, 두 선수 모두 자유투를 성공시킬 확률

2 두 학생이 어떤 문제를 맞힐 확률이 각각 $\frac{4}{5}$, $\frac{5}{8}$일 때, 두 학생이 모두 문제를 맞힐 확률

3 내일 비가 올 확률은 $\frac{1}{3}$, 모레 비가 올 확률은 $\frac{3}{5}$일 때, 내일과 모레 연속으로 비가 올 확률

4 어느 야구팀의 두 선수가 안타칠 확률이 각각 $\frac{3}{10}$, $\frac{1}{5}$일 때, 두 선수 모두 안타를 칠 확률

5 서로 다른 주사위 A, B를 동시에 던질 때, A 주사위의 눈은 짝수이고 B 주사위의 눈은 소수일 확률

6 A, B 두 사람이 가위바위보를 할 때, 두 사람 모두 바위를 낼 확률

7 A 주머니에는 모양과 크기가 같은 흰 공 2개, 검은 공 3개가 들어 있고, B 주머니에는 모양과 크기가 같은 흰 공 4개, 검은 공 3개가 들어 있다. 두 주머니에서 공을 각각 한 개씩 꺼낼 때, 다음을 구하시오.

(1) A 주머니에서 흰 공, B 주머니에서 검은 공을 꺼낼 확률

(2) 두 공 모두 흰 공일 확률

(3) 적어도 하나는 검은 공일 확률

8 어떤 시험에서 A, B가 합격할 확률이 각각 $\frac{2}{3}$, $\frac{3}{5}$일 때, 다음을 구하시오.

(1) 두 사람 모두 합격할 확률

(2) 두 사람 모두 불합격할 확률

(3) 적어도 한 사람은 합격할 확률

두 사건 A, B가 서로 영향을 주지 않을 때, 사건 A와 사건 B가 동시에 일어날 확률은?

사건 A가 일어날 확률을 p, 사건 B가 일어날 확률을 q라 하면

- (사건 A와 사건 B가 동시에 일어날 확률)$=p$ ◯ q
- (두 사건 A, B 중 적어도 하나가 일어날 확률)
  $=1-$(두 사건 A, B가 모두 일어나지 않을 확률)
  $=1-$(   )(   )

9 명중률이 각각 $\frac{7}{10}$, $\frac{7}{9}$인 두 양궁 선수 A, B가 화살을 한 번씩 쏠 때, 다음을 구하시오.

(1) 두 사람 모두 명중할 확률

(2) 두 사람 모두 명중하지 못할 확률

(3) 적어도 한 사람은 명중할 확률

10 20개의 제비 중 5개의 당첨 제비가 들어 있는 주머니에서 다영이가 먼저 한 개를 뽑아 확인하고 다시 넣은 후 하윤이가 한 개를 뽑을 때, 다음을 구하시오.

(1) 다영이만 당첨 제비를 뽑을 확률

(2) 두 사람 모두 당첨 제비를 뽑지 못할 확률

(3) 적어도 한 명은 당첨 제비를 뽑을 확률

개념모음문제

11 A 주머니에는 빨간 공 3개, 파란 공 4개가 들어 있고, B 주머니에는 빨간 공 5개, 파란 공 1개가 들어 있다. A, B 두 주머니에서 각각 한 개의 공을 꺼낼 때, 서로 다른 색의 공을 꺼낼 확률은?

① $\frac{7}{14}$　② $\frac{23}{42}$　③ $\frac{25}{42}$
④ $\frac{9}{14}$　⑤ $\frac{29}{42}$

07 처음과 나중의 조건이 같거나, 다르거나!

연속하여 뽑는 경우의 확률

에서 공을 한 개씩 연속하여 두 번 꺼낼 때

❶ 뽑은 것을 다시 넣는 경우

(두 개 모두 ○을 꺼낼 확률) = (첫 번째에서 ○을 꺼낼 확률) × (두 번째에서 ○을 꺼낼 확률)

= (○○○)/(●●○○○) × (○○○)/(●●○○○) 조건이 같아!

$=\frac{3}{5}\times\frac{3}{5}=\frac{9}{25}$

❷ 뽑은 것을 다시 넣지 않는 경우

(두 개 모두 ○을 꺼낼 확률) = (첫 번째에서 ○을 꺼낼 확률) × (두 번째에서 ○을 꺼낼 확률)

= (○○○)/(●●○○○) × (○○)/(●●○○) 조건이 달라!

$=\frac{3}{5}\times\frac{2}{4}=\frac{3}{10}$

- **뽑은 것을 다시 넣는 경우**
  처음에 일어난 사건이 나중에 일어난 사건에 영향을 주지 않는다.
  → 처음과 나중의 조건이 같다.
- **뽑은 것을 다시 넣지 않는 경우**
  처음에 일어난 사건이 나중에 일어난 사건에 영향을 준다.
  → 처음과 나중의 조건이 다르다.

참고 꺼낸 것을 다시 넣고 뽑는 것을 복원 추출, 다시 넣지 않고 뽑는 것을 비복원 추출이라 한다.

1st 뽑은 것을 다시 넣는 경우의 확률 구하기

1 오른쪽 그림과 같이 모양과 크기가 같은 노란 공 3개, 빨간 공 5개가 들어 있는 상자에서 공 1개를 꺼내 확인하고, 넣은 후 다시 1개를 꺼낼 때, 다음을 구하시오.

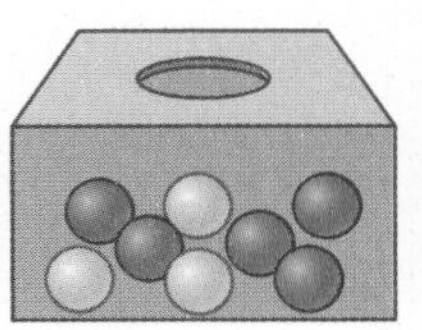

(1) 두 번 모두 노란 공이 나올 확률

(2) 두 번 모두 빨간 공이 나올 확률

(3) 같은 색의 공이 나올 확률

(4) 처음에는 노란 공, 두 번째는 빨간 공이 나올 확률

(5) 적어도 한 번은 노란 공이 나올 확률

2 10개의 제비 중 2개의 당첨 제비가 들어 있는 상자에서 A, B가 차례대로 한 개씩 제비를 뽑을 때, 다음을 구하시오.
(단, 뽑은 제비는 다시 넣는다.)

(1) A, B 모두 당첨될 확률

(2) A, B 모두 당첨되지 않을 확률

(3) A만 당첨될 확률

(4) B만 당첨될 확률

(5) 한 명만 당첨될 확률

(6) 적어도 한 명은 당첨될 확률

2nd 뽑은 것을 다시 넣지 않는 경우의 확률 구하기

3 오른쪽 그림과 같이 모양과 크기가 같은 노란 공 3개, 빨간 공 5개가 들어 있는 상자에서 공을 1개씩 두 번 꺼낼 때, 다음을 구하시오. (단, 꺼낸 공은 다시 넣지 않는다.)

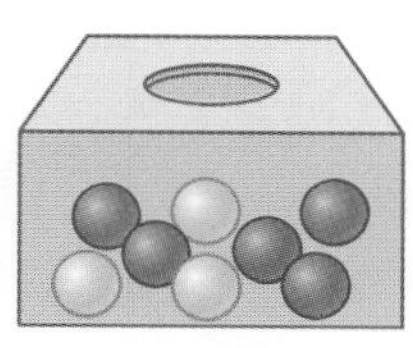

(1) 두 번 모두 노란 공이 나올 확률

(2) 두 번 모두 빨간 공이 나올 확률

(3) 같은 색의 공이 나올 확률

(4) 처음에는 노란 공, 두 번째는 빨간 공이 나올 확률

(5) 적어도 한 번은 노란 공이 나올 확률

4 10개의 제비 중 2개의 당첨 제비가 들어 있는 상자에서 A, B가 차례로 1개씩 제비를 뽑을 때, 다음을 구하시오.

(단, 뽑은 제비는 다시 넣지 않는다.)

(1) A, B 모두 당첨될 확률

(2) A, B 모두 당첨되지 않을 확률

(3) A만 당첨될 확률

(4) B만 당첨될 확률

(5) 한 명만 당첨될 확률

(6) 적어도 한 명은 당첨될 확률

내가 발견한 개념 연속하여 뽑는 경우의 확률은?

- 뽑은 것을 다시 넣는 경우
  → 처음에 뽑은 것을 나중에 다시 뽑을 수 있으므로 처음과 나중의 조건이 (같다 , 다르다).
- 뽑은 것을 다시 넣지 않는 경우
  → 처음에 뽑은 것을 나중에 다시 뽑을 수 없으므로 처음과 나중의 조건이 (같다 , 다르다).

08 해당하는 넓이가 도형 전체에서 차지하는 비율!

도형에서의 확률

돌림판을 돌린 후 바늘이 멈췄을 때

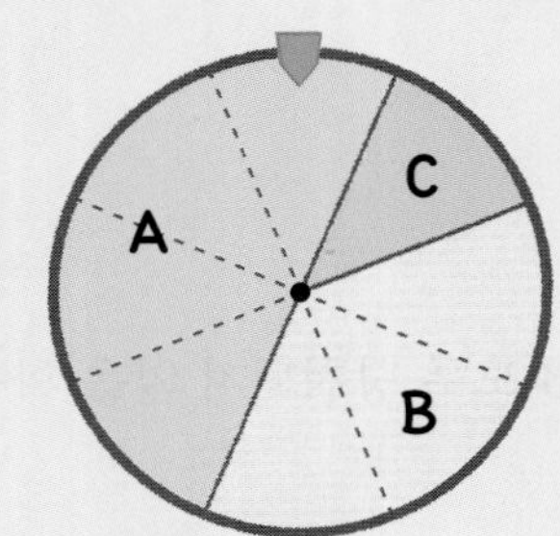

A부분에 있게 될 확률은	B부분에 있게 될 확률은	C부분에 있게 될 확률은
$\frac{4}{8}=\frac{1}{2}$	$\frac{3}{8}$	$\frac{1}{8}$

$$(\text{도형에서의 확률})=\frac{(\text{사건에 해당하는 부분의 넓이})}{(\text{도형 전체의 넓이})}$$

• 도형과 관련된 확률의 계산에서 모든 경우의 수는 도형 전체의 넓이로, 어떤 사건이 일어나는 경우의 수는 도형에서 사건에 해당하는 부분의 넓이로 생각한다.

1st 도형에서의 확률 구하기

1 오른쪽 그림과 같이 8등분된 원판에 1부터 8까지의 숫자가 각각 하나씩 적혀 있다. 이 원판에 1개의 화살을 쏠 때, 다음을 구하시오. (단, 화살이 원판을 벗어나거나 경계선에 맞는 경우는 없다.)

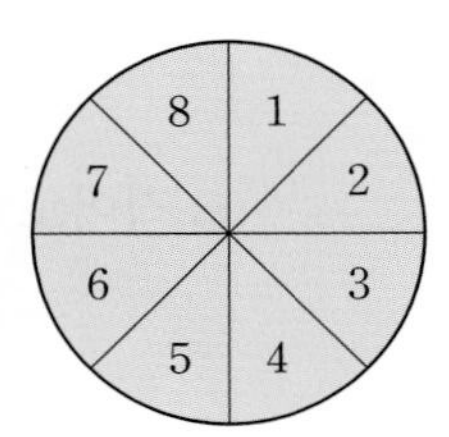

(1) 소수가 적힌 부분을 맞힐 확률

(2) 7의 약수가 적힌 부분을 맞힐 확률

2 다음 그림과 같이 5등분된 두 원판이 있다. 이 두 원판을 한 번 돌린 후 멈췄을 때, 다음을 구하시오. (단, 바늘이 경계선에 멈추는 경우는 생각하지 않는다.)

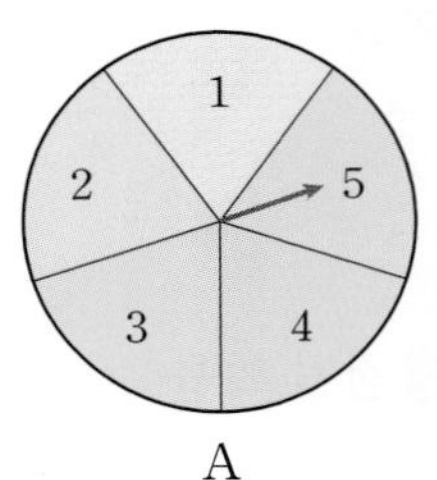

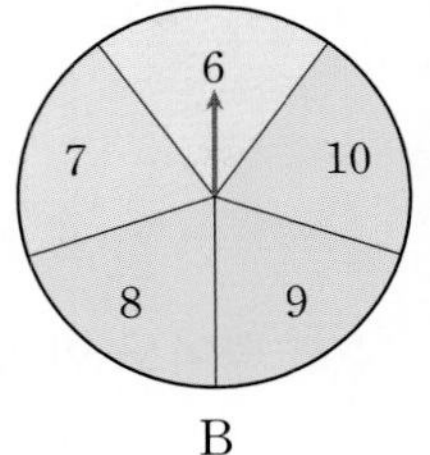

(1) 두 바늘 모두 짝수를 가리킬 확률

(2) 두 바늘 모두 소수를 가리킬 확률

개념모음문제

3 오른쪽 그림과 같이 중심이 같고 반지름의 길이가 각각 1, 2, 3인 세 원으로 이루어진 원판이 있다. 이 원판에 화살을 한 발 쏠 때, 색칠한 부분을 맞힐 확률은? (단, 화살이 원판을 벗어나거나 경계선을 맞히는 경우는 없다.)

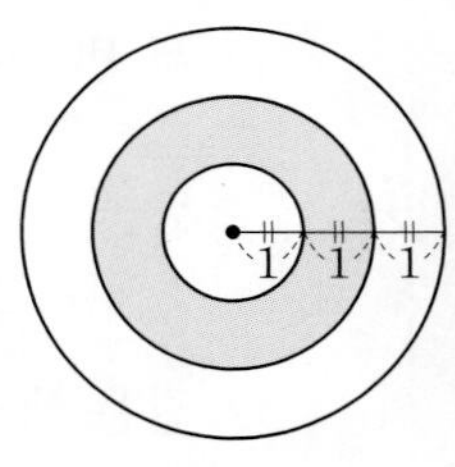

① $\frac{2}{9}$　② $\frac{1}{3}$　③ $\frac{5}{9}$　④ $\frac{2}{3}$　⑤ $\frac{7}{9}$

TEST 11. 확률과 그 계산

1 다음 중 옳은 것을 모두 고르면? (정답 2개)

① 어떤 사건이 일어날 확률을 p라 하면 $0<p<1$이다.

② 어떤 사건이 일어날 확률을 p, 일어나지 않을 확률을 q라 하면 $p=1-q$가 성립한다.

③ 절대 일어날 수 없는 사건의 확률은 0이다.

④ 사건이 일어날 가능성이 많으면 $p>1$이다.

⑤ 주사위를 던질 때, 음수의 눈이 나올 확률은 1이다.

2 A, B 두 개의 주사위를 동시에 던질 때, 두 눈의 수의 합이 6의 배수가 될 확률을 구하시오.

3 세영이와 우빈이가 가위바위보를 할 때, 첫 번째는 비기고 두 번째는 세영이가 이길 확률은?

① $\frac{1}{9}$ ② $\frac{2}{9}$ ③ $\frac{1}{3}$
④ $\frac{4}{9}$ ⑤ $\frac{5}{9}$

4 어떤 시험에서 A, B, C 세 사람이 합격할 확률이 각각 $\frac{1}{3}$, $\frac{1}{4}$, $\frac{1}{5}$이라 할 때, 세 사람 중에서 적어도 한 명은 합격할 확률은?

① $\frac{1}{60}$ ② $\frac{1}{10}$ ③ $\frac{2}{5}$
④ $\frac{3}{5}$ ⑤ $\frac{11}{15}$

5 주머니 속에 흰 구슬이 6개, 검은 구슬이 3개 들어 있다. 이 주머니에서 1개씩 연속하여 두 번 구슬을 꺼낼 때, 두 번 모두 검은 구슬일 확률은?
(단, 꺼낸 구슬은 다시 넣지 않는다.)

① $\frac{1}{12}$ ② $\frac{1}{9}$ ③ $\frac{2}{9}$
④ $\frac{1}{4}$ ⑤ $\frac{5}{12}$

6 오른쪽 그림과 같이 16개의 정사각형으로 이루어진 표적에 화살을 두 번 쏘았을 때, 두 번 모두 색칠한 부분을 맞힐 확률을 구하시오. (단, 화살이 표적을 벗어나거나 경계선 위에 맞는 경우는 없다.)

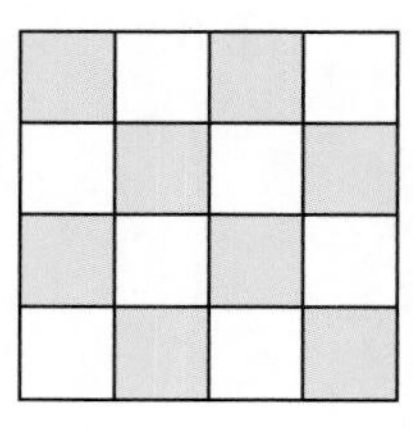

대단원

TEST Ⅳ. 확률

1 서로 다른 두 개의 주사위를 동시에 던질 때, 두 눈의 합이 9인 경우의 수는?

① 1 ② 2 ③ 3 ④ 4 ⑤ 5

2 빨간 구슬 3개, 파란 구슬 2개, 노란 구슬 5개가 든 주머니에서 한 개의 구슬을 뽑을 때, 빨간 구슬 또는 파란 구슬이 나오는 경우의 수는?

① 1 ② 3 ③ 5 ④ 7 ⑤ 9

3 오른쪽 그림과 같은 길이 있을 때, A 지점에서 C 지점까지 가는 방법의 수는?

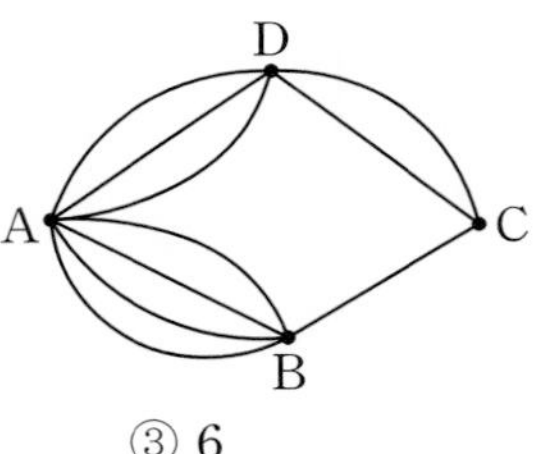

① 2 ② 4 ③ 6 ④ 8 ⑤ 10

4 혜나, 원근, 형균, 현선, 영아를 한 줄로 세울 때, 원근이와 현선이가 양 끝에 서는 경우의 수는?

① 6 ② 8 ③ 10 ④ 12 ⑤ 14

5 5개의 문자 L, U, C, A, S를 한 줄로 나열할 때, 자음끼리 이웃하는 경우의 수는?

① 6 ② 24 ③ 36 ④ 48 ⑤ 120

6 0, 1, 3, 5, 7, 9가 각각 하나씩 적힌 6장의 카드 중에서 3장을 뽑아 세 자리 자연수를 만들 때 만들 수 있는 5의 배수의 개수는?

① 32 ② 36 ③ 40 ④ 60 ⑤ 100

7 오른쪽 그림과 같은 정오각형이 있다. 두 점을 이어 만들 수 있는 선분의 개수를 a, 세 점을 이어 만들 수 있는 삼각형의 개수를 b라 할 때, $a+b$의 값은?

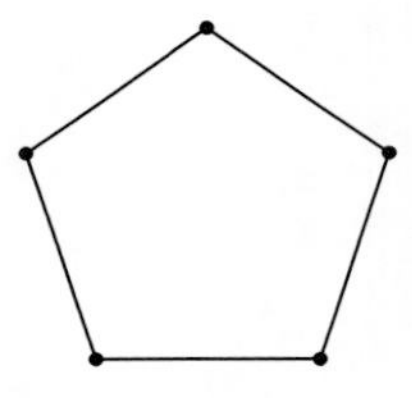

① 5 ② 10 ③ 15 ④ 20 ⑤ 25

8 서로 다른 세 개의 동전을 동시에 던질 때, 세 동전이 모두 같은 면이 나올 확률은?

① $\frac{1}{8}$ ② $\frac{1}{4}$ ③ $\frac{3}{8}$ ④ $\frac{1}{2}$ ⑤ $\frac{5}{8}$

9 사건 A가 일어날 확률을 p라 할 때, 다음 중 옳지 않은 것은?

① $0<p<1$
② $p=\frac{(\text{사건 A가 일어나는 경우의 수})}{(\text{모든 경우의 수})}$
③ (사건 A가 일어나지 않을 확률)$=1-p$
④ 반드시 일어나는 사건의 확률은 1이다.
⑤ 절대로 일어나지 않는 사건의 확률은 0이다.

10 세 개의 주사위를 동시에 던질 때, 적어도 하나는 홀수의 눈이 나올 확률은?

① $\frac{1}{2}$ ② $\frac{5}{8}$ ③ $\frac{3}{4}$
④ $\frac{7}{8}$ ⑤ 1

11 모양과 크기가 같은 빨간 공 1개, 노란 공 2개, 파란 공 3개, 흰 공 4개가 들어 있는 주머니에서 한 개의 공을 꺼낼 때, 빨간 공 또는 파란 공이 나올 확률은?

① $\frac{1}{10}$ ② $\frac{3}{10}$ ③ $\frac{1}{3}$
④ $\frac{2}{5}$ ⑤ $\frac{1}{2}$

12 모양과 크기가 같은 빨간 공 5개, 노란 공 7개가 들어 있는 주머니에서 공을 한 개씩 연속하여 두 번 꺼낼 때, 서로 같은 색의 공을 꺼낼 확률은?

(단, 꺼낸 공은 다시 넣지 않는다.)

① $\frac{61}{132}$ ② $\frac{31}{66}$ ③ $\frac{21}{44}$
④ $\frac{16}{33}$ ⑤ $\frac{65}{132}$

13 서로 다른 소설책 4권, 서로 다른 시집 2권이 있다. 금요일, 토요일, 일요일에 책을 한 권씩 읽는 경우의 수를 a라 하자. 또 금요일에 시집 1권을 읽고, 토요일과 일요일에 소설책을 1권씩 읽는 경우의 수를 b라 할 때, $a+b$의 값은?

① 72 ② 96 ③ 120
④ 144 ⑤ 150

14 어떤 시험에서 A, B가 합격할 확률이 각각 $\frac{2}{3}$, $\frac{2}{5}$일 때, A, B가 모두 불합격할 확률은?

① $\frac{1}{15}$ ② $\frac{2}{15}$ ③ $\frac{1}{5}$
④ $\frac{4}{15}$ ⑤ $\frac{1}{3}$

15 오른쪽 그림과 같이 원주를 6등분 하는 점 A, B, C, D, E, F가 있다. 이들 중 세 점을 이어 삼각형을 만들 때, 정삼각형이 될 확률은?

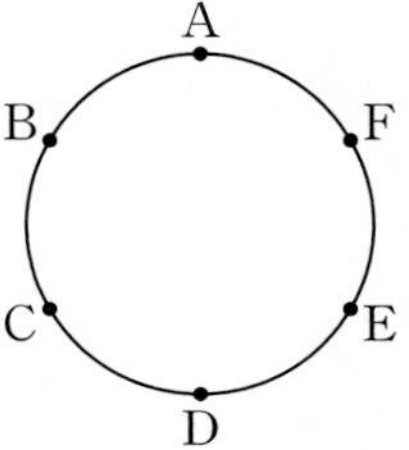

① $\frac{1}{20}$ ② $\frac{1}{10}$ ③ $\frac{3}{20}$
④ $\frac{1}{5}$ ⑤ $\frac{1}{4}$

빠른 정답

1 이등변삼각형

01 이등변삼각형 10쪽

원리확인 ㄱ, ㄷ, ㄹ

1 (1) 120 (2) 15 (3) 30
2 (1) 50 (2) 10 (3) 65
3 (1) 90 (2) 11 (3) 45 4 9 5 12
6 5 7 11 8 8 9 7
10 13 11 6 ☺ 길이

02 이등변삼각형의 성질(1) 12쪽

원리확인 $\overline{AC}$, ∠CAD, $\overline{AD}$, SAS, ∠C

1 (✎ C, 70) 2 35° 3 64°
4 (✎ 110, 70, 70) 5 125° 6 62°
7 (✎ 120, 60, 60)
8 $\angle x=40°$, $\angle y=100°$
9 $\angle x=70°$, $\angle y=110°$
10 $\angle x=48°$, $\angle y=132°$

03 이등변삼각형의 성질(2) 14쪽

원리확인 $\overline{AC}$, ∠CAD, $\overline{AD}$, SAS, =, 90, ⊥

1 (✎ $\overline{CD}$, 8) 2 10 3 11
4 (✎ ⊥, 90) 5 57° 6 36°
7 65° 8 (✎ 이등분선, DAC, 23)
9 30° 10 ④

04 이등변삼각형이 되는 조건 16쪽

원리확인 ∠CAD, ∠ADC, $\overline{AD}$, ASA, $\overline{AC}$

1 $\overline{BC}$ 2 $\overline{AC}$ 3 $\overline{BC}$ 4 $\overline{AC}$
5 9 6 8 7 11 8 7
☺ 내각 9 12 10 15 11 10
12 ③

05 이등변삼각형의 성질의 활용 18쪽

1 (✎ 42, 69, 69, 27)
2 $\angle x=70°$, $\angle y=30°$ 3 $\angle x=71°$, $\angle y=33°$
4 $\angle x=50°$, $\angle y=15°$ 5 $\angle x=65°$, $\angle y=50°$
6 (✎ 40, 70, 70, 35, 35, 75)
7 $\angle x=34°$, $\angle y=78°$
8 $\angle x=40°$, $\angle y=105°$
9 $\angle x=25°$, $\angle y=75°$
10 $\angle x=31°$, $\angle y=87°$
11 (✎ DCA, 28, 28, 56, 56, 62)
12 $\angle x=100°$, $\angle y=50°$
13 $\angle x=72°$, $\angle y=54°$
14 $\angle x=124°$, $\angle y=28°$
15 $\angle x=100°$, $\angle y=40°$
16 $\angle x=112°$, $\angle y=34°$
17 (✎ ABC, 40, 40, 80, 80, 80, 120)
18 60° 19 105° 20 41°

21 (✎ ACB, 72, 54, 54, 126, 63, 54, 27, 63, 27, 36) 22 22° 23 18°
24 (✎ DBA, 52, 52, 52, 76) 25 36°
26 150° 27 66°

06 직각삼각형의 합동 조건 22쪽

1 (✎ F, $\overline{DE}$, D, RHA)
2 △ABC≡△EFD (RHA 합동)
3 △ABC≡△DFE (RHA 합동)
4 △ABC≡△EDF (RHA 합동)
5 (✎ E, $\overline{DF}$, $\overline{EF}$, RHS)
6 △ABC≡△EFD (RHS 합동)
7 △ABC≡△FDE (RHS 합동)
8 △ABC≡△EFD (RHS 합동)
9 △GHI≡△MON (RHS 합동)
10 △ABC≡△QRP (RHA 합동)
11 △JKL≡△TUS (RHA 합동)
12 △DEF≡△VXW (RHS 합동)
13 14 15 16 ①

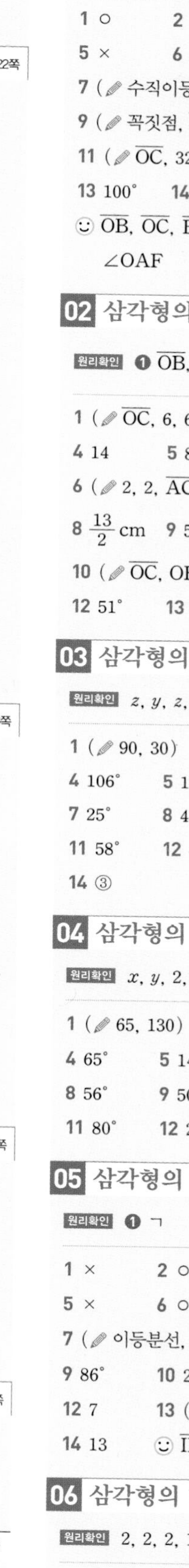

17 6 18 5 19 60 20 35
21 8 22 6 ☺ 직각, 빗변, A, S
23 ③

07 직각삼각형의 합동 조건의 활용 26쪽

1 (✎ BCE, BCE, RHA, $\overline{EC}$, 10, 8, 18)
2 15 3 15 4 3 5 13
6 10 7 14 8 9 9 ③
10 (✎ 90, $\overline{CD}$, $\overline{DF}$, FCD, RHS, C, 70, 55)
11 58 12 40 13 84 14 28
15 30 16 68 17 37 18 ④
19 (✎ 90, $\overline{AD}$, $\overline{AE}$, AED, RHS, BAD, x, 180, 26)
20 22 21 10 22 50 23 60
24 63 25 ③

08 각의 이등분선의 성질 30쪽

1 5 2 7 3 4
4 $x=5$, $y=8$ 5 $x=4$, $y=6$
6 $x=1$, $y=1$ 7 33 8 65
9 28 10 55 ☺ 이등분선, 거리
11 ③

09 각의 이등분선의 활용 32쪽

1 8 2 11 3 $x=4$, $y=4$
4 $x=5$, $y=5$ 5 112 cm^2 6 40 cm^2

TEST 1. 이등변삼각형 33쪽

1 ④ 2 ③ 3 ③
4 ⑤ 5 162 6 67.5°

2 삼각형의 외심과 내심

01 삼각형의 외심 36쪽

원리확인 ❶ ㄴ ❷ ㄷ ❸ ㄴ, ㄷ

1 ○ 2 × 3 ○ 4 ○
5 × 6 ○
7 (✎ 수직이등분선, $\overline{CD}$, 7, 7) 8 16
9 (✎ 꼭짓점, $\overline{OB}$, 4, 4) 10 10
11 (✎ $\overline{OC}$, 32) 12 120°
13 100° 14 35°
☺ $\overline{OB}$, $\overline{OC}$, $\overline{BD}$, $\overline{CE}$, $\overline{AF}$, ∠OBD, ∠OCE, ∠OAF

02 삼각형의 외심의 위치 38쪽

원리확인 ❶ $\overline{OB}$, $\frac{1}{2}$ ❷ OBA ❸ OCA

1 (✎ $\overline{OC}$, 6, 6) 2 5 3 4
4 14 5 8
6 (✎ 2, 2, $\overline{AC}$, 12) 7 4 cm
8 $\frac{13}{2}$ cm 9 5 cm ☺ c
10 (✎ $\overline{OC}$, OBC, 30, 30, 60) 11 112°
12 51° 13 57° ☺ b, a, 90, $2b$, $2a$

03 삼각형의 외심의 응용(1) 40쪽

원리확인 z, y, z, 2, 180, 90

1 (✎ 90, 30) 2 25° 3 132°
4 106° 5 144° ☺ 90 6 26°
7 25° 8 43° 9 40° 10 68°
11 58° 12 42° 13 116° ☺ y, z
14 ③

04 삼각형의 외심의 응용(2) 42쪽

원리확인 x, y, 2, 2, 2, 2

1 (✎ 65, 130) 2 90° 3 59°
4 65° 5 140° 6 110° 7 60°
8 56° 9 50° ☺ A 10 140°
11 80° 12 20° 13 25°

05 삼각형의 내심 44쪽

원리확인 ❶ ㄱ ❷ ㄹ ❸ ㄱ, ㄹ

1 × 2 ○ 3 × 4 ○
5 × 6 ○
7 (✎ 이등분선, ICA, 24) 8 31°
9 86° 10 21° 11 (✎ 변, $\overline{IF}$, 8, 8)
12 7 13 (✎ IBD, $\overline{BD}$, 10, 10)
14 13 ☺ $\overline{IE}$, $\overline{IF}$, ∠IAF, ∠IBE, ∠ICF

06 삼각형의 내심의 응용(1) 46쪽

원리확인 2, 2, 2, 180, 90

1 (✎ 90, 25) 2 30° 3 17°
4 19° 5 66° ☺ 90 6 42°

5 (1) (✏5, 1, 5, 4, 2, 8, 5, 8, 13) (2) 12 (3) 10 (4) 9

☺ $n-1$, $n-1$

07 자격이 다른 대표를 뽑는 경우의 수 236쪽

원리확인 ❶ 4 ❷ 3 ❸ 4, 3, 12

1 (1) 12 (2) 24 2 (1) 12 (2) 24

3 (1) 12 (2) 24

4 (1) 20 (2) 60 (3) 120

5 (1) 20 (2) 60 (3) 120

☺ n, $n-1$, n, $n-1$, $n-2$

6 120 7 42 8 56 9 504

10 ③

08 자격이 같은 대표를 뽑는 경우의 수 238쪽

원리확인 B, A, 3, 2, 6

1 (1) 6 (2) (✏4) 2 (1) 6 (2) 4

3 (1) 6 (2) 4 4 (1) 10 (2) 10 (3) 6

5 (1) 10 (2) 10 (3) 6

☺ $n-1$, 2, $n-1$, $n-2$, 3

6 15 7 20 8 35 9 56

10 ④

11 (1) (✏3, 2, 6) (2) (✏3, 2, 4)

12 (1) 10 (2) 10

13 (1) (✏2, 3, 2, 6) (2) (✏3, 2, 4)

14 (1) 15 (2) 20

☺ $n-1$, 2, $n-1$, $n-2$, 2, 1

TEST 10. 경우의 수 241쪽

1 ① 2 7 3 ⑤

4 24 5 ③ 6 ③

11 확률과 그 계산

01 확률의 뜻 244쪽

원리확인 ❶ 뒷면, 2 ❷ 1 ❸ 앞면, 1

1 (1) $\frac{1}{3}$ (2) $\frac{2}{3}$ 2 (1) $\frac{1}{2}$ (2) $\frac{2}{3}$

3 (1) $\frac{2}{5}$ (2) $\frac{3}{10}$ 4 (1) $\frac{1}{4}$ (2) $\frac{1}{2}$

5 (1) $\frac{1}{6}$ (2) $\frac{1}{9}$ (3) $\frac{1}{6}$ (4) $\frac{1}{18}$

☺ 6, 2, 4, 6, 2 6 (1) $\frac{1}{4}$ (2) $\frac{1}{4}$ (3) $\frac{1}{2}$

7 (1) $\frac{1}{2}$ (2) $\frac{1}{3}$ (3) $\frac{1}{6}$ 8 ④

02 확률의 성질 246쪽

1 (1) $\frac{5}{36}$ (2) 1 (3) 0 2 (1) $\frac{4}{9}$ (2) 1 (3) 0

3 (1) $\frac{1}{4}$ (2) 0 (3) 1 4 (1) $\frac{1}{5}$ (2) 0 (3) 1

☺ 0, 1, 1, 0 5 0 6 0

7 1 8 0 9 0 10 1

11 ④, ⑤

03 어떤 사건이 일어나지 않을 확률 248쪽

1 (1) 5 (2) $\frac{1}{3}$ (3) $\frac{2}{3}$ 2 (1) 6 (2) $\frac{1}{6}$ (3) $\frac{5}{6}$

3 $\frac{2}{7}$ 4 $\frac{2}{3}$ 5 $\frac{5}{8}$ 6 $\frac{3}{10}$

7 $\frac{2}{5}$ 8 $\frac{13}{15}$ 9 $\frac{2}{3}$ 10 $\frac{11}{12}$

11 $\frac{2}{3}$ 12 $\frac{3}{4}$ 13 $\frac{23}{25}$ 14 $\frac{3}{4}$

☺ p, 1

04 적어도 ~인 사건의 확률 250쪽

원리확인 ❶ 2, 4 ❷ 앞면, 1

❸ 1 ❹ 앞면, $\frac{1}{4}$, $\frac{3}{4}$

1 (1) $\frac{1}{4}$ (2) $\frac{3}{4}$ 2 (1) $\frac{1}{8}$ (2) $\frac{7}{8}$

3 (1) $\frac{1}{10}$ (2) $\frac{9}{10}$ 4 $\frac{3}{4}$ 5 $\frac{3}{4}$

6 $\frac{15}{16}$ 7 $\frac{31}{32}$ 8 $\frac{8}{9}$

9 (✏2, 15, 2, 3, 3, $\frac{1}{5}$, $\frac{1}{5}$, $\frac{4}{5}$) 10 $\frac{6}{7}$

11 $\frac{8}{15}$ 12 $\frac{4}{5}$ ☺ 1

05 사건 A 또는 사건 B가 일어날 확률 252쪽

원리확인 ❶ 9 ❷ 5 ❸ 2 ❹ 5, 2, 7

1 (1) $\frac{4}{15}$ (2) $\frac{2}{5}$ (3) $\frac{2}{3}$

2 (1) $\frac{2}{15}$ (2) $\frac{1}{10}$ (3) $\frac{7}{30}$

3 (1) $\frac{1}{9}$ (2) $\frac{5}{36}$ (3) $\frac{1}{4}$ (4) $\frac{5}{18}$ (5) $\frac{5}{36}$

☺ + 4 $\frac{7}{15}$ 5 $\frac{7}{40}$ 6 $\frac{1}{2}$

7 $\frac{3}{5}$ 8 $\frac{7}{16}$ 9 ⑤

06 사건 A와 사건 B가 동시에 일어날 확률 254쪽

원리확인 ❶ $\frac{1}{2}$ ❷ 3, 1 ❸ $\frac{1}{2}$, $\frac{1}{4}$

1 $\frac{4}{5}$ 2 $\frac{1}{2}$ 3 $\frac{1}{5}$ 4 $\frac{3}{50}$

5 $\frac{1}{4}$ 6 $\frac{1}{9}$

7 (1) $\frac{6}{35}$ (2) $\frac{8}{35}$ (3) $\frac{27}{35}$

8 (1) $\frac{2}{5}$ (2) $\frac{2}{15}$ (3) $\frac{13}{15}$

☺ ×, $1-p$, $1-q$

9 (1) $\frac{49}{90}$ (2) $\frac{1}{15}$ (3) $\frac{14}{15}$

10 (1) $\frac{3}{16}$ (2) $\frac{9}{16}$ (3) $\frac{7}{16}$ 11 ②

07 연속하여 뽑는 경우의 확률 256쪽

1 (1) $\frac{9}{64}$ (2) $\frac{25}{64}$ (3) $\frac{17}{32}$ (4) $\frac{15}{64}$ (5) $\frac{39}{64}$

2 (1) $\frac{1}{25}$ (2) $\frac{16}{25}$ (3) $\frac{4}{25}$ (4) $\frac{4}{25}$

(5) $\frac{8}{25}$ (6) $\frac{9}{25}$

3 (1) $\frac{3}{28}$ (2) $\frac{5}{14}$ (3) $\frac{13}{28}$ (4) $\frac{15}{56}$ (5) $\frac{9}{14}$

4 (1) $\frac{1}{45}$ (2) $\frac{28}{45}$ (3) $\frac{8}{45}$ (4) $\frac{8}{45}$

(5) $\frac{16}{45}$ (6) $\frac{17}{45}$

☺ 같다, 다르다

08 도형에서의 확률 258쪽

1 (1) $\frac{1}{2}$ (2) $\frac{1}{4}$ 2 (1) $\frac{6}{25}$ (2) $\frac{3}{25}$

3 ②

TEST 11. 확률과 그 계산 259쪽

1 ②, ③ 2 $\frac{1}{6}$ 3 ①

4 ④ 5 ① 6 $\frac{1}{4}$

대단원 TEST Ⅳ. 확률 260쪽

1 ④ 2 ③ 3 ⑤

4 ④ 5 ③ 6 ②

7 ④ 8 ② 9 ①

10 ④ 11 ④ 12 ②

13 ④ 14 ③ 15 ②

06 사다리꼴에서 평행선과 선분의 길이의 비 142쪽

1 (✎6, 6, 9, 9, 3, 3, 6, 9) 2 10
3 14 4 18 5 11 6 12
7 16 8 (✎8, 3, 8, 8, 6, 3, 6, 9)
9 17 10 10 11 13 12 13
13 17 ☺ 대각선

07 평행선과 선분의 길이의 비의 응용 144쪽

1 (✎$\overline{CD}$, 9, 2, 3, 9, 3, 6) 2 $\frac{15}{2}$
3 (✎$\overline{BE}$, $\overline{BE}$, 15, 3, 5, 15, 5, 6)
4 12

TEST 6. 평행선과 선분의 길이의 비 145쪽

1 ③ 2 ④ 3 ②, ⑤
4 8 cm 5 ④ 6 12

7 삼각형의 닮음의 활용

01 삼각형에서 두 변의 중점을 연결한 선분의 성질(1) 148쪽

1 (✎$\overline{BC}$, 16, 8) 2 12 3 7
4 8 5 (✎$\overline{MN}$, 5, 10, 10, 8)
6 3 7 5 8 9
9 $x=4$, $y=50$ 10 $x=18$, $y=40$
☺ //, $\frac{1}{2}$ 11 (✎$\overline{MN}$, 6, 12, $\overline{BC}$, 12, 6)
12 7 13 2 14 1

02 삼각형에서 두 변의 중점을 연결한 선분의 성질(2) 150쪽

1 (✎$\overline{NC}$, 4) 2 6 3 9
4 16 5 10 6 14 ☺ =, $\frac{1}{2}$
7 (✎ 7, 7, 14, 14, 7) 8 3 9 5
10 9 11 (✎5, 4, 2, 5, 2, 3) 12 3
13 4 14 2

03 삼각형에서 두 변의 중점을 연결한 선분의 성질의 활용(1) 152쪽

1 (✎ 5, 3, 4, 12) 2 11 3 13
4 29 5 20 ☺ △ABC
6 (✎ 6, 8, 6, 8, 28) 7 18
8 40 9 16 10 24 ☺ $\overline{AC}$
11 ②

04 삼각형에서 두 변의 중점을 연결한 선분의 성질의 활용(2) 154쪽

1 (✎ $\overline{EF}$, 3, 6, $\overline{DG}$, 6, 12, 12, 9)
2 12 3 6 4 15 5 24
6 (✎ $\overline{BF}$, 16, 8, $\overline{DE}$, 8, 4, 4, 12)
7 9 8 6 9 15
10 (✎ $\overline{BC}$, 10, 5, $\overline{DG}$, DGC, CDG, $\overline{EF}$, 5)
11 21 12 6 13 9

05 사다리꼴에서 두 변의 중점을 연결한 선분의 성질 156쪽

1 (✎ $\overline{BC}$, 12, 6, $\overline{AD}$, 8, 4, 6, 4, 10)
2 8 3 10 4 10 5 8
6 10 7 26 8 16
☺ b, a, a, b
9 (1) (✎ $\overline{BC}$, 18, 9) (2) (✎ $\overline{AD}$, 12, 6)
(3) (✎ 9, 6, 3)
10 (1) 10 (2) 5 (3) 5 11 4 12 1
13 3 14 4 15 8 16 6
17 16 18 14 ☺ b, a, b, a

TEST 7. 삼각형의 닮음의 활용 159쪽

1 ③ 2 11 3 ①
4 ③ 5 3 cm 6 ②

8 삼각형의 무게중심과 닮음의 활용

01 삼각형의 중선 162쪽

원리확인 ❶ $\frac{1}{2}$, $\frac{1}{2}$, 5 ❷ 2, 2, 12
❸ $\frac{1}{2}$, $\frac{1}{2}$, 10 ❹ 2, 2, 18

1 12 cm^2 2 12 cm^2
3 (✎$\frac{1}{2}$, $\frac{1}{2}$, 12, $\frac{1}{2}$, $\frac{1}{2}$, 12, 6)
4 6 cm^2 5 36 cm^2 6 40 cm^2
7 (✎2, 2, 4, 4, 28) 8 40 cm^2
9 20 cm^2 10 44 cm^2 11 16 cm^2 12 52 cm^2
☺ ADC, ABC

02 삼각형의 무게중심 164쪽

1 5 2 6 3 7 4 12
5 7 6 (✎2, 2, 2, 6) 7 8
8 (✎3, $\frac{1}{3}$, $\frac{1}{3}$, 5) 9 7 10 18
11 (✎15, 15, 5) 12 2 13 3
14 6 15 24 16 $x=5$, $y=4$
17 $x=12$, $y=12$ 18 $x=8$, $y=10$
19 (✎3, $\frac{1}{3}$, $\frac{1}{3}$, 3, 3, $\frac{1}{3}$, $\frac{1}{3}$, 3, 1)
20 6 21 4 22 54
23 (✎$\overline{CE}$, $\overline{EF}$, 9, 18, $\frac{2}{3}$, $\frac{2}{3}$, 18, 12)
24 9 25 8 26 6
☺ $\overline{AD}$, 2, 3 27 (✎3, 6, 9)
28 5 29 8 30 10
☺ 2, 1, 2, 3

03 삼각형의 무게중심과 넓이 168쪽

1 (✎$\frac{1}{6}$, $\frac{1}{6}$, 4) 2 4 cm^2 3 8 cm^2
4 8 cm^2 5 8 cm^2 6 (✎6, 6, 48)
7 42 cm^2 8 54 cm^2 9 30 cm^2 10 45 cm^2
11 39 cm^2 ☺ ④, ⑥, $\frac{1}{3}$, $\frac{1}{6}$ 12 ③

04 평행사변형에서 삼각형의 무게중심의 활용 170쪽

1 (1) (✎24, 12)
(2) (✎$\overline{DO}$, 12, 8)
(3) (✎$\overline{DO}$, 12, 4, 4, 8)
2 (1) 15 cm (2) 10 cm (3) 10 cm 3 6
4 8 5 9 6 15 7 10
8 12 9 28 10 16 ☺ $\frac{1}{3}$, $\frac{1}{6}$
11 2, 6, 24, 4 12 2, 6, 24, 4
13 6, 6, 12, 2 14 2, 2, 2, 2, 12
15 2, 2, 2, 8, 3 16 6, 6, 12, 10
17 12 cm^2 18 3 cm^2 19 3 cm^2 20 $\frac{27}{2}$ cm^2
21 12 cm^2 22 $\frac{27}{2}$ cm^2 23 12 cm^2 24 $\frac{15}{2}$ cm^2
☺ 2, 6, 3

5 도형의 닮음

01 닮은 도형 112쪽

1 점 D 2 $\overline{DF}$ 3 ∠B 4 점 J
5 점 E 6 $\overline{IL}$ 7 $\overline{DF}$ 8 면 JKL
9 면 ADFC ☺ ∽, ≡, =
10 ○ 11 ○ 12 × 13 ×
14 × 15 ○ 16 ○ 17 ○
18 ○ 19 × 20 × 21 ○
22 ⑤

02 평면도형에서의 닮음의 성질 114쪽

1 9 (1) 3 : 2 (2) 40°
2 6, 12 (1) 3 : 4 (2) 65° (3) 70°
3 120 (1) 2 : 5 (2) 10π cm
4 10, 12, 16 (1) 24 cm (2) 48 cm
5 6 (1) 4π cm (2) 12π cm
☺ e, c, E, F
6 8, 10, 9, 15 (1) 34 cm (2) 51 cm
7 4, 9, 6 (1) 36 cm (2) 27 cm 8 ⑤

03 입체도형에서의 닮음의 성질 116쪽

1 12, 6 (1) 1 : 2 (2) 면 GJKH (3) 1 : 2
2 6, 6 (1) 3 : 2 (2) 면 IMPL (3) 3 : 2
3 1 : 3 4 2 : 5 5 4 : 3
6 (1) 2 : 3 (2) 9 cm (3) 2 : 3
7 (1) 5 : 6 (2) 18 cm (3) 5 : 6
☺ 모서리, 면 8 ⑤

04 삼각형의 닮음 조건 118쪽

원리확인 ❶ 1, 2, 5, 10, 1, 2, 4, 8, 1, 2, SSS
❷ 80, 2, 1, 6, 3, 2, 1, SAS
❸ D, 60, F, 50, AA

1 △MNO∽△DFE, AA 닮음
2 △PQR∽△BAC, SSS 닮음
3 △STU∽△KJL, SAS 닮음
4 △VWX∽△HIG, SAS 닮음 ☺ 
5 △ABC∽△CBD (SSS 닮음)
6 △ABC∽△EDC (SAS 닮음) 7 ⑤

05 삼각형의 닮음 조건의 응용 120쪽

1 (1) △AED (2) 14 2 7 3 10
4 6 5 $\frac{20}{3}$ 6 16
7 (1) △ACD (2) 16 8 12 9 12
10 9 11 9 12 10 ☺ 각

06 직각삼각형의 닮음 122쪽

원리확인 ❶ ∠B, ∠BHA, 90, △HBA, AA, $\overline{BC}$, $\overline{BC}$
❷ ∠C, ∠AHC, △HAC, AA, $\overline{AC}$, $\overline{AC}$
❸ ∠AHC, 90, ∠HCA, ∠HCA, △AHC, AA, $\overline{CH}$, $\overline{CH}$

1 (✎6, 36, 9) 2 12 3 6
4 $\frac{9}{4}$ 5 12 6 15 7 $\frac{32}{5}$
8 10 9 (✎6, 36, 9) 10 3
11 4 12 10
13 (✎ACD, AA, $\overline{AE}$, 12, 5, 4)
14 20 15 11 16 5
17 $x=16$, $y=12$ 18 $x=9$, $y=20$
19 $x=4$, $y=5$ 20 $x=\frac{9}{2}$, $y=6$
21 $x=5$, $y=\frac{12}{5}$ 22 12 cm² 23 $\frac{75}{2}$ cm²
24 16 cm² 25 45 cm² ☺ $\overline{BC}$, $\overline{CB}$, $\overline{AH}$
26 (✎D, DFE, DFE, DFE, AA, $\overline{AF}$, 30, 6, 6, 24, 8)
27 6 28 10
29 (✎C, FEC, FEC, ECF, AA, $\overline{DE}$, 5, $\frac{28}{5}$)
30 $\frac{35}{4}$ 31 $\frac{64}{5}$

TEST 5. 도형의 닮음 127쪽

1 ③ 2 ⑤ 3 ②
4 ①, ④ 5 6 cm 6 156 cm²

6 평행선과 선분의 길이의 비

01 삼각형에서 평행선 사이의 선분의 길이의 비(1) 130쪽

1 (✎$\overline{AD}$, 4, 36, 6) 2 8 3 25
4 12 5 15 6 (✎$\overline{AE}$, 3, 45, 5)
7 6 8 2 9 12
10 (✎$\overline{AE}$, 4, 36, 6) 11 5 12 3
13 12 14 (✎$\overline{DB}$, 4, 80, 8) 15 3
16 4 17 32 18 (✎$\overline{AD}$, 9, 9, 20)
19 9 20 8 21 5
22 (✎16, 3, 16, 8)
23 $x=6$, $y=3$ 24 $x=5$, $y=12$
25 $x=6$, $y=20$ ☺ c, f
26 (✎8, 8, 9) 27 $x=8$, $y=6$
28 $x=6$, $y=3$ 29 $x=15$, $y=18$
☺ b, f

02 삼각형에서 평행선 사이의 선분의 길이의 비(2) 134쪽

1 6, 2, $\overline{AE}$, 10, 2, $\overline{AE}$, 평행하다
2 8, 2, $\overline{AC}$, 7, $\overline{AC}$, 평행하지 않다
3 15, 3, $\overline{EC}$, 4, 1, $\overline{EC}$, 평행하지 않다
4 10, 2, $\overline{AC}$, 6, 1, $\overline{AC}$, 평행하다
5 $\overline{BD}$, 18, 3, 15, 3, $\overline{BD}$, 평행하지 않다
6 ○ 7 × 8 × 9 ○
10 × 11 × 12 ④

03 삼각형의 내각의 이등분선의 성질 136쪽

1 (✎$\overline{BD}$, 4, 40, 5) 2 8 3 8
4 10 5 18 6 4 7 6
8 30 9 6 10 12 11 10
12 3 : 2 13 3 : 2 14 30 cm² 15 24 cm²
☺ $\overline{CD}$, b, $\overline{BC}$, $a+b$ 16 ③

04 삼각형의 외각의 이등분선의 성질 138쪽

1 (✎$\overline{AC}$, 5, 80, 10) 2 14
3 12 4 20 5 $\frac{9}{2}$ 6 6
7 2 8 12 9 9 10 14
11 4 12 3 : 2 13 3 : 2 14 32 cm²
15 12 cm² ☺ $\overline{CD}$, b 16 ③

05 평행선 사이의 선분의 길이의 비 140쪽

1 (✎9, 12, 9, 36, 4)
2 3 3 8 4 12 5 21
6 6 7 (✎10, 6, 6, 30, 5)
8 16 9 5 10 10 11 4
12 $x=9$, $y=12$ 13 $x=8$, $y=4$
14 $x=9$, $y=12$ 15 $x=4$, $y=6$
☺ d, e, f, d, e, f

7 25°　8 23°　9 24°　10 25°
11 110°　12 20°　13 32°　☺ y, z
14 ②

07 삼각형의 내심의 응용(2) 48쪽

원리확인 IBA, ICA, y, z, y, z, 90

1 (✐ 74, 127)　2 62°　3 123°
4 44°　☺ 90
5 (✐ 이등변, 7, 5, 7, 5, 12, 12)
6 14　7 5　8 7
9 (✐ $\overline{IE}$, $\overline{EC}$, $\overline{AC}$, 9, 16)　10 28 cm
11 27 cm　☺ y, $n(n, y)$ / y, $n(n, y)$

08 삼각형의 내접원의 응용 50쪽

원리확인 ❶ IAD, $\overline{AD}$, IBE, $\overline{BE}$, ICF, $\overline{CF}$
❷ $\frac{1}{2}xr$, x, y, z

1 (✐ $\overline{BD}$, 3, $\overline{BE}$, 3, 8, $\overline{CE}$, 8, 8)
2 7　3 3　4 7
5 (✐ 3, 15, 60)　6 48 cm^2　7 30 cm^2
8 84 cm^2　9 $\left(✐ 5, 6, 5, 8, 8, \frac{3}{2}, \frac{3}{2}\right)$
10 3 cm　11 ①

09 삼각형의 외심과 내심의 비교 52쪽

1 ○　2 ×　3 ○　4 ×
5 ×　6 ×　7 ○
8 (✐ 38, 76, 38, 109)
9 $\angle x=140°$, $\angle y=125°$
10 $\angle x=164°$, $\angle y=131°$
11 $\angle x=84°$, $\angle y=168°$
12 $\angle x=76°$, $\angle y=152°$
13 $\angle x=48°$, $\angle y=114°$
14 $\angle x=32°$, $\angle y=106°$
15 (✐ 40, 80, 80, 50, 40, 70, 70, 35, 50, 35, 15)
16 12°　17 6°　18 9°　19 21°
20 3°

TEST 2. 삼각형의 외심과 내심 55쪽

1 ③　2 ②　3 ②
4 ③　5 9 cm　6 140 cm^2

대단원 TEST Ⅰ. 삼각형의 성질 56쪽

1 ④　2 ④　3 ③
4 ②　5 98　6 ③
7 ⑤　8 ④　9 ④
10 ⑤　11 21 cm　12 $\frac{45}{2}$ cm^2
13 ④　14 ①　15 ①

3 평행사변형

01 평행사변형 62쪽

원리확인 ❶ $\overline{DC}$　❷ $\overline{BC}$　❸ $\overline{AD}$
❹ $\overline{AB}$　❺ $\angle C$　❻ $\angle B$

1 110°　2 40°　3 80°　4 110°
5 50°
6 (✐ 25, 35, 엇각)
7 $\angle x=55°$, $\angle y=50°$
8 $\angle x=40°$, $\angle y=55°$
9 $\angle x=25°$, $\angle y=40°$
10 $\angle x=30°$, $\angle y=75°$
11 60°　12 65°　13 85°　14 87°
☺ 대변, 평행

02 평행사변형의 성질 64쪽

1 ×　2 ○　3 ×　4 ○
5 ×　6 ○　7 ○　8 ×
9 ×　10 ○　11 ○　12 ○
13 (✐ $\overline{BC}$, 7, $\overline{DC}$, 4)
14 $x=8$, $y=6$　15 $x=6$, $y=9$
16 $x=4$, $y=2$　17 $x=6$, $y=3$
18 $x=4$, $y=4$　19 $x=3$, $y=1$
20 $x=8$, $y=3$　☺ $\overline{DC}$, $\overline{AD}$
21 ②　22 (✐ C, 125, D, 55)
23 (✐ C, 50, 180, 180, 50, 130)
24 $\angle x=65°$, $\angle y=115°$
25 $\angle x=110°$, $\angle y=70°$
26 $\angle x=95°$, $\angle y=85°$
27 $\angle x=30°$, $\angle y=110°$
28 $\angle x=70°$, $\angle y=65°$
29 $\angle x=65°$, $\angle y=40°$
☺ $\angle C$, $\angle B$　30 ③
31 (✐ $\overline{OC}$, 3, $\overline{OD}$, 5)
32 $x=4$, $y=7$　33 $x=8$, $y=12$
34 $x=8$, $y=10$　35 $x=7$, $y=2$
36 $x=4$, $y=2$　37 $x=3$, $y=3$
38 $x=1$, $y=8$　☺ $\overline{OC}$, $\overline{OB}$
39 ①

03 평행사변형의 성질의 활용(1) 68쪽

1 40°　2 40°　3 75°　4 70°
5 108°　6 100°　7 126°　8 84°
9 (✐ ADC, 62, 62, 59, 59, 121)
10 125°　11 112°　12 70°　13 50°
14 (✐ DEA, 40, 40, 80, BAD, 80)
15 80°　16 104°　17 50°　18 40°

04 평행사변형의 성질의 활용(2) 70쪽

1 (✐ DAE, BEA, 이등변, $\overline{AD}$, 10, $\overline{BA}$, 8, $\overline{BE}$, 10, 8, 2)
2 2　3 2　4 3　5 2
6 7　7 9
8 (✐ BAE, DEA, 이등변, $\overline{AD}$, 11, $\overline{AB}$, 8, $\overline{DE}$, 11, 8, 3)
9 2　10 2　11 3　12 4
13 6　14 7
15 (✐ ECF, $\overline{CF}$, EFC, ASA, $\overline{BA}$, 7, $\overline{CE}$, 7, 7, 14)
16 12　17 10　18 10　19 14
20 4　21 3
22 (✐ DAF, ADE, 이등변, $\overline{AB}$, 6, $\overline{CD}$, 6, $\overline{BC}$, 6, 6, 9, 3)
23 2　24 4　25 1　26 4
27 7　28 8

05 평행사변형이 되는 조건 74쪽

원리확인 ❶ 평행, $\overline{DC}$, $\overline{AD}$
❷ 길이, $\overline{DC}$, $\overline{AD}$
❸ 크기, $\angle C$, $\angle B$
❹ 평행, 길이, $\overline{DC}$, $\overline{AB}$, $\overline{DC}$, $\overline{AD}$, $\overline{AD}$, $\overline{BC}$
❺ 이등분, $\overline{OC}$, $\overline{OB}$

1 ○　2 ×　3 ×　4 ○
5 ×　6 ○　7 ○　8 ×
9 ○　10 ×　11 ○　12 ○
13 ×　14 ×　15 ○　16 ○
17 ×　18 ×　19 ○　20 ×
21 $x=85$, $y=85$　22 $x=40$, $y=30$
23 $x=9$, $y=7$　24 $x=100$, $y=80$
25 $x=8$, $y=12$　26 $x=128$, $y=128$
27 $x=4$, $y=10$　28 $x=4$, $y=14$
29 $x=75$, $y=5$　30 $x=3$, $y=25$
31 ×　32 ○　33 ○　34 ×
35 ○　36 ×　37 ○
38 $\overline{BC}$, $\overline{BC}$, $\overline{BC}$, $\frac{1}{2}$, $\overline{BC}$, $\overline{BF}$, $\overline{BC}$, $\overline{BF}$, 평행, 길이
39 $\overline{FC}$, $\overline{FC}$, $\overline{QC}$, $\overline{PC}$, 평행
40 $\overline{CF}$, $\overline{CF}$, $\overline{HG}$, $\overline{FG}$, 평행
41 $\frac{1}{2}$, $\frac{1}{2}$, $\angle ADC$, $\angle EDF$, $\angle FBE$, $\angle EDF$, $\angle CFD$, $\angle DFB$, 대각
42 $\frac{1}{2}$, $\frac{1}{2}$, $\overline{CG}$, $\angle C$, $\frac{1}{2}$, $\frac{1}{2}$, $\overline{CF}$, SAS, $\overline{GF}$, $\triangle DGH$, $\overline{GH}$, 대변
43 $\overline{CD}$, $\angle DCF$, 90, RHA, $\overline{DF}$, $\overline{BC}$, $\overline{CF}$, $\angle DAE$, SAS, $\overline{DE}$, 대변
44 $\overline{OD}$, $\overline{OC}$, $\overline{OC}$, $\overline{OF}$, 이등분
45 $\overline{OC}$, $\overline{OC}$, $\overline{OG}$, $\overline{OD}$, $\overline{OD}$, $\overline{OH}$, 이등분

07 직각삼각형과 피타고라스 정리 202쪽

1 (✏25, 5, 5, 5, $\frac{16}{5}$) 2 $\frac{25}{13}$ 3 $\frac{18}{5}$

4 $\frac{225}{8}$ 5 (✏25, 5, 5, 5, $\frac{12}{5}$) 6 $\frac{60}{13}$

7 $\frac{240}{17}$ 8 ② 9 (✏36, 16, 5)

10 19 11 81 12 45

☺ $\overline{BE}$, $\overline{CD}$

08 사각형과 피타고라스 정리 204쪽

1 (✏64, 121, 87) 2 91 3 20

4 31 5 68 6 37

7 (✏36, 16, 45) 8 32 9 109

10 200 11 9

☺ $\overline{AD}$, $\overline{BC}$, $\overline{BP}$, $\overline{DP}$ 12 ④

09 반원과 피타고라스 정리 206쪽

1 (✏20π, 8π) 2 16π 3 25π

4 17π ☺ R

5 (✏6, 18π, 18π, 32π) 6 82π

7 37π 8 26π 9 ⑤

10 (✏3, 8) 11 15 cm^2 12 16 cm^2

13 10 cm^2 14 (✏9, 3, 3, 3, 6) 15 150 cm^2

16 30 cm^2 17 60 cm^2 18 84 cm^2 ☺ ABC

19 ②

TEST 9. 피타고라스 정리 209쪽

1 ③ 2 ① 3 15

4 둔각삼각형 5 ② 6 ②

대단원 TEST Ⅲ. 도형의 닮음과 피타고라스 정리 210쪽

1 ③ 2 ② 3 ②

4 $\frac{20}{3}$ cm 5 3 cm^2 6 ②

7 1 cm 8 ③ 9 ④

10 ③ 11 ④ 12 ①

13 ① 14 $\frac{9}{2}$ cm^2

10 경우의 수

01 사건과 경우의 수 216쪽

원리확인 2, 4, 6 / 3

1, 2, 4 / 3

3, 6 / 2

1 (1) 2 (2) 3 (3) 0 2 (1) 6 (2) 4 (3) 3

3 (1) 9 (2) 7 (3) 10 (4) 3 (5) 6

4 ③

5 (1)

(앞면, 앞면)	(앞면, 뒷면)
(뒷면, 앞면)	(뒷면, 뒷면)

(2) 4 (3) 2 (4) 2

6 (1)

(1, 앞면)	(1, 뒷면)
(2, 앞면)	(2, 뒷면)
(3, 앞면)	(3, 뒷면)
(4, 앞면)	(4, 뒷면)
(5, 앞면)	(5, 뒷면)
(6, 앞면)	(6, 뒷면)

(2) 12 (3) 6 (4) 2

7 (1)

(1, 1)	(1, 2)	(1, 3)	(1, 4)	(1, 5)	(1, 6)
(2, 1)	(2, 2)	(2, 3)	(2, 4)	(2, 5)	(2, 6)
(3, 1)	(3, 2)	(3, 3)	(3, 4)	(3, 5)	(3, 6)
(4, 1)	(4, 2)	(4, 3)	(4, 4)	(4, 5)	(4, 6)
(5, 1)	(5, 2)	(5, 3)	(5, 4)	(5, 5)	(5, 6)
(6, 1)	(6, 2)	(6, 3)	(6, 4)	(6, 5)	(6, 6)

(2) 36 (3) 6 (4) 3 (5) 8 (6) 4 ☺ ×

8 (1) (✏1, 3, 5, 3) (2) 3 (3) 3

9 (1) 3 (2) 2 (3) 1 10 ⑤

11 (1) (✏0, 3, 0, 5, 4) (2) 5 (3) 6

(4) 6 (5) 6 (6) 4

12 (1) 5 (2) 5 (3) 5 (4) 4 (5) 3 (6) 1

02 사건 A 또는 사건 B가 일어나는 경우의 수 220쪽

원리확인 ❶ 2 ❷ 3 ❸ 3, 5

1 (1) (✏3, 5) (2) 4 (3) 7 (4) 7 (5) 8

(6) 9

2 (1) 3 (2) 6 (3) 6

3 (1) (✏5, 12) (2) 10 (3) 8 ☺ +

4 (1) (✏3, 7) (2) 12 (3) 11 (4) 8

(5) 13 (6) 9

5 (1) (✏2, 4, 2, 6, 6, 9) (2) 6 (3) 9

(4) 7 (5) 3

6 (1) (✏6, 2, 1, 2, 4, 4, 10) (2) 12

7 (1) (✏5, 5, 7) (2) 6 (3) 3

8 (1) (✏3, 3, 11) (2) 7 (3) 10 (4) 11

9 ③

10 (1) (✏4, 4, 8) (2) 10 (3) 8 (4) 8 (5) 5

03 사건 A와 사건 B가 동시에 일어나는 경우의 수 224쪽

원리확인 ❶ 바닐라맛, 딸기맛, 콘, 바닐라맛, 초코맛

❷ 3, 6

1 (1) 3 (2) 4 (3) 12 2 (1) 3 (2) 3 (3) 9

3 (1) (✏5, 30) (2) 8 (3) 21 (4) 15

4 (1) 6 (2) 16 (3) 40 (4) 70

5 (1) 9 (2) 3 (3) 3 (4) 3 (5) (✏3, 3, 6)

6 6 7 24 8 20 9 15

10 42 11 8 ☺ ×

12 (1) (✏2, 4) (2) 8 (3) 16 (4) 32 (5) 64

☺ m

13 (1) (✏6, 36) (2) 216 (3) 1296

(4) 7776 (5) 46656

☺ n

14 (1) (✏6, 12) (2) 72 (3) 24 (4) 144 (5) 48

☺ m, n

04 한 줄로 세우는 경우의 수 228쪽

1 (✏3, 2, 1, 6) 2 24 3 120

4 24 5 120 6 720 7 6

8 24 9 120 10 720

11 (✏3, 2, 6) 12 24 13 20

14 12 15 120 16 120 17 840

18 90

☺ $n-2$, 2, n, $n-1$, n, $n-1$, $n-2$

19 (1) (✏1, 4, 3, 2, 1, 24) (2) 24 (3) 24

(4) 6 (5) 48 (6) 48 (7) 12

20 (1) 6 (2) 6 (3) 2 (4) 6 (5) 4 21 ④

22 (1) (✏4, 3, 4, 3, 12) (2) 24 (3) 24

(4) 24

23 (1) (✏4, 3, 2, 2, 4, 3, 2, 2, 48) (2) 36

(3) 24 (4) 48

05 이웃하여 한 줄로 세우는 경우의 수 232쪽

원리확인 ❶ 3, 2, 1, 24 ❷ 1, 2

❸ 24, 2, 48

1 (1) (✏3, 2, 1, 6, 2, 1, 2, 6, 2, 12)

(2) 12 (3) 12 (4) 12 (5) 8

2 (1) (✏5, 4, 3, 2, 1, 120, 3, 2, 1, 6, 120, 6, 720) (2) 576 (3) 288

3 (1) 24 (2) 12 4 48 5 240

6 720 7 36 8 144

06 자연수의 개수 234쪽

1 (1) 20 (2) 60 (3) 120

2 (1) (✏5, 4, 3, 60) (2) 40 (3) 20

3 (1) 12 (2) 8 (3) 8 (4) 8

☺ n, $n-1$

4 (1) 16 (2) 48 (3) 96

05 닮은 두 평면도형의 넓이의 비 174쪽

원리확인 ❶ 3, 4 ❷ 4, 3 ❸ 40, 4 ❹ 96, 16, 4

1 (1) 1 : 2 (2) 1 : 2 (3) 1 : 4
2 (1) 4 : 7 (2) 4 : 7 (3) 16 : 49
3 (1) 4 : 3 (2) 4 : 3 (3) 16 : 9
4 (1) 2 : 5 (2) 2 : 5 (3) 4 : 25
☺ a, b, a^2, b^2 5 36 cm 6 108 cm²
7 9π cm 8 24π cm² 9 ④
10 (1) ∠ADE, ∠AED, △ADE (2) 6, 3 (3) 3, 9 (4) 9, 9, 5 (5) 5, 40
11 12 cm² 12 24 cm² 13 25 cm² 14 14 cm²
☺ 2, 1, 4, 1
15 (1) ∠BCO, ∠CBO, △COB (2) 2 (3) 2, 4 (4) 4, 8, 4, 32 (5) 2, 2, 8, 2, 16
16 45 cm² 17 3 cm² 18 78 cm² 19 50 cm²
☺ a, b, a^2, b^2

06 닮은 두 입체도형의 겉넓이와 부피의 비 178쪽

원리확인 ❶ 56, 4, 2 ❷ 24, 8, 2

1 (1) 1 : 2 (2) 1 : 2 (3) 1 : 4 (4) 1 : 8
2 (1) 1 : 3 (2) 1 : 3 (3) 1 : 9 (4) 1 : 27
3 (1) 3 : 4 (2) 9 : 16 (3) 27 : 64
4 (1) 2 : 3 (2) 4 : 9 (3) 8 : 27
☺ 2, 2, 3, 3
5 (1) 4 : 25 (2) 8 : 125
6 (1) 4 : 9 (2) 8 : 27
7 (1) 1 : 4 (2) 1 : 8
8 (1) 9 : 25 (2) 27 : 125
9 (1) 1 : 2 (2) 1 : 4 (3) 32 cm²
10 (1) 5 : 6 (2) 25 : 36 (3) 72 cm²
11 (1) 1 : 2 (2) 1 : 8 (3) 5 cm³
12 (1) 2 : 3 (2) 8 : 27 (3) 81 cm³
13 (1) 72 cm² (2) 80 cm³
14 (1) 108 cm² (2) 324 cm³
15 (1) 8 cm² (2) 16 cm³
16 (1) 36π cm² (2) $\frac{256}{3}\pi$ cm³ 17 ④

07 닮음의 활용 182쪽

1 (1) 9, 1, 3 (2) 1, 3, 1, 3, 6
2 (1) 1.5, 3, 1, 2 (2) 1, 2, 1, 2, 3.6
3 32 m 4 2.1 m 5 11.9 m
6 $\left(✎ 20000, \frac{1}{4000}\right)$
7 $\frac{1}{25000}$ 8 $\frac{1}{100000}$ 9 $\frac{1}{50000}$ 10 $\frac{1}{25000}$
☺ 축도, 실제
11 (✎10000, 600000, 10000, 60)
12 20 cm 13 37 cm 14 40 cm 15 52 cm
☺ 실제, 축척
16 (✎10000, 30000, 0.3) 17 4 km
18 1.2 km 19 3.5 km ☺ 축도, 축척
20 ③

TEST 8. 삼각형의 무게중심과 닮음의 활용 185쪽

1 4 : 25 2 ② 3 ②
4 ⑤ 5 ① 6 10 m

9 피타고라스 정리

01 피타고라스 정리 188쪽

1 (✎25, 5, 5) 2 10 3 13
4 15 5 (✎20, 144, 12, 12)
6 4 7 24 8 16 ☺ c^2
9 (✎15, 144, 12, 12, 12, 169, 13, 13)
10 $x=12$, $y=20$ 11 $x=8$, $y=17$
12 $x=15$, $y=17$
13 (✎10, 36, 6, 6, 15, 289, 17, 17)
14 $x=5$, $y=15$ 15 $x=12$, $y=20$
16 $x=15$, $y=12$ ☺ a, d, c, $c+d$
17 (✎8, 260, 260, 256, 16, 16)
18 8 19 24 20 14
21 (✎4, 4, 3, 3, 25, 5, 5) 22 10
23 15 24 5
25 (✎12, 225, 15, 15, 15)
26 13 cm 27 17 cm 28 25 cm 29 ②

02 피타고라스 정리의 증명: 유클리드의 증명 192쪽

1 8 cm² 2 8 cm² 3 8 cm² 4 8 cm²
5 25 cm² 6 36 cm² 7 144 cm² 8 1 cm²
9 64 cm² 10 144 cm² 11 81 cm² ☺ R, $\overline{AB}$
12 ①

03 피타고라스 정리의 증명: 피타고라스의 증명 194쪽

1 (1) 5 cm (2) 20 cm (3) 25 cm²
2 (1) 13 cm (2) 52 cm (3) 169 cm²
3 (1) 17 cm (2) 68 cm (3) 289 cm²
4 (1) 15 cm (2) 60 cm (3) 225 cm²
5 (1) 5 cm (2) 4 cm
6 (1) 10 cm (2) 6 cm
7 (1) 26 cm (2) 24 cm
8 (1) 17 cm (2) 15 cm
☺ 정사각형
9 (1) 25 (2) 49 cm²
10 (1) 117 (2) 225 cm²
11 (1) 625 (2) 961 cm² 12 ⑤

04 피타고라스 정리의 증명: 바스카라, 가필드의 증명 196쪽

1 (1) 4 cm (2) 1 cm (3) 1 cm²
2 (1) 8 cm (2) 7 cm (3) 49 cm²
3 (1) 12 cm (2) 7 cm (3) 49 cm²
4 (1) 7 cm (2) 17 cm (3) 289 cm²
☺ $a-b$ 5 ④
6 (1) 10 cm (2) 50 cm²
7 (1) 5 cm (2) $\frac{25}{2}$ cm²
8 (1) 13 cm (2) $\frac{169}{2}$ cm²
9 (1) 17 cm (2) $\frac{289}{2}$ cm²
☺ $\overline{EA}$, 직각이등변삼각형 10 ⑤

05 직각삼각형이 되는 조건 198쪽

원리확인 ❶ C ❷ A ❸ B

1 × 2 ○ 3 ○ 4 ×
5 ○ 6 × 7 (✎100, 10, 10)
8 13 9 25 10 15 11 17
12 26 ☺ 90 13 (✎29, 21)
14 161, 289 15 40, 58 16 44, 244
17 ③

06 삼각형의 변과 각 사이의 관계 200쪽

1 (✎<, 예각) 2 둔각삼각형
3 직각삼각형 4 예각삼각형
5 둔각삼각형 6 직각삼각형
7 (✎13, 89, 9) 8 15, 16 9 11, 12
10 17, 18 11 (✎14, 100, 11, 12, 13)
12 12, 13 13 12, 13, 14
14 14, 15, 16

06 평행사변형과 넓이 80쪽

1 20 cm² 2 10 cm² 3 20 cm² 4 20 cm²
5 30 cm² 6 25 cm² 7 48 cm² 8 32 cm²
9 36 cm² 10 22 cm² 11 13 cm² 12 30 cm²
☺ $\frac{1}{2}$, $\frac{1}{4}$ 13 ② 14 20 cm² 15 20 cm²
16 13 cm² 17 9 cm² 18 18 cm² 19 20 cm²
20 12 cm² 21 12 cm² ☺ △PDA, $\frac{1}{2}$
22 ⑤

TEST 3. 평행사변형 83쪽

1 ① 2 ③ 3 16 cm
4 ③ 5 ④ 6 24 cm²

4 여러 가지 사각형

01 직사각형 86쪽

1 $x=8$, $y=5$ 2 $x=6$, $y=12$
3 $x=5$, $y=32$ 4 $x=30$, $y=14$
5 $x=55$, $y=70$
☺ 90, $\overline{BD}$, $\overline{OB}$, $\overline{OD}$, $\frac{1}{2}$, $\frac{1}{2}$ 6 ×
7 ○ 8 ○ 9 ○ 10 ×
11 × 12 ○ 13 ○ 14 ×
☺ 90, $\overline{BD}$ 15 90 16 6 17 8
18 10 19 ③, ④

02 마름모 88쪽

1 $x=4$, $y=4$ 2 $x=7$, $y=3$
3 $x=40$, $y=100$ 4 $x=50$, $y=65$
5 $x=90$, $y=65$
☺ $\overline{BC}$, $\overline{DA}$, ⊥, $\overline{OC}$, $\overline{OD}$ 6 ×
7 ○ 8 × 9 × 10 ○
11 ○ 12 ○ 13 × 14 ×
☺ $\overline{BC}$, $\overline{AD}$, ⊥ 15 8 16 90
17 40 18 35 19 ①, ④

03 정사각형 90쪽

1 $x=7$, $y=90$ 2 $x=90$, $y=5$
3 $x=45$, $y=8$ 4 $x=45$, $y=80$
☺ $\overline{BC}$, $\overline{DA}$, 90, $\overline{BD}$, ⊥, $\overline{OB}$, $\overline{OD}$
5 (✎ $\overline{AD}$, DAP, 45, SAS, ABP, 70, 45, 70, 65)
6 70° 7 65° 8 40°
9 (✎ $\overline{BC}$, BCF, 90, SAS, 124, 56, 90, 56, 34)
10 75° 11 130° ☺ 45, 90 12 ×
13 ○ 14 × 15 × 16 ○
17 ○ 18 ○ 19 × 20 ×
21 × 22 6 23 4 24 90
25 90 ☺ $\overline{BC}$, $\overline{AD}$, ⊥ 26 ×
27 ○ 28 × 29 ○ 30 ×
31 ○ 32 × 33 ○ 34 ×
35 ○ 36 90 37 8 38 6
39 45
☺ 90, $\overline{BD}$, 90, $\overline{BD}$, $\overline{BC}$($\overline{AD}$), ⊥

04 등변사다리꼴 94쪽

1 $x=80$, $y=5$ 2 $x=4$, $y=75$
3 $x=95$, $y=60$ 4 $x=6$, $y=39$
5 $x=30$, $y=60$ ☺ ∠C, ∠D, $\overline{CD}$, $\overline{BD}$
6 (✎ DCE, 60, 60, 정삼각형, 7, 평행사변형, $\overline{AD}$, 5, 12)
7 7 8 6
☺ 평행사변형, 이등변삼각형
9 (✎ $\overline{DC}$, DFC, 90, DCF, RHA, $\overline{FC}$, x, $\overline{AD}$, 9, 15, 9, 3)
10 6 11 14
☺ 직사각형, △DCF, RHA

05 여러 가지 사각형 사이의 관계 96쪽

1

○	○	○	○
○	○	○	○
○	○	○	○
×	○	×	○
○	○	○	○
×	○	×	○
×	×	○	○
×	×	○	○

2 ㄴ, ㄷ, ㄹ, ㅁ 3 ㄴ, ㄷ, ㄹ, ㅁ
4 ㄴ, ㄷ, ㄹ, ㅁ 5 ㄹ, ㅁ
6 ㄷ, ㅁ 7 ㄴ, ㄷ, ㄹ, ㅁ
8 ㄷ, ㅁ, ㅂ 9 ㄹ, ㅁ
☺ 이등분, 길이, 수직, 길이, 수직
10 × 11 ○ 12 ○ 13 ×
14 ○ 15 ○ 16 ○ 17 ○
18 ④

06 사각형의 각 변의 중점을 연결하여 만든 사각형 98쪽

원리확인 ❶ $\overline{CG}$, ∠GCF, $\overline{CF}$, SAS, $\overline{GF}$, △DGH, $\overline{GH}$, 평행사변형
❷ △BEF, △DGH, $\overline{CG}$, $\overline{DG}$, $\overline{BF}$, $\overline{DH}$, ∠EBF, ∠GDH, △BEF, △DGH, SAS, $\overline{EF}$, $\overline{GF}$, $\overline{GH}$, 마름모

1 평행사변형 2 평행사변형
3 평행사변형 4 마름모 5 직사각형
6 정사각형 7 마름모
8 평행사변형, 평행사변형
9 직사각형, 마름모 10 마름모, 직사각형
11 정사각형, 정사각형
12 사다리꼴, 평행사변형 13 ①, ⑤

07 평행선과 삼각형의 넓이 100쪽

원리확인 $\overline{DH}$, $\overline{DH}$, 6, 21

1 △ABC 2 △ACD 3 △OAB
4 (✎ DBC, OCD, 10, 24)
5 16 cm² 6 9 cm² 7 14 cm²
☺ △DBC, ah, △DCO 8 △ACD
9 △AEB 10 △AED
11 (✎ ACD, ACE, 12, 20) 12 24 cm²
13 22 cm² 14 17 cm² ☺ △ACE, △ABE

08 높이가 같은 삼각형의 넓이의 비 102쪽

1 (✎ 3, 3, 15) 2 16 cm² 3 5 cm²
4 21 cm² 5 (✎ 3, 3, 9, 2, 2, 9, 6)
6 10 cm² ☺ m, n 7 ④
8 (✎ 1, 15, 45) 9 24 cm² 10 25 cm²
11 18 cm² 12 15 cm² 13 24 cm² 14 20 cm²
15 9 cm² 16 (✎ 2, 2, 2, 2, 2, 10)
17 12 cm²
☺ △OCD, △OCD, $\overline{OC}$, △OBC, $\overline{OB}$
18 ④

TEST 4. 여러 가지 사각형 105쪽

1 ③ 2 ③ 3 ④
4 ④ 5 12 cm² 6 18 cm²

대단원 TEST Ⅱ. 사각형의 성질 106쪽

1 ④ 2 ② 3 4 cm
4 ⑤ 5 48 cm² 6 ②
7 ①, ④ 8 ④ 9 ②
10 ⑤ 11 ② 12 25 cm²
13 ⑤ 14 ③

수학은 개념이다!

디딤돌의 중학 수학 시리즈는
여러분의 수학 자신감을 높여 줍니다.

개념 이해

디딤돌수학 개념연산

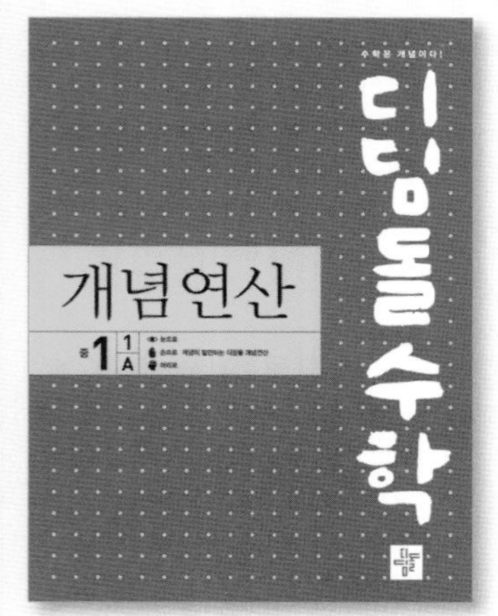

다양한 이미지와 단계별 접근을 통해
개념이 쉽게 이해되는 교재

개념 적용

디딤돌수학 개념기본

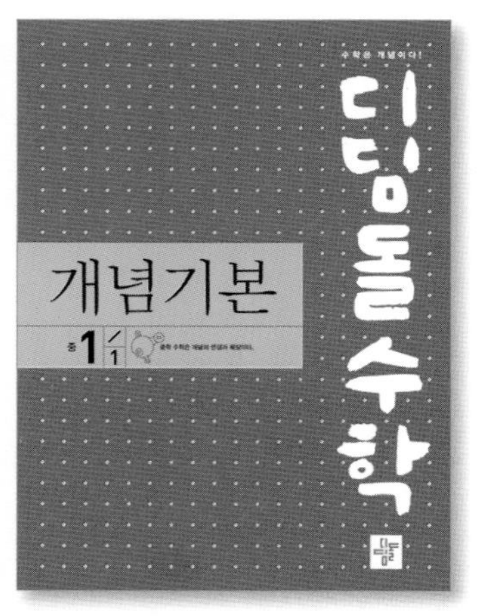

개념 이해, 개념 적용, 개념 완성으로
개념에 강해질 수 있는 교재

개념 응용

최상위수학 라이트

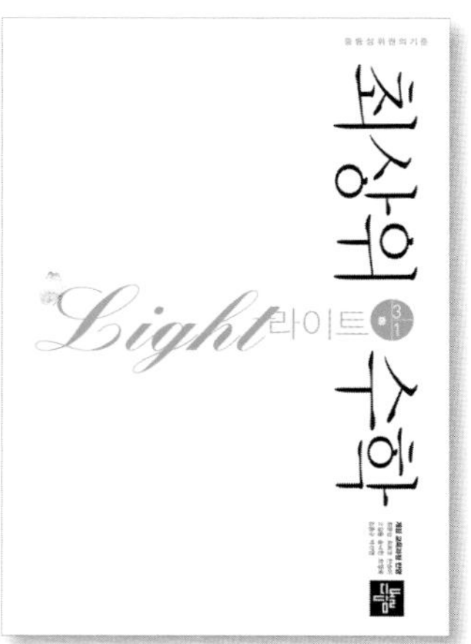

개념을 다양하게 응용하여
문제해결력을 키워주는 교재

개념 완성

디딤돌수학 개념연산과 개념기본은 동일한 학습 흐름으로 구성되어 있습니다.
연계 학습이 가능한 개념연산과 개념기본을 통해
중학 수학 개념을 완성할 수 있습니다.

수학은 개념이다!

디딤돌수학

개념연산

중 2 - 2

2022 개정 교육과정

정답과 풀이

수학은 개념이다!

디딤돌수학

개념연산

중 2-2

정답과 풀이

디딤돌

1 이등변삼각형

01 이등변삼각형

본문 10쪽

원리확인

ㄱ, ㄷ, ㄹ

1 (1) 120 (2) 15 (3) 30 2 (1) 50 (2) 10 (3) 65
3 (1) 90 (2) 11 (3) 45 4 9 5 12
6 5 7 11 8 8 9 7
10 13 11 6 ☺ 길이

02 이등변삼각형의 성질(1)

본문 12쪽

원리확인

$\overline{AC}$, $\angle CAD$, $\overline{AD}$, SAS, $\angle C$

1 (✎ C, 70) 2 35° 3 64°
4 (✎ 110, 70, 70) 5 125° 6 62°
7 (✎ 120, 60, 60) 8 $\angle x=40°$, $\angle y=100°$
9 $\angle x=70°$, $\angle y=110°$ 10 $\angle x=48°$, $\angle y=132°$

2 $\triangle ABC$가 $\overline{AB}=\overline{AC}$인 이등변삼각형이므로 $\angle B=\angle C$
따라서 $\angle x=35°$

3 $\triangle ABC$가 $\overline{AB}=\overline{AC}$인 이등변삼각형이므로 $\angle C=\angle B$
따라서 $\angle x=180°-2\times 58°=64°$

5 $\angle ABC=\angle ACB=\frac{1}{2}\times(180°-70°)=55°$이므로
$\angle x=180°-\angle ABC=180°-55°=125°$

6 $\angle ABC=\angle ACB=180°-121°=59°$이므로
$\angle x=180°-(59°+59°)=62°$

8 $\angle ABC=180°-140°=40°$이므로
$\angle x=\angle ABC=40°$
따라서 $\angle y=180°-(40°+40°)=100°$

9 $\angle ABC=\angle x$이므로
$40°+\angle x+\angle x=180°$에서
$2\angle x=140°$, 즉 $\angle x=70°$
따라서 $\angle y=180°-\angle x=180°-70°=110°$

10 $\angle ACB=\angle ABC=66°$이므로
$\angle x=180°-(66°+66°)=48°$
따라서 $\angle y=180°-\angle x=180°-48°=132°$

03 이등변삼각형의 성질(2)

본문 14쪽

원리확인

$\overline{AC}$, $\angle CAD$, $\overline{AD}$, SAS, $=$, 90, $\perp$

1 (✎ $\overline{CD}$, 8) 2 10 3 11
4 (✎ $\perp$, 90) 5 57° 6 36°
7 65° 8 (✎ 이등분선, DAC, 23) 9 30°
10 ④

2 이등변삼각형 ABC에서 $\overline{AD}$는 $\angle A$의 이등분선이므로
$\overline{BD}=\overline{CD}$
즉 $\overline{BC}=2\overline{BD}$이므로 $x=10$

3 이등변삼각형 ABC에서 $\overline{AD}$는 $\angle A$의 이등분선이므로
$\overline{BD}=\overline{CD}=\frac{1}{2}\overline{BC}$
따라서 $x=\frac{1}{2}\times 22=11$

5 이등변삼각형 ABC에서 $\overline{AD}$는 $\angle A$의 이등분선이므로
$\overline{AD}\perp\overline{BC}$
$\triangle ADC$에서 $\angle x=180°-(90°+33°)=57°$

6 이등변삼각형 ABC에서 $\overline{AD}$는 $\angle A$의 이등분선이므로 $\overline{AD}\perp\overline{BC}$
또한 $\overline{AB}=\overline{AC}$이므로 $\angle C=\angle B=54^\circ$
따라서 $\triangle ADC$에서 $\angle x=180^\circ-(90^\circ+54^\circ)=36^\circ$

7 이등변삼각형 ABC에서 $\overline{AD}$는 $\angle A$의 이등분선이므로 $\overline{AD}\perp\overline{BC}$
$\triangle ADC$에서 $\angle x=180^\circ-(90^\circ+25^\circ)=65^\circ$

9 이등변삼각형 ABC에서 $\overline{AD}$는 $\overline{BC}$의 수직이등분선이므로 $\overline{AD}$는 $\angle A$의 이등분선이다.
즉 $\angle x=\angle DAC$
따라서 $\triangle ADC$에서 $\angle x=180^\circ-(90^\circ+60^\circ)=30^\circ$

10 이등변삼각형 ABC에서 $\overline{AD}$는 $\angle A$의 이등분선이므로 $\overline{AD}\perp\overline{BC}$
$\triangle ABD$에서 $\angle ABD=180^\circ-(90^\circ+28^\circ)=62^\circ$
즉 $x=62$
또한 $\overline{AD}$는 $\overline{BC}$의 이등분선이므로 $\overline{CD}=\overline{BD}$
즉 $y=7$
따라서 $x+2y=62+14=76$

04 이등변삼각형이 되는 조건

본문 16쪽

원리확인

$\angle CAD$, $\angle ADC$, $\overline{AD}$, ASA, $\overline{AC}$

1 $\overline{BC}$	2 $\overline{AC}$	3 $\overline{BC}$	4 $\overline{AC}$
5 9	6 8	7 11	8 7
☺ 내각	9 12	10 15	11 10
12 ③			

1 $\angle A=\angle C$이므로 $\triangle ABC$는 $\overline{AB}=\overline{BC}$인 이등변삼각형이다.

2 $\angle C=180^\circ-(52^\circ+64^\circ)=64^\circ$
따라서 $\triangle ABC$는 $\overline{AB}=\overline{AC}$인 이등변삼각형이다.

3 $\angle ACB=180^\circ-100^\circ=80^\circ$
$\triangle ABC$에서 $\angle A=180^\circ-(20^\circ+80^\circ)=80^\circ$
따라서 $\triangle ABC$는 $\overline{AB}=\overline{BC}$인 이등변삼각형이다.

4 $\angle ABC=180^\circ-110^\circ=70^\circ$
$\triangle ABC$에서 $\angle C=180^\circ-(40^\circ+70^\circ)=70^\circ$
따라서 $\triangle ABC$는 $\overline{AB}=\overline{AC}$인 이등변삼각형이다.

5 $\triangle ABC$에서 $\angle B=\angle C=62^\circ$이므로 $\overline{AC}=\overline{AB}$
따라서 $x=9$

6 $\triangle ABC$에서 $\angle A=\angle B=40^\circ$이므로 $\overline{AC}=\overline{BC}$
따라서 $x=8$

7 $\triangle ABC$에서 $\angle A=180^\circ-(80^\circ+50^\circ)=50^\circ$이므로 $\angle A=\angle C$
즉 $\overline{AB}=\overline{BC}$
따라서 $x=11$

8 $\triangle ABC$에서 $\angle A=180^\circ-(110^\circ+35^\circ)=35^\circ$이므로 $\angle A=\angle C$
즉 $\overline{AB}=\overline{BC}$
따라서 $x=7$

9 $\triangle ABC$에서 $\angle ACD=\angle CBA+\angle CAB$이므로
$140^\circ=70^\circ+\angle CAB$
즉 $\angle CAB=70^\circ$
따라서 $\triangle ABC$는 $\overline{CA}=\overline{CB}$인 이등변삼각형이므로
$x=12$

10 $\angle ACB=180^\circ-125^\circ=55^\circ$이므로
$\triangle ABC$는 $\overline{AB}=\overline{AC}$인 이등변삼각형이다.
따라서 $x=15$

11 $\triangle ADC$는 $\overline{AD}=\overline{CD}$인 이등변삼각형이므로
$\overline{AD}=10$ cm
또한 $\angle ADB=\angle DAC+\angle DCA=70^\circ$이므로
$\triangle ABD$는 $\overline{AB}=\overline{AD}$인 이등변삼각형이다.
따라서 $x=10$

12 $\overline{AB}=\overline{BC}$이므로 $\angle C=\angle A=\frac{1}{2}\times(180^\circ-90^\circ)=45^\circ$에서
$x=45$
$\angle DBA=\angle A=45^\circ$이므로 $\triangle ABD$는 $\overline{AD}=\overline{BD}$인 직각이등변삼각형이다.
즉 $\overline{AD}=\overline{BD}=10$ cm이므로 $y=10$
따라서 $x+y=45+10=55$

05 이등변삼각형의 성질의 활용

본문 18쪽

1 (✎ 42, 69, 69, 27) 2 $\angle x=70°$, $\angle y=30°$
3 $\angle x=71°$, $\angle y=33°$ 4 $\angle x=50°$, $\angle y=15°$
5 $\angle x=65°$, $\angle y=50°$
6 (✎ 40, 70, 70, 35, 35, 75)
7 $\angle x=34°$, $\angle y=78°$ 8 $\angle x=40°$, $\angle y=105°$
9 $\angle x=25°$, $\angle y=75°$ 10 $\angle x=31°$, $\angle y=87°$
11 (✎ DCA, 28, 28, 56, 56, 62)
12 $\angle x=100°$, $\angle y=50°$ 13 $\angle x=72°$, $\angle y=54°$
14 $\angle x=124°$, $\angle y=28°$ 15 $\angle x=100°$, $\angle y=40°$
16 $\angle x=112°$, $\angle y=34°$
17 (✎ ABC, 40, 40, 80, 80, 80, 120) 18 60°
19 105° 20 41°
21 (✎ ACB, 72, 54, 54, 126, 63, 54, 27, 63, 27, 36)
22 22° 23 18°
24 (✎ DBA, 52, 52, 52, 76) 25 36°
26 150° 27 66°

2 $\triangle ABC$에서 $\overline{AB}=\overline{AC}$이므로
$\angle ACB=\frac{1}{2}\times(180°-40°)=70°$
$\triangle BCD$에서 $\overline{BC}=\overline{BD}$이므로 $\angle x=\angle DCB=70°$
또한 $\triangle ABD$에서 $\angle BDC=\angle DBA+\angle BAD$이므로
$70°=\angle y+40°$
따라서 $\angle y=30°$

3 $\triangle ABC$에서 $\overline{AB}=\overline{AC}$이므로
$\angle x=\frac{1}{2}\times(180°-38°)=71°$
$\angle ABC=\angle x=71°$
또한 $\triangle ABD$에서 $\overline{DA}=\overline{DB}$이므로 $\angle DBA=38°$
따라서 $\angle y=\angle ABC-\angle ABD=71°-38°=33°$

4 $\triangle ABC$에서 $\overline{AB}=\overline{AC}$이므로 $\angle B=\angle C=65°$
따라서 $\angle x=180°-(65°+65°)=50°$
$\triangle BCD$에서 $\overline{CB}=\overline{CD}$이므로 $\angle BDC=\angle B=65°$
$\triangle ACD$에서 $\angle BDC=\angle x+\angle y$이므로
$\angle y=\angle BDC-\angle x=65°-50°=15°$

5 $\triangle ABC$에서 $\overline{AB}=\overline{AC}$이므로
$\angle B=\frac{1}{2}\times(180°-50°)=65°$
$\triangle CDB$에서 $\overline{CD}=\overline{CB}$이므로 $\angle x=\angle B=65°$
따라서 $\angle y=180°-2\angle x=180°-2\times65°=50°$

7 $\triangle ABC$에서 $\overline{AB}=\overline{AC}$이므로
$\angle B=\angle C=\frac{1}{2}\times(180°-44°)=68°$
따라서 $\angle x=\frac{1}{2}\angle C=\frac{1}{2}\times68°=34°$
$\triangle ACD$에서
$\angle y=\angle x+44°=34°+44°=78°$

8 $\triangle ABC$에서 $\overline{AB}=\overline{AC}$이므로 $\angle B=\angle C=70°$
따라서 $\angle x=180°-(70°+70°)=40°$
또한 $\angle ABD=\angle DBC=\frac{1}{2}\angle B=35°$이므로
$\triangle BCD$에서
$\angle y=\angle DBC+\angle DCB=35°+70°=105°$

9 $\triangle ABC$에서 $\overline{AB}=\overline{AC}$이므로 $\angle B=\angle C=50°$
따라서 $\angle x=\frac{1}{2}\angle B=25°$
$\triangle BCD$에서 $\angle y=\angle x+50°=25°+50°=75°$

10 $\triangle ABC$에서 $\overline{AB}=\overline{AC}$이므로
$\angle B=\angle C=\frac{1}{2}\times(180°-56°)=62°$
따라서 $\angle x=\frac{1}{2}\angle C=31°$
$\angle ACD=\angle x=31°$이므로 $\triangle ADC$에서
$\angle y=56°+31°=87°$

12 $\triangle ABD$에서 $\overline{DA}=\overline{DB}$이므로 $\angle B=\angle BAD=40°$
따라서 $\angle x=180°-(40°+40°)=100°$
$\triangle ADC$에서 $\overline{DA}=\overline{DC}$이므로 $\angle DAC=\angle C=\angle y$
즉 $\angle x=2\angle y$이므로 $\angle y=\frac{1}{2}\angle x=50°$

13 $\triangle ADC$에서 $\overline{DA}=\overline{DC}$이므로
$\angle DAC=\angle DCA=36°$
따라서 $\angle x=36°+36°=72°$
$\triangle DBC$에서 $\overline{DB}=\overline{DC}$이므로
$\angle DCB=\angle DBC=\angle y$
따라서
$\angle y=\frac{1}{2}\times(180°-\angle x)=\frac{1}{2}\times(180°-72°)=54°$

14 $\triangle ADC$에서 $\overline{DA}=\overline{DC}$이므로
$\angle DAC=\angle DCA=62°$

따라서 $\angle x=62^\circ+62^\circ=124^\circ$

$\triangle$ABD에서 $\overline{DA}=\overline{DB}$이므로 $\angle DBA=\angle DAB=\angle y$

따라서

$\angle y=\frac{1}{2}\times(180^\circ-\angle x)=\frac{1}{2}\times(180^\circ-124^\circ)=28^\circ$

15 $\triangle$ABD에서 $\overline{DA}=\overline{DB}$이므로

$\angle DAB=\angle DBA=50^\circ$

따라서 $\angle x=50^\circ+50^\circ=100^\circ$

$\triangle$DAC에서 $\overline{DA}=\overline{DC}$이므로

$\angle DCA=\angle DAC=\angle y$

따라서

$\angle y=\frac{1}{2}\times(180^\circ-\angle x)=\frac{1}{2}\times(180^\circ-100^\circ)=40^\circ$

16 $\triangle$DBC에서 $\overline{DB}=\overline{DC}$이므로

$\angle DCB=\angle DBC=56^\circ$

따라서 $\angle x=56^\circ+56^\circ=112^\circ$

$\triangle$ABD에서 $\overline{DA}=\overline{DB}$이므로

$\angle DBA=\angle DAB=\angle y$

따라서

$\angle y=\frac{1}{2}\times(180^\circ-\angle x)=\frac{1}{2}\times(180^\circ-112^\circ)=34^\circ$

18 $\triangle$ABC에서

$\angle ACB=\angle ABC=20^\circ$

따라서 $\angle DAC=20^\circ+20^\circ=40^\circ$

$\triangle$ACD에서 $\overline{CA}=\overline{CD}$이므로

$\angle CDA=\angle CAD=40^\circ$

$\triangle$DBC에서 $\angle x=20^\circ+40^\circ=60^\circ$

19 $\triangle$ABC에서 $\overline{AB}=\overline{AC}$이므로

$\angle ABC=\angle ACB$

$=\frac{1}{2}\times(180^\circ-110^\circ)=35^\circ$

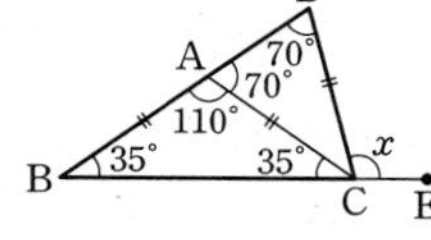

이때 $\angle CAD=180^\circ-110^\circ=70^\circ$이고,

$\triangle$ACD에서 $\overline{CA}=\overline{CD}$이므로 $\angle CDA=\angle CAD=70^\circ$

$\triangle$DBC에서 $\angle x=35^\circ+70^\circ=105^\circ$

20 $\triangle$ABC에서 $\overline{AB}=\overline{AC}$이므로

$\angle ACB=\angle ABC=\angle x$

따라서

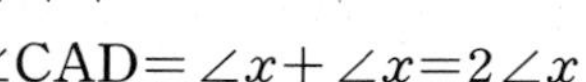

$\angle CAD=\angle x+\angle x=2\angle x$

$\triangle$ACD에서 $\overline{CA}=\overline{CD}$이므로

$\angle CDA=\angle CAD=2\angle x$

$\triangle$DBC에서 $\angle DCE=\angle DBC+\angle BDC$이므로

$123^\circ=\angle x+2\angle x$, $3\angle x=123^\circ$

따라서 $\angle x=41^\circ$

22 $\triangle$ABC에서 $\overline{AB}=\overline{AC}$이므로

$\angle ABC=\angle ACB=\frac{1}{2}\times(180^\circ-44^\circ)=68^\circ$

따라서 $\angle ACE=180^\circ-68^\circ=112^\circ$

이때 $\angle DCE=\frac{1}{2}\angle ACE=56^\circ$

또한 $\overline{BD}$는 $\angle B$의 이등분선이므로

$\angle DBC=\frac{1}{2}\times 68^\circ=34^\circ$

$\triangle$DBC에서 $\angle DBC+\angle x=\angle DCE$이므로

$\angle x=56^\circ-34^\circ=22^\circ$

23 $\triangle$ABC에서 $\overline{AB}=\overline{AC}$이므로

$\angle ABC=\angle ACB=\frac{1}{2}\times(180^\circ-36^\circ)=72^\circ$

따라서 $\angle ACE=180^\circ-72^\circ=108^\circ$

이때 $\angle DCE=\frac{1}{2}\angle ACE=54^\circ$

또한 $\overline{BD}$는 $\angle B$의 이등분선이므로

$\angle DBC=\frac{1}{2}\times 72^\circ=36^\circ$

$\triangle$DBC에서 $\angle DBC+\angle x=\angle DCE$이므로

$\angle x=54^\circ-36^\circ=18^\circ$

25 $\angle DBC=\angle DBA=72^\circ$ (접은 각)

$\overline{AD}/\!/\overline{BC}$이므로 $\angle ADB=\angle DBC=72^\circ$ (엇각)

$\triangle$ABD에서 $\angle x=180^\circ-2\times 72^\circ=36^\circ$

26 $\angle CAD=\angle CAB=30^\circ$ (접은 각)

$\overline{AD}/\!/\overline{BC}$이므로 $\angle ACB=\angle CAD=30^\circ$ (엇각)

따라서 $\angle x=180^\circ-30^\circ=150^\circ$

27 $\angle CAB=\angle x$ (접은 각)

$\overline{AD}/\!/\overline{BC}$이므로 $\angle ABC=\angle x$ (엇각)

$\triangle$ABC에서 $\angle x+\angle x+48^\circ=180^\circ$, $2\angle x=132^\circ$

따라서 $\angle x=66^\circ$

06 직각삼각형의 합동 조건

본문 22쪽

1 (F, $\overline{DE}$, D, RHA)

2 $\triangle ABC\equiv\triangle EFD$ (RHA 합동)

3 △ABC≡△DFE (RHA 합동)
4 △ABC≡△EDF (RHA 합동)
5 (✎ E, $\overline{DF}$, $\overline{EF}$, RHS)
6 △ABC≡△EFD (RHS 합동)
7 △ABC≡△FDE (RHS 합동)
8 △ABC≡△EFD (RHS 합동)
9 △GHI≡△MON (RHS 합동)
10 △ABC≡△QRP (RHA 합동)
11 △JKL≡△TUS (RHA 합동)
12 △DEF≡△VXW (RHS 합동)

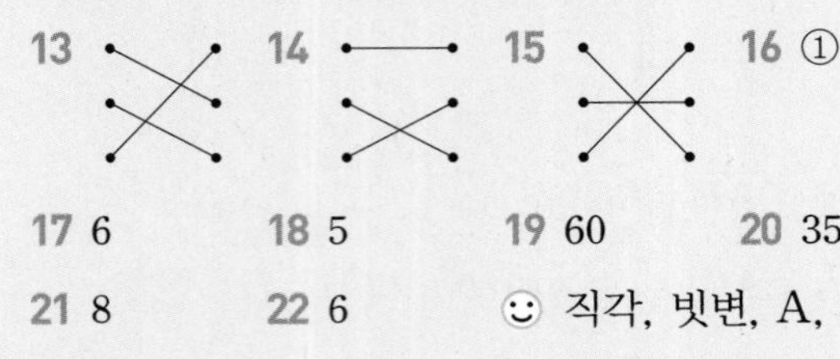

16 ①

17 6　18 5　19 60　20 35
21 8　22 6　☺ 직각, 빗변, A, S
23 ③

2 △ABC와 △EFD에서
$\angle B=\angle F=90^\circ$, $\overline{AC}=\overline{ED}=5$ cm
$\angle C=\angle D=35^\circ$
따라서 △ABC≡△EFD (RHA 합동)

3 △DEF에서 $\angle F=90^\circ-40^\circ=50^\circ$
△ABC와 △DFE에서
$\angle C=\angle E=90^\circ$, $\overline{AB}=\overline{DF}=12$ cm
$\angle B=\angle F=50^\circ$
따라서 △ABC≡△DFE (RHA 합동)

4 △DEF에서 $\angle E=90^\circ-30^\circ=60^\circ$
△ABC와 △EDF에서
$\angle C=\angle F=90^\circ$, $\overline{AB}=\overline{ED}=8$ cm
$\angle A=\angle E=60^\circ$
따라서 △ABC≡△EDF (RHA 합동)

6 △ABC와 △EFD에서
$\angle A=\angle E=90^\circ$, $\overline{BC}=\overline{FD}=13$ cm
$\overline{AB}=\overline{EF}=5$ cm
따라서 △ABC≡△EFD (RHS 합동)

7 △ABC와 △FDE에서
$\angle A=\angle F=90^\circ$, $\overline{BC}=\overline{DE}=17$ cm
$\overline{AB}=\overline{FD}=15$ cm
따라서 △ABC≡△FDE (RHS 합동)

8 △ABC와 △EFD에서
$\angle B=\angle F=90^\circ$, $\overline{AC}=\overline{ED}=10$ cm
$\overline{BC}=\overline{FD}=6$ cm
따라서 △ABC≡△EFD (RHS 합동)

9 △GHI와 △MON에서
$\angle I=\angle N=90^\circ$, $\overline{GH}=\overline{MO}=5$
$\overline{GI}=\overline{MN}=3$
따라서 △GHI≡△MON (RHS 합동)

10 △ABC에서 $\angle A=90^\circ-30^\circ=60^\circ$
△ABC와 △QRP에서
$\angle C=\angle P=90^\circ$, $\overline{AB}=\overline{QR}=11$
$\angle A=\angle Q=60^\circ$
따라서 △ABC≡△QRP (RHA 합동)

11 △JKL과 △TUS에서
$\angle L=\angle S=90^\circ$, $\overline{JK}=\overline{TU}=9$
$\angle K=\angle U=55^\circ$
따라서 △JKL≡△TUS (RHA 합동)

12 △DEF와 △VXW에서
$\angle F=\angle W=90^\circ$, $\overline{DE}=\overline{VX}=14$
$\overline{EF}=\overline{XW}=10$
따라서 △DEF≡△VXW (RHS 합동)

13 △ABC≡△KLJ (RHS 합동)
△GHI≡△QRP (RHA 합동)
△MON≡△DEF (RHA 합동)

14 △ABC≡△DFE (RHS 합동)
△GHI≡△RPQ (RHS 합동)
△MNO≡△KJL (RHA 합동)

15 △ABC≡△PRQ (RHS 합동)
△GHI≡△JLK (RHA 합동)
△MNO≡△FDE (RHA 합동)

16 ① 모양은 같지만 직각삼각형의 크기가 다를 수 있다.
② SAS 합동 ③ RHA 합동 ④ RHS 합동
⑤ ASA 합동

17 △ABC와 △EFD에서
$\angle B=\angle F=90^\circ$, $\overline{AC}=\overline{ED}=11$ cm, $\angle A=\angle E=63^\circ$

이므로 $\triangle ABC \equiv \triangle EFD$ (RHA 합동)
따라서 $\overline{EF}=\overline{AB}$이므로 $x=6$

18 $\triangle ABC$와 $\triangle EDF$에서
$\angle B=\angle D=90^\circ$, $\overline{AC}=\overline{EF}=13$ cm,
$\overline{AB}=\overline{ED}=12$ cm
이므로 $\triangle ABC \equiv \triangle EDF$ (RHS 합동)
따라서 $\overline{BC}=\overline{DF}$이므로 $x=5$

19 $\triangle ABC$와 $\triangle FDE$에서
$\angle C=\angle E=90^\circ$, $\overline{AB}=\overline{FD}=6$ cm,
$\overline{BC}=\overline{DE}=3$ cm
이므로 $\triangle ABC \equiv \triangle FDE$ (RHS 합동)
따라서 $\angle D=\angle B$이고 $\triangle ABC$에서 $\angle B=90^\circ-30^\circ=60^\circ$
이므로 $x=60$

20 $\triangle ABC$와 $\triangle EFD$에서
$\angle B=\angle F=90^\circ$, $\overline{AB}=\overline{EF}=4$ cm,
$\overline{AC}=\overline{ED}=5$ cm
이므로 $\triangle ABC \equiv \triangle EFD$ (RHS 합동)
따라서 $\angle A=\angle E$이고 $\triangle EFD$에서 $\angle E=90^\circ-55^\circ=35^\circ$
이므로 $x=35$

21 $\triangle ABC$와 $\triangle CDE$에서
$\angle B=\angle D=90^\circ$, $\overline{AC}=\overline{CE}=17$ cm,
$\overline{AB}=\overline{CD}=15$ cm
이므로 $\triangle ABC \equiv \triangle CDE$ (RHS 합동)
따라서 $\overline{BC}=\overline{DE}$이므로 $x=8$

22 $\triangle AMC$와 $\triangle BMD$에서
$\angle C=\angle D=90^\circ$, $\overline{AM}=\overline{BM}=10$ cm
$\angle CMA=\angle DMB$(맞꼭지각)
이므로 $\triangle AMC \equiv \triangle BMD$ (RHA 합동)
따라서 $\overline{AC}=\overline{BD}$이므로 $x=6$

23 ① RHS 합동 ② ASA 합동
④ RHA 합동 ⑤ ASA 합동

07 직각삼각형의 합동 조건의 활용

본문 26쪽

1 (✎ BCE, BCE, RHA, $\overline{EC}$, 10, 8, 18)
2 15　3 15　4 3　5 13
6 10　7 14　8 9　9 ③
10 (✎ 90, $\overline{CD}$, $\overline{DF}$, FCD, RHS, C, 70, 55)
11 58　12 40　13 84　14 28
15 30　16 68　17 37　18 ④
19 (✎ 90, $\overline{AD}$, $\overline{AE}$, AED, RHS, BAD, x, 180, 26)
20 22　21 10　22 50　23 60
24 63　25 ③

2 $\triangle ADB \equiv \triangle BEC$ (RHA 합동)이므로
$\overline{DB}=\overline{EC}=8$, $\overline{BE}=\overline{AD}=7$
따라서 $x=\overline{DB}+\overline{BE}=8+7=15$

3 $\triangle ADB \equiv \triangle CEA$ (RHA 합동)이므로
$\overline{DA}=\overline{EC}=5$, $\overline{AE}=\overline{BD}=10$
따라서 $x=\overline{DA}+\overline{AE}=5+10=15$

4 $\triangle ADB \equiv \triangle BEC$ (RHA 합동)이므로 $\overline{DB}=\overline{EC}$
따라서 $x=3$

5 $\triangle DBA \equiv \triangle EAC$ (RHA 합동)이므로 $\overline{DA}=\overline{EC}$
따라서 $x=13$

6 $\triangle ADB \equiv \triangle BEC$ (RHA 합동)이므로
$\overline{DB}=\overline{EC}=x$, $\overline{BE}=\overline{AD}=6$
즉 $\overline{DE}=\overline{DB}+\overline{BE}$에서 $16=x+6$
따라서 $x=10$

7 $\triangle DBA \equiv \triangle EAC$ (RHA 합동)이므로
$\overline{DA}=\overline{EC}=x$, $\overline{AE}=\overline{BD}=8$
즉 $\overline{DE}=\overline{DA}+\overline{AE}$에서 $22=x+8$
따라서 $x=14$

8 $\triangle DBA \equiv \triangle EAC$ (RHA 합동)이므로
$\overline{DA}=\overline{EC}=8$, $\overline{AE}=\overline{BD}=x$
즉 $\overline{DE}=\overline{DA}+\overline{AE}$에서 $17=8+x$
따라서 $x=9$

9 $\triangle ADB \equiv \triangle BEC$ (RHA 합동)이므로
$\overline{BE}=\overline{AD}=6$
따라서 $\triangle BEC=\frac{1}{2}\times 6\times 8=24$

11 $\triangle EBD$와 $\triangle FCD$에서 $\angle BED=\angle CFD=90^\circ$
$\overline{BD}=\overline{CD}$, $\overline{ED}=\overline{FD}$이므로

$\triangle EBD \equiv \triangle FCD$ (RHS 합동)
따라서 $\angle B = \angle C = x°$이므로 $\triangle ABC$에서
$x = \frac{1}{2} \times (180-64) = 58$

12 $\triangle EBD$와 $\triangle FCD$에서 $\angle BED = \angle CFD = 90°$
$\overline{BD} = \overline{CD}$, $\overline{EB} = \overline{FC}$이므로
$\triangle EBD \equiv \triangle FCD$ (RHS 합동)
따라서 $\angle B = \angle C = x°$이므로 $\triangle ABC$에서
$x = \frac{1}{2} \times (180-100) = 40$

13 $\triangle EBD$와 $\triangle FCD$에서 $\angle BED = \angle CFD = 90°$
$\overline{BD} = \overline{CD}$, $\overline{ED} = \overline{FD}$이므로
$\triangle EBD \equiv \triangle FCD$ (RHS 합동)
따라서 $\angle B = \angle C = 48°$이므로 $\triangle ABC$에서
$x = 180 - (48+48) = 84$

14 $\triangle EBD$와 $\triangle FCD$에서 $\angle BED = \angle CFD = 90°$
$\overline{BD} = \overline{CD}$, $\overline{EB} = \overline{FC}$이므로
$\triangle EBD \equiv \triangle FCD$ (RHS 합동)
따라서 $\angle B = \angle C = \frac{1}{2} \times (180° - 56°) = 62°$이므로
$\triangle EBD$에서
$x = 180 - (90+62) = 28$

15 $\triangle EBD$와 $\triangle FCD$에서 $\angle BED = \angle CFD = 90°$
$\overline{BD} = \overline{CD}$, $\overline{EB} = \overline{FC}$이므로
$\triangle EBD \equiv \triangle FCD$ (RHS 합동)
따라서 $\angle B = \angle C = x°$이므로 $\triangle ABC$에서
$x = \frac{1}{2} \times (180-120) = 30$

16 $\triangle EBD$와 $\triangle FCD$에서 $\angle BED = \angle CFD = 90°$
$\overline{BD} = \overline{CD}$, $\overline{ED} = \overline{FD}$이므로
$\triangle EBD \equiv \triangle FCD$ (RHS 합동)
따라서 $\angle B = \angle C = x°$이므로 $\triangle ABC$에서
$x = \frac{1}{2} \times (180-44) = 68$

17 $\triangle EBD$와 $\triangle FCD$에서 $\angle BED = \angle CFD = 90°$
$\overline{BD} = \overline{CD}$, $\overline{EB} = \overline{FC}$이므로
$\triangle EBD \equiv \triangle FCD$ (RHS 합동)
따라서 $\angle B = \angle C = \frac{1}{2} \times (180° - 74°) = 53°$
$\triangle FDC$에서 $x = 180 - (90+53) = 37$

18 $\triangle EBD$와 $\triangle FCD$에서 $\angle BED = \angle CFD = 90°$
$\overline{BD} = \overline{CD}$, $\overline{ED} = \overline{FD}$이므로
$\triangle EBD \equiv \triangle FCD$ (RHS 합동)
따라서 $\angle B = \angle C = 45°$이므로 $\triangle ABC$에서
$\angle A = 180° - (45° + 45°) = 90°$

20 $\triangle ABD$와 $\triangle AED$에서 $\angle B = \angle AED = 90°$,
$\overline{AD}$는 공통, $\overline{AB} = \overline{AE}$이므로
$\triangle ABD \equiv \triangle AED$ (RHS 합동)
따라서 $\angle EAD = \angle BAD = x°$
$\triangle ABC$에서 $2x + 90 + 46 = 180$이므로 $x = 22$

21 $\triangle ADE$와 $\triangle ACE$에서 $\angle ADE = \angle C = 90°$
$\overline{AE}$는 공통, $\overline{AD} = \overline{AC}$이므로
$\triangle ADE \equiv \triangle ACE$ (RHS 합동)
따라서 $\overline{DE} = \overline{CE}$이므로 $x = 10$

22 $\triangle ADE$와 $\triangle ACE$에서 $\angle ADE = \angle C = 90°$
$\overline{AE}$는 공통, $\overline{AD} = \overline{AC}$이므로
$\triangle ADE \equiv \triangle ACE$ (RHS 합동)
따라서 $\angle DAE = \angle CAE = 20°$이므로 $\triangle ABC$에서
$x = 180 - (90+20+20) = 50$

23 $\triangle ABC$에서 $\angle BAC = 180° - (90° + 30°) = 60°$
$\triangle ABD$와 $\triangle AED$에서 $\angle B = \angle AED = 90°$
$\overline{AD}$는 공통, $\overline{AB} = \overline{AE}$이므로
$\triangle ABD \equiv \triangle AED$ (RHS 합동)
따라서 $\angle BAD = \angle EAD = \frac{1}{2} \times 60° = 30°$
$\triangle ABD$에서 $x = 180 - (90+30) = 60$

24 $\triangle BCE$와 $\triangle BDE$에서 $\angle C = \angle BDE = 90°$
$\overline{BE}$는 공통, $\overline{BC} = \overline{BD}$이므로
$\triangle BCE \equiv \triangle BDE$ (RHS 합동)
따라서 $\angle DBE = \angle CBE = 27°$
$\triangle DBE$에서 $x = 180 - (90+27) = 63$

25 $\triangle ABD$에서 $\angle ADB = 180° - (90° + 35°) = 55°$
$\triangle ABD$와 $\triangle AED$에서 $\angle B = \angle AED = 90°$
$\overline{AD}$는 공통, $\overline{AB} = \overline{AE}$이므로
$\triangle ABD \equiv \triangle AED$ (RHS 합동)
즉 $\angle BDA = \angle EDA = 55°$
따라서 $\angle EDC = 180° - (55° + 55°) = 70°$

08 각의 이등분선의 성질

본문 30쪽

1 5　2 7　3 4　4 $x=5$, $y=8$
5 $x=4$, $y=6$　6 $x=1$, $y=1$
7 33　8 65　9 28　10 55
☺ 이등분선, 거리　11 ③

1 $\triangle AOP \equiv \triangle BOP$ (RHA 합동)이므로 $\overline{PA}=\overline{PB}$
따라서 $x=5$

2 $\triangle AOP$에서 $\angle AOP=180^\circ-(90^\circ+50^\circ)=40^\circ$
$\triangle AOP \equiv \triangle BOP$ (RHA 합동)이므로 $\overline{AP}=\overline{BP}$
따라서 $x=7$

3 $\triangle ABD \equiv \triangle CBD$ (RHA 합동)이므로 $\overline{AD}=\overline{CD}$
즉 $4x+3=3x+7$이므로 $x=4$

4 $\triangle ABD \equiv \triangle CBD$ (RHA 합동)이므로
$\overline{AD}=\overline{CD}$, $\overline{AB}=\overline{CB}$
따라서 $x=5$, $y=8$

5 $\triangle ABD \equiv \triangle CBD$ (RHA 합동)이므로
$\overline{AB}=\overline{CB}$, $\overline{AD}=\overline{CD}$
$\overline{AB}=\overline{CB}$에서 $2x+1=9$, $2x=8$이므로 $x=4$
$\overline{AD}=\overline{CD}$에서 $y=3y-12$, $2y=12$이므로 $y=6$

6 $\triangle ABD \equiv \triangle CBD$ (RHA 합동)이므로
$\overline{AB}=\overline{CB}$, $\overline{AD}=\overline{CD}$
$\overline{AB}=\overline{CB}$에서 $2x+y=3$　…… ㉠
$\overline{AD}=\overline{CD}$에서 $2x-y=1$　…… ㉡
㉠, ㉡을 연립하여 풀면 $x=1$, $y=1$

7 $\triangle AOP \equiv \triangle BOP$ (RHS 합동)이므로 $\angle AOP=\angle BOP$
따라서 $x=33$

8 $\triangle AOP$에서 $\angle OPA=180^\circ-(90^\circ+25^\circ)=65^\circ$
$\triangle AOP \equiv \triangle BOP$ (RHS 합동)이므로 $\angle OPA=\angle OPB$
따라서 $x=65$

9 $\triangle AOP \equiv \triangle BOP$ (RHS 합동)이므로
$\angle OPB=\angle OPA=62^\circ$
$\triangle POB$에서 $x=180-(90+62)=28$

10 $\triangle OAP \equiv \triangle OBP$ (RHS 합동)이므로
$\angle BOP=\angle AOP=35^\circ$
$\triangle OBP$에서 $x=180-(90+35)=55$

11 $\triangle QOP$와 $\triangle ROP$에서
$\angle PQO=\angle PRO=90^\circ$, $\overline{OP}$는 공통, $\overline{PQ}=\overline{PR}$이므로
$\triangle QOP \equiv \triangle ROP$ (RHS 합동)
따라서 $\overline{OQ}=\overline{OR}$, $\angle QOP=\angle ROP$, $\angle QPO=\angle RPO$
그러므로 옳지 않은 것은 ③이다.

09 각의 이등분선의 활용

본문 32쪽

1 8　2 11　3 $x=4$, $y=4$
4 $x=5$, $y=5$　5 112 cm^2　6 40 cm^2

1 $\triangle BCD \equiv \triangle BED$ (RHA 합동)이므로 $\overline{BC}=\overline{BE}$
따라서 $x=8$

2 $\triangle AED \equiv \triangle ACD$ (RHA 합동)이므로 $\overline{ED}=\overline{CD}$
따라서 $x=11$

3 $\triangle BCD \equiv \triangle BED$ (RHA 합동)이므로 $\overline{DC}=\overline{DE}=4$ cm
따라서 $x=4$
$\triangle ABC$는 $\overline{AC}=\overline{BC}$인 직각이등변삼각형이므로
$\angle A=45^\circ$
즉 $\triangle AED$는 $\overline{EA}=\overline{ED}$인 직각이등변삼각형이므로
$y=x=4$

4 $\triangle BCD \equiv \triangle BED$ (RHA 합동)이므로
$\overline{CD}=\overline{ED}=5$ cm
따라서 $x=5$
$\triangle ABC$는 $\overline{AC}=\overline{BC}$인 직각이등변삼각형이므로
$\angle A=45^\circ$
즉 $\triangle AED$는 $\overline{EA}=\overline{ED}$인 직각이등변삼각형이므로
$y=x=5$

5 점 D에서 $\overline{AB}$에 내린 수선의 발을 E라 하면
$\triangle BCD \equiv \triangle BED$ (RHA 합동)
따라서 $\overline{CD}=\overline{ED}=8$ cm이므로
$\triangle ABD=\frac{1}{2}\times 28\times 8=112(cm^2)$

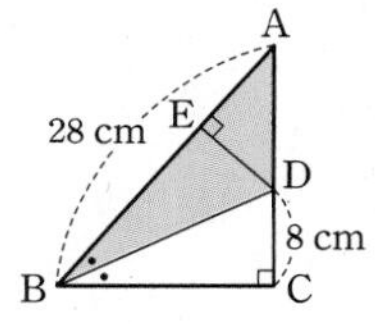

6 점 D에서 $\overline{AC}$에 내린 수선의 발을 E라 하면

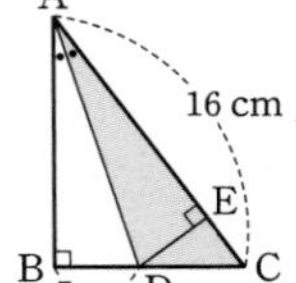

$\triangle ADB \equiv \triangle ADE$ (RHA 합동)

따라서 $\overline{BD}=\overline{ED}=5$cm이므로

$\triangle ADC=\frac{1}{2}\times 16\times 5=40(\text{cm}^2)$

TEST 1. 이등변삼각형

본문 33쪽

1 ④	**2** ③	**3** ③
4 ⑤	**5** 162	**6** 67.5°

1 $\angle ACB=180°-128°=52°$이므로

$\angle x=180°-(52°+52°)=76°$

2 $\triangle ABC$는 $\overline{AB}=\overline{AC}$인 이등변삼각형이므로

$\angle ACD=\angle ABD=47°$

이등변삼각형에서 꼭지각의 이등분선은 밑변을 수직이등분하므로

$\angle ADB=\angle ADC=90°$, $y=2\overline{CD}=12$

$\triangle ADC$에서 $x=180-(90+47)=43$

따라서 $x+y=43+12=55$

3 $\triangle ABC$에서 $\angle ABC=\frac{1}{2}\times(180°-36°)=72°$이므로

$\angle ABD=\frac{1}{2}\times 72°=36°$

$\triangle ABD$에서 $\angle x=36°+36°=72°$

4 ⑤ 직각삼각형의 빗변의 길이와 다른 한 변의 길이가 같으므로 RHS 합동이다.

5 $\triangle ADB \equiv \triangle CEA$ (RHA 합동)이므로 $\overline{DA}=\overline{EC}=6$

따라서 $\overline{BD}=\overline{AE}=18-6=12$이므로

$\square DBCE=\frac{1}{2}\times(12+6)\times 18=162$

6 $\triangle ABC$에서 $\angle ABC=\frac{1}{2}\times(180°-90°)=45°$

$\triangle BED \equiv \triangle BEC$ (RHS 합동)이므로

$\angle DBE=\frac{1}{2}\times 45°=22.5°$

$\triangle BED$에서 $\angle x=180°-(90°+22.5°)=67.5°$

2 삼각형의 외심과 내심

I. 삼각형의 성질

01 삼각형의 외심

본문 36쪽

원리확인

❶ ㄴ　❷ ㄷ　❸ ㄴ, ㄷ

1 ○	**2** ×	**3** ○	**4** ○
5 ×	**6** ○		

7 (✎ 수직이등분선, $\overline{CD}$, 7, 7)　**8** 16

9 (✎ 꼭짓점, $\overline{OB}$, 4, 4)　**10** 10

11 (✎ $\overline{OC}$, 32)　**12** 120°　**13** 100°

14 35°

☺ $\overline{OB}$, $\overline{OC}$, $\overline{BD}$, $\overline{CE}$, $\overline{AF}$, $\angle OBD$, $\angle OCE$, $\angle OAF$

6 $\angle OFA=\angle OFC=90°$, $\overline{OA}=\overline{OC}$, $\overline{OF}$는 공통이므로

$\triangle OAF \equiv \triangle OCF$ (RHS 합동)

8 삼각형의 외심은 삼각형의 세 변의 수직이등분선의 교점이므로 $\overline{BD}=\overline{AD}=8$ cm

즉 $\overline{AB}=2\overline{AD}=16$ cm

따라서 $x=16$

10 삼각형의 외심에서 세 꼭짓점에 이르는 거리는 모두 같으므로

$\overline{OA}=\overline{OC}=10$ cm

따라서 $x=10$

12 $\triangle OBC$는 $\overline{OB}=\overline{OC}$인 이등변삼각형이므로

$\angle OBC=30°$

따라서 $\angle x=180°-(30°+30°)=120°$

13 $\triangle OAB$는 $\overline{OA}=\overline{OB}$인 이등변삼각형이므로

$\angle OAB=40°$

따라서 $\angle x=180°-(40°+40°)=100°$

14 $\triangle OCA$는 $\overline{OA}=\overline{OC}$인 이등변삼각형이므로

$\angle OAC=\angle x$

따라서 $\angle x=\frac{1}{2}\times(180°-110°)=35°$

02 삼각형의 외심의 위치

본문 38쪽

원리확인

❶ $\overline{OB}$, $\frac{1}{2}$ ❷ OBA ❸ OCA

1 (✎ $\overline{OC}$, 6, 6) 2 5 3 4
4 14 5 8 6 (✎ 2, 2, $\overline{AC}$, 12)
7 4 cm 8 $\frac{13}{2}$ cm 9 5 cm ☺ c
10 (✎ $\overline{OC}$, OBC, 30, 30, 60) 11 112°
12 51° 13 57° ☺ b, a, 90, $2b$, $2a$

2 점 O가 직각삼각형 ABC의 외심이므로
$\overline{OA}=\overline{OC}=5$ cm
따라서 $x=5$

3 점 O가 직각삼각형 ABC의 외심이므로
$\overline{OC}=\overline{OB}=4$ cm
따라서 $x=4$

4 점 O가 직각삼각형 ABC의 외심이므로
$\overline{OA}=\overline{OB}=\overline{OC}=7$ cm
즉 $\overline{BC}=2\overline{OC}=14$ cm이므로
$x=14$

5 점 O가 직각삼각형 ABC의 외심이므로
$\overline{OA}=\overline{OB}=\overline{OC}$
즉 $\overline{AB}=2\overline{OA}=2\overline{OC}$이므로
$2x=16$
따라서 $x=8$

7 (직각삼각형의 외접원의 반지름의 길이)
$=\overline{OA}=\overline{OB}=\overline{OC}=4$ cm

8 (직각삼각형의 외접원의 반지름의 길이)
$=\frac{1}{2}\times$(빗변의 길이)
$=\frac{1}{2}\times\overline{AB}$
$=\frac{13}{2}$ (cm)

9 (직각삼각형의 외접원의 반지름의 길이)
$=\frac{1}{2}\times$(빗변의 길이)
$=\frac{1}{2}\times\overline{AC}$
$=5$ (cm)

11 점 O가 직각삼각형 ABC의 외심이므로
△OAB는 $\overline{OA}=\overline{OB}$인 이등변삼각형이다.
즉 $\angle OAB=\angle OBA=56°$이므로
$\angle x=56°+56°=112°$

12 $\angle BOC=180°-102°=78°$
점 O가 직각삼각형 ABC의 외심이므로
△OBC는 $\overline{OB}=\overline{OC}$인 이등변삼각형이다.
따라서 $\angle x=\frac{1}{2}\times(180°-78°)=51°$

13 점 O가 직각삼각형 ABC의 외심이므로
△OAC는 $\overline{OA}=\overline{OC}$인 이등변삼각형이다.
즉 $\angle OAC=\angle OCA=33°$이므로
$\angle x=90°-33°=57°$

03 삼각형의 외심의 응용(1)

본문 40쪽

원리확인

z, y, z, 2, 180, 90

1 (✎ 90, 30) 2 25° 3 132°
4 106° 5 144° ☺ 90 6 26°
7 25° 8 43° 9 40° 10 68°
11 58° 12 42° 13 116° ☺ y, z
14 ③

2 $20°+45°+\angle x=90°$이므로
$\angle x=25°$

3 $27°+39°+\angle OAC=90°$이므로
$\angle OAC=24°$
△OAC는 $\overline{OA}=\overline{OC}$인 이등변삼각형이므로
$\angle OAC=\angle OCA=24°$
따라서 $\angle x=180°-(24°+24°)=132°$

4 $30°+23°+\angle OAB=90°$이므로

$\angle OAB=37°$

$\triangle OAB$는 $\overline{OA}=\overline{OB}$인 이등변삼각형이므로

$\angle OBA=\angle OAB=37°$

따라서 $\angle x=180°-(37°+37°)=106°$

5 $47°+25°+\angle OBC=90°$이므로

$\angle OBC=18°$

$\triangle OBC$는 $\overline{OB}=\overline{OC}$인 이등변삼각형이므로

$\angle OCB=\angle OBC=18°$

따라서 $\angle x=180°-(18°+18°)=144°$

6 $\overline{OA}$를 그으면

$\overline{OA}=\overline{OB}=\overline{OC}$이므로

$50°+14°+\angle x=90°$

따라서 $\angle x=26°$

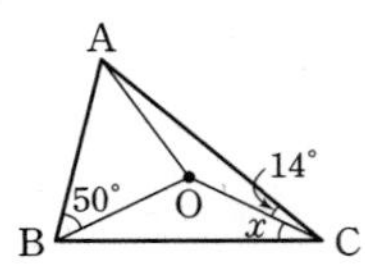

7 $\overline{OC}$를 그으면

$\overline{OA}=\overline{OB}=\overline{OC}$이므로

$46°+19°+\angle x=90°$

따라서 $\angle x=25°$

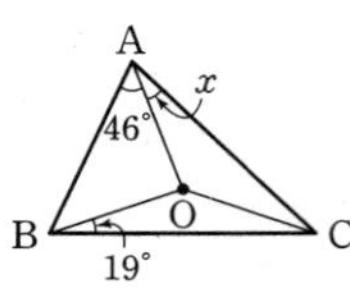

8 $\overline{OB}$를 그으면

$\overline{OA}=\overline{OB}=\overline{OC}$이므로

$19°+28°+\angle x=90°$

따라서 $\angle x=43°$

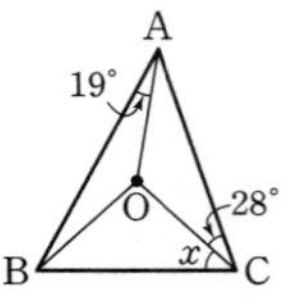

9 $\overline{OA}$를 그으면

$\overline{OA}=\overline{OB}=\overline{OC}$이므로

$20°+\angle x+30°=90°$

따라서 $\angle x=40°$

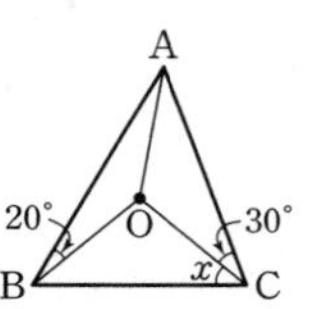

10 $\overline{OB}$를 그으면

$\overline{OA}=\overline{OB}=\overline{OC}$이므로

$\angle OBA=\angle OAB=27°$,

$\angle OBC=\angle OCB=41°$

따라서 $\angle x=27°+41°=68°$

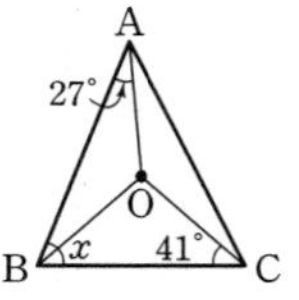

11 $\overline{OA}$를 그으면

$\overline{OA}=\overline{OB}=\overline{OC}$이므로

$29°+32°+\angle OAC=90°$,

즉 $\angle OAC=29°$

따라서 $\angle OAB=\angle OBA=29°$이므로

$\angle x=29°+29°=58°$

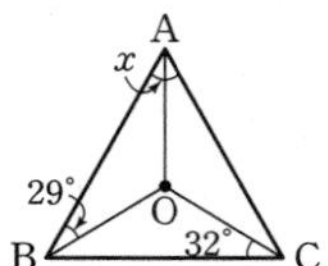

12 $\overline{OC}$를 그으면 $\overline{OA}=\overline{OB}=\overline{OC}$이므로

$48°+18°+\angle OCA=90°$,

즉 $\angle OCA=24°$

따라서 $\angle OCB=\angle OBC=18°$이므로

$\angle x=24°+18°=42°$

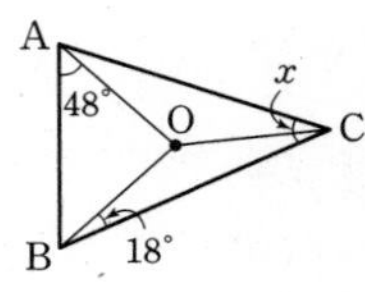

13 $\overline{OA}$를 그으면 $\overline{OA}=\overline{OB}=\overline{OC}$이므로

$33°+25°+\angle OBC=90°$,

즉 $\angle OBC=32°$

$\angle OBC=\angle OCB=32°$이므로

$\angle x=180°-(32°+32°)=116°$

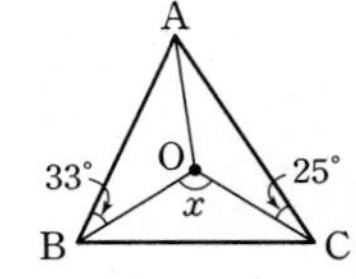

14 $\overline{OB}$를 그으면 $\overline{OA}=\overline{OB}=\overline{OC}$이므로

$\angle x+39°+\angle y=90°$

따라서 $\angle x+\angle y=51°$

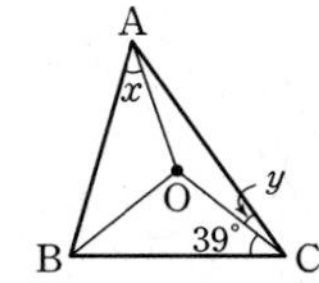

04 삼각형의 외심의 응용(2)

본문 42쪽

원리확인

x, y, 2, 2, 2, 2

1 (✎ 65, 130) 2 90° 3 59°

4 65° 5 140° 6 110° 7 60°

8 56° 9 50° ☺ A 10 140°

11 80° 12 20° 13 25°

2 $\angle x=2\times 45°=90°$

3 $\angle x=\frac{1}{2}\times 118°=59°$

4 $\angle x=\frac{1}{2}\times 130°=65°$

5 $\angle x=2\angle A=2\times(48°+22°)=140°$

6 $\angle OAB=\angle OBA=17°$, $\angle OAC=\angle OCA=38°$이므로

$\angle A=17°+38°=55°$

따라서 $\angle x=2\angle A=110°$

7 $\angle BOC=2\angle A=2\times 30°=60°$
△OBC는 $\overline{OB}=\overline{OC}$인 이등변삼각형이므로
$\angle x=\frac{1}{2}\times(180°-60°)=60°$

8 △OCA는 $\overline{OA}=\overline{OC}$인 이등변삼각형이므로
$\angle OCA=\angle OAC=34°$
즉 $\angle AOC=180°-(34°+34°)=112°$
따라서 $\angle x=\frac{1}{2}\angle AOC=\frac{1}{2}\times 112°=56°$

9 △OBC는 $\overline{OB}=\overline{OC}$인 이등변삼각형이므로
$\angle OCB=\angle OBC=40°$
즉 $\angle BOC=180°-(40°+40°)=100°$
따라서 $\angle x=\frac{1}{2}\angle BOC=\frac{1}{2}\times 100°=50°$

10 $\overline{OA}$를 그으면 $\overline{OA}=\overline{OB}=\overline{OC}$이므로
$\angle OAB=\angle OBA=37°$,
$\angle OAC=\angle OCA=33°$
즉 $\angle A=37°+33°=70°$
따라서 $\angle x=2\angle A=140°$

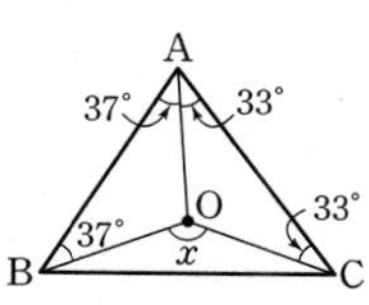

11 $\overline{OB}$를 그으면 $\overline{OA}=\overline{OB}=\overline{OC}$이므로
$\angle OBA=\angle OAB=15°$,
$\angle OBC=\angle OCB=25°$
즉 $\angle B=15°+25°=40°$
따라서 $\angle x=2\angle B=80°$

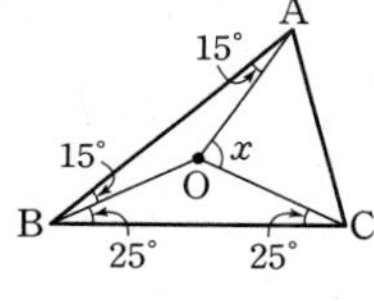

12 $\overline{OC}$를 그으면 $\overline{OA}=\overline{OB}=\overline{OC}$이므로
$\angle OCB=\angle OBC=40°$,
$\angle OCA=\angle OAC=\angle x$
즉 $\angle C=\angle x+40°$
$\angle AOB=2\angle C$이므로 $120°=2(\angle x+40°)$
따라서 $\angle x=20°$

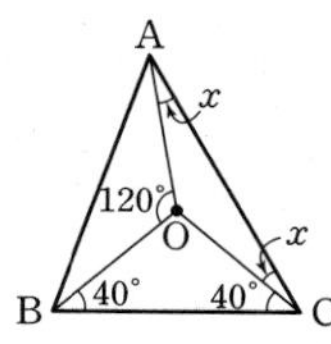

13 $\overline{OA}$를 그으면 $\overline{OA}=\overline{OB}=\overline{OC}$이므로
$\angle OAB=\angle OBA=\angle x$,
$\angle OAC=\angle OCA=30°$
즉 $\angle A=\angle x+30°$
$\angle BOC=2\angle A$이므로 $110°=2(\angle x+30°)$
따라서 $\angle x=25°$

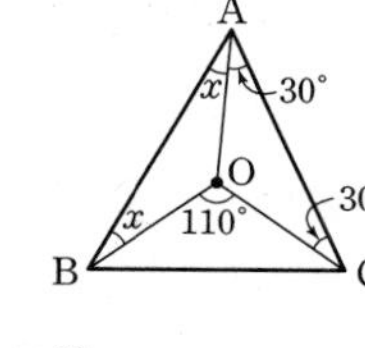

05 삼각형의 내심

본문 44쪽

원리확인

❶ ㄱ ❷ ㄹ ❸ ㄱ, ㄹ

1 × 2 ○ 3 × 4 ○
5 × 6 ○
7 (이등분선, ICA, 24) 8 31°
9 86° 10 21° 11 (변, $\overline{IF}$, 8, 8)
12 7 13 (IBD, $\overline{BD}$, 10, 10)
14 13 ☺ $\overline{IE}$, $\overline{IF}$, $\angle IAF$, $\angle IBE$, $\angle ICF$

3 $\angle IAD=\angle IAF$

6 $\angle CEI=\angle CFI=90°$, $\overline{IE}=\overline{IF}$, $\overline{CI}$는 공통이므로
$\triangle CIE\equiv\triangle CIF$ (RHS 합동)

8 삼각형의 내심은 세 내각의 이등분선의 교점이므로
$\angle IBA=\angle IBC$
따라서 $\angle x=31°$

9 삼각형의 내심은 세 내각의 이등분선의 교점이므로
$\angle IAB=\angle IAC$
따라서 $\angle x=2\angle IAC=2\times 43°=86°$

10 삼각형의 내심은 세 내각의 이등분선의 교점이므로
$\angle IBA=\angle IBC=34°$, $\angle IAB=\angle IAC=\angle x$
△IAB에서 $125°+34°+\angle x=180°$이므로
$\angle x=21°$

12 삼각형의 내심에서 세 변에 이르는 거리는 모두 같으므로
$\overline{ID}=\overline{IE}=7$ cm
따라서 $x=7$

14 $\triangle IAD\equiv\triangle IAF$이므로 $\overline{AF}=\overline{AD}=13$ cm
따라서 $x=13$

06 삼각형의 내심의 응용(1)

본문 46쪽

원리확인

2, 2, 2, 180, 90

1 (✐ 90, 25)		2 30°	3 17°
4 19°	5 66°	☺ 90	6 42°
7 25°	8 23°	9 24°	10 25°
11 110°	12 20°	13 32°	☺ y, z
14 ②			

2 $\angle x+28^\circ+32^\circ=90^\circ$이므로 $\angle x=30^\circ$

3 $37^\circ+36^\circ+\angle x=90^\circ$이므로 $\angle x=17^\circ$

4 점 I가 $\triangle ABC$의 내심이므로

$\angle IAB=\angle IAC=\frac{1}{2}\times 88^\circ=44^\circ$

따라서 $44^\circ+27^\circ+\angle x=90^\circ$에서 $\angle x=19^\circ$

5 점 I가 $\triangle ABC$의 내심이므로 $\angle IBA=\angle IBC=\frac{1}{2}\angle x$

$17^\circ+\frac{1}{2}\angle x+40^\circ=90^\circ$에서 $\angle x=66^\circ$

6 $\overline{IA}$를 그으면

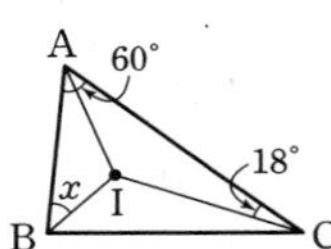

$\angle IAB=\angle IAC=\frac{1}{2}\times 60^\circ=30^\circ$

$30^\circ+\angle x+18^\circ=90^\circ$에서 $\angle x=42^\circ$

7 $\overline{IA}$를 그으면

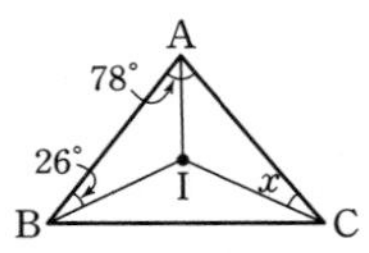

$\angle IAB=\angle IAC=\frac{1}{2}\times 78^\circ=39^\circ$

$39^\circ+26^\circ+\angle x=90^\circ$에서 $\angle x=25^\circ$

8 $\overline{IA}$를 그으면

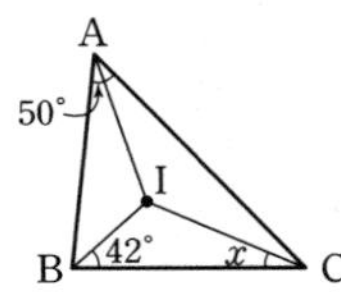

$\angle IAB=\angle IAC=\frac{1}{2}\times 50^\circ=25^\circ$

$25^\circ+42^\circ+\angle x=90^\circ$에서 $\angle x=23^\circ$

9 $\overline{IB}$를 그으면

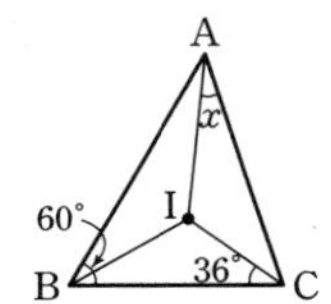

$\angle IBA=\angle IBC=\frac{1}{2}\times 60^\circ=30^\circ$

$30^\circ+36^\circ+\angle x=90^\circ$에서 $\angle x=24^\circ$

10 $\overline{IB}$를 그으면

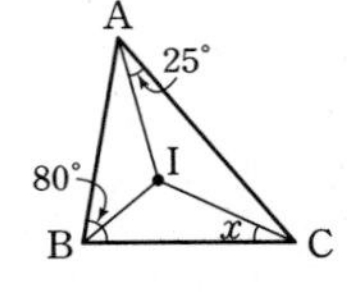

$\angle IBA=\angle IBC=\frac{1}{2}\times 80^\circ=40^\circ$

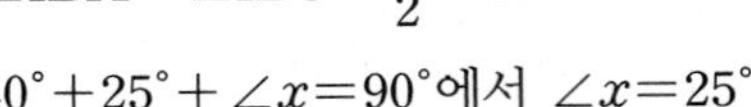

$40^\circ+25^\circ+\angle x=90^\circ$에서 $\angle x=25^\circ$

11 $\overline{IC}$를 그으면

$\angle ICB=\angle ICA=\frac{1}{2}\angle x$

$15^\circ+20^\circ+\frac{1}{2}\angle x=90^\circ$에서

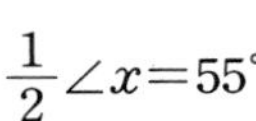

$\frac{1}{2}\angle x=55^\circ$

따라서 $\angle x=110^\circ$

12 $\overline{IC}$를 그으면

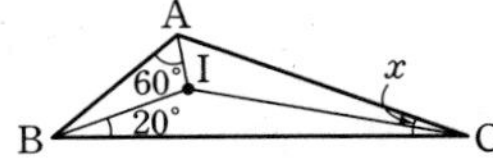

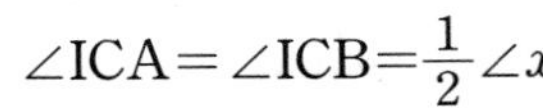

$\angle ICA=\angle ICB=\frac{1}{2}\angle x$

$60^\circ+20^\circ+\frac{1}{2}\angle x=90^\circ$에서 $\frac{1}{2}\angle x=10^\circ$

따라서 $\angle x=20^\circ$

13 $\overline{IC}$를 그으면 $\angle ICA=\angle ICB=\frac{1}{2}\angle x$

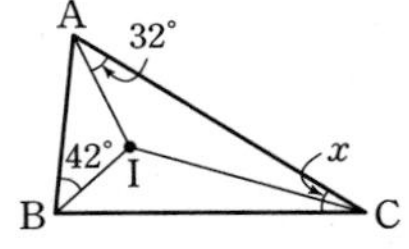

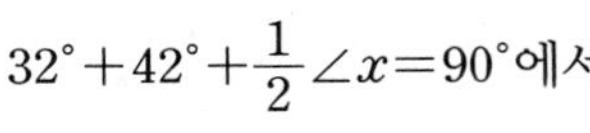

$32^\circ+42^\circ+\frac{1}{2}\angle x=90^\circ$에서

$\frac{1}{2}\angle x=16^\circ$

따라서 $\angle x=32^\circ$

14 $\overline{AC}=\overline{BC}$이므로 $\angle ABC=\angle BAC$

이때 점 I가 $\triangle ABC$의 내심이므로

$\angle IAC=\angle IAB$, $\angle IBA=\angle IBC$

즉 $\angle IAB=\frac{1}{2}\angle BAC=\frac{1}{2}\angle ABC=\angle IBC=36^\circ$

$\angle IAB+\angle IBC+\angle ICA=90^\circ$이므로

$36^\circ+36^\circ+\angle ICA=90^\circ$

따라서 $\angle ICA=18^\circ$

07 삼각형의 내심의 응용(2)

본문 48쪽

원리확인

IBA, ICA, y, z, y, z, 90

1 (✐ 74, 127)	2 62°	3 123°
4 44°	☺ 90	

5 (✐ 이등변, 7, 5, 7, 5, 12, 12)　6 14
7 5　8 7　9 (✐ $\overline{IE}$, $\overline{EC}$, $\overline{AC}$, 9, 16)
10 28 cm　11 27 cm　☺ y, $n(n, y)$ / y, $n(n, y)$

2 $121^\circ=90^\circ+\frac{1}{2}\angle x$이므로 $\frac{1}{2}\angle x=31^\circ$
따라서 $\angle x=62^\circ$

3 $\angle x=90^\circ+\frac{1}{2}\angle BAC=90^\circ+33^\circ=123^\circ$

4 $134^\circ=90^\circ+\frac{1}{2}\angle ABC$이므로 $134^\circ=90^\circ+\angle x$
따라서 $\angle x=44^\circ$

6 점 I가 $\triangle ABC$의 내심이고, $\overline{DE}/\!/\overline{BC}$이므로
$\triangle DBI$와 $\triangle EIC$는 이등변삼각형이다.
즉 $\overline{DI}=\overline{DB}=8$ cm, $\overline{EI}=\overline{EC}=6$ cm이므로
$\overline{DE}=\overline{DI}+\overline{EI}=8+6=14$ (cm)
따라서 $x=14$

7 점 I가 $\triangle ABC$의 내심이고, $\overline{DE}/\!/\overline{BC}$이므로
$\triangle DBI$와 $\triangle EIC$는 이등변삼각형이다.
즉 $\overline{DI}=\overline{DB}=x$ cm, $\overline{EI}=\overline{EC}=7$ cm이므로
$12=x+7$
따라서 $x=5$

8 점 I가 $\triangle ABC$의 내심이고, $\overline{DE}/\!/\overline{BC}$이므로
$\triangle DBI$와 $\triangle EIC$는 이등변삼각형이다.
즉 $\overline{DI}=\overline{DB}=3$ cm, $\overline{EI}=\overline{EC}=x$ cm이므로
$10=3+x$
따라서 $x=7$

10 ($\triangle ADE$의 둘레의 길이)$=\overline{AD}+\overline{DE}+\overline{EA}$
$=\overline{AD}+\overline{DI}+\overline{IE}+\overline{EA}$
$=\overline{AD}+\overline{DB}+\overline{EC}+\overline{EA}$
$=\overline{AB}+\overline{AC}=16+12$
$=28$ (cm)

11 ($\triangle ADE$의 둘레의 길이)$=\overline{AD}+\overline{DE}+\overline{EA}$
$=\overline{AD}+\overline{DI}+\overline{IE}+\overline{EA}$
$=\overline{AD}+\overline{DB}+\overline{EC}+\overline{EA}$
$=\overline{AB}+\overline{AC}$
$=15+12=27$ (cm)

08 삼각형의 내접원의 응용

본문 50쪽

원리확인

❶ IAD, $\overline{AD}$, IBE, $\overline{BE}$, ICF, $\overline{CF}$

❷ $\frac{1}{2}zr$, x, y, z

1 (✐ $\overline{BD}$, 3, $\overline{BE}$, 3, 8, $\overline{CE}$, 8, 8)　2 7
3 3　4 7　5 (✐ 3, 15, 60)
6 48 cm^2　7 30 cm^2　8 84 cm^2
9 (✐ 5, 6, 5, 8, 8, $\frac{3}{2}$, $\frac{3}{2}$)　10 3 cm
11 ①

2 $\overline{AF}=\overline{AD}=6$ cm이므로
$\overline{CF}=\overline{AC}-\overline{AF}=13-6=7$(cm)
이때 $\overline{EC}=\overline{CF}=7$ cm이므로 $x=7$

3 $\overline{AD}=\overline{AF}=x$ cm이므로
$\overline{BE}=\overline{BD}=(8-x)$ cm, $\overline{CE}=\overline{CF}=(7-x)$ cm
$\overline{BC}=\overline{BE}+\overline{CE}$이므로
$9=(8-x)+(7-x)$
따라서 $x=3$

4 $\overline{BE}=\overline{BD}=x$ cm이므로
$\overline{AF}=\overline{AD}=(10-x)$ cm, $\overline{CF}=\overline{CE}=(17-x)$ cm
$\overline{AC}=\overline{AF}+\overline{CF}$이므로 $13=(10-x)+(17-x)$
따라서 $x=7$

6 $\triangle ABC=\frac{1}{2}\times 3\times(10+12+10)=48(\text{cm}^2)$

7 $\triangle ABC=\frac{1}{2}\times 2\times(13+12+5)=30(\text{cm}^2)$

8 $\triangle ABC=\frac{1}{2}\times 4\times(13+14+15)=84(\text{cm}^2)$

10 내접원의 반지름의 길이를 r cm라 하면
$\triangle ABC=\triangle IAB+\triangle IBC+\triangle ICA$
$=\frac{1}{2}\times 10\times r+\frac{1}{2}\times 12\times r+\frac{1}{2}\times 10\times r$
$=16r(\text{cm}^2)$
즉 $16r=48$이므로 $r=3$
따라서 내접원의 반지름의 길이는 3 cm이다.

11 △ABC의 내접원의 반지름의 길이를 r cm라 하면

$\frac{1}{2}\times15\times8=\frac{1}{2}\times r\times(8+15+17)$, $20r=60$ 즉 $r=3$

따라서 $\triangle IAB=\frac{1}{2}\times8\times3=12(cm^2)$

09 삼각형의 외심과 내심의 비교

본문 52쪽

1 ○	2 ×	3 ○	4 ×
5 ×	6 ×	7 ○	

8 (✎ 38, 76, 38, 109) 9 $\angle x=140°$, $\angle y=125°$

10 $\angle x=164°$, $\angle y=131°$ 11 $\angle x=84°$, $\angle y=168°$

12 $\angle x=76°$, $\angle y=152°$ 13 $\angle x=48°$, $\angle y=114°$

14 $\angle x=32°$, $\angle y=106°$

15 (✎ 40, 80, 80, 50, 40, 70, 70, 35, 50, 35, 15)

16 12°	17 6°	18 9°	19 21°
20 3°			

2 삼각형의 외심에서 세 꼭짓점에 이르는 거리는 모두 같다.

4 삼각형의 내심에서 세 변에 이르는 거리는 모두 같다.

5 예각삼각형의 외심은 삼각형의 내부에, 직각삼각형의 외심은 빗변의 중점에, 둔각삼각형의 외심은 삼각형의 외부에 있다.

6 모든 삼각형의 내심은 삼각형의 내부에 있다.

9 점 O는 △ABC의 외심이므로

$\angle x=2\angle A=2\times70°=140°$

또한 점 I는 △ABC의 내심이므로

$\angle y=90°+\frac{1}{2}\angle A=90°+\frac{1}{2}\times70°=125°$

10 점 O는 △ABC의 외심이므로

$\angle x=2\angle A=2\times82°=164°$

또한 점 I는 △ABC의 내심이므로

$\angle y=90°+\frac{1}{2}\angle A=90°+\frac{1}{2}\times82°=131°$

11 점 I는 △ABC의 내심이므로

$132°=90°+\frac{1}{2}\angle x$

따라서 $\angle x=84°$

또한 점 O는 △ABC의 외심이므로

$\angle y=2\angle x=2\times84°=168°$

12 점 I는 △ABC의 내심이므로

$128°=90°+\frac{1}{2}\angle x$

따라서 $\angle x=76°$

또한 점 O는 △ABC의 외심이므로

$\angle y=2\angle x=2\times76°=152°$

13 점 O는 △ABC의 외심이므로

$96°=2\angle x$

따라서 $\angle x=48°$

또한 점 I는 △ABC의 내심이므로

$\angle y=90°+\frac{1}{2}\angle x=90°+\frac{1}{2}\times48°=114°$

14 점 O는 △ABC의 외심이므로

$64°=2\angle x$

따라서 $\angle x=32°$

또한 점 I는 △ABC의 내심이므로

$\angle y=90°+\frac{1}{2}\angle x=90°+\frac{1}{2}\times32°=106°$

16 점 O는 △ABC의 외심이므로

$\angle BOC=2\times44°=88°$

즉 $\angle OBC=\frac{1}{2}\times(180°-88°)=46°$

△ABC는 이등변삼각형이므로

$\angle ABC=\frac{1}{2}\times(180°-44°)=68°$

이때 점 I는 △ABC의 내심이므로

$\angle IBC=\frac{1}{2}\times68°=34°$

따라서 $\angle x=\angle OBC-\angle IBC=46°-34°=12°$

17 점 O는 △ABC의 외심이므로

$\angle BOC=2\times52°=104°$

즉 $\angle OCB=\frac{1}{2}\times(180°-104°)=38°$

△ABC는 이등변삼각형이므로

$\angle ACB=\frac{1}{2}\times(180°-52°)=64°$

이때 점 I는 △ABC의 내심이므로

$\angle ICB=\frac{1}{2}\times64°=32°$

따라서 $\angle x=\angle OCB-\angle ICB=38°-32°=6°$

18 △ABC는 $\overline{AB}=\overline{AC}$인 이등변삼각형이므로
$\angle A=180^\circ-2\times66^\circ=48^\circ$
이때 점 O는 △ABC의 외심이므로
$\angle BOC=2\times48^\circ=96^\circ$
즉 $\angle OCB=\frac{1}{2}\times(180^\circ-96^\circ)=42^\circ$
또한 점 I는 △ABC의 내심이므로
$\angle ICB=\frac{1}{2}\times66^\circ=33^\circ$
따라서 $\angle x=\angle OCB-\angle ICB=42^\circ-33^\circ=9^\circ$

19 △ABC는 $\overline{AB}=\overline{AC}$인 이등변삼각형이므로
$\angle A=180^\circ-2\times74^\circ=32^\circ$
이때 점 O는 △ABC의 외심이므로
$\angle BOC=2\times32^\circ=64^\circ$
즉 $\angle OBC=\frac{1}{2}\times(180^\circ-64^\circ)=58^\circ$
또한 점 I는 △ABC의 내심이므로
$\angle IBC=\frac{1}{2}\times74^\circ=37^\circ$
따라서 $\angle x=\angle OBC-\angle IBC=58^\circ-37^\circ=21^\circ$

20 점 I는 △ABC의 내심이므로
$\angle ICB=\frac{1}{2}\times58^\circ=29^\circ$
△ABC는 $\overline{AB}=\overline{AC}$인 이등변삼각형이므로
$\angle A=180^\circ-2\times58^\circ=64^\circ$
이때 점 O는 △ABC의 외심이므로
$\angle BOC=2\times64^\circ=128^\circ$
즉 $\angle OCB=\frac{1}{2}\times(180^\circ-128^\circ)=26^\circ$
따라서 $\angle x=\angle ICB-\angle OCB=29^\circ-26^\circ=3^\circ$

TEST 2. 삼각형의 외심과 내심

본문 55쪽

1 ③	**2** ②	**3** ②
4 ③	**5** 9 cm	**6** 140 cm^2

1 $\overline{AD}=\overline{BD}=5$, $\overline{BE}=\overline{CE}=7$, $\overline{CF}=\overline{AF}=6$이므로
(△ABC의 둘레의 길이)$=2\times(5+7+6)=36$

2 $\angle x+40^\circ+26^\circ=90^\circ$이므로 $\angle x=24^\circ$

3 ② 삼각형의 세 변의 수직이등분선이 만나는 점이 외심이다.

4 $\overline{OB}$를 그으면 $\overline{OA}=\overline{OB}=\overline{OC}$이므로
$\angle OBA=\angle OAB=25^\circ$,
$\angle OBC=\angle OCB=33^\circ$
따라서 $\angle x=2\times(25^\circ+33^\circ)=116^\circ$

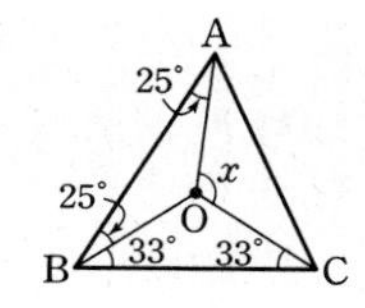

5 $\overline{BD}=x$ cm라 하면 $\overline{BE}=\overline{BD}=x$ cm이므로
$\overline{AF}=\overline{AD}=(15-x)$ cm, $\overline{CF}=\overline{CE}=(12-x)$ cm
$\overline{AC}=\overline{AF}+\overline{CF}$이므로 $9=(15-x)+(12-x)$
즉 $x=9$
따라서 $\overline{BD}$의 길이는 9 cm이다.

6 △ABC$=\frac{1}{2}\times5\times$(△ABC의 둘레의 길이)
$=\frac{1}{2}\times5\times56=140(\text{cm}^2)$

대단원 **TEST** Ⅰ. 삼각형의 성질 본문 56쪽

1 ④	**2** ④	**3** ③
4 ②	**5** 98	**6** ③
7 ⑤	**8** ④	**9** ④
10 ⑤	**11** 21 cm	**12** $\frac{45}{2}$ cm²
13 ④	**14** ①	**15** ①

1 $\overline{AB}=\overline{AC}$이므로 $\angle C=2\angle x+5°$
삼각형의 세 내각의 크기의 합이 180°이므로
$(2\angle x+5°)+\angle x+(2\angle x+5°)=180°$
$5\angle x+10°=180°$에서 $\angle x=34°$

2 $\angle B=\angle x$라 하면 △ABC에서 $\overline{AB}=\overline{AC}$이므로
$\angle ACB=\angle B=\angle x$
따라서
$\angle CAD=\angle x+\angle x=2\angle x$
△ACD에서 $\overline{CA}=\overline{CD}$이므로
$\angle CDA=\angle CAD=2\angle x$
△DBC에서 $\angle DCE=\angle DBC+\angle BDC$이므로
$102°=\angle x+2\angle x$, $3\angle x=102°$
따라서 $\angle x=34°$

3 이등변삼각형 ABC에서 $\overline{AD}$는 ∠A의 이등분선이므로
$\overline{AD}\perp\overline{BC}$
따라서
$\triangle ABC=\frac{1}{2}\times\overline{AD}\times\overline{BC}$
$=\frac{1}{2}\times\overline{AD}\times 4=2\overline{AD}$
$2\overline{AD}=16$에서 $\overline{AD}=8$ cm

4 ①, ⑤는 RHS합동, ③, ④는 RHA합동이다.
따라서 △ABC≡△DEF가 되기 위한 조건이 아닌 것은 ②이다.

5 △ABD와 △BCE에서
$\angle D=\angle E=90°$, $\overline{AB}=\overline{BC}$,
$\angle ABD=90°-\angle CBE=\angle BCE$이므로
△ABD≡△BCE (RHA합동)
따라서 $\overline{DE}=\overline{DB}+\overline{BE}=\overline{EC}+\overline{AD}$
$=8+6=14$
이므로
$\square ADEC=\frac{1}{2}\times(\overline{AD}+\overline{CE})\times\overline{DE}$
$=\frac{1}{2}\times 14\times 14=98$

6 △ACD와 △AED에서
$\angle C=\angle AED=90°$, $\angle DAC=\angle DAE$,
$\overline{AD}$는 공통이므로
△ACD≡△AED (RHA합동)
따라서 $\overline{AE}=\overline{AC}=24$ cm이므로
$\overline{BE}=\overline{AB}-\overline{AE}=30-24=6$(cm)

7 ⑤ 둔각삼각형의 외심은 삼각형의 외부에 있다.

8 (직각삼각형의 외접원의 반지름의 길이)
$=\frac{1}{2}\times$(빗변의 길이)
$=\frac{1}{2}\times 13=\frac{13}{2}$(cm)
따라서 △ABC의 외접원의 둘레의 길이는
$2\pi\times\frac{13}{2}=13\pi$(cm)

9 $\overline{OC}$를 그으면
$\angle BOC=2\angle A=2\times 65°=130°$
△OBC는 $\overline{OB}=\overline{OC}$인 이등변삼각형이므로

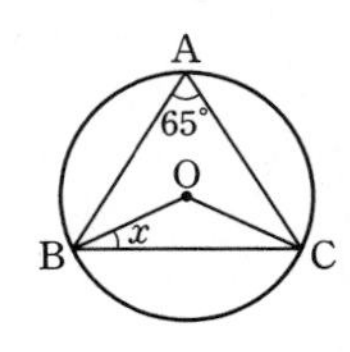

$\angle x=\frac{1}{2}\times(180°-\angle BOC)$
$=\frac{1}{2}\times(180°-130°)=25°$

10 $\overline{IA}$를 그으면
$\angle IAC=\angle IAB=\frac{1}{2}\angle BAC=35°$
$\angle IBC+\angle ICB+\angle IAB=90°$이므로
$\angle IBC+\angle ICB=90°-\angle IAB=90°-35°=55°$
따라서
$\angle BIC=180°-(\angle IBC+\angle ICB)$
$=180°-55°=125°$

11 (△ADE의 둘레의 길이)
$=\overline{AD}+\overline{DE}+\overline{EA}$
$=\overline{AD}+\overline{DI}+\overline{IE}+\overline{EA}$
$=\overline{AD}+\overline{DB}+\overline{CE}+\overline{EA}$
$=\overline{AB}+\overline{AC}$
$=9+12=21$(cm)

12 △ABC의 내접원의 반지름의 길이를 r cm라 하면

$\frac{1}{2}\times15\times8=\frac{1}{2}\times r\times(8+15+17)$, $20r=60$, 즉 $r=3$

따라서

$\triangle IBC=\frac{1}{2}\times15\times3=\frac{45}{2}(\text{cm}^2)$

13 $\angle ABC=\angle x$ (접은 각)

직사각형의 두 변이 평행하므로

$\angle CAB=\angle x$ (엇각)

△ACB에서 $\angle ACD=\angle CAB+\angle CBA$이므로

$108°=\angle x+\angle x=2\angle x$

따라서 $\angle x=54°$

14 △EBC와 △DCB에서

$\angle BEC=\angle CDB=90°$, $\overline{BC}$는 공통, $\overline{EB}=\overline{DC}$이므로

$\triangle EBC\equiv\triangle DCB$ (RHS합동)

즉 $\angle EBC=\angle DCB=\frac{1}{2}(180°-52°)=64°$

따라서 $\angle ECB=90°-\angle EBC=90°-64°=26°$

15 점 O는 △ABC의 외심이므로

$2\angle A=\angle BOC=72°$, 즉 $\angle A=36°$

△ABC가 $\overline{AB}=\overline{AC}$인 이등변삼각형이므로

$\angle ABC=\frac{1}{2}\times(180°-36°)=72°$

점 I는 △ABC의 내심이므로

$\angle IBC=\frac{1}{2}\angle ABC=\frac{1}{2}\times72°=36°$

3 평행사변형

01 평행사변형

본문 62쪽

원리확인

❶ $\overline{DC}$ ❷ $\overline{BC}$ ❸ $\overline{AD}$
❹ $\overline{AB}$ ❺ $\angle C$ ❻ $\angle B$

1 110° 2 40° 3 80° 4 110°
5 50° 6 (✎ 25, 35, 엇각)
7 $\angle x=55°$, $\angle y=50°$ 8 $\angle x=40°$, $\angle y=55°$
9 $\angle x=25°$, $\angle y=40°$ 10 $\angle x=30°$, $\angle y=75°$
11 60° 12 65° 13 85° 14 87°
☺ 대변, 평행

3 $100°+\angle x=180°$이므로 $\angle x=80°$

4 $\angle x=130°-20°=110°$

5 $40°+90°+\angle x=180°$이므로 $\angle x=50°$

11 $\overline{AB}/\!/\overline{DC}$이므로 $\angle ACD=55°$ (엇각)

△ACD에서 $\angle x+55°+65°=180°$이므로 $\angle x=60°$

12 $\overline{AD}/\!/\overline{BC}$이므로 $\angle ADB=30°$ (엇각)

△ABD에서 $85°+\angle x+30°=180°$이므로 $\angle x=65°$

13 $\overline{AB}/\!/\overline{DC}$이므로 $\angle ACD=70°$ (엇각)

△OCD에서 $\angle x+70°+25°=180°$이므로 $\angle x=85°$

14 $\overline{AB}/\!/\overline{DC}$이므로 $\angle ACD=38°$ (엇각)

△OCD에서 $\angle x+38°=125°$이므로 $\angle x=87°$

02 평행사변형의 성질

본문 64쪽

1 × 2 ○ 3 × 4 ○
5 × 6 ○ 7 ○ 8 ×
9 × 10 ○ 11 ○ 12 ○

13 (✎ $\overline{BC}$, 7, $\overline{DC}$, 4)
14 $x=8$, $y=6$
15 $x=6$, $y=9$
16 $x=4$, $y=2$
17 $x=6$, $y=3$
18 $x=4$, $y=4$
19 $x=3$, $y=1$
20 $x=8$, $y=3$
☺ $\overline{DC}$, $\overline{AD}$
21 ②
22 (✎ C, 125, D, 55)
23 (✎ C, 50, 180, 180, 50, 130)
24 $\angle x=65°$, $\angle y=115°$
25 $\angle x=110°$, $\angle y=70°$
26 $\angle x=95°$, $\angle y=85°$
27 $\angle x=30°$, $\angle y=110°$
28 $\angle x=70°$, $\angle y=65°$
29 $\angle x=65°$, $\angle y=40°$
☺ $\angle C$, $\angle B$
30 ③
31 (✎ $\overline{OC}$, 3, $\overline{OD}$, 5)
32 $x=4$, $y=7$
33 $x=8$, $y=12$
34 $x=8$, $y=10$
35 $x=7$, $y=2$
36 $x=4$, $y=2$
37 $x=3$, $y=3$
38 $x=1$, $y=8$
☺ $\overline{OC}$, $\overline{OB}$
39 ①

16 $2x=8$에서 $x=4$, $3y=6$에서 $y=2$

17 $x-2=4$에서 $x=6$, $2y+1=7$에서 $y=3$

18 $2x-1=7$에서 $x=4$, $y+1=5$에서 $y=4$

19 $2x=6$에서 $x=3$, $2y+4=6$에서 $y=1$

20 $x+2=10$에서 $x=8$, $3y-1=8$에서 $y=3$

21 $3x=6$에서 $x=2$
따라서 $\overline{AD}=5x-1=5\times2-1=9(\text{cm})$이므로 $y=9$

24 $\angle B=\angle D$이므로 $\angle x=65°$
$\angle C+\angle D=180°$이므로 $\angle y=180°-65°=115°$

25 $\angle x=\angle C=180°-70°=110°$
$\angle A+\angle B=180°$이므로 $\angle y=180°-110°=70°$

26 $\angle y=\angle BAD=180°-95°=85°$
$\angle BAD+\angle B=180°$이므로 $\angle x=180°-85°=95°$

27 $\angle x=\angle ADB=30°$ (엇각)
$\angle ABC+\angle C=180°$이므로
$\angle y=180°-(40°+30°)=110°$

28 $\angle A+\angle ABC=180°$이므로
$\angle x=180°-65°-45°=70°$
$\angle A=\angle C$이므로 $\angle y=65°$

29 $\angle x=\angle ACB=65°$ (엇각)
$\angle y=\angle B=180°-75°-65°=40°$

30 $\angle A=\angle C$이므로 $\angle y=115°$
$\triangle BCD$에서 $35°+115°+\angle x=180°$이므로 $\angle x=30°$
따라서 $\angle y-\angle x=115°-30°=85°$

32 $\overline{OA}=\frac{1}{2}\overline{AC}=\frac{1}{2}\times8=4(\text{cm})$이므로 $x=4$
$\overline{OB}=\overline{OD}$이므로 $y=7$

33 $\overline{OB}=\frac{1}{2}\overline{BD}=\frac{1}{2}\times16=8(\text{cm})$이므로 $x=8$
$\overline{AC}=2\overline{OC}=2\times6=12(\text{cm})$이므로 $y=12$

34 $\overline{BD}=2\overline{OB}=2\times4=8(\text{cm})$이므로 $x=8$
$\overline{AC}=2\overline{OA}=2\times5=10(\text{cm})$이므로 $y=10$

35 $\overline{OB}=\overline{OD}$이므로 $2x-3=11$
따라서 $x=7$
$\overline{OA}=\overline{OC}$이므로 $4y=8$
따라서 $y=2$

36 $\overline{OA}=\overline{OC}$이므로 $2x+1=9$
따라서 $x=4$
$\overline{OB}=\frac{1}{2}\overline{BD}$이므로 $3y=\frac{1}{2}\times12=6$
따라서 $y=2$

37 $\overline{OA}=\overline{OC}$이므로 $x+3=2x$
따라서 $x=3$
$\overline{OB}=\overline{OD}$이므로 $2y+1=7$
따라서 $y=3$

38 $\overline{OB}=\overline{OD}$이므로 $3x+2=5$
따라서 $x=1$
$\overline{OA}=\overline{OC}$이므로 $y=6x+2=6\times1+2=8$
따라서 $y=8$

39 $\overline{OA}=\overline{OC}=\frac{1}{2}\overline{AC}=\frac{1}{2}\times12=6(\text{cm})$
$\overline{OB}=\overline{OD}=\frac{1}{2}\overline{BD}=\frac{1}{2}\times16=8(\text{cm})$
따라서 $\triangle OAB$의 둘레의 길이는
$\overline{OA}+\overline{OB}+\overline{AB}=6+8+10=24(\text{cm})$

03 평행사변형의 성질의 활용(1)

본문 68쪽

1 40°　2 40°　3 75°　4 70°
5 108°　6 100°　7 126°　8 84°
9 (✎ ADC, 62, 62, 59, 59, 121)
10 125°　11 112°　12 70°　13 50°
14 (✎ DEA, 40, 40, 80, BAD, 80)
15 80°　16 104°　17 50°　18 40°

1　$\angle B=\angle D=100^\circ$이므로 $\angle x=180^\circ-100^\circ-40^\circ=40^\circ$

2　$\angle B=\angle D=55^\circ$이므로 $\angle x=95^\circ-55^\circ=40^\circ$

3　$\angle BAD=\angle C=110^\circ$이므로 $\angle BAE=110^\circ-35^\circ=75^\circ$
따라서 $\angle x=\angle BAE=75^\circ$ (엇각)

4　$\angle ABC=\angle D=130^\circ$이므로 $\angle EBC=130^\circ-60^\circ=70^\circ$
따라서 $\angle x=\angle EBC=70^\circ$ (엇각)

5　$\angle C=\angle A=180^\circ\times\frac{3}{3+2}=108^\circ$

6　$\angle D=\angle B=180^\circ\times\frac{5}{4+5}=100^\circ$

7　$\angle C=\angle A=180^\circ\times\frac{7}{7+3}=126^\circ$

8　$\angle A=\angle C=180^\circ\times\frac{7}{8+7}=84^\circ$

10　$\angle BEA=\angle DAE$ (엇각)이므로 이등변삼각형의 성질에 의하여 $\angle BEA=\angle BAE=\frac{1}{2}\times(180^\circ-70^\circ)=55^\circ$
따라서 $\angle x=180^\circ-55^\circ=125^\circ$

11　$\angle DEC=\angle BCE$ (엇각)이고, $\angle D=\angle B=44^\circ$이므로 이등변삼각형의 성질에 의하여
$\angle DEC=\angle DCE=\frac{1}{2}\times(180^\circ-44^\circ)=68^\circ$
따라서 $\angle x=180^\circ-68^\circ=112^\circ$

12　$\angle ABE=\angle CBE=\angle AEB=55^\circ$이므로
$\angle x=180^\circ-55^\circ-55^\circ=70^\circ$

13　$\angle DAE=\angle BAE=\angle DEA=65^\circ$이고,
$\angle x=\angle ADE$이므로
$\angle x=180^\circ-65^\circ-65^\circ=50^\circ$

15　$\angle BAE=\angle DEA=50^\circ$이므로 $\angle BAD=2\times50^\circ=100^\circ$
따라서 $\angle x=180^\circ-100^\circ=80^\circ$

16　$\angle ABE=\angle CEB=38^\circ$이므로 $\angle ABC=2\times38^\circ=76^\circ$
따라서 $\angle x=180^\circ-76^\circ=104^\circ$

17　$\angle CDE=\angle AED=65^\circ$이므로 $\angle ADC=2\times65^\circ=130^\circ$
따라서 $\angle x=180^\circ-130^\circ=50^\circ$

18　$\angle DAE=\angle BAE=\angle DEA=\angle x$이고,
$\angle B=\angle D=100^\circ$이므로
$\angle x=\frac{1}{2}\times(180^\circ-100^\circ)=40^\circ$

04 평행사변형의 성질의 활용(2)

본문 70쪽

1 (✎ DAE, BEA, 이등변, $\overline{AD}$, 10, $\overline{BA}$, 8, $\overline{BE}$, 10, 8, 2)　2 2　3 2
4 3　5 2　6 7　7 9
8 (✎ BAE, DEA, 이등변, $\overline{AD}$, 11, $\overline{AB}$, 8, $\overline{DE}$, 11, 8, 3)　9 2　10 2
11 3　12 4　13 6　14 7
15 (✎ ECF, $\overline{CF}$, EFC, ASA, $\overline{BA}$, 7, $\overline{CE}$, 7, 7, 14)
16 12　17 10　18 10　19 14
20 4　21 3
22 (✎ DAF, ADE, 이등변, $\overline{AB}$, 6, $\overline{CD}$, 6, $\overline{BC}$, 6, 6, 9, 3)　23 2　24 4
25 1　26 4　27 7　28 8

2　$\angle BEA=\angle DAE=\angle BAE$이므로
$\triangle ABE$는 이등변삼각형이다.
즉 $\overline{BE}=\overline{BA}=5$이고, $\overline{BC}=\overline{AD}=7$이므로
$x=\overline{BC}-\overline{BE}=7-5=2$

3　$\angle CEB=\angle ABE=\angle EBC$이므로
$\triangle EBC$는 이등변삼각형이다.
즉 $\overline{EC}=\overline{BC}=\overline{AD}=6$이고, $\overline{DC}=\overline{AB}=8$이므로
$x=\overline{DC}-\overline{EC}=8-6=2$

4　$\angle DEC=\angle BCE=\angle ECD$이므로

$\triangle$DEC는 이등변삼각형이다.
즉 $\overline{DE}=\overline{DC}=\overline{AB}=5$이고, $\overline{AD}=\overline{BC}=8$이므로
$x=\overline{AD}-\overline{DE}=8-5=3$

5 $\angle CED=\angle ADE=\angle EDC$이므로
$\triangle$DEC는 이등변삼각형이다.
즉 $\overline{EC}=\overline{DC}=\overline{AB}=7$이고, $\overline{BC}=\overline{AD}=9$이므로
$x=\overline{BC}-\overline{EC}=9-7=2$

6 $\angle AEB=\angle CBE=\angle ABE$이므로
$\triangle$ABE는 이등변삼각형이다.
즉 $\overline{AE}=\overline{AB}=x$이고, $\overline{AD}=\overline{BC}=10$이므로
$x=\overline{AD}-\overline{ED}=10-3=7$

7 $\angle AED=\angle CDE=\angle ADE$이므로
$\triangle$AED는 이등변삼각형이다.
즉 $\overline{AE}=\overline{AD}=6$이므로
$x=\overline{AB}=\overline{AE}+\overline{EB}=6+3=9$

9 $\angle BEC=\angle DCE=\angle ECB$이므로
$\triangle$EBC는 이등변삼각형이다.
즉 $\overline{BE}=\overline{BC}=7$이므로
$x=\overline{EB}-\overline{AB}=7-5=2$

10 $\angle DEA=\angle BAE=\angle DAE$이므로
$\triangle$AED는 이등변삼각형이다.
즉 $\overline{DE}=\overline{AD}=8$이고, $\overline{DC}=\overline{AB}=6$이므로
$x=\overline{DE}-\overline{DC}=8-6=2$

11 $\angle CEB=\angle ABE=\angle EBC$이므로
$\triangle$EBC는 이등변삼각형이다.
즉 $\overline{EC}=\overline{BC}=8$이고, $\overline{DC}=\overline{AB}=5$이므로
$x=\overline{EC}-\overline{DC}=8-5=3$

12 $\angle CED=\angle ADE=\angle EDC$이므로
$\triangle$DEC는 이등변삼각형이다.
즉 $\overline{EC}=\overline{DC}=10$, $\overline{BC}=\overline{AD}=6$
$x=\overline{EC}-\overline{BC}=10-6=4$

13 $\angle CED=\angle ADE=\angle EDC$이므로
$\triangle$DEC는 이등변삼각형이다.
즉 $\overline{EC}=\overline{DC}=9$이고, $\overline{BC}=\overline{AD}=x$이므로
$x=\overline{EC}-\overline{EB}=9-3=6$

14 $\angle DEA=\angle BAE=\angle DAE$이므로
$\triangle$AED는 이등변삼각형이다.
즉 $\overline{AD}=\overline{DE}=x$이고, $\overline{DC}=\overline{AB}=4$이므로
$x=\overline{DC}+\overline{CE}=4+3=7$

16 $\triangle$ABE와 $\triangle$FCE에서
$\angle ABE=\angle FCE$ (엇각), $\overline{BE}=\overline{CE}$,
$\angle AEB=\angle FEC$ (맞꼭지각)이므로
$\triangle ABE\equiv\triangle FCE$ (ASA 합동)
따라서 $\overline{CF}=\overline{AB}=6$이므로
$x=\overline{CD}+\overline{CF}=\overline{AB}+\overline{CF}=6+6=12$

17 $\triangle$AED와 $\triangle$FEC에서
$\angle ADE=\angle FCE$ (엇각), $\overline{DE}=\overline{CE}$,
$\angle AED=\angle FEC$ (맞꼭지각)이므로
$\triangle AED\equiv\triangle FEC$ (ASA 합동)
따라서 $\overline{CF}=\overline{DA}=5$이므로
$x=\overline{BC}+\overline{CF}=\overline{AD}+\overline{CF}=5+5=10$

18 $\triangle$DEC와 $\triangle$FEB에서
$\angle DCE=\angle FBE$ (엇각), $\overline{CE}=\overline{BE}$,
$\angle DEC=\angle FEB$ (맞꼭지각)이므로
$\triangle DEC\equiv\triangle FEB$ (ASA 합동)
따라서 $\overline{BF}=\overline{CD}=5$이므로
$x=\overline{AB}+\overline{BF}=\overline{CD}+\overline{BF}=5+5=10$

19 $\triangle$AEF와 $\triangle$DEC에서
$\angle FAE=\angle CDE$ (엇각), $\overline{AE}=\overline{DE}$,
$\angle FEA=\angle CED$ (맞꼭지각)이므로
$\triangle AEF\equiv\triangle DEC$ (ASA 합동)
따라서 $\overline{AF}=\overline{DC}=7$이므로
$x=\overline{AF}+\overline{AB}=\overline{AF}+\overline{CD}=7+7=14$

20 $\triangle$AED와 $\triangle$BEF에서
$\angle DAE=\angle FBE$ (엇각), $\overline{AE}=\overline{BE}$,
$\angle AED=\angle BEF$ (맞꼭지각)이므로
$\triangle AED\equiv\triangle BEF$ (ASA 합동)
따라서 $\overline{BF}=\overline{AD}=\overline{BC}=x$이므로
$2x=8$ 따라서 $x=4$

21 $\triangle$AED와 $\triangle$FEC에서
$\angle ADE=\angle FCE$ (엇각), $\overline{DE}=\overline{CE}$,
$\angle DEA=\angle CEF$ (맞꼭지각)이므로
$\triangle AED\equiv\triangle FEC$ (ASA 합동)
따라서 $\overline{CF}=\overline{DA}=\overline{BC}=x+3$이므로
$2(x+3)=12$ 따라서 $x=3$

23 $\angle BFA=\angle DAF$, $\angle CED=\angle ADE$이므로
$\triangle ABF$, $\triangle DEC$는 각각 이등변삼각형이다.
즉 $\overline{BF}=\overline{AB}=7$, $\overline{CE}=\overline{CD}=\overline{AB}=7$이므로
$x=\overline{EF}=\overline{BF}+\overline{CE}-\overline{BC}=7+7-12=2$

24 $\angle BFA=\angle DAF$, $\angle CED=\angle ADE$이므로
$\triangle ABF$, $\triangle DEC$는 각각 이등변삼각형이다.
즉 $\overline{BF}=\overline{AB}=6$, $\overline{CE}=\overline{CD}=\overline{AB}=6$이므로
$x=\overline{EF}=\overline{BF}+\overline{CE}-\overline{BC}=6+6-8=4$

25 $\angle BFA=\angle DAF$, $\angle CED=\angle ADE$이므로
$\triangle ABF$, $\triangle DEC$는 각각 이등변삼각형이다.
즉 $\overline{BF}=\overline{AB}=\overline{CD}=6$, $\overline{CE}=\overline{CD}=6$이므로
$x=\overline{EF}=\overline{BF}+\overline{CE}-\overline{BC}=6+6-11=1$

26 $\angle DFA=\angle BAF$, $\angle CEB=\angle ABE$이므로
$\triangle AFD$, $\triangle EBC$는 각각 이등변삼각형이다.
즉 $\overline{CE}=\overline{BC}=7$, $\overline{DF}=\overline{DA}=\overline{BC}=7$이므로
$x=\overline{EF}=\overline{CE}+\overline{DF}-\overline{CD}=7+7-10=4$

27 $\angle BFA=\angle DAF$, $\angle CED=\angle ADE$이므로
$\triangle ABF$, $\triangle DEC$는 각각 이등변삼각형이다.
즉 $\overline{BF}=\overline{AB}=x$, $\overline{CE}=\overline{CD}=\overline{AB}=x$
이때 $\overline{EF}=\overline{BF}+\overline{CE}-\overline{BC}$이므로 $3=x+x-11$
$2x=14$ 　 따라서 $x=7$

28 $\angle AFD=\angle CDF$, $\angle BEC=\angle DCE$이므로
$\triangle DAF$, $\triangle CEB$는 각각 이등변삼각형이다.
즉 $\overline{AF}=\overline{AD}=6$, $\overline{BE}=\overline{BC}=\overline{AD}=6$
이때 $\overline{EF}=\overline{AF}+\overline{BE}-\overline{AB}$이므로
$4=6+6-x$ 　 따라서 $x=8$

05 평행사변형이 되는 조건

본문 74쪽

원리확인

❶ 평행, $\overline{DC}$, $\overline{AD}$ 　 ❷ 길이, $\overline{DC}$, $\overline{AD}$
❸ 크기, $\angle C$, $\angle B$
❹ 평행, 길이, $\overline{DC}$, $\overline{AB}$, $\overline{DC}$, $\overline{AD}$, $\overline{AD}$, $\overline{BC}$
❺ 이등분, $\overline{OC}$, $\overline{OB}$

1 ○	2 ×	3 ×	4 ○
5 ×	6 ○	7 ○	8 ×
9 ○	10 ×	11 ○	12 ○
13 ×	14 ×	15 ○	16 ○
17 ×	18 ×	19 ○	20 ×

21 $x=85$, $y=85$ 　 22 $x=40$, $y=30$
23 $x=9$, $y=7$ 　 24 $x=100$, $y=80$
25 $x=8$, $y=12$ 　 26 $x=128$, $y=128$
27 $x=4$, $y=10$ 　 28 $x=4$, $y=14$
29 $x=75$, $y=5$ 　 30 $x=3$, $y=25$

31 ×	32 ○	33 ○	34 ×
35 ○	36 ×	37 ○	

38 $\overline{BC}$, $\overline{BC}$, $\overline{BC}$, $\frac{1}{2}$, $\overline{BC}$, $\overline{BF}$, $\overline{BC}$, $\overline{BF}$, 평행, 길이
39 $\overline{FC}$, $\overline{FC}$, $\overline{QC}$, $\overline{PC}$, 평행
40 $\overline{CF}$, $\overline{CF}$, $\overline{HG}$, $\overline{FG}$, 평행
41 $\frac{1}{2}$, $\frac{1}{2}$, $\angle ADC$, $\angle EDF$, $\angle FBE$, $\angle EDF$, $\angle CFD$, $\angle DFB$, 대각
42 $\frac{1}{2}$, $\frac{1}{2}$, $\overline{CG}$, $\angle C$, $\frac{1}{2}$, $\frac{1}{2}$, $\overline{CF}$, SAS, $\overline{GF}$, $\triangle DGH$, $\overline{GH}$, 대변
43 $\overline{CD}$, $\angle DCF$, 90, RHA, $\overline{DF}$, $\overline{BC}$, $\overline{CF}$, $\angle DAE$, SAS, $\overline{DE}$, 대변
44 $\overline{OD}$, $\overline{OC}$, $\overline{OC}$, $\overline{OF}$, 이등분
45 $\overline{OC}$, $\overline{OC}$, $\overline{OG}$, $\overline{OD}$, $\overline{OD}$, $\overline{OH}$, 이등분

9 $\angle OAB=\angle OCD$이므로 $\overline{AB}/\!/\overline{DC}$
$\angle OAD=\angle OCB$이므로 $\overline{AD}/\!/\overline{BC}$

10 오른쪽 그림과 같이 두 개의 이등변삼각형을 붙여 사각형을 만들면 $\overline{OB}=\overline{OD}$, $\angle B=\angle D$이지만 평행사변형은 아니다.

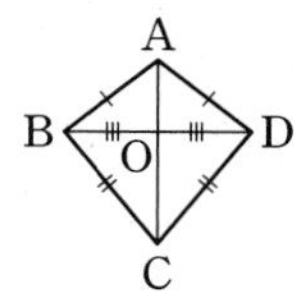

11 엇각의 크기가 서로 같으므로 $\overline{AD}/\!/\overline{BC}$
동위각의 크기가 서로 같으므로 $\overline{AB}/\!/\overline{DC}$
따라서 두 쌍의 대변이 각각 평행하므로 평행사변형이다.

12 엇각의 크기가 각각 같으므로 $\overline{AB}/\!/\overline{DC}$, $\overline{AD}/\!/\overline{BC}$
따라서 두 쌍의 대변이 각각 평행하므로 평행사변형이다.

13 $\overline{AD}=\overline{BC}$이지만 $\overline{AB}\neq\overline{CD}$이므로 평행사변형이 아니다.

14 $\overline{AB}=\overline{DC}$이지만 $\overline{AD}=\overline{BC}$인지는 알 수 없다.

15 $\angle D=360°-(95°+85°+95°)=85°$이므로
$\angle A=\angle C, \angle B=\angle D$
즉 두 쌍의 대각의 크기가 각각 같으므로 평행사변형이다.

16 $\angle B+\angle C=180°$이므로 $\overline{AB}/\!/\overline{DC}$이고 $\overline{AB}=\overline{CD}$
따라서 한 쌍의 대변이 평행하고 그 길이가 같다.
즉 평행사변형이다.

17 $\overline{AD}=\overline{BC}$이지만 $\angle A+\angle B\neq180°$이므로 $\overline{AD}$와 $\overline{BC}$는 평행하지 않다. 즉 평행사변형이 아니다.

18 $\overline{AB}=\overline{CD}$이지만 $\overline{AB}$와 $\overline{CD}$가 평행한지는 알 수 없다.

19 $\overline{OA}=\overline{OC}$, $\overline{OB}=\overline{OD}$이므로 두 대각선은 서로 다른 것을 이등분한다. 즉 평행사변형이다.

20 $\overline{OA}=\overline{OC}$이지만 $\overline{OB}=\overline{OD}$인지 알 수 없다.

21 $\overline{AB}/\!/\overline{DC}$이어야 하므로 $y°=85°$ (동위각), 즉 $y=85$
$\overline{AD}/\!/\overline{BC}$이어야 하므로 $x°=85°$ (엇각), 즉 $x=85$

22 $\overline{AB}/\!/\overline{CD}$이어야 하므로 $y°=30°$ (엇각), 즉 $y=30$
$\overline{AD}/\!/\overline{BC}$이어야 하므로 $x°=40°$ (엇각), 즉 $x=40$

23 $\overline{AB}=\overline{CD}$, $\overline{AD}=\overline{BC}$이어야 하므로 $x=9$, $y=7$

24 $\angle A=\angle C, \angle B=\angle D$이어야 하므로 $x=100$, $y=80$

25 $\overline{AB}=\overline{CD}$, $\overline{AD}=\overline{BC}$이어야 하므로
$x=2x-8$, $y+6=2y-6$
따라서 $x=8$, $y=12$

26 $\angle A+\angle B=180°$, $\angle A=\angle C$이어야 하므로
$x=y=180-52=128$

27 $\overline{OA}=\overline{OC}$, $\overline{OB}=\overline{OD}$이어야 하므로
$2y-10=y$, $x=4$
따라서 $x=4$, $y=10$

28 $\overline{OA}=\overline{OC}$, $\overline{BD}=2\overline{OD}$이어야 하므로
$2x-3=5$, $y=2\times7$
따라서 $x=4$, $y=14$

29 $\overline{AD}/\!/\overline{BC}$, $\overline{AD}=\overline{BC}$이어야 하므로
$x°=75°$ (엇각), $10=2y$
따라서 $x=75$, $y=5$

30 $\overline{AB}/\!/\overline{DC}$, $\overline{AB}=\overline{CD}$이어야 하므로
$y°=25°$ (엇각), $2x+5=x+8$
따라서 $x=3$, $y=25$

31 $\overline{AB}\neq\overline{CD}$, $\overline{BC}\neq\overline{DA}$이므로 평행사변형이 아니다.

32 $\overline{AB}=\overline{DC}$, $\overline{BC}=\overline{AD}$이므로 평행사변형이다.

33 $\angle D=360°-(50°+130°+50°)=130°$이므로
$\angle A=\angle C$, $\angle B=\angle D$
즉 평행사변형이다.

34 $\angle A=\angle C$, $\angle B=\angle D$인지 알 수 없다.

35 한 쌍의 대변이 평행하고 그 길이가 같으므로 평행사변형이다.

36 평행한 한 쌍의 대변의 길이가 같은지는 알 수 없다.

37 한 쌍의 대변이 평행하고 그 길이가 같으므로 평행사변형이다.

06 평행사변형과 넓이

본문 80쪽

1 20 cm^2	2 10 cm^2	3 20 cm^2	4 20 cm^2
5 30 cm^2	6 25 cm^2	7 48 cm^2	8 32 cm^2
9 36 cm^2	10 22 cm^2	11 13 cm^2	12 30 cm^2
☺ $\frac{1}{2}$, $\frac{1}{4}$	13 ②	14 20 cm^2	15 20 cm^2
16 13 cm^2	17 9 cm^2	18 18 cm^2	19 20 cm^2
20 12 cm^2	21 12 cm^2	☺ $\triangle PDA$, $\frac{1}{2}$	
22 ⑤			

1 $\triangle ABC=\frac{1}{2}\square ABCD=\frac{1}{2}\times 40=20(cm^2)$

2 $\triangle BOC=\frac{1}{4}\square ABCD=\frac{1}{4}\times 40=10(cm^2)$

3 $\triangle AOB+\triangle COD=\frac{1}{2}\square ABCD=\frac{1}{2}\times 40=20(cm^2)$

4 $\triangle AOD+\triangle BOC=\frac{1}{2}\square ABCD=\frac{1}{2}\times 40=20(cm^2)$

5 $\triangle BOC+\triangle COD+\triangle AOD$
$=3\times\frac{1}{4}\square ABCD=3\times\frac{1}{4}\times 40=30(cm^2)$

6 $\triangle ABC=\triangle ACD=25\ cm^2$

7 $\square ABCD=2\triangle ABC=2\times 24=48(cm^2)$

8 $\triangle ABD=\triangle ABC=32\ cm^2$

9 $\square ABCD=4\triangle ABO=4\times 9=36(cm^2)$

10 $\triangle AOD+\triangle OBC=2\triangle AOB=2\times 11=22(cm^2)$

11 $\triangle OBC=\frac{1}{2}\triangle ABC=\frac{1}{2}\times 26=13(cm^2)$

12 $\triangle AOB+\triangle COD=2\triangle ABO$
$=2\times\frac{1}{2}\triangle ABD=30\ cm^2$

13 □ABNM, □MNCD는 각각 평행사변형이므로
$\square MPNQ=\triangle MPN+\triangle MNQ$
$=\frac{1}{4}\square ABNM+\frac{1}{4}\square MNCD$
$=\frac{1}{4}\square ABCD=\frac{1}{4}\times 16=4(cm^2)$

14 $\triangle PBC+\triangle PDA=\frac{1}{2}\square ABCD=\frac{1}{2}\times 40=20(cm^2)$

15 $\triangle PAB+\triangle PCD=\frac{1}{2}\square ABCD=\frac{1}{2}\times 40=20(cm^2)$

16 $\triangle PBC+\triangle PDA=\frac{1}{2}\square ABCD=\frac{1}{2}\times 52=26(cm^2)$이므로 $\triangle PDA=26-13=13(cm^2)$

17 $\triangle PAB+\triangle PCD=\frac{1}{2}\square ABCD=\frac{1}{2}\times 48=24(cm^2)$이므로 $\triangle PCD=24-15=9(cm^2)$

18 $\triangle PBC+\triangle PDA=\frac{1}{2}\square ABCD=\frac{1}{2}\times 60=30(cm^2)$이므로 $\triangle PBC=30-12=18(cm^2)$

19 $\triangle PBC+\triangle PDA=\triangle PAB+\triangle PCD$
$=9+11=20(cm^2)$

20 $\triangle PAB+\triangle PCD=\triangle PBC+\triangle PDA$
$=15+11=26(cm^2)$
이므로 $\triangle PCD=26-14=12(cm^2)$

21 $\square ABCD=10\times 7=70(cm^2)$이므로
$\triangle PAB+\triangle PCD=\frac{1}{2}\square ABCD=\frac{1}{2}\times 70=35(cm^2)$
따라서 $\triangle PAB=35-23=12(cm^2)$

22 $\triangle PBC+\triangle PDA=16+9=25(cm^2)$
따라서 $\square ABCD=2(\triangle PBC+\triangle PDA)$
$=2\times 25=50(cm^2)$

TEST 3. 평행사변형

본문 83쪽

1 ①	**2** ③	**3** 16 cm
4 ③	**5** ④	**6** 24 cm^2

1 □ABCD가 평행사변형이므로 $\overline{AB}=\overline{CD}$에서
$3x+2=5x-6$, $2x=8$
따라서 $x=4$
즉 $\overline{OD}=2x+1=9$이므로
$\overline{BD}=2\overline{OD}=2\times 9=18$

2 □ABCD가 평행사변형이므로
$\angle BCD=180°-\angle B=180°-80°=100°$
따라서 $\angle DCP=50°$이므로
$\angle CDP=90°-\angle DCP=90°-50°=40°$

3 □ABCD가 평행사변형이므로 $\overline{OA}=\overline{OC}$, $\overline{OB}=\overline{OD}$
즉 $\overline{AC}+\overline{BD}=20$ cm에서
$\overline{OA}+\overline{OB}=\frac{1}{2}\overline{AC}+\frac{1}{2}\overline{BD}=\frac{1}{2}(\overline{AC}+\overline{BD})$
$=\frac{1}{2}\times 20=10(cm)$

따라서 $\triangle AOB$의 둘레의 길이는
$\overline{OA}+\overline{OB}+\overline{AB}=10+6=16(cm)$

4 ① 두 쌍의 대변의 길이가 각각 같으므로 평행사변형이다.
② 두 대각선이 서로 다른 것을 이등분하므로 평행사변형이다.
③ 나머지 두 내각의 크기를 알 수 없으므로 평행사변형이 아니다.
④ 한 쌍의 대변이 평행하고 그 길이가 같으므로 평행사변형이다.
⑤ 두 쌍의 대변이 각각 평행하므로 평행사변형이다.
따라서 평행사변형이 아닌 것은 ③이다.

5 $\triangle AEH$와 $\triangle CGF$에서
$\overline{AE}=\overline{CG}$, $\angle A=\angle C$, $\overline{AH}=\overline{CF}$이므로
$\triangle AEH \equiv \triangle CGF$ (SAS 합동), 즉 $\overline{EH}=\overline{GF}$
같은 방법으로 $\triangle BEF \equiv \triangle DGH$이므로 $\overline{EF}=\overline{GH}$
따라서 두 쌍의 대변의 길이가 각각 같으므로 □EFGH는 평행사변형이다.
ㄱ. $\overline{AE}=\overline{CG}$, $\overline{AH}=\overline{CF}$이지만 $\overline{AE}$와 $\overline{AH}$의 길이가 같은지는 알 수 없다.
따라서 옳은 것은 ㄴ, ㄷ이다.

6 □BFED에서 두 대각선이 서로 다른 것을 이등분하므로 □BFED는 평행사변형이다.
따라서 색칠한 부분의 넓이는

$$\begin{aligned}\triangle CBF+\triangle CED&=\frac{1}{2}\square BFED\\&=\frac{1}{2}\times 4\times \triangle BCD\\&=\frac{1}{2}\times 4\times \frac{1}{2}\square ABCD\\&=\frac{1}{2}\times 4\times \frac{1}{2}\times 24\\&=24(cm^2)\end{aligned}$$

4 여러 가지 사각형

01 직사각형

본문 86쪽

1 $x=8$, $y=5$		2 $x=6$, $y=12$	
3 $x=5$, $y=32$		4 $x=30$, $y=14$	
5 $x=55$, $y=70$		☺ 90, $\overline{BD}$, $\overline{OB}$, $\overline{OD}$, $\frac{1}{2}$, $\frac{1}{2}$	
6 ×	7 ○	8 ○	9 ○
10 ×	11 ×	12 ○	13 ○
14 ×	☺ 90, $\overline{BD}$	15 90	16 6
17 8	18 10	19 ③, ④	

2 $\overline{OA}=\overline{OD}$이므로 $x=6$
$\overline{BD}=2\overline{OD}=2\times 6=12(cm)$이므로 $y=12$

3 $\overline{OD}=\overline{OA}$이므로 $x=5$
$\overline{OB}=\overline{OC}$, 즉 $\triangle OBC$는 이등변삼각형이므로
$\angle OCB=\angle OBC=32^\circ$
따라서 $y=32$

4 $\overline{OD}=\overline{OA}$, 즉 $\triangle OAD$는 이등변삼각형이므로
$\angle ODA=\angle OAD=90^\circ-\angle OAB=30^\circ$
따라서 $x=30$
$\overline{BD}=\overline{AC}=2\overline{OA}=2\times 7=14(cm)$이므로 $y=14$

5 $\angle DAB=90^\circ$, $\angle DAC=\angle BCA=35^\circ$ (엇각)이므로
$\angle OAB=90^\circ-35^\circ=55^\circ$ 따라서 $x=55$
$\overline{OA}=\overline{OB}$, 즉 $\triangle OAB$는 이등변삼각형이므로
$\angle AOB=180^\circ-2\times \angle OAB=180^\circ-2\times 55^\circ=70^\circ$
따라서 $y=70$

6 평행사변형의 성질이다.

7 $\angle A=\angle C$, $\angle B=\angle D$이므로 $\angle B=\angle C$이면
$\angle A=\angle B=\angle C=\angle D$
따라서 평행사변형 ABCD는 직사각형이 된다.

9 $\angle B=\angle D$이므로 $\angle B+\angle D=180^\circ$이면
$\angle B=\angle D=90^\circ$
따라서 평행사변형 ABCD는 직사각형이 된다.

10 평행사변형의 성질이다.

11 $\overline{AB}=\overline{BC}$이면 네 변의 길이가 모두 같아지므로 평행사변형 ABCD는 마름모가 된다.

13 $\overline{OA}=\overline{OC}$, $\overline{OB}=\overline{OD}$이므로 $\overline{OA}=\overline{OB}$이면 $\overline{OA}=\overline{OB}=\overline{OC}=\overline{OD}$, 즉 $\overline{AC}=\overline{BD}$
따라서 평행사변형 ABCD는 직사각형이 된다.

14 평행사변형의 성질이다.

19 ① $\angle B+\angle C=180^\circ$이므로 $\angle B=\angle C=90^\circ$
즉 평행사변형 ABCD는 직사각형이다.
② $\angle B=\angle D$이므로 $\angle D=90^\circ$이면 $\angle B=90^\circ$
즉 평행사변형 ABCD는 직사각형이다.
③ $\overline{AB}=\overline{AD}$이면 네 변의 길이가 모두 같아지므로 평행사변형 ABCD는 마름모가 된다.
④ 평행사변형의 성질이다.
⑤ □ABCD가 평행사변형이므로 $\overline{OA}=\overline{OC}$, $\overline{OB}=\overline{OD}$
$\overline{OB}=\overline{OC}$이면 $\overline{OA}=\overline{OB}=\overline{OC}=\overline{OD}$이므로 직사각형이다.
따라서 평행사변형 ABCD가 직사각형이 되도록 하는 조건이 아닌 것은 ③, ④이다.

02 마름모

본문 88쪽

1 $x=4$, $y=4$		2 $x=7$, $y=3$	
3 $x=40$, $y=100$		4 $x=50$, $y=65$	
5 $x=90$, $y=65$		☺ $\overline{BC}$, $\overline{DA}$, ⊥, $\overline{OC}$, $\overline{OD}$	
6 ×	7 ○	8 ×	9 ×
10 ○	11 ○	12 ○	13 ×
14 ×	☺ $\overline{BC}$, $\overline{AD}$, ⊥		15 8
16 90	17 40	18 35	19 ①, ④

3 $\overline{BA}=\overline{BC}$, 즉 △ABC는 이등변삼각형이므로
$\angle BAC=\angle BCA=\frac{1}{2}\times(180^\circ-100^\circ)=40^\circ$
따라서 $x=40$
$\angle D=\angle B=100^\circ$이므로 $y=100$

4 $\angle BCA=\angle DAC=65^\circ$ (엇각)이므로 $y=65$
이때 $\overline{BA}=\overline{BC}$이므로
$\angle ABC=180^\circ-2\angle ACB=180^\circ-2\times65^\circ=50^\circ$
따라서 $x=50$

5 $\overline{AC}\perp\overline{BD}$이므로 $x=90$
$\angle OCD=\angle OCB=90^\circ-25^\circ=65^\circ$
따라서 $y=65$

8 평행사변형이 직사각형이 되는 조건이다.

9 평행사변형이 직사각형이 되는 조건이다.

12 $\overline{AD}/\!/\overline{BC}$이므로 $\angle DAC=\angle BCA$ (엇각)
즉 △DAC는 $\angle DAC=\angle ACD$이므로 이등변삼각형이다.
따라서 $\overline{AD}=\overline{DC}$이므로 평행사변형 ABCD는 마름모가 된다.

13 $\angle OAB=\angle OBA$이면 $\overline{OA}=\overline{OB}$
이때 $\overline{OA}=\overline{OC}$, $\overline{OB}=\overline{OD}$이므로 $\overline{OA}=\overline{OB}=\overline{OC}=\overline{OD}$
따라서 $\overline{AC}=\overline{BD}$이므로 평행사변형 ABCD는 직사각형이다.

14 평행사변형의 성질이다.

15 $\overline{AB}=\overline{AD}$이어야 하므로 $x=8$

16 두 대각선이 서로 직교해야 하므로 $x=90$

17 △ABD는 $\overline{AB}=\overline{AD}$인 이등변삼각형이어야 하므로 $x=40$

18 $\angle AOB=90^\circ$이어야 하므로 $x=90-55=35$

19 ① □ABCD가 평행사변형이므로 $\overline{AB}=\overline{CD}$, $\overline{AD}=\overline{BC}$
$\overline{AB}=\overline{AD}$이면 $\overline{AB}=\overline{BC}=\overline{CD}=\overline{DA}$이므로 마름모이다.
④ □ABCD가 평행사변형이므로 $\overline{OA}=\overline{OC}$, $\overline{OB}=\overline{OD}$
이때 $\angle COD=90^\circ$이면 $\overline{AC}\perp\overline{BD}$이므로 마름모이다.

03 정사각형

본문 90쪽

1 $x=7$, $y=90$	2 $x=90$, $y=5$
3 $x=45$, $y=8$	4 $x=45$, $y=80$
☺ $\overline{BC}$, $\overline{DA}$, 90, $\overline{BD}$, ⊥, $\overline{OB}$, $\overline{OD}$	

5 (✎ $\overline{AD}$, DAP, 45, SAS, ABP, 70, 45, 70, 65)

6 70°	7 65°	8 40°	

9 (✎ $\overline{BC}$, BCF, 90, SAS, 124, 56, 90, 56, 34)

10 75°	11 130°	☺ 45, 90	12 ×
13 ○	14 ×	15 ×	16 ○
17 ○	18 ○	19 ×	20 ×
21 ×	22 6	23 4	24 90
25 90	☺ $\overline{BC}$, $\overline{AD}$, ⊥		26 ×
27 ○	28 ×	29 ○	30 ×
31 ○	32 ×	33 ○	34 ×
35 ○	36 90	37 8	38 6
39 45	☺ 90, $\overline{BD}$, 90, $\overline{BD}$, $\overline{BC}$($\overline{AD}$), ⊥		

3 $\overline{BA}=\overline{BC}$, 즉 △ABC는 이등변삼각형이므로

$\angle BAC=\angle BCA=\frac{1}{2}\times(180^\circ-90^\circ)=45^\circ$

따라서 $x=45$

$y=\overline{BD}=2\overline{OA}=2\times4=8$

4 $\angle ABE=\frac{1}{2}\angle ABC=\frac{1}{2}\times90^\circ=45^\circ$이므로 $x=45$

∠AED는 △ABE의 한 외각이므로

$\angle AED=\angle BAE+\angle ABE=35^\circ+45^\circ=80^\circ$

따라서 $y=80$

6 △PBC≡△PDC (SAS 합동)이므로

$\angle PBC=\angle PDC=90^\circ-25^\circ=65^\circ$

$\angle PCB=\angle PCD=\frac{1}{2}\times90^\circ=45^\circ$

따라서 △PBC에서

$\angle x=180^\circ-65^\circ-45^\circ=70^\circ$

7 △PBC≡△PDC (SAS 합동)이므로

$\angle PBC=\angle PDC=\angle x$

$\angle PCB=\angle PCD=\frac{1}{2}\times90^\circ=45^\circ$

∠APB는 △PBC의 한 외각이므로

$\angle x=110^\circ-45^\circ=65^\circ$

8 △PBC≡△PDC (SAS 합동)이므로

$\angle PDC=\angle PBC=\angle x$, $\angle DCP=45^\circ$

∠APD는 △DPC의 한 외각이므로

$\angle x=85^\circ-45^\circ=40^\circ$

10 △ABE≡△BCF (SAS 합동)이므로

△BCF에서 $\angle FBC=15^\circ$, $\angle BCF=90^\circ$

따라서 $\angle x=180^\circ-15^\circ-90^\circ=75^\circ$

11 △ABE≡△BCF (SAS 합동)이므로

△ABE에서 $\angle EAB=40^\circ$, $\angle ABC=90^\circ$

따라서 $\angle AEB=180^\circ-40^\circ-90^\circ=50^\circ$이므로

$\angle x=180^\circ-50^\circ=130^\circ$

22 $\overline{AB}=\overline{AD}$이어야 하므로 $x=6$

23 $\overline{AB}=\overline{BC}$이어야 하므로 $x=4$

24 두 대각선이 서로 직교해야 하므로 $x=90$

25 두 대각선이 서로 직교해야 하므로 $x=90$

36 $\angle A=90^\circ$이어야 하므로 $x=90$

37 $\overline{AC}=\overline{BD}$이어야 하므로 $x=8$

38 $\overline{BD}=\overline{AC}=2\overline{AO}$이어야 하므로 $x=6$

39 $\angle ABC=90^\circ$이어야 하므로

$\angle ABD=\angle CBD=45^\circ$, 즉 $x=45$

04 등변사다리꼴

본문 94쪽

1 $x=80$, $y=5$	2 $x=4$, $y=75$
3 $x=95$, $y=60$	4 $x=6$, $y=39$
5 $x=30$, $y=60$	☺ ∠C, ∠D, $\overline{CD}$, $\overline{BD}$

6 (✎ DCE, 60, 60, 정삼각형, 7, 평행사변형, $\overline{AD}$, 5, 12)　7 7　8 6

☺ 평행사변형, 이등변삼각형

9 (✎ $\overline{DC}$, DFC, 90, DCF, RHA, $\overline{FC}$, x, $\overline{AD}$, 9, 15, 9, 3)　10 6　11 14

☺ 직사각형, △DCF, RHA

2 등변사다리꼴은 두 대각선의 길이가 같으므로

$x=10-6=4$

$\angle BAD=\angle ADC=105^\circ$이고 $\angle BAD+\angle ABC=180^\circ$

이므로 $\angle ABC=180^\circ-105^\circ=75^\circ$

따라서 $y=75$

3 $\angle A=\angle ADC=95°$이므로 $x=95$
$\angle A+\angle ABC=180°$이므로 $95°+25°+\angle y=180°$
$\angle y=60°$
따라서 $y=60$

4 $\overline{AB}=\overline{CD}=\overline{AD}=6$ cm이므로 $x=6$
$\angle D=\angle BAD=180°-78°=102°$이고 $\triangle DAC$가 이등변삼각형이므로
$\angle DAC=\angle DCA=\frac{1}{2}\times(180°-102°)=39°$
따라서 $\angle BCA=\angle DAC=39°$ (엇각)이므로 $y=39$

5 $\overline{AD}/\!/\overline{BC}$이므로 $\angle ADB=\angle CBD=30°$ (엇각)
$\triangle OAD$는 이등변삼각형이므로
$\angle OAD=\angle ODA=30°$
따라서 $x=30$
$\triangle OAD$에서 $\angle y=\angle OAD+\angle ODA$이므로
$\angle y=30°+30°=60°$
따라서 $y=60$

7 점 A를 지나고 $\overline{DC}$에 평행한 선을 그어 $\overline{BC}$와 만나는 점을 E라 하면
$\overline{BC}=\overline{BE}+\overline{CE}$이므로
$13=6+x$
따라서 $x=7$

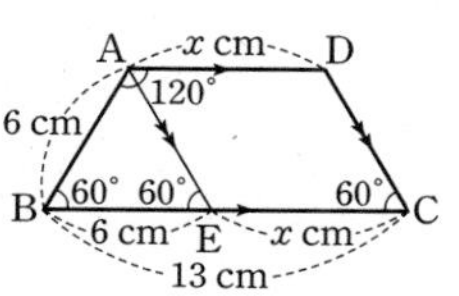

8 점 A를 지나고 $\overline{DC}$에 평행한 선을 그어 $\overline{BC}$와 만나는 점을 E라 하면
$\overline{BC}=\overline{BE}+\overline{CE}$이므로
$10=x+4$
따라서 $x=6$

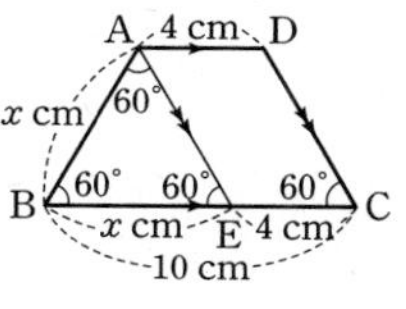

10 $\triangle ABF\equiv\triangle DCE$ (RHA 합동)이므로
$\overline{BF}=2$
$\overline{BE}=\overline{BF}+\overline{EF}$이므로 $8=2+x$
따라서 $x=6$

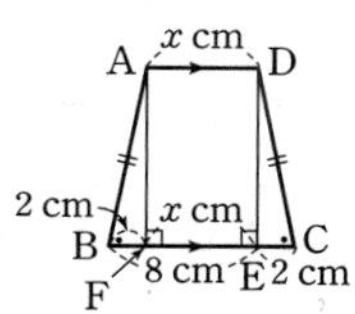

11 $\triangle ABE\equiv\triangle DCF$ (RHA 합동)이고
$\overline{BC}=\overline{BE}+\overline{EF}+\overline{CF}$이므로
$x=3+8+3=14$

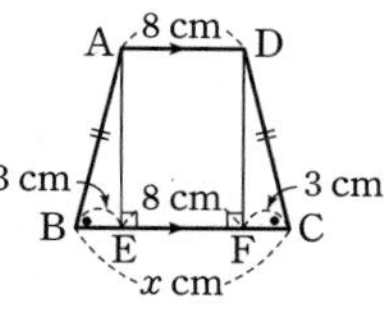

05 여러 가지 사각형 사이의 관계

본문 96쪽

1

○	○	○	○
○	○	○	○
○	○	○	○
×	○	×	○
○	○	○	○
×	○	×	○
×	×	○	○
×	×	○	○

2 ㄴ, ㄷ, ㄹ, ㅁ　3 ㄴ, ㄷ, ㄹ, ㅁ
4 ㄴ, ㄷ, ㄹ, ㅁ　5 ㄹ, ㅁ　6 ㄷ, ㅁ
7 ㄴ, ㄷ, ㄹ, ㅁ　8 ㄷ, ㅁ, ㅂ　9 ㄹ, ㅁ
☺ 이등분, 길이, 수직, 길이, 수직
10 ×　11 ○　12 ○　13 ×
14 ○　15 ○　16 ○　17 ○
18 ④

18 ① ㄷ, ㄹ, ㅁ, ㅂ의 4개　② ㄷ, ㄹ, ㅁ, ㅂ의 4개
③ ㄹ, ㅂ의 2개　④ ㄷ, ㄹ, ㅁ, ㅂ의 4개
⑤ ㄴ, ㄹ, ㅂ의 3개

06 사각형의 각 변의 중점을 연결하여 만든 사각형

본문 98쪽

원리확인

❶ $\overline{CG}$, $\angle GCF$, $\overline{CF}$, SAS, $\overline{GF}$, $\triangle DGH$, $\overline{GH}$, 평행사변형

❷ $\triangle BEF$, $\triangle DGH$, $\overline{CG}$, $\overline{DG}$, $\overline{BF}$, $\overline{DH}$, $\angle EBF$, $\angle GDH$, $\triangle BEF$, $\triangle DGH$, SAS, $\overline{EF}$, $\overline{GF}$, $\overline{GH}$, 마름모

1 평행사변형　2 평행사변형
3 평행사변형　4 마름모　5 직사각형
6 정사각형　7 마름모　8 평행사변형, 평행사변형
9 직사각형, 마름모　10 마름모, 직사각형
11 정사각형, 정사각형　12 사다리꼴, 평행사변형
13 ①, ⑤

13 사각형 EFGH는 직사각형이다.

① 직사각형의 이웃한 두 변의 길이는 다를 수 있다.

⑤ 직사각형의 두 대각선은 서로 수직이 아닐 수 있다.

07 평행선과 삼각형의 넓이

본문 100쪽

원리확인

$\overline{DH}$, $\overline{DH}$, 6, 21

1 △ABC 2 △ACD 3 △OAB

4 (✎ DBC, OCD, 10, 24) 5 16 cm^2

6 9 cm^2 7 14 cm^2 ☺ △DBC, ah, △DCO

8 △ACD 9 △AEB 10 △AED

11 (✎ ACD, ACE, 12, 20) 12 24 cm^2

13 22 cm^2 14 17 cm^2 ☺ △ACE, △ABE

5 △ACD=△ABD=△OAB+△OAD
=10+6=16(cm^2)

6 △OAB=△ABD−△OAD=△ACD−△OAD
=16−7=9(cm^2)

7 △OBC=△ABC−△OAB=△DBC−△OAB
=22−8=14(cm^2)

12 □ABCD=△ABD+△BCD
=△DEB+△BCD
=11+13=24(cm^2)

13 △ABE=△ABC+△ACE
=△ABC+△ACD
=15+7=22(cm^2)

14 △DBC=□ABCD−△ABD
=□ABCD−△DEB
=26−9=17(cm^2)

08 높이가 같은 삼각형의 넓이의 비

본문 102쪽

1 (✎ 3, 3, 15) 2 16 cm^2 3 5 cm^2

4 21 cm^2 5 (✎ 3, 3, 9, 2, 2, 9, 6) 6 10 cm^2

☺ m, n 7 ④ 8 (✎ 1, 15, 45)

9 24 cm^2 10 25 cm^2 11 18 cm^2 12 15 cm^2

13 24 cm^2 14 20 cm^2 15 9 cm^2

16 (✎ 2, 2, 2, 2, 2, 10) 17 12 cm^2

☺ △OCD, △OCD, $\overline{OC}$, △OBC, $\overline{OB}$

18 ④

2 $\triangle ABP=\frac{2}{2+1}\times\triangle ABC$
$=\frac{2}{3}\times 24=16(cm^2)$

3 $\triangle ACP=\frac{1}{3+1}\times\triangle ABC$
$=\frac{1}{4}\times 20=5(cm^2)$

4 $\triangle PBC=\frac{4}{3+4}\times\triangle ABC$이므로
$\triangle ABC=\frac{7}{4}\times 12=21(cm^2)$

6 $\triangle ABD=\frac{2}{2+1}\times\triangle ABC=\frac{2}{3}\times 45=30(cm^2)$
$\triangle ABE=\frac{1}{1+2}\times\triangle ABD=\frac{1}{3}\times 30=10(cm^2)$

7 ① $\triangle ABP=\frac{1}{1+2}\times\triangle ABC=\frac{1}{3}\times 30=10(cm^2)$
② $\triangle APC=30-10=20(cm^2)$
③ $\triangle ABR=\frac{1}{1+1}\times\triangle ABP=\frac{1}{2}\times 10=5(cm^2)$
④ $\triangle APQ=\frac{3}{3+2}\times\triangle APC=\frac{3}{5}\times 20=12(cm^2)$
⑤ $\triangle PQC=20-12=8(cm^2)$
따라서 옳은 것은 ④이다.

9 $\triangle OCD=\frac{1}{3+1}\times\triangle BCD$이므로
$\triangle BCD=4\times 6=24(cm^2)$

10 $\triangle OAB=\frac{3}{3+2}\times\triangle ABD$이고,
$\triangle OAB=\triangle OCD=15\ cm^2$이므로
$\triangle ABD=\frac{5}{3}\times 15=25(cm^2)$

11 $\triangle OCD=\frac{2}{2+1}\times\triangle ACD$이고,

$\triangle OCD=\triangle OAB=12\ cm^2$이므로

$\triangle ACD=\frac{3}{2}\times 12=18(cm^2)$

12 $\triangle ABD=\triangle ACD=24\ cm^2$이므로

$\triangle OAB=\frac{5}{5+3}\times\triangle ABD=\frac{5}{8}\times 24=15(cm^2)$

13 $\triangle ACD=\triangle ABD=36\ cm^2$이므로

$\triangle OCD=\frac{2}{2+1}\times\triangle ACD=\frac{2}{3}\times 36=24(cm^2)$

14 $\triangle OCD=\triangle OAB=10\ cm^2$이므로

$\triangle OBC=2\times\triangle OCD=2\times 10=20(cm^2)$

15 $\triangle OAB=\triangle OCD=36\ cm^2$이므로

$\triangle AOD=\frac{1}{4}\times\triangle OAB=\frac{1}{4}\times 36=9(cm^2)$

17 $\triangle BQP=\frac{3}{3+2}\times\triangle PBC=\frac{3}{5}\times\frac{1}{2}\times\square ABCD$

$=\frac{3}{5}\times\frac{1}{2}\times 40=12(cm^2)$

18 $\overline{AP}:\overline{DP}=3:1$이므로

$\triangle CDP=\frac{1}{3}\times\triangle ABP=\frac{1}{3}\times 15=5(cm^2)$

따라서 $\triangle BCP=\triangle ABP+\triangle CDP=15+5=20(cm^2)$
이므로

$\square ABCD=2\times\triangle BCP=2\times 20=40(cm^2)$

TEST 4. 여러 가지 사각형

본문 105쪽

1 ③	**2** ③	**3** ④
4 ④	**5** $12\ cm^2$	**6** $18\ cm^2$

1 ① 평행사변형의 성질이다.

② 이웃하는 두 변의 길이가 같으므로 마름모이다.

③ □ABCD가 평행사변형이므로

$\angle ABC=\angle ADC=90°$

즉 네 내각의 크기가 모두 90°로 같으므로 직사각형이다.

④ 두 대각선이 서로 다른 것을 수직이등분하므로 마름모이다.

⑤ 평행사변형의 성질이다.

2 $\overline{AD}\,/\!/\,\overline{BC}$이므로 $\angle BCA=\angle DAC$ (엇각)

즉 △ABC에서 $\overline{AB}=\overline{BC}$

따라서 □ABCD는 마름모이다.

3 ① 두 대각선의 길이가 같은 마름모는 정사각형이다.

② 이웃하는 두 변의 길이가 같은 직사각형은 정사각형이다.

③ 한 내각의 크기가 90°인 평행사변형은 직사각형이다.

⑤ 이웃하는 두 내각의 크기가 같은 마름모는 정사각형이다.

따라서 옳은 것은 ④이다.

4 ㄱ. $\overline{AC}\,/\!/\,\overline{DE}$이므로 밑변이 $\overline{AC}$로 같은 두 삼각형 ACD, ACE의 넓이는 서로 같다.

ㄴ. 두 삼각형 ACD, AED는 $\overline{AD}$를 공유하지만 높이가 같은지는 알 수 없으므로 넓이 역시 같은지 알 수 없다.

ㄷ. $\triangle ABE=\triangle ABC+\triangle ACE=\triangle ABC+\triangle ACD$

$=\square ABCD$

따라서 옳은 것은 ㄱ, ㄷ이다.

5 $\triangle ADC=3\times\triangle ABD=3\times 6=18(cm^2)$

따라서 $\triangle ADE=\frac{2}{2+1}\times\triangle ADC=\frac{2}{3}\times 18=12(cm^2)$

6 $\triangle ABE+\triangle CDE=\frac{1}{2}\times\square ABCD=\frac{1}{2}\times 60=30(cm^2)$

따라서 $\triangle ABE=\frac{3}{3+2}\times 30=18(cm^2)$

대단원

TEST Ⅱ. 사각형의 성질

본문 106쪽

1 ④	**2** ②	**3** 4 cm
4 ⑤	**5** 48 cm^2	**6** ②
7 ①, ④	**8** ④	**9** ②
10 ⑤	**11** ②	**12** 25 cm^2
13 ⑤	**14** ③	

1 ④ $\angle ABD \neq \angle DBC$

2 $\angle B = \angle D$이므로 $x=76$
$\triangle ACD$에서 $45+76+y=180$이므로
$y=59$
따라서 $x-y=76-59=17$

3 $\angle CFD = \angle EDF = \angle FDC$이므로
$\triangle DFC$는 $\overline{CF}=\overline{CD}$인 이등변삼각형이다.
$\overline{CF}=\overline{CD}=\overline{AB}=6$ cm이므로
$\overline{BF}=\overline{BC}-\overline{CF}=10-6=4(\text{cm})$

4 ⑤ 평행한 두 변의 길이가 같은지 알 수 없으므로 평행사변형이 아니다.

5 $\square ABCD=4\triangle OAB=4\times 6=24(\text{cm}^2)$
$\square BFED$에서 두 대각선이 서로 다른 것을 이등분하므로
$\square BFED$는 평행사변형이다.
따라서
$\square BFED=4\triangle BCD$
$=4\times\frac{1}{2}\square ABCD$
$=4\times\frac{1}{2}\times 24=48(\text{cm}^2)$

6 $\overline{OD}=\overline{OC}$이므로 $\triangle ODC$는 이등변삼각형이다.
따라서 $\angle OCD=50°$
$\angle ADC=90°$이므로
$\angle DAC=180°-(90°+50°)=40°$, 즉 $x=40$
$\angle BOC=\angle ODC+\angle OCD=100°$
즉 $y=100$
따라서 $y-x=100-40=60$

7 ②, ③은 평행사변형이 직사각형이 될 조건이고,
⑤는 평행사변형의 성질이다.

8 ①, ②, ③, ⑤는 모두 직사각형의 성질이다.

9 $\square ABCD$는 등변사다리꼴이므로
$\angle BCD=\angle B=56°$
$\overline{AD}/\!/\overline{BC}$이므로 $\angle BCA=\angle DAC=28°$(엇각)
즉 $\angle DCA=56°-28°=28°$
따라서 $\triangle DAC$는 이등변삼각형이므로
$\overline{AD}=\overline{CD}=\overline{AB}=7$ cm

10 ⑤ 수직인 두 대각선이 서로를 이등분하지 않으면 마름모가 아니다.

11 $\square EFGH$는 마름모이다.
② 마름모의 대각선은 서로를 수직이등분하지만 길이는 다를 수 있다.

12 $\triangle PAB+\triangle PCD=\triangle PBC+\triangle PDA$
이므로
$22+26=23+\triangle PDA$
따라서
$\triangle PDA=25(\text{cm}^2)$

13 $\overline{BC}=\overline{PB}=\overline{PC}$이므로 $\triangle PBC$는 정삼각형이다.
따라서 $\angle PBC=\angle PCB=60°$
이므로
$\angle ABP=\angle PCD=90°-60°=30°$
$\triangle BPA$가 이등변삼각형이므로
$\angle APB=\frac{1}{2}\times(180°-30°)=75°$
$\triangle PCD$가 이등변삼각형이므로
$\angle CPD=\frac{1}{2}\times(180°-30°)=75°$
따라서
$\angle APD=360°-(75°+60°+75°)=150°$

14 $\triangle BCD=\frac{1}{2}\square ABCD=\frac{1}{2}\times 50=25(\text{cm}^2)$
$\overline{AB}/\!/\overline{DC}$이므로 $\triangle AFD=\triangle BFD=10(\text{cm}^2)$
$\overline{BD}/\!/\overline{EF}$이므로 $\triangle BED=\triangle BFD=10(\text{cm}^2)$
따라서
$\triangle CDE=\triangle BCD-\triangle BED$
$=25-10=15(\text{cm}^2)$

5 도형의 닮음

01 닮은 도형

본문 112쪽

1 점 D　2 $\overline{DF}$　3 ∠B　4 점 J
5 점 E　6 $\overline{IL}$　7 $\overline{DF}$　8 면 JKL
9 면 ADFC　☺ ∽, ≡, =
10 ○　11 ○　12 ×　13 ×
14 ×　15 ○　16 ○　17 ○
18 ○　19 ×　20 ×　21 ○
22 ⑤

20 닮은 두 평면도형이 항상 합동인 것은 아니므로 넓이가 항상 같은 것은 아니다.

22 ⑤ 다음 그림과 같은 두 평행사변형은 한 내각의 크기가 같지만 닮은 도형이 아니다.

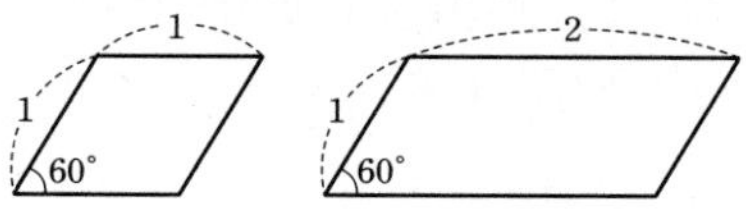

02 평면도형에서의 닮음의 성질

본문 114쪽

1 9　(1) 3 : 2　(2) 40°
2 6, 12　(1) 3 : 4　(2) 65°　(3) 70°
3 120　(1) 2 : 5　(2) 10π cm
4 10, 12, 16　(1) 24 cm　(2) 48 cm
5 6　(1) 4π cm　(2) 12π cm　☺ e, c, E, F
6 8, 10, 9, 15　(1) 34 cm　(2) 51 cm
7 4, 9, 6　(1) 36 cm　(2) 27 cm　8 ⑤

1 (1) $\overline{BC}$의 대응변이 $\overline{EF}$이므로 닮음비는
$\overline{BC} : \overline{EF} = 15 : 10 = 3 : 2$
(2) $\angle F = \angle C = 180° - (60° + 80°) = 40°$

2 (1) $\overline{BC}$의 대응변이 $\overline{FG}$이므로 닮음비는
$\overline{BC} : \overline{FG} = 12 : 16 = 3 : 4$
(2) $\angle B = \angle F = 65°$
(3) $\angle G = \angle C = 70°$

3 (1) $\overline{BC}$의 대응변이 $\overline{EF}$이므로 닮음비는
$\overline{BC} : \overline{EF} = 6 : 15 = 2 : 5$
(2) $2 \times \pi \times 15 \times \frac{120}{360} = 10\pi(\text{cm})$

4 (1) $\overline{AB} + \overline{BC} + \overline{CA} = 6 + 10 + 8 = 24(\text{cm})$
(2) $\overline{DE} + \overline{EF} + \overline{FD} = 12 + 20 + 16 = 48(\text{cm})$

5 (1) $2\pi \times 2 = 4\pi(\text{cm})$
(2) $2\pi \times 6 = 12\pi(\text{cm})$

6 (1) $\overline{AB} + \overline{BC} + \overline{CD} + \overline{DA} = 8 + 10 + 10 + 6 = 34(\text{cm})$
(2) $\overline{EF} + \overline{FG} + \overline{GH} + \overline{HE} = 12 + 15 + 15 + 9 = 51(\text{cm})$

7 (1) $\overline{AB} + \overline{BC} + \overline{CD} + \overline{DE} + \overline{EA}$
$= 8 + 4 + 8 + 4 + 12 = 36(\text{cm})$
(2) $\overline{FG} + \overline{GH} + \overline{HI} + \overline{IJ} + \overline{JF}$
$= 6 + 3 + 6 + 3 + 9 = 27(\text{cm})$

8 닮음비는 $\overline{AB} : \overline{DE} = 8 : 4 = 2 : 1$
⑤ $\overline{AC} : \overline{DF} = 2 : 1$이므로 $6 : \overline{DF} = 2 : 1$, $2\overline{DF} = 6$
따라서 $\overline{DF} = 3$

03 입체도형에서의 닮음의 성질

본문 116쪽

1 12, 6　(1) 1 : 2　(2) 면 GJKH　(3) 1 : 2
2 6, 6　(1) 3 : 2　(2) 면 IMPL　(3) 3 : 2
3 1 : 3　4 2 : 5　5 4 : 3
6 (1) 2 : 3　(2) 9 cm　(3) 2 : 3
7 (1) 5 : 6　(2) 18 cm　(3) 5 : 6　☺ 모서리, 면
8 ⑤

1 (1) $\overline{AC}$에 대응하는 모서리가 $\overline{GI}$이므로 닮음비는
$\overline{AC} : \overline{GI} = 4 : 8 = 1 : 2$
(3) △DEF와 △JKL의 닮음비는 두 삼각기둥의 닮음비와 같으므로 1 : 2

2 (1) $\overline{FG}$에 대응하는 모서리가 $\overline{NO}$이므로 닮음비는
$\overline{FG} : \overline{NO} = 12 : 8 = 3 : 2$
(3) □CGHD와 □KOPL의 닮음비는 두 직육면체의 닮음비와 같으므로 3 : 2

3 두 원기둥의 닮음비는 밑면인 원의 반지름의 길이의 비와 같으므로 $9:27=1:3$

4 두 구의 닮음비는 구 반지름의 길이의 비와 같으므로 $6:15=2:5$

5 두 원뿔의 닮음비는 밑면인 원의 반지름의 길이의 비와 같으므로 $16:12=4:3$

6 (1) 두 원기둥의 닮음비는 원기둥의 높이의 비와 같으므로 $14:21=2:3$
(2) 원기둥 B의 밑면의 반지름의 길이를 x cm라 하면
$6:x=2:3$, $2x=18$, $x=9$
따라서 원기둥 B의 밑면의 반지름의 길이는 9 cm이다.
(3) 두 원기둥 A, B의 밑면의 둘레의 길이의 비는 두 원기둥의 닮음비와 같으므로 $2:3$

7 (1) 두 원뿔의 닮음비는 밑면인 원의 반지름의 길이의 비와 같으므로 $10:12=5:6$
(2) 원뿔 B의 높이를 x cm라 하면
$15:x=5:6$, $5x=90$, $x=18$
따라서 원뿔 B의 높이는 18 cm이다.
(3) 두 원뿔 A, B의 밑면의 둘레의 길이의 비는 두 원뿔의 닮음비와 같으므로 $5:6$

8 ② $\overline{AB}$에 대응하는 모서리가 $\overline{GH}$이므로 닮음비는
$\overline{AB}:\overline{GH}=6:3=2:1$
⑤ $\overline{BE}=\overline{AD}=10$이고, $\overline{BE}:\overline{HK}=2:1$이므로
$10:\overline{HK}=2:1$, $2\overline{HK}=10$
따라서 $\overline{HK}=5$
그러므로 옳지 않은 것은 ⑤이다.

04 삼각형의 닮음 조건

본문 118쪽

원리확인

❶ 1, 2, 5, 10, 1, 2, 4, 8, 1, 2, SSS
❷ 80, 2, 1, 6, 3, 2, 1, SAS
❸ D, 60, F, 50, AA

1 △MNO∽△DFE, AA 닮음
2 △PQR∽△BAC, SSS 닮음
3 △STU∽△KJL, SAS 닮음
4 △VWX∽△HIG, SAS 닮음 ☺ 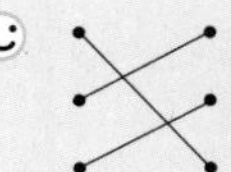
5 △ABC∽△CBD (SSS 닮음)
6 △ABC∽△EDC (SAS 닮음) 7 ⑤

5 $\overline{AB}:\overline{CB}=\overline{BC}:\overline{BD}=\overline{CA}:\overline{DC}=2:3$이므로
△ABC∽△CBD (SSS 닮음)

6 ∠ACB=∠ECD (맞꼭지각),
$\overline{CA}:\overline{CE}=\overline{CB}:\overline{CD}=1:3$이므로
△ABC∽△EDC (SAS 닮음)

7 ①, ② AA 닮음
③ SAS 닮음
④ SSS 닮음
⑤ 두 쌍의 대응변의 길이의 비는 같으나 ∠C와 ∠F는 그 끼인각이 아니므로 닮음이 아니다.

05 삼각형의 닮음 조건의 응용

본문 120쪽

1 (1) △AED (2) 14 2 7 3 10
4 6 5 $\frac{20}{3}$ 6 16
7 (1) △ACD (2) 16 8 12 9 12
10 9 11 9 12 10 ☺ 각

1 (1) ∠A는 공통, $\overline{AB}:\overline{AE}=\overline{AC}:\overline{AD}=3:2$
(2) 닮음비가 $\overline{AB}:\overline{AE}=21:14=3:2$이므로
$\overline{CB}:\overline{DE}=3:2$에서 $21:\overline{DE}=3:2$, $3\overline{DE}=42$
따라서 $\overline{DE}=14$

2 △ABC와 △AED에서
∠A는 공통, $\overline{AB}:\overline{AE}=\overline{AC}:\overline{AD}=2:1$
따라서 △ABC∽△AED (SAS 닮음)
닮음비는 $2:1$이므로 $\overline{BC}:\overline{ED}=2:1$
$14:x=2:1$, $2x=14$ 따라서 $x=7$

3 △ABC와 △EBD에서
∠B는 공통, $\overline{AB}:\overline{EB}=\overline{BC}:\overline{BD}=5:3$
따라서 △ABC∽△EBD (SAS 닮음)
닮음비는 $5:3$이므로 $\overline{AC}:\overline{ED}=5:3$
$x:6=5:3$, $3x=30$ 따라서 $x=10$

4 $\triangle ABC$와 $\triangle DAC$에서
$\angle C$는 공통, $\overline{AC} : \overline{DC} = \overline{BC} : \overline{AC} = 2 : 1$
따라서 $\triangle ABC \backsim \triangle DAC$ (SAS 닮음)
닮음비는 $2 : 1$이므로 $\overline{AB} : \overline{DA} = 2 : 1$
$12 : x = 2 : 1$, $2x = 12$ 따라서 $x = 6$

5 $\triangle ABC$와 $\triangle CBD$에서
$\angle B$는 공통, $\overline{AB} : \overline{CB} = \overline{BC} : \overline{BD} = 3 : 2$
따라서 $\triangle ABC \backsim \triangle CBD$ (SAS 닮음)
닮음비는 $3 : 2$이므로 $\overline{AC} : \overline{CD} = 3 : 2$
$10 : x = 3 : 2$, $3x = 20$ 따라서 $x = \frac{20}{3}$

6 $\triangle ABC$와 $\triangle BDC$에서
$\angle C$는 공통, $\overline{AC} : \overline{BC} = \overline{BC} : \overline{DC} = 2 : 1$
따라서 $\triangle ABC \backsim \triangle BDC$ (SAS 닮음)
닮음비는 $2 : 1$이므로 $\overline{AB} : \overline{BD} = 2 : 1$
$x : 8 = 2 : 1$ 따라서 $x = 16$

7 (1) $\angle A$는 공통, $\angle ABC = \angle ACD$
(2) 닮음비가 $\overline{AB} : \overline{AC} = 36 : 24 = 3 : 2$이므로
$\overline{AC} : \overline{AD} = 3 : 2$에서 $24 : \overline{AD} = 3 : 2$, $3\overline{AD} = 48$
따라서 $\overline{AD} = 16$

8 $\triangle ABC$와 $\triangle AED$에서
$\angle A$는 공통, $\angle ABC = \angle AED$
따라서 $\triangle ABC \backsim \triangle AED$ (AA 닮음)
$\overline{AB} : \overline{AE} = \overline{AC} : \overline{AD}$이므로
$25 : 15 = 20 : x$, $25x = 300$
따라서 $x = 12$

9 $\triangle ABC$와 $\triangle EBD$에서
$\angle B$는 공통, $\angle ACB = \angle EDB$
따라서 $\triangle ABC \backsim \triangle EBD$ (AA 닮음)
$\overline{AB} : \overline{EB} = \overline{BC} : \overline{BD}$이므로
$24 : x = 32 : 16$, $32x = 384$
따라서 $x = 12$

10 $\triangle ABC$와 $\triangle DBA$에서
$\angle B$는 공통, $\angle BCA = \angle BAD$
따라서 $\triangle ABC \backsim \triangle DBA$ (AA 닮음)
$\overline{AB} : \overline{DB} = \overline{BC} : \overline{BA}$이므로
$6 : 4 = x : 6$, $4x = 36$
따라서 $x = 9$

11 $\triangle ABC$와 $\triangle CBD$에서
$\angle B$는 공통, $\angle BAC = \angle BCD$
따라서 $\triangle ABC \backsim \triangle CBD$ (AA 닮음)
$\overline{AB} : \overline{CB} = \overline{BC} : \overline{BD}$이므로
$16 : 12 = 12 : x$, $16x = 144$
따라서 $x = 9$

12 $\triangle ABC$와 $\triangle EDC$에서
$\angle C$는 공통, $\angle BAC = \angle DEC$
따라서 $\triangle ABC \backsim \triangle EDC$ (AA 닮음)
$\overline{AC} : \overline{EC} = \overline{BC} : \overline{DC}$이므로
$12 : 6 = x : 5$, $6x = 60$
따라서 $x = 10$

06 직각삼각형의 닮음

본문 122쪽

원리확인

❶ $\angle B$, $\angle BHA$, 90, $\triangle HBA$, AA, $\overline{BC}$, $\overline{BC}$
❷ $\angle C$, $\angle AHC$, $\triangle HAC$, AA, $\overline{AC}$, $\overline{AC}$
❸ $\angle AHC$, 90, $\angle HCA$, $\angle HCA$, $\triangle AHC$, AA, $\overline{CH}$, $\overline{CH}$

1 (✎ 6, 36, 9) 2 12 3 6
4 $\frac{9}{4}$ 5 12 6 15 7 $\frac{32}{5}$
8 10 9 (✎ 6, 36, 9) 10 3
11 4 12 10
13 (✎ ACD, AA, $\overline{AE}$, 12, 5, 4) 14 20
15 11 16 5 17 $x=16$, $y=12$
18 $x=9$, $y=20$ 19 $x=4$, $y=5$
20 $x=\frac{9}{2}$, $y=6$ 21 $x=5$, $y=\frac{12}{5}$
22 12 cm^2 23 $\frac{75}{2}\text{ cm}^2$ 24 16 cm^2 25 45 cm^2
☺ $\overline{BC}$, $\overline{CB}$, $\overline{AH}$
26 (✎ D, DFE, DFE, DFE, AA, $\overline{AF}$, 30, 6, 6, 24, 8) 27 6 28 10
29 $\left(\text{✎ C, FEC, FEC, ECF, AA, } \overline{DE}, 5, \frac{28}{5}\right)$
30 $\frac{35}{4}$ 31 $\frac{64}{5}$

2 $\overline{AB}^2 = \overline{BH} \times \overline{BC}$이므로
$x^2 = 9 \times (9+7) = 144 = 12^2$
따라서 $x = 12$

3 $\overline{BC}^2=\overline{CH}\times\overline{CA}$이므로
$x^2=3\times(3+9)=36=6^2$
따라서 $x=6$

4 $\overline{AB}^2=\overline{BH}\times\overline{BC}$이므로
$5^2=4\times(4+x)$, $25=16+4x$, $4x=9$
따라서 $x=\frac{9}{4}$

5 $\overline{AC}^2=\overline{CH}\times\overline{CB}$이므로
$6^2=3\times x$, $3x=36$
따라서 $x=12$

6 $\overline{AC}^2=\overline{CH}\times\overline{CB}$이므로
$x^2=9\times(9+16)=225=15^2$
따라서 $x=15$

7 $\overline{AC}^2=\overline{CH}\times\overline{CB}$이므로
$8^2=x\times10$, $10x=64$
따라서 $x=\frac{32}{5}$

8 $\overline{BC}^2=\overline{BH}\times\overline{BA}$이므로
$12^2=8\times(8+x)$
$144=64+8x$, $8x=80$
따라서 $x=10$

10 $\overline{AH}^2=\overline{BH}\times\overline{CH}$이므로
$9^2=27\times x$, $27x=81$
따라서 $x=3$

11 $\overline{AH}^2=\overline{BH}\times\overline{CH}$이므로
$x^2=2\times8=16=4^2$
따라서 $x=4$

12 $\overline{BH}^2=\overline{HC}\times\overline{HA}$이므로
$x^2=5\times20=100=10^2$
따라서 $x=10$

14 $\triangle$ABE와 $\triangle$ACD에서
$\angle AEB=\angle ADC=90^\circ$, $\angle A$는 공통이므로
$\triangle ABE\backsim\triangle ACD$ (AA 닮음)
즉 $\overline{AB}:\overline{AC}=\overline{AE}:\overline{AD}$이므로
$18:x=9:10$, $9x=180$
따라서 $x=20$

15 $\triangle$ABC와 $\triangle$DBE에서
$\angle ACB=\angle DEB=90^\circ$, $\angle B$는 공통이므로
$\triangle ABC\backsim\triangle DBE$ (AA 닮음)
즉 $\overline{AB}:\overline{DB}=\overline{BC}:\overline{BE}$이므로
$(4+x):12=5:4$, $4\times(4+x)=60$, $16+4x=60$
따라서 $x=11$

16 $\triangle$ACF와 $\triangle$BCD에서
$\angle AFC=\angle BDC=90^\circ$, $\angle C$는 공통이므로
$\triangle ACF\backsim\triangle BCD$ (AA 닮음)
즉 $\overline{AC}:\overline{BC}=\overline{CF}:\overline{CD}$이므로
$14:12=(12-x):6$, $12\times(12-x)=84$, $12-x=7$
따라서 $x=5$

17 $\overline{AB}^2=\overline{BD}\times\overline{BC}$이므로
$15^2=9\times(9+x)$, $225=81+9x$, $9x=144$
따라서 $x=16$
$\overline{AD}^2=\overline{DB}\times\overline{DC}$이므로
$y^2=9\times16=144=12^2$
따라서 $y=12$

18 $\overline{AD}^2=\overline{DB}\times\overline{DC}$이므로
$12^2=16x$ 따라서 $x=9$
$\overline{AB}^2=\overline{BD}\times\overline{BC}$이므로
$y^2=16\times(16+9)=400=20^2$
따라서 $y=20$

19 $\overline{AD}^2=\overline{DB}\times\overline{DC}$이므로
$3^2=\frac{9}{4}x$ 따라서 $x=4$
$\overline{AC}^2=\overline{CD}\times\overline{CB}$이므로
$y^2=4\times\left(4+\frac{9}{4}\right)=25=5^2$
따라서 $y=5$

20 $\overline{AC}^2=\overline{CD}\times\overline{CB}$이므로
$10^2=8\times(8+x)$, $100=64+8x$, $8x=36$
따라서 $x=\frac{9}{2}$
$\overline{AD}^2=\overline{DB}\times\overline{DC}$이므로
$y^2=\frac{9}{2}\times8=36=6^2$
따라서 $y=6$

21 $\overline{BC}^2=\overline{BD}\times\overline{BA}$이므로
$4^2=\frac{16}{5}x$ 따라서 $x=5$

$\overline{CD}^2=\overline{DA}\times\overline{DB}$이므로

$y^2=\left(5-\frac{16}{5}\right)\times\frac{16}{5}=\frac{144}{25}=\left(\frac{12}{5}\right)^2$

따라서 $y=\frac{12}{5}$

22 $\overline{AH}^2=\overline{BH}\times\overline{CH}$이므로 $6^2=9\times\overline{CH}$

즉 $\overline{CH}=4$ cm

따라서 $\triangle AHC=\frac{1}{2}\times6\times4=12(cm^2)$

23 $\overline{AH}^2=\overline{BH}\times\overline{CH}$이므로 $6^2=\frac{9}{2}\times\overline{CH}$

즉 $\overline{CH}=8$ cm

따라서 $\triangle ABC=\frac{1}{2}\times6\times\left(\frac{9}{2}+8\right)=\frac{75}{2}(cm^2)$

24 $\overline{AH}^2=\overline{BH}\times\overline{CH}$이므로 $\overline{AH}^2=8\times2=16=4^2$

즉 $\overline{AH}=4$ cm

따라서 $\triangle ABH=\frac{1}{2}\times8\times4=16(cm^2)$

25 $\overline{CH}^2=\overline{AH}\times\overline{BH}$이므로 $\overline{CH}^2=12\times3=36=6^2$

즉 $\overline{CH}=6$ cm

따라서 $\triangle ABC=\frac{1}{2}\times6\times15=45(cm^2)$

27 $\triangle ABF$와 $\triangle DFE$에서 $\angle A=\angle D=90°$

$\angle ABF+\angle AFB=90°$이고,

$\angle AFB+\angle DFE=90°$이므로

$\angle ABF=\angle DFE$

따라서 $\triangle ABF\backsim\triangle DFE$ (AA 닮음)

즉 $\overline{AB}:\overline{DF}=\overline{AF}:\overline{DE}$에서

$9:x=6:4$

따라서 $x=6$

28 $\triangle AFE$와 $\triangle DEC$에서

$\angle A=\angle D=90°$

$\angle AFE+\angle AEF=90°$이고,

$\angle AEF+\angle DEC=90°$이므로

$\angle AFE=\angle DEC$

따라서 $\triangle AFE\backsim\triangle DEC$ (AA 닮음)

즉 $\overline{AF}:\overline{DE}=\overline{AE}:\overline{DC}$에서

$\overline{DE}=\overline{AD}-\overline{AE}=\overline{BC}-\overline{AE}$

$=\overline{EC}-\overline{AE}=x-4$

이므로 $3:(x-4)=4:8$

$4\times(x-4)=24$, $x-4=6$

따라서 $x=10$

30 $\triangle DBE$와 $\triangle ECF$에서 $\angle B=\angle C=60°$

$\angle BDE+\angle DEB=120°$이고, $\angle DEB+\angle FEC=120°$ 이므로

$\angle BDE=\angle FEC$

따라서 $\triangle DBE\backsim\triangle ECF$ (AA 닮음)

즉 $\overline{DB}:\overline{EC}=\overline{DE}:\overline{EF}$에서

$\overline{DB}=\overline{AB}-\overline{DE}=15-7=8$,

$\overline{EC}=\overline{BC}-\overline{BE}=\overline{AB}-\overline{BE}=15-5=10$

이므로 $8:10=7:x$ 따라서 $x=\frac{35}{4}$

31 $\triangle DBE$와 $\triangle ECF$에서 $\angle B=\angle C=60°$

$\angle BDE+\angle DEB=120°$이고, $\angle DEB+\angle FEC=120°$ 이므로

$\angle BDE=\angle FEC$

따라서 $\triangle DBE\backsim\triangle ECF$ (AA 닮음)

즉 $\overline{DB}:\overline{EC}=\overline{BE}:\overline{CF}$에서

$\overline{EC}=\overline{BC}-\overline{BE}=(\overline{AD}+\overline{BD})-\overline{BE}$

$=(10+14)-16=8$

이므로 $10:8=16:x$

따라서 $x=\frac{64}{5}$

TEST 5. 도형의 닮음

본문 127쪽

1 ③	**2** ⑤	**3** ②
4 ①, ④	**5** 6 cm	**6** 156 cm^2

1 ③ 두 직각삼각형이 항상 닮음인 관계에 있는 것은 아니다.

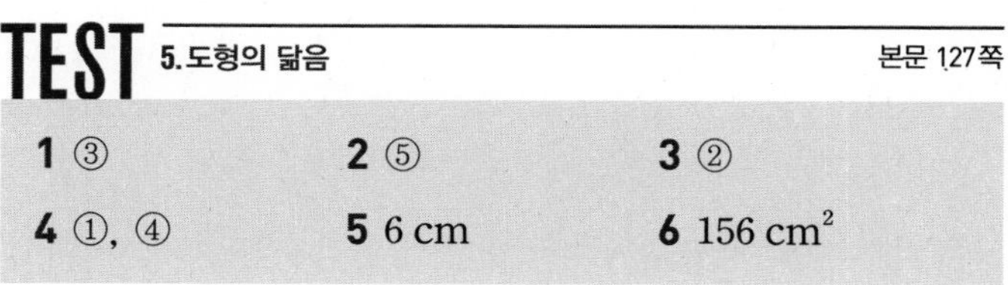

2 ⑤ $\angle F=\angle C=50°$

3 작은 원기둥의 밑면인 원의 반지름의 길이를 r cm라 하면 $6:r=10:5$에서 $r=3$

따라서

(작은 원기둥의 밑면인 원의 둘레의 길이)

$=2\pi\times3=6\pi(cm)$

4 ① $\overline{AB}:\overline{DE}=\overline{BC}:\overline{EF}=1:3$이고, $\angle D=70°$이면
$\angle E=60°$이므로
$\triangle ABC \backsim \triangle DEF$ (SAS 닮음)
④ $\angle A=70°$이면 $\angle C=50°$, $\angle E=60°$이면
$\angle D=70°$이므로 $\triangle ABC \backsim \triangle DEF$ (AA 닮음)

5 $\triangle ABC$와 $\triangle CBD$에서
$\angle B$는 공통, $\overline{AB}:\overline{CB}=\overline{BC}:\overline{BD}=3:2$
따라서 $\triangle ABC \backsim \triangle CBD$ (SAS 닮음)
닮음비는 $3:2$이므로
$\overline{AC}:\overline{CD}=3:2$, $\overline{AC}:4=3:2$
따라서 $\overline{AC}=6$ cm

6 $\triangle ABD$의 넓이가 108 cm^2이므로
$\frac{1}{2}\times\overline{BD}\times\overline{AD}=108$에서 $\frac{1}{2}\times18\times\overline{AD}=108$
즉 $\overline{AD}=12$ cm
$\overline{AD}^2=\overline{DB}\times\overline{DC}$이므로 $12^2=18\times\overline{DC}$
즉 $\overline{DC}=8$ cm
따라서 $\triangle ABC=\frac{1}{2}\times\overline{BC}\times\overline{AD}$
$=\frac{1}{2}\times(18+8)\times12=156(\text{cm}^2)$

6 평행선과 선분의 길이의 비

01 본문 130쪽

삼각형에서 평행선 사이의 선분의 길이의 비(1)

1 ($\overline{AD}$, 4, 36, 6) 2 8 3 25
4 12 5 15 6 ($\overline{AE}$, 3, 45, 5)
7 6 8 2 9 12
10 ($\overline{AE}$, 4, 36, 6) 11 5 12 3
13 12 14 ($\overline{DB}$, 4, 80, 8) 15 3
16 4 17 32 18 ($\overline{AD}$, 9, 9, 20)
19 9 20 8 21 5
22 (16, 3, 16, 8) 23 $x=6$, $y=3$
24 $x=5$, $y=12$ 25 $x=6$, $y=20$
☺ c, f 26 (8, 8, 9)
27 $x=8$, $y=6$ 28 $x=6$, $y=3$
29 $x=15$, $y=18$ ☺ b, f

2 $\overline{AB}:\overline{AD}=\overline{AC}:\overline{AE}$이므로
$6:x=9:12$, $9x=72$
따라서 $x=8$

3 $\overline{AC}:\overline{AE}=\overline{BC}:\overline{DE}$이므로
$20:8=x:10$, $8x=200$
따라서 $x=25$

4 $\overline{AB}:\overline{AD}=\overline{BC}:\overline{DE}$이므로
$9:6=x:8$, $6x=72$
따라서 $x=12$

5 $\overline{AB}:\overline{AD}=\overline{BC}:\overline{DE}$이므로
$16:12=20:x$, $16x=240$
따라서 $x=15$

7 $\overline{AC}:\overline{AE}=\overline{BC}:\overline{DE}$이므로
$x:3=8:4$, $4x=24$
따라서 $x=6$

8 $\overline{AE}:\overline{AC}=\overline{AD}:\overline{AB}$이므로
$x:8=3:12$, $12x=24$
따라서 $x=2$

9 $\overline{AD}:\overline{DB}=\overline{AE}:\overline{EC}$이므로
$15:25=x:20$, $25x=300$
따라서 $x=12$

11 $\overline{AD}:\overline{DB}=\overline{AE}:\overline{EC}$이므로
$10:x=8:4$, $8x=40$
따라서 $x=5$

12 $\overline{AD}:\overline{DB}=\overline{AE}:\overline{EC}$이므로
$x:3=6:6$, $6x=18$
따라서 $x=3$

13 $\overline{AD}:\overline{DB}=\overline{AE}:\overline{EC}$이므로
$9:(x-9)=15:5$, $15(x-9)=45$, $x-9=3$
따라서 $x=12$

15 $\overline{AD}:\overline{DB}=\overline{AE}:\overline{EC}$이므로
$9:x=12:4$, $12x=36$
따라서 $x=3$

16 $\overline{AD}:\overline{DB}=\overline{AE}:\overline{EC}$이므로
$6:3=8:x$, $6x=24$
따라서 $x=4$

17 $\overline{AD}:\overline{DB}=\overline{AE}:\overline{EC}$이므로
$40:15=x:12$, $15x=480$
따라서 $x=32$

19 $\overline{AE}:\overline{EC}=\overline{AD}:\overline{DB}$이므로
$x:24=6:16$, $16x=144$
따라서 $x=9$

20 $\overline{AB}:\overline{BD}=\overline{AC}:\overline{CE}$이므로
$10:16=5:x$, $10x=80$
따라서 $x=8$

21 $\overline{AD}:\overline{DB}=\overline{AE}:\overline{EC}$이므로
$x:20=4:16$, $16x=80$
따라서 $x=5$

23 $6:9=x:9$이므로 $x=6$
$6:9=2:y$이므로 $y=3$

24 $8:10=4:x$이므로 $x=5$
$8:10=y:15$이므로 $y=12$

25 $9:(9+x)=6:10$이므로 $x=6$
$9:15=12:y$이므로 $y=20$

27 $x:4=12:6$이므로 $x=8$
$8:4=12:y$이므로 $y=6$

28 $4:8=x:12$이므로 $x=6$
$12:y=8:2$이므로 $y=3$

29 $8:10=12:x$이므로 $x=15$
$5:10=9:y$이므로 $y=18$

02 삼각형에서 평행선 사이의 선분의 길이의 비(2)

본문 134쪽

1 6, 2, $\overline{AE}$, 10, 2, $\overline{AE}$, 평행하다
2 8, 2, $\overline{AC}$, 7, $\overline{AC}$, 평행하지 않다
3 15, 3, $\overline{EC}$, 4, 1, $\overline{EC}$, 평행하지 않다
4 10, 2, $\overline{AC}$, 6, 1, $\overline{AC}$, 평행하다
5 $\overline{BD}$, 18, 3, 15, 3, $\overline{BD}$, 평행하지 않다
6 ○ 7 × 8 × 9 ○
10 × 11 × 12 ④

6 $\overline{AB}:\overline{AD}=12:8=3:2$
$\overline{AC}:\overline{AE}=9:6=3:2$
즉 $\overline{AB}:\overline{AD}=\overline{AC}:\overline{AE}$이므로 $\overline{BC}$와 $\overline{DE}$는 평행하다.

7 $\overline{AB}:\overline{AD}=5:15=1:3$
$\overline{AC}:\overline{AE}=11:22=1:2$
즉 $\overline{AB}:\overline{AD}\neq\overline{AC}:\overline{AE}$이므로 $\overline{BC}$와 $\overline{DE}$는 평행하지 않다.

8 $\overline{AD}:\overline{DB}=10:6=5:3$
$\overline{AE}:\overline{EC}=16:12=4:3$
즉 $\overline{AD}:\overline{DB}\neq\overline{AE}:\overline{EC}$이므로 $\overline{BC}$와 $\overline{DE}$는 평행하지 않다.

9 $\overline{AD}:\overline{DB}=6:3=2:1$
$\overline{AE}:\overline{EC}=10:5=2:1$

즉 $\overline{AD}:\overline{DB}=\overline{AE}:\overline{EC}$이므로 $\overline{BC}$와 $\overline{DE}$는 평행하다.

10 $\overline{AB}:\overline{BD}=5:3$
$\overline{AC}:\overline{CE}=6:4=3:2$
즉 $\overline{AB}:\overline{BD}\neq\overline{AC}:\overline{CE}$이므로 $\overline{BC}$와 $\overline{DE}$는 평행하지 않다.

11 $\overline{AB}:\overline{AD}=8:4=2:1$
$\overline{AC}:\overline{AE}=10:3$
즉 $\overline{AB}:\overline{AD}\neq\overline{AC}:\overline{AE}$이므로 $\overline{BC}$와 $\overline{ED}$는 평행하지 않다.

12 ㄱ. $3:5\neq5:10$이므로 $\overline{BC}$와 $\overline{DE}$는 평행하지 않다.
ㄴ. $12:4=15:5$이므로 $\overline{BC}/\!/\overline{DE}$
ㄷ. $15:12\neq6:5$이므로 $\overline{BC}$와 $\overline{DE}$는 평행하지 않다.
ㄹ. $4:8=7:14$이므로 $\overline{BC}/\!/\overline{DE}$

03 삼각형의 내각의 이등분선의 성질

본문 136쪽

1 (✎ $\overline{BD}$, 4, 40, 5) 2 8 3 8
4 10 5 18 6 4 7 6
8 30 9 6 10 12 11 10
12 3 : 2 13 3 : 2 14 30 cm² 15 24 cm²
☺ $\overline{CD}$, b, $\overline{BC}$, $a+b$ 16 ③

2 $16:12=x:6$이므로 $12x=96$
따라서 $x=8$

3 $9:12=6:x$이므로 $9x=72$
따라서 $x=8$

4 $6:x=3:5$이므로 $3x=30$
따라서 $x=10$

5 $20:16=(x-8):8$이므로 $5:4=(x-8):8$
$4(x-8)=40$, $x-8=10$
따라서 $x=18$

6 $10:15=x:(10-x)$이므로 $2:3=x:(10-x)$
$3x=2(10-x)$, $5x=20$
따라서 $x=4$

7 $14:x=(10-3):3$이므로 $7x=42$
따라서 $x=6$

8 $16:24=12:(x-12)$이므로 $2:3=12:(x-12)$
$2(x-12)=36$, $x-12=18$
따라서 $x=30$

9 $25:15=(16-x):x$이므로 $5:3=(16-x):x$
$3(16-x)=5x$, $8x=48$
따라서 $x=6$

10 $x:9=8:6$이므로 $6x:72$
따라서 $x=12$

11 $6:9=(x-6):6$이므로
$9(x-6)=36$, $x-6=4$
따라서 $x=10$

12 $\overline{BD}:\overline{CD}=\overline{AB}:\overline{AC}=3:2$

13 $\triangle ABD:\triangle ACD=\overline{BD}:\overline{CD}=3:2$

14 $\triangle ABD:\triangle ACD=3:2$이므로 $\triangle ABD:20=3:2$
$2\triangle ABD=60$
따라서 $\triangle ABD=30(\text{cm}^2)$

15 $\triangle ACD=\frac{2}{5}\triangle ABC=\frac{2}{5}\times60=24(\text{cm}^2)$

16 $\overline{BD}:\overline{CD}=\overline{AB}:\overline{AC}=6:8=3:4$이므로
$\triangle ABD:\triangle ACD=\overline{BD}:\overline{CD}=3:4$
즉 $24:\triangle ACD=3:4$이므로 $3\triangle ACD=96$
따라서 $\triangle ACD=32(\text{cm}^2)$

04 삼각형의 외각의 이등분선의 성질

본문 138쪽

1 (✎ $\overline{AC}$, 5, 80, 10) 2 14 3 12
4 20 5 $\frac{9}{2}$ 6 6 7 2
8 12 9 9 10 14 11 4
12 3 : 2 13 3 : 2 14 32 cm² 15 12 cm²
☺ $\overline{CD}$, b 16 ③

2 $9:6=21:x$이므로 $9x=126$
따라서 $x=14$

3 $12:8=18:x$이므로 $12x=144$
따라서 $x=12$

4 $16:12=x:15$이므로 $12x=240$
따라서 $x=20$

5 $6:x=(4+12):12$이므로 $16x=72$
따라서 $x=\frac{9}{2}$

6 $10:x=(9+6):9$이므로 $15x=90$
따라서 $x=6$

7 $5:4=(x+8):8$이므로 $4(x+8)=40$
$x+8=10$
따라서 $x=2$

8 $14:8=28:(28-x)$이므로 $7:4=28:(28-x)$
$7(28-x)=112$, $28-x=16$
따라서 $x=12$

9 $4:3=(3+x):x$이므로
$4x=3(3+x)$, $4x=9+3x$
따라서 $x=9$

10 $x:10=(6+15):15$이므로 $15x=210$
따라서 $x=14$

11 $6:3=(x+4):4$이므로 $2:1=(x+4):4$
$x+4=8$
따라서 $x=4$

12 $\overline{AB}:\overline{AC}=\overline{BD}:\overline{CD}$이므로 $\overline{BD}:\overline{CD}=12:8=3:2$

13 $\triangle ABD:\triangle ACD=\overline{BD}:\overline{CD}$이므로
$\triangle ABD:\triangle ACD=3:2$

14 $\triangle ABD:\triangle ACD=3:2$이므로
$48:\triangle ACD=3:2$, $3\triangle ACD=96$
따라서 $\triangle ACD=32(\text{cm}^2)$

15 $\triangle ABD:\triangle ACD=3:2$이므로
$\triangle ABD:8=3:2$, $2\triangle ABD=24$
따라서 $\triangle ABD=12(\text{cm}^2)$

16 $\overline{BC}=x$ cm라 하면 $\overline{AB}:\overline{AC}=\overline{BD}:\overline{CD}$이므로
$8:6=(x+12):12$
$6(x+12)=96$, $x+12=16$
따라서 $x=4$
$\triangle ABC:\triangle ACD=\overline{BC}:\overline{CD}=4:12=1:3$이므로
$10:\triangle ACD=1:3$
따라서 $\triangle ACD=30(\text{cm}^2)$

05 평행선 사이의 선분의 길이의 비

본문 140쪽

1 (9, 12, 9, 36, 4)　2 3　3 8
4 12　5 21　6 6
7 (10, 6, 6, 30, 5)　8 16　9 5
10 10　11 4　12 $x=9$, $y=12$
13 $x=8$, $y=4$　14 $x=9$, $y=12$
15 $x=4$, $y=6$　☺ d, e, f, d, e, f

2 $2:8=x:12$이므로 $8x=24$
따라서 $x=3$

3 $x:4=(9-3):3$이므로 $3x=24$
따라서 $x=8$

4 $9:(15-9)=x:8$이므로 $6x=72$
따라서 $x=12$

5 $4:10=6:(x-6)$이므로 $2:5=6:(x-6)$
$2(x-6)=30$, $x-6=15$
따라서 $x=21$

6 $8:12=x:(15-x)$이므로 $2:3=x:(15-x)$
$30-2x=3x$, $5x=30$
따라서 $x=6$

8 $8:3=x:6$이므로 $3x=48$
따라서 $x=16$

9 $x:20=4:16$이므로 $16x=80$
따라서 $x=5$

10 $5:4=x:(18-x)$이므로 $5(18-x)=4x$
$90-5x=4x$, $9x=90$
따라서 $x=10$

11 $(14-x):x=5:2$이므로
$5x=2(14-x)$, $5x=28-2x$
$7x=28$
따라서 $x=4$

12 $4:6=6:x$이므로 $4x=36$ 따라서 $x=9$
$4:6=8:y$이므로 $4y=48$ 따라서 $y=12$

13 $x:(14-x)=8:6$이므로 $x:(14-x)=4:3$
$3x=56-4x$, $7x=56$
따라서 $x=8$
$8:6=y:3$이므로 $6y=24$
따라서 $y=4$

14 $4:6=6:x$이므로 $4x=36$ 따라서 $x=9$
$6:y=9:18$이므로 $9y=108$ 따라서 $y=12$

15 $x:20=3:15$이므로 $15x=60$ 따라서 $x=4$
$15:y=20:8$이므로 $20y=120$ 따라서 $y=6$

06

본문 142쪽

사다리꼴에서 평행선과 선분의 길이의 비

1 (✎6, 6, 9, 9, 3, 3, 6, 9) 2 10
3 14 4 18 5 11 6 12
7 16 8 (✎8, 3, 8, 8, 6, 3, 6, 9)
9 17 10 10 11 13 12 13
13 17 ☺ 대각선

2 $\overline{GF}=\overline{HC}=\overline{AD}=7$, $\overline{BH}=14-7=7$이므로
$\triangle ABH$에서 $3:7=\overline{EG}:7$, 즉 $\overline{EG}=3$
따라서 $\overline{EF}=3+7=10$

3 $\overline{GF}=\overline{HC}=\overline{AD}=8$, $\overline{BH}=18-8=10$이므로
$\triangle ABH$에서 $3:5=\overline{EG}:10$, 즉 $\overline{EG}=6$
따라서 $\overline{EF}=6+8=14$

4 $\overline{GF}=\overline{HC}=\overline{AD}=13$, $\overline{BH}=20-13=7$이므로
$\triangle ABH$에서 $10:14=\overline{EG}:7$, 즉 $\overline{EG}=5$
따라서 $\overline{EF}=5+13=18$

5 $\overline{GF}=\overline{HC}=\overline{AD}=6$, $\overline{BH}=14-6=8$이므로
$\triangle ABH$에서 $5:8=\overline{EG}:8$, 즉 $\overline{EG}=5$
따라서 $\overline{EF}=\overline{EG}+\overline{GF}=5+6=11$

6 점 A에서 $\overline{DC}$와 평행한 직선을 그었을 때, $\overline{EF}$, $\overline{BC}$와 만나는 점을 각각 G, H라 하면

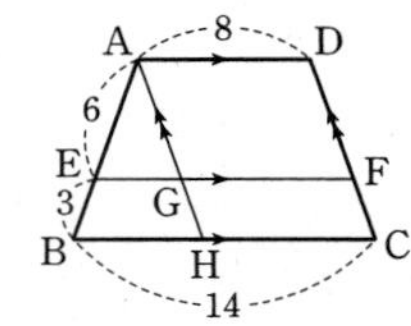

$\overline{GF}=\overline{HC}=\overline{AD}=8$,
$\overline{BH}=14-8=6$이므로 $\triangle ABH$에서
$6:9=\overline{EG}:6$, $\overline{EG}=4$
따라서 $\overline{EF}=4+8=12$

7 점 A에서 $\overline{DC}$와 평행한 직선을 그었을 때, $\overline{EF}$, $\overline{BC}$와 만나는 점을 각각 G, H라 하면

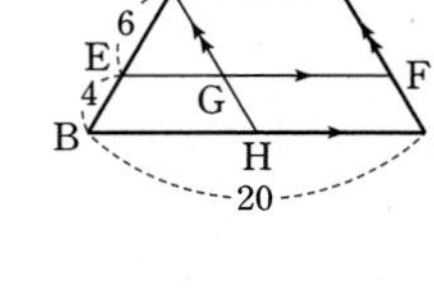

$\overline{GF}=\overline{HC}=\overline{AD}=10$,
$\overline{BH}=20-10=10$이므로 $\triangle ABH$에서
$6:10=\overline{EG}:10$, $\overline{EG}=6$
따라서 $\overline{EF}=6+10=16$

9 $\triangle ABC$에서 $8:12=\overline{EG}:18$이므로 $\overline{EG}=12$
$\triangle ACD$에서 $4:12=\overline{GF}:15$이므로 $\overline{GF}=5$
따라서 $\overline{EF}=12+5=17$

10 $\triangle ABC$에서 $3:7=\overline{EG}:14$이므로 $\overline{EG}=6$
$\triangle ACD$에서 $4:7=\overline{GF}:7$이므로 $\overline{GF}=4$
따라서 $\overline{EF}=6+4=10$

11 $\triangle ABC$에서 $9:15=\overline{EG}:15$이므로 $\overline{EG}=9$
$\triangle ACD$에서 $6:15=\overline{GF}:10$이므로 $\overline{GF}=4$
따라서 $\overline{EF}=9+4=13$

12 대각선 AC를 그어 $\overline{EF}$와 만나는 점을 G라 하면

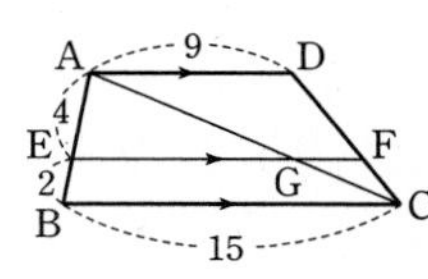

$\triangle ABC$에서 $4:6=\overline{EG}:15$이므로 $\overline{EG}=10$
$\triangle ACD$에서 $2:6=\overline{GF}:9$이므로 $\overline{GF}=3$
따라서 $\overline{EF}=10+3=13$

13 대각선 AC를 그어 $\overline{EF}$와 만나는 점을 G라 하면

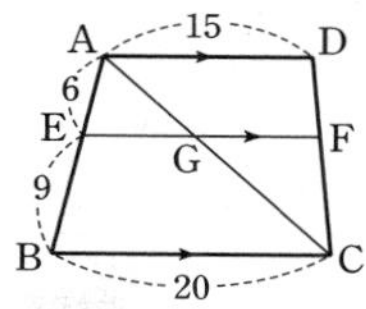

$\triangle$ABC에서 $6:15=\overline{EG}:20$이므로

$\overline{EG}=8$

$\triangle$ACD에서 $9:15=\overline{GF}:15$이므로 $\overline{GF}=9$

따라서 $\overline{EF}=8+9=17$

07 평행선과 선분의 길이의 비의 응용

본문 144쪽

1 (✎ $\overline{CD}$, 9, 2, 3, 9, 3, 6)	**2** $\frac{15}{2}$
3 (✎ $\overline{BE}$, $\overline{BE}$, 15, 3, 5, 15, 5, 6)	**4** 12

2 $\overline{CE}:\overline{CA}=\overline{EF}:\overline{AB}=3:5$이므로

$\overline{CE}:\overline{AE}=3:2$

$\overline{AB}:\overline{CD}=\overline{AE}:\overline{CE}$이므로

$5:x=2:3$ 따라서 $x=\frac{15}{2}$

4 $\overline{BE}:\overline{DE}=\overline{AB}:\overline{CD}=21:28=3:4$이므로

$\overline{BE}:\overline{BD}=3:7$

$\triangle$BCD에서 $x:28=3:7$이므로 $x=12$

TEST 6. 평행선과 선분의 길이의 비

본문 145쪽

1 ③	**2** ④	**3** ②, ⑤
4 8 cm	**5** ④	**6** 12

1 $10:5=8:x$에서 $x=4$

$10:15=y:12$에서 $y=8$

따라서 $x+y=4+8=12$

2 $6:15=4:x$에서 $x=10$

$6:15=y:5$에서 $y=2$

따라서 $x+y=10+2=12$

3 ① $5:10\neq6:11$이므로 $\overline{BC}$와 $\overline{DE}$는 평행하지 않다.

② $4:6=6:9$이므로 $\overline{BC}/\!/\overline{DE}$

③ $10:18\neq9:20$이므로 $\overline{BC}$와 $\overline{DE}$는 평행하지 않다.

④ $9:4\neq6:3$이므로 $\overline{BC}$와 $\overline{DE}$는 평행하지 않다.

⑤ $8:24=7:21$이므로 $\overline{BC}/\!/\overline{DE}$

따라서 $\overline{BC}/\!/\overline{DE}$인 것은 ②, ⑤이다.

4 $\overline{AC}:\overline{AB}=\overline{CD}:\overline{DB}$이므로 $\overline{AC}:6=12:9$

따라서 $\overline{AC}=8$ cm

5 대각선 AC를 그어 $\overline{EF}$와 만나는 점을 G라 하면

$\triangle$ABC에서 $3:5=\overline{EG}:20$이므로

$\overline{EG}=12$ cm

$\overline{GF}=16-12=4$(cm)이므로

$\triangle$ACD에서 $2:5=4:\overline{AD}$

따라서 $\overline{AD}=10$ cm

6 $\overline{BE}:\overline{DE}=\overline{AB}:\overline{CD}=12:15=4:5$이므로

$\overline{BE}:\overline{BD}=4:9$

$\overline{BF}:\overline{BC}=\overline{BE}:\overline{BD}$이므로 $x:27=4:9$

따라서 $x=12$

7 삼각형의 닮음의 활용

01 삼각형에서 두 변의 중점을 연결한 선분의 성질(1)

본문 148쪽

1 (✎ $\overline{BC}$, 16, 8)　2 12　3 7
4 8　5 (✎ $\overline{MN}$, 5, 10, 10, 8)
6 3　7 5　8 9　9 $x=4$, $y=50$
10 $x=18$, $y=40$　☺ $/\!/$, $\frac{1}{2}$
11 (✎ $\overline{MN}$, 6, 12, $\overline{BC}$, 12, 6)　12 7
13 2　14 1

2 $\overline{BC}=2\overline{MN}$이므로 $x=2\times6=12$

3 $\overline{MN}=\frac{1}{2}\overline{BC}$이므로 $x=\frac{1}{2}\times14=7$

4 $\overline{BC}=2\overline{MN}$이므로 $x=2\times4=8$

6 $\overline{MN}=\frac{1}{2}\overline{BC}$이므로 $\overline{MN}=\frac{1}{2}\times14=7$
따라서 $\overline{PN}=\overline{MN}-\overline{MP}$이므로 $x=7-4=3$

7 $\overline{MN}=\frac{1}{2}\overline{BC}$이므로 $\overline{MN}=\frac{1}{2}\times20=10$
따라서 $\overline{MP}=\overline{MN}-\overline{PN}$이므로 $x=10-5=5$

8 $\overline{BC}=2\overline{MN}$이므로 $\overline{BC}=2\times6=12$
따라서 $\overline{BQ}=\overline{BC}-\overline{QC}$이므로 $x=12-3=9$

9 $\overline{MN}=\frac{1}{2}\overline{BC}$이므로 $x=\frac{1}{2}\times8=4$
$\overline{MN}/\!/\overline{BC}$이므로 $\angle AMN=\angle ABC=50^\circ$ (동위각)
따라서 $y=50$

10 $\overline{BC}=2\overline{MN}$이므로 $x=2\times9=18$
$\overline{MN}/\!/\overline{BC}$이므로 $\angle MNA=\angle BCA=40^\circ$ (동위각)
따라서 $y=40$

12 $\triangle DBC$에서 $\overline{BC}=2\overline{PQ}$이므로 $\overline{BC}=2\times7=14$
$\triangle ABC$에서 $\overline{MN}=\frac{1}{2}\overline{BC}$이므로 $x=\frac{1}{2}\times14=7$

13 $\triangle DBC$에서 $\overline{BC}=2\overline{PQ}$이므로 $\overline{BC}=2\times9=18$
$\triangle ABC$에서 $\overline{MN}=\frac{1}{2}\overline{BC}$이므로 $\overline{MN}=\frac{1}{2}\times18=9$
따라서 $x=\overline{MN}-\overline{MR}=9-7=2$

14 $\triangle ABC$에서 $\overline{BC}=2\overline{MN}$이므로 $\overline{BC}=2\times5=10$
$\triangle DBC$에서 $\overline{PQ}=\frac{1}{2}\overline{BC}$이므로 $\overline{PQ}=\frac{1}{2}\times10=5$
따라서 $x=\overline{PQ}-\overline{RQ}=5-4=1$

02 삼각형에서 두 변의 중점을 연결한 선분의 성질(2)

본문 150쪽

1 (✎ $\overline{NC}$, 4)　2 6　3 9
4 16　5 10　6 14　☺ $=$, $\frac{1}{2}$
7 (✎ 7, 7, 14, 14, 7)　8 3　9 5
10 9　11 (✎ 5, 4, 2, 5, 2, 3)　12 3
13 4　14 2

2 $\overline{AM}=\overline{MB}$, $\overline{MN}/\!/\overline{BC}$이므로 $\overline{AN}=\overline{NC}$
따라서 $x=\frac{1}{2}\overline{AC}=\frac{1}{2}\times12=6$

3 $\overline{AM}=\overline{MB}$, $\overline{MN}/\!/\overline{BC}$이므로 $\overline{AN}=\overline{NC}$
따라서 $x=\frac{1}{2}\overline{AC}=\frac{1}{2}\times18=9$

4 $\overline{AM}=\overline{MB}$, $\overline{MN}/\!/\overline{BC}$이므로 $\overline{AN}=\overline{NC}$, $\overline{BC}=2\overline{MN}$
따라서 $x=2\times8=16$

5 $\overline{AM}=\overline{MB}$, $\overline{MN}/\!/\overline{BC}$이므로 $\overline{AN}=\overline{NC}$, $\overline{MN}=\frac{1}{2}\overline{BC}$
따라서 $x=\frac{1}{2}\times20=10$

6 $\overline{AM}=\overline{MB}$, $\overline{MN}/\!/\overline{BC}$이므로 $\overline{AN}=\overline{NC}$, $\overline{BC}=2\overline{MN}$
따라서 $x=2\times7=14$

8 □DBFE는 평행사변형이므로 $\overline{BF}=\overline{DE}=3$
$\overline{BC}=2\overline{DE}=2\times3=6$
따라서 $x=\overline{BC}-\overline{BF}=6-3=3$

9 □DBFE는 평행사변형이므로 $\overline{BF}=\overline{DE}=x$
$\overline{BC}=2\overline{DE}=2x$이고 $\overline{BC}=\overline{BF}+\overline{FC}$이므로

$2x=x+5$
따라서 $x=5$

10 □DBFE는 평행사변형이므로 $\overline{BF}=\overline{DE}=x$
$\overline{BC}=2\overline{DE}=2x$이고 $\overline{BC}=\overline{BF}+\overline{FC}$이므로
$2x=x+9$
따라서 $x=9$

12 △ABC에서 $\overline{PM}=\frac{1}{2}\overline{BC}=\frac{1}{2}\times 12=6$
△ABD에서 $\overline{PN}=\frac{1}{2}\overline{AD}=\frac{1}{2}\times 18=9$
따라서 $x=\overline{PN}-\overline{PM}=9-6=3$

13 △ABC에서 $\overline{PM}=\frac{1}{2}\overline{BC}=\frac{1}{2}\times 14=7$
△ABD에서 $\overline{PN}=\frac{1}{2}\overline{AD}=\frac{1}{2}\times 6=3$
따라서 $x=\overline{PM}-\overline{PN}=7-3=4$

14 △ABC에서 $\overline{PM}=\frac{1}{2}\overline{BC}=\frac{1}{2}\times 8=4$
△ABD에서 $\overline{PN}=\frac{1}{2}\overline{AD}=\frac{1}{2}\times 12=6$
따라서 $x=\overline{PN}-\overline{PM}=6-4=2$

03
본문 152쪽

삼각형에서 두 변의 중점을 연결한 선분의 성질의 활용(1)

1 (✎ 5, 3, 4, 12) 2 11
3 13 4 29 5 20 ☺ △ABC
6 (✎ 6, 8, 6, 8, 28) 7 18 8 40
9 16 10 24 ☺ $\overline{AC}$ 11 ②

2 (△DEF의 둘레의 길이)$=\frac{1}{2}(\overline{AB}+\overline{BC}+\overline{AC})$
$=\frac{1}{2}\times(9+8+5)=11$

3 (△DEF의 둘레의 길이)$=\frac{1}{2}(\overline{AB}+\overline{BC}+\overline{AC})$
$=\frac{1}{2}\times(10+9+7)=13$

4 (△DEF의 둘레의 길이)$=\frac{1}{2}(\overline{AB}+\overline{BC}+\overline{AC})$
$=\frac{1}{2}\times(12+26+20)=29$

5 (△DEF의 둘레의 길이)$=\frac{1}{2}(\overline{AB}+\overline{BC}+\overline{AC})$
$=\frac{1}{2}\times(11+16+13)=20$

7 △ABC, △ACD에서 $\overline{EF}=\overline{HG}=\frac{1}{2}\overline{AC}$
△ABD, △BCD에서 $\overline{EH}=\overline{FG}=\frac{1}{2}\overline{BD}$이므로
(□EFGH의 둘레의 길이)$=\overline{AC}+\overline{BD}=8+10=18$

8 △ABC, △ACD에서 $\overline{EF}=\overline{HG}=\frac{1}{2}\overline{AC}$
△ABD, △BCD에서 $\overline{EH}=\overline{FG}=\frac{1}{2}\overline{BD}$이므로
(□EFGH의 둘레의 길이)$=\overline{AC}+\overline{BD}=22+18=40$

9 $\overline{BD}$를 그으면 $\overline{EF}=\overline{HG}=\frac{1}{2}\overline{AC}$, $\overline{EH}=\overline{FG}=\frac{1}{2}\overline{BD}$
$\overline{AC}=\overline{BD}$이므로
(□EFGH의 둘레의 길이)$=\overline{AC}+\overline{BD}=2\overline{AC}$
$=2\times 8=16$

10 $\overline{BD}$를 그으면 $\overline{EF}=\overline{HG}=\frac{1}{2}\overline{AC}$, $\overline{EH}=\overline{FG}=\frac{1}{2}\overline{BD}$
$\overline{AC}=\overline{BD}$이므로
(□EFGH의 둘레의 길이)$=\overline{AC}+\overline{BD}=2\overline{AC}$
$=2\times 12=24$

11 △ABC, △ACD에서
$\overline{EF}=\overline{HG}=\frac{1}{2}\overline{AC}=\frac{1}{2}\times 6=3(\text{cm})$
△ABD, △BCD에서
$\overline{FG}=\overline{EH}=\frac{1}{2}\overline{BD}=\frac{1}{2}\times 10=5(\text{cm})$
이때 □EFGH는 직사각형이므로 그 넓이는
$\overline{EF}\times\overline{FG}=3\times 5=15(\text{cm}^2)$

04
본문 154쪽

삼각형에서 두 변의 중점을 연결한 선분의 성질의 활용(2)

1 (✎ $\overline{EF}$, 3, 6, $\overline{DG}$, 6, 12, 12, 9) 2 12
3 6 4 15 5 24
6 (✎ $\overline{BF}$, 16, 8, $\overline{DE}$, 8, 4, 4, 12)
7 9 8 6 9 15
10 (✎ $\overline{BC}$, 10, 5, $\overline{DG}$, DGC, CDG, $\overline{EF}$, 5)
11 21 12 6 13 9

2 $\triangle$ADG에서 $\overline{DG}=2\overline{EF}=2\times4=8$
$\triangle$BCF에서 $\overline{BF}=2\overline{DG}=2\times8=16$
따라서 $x=\overline{BF}-\overline{EF}=16-4=12$

3 $\triangle$BCF에서 $\overline{DG}=\frac{1}{2}\overline{BF}=\frac{1}{2}\times8=4$
$\triangle$ADG에서 $\overline{EF}=\frac{1}{2}\overline{DG}=\frac{1}{2}\times4=2$
따라서 $x=\overline{BF}-\overline{EF}=8-2=6$

4 $\triangle$ADG에서 $\overline{EF}=\frac{1}{2}\overline{DG}=\frac{1}{2}\times10=5$
$\triangle$BCF에서 $\overline{BF}=2\overline{DG}=2\times10=20$
따라서 $x=\overline{BF}-\overline{EF}=20-5=15$

5 $\triangle$ADG에서 $\overline{EF}=\frac{1}{2}\overline{DG}=\frac{1}{2}\times16=8$
$\triangle$BCF에서 $\overline{BF}=2\overline{DG}=2\times16=32$
따라서 $x=\overline{BF}-\overline{EF}=32-8=24$

7 $\triangle$CED에서 $\overline{PF}=\frac{1}{2}\overline{DE}=\frac{1}{2}\times6=3$
$\triangle$ABF에서 $\overline{BF}=2\overline{DE}=2\times6=12$
따라서 $x=\overline{BF}-\overline{PF}=12-3=9$

8 $\triangle$CED에서 $\overline{DE}=2\overline{PF}=2\times2=4$
$\triangle$ABF에서 $\overline{BF}=2\overline{DE}=2\times4=8$
따라서 $x=\overline{BF}-\overline{PF}=8-2=6$

9 $\triangle$ABF에서 $\overline{DE}=\frac{1}{2}\overline{BF}=\frac{1}{2}\times20=10$
$\triangle$CED에서 $\overline{PF}=\frac{1}{2}\overline{DE}=\frac{1}{2}\times10=5$
따라서 $x=\overline{BF}-\overline{PF}=20-5=15$

11 $\triangle$ABC에서 $\overline{BC}=2\overline{EF}=2\times7=14$
$\triangle EGF\equiv\triangle DGC$ (ASA 합동)이므로 $\overline{CD}=\overline{EF}=7$
따라서 $x=\overline{BC}+\overline{CD}=14+7=21$

12 $\triangle$ABC에서 $\overline{BC}=2\overline{EF}=2x$
$\triangle EGF\equiv\triangle DGC$ (ASA 합동)이므로 $\overline{CD}=\overline{EF}=x$
이때 $\overline{BD}=\overline{BC}+\overline{CD}$이므로 $18=2x+x$, $3x=18$
따라서 $x=6$

13 $\triangle EGF\equiv\triangle DGC$ (ASA 합동)이므로 $\overline{FG}=\overline{CG}=3$
즉 $\overline{FC}=3+3=6$
$\triangle$ABC에서 $\overline{AF}=\overline{FC}=6$
따라서 $x=\overline{AF}+\overline{FG}=6+3=9$

05 사다리꼴에서 두 변의 중점을 연결한 선분의 성질

본문 156쪽

1 (✎ $\overline{BC}$, 12, 6, $\overline{AD}$, 8, 4, 6, 4, 10)

2 8	3 10	4 10	5 8
6 10	7 26	8 16	☺ b, a, a, b

9 (1) (✎ $\overline{BC}$, 18, 9) (2) (✎ $\overline{AD}$, 12, 6)
(3) (✎ 9, 6, 3)

10 (1) 10 (2) 5 (3) 5	11 4	12 1	
13 3	14 4	15 8	16 6
17 16	18 14	☺ b, a, b, a	

2 $\triangle$ABC에서 $\overline{MP}=\frac{1}{2}\overline{BC}=\frac{1}{2}\times10=5$
$\triangle$ACD에서 $\overline{PN}=\frac{1}{2}\overline{AD}=\frac{1}{2}\times6=3$
따라서 $x=\overline{MP}+\overline{PN}=5+3=8$

3 $\triangle$ABC에서 $\overline{MP}=\frac{1}{2}\overline{BC}=\frac{1}{2}\times20=10$
$\overline{PN}=\overline{MN}-\overline{MP}=15-10=5$
따라서 $\triangle$ACD에서 $x=2\overline{PN}=2\times5=10$

4 $\triangle$ACD에서 $\overline{PN}=\frac{1}{2}\overline{AD}=\frac{1}{2}\times6=3$
$\overline{MP}=\overline{MN}-\overline{PN}=8-3=5$
따라서 $\triangle$ABC에서 $x=2\overline{MP}=2\times5=10$

5 대각선 AC를 그어 $\overline{MN}$과 만나는 점을 P라 하면

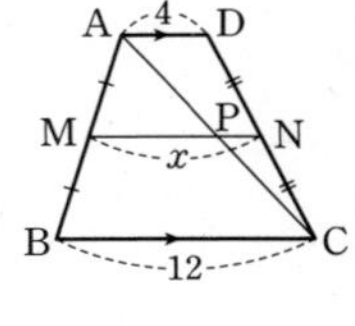

$\triangle$ABC에서 $\overline{MP}=\frac{1}{2}\overline{BC}=\frac{1}{2}\times12=6$
$\triangle$ACD에서 $\overline{PN}=\frac{1}{2}\overline{AD}=\frac{1}{2}\times4=2$
따라서 $x=\overline{MP}+\overline{PN}=6+2=8$

6 대각선 AC를 그어 $\overline{MN}$과 만나는 점을 P라 하면

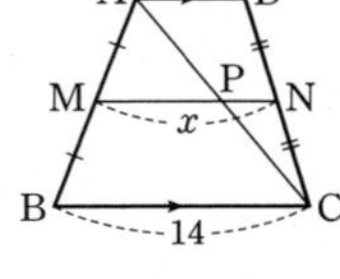

$\triangle$ABC에서 $\overline{MP}=\frac{1}{2}\overline{BC}=\frac{1}{2}\times14=7$
$\triangle$ACD에서 $\overline{PN}=\frac{1}{2}\overline{AD}=\frac{1}{2}\times6=3$
따라서 $x=\overline{MP}+\overline{PN}=7+3=10$

7 대각선 AC를 그어 $\overline{MN}$과 만나는 점을 P라 하면

△ACD에서

$\overline{PN}=\frac{1}{2}\overline{AD}=\frac{1}{2}\times 12=6$

$\overline{MP}=\overline{MN}-\overline{PN}=19-6=13$

따라서 △ABC에서 $x=2\overline{MP}=2\times 13=26$

8 대각선 AC를 그어 $\overline{MN}$과 만나는 점을 P라 하면

△ABC에서

$\overline{MP}=\frac{1}{2}\overline{BC}=\frac{1}{2}\times 24=12$

$\overline{PN}=\overline{MN}-\overline{MP}=20-12=8$

따라서 △ACD에서 $x=2\overline{PN}=2\times 8=16$

10 (1) △ABC에서 $\overline{MQ}=\frac{1}{2}\overline{BC}=\frac{1}{2}\times 20=10$

(2) △ABD에서 $\overline{MP}=\frac{1}{2}\overline{AD}=\frac{1}{2}\times 10=5$

(3) $\overline{PQ}=\overline{MQ}-\overline{MP}=10-5=5$

11 △ABC에서 $\overline{MQ}=\frac{1}{2}\overline{BC}=\frac{1}{2}\times 22=11$

△ABD에서 $\overline{MP}=\frac{1}{2}\overline{AD}=\frac{1}{2}\times 14=7$

따라서 $x=\overline{MQ}-\overline{MP}=11-7=4$

12 △ABC에서 $\overline{MQ}=\frac{1}{2}\overline{BC}=\frac{1}{2}\times 6=3$

△ABD에서 $\overline{MP}=\frac{1}{2}\overline{AD}=\frac{1}{2}\times 4=2$

따라서 $x=\overline{MQ}-\overline{MP}=3-2=1$

13 △ABC에서 $\overline{MQ}=\frac{1}{2}\overline{BC}=\frac{1}{2}\times 14=7$

△ABD에서 $\overline{MP}=\frac{1}{2}\overline{AD}=\frac{1}{2}\times 8=4$

따라서 $x=\overline{MQ}-\overline{MP}=7-4=3$

14 △ABC에서 $\overline{MQ}=\frac{1}{2}\overline{BC}=\frac{1}{2}\times 18=9$

△ABD에서 $\overline{MP}=\frac{1}{2}\overline{AD}=\frac{1}{2}\times 10=5$

따라서 $x=\overline{MQ}-\overline{MP}=9-5=4$

15 △ABC에서 $\overline{MQ}=\frac{1}{2}\overline{BC}=\frac{1}{2}\times 12=6$

$\overline{MP}=\overline{MQ}-\overline{PQ}=6-2=4$

△ABD에서 $x=2\overline{MP}=2\times 4=8$

16 △ABC에서 $\overline{MQ}=\frac{1}{2}\overline{BC}=\frac{1}{2}\times 16=8$

$\overline{MP}=\overline{MQ}-\overline{PQ}=8-5=3$

△ABD에서 $x=2\overline{MP}=2\times 3=6$

17 △ABD에서 $\overline{MP}=\frac{1}{2}\overline{AD}=\frac{1}{2}\times 10=5$

$\overline{MQ}=\overline{MP}+\overline{PQ}=5+3=8$

△ABC에서 $x=2\overline{MQ}=2\times 8=16$

18 △ABD에서 $\overline{MQ}=\frac{1}{2}\overline{AD}=\frac{1}{2}\times 18=9$

$\overline{MP}=\overline{MQ}-\overline{PQ}=9-2=7$

△ABC에서 $x=2\overline{MP}=2\times 7=14$

TEST 7. 삼각형의 닮음의 활용

본문 159쪽

1 ③	**2** 11	**3** ①
4 ③	**5** 3 cm	**6** ②

1 △ABC에서 $\overline{BC}=2\overline{MN}=2\times 9=18(\text{cm})$

△DBC에서 $\overline{PQ}=\frac{1}{2}\overline{BC}=\frac{1}{2}\times 18=9(\text{cm})$

따라서 $\overline{PR}=\overline{PQ}-\overline{RQ}=9-6=3(\text{cm})$

2 △ABC에서 $\overline{BC}=2\overline{MN}=2\times 4=8$

이므로 $x=8$

$\overline{AN}=\overline{NC}$이므로 $y=\frac{1}{2}\overline{AC}=\frac{1}{2}\times 6=3$

따라서 $x+y=8+3=11$

3 두 점 D, E는 각각 $\overline{AB}$, $\overline{BC}$의 중점이므로

$\overline{DE}/\!/\overline{AC}$ (③)

$\overline{DE}=\frac{1}{2}\overline{AC}$, 즉 $\overline{DE}=\overline{AF}$ (②)

이때 $\overline{DE}/\!/\overline{AC}$이므로 ∠DEB=∠C (동위각) (④)

△ADF와 △DBE에서 $\overline{AD}=\overline{DB}$, $\overline{AF}=\overline{DE}$이고

두 점 D, F는 각각 $\overline{AB}$, $\overline{AC}$의 중점이므로

$\overline{DF}=\frac{1}{2}\overline{BC}$, 즉 $\overline{DF}=\overline{BE}$

따라서 △ADF≡△DBE (SSS 합동) (⑤)

그러므로 옳지 않은 것은 ①이다.

4 $\triangle$ABF에서 $\overline{BF}=2\overline{DE}=2\times 8=16(\text{cm})$

$\triangle$CED에서 $\overline{GF}=\frac{1}{2}\overline{DE}=\frac{1}{2}\times 8=4(\text{cm})$

따라서 $\overline{BG}=\overline{BF}-\overline{GF}=16-4=12(\text{cm})$

5 $\triangle$ABC에서 $\overline{EF}=\frac{1}{2}\overline{BC}=\frac{1}{2}\times 6=3(\text{cm})$

$\triangle EGF\equiv\triangle DGC$ (ASA 합동)이므로

$\overline{CD}=\overline{EF}=3\text{ cm}$

6 $\triangle$ABD에서 $\overline{MP}=\frac{1}{2}\overline{AD}=\frac{1}{2}\times 6=3(\text{cm})$

즉 $\overline{PQ}=\overline{MP}=3\text{ cm}$이므로

$\overline{MQ}=\overline{MP}+\overline{PQ}=3+3=6(\text{cm})$

$\triangle$ABC에서 $\overline{BC}=2\overline{MQ}=2\times 6=12(\text{cm})$

8 삼각형의 무게중심과 닮음의 활용

01 삼각형의 중선

본문 162쪽

원리확인

❶ $\frac{1}{2}$, $\frac{1}{2}$, 5 ❷ 2, 2, 12

❸ $\frac{1}{2}$, $\frac{1}{2}$, 10 ❹ 2, 2, 18

1 12 cm^2 2 12 cm^2

3 ($\frac{1}{2}$, $\frac{1}{2}$, 12, $\frac{1}{2}$, $\frac{1}{2}$, 12, 6)

4 6 cm^2 5 36 cm^2 6 40 cm^2

7 (2, 2, 4, 4, 28) 8 40 cm^2 9 20 cm^2

10 44 cm^2 11 16 cm^2 12 52 cm^2 ☺ ADC, ABC

1 $\triangle ADC=\frac{1}{2}\triangle ABC=\frac{1}{2}\times 24=12(\text{cm}^2)$

2 $\triangle ABD=\frac{1}{2}\triangle ABC=\frac{1}{2}\times 24=12(\text{cm}^2)$

4 $\triangle ABD=\frac{1}{2}\triangle ABC=\frac{1}{2}\times 24=12(\text{cm}^2)$

따라서 $\triangle ABE=\frac{1}{2}\triangle ABD=\frac{1}{2}\times 12=6(\text{cm}^2)$

5 $\triangle ABC=2\triangle ABD=2\times 18=36(\text{cm}^2)$

6 $\triangle ABC=2\triangle ADC=2\times 20=40(\text{cm}^2)$

8 $\triangle ABC=2\triangle ABD=2\times 2\triangle ABE=4\triangle ABE$
$=4\times 10=40(\text{cm}^2)$

9 $\triangle ABC=2\triangle ABE=2\times 2\triangle BDE=4\triangle BDE$
$=4\times 5=20(\text{cm}^2)$

10 $\triangle ABC=2\triangle ADC=2\times 2\triangle EDC=4\triangle EDC$
$=4\times 11=44(\text{cm}^2)$

11 $\triangle ABC=2\triangle ADC=2\times 2\triangle ADE=4\triangle ADE$
$=4\times 4=16(\text{cm}^2)$

12 $\triangle ABC=2\triangle DBC=2\times 2\triangle DBE=4\triangle DBE$
$=4\times 13=52(\text{cm}^2)$

02 삼각형의 무게중심

본문 164쪽

1 5　2 6　3 7　4 12
5 7　6 (✎2, 2, 2, 6)　7 8
8 $\left(✎3, \frac{1}{3}, \frac{1}{3}, 5\right)$　9 7　10 18
11 (✎15, 15, 5)　12 2　13 3
14 6　15 24　16 $x=5$, $y=4$
17 $x=12$, $y=12$　18 $x=8$, $y=10$
19 $\left(✎3, \frac{1}{3}, \frac{1}{3}, 3, 3, \frac{1}{3}, \frac{1}{3}, 3, 1\right)$　20 6
21 4　22 54
23 $\left(✎\overline{CE}, \overline{EF}, 9, 18, \frac{2}{3}, \frac{2}{3}, 18, 12\right)$
24 9　25 8　26 6　☺ $\overline{AD}$, 2, 3
27 (✎3, 6, 9)　28 5　29 8
30 10　☺ 2, 1, 2, 3

1 $x=\frac{1}{2}\overline{BC}=\frac{1}{2}\times10=5$

2 $x=2\overline{BD}=2\times3=6$

3 $x=\frac{1}{2}\overline{AC}=\frac{1}{2}\times14=7$

4 $x=2\overline{BD}=2\times6=12$

5 $x=\overline{BD}=7$

7 점 G가 △ABC의 무게중심이므로
$\overline{BG}:\overline{GD}=2:1$, $\overline{GD}=\frac{1}{2}\overline{BG}=\frac{1}{2}\times16=8$

9 점 G가 △ABC의 무게중심이므로
$\overline{BD}:\overline{GD}=3:1$, $\overline{GD}=\frac{1}{3}\overline{BD}$
따라서 $x=\frac{1}{3}\times21=7$

10 점 G가 △ABC의 무게중심이므로
$\overline{AD}:\overline{GD}=3:1$, $\overline{AD}=3\overline{GD}$
따라서 $x=3\times6=18$

12 $\overline{CD}=\overline{AD}=\overline{BD}=\frac{1}{2}\overline{AC}=\frac{1}{2}\times6=3$이므로
$\overline{BD}:\overline{BG}=3:2$
따라서 $x=\overline{BG}=\frac{2}{3}\overline{BD}=\frac{2}{3}\times3=2$

13 $\overline{CD}=\overline{BD}=\overline{AD}=\frac{1}{2}\overline{BC}=\frac{1}{2}\times18=9$이므로
$\overline{AD}:\overline{GD}=3:1$
따라서 $x=\overline{GD}=\frac{1}{3}\overline{AD}=\frac{1}{3}\times9=3$

14 $\overline{BG}:\overline{BD}=2:3$, $\overline{BD}=\frac{3}{2}\overline{BG}=\frac{3}{2}\times4=6$
$\overline{CD}=\overline{AD}=\overline{BD}$이므로 $x=6$

15 $\overline{BG}:\overline{BD}=2:3$, $\overline{BD}=\frac{3}{2}\overline{BG}=\frac{3}{2}\times8=12$
$\overline{CD}=\overline{AD}=\overline{BD}$이므로 $x=2\overline{BD}=2\times12=24$

16 $x=\frac{1}{2}\overline{BC}=\frac{1}{2}\times10=5$
$\overline{AG}:\overline{GD}=2:1$이므로 $y=2\overline{GD}=2\times2=4$

17 $\overline{BG}:\overline{BD}=2:3$이므로 $x=\frac{3}{2}\overline{BG}=\frac{3}{2}\times8=12$
$y=2\overline{AD}=2\times6=12$

18 $\overline{DG}:\overline{DC}=1:3$이므로 $x=\frac{1}{3}\overline{DC}=\frac{1}{3}\times24=8$
$y=\overline{BD}=10$

20 점 G가 △ABC의 무게중심이므로 $\overline{AD}:\overline{GD}=3:1$
$\overline{GD}=\frac{1}{3}\overline{AD}=\frac{1}{3}\times27=9$
점 G′이 △BCG의 무게중심이므로 $\overline{GG'}:\overline{GD}=2:3$
따라서 $x=\frac{2}{3}\overline{GD}=\frac{2}{3}\times9=6$

21 점 G가 △ABC의 무게중심이므로 $\overline{AG}:\overline{GD}=2:1$
$\overline{GD}=\frac{1}{2}\overline{AG}=\frac{1}{2}\times24=12$
점 G′이 △BCG의 무게중심이므로 $\overline{GD}:\overline{G'D}=3:1$
따라서 $x=\frac{1}{3}\overline{GD}=\frac{1}{3}\times12=4$

22 점 G′이 △BCG의 무게중심이므로 $\overline{GG'}:\overline{GD}=2:3$
$\overline{GD}=\frac{3}{2}\overline{GG'}=\frac{3}{2}\times12=18$
점 G가 △ABC의 무게중심이므로 $\overline{AD}:\overline{GD}=3:1$
따라서 $x=3\overline{GD}=3\times18=54$

24 점 G가 △ABC의 무게중심이므로 $\overline{CD}=3\times6=18$

$\triangle DBC$에서 $\overline{BF}=\overline{CF}$, $\overline{DC}/\!/\overline{EF}$이므로

$x=\frac{1}{2}\overline{DC}=\frac{1}{2}\times 18=9$

25 점 G가 $\triangle ABC$의 무게중심이므로 $\overline{AD}=\overline{BD}$

$\triangle ABF$에서 $\overline{DE}/\!/\overline{AF}$이므로 $\overline{AF}=2\overline{DE}=2\times 12=24$

따라서 $x=\frac{1}{3}\overline{AF}=\frac{1}{3}\times 24=8$

26 점 G가 $\triangle ABC$의 무게중심이므로

$\overline{BE}=\frac{3}{2}\overline{BG}=\frac{3}{2}\times 8=12$

$\triangle EBC$에서 $\overline{BD}=\overline{CD}$, $\overline{BE}/\!/\overline{DF}$이므로

$x=\frac{1}{2}\overline{BE}=\frac{1}{2}\times 12=6$

28 $\triangle AEG \backsim \triangle ABD$ (AA 닮음)이므로

$\overline{AG}:\overline{GD}=\overline{AE}:\overline{EB}$, 즉 $2:1=10:x$

따라서 $x=5$

29 $\triangle AEG \backsim \triangle ABD$ (AA 닮음)이므로

$\overline{AG}:\overline{AD}=\overline{EG}:\overline{BD}$, 즉 $2:3=x:12$

따라서 $x=8$

30 $\overline{BD}=\frac{1}{2}\overline{BC}=\frac{1}{2}\times 30=15$

$\triangle AEG \backsim \triangle ABD$ (AA 닮음)이므로

$\overline{AG}:\overline{AD}=\overline{EG}:\overline{BD}$, 즉 $2:3=x:15$

따라서 $x=10$

03 삼각형의 무게중심과 넓이

본문 168쪽

1 $\left(✐\frac{1}{6}, \frac{1}{6}, 4\right)$ 2 4 cm^2 3 8 cm^2

4 8 cm^2 5 8 cm^2 6 (✐6, 6, 48)

7 42 cm^2 8 54 cm^2 9 30 cm^2 10 45 cm^2

11 39 cm^2 ☺ ④, ⑥, $\frac{1}{3}$, $\frac{1}{6}$ 12 ③

2 $\triangle BGF=\frac{1}{6}\triangle ABC=\frac{1}{6}\times 24=4(\text{cm}^2)$

3 $\triangle ABG=\frac{1}{3}\triangle ABC=\frac{1}{3}\times 24=8(\text{cm}^2)$

4 $\triangle DCG=\triangle GCE=\frac{1}{6}\triangle ABC=\frac{1}{6}\times 24=4(\text{cm}^2)$이므로

색칠한 부분의 넓이는

$\triangle DCG+\triangle GCE=4+4=8(\text{cm}^2)$

5 $\triangle AFG=\triangle DCG=\frac{1}{6}\triangle ABC=\frac{1}{6}\times 24=4(\text{cm}^2)$이므로

색칠한 부분의 넓이는

$\triangle AFG+\triangle DCG=4+4=8(\text{cm}^2)$

7 $\triangle ABC=6\triangle GCE=6\times 7=42(\text{cm}^2)$

8 $\triangle ABC=6\triangle BGF=6\times 9=54(\text{cm}^2)$

9 $\triangle ABC=3\triangle AGC=3\times 10=30(\text{cm}^2)$

10 $\triangle ABC=3\triangle BCG=3\times 15=45(\text{cm}^2)$

11 $\triangle ABC=3\triangle ABG=3\times 13=39(\text{cm}^2)$

12 (색칠한 부분의 넓이)

$=\triangle AEG+\triangle AGF=\frac{1}{2}\triangle ABG+\frac{1}{2}\triangle AGC$

$=\frac{1}{2}\times\frac{1}{3}\triangle ABC+\frac{1}{2}\times\frac{1}{3}\triangle ABC$

$=\frac{1}{6}\triangle ABC+\frac{1}{6}\triangle ABC$

$=\frac{1}{3}\times\triangle ABC=\frac{1}{3}\times 33=11(\text{cm}^2)$

04 평행사변형에서 삼각형의 무게중심의 활용

본문 170쪽

1 (1) (✐24, 12) (2) (✐$\overline{DO}$, 12, 8)

(3) (✐$\overline{DO}$, 12, 4, 4, 8)

2 (1) 15 cm (2) 10 cm (3) 10 cm 3 6

4 8 5 9 6 15 7 10

8 12 9 28 10 16 ☺ $\frac{1}{3}$, $\frac{1}{6}$

11 2, 6, 24, 4 12 2, 6, 24, 4

13 6, 6, 12, 2 14 2, 2, 2, 2, 12

15 2, 2, 2, 8, 3 16 6, 6, 12, 10

17 12 cm^2 18 3 cm^2 19 3 cm^2 20 $\frac{27}{2}\text{ cm}^2$

21 12 cm^2 22 $\frac{27}{2}\text{ cm}^2$ 23 12 cm^2 24 $\frac{15}{2}\text{ cm}^2$

☺ 2, 6, 3

2 (1) $\overline{BO}=\frac{1}{2}\overline{BD}=\frac{1}{2}\times30=15(\text{cm})$

(2) 점 P는 △ABC의 무게중심이므로

$\overline{BP}=\frac{2}{3}\overline{BO}=\frac{2}{3}\times15=10(\text{cm})$

(3) $\overline{PO}=\frac{1}{3}\overline{BO}=\frac{1}{3}\times15=5(\text{cm})$

$\overline{QO}=\overline{PO}$이므로 $\overline{PQ}=2\overline{PO}=2\times5=10(\text{cm})$

3 $\overline{DO}=\frac{1}{2}\overline{BD}=\frac{1}{2}\times18=9(\text{cm})$이므로

$\overline{DQ}=\frac{2}{3}\overline{DO}=\frac{2}{3}\times9=6(\text{cm})$

따라서 $x=6$

4 $\overline{BO}=\frac{1}{2}\overline{BD}=\frac{1}{2}\times24=12(\text{cm})$이므로

$\overline{BP}=\frac{2}{3}\overline{BO}=\frac{2}{3}\times12=8(\text{cm})$

따라서 $x=8$

5 $\overline{QO}=\frac{1}{2}\overline{PQ}=\frac{1}{2}\times6=3(\text{cm})$이므로

$\overline{DO}=3\overline{QO}=3\times3=9(\text{cm})$

따라서 $x=9$

6 $\overline{PO}=\frac{1}{2}\overline{PQ}=\frac{1}{2}\times10=5(\text{cm})$이므로

$\overline{BO}=3\overline{PO}=3\times5=15(\text{cm})$

따라서 $x=15$

7 $\overline{PO}=\frac{1}{3}\overline{BO}=\frac{1}{3}\times15=5(\text{cm})$이므로

$\overline{PQ}=2\overline{PO}=2\times5=10(\text{cm})$

따라서 $x=10$

8 $\overline{QO}=\frac{1}{3}\overline{CO}=\frac{1}{3}\times18=6(\text{cm})$이므로

$\overline{PQ}=2\overline{QO}=2\times6=12(\text{cm})$

따라서 $x=12$

9 $\overline{QO}=\overline{PO}=7\text{ cm}$이므로 $\overline{PQ}=2\overline{PO}=2\times7=14(\text{cm})$

따라서 $\overline{PD}=2\overline{PQ}=2\times14=28(\text{cm})$

10 $\overline{QO}=\overline{PO}=4\text{ cm}$이므로 $\overline{PQ}=2\overline{PO}=2\times4=8(\text{cm})$

따라서 $\overline{AQ}=2\overline{PQ}=2\times8=16(\text{cm})$이므로 $x=16$

17 (색칠한 부분의 넓이)

$=\triangle DBC-\triangle PBM-\triangle DQN$

$=\frac{1}{2}\square ABCD-\frac{1}{6}\triangle ABC-\frac{1}{6}\triangle ACD$

$=\frac{1}{2}\square ABCD-\frac{1}{12}\square ABCD-\frac{1}{12}\square ABCD$

$=\frac{1}{3}\square ABCD=\frac{1}{3}\times36=12(\text{cm}^2)$

18 $\triangle APO=\frac{1}{6}\triangle ABC=\frac{1}{6}\times\frac{1}{2}\square ABCD$

$=\frac{1}{12}\square ABCD=\frac{1}{12}\times36=3(\text{cm}^2)$

19 $\triangle DQN=\frac{1}{6}\triangle ACD=\frac{1}{6}\times\frac{1}{2}\square ABCD$

$=\frac{1}{12}\square ABCD=\frac{1}{12}\times36=3(\text{cm}^2)$

20 (색칠한 부분의 넓이)

$=\triangle DBC-\triangle NMC$

$=\frac{1}{2}\square ABCD-\frac{1}{2}\triangle DMC$

$=\frac{1}{2}\square ABCD-\frac{1}{4}\triangle DBC$

$=\frac{1}{2}\square ABCD-\frac{1}{8}\square ABCD$

$=\frac{3}{8}\square ABCD=\frac{3}{8}\times36=\frac{27}{2}(\text{cm}^2)$

21 (색칠한 부분의 넓이)

$=\triangle ABD-\triangle AQD$

$=\frac{1}{2}\square ABCD-\frac{1}{3}\triangle ACD$

$=\frac{1}{2}\square ABCD-\frac{1}{6}\square ABCD$

$=\frac{1}{3}\square ABCD=\frac{1}{3}\times36=12(\text{cm}^2)$

22 (색칠한 부분의 넓이)

$=\square AMCN-\triangle NMC$

$=\frac{1}{2}\square ABCD-\frac{1}{2}\triangle DMC$

$=\frac{1}{2}\square ABCD-\frac{1}{4}\triangle DBC$

$=\frac{1}{2}\square ABCD-\frac{1}{8}\square ABCD$

$=\frac{3}{8}\square ABCD=\frac{3}{8}\times36=\frac{27}{2}(\text{cm}^2)$

23 (색칠한 부분의 넓이)

$=\triangle ABP+\triangle AQD$

$=\frac{1}{3}\triangle ABC+\frac{1}{3}\triangle ACD$

$=\frac{1}{6}\square ABCD+\frac{1}{6}\square ABCD$

$=\frac{1}{3}\square ABCD=\frac{1}{3}\times36=12(\text{cm}^2)$

24 (색칠한 부분의 넓이)

$=\triangle DBC-\triangle PBM-\triangle NMC-\triangle DQN$

$=\frac{1}{2}\square ABCD-\frac{1}{6}\triangle ABC-\frac{1}{2}\triangle DMC-\frac{1}{6}\triangle ACD$

$=\frac{1}{2}\square ABCD-\frac{1}{12}\square ABCD-\frac{1}{4}\triangle DBC$

$-\frac{1}{12}\square ABCD$

$=\frac{1}{2}\square ABCD-\frac{1}{12}\square ABCD-\frac{1}{8}\square ABCD$

$-\frac{1}{12}\square ABCD$

$=\frac{5}{24}\square ABCD=\frac{5}{24}\times 36=\frac{15}{2}(\mathrm{cm}^2)$

05 닮은 두 평면도형의 넓이의 비

본문 174쪽

원리확인

❶ 3, 4 ❷ 4, 3

❸ 40, 4 ❹ 96, 16, 4

1 (1) 1 : 2 (2) 1 : 2 (3) 1 : 4

2 (1) 4 : 7 (2) 4 : 7 (3) 16 : 49

3 (1) 4 : 3 (2) 4 : 3 (3) 16 : 9

4 (1) 2 : 5 (2) 2 : 5 (3) 4 : 25 ☺ a, b, a^2, b^2

5 36 cm 6 108 cm² 7 9π cm 8 24π cm²

9 ④

10 (1) ∠ADE, ∠AED, △ADE (2) 6, 3 (3) 3, 9

(4) 9, 9, 5 (5) 5, 40

11 12 cm² 12 24 cm² 13 25 cm² 14 14 cm²

☺ 2, 1, 4, 1

15 (1) ∠BCO, ∠CBO, △COB (2) 2 (3) 2, 4

(4) 4, 8, 4, 32 (5) 2, 2, 8, 2, 16

16 45 cm² 17 3 cm² 18 78 cm² 19 50 cm²

☺ a, b, a^2, b^2

1 (1) $\overline{BC}:\overline{EF}=3:6=1:2$

(2) 둘레의 길이의 비는 닮음비와 같으므로 1 : 2이다.

(3) $1^2:2^2=1:4$

2 (1) $\overline{AD}:\overline{EH}=8:14=4:7$

(2) 둘레의 길이의 비는 닮음비와 같으므로 4 : 7이다.

(3) $4^2:7^2=16:49$

3 (1) $\overline{AB}:\overline{EF}=8:6=4:3$

(2) 둘레의 길이의 비는 닮음비와 같으므로 4 : 3이다.

(3) $4^2:3^2=16:9$

4 (1) (원 O의 반지름의 길이) : (원 O′의 반지름의 길이)

$=2:5$

(2) 둘레의 길이의 비는 닮음비와 같으므로 2 : 5이다.

(3) $2^2:5^2=4:25$

5 둘레의 길이의 비는 닮음비와 같으므로 1 : 3이다.

1 : 3=12 : (□EFGH의 둘레의 길이)

따라서 (□EFGH의 둘레의 길이)=36(cm)

6 □ABCD와 □EFGH의 넓이의 비는 $1^2:3^2=1:9$이므로

1 : 9=12 : (□EFGH의 넓이)

따라서 (□EFGH의 넓이)=108(cm²)

7 둘레의 길이의 비는 닮음비와 같으므로 2 : 3이다.

$2:3=6\pi$: (원 O′의 둘레의 길이)

따라서 (원 O′의 둘레의 길이)$=9\pi$(cm)

8 원 O와 O′의 넓이의 비는 $2^2:3^2=4:9$이므로

4 : 9=(원 O의 넓이) : 54π

따라서 (원 O의 넓이)$=24\pi(\mathrm{cm}^2)$

9 △ABD∽△ACB (AA 닮음)이고 닮음비는

6 : 10=3 : 5이므로

넓이의 비는 $3^2:5^2=9:25$

따라서 18 : △ABC=9 : 25이므로 △ABC=50(cm²)

11 △ADE와 △ABC의 닮음비는 $\overline{AD}:\overline{AB}=3:6=1:2$

이므로

넓이의 비는 $1^2:2^2=1:4$

즉 1 : 4=△ADE : 16에서 4△ADE=16,

△ADE=4(cm²)

따라서 □DBCE=△ABC−△ADE=16−4=12(cm²)

12 △ADE와 △ABC의 닮음비는 $\overline{AD}:\overline{AB}=1:2$이므로

넓이의 비는 $1^2:2^2=1:4$

따라서 1 : 4=6 : △ABC이므로 △ABC=24(cm²)

13 △ADE와 △ABC의 닮음비는 $\overline{AE}:\overline{AC}=8:12=2:3$

이므로 넓이의 비는 $2^2:3^2=4:9$

즉 $4:9=20:\triangle ABC$에서
$4\triangle ABC=180$, $\triangle ABC=45(cm^2)$
따라서 $\square DBCE=\triangle ABC-\triangle ADE=45-20=25(cm^2)$

14 $\triangle ADE$와 $\triangle ABC$의 닮음비는 $\overline{AD}:\overline{AB}=6:8=3:4$
이므로 넓이의 비는 $3^2:4^2=9:16$
즉 $9:16=\triangle ADE:32$에서
$16\triangle ADE=288$, $\triangle ADE=18(cm^2)$
따라서 $\square BCED=\triangle ABC-\triangle ADE$
$=32-18=14(cm^2)$

16 $\triangle AOD$와 $\triangle COB$의 닮음비는 $\overline{AD}:\overline{BC}=2:6=1:3$
이므로 넓이의 비는 $1^2:3^2=1:9$
즉 $1:9=5:\triangle COB$에서 $\triangle COB=45(cm^2)$

17 $\triangle AOD$와 $\triangle COB$의 닮음비는 $\overline{AD}:\overline{BC}=3:9=1:3$
이므로 넓이의 비는 $1^2:3^2=1:9$
즉 $1:9=\triangle AOD:27$에서 $9\triangle AOD=27$
따라서 $\triangle AOD=3(cm^2)$

18 $\triangle AOD$와 $\triangle COB$의 닮음비는 $\overline{AD}:\overline{BC}=4:6=2:3$
이므로 $2:3=\triangle AOD:\triangle ABO$에서
$2:3=\triangle AOD:36$, 즉 $\triangle AOD=24(cm^2)$
$\triangle AOD$와 $\triangle COB$의 넓이의 비는 $2^2:3^2=4:9$이므로
$4:9=24:\triangle COB$, $4\triangle COB=216$
즉 $\triangle COB=54(cm^2)$
따라서 색칠한 부분의 넓이는
$\triangle AOD+\triangle COB=24+54=78(cm^2)$

19 $\triangle AOD$와 $\triangle COB$의 닮음비는
$\overline{AD}:\overline{BC}=5:10=1:2$이므로
$1:2=\triangle AOD:\triangle DOC$에서
$1:2=\triangle AOD:20$, 즉 $\triangle AOD=10(cm^2)$
$\triangle AOD$와 $\triangle COB$의 넓이의 비는 $1^2:2^2=1:4$이므로
$1:4=10:\triangle COB$
즉 $\triangle COB=40(cm^2)$
따라서 색칠한 부분의 넓이는
$\triangle AOD+\triangle COB=10+40=50(cm^2)$

06 닮은 두 입체도형의 겉넓이와 부피의 비

본문 178쪽

원리확인

❶ 56, 4, 2 ❷ 24, 8, 2

1 (1) 1 : 2 (2) 1 : 2 (3) 1 : 4 (4) 1 : 8
2 (1) 1 : 3 (2) 1 : 3 (3) 1 : 9 (4) 1 : 27
3 (1) 3 : 4 (2) 9 : 16 (3) 27 : 64
4 (1) 2 : 3 (2) 4 : 9 (3) 8 : 27 ☺ 2, 2, 3, 3
5 (1) 4 : 25 (2) 8 : 125 **6** (1) 4 : 9 (2) 8 : 27
7 (1) 1 : 4 (2) 1 : 8 **8** (1) 9 : 25 (2) 27 : 125
9 (1) 1 : 2 (2) 1 : 4 (3) 32 cm^2
10 (1) 5 : 6 (2) 25 : 36 (3) 72 cm^2
11 (1) 1 : 2 (2) 1 : 8 (3) 5 cm^3
12 (1) 2 : 3 (2) 8 : 27 (3) 81 cm^3
13 (1) 72 cm^2 (2) 80 cm^3 **14** (1) 108 cm^2 (2) 324 cm^3
15 (1) 8 cm^2 (2) 16 cm^3
16 (1) 36π cm^2 (2) $\frac{256}{3}\pi$ cm^3 **17** ④

1 (1) 닮은 두 원기둥의 닮음비는 원의 밑면의 반지름의 길이의 비와 같으므로 $3:6=1:2$
(2) $(2\pi\times3):(2\pi\times6)=6\pi:12\pi=1:2$
(3) $1^2:2^2=1:4$ (4) $1^3:2^3=1:8$

2 (1) 닮은 두 정육면체의 닮음비는 한 모서리의 길이의 비와 같으므로 $2:6=1:3$
(2) $(2\times4):(6\times4)=8:24=1:3$
(3) $1^2:3^2=1:9$ (4) $1^3:3^3=1:27$

3 (1) 닮은 두 구의 닮음비는 반지름의 길이의 비와 같으므로 $3:4$
(2) $3^2:4^2=9:16$ (3) $3^3:4^3=27:64$

4 (1) 닮은 두 사각뿔의 닮음비는 한 모서리의 길이의 비와 같으므로 $4:6=2:3$
(2) $2^2:3^2=4:9$ (3) $2^3:3^3=8:27$

5 (1) $2^2:5^2=4:25$ (2) $2^3:5^3=8:125$

6 (1) 닮음비는 $4:6=2:3$이므로 겉넓이의 비는
$2^2:3^2=4:9$
(2) $2^3:3^3=8:27$

7 (1) 닮음비는 $2:4=1:2$이므로 겉넓이의 비는
$1^2:2^2=1:4$
(2) $1^3:2^3=1:8$

8 (1) $3^2:5^2=9:25$
(2) $3^3:5^3=27:125$

9 (1) 닮음비는 한 모서리의 길이의 비와 같으므로
$4:8=1:2$
(2) $1^2:2^2=1:4$
(3) 겉넓이의 비가 $1:4$이므로
$1:4=8:$(직육면체 B의 겉넓이)
따라서 (직육면체 B의 겉넓이)$=32(\text{cm}^2)$

10 (1) 닮음비는 밑면인 원의 반지름의 길이의 비와 같으므로
$5:6$
(2) $5^2:6^2=25:36$
(3) 겉넓이의 비가 $25:36$이므로
$25:36=50:$(원기둥 B의 겉넓이)
따라서 (원기둥 B의 겉넓이)$=72(\text{cm}^2)$

11 (1) 닮음비는 한 모서리의 길이의 비와 같으므로
$2:4=1:2$
(2) $1^3:2^3=1:8$
(3) 부피의 비가 $1:8$이므로
$1:8=$(사각뿔 A의 부피)$:40$
따라서 (사각뿔 A의 부피)$=5(\text{cm}^3)$

12 (1) 닮음비는 밑면인 원의 반지름의 길이의 비와 같으므로
$4:6=2:3$
(2) $2^3:3^3=8:27$
(3) 부피의 비가 $8:27$이므로
$8:27=24:$(원뿔 B의 부피)
따라서 (원뿔 B의 부피)$=81(\text{cm}^3)$

13 (1) 두 삼각기둥의 닮음비는 $5:10=1:2$
즉 겉넓이의 비는 $1^2:2^2=1:4$이므로
$1:4=18:$(삼각기둥 B의 겉넓이)
따라서 (삼각기둥 B의 겉넓이)$=72(\text{cm}^2)$
(2) 부피의 비가 $1^3:2^3=1:8$이므로
$1:8=10:$(삼각기둥 B의 부피)
따라서 (삼각기둥 B의 부피)$=80(\text{cm}^3)$

14 (1) 두 원기둥의 닮음비가 $3:9=1:3$
즉 겉넓이의 비는 $1^2:3^2=1:9$이므로
$1:9=12:$(원기둥 B의 겉넓이)
따라서 (원기둥 B의 겉넓이)$=108(\text{cm}^2)$
(2) 부피의 비가 $1^3:3^3=1:27$이므로
$1:27=12:$(원기둥 B의 부피)
따라서 (원기둥 B의 부피)$=324(\text{cm}^3)$

15 (1) 두 원뿔의 닮음비는 $5:2$
즉 겉넓이의 비는 $5^2:2^2=25:4$이므로
$25:4=50:$(원뿔 B의 겉넓이)
따라서 (원뿔 B의 겉넓이)$=8(\text{cm}^2)$
(2) 부피의 비가 $5^3:2^3=125:8$이므로
$125:8=250:$(원뿔 B의 부피)
따라서 (원뿔 B의 부피)$=16(\text{cm}^3)$

16 (1) 두 구의 닮음비는 $4:3$
즉 겉넓이의 비는 $4^2:3^2=16:9$이므로
$16:9=64\pi:$(구 B의 겉넓이)
따라서 (구 B의 겉넓이)$=36\pi(\text{cm}^2)$
(2) 부피의 비가 $4^3:3^3=64:27$이므로
$64:27=$(구 A의 부피)$:36\pi$
따라서 (구 A의 부피)$=\frac{256}{3}\pi(\text{cm}^3)$

17 물이 채워진 부분과 그릇 전체에 대하여 닮음비가 $1:2$이므로 부피의 비는 $1^3:2^3=1:8$
물이 채워진 부분과 채워지지 않은 부분의 부피의 비는
$1:(8-1)=1:7$이므로 더 부어야 하는 물의 양을 x L라 하면
$0.8:x=1:7$, 즉 $x=5.6$
따라서 5.6 L의 물을 더 부어야 한다.

07 닮음의 활용

본문 182쪽

1 (1) 9, 1, 3 (2) 1, 3, 1, 3, 6
2 (1) 1.5, 3, 1, 2 (2) 1, 2, 1, 2, 3.6 3 32 m
4 2.1 m 5 11.9 m 6 (✎ 20000, $\frac{1}{4000}$)
7 $\frac{1}{25000}$ 8 $\frac{1}{100000}$ 9 $\frac{1}{50000}$ 10 $\frac{1}{25000}$
☺ 축도, 실제
11 (✎ 10000, 600000, 10000, 60)
12 20 cm 13 37 cm 14 40 cm 15 52 cm

☺ 실제, 축척

16 (✎10000, 30000, 0.3)　　17 4 km

18 1.2 km　19 3.5 km　☺ 축도, 축척

20 ③

3 $\triangle ABC \backsim \triangle AED$ (AA 닮음)이고, 닮음비는
$8:64=1:8$이므로 $\overline{BC}:\overline{ED}=1:8$
$4:\overline{ED}=1:8$, $\overline{ED}=32$ m
따라서 강의 폭은 32 m이다.

4 $\triangle ABC \backsim \triangle DEF$ (AA 닮음)이고, 닮음비는
$1.3:3.9=1:3$이므로 $\overline{AB}:\overline{DE}=1:3$
$0.7:\overline{DE}=1:3$, $\overline{DE}=2.1$ m
따라서 농구대의 높이는 2.1 m이다.

5 $\triangle ABC \backsim \triangle DEC$ (AA 닮음)이고, 닮음비는
$2:14=1:7$이므로 $\overline{AB}:\overline{DE}=1:7$
$1.7:\overline{DE}=1:7$, $\overline{DE}=11.9$ m
따라서 건물의 높이는 11.9 m이다.

7 $(\text{축척})=\frac{2(\text{cm})}{500(\text{m})}=\frac{2(\text{cm})}{50000(\text{cm})}=\frac{1}{25000}$

8 $(\text{축척})=\frac{5(\text{cm})}{5(\text{km})}=\frac{5(\text{cm})}{500000(\text{cm})}=\frac{1}{100000}$

9 $(\text{축척})=\frac{6(\text{cm})}{3(\text{km})}=\frac{6(\text{cm})}{300000(\text{cm})}=\frac{1}{50000}$

10 $(\text{축척})=\frac{4(\text{cm})}{1(\text{km})}=\frac{4(\text{cm})}{100000(\text{cm})}=\frac{1}{25000}$

12 $(\text{지도에서의 거리})=2(\text{km})\times\frac{1}{10000}$
$=200000(\text{cm})\times\frac{1}{10000}=20(\text{cm})$

13 $(\text{지도에서의 거리})=3.7(\text{km})\times\frac{1}{10000}$
$=370000(\text{cm})\times\frac{1}{10000}=37(\text{cm})$

14 $(\text{지도에서의 거리})=4(\text{km})\times\frac{1}{10000}$
$=400000(\text{cm})\times\frac{1}{10000}=40(\text{cm})$

15 $(\text{지도에서의 거리})=5.2(\text{km})\times\frac{1}{10000}$
$=520000(\text{cm})\times\frac{1}{10000}=52(\text{cm})$

17 $(\text{실제 거리})=40(\text{cm})\div\frac{1}{10000}$
$=400000(\text{cm})=4(\text{km})$

18 $(\text{실제 거리})=12(\text{cm})\div\frac{1}{10000}$
$=120000(\text{cm})=1.2(\text{km})$

19 $(\text{실제 거리})=35(\text{cm})\div\frac{1}{10000}$
$=350000(\text{cm})=3.5(\text{km})$

20 $\triangle AOB$와 $\triangle DOC$에서 $\angle BAO=\angle CDO$ (엇각),
$\angle AOB=\angle DOC$ (맞꼭지각)이므로
$\triangle AOB \backsim \triangle DOC$ (AA 닮음)
즉 $\overline{BO}:\overline{CO}=\overline{AB}:\overline{DC}$이므로
$12:10=\overline{AB}:15$
따라서 $\overline{AB}=18$ m

TEST 8. 삼각형의 무게중심과 닮음의 활용

본문 185쪽

1 4 : 25	2 ②	3 ②
4 ⑤	5 ①	6 10 m

1 두 정사각형 A, B는 닮은 도형이고 닮음비가
$4:10=2:5$이므로 넓이의 비는
$2^2:5^2=4:25$

2 (닮음비)=(높이의 비)$=2:3$이므로
겉넓이의 비는 $2^2:3^2=4:9$

3 $\triangle ABC$에서 $\overline{AD}$가 중선이므로
$\triangle ABD=\frac{1}{2}\triangle ABC$
$\triangle ABD$에서 $\overline{BP}$가 중선이므로
$\triangle PBD=\frac{1}{2}\triangle ABD=\frac{1}{2}\times\frac{1}{2}\triangle ABC$
$=\frac{1}{4}\times 40=10(\text{cm}^2)$

4 닮음비가 $2:4=1:2$이므로
부피의 비는 $1^3:2^3=1:8$
따라서 $1:8=16:$(B의 부피)이므로
(B의 부피)$=128(\text{cm}^3)$

5 ㄷ. 무게중심은 세 중선의 길이를 각 꼭짓점으로부터 각각 2 : 1로 나눈다.
그러나 $\overline{AG}$와 $\overline{GF}$의 길이의 관계는 알 수 없다.
ㄹ. $\triangle GBD=\frac{1}{6}\triangle ABC$
따라서 옳은 것은 ㄱ, ㄴ이다.

6 $\triangle ABC \backsim \triangle DEF$ (AA 닮음)이므로
$\overline{AB} : \overline{DE}=\overline{BC} : \overline{EF}$
$\overline{AB} : 1=7 : 0.7$, 즉 $\overline{AB}=10$ m
따라서 건물의 높이는 10 m이다.

9 피타고라스 정리

01

본문 188쪽

피타고라스 정리

1 (✎ 25, 5, 5) 2 10 3 13
4 15 5 (✎ 20, 144, 12, 12) 6 4
7 24 8 16 ☺ c^2
9 (✎ 15, 144, 12, 12, 12, 169, 13, 13)
10 $x=12$, $y=20$ 11 $x=8$, $y=17$
12 $x=15$, $y=17$
13 (✎ 10, 36, 6, 6, 15, 289, 17, 17)
14 $x=5$, $y=15$ 15 $x=12$, $y=20$
16 $x=15$, $y=12$ ☺ a, d, c, $c+d$
17 (✎ 8, 260, 260, 256, 16, 16) 18 8
19 24 20 14 21 (✎ 4, 4, 3, 3, 25, 5, 5)
22 10 23 15 24 5
25 (✎ 12, 225, 15, 15, 15) 26 13 cm
27 17 cm 28 25 cm 29 ②

2 $x^2=8^2+6^2=100=10^2$
$x>0$이므로 $x=10$

3 $x^2=5^2+12^2=169=13^2$
$x>0$이므로 $x=13$

4 $x^2=12^2+9^2=225=15^2$
$x>0$이므로 $x=15$

6 $x^2=5^2-3^2=16=4^2$
$x>0$이므로 $x=4$

7 $x^2=25^2-7^2=576=24^2$
$x>0$이므로 $x=24$

8 $x^2=34^2-30^2=256=16^2$
$x>0$이므로 $x=16$

10 $\triangle ABD$에서 $x^2=13^2-5^2=144=12^2$
$x>0$이므로 $x=12$
$\triangle ADC$에서 $y^2=12^2+16^2=400=20^2$
$y>0$이므로 $y=20$

11 $\triangle$ADC에서 $x^2=10^2-6^2=64=8^2$

$x>0$이므로 $x=8$

$\triangle$ABD에서 $y^2=8^2+15^2=289=17^2$

$y>0$이므로 $y=17$

12 $\overline{DC}=28-8=20$(cm)이므로

$\triangle$ADC에서 $x^2=25^2-20^2=225=15^2$

$x>0$이므로 $x=15$

$\triangle$ABD에서 $y^2=15^2+8^2=289=17^2$

$y>0$이므로 $y=17$

14 $\triangle$ADC에서 $x^2=13^2-12^2=25=5^2$

$x>0$이므로 $x=5$

$\triangle$ABC에서 $y^2=9^2+12^2=225=15^2$

$y>0$이므로 $y=15$

15 $\triangle$ABD에서 $x^2=13^2-5^2=144=12^2$

$x>0$이므로 $x=12$

$\triangle$ABC에서 $y^2=12^2+16^2=400=20^2$

$y>0$이므로 $y=20$

16 $\triangle$ADC에서 $x^2=17^2-8^2=225=15^2$

$x>0$이므로 $x=15$

$\triangle$ABC에서 $\overline{BC}^2=25^2-15^2=400=20^2$

$\overline{BC}>0$이므로 $\overline{BC}=20$ cm

따라서 $\overline{BD}=\overline{BC}-\overline{DC}$이므로

$y=20-8=12$

18 $\overline{BD}$를 그으면 $\triangle$BCD에서

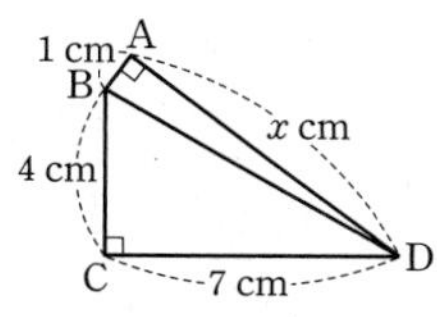

$\overline{BD}^2=4^2+7^2=65$

$\triangle$ABD에서 $x^2=65-1^2=64=8^2$

$x>0$이므로 $x=8$

19 $\overline{BD}$를 그으면 $\triangle$ABD에서

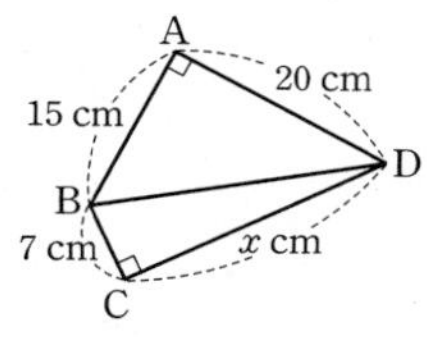

$\overline{BD}^2=15^2+20^2=625$

$\triangle$BCD에서

$x^2=625-7^2=576=24^2$

$x>0$이므로 $x=24$

20 $\overline{BD}$를 그으면 $\triangle$ABD에서

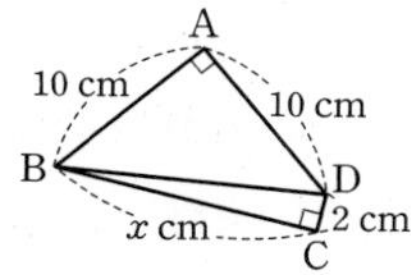

$\overline{BD}^2=10^2+10^2=200$

$\triangle$BCD에서

$x^2=200-2^2=196=14^2$

$x>0$이므로 $x=14$

22 꼭짓점 D에서 $\overline{BC}$에 내린 수선의 발을 E라 하면

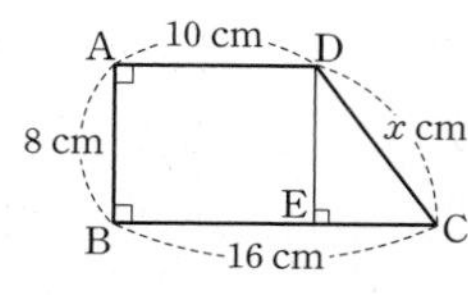

$\overline{DE}=8$ cm,

$\overline{EC}=16-10=6$(cm)이므로

$\triangle$DEC에서 $x^2=8^2+6^2=100=10^2$

$x>0$이므로 $x=10$

23 꼭짓점 A에서 $\overline{BC}$에 내린 수선의 발을 E라 하면

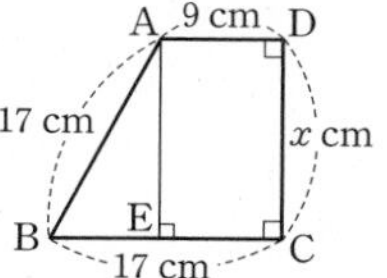

$\overline{BE}=17-9=8$(cm)이므로

$\triangle$ABE에서

$\overline{AE}^2=17^2-8^2=225=15^2$

$\overline{AE}>0$이므로 $\overline{AE}=15$ cm

따라서 $\overline{DC}=\overline{AE}$이므로 $x=15$

24 꼭짓점 A에서 $\overline{BC}$에 내린 수선의 발을 E라 하면

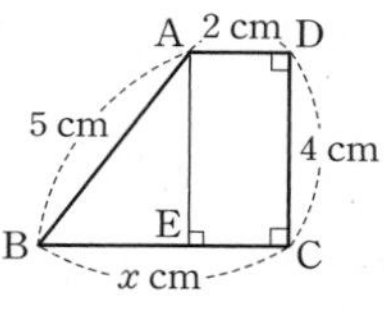

$\overline{AE}=4$ cm이므로

$\triangle$ABE에서 $\overline{BE}^2=5^2-4^2=9=3^2$

$\overline{BE}>0$이므로 $\overline{BE}=3$ cm

따라서 $\overline{BC}=\overline{BE}+\overline{EC}$이므로

$x=3+2=5$

26 $\overline{BD}$를 그으면 $\triangle$DBC에서

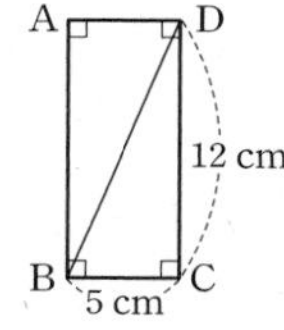

$\overline{BD}^2=5^2+12^2=169=13^2$

$\overline{BD}>0$이므로 $\overline{BD}=13$ cm

따라서 대각선의 길이는 13 cm이다.

27 $\overline{BD}$를 그으면 $\triangle$DBC에서

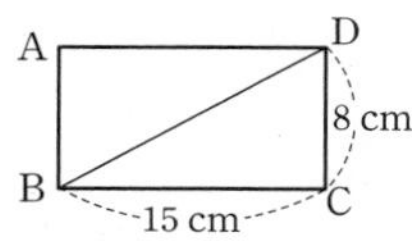

$\overline{BD}^2=15^2+8^2=289=17^2$

$\overline{BD}>0$이므로 $\overline{BD}=17$ cm

따라서 대각선의 길이는 17 cm이다.

28 $\overline{BD}$를 그으면 $\triangle$DBC에서

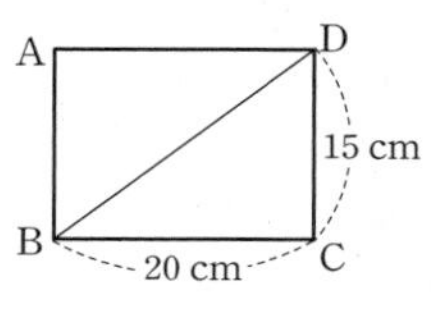

$\overline{BD}^2=20^2+15^2=625=25^2$

$\overline{BD}>0$이므로 $\overline{BD}=25$ cm

따라서 대각선의 길이는 25 cm이다.

29 $\triangle$OAA′에서 $\overline{OA'}^2=\overline{OA}^2+\overline{AA'}^2=1^2+1^2=2$

$\triangle$OBB′에서 $\overline{OB}=\overline{OA'}$이므로

$\overline{OB'}^2=\overline{OB}^2+\overline{BB'}^2=2+1^2=3$

$\triangle$OCC′에서 $\overline{OC}=\overline{OB'}$이므로

$\overline{OC'}^2=\overline{OC}^2+\overline{CC'}^2=3+1^2=4$

$\overline{OC'}>0$이므로 $\overline{OC'}=2$

따라서 $\overline{OD}=\overline{OC'}=2$

02 피타고라스 정리의 증명; 유클리드의 증명

본문 192쪽

1 8 cm^2　2 8 cm^2　3 8 cm^2　4 8 cm^2
5 25 cm^2　6 36 cm^2　7 144 cm^2　8 1 cm^2
9 64 cm^2　10 144 cm^2　11 81 cm^2　☺ R, $\overline{AB}$
12 ①

1 $\triangle ACE=\frac{1}{2}\times4\times4=8(\text{cm}^2)$

2 $\triangle ABE=\triangle ACE=8\text{ cm}^2$

3 $\triangle AFC=\triangle ABE=8\text{ cm}^2$

4 $\triangle AFJ=\triangle AFC=8\text{ cm}^2$

5 $\square BFGC=16+9=25(\text{cm}^2)$

6 $\square ADEB=90-54=36(\text{cm}^2)$

7 $\square ADEB=169-25=144(\text{cm}^2)$

8 $\square AFKJ=\square ACDE=1\text{ cm}^2$

9 $\square JKGB=\square BHIC=64\text{ cm}^2$

10 $\square AFKJ=\square ACDE=12\times12=144(\text{cm}^2)$

11 $\square JKGB=\square BHIC=9\times9=81(\text{cm}^2)$

12 $\square ACHI=289-225=64(\text{cm}^2)$이므로
$\overline{AC}$의 길이는 8 cm이다.

03 피타고라스 정리의 증명; 피타고라스의 증명

본문 194쪽

1 (1) 5 cm　(2) 20 cm　(3) 25 cm^2
2 (1) 13 cm　(2) 52 cm　(3) 169 cm^2
3 (1) 17 cm　(2) 68 cm　(3) 289 cm^2
4 (1) 15 cm　(2) 60 cm　(3) 225 cm^2
5 (1) 5 cm　(2) 4 cm　6 (1) 10 cm　(2) 6 cm
7 (1) 26 cm　(2) 24 cm　8 (1) 17 cm　(2) 15 cm
☺ 정사각형　9 (1) 25　(2) 49 cm^2
10 (1) 117　(2) 225 cm^2　11 (1) 625　(2) 961 cm^2
12 ⑤

1 (1) $\overline{EH}^2=3^2+4^2=25=5^2$
$\overline{EH}>0$이므로 $\overline{EH}=5\text{ cm}$
(2) $5\times4=20(\text{cm})$
(3) $5\times5=25(\text{cm}^2)$

2 (1) $\overline{EH}^2=5^2+12^2=169=13^2$
$\overline{EH}>0$이므로 $\overline{EH}=13\text{ cm}$
(2) $4\times13=52(\text{cm})$
(3) $13\times13=169(\text{cm}^2)$

3 (1) $\overline{EH}^2=15^2+8^2=289=17^2$
$\overline{EH}>0$이므로 $\overline{EH}=17\text{ cm}$
따라서 $\overline{HG}=\overline{EH}=17\text{ cm}$
(2) $4\times17=68(\text{cm})$
(3) $17\times17=289(\text{cm}^2)$

4 (1) $\overline{EH}^2=9^2+12^2=225=15^2$
$\overline{EH}>0$이므로 $\overline{EH}=15\text{ cm}$
따라서 $\overline{EF}=\overline{EH}=15\text{ cm}$
(2) $4\times15=60(\text{cm})$
(3) $15\times15=225(\text{cm}^2)$

5 (1) $\overline{EH}^2=25=5^2$
$\overline{EH}>0$이므로 $\overline{EH}=5\text{ cm}$
(2) $\overline{AE}^2=5^2-3^2=16=4^2$
$\overline{AE}>0$이므로 $\overline{AE}=4\text{ cm}$

6 (1) $\overline{EH}^2=100=10^2$
$\overline{EH}>0$이므로 $\overline{EH}=10\text{ cm}$
(2) $\overline{AH}^2=10^2-8^2=36=6^2$
$\overline{AH}>0$이므로 $\overline{AH}=6\text{ cm}$

7 (1) $\overline{EH}^2=676=26^2$
$\overline{EH}>0$이므로 $\overline{EH}=26\text{ cm}$
(2) $\overline{AE}^2=26^2-10^2=576=24^2$
$\overline{AE}>0$이므로 $\overline{AE}=24\text{ cm}$

8 (1) $\overline{EF}^2=289=17^2$
$\overline{EF}>0$이므로 $\overline{EF}=17$ cm
(2) $\overline{EH}=\overline{EF}=17$ cm이므로
$\overline{AE}^2=17^2-8^2=225=15^2$
$\overline{AE}>0$이므로 $\overline{AE}=15$ cm

9 (2) $\overline{AH}^2=25-4^2=9=3^2$
$\overline{AH}>0$이므로 $\overline{AH}=3$ cm
□ABCD의 한 변의 길이는
$3+4=7$(cm)
따라서 □ABCD$=7\times7=49$(cm^2)

10 (2) $\overline{AH}^2=117-9^2=36=6^2$
$\overline{AH}>0$이므로 $\overline{AH}=6$ cm
□ABCD의 한 변의 길이는
$9+6=15$(cm)
따라서 □ABCD$=15\times15=225$(cm^2)

11 (2) $\overline{GD}^2=625-24^2=49=7^2$
$\overline{GD}>0$이므로 $\overline{GD}=7$ cm
□ABCD의 한 변의 길이는
$7+24=31$(cm)
따라서 □ABCD$=31\times31=961$(cm^2)

12 ⑤ □ABCD$=4$△AEH$+$□EFGH

04

본문 196쪽

피타고라스 정리의 증명; 바스카라, 가필드의 증명

1 (1) 4 cm (2) 1 cm (3) 1 cm^2
2 (1) 8 cm (2) 7 cm (3) 49 cm^2
3 (1) 12 cm (2) 7 cm (3) 49 cm^2
4 (1) 7 cm (2) 17 cm (3) 289 cm^2 ☺ $a-b$
5 ④ 6 (1) 10 cm (2) 50 cm^2
7 (1) 5 cm (2) $\frac{25}{2}$ cm^2 8 (1) 13 cm (2) $\frac{169}{2}$ cm^2
9 (1) 17 cm (2) $\frac{289}{2}$ cm^2
☺ $\overline{EA}$, 직각이등변삼각형 10 ⑤

1 (1) $\overline{QC}^2=5^2-3^2=16=4^2$
$\overline{QC}>0$이므로 $\overline{QC}=4$ cm
(2) $\overline{QR}=4-3=1$(cm)

2 (1) $\overline{BQ}^2=\overline{RC}^2=17^2-15^2=64=8^2$
$\overline{BQ}>0$이므로 $\overline{BQ}=8$ cm
(2) $\overline{QR}=15-8=7$(cm)

3 (1) $\overline{BR}^2=13^2-5^2=144=12^2$
$\overline{BR}>0$이므로 $\overline{BR}=12$ cm
(2) $\overline{QR}=12-5=7$(cm)

4 (1) $\overline{DR}=\overline{CQ}=24$ cm이므로 $\overline{CR}^2=25^2-24^2=49=7^2$
$\overline{CR}>0$이므로 $\overline{CR}=7$ cm
(2) $\overline{QR}=24-7=17$(cm)

5 ④ □EFGH는 정사각형이므로 □EFGH$=\overline{EF}^2$

6 (1) $\overline{BC}=\overline{AD}=6$ cm이므로
$\overline{AB}^2=8^2+6^2=100=10^2$
$\overline{AB}>0$이므로 $\overline{AB}=10$ cm
(2) △AEB$=\frac{1}{2}\times10\times10=50$(cm^2)

7 (1) $\overline{AC}=\overline{ED}=3$ cm이므로
$\overline{AB}^2=4^2+3^2=25=5^2$
$\overline{AB}>0$이므로 $\overline{AB}=5$ cm
(2) △AEB$=\frac{1}{2}\times5\times5=\frac{25}{2}$(cm^2)

8 (1) $\overline{BC}=\overline{AD}=5$ cm이므로
$\overline{AB}^2=12^2+5^2=169=13^2$
$\overline{AB}>0$이므로 $\overline{AB}=13$ cm
(2) △AEB$=\frac{1}{2}\times13\times13=\frac{169}{2}$(cm^2)

9 (1) $\overline{AC}=\overline{ED}=15$ cm이므로
$\overline{AB}^2=8^2+15^2=289=17^2$
$\overline{AB}>0$이므로 $\overline{AB}=17$ cm
(2) △AEB$=\frac{1}{2}\times17\times17=\frac{289}{2}$(cm^2)

10 △ABC≡△CDE이므로 △ACE는 ∠ACE$=90°$인 직각이등변삼각형이다.
③ $\overline{AC}^2=10^2+24^2=676=26^2$
$\overline{AC}>0$이므로 $\overline{AC}=26$
④ △ACE$=\frac{1}{2}\times26\times26=338$
⑤ □ABDE$=\frac{1}{2}\times(10+24)\times(10+24)=578$

05 직각삼각형이 되는 조건

본문 198쪽

원리확인

❶ C ❷ A ❸ B

1 × 2 ○ 3 ○ 4 ×
5 ○ 6 × 7 (✎100, 10, 10)
8 13 9 25 10 15 11 17
12 26 ☺ 90 13 (✎29, 21)
14 161, 289 15 40, 58 16 44, 244
17 ③

8 $x^2=5^2+12^2=169=13^2$이므로
$x=13$

9 $x^2=7^2+24^2=625=25^2$이므로
$x=25$

10 $x^2=9^2+12^2=225=15^2$이므로
$x=15$

11 $x^2=15^2+8^2=289=17^2$이므로
$x=17$

12 $x^2=24^2+10^2=676=26^2$이므로
$x=26$

14 가장 긴 변의 길이가 x cm일 때 $x^2=8^2+15^2=289$
가장 긴 변의 길이가 15 cm일 때 $x^2=15^2-8^2=161$

15 가장 긴 변의 길이가 x cm일 때 $x^2=3^2+7^2=58$
가장 긴 변의 길이가 7 cm일 때 $x^2=7^2-3^2=40$

16 가장 긴 변의 길이가 x cm일 때 $x^2=10^2+12^2=244$
가장 긴 변의 길이가 12 cm일 때 $x^2=12^2-10^2=44$

17 가장 긴 변의 길이가 $5x$이므로 $(5x)^2=(4x)^2+15^2$
$25x^2=16x^2+225$, $x^2=25$
따라서 $x=5$

06 삼각형의 변과 각 사이의 관계

본문 200쪽

1 (✎<, 예각) 2 둔각삼각형
3 직각삼각형 4 예각삼각형
5 둔각삼각형 6 직각삼각형
7 (✎13, 89, 9) 8 15, 16 9 11, 12
10 17, 18 11 (✎14, 100, 11, 12, 13)
12 12, 13 13 12, 13, 14 14 14, 15, 16

2 $12^2>5^2+8^2$이므로 둔각삼각형이다.

3 $15^2=9^2+12^2$이므로 직각삼각형이다.

4 $15^2<10^2+12^2$이므로 예각삼각형이다.

5 $20^2>12^2+13^2$이므로 둔각삼각형이다.

6 $34^2=16^2+30^2$이므로 직각삼각형이다.

8 삼각형의 세 변의 길이 사이의 관계에 의하여
$14<x<9+14$, 즉 $14<x<23$
△ABC는 예각삼각형이므로
$x^2<9^2+14^2$, 즉 $x^2<277$
따라서 자연수 x의 값은 15, 16이다.

9 삼각형의 세 변의 길이 사이의 관계에 의하여
$10<x<10+7$, 즉 $10<x<17$
△ABC는 예각삼각형이므로
$x^2<7^2+10^2$, 즉 $x^2<149$
따라서 자연수 x의 값은 11, 12이다.

10 삼각형의 세 변의 길이 사이의 관계에 의하여
$16<x<10+16$, 즉 $16<x<26$
△ABC는 예각삼각형이므로
$x^2<10^2+16^2$, 즉 $x^2<356$
따라서 자연수 x의 값은 17, 18이다.

12 삼각형의 세 변의 길이 사이의 관계에 의하여
$11<x<11+3$, 즉 $11<x<14$
△ABC는 둔각삼각형이므로
$x^2>11^2+3^2$, 즉 $x^2>130$
따라서 자연수 x의 값은 12, 13이다.

13 삼각형의 세 변의 길이 사이의 관계에 의하여
$10<x<10+5$, 즉 $10<x<15$
△ABC는 둔각삼각형이므로
$x^2>10^2+5^2$, 즉 $x^2>125$
따라서 자연수 x의 값은 12, 13, 14이다.

14 삼각형의 세 변의 길이 사이의 관계에 의하여
$13<x<13+4$, 즉 $13<x<17$
△ABC는 둔각삼각형이므로
$x^2>13^2+4^2$, 즉 $x^2>185$
따라서 자연수 x의 값은 14, 15, 16이다.

07 직각삼각형과 피타고라스 정리

본문 202쪽

1 (✎ 25, 5, 5, 5, $\frac{16}{5}$) 2 $\frac{25}{13}$
3 $\frac{18}{5}$ 4 $\frac{225}{8}$ 5 (✎ 25, 5, 5, 5, $\frac{12}{5}$)
6 $\frac{60}{13}$ 7 $\frac{240}{17}$ 8 ②
9 (✎ 36, 16, 5) 10 19
11 81 12 45 ☺ $\overline{BE}$, $\overline{CD}$

2 △ABC에서 $\overline{BC}^2=5^2+12^2=169=13^2$이므로
$\overline{BC}=13$ cm
$\overline{AB}^2=\overline{BD}\times\overline{BC}$에서 $5^2=x\times13$이므로 $x=\frac{25}{13}$

3 △ABC에서 $\overline{BC}^2=8^2+6^2=100=10^2$이므로
$\overline{BC}=10$ cm
$\overline{AC}^2=\overline{CD}\times\overline{CB}$에서 $6^2=x\times10$이므로 $x=\frac{18}{5}$

4 △ABD에서 $\overline{BD}^2=17^2-15^2=64=8^2$이므로
$\overline{BD}=8$ cm
$\overline{AD}^2=\overline{BD}\times\overline{CD}$에서 $15^2=8\times x$이므로 $x=\frac{225}{8}$

6 △ABC에서 $\overline{BC}^2=5^2+12^2=169=13^2$이므로
$\overline{BC}=13$ cm
$\overline{AB}\times\overline{AC}=\overline{BC}\times\overline{AD}$이므로 $5\times12=13x$
따라서 $x=\frac{60}{13}$

7 △ABC에서 $\overline{AB}^2=34^2-30^2=256=16^2$이므로
$\overline{AB}=16$ cm
$\overline{AB}\times\overline{AC}=\overline{BC}\times\overline{AD}$이므로 $16\times30=34x$
따라서 $x=\frac{240}{17}$

8 △ABC에서 $\overline{BC}^2=25^2-15^2=400=20^2$이므로
$\overline{BC}=20$ cm
$\overline{CA}\times\overline{CB}=\overline{AB}\times\overline{CD}$이므로 $15\times20=25x$
따라서 $x=12$
△ADC에서 $y^2=15^2-12^2=9^2$이므로 $y=9$
따라서 $x+y=12+9=21$

10 $\overline{DE}^2+\overline{BC}^2=\overline{BE}^2+\overline{CD}^2$이므로
$x^2+81=36+64$
따라서 $x^2=19$

11 $\overline{DE}^2+\overline{BC}^2=\overline{BE}^2+\overline{CD}^2$이므로
$9+121=49+x^2$
따라서 $x^2=81$

12 $\overline{DE}^2+\overline{BC}^2=\overline{BE}^2+\overline{CD}^2$이므로
$16+x^2=36+25$
따라서 $x^2=45$

08 사각형과 피타고라스 정리

본문 204쪽

1 (✎ 64, 121, 87) 2 91 3 20
4 31 5 68 6 37
7 (✎ 36, 16, 45) 8 32 9 109
10 200 11 9
☺ $\overline{AD}$, $\overline{BC}$, $\overline{BP}$, $\overline{DP}$ 12 ④

2 $\overline{AB}^2+\overline{CD}^2=\overline{AD}^2+\overline{BC}^2$이므로 $x^2+25=16+100$
따라서 $x^2=91$

3 $\overline{AB}^2+\overline{CD}^2=\overline{AD}^2+\overline{BC}^2$이므로 $9+36=x^2+25$
따라서 $x^2=20$

4 $\overline{AB}^2+\overline{CD}^2=\overline{AD}^2+\overline{BC}^2$이므로 $100+100=x^2+169$
따라서 $x^2=31$

5 $\overline{AB}^2+\overline{CD}^2=\overline{AD}^2+\overline{BC}^2$이므로 $100+49=81+x^2$
따라서 $x^2=68$

6 $\overline{AB}^2+\overline{CD}^2=\overline{AD}^2+\overline{BC}^2$이므로 $16+25=x^2+4$
따라서 $x^2=37$

8 $\overline{AP}^2+\overline{CP}^2=\overline{BP}^2+\overline{DP}^2$이므로 $64+49=81+x^2$
따라서 $x^2=32$

9 $\overline{AP}^2+\overline{CP}^2=\overline{BP}^2+\overline{DP}^2$이므로 $100+25=x^2+16$
따라서 $x^2=109$

10 $\overline{AP}^2+\overline{CP}^2=\overline{BP}^2+\overline{DP}^2$이므로 $x^2+169=225+144$
따라서 $x^2=200$

11 $\overline{AP}^2+\overline{CP}^2=\overline{BP}^2+\overline{DP}^2$이므로 $36+x^2=36+9$
따라서 $x^2=9$

12 $\overline{AP}^2+\overline{CP}^2=\overline{BP}^2+\overline{DP}^2$이므로 $81+\overline{CP}^2=\overline{BP}^2+25$
따라서 $\overline{BP}^2-\overline{CP}^2=81-25=56$

09 반원과 피타고라스 정리

본문 206쪽

1 (✎ 20π, 8π)		2 16π	3 25π
4 17π	☺ R	5 (✎ 6, 18π, 18π, 32π)	
6 82π	7 37π	8 26π	9 ⑤
10 (✎ 3, 8)	11 15 cm^2	12 16 cm^2	13 10 cm^2
14 (✎ 9, 3, 3, 3, 6)		15 150 cm^2	16 30 cm^2
17 60 cm^2	18 84 cm^2	☺ ABC	19 ②

2 (색칠한 부분의 넓이)$=25\pi-9\pi=16\pi$

3 (색칠한 부분의 넓이)$=11\pi+14\pi=25\pi$

4 (색칠한 부분의 넓이)$=21\pi-4\pi=17\pi$

6 (지름의 길이가 20인 반원의 넓이)$=\frac{1}{2}\times\pi\times10^2=50\pi$
따라서 (색칠한 부분의 넓이)$=50\pi+32\pi=82\pi$

7 (지름의 길이가 16인 반원의 넓이)$=\frac{1}{2}\times\pi\times8^2=32\pi$
따라서 (색칠한 부분의 넓이)$=69\pi-32\pi=37\pi$

8 (지름의 길이가 8인 반원의 넓이)$=\frac{1}{2}\times\pi\times4^2=8\pi$
따라서 (색칠한 부분의 넓이)$=34\pi-8\pi=26\pi$

9 $R=\frac{1}{2}\times\pi\times5^2=\frac{25}{2}\pi$, $P+Q=R$이므로
$P+Q+R=2R=25\pi$

11 (색칠한 부분의 넓이)$=6+9=15(\text{cm}^2)$

12 (색칠한 부분의 넓이)$=5+11=16(\text{cm}^2)$

13 (색칠한 부분의 넓이)$=18-8=10(\text{cm}^2)$

15 (색칠한 부분의 넓이)$=\triangle ABC=\frac{1}{2}\times15\times20$
$=150(\text{cm}^2)$

16 $\overline{AC}^2=13^2-12^2=25=5^2$이므로 $\overline{AC}=5$ cm
따라서 (색칠한 부분의 넓이)$=\triangle ABC=\frac{1}{2}\times12\times5$
$=30(\text{cm}^2)$

17 $\overline{AB}^2=17^2-15^2=64=8^2$이므로 $\overline{AB}=8$ cm
따라서 (색칠한 부분의 넓이)$=\triangle ABC=\frac{1}{2}\times8\times15$
$=60(\text{cm}^2)$

18 $\overline{AB}^2=25^2-24^2=49=7^2$이므로 $\overline{AB}=7$ cm
따라서 (색칠한 부분의 넓이)$=\triangle ABC=\frac{1}{2}\times24\times7$
$=84(\text{cm}^2)$

19 $\overline{AB}^2+\overline{AC}^2=8^2$이고 $\overline{AB}=\overline{AC}$이므로
$2\overline{AB}^2=64$, 즉 $\overline{AB}^2=32$
따라서 (색칠한 부분의 넓이)$=\triangle ABC=\frac{1}{2}\times\overline{AB}^2$
$=16(\text{cm}^2)$

TEST 9. 피타고라스 정리

본문 209쪽

1 ③	2 ①	3 15
4 둔각삼각형	5 ②	6 ②

1 오른쪽 그림과 같이 꼭짓점 D에서 $\overline{BC}$에 내린 수선의 발을 E라 하면

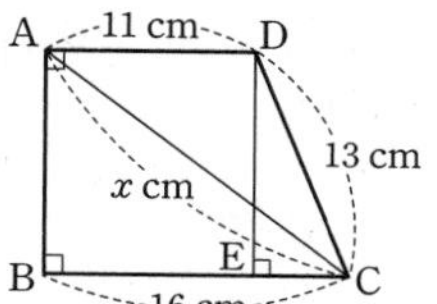

$\overline{EC}=16-11=5(\text{cm})$

△DEC에서

$\overline{DE}^2=13^2-5^2=144=12^2$이므로

$\overline{DE}=12\text{ cm}$

△ABC에서 $\overline{AB}=12\text{ cm}$이므로

$x^2=12^2+16^2=400=20^2$

$x>0$이므로 $x=20$

2 △AHI=△ACH=△BCH=△GCA=△LGC

$=\frac{1}{2}$□LMGC

따라서 넓이가 나머지 넷과 다른 것은 ①이다.

3 □ABCD$=9\text{ cm}^2$에서 $\overline{BC}^2=9=3^2$이므로

$\overline{BC}=3\text{ cm}$

□CEFG$=81\text{ cm}^2$에서 $\overline{CE}^2=81=9^2$이므로

$\overline{CE}=9\text{ cm}$

△BEF에서 $\overline{BE}=\overline{BC}+\overline{CE}=3+9=12(\text{cm})$,

$\overline{EF}=\overline{CE}=9\text{ cm}$이므로

$x^2=12^2+9^2=225=15^2$

$x>0$이므로 $x=15$

4 세 변의 길이를 $2a$, $3a$, $4a$ $(a>0)$라 하면

$16a^2>4a^2+9a^2$이므로 둔각삼각형이다.

5 △ABC에서 $\overline{BC}^2=12^2+16^2=400=20^2$

$\overline{BC}>0$이므로 $\overline{BC}=20$

$\overline{AB}^2=\overline{BD}\times\overline{BC}$에서 $12^2=x\times 20$이므로 $x=\frac{36}{5}$

6 $\overline{AC}^2=10^2-8^2=100-64=36=6^2$이므로

$\overline{AC}=6\text{ cm}$

따라서 (색칠한 부분의 넓이)$=$△ABC$=\frac{1}{2}\times 8\times 6$

$=24(\text{cm}^2)$

대단원 TEST Ⅲ. 도형의 닮음과 피타고라스 정리

본문 210쪽

1 ③	2 ②	3 ②
4 $\frac{20}{3}$ cm	5 3 cm^2	6 ②
7 1 cm	8 ③	9 ④
10 ③	11 ④	12 ①
13 ①	14 $\frac{9}{2}$ cm^2	

1 ①, ②, ④, ⑤는 항상 닮음이다.

2 △ABC와 △ACD에서

∠A는 공통, ∠B=∠ACD이므로

△ABC∽△ACD (AA닮음)

$\overline{AB}:\overline{AC}=\overline{AC}:\overline{AD}$이므로

$\overline{AB}:12=12:9$에서 $\overline{AB}=16\text{ cm}$

따라서 $\overline{BD}=\overline{AB}-\overline{AD}=16-9=7(\text{cm})$

3 △ABD와 △ACE에서

∠A는 공통, ∠ADB=∠AEC이므로

△ABD∽△ACE (AA닮음)

$\overline{AD}:\overline{AE}=\overline{AB}:\overline{AC}$이므로

$3:\overline{AE}=6:8$에서 $\overline{AE}=4\text{ cm}$

따라서 $\overline{BE}=\overline{AB}-\overline{AE}=6-4=2(\text{cm})$

4 $\overline{DC}=10\text{ cm}$이고 $\overline{DF}:\overline{FC}=2:3$이므로

$\overline{DF}=\frac{2}{2+3}\overline{DC}=\frac{2}{5}\times 10=4(\text{cm})$

$\overline{FC}=10-4=6(\text{cm})$

또 △CFE∽△CDB (AA닮음)이므로

$\overline{EF}:\overline{BD}=\overline{CF}:\overline{CD}=6:10=3:5$

△DEF∽△ABD (AA닮음)에서

$\overline{FD}:\overline{DA}=\overline{EF}:\overline{BD}=3:5$이므로

$4:\overline{AD}=3:5$

$\overline{AD}=\frac{20}{3}\text{ cm}$

5 $\overline{CD}=x\text{ cm}$라 하면 $\overline{AB}:\overline{AC}=\overline{BD}:\overline{CD}$이므로

$4:3=(x+2):x$

$3(x+2)=4x$

따라서 $x=6$

△ABC : △ACD$=\overline{BC}:\overline{CD}=1:3$이므로

△ABC : $9=1:3$

따라서 △ABC$=3(\text{cm}^2)$

6 $\overline{AB}:\overline{DC}=\overline{BE}:\overline{DE}$이므로
$\overline{BE}:\overline{DE}=21:28=3:4$
즉 $\overline{BE}:\overline{BD}=3:7$
$\triangle BCD$에서 $\overline{EF}:28=\overline{BE}:\overline{BD}=3:7$이므로
$\overline{EF}=12\text{ cm}$

7 $\overline{AD}\,/\!/\,\overline{MN}\,/\!/\,\overline{BC}$이므로
$\triangle ABC$에서 $\overline{MQ}=\frac{1}{2}\overline{BC}=\frac{1}{2}\times 9=\frac{9}{2}(\text{cm})$
$\triangle ABD$에서 $\overline{MP}=\frac{1}{2}\overline{AD}=\frac{1}{2}\times 7=\frac{7}{2}(\text{cm})$
따라서
$\overline{PQ}=\overline{MQ}-\overline{MP}=\frac{9}{2}-\frac{7}{2}=1(\text{cm})$

8 $\overline{BE}=\overline{EA}$, $\overline{BF}=\overline{FD}$이므로
$\overline{AD}=2\overline{EF}=2\times 4=8(\text{cm})$
점 G가 $\triangle ABC$의 무게중심이므로
$\overline{AG}=\frac{2}{3}\overline{AD}=\frac{2}{3}\times 8=\frac{16}{3}(\text{cm})$

9 점 G가 $\triangle ABC$의 무게중심이므로
$\overline{AG}:\overline{GD}=2:1$
$\triangle AGE:\triangle GDE=\overline{AG}:\overline{GD}=2:1$이므로
$\triangle AGE:4=2:1$
$\triangle AGE=8(\text{cm}^2)$
따라서
$\triangle ABC=6\triangle AGE=6\times 8=48(\text{cm}^2)$

10 $\triangle DCE$에서 $\overline{DE}^2=\overline{CD}^2+\overline{CE}^2=5^2+3^2=34$
$\overline{AD}^2+\overline{BE}^2=\overline{AB}^2+\overline{DE}^2$이므로
$7^2+\overline{BE}^2=11^2+34$
$\overline{BE}^2+49=155$
따라서 $\overline{BE}^2=106$

11 $\overline{AB}^2+\overline{CD}^2=\overline{BC}^2+\overline{DA}^2$이므로
$6^2+x^2=8^2+9^2$
즉 $x^2=109$

12 $\triangle FEG$와 $\triangle CDG$에서
$\overline{EG}=\overline{DG}$, $\angle FGE=\angle CGD$, $\angle FEG=\angle CDG$(엇각)
이므로
$\triangle FEG\equiv\triangle CDG$ (ASA합동)
따라서 $\triangle FEG=\triangle CDG=3(\text{cm}^2)$
$\overline{FG}=\overline{GC}$이므로 $\overline{FC}=2\overline{FG}$
즉 $\triangle FEC=2\triangle FEG=2\times 3=6(\text{cm}^2)$
점 E가 $\overline{AB}$의 중점이고 $\overline{BC}\,/\!/\,\overline{EF}$
이므로 점 F는 $\overline{AC}$의 중점이다.

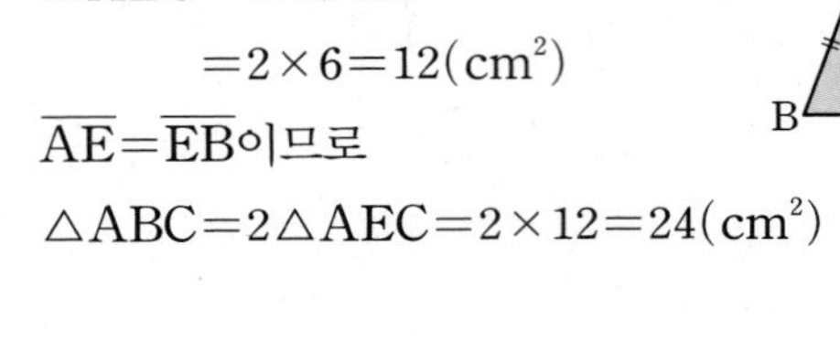

$\triangle AEC=2\triangle FEC$
$=2\times 6=12(\text{cm}^2)$
$\overline{AE}=\overline{EB}$이므로
$\triangle ABC=2\triangle AEC=2\times 12=24(\text{cm}^2)$

13 $\triangle AOD=\frac{1}{4}\square ABCD$
$=\frac{1}{4}\times 36=9(\text{cm}^2)$
점 G가 $\triangle ABD$의 무게중심이므로
$\triangle AGE=\frac{1}{6}\triangle ABD$
$=\frac{1}{6}\times\frac{1}{2}\times 36=3(\text{cm}^2)$
따라서
$\square GODE=\triangle AOD-\triangle AGE$
$=9-3=6(\text{cm}^2)$

14 $\triangle ABC$에서
$\overline{AB}^2=\overline{BC}^2-\overline{AC}^2=25-16=9$
즉 $\overline{AB}=3\text{ cm}$
$\square ADEB=\square BFLM$이므로
$\triangle FLM=\frac{1}{2}\square BFLM=\frac{1}{2}\square ADEB$
$=\frac{1}{2}\times 9=\frac{9}{2}(\text{cm}^2)$

10 경우의 수

01 사건과 경우의 수

본문 216쪽

원리확인

2, 4, 6 / 3

1, 2, 4 / 3

3, 6 / 2

1 (1) 2 (2) 3 (3) 0　　2 (1) 6 (2) 4 (3) 3

3 (1) 9 (2) 7 (3) 10 (4) 3 (5) 6

4 ③

5 (1)

(앞면, 앞면)	(앞면, 뒷면)
(뒷면, 앞면)	(뒷면, 뒷면)

(2) 4 (3) 2 (4) 2

6 (1)

(1, 앞면)	(1, 뒷면)
(2, 앞면)	(2, 뒷면)
(3, 앞면)	(3, 뒷면)
(4, 앞면)	(4, 뒷면)
(5, 앞면)	(5, 뒷면)
(6, 앞면)	(6, 뒷면)

(2) 12 (3) 6 (4) 2

7 (1)

(1, 1)	(1, 2)	(1, 3)	(1, 4)	(1, 5)	(1, 6)
(2, 1)	(2, 2)	(2, 3)	(2, 4)	(2, 5)	(2, 6)
(3, 1)	(3, 2)	(3, 3)	(3, 4)	(3, 5)	(3, 6)
(4, 1)	(4, 2)	(4, 3)	(4, 4)	(4, 5)	(4, 6)
(5, 1)	(5, 2)	(5, 3)	(5, 4)	(5, 5)	(5, 6)
(6, 1)	(6, 2)	(6, 3)	(6, 4)	(6, 5)	(6, 6)

(2) 36 (3) 6 (4) 3 (5) 8 (6) 4

8 (1) (1, 3, 5, 3) (2) 3 (3) 3

9 (1) 3 (2) 2 (3) 1　　10 ⑤

11 (1) (0, 3, 0, 5, 4) (2) 5 (3) 6 (4) 6 (5) 6 (6) 4

12 (1) 5 (2) 5 (3) 5 (4) 4 (5) 3 (6) 1

1 (1) 눈의 수가 5 이상인 경우는 5, 6이므로 구하는 경우의 수는 2이다.
(2) 눈의 수가 3 이하인 경우는 1, 2, 3이므로 구하는 경우의 수는 3이다.
(3) 눈의 수가 1 미만인 경우는 없으므로 구하는 경우의 수는 0이다.

2 (1) 홀수가 나오는 경우는 1, 3, 5, 7, 9, 11이므로 구하는 경우의 수는 6이다.
(2) 10의 약수가 나오는 경우는 1, 2, 5, 10이므로 구하는 경우의 수는 4이다.
(3) 4의 배수가 나오는 경우는 4, 8, 12이므로 구하는 경우의 수는 3이다.

3 (1) 한 자리의 자연수가 나오는 경우는 1, 2, 3, 4, 5, 6, 7, 8, 9이므로 구하는 경우의 수는 9이다.
(2) 8 이상 15 미만의 수가 나오는 경우는 8, 9, 10, 11, 12, 13, 14이므로 구하는 경우의 수는 7이다.
(3) 짝수가 나오는 경우는 2, 4, 6, 8, 10, 12, 14, 16, 18, 20이므로 구하는 경우의 수는 10이다.
(4) 6의 배수가 나오는 경우는 6, 12, 18이므로 구하는 경우의 수는 3이다.
(5) 20의 약수가 나오는 경우는 1, 2, 4, 5, 10, 20이므로 구하는 경우의 수는 6이다.

4 ① 소수가 나오는 경우는 2, 3, 5, 7이므로 경우의 수는 4이다.
② 5의 배수가 나오는 경우는 5, 10이므로 경우의 수는 2이다.
③ 3보다 작은 수가 나오는 경우는 1, 2이므로 경우의 수는 2이다.
④ 두 자리의 자연수가 나오는 경우는 10이므로 경우의 수는 1이다.
⑤ 자연수가 나오는 경우는 1, 2, 3, ⋯, 10이므로 경우의 수는 10이다.
따라서 옳지 않은 것은 ③이다.

5 (3) 뒷면이 한 개만 나오는 경우는 (앞면, 뒷면), (뒷면, 앞면)이므로 경우의 수는 2이다.
(4) 서로 같은 면이 나오는 경우는 (앞면, 앞면), (뒷면, 뒷면)이므로 경우의 수는 2이다.

6 (3) 동전의 앞면이 나오는 경우는 (1, 앞면), (2, 앞면), (3, 앞면), ⋯, (6, 앞면)이므로 경우의 수는 6이다.
(4) 주사위의 눈의 수가 3인 경우는 (3, 앞면), (3, 뒷면)이므로 경우의 수는 2이다.

7 (3) 두 눈의 수가 서로 같은 경우는 (1, 1), (2, 2), (3, 3), (4, 4), (5, 5), (6, 6)이므로 경우의 수는 6이다.
(4) 두 눈의 수의 합이 4인 경우는 (1, 3), (2, 2), (3, 1)이므로 경우의 수는 3이다.
(5) 두 눈의 수의 차가 2인 경우는 (1, 3), (2, 4), (3, 1), (3, 5), (4, 2), (4, 6), (5, 3), (6, 4)이므로 경우의 수는 8이다.

(6) 두 눈의 수의 곱이 12인 경우는 (2, 6), (3, 4), (4, 3), (6, 2)이므로 경우의 수는 4이다.

8 (2)

100원(개)	3	2	1
50원(개)	0	2	4

따라서 지불하는 경우의 수는 3이다.

(3)

100원(개)	4	3	2
50원(개)	1	3	5

따라서 지불하는 경우의 수는 3이다.

9 (1)

100원(개)	2	1	0
50원(개)	0	2	4

따라서 지불하는 경우의 수는 3이다.

(2)

100원(개)	3	2
50원(개)	4	6

따라서 지불하는 경우의 수는 2이다.

(3)

100원(개)	3
50원(개)	6

따라서 지불하는 경우의 수는 1이다.

10

1000원(장)	1	1	1	2	2	2
500원(개)	1	2	3	1	2	3
금액(원)	1500원	2000원	2500원	2500원	3000원	3500원

따라서 지불할 수 있는 금액이 아닌 것은 ⑤이다.

11 (2)

100원(개)	2	1	1	0	0
50원(개)	0	2	1	4	3
10원(개)	0	0	5	0	5

따라서 지불하는 경우의 수는 5이다.

(3)

100원(개)	3	2	2	1	1	0
50원(개)	0	2	1	4	3	5
10원(개)	0	0	5	0	5	5

따라서 지불하는 경우의 수는 6이다.

(4)

100원(개)	4	4	3	3	2	2
50원(개)	1	0	3	2	5	4
10원(개)	0	5	0	5	0	5

따라서 지불하는 경우의 수는 6이다.

(5)

100원(개)	5	4	4	3	3	2
50원(개)	0	2	1	4	3	5
10원(개)	0	0	5	0	5	5

따라서 지불하는 경우의 수는 6이다.

(6)

100원(개)	5	5	4	4
50원(개)	3	2	5	4
10원(개)	0	5	0	5

따라서 지불하는 경우의 수는 4이다.

12 (1)

100원(개)	2	1	1	0	0
50원(개)	0	2	1	4	3
10원(개)	0	0	5	0	5

따라서 지불하는 경우의 수는 5이다.

(2)

100원(개)	3	2	2	1	1
50원(개)	0	2	1	4	3
10원(개)	0	0	5	0	5

따라서 지불하는 경우의 수는 5이다.

(3)

100원(개)	4	3	3	2	2
50원(개)	0	2	1	4	3
10원(개)	1	1	6	1	6

따라서 지불하는 경우의 수는 5이다.

(4)

100원(개)	4	4	3	3
50원(개)	2	1	4	3
10원(개)	0	5	0	5

따라서 지불하는 경우의 수는 4이다.

(5)

100원(개)	4	4	3
50원(개)	3	2	4
10원(개)	1	6	6

따라서 지불하는 경우의 수는 3이다.

(6)

100원(개)	4
50원(개)	4
10원(개)	6

따라서 지불하는 경우의 수는 1이다.

02

본문 220쪽

사건 A 또는 사건 B가 일어나는 경우의 수

원리확인

❶ 2 ❷ 3 ❸ 3, 5

1 (1) (✎3, 5) (2) 4 (3) 7 (4) 7 (5) 8 (6) 9

2 (1) 3 (2) 6 (3) 6

3 (1) (✎5, 12) (2) 10 (3) 8 ☺ +

4 (1) (✎3, 7) (2) 12 (3) 11 (4) 8 (5) 13 (6) 9

5 (1) (✎2, 4, 2, 6, 6, 9) (2) 6 (3) 9 (4) 7 (5) 3

6 (1) (✎6, 2, 1, 2, 4, 4, 10) (2) 12

7 (1) (✎5, 5, 7) (2) 6 (3) 3

8 (1) (✎3, 3, 11) (2) 7 (3) 10 (4) 11

9 ③

10 (1) (✎4, 4, 8) (2) 10 (3) 8 (4) 8 (5) 5

1 (2) 구하는 경우의 수는 $3+1=4$
(3) 구하는 경우의 수는 $5+2=7$
(4) 구하는 경우의 수는 $3+4=7$
(5) 구하는 경우의 수는 $4+4=8$
(6) 구하는 경우의 수는 $6+3=9$

2 (1) 구하는 경우의 수는 $2+1=3$
(2) 구하는 경우의 수는 $4+2=6$
(3) 구하는 경우의 수는 $3+3=6$

3 (2) 구하는 경우의 수는 $7+3=10$
(3) 구하는 경우의 수는 $5+3=8$

4 (2) 구하는 경우의 수는 $4+8=12$
(3) 구하는 경우의 수는 $3+8=11$
(4) 구하는 경우의 수는 $3+5=8$
(5) 구하는 경우의 수는 $8+5=13$
(6) 구하는 경우의 수는 $5+4=9$

5 (2) 나오는 눈의 수의 합이 2인 경우는
(1, 1)의 1가지
나오는 눈의 수의 합이 6인 경우는
(1, 5), (2, 4), (3, 3), (4, 2), (5, 1)의 5가지
따라서 구하는 경우의 수는 $1+5=6$
(3) 나오는 눈의 수의 합이 5인 경우는
(1, 4), (2, 3), (3, 2), (4, 1)의 4가지
나오는 눈의 수의 합이 8인 경우는
(2, 6), (3, 5), (4, 4), (5, 3), (6, 2)의 5가지
따라서 구하는 경우의 수는 $4+5=9$
(4) 나오는 눈의 수의 합이 9인 경우는
(3, 6), (4, 5), (5, 4), (6, 3)의 4가지
나오는 눈의 수의 합이 10인 경우는
(4, 6), (5, 5), (6, 4)의 3가지
따라서 구하는 경우의 수는 $4+3=7$
(5) 나오는 눈의 수의 합이 3인 경우는
(1, 2), (2, 1)의 2가지
나오는 눈의 수의 합이 12인 경우는
(6, 6)의 1가지
따라서 구하는 경우의 수는 $2+1=3$

6 (2) 나오는 눈의 수의 차가 1인 경우는
(1, 2), (2, 1), (2, 3), (3, 2), (3, 4), (4, 3), (4, 5), (5, 4), (5, 6), (6, 5)의 10가지
나오는 눈의 수의 차가 5인 경우는
(1, 6), (6, 1)의 2가지
따라서 구하는 경우의 수는 $10+2=12$

7 (2) 4의 배수가 나오는 경우는 4, 8, 12의 3가지
5의 배수가 나오는 경우는 5, 10, 15의 3가지
따라서 구하는 경우의 수는 $3+3=6$
(3) 6의 배수가 나오는 경우는 6, 12의 2가지
10의 배수가 나오는 경우는 10의 1가지
따라서 구하는 경우의 수는 $2+1=3$

8 (2) 4의 배수가 나오는 경우는 4, 8, 12, 16, 20의 5가지
9의 배수가 나오는 경우는 9, 18의 2가지
따라서 구하는 경우의 수는 $5+2=7$
(3) 소수가 나오는 경우는 2, 3, 5, 7, 11, 13, 17, 19의 8가지
10의 배수가 나오는 경우는 10, 20의 2가지
따라서 구하는 경우의 수는 $8+2=10$
(4) 짝수가 나오는 경우는 2, 4, 6, 8, 10, 12, 14, 16, 18, 20의 10가지
13의 배수가 나오는 경우는 13의 1가지
따라서 구하는 경우의 수는 $10+1=11$

9 스포츠 강좌를 신청하는 경우는 4가지, 예술 강좌를 신청하는 경우는 3가지이고, 이 두 사건은 동시에 일어나지 않으므로 구하는 경우의 수는
$4+3=7$

10 (2) 기록된 수가 짝수인 경우는 2, 4, 6, 8, 10, 12, 14, 16의 8가지
12의 약수인 경우는 1, 2, 3, 4, 6, 12의 6가지
짝수이면서 12의 약수인 경우는 2, 4, 6, 12의 4가지
따라서 구하는 경우의 수는 $8+6-4=10$
(3) 기록된 수가 소수인 경우는 2, 3, 5, 7, 11, 13의 6가지
5의 배수인 경우는 5, 10, 15의 3가지
소수이면서 5의 배수인 경우는 5의 1가지
따라서 구하는 경우의 수는 $6+3-1=8$
(4) 기록된 수가 6의 배수인 경우는 6, 12의 2가지
두 자리의 자연수인 경우는 10, 11, 12, 13, 14, 15, 16의 7가지
6의 배수이면서 두 자리의 자연수인 경우는 12의 1가지
따라서 구하는 경우의 수는 $2+7-1=8$
(5) 기록된 수가 8의 약수는 1, 2, 4, 8의 4가지
16의 약수인 경우는 1, 2, 4, 8, 16의 5가지
8의 약수이면서 16의 약수인 경우는 1, 2, 4, 8의 4가지
따라서 구하는 경우의 수는 $4+5-4=5$

03 사건 A와 사건 B가 동시에 일어나는 경우의 수

본문 224쪽

원리확인

❶ 바닐라맛, 딸기맛, 콘, 바닐라맛, 초코맛

❷ 3, 6

1 (1) 3 (2) 4 (3) 12　　2 (1) 3 (2) 3 (3) 9

3 (1) (✎ 5, 30) (2) 8 (3) 21 (4) 15

4 (1) 6 (2) 16 (3) 40 (4) 70

5 (1) 9 (2) 3 (3) 3 (4) 3 (5) (✎ 3, 3, 6)

6 6　　7 24　　8 20　　9 15

10 42　　11 8　　☺ ×

12 (1) (✎ 2, 4) (2) 8 (3) 16 (4) 32 (5) 64

☺ m

13 (1) (✎ 6, 36) (2) 216 (3) 1296 (4) 7776

(5) 46656　　☺ n

14 (1) (✎ 6, 12) (2) 72 (3) 24 (4) 144 (5) 48

☺ m, n

1 (1) A 마을과 B 마을 사이에 길이 3개 있으므로 구하는 방법의 수는 3이다.
(2) B 마을과 C 마을 사이에 길이 4개 있으므로 구하는 방법의 수는 4이다.
(3) 구하는 방법의 수는 $3\times4=12$

2 (1) 오른쪽 그림과 같이 A 지점에서 B 지점까지 최단 거리로 가는 방법의 수는 3이다.

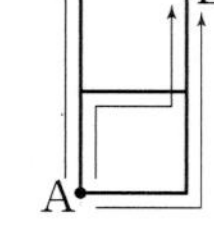

(2) 오른쪽 그림과 같이 B 지점에서 C 지점까지 최단 거리로 가는 방법의 수는 3이다.

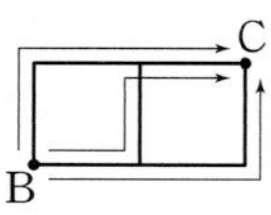

(3) 구하는 방법의 수는 $3\times3=9$

3 (2) 구하는 경우의 수는 $4\times2=8$
(3) 구하는 경우의 수는 $3\times7=21$
(4) 구하는 경우의 수는 $5\times3=15$

4 (1) 구하는 경우의 수는 $3\times2=6$
(2) 구하는 경우의 수는 $4\times4=16$
(3) 구하는 경우의 수는 $5\times8=40$
(4) 구하는 경우의 수는 $10\times7=70$

5 (1) 지호와 혜리는 각각 가위, 바위, 보의 3가지씩 낼 수 있으므로 구하는 경우의 수는 $3\times3=9$
(2) 지호가 이기는 경우는 다음과 같다.

지호	가위	바위	보
혜리	보	가위	바위

따라서 구하는 경우의 수는 3이다.
(3) 혜리가 이기는 경우는 다음과 같다.

지호	보	가위	바위
혜리	가위	바위	보

따라서 구하는 경우의 수는 3이다.
(4) 비기는 경우는 다음과 같다.

지호	가위	바위	보
혜리	가위	바위	보

따라서 구하는 경우의 수는 3이다.

6 구하는 경우의 수는 $2\times3=6$

7 구하는 경우의 수는 $4\times6=24$

8 구하는 글자의 수는 $5\times4=20$

9 구하는 경우의 수는 $3\times5=15$

10 구하는 경우의 수는 $6\times7=42$

11 구하는 신호의 개수는 $2\times2\times2=8$

12 (2) 구하는 경우의 수는 $2\times2\times2=8$
(3) 구하는 경우의 수는 $2\times2\times2\times2=16$
(4) 구하는 경우의 수는 $2\times2\times2\times2\times2=32$
(5) 구하는 경우의 수는 $2\times2\times2\times2\times2\times2=64$

13 (2) 구하는 경우의 수는 $6\times6\times6=216$
(3) 구하는 경우의 수는 $6\times6\times6\times6=1296$
(4) 구하는 경우의 수는 $6\times6\times6\times6\times6=7776$
(5) 구하는 경우의 수는 $6\times6\times6\times6\times6\times6=46656$

14 (2) 구하는 경우의 수는 $2\times6\times6=72$
(3) 구하는 경우의 수는 $2\times2\times6=24$
(4) 구하는 경우의 수는 $2\times2\times6\times6=144$
(5) 구하는 경우의 수는 $2\times2\times2\times6=48$

04 한 줄로 세우는 경우의 수

본문 228쪽

1 (✎3, 2, 1, 6) 2 24 3 120
4 24 5 120 6 720 7 6
8 24 9 120 10 720 11 (✎3, 2, 6)
12 24 13 20 14 12 15 120
16 120 17 840 18 90
☺ $n-2$, 2, n, $n-1$, n, $n-1$, $n-2$
19 (1) (✎1, 4, 3, 2, 1, 24) (2) 24 (3) 24
(4) 6 (5) 48 (6) 48 (7) 12
20 (1) 6 (2) 6 (3) 2 (4) 6 (5) 4 21 ④
22 (1) (✎4, 3, 4, 3, 12) (2) 24 (3) 24 (4) 24
23 (1) (✎4, 3, 2, 2, 4, 3, 2, 2, 48) (2) 36 (3) 24
(4) 48

2 구하는 경우의 수는 $4\times3\times2\times1=24$

3 구하는 경우의 수는 $5\times4\times3\times2\times1=120$

4 구하는 경우의 수는 $4\times3\times2\times1=24$

5 구하는 경우의 수는 $5\times4\times3\times2\times1=120$

6 구하는 경우의 수는 $6\times5\times4\times3\times2\times1=720$

7 구하는 경우의 수는 $3\times2\times1=6$

8 구하는 경우의 수는 $4\times3\times2\times1=24$

9 구하는 경우의 수는 $5\times4\times3\times2\times1=120$

10 구하는 경우의 수는 $6\times5\times4\times3\times2\times1=720$

12 구하는 경우의 수는 $4\times3\times2=24$

13 구하는 경우의 수는 $5\times4=20$

14 구하는 경우의 수는 $4\times3=12$

15 구하는 경우의 수는 $5\times4\times3\times2=120$

16 구하는 경우의 수는 $6\times5\times4=120$

17 구하는 경우의 수는 $7\times6\times5\times4=840$

18 구하는 경우의 수는 $10\times9=90$

19 (2) E를 제외한 A, B, C, D 4명을 한 줄로 세우고 E를 맨 뒤에 세우면 된다.
따라서 구하는 경우의 수는 $4\times3\times2\times1=24$
(3) B를 제외한 A, C, D, E 4명을 한 줄로 세우고 B를 가운데에 세우면 된다.
따라서 구하는 경우의 수는 $4\times3\times2\times1=24$
(4) A와 E를 제외한 B, C, D 3명을 한 줄로 세우고 A를 맨 앞에, E를 맨 뒤에 세우면 된다.
따라서 구하는 경우의 수는 $3\times2\times1=6$
(5) A가 맨 앞에 서는 경우의 수는 $4\times3\times2\times1=24$
B가 맨 앞에 서는 경우의 수는 $4\times3\times2\times1=24$
따라서 구하는 경우의 수는 $24+24=48$
(6) D가 맨 뒤에 서는 경우의 수는 $4\times3\times2\times1=24$
E가 맨 뒤에 서는 경우의 수는 $4\times3\times2\times1=24$
따라서 구하는 경우의 수는 $24+24=48$
(7) A가 맨 앞에 서고 B가 맨 뒤에 서는 경우의 수는 $3\times2\times1=6$
B가 맨 앞에 서고 A가 맨 뒤에 서는 경우의 수는 $3\times2\times1=6$
따라서 구하는 경우의 수는 $6+6=12$

20 (1) 어머니를 제외한 아버지, 건우, 은서 3명을 한 줄로 세우고 어머니를 가장 왼쪽에 세우면 된다.
따라서 구하는 경우의 수는 $3\times2\times1=6$
(2) 아버지를 제외한 어머니, 건우, 은서 3명을 한 줄로 세우고 아버지를 가장 오른쪽에 세우면 된다.
따라서 구하는 경우의 수는 $3\times2\times1=6$
(3) 아버지와 어머니를 제외한 건우, 은서 2명을 한 줄로 세우고 어머니를 가장 왼쪽에, 아버지를 가장 오른쪽에 세우면 된다.
따라서 구하는 경우의 수는 $2\times1=2$
(4) 건우를 제외한 아버지, 어머니, 은서 3명을 한 줄로 세우고 건우를 왼쪽에서 두 번째에 세우면 된다.
따라서 구하는 경우의 수는 $3\times2\times1=6$
(5) 어머니가 가장 왼쪽에, 아버지가 가장 오른쪽에 서는 경우의 수는 $2\times1=2$
아버지가 가장 왼쪽에, 어머니가 가장 오른쪽에 서는 경우의 수는 $2\times1=2$
따라서 구하는 경우의 수는 $2+2=4$

21 혜리가 맨 앞에 서는 경우의 수는 $3\times2\times1=6$
혜리가 맨 뒤에 서는 경우의 수는 $3\times2\times1=6$
따라서 구하는 경우의 수는 $6+6=12$

22 (2) A에 칠할 수 있는 색은 4가지
B에 칠할 수 있는 색은 3가지
C에 칠할 수 있는 색은 2가지
따라서 구하는 경우의 수는 $4\times3\times2=24$
(3) A에 칠할 수 있는 색은 4가지
B에 칠할 수 있는 색은 3가지
C에 칠할 수 있는 색은 2가지
D에 칠할 수 있는 색은 1가지
따라서 구하는 경우의 수는 $4\times3\times2\times1=24$
(4) A에 칠할 수 있는 색은 4가지
B에 칠할 수 있는 색은 3가지
C에 칠할 수 있는 색은 2가지
D에 칠할 수 있는 색은 1가지
따라서 구하는 경우의 수는 $4\times3\times2\times1=24$

23 (2) A에 칠할 수 있는 색은 4가지
B에 칠할 수 있는 색은 3가지
C에 칠할 수 있는 색은 3가지
따라서 구하는 경우의 수는 $4\times3\times3=36$
(3) A에 칠할 수 있는 색은 4가지
B에 칠할 수 있는 색은 3가지
C에 칠할 수 있는 색은 2가지
따라서 구하는 경우의 수는 $4\times3\times2=24$
(4) A에 칠할 수 있는 색은 4가지
B에 칠할 수 있는 색은 3가지
C에 칠할 수 있는 색은 2가지
D에 칠할 수 있는 색은 2가지
따라서 구하는 경우의 수는 $4\times3\times2\times2=48$

05 이웃하여 한 줄로 세우는 경우의 수

본문 232쪽

원리확인

❶ 3, 2, 1, 24 ❷ 1, 2 ❸ 24, 2, 48

1 (1) (✎3, 2, 1, 6, 2, 1, 2, 6, 2, 12) (2) 12 (3) 12
(4) 12 (5) 8

2 (1) (✎5, 4, 3, 2, 1, 120, 3, 2, 1, 6, 120, 6, 720)
(2) 576 (3) 288

3 (1) 24 (2) 12 **4** 48 **5** 240
6 720 **7** 36 **8** 144

1 (2) A, B, (C, D)가 한 줄로 서는 경우의 수는
$3\times2\times1=6$
C, D가 서로 자리를 바꾸는 경우의 수는 $2\times1=2$
따라서 구하는 경우의 수는 $6\times2=12$
(3) (A, B, C), D가 한 줄로 서는 경우의 수는 $2\times1=2$
A, B, C가 서로 자리를 바꾸는 경우의 수는
$3\times2\times1=6$
따라서 구하는 경우의 수는 $2\times6=12$
(4) A, (B, C, D)가 한 줄로 서는 경우의 수는 $2\times1=2$
B, C, D가 서로 자리를 바꾸는 경우의 수는
$3\times2\times1=6$
따라서 구하는 경우의 수는 $2\times6=12$
(5) (A, B), (C, D)가 한 줄로 서는 경우의 수는
$2\times1=2$
A, B가 서로 자리를 바꾸는 경우의 수는 $2\times1=2$
C, D가 서로 자리를 바꾸는 경우의 수는 $2\times1=2$
따라서 구하는 경우의 수는 $2\times2\times2=8$

2 (2) 2학년 4명을 한 명으로 생각하여 4명을 한 줄로 세우는 경우의 수는 $4\times3\times2\times1=24$
2학년 4명이 서로 자리를 바꾸는 경우의 수는
$4\times3\times2\times1=24$
따라서 구하는 경우의 수는 $24\times24=576$
(3) 1학년 3명과 2학년 4명을 각각 한 명씩으로 생각하여 2명을 한 줄로 세우는 경우의 수는 $2\times1=2$
1학년 3명이 서로 자리를 바꾸는 경우의 수는
$3\times2\times1=6$
2학년 4명이 서로 자리를 바꾸는 경우의 수는
$4\times3\times2\times1=24$
따라서 구하는 경우의 수는 $2\times6\times24=288$

3 (1) C가 B 뒤에 서는 경우는 (B, C)이므로
A, (B, C), D, E가 한 줄로 서는 경우의 수는
$4\times3\times2\times1=24$
(2) A를 제외한 B, (C, D, E)를 한 줄로 나열하는 경우의 수는 $2\times1=2$
C, D, E가 서로 자리를 바꾸는 경우의 수는
$3\times2\times1=6$
따라서 구하는 경우의 수는 $2\times6=12$

4 짝수 2, 4를 한 장으로 생각하여 4장의 카드를 한 줄로 나열하는 경우의 수는 $4\times3\times2\times1=24$
짝수가 적힌 2장의 카드가 서로 자리를 바꾸는 경우의 수는 $2\times1=2$
따라서 구하는 경우의 수는 $24\times2=48$

5 포수 2명을 한 명으로 생각하여 5명을 한 줄로 세우는 경우의 수는 $5\times4\times3\times2\times1=120$
포수 2명이 서로 자리를 바꾸는 경우의 수는 $2\times1=2$
따라서 구하는 경우의 수는 $120\times2=240$

6 어린이 5명을 한 명으로 생각하여 3명을 한 줄로 세우는 경우의 수는 $3\times2\times1=6$
어린이 5명이 서로 자리를 바꾸는 경우의 수는
$5\times4\times3\times2\times1=120$
따라서 구하는 경우의 수는 $6\times120=720$

7 소설책 3권을 한 권으로 생각하여 3권을 한 줄로 꽂는 경우의 수는 $3\times2\times1=6$
소설책 3권이 서로 자리를 바꾸는 경우의 수는
$3\times2\times1=6$
따라서 구하는 경우의 수는 $6\times6=36$

8 모음 O, A, E를 한 문자로 생각하여 4개를 한 줄로 나열하는 경우의 수는 $4\times3\times2\times1=24$
모음 3개가 서로 자리를 바꾸는 경우의 수는 $3\times2\times1=6$
따라서 구하는 경우의 수는 $24\times6=144$

06 자연수의 개수

본문 234쪽

1 (1) 20 (2) 60 (3) 120
2 (1) (✎ 5, 4, 3, 60) (2) 40 (3) 20
3 (1) 12 (2) 8 (3) 8 (4) 8 ☺ n, $n-1$
4 (1) 16 (2) 48 (3) 96
5 (1) (✎ 5, 1, 5, 4, 2, 8, 5, 8, 13) (2) 12 (3) 10 (4) 9 ☺ $n-1$, $n-1$

1 (1) 구하는 자연수의 개수는 $5\times4=20$
(2) 구하는 자연수의 개수는 $5\times4\times3=60$
(3) 구하는 자연수의 개수는 $5\times4\times3\times2=120$

2 (2) 백의 자리에 올 수 있는 숫자는 5, 6의 2개이므로 구하는 자연수의 개수는 $2\times5\times4=40$
(3) 백의 자리에 올 수 있는 숫자는 1뿐이므로 구하는 자연수의 개수는 $1\times5\times4=20$

3 (1) 일의 자리에 올 수 있는 숫자는 3, 5, 9의 3개이므로 구하는 자연수의 개수는 $4\times3=12$
(2) 일의 자리에 올 수 있는 숫자는 2, 6의 2개이므로 구하는 자연수의 개수는 $4\times2=8$
(3) 십의 자리에 올 수 있는 숫자는 2, 3의 2개이므로 구하는 자연수의 개수는 $2\times4=8$
(4) 십의 자리에 올 수 있는 숫자는 6, 9의 2개이므로 구하는 자연수의 개수는 $2\times4=8$

4 (1) 구하는 자연수의 개수는 $4\times4=16$
(2) 구하는 자연수의 개수는 $4\times4\times3=48$
(3) 구하는 자연수의 개수는 $4\times4\times3\times2=96$

5 (2) 일의 자리에 올 수 있는 숫자는 1, 3, 5의 3개이고, 십의 자리에 올 수 있는 숫자는 0과 일의 자리에 놓인 숫자를 제외한 나머지 4개이므로 구하는 자연수의 개수는 $4\times3=12$
(3) 십의 자리에 올 수 있는 숫자는 1, 2의 2개이므로 구하는 자연수의 개수는 $2\times5=10$
(4) 일의 자리에 올 수 있는 숫자는 0, 5이므로
(i) 일의 자리에 0이 오는 경우
십의 자리에 올 수 있는 숫자는 0을 제외한 5개이므로 $5\times1=5$
(ii) 일의 자리에 5가 오는 경우
십의 자리에 올 수 있는 숫자는 0과 일의 자리에 온 수를 제외한 4개이므로 $4\times1=4$
(i), (ii)에서 구하는 5의 배수의 개수는 $5+4=9$

07 자격이 다른 대표를 뽑는 경우의 수

본문 236쪽

원리확인

❶ 4 ❷ 3 ❸ 4, 3, 12

1 (1) 12 (2) 24 **2** (1) 12 (2) 24
3 (1) 12 (2) 24 **4** (1) 20 (2) 60 (3) 120
5 (1) 20 (2) 60 (3) 120 ☺ n, $n-1$, n, $n-1$, $n-2$
6 120 **7** 42 **8** 56 **9** 504
10 ③

1 (1) 구하는 경우의 수는 $4\times3=12$
(2) 구하는 경우의 수는 $4\times3\times2=24$

2 (1) 구하는 경우의 수는 $4\times3=12$
(2) 구하는 경우의 수는 $4\times3\times2=24$

3 (1) 구하는 경우의 수는 $4\times3=12$
(2) 구하는 경우의 수는 $4\times3\times2=24$

4 (1) 구하는 경우의 수는 $5\times4=20$
(2) 구하는 경우의 수는 $5\times4\times3=60$
(3) 구하는 경우의 수는 $5\times4\times3\times2=120$

5 (1) 구하는 경우의 수는 $5\times4=20$
(2) 구하는 경우의 수는 $5\times4\times3=60$
(3) 구하는 경우의 수는 $5\times4\times3\times2=120$

6 구하는 경우의 수는 $6\times5\times4=120$

7 구하는 경우의 수는 $7\times6=42$

8 구하는 경우의 수는 $8\times7=56$

9 구하는 경우의 수는 $9\times8\times7=504$

10 남학생 중에서 회장 1명을 뽑는 경우의 수는 2, 여학생 중에서 부회장 1명을 뽑는 경우의 수는 3이므로
$a=2\times3=6$
여학생 3명 중에서 회장 1명을 뽑는 경우의 수는 3, 나머지 여학생 2명 중에서 부회장 1명을 뽑는 경우의 수는 2, 남학생 2명 중에서 부회장 1명을 뽑는 경우의 수는 2이므로 $b=3\times2\times2=12$
따라서 $a+b=6+12=18$

08 자격이 같은 대표를 뽑는 경우의 수

본문 238쪽

원리확인

B, A, 3, 2, 6

1 (1) 6 (2) (✎ 4)　**2** (1) 6 (2) 4
3 (1) 6 (2) 4　**4** (1) 10 (2) 10 (3) 6
5 (1) 10 (2) 10 (3) 6　☺ $n-1$, 2, $n-1$, $n-2$, 3
6 15　**7** 20　**8** 35　**9** 56
10 ④　**11** (1) (✎ 3, 2, 6) (2) (✎ 3, 2, 4)
12 (1) 10 (2) 10
13 (1) (✎ 2, 3, 2, 6) (2) (✎ 3, 2, 4)
14 (1) 15 (2) 20
☺ $n-1$, 2, $n-1$, $n-2$, 2, 1

1 (1) 구하는 경우의 수는 $\frac{4\times3}{2}=6$

2 (1) 구하는 경우의 수는 $\frac{4\times3}{2}=6$
(2) 구하는 경우의 수는 $\frac{4\times3\times2}{3\times2\times1}=4$

3 (1) 구하는 경우의 수는 $\frac{4\times3}{2}=6$
(2) 구하는 경우의 수는 $\frac{4\times3\times2}{3\times2\times1}=4$

4 (1) 구하는 경우의 수는 $\frac{5\times4}{2}=10$
(2) 구하는 경우의 수는 $\frac{5\times4\times3}{3\times2\times1}=10$
(3) A를 제외한 4명 중에서 대표 2명을 뽑은 후, A도 대표에 포함시키면 되므로 구하는 경우의 수는 $\frac{4\times3}{2}=6$

5 (1) 구하는 경우의 수는 $\frac{5\times4}{2}=10$
(2) 구하는 경우의 수는 $\frac{5\times4\times3}{3\times2\times1}=10$
(3) 미나를 제외한 4명 중에서 모둠원 2명을 뽑은 후, 미나도 모둠원에 포함시키면 되므로 구하는 경우의 수는 $\frac{4\times3}{2}=6$

6 구하는 경우의 수는 $\frac{6\times5}{2}=15$

7 구하는 경우의 수는 $\frac{6\times5\times4}{3\times2\times1}=20$

8 구하는 경우의 수는 $\frac{7\times6\times5}{3\times2\times1}=35$

9 구하는 경우의 수는 $\frac{8\times7\times6}{3\times2\times1}=56$

10 구하는 경우의 수는 8명 중에서 자격이 같은 2명을 뽑는 경우의 수와 같으므로
$\frac{8\times7}{2}=28$

12 (1) 5개의 점 중에서 2개의 점을 택하면 되므로 두 점을 이어 만들 수 있는 선분의 개수는

$\frac{5\times4}{2}=10$

(2) 5개의 점 중에서 3개의 점을 택하면 되므로 세 점을 이어 만들 수 있는 삼각형의 개수는

$\frac{5\times4\times3}{3\times2\times1}=10$

14 (1) 6개의 점 중에서 2개의 점을 택하면 되므로 두 점을 이어 만들 수 있는 선분의 개수는

$\frac{6\times5}{2}=15$

(2) 6개의 점 중에서 3개의 점을 택하면 되므로 세 점을 이어 만들 수 있는 삼각형의 개수는

$\frac{6\times5\times4}{3\times2\times1}=20$

TEST 10. 경우의 수

본문 241쪽

1 ①	**2** 7	**3** ⑤
4 24	**5** ③	**6** ③

1 ① 짝수는 2, 4, 6이므로 경우의 수는 3이다.
② 3 이상의 수는 3, 4, 5, 6이므로 경우의 수는 4이다.
③ 4 이하의 수는 1, 2, 3, 4이므로 경우의 수는 4이다.
④ 6의 약수는 1, 2, 3, 6이므로 경우의 수는 4이다.
⑤ 1보다 크고 6보다 작은 수는 2, 3, 4, 5이므로 경우의 수는 4이다.
따라서 경우의 수가 다른 것은 ①이다.

2 구하는 경우의 수는 $4+3=7$

3 구하는 경우의 수는 $3\times5=15$

4 구하는 경우의 수는 $4\times3\times2\times1=24$

5 소희를 제외한 7명 중에서 2명을 뽑은 후, 소희도 포함시키면 되므로 구하는 경우의 수는 $\frac{7\times6}{2}=21$

6 7개의 점 중에서 3개의 점을 택하면 되므로 세 점을 이어 만들 수 있는 삼각형의 개수는

$\frac{7\times6\times5}{3\times2\times1}=35$

11 확률과 그 계산

01 확률의 뜻

본문 244쪽

원리확인

❶ 뒷면, 2 ❷ 1 ❸ 앞면, 1

1 (1) $\frac{1}{3}$ (2) $\frac{2}{3}$ **2** (1) $\frac{1}{2}$ (2) $\frac{2}{3}$

3 (1) $\frac{2}{5}$ (2) $\frac{3}{10}$ **4** (1) $\frac{1}{4}$ (2) $\frac{1}{2}$

5 (1) $\frac{1}{6}$ (2) $\frac{1}{9}$ (3) $\frac{1}{6}$ (4) $\frac{1}{18}$

☺ 6, 2, 4, 6, 2 **6** (1) $\frac{1}{4}$ (2) $\frac{1}{4}$ (3) $\frac{1}{2}$

7 (1) $\frac{1}{2}$ (2) $\frac{1}{3}$ (3) $\frac{1}{6}$ **8** ④

1 (1) 흰공이 나올 확률은 $\frac{2}{6}=\frac{1}{3}$

(2) 검은 공이 나올 확률은 $\frac{4}{6}=\frac{2}{3}$

2 (1) 홀수의 눈이 나오는 경우는 1, 3, 5의 3가지이므로 구하는 확률은

$\frac{3}{6}=\frac{1}{2}$

(2) 6의 약수의 눈이 나오는 경우는 1, 2, 3, 6의 4가지이므로 구하는 확률은

$\frac{4}{6}=\frac{2}{3}$

3 (1) 카드에 적힌 수가 7 이상인 수는 7, 8, 9, 10의 4가지이므로 구하는 확률은

$\frac{4}{10}=\frac{2}{5}$

(2) 카드에 적힌 수가 3의 배수인 경우는 3, 6, 9의 3가지이므로 구하는 확률은

$\frac{3}{10}$

4 (1) 모든 경우의 수는 $2\times2=4$
모두 앞면이 나오는 경우는 (앞, 앞)의 1가지
따라서 모두 앞면이 나올 확률은 $\frac{1}{4}$

(2) 모든 경우의 수는 $2\times2=4$
뒷면이 한 개 나오는 경우는 (앞, 뒤), (뒤, 앞)의 2가지
따라서 뒷면이 한 개 나올 확률은 $\frac{2}{4}=\frac{1}{2}$

5 (1) 모든 경우의 수는 $6\times6=36$
두 눈의 수가 같은 경우는
(1, 1), (2, 2), (3, 3), (4, 4), (5, 5), (6, 6)의 6가지
따라서 구하는 확률은 $\frac{6}{36}=\frac{1}{6}$

(2) 모든 경우의 수는 $6\times6=36$
두 눈의 수의 합이 9인 경우는
(3, 6), (4, 5), (5, 4), (6, 3)의 4가지
따라서 구하는 확률은 $\frac{4}{36}=\frac{1}{9}$

(3) 모든 경우의 수는 $6\times6=36$
두 눈의 수의 차가 3인 경우는
(1, 4), (2, 5), (3, 6), (4, 1), (5, 2), (6, 3)의 6가지
따라서 구하는 확률은 $\frac{6}{36}=\frac{1}{6}$

(4) 모든 경우의 수는 $6\times6=36$
두 눈의 수의 곱이 15인 경우는
(3, 5), (5, 3)의 2가지
따라서 구하는 확률은 $\frac{2}{36}=\frac{1}{18}$

6 (1) 모든 경우의 수는 $4\times3\times2\times1=24$
우빈이를 맨 앞에 세우고 나머지 3명을 한 줄로 세우는 경우의 수는 $3\times2\times1=6$
따라서 구하는 확률은 $\frac{6}{24}=\frac{1}{4}$

(2) 모든 경우의 수는 $4\times3\times2\times1=24$
하윤이를 세 번째에 세우고 나머지 3명을 한 줄로 세우는 경우의 수는
$3\times2\times1=6$
따라서 구하는 확률은 $\frac{6}{24}=\frac{1}{4}$

(3) 모든 경우의 수는 $4\times3\times2\times1=24$
태연이와 하민이가 이웃하게 한 줄로 줄을 서는 경우의 수는 $(3\times2\times1)\times2=12$
따라서 구하는 확률은 $\frac{12}{24}=\frac{1}{2}$

7 (1) 모든 경우의 수는 $6\times5=30$
두 자리 자연수가 홀수인 경우는 일의 자리 숫자가 1, 3, 5이므로 $5\times3=15$
따라서 구하는 확률은 $\frac{15}{30}=\frac{1}{2}$

(2) 모든 경우의 수는 $6\times5=30$
두 자리 자연수가 50 이상인 경우는 십의 자리 숫자가 5, 6이므로
$2\times5=10$
따라서 구하는 확률은 $\frac{10}{30}=\frac{1}{3}$

(3) 모든 경우의 수는 $6\times5=30$
두 자리 자연수가 8의 배수인 경우는 16, 24, 32, 56, 64의 5가지
따라서 구하는 확률은 $\frac{5}{30}=\frac{1}{6}$

8 모든 경우의 수는 30이고, 월요일인 경우는 2일, 9일, 16일, 23일, 30일의 5가지이므로 구하는 확률은 $\frac{5}{30}=\frac{1}{6}$

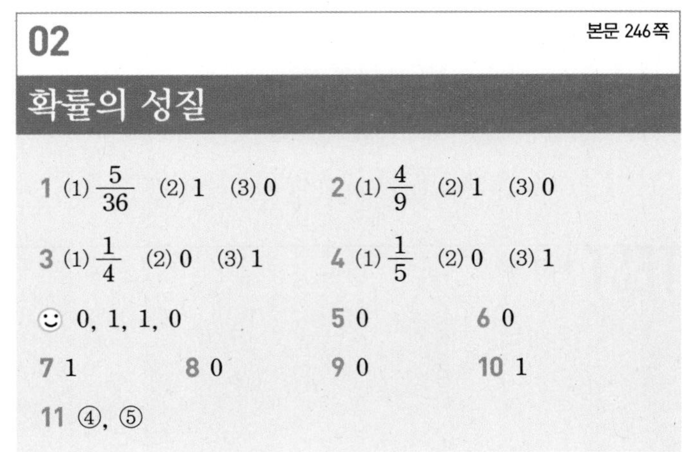

02 확률의 성질

본문 246쪽

1 (1) $\frac{5}{36}$ (2) 1 (3) 0　2 (1) $\frac{4}{9}$ (2) 1 (3) 0
3 (1) $\frac{1}{4}$ (2) 0 (3) 1　4 (1) $\frac{1}{5}$ (2) 0 (3) 1
☺ 0, 1, 1, 0　5 0　6 0
7 1　8 0　9 0　10 1
11 ④, ⑤

1 (1) 모든 경우의 수는 $6\times6=36$
두 눈의 수의 합이 8인 경우는
(2, 6), (3, 5), (4, 4), (5, 3), (6, 2)의 5가지이므로 구하는 확률은 $\frac{5}{36}$이다.

(2) 두 눈의 수의 합은 항상 12 이하이므로 구하는 확률은 1이다.

(3) 두 눈의 수의 합은 1이 될 수 없으므로 구하는 확률은 0이다.

2 (1) 카드에 적힌 수가 짝수인 경우는 2, 4, 6, 8의 4가지이므로 구하는 확률은 $\frac{4}{9}$이다.

(2) 카드에 적힌 수는 모두 1 이상이므로 구하는 확률은 1이다.

(3) 카드에 적힌 수는 두 자리 자연수일 수 없으므로 구하는 확률은 0이다.

3 (1) $(\text{검은 구슬을 꺼낼 확률})=\frac{(\text{검은 구슬의 개수})}{(\text{전체 구슬의 개수})}$
$=\frac{2}{8}=\frac{1}{4}$

(2) 주머니 속에는 빨간 구슬이 없으므로 빨간 구슬을 꺼내는 경우는 없다.
따라서 구하는 확률은 0이다.

(3) 주머니에 들어 있는 구슬은 흰 구슬 또는 검은 구슬이므로 주머니에서 한 개의 구슬을 꺼내면 항상 흰 구슬 또는 검은 구슬이다.
따라서 구하는 확률은 1이다.

4 (1) $\frac{2}{10}=\frac{1}{5}$

11 ④ 확률은 1보다 클 수 없다.
⑤ 확률은 0 이상 1 이하이므로 $0\le p\le 1$

03 어떤 사건이 일어나지 않을 확률

본문 248쪽

1 (1) 5 (2) $\frac{1}{3}$ (3) $\frac{2}{3}$ 2 (1) 6 (2) $\frac{1}{6}$ (3) $\frac{5}{6}$
3 $\frac{2}{7}$ 4 $\frac{2}{3}$ 5 $\frac{5}{8}$ 6 $\frac{3}{10}$
7 $\frac{2}{5}$ 8 $\frac{13}{15}$ 9 $\frac{2}{3}$ 10 $\frac{11}{12}$
11 $\frac{2}{3}$ 12 $\frac{3}{4}$ 13 $\frac{23}{25}$ 14 $\frac{3}{4}$
☺ p, 1

1 (1) 카드에 적힌 수가 3의 배수인 경우의 수는 3, 6, 9, 12, 15의 5이다.
(2) $\frac{5}{15}=\frac{1}{3}$
(3) $1-\frac{1}{3}=\frac{2}{3}$

2 (1) 서로 같은 눈이 나오는 경우의 수는 (1, 1), (2, 2), (3, 3), (4, 4), (5, 5), (6, 6)의 6이다.
(2) 모든 경우의 수는 $6\times6=36$
따라서 서로 같은 눈이 나올 확률은 $\frac{6}{36}=\frac{1}{6}$
(3) $1-\frac{1}{6}=\frac{5}{6}$

3 $1-\frac{5}{7}=\frac{2}{7}$

4 $1-\frac{1}{3}=\frac{2}{3}$

5 $1-\frac{3}{8}=\frac{5}{8}$

6 $1-\frac{7}{10}=\frac{3}{10}$

7 $1-\frac{3}{5}=\frac{2}{5}$

8 $1-\frac{2}{15}=\frac{13}{15}$

9 주사위 눈이 5 이상인 경우는 5, 6의 2가지이므로 5 이상의 눈이 나올 확률은 $\frac{2}{6}=\frac{1}{3}$
따라서 구하는 확률은 $1-\frac{1}{3}=\frac{2}{3}$

10 모든 경우의 수는 $6\times6=36$
주사위 두 눈의 합이 10인 경우는 (4, 6), (5, 5), (6, 4)의 3가지이므로 두 눈의 합이 10일 확률은 $\frac{3}{36}=\frac{1}{12}$
따라서 구하는 확률은 $1-\frac{1}{12}=\frac{11}{12}$

11 모든 경우의 수는 $3\times3=9$
승부가 나지 않는 경우, 즉 비기는 경우는
(가위, 가위), (바위, 바위), (보, 보)의 3가지이므로 그 확률은 $\frac{3}{9}=\frac{1}{3}$
따라서 구하는 확률은 $1-\frac{1}{3}=\frac{2}{3}$

12 4명이 한 줄로 서는 경우의 수는 $4\times3\times2\times1=24$
A가 맨 뒤에 서는 경우의 수는 $3\times2\times1=6$
이므로 그 확률은 $\frac{6}{24}=\frac{1}{4}$
따라서 구하는 확률은 $1-\frac{1}{4}=\frac{3}{4}$

13 모든 경우의 수는 50이고, 카드에 적힌 수가 47 이상인 경우는 47, 48, 49, 50의 4가지이므로 그 확률은 $\frac{4}{50}=\frac{2}{25}$
따라서 구하는 확률은 $1-\frac{2}{25}=\frac{23}{25}$

14 모든 경우의 수는 $4\times3=12$
두 자리의 자연수가 20 미만인 경우는 12, 13, 14의 3가지이므로 그 확률은 $\frac{3}{12}=\frac{1}{4}$
따라서 구하는 확률은 $1-\frac{1}{4}=\frac{3}{4}$

04 적어도 ~인 사건의 확률

본문 250쪽

원리확인

❶ 2, 4 ❷ 앞면, 1

❸ 1 ❹ 앞면, $\frac{1}{4}$, $\frac{3}{4}$

1 (1) $\frac{1}{4}$ (2) $\frac{3}{4}$ 2 (1) $\frac{1}{8}$ (2) $\frac{7}{8}$

3 (1) $\frac{1}{10}$ (2) $\frac{9}{10}$ 4 $\frac{3}{4}$ 5 $\frac{3}{4}$

6 $\frac{15}{16}$ 7 $\frac{31}{32}$ 8 $\frac{8}{9}$

9 (✎ 2, 15, 2, 3, 3, $\frac{1}{5}$, $\frac{1}{5}$, $\frac{4}{5}$) 10 $\frac{6}{7}$

11 $\frac{8}{15}$ 12 $\frac{4}{5}$ ☺ 1

1 (1) 모든 경우의 수는 $2\times2=4$
두 문제 모두 틀리는 경우의 수는 1이므로 2문제 모두 틀릴 확률은 $\frac{1}{4}$이다.
(2) (적어도 한 문제는 맞힐 확률)
$=1-$(두 문제 모두 틀릴 확률)
$=1-\frac{1}{4}=\frac{3}{4}$

2 (1) 모든 경우의 수는 $2\times2\times2=8$
모두 뒷면이 나오는 경우는 1가지이므로 모두 뒷면이 나올 확률은 $\frac{1}{8}$이다.
(2) (적어도 하나는 앞면이 나올 확률)
$=1-$(모두 뒷면이 나올 확률)
$=1-\frac{1}{8}=\frac{7}{8}$

3 (1) 남학생 2명, 여학생 3명 중 대표 2명을 뽑는 경우의 수는 $\frac{5\times4}{2}=10$
남학생 2명 중 대표 2명을 뽑는 경우의 수는 1
따라서 구하는 확률은 $\frac{1}{10}$이다.
(2) (적어도 한 명을 여학생을 뽑을 확률)
$=1-$(2명 모두 남학생을 뽑을 확률)
$=1-\frac{1}{10}=\frac{9}{10}$

4 모든 경우의 수는 $6\times6=36$
모두 홀수의 눈이 나오는 경우의 수는 $3\times3=9$이므로 그 확률은 $\frac{9}{36}=\frac{1}{4}$
따라서 적어도 하나는 짝수의 눈이 나올 확률은
$1-\frac{1}{4}=\frac{3}{4}$

5 모든 경우의 수는 $6\times6=36$
한 개의 주사위를 던질 때, 소수의 눈이 나오는 경우는 2, 3, 5의 3가지이고 한 개의 주사위를 두 번 던질 때 두 번 모두 소수의 눈이 나오는 경우의 수는 $3\times3=9$이므로 그 확률은 $\frac{9}{36}=\frac{1}{4}$
따라서 적어도 한 번은 소수의 눈이 나올 확률은
$1-\frac{1}{4}=\frac{3}{4}$

6 모든 경우의 수는 $2\times2\times2\times2=16$
4개 모두 뒷면이 나오는 경우는 1가지이므로 모두 뒷면이 나올 확률은 $\frac{1}{16}$
따라서 적어도 한 개는 앞면이 나올 확률은 $1-\frac{1}{16}=\frac{15}{16}$

7 모든 경우의 수는 $2\times2\times2\times2\times2=32$
5개 모두 틀리는 경우의 수는 1이므로 모두 틀릴 확률은 $\frac{1}{32}$
따라서 적어도 한 문제 이상 맞힐 확률은 $1-\frac{1}{32}=\frac{31}{32}$

8 모든 경우의 수는 $3\times3\times3=27$
세 사람 모두 같은 것을 내는 경우는 (가위, 가위, 가위), (바위, 바위, 바위), (보, 보, 보)의 3가지이므로 그 확률은 $\frac{3}{27}=\frac{1}{9}$
따라서 적어도 한 사람은 다른 것을 낼 확률은 $1-\frac{1}{9}=\frac{8}{9}$

10 주머니에서 2개의 공을 동시에 꺼내는 경우의 수는 $\frac{7\times6}{2}=21$
흰 공 2개를 꺼내는 경우의 수는 $\frac{3\times2}{2}=3$이므로 그 확률은 $\frac{3}{21}=\frac{1}{7}$
따라서 적어도 한 개는 검은 공이 나올 확률은 $1-\frac{1}{7}=\frac{6}{7}$

11 모든 경우의 수는 $\frac{10\times9}{2}=45$

모두 불량품이 아닌 경우의 수는 $\frac{7\times6}{2}=21$

이므로 그 확률은 $\frac{21}{45}=\frac{7}{15}$

따라서 적어도 한 개의 제품이 불량품일 확률은

$1-\frac{7}{15}=\frac{8}{15}$

12 모든 경우의 수는 $\frac{6\times5\times4}{3\times2\times1}=20$

모두 당첨 제비가 아닌 경우의 수는 2개의 당첨 제비를 제외한 4개의 제비에서 3개의 제비를 동시에 뽑는 경우의 수이므로

$\frac{4\times3\times2}{3\times2\times1}=4$

따라서 모두 당첨 제비가 아닐 확률은 $\frac{4}{20}=\frac{1}{5}$

그러므로 적어도 한 개는 당첨 제비일 확률은

$1-\frac{1}{5}=\frac{4}{5}$

05 사건 A 또는 사건 B가 일어날 확률

본문 252쪽

원리확인

❶ 9 ❷ 5

❸ 2 ❹ 5, 2, 7

1 (1) $\frac{4}{15}$ (2) $\frac{2}{5}$ (3) $\frac{2}{3}$ 2 (1) $\frac{2}{15}$ (2) $\frac{1}{10}$ (3) $\frac{7}{30}$

3 (1) $\frac{1}{9}$ (2) $\frac{5}{36}$ (3) $\frac{1}{4}$ (4) $\frac{5}{18}$ (5) $\frac{5}{36}$

☺ + 4 $\frac{7}{15}$ 5 $\frac{7}{40}$ 6 $\frac{1}{2}$

7 $\frac{3}{5}$ 8 $\frac{7}{16}$ 9 ⑤

1 (1) 전체 공의 개수가 $6+5+4=15$이므로 빨간 공이 나올 확률은 $\frac{4}{15}$이다.

(2) $\frac{6}{15}=\frac{2}{5}$

(3) $\frac{4}{15}+\frac{2}{5}=\frac{4}{15}+\frac{6}{15}=\frac{10}{15}=\frac{2}{3}$

2 (1) 7의 배수가 적힌 카드는 7, 14, 21, 28의 4가지이므로 그 확률은 $\frac{4}{30}=\frac{2}{15}$

(2) 9의 배수가 적힌 카드는 9, 18, 27의 3가지이므로 그 확률은 $\frac{3}{30}=\frac{1}{10}$

(3) $\frac{2}{15}+\frac{1}{10}=\frac{4}{30}+\frac{3}{30}=\frac{7}{30}$

3 (1) 모든 경우의 수는 $6\times6=36$

두 눈의 수의 합이 5인 경우는 (1, 4), (2, 3), (3, 2), (4, 1)의 4가지이므로 그 확률은 $\frac{4}{36}=\frac{1}{9}$

(2) 모든 경우의 수는 $6\times6=36$

두 눈의 수의 합이 8인 경우는 (2, 6), (3, 5), (4, 4), (5, 3), (6, 2)의 5가지이므로 그 확률은 $\frac{5}{36}$이다.

(3) $\frac{1}{9}+\frac{5}{36}=\frac{4}{36}+\frac{5}{36}=\frac{9}{36}=\frac{1}{4}$

(4) 모든 경우의 수는 $6\times6=36$

두 눈의 수의 차가 2인 경우는 (1, 3), (2, 4), (3, 1), (3, 5), (4, 2), (4, 6), (5, 3), (6, 4)의 8가지이므로 그 확률은 $\frac{8}{36}=\frac{2}{9}$

두 눈의 수의 차가 5인 경우는 (1, 6), (6, 1)의 2가지이므로 그 확률은 $\frac{2}{36}=\frac{1}{18}$

따라서 구하는 확률은

$\frac{2}{9}+\frac{1}{18}=\frac{4}{18}+\frac{1}{18}=\frac{5}{18}$

(5) 모든 경우의 수는 $6\times6=36$

두 눈의 수의 곱이 4인 경우는 (1, 4), (2, 2), (4, 1)의 3가지이므로 그 확률은 $\frac{3}{36}=\frac{1}{12}$

두 눈의 수의 곱이 15인 경우는 (3, 5), (5, 3)의 2가지이므로 그 확률은 $\frac{2}{36}=\frac{1}{18}$

따라서 구하는 확률은

$\frac{1}{12}+\frac{1}{18}=\frac{3}{36}+\frac{2}{36}=\frac{5}{36}$

4 카드에 적힌 수가 4 이하인 경우는 1, 2, 3, 4의 4가지이므로 그 확률은 $\frac{4}{15}$

카드에 적힌 수가 13 이상인 경우는 13, 14, 15의 3가지이므로 그 확률은 $\frac{3}{15}=\frac{1}{5}$

따라서 구하는 확률은

$\frac{4}{15}+\frac{1}{5}=\frac{4}{15}+\frac{3}{15}=\frac{7}{15}$

5 2등 경품권을 뽑을 확률은 $\frac{5}{200}=\frac{1}{40}$

3등 경품권을 뽑을 확률은 $\frac{30}{200}=\frac{3}{20}$

따라서 구하는 확률은

$\frac{1}{40}+\frac{3}{20}=\frac{1}{40}+\frac{6}{40}=\frac{7}{40}$

6 4명이 한 줄로 서는 경우의 수는 $4\times3\times2\times1=24$

D가 맨 앞에 서는 경우의 수는 $3\times2\times1=6$이므로 그 확률은 $\frac{6}{24}=\frac{1}{4}$

D가 맨 뒤에 서는 경우의 수는 $3\times2\times1=6$이므로 그 확률은 $\frac{6}{24}=\frac{1}{4}$

따라서 구하는 확률은

$\frac{1}{4}+\frac{1}{4}=\frac{2}{4}=\frac{1}{2}$

7 모든 경우의 수는 $5\times4=20$

20 이하의 수가 나오는 경우의 수는 $1\times4=4$이므로 그 확률은 $\frac{4}{20}=\frac{1}{5}$

40 이상의 수가 나오는 경우의 수는 $2\times4=8$이므로 그 확률은 $\frac{8}{20}=\frac{2}{5}$

따라서 구하는 확률은 $\frac{1}{5}+\frac{2}{5}=\frac{3}{5}$

8 모든 경우의 수는 $2\times2\times2\times2=16$

개가 나오는 경우의 수는 $\frac{4\times3}{2}=6$이므로 확률은

$\frac{6}{16}=\frac{3}{8}$

모가 나오는 경우의 수는 1가지이므로 확률은 $\frac{1}{16}$

따라서 구하는 확률은

$\frac{3}{8}+\frac{1}{16}=\frac{6}{16}+\frac{1}{16}=\frac{7}{16}$

9 선택한 날이 수요일일 확률은 $\frac{5}{30}=\frac{1}{6}$

선택한 날이 토요일일 확률은 $\frac{4}{30}=\frac{2}{15}$

따라서 구하는 확률은

$\frac{1}{6}+\frac{2}{15}=\frac{5}{30}+\frac{4}{30}=\frac{9}{30}=\frac{3}{10}$

06 사건 A와 사건 B가 동시에 일어날 확률

본문 254쪽

원리확인

❶ $\frac{1}{2}$ ❷ 3, 1 ❸ $\frac{1}{2}$, $\frac{1}{4}$

1 $\frac{4}{5}$ **2** $\frac{1}{2}$ **3** $\frac{1}{5}$ **4** $\frac{3}{50}$

5 $\frac{1}{4}$ **6** $\frac{1}{9}$ **7** (1) $\frac{6}{35}$ (2) $\frac{8}{35}$ (3) $\frac{27}{35}$

8 (1) $\frac{2}{5}$ (2) $\frac{2}{15}$ (3) $\frac{13}{15}$

☺ ×, $1-p$, $1-q$ **9** (1) $\frac{49}{90}$ (2) $\frac{1}{15}$ (3) $\frac{14}{15}$

10 (1) $\frac{3}{16}$ (2) $\frac{9}{16}$ (3) $\frac{7}{16}$ **11** ②

1 $\frac{9}{10}\times\frac{8}{9}=\frac{4}{5}$

2 $\frac{4}{5}\times\frac{5}{8}=\frac{1}{2}$

3 $\frac{1}{3}\times\frac{3}{5}=\frac{1}{5}$

4 $\frac{3}{10}\times\frac{1}{5}=\frac{3}{50}$

5 짝수인 경우는 2, 4, 6의 3가지이므로 확률은 $\frac{3}{6}=\frac{1}{2}$

소수인 경우는 2, 3, 5의 3가지이므로 확률은 $\frac{3}{6}=\frac{1}{2}$

따라서 구하는 확률은 $\frac{1}{2}\times\frac{1}{2}=\frac{1}{4}$

6 A가 바위를 낼 확률은 $\frac{1}{3}$

B가 바위를 낼 확률은 $\frac{1}{3}$

따라서 구하는 확률은 $\frac{1}{3}\times\frac{1}{3}=\frac{1}{9}$

7 (1) A 주머니에서 흰 공을 꺼낼 확률은 $\frac{2}{5}$

B 주머니에서 검은 공을 꺼낼 확률은 $\frac{3}{7}$

따라서 구하는 확률은 $\frac{2}{5}\times\frac{3}{7}=\frac{6}{35}$

(2) A 주머니에서 흰 공을 꺼낼 확률은 $\frac{2}{5}$

B 주머니에서 흰 공을 꺼낼 확률은 $\frac{4}{7}$

따라서 구하는 확률은 $\frac{2}{5}\times\frac{4}{7}=\frac{8}{35}$

(3) (적어도 하나는 검은 공일 확률)

$=1-$(두 공 모두 흰 공일 확률)

$=1-\frac{8}{35}=\frac{27}{35}$

8 (1) $\frac{2}{3}\times\frac{3}{5}=\frac{2}{5}$

(2) $\left(1-\frac{2}{3}\right)\times\left(1-\frac{3}{5}\right)=\frac{1}{3}\times\frac{2}{5}=\frac{2}{15}$

(3) (적어도 한 사람은 합격할 확률)

$=1-$(두 사람 모두 불합격할 확률)

$=1-\frac{2}{15}=\frac{13}{15}$

9 (1) $\frac{7}{10}\times\frac{7}{9}=\frac{49}{90}$

(2) $\left(1-\frac{7}{10}\right)\times\left(1-\frac{7}{9}\right)=\frac{3}{10}\times\frac{2}{9}=\frac{1}{15}$

(3) (적어도 한 사람은 명중할 확률)

$=1-$(두 사람 모두 명중하지 못할 확률)

$=1-\frac{1}{15}=\frac{14}{15}$

10 (1) (다영이만 당첨 제비를 뽑을 확률)

$=$(다영이가 당첨 제비를 뽑을 확률)

$\times$(하윤이가 당첨 제비를 뽑지 못할 확률)

$=\frac{5}{20}\times\frac{15}{20}=\frac{3}{16}$

(2) $\frac{15}{20}\times\frac{15}{20}=\frac{9}{16}$

(3) (적어도 한 명은 당첨 제비를 뽑을 확률)

$=1-$(두 사람 모두 당첨 제비를 뽑지 못할 확률)

$=1-\frac{9}{16}=\frac{7}{16}$

11 A 주머니에서 빨간 공을 꺼내고 B 주머니에서 파란 공을 꺼낼 확률은 $\frac{3}{7}\times\frac{1}{6}=\frac{1}{14}$

A 주머니에서 파란 공을 꺼내고 B 주머니에서 빨간 공을 꺼낼 확률은 $\frac{4}{7}\times\frac{5}{6}=\frac{10}{21}$

따라서 구하는 확률은

$\frac{1}{14}+\frac{10}{21}=\frac{3}{42}+\frac{20}{42}=\frac{23}{42}$

07 연속하여 뽑는 경우의 확률

본문 256쪽

1 (1) $\frac{9}{64}$ (2) $\frac{25}{64}$ (3) $\frac{17}{32}$ (4) $\frac{15}{64}$ (5) $\frac{39}{64}$

2 (1) $\frac{1}{25}$ (2) $\frac{16}{25}$ (3) $\frac{4}{25}$ (4) $\frac{4}{25}$ (5) $\frac{8}{25}$ (6) $\frac{9}{25}$

3 (1) $\frac{3}{28}$ (2) $\frac{5}{14}$ (3) $\frac{13}{28}$ (4) $\frac{15}{56}$ (5) $\frac{9}{14}$

4 (1) $\frac{1}{45}$ (2) $\frac{28}{45}$ (3) $\frac{8}{45}$ (4) $\frac{8}{45}$ (5) $\frac{16}{45}$ (6) $\frac{17}{45}$

☺ 같다, 다르다

1 (1) 첫 번째에 노란 공이 나올 확률은 $\frac{3}{8}$

두 번째에도 노란 공이 나올 확률은 $\frac{3}{8}$

따라서 두 번 모두 노란 공이 나올 확률은 $\frac{3}{8}\times\frac{3}{8}=\frac{9}{64}$

(2) 첫 번째에 빨간 공이 나올 확률은 $\frac{5}{8}$

두 번째에도 빨간 공이 나올 확률은 $\frac{5}{8}$

따라서 두 번 모두 빨간 공이 나올 확률은 $\frac{5}{8}\times\frac{5}{8}=\frac{25}{64}$

(3) (같은 색의 공이 나올 확률)

$=$(모두 노란 공이 나올 확률)

$+$(모두 빨간 공이 나올 확률)

$=\frac{9}{64}+\frac{25}{64}=\frac{34}{64}=\frac{17}{32}$

(4) $\frac{3}{8}\times\frac{5}{8}=\frac{15}{64}$

(5) (적어도 한 번은 노란 공이 나올 확률)

$=1-$(모두 빨간 공이 나올 확률)

$=1-\frac{5}{8}\times\frac{5}{8}=1-\frac{25}{64}=\frac{39}{64}$

2 (1) A가 당첨 제비를 뽑을 확률은 $\frac{2}{10}=\frac{1}{5}$

B가 당첨 제비를 뽑을 확률은 $\frac{2}{10}=\frac{1}{5}$

따라서 A, B 모두 당첨될 확률은 $\frac{1}{5}\times\frac{1}{5}=\frac{1}{25}$

(2) A가 뽑은 제비가 당첨 제비가 아닐 확률은 $\frac{8}{10}=\frac{4}{5}$

B가 뽑은 제비가 당첨 제비가 아닐 확률은 $\frac{8}{10}=\frac{4}{5}$

따라서 A, B 모두 당첨되지 않을 확률은 $\frac{4}{5}\times\frac{4}{5}=\frac{16}{25}$

(3) A가 당첨 제비를 뽑을 확률은 $\frac{2}{10}=\frac{1}{5}$

B가 뽑은 제비가 당첨 제비가 아닐 확률은 $\frac{8}{10}=\frac{4}{5}$

따라서 A만 당첨될 확률은 $\frac{1}{5}\times\frac{4}{5}=\frac{4}{25}$

(4) A가 뽑은 제비가 당첨 제비가 아닐 확률은 $\frac{8}{10}=\frac{4}{5}$

B가 당첨 제비를 뽑을 확률은 $\frac{2}{10}=\frac{1}{5}$

따라서 B만 당첨될 확률은 $\frac{4}{5}\times\frac{1}{5}=\frac{4}{25}$

(5) (한 명만 당첨될 확률)

$=$(A만 당첨될 확률)$+$(B만 당첨될 확률)

$=\frac{1}{5}\times\frac{4}{5}+\frac{4}{5}\times\frac{1}{5}=\frac{4}{25}+\frac{4}{25}=\frac{8}{25}$

(6) (적어도 한 명만 당첨될 확률)

$=1-$(A, B 모두 당첨되지 않을 확률)

$=1-\frac{4}{5}\times\frac{4}{5}=1-\frac{16}{25}=\frac{9}{25}$

3 (1) 첫 번째에 노란 공이 나올 확률은 $\frac{3}{8}$

두 번째에도 노란 공이 나올 확률은 $\frac{2}{7}$

따라서 두 번 모두 노란 공이 나올 확률은

$\frac{3}{8}\times\frac{2}{7}=\frac{3}{28}$

(2) 첫 번째에 빨간 공이 나올 확률은 $\frac{5}{8}$

두 번째에도 빨간 공이 나올 확률은 $\frac{4}{7}$

따라서 두 번 모두 빨간 공이 나올 확률은

$\frac{5}{8}\times\frac{4}{7}=\frac{5}{14}$

(3) (같은 색의 공이 나올 확률)

$=$(모두 노란 공이 나올 확률)

$+$(모두 빨간 공이 나올 확률)

$=\frac{3}{28}+\frac{5}{14}=\frac{3}{28}+\frac{10}{28}=\frac{13}{28}$

(4) $\frac{3}{8}\times\frac{5}{7}=\frac{15}{56}$

(5) (적어도 한 번은 노란 공이 나올 확률)

$=1-$(모두 빨간 공이 나올 확률)

$=1-\frac{5}{14}=\frac{9}{14}$

4 (1) A가 당첨 제비를 뽑을 확률은 $\frac{2}{10}=\frac{1}{5}$

B가 당첨 제비를 뽑을 확률은 $\frac{1}{9}$

따라서 A, B 모두 당첨될 확률은 $\frac{1}{5}\times\frac{1}{9}=\frac{1}{45}$

(2) A가 뽑은 제비가 당첨 제비가 아닐 확률은 $\frac{8}{10}=\frac{4}{5}$

B가 뽑은 제비가 당첨 제비가 아닐 확률은 $\frac{7}{9}$

따라서 A, B 모두 당첨되지 않을 확률은 $\frac{4}{5}\times\frac{7}{9}=\frac{28}{45}$

(3) A가 당첨 제비를 뽑을 확률은 $\frac{2}{10}=\frac{1}{5}$

B가 뽑은 제비가 당첨 제비가 아닐 확률은 $\frac{8}{9}$

따라서 A만 당첨될 확률은 $\frac{1}{5}\times\frac{8}{9}=\frac{8}{45}$

(4) A가 뽑은 제비가 당첨 제비가 아닐 확률은 $\frac{8}{10}=\frac{4}{5}$

B가 당첨 제비를 뽑을 확률은 $\frac{2}{9}$

따라서 B만 당첨될 확률은 $\frac{4}{5}\times\frac{2}{9}=\frac{8}{45}$

(5) (한 명만 당첨될 확률)

$=$(A만 당첨될 확률)$+$(B만 당첨될 확률)

$=\frac{1}{5}\times\frac{8}{9}+\frac{4}{5}\times\frac{2}{9}=\frac{8}{45}+\frac{8}{45}=\frac{16}{45}$

(6) (적어도 한 명은 당첨될 확률)

$=1-$(A, B 모두 당첨되지 않을 확률)

$=1-\frac{4}{5}\times\frac{7}{9}=1-\frac{28}{45}=\frac{17}{45}$

08 도형에서의 확률

본문 258쪽

1 (1) $\frac{1}{2}$ (2) $\frac{1}{4}$ **2** (1) $\frac{6}{25}$ (2) $\frac{3}{25}$

3 ②

1 (1) 소수인 경우는 2, 3, 5, 7의 4가지이므로

소수가 적힌 부분을 맞힐 확률은 $\frac{4}{8}=\frac{1}{2}$

(2) 7의 약수인 경우는 1, 7의 2가지이므로

7의 약수가 적힌 부분을 맞힐 확률은 $\frac{2}{8}=\frac{1}{4}$

2 (1) 원판 A에서 짝수인 경우는 2, 4의 2가지이므로 그 확률은 $\frac{2}{5}$

원판 B에서 짝수인 경우는 6, 8, 10의 3가지이므로 그 확률은 $\frac{3}{5}$

따라서 두 바늘 모두 짝수를 가리킬 확률은

$\frac{2}{5}\times\frac{3}{5}=\frac{6}{25}$

(2) 원판 A에서 소수인 경우는 2, 3, 5의 3가지이므로 그 확률은 $\frac{3}{5}$

원판 B에서 소수인 경우는 7의 1가지이므로 그 확률은 $\frac{1}{5}$

따라서 두 바늘 모두 소수를 가리킬 확률은

$\frac{3}{5}\times\frac{1}{5}=\frac{3}{25}$

3 원판의 전체 넓이는 $\pi\times3^2=9\pi$
(색칠한 부분의 넓이)
=(반지름의 길이가 2인 원의 넓이)
−(반지름의 길이가 1인 원의 넓이)
$=\pi\times2^2-\pi\times1^2=4\pi-\pi=3\pi$
따라서 색칠한 부분을 맞힐 확률은 $\frac{3\pi}{9\pi}=\frac{1}{3}$

TEST 11. 확률과 그 계산

본문 259쪽

1 ②, ③	2 $\frac{1}{6}$	3 ①
4 ④	5 ①	6 $\frac{1}{4}$

1 ① 어떤 사건이 일어날 확률을 p라고 하면 $0\le p\le1$
④ 확률은 1보다 클 수 없다.
⑤ 주사위의 눈은 모두 양수이므로 음수의 눈이 나올 확률은 0이다.
따라서 옳은 것은 ②, ③이다.

2 모든 경우의 수는 $6\times6=36$이고, 합이 6의 배수인 경우는 6과 12이다.
두 눈의 수의 합이 6인 경우는 (1, 5), (2, 4), (3, 3), (4, 2), (5, 1)의 5가지이므로 그 확률은 $\frac{5}{36}$
두 눈의 수의 합이 12인 경우는 (6, 6)의 1가지이므로 그 확률은 $\frac{1}{36}$
따라서 구하는 확률은 $\frac{5}{36}+\frac{1}{36}=\frac{6}{36}=\frac{1}{6}$

3 모든 경우의 수는 $3\times3=9$
비기는 경우는 (가위, 가위), (바위, 바위), (보, 보)의 3가지이므로 그 확률은 $\frac{3}{9}=\frac{1}{3}$
세영이가 이기는 경우는 (가위, 보), (바위, 가위), (보, 바위)의 3가지이므로 그 확률은 $\frac{3}{9}=\frac{1}{3}$
따라서 구하는 확률은 $\frac{1}{3}\times\frac{1}{3}=\frac{1}{9}$

4 A, B, C 세 사람이 불합격할 확률은 각각
$1-\frac{1}{3}=\frac{2}{3}$, $1-\frac{1}{4}=\frac{3}{4}$, $1-\frac{1}{5}=\frac{4}{5}$이므로
(적어도 한 명은 합격할 확률)=1−(모두 불합격할 확률)
$=1-\frac{2}{3}\times\frac{3}{4}\times\frac{4}{5}$
$=1-\frac{2}{5}=\frac{3}{5}$

5 첫 번째에 검은 구슬이 나올 확률은 $\frac{3}{9}=\frac{1}{3}$
두 번째에도 검은 구슬이 나올 확률은 $\frac{2}{8}=\frac{1}{4}$
따라서 두 번 모두 검은 구슬이 나올 확률은 $\frac{1}{3}\times\frac{1}{4}=\frac{1}{12}$

6 정사각형 1개의 넓이를 1이라 하면 색칠한 부분의 넓이는 8이므로 색칠한 부분을 맞힐 확률은
$\frac{8}{16}=\frac{1}{2}$
따라서 두 번 모두 색칠한 부분을 맞힐 확률은
$\frac{1}{2}\times\frac{1}{2}=\frac{1}{4}$

대단원 TEST Ⅳ. 확률

본문 260쪽

1 ④	2 ③	3 ⑤
4 ④	5 ③	6 ②
7 ④	8 ②	9 ①
10 ④	11 ④	12 ②
13 ④	14 ③	15 ②

1 두 눈의 합이 9인 경우의 수는
(3, 6), (4, 5), (5, 4), (6, 3)의 4이다.

2 빨간 구슬은 3개, 파란 구슬은 2개이므로 구하는 경우의 수는
$3+2=5$

3 A 지점에서 B 지점을 거쳐 C 지점까지 가는 방법의 수는
$4\times1=4$
A 지점에서 D 지점을 거쳐 C 지점까지 가는 방법의 수는
$3\times2=6$
따라서 A 지점에서 C 지점까지 가는 방법의 수는
$4+6=10$

4 원근이가 맨 앞에 서고 현선이가 맨 뒤에 서는 경우의 수는 $3\times2\times1=6$
현선이가 맨 앞에 서고 원근이가 맨 뒤에 서는 경우의 수는 $3\times2\times1=6$
따라서 구하는 경우의 수는
$6+6=12$

5 자음 L, C, S를 한 문자로 생각하여 3개의 문자를 한 줄로 나열하는 경우의 수는
$3\times2\times1=6$
자음 3개가 서로 자리를 바꾸는 경우의 수는
$3\times2\times1=6$
따라서 구하는 경우의 수는
$6\times6=36$

6 (i) 일의 자리에 0이 오는 경우
백의 자리에 올 수 있는 숫자는 1, 3, 5, 7, 9의 5개이고, 십의 자리에 올 수 있는 숫자는 0과 백의 자리의 숫자를 제외한 나머지 4개이므로
$5\times4=20$
(ii) 일의 자리에 5가 오는 경우
백의 자리에 올 수 있는 숫자는 1, 3, 7, 9의 4개이고, 십의 자리에 올 수 있는 숫자는 5와 백의 자리의 숫자를 제외한 나머지 4개이므로
$4\times4=16$
따라서 구하는 경우의 수는 $20+16=36$

7 두 점을 이어 선분을 만들 때는 5개의 점 중 2개의 점을 택하면 되므로 두 점을 이어 만들 수 있는 선분의 개수는
$a=\frac{5\times4}{2}=10$
세 점을 이어 삼각형을 만들 때는 5개의 점 중 3개의 점을 택하면 되므로 세 점을 이어 만들 수 있는 삼각형의 개수는
$b=\frac{5\times4\times3}{3\times2\times1}=10$
따라서 $a+b=10+10=20$

8 모든 경우의 수는 $2\times2\times2=8$
모두 같은 면이 나오는 경우는 (앞, 앞, 앞), (뒤, 뒤, 뒤)의 2가지이다.
따라서 구하는 확률은 $\frac{2}{8}=\frac{1}{4}$

9 ① $0\le p\le1$

10 모든 경우의 수는 $6\times6\times6=216$
3개 모두 짝수의 눈이 나오는 경우는 $3\times3\times3=27$
이므로 모두 짝수의 눈이 나올 확률은 $\frac{27}{216}=\frac{1}{8}$
따라서 적어도 하나는 홀수의 눈이 나올 확률은
$1-\frac{1}{8}=\frac{7}{8}$

11 모든 경우의 수는 $1+2+3+4=10$
빨간 공이 나올 확률은 $\frac{1}{10}$, 파란 공이 나올 확률은 $\frac{3}{10}$
이므로 구하는 확률은 $\frac{1}{10}+\frac{3}{10}=\frac{4}{10}=\frac{2}{5}$

12 두 번 모두 빨간 공을 꺼낼 확률은
$\frac{5}{12}\times\frac{4}{11}=\frac{5}{33}$
두 번 모두 노란 공을 꺼낼 확률은
$\frac{7}{12}\times\frac{6}{11}=\frac{7}{22}$
따라서 구하는 확률은
$\frac{5}{33}+\frac{7}{22}=\frac{10}{66}+\frac{21}{66}=\frac{31}{66}$

13 금요일에 읽을 책을 고르는 경우의 수는 6, 토요일에 읽을 책을 고르는 경우의 수는 5, 일요일에 읽을 책을 고르는 경우의 수는 4이므로

$a=6\times5\times4=120$

금요일에 시집 1권을 읽는 경우의 수는 2, 토요일과 일요일에 소설책을 1권씩 읽는 경우의 수는 $4\times3=12$이므로

$b=2\times12=24$

따라서 $a+b=120+24=144$

14 A가 불합격할 확률은 $1-\frac{2}{3}=\frac{1}{3}$

B가 불합격할 확률은 $1-\frac{2}{5}=\frac{3}{5}$

따라서 구하는 확률은

$\frac{1}{3}\times\frac{3}{5}=\frac{1}{5}$

15 모든 경우의 수는 $\frac{6\times5\times4}{3\times2\times1}=20$

이 중 정삼각형이 되는 경우는 (A, C, E), (B, D, F)의 2가지이다.

따라서 구하는 확률은

$\frac{2}{20}=\frac{1}{10}$

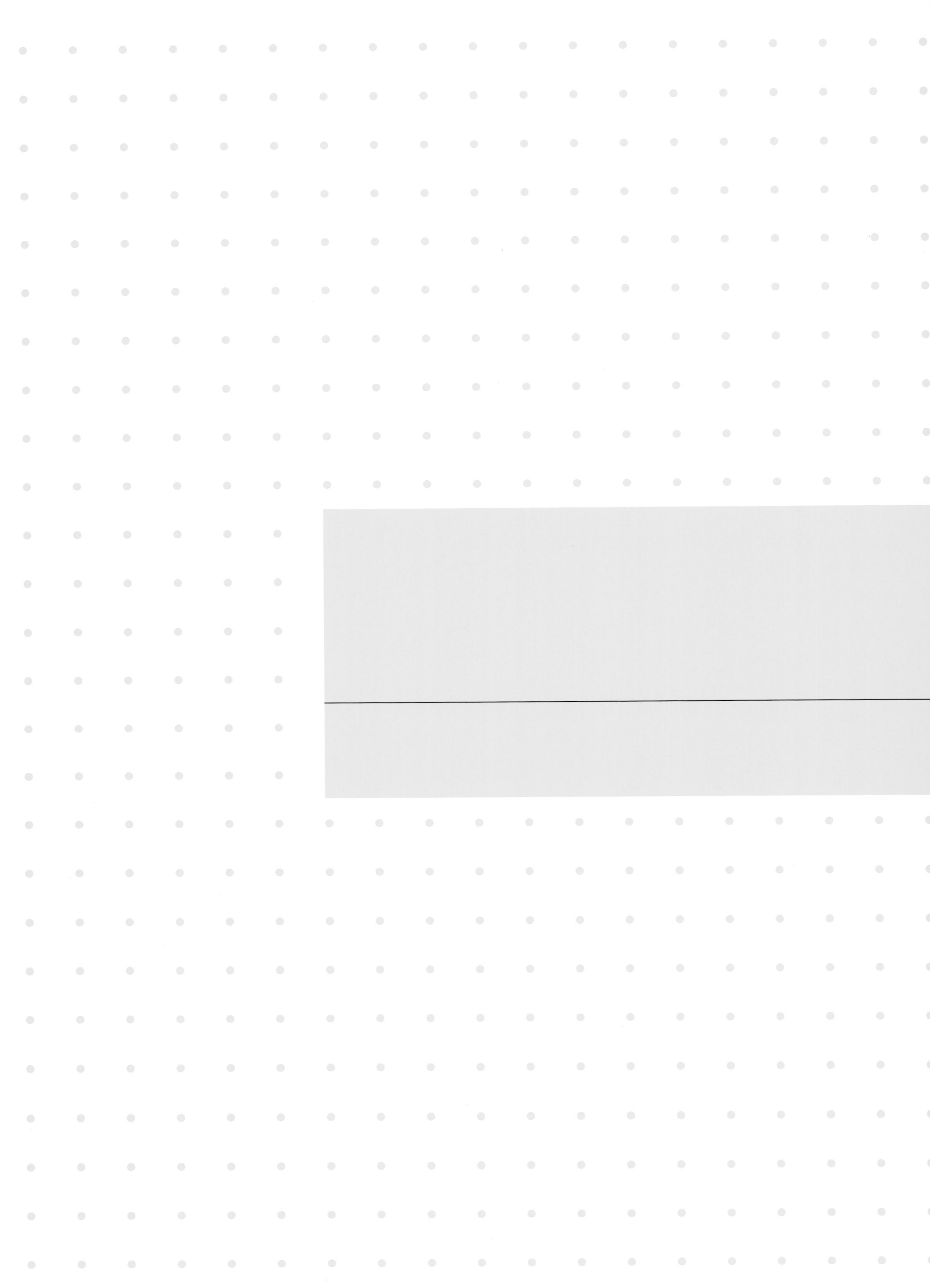

개념 확장

최상위수학

수학적 사고력 확장을 위한
심화 학습 교재

심화 완성

개념부터 심화까지

수학은 개념이다